2025

식품위생직 | 환경직
환경부 | 해양경찰청

BOND CHEMISTRY

공무원 화학 시험 대비 문제집

유단자

유형별 | **단**원별 | **자**료추론형

6판 1쇄 2024년 12월 10일

편저자_ 김병일
발행인_ 원석주
발행처_ 하이앤북
주소_ 서울시 영등포구 영등포로 347 베스트타워 11층
고객센터_ 1588 - 6671
팩스_ 02 - 841 - 6897
출판등록_ 2018년 4월 30일 제2018 - 000066호
홈페이지_ gosi.daebanggosi.com
ISBN_ 979-11-6533-525-0

정가_ 37,000원

머리말

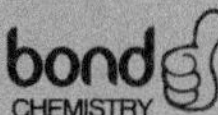

이 책은 공무원 시험(지방직/경력경쟁직) 화학 과목을 대비하기 위한 문제풀이 교재입니다.

문제풀이 교재의 역할은 기본적인 개념을 좀 더 구체화하는 것입니다. 추상적으로 이해하고 암기했던 개념들이 실제로 어떻게 적용되는지가 머릿속에 명확하게 그려질 수 있도록 하는 것입니다. 따라서 이 책을 학습하기에 앞서 화학 이론에 대한 전반적인 바탕이 깔려 있어야 하고, 문제풀이 교재를 공부하면서 잘 해결되지 않는 부분이 있다면 해당하는 부분의 이론을 다시 정리해 두어야 더 높은 학습 효과를 거둘 수 있습니다.

또한 문제풀이 교재는 기본 개념에 대한 응용과 보완의 역할을 합니다. 시험에는 단순한 기본 개념 외에 다양한 문제들이 출제되기 때문에 많은 문제풀이 연습을 통해 응용 문제에 대해 대비할 수 있도록 준비해야 하고, 동시에 기본 이론서에서 혹시나 빠져있는 부분을 보완해 나아가야 합니다.

이 교재를 항상 기본서와 같이 병행해서 공부해 나가시기 바랍니다.

이 책의 가장 큰 특징은 유형별로 문제를 구성하였다는 것입니다. 기본적인 유형별 구분이 되어있지 않다면 문제풀이 교재를 공부하는 의미가 없습니다. 앞에서도 말했듯이 문제를 풀어봄으로써 개념을 구체화하기 위해서는 우선 유형별로 문제가 잘 정리되어 있어야 합니다.

이 책은 단원별로 4가지 유형으로 문제를 제시하고 있습니다.

첫째, 대표 유형 기출 문제입니다.

어느 시험이든 기출 문제만큼 중요한 것은 없습니다. 최근 지방직 7급 · 9급 기출문제를 유형별로 정리해서 각 단원 앞에 배치하였습니다. 기출 문제는 여러 번 반복해서 외울 정도가 되어야 합니다.

둘째, 주관식 개념 확인 문제입니다.

주관식으로 개념을 확인하는 것은 아주 중요한 단계입니다. 공무원 시험에 출제되는 문제는 객관식이지만, 주어진 선택지 없이 문제에 대한 답을 직접 구해봄으로써 개념을 명확히 할 수 있습니다.

셋째, 기본 문제입니다.

같은 유형의 문제를 반복적으로 풀어서 개념을 다지고 문제를 푸는 속도를 높일 수 있습니다. 공무원 시험은 속도전입니다. 빠른 시간에 문제를 풀어나가야 하기 때문에 이런 기본적인 문제풀이 연습이 무척 중요합니다.

마지막, 자료 추론형 문제입니다.

수능 기출 문제와 의전원 기출 문제를 실었습니다. 최근 공무원 시험에서도 수능형 문제가 꽤 출제되고 있습니다. 이에 대한 대비입니다. 제시된 자료로부터 화학 개념들을 추론해 낼 수 있는 좋은 문제들이 많이 있으니 이런 문제들을 통해 좀 더 실력을 업그레이드 할 수 있습니다.

이 책과 제 강의를 통해서 수험생들이 좀 더 재미있게 화학을 공부하고, 이를 통해 화학 시험에서 좋은 점수를 얻기를 바랍니다.

여러분들의 목표인 공무원 시험에 꼭 합격하시길 응원합니다.

2024년 12월

저자 김 병 일

이 책의 특징

〈Bond Chemistry 유단자〉는 문제풀이를 통해 화학 개념을 구체화하기 위해서 각 단원마다 유형별로 문제를 구분하여 제시합니다.

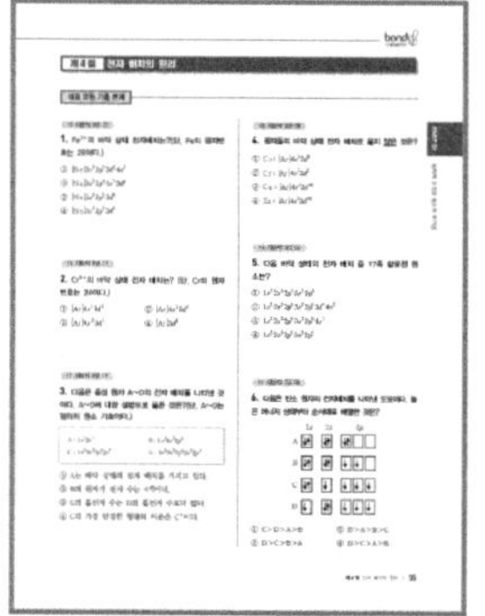

1 유형 _ 대표 기출 문제

최근의 기출문제를 각 단원 앞에 배치하였습니다.
기출 문제는 외울 수 있을 정도로 반복해서 학습해야 합니다.

2 유형 _ 주관식 개념 확인 문제

주어진 선택지 없이 문제에 대한 답을 직접 구해봄으로써 개념을 명확히 할 수 있습니다.

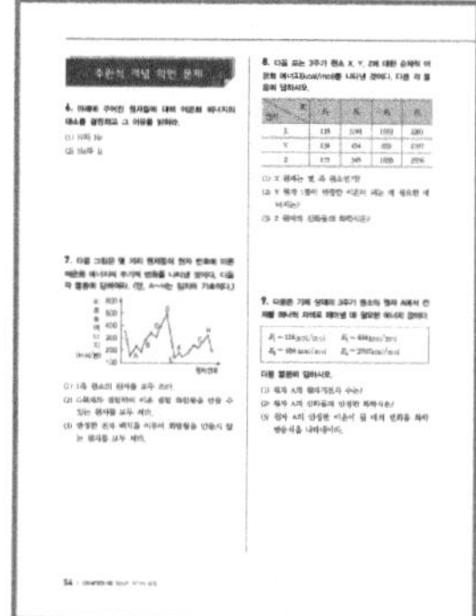

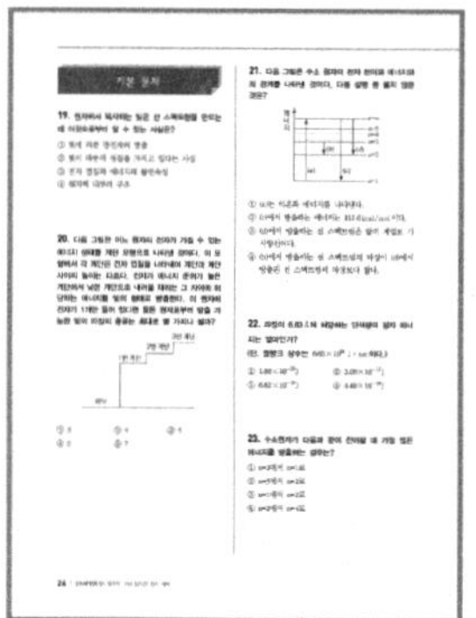

3 유형 _ 기본 문제

같은 유형의 기본적인 문제를 반복적으로 풀어서 빠르게 문제를 풀어나가는 실력을 쌓을 수 있습니다.

4 유형 _ 자료 추론형 문제

제시된 자료로부터 화학 개념들을 추론해 낼 수 있는 문제를 통해 실력을 업그레이드 할 수 있습니다.

목 차

bond CHEMISTRY

Part 5 화학 반응

정답 및 해설

PART 1

원자의 구조와 원소의 주기성

CHAPTER 01

원자의 구성 입자와 전자 배치

제1절 원자의 구성 입자와 동위 원소

정답 p. 3

대표 유형 기출 문제

원자의 구성 입자

09 국가직 7급 13

1. Rutherford에 의한 금박의 알파입자 산란실험을 통하여 입증된 사실은?

① 전자는 음의 전하를 가지고 있다.

② 원자는 양성자, 중성자, 전자로 그 구조를 이루고 있다.

③ 양성자는 전자와 같은 분량의 전하를 가지고 있으며 전자에 비해 1840배 더 무겁다.

④ 원자의 질량과 양전하는 원자 중앙의 핵에 집중되어 있다.

15 국가직 7급 05

2. 다음 설명으로 옳은 것은?

① 전자는 톰슨(Thomson)이 발견하였고, 전자 1개의 전하량이 1.60218×10^{-19}C 임을 밝혀냈다.

② 러더퍼드(Rutherford)는 알파 입자 산란 실험을 통하여 톰슨의 원자 모델이 틀림을 증명하고, 원자는 밀도가 높은 원자핵이 가운데 위치하고 전자들이 그 주변에 분포되어 있다는 새로운 모델을 제시했다.

③ 아인슈타인(Einstein)은 광전효과(photoelectric effect) 실험에서 조사되는 빛의 세기가 증가하면 방출되는 전자의 운동 에너지도 증가하는 현상을 발견했다.

④ 돌턴(Dalton)은 원자론에서 원자는 전자, 중성자, 양성자로 구성되어 있다고 했다.

17 서울시 2회 9급 02

3. 돌턴(Dalton)의 원자론에 대한 설명으로 옳지 않은 것은?

① 각 원소는 원자라고 하는 작은 입자로 이루어져 있다.

② 원자는 양성자, 중성자, 전자로 구성된다.

③ 같은 원소의 원자는 같은 질량을 가진다.

④ 화합물은 서로 다른 원소의 원자들이 결합함으로써 형성된다.

21 해양 경찰청 11

4. 다음은 특정 원자 모형에 대한 설명이다.

- 러더퍼드의 α 입자 산란 실험의 결과를 설명할 수 있다.
- 수소 원자의 선 스펙트럼을 설명할 수 있다.
- 전자의 존재를 확률 분포로 설명할 수 있다.

이에 대한 설명으로 옳은 것만을 〈보기〉에서 있는 대로 고른 것은?

보기

ㄱ. 음극선 실험으로 제시되었다.
ㄴ. 원자핵에서 전자가 발견될 확률은 0이다.
ㄷ. 다전자 원자의 스펙트럼을 설명할 수 있다.

① ㄱ ② ㄴ
③ ㄱ, ㄷ ④ ㄴ, ㄷ

22 지방직 9급 07

5. 원자에 대한 설명으로 옳은 것만을 모두 고르면?

ㄱ. 양성자는 음의 전하를 띤다.
ㄴ. 중성자는 원자 크기의 대부분을 차지한다.
ㄷ. 전자는 원자핵의 바깥에 위치한다.
ㄹ. 원사량은 ^{12}C 원자의 질량을 기준으로 정한다.

① ㄱ, ㄴ ② ㄱ, ㄷ
③ ㄴ, ㄹ ④ ㄷ, ㄹ

동위 원소

14 국가직 7급 04

6. 염소(Cl) 원자는 자연계에서 두 개의 동위원소 ^{35}Cl(원자량: 34.97amu)와 ^{37}Cl(원자량: 36.97amu)로 존재한다. 염소 원자의 평균 원자량이 35.46amu일 때, ^{37}Cl의 존재비[%]는?

① 12.3 ② 24.5
③ 36.7 ④ 49.0

15 해양 경찰청 09

7. 다음의 표는 원소 (가)와 (나)의 동위원소에 관한 자료이다.

원소	원자번호	동위원소	중성자수	존재비율(%)
(가)	12	A	12	79
		B	13	10
		C	14	11
(나)	17	D	18	75.8
		E	20	24.2

이에 대한 설명으로 가장 적절한 것은?

① (가)의 평균 원자량은 25이다.
② (가)의 동위원소 중 원자 1개의 질량이 가장 큰 것은 A이다.
③ (나)의 동위원소 중 1g 속에 들어 있는 원자의 개수는 D가 E보다 많다.
④ A와 D로 이루어진 화합물과 C와 E로 이루어진 화합물의 화학적 성질은 전혀 다르다.

17 국가직 7급 20

8. 자연계에서 Cl의 동위원소는 ^{35}Cl와 ^{37}Cl이 3 : 1의 비율로 존재한다. 2개의 Cl을 포함하고 있는 유기화합물의 질량분석 스펙트럼에서 분자 이온 피크를 $[M]^+$라고 할 때, 피크들의 상대적인 세기 비($[M]^+$: $[M+2]^+$: $[M+4]^+$)로 옳은 것은? (단, Cl 이외의 다른 원자들의 동위원소 존재는 무시한다.)

① 3 : 2 : 1
② 6 : 3 : 1
③ 9 : 3 : 1
④ 9 : 6 : 1

18 지방직 7급 01

9. 각 원소에 대한 설명으로 옳은 것은?

① ^{16}O의 원자 번호는 16이다.
② 자연계에 존재하는 $^{35}_{17}Cl$의 다른 한 가지 동위원소의 질량은 35amu보다 작다. (Cl의 평균원자질량=35.453amu)
③ $^{137}_{56}Ba^{2+}$ 이온의 양성자 개수는 81개이다.
④ ^{12}C의 원자질량은 12.000amu이다. (C의 평균원자질량=12.011amu)

20 지방직 9급 06

10. 다음은 원자 A~D에 대한 양성자 수와 중성자 수를 나타낸다. 이에 대한 설명으로 옳은 것은? (단, A~D는 임의의 원소기호이다)

원자	A	B	C	D
양성자 수	17	17	18	19
중성자 수	18	20	22	20

① 이온 A^-와 중성원자 C의 전자수는 같다.
② 이온 A^-와 이온 B^+의 질량수는 같다.
③ 이온 B^-와 중성원자 D의 전자수는 같다.
④ 원자 A ~ D중 질량수가 가장 큰 원자는 D이다.

20 서울시 2회 7급 20

11. 자연계에 존재하는 안정한 탄소 원자는 ^{12}C와 ^{13}C이고, 탄소의 평균 원자량이 12.01일 때, 이에 대한 설명으로 가장 옳지 않은 것은?

① ^{12}C는 ^{13}C의 동소체이다.
② 전자 수는 ^{13}C과 ^{12}C가 같다.
③ 중성자 수는 ^{13}C이 ^{12}C보다 많다.
④ 자연계에서 존재하는 양은 ^{12}C가 ^{13}C보다 많다.

주관식 개념 확인 문제

12. 다음 문장의 [ ] 속에 알맞은 숫자를 써라.

원자 번호가 11번이고, 질량수가 23인 Na원자 한 개에는 핵 속에 양전기를 띤 양성자가 [①] 개 있고, 전기적으로 중성인 중성자가 [②] 개 있으며, 그 주위를 음전기를 띤 전자 [③] 개가 구름처럼 둘러싸고 있다. 또한 안정한 이온이 되면 전자 수는 [④] 개가 된다.

13. 어느 원자의 원자핵의 전하량이 $2.4 \times 10^{-18}\text{C}$ 이다. 이 원자의 양성자 수는 몇 개인가? (단, 양성자 1개의 전하량은 $1.6 \times 10^{-19}\text{C}$ 이다.)

14. 어떤 원자 A가 이온 A^{2-}로 되었을 때의 전자수와 원자 번호가 n인 원자 B가 B^{3+}로 되었을 때의 전자수가 같았다. 원자 A의 원자 번호는?

기본 문제

원자의 구성 입자

15. 다음에서 항은 원자의 구성 입자를 발견하게 된 실험을, B항은 실험으로 밝혀진 구성 입자를 나타낸 것이며, C항은 발견한 사람을 적은 것이다. 각 항을 바르게 연결하시오.

A
① 음극선 실험
② 양극선 실험
③ 기름 방울 실험
④ α 입자 산란 실험
⑤ Be에 α입자 충격 실험

B
㉮ 전자의 전하량 결정
㉯ 전자의 발견
㉰ 중성자의 발견
㉱ 원자핵의 발견
㉲ 양성자의 발견

C
㉠ 러더퍼드
㉡ 채드윅
㉢ 밀리컨
㉣ 톰슨
㉤ 골트슈타인

※[16~17] 러더퍼드는 금으로 얇은 박을 만들고 여기에 α입자 (He^{2+})를 쏘았더니 오른쪽 그림과 같이 대부분은 통과하였지만 극히 일부는 산란하여 휘어짐을 관찰하였다.

16. 이 결과로부터 알 수 있는 것을 〈보기〉에서 모두 짝지어 놓은 것은?

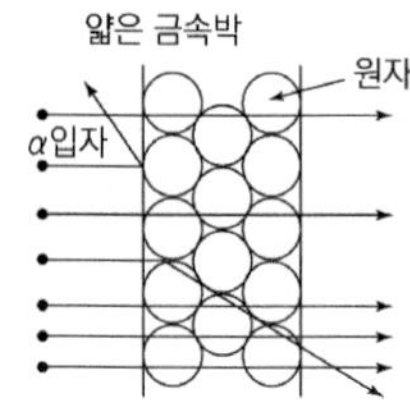

보기

A. 원자의 크기는 매우 작다.
B. 원자의 대부분은 빈 공간으로 되어 있다.
C. 전자 궤도는 띠엄 띠엄 존재한다.
D. 원자핵은 작은 공간을 차지하고 있다.
E. 원자핵은 (+)전하를 띠고 있다.
F. α입자의 충돌로 양성자가 튀어 나온다.

① A, B, C ② B, D, E
③ A, D, E, F ④ B, D, F
⑤ A, C, E, F

17. 위 실험 결과로 제시할 수 있는 원자 모형은 어느 것인가?

① 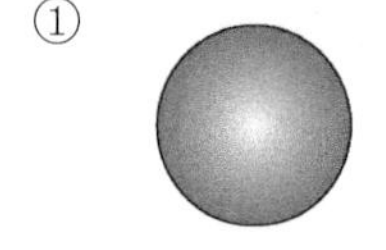

② 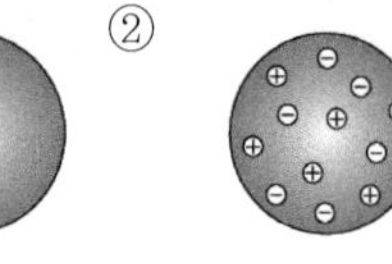

③ 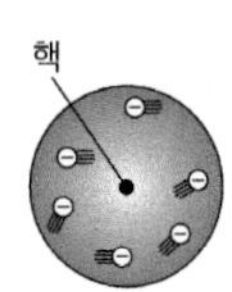

④ 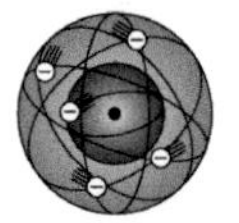

⑤ 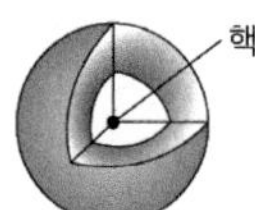

18. 러더퍼드가 α입자 산란 실험으로 알아낸 사실이 아닌 것은?

① 원자의 대부분의 공간은 비어있다.
② 원자의 질량은 원자핵이 대부분 차지한다.
③ 핵은 양전하를 띠고 있다.
④ 양성자는 전자보다 무겁다.

19. 원자에 관한 다음 설명 중 가장 옳은 것은?

① 모든 원자는 양성자와 같은 수만큼의 중성자를 가지고 있다.
② 원자번호는 양성자의 수와 같다.
③ 같은 원자번호를 가지는 두 가지 동위원소의 전자의 수는 같고 양성자의 수는 다르다.
④ 원자의 질량수는 양성자와 전자 질량의 총합이다.

20. 다음 표는 원자를 구성하는 기본 입자에 대한 자료이다.

입자		전하량(C)	전하비	질량비
핵	양성자	$+1.6\times10^{-19}$	+1	1836
	중성자	0	0	1839
전자		-1.6×10^{-19}	−1	1

원자핵의 전하량이 1.92×10^{-18}C인 어떤 중성 원자가 전자 2개를 잃고 양이온이 되면, 이 이온이 갖는 전자는 몇 개인가?

① 8개 ② 10개
③ 12개 ④ 14개

21. 다음은 임의의 원소 A~E가 가지는 여러 가지의 입자수를 나타낸 자료이다.

	A	B	C	D	E
질량수	4	12	13	16	23
양성자수	2	6	6	8	11
중성자수	2	6	7	8	12
전자수	2	6	6	8	11

위의 표로 보아 다음 설명 중 옳지 않은 것은?

① 원소 A는 화학적 활성이 거의 없다.
② 원소 B와 C는 화학적인 성질이 같다.
③ 원소 D가 포함된 화합물은 우리 주위에서 쉽게 찾아볼 수 있다.
④ 원소 D와 E는 이온 결합하여 ED를 만들 수 있다.

22. 원자의 내부에 들어 있는 양성자, 중성자, 전자와 관련하여 옳은 것은?

① 양성자 수가 달라지면 항상 다른 원소가 된다
② 중성자 수가 달라지면 항상 다른 원소가 된다.
③ 전자 수가 달라지면 항상 다른 원소가 된다
④ 양성자가 두 개 이상 있으면서 중성자가 없는 원자도 가능하다.

23. 다음 중 같은 족 원소로 짝지어진 것은?

	A	B	C	D	E
질량수	19	20	23	35	40
중성자수	10	10	12	18	20
전자수	10	10	10	18	18

① B, C ② A, D
③ D, E ④ A, B, C

24. 아세틸렌(C_2H_2)이 산소에 의해서 완전 연소된 반응에서 얻어지는 생성물의 질량분석 스펙트럼을 옳게 나타낸 것은?

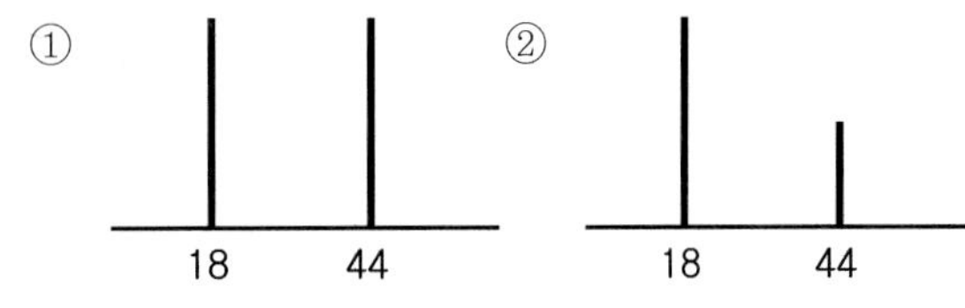

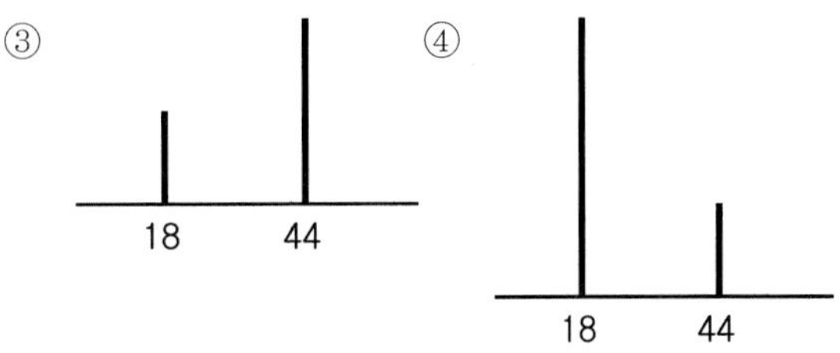

25. 원자(또는 이온)에 대한 다음 표의 빈칸 (가)~(다)를 모두 채우면 그 합은 얼마인가?

원자(또는 이온)	양성자수	중성자수	전자수	전하
	20	20	(가)	+2
	23	28	20	(나)
$^{56}_{26}Fe^{2+}$	26	(다)		

① 48 ② 49
③ 50 ④ 51

26. 러더퍼드는 그림 (가)와 같은 톰슨의 원자 모형을 검증하기 위하여 그림 (나)와 같이 실험을 하였다.

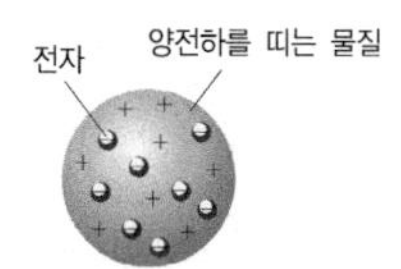

(가) 톰슨 원자 모형:
양전하를 띠는 물질에 전자가 고르게 분포

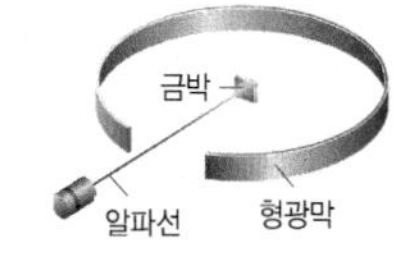

(나) 러더퍼드 실험:
금박에 알파선을 쬐여 형광막을 관찰

톰슨의 원자 모형이 옳다면, 금박에 알파선을 쬐었을 때 예상한 결과로 가장 적절한 것은?

①
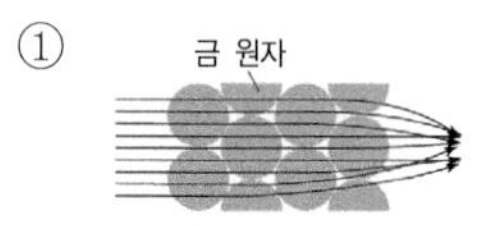

②
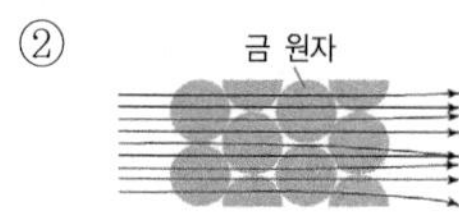

③
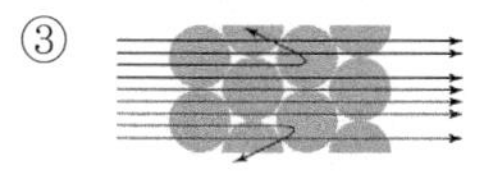

④
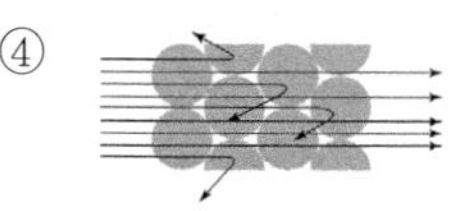

⑤
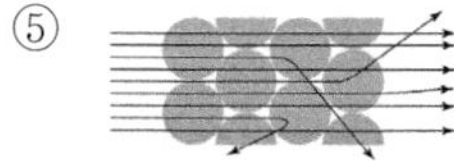

동위 원소

27. 탄소의 3가지 동위원소 ^{12}C, ^{13}C, ^{14}C에 대한 설명으로 옳은 것은?

① 양성자 수는 같고 전자 수는 다르다.
② 중성자 수는 같고 전자 수는 다르다.
③ 양성자 수는 같고 중성자 수는 다르다.
④ 양성자, 중성자, 전자 수는 같고, 원자량이 다르다.

28. 아래 〈보기〉에 주어진 쌍들 중 동위원소 쌍들은?

보기	
a. $^{1}_{1}H$와 $^{2}_{1}H$	b. $^{3}_{2}He$와 $^{4}_{2}He$
c. $^{3}_{1}H$와 $^{3}_{2}He$	d. $^{2}_{1}H$와 $^{4}_{2}He$

① a　　② a, b
③ c　　④ c, d

29. 다음 중 원자번호 6인 탄소(C)의 동소체가 아닌 것은?

① 다이아몬드　　② 흑연
③ 풀러렌　　④ 아세틸렌

30. 다음의 설명 중 옳지 않은 것은?

① 원자번호(Z)는 각 원자의 핵에 있는 양성자의 수와 같다.
② 원자의 핵에 있는 양성자와 중성자의 수를 합치면 질량수가 된다.
③ 중성자수(N)는 질량수에서 원자번호(Z)를 뺀 것이다.
④ 동위원소란 원자번호와 질량수는 같지만 전자수가 다른 원자이다.
⑤ 모든 탄소원자(Z = 6)는 양성자 6개와 전자 6개를 가지고 있다.

31. 자연계에 존재하는 안정한 탄소 원자는 ^{12}C와 ^{13}C이고, 탄소의 평균 원자량이 12.01일 때, 이에 대한 설명으로 가장 옳지 않은 것은?

① ^{12}C는 ^{13}C의 동소체이다.
② 전자 수는 ^{13}C과 ^{12}C가 같다.
③ 중성자 수는 ^{13}C이 ^{12}C보다 많다.
④ 자연계에서 존재하는 양은 ^{12}C가 ^{13}C보다 많다.

자료 추론형

원자의 모형과 실험

32. 그림은 원자 모형이 변천되는 과정의 일부를 나타낸 것이다. 실험 Ⅰ로 톰슨의 원자 모형을, Ⅱ로 러더퍼드의 원자 모형을 제안하게 되었다.

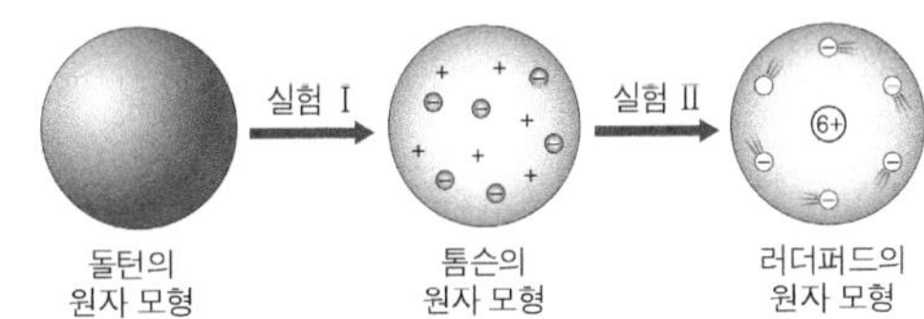

실험 Ⅰ과 Ⅱ에 대한 설명으로 옳은 것만을 〈보기〉에서 있는 대로 고른 것은?

보기
ㄱ. 실험 Ⅰ은 음극선 실험이다.
ㄴ. 실험 Ⅱ를 통해 전자가 발견되었다.
ㄷ. 실험 Ⅰ과 Ⅱ에서 발견된 입자는 같은 전하를 띤다.

① ㄱ ② ㄴ ③ ㄱ, ㄷ
④ ㄴ, ㄷ ⑤ ㄱ, ㄴ, ㄷ

33. 그림은 톰슨의 음극선 실험을 나타낸 것이다.

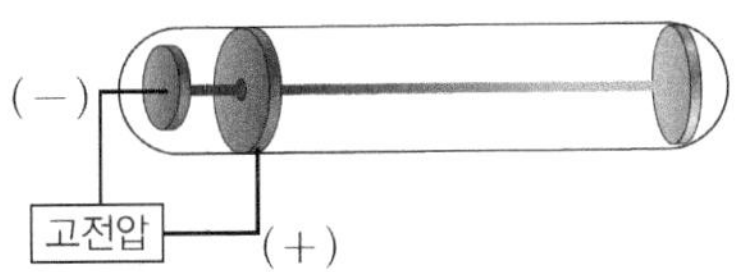

이 실험을 통해 발견한 입자에 대한 설명으로 옳은 것만을 〈보기〉에서 있는 대로 고른 것은?

보기
ㄱ. 원자 질량의 대부분을 차지한다.
ㄴ. (−)전하를 띤다.
ㄷ. 원자핵을 구성한다.

① ㄴ ② ㄷ ③ ㄱ, ㄴ
④ ㄱ, ㄷ ⑤ ㄱ, ㄴ, ㄷ

34. 그림은 3가지 원자 모형을 주어진 기준에 따라 분류한 것이다.

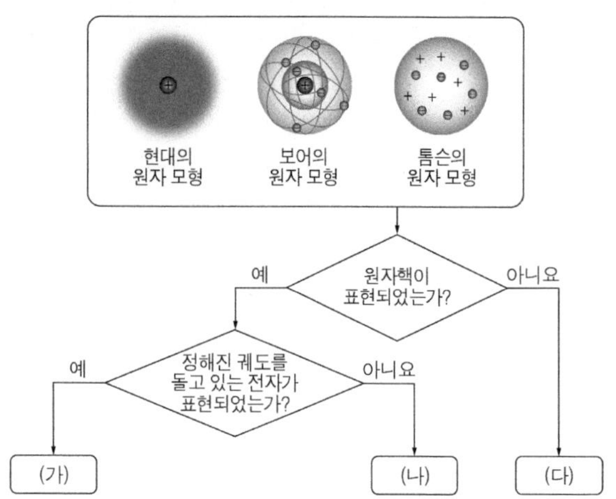

(가)~(다)에 대한 설명으로 옳은 것만을 〈보기〉에서 있는 대로 고른 것은?

보기

ㄱ. (가)는 수소 원자의 선 스펙트럼을 설명하기 위해 제안된 모형이다.
ㄴ. (나)는 러더퍼드가 알파 입자 산란 실험을 설명하기 위해 제안한 모형이다.
ㄷ. (다)는 톰슨의 원자 모형이다.

① ㄱ ② ㄴ ③ ㄱ, ㄷ
④ ㄴ, ㄷ ⑤ ㄱ, ㄴ, ㄷ

35. 그림은 3가지 원자 모형 A~C를 주어진 기준에 따라 분류한 것이다. A~C는 각각 톰슨, 보어, 현대적 원자 모형 중 하나이다.

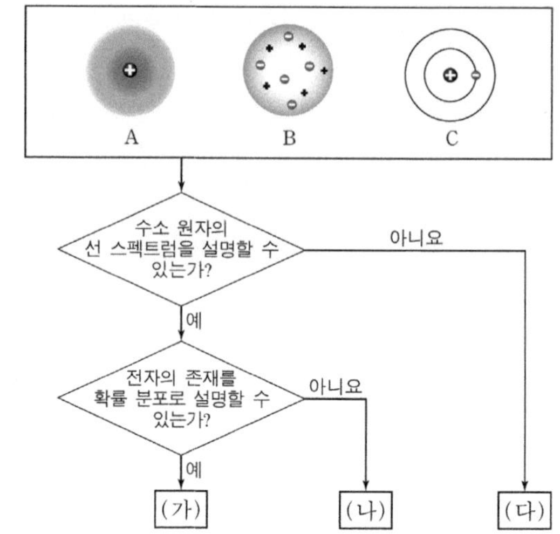

(가)~(다)에 해당하는 원자 모형으로 옳은 것은?

	(가)	(나)	(다)
①	A	B	C
②	A	C	B
③	B	A	C
④	B	C	A
⑤	C	A	B

36. 다음은 톰슨의 원자 모형과 관련된 자료이다.

> 방전관에 들어 있는 두 금속에 고전압을 걸어 주었더니 직진하는 음극선이 관찰되었고, 그림과 같이 전기장을 걸어 주었더니 음극선이 (+)극 쪽으로 휘어졌다. 이를 토대로 톰슨은 (−)전하를 띤 입자가 원자가 구성 입자임을 알았고, 원자는 전기적으로 중성이므로 (+)전하를 포함하여야 한다고 추론하였다.
>
> 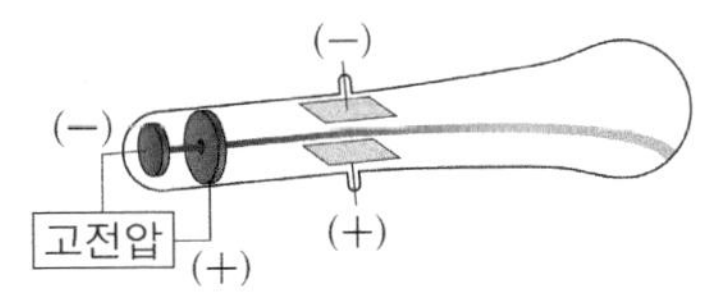
>

다음 중 톰슨의 원자 모형으로 가장 적절한 것은?

① 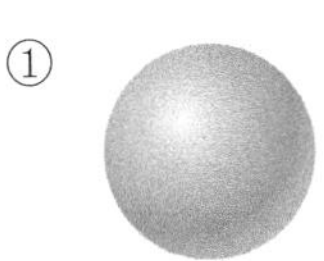
② 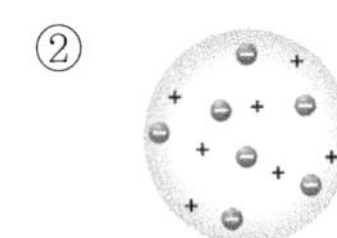
③ 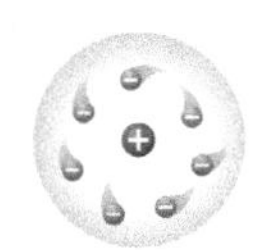
④ 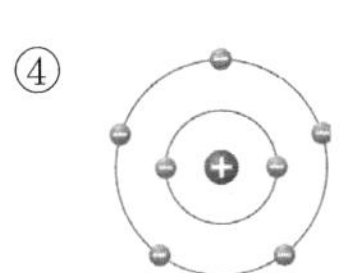
⑤ 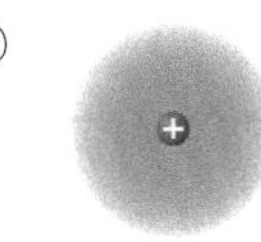

원자의 구성 입자

37. 표는 원자 X, Y와 이온 Z^-에 대한 자료이다. X~Z는 2주기 원소이고, ㉠~㉢은 각각 양성자, 중성자, 전자 중 하나이다.

	X	Y	Z^-
㉠의 수	a	7	b+1
㉡의 수	5		b
㉢의 수	a+1	8	b+1

이에 대한 설명으로 옳은 것만을 〈보기〉에서 있는 대로 고른 것은? (단, X~Z는 임의의 원소 기호이다.)

> 보기
>
> ㄱ. ㉠은 중성자이다.
> ㄴ. X의 질량수는 11이다.
> ㄷ. X~Z에서 중성자 수는 Z가 가장 크다.

① ㄱ ② ㄷ ③ ㄱ, ㄴ
④ ㄴ, ㄷ ⑤ ㄱ, ㄴ, ㄷ

38. 표는 전자 수가 x인 3가지 이온에 대한 자료이다.

이온	양성자 수	중성자 수	질량수
A^-	9	10	19
B^{m+}	11	y	23
C^{n+}	y	y	z

이에 대한 옳은 설명만을 〈보기〉에서 있는 대로 고른 것은?(단, A~C는 임의의 원소 기호이다.)

> 보기
>
> ㄱ. x는 10이다.
> ㄴ. z는 24이다.
> ㄷ. m은 n보다 크다.

① ㄱ ② ㄴ ③ ㄷ
④ ㄱ, ㄴ ⑤ ㄱ, ㄴ, ㄷ

39. 표는 원자 X~Z에 대한 자료이다.

원자	X	Y	Z
중성자수	6	7	8
$\frac{질량수}{전자 수}$	2	2	$\frac{7}{3}$

이에 대한 설명으로 옳은 것만을 〈보기〉에서 있는 대로 고른 것은? (단, X~Z는 임의의 원소 기호이다.)

보기
ㄱ. Y는 $^{13}_{6}C$이다.
ㄴ. X와 Z는 동위 원소이다.
ㄷ. 질량수는 Z>Y이다.

① ㄱ　② ㄴ　③ ㄷ
④ ㄱ, ㄴ　⑤ ㄴ, ㄷ

40. 다음은 $^{7}_{3}Li$과 $^{9}_{4}Be^{+}$에 대한 설명이다. ㉠~㉢은 각각 양성자, 중성자, 전자 중 하나이다.

- $^{7}_{3}Li$에 포함된 입자 수는 ㉠이 ㉡보다 크다.
- $^{7}_{3}Li$과 $^{9}_{4}Be^{+}$에 포함된 ㉢의 수는 같지 않다.

이에 대한 설명으로 옳은 것만을 〈보기〉에서 있는 대로 고른 것은?

보기
ㄱ. $^{7}_{3}Li$과 $^{9}_{4}Be^{+}$에 포함된 ㉠의 수는 같다.
ㄴ. $^{7}_{3}Li$에 포함된 입자 수는 ㉠과 ㉢이 같다.
ㄷ. $^{9}_{4}Be^{+}$에 포함된 입자 수는 ㉢이 ㉡보다 크다.

① ㄱ　② ㄷ　③ ㄱ, ㄴ
④ ㄴ, ㄷ　⑤ ㄱ, ㄴ, ㄷ

41. 표는 원자 X~Z에 대한 자료이다.

원자	X	Y	Z
중성자수−양성자수	−1	1	2
$\frac{질량수}{전자 수}$	$\frac{3}{2}$	3	$\frac{9}{4}$

이에 대한 설명으로 옳은 것만을 〈보기〉에서 있는 대로 고른 것은? (단, X~Z는 임의의 원소 기호이다.)

보기
ㄱ. Y의 질량수는 6이다.
ㄴ. Z의 중성자수는 10이다.
ㄷ. 원자 번호는 X>Z이다.

① ㄱ　② ㄴ　③ ㄱ, ㄷ
④ ㄴ, ㄷ　⑤ ㄱ, ㄴ, ㄷ

동위 원소

42. 그림은 양성자 수에 따라 임의의 중성 원자 A ~F의 $\frac{\text{중성자 수}}{\text{양성자 수}}$ 값을 나타낸 것이다.

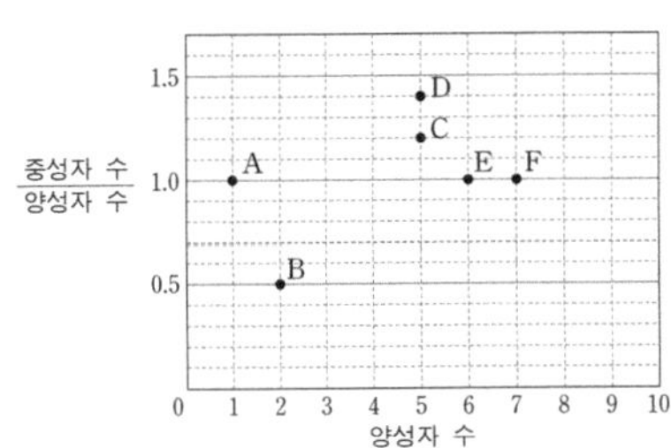

이 자료를 해석한 것으로 옳은 것은?

① A와 F의 전자 수는 같다.
② E의 질량수는 B의 3배이다.
③ C와 D의 화학적 성질은 다르다.
④ D와 E의 질량수는 같다.
⑤ E와 F의 중성자 수는 같다.

43. 표는 C, N, O의 동위 원소에 대한 자료이다.

원자 번호	6	7	8
동위 원소	^{12}C, ^{13}C	^{14}N, ^{15}N	^{16}O, ^{17}O, ^{18}O

이에 대한 설명으로 옳은 것만을 〈보기〉에서 있는 대로 고른 것은?

보기
ㄱ. 전자 수는 ^{15}N가 ^{14}N보다 크다.
ㄴ. 중성자 수는 ^{13}C와 ^{14}N가 같다.
ㄷ. $^{12}C^{18}O_2$와 $^{13}C^{18}O_2$의 화학 결합의 종류는 다르다.

① ㄱ ② ㄴ ③ ㄷ
④ ㄱ, ㄴ ⑤ ㄴ, ㄷ

44. 표는 이온 (가)와 원자 (나), (다)에 대한 자료이다.

이온 또는 원자	구성 입자 수			질량수
	양성자	A	B	
(가)	8		10	16
(나)		12		24
(다)		14	12	

이에 대한 옳은 설명만을 〈보기〉에서 있는 대로 고른 것은?

보기
ㄱ. A는 전자이다.
ㄴ. (가)는 음이온이다.
ㄷ. (나)와 (다)는 동위 원소이다.

① ㄱ ② ㄴ ③ ㄱ, ㄷ
④ ㄴ, ㄷ ⑤ ㄱ, ㄴ, ㄷ

45. 그림은 임의의 중성 원자 A~D에 대해 양성자 수(P)에서 중성자수(N)를 뺀 값($P-N$)을 양성자수에 따라 나타낸 것이다.

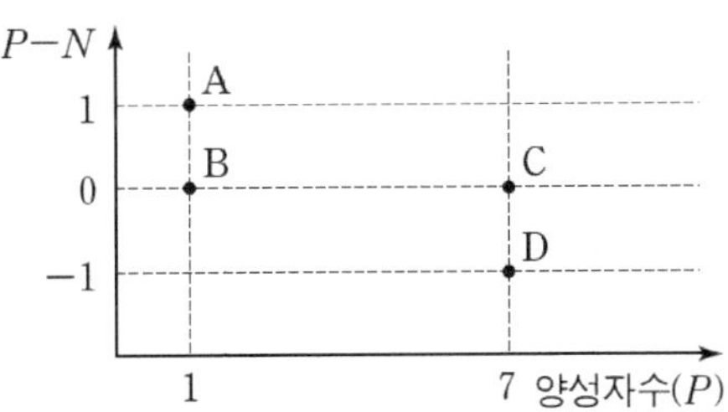

이에 대한 설명으로 옳지 않은 것은?

① A와 B의 전자수는 같다.
② B와 C의 질량수는 다르다.
③ C와 D는 동위원소이다.
④ 분자량은 CA_3가 DB_3보다 크다.
⑤ 중성자수는 A가 D보다 적다.

46. 그림은 X의 동위 원소에 대하여 자연계에 존재하는 비율을 나타낸 것이다.

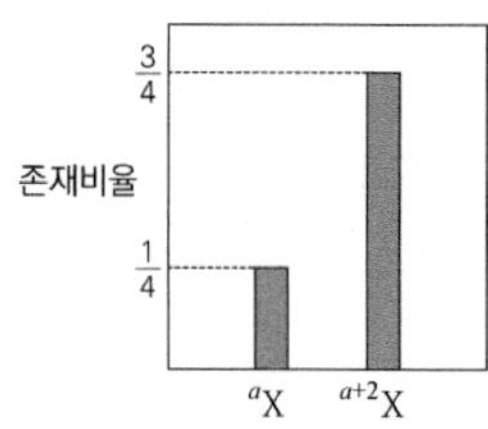

이에 대한 설명으로 옳은 것만을 〈보기〉에서 있는 대로 고른 것은? (단, X는 임의의 원소 기호이고, 자연계에 X 원자 2개로 이루어진 X_2 분자가 존재한다.)

보기

ㄱ. 전자 수는 ^{a+2}X가 ^{a}X보다 크다.
ㄴ. X_2 분자 중 $^{a}X\,^{a+2}X$가 자연계에 존재하는 비율은 $\frac{3}{16}$이다.
ㄷ. ^{a}X, ^{a+2}X 각각의 원자량이 주어지면 X의 평균 원자량을 구할 수 있다.

① ㄱ ② ㄴ ③ ㄷ
④ ㄱ, ㄷ ⑤ ㄴ, ㄷ

47. 표는 자연계에 존재하는 리튬(Li)의 동위 원소에 대한 자료이다. Li의 평균 원자량은 6.94이다.

동위 원소	원자량	존재 비율(%)
^{6}Li	6.02	x
^{7}Li	7.02	$100-x$

이에 대한 설명으로 옳은 것만을 〈보기〉에서 있는 대로 고른 것은?

보기

ㄱ. 중성자수는 $^{7}Li > {}^{6}Li$이다.
ㄴ. $x > 50$이다.
ㄷ. 두 동위 원소 각 1g에 들어 있는 원자 수는 $^{7}Li > {}^{6}Li$이다.

① ㄱ ② ㄷ ③ ㄱ, ㄴ
④ ㄴ, ㄷ ⑤ ㄱ, ㄴ, ㄷ

제2절 보어의 원자 모형

정답 p.9

대표 유형 기출 문제

07 지방직 7급 12

1. 방전관에 수소를 채워 넣고 방전시킬 때 관찰되는 수소 원자 방출 스펙트럼은 원자의 구조를 규명하는 데 결정적인 단서를 제공했다. 수소 원자에서 빛이 방출되는 과정을 올바르게 설명한 것은?

① 방전에 의해 전자가 더 높은 에너지 상태의 주양자수를 갖게 되면서 빛이 방출된다.
② 수소 원자로부터 전자가 떨어져 나와 양이온이 생기는 과정에서 빛이 방출된다.
③ 들뜬 수소 원자의 전자가 더 작은 주양자수를 갖게 되면서 빛이 방출된다.
④ 방전 중 발생된 전자와 매질 내 양성자가 완전 탄성 충돌하면서 빛이 방출된다.

09 지방직 7급 16

2. 수소 원자가 에너지를 받아 들뜬 상태로 되었다가 광자를 방출하는 과정에 대한 분광 실험으로부터 수소의 원자 에너지가 양자화(quantized)되어 있음을 알게 되었다. 이에 관련된 사실로 옳지 않은 것은?

① 원자는 특정한 값의 에너지 준위들만을 가진다.
② 특정한 파장들만을 갖는 광자가 방출된다.
③ 방출되는 전자기파는 가시광선, 적외선, 자외선 성분을 모두 포함된다.
④ 광자 방출 과정에서 흑체복사와 유사한 스펙트럼이 관측된다.

10 지방직 7급 12

3. 원자의 전자 에너지가 양자화 되었다는 증거로 옳은 것은?

① 파동함수
② 불확정성 원리
③ Pauli 배타원리
④ 원자의 선 스펙트럼

15 지방직 9급 04

4. 수소 원자의 선 스펙트럼을 설명할 수 있는 것만을 모두 고른 것은?

ㄱ. 보어의 원자 모형
ㄴ. 러더퍼드의 원자 모형
ㄷ. 톰슨의 원자 모형

① ㄱ　② ㄴ
③ ㄷ　④ ㄱ, ㄴ, ㄷ

23 해양 경찰청 03

5. 다음 중 수소 원자의 선 스펙트럼으로 알 수 있는 정보로 가장 옳은 것은?

① 수소 원자의 밀도
② 수소 원자의 크기
③ 수소 원자의 이온화 에너지
④ 수소 원자의 반응성

$E = hf = h\frac{c}{\lambda}$

07 지방직 7급 15

6. 어떤 빛의 파장이 5.70×10^{-7}m 이다. 이 빛에 해당하는 광자 한 개의 에너지를 바르게 계산한 값[J]은? (단, 빛의 속도 $c = 3 \times 10^8 \mathrm{ms}^{-}$, Plank 상수 $h = 6.626 \times 10^{-34}$Js 이다.)

① 3.49×10^{-19}

② 5.49×10^{-19}

③ 3.26×10^{14}

④ 5.26×10^{14}

11 지방직 7급 03

7. 분자 진동 에너지에 해당하는 전자기파를 이용하여 분자 내에 존재하는 작용기(결합) 정보를 얻어내는 분광법은?

① 핵자기공명 분광법

② 자외선 분광법

③ 적외선 분광법

④ 질량 분석법

전자 전이

00 행정자치부 9급

8. 보어의 원자 모형에 따르면 수소 원자의 에너지 준위는 $E_n = -\frac{1312}{n^2}$kJ/mol($n = 1, 2, 3...$)으로 나타낸다. K 전자껍질과 L 전자껍질의 에너지 준위의 차($E_2 - E_1$)는 L 전자 껍질과 M 전자 껍질의 에너지 준위의 차($E_3 - E_2$)의 몇 배가 되는가?

① 3.6 ② 4.8

③ 5.4 ④ 6.2

13 국가직 7급 01

9. 수소 원자에서 궤도간의 전자 전이를 나타낸 다음 그림에 대한 설명으로 옳은 것을 모두 고른 것은?

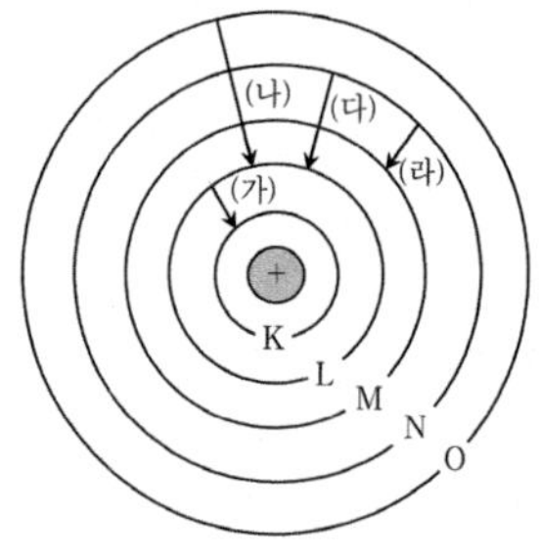

ㄱ. 방출되는 빛의 파장은 (나)의 파장이 (라)의 파장보다 짧다.
ㄴ. (가)의 에너지는 (다)의 에너지의 두 배이다.
ㄷ. (나)와 (다)에서는 가시 광선 영역의 빛이 방출된다.

① ㄱ, ㄴ ② ㄱ, ㄷ

③ ㄴ, ㄷ ④ ㄱ, ㄴ, ㄷ

20 지방직 7급 11

10. 보어(Bohr) 모형에 따른 수소 원자에서, 전자 한 개가 주양자수 $n=4$ 준위에서 $n=2$ 준위로 전이할 때 방출하는 에너지(A)와 $n=8$ 준위에서 $n=4$ 준위로 전이할 때 방출하는 에너지(B) 사이의 관계식으로 옳은 것은?

① A = B
② A = 2B
③ 2A = B
④ A = 4B

주관식 개념 확인 문제

11. 원자핵 주위를 돌고 있는 전자가 높은 에너지 상태에서 낮은 에너지 상태로 떨어질 때 5.0×10^{-19} J/mol의 에너지를 방출하였다.
(단, 플랑크 상수 $h=6.63\times10^{-34}$ J · sec/mol이다.)
다음 물음에 답하시오.

(1) 방출되는 빛의 진동수(S^{-1})를 구하시오.
(2) 방출되는 빛의 파장(nm)을 구하시오.

12. 전자의 에너지 준위가 E_2에서 E_1의 상태로 전이될 때 방출되는 전자기파의 파장을 나타내시오.
(단, 플랑크 상수는 h이고 광속은 c이다.)

13. $n=1$에서 $n=5$까지의 서로 다른 에너지 상태로부터 얻을 수 있는 파장이 다른 빛의 종류는 최대로 몇 가지인가?

14. 다음 각 전자기파가 이용되는 분야는 어디인가?

(1) 마이크로파

(2) 적외선

(3) 자외선

15. 전자 전이 과정에서 전자기파의 에너지 관계가 $E_1 = E_2 + E_3$이라면, 이 과정에 대한 진동수의 관계와 파장의 관계는 어떻게 표현되겠는가?

16. 다음 그림은 수소 원자의 에너지 준위를 나타낸 것이다. 다음 각 물음에 답하여라.
(단, $E_n = -\dfrac{313.6}{n^2}$ kcal/mol 이다.)

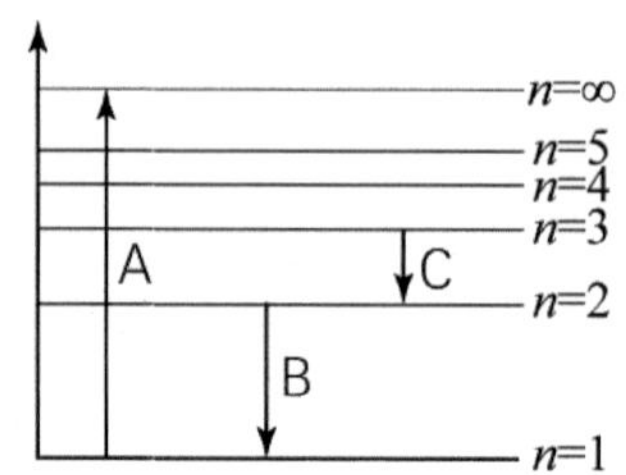

다음 물음에 답하시오.

(1) 파장이 400 ~ 700 nm 에 해당하는 전자기파를 방출하는 것은?

(2) A에서 필요한 에너지는 얼마인가?

17. 수소 원자에서 방출되는 발머계열의 선 스펙트럼 중 에너지가 가장 큰 빛 에너지는 몇 kcal/mol 인가?
(단, $E_n = -\dfrac{313.6}{n^2}$ kcal/mol 이다.)

18. **다음 그림은 수소 원자의 전자 전이를 나타낸 그림이다. 다음 물음에 답하여라.**

(단, $E_n = -\frac{313.6}{n^2}$ kcal/mol **이다.)**

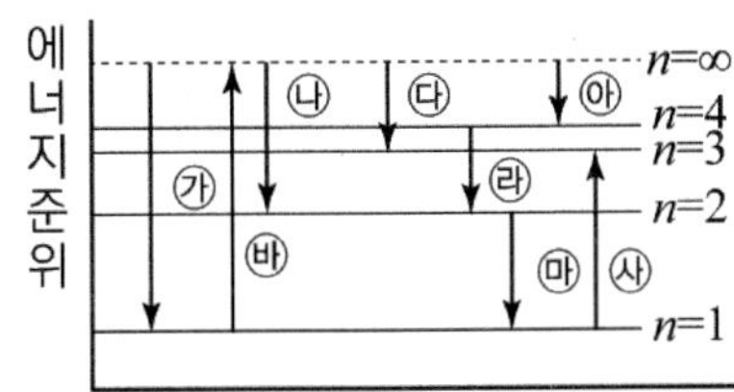

다음 물음에 답하시오.

(1) ㉮~㉵ 중 파장이 가시광선 영역에 해당하는 전자기파를 방출하는 것은?

(2) 수소 원자의 이온화 에너지는 몇 kcal/mol 인가?

(3) ㉮~㉵ 중 진동수가 가장 작은 전자기파를 방출하는 것은 어느 것인가?

(4) ㉲에서 방출하는 전자기파의 에너지는 ㉱에서 방출하는 전자기파의 에너지의 몇 배인가?

(5) ㉴에서 흡수하는 에너지는 몇 kcal/mol 인가?

기본 문제

19. **원자에서 복사되는 빛은 선 스펙트럼을 만드는데 이것으로부터 알 수 있는 사실은?**

① 빛에 의한 광전자의 방출

② 빛이 파동의 성질을 가지고 있다는 사실

③ 전자 껍질의 에너지의 불연속성

④ 원자핵 내부의 구조

20. **다음 그림은 어느 원자의 전자가 가질 수 있는 에너지 상태를 계단 모형으로 나타낸 것이다. 이 모형에서 각 계단은 전자 껍질을 나타내며 계단과 계단 사이의 높이는 다르다. 전자가 에너지 준위가 높은 계단에서 낮은 계단으로 내려올 때에는 그 차이에 해당하는 에너지를 빛의 형태로 방출한다. 이 원자에 전자가 1개만 들어 있다면 들뜬 원자로부터 방출 가능한 빛의 파장의 종류는 최대로 몇 가지나 될까?**

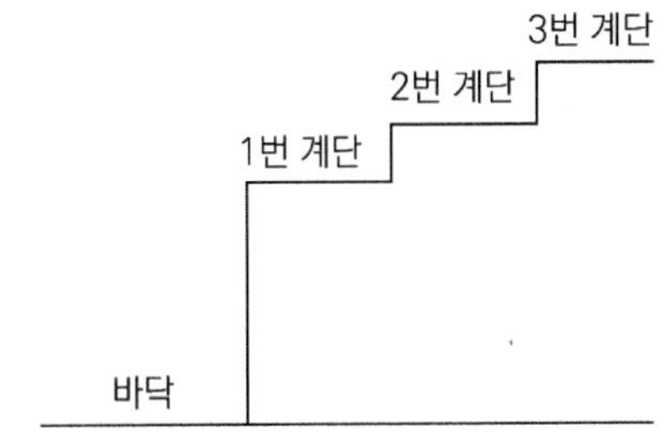

① 3 ② 4 ③ 5

④ 6 ⑤ 7

21. 다음 그림은 수소 원자의 전자 전이와 에너지와의 관계를 나타낸 것이다. 다음 설명 중 옳지 않은 것은? (단, 수소 원자의 에너지 준위는 $E_n = -\frac{313.6}{n^2}$ kcal/mol 이다.

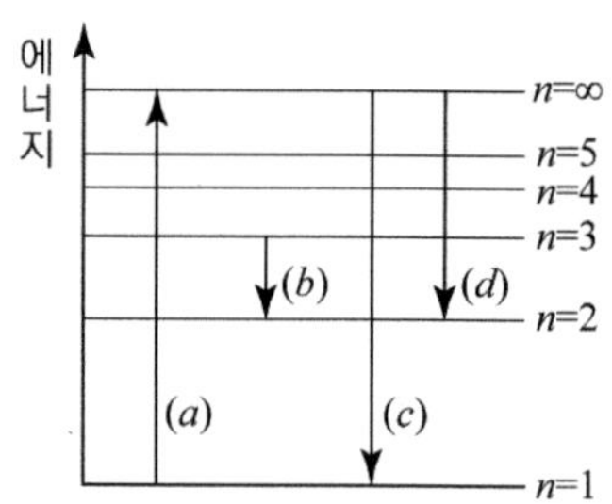

① (a)는 이온화 에너지를 나타낸다.
② (c)에서 방출하는 에너지는 313.6 kcal/mol 이다.
③ (d)에서 방출하는 선 스펙트럼은 발머 계열로 가시광선이다.
④ (b)에서 방출하는 선 스펙트럼의 파장이 (d)에서 방출된 선 스펙트럼의 파장보다 짧다.

22. 보어의 수소원자 모형에 대한 설명으로 틀린 것은?

① 전자는 원자핵 주위를 원운동 하고 있다.
② 수소의 선스펙트럼을 잘 설명할 수 있다.
③ 전자가 갖는 에너지 준위는 불연속적이다.
④ 전자는 원자핵 주위에 구름처럼 퍼져있다.

23. 수소원자에 대한 다음 서술 중 옳은 것은?

① $n=5$에서 $n=3$으로의 전이에 해당하는 에너지는 $n=3$에서 $n=1$로의 전이에 해당하는 에너지보다 크다.
② 바닥 상태는 전자의 가장 불안정한 에너지 상태를 나타낸다.
③ $n=3$에서 $n=2$로의 전이는 $n=4$에서 $n=1$로의 전이에 해당하는 전자기파보다 큰 파장값을 가진다.
④ 전자가 높은 에너지 준위로 전이될 때 빛을 방출한다.

24. 아래 그림은 수소 기체 방전관에서 관찰되는 자외선, 가시광선 영역의 선스펙트럼이다. 434nm에 해당하는 전자 전이를 옳게 나타낸 것은?

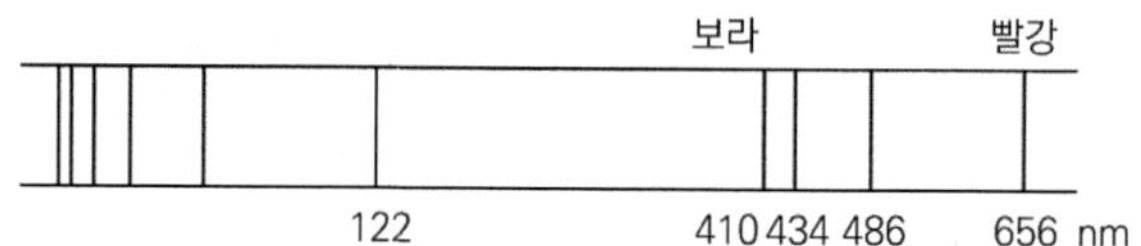

① N → K　　② O → L
③ O → M　　④ N → L

25. 보어의 수소 원자 이론에서 수소의 전자가 가질 수 있는 에너지는 주양자수(n)에 의해 결정되며, 바닥 상태 전자의 주양자수는 1, 들뜬 상태 전자의 주양자수는 2, 3, … 등의 정수이다. 수소 원자에서 바닥 상태의 전자를 완전히 떼어내는 데 드는 에너지를 ΔE_1이라고 하고, $n=2$에서 $n=4$인 상태로 전자 준위를 들뜨게 하는 데 드는 에너지를 ΔE_2라고 할 때, $\frac{\Delta E_2}{\Delta E_1}$의 값은?

① $\frac{1}{16}$　　② $\frac{1}{8}$
③ $\frac{3}{16}$　　④ $\frac{1}{4}$

자료 추론형

26. 그림 (가)는 수소 원자에 대한 가시광선 영역의 선 스펙트럼 일부를, (나)는 수소 원자의 에너지 준위를 나타낸 것이다.

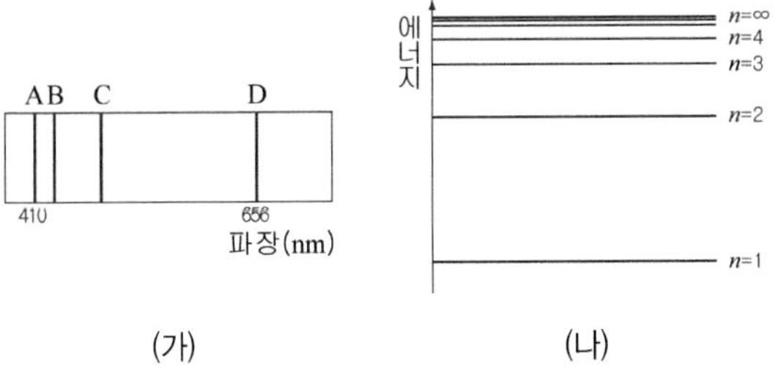

(가) (나)

A~D에 대한 설명으로 옳은 것만을 〈보기〉에서 있는 대로 고른 것은? (단, 수소 원자의 에너지 준위(E_n) $=-\frac{1312}{n^2}$kJ/mol이다.)

보기
ㄱ. 에너지가 가장 작은 스펙트럼선은 D이다.
ㄴ. 들뜬 상태의 전자가 $n=1$로 전이될 때 나타난다.
ㄷ. A−B 간격이 B−C 간격보다 작은 것은 주양자수가 클수록 이웃한 두 에너지 준위 간격이 작기 때문이다.

① ㄱ ② ㄴ ③ ㄱ, ㄷ
④ ㄴ, ㄷ ⑤ ㄱ, ㄴ, ㄷ

27. 그림은 수소 원자의 전자 전이를 나타낸 것이다.

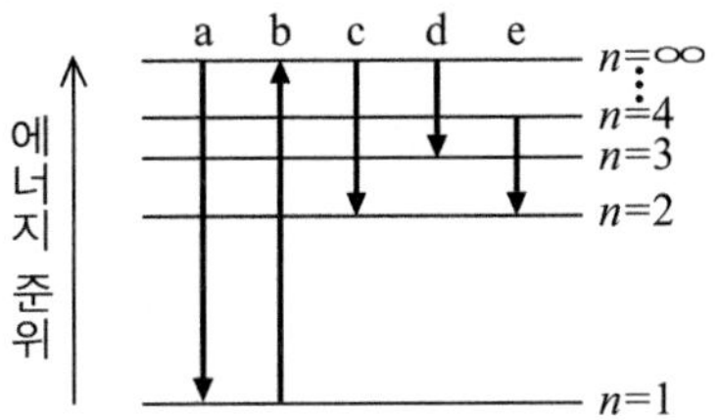

전자 전이 a~e에 대한 옳은 설명을 〈보기〉에서 모두 고른 것은? (단, 수소 원자의 에너지 준위는 $E_n=-\frac{1312}{n^2}$ kJ/몰이다.)

보기
ㄱ. 방출되는 에너지는 a가 c의 4배이다.
ㄴ. 파장이 가장 짧은 빛을 방출하는 것은 e이다.
ㄷ. 가시광선 영역에 스펙트럼이 나타나는 것은 2개이다.
ㄹ. a에서 방출되는 에너지는 수소 원자의 전자친화도와 같다.

① ㄱ, ㄷ ② ㄱ, ㄹ ③ ㄴ, ㄹ
④ ㄱ, ㄴ, ㄷ ⑤ ㄴ, ㄷ, ㄹ

28. 그림은 수소 방전관에서 나오는 가시광선 스펙트럼의 선의 위치를 나타낸 것이다.

이에 대한 설명으로 옳은 것을 〈보기〉에서 모두 고른 것은?

보기

ㄱ. 수소 원자의 에너지 준위는 불연속이다.
ㄴ. a선에 해당하는 진동수는 c선보다 2배 이상 크다.
ㄷ. b선은 전자 껍질 N에서 L로의 전자 전이에 해당한다.

① ㄴ　② ㄷ　③ ㄱ, ㄴ
④ ㄱ, ㄷ　⑤ ㄱ, ㄴ, ㄷ

제 3 절 오비탈 모형과 양자수

정답 p. 12

대표 유형 기출 문제

12 지방직 7급 05

1. 주양자수를 n, 방위양자수를 l이라 할 때, 이에 대한 설명으로 옳지 않은 것은?

① 부껍질에 채울 수 있는 최대 전자 수는 $4l+2$개이다.

② 껍질에 채울 수 있는 최대 전자 수는 $2n^2$개이다.

③ 껍질에 있는 부껍질의 수는 $n-1$개이다.

④ 껍질에 있는 원자 궤도함수의 수는 n^2개다.

13 지방직 7급 06

2. 원자 오비탈에 대한 설명으로 옳은 것만을 모두 고른 것은?

ㄱ. 수소의 $2s$ 오비탈과 $2p$ 오비탈은 에너지 준위가 서로 같다.
ㄴ. 수소의 $1s$ 오비탈은 리튬의 $1s$ 오비탈보다 에너지 준위가 더 낮다.
ㄷ. 리튬의 $2s$ 오비탈은 2개의 방사상 마디(radial node)를 갖는다.

① ㄱ　② ㄷ
③ ㄱ, ㄴ　④ ㄴ, ㄷ

14 국가직 7급 11

3. 양자수(quantum number)에 대한 설명으로 옳지 않은 것은?

① 주양자수(n)가 3일 때, 가능한 각운동량 양자수(l)는 1, 2, 3이다.

② 각운동량 양자수(l)가 2일 때, 가능한 자기 양자수(m)는 −2, −1, 0, +1, +2이다.

③ 스핀 양자수(s)는 다른 양자수에 관계없이 항상 −1/2또는 +1/2을 갖는다.

④ 한 원자에서 어떠한 두 전자도 같은 값의 네 가지 양자수(n, l, m, s)를 가질 수 없다.

15 국가직 7급 02

4. 주양자수 n이 4인 원자 껍질에 채워질 수 있는 최대 전자 수는?

① 18개　② 28개
③ 32개　④ 60개

16 서울시 1회 7급 06

5. 다음 중 양자수에 대한 설명으로 가장 옳지 않은 것은?

① 주양자수는 궤도함수의 크기 및 에너지와 관련이 있다.
② 각 운동량양자수는 궤도함수의 모양과 관련이 있다.
③ 자기 양자수는 공간에서의 궤도함수의 방향을 나타낸다.
④ 스핀 양자수는 궤도함수의 회전방향을 나타낸다.

16 서울시 3회 7급 03

6. 한 원자에서 〈보기〉의 양자수가 가질 수 있는 전자의 최대 개수는 얼마인가?

보기

- 주양자수: 4
- 각 운동량 양자수: 3

① 2　② 6
③ 10　④ 14

18 지방직 7급 08

7. $1s$, $2s$, $3s$ 오비탈의 방사 확률 분포에 대한 설명으로 옳은 것은?

① 주양자수가 증가함에 따라 방사 확률 분포의 봉우리 개수는 기하급수적으로 증가한다.
② 방사 확률 분포의 봉우리가 여러 개일 경우, 안쪽 봉우리는 바깥쪽 봉우리보다 크다.
③ 주양자수가 증가함에 따라 방사 확률 분포는 핵으로부터 더 멀리 퍼져 있다.
④ 주양자수가 증가함에 따라 방사 확률 분포의 마디 개수는 감소한다.

18 서울시 2회 9급 12

8. 주양자수 $n=5$에 대해서, 각 운동량 양자수 l의 값과 각 부껍질 명칭으로 가장 옳지 않은 것은?

① $l=0$, $5s$　② $l=1$, $5p$
③ $l=3$, $5f$　④ $l=4$, $5e$

20 서울시 2회 7급 13

9. 우리가 존재하는 우주와 전혀 다른 물리 법칙들이 적용되는 어떤 우주에서 전자의 양자수를 (a, b, c, d)라고 정의하고, 이들 양자수는 〈보기〉의 조건을 만족한다고 가정하자. $a=5$인 경우, 수용할 수 있는 전자의 최대 개수는?

보기

- a는 양의 정수(1, 2, 3, 4, 5, …)
- b는 a 이하의 양의 홀수($b \le a$)
- c는 $-b$보다 크고 $+b$보다 작은 짝수(0 포함)
- d는 $-\frac{1}{2}$ 혹은 $+\frac{1}{2}$

① 14　② 16
③ 18　④ 20

20 국가직 7급 05

10. 다전자 원자에서 $2s$ 전자와 $2p$ 전자가 느끼는 유효 핵전하와 내부 껍질로의 침투 효과(penetration effect) 크기를 바르게 연결한 것은?

	유효 핵전하	침투 효과
①	$2s > 2p$	$2s > 2p$
②	$2s < 2p$	$2s > 2p$
③	$2s < 2p$	$2s < 2p$
④	$2s > 2p$	$2s < 2p$

20 해양 경찰청 14

11. 다음 중 양자수에 대한 설명으로 가장 옳지 않은 것은?

① 주양자수(n)가 3일 때, 가능한 각운동량 양자수(l)는 1, 2, 3이다.

② 각운동량 양자수(l)가 2일 때, 가능한 자기 양자수(m_l)는 -2, -1, 0, $+1$, $+2$이다.

③ 스핀 양자수(m_s)는 다른 양자수에 관계없이 항상 $-\frac{1}{2}$ 또는 $+\frac{1}{2}$을 갖는다.

④ 한 원자에서 어떠한 두 전자도 같은 값의 네 가지 양자수(n, l, m_l, m_s)를 가질 수 없다.

21 지방직 9급 10

12. 다음 양자수 조합 중 가능하지 않은 조합은? (단, n은 주양자수, l은 각 운동량 양자수, m_l은 자기 양자수, m_s는 스핀 양자수이다.)

	n	l	m_l	m_s
①	2	1	0	$-\frac{1}{2}$
②	3	0	-1	$+\frac{1}{2}$
③	3	2	0	$+\frac{1}{2}$
④	4	3	-2	$+\frac{1}{2}$

22 지방직 7급 06

13. (가)~(라)에서 제시한 양자수와 이에 해당하는 오비탈을 바르게 연결한 것은?

(가) $n=2$, $l=1$ (나) $n=1$, $l=0$
(다) $n=3$, $l=2$ (라) $n=3$, $l=0$

	(가)	(나)	(다)	(라)
①	$2s$	$2p$	$3p$	$3d$
②	$2s$	$1s$	$3p$	$3s$
③	$2p$	$1s$	$3d$	$3p$
④	$2p$	$1s$	$3d$	$3s$

주관식 개념 확인 문제

14. 다음 각 물음에 답하시오.

(1) 주양자수 $n=3$인 전자 껍질이 갖는 방위 양자수, 오비탈의 종류 및 오비탈의 총 수는?

(2) 주양자수 $n=2$, 방위 양자수 $l=1$, 자기 양자수 $m=-1$이 오비탈을 기호로 나타내면 [①] 이고, $n=3$, $l=1$, $m=+1$이면 [②] 로 나타낼 수 있다.

15. 다음에 주어진 양성자 중 수소 원자가 가질 수 없는 것은 어느 것인가? 또한 양자수가 올바르게 나타난 것에 대해서는 궤도 함수의 기호를 나타내시오.

(1) $n=2$, $l=1$, $m=-1$

(2) $n=3$, $l=1$, $m=0$

(3) $n=4$, $l=0$, $m=0$

(4) $n=4$, $l=3$, $m=\pm 4$

기본 문제

16. 다음 중 오비탈에 대한 설명으로 옳지 않은 것은?

① 핵 주위에서 전가가 발견될 확률적 분포를 나타낸 것이다.

② $N(n=4)$ 전자 껍질까지의 오비탈의 총 수는 30개이다.

③ 한 개의 오비탈에는 전자가 2개까지 수용될 수 있다.

④ p 오비탈은 아령형으로 어느 전자껍질에서도 존재한다.

17. 다음 오비탈에 대한 설명 중 옳지 않은 것은?

① 다전자 에너지 준위는 $4s < 3d$이다

② d 오비탈의 오비탈 수는 10개이다.

③ p 오비탈에 채워질 수 있는 전자 수는 6개이다.

④ 핵주위에 전자가 발견될 확률 분포를 나타낸 것이다.

18. 다음 그림은 다전자 원자의 $L(n=2)$ 껍질에 속해 있는 전자의 오비탈(궤도 함수)들의 모양을 그린 것이다. 이들의 에너지 준위 사이의 관계를 바르게 표시한 것은?

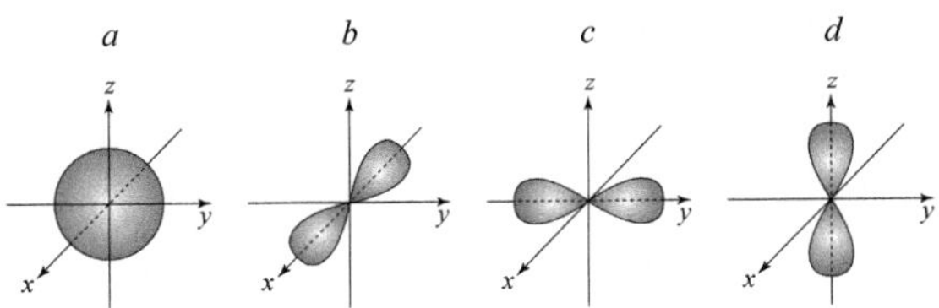

① $a<b<c<d$ ② $a>b>c>d$
③ $a<b=c=d$ ④ $a>b=c=d$
⑤ $a=b=c=d$

19. 네 가지 양자수의 순서쌍(n, l, m_l, m_s)중에서 허용되는 것은 무엇인가?

① 1, 0, 0, $-1/2$ ② 1, 1, 0, $+1/2$
③ 2, 1, 2, $+1/2$ ④ 3, 2, -2, 0

20. 방사방향 마디(radial nodes) 개수와 각운동량 마디(angular nodes) 개수가 서로 같은 원자 오비탈은?

① $1s$ ② $2p_x$
③ $3d_{xy}$ ④ $4d_{xy}$

자료 추론형

21. 그림 (가)와 (나)는 각각 수소 원자의 $2s$ 오비탈과 $2p$ 오비탈에서 원자핵으로부터의 거리에 따른 전자 발견 확률을 나타낸 것이다.

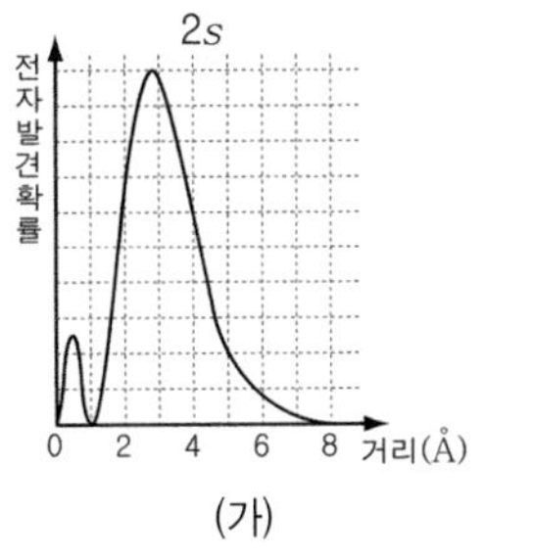

(가)

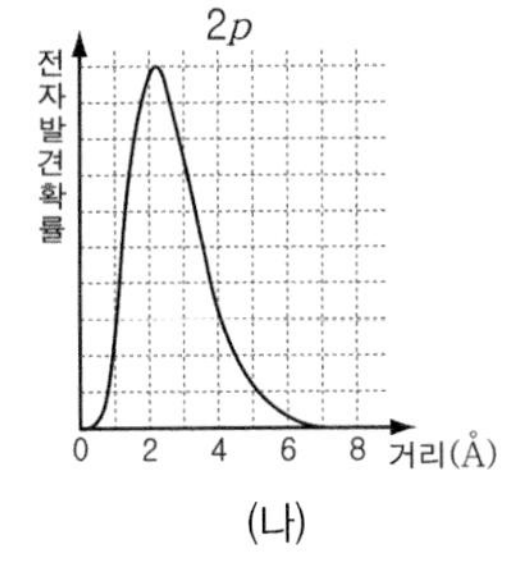

(나)

이에 대한 설명으로 옳은 것만을 〈보기〉에서 있는 대로 고른 것은?

보기

ㄱ. 전자가 발견될 확률이 최대인 거리는 $2s$가 $2p$보다 크다.
ㄴ. $2s$ 오비탈에는 전자가 발견될 확률이 0인 곳이 있다.
ㄷ. 에너지 준위는 $2p$가 $2s$보다 높다.

① ㄱ ② ㄴ ③ ㄷ
④ ㄱ, ㄴ ⑤ ㄴ, ㄷ

22. 그림은 수소 원자의 1s, 2s 오비탈의 모습과 각 오비탈에서 전자가 발견될 확률을 핵으로 부터의 거리에 따라 나타낸 것이다.

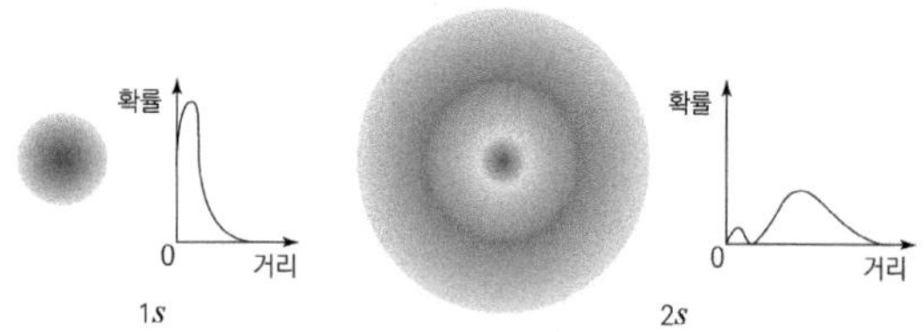

이에 대한 설명으로 옳은 것만을 〈보기〉에서 있는 대로 고른 것은?

보기

ㄱ. 전자는 원운동을 한다.

ㄴ. 1s 오비탈에서 핵으로부터 거리가 같으면 전자가 발견될 확률은 방향에 관계없이 같다.

ㄷ. 2s 오비탈에서 전자가 발견될 확률이 0인 곳이 있다.

① ㄱ　② ㄴ　③ ㄱ, ㄷ　④ ㄴ, ㄷ　⑤ ㄱ, ㄴ, ㄷ

23. 그림은 수소 원자의 오비탈 모형을 나타낸 것이다.

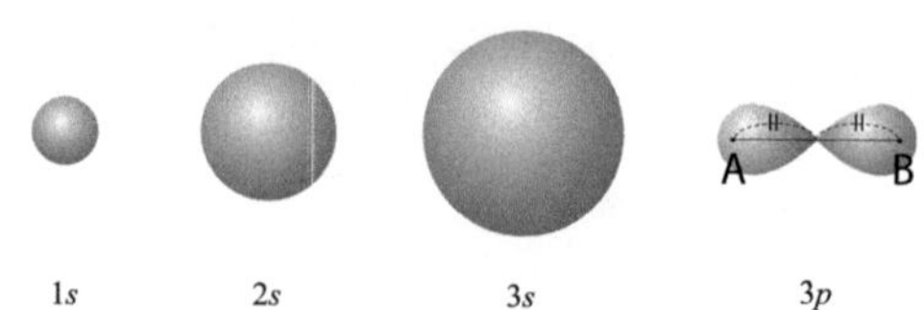

이에 대한 설명으로 옳은 것만을 〈보기〉에서 있는 대로 고른 것은? (단, 수소 원자의 에너지 준위는 $E_n = -\frac{1312}{n^2}$ kJ/mol 이고 빛의 에너지는 $E = h\frac{c}{\lambda}$ 이다.)

보기

ㄱ. A점과 B점에서 전자가 발견될 확률은 같다.

ㄴ. 전자가 $3p \rightarrow 3s$로 전이할 때는 에너지를 방출한다.

ㄷ. 전자가 $2s \rightarrow 1s$로, $3s \rightarrow 2s$로 전이할 때 방출하는 빛의 파장의 비는 5 : 27이다.

① ㄱ　② ㄴ　③ ㄱ, ㄷ　④ ㄴ, ㄷ　⑤ ㄱ, ㄴ, ㄷ

24. 그림은 $2p_x$ 오비탈을 나타낸 것이다.

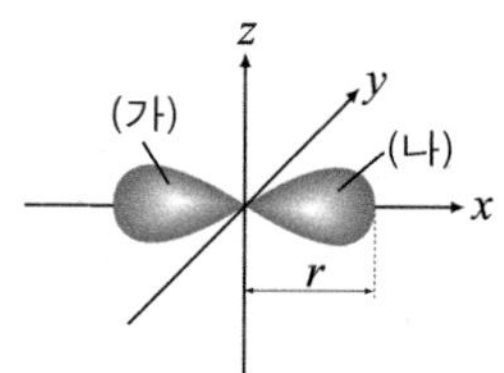

$2p_x$ 오비탈에 대한 설명으로 옳은 것은?

① 전자는 오비탈의 경계면을 따라 운동한다.

② (가)와 (나)에서 전자가 발견될 확률은 같다.

③ 핵으로부터의 거리가 같은 지점에서 전자가 발견될 확률은 같다.

④ 전자 1개가 채워질 때는 (가) 또는 (나) 어느 한 쪽에만 들어간다.

⑤ 핵으로부터의 거리가 r 보다 먼 지점에는 전자가 존재하지 않는다.

25. 그림 (가)는 수소 원자의 $2s$ 오비탈에서 전자가 발견될 확률과 경계면을, 그림 (나)는 수소 원자의 $2p$ 의 경계면을 나타낸 것이다

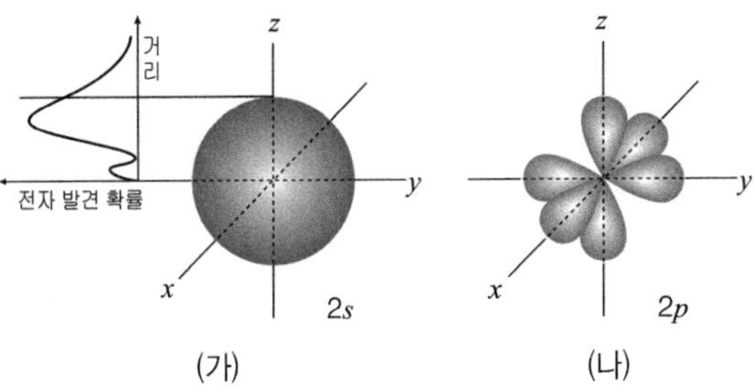

(가) (나)

자료에 대한 설명으로 옳지 않은 것은?

① 에너지 준위는 $2s$ 와 $2p$ 가 같다.

② $2p_x$와 $2p_y$ 오비탈의 크기는 같다.

③ $2p_x$에서 전자가 발견될 확률은 원점 대칭이다.

④ $2s$ 오비탈의 경계면에서 전자가 발견될 확률이 가장 높다.

⑤ $2p$에 전자가 존재할 수 있는 오비탈의 수는 $2s$의 3배이다.

26. 그림 (가)는 수소 원자 $1s$ 오비탈의 전자구름 모형을 나타낸 것이고, 그림 (나)는 원자핵으로부터의 거리에 따른 전자가 존재하는 확률을 나타낸 것이다.

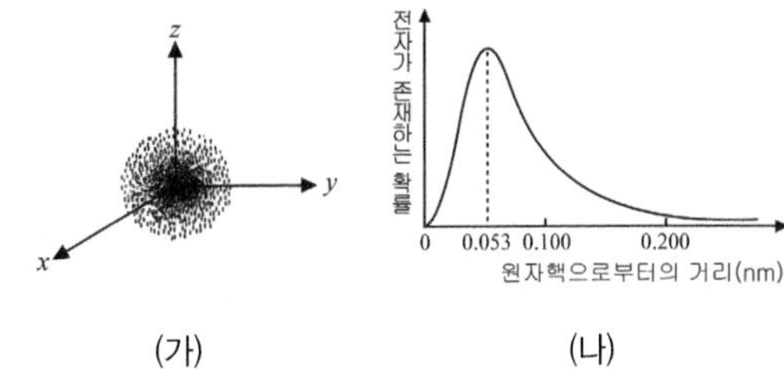

(가) (나)

다음 설명 중 옳은 내용을 〈보기〉에서 모두 고른 것은?

보기

ㄱ. 원자핵의 크기는 원자의 크기와 같다.
ㄴ. 전자구름의 경계는 명확하게 구분된다.
ㄷ. 핵으로부터 거리가 같으면 전자가 발견될 확률은 같다.

① ㄱ ② ㄷ ③ ㄱ, ㄴ
④ ㄱ, ㄷ ⑤ ㄴ, ㄷ

제4절 전자 배치의 원리

정답 p. 16

대표 유형 기출 문제

11 지방직 7급 06

1. 다음은 탄소 원자의 전자배치를 나타낸 도표이다. 높은 에너지 상태부터 순서대로 배열한 것은?

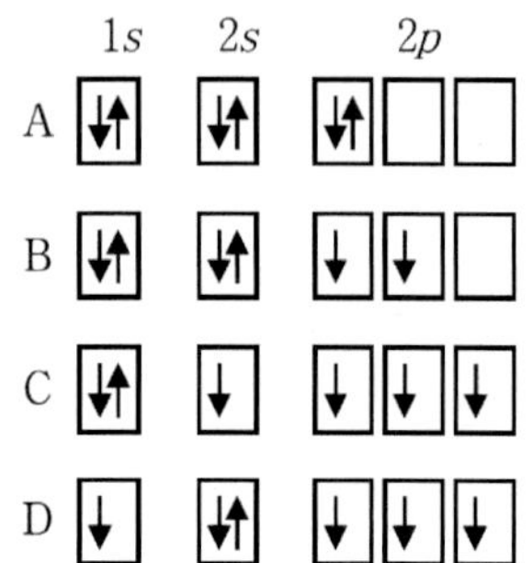

① C>D>A>B ② D>A>B>C
③ D>C>B>A ④ D>C>A>B

11 지방직 7급 02

2. 파울리(Pauli)의 배타원리에 대한 설명으로 옳은 것은?

① 한 원자 내에 4가지 양자수가 모두 동일한 전자는 존재하지 않는다.
② 한 원자 내의 모든 전자들은 동일한 각운동량양자수(l)를 가질 수 없다.
③ 한 개의 궤도함수에는 동일한 스핀의 전자가 최대 2개까지 채워질 수 있다.
④ 동일한 주양자수(n)를 갖는 전자들은 모두 다른 스핀양자수(m_s)를 가진다.

12 지방직 7급 02

3. 다음 표는 임의의 중성 원자 A, B, C에 대한 바닥 상태 전자 배치를 나타낸 것이다. 이 원자들에 대한 설명으로 옳지 않은 것은?

원자	전자 배치
A	$1s^2 2s^2 2p^4$
B	$1s^2 2s^2 2p^5$
C	$1s^2 2s^2 2p^6 3s^1$

① A원자는 2개의 홀전자를 가진다.
② $2p$ 전자의 유효 핵전하는 A가 B보다 더 크다.
③ 화학식이 C_2A인 화합물의 수용액은 염기성이다.
④ B 음이온(B^-)의 반지름이 C 양이온(C^+)의 반지름보다 더 크다.

14 국가직 7급 09

4. $^{52}_{24}Cr$에 있는 원자가전자의 수와 d 오비탈 전자수를 순서대로 나열한 것은?

① 4, 4 ② 4, 5
③ 6, 4 ④ 6, 5

16 국가직 7급 03

5. 홀전자의 수가 가장 많은 것은?
(단, P는 인(phosphorus)이다.)

① P^+ ② P
③ P^- ④ P^{2-}

17 지방직 9급 14

6. 다음은 중성 원자 A~D의 전자 배치를 나타낸 것이다. A~D에 대한 설명으로 옳은 것은? (단, A~D는 임의의 원소 기호이다.)

A : $1s^2 3s^1$	B : $1s^2 2s^2 2p^3$
C : $1s^2 2s^2 2p^6 3s^1$	D : $1s^2 2s^2 2p^6 3s^2 3p^4$

① A는 바닥 상태의 전자 배치를 가지고 있다.
② B의 원자가 전자 수는 4개이다.
③ C의 홀전자 수는 D의 홀전자 수보다 많다.
④ C의 가장 안정한 형태의 이온은 C^+이다.

18 지방직 9급 09

7. 원자들의 바닥 상태 전자 배치로 옳지 않은 것은?

① Co : $[Ar]4s^1 3d^8$
② Cr : $[Ar]4s^1 3d^5$
③ Cu : $[Ar]4s^1 3d^{10}$
④ Zn : $[Ar]4s^2 3d^{10}$

19 국가직 7급 03

8. 다음 중 중성 탄소(C) 원자의 바닥 상태 전자 배치로 옳은 것만을 모두 고르면?

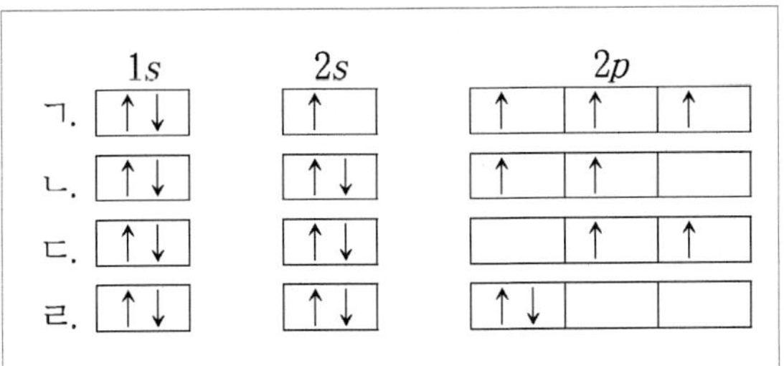

① ㄱ　　② ㄴ
③ ㄴ, ㄷ　　④ ㄴ, ㄷ, ㄹ

23 해양 경찰청 14

9. 그림 ㉠~㉢는 각각 A, A^+, B^{2+}의 전자배치를 나타낸 것이다.

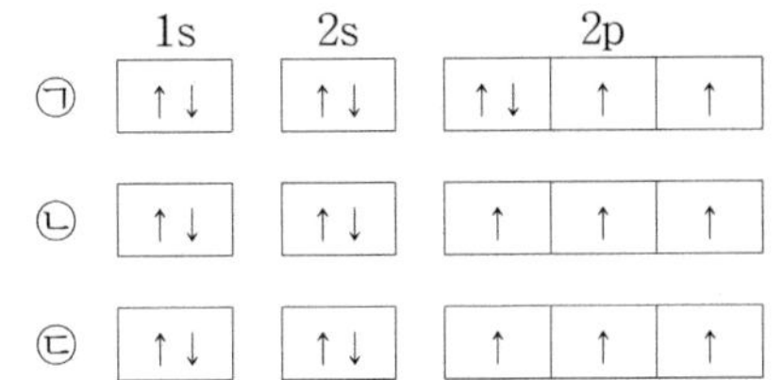

이에 대한 설명으로 가장 옳은 것은?

① A는 B보다 전기 음성도가 크다.
② B의 원자가전자 수는 5이다.
③ 바닥상태인 B^+의 홀전자 수는 2이다.
④ ㉠의 배치를 갖는 A(g) 1몰에서 전자 1몰을 떼어 ㉡의 배치를 갖는 A^+(g) 1몰을 만드는 데 필요한 에너지는 B의 1차 이온화 에너지와 같다.

주관식 개념 확인 문제

10. 다음 글의 틀린 곳을 찾아 밑줄을 긋고 바르게 고쳐 쓰시오.

(1) 태양계의 운행처럼 핵의 주위를 전자가 일정한 궤도로 돌고 있다고 생각한 과학자는 러더퍼드이다.

(2) $_{26}Fe^{3+}$는 23개의 전자를 가지고 있으며 바닥상태에서 $3d$ 오비탈에는 3개의 전자가 배치되어 있다.

(3) 한 원소의 화학적 성질은 바닥 상태의 전자 배치에서 그 원자가 가진 홀전자 수에 의해 결정된다.

(4) Ar과 같은 전자 배치를 갖는 +2의 양이온과 −1의 음이온으로 이루어진 물질의 화학식은 $MgCl_2$이다.

(5) 주양자수 n인 전자껍질에 존재하는 오비탈의 수는 모두 n개이며 최대로 $2n^2$개까지 전자가 채워질 수 있다.

11. $_{15}P$의 바닥 상태의 전자 배치에 관한 다음 물음에 답하시오.

(1) 전자 배치를 써라.

(2) 홀전자 수는?

(3) 전자가 들어 있는 오비탈의 총 수는 몇 개인가?

12. Cu의 원자 번호는 29이다. 다음 각 물음에 답하여라.

(1) 바닥 상태에 있는 Cu원자의 전자 배치를 써라.

(2) Cu^+의 바닥 상태의 전자 배치에서 M 껍질에 채워진 전자의 총 수는?

13. 원자 번호 26인 Fe 원자의 바닥 상태의 전자 배치에 대하여 물음에 답하여라.

(1) 홀전자수는 몇 개인가?

(2) M 전자껍질에 채워진 전자의 총 수는?

(3) Fe^{3+}의 바닥 상태의 전자 배치를 써라.

(4) Fe^{3+}의 바닥 상태의 전자 배치에서 전자가 채워진 오비탈의 총수는?

14. 다음 각 물음에 해당되는 것을 〈보기〉에서 골라 쓰시오.

> 보기
>
> H^+, He^{2+}, Na^+, K^+, H^-
>
> F^-, S^{2-}, He, Ne, Ar

(1) 바닥 상태의 전자 배치가 $1s^2 2s^2 2p^6$인 원자나 이온을 모두 고르시오.

(2) 바닥 상태의 전자 배치가 $1s^2$인 원자나 이온을 모두 고르시오.

(3) 바닥 상태의 전자 배치가 $1s^0$인 원자나 이온을 모두 고르시오.

(4) 바닥 상태의 전자 배치가 $1s^2 2s^2 2p^6 3s^2 3p^6$인 원자나 이온을 모두 고르시오.

15. 다음은 주양자수 n과 부양자수 l만으로 표시한 궤도 함수를 나타낸 것이다. 에너지가 증가하는 순서로 나열하시오.

양자수 / 궤도 함수	n	l
A	3	1
B	3	2
C	4	0
D	2	1
E	4	1

16. 전이 원소의 하나인 Mn의 핵의 전하량은 $+4.0\times10^{-18}$C이다. Mn의 바닥 상태의 전자 배치에 대하여 다음 물음에 답하시오. (단, 전자 1개의 전하량은 -1.6×10^{-19}C이다.)

(1) Mn의 양성자 수는 몇 개인가?

(2) Mn의 전자 배치를 오비탈을 이용하여 나타내시오.

(3) Mn의 최고 산화수는 얼마인가?

(4) 짝짓지 않은 전자(홀전자)는 몇 개인가?

(5) Mn^{2+}의 전자 배치를 써라.

기본 문제

17. 다음 중 원자나 이온이 바닥 상태의 전자 배치가 틀린 것은?

① K: $1s^2 2s^2 2p^6 3s^2 3p^6 4s^1$

② Mn: $1s^2 2s^2 2p^6 3s^2 3p^6 4s^2 3d^5$

③ Zn^{2+}: $1s^2 2s^2 2p^6 3s^2 3p^6 4s^2 3d^8$

④ Cl^-: $1s^2 2s^2 2p^6 3s^2 3p^6$

18. 다음 중에서 전자 배치가 다른 것은?

① Ar　　② F^-

③ Na^+　　④ Ne

19. 다음은 어떤 원자의 전자 배치를 나타낸 것이다. 다음 설명 중 틀린 것은?

A : $1s^2 2s^2 2p^6 3s^1$　　B : $1s^2 2s^2 2p^6 4s^1$

① A와 B는 같은 원자이다.

② B가 A로 될 때 에너지를 방출한다.

③ A는 바닥 상태이고, B는 들뜬 상태이다.

④ B에서 전자 1개 떼어내는 데 필요한 에너지가 A에서보다 더 많이 든다.

20. 다음과 같은 전자배치에서 $2p$ 오비탈에 전자가 1개씩 들어가는 이유는?

$_6C$: $1s^2 2s^2 2p^2$

① 에너지 준위가 낮은 순서로 채우기 때문이다

② 3개의 $2p$오비탈이 방향성을 나타내기 때문이다.

③ 파울리의 배타원리가 적용되기 때문이다.

④ 전자사이의 반발력을 최소화시켜 더 안정하기 때문이다.

21. $_{24}Cr$의 전자배치로 옳은 것은?

① [Ar] [··][··][··][ ][ ]

② [Ar] [··][·][·][·][ ]　[·]

③ [Ar] [·][·][·][·][·]　[·]

④ [Ar] [··][··][·][·][ ]

22. 다음은 몇 가지 원소의 바닥 상태의 전자 배치를 나타낸 것이다. (단, A~E는 임의의 원소 기호이다.)

A : $1s^2\ 2s^1$　　B : $1s^2\ 2s^2\ 2p^5$

C : $1s^2\ 2s^2\ 2p^6\ 3s^1$　　D : $1s^2\ 2s^2 2p^6\ 3s^2\ 3p^2$

E : $1s^2\ 2^2\ 2p^6\ 3s^2\ 3p^6$

A~E 원소에 대한 설명으로 옳지 않는 것은?

① A원소의 산화물의 화학식은 A_2O로 나타낼 수 있다.

② B의 수소 화합물의 수용액은 산성을 나타낼 수 있다.

③ A, C는 같은 족 원소이다.

④ D 원소는 원자가전자가 2개이다.

23. 다음 중 원자궤도함수와 전자배치 표현이 올바른 것은?

① $2s^3$ ② $2d^1$
③ $3f^2$ ④ $4p^5$

24. 원자 번호 26인 철(Fe)의 바닥 상태의 전자 배치는 다음과 같다.

$${}_{26}Fe : 1s^2\ 2s^2\ 2p^6\ 3s^2\ 3p^6\ 4s^2\ 3d^6$$

염화철(Ⅲ)은 수용액 중에서 이온화하여 Fe^{3+} 이온이 된다.

$$FeCl_3(aq) \rightarrow Fe^{3+}(aq) + 3Cl^-(aq)$$

이 철 이온의 전자 배치 중 에너지 준위가 가장 큰 오비탈의 전자수와 홀전자 수를 바르게 나타낸 것은?

	에너지 준위가 가장 큰 오비탈의 전자수	홀전자수
①	2	4
②	3	3
③	5	5
④	6	4

자료 추론형

25. 그림은 어떤 중성 원자 A~C와 이온 X의 전자 배치를 나타낸 것이다.

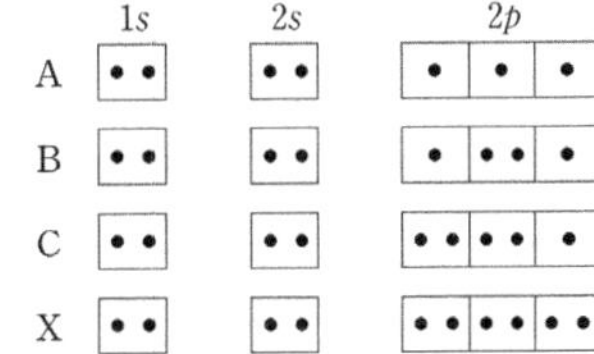

이에 대한 설명으로 옳지 않은 것은? (단, A~C는 임의의 원소 기호이고, X는 1가의 음이온이다.)

① 1차 이온화 에너지는 A가 B보다 크다.
② B의 전자 배치는 들뜬 상태이다.
③ 전자친화도가 가장 큰 것은 C이다.
④ X는 C의 안정한 음이온이다.
⑤ 물질 A_2의 끓는점은 B_2보다 낮다.

26. 그림은 오비탈의 에너지 준위에 따른 어떤 중성 원자의 바닥 상태 전자배치를 나타낸 것이다.

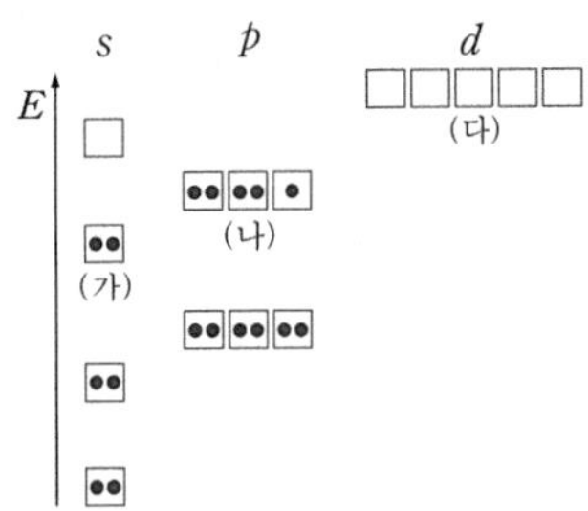

이 중성 원자에 대한 설명으로 옳지 않은 것은?

① 원자가전자수는 5개이다.
② 주기율표에서 3주기, 17족에 속한다.
③ 전자 1개를 얻어 음이온이 되기 쉽다.
④ (가)의 전자가 (나)로 이동해도 원자가전자수는 변화가 없다.
⑤ (나)의 전자가 (다)로 이동하려면 에너지를 흡수해야 한다.

PART 01 원자의 구조와 원소의 주기성

27. 그림은 학생들이 그린 붕소(B), 탄소(C), 질소(N), 산소(O)원자 각각의 전자 배치 (가)~(라)를 나타낸 것이다.

	1s	2s	2p		
(가)	↑↓	↑↓	↑		
(나)	↑↓	↑	↑	↑	↑
(다)	↑↓	↑↓	↑↓	↑	
(라)	↑↓	↑↓	↑↑	↑	↑

(가)~(라)에 대한 설명으로 옳지 않은 것은?

① (가)는 쌓음 원리를 만족한다.
② (나)는 들뜬 상태의 전자 배치이다.
③ (다)는 훈트 규칙을 만족한다.
④ (라)는 파울리 배타 원리에 어긋난다.
⑤ 바닥 상태의 전자 배치는 1가지이다.

28. 그림은 $1s$, $2s$, $2p$ 오비탈에만 전자가 들어 있는 탄소($_6C$) 원자의 전자 배치 (가)~(다)를 나타낸 것이다.

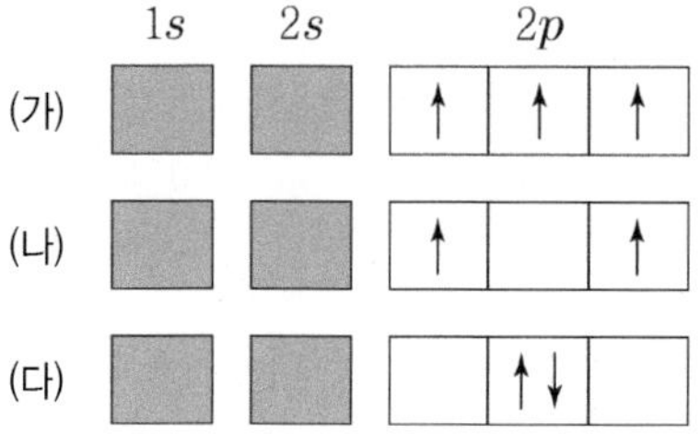

(가)~(다)에 대한 설명으로 옳은 것만을 〈보기〉에서 있는 대로 고른 것은? (단, (가)~(다)는 파울리 배타 원리를 만족한다.)

보기

ㄱ. (가)에서 s 오비탈에 들어 있는 홀전자 수는 1이다.
ㄴ. (나)는 들뜬 상태이다.
ㄷ. (다)는 훈트 규칙을 만족한다.

① ㄱ ② ㄴ ③ ㄱ, ㄷ
④ ㄴ, ㄷ ⑤ ㄱ, ㄴ, ㄷ

29. 그림 (가)~(다)는 3가지 원자의 전자 배치를 나타낸 것이다.

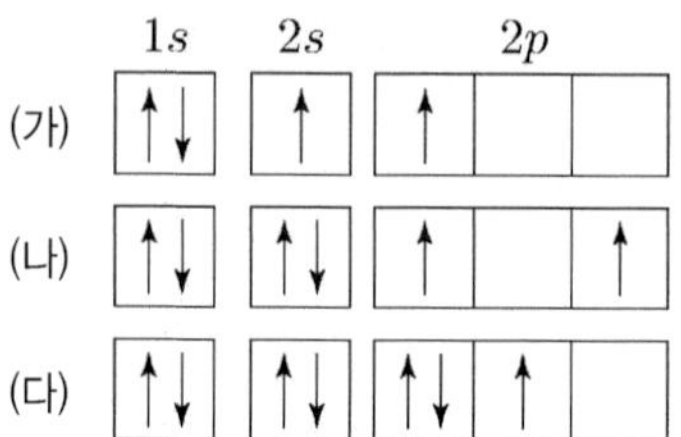

(가)~(다)에 대한 설명으로 옳은 것은?

① 바닥 상태 전자 배치는 2가지이다.
② 전자가 들어 있는 오비탈 수는 모두 같다.
③ (가)는 쌓음 원리를 만족한다.
④ (나)에서 p 오비탈에 있는 두 전자의 에너지는 같다.
⑤ (다)는 훈트 규칙을 만족한다.

30. 그림은 학생이 그린 원자 C, N와 이온 Al^{3+}의 전자 배치 (가)~(다)를 나타낸 것이다.

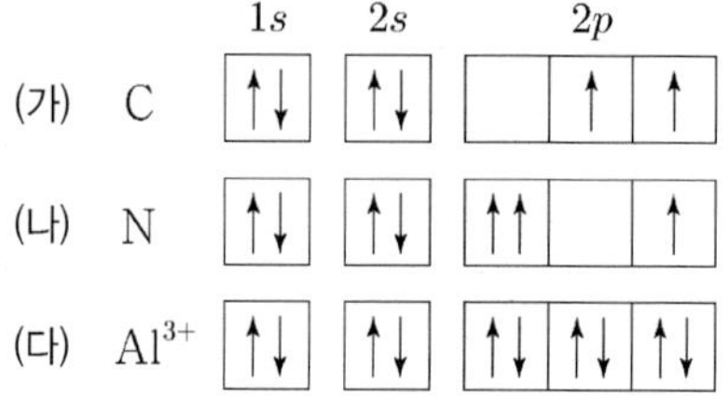

이에 대한 설명으로 옳은 것만을 〈보기〉에서 있는 대로 고른 것은?(단, C, N, Al의 원자 번호는 각각 6, 7, 13이다.)

보기

ㄱ. (가)는 바닥 상태 전자 배치이다.
ㄴ. (나)는 파울리 배타 원리에 어긋난다.
ㄷ. 바닥 상태의 원자 Al에서 전자가 들어 있는 오비탈 수는 7이다.

① ㄱ ② ㄷ ③ ㄱ, ㄴ
④ ㄴ, ㄷ ⑤ ㄱ, ㄴ, ㄷ

31. 다음은 나트륨($_{11}Na$) 원자에 최소의 에너지를 가해 양이온이 될 때의 전자 배치이다.

$$1s^2 2s^2 2p^6 3s^1 \xrightarrow{\text{(가)}} 1s^2 2s^2 2p^6 + \text{전자}(e^-)$$

(가)에 대한 설명으로 옳은 것만을 〈보기〉에서 있는 대로 고른 것은?

보기

ㄱ. 가장 바깥 전자 껍질에 있는 전자를 잃는다.
ㄴ. 부 양자수가 0인 오비탈에 들어 있는 전자 수가 감소한다.
ㄷ. 에너지 준위가 가장 낮은 오비탈의 전자를 잃는다.

① ㄱ ② ㄷ ③ ㄱ, ㄴ
④ ㄴ, ㄷ ⑤ ㄱ, ㄴ, ㄷ

32. 그림은 3가지 원자의 전자 배치 (가)~(다)를 나타낸 것이다.

	$1s$	$2s$	$2p$		
(가) $_5B$	↑↓	↑↓	↑		
(나) $_6C$	↑↓	↑↓	↑↓		
(다) $_7N$	↑↓	↑↓		↑	↑↓

(가)~(다)에 대한 설명으로 옳은 것만을 〈보기〉에서 있는 대로 고른 것은?

보기

ㄱ. (나)는 파울리 배타 원리에 위배된다.
ㄴ. (다)는 부 양자수가 0인 오비탈에 채워진 전자 수가 부 양자수가 1인 오비탈에 채워진 전자 수보다 작다.
ㄷ. 주 양자수가 2인 전자 수는 (가)가 가장 작다.

① ㄴ ② ㄷ ③ ㄱ, ㄴ
④ ㄱ, ㄷ ⑤ ㄴ, ㄷ

33. 그림은 질소 원자($_7N$)의 여러 가지 전자 배치를 나타낸 것이다.

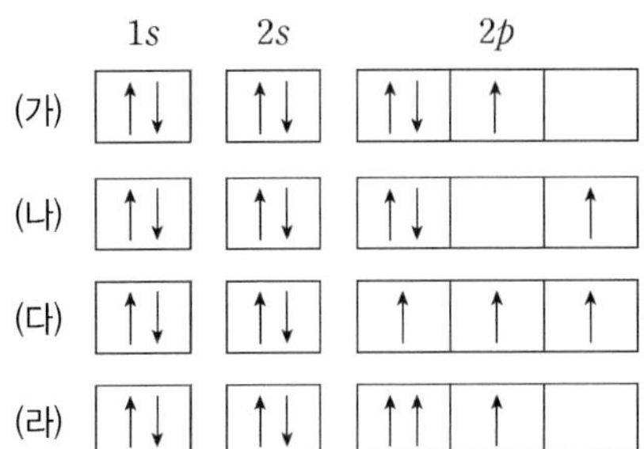

이에 대한 설명으로 옳지 않은 것은?

① (가)는 들뜬 상태이다.
② (나)는 훈트 규칙에 어긋난다.
③ (가)와 (나)의 홀전자 수는 같다.
④ (다)와 (라)는 모두 파울리 배타 원리를 만족한다.
⑤ (가)~(다) 중 바닥 상태의 전자 배치는 1가지이다.

제5절 오비탈 수와 전자 수 및 마디 수

정답 p. 20

대표 유형 기출 문제

23 해양 경찰청 20

1. 표는 바닥상태 원자 A와 B에 대한 자료이다.

원자	A	B
전자가 들어 있는 p 오비탈 수	3	6
원자가전자 수	1	7

이에 대한 설명으로 옳은 것만을 〈보기〉에서 모두 고른 것은?(단, A와 B는 임의의 원소 기호이다.)

보기

ㄱ. 원자 반지름은 A가 B보다 크다.
ㄴ. AB에서 구성 입자는 모두 Ne과 같은 전자 배치를 갖는다.
ㄷ. AB(aq)를 전기 분해하면 (−)극에서 A(s)가 생성된다.

① ㄱ　② ㄴ
③ ㄱ, ㄴ　④ ㄱ, ㄷ

기본 문제

2. 표는 바닥 상태인 원자 (가)~(다)에 관한 자료이다.

원자	s 오비탈의 전자 수	p 오비탈의 전자 수	홀전자 수
(가)	a	6	1
(나)	4	3	b
(다)	3	c	d

이에 대한 설명으로 옳은 것만을 〈보기〉에서 있는 대로 고른 것은?

보기

ㄱ. (가)에서 전자가 들어 있는 오비탈의 수는 4개이다.
ㄴ. $a+b+c+d=9$이다.
ㄷ. 원자가 전자가 느끼는 유효 핵전하는 (나)>(다)이다.

① ㄱ　② ㄴ　③ ㄱ, ㄷ
④ ㄴ, ㄷ　⑤ ㄱ, ㄴ, ㄷ

3. 다음은 바닥 상태의 3주기 원자 A의 전자 배치에 대한 자료이다.

- 홀전자 수는 1이다.
- $\dfrac{\text{전자가 들어 있는 오비탈 수}}{s\text{ 오비탈에 들어 있는 전자 수}}$는 $\dfrac{3}{2}$이다.

A의 원자 번호는? (단, A는 임의의 원소 기호이다.)

① 11　② 12　③ 13
④ 15　⑤ 17

4. 표는 2주기 바닥 상태 원자 A, B에 대한 자료이다.

원자	A	B
$\frac{p\text{오비탈의 총 전자 수}}{s\text{오비탈의 총 전자 수}}$	$\frac{1}{2}$	1

이에 대한 설명으로 옳은 것만을 〈보기〉에서 있는 대로 고른 것은? (단, A, B는 임의의 원소 기호이다.)

보기
ㄱ. 원자 번호는 B가 A보다 크다.
ㄴ. 홀전자 수는 B가 A보다 크다.
ㄷ. 전자가 들어 있는 오비탈 수는 A와 B가 같다.

① ㄱ ② ㄴ ③ ㄷ
④ ㄱ, ㄴ ⑤ ㄱ, ㄷ

5. 그림 (가)와 (나)는 2, 3주기 원자의 바닥 상태 전자 배치에서 s오비탈과 p오비탈의 전자 수의 비를 나타낸 것이다.

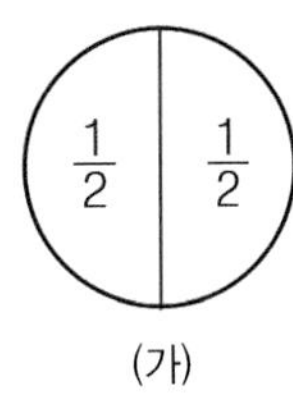

(가)

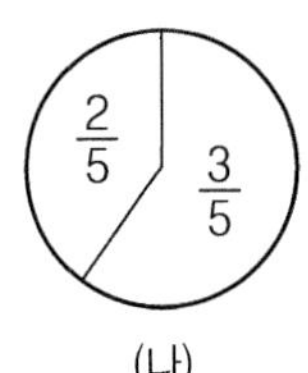

(나)

이에 대한 설명으로 옳은 것만을 〈보기〉에서 있는 대로 고른 것은?

보기
ㄱ. (가)를 만족하는 원자는 같은 족 원소이다.
ㄴ. (나)를 만족하는 원자의 수는 2이다.
ㄷ. (나)를 만족하는 원자의 홀전자 수의 합은 3이다.

① ㄱ ② ㄷ ③ ㄱ, ㄴ
④ ㄴ, ㄷ ⑤ ㄱ, ㄴ, ㄷ

6. 다음은 바닥 상태의 2주기 원자 X~Z에 대한 자료이다.

- X는 s 오비탈에 들어 있는 전자 수와 p 오비탈에 들어 있는 전자 수가 같다.
- Y는 홀전자 수와 원자가 전자 수가 같다.
- Y와 Z의 전자가 들어 있는 오비탈 수의 합은 5이다.

원자 X~Z로 옳은 것은?

	X	Y	Z
①	탄소(C)	리튬(Li)	질소(N)
②	탄소(C)	베릴륨(Be)	붕소(B)
③	산소(O)	리튬(Li)	질소(N)
④	산소(O)	리튬(Li)	붕소(B)
⑤	산소(O)	베릴륨(Be)	질소(N)

7. 표는 원자 A~C의 바닥 상태 전자 배치에서 전자가 들어 있는 오비탈 수와 홀전자 수를 나타낸 것이다.

원자	A	B	C
전자가 들어 있는 오비탈 수	5	5	6
홀전자 수	2	1	0

이에 대한 옳은 설명만을 〈보기〉에서 있는 대로 고른 것은? (단, A~C는 임의의 원소 기호이다.)

보기
ㄱ. B의 전자 배치는 $1s^2 2s^2 2p^4$이다.
ㄴ. 전자가 들어 있는 전자껍질 수는 A와 C가 같다.
ㄷ. 안정한 이온의 반지름은 B가 C보다 크다.

① ㄱ ② ㄷ ③ ㄱ, ㄴ
④ ㄴ, ㄷ ⑤ ㄱ, ㄴ, ㄷ

8. 그림은 바닥 상태 원자 (가)~(라)에 대해 전자가 들어 있는 오비탈 수와 홀전자 수를 나타낸 것이다.

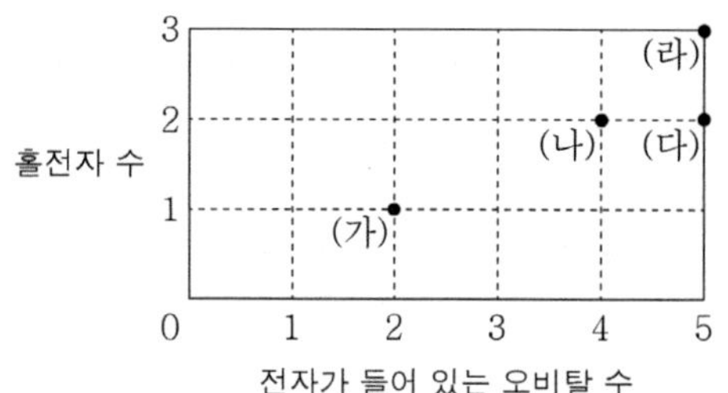

(가)~(라)에 대한 옳은 설명만을 〈보기〉에서 있는 대로 고른 것은?

> 보기
> ㄱ. (가)의 전자 배치는 $1s^2 2s^1$이다.
> ㄴ. (나)와 (다)는 원자가 전자 수가 같다.
> ㄷ. 원자 번호가 가장 큰 것은 (라)이다.

① ㄱ ② ㄴ ③ ㄱ, ㄷ
④ ㄴ, ㄷ ⑤ ㄱ, ㄴ, ㄷ

9. 표는 바닥 상태 원자 A~C에 대한 자료이다.

원자	A	B	C
p 오비탈에 들어 있는 전자 수	3	5	7

전자가 들어 있는 오비탈 수를 옳게 비교한 것은? (단, A~C는 임의의 원소 기호이다.)

① A=B=C ② A=B>C
③ B=C>A ④ C>A=B
⑤ C>B>A

10. 표는 바닥 상태의 2주기 원자 (가)~(다)에 대한 자료이다.

원자	오비탈에 들어 있는 전자 수		홀전자 수
	$2s$	$2p$	
(가)	1	0	1
(나)	2	㉠	3
(다)	2	4	㉡

이에 대한 설명으로 옳은 것만을 〈보기〉에서 있는 대로 고른 것은?

> 보기
> ㄱ. (가)의 원자 번호는 3이다.
> ㄴ. ㉠+㉡=7이다.
> ㄷ. 전자가 들어 있는 오비탈 수는 (나)와 (다)가 같다.

① ㄱ ② ㄴ ③ ㄱ, ㄷ
④ ㄴ, ㄷ ⑤ ㄱ, ㄴ, ㄷ

11. 다음은 바닥 상태 원자 X~Z와 관련된 자료이다.

- 전자가 들어 있는 전자껍질 수는 X와 Y가 같다.
- p오비탈에 들어 있는 전자 수는 X가 Y의 5배이다.
- X^-과 Z^+의 전자 수는 같다.

이에 대한 설명으로 옳은 것만을 〈보기〉에서 있는 대로 고른 것은? (단, X~Z는 임의의 원소 기호이다.)

> 보기
> ㄱ. Y는 13족 원소이다.
> ㄴ. Z에서 전자가 들어 있는 오비탈 수는 4이다.
> ㄷ. X~Z에서 홀전자 수는 모두 같다.

① ㄱ ② ㄴ ③ ㄱ, ㄷ
④ ㄴ, ㄷ ⑤ ㄱ, ㄴ, ㄷ

12. 그림은 2주기 바닥 상태 원자 A~D의 전자 배치에서 홀전자 수와 전자가 들어 있는 오비탈 수를 나타낸 것이다.

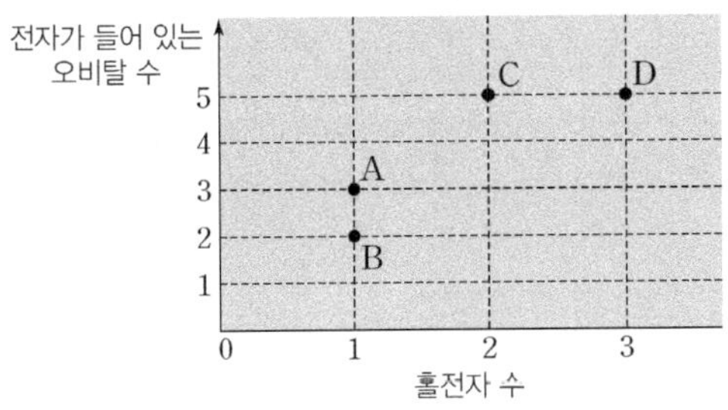

A~D에 대한 설명으로 옳은 것만을 〈보기〉에서 있는 대로 고른 것은? (단, A~D는 임의의 원소 기호이다.)

보기

ㄱ. A의 전자 배치는 $1s^2 2s^2 2p^1$이다.
ㄴ. B는 1족 원소이다.
ㄷ. 원자가 전자 수는 D>C이다.

① ㄱ ② ㄷ
③ ㄱ, ㄴ ④ ㄴ, ㄷ
⑤ ㄱ, ㄴ, ㄷ

13. 표는 원자 X의 오비탈 A와 B에 관한 자료이다.

오비탈	주양자 수	방사 방향 마디 수	각마디 수
A	n	0	x
B	$n+1$	0	2

이에 관한 설명으로 옳은 것만을 보기에서 있는 대로 고른 것은?

ㄱ. $x=1$이다.
ㄴ. $n=3$이다.
ㄷ. A의 각운동량 양자 수(l)는 0이다.

① ㄱ ② ㄷ
③ ㄱ, ㄴ ④ ㄴ, ㄷ

14. 아래 그림은 수소 원자에서 주양자수(n)가 2인 오비탈 X와 Y의 방사 방향 확률 분포 함수($f(r)$)를 핵으로부터의 거리에 따라 나타낸 것이다.

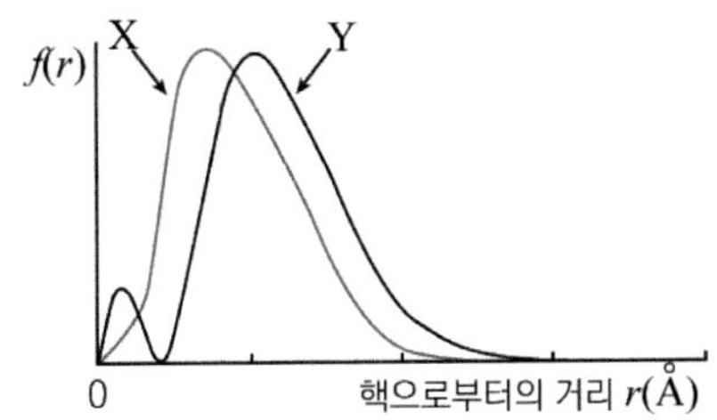

이에 대한 설명으로 옳은 것은?

① 각운동량 양자수(l)는 Y>X이다.
② 전체 마디의 수는 Y>X이다.
③ X와 Y의 에너지 준위는 같다.
④ Y는 p 오비탈이다.

15. 아래 표는 바닥 상태 원자 A, B, C에 대한 자료이다.

원자	A	B	C
p 오비탈에 들어 있는 전자 수	3	5	7

각 원자에 전자가 들어 있는 총 오비탈 수를 옳게 비교한 것은? (단, A, B, C는 임의의 원소 기호이다.)

① C>A=B ② B=C>A
③ A=B>C ④ A=B=C

CHAPTER 02 원소의 주기적 성질

제1절 유효 핵전하

정답 p. 22

기본 문제

1. 원자의 유효 핵전하에 관한 설명으로 옳은 것만을 보기에서 있는 대로 고른 것은?

> ㄱ. $1s$ 전자의 유효 핵전하는 헬륨이 수소의 2배이다.
> ㄴ. $2p$ 전자의 유효 핵전하는 산소가 질소보다 크다.
> ㄷ. 플루오린에서 $1s$ 전자의 유효 핵전하는 $2p$ 전자의 유효 핵전하보다 크다.

① ㄱ ② ㄴ
③ ㄱ, ㄷ ④ ㄴ, ㄷ

제2절 원자 반지름과 이온 반지름

정답 p. 22

대표 유형 기출 문제

12 지방직 7급 02

1. 다음 표는 임의의 중성 원자 A, B, C에 대한 바닥 상태 전자 배치를 나타낸 것이다. 이 원자들에 대한 설명으로 옳지 않은 것은?

원자	전자 배치
A	$1s^2 2s^2 2p^4$
B	$1s^2 2s^2 2p^5$
C	$1s^2 2s^2 2p^6 3s^1$

① A원자는 2개의 홀전자를 가진다.
② $2p$ 전자의 유효 핵전하는 A가 B보다 더 크다.
③ 화학식이 C_2A인 화합물의 수용액은 염기성이다.
④ B 음이온(B^-)의 반지름이 C 양이온(C^+)의 반지름보다 더 크다.

19 지방직 7급 19

2. 2족 원소들의 이온 반지름이 작은 것부터 순서대로 바르게 나열한 것은?

① $Be^{2+} < Mg^{2+} < Ca^{2+} < Sr^{2+}$
② $Mg^{2+} < Be^{2+} < Sr^{2+} < Ca^{2+}$
③ $Ca^{2+} < Mg^{2+} < Be^{2+} < Sr^{2+}$
④ $Sr^{2+} < Mg^{2+} < Ca^{2+} < Be^{2+}$

19 서울시 2회 9급 14

3. 다음 중에서 가장 작은 이온 반지름을 가지는 이온은?

① F^-　② Mg^{2+}
③ O^{2-}　④ Ne

19 해양 경찰청 06

4. 원자 반지름과 이온 반지름에 대한 설명 중 가장 옳지 않은 것은?

① 이온 결합 물질의 전자 친화도 차이가 클수록 결합력이 강하다.
② 원자 반지름은 전자껍질 수가 많을수록 커지고, 유효 핵전하가 증가할수록 작아진다.
③ 이온 반지름의 크기는 $F^- < Cl^- < Br^- < I^-$이다.
④ 이온 반지름의 크기는 Al^{3+}가 Mg^{2+}보다 크다.

21 서울시 2회 7급 02

5. 이온 반지름이 가장 큰 것은?

① Na^+　② F^-
③ O^{2-}　④ Mg^{2+}

22 서울시 3회 7급 12

6. 〈보기〉는 원자 반지름에 대한 설명이다. (가)와 (나)에 들어갈 말을 옳게 짝지은 것은?

보기

같은 주기에 속한 원자의 원자 반지름은 주기율표에서 오른쪽으로 갈수록 (가)하고, 같은 족에 속한 원자의 원자 반지름은 주기율표에서 아래로 내려갈수록 (나)하는 경향이 있다.

	(가)	(나)
①	증가	증가
②	증가	감소
③	감소	증가
④	감소	감소

22 국가직 7급 06

7. 원자와 이온의 크기가 작은 것부터 순서대로 바르게 나열한 것은?

① Na, Mg, Al　② S, Cl, S^{2-}
③ Sr, Ca, K　④ Fe^{3+}, Fe, Ca

PART 01 원자의 구조와 원소의 주기성

주관식 개념 확인 문제

8. 다음은 몇 가지 원자 또는 이온의 반지름을 비교한 것이다. 반지름의 크기에 영향을 미치는 주된 요인을 각각 쓰시오.

(1) Li > F

(2) Li < Na

(3) $Na > Na^+$

(4) $F < F^-$

(5) $Na^+ < F^-$

9. 다음은 3주기 원소들의 이온을 나타낸 것이다. 이온 반지름을 크기가 큰 것부터 나열하시오.

Na^+, Mg^{2+}, Al^{3+}, S^{2-}, Cl^-

기본 문제

10. 입자의 반지름에 대한 설명 중 옳지 못한 것은?

① 중성원자가 양이온이 되면 반지름은 작아진다.
② 전자껍질수와 관계가 있다.
③ 핵과 전자의 인력이 클수록 원자의 크기는 크다.
④ 중성원자가 음이온이 되면 반지름은 커진다.

11. 2주기 원소인 Li와 F 원자에 대한 설명 중 사실과 다른 것은?

① Li은 전자를 잃을 때 에너지를 흡수한다.
② F는 전자 한 개를 얻을 때 에너지를 방출한다.
③ Li의 원자반지름은 F의 원자반지름보다 작다.
④ Li^+의 반지름은 Li 원자반지름보다 작다.

12. Li^+, Na^+, Be^{2+}, Mg^{2+} 4개의 이온을 서로 비교할 때, 다음 중 크기가 가장 비슷한 것끼리 짝지은 것은 어느 것인가?

① Li^+과 Na^+ ② Be^{2+}과 Mg^{2+}
③ Li^+과 Be^{2+} ④ Li^+과 Mg^{2+}

13. 다음 중 반지름이 제일 작은 화학종은?

① O^{2-} ② F^{-}
③ Ne ④ Na^{+}

14. 아래의 이온을 이온 반지름이 감소하는 순서로 옳게 배열한 것은?

K^{+}, Cl^{-}, S^{2-}, P^{3-}

① $K^{+} > P^{3-} > S^{2-} > Cl^{-}$
② $Cl^{-} > S^{2-} > P^{3-} > K^{+}$
③ $K^{+} > Cl^{-} > S^{2-} > P^{3-}$
④ $P^{3-} > S^{2-} > Cl^{-} > K^{+}$

자료 추론형

15. 그림은 2, 3주기 원소 A~D의 이온 반지름을 나타낸 것이다. A^{2+}, B^{3+}, C^{2-}, D^{-}은 18족 원소의 전자 배치를 갖는다.

A^{2+} B^{3+} C^{2-} D^{-}
0 이온 반지름

A~D에 대한 옳은 설명만을 〈보기〉에서 있는 대로 고른 것은? (단, A~D는 임의의 원소 기호이다.)

보기
ㄱ. A는 2주기 원소이다.
ㄴ. 원자 번호는 C가 B보다 크다.
ㄷ. 원자 반지름은 D가 B보다 크다.

① ㄱ ② ㄴ ③ ㄱ, ㄷ
④ ㄴ, ㄷ ⑤ ㄱ, ㄴ, ㄷ

16. 그림은 원소 A~D가 Ne과 같은 전자 배치를 갖는 이온이 되었을 때의 이온 반지름을 나타낸 것이다. A~D는 각각 O, F, Na, Mg 중 하나이다.

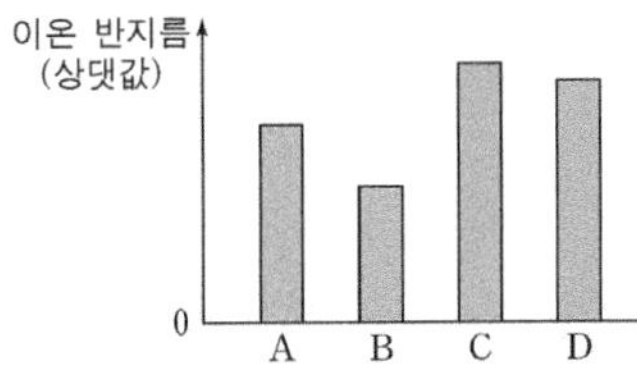

이에 대한 설명으로 옳은 것만을 〈보기〉에서 있는 대로 고른 것은?

보기
ㄱ. C는 Na이다.
ㄴ. 원자가전자가 느끼는 유효 핵전하는 B>A이다.
ㄷ. C와 D는 같은 주기 원소이다.

① ㄱ ② ㄴ ③ ㄷ
④ ㄱ, ㄴ ⑤ ㄴ, ㄷ

17. 그림은 원자 A~D에 대한 자료이다. A~D는 각각 원자 번호가 15, 16, 19, 20 중 하나이고, A~D 이온의 전자 배치는 모두 Ar과 같다.

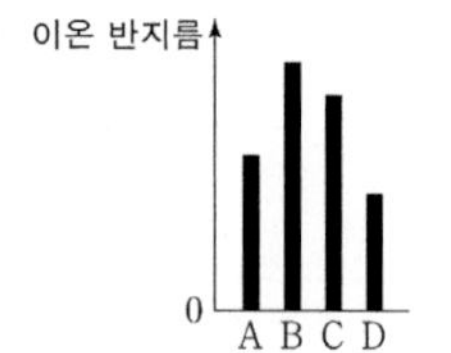

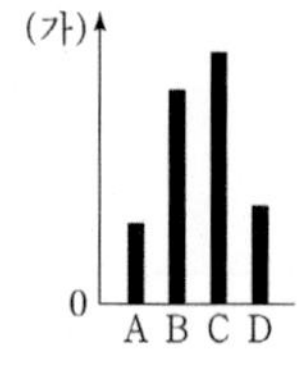

이에 대한 설명으로 옳은 것만을 〈보기〉에서 있는 대로 고른 것은?

보기

ㄱ. '전기음성도'는 (가)로 적절하다.
ㄴ. 원자가전자가 느끼는 유효 핵전하는 A>D이다.
ㄷ. 원자 반지름은 D>C이다.

① ㄱ ② ㄴ ③ ㄱ, ㄴ
④ ㄱ, ㄷ ⑤ ㄴ, ㄷ

18. 그림은 원자 A~D의 이온 반지름을 나타낸 것이다. A~D의 이온은 모두 Ne의 전자 배치를 가지며, 원자 번호는 각각 8, 9, 11, 12중 하나이다.

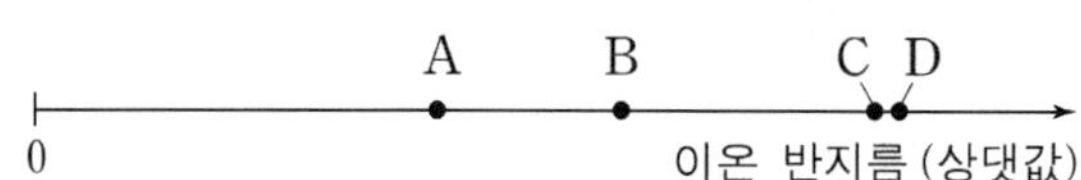

이에 대한 설명으로 옳은 것만을 〈보기〉에서 있는 대로 고른 것은?

보기

ㄱ. 전기음성도는 B가 가장 작다.
ㄴ. 원자가 전자가 느끼는 유효 핵전하는 D가 C보다 크다.
ㄷ. A와 C는 1 : 1로 결합하여 안정한 화합물을 형성한다.

① ㄱ ② ㄴ ③ ㄱ, ㄷ
④ ㄴ, ㄷ ⑤ ㄱ, ㄴ, ㄷ

19. 표는 원소 A~E의 전기 음성도와 안정한 이온의 반지름을 나타낸 것이다. 이온의 전자 배치는 모두 네온(Ne)과 같다.

원소	A	B	C	D	E
전기 음성도	0.9	1.2	3.0	3.5	4.0
이온 반지름(pm)	102	72	146	140	133

이에 대한 설명으로 옳은 것은? (단, A~E는 임의의 원소 기호이다.)

① A는 B보다 원자 번호가 크다.
② B와 C는 같은 주기 원소이다.
③ C는 D보다 원자가 전자 수가 많다.
④ D는 E보다 홀전자 수가 많다.
⑤ 원자가 전자가 느끼는 유효 핵전하는 C가 가장 크다.

20. 다음은 원소 A, B에 대한 자료이다.

○ A는 2주기, B는 3주기 원소이다.
○ 그림에서 R_A는 A의 원자 반지름, R_B는 B의 원자 반지름이다.
○ 그림에서 ㉠과 ㉡은 각각 A이온의 반지름, B이온의 반지름 중 하나이다.

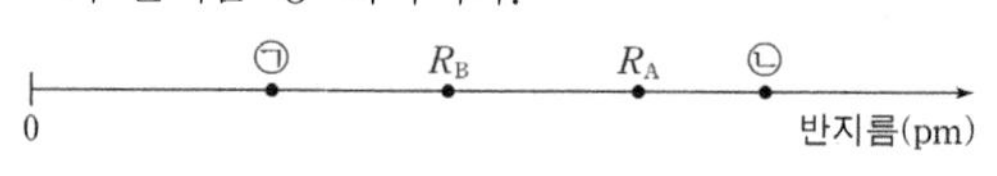

이에 대한 설명으로 옳은 것만을 〈보기〉에서 있는 대로 고른 것은? (단, A와 B는 임의의 원소 기호이고, 이온은 안정한 상태이며 18족 원소의 전자 배치를 갖는다.)

보기

ㄱ. 원자가 전자 수는 B가 A보다 크다.
ㄴ. A이온과 B이온의 전자 배치는 같다.
ㄷ. ㉡은 B이온의 반지름이다.

① ㄱ ② ㄴ ③ ㄷ
④ ㄱ, ㄷ ⑤ ㄴ, ㄷ

제3절 이온화 에너지와 순차적 이온화 에너지

정답 p. 25

대표 유형 기출 문제

13 지방직 7급 01

1. 이온화 에너지에 대한 설명으로 옳은 것은?

① 1차 이온화 에너지가 가장 큰 원소는 수소(H)이다.
② 마그네슘(Mg)은 2차 이온화 에너지가 1차 이온화 에너지보다 더 크다.
③ 할로젠 원소 중 1차 이온화 에너지가 가장 큰 것은 아이오딘(I)이다.
④ 1차 이온화 에너지는 리튬(Li)이 네온(Ne)보다 더 크다.

15 해양 경찰청 15

2. 다음의 표는 2, 3주기의 세 가지 금속 원소 A~C의 순차적 이온화 에너지를 나타낸 것이다.

구분	순차적 이온화 에너지(kJ/mol)			
	E_1	E_2	E_3	E_4
A	577	1,816	2,912	11,577
B	738	1,451	7,733	10,540
C	899	1,757	14,849	21,006

다음 중 A~C에 대한 설명으로 가장 옳은 것은?

① A의 산화물의 화학식은 A_2O이다.
② B의 원자번호가 가장 작다.
③ C의 바닥상태 전자배치는 $1s^2 2s^2 2p^6 3s^2$이다.
④ A와 B는 같은 주기 원소이다.

16 지방직 7급 11

3. 원소의 주기적 성질에 대한 설명으로 옳은 것만을 모두 고른 것은?

ㄱ. 원자 반지름은 Li이 F보다 더 크다.
ㄴ. 이온 반지름은 Mg^{2+}이 Na^+보다 더 크다.
ㄷ. 2차 이온화 에너지는 Mg이 Na보다 더 크다.

① ㄱ ② ㄴ
③ ㄱ, ㄷ ④ ㄴ, ㄷ

17 서울시 7급 20

4. A, B, C의 세 원자들은 다음과 같은 바닥상태의 전자 배치를 갖는다.

• A: $1s^2 2s^2 2p^2$ • B: $1s^2 2s^2 2p^3$
• C: $1s^2 2s^2 2p^4$

세 원자들의 1차 이온화 에너지(E_i)의 크기를 옳게 나타낸 것은?

① A > B > C ② B > A > C
③ B > C > A ④ C > B > A

18 국가직 7급 02

5. 어떤 금속 원소 M의 1차, 2차, 3차 이온화 에너지 [$kJmol^{-1}$]가 735, 1445, 7730이다. M이 염소(Cl)와 형성하는 가장 안정한 화합물의 화학식은?

① MCl ② MCl_2
③ MCl_3 ④ M_2Cl_6

21 지방직 9급 19

6. 다음은 원자 A~D에 대한 원자 번호와 1차 이온화 에너지(IE_1)를 나타낸다. 이에 대한 설명으로 옳은 것은? (단, A~D는 2, 3주기에 속하는 임의의 원소 기호이다.)

	A	B	C	D
원자번호	n	$n+1$	$n+2$	$n+3$
$IE_1[\mathrm{kJ\,mol^{-1}}]$	1,681	2,088	495	735

① A_2 분자는 반자기성이다.
② 원자 반지름은 B가 C보다 크다.
③ A와 C로 이루어진 화합물은 공유 결합 화합물이다.
④ 2차 이온화 에너지(IE_2)는 C가 D보다 작다.

22 지방직 9급 11

7. 이온화 에너지에 대한 설명으로 옳은 것만을 모두 고르면?

ㄱ. 1차 이온화 에너지는 기체 상태 중성 원자에서 전자 1개를 제거하는 데 필요한 에너지이다.
ㄴ. 1차 이온화 에너지가 큰 원소일수록 양이온이 되기 쉽다.
ㄷ. 순차적 이온화 과정에서 2차 이온화 에너지는 1차 이온화 에너지보다 크다.

① ㄱ, ㄴ　② ㄱ, ㄷ
③ ㄴ, ㄷ　④ ㄱ, ㄴ, ㄷ

22 서울시 1회 7급 01

8. 1차 이온화 에너지의 경향이 올바르게 나열되지 않은 것은?

① He > Ne > Ar > Kr　② F > O > N > C
③ Li > Na > K > Rb　④ F > Cl > Br > I

주관식 개념 확인 문제

9. 아래에 주어진 원자들에 대해 이온화 에너지의 대소를 결정하고 그 이유를 밝혀라.

(1) H와 He
(2) He와 Li

10. 다음 그림은 몇 가지 원자들이 원자 번호에 따른 이온화 에너지의 주기적 변화를 나타낸 것이다. 다음 각 물음에 답하여라. (단, A~H는 임의의 기호이다.)

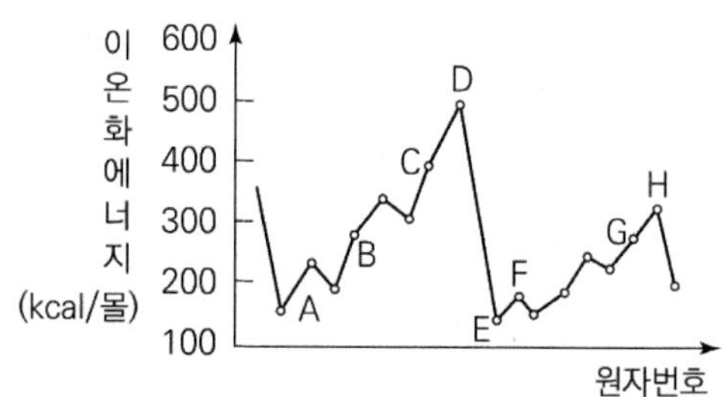

(1) 1족 원소의 원자를 모두 쓰라.
(2) G원자와 결합하여 이온 결합 화합물을 만들 수 있는 원자를 모두 써라.
(3) 안정한 전자 배치를 이루어 화합물을 만들지 않는 원자를 모두 써라.

11. 다음 원소 중 제1 이온화 에너지가 가장 큰 원소(A)와 제2 이온화 에너지가 가장 큰 원소(B)는 무엇인가?

Ca S Na Mg Ar

(A):

(B):

12. 다음 표는 3주기 원소 X, Y, Z에 대한 순차적 이온화 에너지(kcal/mol)를 나타낸 것이다. 다음 각 물음에 답하시오.

원자 \ IE	E_1	E_2	E_3	E_4
X	118	1091	1653	2281
Y	138	434	659	2797
Z	175	345	1838	2556

(1) X 원자는 몇 족 원소인가?

(2) Y 원자 1몰이 안정한 이온이 되는 데 필요한 에너지는?

(3) Z 원자의 산화물의 화학식은?

13. 다음은 기체 상태의 3주기 원소의 원자 A에서 전자를 하나씩 차례로 떼어낼 때 필요한 에너지 값이다.

$E_1 = 138\,\text{kcal/mol}$	$E_2 = 434\,\text{kcal/mol}$
$E_3 = 656\,\text{kcal/mol}$	$E_4 = 2767\,\text{kcal/mol}$

다음 물음에 답하시오.

(1) 원자 A의 원자가전자 수는?

(2) 원자 A의 산화물의 안정한 화학식은?

(3) 원자 A의 안정한 이온이 될 때의 변화를 화학 반응식을 나타내어라.

기본 문제

이온화 에너지

14. 이온화 에너지에 대한 설명으로 옳은 것은?

① 주기율표의 같은 족에서 원자번호가 증가함에 따라 증가한다.

② 주기율표의 같은 주기에서 원자번호가 증가함에 따라 감소한다.

③ 여러 개의 전자를 순차적으로 제거할 때 맨 처음 이온화 에너지가 가장 작다.

④ 가장 강하게 결합되어 있는 전자의 이온화 에너지가 제1이온화 에너지이다.

15. 나트륨 "1차 이온화 에너지"의 정의에 해당하는 것은?

① $Na(s) \rightarrow Na^+(s) + e^-$

② $Na(s) \rightarrow Na^+(g) + e^-$

③ $Na(l) \rightarrow Na^+(l) + e^-$

④ $Na(g) \rightarrow Na^+(g) + e^-$

16. 다음과 같은 전자배치를 갖는 원소들에 대한 설명으로 옳지 않은 것은?

A. $1s^22s^22p^3$	B. $1s^22s^22p^5$
C. $1s^22s^22p^63s^1$	D. $1s^22s^22p^63s^23p^1$

① 원자반지름이 가장 큰 원소는 C이다.

② 이온화 에너지가 가장 큰 원소는 B이다.

③ 홀전자가 가장 많은 원소는 A이다.

④ 원자가전자가 가장 많은 원소는 D이다.

17. 이온화 에너지에 대한 다음 설명 중 맞는 것은?

① H와 He^+은 등전자 관계에 있으므로 이온화 에너지가 같다.

② He^+의 이온화 에너지는 가리움 효과 때문에 He의 이온화 에너지보다 작다.

③ 같은 족의 원소들의 경우 원자 번호가 증가하면 핵과 전자 사이의 평균 거리가 증가하여 이온화 에너지가 감소한다.

④ 수소 원자의 에너지 준위 $E_n = -\frac{313.6}{n^2}$ kcal/mol 으로부터 수소 원자의 이온화 에너지를 구하려면 에너지 준위 $n=1$인 상태로부터 $n=2$인 상태로 만드는 데 필요한 에너지를 계산한다.

18. 다음 이온화 에너지와 관련된 내용 중 옳지 않은 것은?

① $2s$ 전자의 이온화 에너지는 주기율표 2주기에서 오른쪽으로 갈수록 커진다.

② 탄소 원자의 $2s$ 전자의 이온화 에너지는 같은 원자의 $2p$ 전자의 이온화 에너지보다 크다.

③ 붕소 원자의 $1s$ 전자의 이온화 에너지는 같은 원자의 $2p$ 전자의 이온화 에너지보다 크다.

④ 수소 원자의 $1s$ 전자의 이온화 에너지는 헬륨 원자의 $1s$ 전자의 이온화 에너지보다 크다.

19. 다음 원자 혹은 이온들에 관한 설명 중 맞는 것을 모두 고르시오.

O^{2-} F^{-} Ne Na^{+} Mg^{2+}

ㄱ. 반지름의 크기는 $O^{2-} > F^{-} > Ne > Na^{+} > Mg^{2+}$ 순이다.
ㄴ. 위의 화학종에서 전자를 1개 떼어내는데 필요한 에너지는 $O^{2-} < F^{-} < Ne < Na^{+} < Mg^{2+}$ 순이다.
ㄷ. 전자의 수는 O^{2} $< F^{-} < Ne < Na^{+} < Mg^{2+}$ 순이다.
ㄹ. 양성자의 수는 $O^{2-} > F^{-} > Ne > Na^{+} > Mg^{2+}$ 순이다.

① ㄱ, ㄴ ② ㄱ, ㄷ
③ ㄴ, ㄷ ④ ㄴ, ㄹ

20. 1차 이온화 에너지의 경향이 올바르게 나열되지 않은 것은?

① He > Ne > Ar > Kr
② F > O > N > C
③ Li > Na > K > Rb
④ F > Cl > Br > I

21. 그림은 2, 3주기 원소의 일부에 대해 1차 이온화 에너지를 나타낸 것이다.

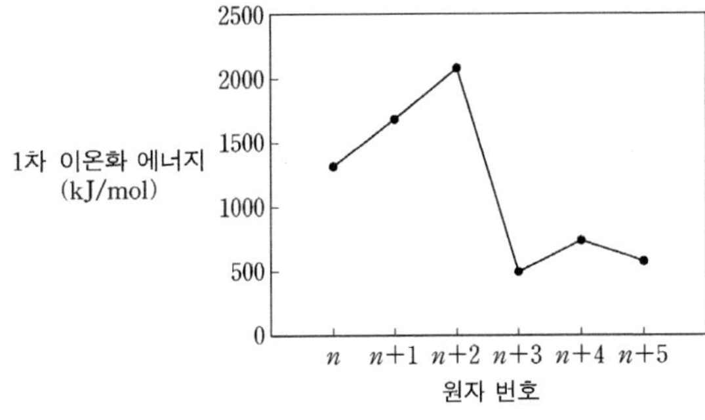

원소의 바닥 상태 원자에 대한 설명으로 옳은 것은?

① 최외각 전자의 유효 핵전하는 n번 원자가 $(n+1)$번 원자보다 크다.
② 원자 반지름은 $(n+2)$번 원자가 $(n+3)$번 원자보다 크다.
③ 2차 이온화 에너지는 $(n+3)$번 원자가 $(n+4)$번 원자보다 크다.
④ $(n+4)$번 원자는 $3p$ 오비탈에 전자를 1개 갖는다.

순차적 이온화 에너지

22. 1~3주기에 속하는 어떤 금속 원소 M의 순차 이온화 에너지 값은 다음과 같다.

$$M(g) + E_1 \rightarrow M^+(g) + e^-$$
$$E_1 = 156.4\ \text{kcal/mol}$$
$$M^+(g) + E_2 \rightarrow M^{2+}(g) + e^-$$
$$E_2 = 324.7\ \text{kcal/mol}$$
$$M^{2+}(g) + E_1 \rightarrow M^{2+}(g) + e^-$$
$$E_3 = 1,925\ \text{kcal/mol}$$

이 금속 원소가 염소와 안정한 화합물을 만들 때 그 화학식으로 옳은 것은?

① MCl ② MCl_2 ③ MCl_3
④ M_2Cl ⑤ M_2Cl_3

23. 〈보기〉는 어떤 원소의 이온화 에너지 값이다. 이 원소는?

보기
1차 이온화 에너지=577.9kJ mol^{-1}
2차 이온화 에너지=1,820kJ mol^{-1}
3차 이온화 에너지=2,750kJ mol^{-1}
4차 이온화 에너지=11,600kJ mol^{-1}
5차 이온화 에너지=14,800kJ mol^{-1}

① C ② Mg
③ Al ④ K

24. 다음 표는 3주기에 속하는 원자 A, B, C의 순차적 이온화 에너지를 나타낸 것이다. (단, A, B, C는 임의의 원소 기호이다.)

원자	순차적 이온화 에너지 (kJ/mol)			
	첫째	둘째	셋째	넷째
A	732	1442	7687	10559
B	577	1814	2742	11566
C	494	4602	6912	9544

위 표의 원자 A, B, C에 대한 옳은 설명을 〈보기〉에서 모두 고르면?

보기
ㄱ. A의 원자 번호는 10번이다.
ㄴ. B의 원자가전자 수는 3개이다.
ㄷ. C의 바닥 상태의 전자 배치는 $1s^22s^22p^63s^1$이다.

① ㄱ ② ㄴ
③ ㄷ ④ ㄴ, ㄷ

25. 어떤 원소의 이온화 에너지(IE)가 다음과 같을 때 이 원소의 염소 화합물로 맞는 것은 ?

1차 IE(kJ/mol)	2차 IE(kJ/mol)	3차 IE(kJ/mol)	4차 IE(kJ/mol)	5차 IE(kJ/mol)
738	1,450	7,730	10,500	13,600

① NaCl ② $MgCl_2$
③ $AlCl_3$ ④ $TiCl_4$

26. 다음 자료에 있는 T와 X로 이루어진 화합물의 화학식으로 옳은 것은?(단, T와 X는 주기율표에 있는 원소이고, IE_n은 n번째 이온화 에너지(kJ/mol)이다.)

원소 T: 바닥상태 전자배치 $1s^2 2s^2 2p^6 3s^2 3p^2$
원소 X: $IE_1 = 1255$ $IE_2 = 2295$ $IE_3 = 3850$
$IE_4 = 5160$ $IE_5 = 6560$ $IE_6 = 9360$
$IE_7 = 11000$ $IE_8 = 33600$ $IE_9 = 38600$

① TX_2 ② TX_4
③ T_2X ④ T_2X_2

27. 표는 원자 X~Z의 이온화 에너지에 대한 자료이다. X~Z는 각각 Li, Be, B 중 하나이다.

원소	X	Y	Z
$\frac{\text{제2 이온화 에너지}}{\text{제1 이온화 에너지}}$(상댓값)	2	3	14

X~Z에 대한 설명으로 옳은 것만을 〈보기〉에서 있는 대로 고른 것은?

보기
ㄱ. X는 Li이다.
ㄴ. 제1 이온화 에너지는 Y가 가장 크다.
ㄷ. 원자가 전자가 느끼는 유효 핵전하는 Z가 가장 작다.

① ㄱ ② ㄷ
③ ㄱ, ㄴ ④ ㄴ, ㄷ
⑤ ㄱ, ㄴ, ㄷ

28. 다음의 이온화 에너지에 대한 설명 중에서 옳은 것만을 모두 고른 것은?

ㄱ. 중성 원자에서 일차 이온화 에너지는 항상 양의 값을 갖는다.
ㄴ. 수소 음이온(H^-)의 일차 이온화 에너지는 수소(H)의 전자 친화도와 절댓값이 같다.
ㄷ. 중성 원자의 이차 이온화 과정은 일차 이온화 과정보다 더 긴 파장의 복사선을 필요로 한다.

① ㄱ, ㄴ ② ㄴ, ㄷ
③ ㄱ, ㄷ ④ ㄱ, ㄴ, ㄷ

자료 추론형

이온화 에너지

29. 표는 3주기 원소 X~Z의 순차적 이온화 에너지를 나타낸 것이다. (단, X~Z는 임의의 원소기호이다.)

원소	순차적 이온화 에너지(kJ/몰)			
	E_1	E_2	E_3	E_4
X	733	1447	7729	(가)
Y	578	1814	2750	11580
Z	496	4565	(나)	9552

이에 대한 설명으로 옳지 않은 것은?

① (가)는 (나)보다 크다.
② 반응성이 가장 작은 것은 Z이다.
③ 핵전하량이 가장 작은 것은 Z이다.
④ Y 산화물의 화학식은 Y_2O_3이다.
⑤ X의 안정한 이온의 전자배치는 $1s^22s^22p^6$이다.

30. 표는 3~4주기에 있는 임의의 원소 (가)~(다)의 자료를 나타낸 것이다.

	(가)	(나)	(다)
원자 반지름(nm)	0.186	0.197	0.227
가장 안정한 이온의 반지름(nm)	0.095	0.099	0.133
1차 이온화 에너지(kJ/mol)	495	590	419
녹는점(℃)	98	842	63

위의 자료에서 원소 (가)~(다)를 원자번호가 작은 것부터 커지는 순서대로 바르게 배열한 것은?

① (가)−(나)−(다) ② (가)−(다)−(나)
③ (나)−(가)−(다) ④ (다)−(가)−(나)
⑤ (다)−(나)−(가)

31. 표는 몇 가지 이온의 전자 배치를 나타낸 것이다.

이온	전자 배치
A^{2-}, B^-, C^+, D^{2+}	$1s^2 2s^2 2p^6$

이에 대한 설명으로 옳은 것을 <보기>에서 모두 고른 것은? (단, A~D는 임의의 원소이다.)

보기
ㄱ. 이온 반지름이 가장 큰 것은 A^{2-}이다.
ㄴ. B^-와 C^+의 반지름 차이는 전자껍질 수 때문이다.
ㄷ. 제1이온화 에너지는 원자 C가 원자 D보다 작다.

① ㄱ ② ㄴ
③ ㄱ, ㄷ ④ ㄱ, ㄴ, ㄷ

32. 그림은 2, 3주기 원소 A~D의 이온 반지름과 제1이온화 에너지를 나타낸 것이다. 이온은 모두 Ne과 같은 전자 배치를 가지며, 바닥 상태 원자에서 A~D의 홀전자 수는 모두 다르다.

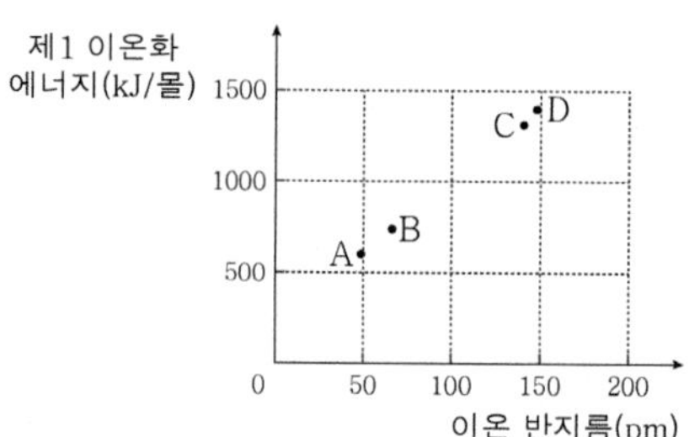

A~D 중 전기 음성도가 가장 큰 원소 (가)와 제2이온화 에너지가 가장 작은 원소 (나)를 옳게 고른 것은? (단, A~D는 임의의 원소 기호이다.)

	(가)	(나)
①	C	A
②	C	B
③	C	D
④	D	A
⑤	D	B

순차적 이온화 에너지

33. 그림은 2, 3주기 원소 A~C의 제1 이온화 에너지를 나타낸 것이다. A, B, C는 순서대로 15, 16, 17족 원소이다.

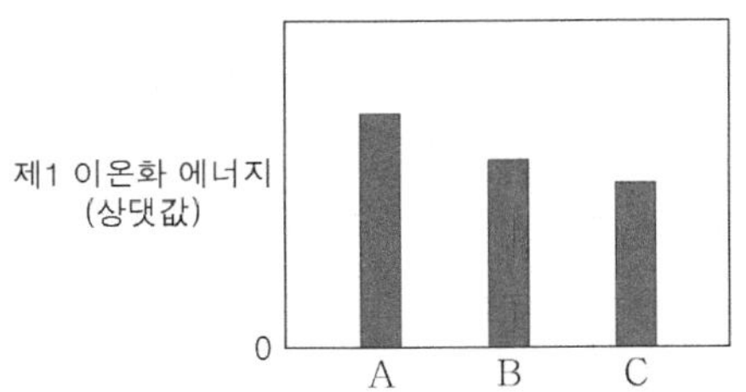

이에 대한 설명으로 옳은 것만을 〈보기〉에서 있는 대로 고른 것은? (단, A~C는 임의의 원소 기호이다.)

보기

ㄱ. A는 3주기 원소이다.
ㄴ. 제2 이온화 에너지는 B가 A보다 크다.
ㄷ. B와 C가 안정한 이온일 때 전자 배치는 같다.

① ㄱ ② ㄴ ③ ㄷ
④ ㄱ, ㄴ ⑤ ㄴ, ㄷ

34. 그림 (가)는 원자 A~D의 제1이온화 에너지를, (나)는 주기율표에 원소 ㉠~㉣을 나타낸 것이다. A~D는 각각 ㉠~㉣ 중 하나이다.

(가)

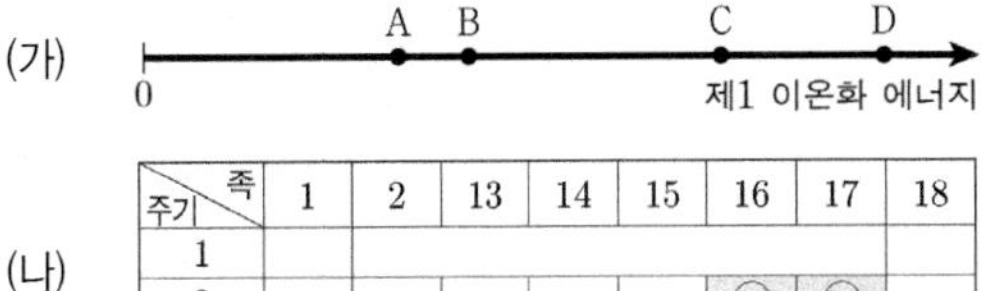

(나)

주기 \ 족	1	2	13	14	15	16	17	18
1								
2						㉠	㉡	
3		㉢	㉣					

이에 대한 설명으로 옳은 것만을 〈보기〉에서 있는 대로 고른 것은? (단, A~D는 임의의 원소 기호이다.)

보기

ㄱ. D는 ㉡이다.
ㄴ. C와 D는 같은 주기 원소이다.
ㄷ. $\frac{\text{제3 이온화 에너지}}{\text{제2 이온화 에너지}}$는 B>A이다.

① ㄱ ② ㄷ ③ ㄱ, ㄴ
④ ㄴ, ㄷ ⑤ ㄱ, ㄴ, ㄷ

35. 그림은 2, 3주기 원소 A~C의 이온 반지름을 나타낸 것이다. 이온의 전자 배치는 모두 네온(Ne)과 같고, A와 C로 이루어진 이온 결합 화합물은 A_2C이다.

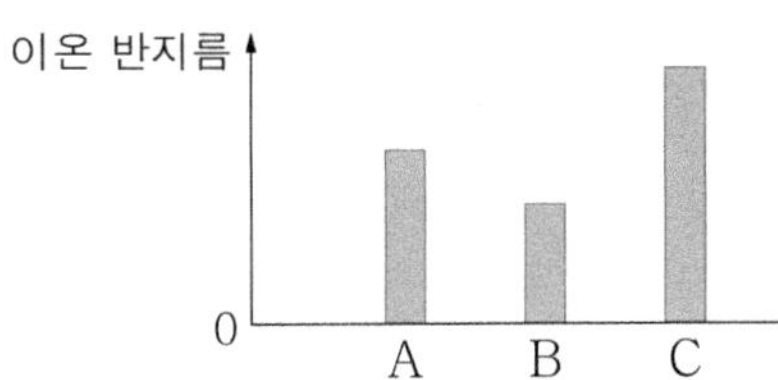

A~C에 대한 옳은 설명만을 〈보기〉에서 있는 대로 고른 것은? (단, A~C는 임의의 원소 기호이다.)

보기

ㄱ. 원자 반지름은 B가 가장 크다.
ㄴ. 전기 음성도는 C가 가장 크다.
ㄷ. $\frac{\text{제2 이온화 에너지}}{\text{제1 이온화 에너지}}$는 A가 가장 크다.

① ㄱ ② ㄴ ③ ㄱ, ㄷ
④ ㄴ, ㄷ ⑤ ㄱ, ㄴ, ㄷ

36. 표는 원자 A~C의 이온화 에너지에 대한 자료이다. A~C는 각각 O, F, Na 중 하나이다.

원자	A	B	C
$\frac{제2\ 이온화\ 에너지}{제1\ 이온화\ 에너지}$	2.0	2.6	9.2

A~C에 대한 설명으로 옳은 것만을 〈보기〉에서 있는 대로 고른 것은?

보기

ㄱ. C는 Na이다.
ㄴ. 원자가 전자가 느끼는 유효 핵전하는 A>B이다.
ㄷ. Ne의 전자 배치를 갖는 이온의 반지름은 A이온이 가장 크다.

① ㄴ ② ㄷ ③ ㄱ, ㄴ
④ ㄱ, ㄷ ⑤ ㄱ, ㄴ, ㄷ

37. 표는 2주기 바닥 상태의 원자 X~Z에 대한 자료이다.

원자	X	Y	Z
홀전자 수	2	2	3
제2 이온화 에너지 (kJ/몰)	2352	3388	2856

X~Z에 대한 설명으로 옳은 것만을 〈보기〉에서 있는 대로 고른 것은? (단, X~Z는 임의의 원소 기호이다.)

보기

ㄱ. 원자가 전자가 느끼는 유효 핵전하는 Z가 가장 크다.
ㄴ. 원자 반지름은 X>Y이다.
ㄷ. 제1이온화 에너지는 Z>Y이다.

① ㄱ ② ㄴ ③ ㄱ, ㄷ
④ ㄴ, ㄷ ⑤ ㄱ, ㄴ

38. 그림은 학생들이 그린 전자 배치를 나타낸 것이다. (가)는 질소(N) 원자, (나)~(라)는 산소(O) 원자의 전자 배치이다.

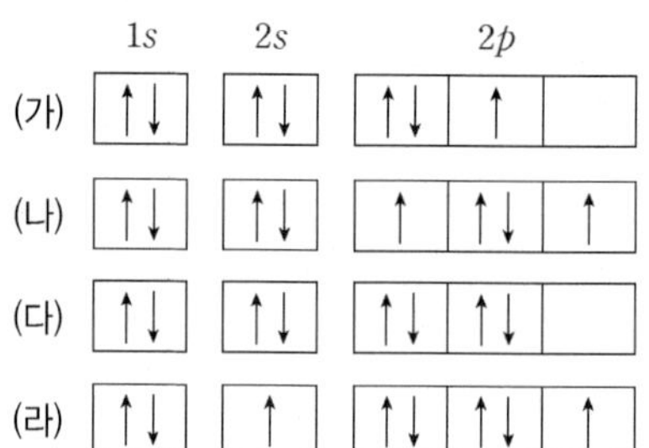

이에 대한 설명으로 옳은 것만을 〈보기〉에서 있는 대로 고른 것은?

보기

ㄱ. (가)는 바닥 상태이다.
ㄴ. (라)는 파울리 배타 원리를 만족한다.
ㄷ. 전자를 1개 떼어 내는 데 필요한 최소 에너지는 (나)>(다)이다.

① ㄱ ② ㄴ ③ ㄷ
④ ㄱ, ㄷ ⑤ ㄴ, ㄷ

제4절 종합편

정답 p. 31

대표 유형 기출 문제

18 지방직 7급 02

1. 원자 구조 및 주기성에 대한 설명으로 옳지 않은 것은?

① 같은 주기에서는 1족에 있는 원자의 일차 이온화 에너지가 가장 작다.

② 모든 원소 중에서 일차 이온화 에너지가 가장 큰 원자는 He이다.

③ 2주기에서 알칼리 금속부터 할로젠 원소까지 원자 번호가 커짐에 따라 원자의 반지름도 커진다.

④ 같은 주기에서 원자의 전자친화도는 알칼리 금속이 알칼리토금속보다 크다.

18 서울시 3회 7급 20

2. 바닥 상태에 있는 2주기 원자 A와 B에서 A의 전자가 들어 있는 s 오비탈의 수와 B의 p 오비탈에 들어 있는 전자의 수가 같고, A의 전자쌍의 수와 B의 전자가 들어 있는 오비탈의 수가 같을 때, 가장 옳은 것은?

① A는 금속이다.

② 전자친화도는 B가 A보다 크다.

③ 원자 반지름은 B가 A보다 크다.

④ 제1 이온화 에너지는 B가 A보다 크다.

19 서울시 2회 7급 02

3. 〈보기 1〉과 같은 바닥상태 전자배치를 가지는 중성 원자 A와 중성 원자 B에 대한 〈보기 2〉의 설명 중 옳은 것을 모두 고른 것은?

보기 1

A: $1s^2 2s^2 2p^5$　　B: $1s^2 2s^2 2p^6 3s^1$

보기 2

ㄱ. 홀전자 개수는 A와 B가 동일하다.
ㄴ. 제1 이온화 에너지는 B가 A보다 더 크다.
ㄷ. 이온 반지름은 B의 양이온(B^+)가 A의 음이온(A^-)보다 더 크다.
ㄹ. B가 들뜬 상태가 되면(B^*: $1s^2 2s^2 2p^6 4s^1$) 제1 이온화 에너지가 더 작아진다.

① ㄱ, ㄴ　② ㄴ, ㄷ
③ ㄷ, ㄹ　④ ㄱ, ㄹ

19 해양 경찰청 13

4. 다음은 2주기 원자 A~D에 대한 자료이다. A~D는 각각 Be, N, O, F 중 하나이다.

> • 원자 반지름은 B가 D보다 크다.
> • 전기 음성도는 C가 D보다 크다.
> • 유효 핵전하는 A가 C보다 크다.

A~D에 대한 설명으로 옳은 것을 보기에서 모두 고른 것은?

> ㄱ. 제1 이온화 에너지는 A가 D보다 크다.
> ㄴ. A와 B의 원자 반지름 차이는 C와 D의 원자 반지름차이보다 크다.
> ㄷ. B는 Be, D는 N이다.

① ㄱ　　② ㄱ, ㄴ
③ ㄴ, ㄷ　　④ ㄱ, ㄴ, ㄷ

20 지방직 9급 08

5. 주기율표에 대한 설명으로 옳지 않은 것은?

① O^{2-}, F^{-}, Na^{+} 중에서 이온 반지름이 가장 큰 것은 O^{2-}이다.
② F, O, N, S 중에서 전기 음성도는 F가 가장 크다.
③ Li과 Ne 중에서 1차 이온화 에너지는 Li이 더 크다.
④ Na, Mg, Al 중에서 원자 반지름이 가장 작은 것은 Al이다.

20 지방직 7급 01

6. 리튬(Li)이 소듐(Na)보다 더 큰 값을 가지는 것만을 모두 고르면?

> ㄱ. 원자 반지름
> ㄴ. 이온화 에너지
> ㄷ. 전기음성도

① ㄱ　　② ㄴ
③ ㄷ　　④ ㄴ, ㄷ

20 해양 경찰청 16

7. 다음 표는 2, 3주기인 원소 A~D에 대한 자료이다. A~D의 원자 번호를 비교한 것으로 가장 옳은 것은?(A~D는 임의의 원소 기호이다.)

원소	A	B	C	D
원자가 전자 수	3	4	5	6
전기 음성도	2.0	1.9	3.0	2.6

① A > D > C > B　　② C > A > D > B
③ D > B > C > A　　④ D > C > B > A

21 지방직 9급 05

8. 주족 원소의 주기적 성질에 대한 설명으로 옳은 것만을 모두 고르면?

ㄱ. 같은 족에 있는 원소들은 원자 번호가 커질수록 원자 반지름이 증가한다.
ㄴ. 같은 주기에 있는 원소들은 원자 번호가 커질수록 원자 반지름이 증가한다.
ㄷ. 전자친화도는 주기의 왼쪽에서 오른쪽으로 갈수록 더 큰 양의 값을 갖는다.
ㄹ. He은 Li보다 1차 이온화 에너지가 훨씬 크다.

① ㄱ, ㄴ　② ㄱ, ㄹ
③ ㄴ, ㄷ　④ ㄱ, ㄷ, ㄹ

21 지방직 7급 14

9. 다음의 (가)~(라)는 각 원자의 안정한 상태(ground state)에서의 전자 배치를 나타낸 것이다. 2차 이온화 에너지가 가장 큰 원자(A)와 전자친화도가 가장 큰 원자(B)로 옳은 것은?

(가) $1s^2 2s^2 2p^6 3s^1$
(나) $1s^2 2s^2 2p^6 3s^2$
(다) $1s^2 2s^2 2p^6 3s^2 3p^1$
(라) $1s^2 2s^2 2p^6 3s^2 3p^5$

	A	B
①	(가)	(다)
②	(가)	(라)
③	(나)	(다)
④	(나)	(라)

21 국가직 7급 06

10. 다음에 나타낸 주기율표의 일부에서 A~D에 대한 설명으로 옳은 것은? (단, A~D는 임의의 원소 기호이다.)

주기 \ 족	1	2	…	13	…	17
2			…		…	A
3	B	C	…	D	…	

① A의 원자가 전자 개수는 5이다.
② 2차 이온화 에너지는 C가 B보다 크다.
③ 이온 반지름의 크기는 C^{2+}가 B^{+}보다 크다.
④ 원자가전자에 대한 유효 핵전하는 D가 C보다 크다.

21 해양 경찰청 15

11. 다음 〈보기〉 중 Be, Mg, Ca에 대하여 맞는 것을 모두 고른 것은?

보기

ㄱ. 전기음성도 크기 순서는 Be > Mg > Ca이다.
ㄴ. 원자 반지름 크기 순서는 Be < Mg < Ca이다.
ㄷ. 유효 핵전하의 세기 순서는 Be > Mg > Ca이다.

① ㄴ　② ㄱ, ㄴ
③ ㄱ, ㄷ　④ ㄱ, ㄴ, ㄷ

22 지방직 9급 09

12. 중성 원자 X~Z의 전자 배치이다. 이에 대한 설명으로 옳은 것은? (단, X~Z는 임의의 원소 기호이다)

X : $1s^22s^1$
Y : $1s^22s^2$
Z : $1s^22s^22p^4$

① 최외각 전자의 개수는 Z > Y > X 순이다.
② 전기음성도의 크기는 Z > X > Y 순이다.
③ 원자 반지름의 크기는 X > Z > Y 순이다.
④ 이온 반지름의 크기는 $Z^{2-} > Y^{2+} > X^{+}$ 순이다.

22 국가직 7급 07

13. 원자의 최외각 전자가 느끼는 유효 핵전하에 대한 설명으로 옳은 것은?

① 유효 핵전하는 원자 번호에서 핵심부 전자의 수를 뺀 값으로 정의한다.
② 최외각 껍질에서 p 전자는 s 전자보다 핵 인력을 더 강하게 느낀다.
③ 3주기 주족 원소는 주기율표에서 오른쪽으로 갈수록 유효 핵전하가 감소한다.
④ 알칼리 금속은 원자 번호가 증가할수록 유효 핵전하가 증가한다.

주관식 개념 확인 문제

14. 아래 그림은 장주기형 주기율표의 일부를 나타낸 것이다. (단, 기호는 임의로 정한 것이다.) 다음 물음에 답하시오.

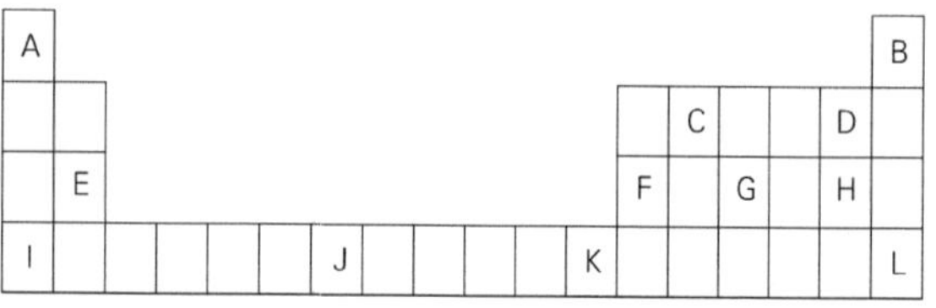

(1) 이온화 에너지가 가장 작은 것은?
(2) 전기 음성도가 가장 큰 것은?
(3) 전이 원소에 해당되는 것은?
(4) 원자 반지름이 가장 큰 원자는?

15. 다음은 장주기형 주기율표의 대략적인 모양을 나타낸 것이다. 아래 물음에 A~G의 부호로 답하시오.

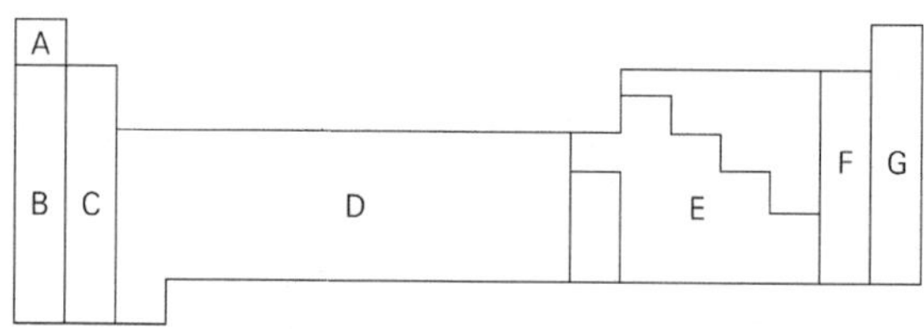

(1) 금속성이 가장 큰 부분은?
(2) 비금속성이 가장 큰 부분은?
(3) 산과도 염기와도 반응하여 수소 기체를 발생하는 원소들이 위치하고 있는 부분은?
(4) F에 속한 원소들의 원자가전자를 오비탈을 이용하여 나타내어라. (단, 주양자수는 n이다.)
(5) 족이 달라도 원자가전자수에 변화가 없어 화학적 성질이 비슷한 원소가 속하는 부분은?

16. **다음 주기율표를 보고 물음에 맞는 것을 고르시오. (단, 주기율표에 사용된 문자는 원소 기호 대신 사용한 것임)**

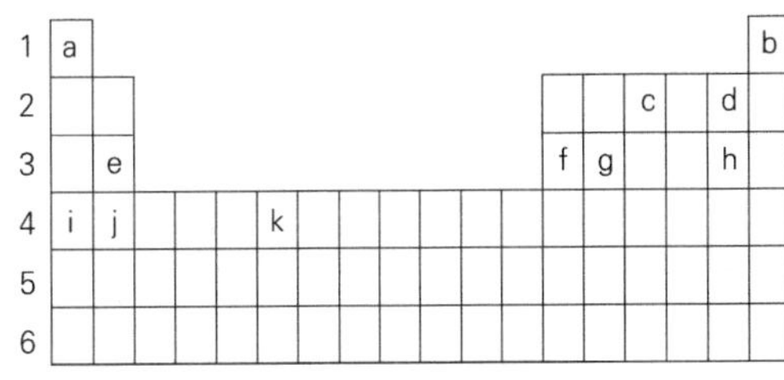

(1) 전자를 끌어당기는 힘이 가장 큰 원소는?
(2) 이온화 에너지가 가장 큰 원소는?
(3) 가장 쉽게 양이온이 될 수 있는 것과 가장 쉽게 음이온이 될 수 있는 원소는?
(4) 화학 결합 능력이 거의 없는 원소는?
(5) 비금속성이 가장 큰 원소는?
(6) 가장 산화력이 큰 원소는?
(7) p궤도 함수가 절반만 채워진 상태의 원소는?
(8) 원자 반지름이 가장 큰 원소는?
(9) X_2O_3형태의 산화물을 만드는 원소는?
(10) 이온성이 가장 큰 화합물을 만드는 두 원소는?

17. **다음은 3주기 원소들이다. 다음 각 물음에 원소 기호로 답하시오.**

Na, Mg, Al, Si, P, S, Cl, Ar

(1) 산화물의 수용액이 염기성을 나타내는 원소는?
(2) 원자 반지름이 가장 큰 원소는?
(3) 이온화 에너지가 가장 큰 원소는?
(4) 전자 친화도가 가장 큰 원소는?

18. **다음 문항들의 옳고 그름을 밝히고 옳지 않은 경우 밑줄친 부분을 올바르게 고치시오.**

(1) 원자 번호가 24인 원소의 가장 안정한 전자 배치는 $\underline{[Ar]\,4s^2\,3d^4}$이다.
(2) 제1이온화 에너지는 원자 번호가 13인 원소가 12인 원소보다 <u>크다</u>.
(3) 주양자수가 4인 전자껍질에 수용될 수 있는 최대 전자 수는 <u>30개</u>이다.
(4) <u>전자 친화도</u>는 기체 상태의 <u>음이온</u>으로부터 전자 1개를 떼어내는 데 필요한 에너지와 같다.
(5) 수소 원자의 이온화 에너지는 전자가 $4s$ 오비탈에 있는 들뜬 상태보다 바닥 상태가 <u>4배</u> 정도 크다.

19. **다음 물음에 알맞은 그래프를 골라 그 기호로 답하시오. (단, x축은 원자 번호의 증가를 나타내고, y축은 성질의 크기를 나타낸 것이다.)**

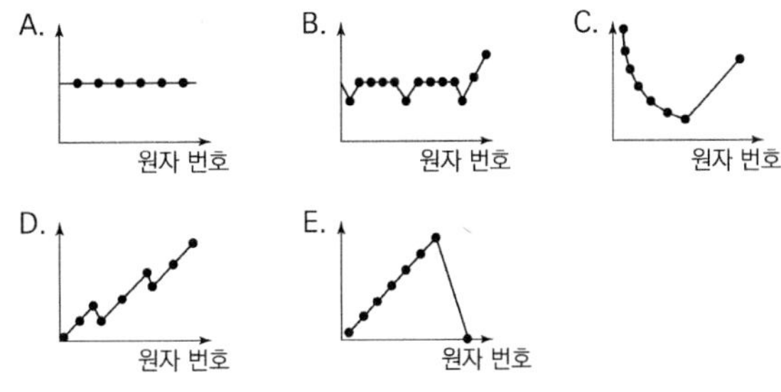

(1) 같은 주기 원소의 원자 번호 증가에 따른 전자껍질수의 변화를 나타낸 것은?
(2) 3주기 원소의 원자 번호 증가에 따른 이온화 에너지의 변화를 나타낸 것은?
(3) 2주기 원소의 원자 번호의 증가에 따른 원자 반지름의 변화를 나타낸 것은?
(4) 4주기 원소의 원자 번호의 증가에 따른 최외각 전자수의 변화를 나타낸 것은?

기본 문제

20. 다음 그림은 원소의 주기적 성질에 대한 그림이다. 가로축이 원자 번호일 때 다음 중 세로축에 해당되는 것은?

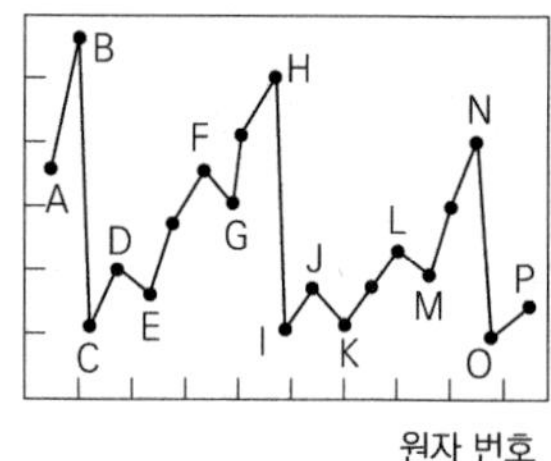

① 원자 반지름　② 전자 친화도
③ 전기 음성도　④ 이온화 에너지
⑤ 원자가 전자수

21. 주기율표의 같은 주기에서 오른쪽으로 갈 때, 주족 원소의 물리적 특성이 변화하는 일반적인 경향으로 옳은 것은?

	이온화 에너지	원자 반지름	전기음성도
①	증가	증가	감소
②	감소	감소	증가
③	증가	감소	감소
④	감소	증가	감소
⑤	증가	감소	증가

22. 다음 중 상대적인 크기가 옳은 것은?

① 원자 반지름: Si < P < S < Cl
② 1차 이온화 에너지: Be < Li < Na < K
③ 이온의 반지름: $Mg^{2+} < Na^{+} < F^{-} < O^{2-}$
④ 전자 친화도: N < O < F < Ne

23. 다음 각 항에 기술한 것 중 순서를 옳게 나타낸 것은?

① 원자의 반지름: F > O > N
② 제1차 이온화 에너지: Cs > Rb > K > Na
③ 탄소 사이의 결합 길이: 단일 결합 < 이중 결합 < 삼중 결합
④ 결합의 이온성: KF > KCl > NaCl > LiCl

24. 다음 표는 2~4주기 원소를 족에 따라 나타낸 것이다.

주기 \ 족	1	2	13	14	15	16	17	18
2	Li	Be	B	C	N	O	F	Ne
3	Na	Mg	Al	Si	P	S	Cl	Ar
4	K	Ca	Ga	Ge	As	Se	Br	Kr

위 표에 제시된 원소들의 몇 가지 성질을 비교한 것 중 옳은 것은?

① 전기 음성도: C > F
② 비금속성: Si > S
③ 원자 반지름: Al > B
④ 이온화 에너지: O > Ne

25. 다음과 같은 전자 배치를 가지는 중성 원자에 대한 설명 중 옳은 것을 고르면? (단, A~D는 원소 기호를 대신한 것이다.)

	$1s$	$2s$	$2p$	$3s$	$3p$
A	··	··	· · ·		
B	··	··	·· · ·		
C	··	··	·· ·· ··	·	
D	··	··	·· ·· ··	··	·

① 비금속의 크기는 A>B이다.
② 금속성의 크기는 D>C이다.
③ 원자 반지름의 크기는 D>C이다.
④ 제1이온화 에너지의 크기는 A>B이다.

26. 다음은 2주기 원소들에 대하여 원자번호에 따른 성질 변화를 대략적으로 나타낸 그래프이다. 올바르게 짝지어진 것은?

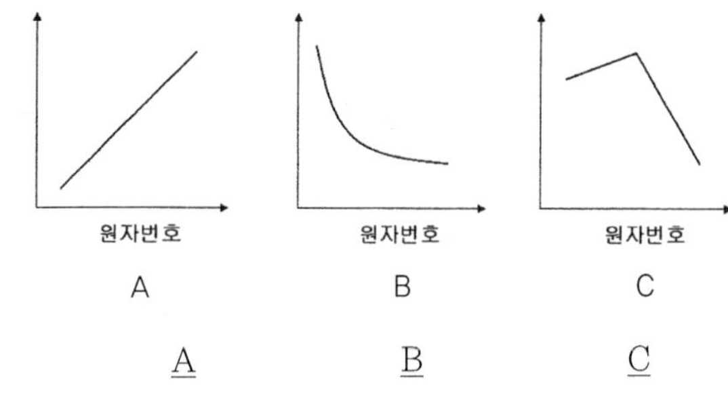

	A	B	C
①	녹는점	이온화 에너지	원자가전자 수
②	이온화 에너지	녹는점	원자 반지름
③	원자가전자 수	원자 반지름	녹는점
④	원자 반지름	원자가전자 수	이온화 에너지

27. 그림은 원자 번호가 연속인 원소의 1차 이온화 에너지를 나타낸 것이다.

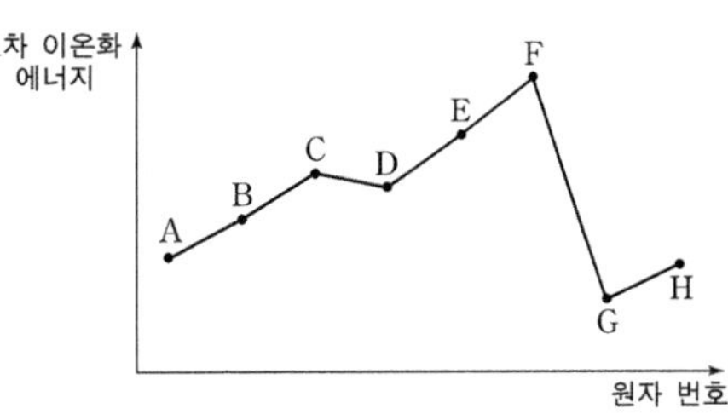

이에 대한 설명으로 옳은 것은? (단, A~H는 임의의 원소 기호이고, 2~3주기 원소이다.)

① 화합물 GE의 녹는점은 HD보다 높다.
② 전자 친화도가 가장 큰 원소는 F이다.
③ G와 H의 안정한 이온은 전자수가 같다.
④ 홑원소 물질의 끓는점은 C가 G보다 높다.
⑤ A의 바닥 상태 전자 배치는 $1s^2 2s^2 2p^2$이다.

PART 01 원자의 구조와 원소의 주기성

28. 다음은 몇 가지 원자와 이온의 전자 배치를 나타낸 것이다. A~C는 임의의 기호이다.

> A: $1s^2 2s^2 2p^6 3s^2$
> B^{2+}: $1s^2 2s^2 2p^6$
> C^-: $1s^2 2s^2 2p^6$

다음 설명 중 옳지 않은 것은?

① 이온화 에너지는 A보다 B^{2+}가 더 크다.
② 반지름은 B^{2+}보다 C^-가 더 크다.
③ $B^{2+}(g)$의 전자 친화도(ΔH)는 0보다 작다.
④ $C^-(g)$의 전자 친화도(ΔH)는 0보다 작다.

자료 추론형

29. 그림에서 (가)~(다)는 몇 가지 원소의 원자 반지름, 원자가전자의 유효 핵전하, Ne의 전자 배치를 갖는 이온의 반지름 중 하나를 각각 나타낸 것이다.

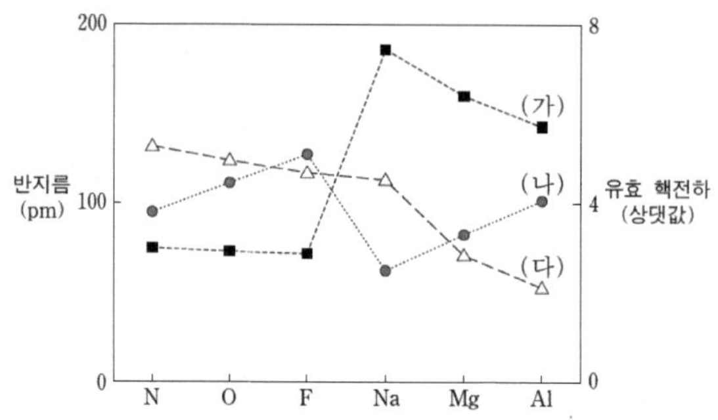

(가)~(다)에 해당하는 것으로 옳은 것은?

	(가)	(나)	(다)
①	원자 반지름	유효 핵전하	이온 반지름
②	원자 반지름	이온 반지름	유효 핵전하
③	이온 반지름	원자 반지름	유효 핵전하
④	이온 반지름	유효 핵전하	원자 반지름
⑤	유효 핵전하	원자 반지름	이온 반지름

30. 다음은 2주기 바닥 상태 원자 X~Z에 대한 자료이다.

> • X, Y, Z는 홀전자 수가 같다.
> • 제1 이온화 에너지는 X가 가장 크다.
> • 제2 이온화 에너지는 Z가 가장 크다.

전기 음성도를 옳게 비교한 것은? (단, X~Z는 임의의 원소 기호이다.)

① X > Y > Z
② X > Z > Y
③ Y > Z > X
④ Z > X > Y
⑤ Z > Y > X

31. 그림은 원자 번호가 연속인 2, 3주기 원소 A~D의 원자가 전자의 유효 핵전하를 나타낸 것이다.

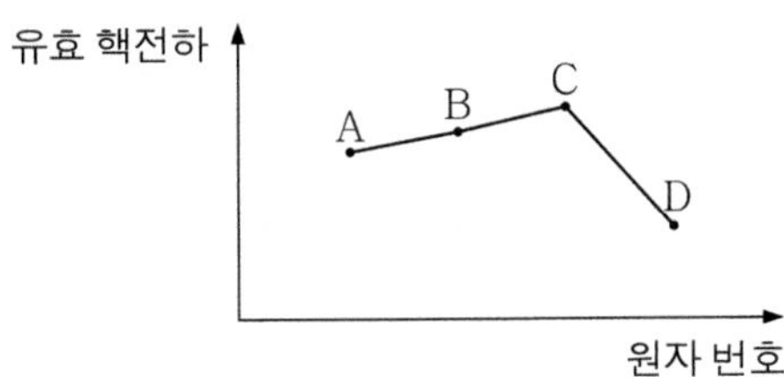

A~D에 대한 옳은 설명만을 〈보기〉에서 있는 대로 고른 것은? (단, A~D는 임의의 원소 기호이다.)

보기
ㄱ. 3주기 원소는 2가지이다.
ㄴ. 이온화 에너지는 A가 B보다 크다.
ㄷ. 전기 음성도는 B가 D보다 크다.

① ㄱ ② ㄷ ③ ㄱ, ㄴ
④ ㄴ, ㄷ ⑤ ㄱ, ㄴ, ㄷ

32. 그림은 2주기 원소 A~E의 전기 음성도와 바닥 상태 원자의 홀전자 수를 나타낸 것이다.

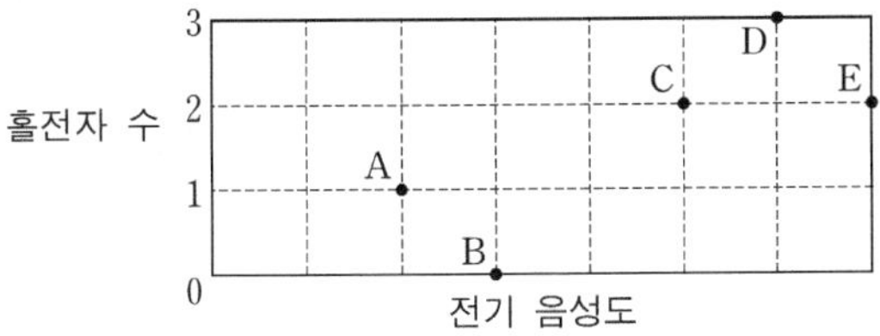

이에 대한 설명으로 옳은 것만을 〈보기〉에서 있는 대로 고른 것은? (단, A~E는 임의의 원소 기호이다.)

보기
ㄱ. 금속 원소는 2가지이다.
ㄴ. 원자가 전자가 느끼는 유효 핵전하는 B가 A보다 크다.
ㄷ. 바닥 상태 원자의 전자 배치에서 전자가 들어있는 오비탈의 수는 D와 E가 같다.

① ㄱ ② ㄷ ③ ㄱ, ㄴ
④ ㄴ, ㄷ ⑤ ㄱ, ㄴ, ㄷ

CHAPTER 03

핵화학

정답 p. 36

대표 유형 기출 문제

17 서울시 7급 14

1. $^{238}_{92}U$이 일련의 붕괴과정을 거쳐 $^{206}_{82}Pb$로 변하였다. 이 과정에서 α붕괴와 β^-붕괴는 각각 몇 번씩 일어났는가?

① α 붕괴 5회 β^- 붕괴 12회

② α 붕괴 6회 β^- 붕괴 10회

③ α 붕괴 7회 β^- 붕괴 8회

④ α 붕괴 8회 β^- 붕괴 6회

21 지방직 7급 03

2. 다음 핵변환 반응에서 X에 해당하는 원자는?

$$^{14}_{7}N + X \rightarrow \, ^{17}_{8}O + \, ^{1}_{1}H$$

① H ② He

③ Li ④ Be

22 해양 경찰청 11

3. 방사성 원소가 베타 붕괴하여 생성된 원소에 대한 설명으로 가장 옳은 것은? (단, 연속적인 베타 붕괴는 일어나지 않는다고 가정한다.)

	질량수 변화	원자 번호
①	있음	1만큼 감소
②	있음	2만큼 증가
③	없음	1만큼 증가
④	없음	2만큼 감소

기본 문제

4. 천연 동위 원소 $^{238}_{92}U$은 알파(α) 붕괴 1번, 이어서 2번의 베타(β) 붕괴를 하여 안정한 원소로 붕괴된다. 각각에 해당되는 원소로 적당한 것은?

① $^{234}_{90}Th$, $^{234}_{92}U$ ② $^{234}_{93}Np$, $^{234}_{92}U$

③ $^{234}_{91}Pa$, $^{234}_{93}Np$ ④ $^{234}_{90}Th$, $^{234}_{91}Pa$

PART

2

화학 결합과 분자 간 인력

CHAPTER 01 화학 결합

제1절 이온 결합

정답 p. 37

대표 유형 기출 문제

21 지방직 9급 08

1. 1기압에서 녹는점이 가장 높은 이온 결합 화합물은?

① NaF　② KCl
③ NaCl　④ MgO

22 해양 경찰청 03

2. 다음은 각 이온 결합 물질의 핵간 거리를 나타낸 것이다. KF의 핵간 거리로 가장 옳은 것은?

> ㉠ NaF　0.25nm
> ㉡ NaCl　0.285nm
> ㉢ KCl　0.326nm

① 0.209nm　② 0.279nm
③ 0.291nm　④ 0.361nm

주관식 개념 확인 문제

※ [3~4] 다음 글을 읽고 [　　] 안에 알맞은 답을 쓰시오.

3.

화학 결합에는 [①] 결합, [②] 결합, [③] 결합 및 배위 결합 등이 있다. 주기율표의 1족 3주기의 원자 A와 7족에 속하는 원자 번호 17인 원자 B가 화학 결합할 때, 원자 A는 한 개의 전자를 버리며 원자 B는 이 전자를 받는다. 이리하여 원자 A는 18족의 원자 [④](기호)와 같은 전자 배치를 가진 양이온 [⑤](기호)이 되고, 원자 B는 원자 번호 [⑥](숫자)의 0족 기체 원자와 같은 전자 배치를 가진 음이온 [⑦](기호)이 되어 [⑧] 인력으로 서로 끌려서 [⑨] 결합을 이룬다.

4.

이온이 형성되는 이유는 이온 결합시 원자가 가장 안정한 ① 원소의 전자 배치가 되려고 전자를 잃거나 얻기 때문이다. ② 가 작은 금속 원소는 쉽게 전자를 잃어 ③ 이 되고, ④ 가 큰 비금속 원소는 전자를 얻어 ⑤ 이 된다. 이들 ③ 과 ⑤ 사이의 정전기적 인력에 의하여 이루어지는 결합을 ⑥ 결합이라고 한다.

5. **A는 원자 번호가 12인 원소이고, B는 원자 번호가 17인 원소이다.**

(1) A와 B가 안정한 이온이 되었을 때의 전자 배치는 각각 어떤 비활성 기체의 전자 배치와 같아지겠는가?

(2) A와 B로 이루어지는 화합물의 화학식을 써라.

6. **금속 나트륨과 염소 기체로부터 고체 염화나트륨이 생성될 때 반응이 다음과 같이 진행된다. 다음 각 물음에 답하여라.**

$$Na(s) \xrightarrow{(A)} Na(g) \xrightarrow{(B)} Na^+(g)$$

$$\frac{1}{2}Cl_2(g) \xrightarrow{(C)} Cl(g) \xrightarrow{(D)} Cl^-(g)$$

$$Na^+(g) + Cl^-(g) \xrightarrow{(E)} NaCl(g) \xrightarrow{(F)} NaCl(s)$$

(1) 에너지를 흡수하는 과정은?

(2) 에너지를 방출하는 과정은?

7. **다음 그림은 Na^+과 Cl^-이 결합하여 NaCl(g)이라는 이온 결합 물질을 형성할 때, 두 이온 사이의 거리와 에너지와의 관계를 나타낸 것이다. 다음 물음에 답하여라.**

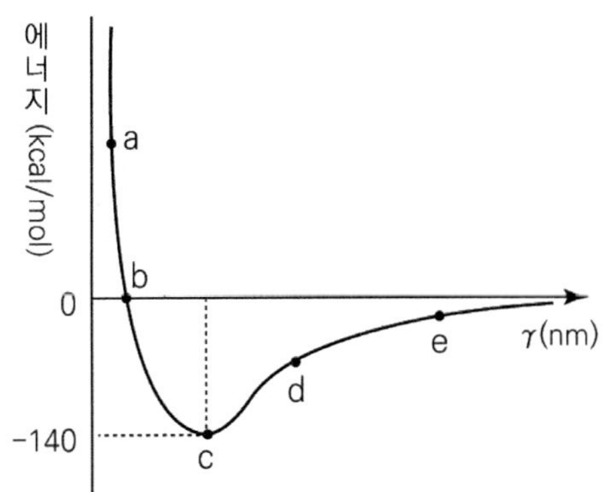

(1) NaCl(g)이 가장 안정한 화합물로 존재할 때의 위치는?

(2) Na(g)의 이온화 에너지는 118kcal/mol이고, Cl(g)의 전자 친화도는 83kcal/mol이다. 위의 그림을 참고로 하여 Na(g) 1몰과 Cl(g) 1몰로부터 NaCl(g) 1몰이 생성될 때 얼마만큼의 에너지가 흡수 또는 방출되는가?

8. **다음 이온 결합 화합물의 녹는점이 높은 것부터 순서대로 쓰시오.**

(1) NaF, NaCl, NaBr, NaI

(2) Na_2O, MgO

(3) NaCl, MgO, KCl, CaO

기본 문제

이온 결합의 형성

9. 다음 이온 결정 중 아르곤(Ar)과 같은 전자수를 갖는 이온들로 이루어진 것은?

① NaCl ② MgO
③ KF ④ CaS
⑤ RbCl

10. 다음 화합물 중 구성 원자간의 결합이 모두 이온 결합인 것은?

① NH_4Cl ② K_2O
③ CH_3COONa ④ HF
⑤ NaOH

11. 화합물의 결합 성격이 나머지와 다른 하나는?

① KF ② $CaCl_2$
③ CH_4 ④ LiBr

12. 다음은 원자 X, Y, Z, W의 바닥 상태의 전자 배치이다. 안정한 화합물을 이루는 것은?

W: $1s^22s^22p^63s^1$	X: $1s^22s^22p^3$
Y: $1s^22s^22p^63s^2$	Z: $1s^22s^22p^63s^23p^5$

① WX_2 ② XY_2
③ WY_2 ④ WZ_2
⑤ YZ_2

13. 결정 상태인 브롬화칼륨은 KBr이라는 기호로 나타낸다. 이 기호는 무엇을 뜻하는가?
(단, 원자 번호는 K = 19, Br = 35이다.)

① 브롬화칼륨의 1분자의 분자식을 나타낸다.
② 브롬화칼륨의 조성을 나타낸 식이다.
③ 칼륨 원자와 브롬 원자의 결합은 공유 결합임을 나타낸다.
④ 브롬화칼륨(KBr) 54g에는 6.02×10^{23}개의 분자가 들어 있음을 나타낸다.

14. 아래 그림은 몇 가지 원자들의 원자 번호에 따른 이온화 에너지를 나타낸 것이다. 음이온과 이온 결합을 잘 이룰 수 있는 원자끼리 모아 놓은 것은?

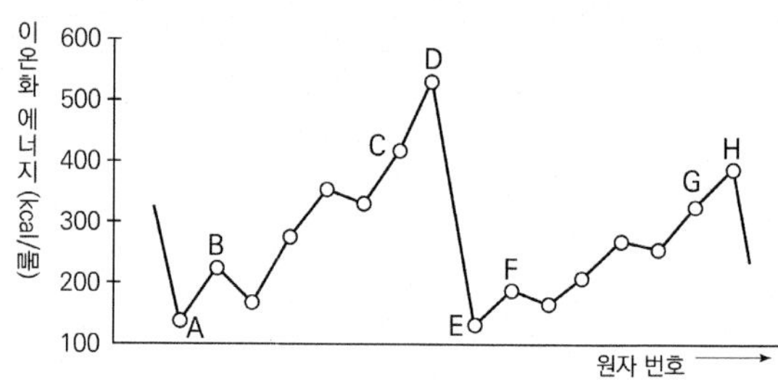

① A, C ② B, G
③ C, F ④ D, H
⑤ E, F

이온 결합의 에너지와 녹는점

15. 2족 금속 산화물의 녹는점과 이온 간의 거리를 모두 바르게 나열한 것은?

① 녹는점: MgO > CaO > SrO
이온간 거리: MgO < CaO < SrO
② 녹는점: MgO > CaO > SrO
이온간 거리: MgO > CaO > SrO
③ 녹는점: MgO < CaO < SrO
이온간 거리: MgO > CaO > SrO
④ 녹는점: MgO < CaO < SrO
이온간 거리: MgO < CaO < SrO

16. 다음 화합물의 녹는점이 가장 높은 것은?

① NaCl ② KCl
③ CaO ④ MgO

17. NaCl과 KCl, MgO와 MgS의 녹는점을 비교하여 바르게 나타낸 것은?

① NaCl < KCl, MgO < MgS
② NaCl < KCl, MgO > MgS
③ NaCl > KCl, MgO > MgS
④ NaCl > KCl, MgO < MgS

18. 18족 원소인 비활성 기체는 안정하여 반응성이 거의 없으므로 다른 원자들은 비활성 기체와 같은 전자 배치를 이룸으로써 안정화하려는 경향을 보인다. 〈보기〉는 임의의 원소 기호 A~D를 사용하여 원자들의 전자 배치를 나타낸 것이다.

보기
A: $1s^2 2s^2 2p^6 3s^1$
B: $1s^2 2s^2 2p^6 3s^2 3p^6 4s^1$
C: $1s^2 2s^2 2p^6 3s^2 3p^5$
D: $1s^2 2s^2 2p^5$

〈보기〉의 전자 배치를 참고하여 가장 쉽게 이온 결합을 형성하는 것(Ⅰ)과 녹는점이 가장 높으리라고 예상되는 것(Ⅱ)을 바르게 짝지은 것은?

	(Ⅰ)	(Ⅱ)
①	AC	BD
②	AD	BC
③	BC	AD
④	AD	BD

19. 다음은 이온 결합 물질의 이온간의 거리와 녹는점을 측정한 자료이다.

	이온간의 거리(nm)	녹는점(℃)
Na^+F^-	0.234	993
Na^+Cl^-	0.276	801
$Mg^{2+}O^{2-}$	0.205	2800
$Ca^{2+}O^{2-}$	0.239	2580

위 자료에 대한 다음 설명 중 옳지 않은 것은?

① 음이온의 반지름은 Cl^-가 F^-보다 크다.
② 양이온의 반지름은 Ca^{2+}가 Mg^{2+}보다 크다.
③ NaF가 NaCl보다 녹는점이 높은 것은 이온간 거리 때문이다.
④ MgO가 CaO보다 녹는점이 높은 것은 이온이 갖는 전자수가 적기 때문이다.

20. 아래의 그림은 양이온과 음이온이 결합할 때 이온간 거리(r)와 에너지 관계를 나타낸 것이다. 다음 설명 중 옳은 것은?

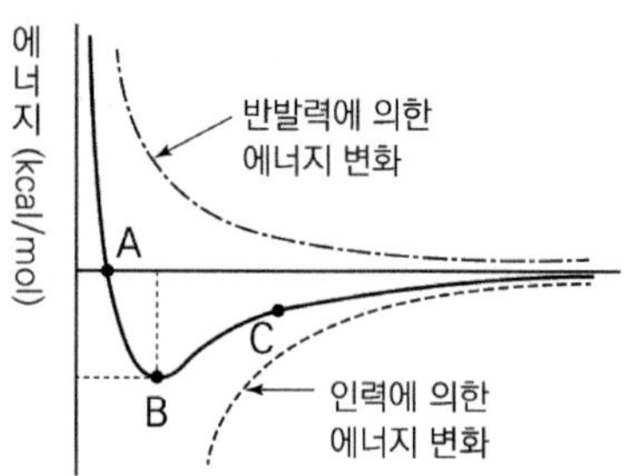

① 양이온과 음이온 사이의 거리가 가까울수록 안정하다.

② 점A는 인력과 반발력이 평형을 이루고 있으므로 가장 안정한 상태이다.

③ 양이온과 음이온이 화합물을 형성할 때, 에너지를 흡수한다.

④ 점C는 반발력이 인력보다 큰 지점이다.

⑤ 점B에서 이온 결합이 형성되어 안정한 화합물을 만든다.

21. 그림은 마그네슘(Mg)과 염소(Cl_2)로부터 염화마그네슘($MgCl_2$)이 형성되는 과정에서 에너지 변화의 일부를 나타낸 것이다.

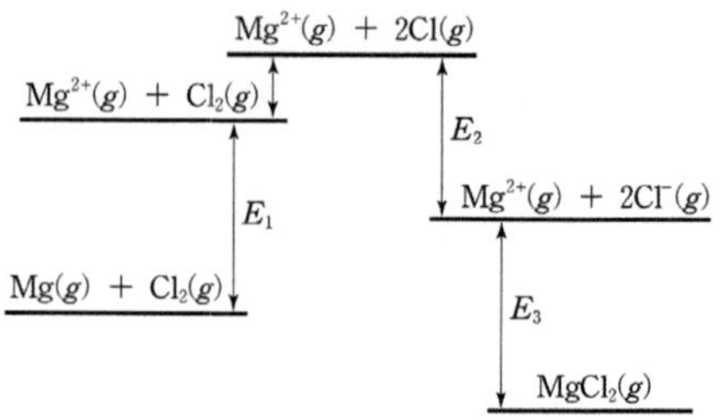

이에 대한 설명으로 옳은 것만을 〈보기〉에서 있는 대로 고른 것은?

> 보기
>
> ㄱ. $Mg(g)$의 2차 이온화 에너지는 E_1이다.
>
> ㄴ. $Cl(g)$의 전자친화도는 $\frac{1}{2}E_2$이다.
>
> ㄷ. $Cl_2(g)$ 대신에 $Br_2(g)$를 사용하면 E_3는 증가한다.

① ㄴ ② ㄷ ③ ㄱ, ㄴ

④ ㄱ, ㄷ ⑤ ㄴ, ㄷ

22. 그림은 금속 양이온과 비금속 음이온 간의 거리에 따른 에너지 변화를 나타낸 것이다.

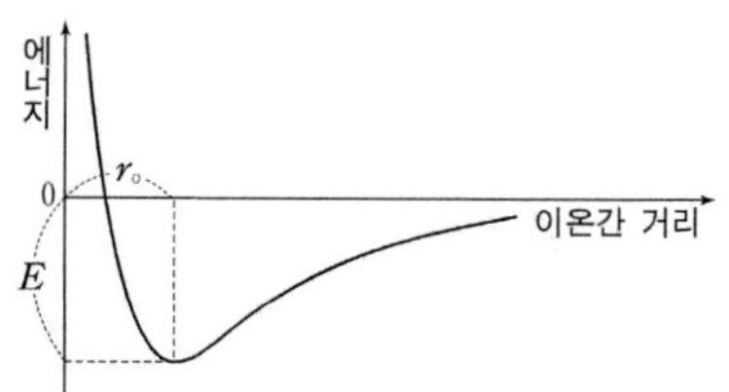

이에 대한 설명으로 옳은 것을 〈보기〉에서 모두 고른 것은?

> 보기
>
> ㄱ. r_0는 두 이온 지름의 합이다.
>
> ㄴ. r_0의 크기는 MgO보다 CaO에서 더 크다.
>
> ㄷ. E의 크기는 MgO보다 NaCl에서 더 크다.

① ㄱ ② ㄴ ③ ㄱ, ㄷ

④ ㄴ, ㄷ ⑤ ㄱ, ㄴ, ㄷ

23. 그림은 두 가지 이온 화합물의 이온 사이의 거리에 따른 에너지를 나타낸 것이고, 자료는 관련된 화학 반응식을 나타낸 것이다.

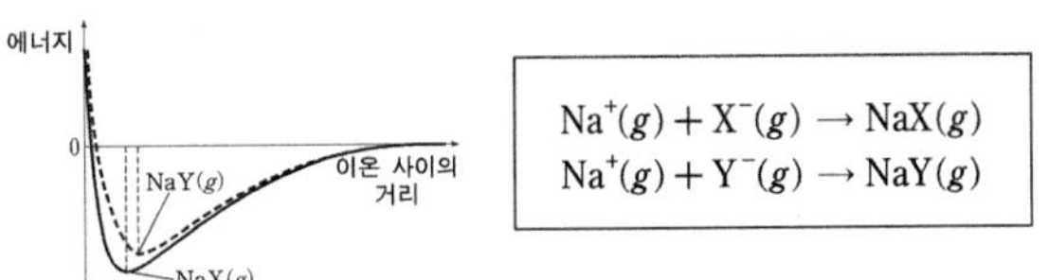

이에 대한 설명으로 옳은 것을 〈보기〉에서 모두 고른 것은? (단, 이온 사이의 거리가 무한히 떨어져 있는 상태의 에너지는 0이고, X와 Y는 임의의 할로젠 원소이다.)

보기

ㄱ. 이온의 반지름은 X^-가 Y^-보다 작다.
ㄴ. 녹는점은 NaX(s)가 NaY(s)보다 낮다.
ㄷ. 이온으로 분해될 때 필요한 에너지는 NaX(g)가 NaY(g)보다 크다.

① ㄴ ② ㄷ ③ ㄱ, ㄴ
④ ㄱ, ㄷ ⑤ ㄱ, ㄴ, ㄷ

24. 표는 몇 가지 이온의 반지름을, 그림은 이온 화합물에서 핵간 거리(r)에 따른 에너지를 나타낸 것이다.

이온	반지름 (nm)	이온	반지름 (nm)
K^+	0.133	Cl^-	0.181
Mg^{2+}	0.065	Br^-	0.195
Ca^{2+}	0.099	O^{2-}	0.140

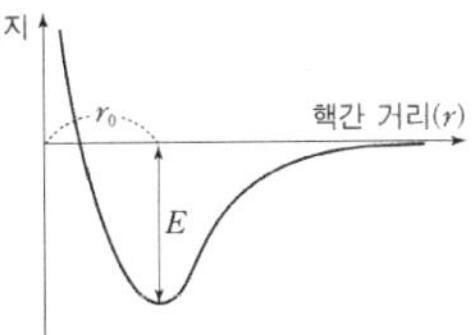

이에 대한 설명으로 옳은 것만을 〈보기〉에서 있는 대로 고른 것은?

보기

ㄱ. r_0은 KCl이 KBr보다 작다.
ㄴ. E는 CaO가 MgO보다 크다.
ㄷ. 녹는점은 KCl이 CaO보다 낮다.

① ㄱ ② ㄴ ③ ㄱ, ㄷ
④ ㄴ, ㄷ ⑤ ㄱ, ㄴ, ㄷ

25. 그림은 알칼리 금속(A, B, C)과 할로젠(X, Y, Z)의 이온 결합 에너지를 나타낸 것이다.

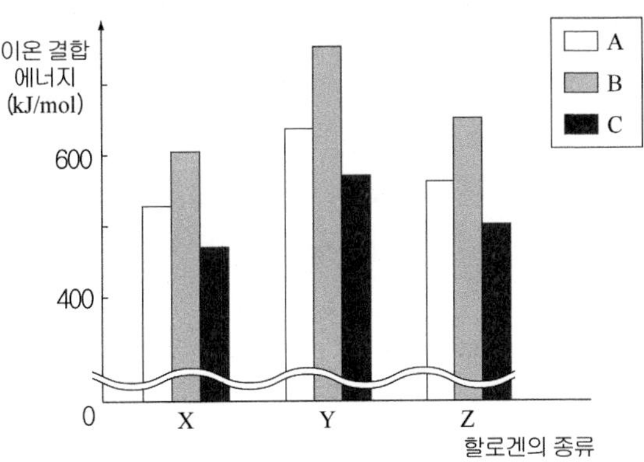

이 자료에서 원자 반지름이 가장 큰 알칼리 금속과 가장 작은 할로젠을 고른 것은? (단, A~C, X~Z는 임의의 원소이다.)

	알칼리 금속	할로젠
①	A	X
②	B	Y
③	C	Z
④	C	X
⑤	C	Y

26. 그림은 Na^+과 Cl^-의 핵간 거리에 따른 에너지 변화를 나타낸 것이다. 점P_{NaCl}는 곡선에서 에너지가 최소인 점이다.

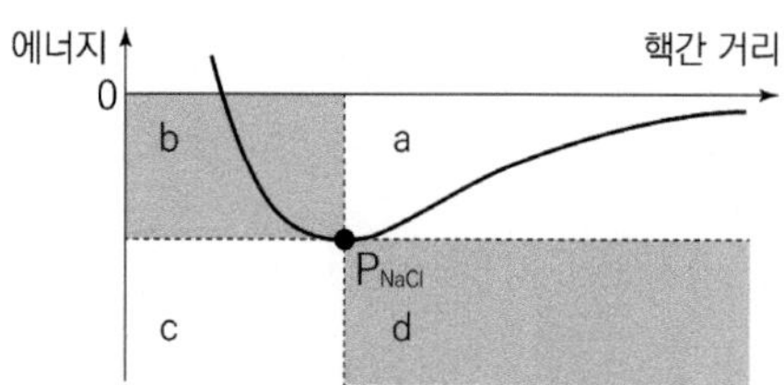

그림의 영역 a~d 중 K^+과 Cl^-에 해당하는 점 P_{KCl}와 Mg^{2+}과 O^{2-}에 해당하는 점P_{MgO}가 속하는 영역은?

	P_{KCl}	P_{MgO}
①	a	c
②	b	a
③	c	b
④	c	d
⑤	d	b

27. 그림 (가)는 이온 화합물에서 핵간 거리(r)에 따른 에너지를, (나)는 이온 화합물 A~C의 녹는점을 나타낸 것이다. A~C는 각각 NaF, NaCl, NaBr 중 하나이다.

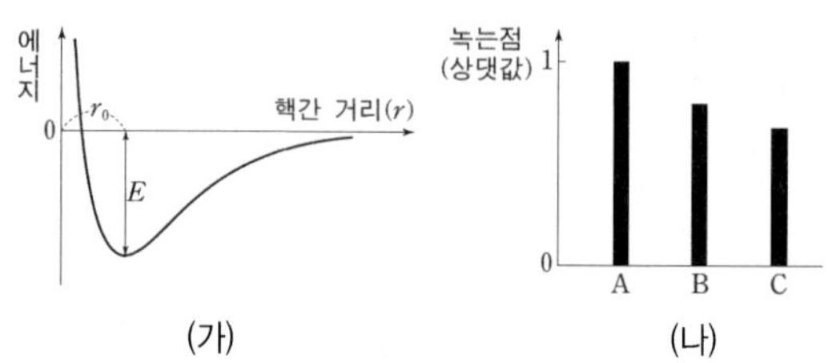

이에 대한 설명으로 옳은 것만을 〈보기〉에서 있는 대로 고른 것은?

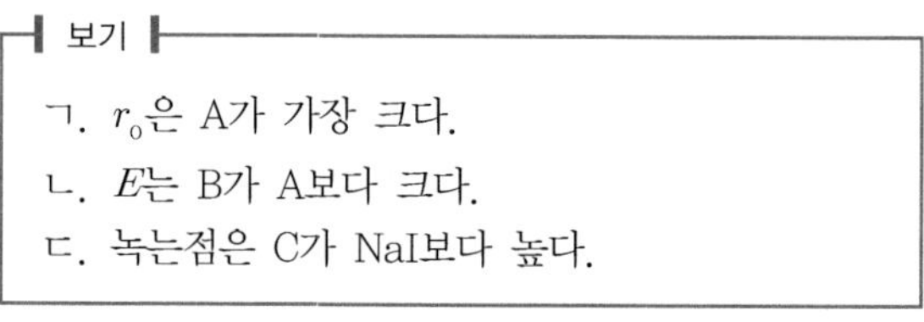

보기

ㄱ. r_0은 A가 가장 크다.

ㄴ. E는 B가 A보다 크다.

ㄷ. 녹는점은 C가 NaI보다 높다.

① ㄱ　② ㄷ　③ ㄱ, ㄴ　④ ㄴ, ㄷ　⑤ ㄱ, ㄴ, ㄷ

28. 그림은 이온 사이의 핵간 거리에 따른 에너지 변화를, 표는 몇 가지 이온의 이온 반지름을 나타낸 것이다.

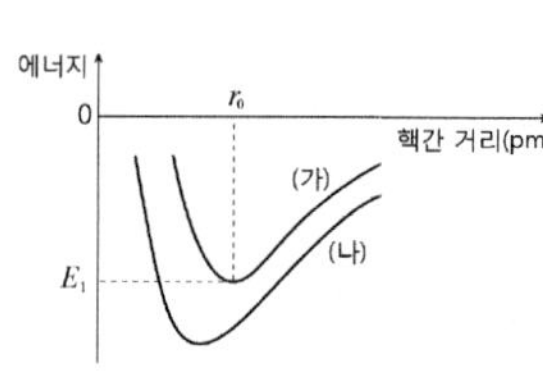

이온	이온 반지름(pm)
$_{12}Mg^{2+}$	65
$_{16}S^{2-}$	184
$_{17}Cl^{-}$	181
$_{19}K^{+}$	133
$_{20}Ca^{2+}$	99

이에 대한 설명으로 옳은 것만을 〈보기〉에서 있는 대로 고른 것은?(단, (가)와 (나)는 MgS, CaS 중 하나이다.)

보기

ㄱ. (가)는 MgS이다.

ㄴ. KCl의 에너지가 최소가 되는 지점에서 핵간 거리는 r_0보다 크다.

ㄷ. K^+와 Cl^-의 이온 반지름의 크기 차이는 전자 껍질 수가 다르기 때문이다.

① ㄱ　② ㄴ　③ ㄷ　④ ㄱ, ㄷ　⑤ ㄴ, ㄷ

29. 그림은 3가지 화합물 KCl, KBr, KX에서 이온간 거리에 따른 에너지를 대략적으로 나타낸 것이다.

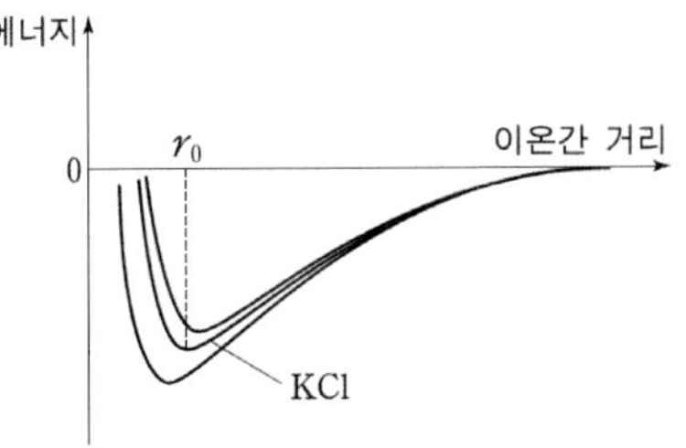

이에 대한 설명으로 옳은 것만을 〈보기〉에서 있는 대로 고른 것은? (단, X는 할로젠 원소이다.)

보기

ㄱ. 원자 반지름은 Cl가 X보다 크다.
ㄴ. 녹는점이 KX이 KCl보다 높다.
ㄷ. KCl에서 K^+의 이온 반지름은 $\frac{r_0}{2}$이다.

① ㄱ ② ㄷ ③ ㄱ, ㄴ
④ ㄴ, ㄷ ⑤ ㄱ, ㄴ, ㄷ

30. 다음은 원소 A~D에 대한 자료이다. A~D는 각각 O, F, Na, Mg 중 하나이다.

- 제1 이온화 에너지: D>C>B
- 바닥 상태 원자의 홀전자 수: C>A=D

이에 대한 설명으로 옳은 것만을 〈보기〉에서 있는 대로 고른 것은? (단, A~D 이온은 Ne의 전자 배치를 가진다.)

보기

ㄱ. 이온 반지름은 A 이온이 B 이온보다 크다.
ㄴ. B와 D는 같은 주기 원소이다.
ㄷ. AD와 BC는 이온 결합 물질이다.

① ㄴ ② ㄷ ③ ㄱ, ㄴ
④ ㄱ, ㄷ ⑤ ㄱ, ㄴ, ㄷ

이온쌍 에너지

31. 그림은 KCl(g)이 생성될 때 두 이온 사이의 핵간 거리에 따른 에너지를 나타낸 것이다.

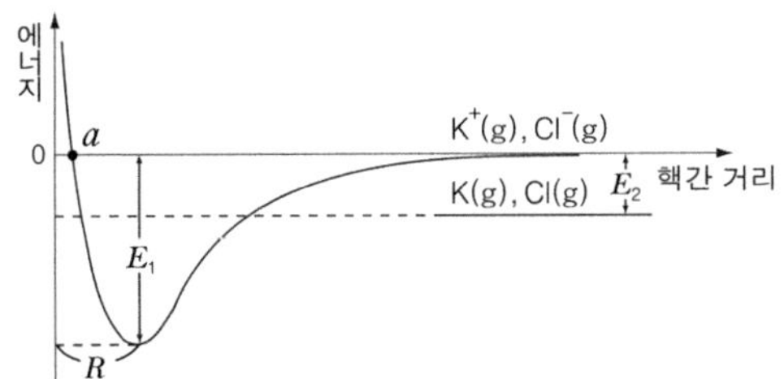

이에 대한 옳은 설명만을 〈보기〉에서 있는 대로 고른 것은?

보기

ㄱ. a점에서 두 이온 사이의 정전기적 인력과 반발력은 같다.
ㄴ. KF(g)이 생성될 경우 R은 작아지고 E_1은 커진다.
ㄷ. Na(g)과 Cl(g)로부터 NaCl(g)이 생성될 경우 E_2는 커진다.

① ㄱ ② ㄴ ③ ㄱ, ㄴ
④ ㄴ, ㄷ ⑤ ㄱ, ㄴ, ㄷ

32. 그림은 Na(g)과 Cl(g)로부터 NaCl(g)이 생성되는 과정에서 핵간 거리에 따른 에너지를 나타낸 것이다.

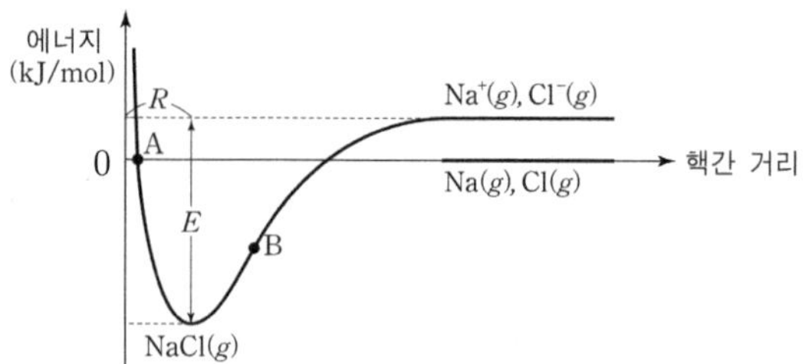

이에 대한 설명으로 옳은 것을 〈보기〉에서 모두 고른 것은?

보기

ㄱ. Na(g)의 이온화 에너지는 Cl(g)의 전자친화도보다 크다.

ㄴ. 점 A가 점 B보다 에너지가 큰 것은 Na^+(g)과 Cl^-(g)사이의 반발력이 증가하기 때문이다.

ㄷ. K(g)과 Cl(g)로부터 KCl(g)이 생성될 경우 E는 작아지고 R은 커진다.

① ㄱ ② ㄷ ③ ㄱ, ㄴ
④ ㄴ, ㄷ ⑤ ㄱ, ㄴ, ㄷ

33. 다음은 K(g)과 Cl(g)로부터 KCl(g) 이온쌍이 생성되는 과정을 나타낸 것이다.

〈K^+(g)과 Cl^-(g)의 생성 과정〉
- K(g) + E(이온화 에너지) → K^+(g) + e^-
- Cl(g) + e^- → Cl^-(g) + E(전자 친화도)

〈KCl(g) 결합 형성〉
- K^+(g) + Cl^-(g) → KCl(g)

그림은 K^+(g)과 Cl^-(g)생성 과정의 에너지 관계와, 생성된 이온이 결합을 형성할 때의 핵간 거리에 따른 에너지 변화를 나타낸 것이다.

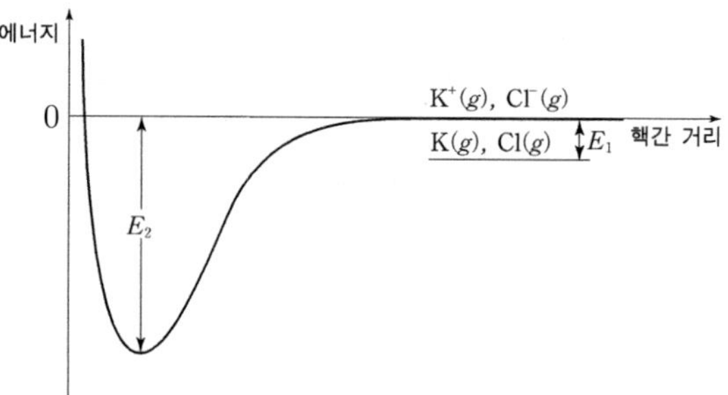

이에 대한 설명으로 옳은 것을 〈보기〉에서 모두 고른 것은?

보기

ㄱ. K(g)의 E(이온화 에너지)는 Cl(g)의 E(전자 친화도)보다 크다.

ㄴ. NaCl에서 E_1의 크기는 KCl에서 E_1의 크기보다 크다.

ㄷ. NaF(g) 결합에서 E_2의 크기는 KCl(g) 결합에서 E_2의 크기보다 크다.

① ㄴ ② ㄷ ③ ㄱ, ㄴ
④ ㄱ, ㄷ ⑤ ㄱ, ㄴ, ㄷ

제2절 공유 결합

정답 p. 41

대표 유형 기출 문제

19 지방직 7급 06

1. 다음은 수소 분자(H_2)의 퍼텐셜 에너지와 핵간 거리의 관계를 나타낸 그래프이다. 이에 대한 설명으로 옳지 않은 것은?

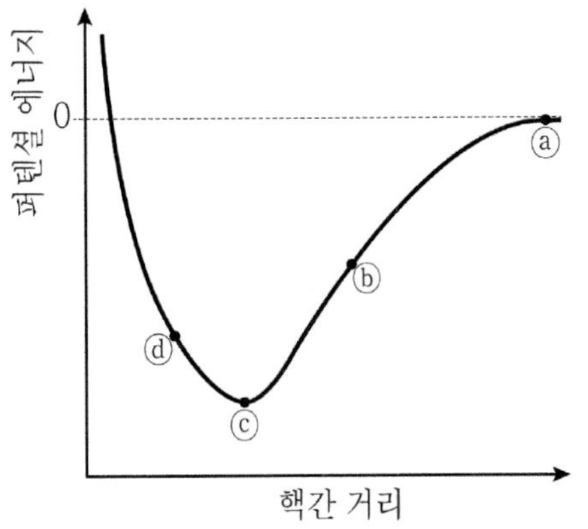

① 지점 ⓐ에서 지점 ⓑ로 갈수록 원자간 핵－전자 인력이 커진다.

② 지점 ⓑ보다 지점 ⓒ의 핵간 전자밀도가 더 낮다.

③ 지점 ⓒ와 지점 ⓐ의 퍼텐셜 에너지 차이는 수소 분자의 결합 에너지와 같다.

④ 지점 ⓒ에서 지점 ⓓ로 갈수록 핵간 반발력이 커진다.

20 지방직 9급 03

2. 원자 간 결합이 다중 공유결합으로 이루어진 물질은?

① KBr　　② Cl_2

③ NH_3　　④ O_2

주관식 확인 문제

3. 다음 분자 중 비공유 전자쌍이 많은 순으로 나열하시오.

CH_4, HF, SO_2, H_2O, CO_2, NH_3, BF_3

4. 다음 그림은 무한히 먼 거리에 있는 수소 원자가 접근하여 수소 분자를 이루는 거리와 에너지와의 관계를 나타낸 것이다. 다음 각 물음에 답하시오.

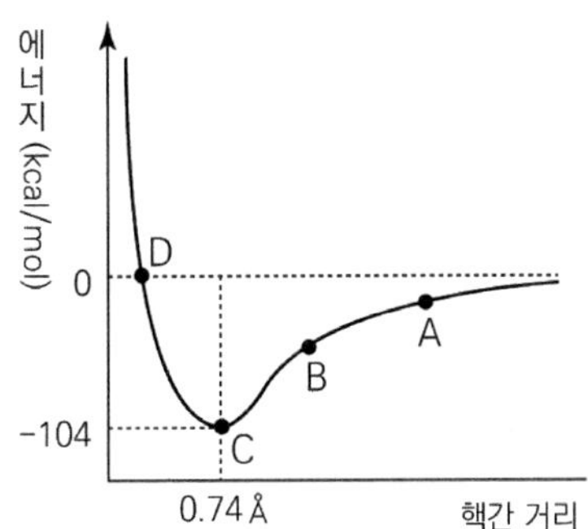

(1) 안정한 분자가 이루어진 점은?

(2) 결합 에너지는?

(3) 수소 원자 반지름은 몇 Å인가?

(4) 핵 간 및 전자 간 반발력이 인력보다 더 큰 지점은?

기본 문제

공유 결합의 형성

5. 다음은 2주기 원소로 구성된 분자의 루이스 전자 점식이다.

:A::B::A: :C:A:C:

원소 A~C를 원자 번호가 작은 것부터 순서대로 바르게 배열한 것은? (단, A~C는 임의의 원소 기호이다.)

① A, B, C ② A, C, B
③ B, A, C ④ B, C, A
⑤ C, B, A

6. 임의의 2주기 원소 기호 X, Y, Z의 루이스 전자 점식이 〈보기〉와 같을 때 〈보기〉에 대한 설명으로 가장 옳은 것은?

보기

·X· :Y· :Z·

① X는 최대 2개의 공유 결합을 이룰 수 있다.
② 공유 전자쌍 수는 X_2가 Y_2보다 많다.
③ 비공유 전자쌍 수는 XZ_3가 YZ_2보다 적다.
④ Y_2에는 삼중 결합이 있다.

7. 다음 중 공유 결합으로만 이루어진 화합물들로 짝지어진 것은?

① CO_2, NaCl, KNO_3
② HCl, HCHO, H_2CO_3
③ KCl, MgO, CH_3COOH
④ SO_2, NaOH, H_2S
⑤ NH_3, CaO, CH_4

8. 다음 중 삼중결합을 형성하는 것은?

① H와 H ② N과 N
③ O와 O ④ H_2O와 H^+

9. 다음 분자들 중 비공유 전자쌍이 가장 많은 것은?

① CO ② HCl
③ N_2 ④ CH_3OH

10. 다음 분자 중 비공유 전자쌍을 2개 가지고 있는 것은?

① CH_3Cl ② CH_3OH
③ CO_2 ④ NH_3
⑤ SO_2

11. 그림은 질소 원자의 전자점식을 이용하여 질소 분자(N_2)의 생성을 나타낸 것이다.

$$\cdot\ddot{\underset{\cdot}{N}}\cdot + \cdot\ddot{\underset{\cdot}{N}}\cdot \longrightarrow N_2$$

질소 분자의 공유 전자쌍 수와 비공유 전자쌍 수로 옳은 것은?

	공유 전자쌍 수	비공유 전자쌍 수
①	1	4
②	2	3
③	2	4
④	3	2
⑤	3	3

12. CH_2Cl_2 한 분자 속의 공유 전자쌍과 비공유 전자쌍의 수는 각각 몇 개인가?

① 4, 6　② 2, 3　③ 2, 6　④ 4, 9　⑤ 2, 6

공유 결합의 에너지 관계

13. 그림은 할로젠 원소 X, Y, Z가 기체 상태의 이원자 분자를 형성할 때 핵간 거리에 따른 에너지를 나타낸 것이다.

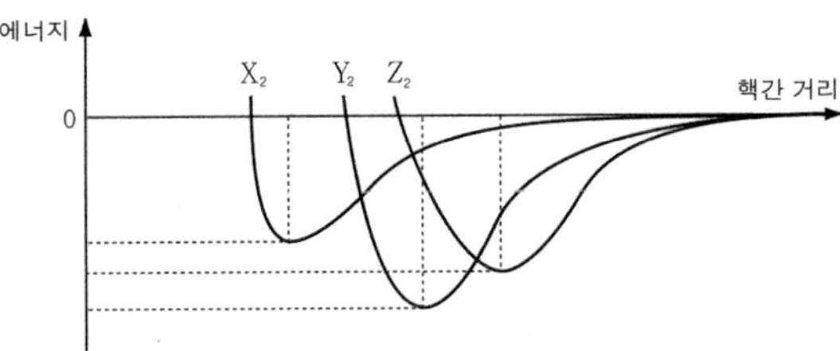

이에 대한 설명으로 옳은 것만을 〈보기〉에서 있는 대로 고른 것은? (단, X, Y, Z는 임의의 기호이다.)

보기

ㄱ. 원자 반지름은 X가 Z보다 크다.
ㄴ. 결합 에너지는 X_2가 Y_2보다 크다.
ㄷ. 끓는점은 Z_2가 Y_2보다 높다.

① ㄱ　② ㄷ　③ ㄱ, ㄴ　④ ㄴ, ㄷ　⑤ ㄱ, ㄴ, ㄷ

14. 그림은 2, 3주기의 원소 A~D가 기체인 이원자 분자 A_2~D_2를 형성할 때, 핵간 거리에 따른 에너지를 간략하게 나타낸 것이다.

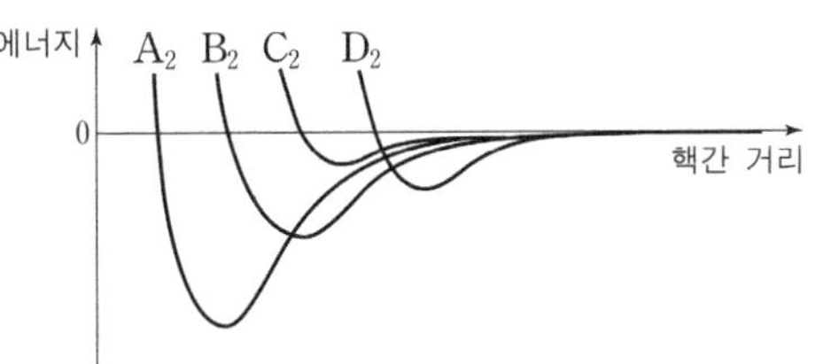

B_2와 C_2로 옳은 것은? (단, A~D는 임의의 원소 기호이다.)

	B_2	C_2		B_2	C_2
①	F_2	O_2	②	F_2	Cl_2
③	O_2	F_2	④	Cl_2	F_2
⑤	O_2	N_2			

15. 2주기 원소 A~D는 25℃, 1기압에서 기체로 존재한다. 그림은 A~D가 각각 이원자 분자를 형성한다고 가정하였을 때, 원자핵 간 거리에 따른 에너지를 대략적으로 나타낸 것이다.

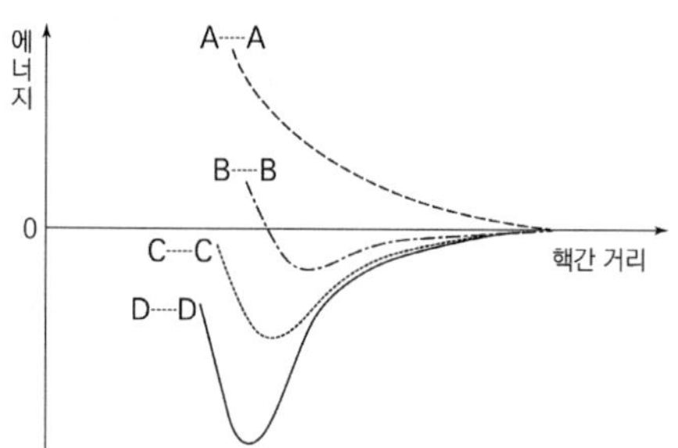

A~D에 설명으로 옳지 않은 것은? (단, A~D는 임의의 원소 기호이다.)

① A는 안정한 이원자 분자를 형성하지 않는다.
② 1차 이온화 에너지가 가장 큰 것은 A이다.
③ 결합 에너지가 가장 큰 것은 D이다.
④ 결합 길이가 가장 긴 것은 B이다.
⑤ B의 원자 반지름은 C보다 크다.

16. 그림은 분자 A_2, B_2, AB가 생성되는 과정에서 두 원자의 핵간 거리에 따른 에너지의 변화를 나타낸 것이다.

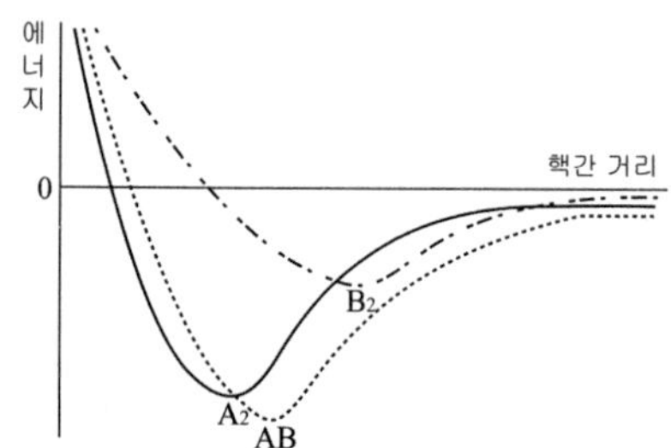

자료로부터 알 수 있는 옳은 내용을 〈보기〉에서 모두 고른 것은? (단, A, B는 원소를 나타내는 임의의 기호이다.)

보기

ㄱ. 결합 에너지는 $AB > A_2 > B_2$이다.
ㄴ. $A_2 + B_2 \rightarrow 2AB$의 반응은 발열 반응이다.
ㄷ. 결합 길이가 짧으면 결합 에너지가 크다.

① ㄱ ② ㄴ ③ ㄱ, ㄴ
④ ㄱ, ㄷ ⑤ ㄴ, ㄷ

전자 배치와 화학 결합

17. 표는 중성 원자 A~D의 전자 배치를 나타낸 것이다. A~D로 이루어진 물질에 대한 설명으로 옳은 것은? (단, A~D는 임의의 원소 기호이다.)

원자	전자 배치
A	$1s^1$
B	$1s^2 2s^2 2p^2$
C	$1s^2 2s^2 2p^3$
D	$1s^2 2s^2 2p^4$

① A_2 분자에는 이중 결합이 있다.
② BA_4에는 수소 결합을 한다.
③ CA_3수용액은 염기성이다.
④ CD는 이온 결합 화합물이다.
⑤ 끓는점은 D_2가 A_2D보다 높다.

18. 그림은 임의의 원소 A~C의 원자 또는 이온의 전자배치를 모형으로 나타낸 것이다.

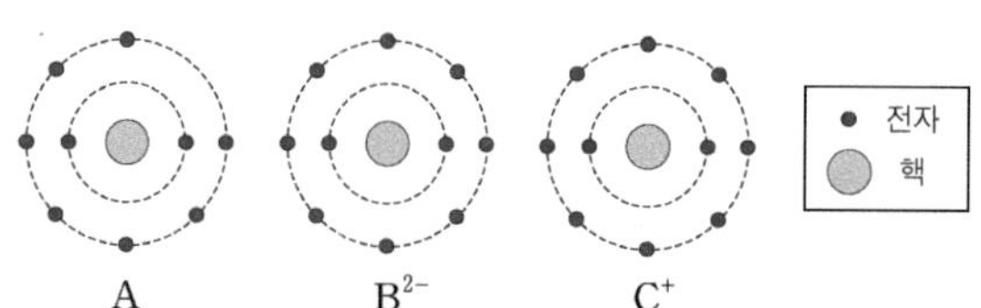

이에 대한 설명으로 옳은 것은?

① B_2는 단일결합 분자이다.
② C의 양성자수는 10개이다.
③ 이온 반지름은 A^-가 B^{2-}보다 크다.
④ A와 C의 안정한 화합물은 C_2A이다.
⑤ 제1이온화 에너지는 A가 C보다 크다.

19. 그림은 임의의 중성 원자 A~C의 전자 배치를 나타낸 것이다.

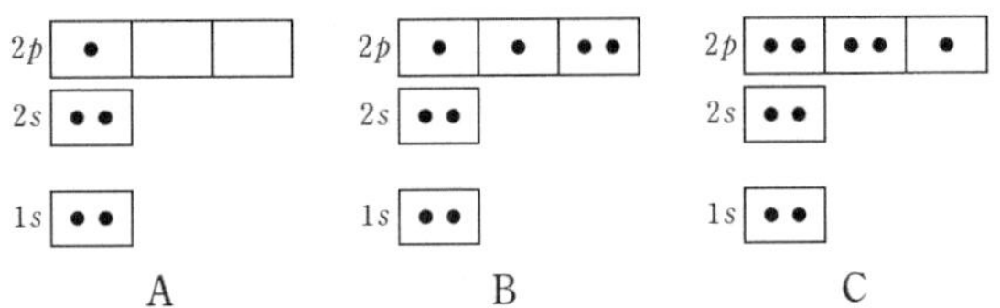

A~C에 대한 설명으로 옳은 것은?

① B는 들뜬 상태이다.
② B의 원자가 전자 수는 4개이다.
③ C_2에는 이중 결합이 있다.
④ 제1 이온화 에너지는 A가 C보다 크다.
⑤ AC_3에서 A는 옥텟 규칙을 만족하지 않는다.

화학 결합 모형

20. 그림은 원자 X~Z의 전자 배치 모형을, 표는 X~Z의 플루오린 화합물 (가)~(다)의 화학식을 나타낸 것이다.

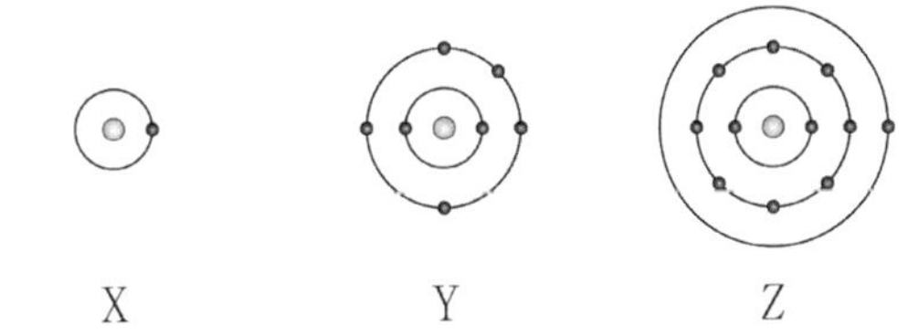

물질	(가)	(나)	(다)
화학식	XF	YF_3	ZF

이에 대한 설명으로 옳은 것만을 〈보기〉에서 있는 대로 고른 것은? (단, X~Z는 임의의 원소 기호이다.)

보기
ㄱ. (가)는 공유 결합 물질이다.
ㄴ. (나)에서 모든 원자는 옥텟 규칙을 만족한다.
ㄷ. 액체 상태에서 전기 전도성은 (다) > (나)이다.

① ㄱ ② ㄷ ③ ㄱ, ㄴ
④ ㄴ, ㄷ ⑤ ㄱ, ㄴ, ㄷ

21. 그림은 화합물 AB, BC_2의 결합 모형을 나타낸 것이다.

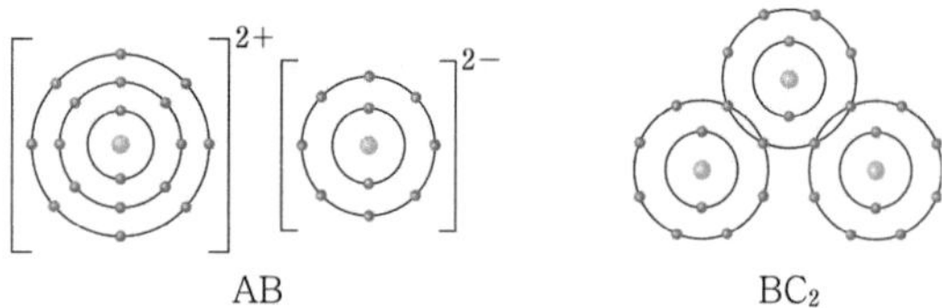

이에 대한 옳은 설명만을 〈보기〉에서 있는 대로 고른 것은? (단, A~ C는 임의의 원소 기호이다.)

보기
ㄱ. AB는 이온 결합 물질이다.
ㄴ. BC_2는 액체 상태에서 전기 전도성이 있다.
ㄷ. AB와 BC_2에서 B의 산화수는 같다.

① ㄱ ② ㄷ ③ ㄱ, ㄴ
④ ㄱ, ㄷ ⑤ ㄴ, ㄷ

22. 그림은 화합물 AB와 CD를 각각 결합 모형으로 나타낸 것이고, 표는 화합물 (가)와 (나)에 대한 자료이다.

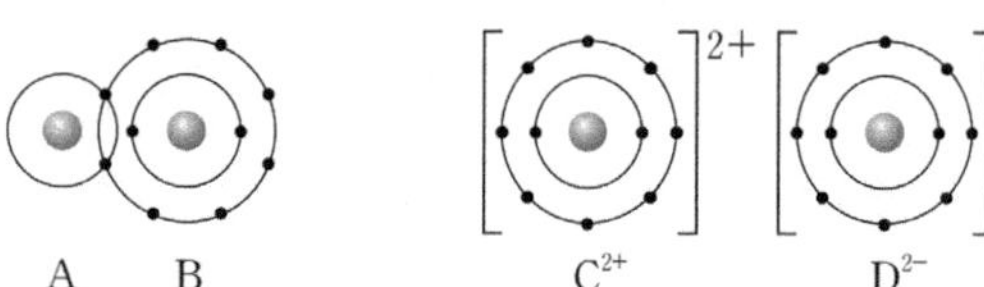

화합물	(가)	(나)
원자 수 비	A : D=1 : 1	B : C=2 : 1

이에 대한 설명으로 옳은 것만을 〈보기〉에서 있는 대로 고른 것은? (단, A~D는 임의의 원소 기호이다.)

보기
ㄱ. (가)에서 비공유 전자쌍 수는 2이다.
ㄴ. (나)는 액체 상태에서 전기 전도성이 있다.
ㄷ. (나)에서 B와 C는 Ne의 전자 배치를 갖는다.

① ㄱ ② ㄴ ③ ㄱ, ㄷ
④ ㄴ, ㄷ ⑤ ㄱ, ㄴ, ㄷ

23. 그림은 화합물 ABC의 결합을 모형으로 나타낸 것이다. 원자 번호는 B<C이다.

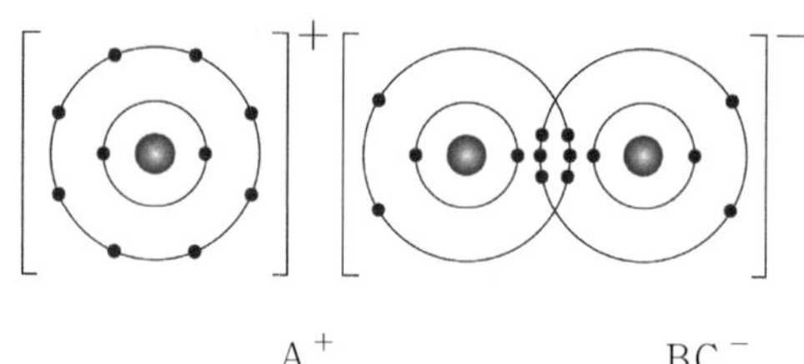

이에 대한 설명으로 옳은 것만을 〈보기〉에서 있는 대로 고른 것은? (단, A~C는 임의의 원소 기호이다.)

보기
ㄱ. A와 B는 같은 주기 원소이다.
ㄴ. 액체 상태의 ABC는 전기 전도성이 있다.
ㄷ. C_2의 공유 전자쌍 수는 3이다.

① ㄱ ② ㄴ ③ ㄱ, ㄷ
④ ㄴ, ㄷ ⑤ ㄱ, ㄴ, ㄷ

배위 결합

24. 다음 분자나 이온 중 중심 원자의 전자가 옥텟 규칙에 맞지 않는 것은?

① 황화 수소
② 메탄
③ 삼플루오르화 붕소
④ 이산화탄소
⑤ 암모늄 이온

25. 다음 중 배위 결합이 들어있지 않은 것은?

① H_3O^+ ② NH_4^+
③ HCl ④ SO_2

26. 다음 분자나 이온 중 배위 결합이 들어 있지 않은 것은?

① $HClO_2$ ② BH_4^-
③ H_2CO_3 ④ NH_4^+
⑤ SO_3

27. 다음 중 배위 결합이 존재하지 않는 것은?

① NH_3BF_3 ② $Cu(NH_3)_4^{2+}$
③ NO_3^- ④ CO_3^{2-}
⑤ SO_3

28. 다음 화합물 중 분자 내에 이온 결합, 공유 결합, 배위 결합을 모두 포함하고 있는 것은?

① CH_3COONa ② KNO_3
③ H_2SO_4 ④ HCN
⑤ Na_2CO_3

29. 다음 반응식은 삼플루오르화붕소와 암모니아와의 반응을 나타낸 것이다.

$$BF_3(g) + NH_3(g) \rightarrow NH_3BF_3(s)$$

생성물로서 얻어지는 흰색의 NH_3BF_3 고체 분자화합물 중에서 각각의 원자가 나타내는 결합방식의 설명으로 옳지 않은 것은?

① N과 H는 공유 결합이다.
② 붕소는 질소의 고립전자쌍을 받아들여 암모니아와 결합한다.
③ 불소는 수소와 전자를 공유하여 팔우설을 만족시킨다.
④ 붕소와 질소 사이의 결합은 배위 공유 결합이다.
⑤ 2개의 전자가 모두 한 원자에서 나온 결합이 존재한다.

제 3 절 금속 결합

정답 p. 45

대표 유형 기출 문제

18 지방직 7급 05

1. 고체 결정에 대한 설명으로 옳은 것만을 모두 고르면?

ㄱ. 이온결정은 녹는점이 높으며, 녹으면 전도체가 된다.
ㄴ. 분자결정인 아르곤 결정에서 인력은 단지 London 힘뿐이다.
ㄷ. 공유결정은 단단하고 녹는점이 매우 낮으며 전도체이다.
ㄹ. 금속결정은 열전도성과 전기전도성이 좋으며, 모두 녹는점이 높다.

① ㄱ, ㄴ ② ㄱ, ㄷ
③ ㄴ, ㄷ ④ ㄴ, ㄹ

주관식 개념 확인 문제

2. 고체 이산화탄소(드라이 아이스)는 −78℃에서 승화하는 데 SiO_2는 2000℃에서 끓는다. 끓는점의 차이가 큰 이유를 설명하여라.

3. 다음 표는 5가지 물질 A, B, C, D, E에 대한 몇 가지 성질을 나타낸 것이다. 이 표를 보고 아래 물음에 적당한 것을 골라 기호로 나타내어라.

성질 / 물질	녹는점 (℃)	전기 전도성	
		고체	액체
A	113	없음	없음
B	660	있음	있음
C	680	없음	있음
D	−72	없음	없음
E	3400	없음	없음

(1) 이온 결합성 화합물은?
(2) 공유 결정은 어느 것인가?
(3) 상온에서 고체이며 분자 결정은?
(4) 상온에서 액체이며 분자 결정은?
(5) 고체이지만 자유 전자에 의한 특성을 보이는 것은?

4. 금속 구리나 은은 전기 전도성이 크고 연성과 전성이 있다. 이와 같은 성질과 가장 관계가 깊은 것은 구리와 은의 무엇 때문인가?

5. 다음 고체 물질의 성질을 〈보기〉에서 골라 그 번호를 써라.

보기

① 끓는점과 녹는점이 아주 낮다.
② 녹는점이 높고 전류를 잘 통한다.
③ 녹는점이 대단히 높고 단단하지만, 전류를 통하지 않는다.
④ 가열하면 연성이 나타나고 용융하면 성형할 수 있지만 전류를 통하지 않는다.
⑤ 녹는점이 대단히 높고 단단하지만 부스러진다. 고체에서는 전류를 통하지 않지만 액체 상태에서는 전류를 잘 통한다.
⑥ 녹는점이나 끓는점이 분자량으로부터 예측되는 것보다 훨씬 높고, 전류를 통하지 않는다.

(1) 알루미늄 (2) 염화나트륨
(3) 드라이아이스 (4) 얼음
(5) 수정 (6) P.V.C

기본 문제

6. 다음 금속 중 녹는점이 가장 높을 것으로 예상되는 금속은?

① Na ② Al ③ K
④ Ca ⑤ Mg

7. 다음은 금속 결합 물질의 일반적 성질을 나타낸 것이다. 이 중 자유 전자에 의한 것이라고 말하기 어려운 것은?

① 열 · 전기 전도성이 좋다.
② 밀도가 크다.
③ 녹는점이 높다.
④ 은백색의 광택을 낸다.

8. 다음 그림은 화학 결합과 전자 분포를 나타낸 것이다 금속 결합의 모형에 해당되는 것은?

②

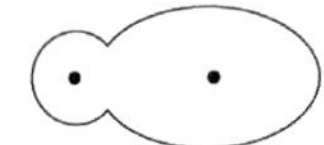

③

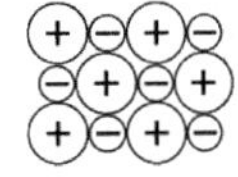

④

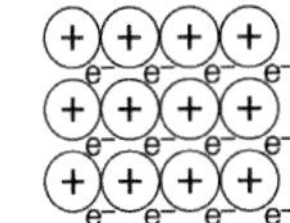

⑤

9. 그림은 금 조각에 압력을 가하여 금박지를 만드는 과정을 나타낸 것이다.

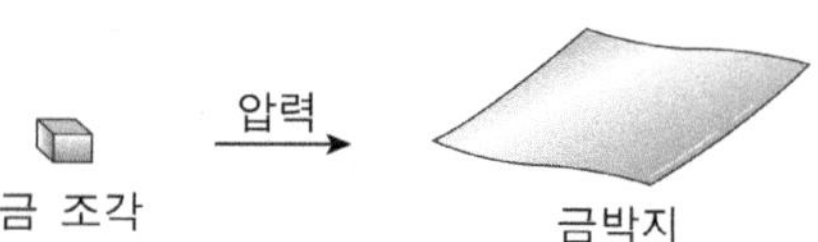

금박지로 되었을 때의 금에 대한 설명으로 옳은 것을 <보기>에서 모두 고른 것은?

보기
ㄱ. 부피가 증가하여 밀도가 감소하였다. ㄴ. 원자들이 미끄러져서 원자의 위치가 바뀌었다. ㄷ. 자유전자의 수가 변하여 전기 전도도가 변하였다.

① ㄱ ② ㄴ ③ ㄱ, ㄴ
④ ㄱ, ㄷ ⑤ ㄴ, ㄷ

10. 그림은 주기율표의 1, 2족 금속의 녹는점을 나타낸 것이다.

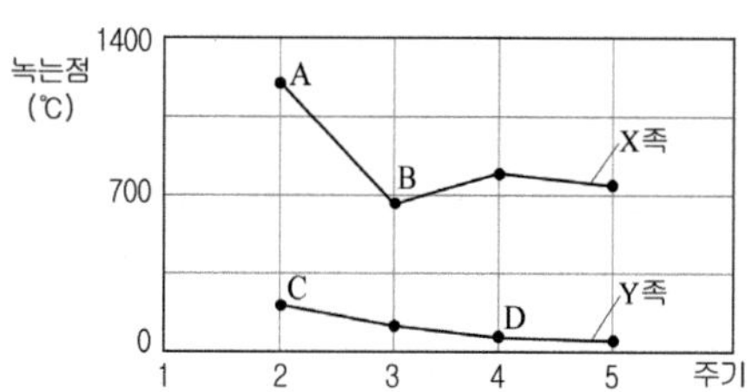

이에 대한 설명으로 옳은 것을 <보기>에서 모두 고른 것은? (단, A~D는 임의의 원소 기호이다.)

보기
ㄱ. A는 C보다 원자 반지름이 크다. ㄴ. D는 B보다 금속성이 크다. ㄷ. Y족에서 금속 결합력은 원자량이 클수록 크다.

① ㄱ ② ㄴ ③ ㄷ
④ ㄱ, ㄴ ⑤ ㄱ, ㄴ, ㄷ

11. 표는 몇 가지 금속 원소에 대한 자료이다. A~D는 전형원소이며, B와 D는 같은 주기에 속한다. (단, A~D는 임의의 원소 기호이다.)

성질 \ 원소	A	B	C	D
원자반지름(nm)	0.15	0.19	0.23	0.12
원자가전자수	1	1	1	2

금속 A~D에 대한 설명으로 옳지 않은 것은?

① 녹는점은 A>B>C이다.
② C는 D보다 양이온이 되기 쉽다.
③ 전자가 자유롭게 이동할 수 있어 열전도도가 높다.
④ 외력에 의하여 쉽게 변형되나 잘 부스러지지 않는다.
⑤ 원자가전자수가 클수록 반발력이 증가하여 결합력이 약해진다.

결정의 성질

12. 다음 중 이온 결합물질의 성질이 아닌 것은?

① 녹는점이 비교적 높다.
② 극성용매에 용해되기 쉽다.
③ 단단하나 힘을 가하면 부서진다.
④ 고체와 액체에서 모두 도체이다.

13. 다음 〈표 1〉은 몇 가지 원소들의 바닥 상태에서의 오비탈 전자 배치를 나타낸 것이고, 〈표 2〉는 X와 Y로 이루어진 어떤 물질에 관한 몇 가지 자료를 나타낸 것이다.

표 1

A: $1s^1$
B: $1s^2\ 2s^2\ 2p^4$
C: $1s^2\ 2s^2\ 2p^6\ 3s^1$
D: $1s^2\ 2s^2\ 2p^6\ 3s^2\ 3p^5$

표 2

- 이 물질의 화학식은 X_2Y이다.
- 녹는점이 높고 잘 부스러진다.
- 상온에서 고체 상태로 존재한다.
- 액체와 수용액 상태에서 전기 전도성이 있다.

X와 Y로 가능한 원소를 〈표 1〉에서 골라 바르게 짝지은 것은?

	X	Y		X	Y
①	A	B	②	B	A
③	B	C	④	C	B

14. 다음은 어떤 결정의 외부에서 그 결정에 힘을 가했을 때의 변화를 나타낸 것이다.

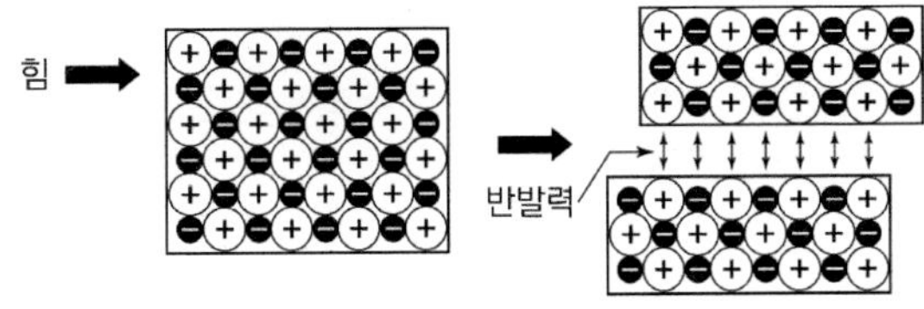

이 결정과 같은 종류의 물질들의 일반적인 성질 중 올바르지 못한 것은?

① 홑원소 물질이다.
② 구성 입자들은 정전기적인 인력으로 결합되어 있다.
③ 상온에서 비휘발성이다.
④ 실험식으로 표시한다.

15. 그림은 염화나트륨(NaCl) 결정을 가열하여 용융시킨 것을 나타낸 것이다.

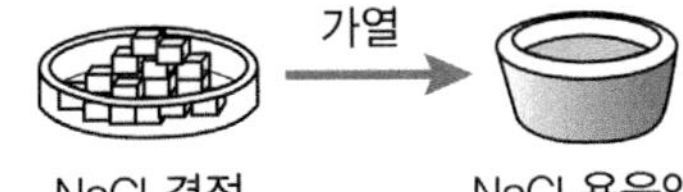

두 상태를 비교하였을 때 변하는 것을 〈보기〉에서 모두 고른 것은?

보기

ㄱ. 이온 사이의 거리
ㄴ. 질량
ㄷ. 전기전도도
ㄹ. 전하량의 총합

① ㄱ, ㄴ ② ㄱ, ㄷ ③ ㄴ, ㄷ
④ ㄴ, ㄹ ⑤ ㄷ, ㄹ

결정과 비결정 

16. 그림과 같이 석영과 석영 유리를 가열하면 액체 석영이 생성된다.

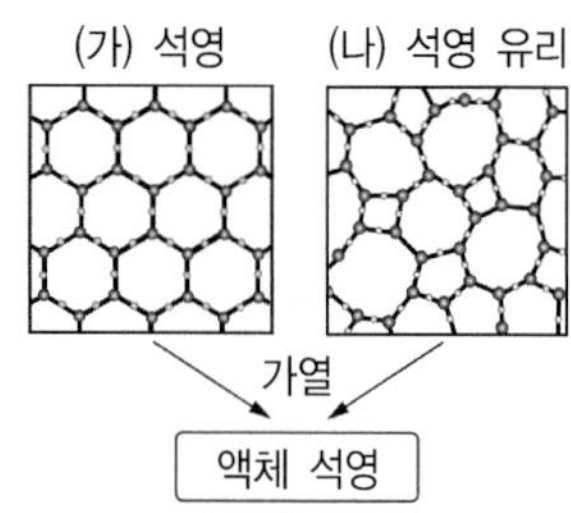

이에 대한 설명으로 옳은 것만을 〈보기〉에서 있는 대로 고른 것은?

보기

ㄱ. (가)는 결정성 고체이다.
ㄴ. (나)는 녹는점이 일정하다.
ㄷ. (가)와 (나)의 구성 입자들 간의 결합력은 일정하다.

① ㄱ ② ㄷ ③ ㄱ, ㄴ
④ ㄴ, ㄷ ⑤ ㄱ, ㄴ, ㄷ

17. 그림은 석영 유리, 흑연, 다이아몬드의 구조를 나타낸 것이다.

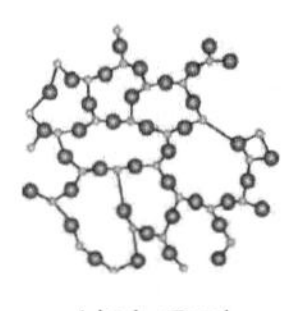
석영 유리

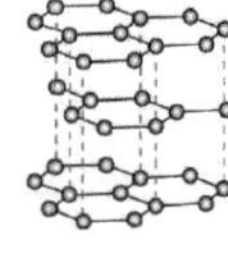
흑연

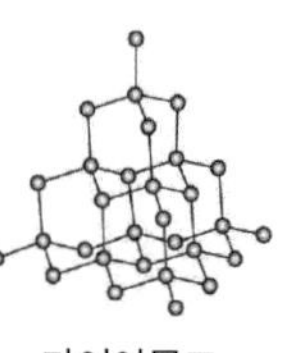
다이아몬드

이에 대한 설명으로 옳은 것만을 〈보기〉에서 있는 대로 고른 것은?

보기

ㄱ. 석영 유리는 녹는점이 일정하다.
ㄴ. 흑연은 전기 전도성이 있다.
ㄷ. 다이아몬드는 탄소 원자 간 결합 길이가 모두 같다.

① ㄱ ② ㄷ ③ ㄱ, ㄴ
④ ㄴ, ㄷ ⑤ ㄱ, ㄴ, ㄷ

결정의 비교 

18. 그림은 세 가지 물질의 구조를 모형으로 나타낸 것이며, A와 B는 3주기 임의의 원소이다.

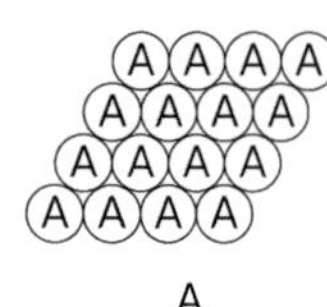
A

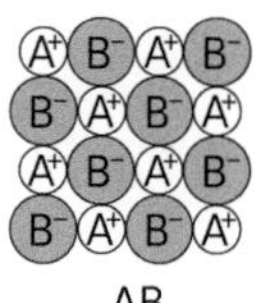
AB

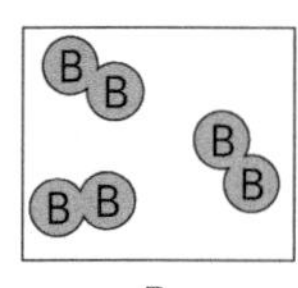
B_2

이에 대한 설명으로 옳은 것만을 〈보기〉에서 있는 대로 고른 것은?

보기

ㄱ. A와 B_2를 반응시키면 AB가 생성된다.
ㄴ. A의 녹는점은 AB보다 높다.
ㄷ. A와 AB는 용융 상태에서 모두 전기전도성이 있다.

① ㄱ ② ㄴ ③ ㄱ, ㄷ
④ ㄴ, ㄷ ⑤ ㄱ, ㄴ, ㄷ

19. 표는 알칼리 금속과 할로젠으로 이루어진 세 가지 화합물의 결정 구조와 결합길이를 나타낸 것이다.

화합물	NaCl	NaA	BCl
결정 구조			
결합 길이 (nm)	0.28	0.23	0.36

이에 대한 설명으로 옳은 것만을 〈보기〉에서 있는 대로 고른 것은? (단, A와 B는 임의의 원소 기호이다.)

보기

ㄱ. 화학식량은 NaA가 NaCl보다 작다.
ㄴ. 녹는점은 BCl이 NaCl보다 낮다.
ㄷ. 화합물 BA는 물에 잘 녹는다.

① ㄱ ② ㄴ ③ ㄱ, ㄷ
④ ㄴ, ㄷ ⑤ ㄱ, ㄴ, ㄷ

20. 그림은 3가지 고체 (가)~(다)의 구조를 모형으로 나타낸 것이다.

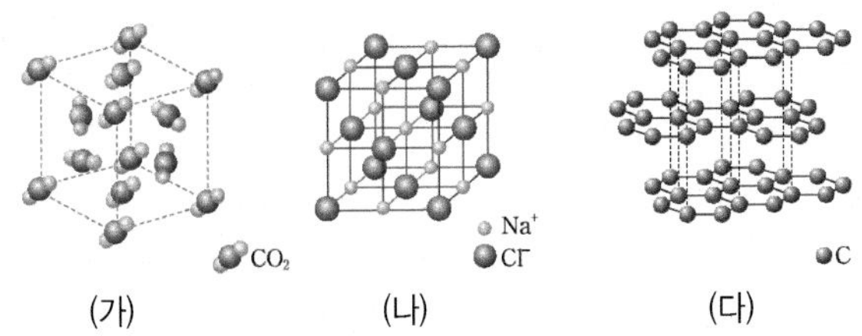

(가)~(다)에 대한 설명으로 옳지 않은 것은?

① (가)는 분자 결정이다.
② (나)는 충격을 가하면 쉽게 부서진다.
③ (다)는 흑연이다.
④ 화학 결합의 종류는 (가)와 (나)가 같다.
⑤ 전기 전도성은 (다)가 (나)보다 크다.

21. 고체는 5가지 종류로 구분할 수 있다. 고체를 몇 가지 기준에 따라 다음과 같이 구분하였을 때, A~E에 대한 설명으로 옳은 것은?

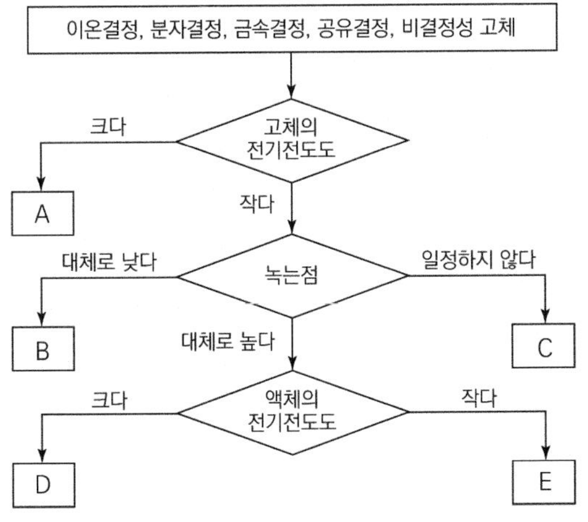

① A는 이온 사이의 정전기적 인력에 의해 결합되어 있다.
② B는 기체가 되어도 원자간 결합이 유지된다.
③ C는 구성 입자 사이의 결합력이 모두 같다.
④ D는 연성과 전성이 있다.
⑤ E는 쉽게 승화한다.

탄소 동소체

22. 그림은 다이아몬드와 흑연의 결정 구조를 나타낸 것이다.

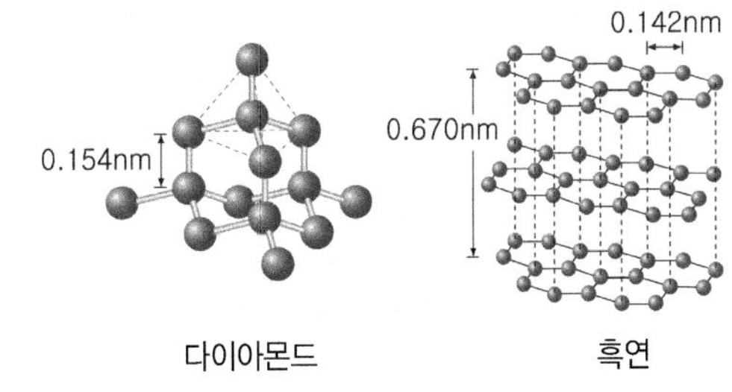

다이아몬드　　흑연

다이아몬드와 흑연에 대한 옳은 해석을 〈보기〉에서 모두 고른 것은?

보기

ㄱ. 흑연은 층과 층 사이가 잘 미끄러지므로 연필심으로 쓰인다.
ㄴ. 다이아몬드는 공유 결합으로 이루어진 그물 구조이므로 매우 단단하다.
ㄷ. 다이아몬드와 흑연은 공유 결합으로 이루어진 결정이므로 승화성이 있다.

① ㄱ　② ㄴ　③ ㄷ
④ ㄱ, ㄴ　⑤ ㄴ, ㄷ

23. 그림은 3가지 탄소(C) 동소체 (가)~(다)의 구조를 모형으로 나타낸 것이다.

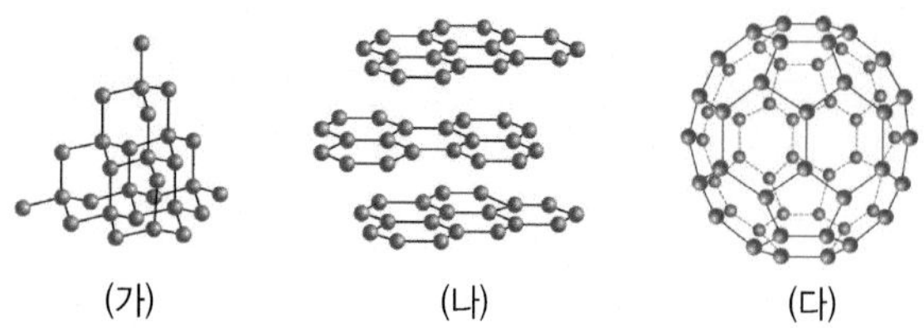

(가)~(다)에 대한 설명으로 옳은 것은?

① (가)는 흑연이다.
② (나)는 전기 부도체이다.
③ (다)는 이온 결합 화합물이다.
④ (나)와 (다)의 완전 연소 생성물은 같다.
⑤ (가)와 (나)에서 탄소 원자의 결합각은 같다.

24. 흑연은 탄소의 동소체 중 하나이다. 다음 중 흑연에 대한 설명으로 옳지 않은 것은?

① 자연 상태에서 비교적 안정하다.
② 각 탄소 원자는 다른 탄소 원자와 정사면체 구조로 결합된다.
③ 공유성 그물 구조의 고체이다.
④ 각 탄소 원자는 sp^2 혼성 오비탈을 이용한다.

25. 그림은 풀러렌과 그래핀의 구조를 모형으로 나타낸 것이다.

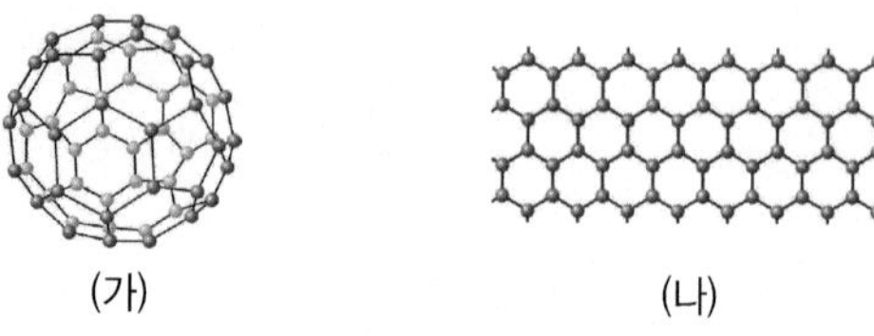

이에 대한 설명으로 옳지 않은 것은?

① (가)는 (나)의 동소체이다.
② (가)에서 탄소 원자 사이의 결합은 공유 결합이다.
③ (나)는 전기 전도성이 있다.
④ (나)에서 각 탄소 원자는 3개의 탄소 원자와 결합한다.
⑤ 1몰에 포함된 원자 수는 (가)와 (나)가 같다.

제 4 절 화합물의 비교

정답 p. 48

대표 유형 기출 문제

18 지방직 7급 07

1. **여러 가지 화학결합에 대한 설명으로 옳지 않은 것은?**

① 격자 에너지는 NaCl(s)이 KI(s)보다 작다.
② 전기음성도는 플루오린(F)이 탄소(C)보다 크며, 이 둘 간의 화학 결합은 극성 공유 결합이다.
③ 포타슘(K)과 염소(Cl) 원소가 결합하여 KCl을 형성하는 결합은 이온 결합이다.
④ 탄소(C)와 수소(H) 간 전기음성도 차이는 크지 않으므로, 탄화수소 화합물 분자는 대체로 비극성 물질이다.

22 서울시 7급 08

2. **〈보기〉의 각 화합물에 대한 설명 중 옳지 않은 것을 모두 고른 것은?**

보기

ㄱ. CaS는 Ca^{2+} 양이온과 S^{2-} 음이온의 이온결합 화합물이다.
ㄴ. 암모니아는 질소 원자 한 개와 수소 원자 세 개 비율의 공유결합으로 형성된 다원자 분자이며 화학식은 NH_3이다.
ㄷ. HCl은 H^+ 양이온과 Cl^- 음이온 간의 이온결합 화합물이다.
ㄹ. KI는 K^{2+} 양이온과 I^{2-} 음이온 간의 이온결합 화합물이다.

① ㄱ, ㄴ ② ㄱ, ㄹ
③ ㄴ, ㄷ ④ ㄷ, ㄹ

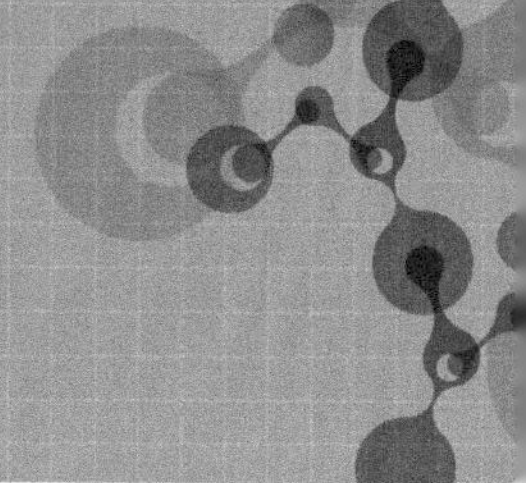

CHAPTER 02

분자의 구조와 혼성 및 성질

제1절 루이스 구조식과 형식전하와 공명구조

정답 p. 49

대표 유형 기출 문제

공명 구조

16 서울시 7급 (하) 10

1. 다음 중 공명 구조를 갖는 것을 모두 고르면?

SF_6 NO_2^- BF_3 O_3 PCl_5

① SF_6, PCl_5　② NO_2^-, BF_3
③ O_3, PCl_5　④ NO_2^-, O_3

17 지방직 7급 02

2. NO_3^-의 Lewis 구조에서 공명 구조는 모두 몇 개인가?

① 0　② 2
③ 3　④ 4

21 서울시 7급 07

3. 공명 구조를 갖지 않는 물질은?

① O_3　② NF_3
③ CO_3^{2-}　④ C_6H_6

22 서울시 7급 06

4. SO_3^{2-}의 루이스 구조를 그렸을 때 S에 존재하는 비공유전자의 수[개]는?

① 0　② 1
③ 2　④ 3

형식 전하

10 지방직 9급 16

5. 다음 N_2O의 루이스구조 중 형식 전하를 고려할 때 가장 안정한 구조는?

① :N≡N−Ö:　② N̈=N=Ö

③ :N̈−N≡O:　④ N̈=O=N̈

13 환경부 9급 기출

6. [O−C≡N]$^-$에서 C의 형식 전하는?

① +2　② +1
③ 0　④ −1

15 환경부 9급 기출

7. 오존의 각 산소 원자의 형식 전하로 옳은 것은?

O = O − O

① 0, +1, −1　② 1, −1, 0
③ −1, +1, 0　④ 0, −1, +1

16 서울시 7급(약무직) 06

8. ClO_3^- 화합물에서 팔전자 규칙을 따르는 Lewis 구조로부터 중심 원자의 형식 전하를 예측하면 얼마가 되겠는가?

① +2　② +1
③ −1　④ −2

16 국가직 7급 04

9. (가)와 (나)에 나타낸 $COCl_2$의 루이스(Lewis) 구조에 대한 설명으로 옳지 않은 것은?

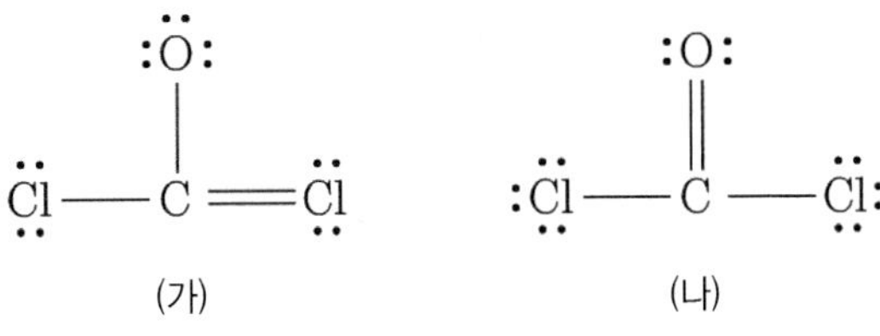

(가)　(나)

① (가)에서 O의 형식 전하는 −1이다.
② (나)에서 Cl의 형식 전하는 −1이다.
③ (가)보다 (나)가 더 안정한 구조이다.
④ (가)와 (나) 모두 팔전자 규칙을 만족시킨다.

19 서울시 7급 05

10. 시안산(OCN^-)의 공명 구조에서 O의 형식 전하가 −1인 것은?

① [:Ö−C≡N:]$^-$　② [:Ö=C=N̈:]$^-$

③ [:O≡C−N̈:]$^-$　④ 해당사항 없음

20 서울시 7급 11

11. 〈보기〉의 화합물에서 붕소(B), 산소(O), 불소(F) 원자의 형식 전하는?

보기

```
       ••
      :Cl:  CH3
       |     |
  ••   |     |
 :F ── B ── O:
  ••   |     |
       |     |
      :Cl:  CH3
       ••
```

	B	O	F
①	+1	+1	−1
②	+1	−1	0
③	−1	−1	−1
④	−1	+1	0

20 환경부 9급 15

12. 다음 화합물의 중심 원자 인(P)의 산화수와 형식전하의 합은?

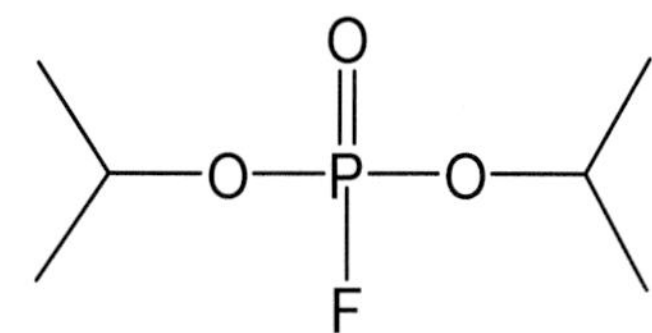

① 3　　② 4

③ 5　　④ 6

22 지방직 9급 17

13. 루이스 구조 이론을 근거로, 다음 분자들에서 중심 원자의 형식 전하 합은?

I_3^-　　　　OCN^-

① −1　　② 0

③ 1　　④ 2

23 지방직 9급 19

14. 원자가 결합 이론에 근거한 NO에 대한 설명으로 옳지 않은 것은?

① NO는 각각 한 개씩의 σ결합과 π결합을 가진다.

② NO는 O에 홀전자를 가진다.

③ NO의 형식 전하의 합은 0이다

④ NO는 O_2와 반응하여 쉽게 NO_2로 된다.

기본 문제

15. 다음 분자 중 팔전자규칙(octet rule)을 만족시키지 않는 것을 모두 고르면?

가. NO_2	나. CS_2
다. PH_3	라. BF_3

① 가, 나　② 가, 라
③ 나, 다　④ 다, 라

16. 다음 화합물 중 팔전자 규칙(octet rule)을 만족하는 분자는 모두 몇 개인가?

XeO_3, $XeCl_2$, CO_2, SF_4, BF_3, Br_2, $BeCl_2$

① 1개　② 2개
③ 3개　④ 4개

17. 다음 화학종을 루이스(Lewis) 전자점식으로 표현하였을 때, 중심 원자에 비공유 전자쌍(nonbonding electron pair)이 가장 많은 화학종은?

① XeF_4　② H_2S
③ ICl_2^-　④ PF_5

18. 사이안산이온(OCN^-)은 옥텟 규칙을 만족하는 세 가지 공명 구조를 생각할 수 있다 이에 대한 다음 설명 중 옳은 것만을 모두 고른 것은?

> ㄱ. 사이안산 이온의 기하학적 구조는 선형이다.
> ㄴ. 공명 혼성에 가장 많이 기여하는 공명 구조는 산소 원자와 탄소 원자 사이가 단일 결합이며 산소 원자가 −1의 형식전하를 가지고 있다.
> ㄷ. 공명 혼성에 가장 적게 기여하는 공명 구조는 질소 원자와 탄소 원자사이가 단일 결합이며 질소 원자가 −1의 형식전하를 가지고 있다.

① ㄱ, ㄴ　② ㄱ, ㄷ
③ ㄴ, ㄷ　④ ㄱ, ㄴ, ㄷ

19. 다음 보기 중에서 두 개의 동등한 공명 구조를 갖는 화학종이 아닌 것은?

① C_6H_6　② O_3
③ HNO_2　④ HCO_2^-

20. 다음은 azide ion(N_3^-)의 루이스 구조이다. 가운데 있는 N과 양 끝에 있는 N의 형식 전하는?

$$\left[\ddot{\underset{\cdot\cdot}{N}}=N=\ddot{\underset{\cdot\cdot}{N}}\right]^-$$

① −1, +2　② 0, −1
③ +1, 0　④ +1, −1

PART 02 화학 결합과 분자 간 인력

제2절 분자의 구조와 혼성

정답 p. 52

대표 유형 기출 문제

13 지방직 7급 08

1. 다음 분자의 가장 타당한 루이스 구조에서, 중심 원자의 비공유 전자쌍 개수가 나머지와 다른 것은?

$POCl_3$, SO_4^{2-}, ClO_3^-, ClO_4^-

① $POCl_3$　② SO_4^{2-}
③ ClO_3^-　④ ClO_4^-

16 지방직 7급 14

2. 원자가 껍질 전자쌍 반발(VSEPR) 이론에 근거할 때, 입체 구조가 평면인 것은?

① SO_3^{2-}　② NO_3^-
③ PF_3　④ IF_4^+

17 지방직 7급 10

3. 원자가 껍질 전자쌍 반발(VSEPR) 이론에 근거할 때, 분자의 기하학적 구조가 서로 다른 것은?

① BF_3, BrF_3　② CH_4, PO_4^{3-}
③ NH_3, ClO_3^-　④ SF_6, $Mo(CO)_6$

18 지방직 7급 13

4. 루이스 구조(Lewis structure)와 원자가 껍질 전자쌍 반발(VSEPR) 모형에 근거하여 예측한 화학종의 기하학적 구조가 나머지 셋과 다른 하나는?

① NO_2^-　② SO_2
③ HCN　④ $HOCl$

19 지방직 7급 08

5. 중심 원자에 비공유 전자쌍이 가장 많은 분자는?

① XeF_2　② XeF_4
③ ClF_3　④ SF_2

19 국가직 7급 08

6. 분자 또는 이온의 입체 구조가 다른 것끼리 짝지은 것은?

① NH_4^+, $AlCl_4^-$　② ClF_3, PF_3
③ $BeCl_2$, XeF_2　④ $FeCl_4^-$, SO_4^{2-}

20 지방직 7급 06

7. 루이스 구조(Lewis structure)와 원자가 껍질 전자쌍 반발(VSEPR) 모형에 근거하여 예측한 화학종의 기하학적 구조가 나머지 셋과 다른 하나는?

① XeF_4　② BrF_4^-
③ SF_4　④ IF_4^-

20 국가직 7급 07

8. SF_4 분자에 대해 원자가껍질 전자쌍 반발 이론과 원자가 결합 이론을 적용한 설명으로 옳은 것만을 모두 고르면? (단, S와 F는 각각 16족, 17족 원소이다.)

ㄱ. 가장 안정한 분자구조로 시소(see-saw) 구조를 가진다.
ㄴ. S는 팔전자 규칙을 만족하지 않는다.
ㄷ. S의 형식 전하는 0이다.

① ㄱ, ㄴ
② ㄱ, ㄷ
③ ㄴ, ㄷ
④ ㄱ, ㄴ, ㄷ

21 지방직 9급 14

9. 루이스 구조와 원자가껍질 전자쌍 반발 모형에 근거한 ICl_4^- 이온에 대한 설명으로 옳지 않은 것은?

① 무극성 화합물이다.
② 중심 원자의 형식 전하는 -1이다.
③ 가장 안정한 기하 구조는 사각 평면형 구조이다.
④ 모든 원자가 팔전자 규칙을 만족한다.

21 지방직 7급 05

10. 모든 원자가 팔전자 규칙을 만족하는 분자는?

① PCl_5
② ClF_3
③ XeO_3
④ BF_3

21 지방직 7급 15

11. 화합물의 결합각 크기에 대한 설명으로 옳은 것은?

① NF_3의 결합각은 NH_3보다 크다.
② NCl_3의 결합각은 PCl_3보다 크다.
③ H_2S의 결합각은 H_2O보다 크다.
④ $SbCl_3$의 결합각은 $SbBr_3$보다 크다.

혼성

08 국가직 7급 04

12. H_2CO(formaldehyde)에 있는 탄소 원자에 관한 설명으로 옳은 것은?

① sp^3 혼성궤도를 갖고 있으며, C−O 결합 길이는 에탄올의 C−O 결합 길이보다 길고, ∠HCH는 109.5°보다 약간 작다.

② sp^3 혼성궤도를 갖고 있으며, C−O 결합 길이는 에탄올의 C−O 결합 길이보다 짧고, ∠HCH는 109.5°보다 약간 크다.

③ sp^2 혼성궤도를 갖고 있으며, C−O 결합 길이는 에탄올의 C−O 결합 길이보다 짧고, ∠HCH는 120°보다 약간 작다.

④ sp^2 혼성궤도를 갖고 있으며, C−O 결합 길이는 에탄올의 C−O 결합 길이보다 길고, ∠HCH는 120°보다 약간 크다.

09 지방직 7급 11

13. 탄소의 $2sp^3$ 혼성궤도함수 에너지에 대한 설명으로 옳은 것은?

① $2s$ 궤도함수보다는 높고 $2p$ 궤도함수보다는 낮은 에너지를 가진다.

② $2p$ 궤도함수보다는 높고 $2s$ 궤도함수보다는 낮은 에너지를 가진다.

③ $2s$와 $2p$ 궤도함수 어느 쪽보다도 높은 에너지를 가진다.

④ $2s$와 $2p$ 궤도함수들과 같은 에너지를 가진다.

09 국가직 7급 17

14. 에틸렌(C_2H_4) 분자의 원자궤도함수 혼성화에 관한 설명으로 옳지 않은 것은?

① 탄소와 수소 사이에는 모두 σ 결합으로 되어 있다.

② 이 화합물에 존재하는 σ 결합의 수는 모두 5개이다.

③ 각 탄소원자는 sp^2 혼성궤도를 형성한다.

④ 탄소와 탄소 사이에는 2개의 π 결합이 존재한다.

11 국가직 7급 16

15. 황(S)과 불소(F)로 구성된 2가지 이온 SF_4^{2-}와 SF_5^-에 대한 설명으로 옳지 않은 것은?

① SF_4^{2-}의 구조는 사각평면이다.

② S의 형식전하는 두 이온에서 동일하다.

③ SF_5^-는 알짜 쌍극자모멘트를 갖는다.

④ SF_5^-에서 S의 혼성궤도함수는 sp^3d^2이다.

15 지방직 9급 19

16. 중심 원자의 혼성 궤도에서 s-성질 백분율(percent s-character)이 가장 큰 것은?

① BeF_2　　② BF_3

③ CH_4　　④ C_2H_6

18 지방직 7급 16

17. 흑연과 다이아몬드에 대한 설명으로 옳지 않은 것은?

① 흑연은 탄소 원자들의 sp^2 혼성궤도들이 만드는 σ 결합을 통해 전자들을 움직여 전기 전도성을 갖는다.
② 흑연은 여러 층으로 이루어진 물질이나, 층 사이의 결합이 약해서 층들이 서로 쉽게 미끄러진다.
③ 밀도는 흑연이 다이아몬드보다 낮다.
④ 흑연과 다이아몬드는 모두 공유결합을 이용한 그물형 고체이다.

19 지방직 9급 16

18. 다음 설명 중 옳지 않은 것은?

① CO_2는 선형 분자이며 C의 혼성오비탈은 sp이다.
② XeF_2는 선형 분자이며 Xe의 혼성오비탈은 sp이다.
③ NH_3는 삼각뿔형 분자이며 N의 혼성오비탈은 sp^3이다.
④ CH_4는 사면체 분자이며 C의 혼성오비탈은 sp^3이다.

19 지방직 7급 16

19. 아세틸렌에 존재하는 결합으로 옳지 않은 것은?

① H의 $1s$ 궤도함수와 그에 인접한 C의 sp 혼성 궤도함수간의 σ 결합
② 두 C에 각각 존재하는 sp 혼성 궤도 함수간의 σ 결합
③ 두 C에 각각 존재하는 서로 평행한 p_x 궤도함수 간의 π 결합
④ 두 C에 각각 존재하는 서로 수직인 p_x 궤도함수와 p_y 궤도함수간의 π 결합

19 국가직 7급 13

20. 다음 유기 화합물에서 sp^3 혼성 궤도함수와 sp^2 혼성 궤도함수를 갖는 탄소의 개수를 옳게 짝지은 것은?

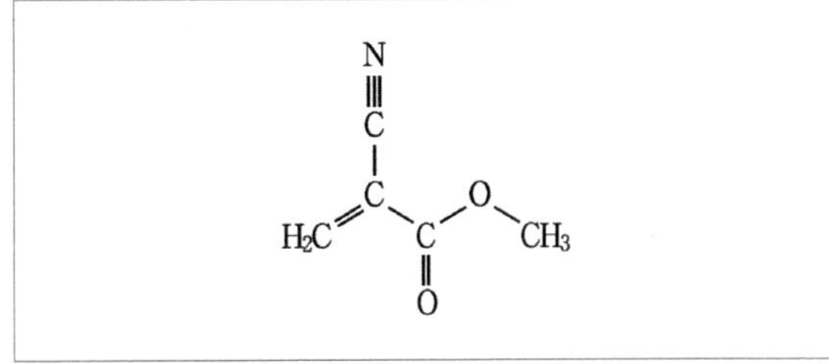

	sp^3	sp^2
①	0	2
②	0	3
③	1	3
④	1	4

20 지방직 9급 16

21. 아세트알데하이드(acetaldehyde)에 있는 두 탄소(ⓐ와 ⓑ)의 혼성 오비탈을 옳게 짝 지은 것은?

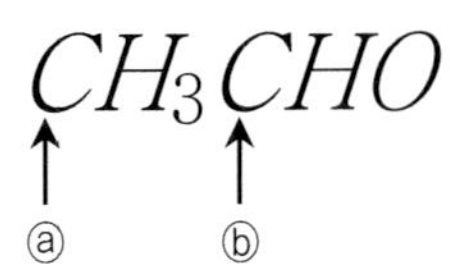

	ⓐ	ⓑ
①	sp^3	sp^2
②	sp^2	sp^2
③	sp^3	sp
④	sp^3	sp^3

PART 02 화학 결합과 분자 간 인력

20 국가직 7급 18

22. 다음 화합물에 대한 설명으로 옳은 것은?

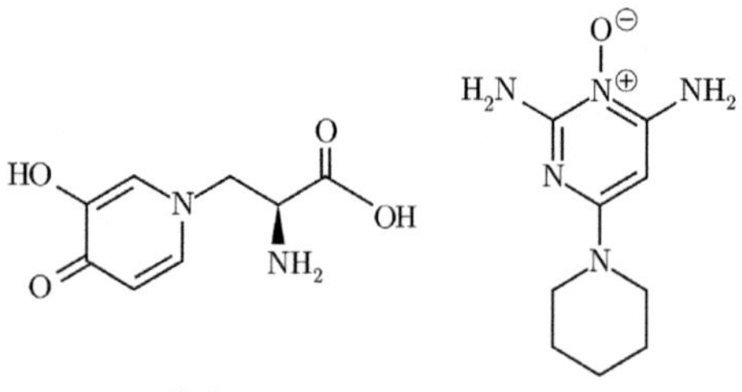

(가) (나)

① sp^2 혼성화 질소 원자 개수는 (가)가 (나)보다 많다.

② sp^3 혼성화 질소 원자 개수는 (가)가 (나)보다 많다.

③ sp^2 혼성화 탄소 원자 개수는 (가)가 (나)보다 많다.

④ sp^3 혼성화 탄소 원자 개수는 (가)가 (나)보다 많다.

22 지방직 9급 16

23. 다음 분자에 대한 설명으로 옳지 않은 것은?

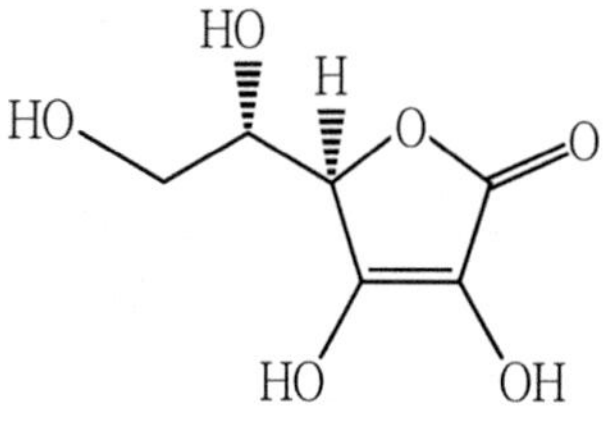

① 이중 결합의 개수는 2이다.

② sp^3 혼성을 갖는 탄소 원자의 개수는 3이다.

③ 산소 원자는 모두 sp^3 혼성을 갖는다.

④ 카이랄 중심인 탄소 원자의 개수는 2이다.

23 지방직 9급 10

24. 다음 분자에 대한 설명으로 옳지 않은 것은?

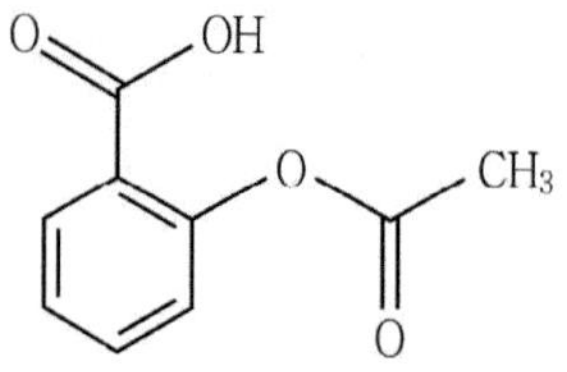

① 카복시산 작용기를 가지고 있다.

② 에스터화 반응을 통해 합성할 수 있다.

③ 모든 산소 원자는 같은 평면에 존재한다.

④ sp^2 혼성을 갖는 산소 원자의 개수는 2이다.

23 지방직 9급 11

25. 다음 알렌(allene) 분자에 대한 설명으로 옳은 것만을 모두 고르면?

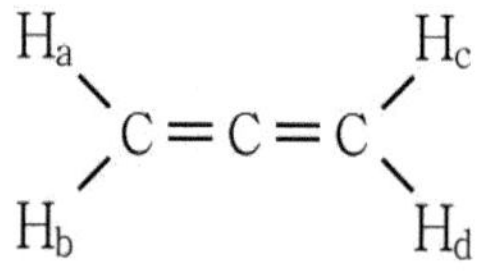

$$H_a, H_b > C = C = C < H_c, H_d$$

ㄱ. H_a와 H_b는 같은 평면 위에 있다.
ㄴ. H_a와 H_c는 같은 평면 위에 있다.
ㄷ. 모든 탄소는 같은 평면 위에 있다.
ㄹ. 모든 탄소는 같은 혼성화 오비탈을 가지고 있다.

① ㄱ, ㄴ ② ㄱ, ㄷ
③ ㄴ, ㄹ ④ ㄷ, ㄹ

주관식 개념 확인 문제

26. 다음 〈보기〉의 분자에 대하여 다음 각 물음에 답하여라.

보기

① NH_3	② CO_2	③ H_2O
④ BF_3	⑤ $BeCl_2$	⑥ CS_2
⑦ OF_2	⑧ HCN	⑨ HCHO
⑩ SO_2	⑪ SiH_4	⑫ H_2S
⑬ O_3	⑭ PCl_3	

(1) 극성 공유 결합으로만 되어 있으나 대칭으로 무극성 분자는?

(2) 입체 구조를 하고 있어 원자 중심이 같은 평면에 있지 않는 분자는?

27. 다음 분자의 밑줄 친 C원자의 혼성 오비탈을 써라.

(1) $\underline{C}H_3\underline{C}HO$

(2) $\underline{C}_6H_6$

(3) $\underline{C}_2H_2$

28. 중성 원자 X와 Y의 바닥 상태의 전자 배치는 다음과 같다. X와 Y가 만드는 안정한 화합물에 대하여 다음 물음에 답하여라.

X : $1s^22s^22p^3$　　Y : $1s^22s^22p^63s^23p^5$

(1) 이 화합물의 분자식은? (X와 Y로 나타내시오.)

(2) 이 화합물의 화학 결합의 종류는?

(3) 이 화합물의 혼성 오비탈은?

29. 다음 〈보기〉는 여러 가지 탄화수소를 나타낸 것이다. 다음 물음에 답하여라.

보기

A. C_2H_6　　B. C_2H_4

C. C_2H_2　　D. C_6H_6

(1) C와 C 사이의 결합 길이가 긴 것부터 차례로 나열하여라.

(2) π결합의 수가 많은 것부터 차례로 나열하여라.

(3) 각 C 원자의 혼성 오비탈을 나타내어라.

(4) 각 분자를 이루는 σ결합과 π결합의 수를 써라.

30. 다음의 분자 중 중심 원자의 결합각의 크기가 큰 것부터 나열하여라.

CH_4, H_2O, NH_3

31. 아세트산(CH_3COOH)의 구조식은 오른쪽 그림과 같은 구조를 갖는다. 여기에서 결합각 α, β, γ는 대략 몇 도나 될까?

$$\mathrm{H{-}C(H)(H){-}C({=}O){-}O{-}H}$$

(1) α: (　　　　)

(2) β: (　　　　)

(3) γ: (　　　　)

32. 결합각이 증가하는 순서대로 나열하시오.

(1) NF_3　PF_3　AsF_3　SbF_3

(2) PF_3　PCl_3　PBr_3　PI_3

(3) H_2O　OF_2

(4) NH_3　NF_3

기본 문제

VSEPR

33. 메탄(CH_4)분자에서 H원자 4개는 모두 C원자의 혼성 오비탈에 동등하게 결합되어 있으며 CH_4분자에 H원자 2개를 Cl원자로 치환한 CH_2Cl_2 분자는 이성질체가 존재하지 않고 한 가지의 화합물만을 만든다. CH_4의 가능한 구조는?

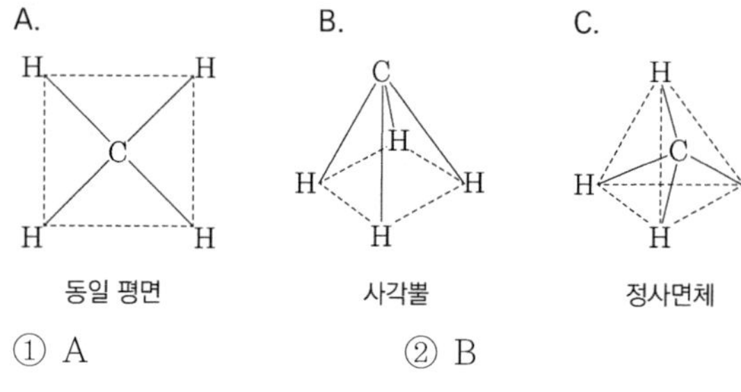

① A　　② B

③ C　　④ A, B

34. 다음 중 평면 구조를 갖는 것은?

① BCl_3　　② H_3O^+

③ NH_3　　④ PH_3

35. 다음 물질 중 그 분자를 이루는 원자들이 동일 평면상에 존재하지 않은 것은?

① $BeCl_2$　　② BF_3

③ CO_2　　④ NH_3

⑤ HCHO

36. 다음 분자나 이온 중 그 모양이 비슷하지 않은 것은?

① NH_3 ② HCHO
③ BF_3 ④ SO_3
⑤ CO_3^{2-}

37. 다음 분자나 이온의 입체 모양이 같은 것을 짝지어 놓은 것은?

① CH_4, NH_4^+ ② NH_3, BF_3
③ SO_2, BF_3 ④ H_2O, CS_2
⑤ H_3O^+, C_2H_4

38. 다음 분자 또는 이온 중 직선구조를 가지고 있지 않은 것은?

① NO_2^+ ② HCN
③ H_2S ④ ICl_2^-

39. 전자쌍 반발 이론을 적용하면 다음 중 세 분자는 기하학적 모양이 같다. 이들과 모양이 다른 분자는?

① OF_2 ② NOF
③ SO_2 ④ CS_2

40. 다음 중 분자 또는 이온의 입체적 모양이 같은 것끼리 짝지워진 것은?

① BeF_2-H_2O ② BF_3-NF_3
③ $H_3O^+-NH_3$ ④ $CO_2-NO_2^-$

41. 다음 중에서 분자 구조가 SO_2와 같은 화합물은?

① CO_2 ② $BeCl_2$
③ XeF_2 ④ 해당사항 없음

42. 다음 중 분자 기하 구조가 삼각 피라미드형인 것을 모두 고르면?

a. ClO_3^-	b. BF_3
c. AsH_3	d. IF_3

① a, c ② b, d
③ a, b, c ④ a, c, d

43. 다음 분자 중 평면 삼각형 구조인 것은?

① PCl_3 ② NH_3
③ SO_3 ④ ClF_3

44. 다음 중 동일한 형태의 구조를 가진 화학종으로 짝지은 것은?

① SO_3^{2-}, BF_3 ② CO_3^{2-}, ClF_3
③ NH_3, SO_3^{2-} ④ ClF_3, BF_3

45. 사플루우오르화황(SF_4) 분자는 어떤 모양의 구조를 이루는가?(단, 이 분자 중의 황은 고립전자쌍 1쌍을 지니고 있다. 전자쌍 사이의 반반력은 고립-고립 전자쌍 > 고립전자쌍-결합쌍 > 결합-결합쌍이다.)

① 사면체형 ② 휘어진 시소형
③ 평면사각형 ④ 사각피라미드형
⑤ 팔면체형

46. 루이스(Lewis) 구조와 원자가 껍질 전자쌍 반발(VSEPR) 모형을 기초로 하여 분자구조를 나타내었을 때, 〈보기〉 중 XeF_4와 같은 분자구조를 갖는 화합물의 총 개수는?

보기
CH_4　PCl_4^+　SF_4　$PtCl_4^{2-}$

① 1개　② 2개
③ 3개　④ 4개

47. 다음 분자 또는 이온의 기하구조가 선형(180°)이 아닌 것은?

① $HClO$　② HCN
③ CO_2　④ OCN^-

48. 다음 중 분자의 혼성 오비탈 표현으로 옳은 것을 모두 고르면?

ㄱ. H_2O : sp^3	ㄴ. H_2NNH_2 : sp^2
ㄷ. BeF_2 : sp	ㄹ. NH_3 : sp^2

① ㄱ, ㄹ　② ㄴ, ㄷ
③ ㄴ, ㄹ　④ ㄱ, ㄷ

49. 다음 분자들 중 같은 기하구조를 갖는 것으로 옳게 짝지은 것은?

① I_3^-와 CO_2　② SF_4와 CH_4
③ BrF_5와 PF_5　④ $BeCl_2$와 H_2O

50. 분자 기하 구조가 같은 것끼리 짝지은 것으로 가장 옳지 않은 것은?

① $BeCl_2$, C_2H_2　② BF_3, NO_3^-
③ CH_4, SO_3^{2-}　④ NH_3, H_3O^+

51. 원자가 껍질 전자쌍 반발(VSEPR) 이론에 근거할 때, 입체 구조가 평면인 것은?

① SO_3^{2-}　② NO_3^-
③ PF_3　④ IF_4^+

52. 다음 화학종에 관한 설명으로 옳은 것은?

ClF_3　SF_4　PBr_5　I_3^+

① ClF_3는 삼각 평면 구조이다.
② SF_4는 정사면체 구조이다.
③ PBr_5은 사각뿔 구조이다.
④ I_3^+은 굽은 구조이다.

53. NH_2^-와 기하구조 및 중심 원자의 혼성 오비탈이 모두 같은 화학종은?

① KrF_2　② H_2O
③ O_3　④ N_2O

54. 원자가전자쌍 반발의 원리(VSEPR)에 대한 설명으로 옳지 않은 것은?

① I_3^-의 분자 구조는 직선형이다.

② SF_4의 분자 구조는 시소형이다.

③ 결합 전자쌍이 6개인 경우의 분자 구조는 정팔면체이다.

④ 고립 전자쌍은 결합 전자쌍에 비해 작은 공간을 차지하므로 결합 전자쌍의 결합각은 크게 된다.

55. 원자가 껍질 전자쌍 반발(VSEPR) 모형에 근거하여, IF_4^+의 가장 타당한 분자 기하 구조는?

① 시소형(see−saw)

② 사면체형(tetrahedral)

③ 평면 사각형(square planar)

④ 삼각 쌍뿔형(trigonal bipyramidal)

자료 추론형

56. 그림은 분자 (가)와 (나)를 화학 결합 모형으로 나타낸 것이다.

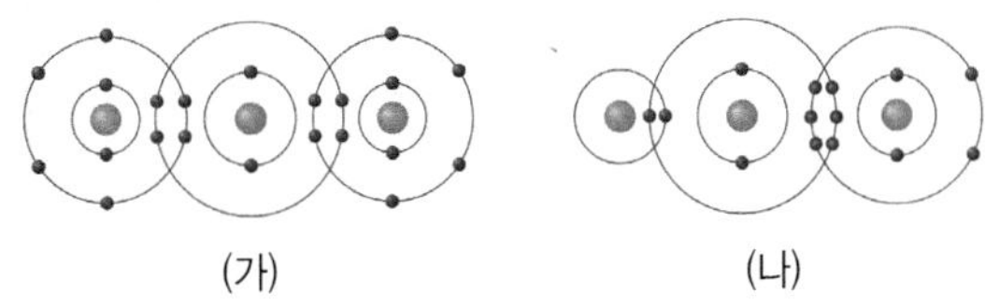

(가) (나)

(가)와 (나)의 공통점으로 옳지 않은 것은?

① 극성 분자이다.

② 다중 결합이 있다.

③ 극성 공유 결합이 있다.

④ 분자 모양은 직선형이다.

⑤ 공유 전자쌍 수는 4이다.

57. 그림은 ABC, C_2의 화학 결합 모형을 나타낸 것이다.

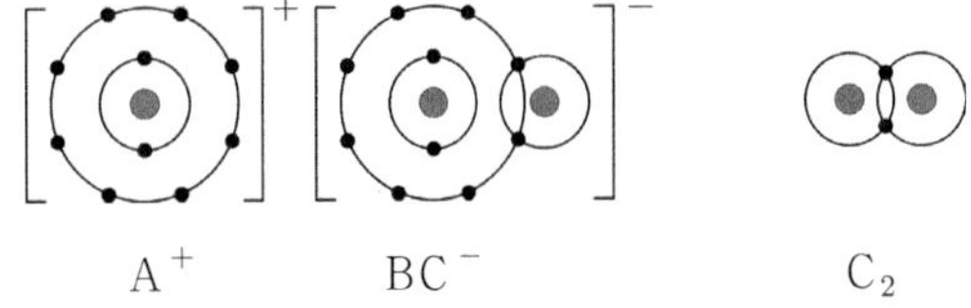

A^+ BC^- C_2

이에 대한 옳은 설명만을 〈보기〉에서 있는 대로 고른 것은? (단, A~C는 임의의 원소 기호이다.)

보기

ㄱ. ABC는 액체 상태에서 전기 전도성이 있다.

ㄴ. C_2B의 분자 모양은 굽은형이다.

ㄷ. 이온 반지름은 B^{2-}이 A^+보다 크다.

① ㄱ ② ㄷ ③ ㄱ, ㄴ

④ ㄴ, ㄷ ⑤ ㄱ, ㄴ, ㄷ

58. 그림은 2주기 원소 W ~ Z로 구성된 2가지 분자의 구조식을 나타낸 것이다.

```
   W     W
   |     |↶β
W−X ̶ X−X−W        W−Z−W
   | α↷||  |           |
   W  Y  W             W
```

이에 대한 설명으로 옳은 것만을 〈보기〉에서 있는 대로 고른 것은? (단, W ~ Z는 임의의 원소 기호이고, 분자 내에서 옥텟 규칙을 만족한다.)

보기

ㄱ. 결합각은 $\alpha > \beta$ 이다.

ㄴ. $\frac{\text{비공유 전자쌍 수}}{\text{공유 전자쌍 수}}$ 는 YW_2가 Z_2보다 크다.

ㄷ. X_2W_4를 구성하는 모든 원자는 동일 평면에 있다.

① ㄱ ② ㄷ ③ ㄱ, ㄴ
④ ㄴ, ㄷ ⑤ ㄱ, ㄴ, ㄷ

59. 그림은 전자쌍 반발 원리를 이용하여 분자 구조를 분류하는 과정이다.

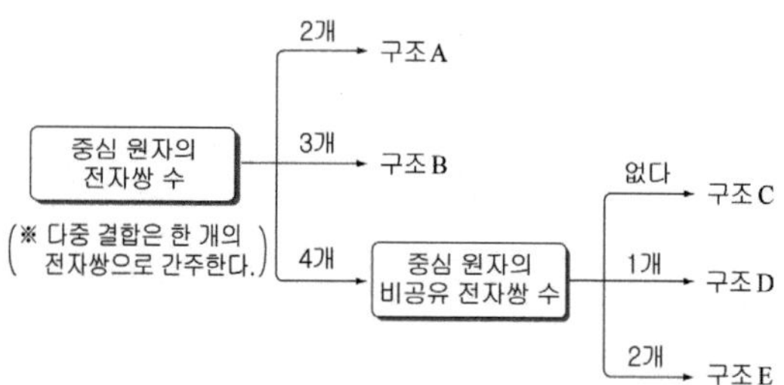

CO_2, NH_3, HCHO의 분자 구조를 옳게 분류한 것은?

	CO_2	NH_3	HCHO
①	구조 A	구조 B	구조 C
②	구조 A	구조 D	구조 B
③	구조 C	구조 B	구조 E
④	구조 C	구조 E	구조 B
⑤	구조 E	구조 D	구조 C

60. 다음은 세 가지 분자의 구조식이다.

$H_2C=CH_2$	H_2N-NH_2	FN=NF
(가)	(나)	(다)

이에 대한 설명으로 옳은 것만을 〈보기〉에서 있는 대로 고른 것은?

보기

ㄱ. 비공유 전자쌍이 있는 분자는 두 가지이다.

ㄴ. 평면구조를 갖는 분자는 두 가지이다.

ㄷ. (가)의 H−C−C 결합각은 (다)의 F−N−N 결합각보다 작다.

① ㄱ ② ㄷ ③ ㄱ, ㄴ
④ ㄱ, ㄷ ⑤ ㄱ, ㄴ, ㄷ

61. 그림은 삼플루오르화붕소암모늄(BF_3NH_3) 분자와 옥소늄 이온(H_3O^+)을 형성하는 과정을 구조식으로 나타낸 것이다.

```
    F         H            F  H
  α↷|         |            |  |
F — B   +   N — H  ⟶  F — B — N — H
    |         |            |  |
    F         H            F  H

H — O                  ⎡ H — O ̶ H ⎤+
    |   +   H⁺   ⟶     ⎢     |↙β   ⎥
    H                  ⎣     H     ⎦
```

이에 대한 설명으로 옳은 것을 〈보기〉에서 모두 고른 것은?

보기

ㄱ. 결합각의 크기는 $\alpha > \beta$이다.

ㄴ. BF_3와 NH_3의 분자모양은 평면구조이다.

ㄷ. BF_3와 BF_3NH_3은 모두 옥텟 규칙을 만족한다.

① ㄱ ② ㄴ ③ ㄷ
④ ㄱ, ㄷ ⑤ ㄴ, ㄷ

※[62~63] 원자의 전자 배치는 화합물의 화학적 성질을 결정하는 중요한 요소가 된다. 그림 (가)는 수소, 탄소, 질소, 산소 원자의 전자 배치이며, 그림 (나)는 이들로부터 이루어진 화합물의 구조를 나타낸 것이다.

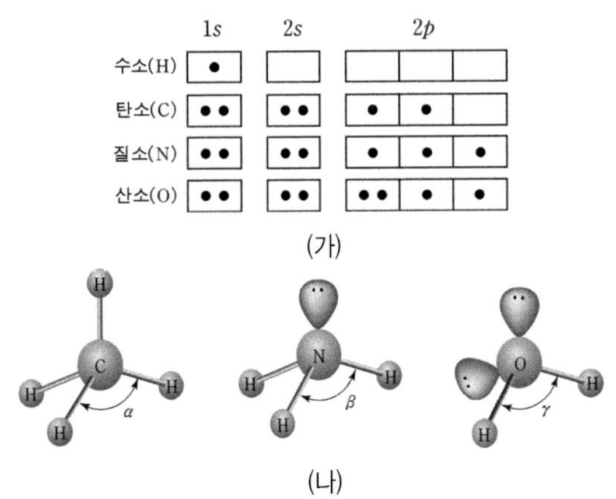

62. (가)의 전자 배치에 대한 설명으로 옳지 않은 것은?

① 질소의 원자가전자는 5개이다.
② 홀전자가 가장 많은 것은 질소이다.
③ 산소에서 $2p$ 오비탈의 에너지 준위는 $2s$보다 높다.
④ 탄소의 전자 배치가 $1s^2\ 2s^1\ 2p^3$로 되면 에너지가 낮아진다.
⑤ 산소는 전자 2개를 받으면 같은 주기의 비활성 기체와 전자 배치가 같아진다.

63. (나)의 화합물에 대한 설명으로 옳은 것을 〈보기〉에서 모두 고른 것은?

보기
ㄱ. 결합각의 크기는 $\alpha > \beta > \gamma$ 이다.
ㄴ. 중심 원자는 모두 옥텟 규칙을 만족한다.
ㄷ. NH_3가 NH_4^+로 되면 H−N−H의 결합각이 커진다.

① ㄴ ② ㄱ, ㄴ ③ ㄱ, ㄷ
④ ㄴ, ㄷ ⑤ ㄱ, ㄴ, ㄷ

64. 다음 4가지 화합물은 공유 결합 분자 또는 이온이다.

BCl_3 CH_3^+ NH_3 NH_4^+

이 화합물의 루이스 전자식에서 중심 원자 주위의 모든 전자쌍 수가 옳게 짝지어진 것은?

	3쌍	4쌍
①	BCl_3	CH_3^+, NH_3, NH_4^+
②	BCl_3, CH_3^+	NH_3, NH_4^+
③	BCl_3, NH_3	CH_3^+, NH_4^+
④	CH_3^+, NH_4^+	BCl_3, NH_3
⑤	BCl_3, CH_3^+, NH_4^+	NH_3

혼성

65. 원자의 궤도함수에 대한 설명으로 가장 옳지 않은 것은?

① CH_4를 형성하는 데 관여한 탄소의 sp^3 혼성 궤도함수는 탄소의 순수한 p 궤도함수보다 높은 에너지 준위이다.
② 모든 s 궤도함수는 원형이고 자기 양자수(m_l) 0을 갖는다.
③ p 궤도함수는 아령 모양이고 핵을 관통하는 자리는 마디평면에 의해 분리되어 있다.
④ 세 개의 p 궤도함수는 x, y, z 좌표축에 대하여 서로 90° 각도로 배치된다.

66. CH_4에서 C원자의 전자 배치로 옳은 것은?

	$1s$	$2s$	$2p$
①	[↑↓]	[↑↓]	[↑][↑][ ]
②	[↑↓]	[↑]	[↑][↑][↑]
③	[↑↓]	[↑↓]	[↑↓][ ][ ]
④	[↑↓]	[↑]	[↑↓][↑][ ]

67. CH_3CH_2OH에서 O의 혼성궤도 함수는?

① sp　② sp^2
③ sp^3　④ sp^3d

68. 다음 분자 중 sp^2혼성 오비탈을 하고 있는 것을 모두 고르시오.

① C_2H_2　② BF_3　③ NH_3
④ CH_4　⑤ C_2H_4　⑥ C_6H_6

69. 다음 중 π결합을 포함하며 sp 혼성 오비탈을 이루고 있는 분자는?

① C_2H_6　② C_2H_4　③ C_6H_6
④ C_2H_2　⑤ H_2O

70. 다음 화합물의 중심 원자의 혼성 오비탈이 다른 것은?

① BH_3　② CH_4
③ NH_3　④ H_2O

71. 아래 반응식에 대한 설명 중 옳지 않은 것은?

```
     H        ..                    ..
     ..      :F:                 H :F:
H :  N :  +  B : F :   →    H : N : B : F :
     ..      ..                 ..  ..
     H       :F:                 H :F:
              ..                    ..
```

① NH_3의 결합 각도는 107°이고, BF_3의 결합 각도는 120°이다.
② NH_3의 분자모양은 삼각뿔이고, BF_3의 분자 모양은 평면삼각형이다.
③ NH_3에서 N의 혼성궤도 함수는 sp^2이고, BF_3에서 B의 혼성궤도 함수는 sp^3이다.
④ 생성물은 배위 결합에 의해 생성 되어졌다.

72. 아래의 아스피린 구조에서 sp^2 탄소의 개수는?

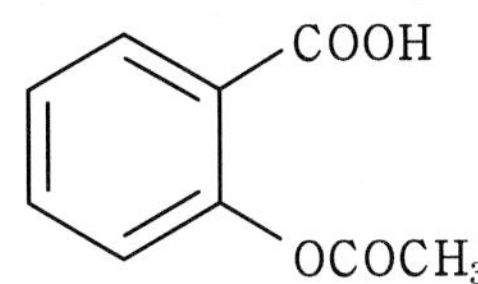

① 6　　② 7
③ 8　　④ 9

73. 에텐(C_2H_4)과 옥살레이트 이온($C_2O_4^{2-}$)에 존재하는 파이(π) 결합 수의 총합은?

① 2　　② 3
③ 4　　④ 6

74. 〈보기〉의 루이스 구조로 나타낸 폼알데하이드(HCHO) 분자에 대한 설명으로 가장 옳은 것은?

보기

:O:
‖
H−C−H

① 비극성이다.
② 시그마(σ) 결합을 2개 갖는다.
③ C의 형식 전하는 −4이다.
④ C의 혼성 오비탈은 sp^2이다.

75. 그림 속의 탄소 원자 4개는 sp, sp^2 혹은 sp^3의 혼성 오비탈을 갖는다. 탄소 4개가 갖는 혼성 오비탈을 고려할 때, s 오비탈의 기여가 가장 큰 혼성 오비탈을 지닌 탄소는?

```
    H   O   H
    |   ‖   |
H - C1- C2- C3- C4≡N
    |       |
    H       H
```

① C_1　　② C_2
③ C_3　　④ C_4

76. 다음 중 N_2O_5 분자($O_2N-O-NO_2$)의 가장 안정한 루이스 구조에 관한 설명 중 옳은 것은?

① 모든 산소−질소 결합은 단일 결합이다.
② 산소−질소−산소의 결합각은 모두 같다.
③ 질소 원자의 형식전하는 각각 +1이다.
④ 산소 원자는 모두 sp^2 혼성오비탈이다.

77. 다음 분자들 중 C−O의 결합길이 비교를 옳게 나타낸 것은?

ㄱ. CO	ㄴ. CO_2
ㄷ. CO_3^{2-}	ㄹ. CH_3OH

① ㄱ < ㄴ < ㄷ < ㄹ　　② ㄴ < ㄷ < ㄱ < ㄹ
③ ㄷ < ㄴ < ㄱ < ㄹ　　④ ㄷ < ㄹ < ㄴ < ㄱ

결합각

※[78~79] 다음은 2주기 원소 X의 플루오르 화합물의 분자 모형을 나타낸 것이다.

(가)

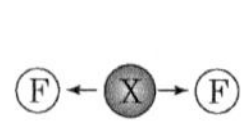

(나)

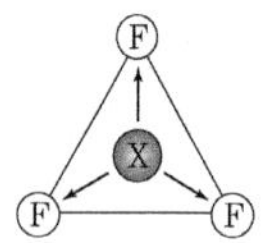

(다)

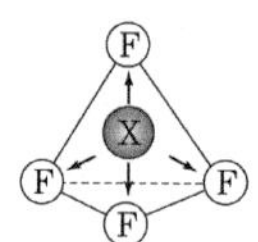

(라)

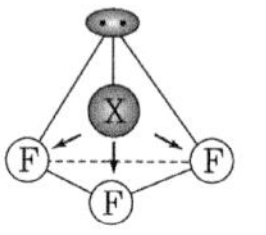

(마)

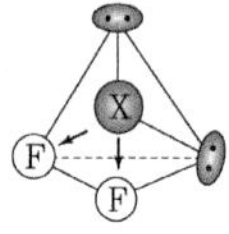

78. 중심 원자의 전자 배치가 옥텟 규칙에 따르지 않는 것을 모두 골라라.

① (가) ② (나)
③ (다) ④ (라)
⑤ (마)

79. 일반적으로 전자쌍 반발 원리에서 전자쌍 간의 반발력의 세기는 다음과 같다고 한다.

(비공유 전자쌍 사이의 반발력) > (비공유 전자쌍과 공유 전자쌍 사이의 반발력) > (공유 전자쌍 사이의 반발력)

위의 분자를 중심 원자의 결합각의 크기 순서대로 바르게 나열한 것은?

① (가) > (나) > (다) > (라) > (마)
② (마) > (라) > (다) > (나) > (가)
③ (가) > (다) > (라) > (마) > (나)
④ (나) > (다) > (라) > (마) > (가)
⑤ (다) > (나) > (가) > (마) > (라)

80. 다음 중 중심 원자의 결합각이 가장 작은 것은?

① BF_3 ② CCl_4
③ BeH_2 ④ NH_3
⑤ H_2O

81. 다음 짝지어진 분자 또는 이온들에서 결합각의 차이가 가장 큰 쌍은?

① $CH_4 - SiH_4$ ② $CH_4 - NH_4^+$
③ $NH_3 - H_3O^+$ ④ $H_2O - H_2S$

82. 아래의 화합물 중에서 중심 원자의 결합각이 가장 작은 값을 가진 것은?

① BF_3 ② NH_3
③ H_2O ④ $BeCl_2$

83. 다음 중 결합각의 순서가 옳게 나열된 것은?

① $H_2O > NH_3 > CH_4$
② $H_2O > CH_4 > NH_3$
③ $CH_4 > H_2O > NH_3$
④ $CH_4 > NH_3 > H_2O$

84. 3개의 원자로 이루어진 가상적인 화학종 ABC가 있다. 모든 원자가 팔전자(옥테트)규칙을 만족하고 이 분자에 1개의 이중결합이 존재할 때 필요한 원자가전자의 수와 결합각에 가장 가까운 값을 나타낸 것은?

① 16개, 90° ② 16개, 120°
③ 18개, 120° ④ 18개, 180°

85. 다음은 질소(N)와 산소(O)로 이루어진 세 가지 화학종이다.

NO_2^+ NO_2 NO_2^-

이에 관한 설명으로 옳은 것만을 <보기>에서 있는 대로 고른 것은? (단, N와 O의 원자 번호는 각각 7과 8이다.)

ㄱ. NO_2^+의 질소 원자는 *sp* 혼성화 되어있다.
ㄴ. 결합각(∠O−N−O)이 큰 순서는 NO_2^+ > NO_2 > NO_2^-이다.
ㄷ. 세 가지 화학종은 모두 반자기성이다.

① ㄱ ② ㄷ
③ ㄱ, ㄴ ④ ㄴ, ㄷ

제3절 극성 분자와 무극성 분자

정답 p. 62

대표 유형 기출 문제

19 국가직 7급 05

1. 다음 조건을 모두 만족하는 분자는?

- 구성 원자 간의 결합은 모두 극성 공유 결합니다.
- 분자 내 화학 결합의 쌍극자 모멘트 총합은 0이다.
- 분자를 이루는 모든 원자는 동일 평면 또는 동일 선상에 놓여 있다.

① NH_3　② CH_2Cl_2
③ C_6H_6　④ $BeCl_2$

20 국가직 7급 12

2. 극성을 띠는 화학종은?(단, C, Sb, F, Br, I는 각각 14족, 15족, 17족, 17족, 17족이다.)

① I_3^-　② BrF_3
③ CBr_4　④ SbF_5

21 지방직 9급 06

3. 다음 화합물 중 무극성 분자를 모두 고른 것은?

SO_2, CCl_4, HCl, SF_6

① SO_2, CCl_4　② SO_2, HCl
③ HCl, SF_6　④ CCl_4, SF_6

22 지방직 9급 01

4. 다음 중 극성 분자에 해당하는 것은?

① CO_2　② BF_3
③ PCl_5　④ CH_3Cl

주관식 개념 확인 문제

5. 다음에 주어진 원자들을 전기 음성도가 큰 순서대로 나열하여라.

Li　N　C　Na　F　B

6. 다음을 극성 분자와 무극성 분자로 구분하여라.

① CS_2　② CH_2Cl_2
③ SO_2　④ C_2H_6
⑤ PCl_3

7. 다음 〈보기〉의 분자에 대하여 다음 각 물음에 답하여라.

보기

① NH_3	② CO_2	③ H_2O
④ BF_3	⑤ $BeCl_2$	⑥ CS_2
⑦ OF_2	⑧ HCN	⑨ $HCHO$
⑩ SO_2	⑪ SiH_4	⑫ H_2S
⑬ O_3	⑭ PCl_3	

(1) 극성 공유 결합으로 되어 있으나 대칭으로 무극성 분자는?

(2) 입체 구조를 하고 있어 원자 중심이 같은 평면에 있지 않는 분자는?

8. 다음의 물질은 2주기 원소들의 염화물이다. 다음 각 물음에 해당하는 번호를 써라.

㉠ LiCl	㉡ $BeCl_2$	㉢ BCl_3
㉣ CCl_4	㉤ NCl_3	㉥ OCl_2
㉦ FCl		

(1) 정사면체 구조인 것은?

(2) 이온 결합성이 가장 센 것은?

(3) 원자 중심이 동일 평면에 놓이지 않는 것은?

(4) 극성 공유 결합을 하고 있지만 대칭 구조로 무극성 분자인 것은?

9. 다음과 같은 기하학적 모양을 갖는 분자를 〈보기〉에서 모두 골라 그 번호를 쓰시오.

보기

① H_2O	② CO_2	③ NH_3
④ OF_2	⑤ SO_2	⑥ PCl_3
⑦ C_2H_2	⑧ H_2S	⑨ HCN
⑩ CS_2	⑪ BCl_3	⑫ PCl_5
⑬ SiF_4	⑭ BF_3	

(1) 직선형 구조를 갖는 분자는?

(2) 평면 삼각형 구조를 갖는 분자는?

(3) 굽은형 구조를 갖는 분자는?

(4) 정사면체 구조를 갖는 분자는?

(5) 삼각뿔 구조를 갖는 분자는?

(6) 무극성 분자는?

(7) 극성 분자는?

10. 다음 분자 모형의 물질은 〈보기〉속의 원자들로 구성되어 있다. 다음 물음에 답하시오.

보기

수소, 탄소, 질소, 산소, 나트륨, 염소, 네온

①

②

③

④
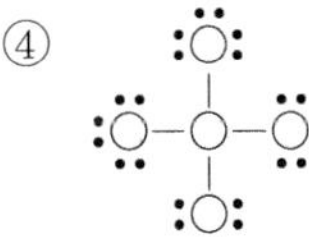

⑤ :Ö=O=Ö:

(1) 이들 물질의 분자식을 써라.

(2) 극성 분자인 것은?

(3) 분자 모양이 정사면체인 것은?

(4) 분자를 이루는 원자들의 한 평면에 존재하지 않는 것은?

(5) 원자 간에는 극성 공유 결합으로 되어 있으나 대칭으로 무극성 분자인 것은?

11. 다음 그림은 몇 가지 액체를 흘리면서 대전된 에보나이트 막대를 가까이 가져간 결과이다. 다음 중 (가)와 (나)에 해당하는 것을 각각 골라라.

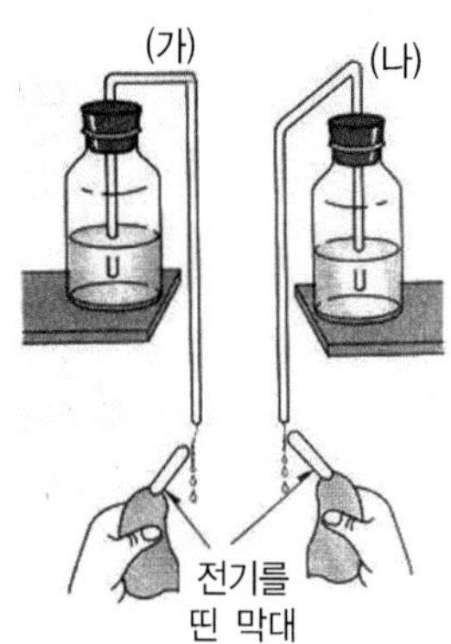

(A) C_6H_6 (B) H_2O
(C) CCl_4 (D) CS_2
(E) C_2H_5OH (F) CH_3COCH_3
(G) HCOOH

기본 문제

결합의 극성

12. 다음은 폴링의 전기 음성도와 전기 음성도의 차에 의한 화학 결합의 이온성을 나타낸 것이다.

H 2.1						
Li 1.0	Be 1.5	B 2.0	C 2.5	N 3.0	O 3.5	F 4.0
Na 0.9	Mg 1.2	Al 1.5	Si 1.8	P 2.1	S 2.5	Cl 3.0
K 0.8	Ca 1.0					

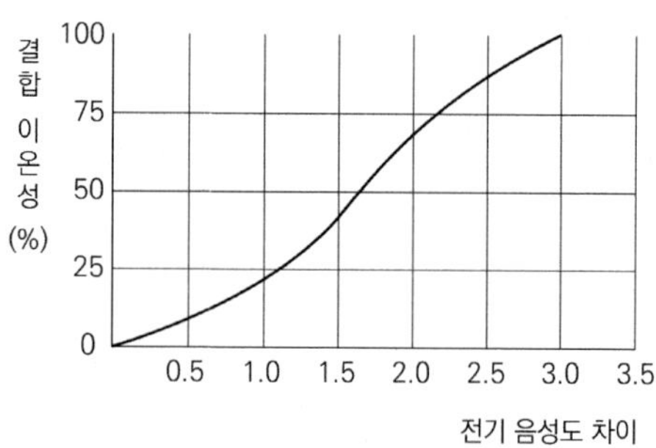

위 자료에 대한 해석으로 옳지 않은 것은?

① 비금속성이 증가할수록 전기 음성도는 커진다.
② 위에서 이온 결합성이 가장 큰 화합물은 KF이다.
③ 같은 원자끼리 결합한 비금속은 완전한 공유성을 가진다.
④ 같은 주기에서 전기 음성도는 원자 번호의 증가와 함께 일정하게 증가한다.
⑤ 두 원자 간의 전기 음성도의 차가 1.7 이상이면 일반적으로 이온 결합성이 50% 이상이다.

13. 원소들의 전기 음성도에 관한 다음 설명 중 틀린 것은?

① 플루오르의 전기 음성도를 4.0으로 정하였다.
② 주기율표의 같은 주기에서는 왼쪽으로 갈수록 커진다.
③ 공유 결합에서 원자가 공유 전자쌍을 잡아 당기는 상대적인 세기를 나타낸다.
④ 주기율표의 같은 족에서는 위로 올라갈수록 커진다.

14. 원자들의 전기 음성도를 고려할 때, 극성 결합 세기의 비교가 잘못된 쌍은?

① $H_2N-H < HO-H$
② $CH_3-H < CH_3-F$
③ $H_3C-SH < H_3C-OH$
④ $H_3C-OH < H_3C-Br$

15. 다음 표는 몇 가지 원소의 전기 음성도이다. 다음 중 이온 결합성이 가장 큰 것은?

A: 0.9	B: 1.0	C: 2.5	D: 3.0	E: 4.0

① A, C　② B, D
③ C, E　④ A, D

극성 분자와 무극성 분자

16. 다음 중 극성 분자는?

① CO_2　② CCl_4
③ $CH_2=CH_2$　④ $CBr_2=CH_2$

17. 열거된 화합물 중 쌍극자 모멘트(μ)를 갖지 않는 화합물은?

① 이산화탄소(CO_2)　② 물(H_2O)
③ 암모니아(NH_3)　④ 이산화황(SO_2)

18. 다음 그림은 분자 내의 전하 분포를 나타낸 것이다. 무극성 분자인 것은?

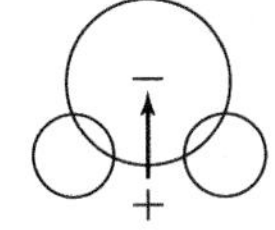

② 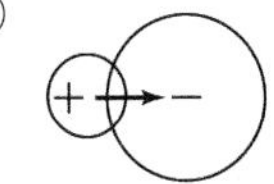

③ 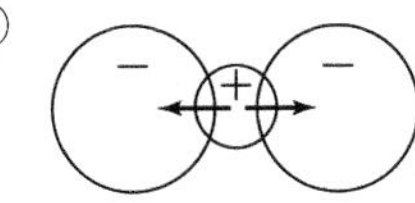

④ 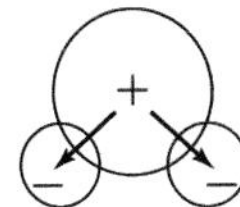

⑤ 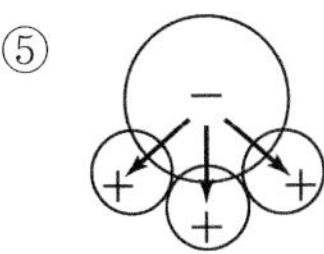

19. 다음 중 극성 분자만 모아 놓은 것은?

① BF_3, PCl_3, H_2S, NH_3
② NH_3, PH_3, HCl, H_2O
③ H_2S, CS_2, HF, $CHCl_3$
④ BeF_2, CH_3OH, BF_3, CCl_4

20. 다음 중 메탄올(CH_3OH)과 잘 섞이지 않은 것은?

① CCl_4　② C_2H_5OH
③ H_2O　④ CH_3COOH
⑤ HCl

21. 다음 중 이중 극자(쌍극자) 모멘트가 0인 것으로만 무리지어진 것은?

① CH_4, H_2O, Br_2
② CO_2, PH_3, C_2H_2
③ SO_3, BF_3, CCl_4
④ BeH_2, C_2H_4, CCl_2F_2

22. BF_3는 무극성 분자이고 NH_3는 극성 분자이다. 이 사실과 가장 관계가 있는 것은?

① 비공유 전자쌍은 BF_3에는 있고, NH_3에는 없다.
② BF_3는 공유 결합 물질이고, NH_3는 수소 결합 물질이다.
③ BF_3는 평면 정삼각형이고, NH_3는 삼각뿔 구조이다.
④ BF_3는 sp^3 혼성 오비탈을 하고 있고, NH_3는 sp^2 혼성 오비탈을 하고 있다.

23. 그림은 이온 (가)와 분자 (나), (다)의 구조식을 나타낸 것이다.

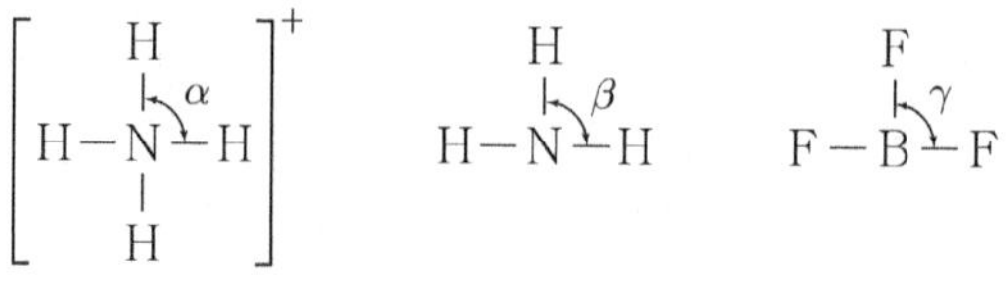

(가) $[NH_4]^+$: H–N–H (4개의 H), 결합각 α
(나) H–N–H (H 3개), 결합각 β
(다) F–B–F (F 3개), 결합각 γ

이에 대한 설명으로 옳은 것만을 〈보기〉에서 있는 대로 고른 것은?

보기
ㄱ. (가)의 모양은 정사면체형이다.
ㄴ. 결합각은 $\gamma > \beta > \alpha$이다.
ㄷ. 분자의 쌍극자 모멘트는 (다)가 (나)보다 크다.

① ㄱ　② ㄴ　③ ㄱ, ㄷ
④ ㄴ, ㄷ　⑤ ㄱ, ㄴ, ㄷ

24. 그림 (가)~(다)는 2주기 원소 X~Z를 포함한 분자의 구조식을 나타낸 것이다. 결합각의 크기는 $\alpha < \beta$이고, X~Z는 모두 옥텟 규칙을 만족한다.

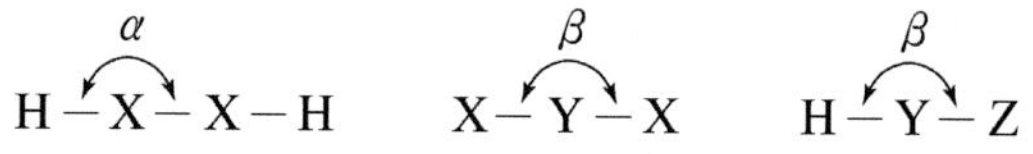

(가) H–X–X–H (α)　(나) X–Y–X (β)　(다) H–Y–Z (β)

이에 대한 설명으로 옳은 것만을 〈보기〉에서 있는 대로 고른 것은? (단, 비공유 전자쌍과 다중 결합은 표시하지 않았으며, X~Z는 임의의 원소 기호이다.)

보기
ㄱ. 분자의 쌍극자 모멘트는 (가)가 (나)보다 크다.
ㄴ. Y는 산소(O)이다.
ㄷ. (다)에는 다중 결합이 있다.

① ㄴ　② ㄷ　③ ㄱ, ㄴ
④ ㄱ, ㄷ　⑤ ㄱ, ㄴ, ㄷ

25. 그림은 2주기 원소로 이루어진 분자 (가)~(다)의 구조식이다. (가)~(다)에서 X~Z는 모두 옥텟 규칙을 만족한다.

(가): Y—X(—Y)(—Y)—Y (X에 Y 4개가 단일 결합)

(나): Y—X—Y, X=Z (X에 Z가 이중 결합)

(다): Y—Z—Y

(가) (나) (다)

이에 대한 옳은 설명만을 〈보기〉에서 있는 대로 고른 것은? (단, X~Z는 임의의 원소 기호이다.)

보기

ㄱ. (나)의 분자 모양은 삼각뿔형이다.
ㄴ. (나)와 (다)는 비공유 전자쌍 수가 같다.
ㄷ. 분자의 쌍극자 모멘트는 (다)가 (가)보다 크다.

① ㄱ ② ㄴ ③ ㄱ, ㄷ
④ ㄴ, ㄷ ⑤ ㄱ, ㄴ, ㄷ

26. 그림은 4가지 분자 (가)~(라)를 루이스 전자점식으로 나타낸 것이다. W~Z는 임의의 2주기 원소 기호이다.

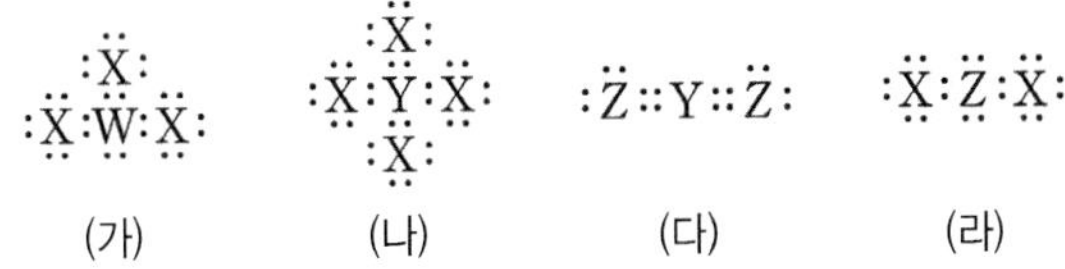

(가) (나) (다) (라)

이에 대한 설명으로 옳은 것만을 〈보기〉에서 있는 대로 고른 것은?

보기

ㄱ. (가)~(라) 중 무극성 분자는 2가지이다.
ㄴ. (가)에서 4개의 원자는 동일 평면에 있다.
ㄷ. (라)는 굽은형 구조이다.

① ㄴ ② ㄷ ③ ㄱ, ㄴ
④ ㄱ, ㄷ ⑤ ㄱ, ㄴ, ㄷ

27. 그림은 분자 (가)와 (나)의 구조식을 나타낸 것이다.

(가): H—C(=O)—O—C(H)(H)—H (결합각 α: H—C—H)

(나): F—C(=O)—F (결합각 β: O—C—F)

(가) (나)

이에 대한 설명으로 옳은 것만을 〈보기〉에서 있는 대로 고른 것은? (단, X, Y는 임의의 원소 기호이다.)

보기

ㄱ. (나)는 극성 분자이다.
ㄴ. 결합각은 $\alpha > \beta$이다.
ㄷ. 비공유 전자쌍 수는 (나)가 (가)의 2배이다.

① ㄱ ② ㄴ ③ ㄱ, ㄷ
④ ㄴ, ㄷ ⑤ ㄱ, ㄴ, ㄷ

28. 다음은 탄산수소나트륨($NaHCO_3$) 분해 반응의 화학 반응식이다.

$$2NaHCO_3 \rightarrow Na_2CO_3 + H_2O + ㉠$$

㉠에 대한 설명으로 옳은 것만을 〈보기〉에서 있는 대로 고른 것은?

보기

ㄱ. 극성 공유 결합이 있다.
ㄴ. 공유 전자쌍 수와 비공유 전자쌍 수는 같다.
ㄷ. 분자의 쌍극자 모멘트는 물(H_2O)보다 작다.

① ㄱ ② ㄷ ③ ㄱ, ㄴ
④ ㄴ, ㄷ ⑤ ㄱ, ㄴ, ㄷ

29. 그림은 몇 가지 화합물의 루이스 구조식을 나타낸 것이다.

:O: (=) / :Cl − C − Cl: (α)　　H / H − N − H (β)　　H − S − H　　S = C = S

이 화합물에 대한 설명으로 옳은 것을 〈보기〉에서 모두 고른 것은?

보기
ㄱ. 결합각 α는 β보다 크다.
ㄴ. H_2S와 CS_2의 분자 모양은 같다.
ㄷ. CS_2와 $COCl_2$는 무극성 물질이다.

① ㄱ　② ㄴ　③ ㄱ, ㄷ
④ ㄴ, ㄷ　⑤ ㄱ, ㄴ, ㄷ

30. 그림은 중성 원자 A~D의 전자 배치를 나타낸 것이다.

	A	B	C	D
$2p$	□□□	↑□□	↑↑↑	↑↓↑↑
$2s$	↑↓	↑↓	↑↓	↑↓
$1s$	↑↓	↑↓	↑↓	↑↓

A~D의 플루오르 화합물 AF_2, BF_3, CF_3, DF_2에 대한 옳은 설명을 〈보기〉에서 모두 고른 것은? (단, A~D는 임의의 기호이다.)

보기
ㄱ. 극성은 BF_3가 DF_2보다 크다.
ㄴ. 결합각은 AF_2가 DF_2보다 크다.
ㄷ. 비공유 전자쌍은 CF_3가 BF_3보다 많다.

① ㄱ　② ㄷ　③ ㄱ, ㄴ
④ ㄴ, ㄷ　⑤ ㄱ, ㄴ, ㄷ

31. 그림은 NF_3, CF_4, SF_6의 분자 구조를 나타낸 것이다.

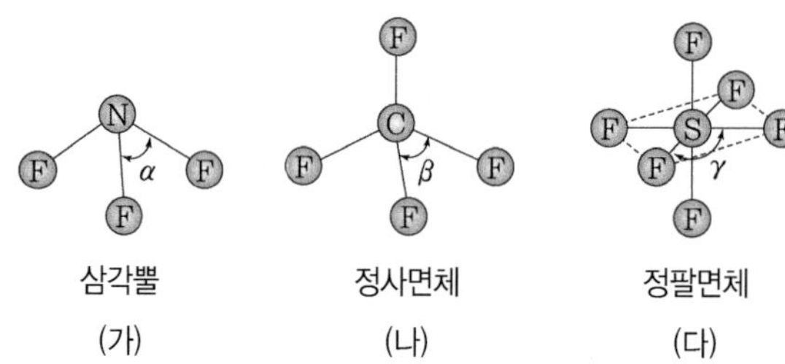

결합각 α~γ 중 가장 큰 것(A)과 무극성 분자(B)를 모두 골라 옳게 짝지은 것은?

	A	B
①	α	(다)
②	β	(다)
③	β	(나), (다)
④	γ	(가), (나)
⑤	γ	(나), (다)

32. 극성인 화합물로만 묶여 있는 것은?

① SF_6, CO_2, H_2O
② XeF_2, NH_3, SF_6
③ H_2O, SF_4, NH_3
④ CCl_4, $CHCl_3$, CO_2
⑤ H_2O, CO_2, XeF_2

33. 물(H_2O) 분자에 대한 다음 설명 중 옳지 않은 것은?

① 중심 원자인 산소는 sp^3 혼성 궤도를 가지고 있다.
② H−O−H의 결합각은 암모니아(NH_3)의 H−N−H의 결합각보다 크다.
③ O−H의 결합 길이는 메테인(CH_4)의 C−H 결합 길이보다 짧다.
④ 분자 구조는 굽은 형으로 극성 분자이다.

34. 다음의 물질 중 극성이 가장 큰 물질은?

① H_2S　② H_2
③ CH_4　④ CO_2

35. 다음은 질소와 산소로 이루어진 세 가지 화학종이다.

NO_2^+　NO_2　NO_2^-

세 가지 화학종에 대한 설명 중 옳은 것은?

① 중심 원소 N의 혼성화 오비탈은 모두 sp^2이다.
② 쌍극자 모멘트를 가지지 않는 화학종은 NO_2^-이다.
③ 결합각(∠O−N−O)이 가장 큰 화학종은 NO_2^+이다.
④ NO_2는 반자기성이다.

36. 다음 중 극성 분자는?

① SF_4　② PCl_4^+
③ PCl_5　④ I_3^-

분자의 분류

37. 그림은 5가지 분자를 분류하는 과정을 나타낸 것이다.

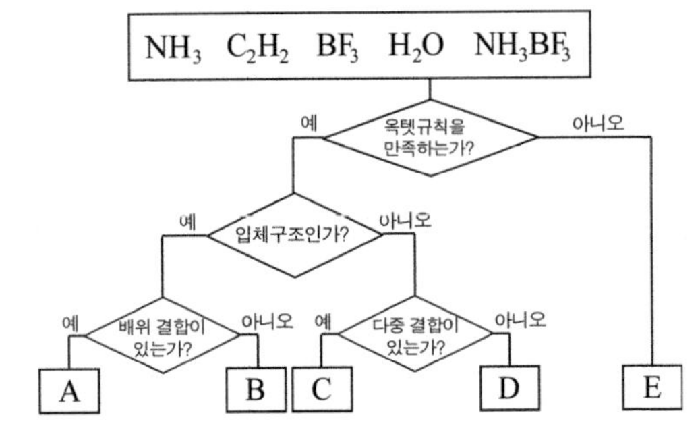

분자 A~E에 대한 설명으로 옳은 것은?

① A는 쌍극자모멘트의 합이 0이다.
② B는 E보다 결합각이 작다.
③ C는 분자 간에 수소 결합을 한다.
④ D는 직선형 구조를 하고 있다.
⑤ E의 중심 원자는 비공유 전자쌍을 가지고 있다.

38. 그림은 5개의 분자를 어떤 기준에 따라 분류하는 과정을 나타낸 것이다.

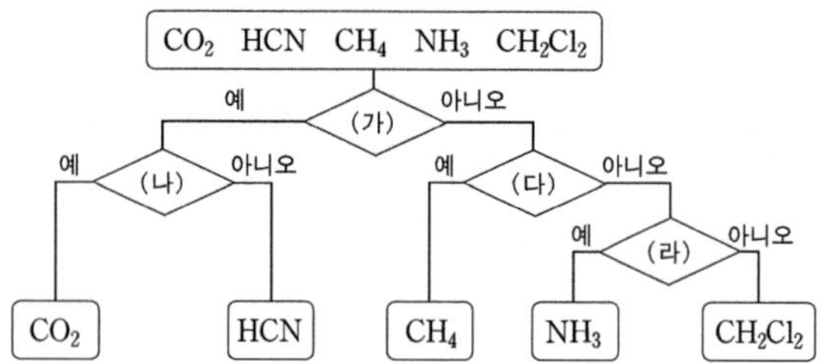

위의 (가)~(라)에 들어갈 기준으로 옳은 것을 〈보기〉에서 골라 순서대로 바르게 나타낸 것은?

보기

ㄱ. 무극성 분자인가?
ㄴ. 분자 모양이 굽은형인가?
ㄷ. 분자 모양이 선형인가?
ㄹ. 중심 원자에 비공유 전자쌍이 있는가?

	(가)	(나)	(다)	(라)
①	ㄱ	ㄴ	ㄷ	ㄹ
②	ㄴ	ㄹ	ㄹ	ㄷ
③	ㄷ	ㄱ	ㄱ	ㄹ
④	ㄷ	ㄹ	ㄱ	ㄹ
⑤	ㄹ	ㄱ	ㄷ	ㄴ

39. 그림은 3가지 분자를 기준 (가), (나)에 따라 분류한 것이다.

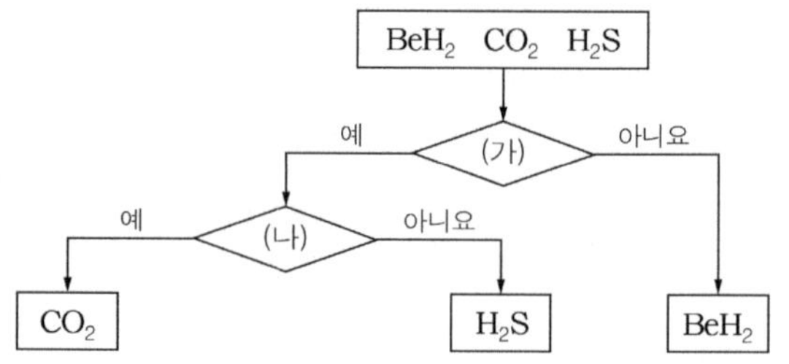

기준 (가), (나)로 옳은 것을 〈보기〉에서 고른 것은?

보기

ㄱ. 분자의 쌍극자 모멘트 합이 0인가?
ㄴ. 분자에 비공유 전자쌍이 있는가?
ㄷ. 극성 공유 결합이 있는가?

	(가)	(나)
①	ㄱ	ㄴ
②	ㄱ	ㄷ
③	ㄴ	ㄱ
④	ㄴ	ㄷ
⑤	ㄷ	ㄴ

40. 그림은 4가지 분자를 주어진 기준에 따라 분류한 것이다.

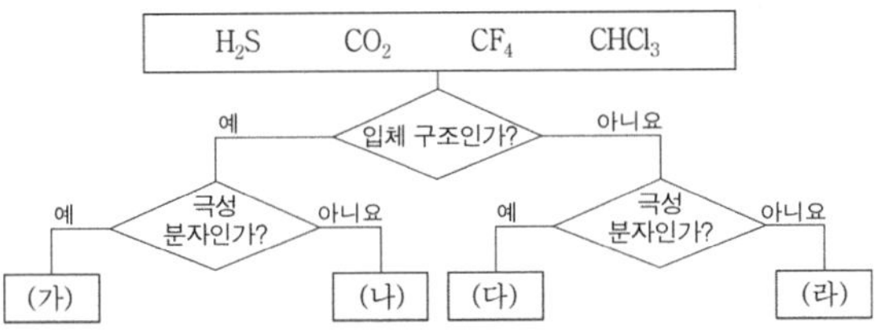

이에 대한 옳은 설명만을 〈보기〉에서 있는 대로 고른 것은?

보기

ㄱ. (가)는 $CHCl_3$이다.
ㄴ. (나)에는 무극성 공유 결합이 있다.
ㄷ. 결합각은 (다)가 (라)보다 크다.

① ㄱ ② ㄷ ③ ㄱ, ㄴ
④ ㄱ, ㄷ ⑤ ㄴ, ㄷ

41. 표는 몇 가지 화합물과 이를 분류하기 위한 기준 (가)~(다)를 나타낸 것이고, 그림은 이 기준에 따라 표에서 주어진 화합물을 분류한 벤다이어그램이다.

화합물	분류 기준
HCN H_2O CO_2 NH_3 CH_4	(가) 직선형 구조이다. (나) 공유 전자쌍이 4개이다. (다) 중심 원자에 비공유 전자쌍이 있다.

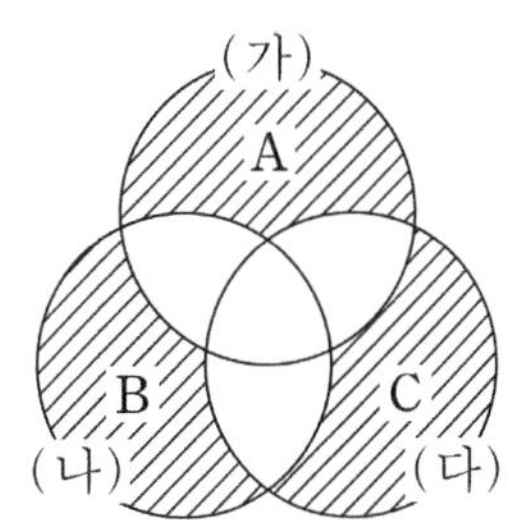

그림의 빗금 친 부분 A, B, C에 들어갈 화합물의 수로 옳은 것은?

	A	B	C
①	0	1	1
②	0	1	2
③	1	0	2
④	1	1	0
⑤	2	0	1

42. 표는 4가지 분자 HCN, CO_2, OF_2, CH_4을 3가지 기준에 따라 각각 분류한 결과를 나타낸 것이다.

분류 기준	예	아니오
(가)	HCN, CO_2	OF_2, CH_4
입체 구조인가?	㉠	㉡
극성 분자인가?	㉢	㉣

이에 대한 설명으로 옳은 것만을 〈보기〉에서 있는 대로 고른 것은?

보기

ㄱ. (가)에 '공유 전자쌍의 수가 4개인가?'를 적용할 수 있다.
ㄴ. ㉡에 해당되는 분자에는 비공유 전자쌍이 있다.
ㄷ. ㉠과 ㉣에 공통으로 해당되는 분자는 모양이 정사면체형이다.

① ㄱ ② ㄴ ③ ㄷ
④ ㄱ, ㄴ ⑤ ㄴ, ㄷ

43. 그림은 4가지 분자를 3가지 분류 기준 (가)~(다)로 분류한 것이다. ㉠~㉣은 각각 C_2H_2, $COCl_2$, FCN, N_2 중 하나이고, A~C는 각각 (가)~(다) 중 하나이다.

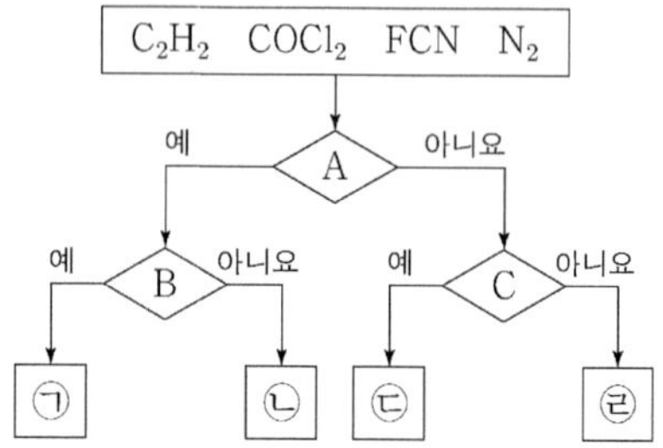

분류 기준
(가) 3중 결합이 있는가?
(나) 극성 공유 결합이 있는가?
(다) 분자의 쌍극자 모멘트는 0인가?

A~C로 옳은 것은?

	A	B	C
①	(가)	(다)	(나)
②	(나)	(가)	(다)
③	(나)	(다)	(가)
④	(다)	(가)	(나)
⑤	(다)	(나)	(가)

44. 표는 2가지 화학 반응식과 화학 반응식의 반응물과 생성물을 분류하기 위한 기준 (가)~(다)를 나타낸 것이고, 그림은 기준 (가)~(다)에 따라 물질들을 분류하여 벤다이어그램으로 나타낸 것이다.

화학 반응식	• $2H_2 + O_2 \rightarrow 2H_2O$ • $2Na + Cl_2 \rightarrow 2NaCl$
분류 기준	(가) 분자로 존재한다. (나) 액체 상태에서 전기 전도성이 있다. (다) 비금속 원소가 포함되어 있다.

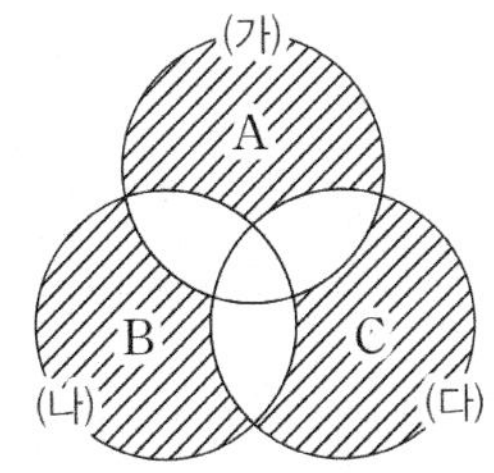

그림의 빗금 친 부분 A~C에 들어갈 물질의 가짓수로 옳은 것은?

	A	B	C
①	0	0	1
②	0	1	0
③	1	0	0
④	1	1	0

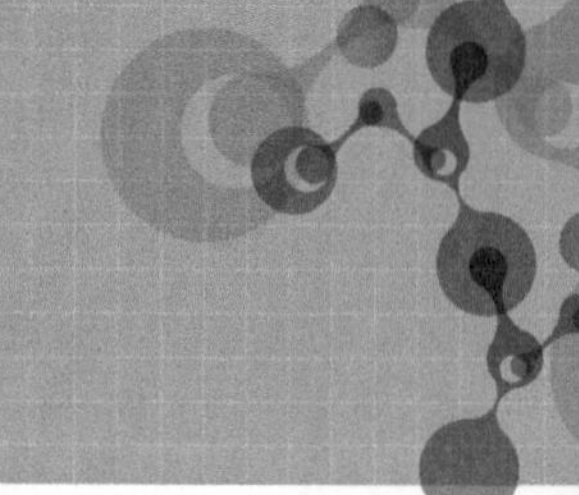

CHAPTER 03 분자 궤도 함수

정답 p. 67

대표 유형 기출 문제

12 지방직 7급 07

1. 분자 궤도함수에 대한 설명으로 옳은 것은?

① 마디 면(nodal plane)은 전자를 발견할 확률이 1인 평면이다.

② 분자 궤도함수 이론을 사용하면 산소 이원자 분자가 상자기성을 갖는 것을 예측할 수 있다.

③ 시그마(sigma) 결합 분자 궤도함수는 원자 궤도함수들의 측면 겹침에 의해 형성된다.

④ 결합 분자 궤도함수는 참여한 원자 궤도함수보다 에너지가 더 높다.

15 지방직 9급 14

2. 다음 중 결합 차수가 가장 낮은 것은?

① O_2　　② F_2

③ CN^-　　④ NO^+

15 서울시 7급 07

3. 다음의 분자 궤도함수로 설명할 수 없는 화학종은?

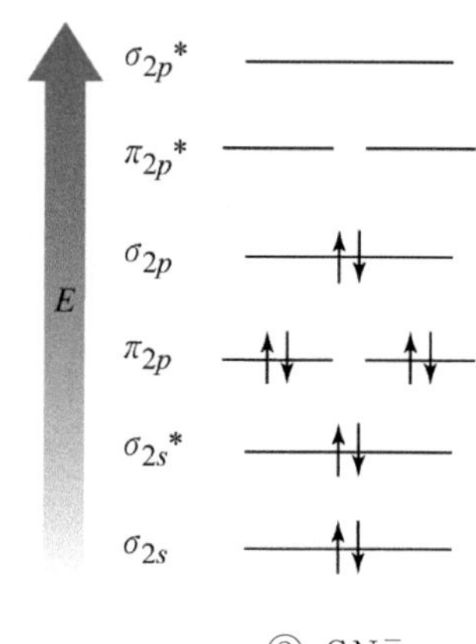

① C_2^-　　② CN^-

③ N_2　　④ NO^+

16 지방직 7급 10

4. 다음은 4가지 산소 화학종을 나타낸 것이다.

O_2　O_2^+　O_2^-　O_2^{2-}

이에 대한 설명으로 옳지 않은 것은?

① O_2^-의 결합 차수는 2이다.

② O_2^{2-}는 반자성(diamagnetic)이다.

③ 결합 세기는 O_2가 O_2^{2-}보다 크다.

④ 결합 길이가 가장 짧은 것은 O_2^+이다.

18 서울시 7급(2) 11

5. 분자궤도함수 이론을 이용하여 분자궤도함수 에너지준위를 그렸을 때 가장 옳은 것은?

① O_2와 NO 모두 상자기성(paramagnetic)이다.

② O_2의 결합세기는 NO의 결합세기보다 강하다.

③ NO^+와 CN^-는 모두 상자기성이지만 결합차수는 다르다.

④ NO의 이온화 에너지는 NO^+의 이온화 에너지보다 크다.

19 서울시 7급 11

6. N_2, O_2, F_2 중 자기장에 의해 끌리는 것은?

① N_2　　② O_2

③ F_2　　④ N_2, O_2

20 지방직 7급 02

7. 동핵 이원자 분자들이 바닥 상태 분자 오비탈의 전자 배치를 가질 때, σ_{2p} 오비탈의 에너지 준위가 π_{2p} 오비탈의 에너지 준위보다 낮은 것은?

① B_2　　② C_2

③ N_2　　④ O_2

20 서울시 7급 04

8. 〈보기〉를 설명하기 위해 가장 적당한 질소 분자의 바닥 상태 전자 배치는?

보기

액체 산소를 1mm 간극의 자석의 두 극 사이에 부으면 액체는 흘러내리지 않고 자석에 붙었다가 기화한다. 반면 같은 실험을 액체 질소를 가지고 수행하면 액체가 자석에 붙지 않고 바로 흘러 버리는 것을 볼 수 있다.

① $\sigma_{1s}^2\sigma_{1s}^{*2}\sigma_{2s}^2\sigma_{2s}^{*2}\sigma_{2p}^2\pi_{2p}^2\pi_{2p}^{*2}$

② $\sigma_{1s}^2\sigma_{1s}^{*2}\sigma_{2s}^2\sigma_{2s}^{*2}\pi_{2p}^2\sigma_{2p}^2\pi_{2p}^{*2}$

③ $\sigma_{1s}^2\sigma_{1s}^{*2}\sigma_{2s}^2\sigma_{2s}^{*2}\sigma_{2p}^2\pi_{2p}^4$

④ $\sigma_{1s}^2\sigma_{1s}^{*2}\sigma_{2s}^2\sigma_{2s}^{*2}\pi_{2p}{}^4\sigma_{2p}^2$

20 서울시 7급 16

9. 〈보기〉는 2주기 원소 분자 X_2의 바닥 상태에 대한 설명이다.

보기

- 반자기성이다.
- 전자가 들어있는 가장 높은 에너지 준위의 오비탈(HOMO)은 π_{2p}^*이다.

이에 대한 설명으로 가장 옳지 않은 것은?

① 바닥 상태에서 X는 상자기성이다.

② X는 2주기 원소 중 전기음성도가 가장 크다.

③ X_2의 결합 차수는 2이다.

④ X_2에서 X의 혼성궤도함수는 sp^3이다.

20 국가직 7급 20

10. 이핵 이원자 분자 CO와 동핵 이원자 분자 O_2의 바닥 상태 오비탈 전자 배치를 바르게 연결한 것은? (단, C, O의 원자 번호는 각각 6, 8이다.)

ㄱ. $(\sigma_{1s})^2(\sigma_{1s}^*)^2(\sigma_{2s})^2(\sigma_{2s}^*)^2(\pi_{2p})^4(\sigma_{2p})^2$
ㄴ. $(\sigma_{1s})^2(\sigma_{1s}^*)^2(\sigma_{2s})^2(\sigma_{2s}^*)^2(\sigma_{2p})^2(\pi_{2p})^4$
ㄷ. $(\sigma_{1s})^2(\sigma_{1s}^*)^2(\sigma_{2s})^2(\sigma_{2s}^*)^2(\sigma_{2p})^2(\pi_{2p})^4(\pi_{2p}^*)^2$
ㄹ. $(\sigma_{1s})^2(\sigma_{1s}^*)^2(\sigma_{2s})^2(\sigma_{2s}^*)^2(\pi_{2p})^4(\sigma_{2p})^2(\pi_{2p}^*)^2$

	CO	O_2
①	ㄱ	ㄷ
②	ㄱ	ㄹ
③	ㄴ	ㄷ
④	ㄴ	ㄹ

22 서울시 7급 10

11. B_2, N_2, O_2 중에서 상자기성 분자를 모두 고른 것은?

① N_2
② B_2, O_2
③ B_2, N_2
④ N_2, O_2

기본 문제

12. 그림은 AB 분자의 분자 오비탈 에너지 준위의 일부를 나타낸 것이며, A와 B의 원자가 전자(valence electron) 수의 합은 11이다.

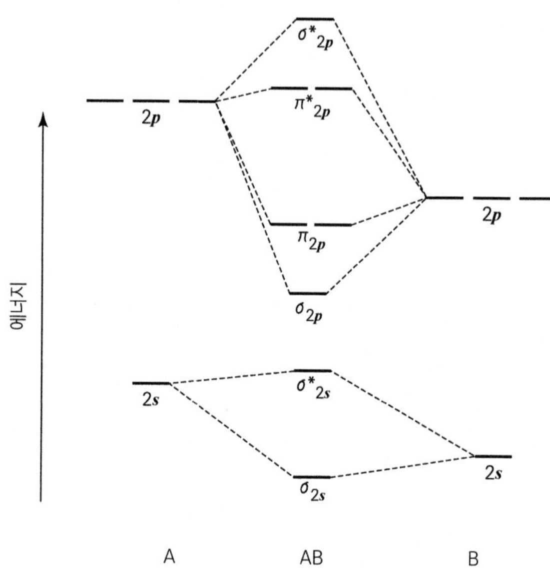

이에 관한 설명으로 옳은 것만을 〈보기〉에서 있는 대로 고른 것은?

ㄱ. 전기음성도는 A가 B보다 작다.
ㄴ. AB 분자는 상자기성이다.
ㄷ. 결합 길이는 AB가 AB^+보다 길다.

① ㄱ
② ㄷ
③ ㄱ, ㄴ
④ ㄱ, ㄴ, ㄷ

13. 그림은 리튬(Li)의 원자 오비탈로부터 만들어진 Li_2의 분자 오비탈 에너지 준위의 일부를 나타낸 것이다.

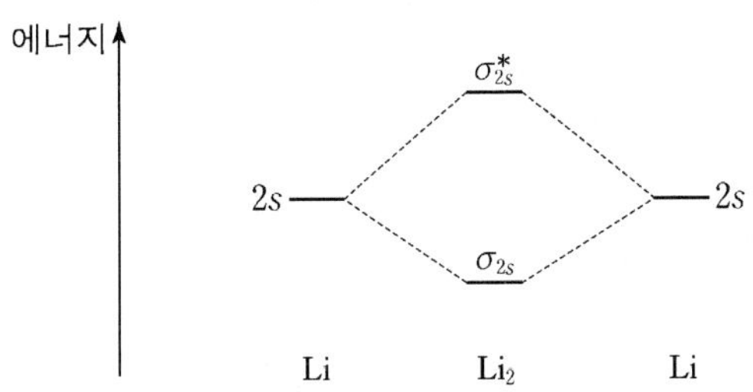

바닥 상태의 Li, Li_2, Li_2^+에 대한 설명으로 옳은 것만을 〈보기〉에서 있는 대로 고른 것은? (단, 이온화는 오비탈의 에너지 준위를 변화시키지 않는다.)

ㄱ. Li_2는 상자기성이다.
ㄴ. 결합 차수는 Li_2^+이 Li_2보다 작다.
ㄷ. 1차 이온화 에너지는 Li_2가 Li보다 작다.

① ㄴ ② ㄷ
③ ㄱ, ㄴ ④ ㄱ, ㄷ

14. 동종 이원자 화학종의 분자 오비탈 에너지 도표를 기반으로 한 다음 설명 중 옳은 것만을 모두 고른 것은?

ㄱ. C_2^{2-}는 반자성이고 C_2^{2+}는 상자성이다.
ㄴ. F_2는 상자성이고 F_2^{2+}는 반자성이다.
ㄷ. 결합 차수는 N_2가 N_2^+보다 크다.
ㄹ. 산소 간의 결합 길이는 O_2보다 O_2^+가 더 길다.

① ㄱ, ㄴ ② ㄱ, ㄷ
③ ㄴ, ㄹ ④ ㄷ, ㄹ

15. 다음은 2주기 동핵 이원자 분자를 나타낸 것이다. 바닥 상태의 분자 오비탈 전자 배치를 갖는다고 가정할 때, 이들에 대한 설명으로 옳은 것만을 모두 고르면?

B_2 C_2 N_2 O_2 F_2

ㄱ. B_2, C_2, O_2는 상자기성 분자이다.
ㄴ. 반자기성 분자는 3개이다.
ㄷ. 결합 길이는 B_2가 F_2보다 길다.
ㄹ. 결합 엔탈피는 F_2가 B_2보다 크다.

① ㄱ, ㄴ ② ㄴ, ㄷ
③ ㄱ, ㄷ, ㄹ ④ ㄴ, ㄷ, ㄹ

16. 다음 중 상자기성인 것은?

① N_2^{2-} ② O_2^{2+}
③ Ne ④ F_2

CHAPTER 04 분자 간 인력

정답 p. 73

대표 유형 기출 문제

18 지방직 9급 06

1. 끓는점이 가장 낮은 분자는?

① 물(H_2O)
② 일염화 아이오딘(ICl)
③ 삼플루오린화 붕소(BF_3)
④ 암모니아(NH_3)

18 지방직 9급 08

2. 다음 중 분자 간 힘에 대한 설명으로 옳은 것만을 모두 고르면?

ㄱ. NH_3의 끓는점이 PH_3의 끓는점보다 높은 이유는 분산력으로 설명할 수 있다.
ㄴ. H_2S의 끓는점이 H_2의 끓는점보다 높은 이유는 쌍극자−쌍극자 힘으로 설명할 수 있다.
ㄷ. HF의 끓는점이 HCl의 끓는점보다 높은 이유는 수소 결합으로 설명할 수 있다.

① ㄱ　② ㄴ
③ ㄱ, ㄷ　④ ㄴ, ㄷ

18 지방직 7급 18

3. 다음 설명으로 옳은 것만을 모두 고르면?

ㄱ. CH_3SH는 CH_3OH보다 끓는점이 높다.
ㄴ. CO는 N_2보다 녹는점과 끓는점이 높다.
ㄷ. 영족 기체(18족 원소)는 같은 족에서 원자번호가 클수록 끓는점이 낮아진다.
ㄹ. 하이드록시벤조산($C_6H_4(OH)(COOH)$)의 오쏘(ortho−) 이성질체는 메타(meta−) 혹은 파라(para−) 이성질체보다 녹는점이 낮다.

① ㄱ, ㄴ　② ㄱ, ㄷ
③ ㄴ, ㄷ　④ ㄴ, ㄹ

20 지방직 9급 14

4. 물 분자의 결합 모형을 그림처럼 나타낼 때, 결합 A와 결합 B에 대한 설명으로 옳은 것은?

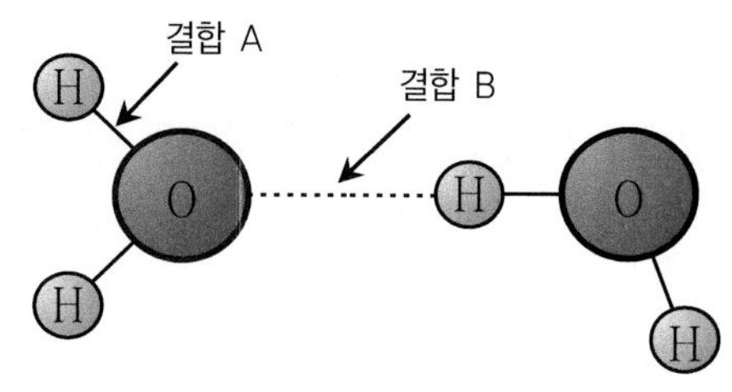

① 결합 A는 결합 B보다 강하다.
② 액체에서 기체로 상태변화를 할 때 결합 A가 끊어진다.
③ 결합 B로 인하여 산소 원자는 팔전자 규칙(octet rule)을 만족한다.
④ 결합 B는 공유결합으로 이루어진 모든 분자에서 관찰된다.

21 지방직 7급 06

5. 끓는점이 가장 높은 화합물은?

① $HOCH_2CH_2CH_2OH$
② $CH_3CH_2CH_2CH_2OH$
③ $CH_3CH_2OCH_2CH_3$
④ $NH_2CH_2CH_2CH_2NH_2$

21 국가직 7급 23

6. 정상 끓는점이 가장 낮은 것은?

① n−pentane ② 2−methylbutane
③ neopentane ④ cyclopentane

22 지방직 9급 04

7. 화학 결합과 분자 간 힘에 대한 설명으로 옳은 것은?

① 메테인(CH_4)은 공유 결합으로 이루어진 극성 물질이다.
② 이온 결합 물질은 상온에서 항상 액체 상태이다.
③ 이온 결합 물질은 액체 상태에서 전류가 흐르지 않는다.
④ 비극성 분자 사이에는 분산력이 작용한다.

23 지방직 9급 05

8. 끓는점이 $Cl_2 < Br_2 < I_2$의 순서로 높아지는 이유는?

① 분자량이 증가하기 때문이다.
② 분자 내 결합 거리가 감소하기 때문이다.
③ 분자 내 결합 극성이 증가하기 때문이다.
④ 분자 내 결합 세기가 증가하기 때문이다.

주관식 개념 확인 문제

9. 다음 글을 읽고 [　　　] 안에 알맞은 답을 써 넣어라.

(1) 무극성 분자들이 매우 가까이 접근하면 순간적으로 [①]을 띠게 되어 [②] 현상이 일어나며 분자 사이에 약한 정전기적 인력이 작용한다. 이 힘을 [③]이라고 하며 분자의 [④]이 클수록 강하다.

(2) [①] 결합은 전기 음성도 큰 원소인 [②], [③], [④]와 [⑤] 간에 공유 결합으로 이루어진 분자 사이에서 [⑤]를 사이에 낀 분자간 결합으로 분자량이 비슷한 다른 분자에 비하여 [⑥], [⑦]이 매우 높다.

10. 다음은 분자간의 힘에 관련된 서술이다. 빈칸에 올바른 용어를 써 넣어라.

> 극성 공유 결합으로 결합된 어떤 분자가 쌍극자를 띠고 있으며 분자와 분자 사이에 정전기적 인력이 작용하게 되는데 이 힘을 (a) ________(이)라고 한다. 또한 무극성 분자가 극성 분자에 접근하게 되면 원래는 무극성이던 분자가 쌍극자를 갖게 되는데 이것을 가리켜 (b) ________(이)라고 한다. 무극성 분자로 되어 있는 분자 사이에서도 순간적으로 생긴 쌍극자에 의해 인력이 작용하게 되며 이와 같은 인력을
> (c) ________라고 한다.

11. 다음 〈보기〉의 화합물들을 분자간 인력의 종류에 따라 분류하여라.

보기

① CH_3OH	② C_2H_4
③ CO_2	④ NH_3
⑤ $HCOOH$	⑥ HF
⑦ CH_3OCH_3	⑧ BF_3
⑨ C_6H_5OH	⑩ C_6H_6
⑪ HCl	⑫ CH_2Cl_2
⑬ H_2S	⑭ I_2
⑮ CH_3COCH_3	

(1) 분산력만
(2) 쌍극자 사이의 인력
(3) 수소 결합력

12. 다음 분자들 중에서 끓는점이 증가하는 순서대로 나열하시오.

CF_4 CCl_4 CBr_4 CI_4

13. 펜테인(C_5H_{12})의 이성질체에는 n－펜탄, iso－펜탄, neo－펜탄의 3가지 서로 다른 구조를 갖는 물질이 있다. 이들의 끓는점이 높은 것부터 차례대로 나열하고 그 이유를 설명하여라.

14. H_2와 He, CH_4와 Ne의 끓는점을 비교하시오.

15. O_2와 F_2의 끓는점을 비교하시오.

16. 다음 할로젠화 수소화합물들에 대한 다음 물음에 대해 답하시오.

HF HCl HBr HI

(1) 결합 길이가 증가하는 순서대로 나열하시오.
(2) 결합 에너지가 증가하는 순서대로 나열하시오.
(3) 쌍극자－쌍극자 힘이 증가하는 순서대로 나열하시오.
(4) 분산력이 증가하는 순서대로 나열하시오.
(5) 끓는점이 증가하는 순서대로 나열하시오.

17. 아세톤(CH_3COCH_3)과 이소부틸렌($(CH_3)_2C=CH_2$)은 분자량은 비슷하나 아세톤의 끓는점(56.5℃)이 이소부틸렌의 끓는점(－6.9℃)보다 높다. 그 이유를 설명하시오.

18. cis－$C_2H_2Br_2$와 $trans$－$C_2H_2Br_2$의 끓는점을 비교하시오.

19. 벤젠에 녹은 아세트산은 다음과 같은 두 분자가 회합된 이합체와 평형 상태로 존재한다.

$$2CH_3COOH \rightleftarrows (CH_3COOH)_2$$

벤젠 200g에 아세트산 3.0g을 녹인 용액의 어는점이 4.76℃가 되었다. 다음 물음에 답하시오.
(단, $C_6H_6 = 78$이고 벤젠의 어는점은 5.4℃이고 몰내림 상수는 5.12이다.)

(1) 위의 벤젠 아세트산 용액에서 이합체의 몰 수는?

(2) 아세트산 이합체는 분자 사이에 어떤 힘이 작용하는가?

20. 다음 수소 결합의 세기를 크기가 증가하는 순서대로 나열하시오.

① O-H ----- :O-H

② O-H ----- :N-H

③ N-H ----- :O-H

④ N-H ----- :N-H

21. 다음은 16족 원소의 수소 화합물이다. 다음 물음에 답하여라.

H_2O H_2S H_2Se H_2Te

(1) 이중 극자 모멘트가 가장 큰 것은?

(2) 끓는점이 가장 높은 것은?

(3) 중심 원자의 결합각이 큰 것부터 순서대로 나열하고 그 이유를 설명하여라.

기본 문제

22. 공유 결합 물질의 분자 사이에 작용하는 힘이 아닌 것은?

① 분산력

② 수소 결합

③ 이중 극자간의 힘

④ 공유 결합 에너지

⑤ 극성 분자－유발 이중 극자간의 힘

23. 다음 점선으로 표시한 상호작용 중 두 번째로 강한 것은?

① $CH_4 \cdots CH_4$

② $H_2O \cdots H_2O$

③ $Li^+ \cdots H_2O$

④ $CHCl_3 \cdots CHCl_3$

24. 다음 화합물들을 극성이 큰 것부터 차례로 늘어놓은 것은?

HCl, MgO, HBr, Cl_2, CaO

① $Cl_2 > HBr > HCl > CaO > MgO$

② $CaO > MgO > HCl > HBr > Cl_2$

③ $MgO > CaO > HCl > HBr > Cl_2$

④ $MgO > CaO > HBr > HCl > Cl_2$

⑤ $CaO > MgO > Cl_2 > HBr > HCl$

25. 〈보기〉의 물질들을 끓는점이 낮은 것부터 높은 순서대로 바르게 나열한 것은?

보기	
(가) HF	(나) CH_4
(다) H_2O	(라) H_2S

① (나)－(라)－(다)－(가)
② (라)－(나)－(다)－(가)
③ (나)－(라)－(가)－(다)
④ (라)－(나)－(가)－(다)

26. 분자 간의 인력은 다음 중 어느 것이 커짐에 따라 증가하는가?

① 전자 수　　② 이온 반지름
③ 원자 반지름　　④ 중성자 수

27. 다음 분자들 중에서 분산력이 가장 큰 것은 어느 것인가?

① HI　　② Br_2
③ HCl　　④ N_2
⑤ Cl_2

28. 이중극자－이중극자 인력이 작용하는 경우는?

① HCl와 HCl　　② CO_2와 H_2O
③ CO_2와 CO_2　　④ H_2O와 NaCl

29. 분산력만 작용하는 물질로 짝지어진 것은?

① He, CO_2　　② O_2, H_2O
③ Cl_2, HCl　　④ Ne, HCl

30. 다음 네 가지 물질들을 끓는점의 순서대로 나열하였다.

$$CF_4 < CCl_4 < CBr_4 < CI_4$$

이와 같은 경향을 결정하는 것은 다음 중 어느 것인가?

① 분산력　　② 이중 극자 모멘트
③ 분자의 극성　　④ 이중 극자
⑤ 수소 결합력

31. 다음 분자들이 끓는점이 증가하는 순서대로 배열된 것은?

Br | Br—C—Br | Br	Br—Br	H | H—C—H | H	Cl—Cl
a	b	c	d

① c < d < b < a　　② b < c < a < d
③ c < b < d < a　　④ b < d < c < a

32. 다음 중 노말뷰테인(n−butane)과 아이소뷰테인(isobutane)에 대한 설명으로 옳은 것은?

① 두 분자를 구성하는 탄소와 수소 원자의 개수는 서로 다르다.
② 노말뷰테인은 분자 간의 힘(분산력)이 아이소뷰테인에 비해 크다.
③ 아이소뷰테인은 거울상 이성질체를 갖는다.
④ 두 분자 모두 노말헥세인(n−hexane)보다 높은 끓는점을 갖고 있다.

33. 1기압, 상온에서 기체인 CH_4의 온도를 −164℃로 낮추면 액체 상태로 변한다. 이 과정에서 CH_4 분자들 사이에 작용하는 주된 힘(또는 상호작용)은?

① 쌍극자−쌍극자 힘 ② 수소결합
③ 분산력 ④ 표면장력

34. 다음 화합물들을 끓는점이 낮은 것부터 높은 순서대로 옳게 나열한 것은?

CaF_2	CF_4	CH_4	CHF_3

① $CH_4 < CHF_3 < CaF_2 < CF_4$
② $CaF_2 < CH_4 < CHF_3 < CF_4$
③ $CH_4 < CF_4 < CHF_3 < CaF_2$
④ $CF_4 < CH_4 < CHF_3 < CaF_2$

35. 다음 설명 중 옳은 것만을 모두 고른 것은?

ㄱ. BBr_3의 주된 분자 간 힘은 쌍극자−쌍극자 인력이다.
ㄴ. N_2H_4보다 N_2H_2의 질소−질소 결합이 더 강하다.
ㄷ. C_5H_{12}보다 $C_5H_{11}F$의 정상 끓는점이 더 높다.
ㄹ. SO_2, BF_3, CCl_4는 상온 상압에서 모두 고체이다.

① ㄱ, ㄴ ② ㄱ, ㄷ
③ ㄴ, ㄷ ④ ㄴ, ㄹ

수소 결합

36. 다음은 물의 특성을 나타낸 것이다. 물의 수소 결합에 의해 나타나는 현상이 아닌 것은?

① 끓는점이 높다.
② 이온결정을 잘 용해시킨다.
③ 비열이 크다.
④ 얼음이 물위에 뜬다.

37. 분자 간 인력에 대한 설명으로 옳지 않은 것은?

① 표면 장력이 작을수록 큰 분자 간 힘을 갖는다.
② London 분산력은 모든 분자에 존재한다.
③ 분자 간 힘이 클수록 낮은 증기압을 갖는다.
④ DNA 쌍의 이중 나선구조는 수소 결합 때문이다.

38. 하나의 물 분자는 최대 몇 개의 다른 물 분자와 수소결합을 할 수 있나?

① 2　　② 3
③ 4　　④ 6

39. 다음 중 끓는점의 순서가 옳은 것은?

① $H_2O < H_2S < H_2Se < H_2Te$
② $NH_3 < PH_3 < AsH_3 < SbH_3$
③ He < Ne < Ar < Kr < Xe
④ HF < HCl < HBr < HI

40. 다음 화합물의 점도를 비교하니 $HO-CH_2-CH(OH)-CH_2-OH \gg CH_3-CH(OH)-CH_2-OH > CH_3-CH_2-CH_2-OH$였다. 이 점도 순서에 가장 큰 영향을 주는 요인은?

① 수소 결합
② 분산력
③ 쌍극자－쌍극자 상호작용
④ 쌍극자－유도쌍극자 상호작용

41. 다음 중 가장 끓는점이 낮을 것으로 예상되는 화합물은?

① CH_4　　② HF
③ NH_3　　④ SiH_4

42. 다음 14족 원소의 수소 화합물 중 끓는점이 가장 높은 것은?

① SiH_4　　② CH_4
③ SnH_4　　④ GeH_4

43. 아래의 화합물 중에서 가장 강한 수소 결합을 하는 것은?

① H_2O　　② NH_3
③ HCl　　④ HF

44. 수소결합을 이루지 않는 것은?

① HCHO ② NH_3
③ HF ④ C_2H_5OH

45. 다음 화합물의 끓는점이 증가 하는 순서로 맞는 것은?

① 메탄올 < 에탄올 < 에틸에테르 < 아세톤
② 에틸에테르 < 아세톤 < 메탄올 < 에탄올
③ 아세톤 < 에틸에테르 < 메탄올 < 에탄올
④ 아세톤 < 에틸에테르 < 에탄올 < 메탄올

46. H_2O는 H_2S보다 끓는점이 매우 높다. 그 이유로 옳은 것은?

① H_2O가 H_2S보다 이온성이 크기 때문이다.
② H_2O가 H_2S보다 분자량이 크기 때문이다.
③ 분자간의 반 데르 발스 힘의 차이 때문이다.
④ 분자 간의 수소 결합의 세기의 차이 때문이다.

47. 다음 화합물 중에서 수소 결합을 형성하는 것은 어느 것인가?

① CH_3OCH_3 ② CH_4
③ HCHO ④ HCOOH
⑤ CH_3COOCH_3

48. 다음은 물질 (가)~(다) 분자의 루이스 전자점식이다.

```
    H                               ..
    ..            ..                ..
H : C : H     H : N : H         H : O :
    ..            ..                ..
    H             H                 H
   (가)          (나)              (다)
```

(가)~(다)에 대한 설명으로 옳은 것만을 〈보기〉에서 있는 대로 고른 것은?

보기

ㄱ. 끓는점은 (가)가 (나)보다 낮다.
ㄴ. 분자의 결합각은 (가)가 (다)보다 크다.
ㄷ. 액체 (다)에 대한 용해도는 (가)가 (나)보다 크다.

① ㄱ ② ㄷ ③ ㄱ, ㄴ
④ ㄴ, ㄷ ⑤ ㄱ, ㄴ, ㄷ

49. 다음 표는 몇 가지 물질의 성질을 조사한 자료이다. 아래 자료를 해석한 〈보기〉의 설명 중 옳은 것을 모두 고르면?

분자식	분자량	끓는점 (℃)
F_2	38.0	−188
Br_2	160	59
CH_3OCH_3	46	−24

분자식	분자량	끓는점 (℃)
HCl	36.5	−85
ICl	162.5	97
C_2H_5OH	46	78

위 자료를 해석한 〈보기〉의 설명 중 옳은 것을 모두 고르면?

보기

ㄱ. 분자 사이의 인력은 F_2가 HCl보다 크다.
ㄴ. Br_2는 F_2보다 분자량이 커서 끓는점이 높다.
ㄷ. ICl이 Br_2보다 끓는점이 높은 것은 분자의 크기 때문이다.
ㄹ. CH_3OCH_3보다 C_2H_5OH의 끓는점이 높은 것은 수소 결합 때문이다.

① ㄱ, ㄴ ② ㄱ, ㄷ
③ ㄴ, ㄷ ④ ㄴ, ㄹ

50. 다음 화합물중 끓는점이 가장 높은 것과 낮은 것을 모두 옳게 짝지은 것은?

H_2S NH_3 H_2O SO_2 N_2

	끓는점이 가장 높은 것	끓는점이 가장 낮은 것
①	NH_3	N_2
②	H_2O	N_2
③	H_2S	SO_2
④	H_2O	NH_3

51. 아래 그래프는 14족, 15족, 16족, 17족 원소의 수소 화합물에 대한 끓는점을 나타낸 것이다.

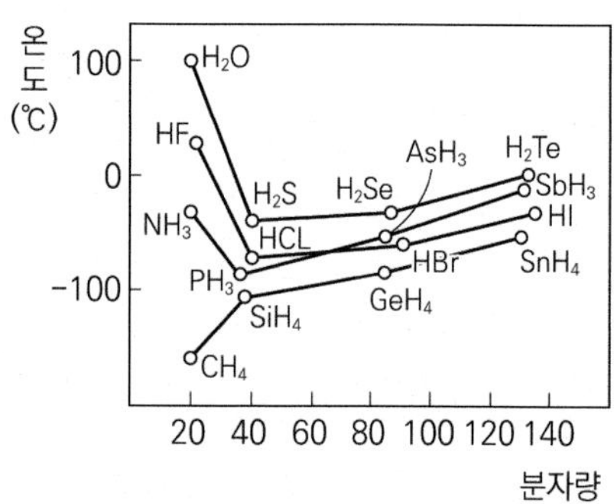

이 자료에 관한 다음 설명 중 옳지 않은 것을 모두 골라라.

① 상온에서 대부분 기체 상태로 존재한다.
② 같은 족에서는 분자량이 커짐에 따라 끓는점이 모두 높아진다.
③ H_2O, HF, NH_3의 끓는점이 높은 것은 분자간의 수소 결합 때문이다.
④ 14족 원소의 수소 화합물은 분자량이 클수록 끓는점이 높아진다.
⑤ H_2O의 끓는점이 HF보다 높은 이유는 O와 F의 전기 음성도의 차이 때문이다.

52. 다음 두 화합물 A, B에 대한 설명 중 옳은 것을 모두 고르면?

A: $(CH_3)_3C-CH_3$ (중심 C에 CH_3 네 개 결합)

B: $H_3C-CH_2-CH_2-CH_2-CH_3$

보기

가. 화합물 A의 끓는점이 화합물 B보다 높다.
나. 화합물 A와 B는 이성질체이다.
다. 두 화합물 모두 수소결합이 가능하다.

① 나 ② 가, 나
③ 나, 다 ④ 가, 다

53. 다음 물질들은 분자량이 비슷한 것들이다. 그 중에서 끓는점이 가장 높은 것은 어느 것인가?

① $CH_3CH_2CH_2CH_3$ ② $CH_3OCH_2CH_3$
③ $CH_3CH_2CH_2OH$ ④ CH_3CH_2CHO
⑤ CH_3COCH_3

54. 다음 표는 분자량이 비슷한 몇 가지 물질들의 끓는점을 나타낸 것이다.

물질	분자량	끓는점(℃)
CO_2	44	−78.1
CH_3OCH_3	46	−23.5
$CH_3CH_2CH_3$	44	−41.0
C_2H_5OH	46	78.3

위 자료에서 C_2H_5OH의 끓는점은 분자량이 비슷한 다른 분자들에 비해 월등히 높은 값을 갖는다는 것을 알 수 있다. 이것은 C_2H_5OH이 특별히 강한 분자 값을 갖는다는 것을 알 수 있다. 다음 중 이러한 분자간의 힘과 관련이 있는 것은?

① 물은 분자량이 비슷한 메탄이나 다른 물질에 비해 끓는점이 높다.

② 알칼리 금속의 녹는점은 원자 번호가 증가할수록 낮아진다.

③ 할로젠족 분자들의 끓는점은 원자 번호가 증가할수록 높아진다.

④ 높은 산에 올라가서 물을 끓이면 100℃보다 낮은 온도에서도 끓는다.

⑤ 바닷물에 젖은 옷은 빗물에 젖은 옷보다 잘 마르지 않는다.

자료 추론형

55. 그림은 2~4주기 할로젠(X_2)과 할로젠화수소(HX)의 끓는점을 구성 원자 사이의 전기 음성도 차이에 따라 나타낸 것이다.

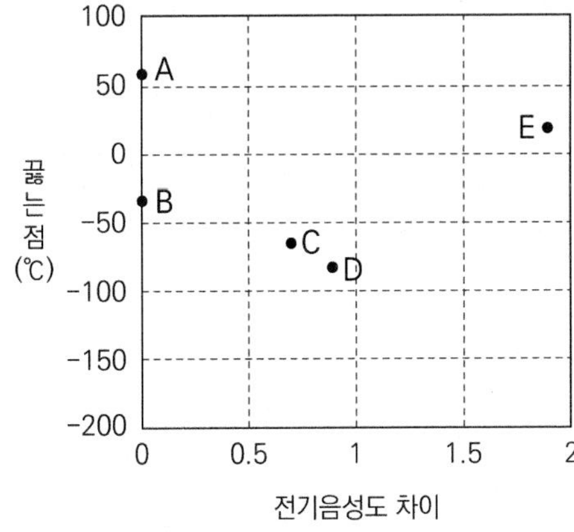

이에 대한 설명으로 옳은 것만을 〈보기〉에서 있는 대로 고른 것은?

보기

ㄱ. A가 B보다 끓는점이 높은 것은 분산력이 크기 때문이다.

ㄴ. C가 D보다 끓는점이 높은 것은 쌍극자 모멘트가 크기 때문이다.

ㄷ. E가 D보다 끓는점이 높은 것은 분자내 결합에너지가 크기 때문이다.

① ㄱ ② ㄴ ③ ㄱ, ㄴ
④ ㄱ, ㄷ ⑤ ㄴ, ㄷ

56. 그림은 분자 간 인력의 세 가지 유형 (가)~(다)를 나타낸 것이다.

H H ··· H H　　H Cl ··· H Cl　　H F ··· H F

(가)　　(나)　　(다)

이에 대한 옳은 설명만을 〈보기〉에서 있는 대로 고른 것은?

보기

ㄱ. I_2의 끓는점이 Br_2보다 높은 것은 (가) 때문이다.

ㄴ. HBr의 끓는점이 HCl보다 높은 것은 (나)가 주요 원인이다.

ㄷ. C_2H_5OH의 끓는점이 CH_3OCH_3보다 높은 것은 (다)가 주요 원인이다.

① ㄱ　② ㄷ　③ ㄱ, ㄴ　④ ㄱ, ㄷ　⑤ ㄴ, ㄷ

57. 그림은 몇 가지 이원자 분자의 분자량과 끓는점을 나타낸 것이다.

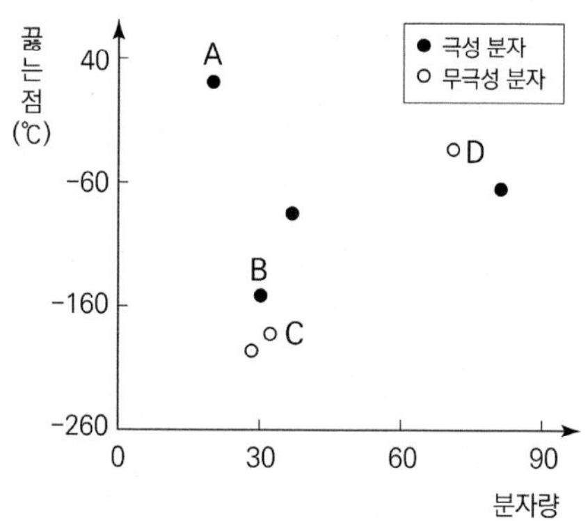

A~D에 대한 설명으로 옳은 것을 〈보기〉에서 모두 고른 것은?

보기

ㄱ. 쌍극자 모멘트는 A가 B보다 크다.

ㄴ. 분자 사이의 인력은 B가 C보다 크다.

ㄷ. 분산력은 C가 D보다 크다.

① ㄱ　② ㄴ　③ ㄷ　④ ㄱ, ㄴ　⑤ ㄴ, ㄷ

58. 다음은 2주기 원소 A와 B로 이루어진 분자들에 대한 자료이다.

분자	분자량	결합 길이 (nm)	결합 에너지 (kJ/mol)
A_2	2a	0.110	942
B_2	2b	0.121	495
AB	a+b	0.115	629

이 자료에 대한 설명으로 옳은 것만을 〈보기〉에서 있는 대로 고른 것은? (단, $a < b$이고, A와 B는 임의의 원소 기호이다.)

보기

ㄱ. A의 원자 반지름은 B보다 작다.

ㄴ. A_2에는 다중 결합이 존재한다.

ㄷ. 끓는점은 $B_2 < AB < A_2$이다.

① ㄱ　② ㄴ　③ ㄱ, ㄷ　④ ㄴ, ㄷ　⑤ ㄱ, ㄴ, ㄷ

59. 그림은 할로젠 원소(X)의 전기음성도에 따라 할로젠(X_2)과 할로젠화수소 화합물(HX)의 끓는점을 나타낸 것이다.

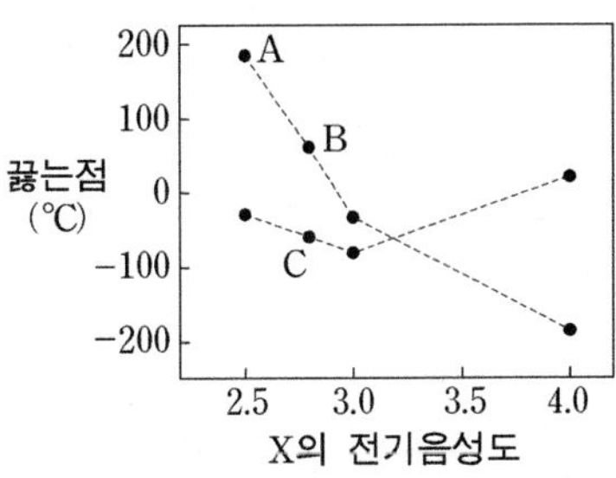

이에 대한 설명으로 옳은 것만을 〈보기〉에서 있는 대로 고른 것은?

보기

ㄱ. A의 끓는점이 가장 높은 것은 수소결합이 주요 원인이다.

ㄴ. X의 전기음성도가 클수록 HX의 끓는점이 낮아진다.

ㄷ. B의 끓는점이 C보다 높은 것은 분산력이 주요 원인이다.

① ㄱ ② ㄷ ③ ㄱ, ㄴ
④ ㄱ, ㄷ ⑤ ㄴ, ㄷ

60. 그림은 사이안화수소(HCN)와 에타인(C_2H_2)의 루이스 전자점식을 나타낸 것이다.

H:C⋮⋮N: H:C⋮⋮C:H

사이안화수소 에타인

두 물질을 비교한 것으로 옳은 것만을 〈보기〉에서 있는 대로 고른 것은? (단, 수소, 탄소, 질소의 원자량은 각각 1, 12, 14이다.)

보기

ㄱ. 끓는점: $HCN < C_2H_2$

ㄴ. 물에 대한 용해도: $HCN > C_2H_2$

ㄷ. 분자 내 공유 전자쌍의 수: $HCN > C_2H_2$

① ㄱ ② ㄴ ③ ㄷ
④ ㄱ, ㄴ ⑤ ㄴ, ㄷ

61. 그림은 몇 가지 화합물의 끓는점을 분자량에 따라 나타낸 것이다.

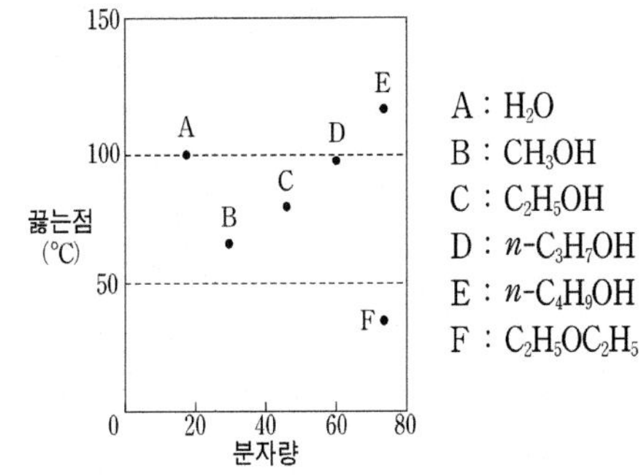

이에 대한 설명으로 옳은 것만을 〈보기〉에서 있는 대로 고른 것은?

보기

ㄱ. A와 D의 끓는점이 비슷한 이유는 분산력이 비슷하기 때문이다.

ㄴ. C의 끓는점이 B보다 높은 주된 이유는 분자량이 크기 때문이다.

ㄷ. E의 끓는점이 F보다 높은 주된 이유는 수소결합이 있기 때문이다.

① ㄱ ② ㄷ ③ ㄱ, ㄴ
④ ㄴ, ㄷ ⑤ ㄱ, ㄴ, ㄷ

62. 그림은 분자량이 다른 세 가지 화합물의 끓는점을 나타낸 것이다.

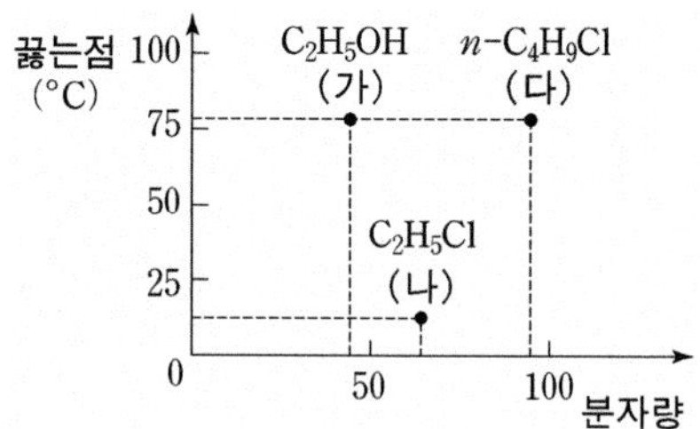

이 화합물의 끓는점에 대한 설명으로 옳은 것을 〈보기〉에서 모두 고른 것은?

보기

ㄱ. (가)의 끓는점이 (나)보다 높은 것은 수소결합이 주요 원인이다.

ㄴ. (다)의 끓는점이 (나)보다 높은 것은 쌍극자-쌍극자 상호작용이 주요 원인이다.

ㄷ. (가)와 (다)의 끓는점이 거의 같은 것은 분자 내 원자 사이의 결합 에너지의 총합이 주요 원인이다.

① ㄱ ② ㄷ ③ ㄱ, ㄴ
④ ㄴ, ㄷ ⑤ ㄱ, ㄴ, ㄷ

63. 다음은 물질 (가)~(라)의 화학식과 끓는점이다.

물질	화학식	끓는점(℃)
(가)	$CH_3CH_2CH_2CH_3$	−0.5
(나)	CH_3COCH_3	56.1
(다)	$CH_3CH(OH)CH_3$	82.3
(라)	$CH_3CH_2CH_2OH$	97.2

(가)~(라)의 끓는점의 차이에 대한 옳은 설명을 〈보기〉에서 모두 고른 것은?

보기

ㄱ. (나)의 끓는점이 (가)보다 높은 것은 극성의 크기 때문이다.

ㄴ. (다)의 끓는점이 (나)보다 높은 것은 수소 결합 때문이다.

ㄷ. (라)의 끓는점이 (다)보다 높은 것은 분자량의 크기 때문이다.

① ㄱ ② ㄷ ③ ㄱ, ㄴ
④ ㄴ, ㄷ ⑤ ㄱ, ㄴ, ㄷ

64. 그림은 몇 가지 분자성 물질의 쌍극자 모멘트와 끓는점의 관계를 나타낸 것이다. 영역 Ⅲ과 Ⅳ의 분자는 수소를 포함하고 있으며, 분자량이 30에서 50 사이이다.

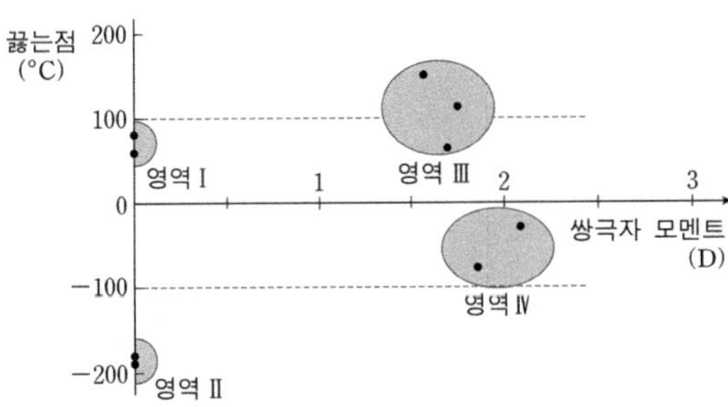

이 자료에 대한 설명으로 옳은 것을 〈보기〉에서 모두 고른 것은?

보기

ㄱ. 영역Ⅰ 물질의 끓는점이 영역Ⅱ보다 높은 것은 분산력으로 설명할 수 있다.
ㄴ. 영역Ⅱ와 Ⅳ 물질의 분자량이 비슷하면 끓는점의 차이를 분자의 극성으로 설명할 수 있다.
ㄷ. 영역 Ⅲ 물질의 끓는점이 영역 Ⅳ보다 높은 것은 수소결합이 크게 기여하기 때문이다.

① ㄱ ② ㄱ, ㄴ ③ ㄱ, ㄷ
④ ㄴ, ㄷ ⑤ ㄱ, ㄴ, ㄷ

65. 표는 몇 가지 물질들의 성질을 조사한 자료이다.

물질명	구조식	분자량	끓는점 (℃)
n-부탄	$CH_3-CH_2-CH_2-CH_3$	58	−0.6
iso-부탄	$CH_3-CH-CH_3$ (가운데 C에 CH_3 결합)	58	−11.6
n-펜탄	$CH_3-CH_2-CH_2-CH_2-CH_3$	72	36
neo-펜탄	CH_3-C-CH_3 (가운데 C 위아래에 CH_3 결합)	72	9.5

자료에 대한 옳은 설명을 〈보기〉에서 모두 고른 것은?

보기

ㄱ. 탄소 수가 많은 분자일수록 분산력이 크다.
ㄴ. 분자량이 같은 경우 분자가 구형에 가까울수록 분자간 인력이 작다.
ㄷ. −13℃에서 증기압이 가장 큰 것은 n-부탄이다.

① ㄱ ② ㄱ, ㄴ ③ ㄱ, ㄷ
④ ㄴ, ㄷ ⑤ ㄱ, ㄴ, ㄷ

66. 다음은 분자량이 비슷한 두 화합물의 분자 구조이다.

$$\underset{(\text{가})}{H_2C{=}CH{-}CH_2{-}CH_3}\ (d_1: C{=}C,\ d_2: C{-}C) \qquad \underset{(\text{나})}{H_2C{=}CH{-}CH_2{-}NH_2}$$

두 화합물에 대한 설명으로 옳은 것을 〈보기〉에서 모두 고른 것은?

보기
ㄱ. (가)에서 d_1이 d_2보다 짧다.
ㄴ. (가)의 끓는점은 (나)보다 높다.
ㄷ. (나)에는 비공유 전자쌍이 존재한다.

① ㄱ ② ㄱ, ㄴ ③ ㄱ, ㄷ
④ ㄴ, ㄷ ⑤ ㄱ, ㄴ, ㄷ

67. 그림은 메톡시아민(CH_3ONH_2)의 구조식을 나타낸 것이다.

$$H_3C{-}O{-}NH_2 \quad (\alpha: \angle H{-}C{-}H,\ \beta: \angle H{-}N{-}H)$$

이 화합물에 대한 설명으로 옳은 것을 〈보기〉에서 모두 고른 것은?

보기
ㄱ. 결합각 α는 β보다 크다.
ㄴ. 비공유 전자쌍은 3개이다.
ㄷ. 분자 사이에 수소 결합이 존재한다.

① ㄱ ② ㄴ ③ ㄱ, ㄷ
④ ㄴ, ㄷ ⑤ ㄱ, ㄴ, ㄷ

68. 아세트산은 극성인 물에 잘 녹고, 무극성인 벤젠에 녹을 때에는 그림과 같은 이합체를 형성한다.

수소결합

$CH_3{-}C(=O\cdots H{-}O){-}O{-}H\cdots O{=}C{-}CH_3$

아세트산 이합체

아세트산에 대한 옳은 설명을 〈보기〉에서 모두 고른 것은? (단, 아세트산의 분자량은 60이다.)

보기
ㄱ. 물에 녹을 때 물과 수소 결합을 이룬다.
ㄴ. 분자량이 비슷한 탄화수소보다 끓는점이 높다.
ㄷ. 벤젠에 용해되면 분자량이 120으로 측정될 수 있다.

① ㄱ ② ㄴ ③ ㄱ, ㄴ
④ ㄴ, ㄷ ⑤ ㄱ, ㄴ, ㄷ

69. 다음은 두 화합물 A와 B의 구조식을 나타낸 것이다.

$H_2C{=}CH_2$	$H_2N{-}NH_2$
화합물 A	화합물 B

A와 B에 대한 설명으로 옳지 않은 것은?

① A는 무극성이다.
② A에는 비공유 전자쌍이 존재하지 않는다.
③ B의 모든 원자는 같은 평면에 위치한다.
④ A의 끓는점은 B의 끓는점보다 낮다.
⑤ A의 C−C−H 결합각은 B의 N−N−H 결합각보다 크다.

70. 표는 3가지 질소 화합물의 분자 모양과 끓는점을 나타낸 것이다.

화합물	(가)	(나)	(다)
분자 모양	N, H, H, H (α)	N, F, F, F (β)	N, Cl, Cl, Cl
끓는점(℃)	−33	−129	71

이에 대한 설명으로 옳은 것만을 〈보기〉에서 있는 대로 고른 것은?

보기
ㄱ. 결합각의 크기는 $\alpha > \beta$ 이다.
ㄴ. (가)의 끓는점이 (나)보다 높은 것은 수소 결합이 주요 원인이다.
ㄷ. (다)의 끓는점이 (나)보다 높은 것은 분산력이 주요 원인이다.

① ㄱ ② ㄷ ③ ㄱ, ㄴ
④ ㄴ, ㄷ ⑤ ㄱ, ㄴ, ㄷ

71. 그림은 중심 원자(X)가 C, N, O인 세 가지 수소 화합물에서 전자쌍의 배치를 나타낸 것이다. 사각형은 H의 가능한 위치이다.

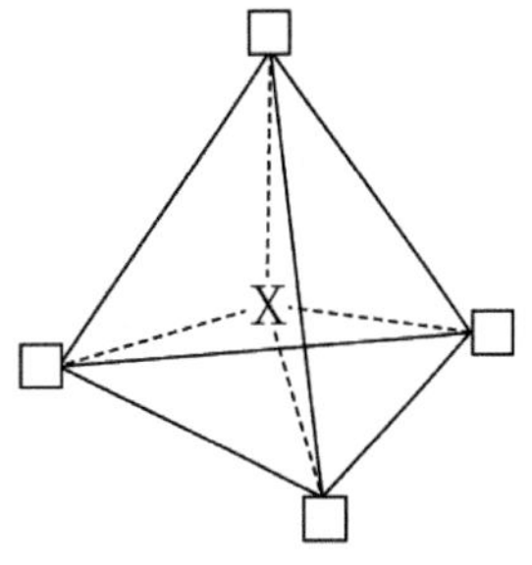

이에 대한 설명으로 옳은 것만을 〈보기〉에서 있는 대로 고른 것은? (단, 수소 화합물은 안정한 중성 분자이다.)

보기
ㄱ. 중심 원자가 C일 때 결합각이 가장 크다.
ㄴ. 비공유 전자쌍이 없는 화합물은 한 가지이다.
ㄷ. 수소 결합을 할 수 있는 화합물은 두 가지이다.

① ㄱ ② ㄴ ③ ㄷ
④ ㄴ, ㄷ ⑤ ㄱ, ㄴ, ㄷ

72. 다음은 요소와 아세톤의 구조식이다.

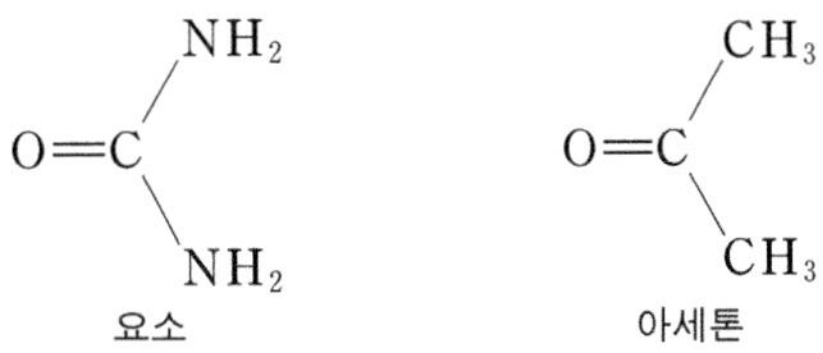

두 화합물에 대한 설명으로 옳은 것을 〈보기〉에서 모두 고른 것은?

보기
ㄱ. 요소는 분자 사이에 수소결합을 한다.
ㄴ. 아세톤에서 수소를 제외한 원자들은 동일 평면에 있다.
ㄷ. 비공유 전자쌍은 요소에 4쌍, 아세톤에 2쌍이 있다.

① ㄴ ② ㄱ, ㄴ ③ ㄱ, ㄷ
④ ㄴ, ㄷ ⑤ ㄱ, ㄴ, ㄷ

73. 다음은 플루오르화수소(HF)와 사염화탄소(CCl_4)의 반응으로 만들어지는 세 종류의 화합물 (가), (나), (다)의 루이스 구조식이다.

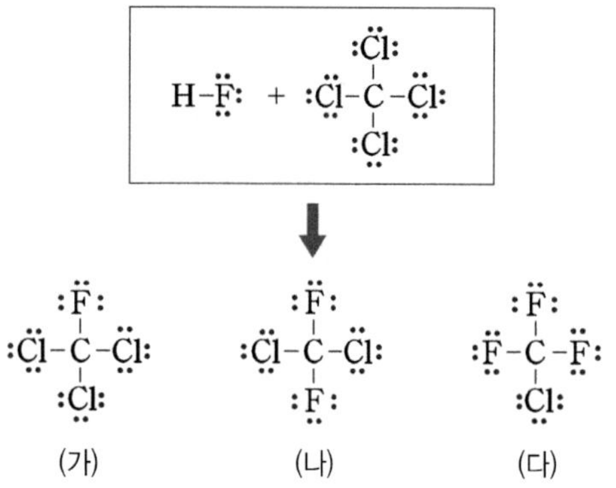

이에 대한 설명으로 옳은 것을 〈보기〉에서 모두 고른 것은?

보기

ㄱ. (가)와 (다)의 분자 모양은 사면체이다.
ㄴ. (가)의 분산력은 (다)보다 크다.
ㄷ. (나)는 무극성 분자이다.

① ㄴ ② ㄷ ③ ㄱ, ㄴ
④ ㄱ, ㄷ ⑤ ㄱ, ㄴ, ㄷ

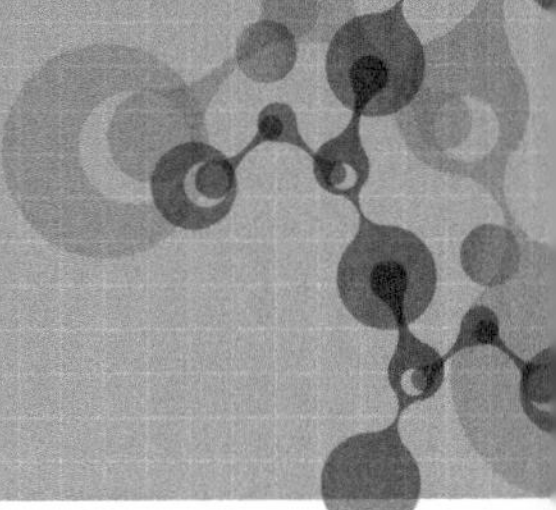

CHAPTER 05

물질의 분류

정답 p. 82

대표 유형 기출 문제

23 지방직 9급 02

1. 다음은 물질을 2가지 기준에 따라 분류한 그림이다. (가)~(다)에 대한 설명으로 옳은 것은?

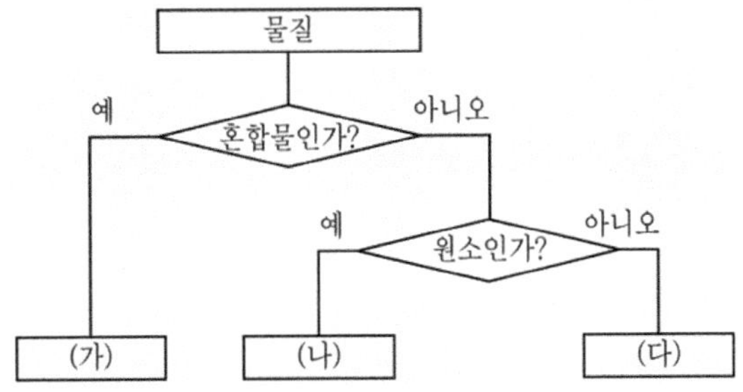

① 철(Fe)은 (가)에 해당한다.
② 산소(O_2)는 (가)에 해당한다.
③ 석유는 (나)에 해당한다.
④ 메테인(CH_4)은 (다)에 해당한다.

23 해양 경찰청 05

2. 다음은 5가지 물질과 이 물질을 분류하기 위한 표이다.

[물질]	분류기준	예	아니오
O_2, Mg, Ar,	공유결합 물질인가?	㉠	
NaCl, HNO_3	원소인가?		㉡

㉠, ㉡에 들어갈 물질의 개수로 가장 옳은 것은?

	㉠	㉡
①	1	3
②	2	2
③	2	3
④	3	2

PART

3

원소와 화합물

CHAPTER
01 알칼리 금속

정답 p. 83

대표 유형 기출 문제

15 지방직 9급 06

1. 1족 원소(Li, Na, K)의 성질에 대한 설명으로 옳은 것만을 모두 고른 것은?

ㄱ. 원자번호가 커질수록 일차 이온화 에너지 값이 감소한다.
ㄴ. 25℃에서 원자번호가 커질수록 밀도가 감소한다.
ㄷ. Cl_2와 반응할 때 환원력은 K < Na < Li이다.
ㄹ. 물과 반응할 때 환원력은 K < Li이다.

① ㄱ, ㄴ　② ㄱ, ㄹ
③ ㄴ, ㄷ　④ ㄷ, ㄹ

17 지방직 7급 01

2. 알칼리 금속에 대한 설명 중 옳지 않은 것은?

① $Cl_2(g)$와의 반응성은 Na이 Li보다 크다.
② 원자번호가 커질수록 녹는점은 감소한다.
③ 물과 반응 시 Li이 Na보다 더 센 환원제이다.
④ 원자 반지름이 커질수록 일차 이온화 에너지 값은 커진다.

19 국가직 7급 06

3. 다음은 중성 원자 A~D의 전자 배치이다. 이들이 만들 수 있는 화합물에 대한 설명으로 옳은 것은? (단, A~D는 임의의 원소 기호이다.)

$^{16}A : 1s^2 2s^2 2p^4$　$^{19}B : 1s^2 2s^2 2p^5$
$^{23}C : 1s^2 2s^2 2p^6 3s^1$　$^{24}D : 1s^2 2s^2 2p^6 3s^2$

① B_2A 화합물과 DA 화합물에서 A의 산화수는 같다.
② CB 화합물은 DB_2 화합물보다 정상 녹는점이 높다.
③ DA 화합물과 C_2A 화합물에서 A의 산화수는 다르다.
④ C는 A와 반응하여 C_2A_2 화합물을 만들 수 있다.

20 국가직 7급 06

4. 알칼리 금속에 대한 설명으로 옳은 것만을 모두 고르면?

ㄱ. 수소를 제외한 1족 원소이며 물과 반응하여 수소를 생성한다.
ㄴ. 전자 한 개를 쉽게 잃고 +1 전하를 갖는 이온이 되기 쉽다.
ㄷ. 알칼리 금속은 석유나 벤젠에 넣어 보관하면 위험하다.
ㄹ. 알칼리 금속은 자기가 속한 주기 내에서 가장 큰 1차 이온화 에너지값을 갖는다.

① ㄱ, ㄴ　　② ㄱ, ㄹ
③ ㄴ, ㄷ　　④ ㄴ, ㄹ

22 지방직 9급 10

5. 2~4주기 알칼리 원소에서 원자 번호의 증가와 함께 나타나는 변화로 옳은 것은?

① 전기음성도가 작아진다.
② 정상 녹는점이 높아진다.
③ 25° C, 1atm에서 밀도가 작아진다.
④ 원자가 전자의 개수가 커진다.

주관식 개념 확인 문제

6. 다음 글을 읽고 [　　] 안에 알맞은 답을 써 넣어라.

(1) 주기율표의 1족에 속하는 원소를 [①] (이)라고 한다. 이들 원소의 반응성은 원자 번호가 [②] 할수록 커진다.

(2) 2족 원소를 [①] (이)라고 하고 이들 원소는 1족 원소보다 반응성은 [②] 고, 녹는점, 끓는점은 [③] 다.

(3) 조개 껍질, 석회석 등의 주성분이 되는 물질은 [①] 이며, 이것을 강하게 가열하면 [②] 기체가 발생한다. 또한 염산을 가하면 [③] 기체가 발생하고 [④] 가 남게 되는데, 이것의 무수물은 조해성을 갖는다.

7. 알칼리 금속 원소(Li, Na, K, Rb, Cs)에 대하여 다음 물음에 답하시오.

(1) 환원력의 세기를 예측하고 그 이유를 써라.
(2) 녹는점이 높은순으로 나열하고 그 이유를 써라.
(3) Li과 K에 대한 물과의 반응성 크기를 나열하시오.

8. **다음은 제3주기 원소들을 원자 번호 순으로 나열한 것이다. 다음 물음에 답하여라.**

Na Mg Al Si P S Cl Ar

(1) 산화물을 만들지 않는 원소는?

(2) 산화물의 녹는점이 가장 높은 원소는?

(3) 물과 쉽게 결합하여 석유나 벤젠에 저장하는 원소는?

(4) 산과도 염기와도 반응하여 수소 기체를 발생하는 원소는?

(5) 동소체가 존재하는 원소를 쓰고 각각의 동소체의 이름을 쓰라.

(6) 홑원소 물질이 물과 반응하여 살균, 표백 작용을 하는 물질을 생성하는 원소는?
이때의 변화를 화학 반응식으로 나타내어라.

9. **다음 〈보기〉의 산화물에 대하여 물음에 답하여라.**

보기

A) Na_2O	B) CO_2
C) CO	D) NO_2
E) MgO	F) Cl_2O_7
G) ZnO	H) NO

(1) 산성 산화물을 쓰시오.

(2) 염기성 산화물을 쓰시오.

(3) 양쪽성 산화물을 쓰시오.

10. **다음 〈보기〉의 금속 양이온이 들어 있는 용액에 대하여 다음 물음에 답하여라.**

보기

Ag^{+}, Zn^{2+}, Cd^{2+}, Na^{+}, K^{+}

(1) 위 혼합 수용액에 HCl을 넣었더니 침전이 형성되었다. 이 침전의 화학식은?

(2) 여액에 H_2S 기체를 통하였더니 노란색 침전이 생겼다. 이 침전의 화학식은?

(3) 여액에 NH_3를 소량 넣은 다른 H_2S를 통하였더니 흰색 침전이 생겼다. 이 침전의 화학식은?

(4) 여액에 남아 있는 이온의 검출 방법은?

11. **48g의 탄소를 완전 연소시켜 생성된 이산화탄소를 석회수와 완전히 반응시켰다. (단, C, O, Ca의 원자량은 12, 16, 40이다.)**

(1) 이산화탄소와 석회수와의 반응을 화학 반응식으로 나타내어라.

(2) 이 때 생성된 침전의 양은 몇 g인가?

(3) 위의 용액에 이산화탄소를 계속 가하면 다시 맑은 용액으로 변하는데 그 이유를 화학 반응식으로 나타내어 설명하여라.

12. **알칼리 금속은 원자가전자의 수가 1개로 전자 1개를 잃고 +1가의 양이온이 되기 쉽다. 다음의 화학 반응식을 나타내어라.**

(1) Li의 산화되는 반응
(2) Na의 물과의 반응
(3) K의 직접 염소 기체와의 반응

13. **석회석을 이용한 다음의 공업적 과정을 화학 반응식으로 나타내어라.**

(1) 석회석을 850℃로 가열하면 분해되어 흰 고체 산화물로 된다.
(2) 이 고체 산화물을 C(코크스)와 함께 전기로에서 높은 온도로 가열하면 칼슘 카바이드라고 부르는 고체가 생성된다.
(3) 칼슘 카바이드를 물과 접촉시키면 가수 분해되어 기체가 발생한다.
(4) 이 기체를 황산수은을 촉매로 하여 물과 반응시키면 알데하이드가 생성된다.
(5) 이 알데하이드를 백금을 촉매로 하여 수소로 환원시키면 알코올로 된다.

기본 문제

14. **어떤 용액에 $AgNO_3$ 용액을 몇 방울 떨어뜨렸더니 황색 침전이 생겼고 불꽃 반응을 보았더니 보라색이 나타났다. 이 용액 속에 녹아 있는 화합물은?**

① KCl　② $NaBr$
③ K_2CO_3　④ KI
⑤ $CuCl_2$

15. **다음 중 알칼리 금속의 성질에 해당하지 않는 것은?**

① 반응성의 크기는 Li<Na<K<Rb<Cs이다.
② 물과 반응하여 수소 기체를 발생한다.
③ 같은 주기의 원소 중 이온화 에너지가 가장 적다.
④ 원자 번호가 증가할수록 녹는점이 높아진다.
⑤ 환원력이 매우 세며 석유나 벤젠에 저장한다.

16. **다음 중 Li에 대한 설명으로 옳은 것을 모두 고르면?**

ㄱ. Li의 원자 반지름은 K의 원자 반지름보다 크다.
ㄴ. Li의 이차 이온화 에너지는 Be의 일차 이온화 에너지보다 크다.
ㄷ. Li의 전기 음성도는 F의 전기 음성도보다 작다.
ㄹ. Li은 F와 공유 결합물을 만든다.

① ㄱ, ㄴ　② ㄱ, ㄹ
③ ㄴ, ㄷ　④ ㄷ, ㄹ

17. 다음과 같은 성질을 모두 갖는 화합물은?

- 불꽃 반응색은 노란색이다.
- 포말 소화기의 원료로 사용한다.
- 가열할 때 발생하는 기체를 석회수에 통과시켰더니 뿌옇게 흐려졌다.

① Na_2CO_3 ② K_2CO_3
③ $NaHCO_3$ ④ $(NH_4)_2CO_3$
⑤ $CaCO_3$

18. 2족 원소의 성질 중 옳지 않은 것은?

① 제1이온화 에너지가 알칼리 금속 원소보다 더 크다.
② 산과 반응하여 수소를 발생시킨다.
③ 산화력이 가장 큰 금속이다.
④ 전기 음성도가 알칼리 금속 원소보다 더 크다.
⑤ 원자 반지름은 알칼리 금속 원소보다 더 작다.

19. 알칼리 토금속을 같은 주기의 알칼리 금속과 비교할 때 그 값이 작아지는 것은?

① 녹는점, 끓는점 ② 밀도
③ 반응성 ④ 이온화 에너지

20. 다음의 금속들에 대한 설명 중 맞는 것은?

M=Li, Na, K, Rb, Cs

① 이 금속들은 강력한 산화제이다.
② 이들의 수산화물(MOH)이 강한 염기성을 나타내어서 알칼리 토금속이라 불린다.
③ 공기와 쉽게 반응하기 때문에 보통 물속에 보관한다.
④ 각 금속은 이들이 속한 주기의 다른 원소들과 비교할 때 가장 큰 반경을 갖는다.

21. 다음 중 NaCl이 생성되지 않는 경우는?

① 금속나트륨에 염소를 통해 준다.
② NaOH를 HCl로 중화시킨다.
③ NaI 수용액에 Cl_2를 통해준다.
④ $NaHCO_3$를 가열한다.

22. 다음과 같은 혼합 용액에 묽은 Na_2SO_4 용액을 넣었을 때 침전이 생기지 않는 것은?

① Ca^{2+}, Zn^{2+}, Mg^{2+}
② K^+, Mg^{2+}, NH_4^+
③ K^+, Ca^{2+}, Zn^{2+}
④ Pb^{2+}, Zn^{2+}, Ba^{2+}

23. 조해성이 있으며 Na_2CO_3나 $AgNO_3$ 수용액의 어느 것에 넣어도 백색침전이 생기는 것은?

① 염화칼슘 ② 염화칼륨
③ 염화 암모늄 ④ 염화마그네슘

24. 탄산칼슘은 물에 녹기 어렵지만 이산화탄소를 포함한 물에는 조금 녹는다. 그 이유는?

① 탄산수소칼슘이 생기기 때문
② 탄산칼슘이 분해되기 때문
③ 탄산이 생겨 분해되기 때문
④ 수산화 칼슘이 녹기 때문

25. 산화나트륨을 물에 넣었을 때의 설명으로 옳은 것은?

① 물에 녹지 않는다.
② 물에 녹아서 산성을 나타낸다.
③ 물에 녹아서 염기성을 나타낸다.
④ Na_2O는 비금속 산화물로 물에 녹는다.

26. 공기 중에 수분을 흡수하는 조해성이 있으며, 이산화탄소를 흡수하는 물질은?

① 탄산수소나트륨 ② 탄산나트륨
③ 황산나트륨 ④ 수산화나트륨

27. 베이킹 파우더에는 $NaHCO_3$가 들어 있어서 가열하면 빵이 부풀게 되는데, 다음 화학 반응식 중에서 그 이유를 설명할 수 있는 것을 고르면?

① $NaOH + H_2CO_3 \rightarrow NaHCO_3 + H_2O$
② $NaHCO_3 + HCl \rightarrow NaCl + H_2O + CO_2$
③ $NaHCO_3 + NaOH \rightarrow Na_2CO_3 + H_2O$
④ $2NaHCO_3 \rightarrow Na_2CO_3 + H_2O + CO_2$

28. 다음 산화물 중 묽은 염산과 반응하지 않은 것은?

① ZnO ② SiO_2
③ CaO ④ CuO

29. 다음 중 NaOH와 반응하여 염을 생성하는 것은?

① K_2O ② MgO
③ CO_2 ④ Na_2O

30. NaCl과 KCl을 구분하기 위한 방법은?

① NaCl과 KCl 수용액을 백금선에 묻혀 불꽃 반응색을 비교한다.
② NaCl과 KCl 수용액에 질산은 수용액을 가하여 침전의 색을 비교한다.
③ 증류수에 녹여 수용액의 색을 비교한다.
④ NaCl과 KCl 수용액을 묽은 H_2SO_4과 반응시켜 반응성을 비교한다.

31. 온천에 갔을 때 은반지를 끼고 들어가면 검게 변하는 것은 어떤 이온 때문인가?

① O^{2-} ② S^{2-}
③ Ag^{+} ④ Cu^{2+}

32. 알칼리 금속(M)에 포함된 리튬, 소듐, 포타슘, 루비듐, 세슘에서 원자 번호가 증가함에 따라 변화되는 특성에 대한 설명으로 옳지 않은 것은?

① 1차 이온화 에너지는 감소한다.
② 녹는점은 낮아진다.
③ $M^{+} + e^{-} \rightarrow M$에 대한 표준 환원 전위는 증가한다.
④ 이온(M^{+}) 반지름은 증가한다.

자료 추론형

33. **영희는 다음과 같은 6개의 금속을 설명에 따라 그림에 배치하였다.**

Na, Mg, Cu, Zn, Au, Hg

- 상온에서 액체인 금속은 알칼리 금속 옆에 둔다.
- 황동의 주 성분인 두 금속은 서로 이웃에 둔다.
- 철 구조물의 음극화 보호에 사용할 수 있는 두 금속은 반응성이 가장 작은 금속의 양옆에 둔다.
- 노란 불꽃 반응색이 나타나는 금속은 연성·전성이 가장 큰 금속의 맞은편에 둔다.

Mg의 양옆에 있는 두 금속은?

① Hg, Au ② Na, Cu ③ Cu, Au ④ Hg, Zn ⑤ Na, Zn

34. **다음은 알칼리 금속의 성질을 알아보기 위해 세운 가설이다.**

> 알칼리 금속은 녹는점이 높을수록 반응성이 작아진다.

이 가설을 검증하기 위하여 반드시 필요한 실험의 조합으로 적절한 것을 〈보기〉에서 고른 것은?

보기

ㄱ. 알칼리 금속의 밀도를 측정한다.
ㄴ. 알칼리 금속의 녹는점을 측정한다.
ㄷ. 알칼리 금속의 불꽃 반응색을 관찰한다.
ㄹ. 공기중에서 알칼리 금속의 자른 단면의 변화를 관찰한다.

① ㄱ, ㄴ ② ㄱ, ㄷ ③ ㄱ, ㄹ ④ ㄴ, ㄷ ⑤ ㄴ, ㄹ

35. **다음은 금속 칼슘(Ca)을 이용한 실험이다.**

[실험]
(가) 증류수가 담긴 비커에 쌀알만 한 크기의 칼슘을 넣었더니 기체가 발생하였다.
(나) (가)의 맑은 수용액에 드라이아이스 조각을 넣었더니 용액이 뿌옇게 흐려졌다.
(다) (나)의 수용액에 날숨을 불어 넣었더니 용액이 다시 맑아졌다.

이에 대한 설명으로 옳지 않은 것은?

① (가)에서 발생한 기체는 수소이다.
② (가)의 결과로 얻은 용액에 페놀프탈레인 용액을 넣으면 붉은색을 나타낸다.
③ (나)에서 중화 반응이 일어난다.
④ (나)에서 용액 속 Ca^{2+}의 개수는 증가한다.
⑤ (다)의 결과로 얻은 용액을 끓이면 앙금이 생성된다.

36. 그림은 칼슘(Ca) 조각을 묽은 염산과 증류수에 각각 넣었을 때 기체가 발생하는 것을 나타낸 것이다.

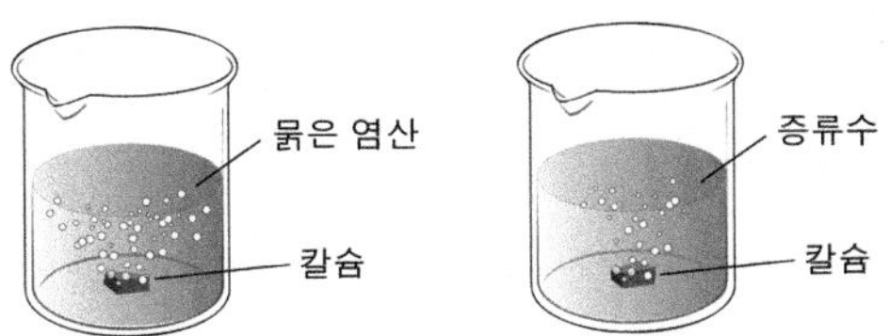

두 수용액의 공통적인 변화로 옳은 것만을 〈보기〉에서 있는 대로 고른 것은?

보기
ㄱ. 수용액의 pH는 증가한다.
ㄴ. 전기 전도도는 감소한다.
ㄷ. 기체가 발생하는 동안 $\frac{\text{양이온수}}{\text{음이온수}}$는 감소한다.

① ㄱ　② ㄷ　③ ㄱ, ㄴ
④ ㄴ, ㄷ　⑤ ㄱ, ㄴ, ㄷ

CHAPTER 02

할로젠 원소

정답 p. 87

주관식 개념 확인 문제

1. 역사적 가치가 큰 대리석 조각품들이 지난 50년간에 크게 훼손되어 왔는데 이는 산성비 때문이다. 산성비의 원인이 되는 기체 중에서 SO_2의 영향이 가장 크다. 이 SO_2가 공기 중에서 산화되어 생긴 물질 (A) 은(는) 대기 중의 수증기와 반응하여 (B) 이(가) 되고, 이것이 대리석($CaCO_3$)과 반응하여 물에 대한 용해도가 $CaCO_3$보다 훨씬 큰 (C) 을(를) 만들기 때문에 대리석은 부식되어 훼손된다. (A), (B) 및 (C)의 물질의 분자식 또는 화학식을 적으시오.

2. 할로젠화수소에는 HF, HCl, HBr, HI의 네 종류가 있다. 다음 물음에 답하시오.

(1) 끓는점이 높은 것부터 나열하여라.

(2) 산성의 세기가 큰 것부터 나열하여라.

(3) 유리병에 저장할 수 없는 것은 무엇인가?

3. 할로젠화칼륨 수용액에 브롬수와 사염화탄소를 넣고 흔들어 주었더니, 사염화탄소 층이 보라색으로 변하였다. 다음 물음에 답하시오.

(1) 이 칼륨염에 들어 있는 할로젠 원소는?

(2) 이 때 일어난 화학 반응식을 써라.

4. 0.5M NaBr 용액 80mL를 삼각 플라스크에 넣은 다음 이 용액에 염소 기체를 통과시켜 완전히 반응시켰다. 다음 물음에 답하시오.

(1) 이때의 변화를 화학 반응식으로 나타내어라.

(2) 이 반응에서 생성된 브롬의 질량을 구하여라. (단, Br의 원자량은 80.0이다.)

(3) 염소 기체와 물과의 반응식을 쓰고 표백 작용을 하는 물질의 분자식은?

(4) 다음 화학 반응 중에서 가장 일어나기 어려운 것은?

① $2Br^- + Cl_2 \rightarrow 2Cl^- + Br_2$

② $2Cl^- + F_2 \rightarrow 2Cl_2 + 2F^-$

③ $2I^- + Br_2 \rightarrow I_2 + 2Br^-$

④ $2Cl^- + I_2 + \rightarrow Cl_2 + 2I^-$

기본 문제

5. 석회수에 이산화탄소를 계속 가할 때 가한 이산화탄소의 양과 생성된 침전의 양과의 관계 그래프 중 옳은 것은?

①
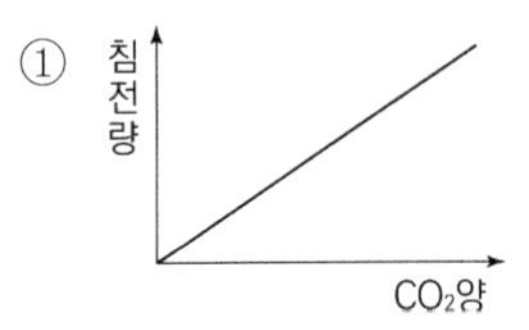

②
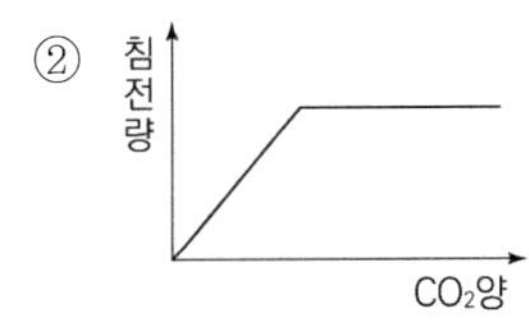

③
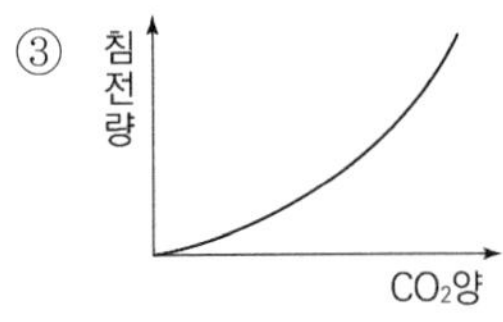

④
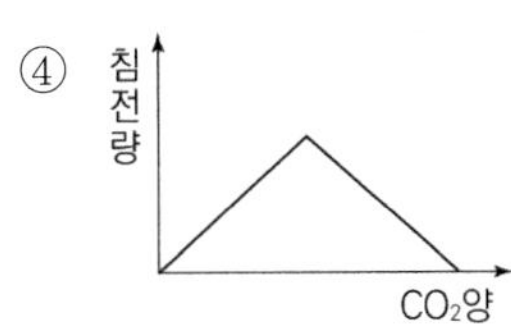

⑤
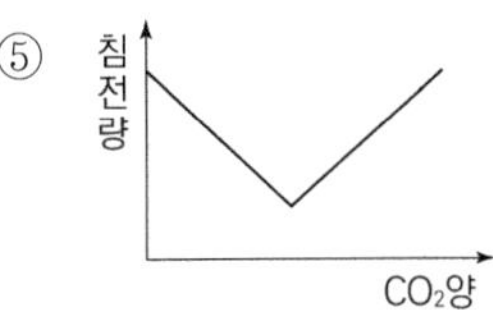

6. 〈보기〉는 할로젠에 대한 설명이다. 이 중 옳은 것을 모두 고르면?

보기
ㄱ. 상온에서 이원자 분자로 존재한다.
ㄴ. 상온에서 모두 기체 상태이다.
ㄷ. 원자 번호 증가할수록 녹는점이 감소한다.
ㄹ. 17족에 속하며 원자가전자는 7개이다.

① ㄱ, ㄴ　　② ㄴ, ㄷ
③ ㄱ, ㄷ　　④ ㄱ, ㄹ

7. 다음 이온 반응식 중에서 실제로 일어날 수 있는 반응은?

① $2F^- + Cl_2 \rightarrow$　　② $2Br^- + Cl_2 \rightarrow$
③ $2Br^- + I_2 \rightarrow$　　④ $2Cl^- + Br_2 \rightarrow$

8. 다음 기체가 채워진 집기병에 물에 적신 빨간 장미꽃을 넣었더니 한참 후에 흰색으로 탈색되었다. 병 속에 들어 있는 기체는?

① O_2　　② N_2
③ Cl_2　　④ H_2

9. 다음은 할로젠 원소의 성질을 설명한 것이다. 옳은 것은?

① 녹는점, 끓는점의 크기는 $F_2 > Cl_2 > Br_2 > I_2$ 순이다.
② 반응성의 세기는 $F_2 > Cl_2 > Br_2 > I_2$ 순이다
③ 할로젠화수소의 산의 세기는 HF > HCl > HBr > HI 순이다.
④ 반지름의 크기는 $F_2 > Cl_2 > Br_2 > I_2$ 순이다.

10. 다음 중 염화수소(HCl) 기체를 검출하기 위하여 옳은 방법은?

① 요오드화칼륨(KI) 녹말 종이를 변색시키는가를 본다.
② 암모니아수를 적신 솜을 가져다 댄다.
③ 직접 기체의 냄새로 확인한다.
④ 물에 적신 꽃잎을 넣어 본다.

11. 할로젠 원소의 특성을 설명한 것 중에서 옳지 않은 것은?

① 분자량 $F_2 < Cl_2 < Br_2 < I_2$
② 핵간거리 $F_2 < Cl_2 < Br_2 < I_2$
③ 끓는점 $F_2 < Cl_2 < Br_2 < I_2$
④ 반응성 $F_2 < Cl_2 < Br_2 < I_2$

12. 다음은 NaCl, NaBr, NaI의 무색 수용액에 염소수나 브롬수를 첨가하고, 그 용액에 사염화탄소를 넣고 잘 흔들어 준 다음 방치하여 사염화탄소 층에 나타나는 색을 기록한 표이다. 할로젠의 산화력이 $Cl_2 > Br_2 > I_2$이라면, 표의 빈 칸에 들어갈 관찰 결과 중에서 잘못된 것은? (단, Cl_2, Br_2, I_2가 사염화탄소에 녹으면 각각 황록색, 적갈색, 보라색을 띤다.)

	NaCl	NaBr	NaI
Cl_2	변화 없음	(가)	(나)
Br_2	(다)	변화 없음	(라)

① (가) – 황록색 ② (나) – 보라색
③ (다) – 변화 없음 ④ (라) – 보라색

13. CO_2와 H_2의 혼합 기체 중에서 CO_2를 제거시켜 H_2를 얻으려면 어떤 물질 속에 통과시키는 것이 좋은가?

① 오산화인
② 수산화나트륨 수용액
③ 염화칼슘관
④ 진한 황산 용액

14. 다음 화합물의 수용액에 황화수소 기체를 통할 때, 황화물의 침전을 만들지 않는 것끼리 짝지어진 것은?

① CuS, NiS ② CdS, MnS
③ CaS, ZnS ④ Na_2S, $(NH_4)_2S$

15. CO_2를 만들고자 한다. 필요한 시약은 대리석 ($CaCO_3$) 이외에 무엇인가?

① HCl ② NaOH
③ $CaCl_2$ ④ Na_2SO_4

16. 다음 화합물들과 그들의 성질이 잘못 짝지어진 것은?

① H_2S: 여러 가지 금속 이온과 결합하여 황화물 침전 형성
② HF: 유리를 녹이므로 플라스틱 병에 보관한다.
③ CO_2는 물에 용해되어서 염기성을 나타낸다.
④ AgBr: 사진 필름이나 인화지의 감광제로 이용된다.

자료 추론형

17. 다음은 할로젠의 반응성과 원소의 특성을 이용하여 할로젠화염 수용액을 구분하기 위한 실험 과정이다.

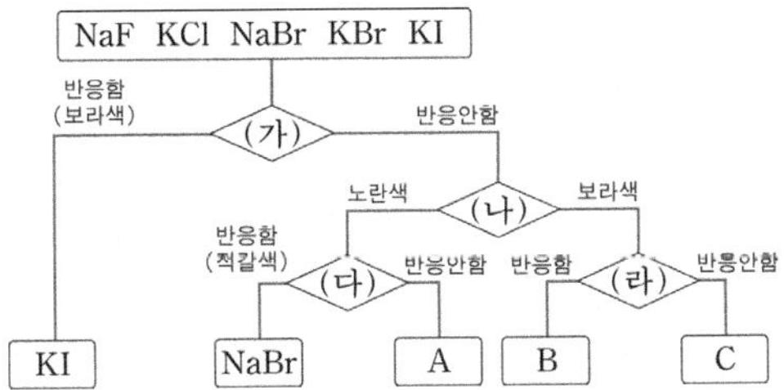

이에 대한 설명으로 옳지 않은 것은?

① (가)에서 브롬수를 이용할 수 있다.
② (나)는 불꽃 반응 실험이다.
③ (다)에서 NaBr 수용액의 브롬화 이온은 산화된다.
④ 실험 (다)를 (라)에 이용할 수 있다.
⑤ C는 KBr이다.

18. 그림은 영희가 수행한 실험 과정을 간단히 나타낸 것이다.

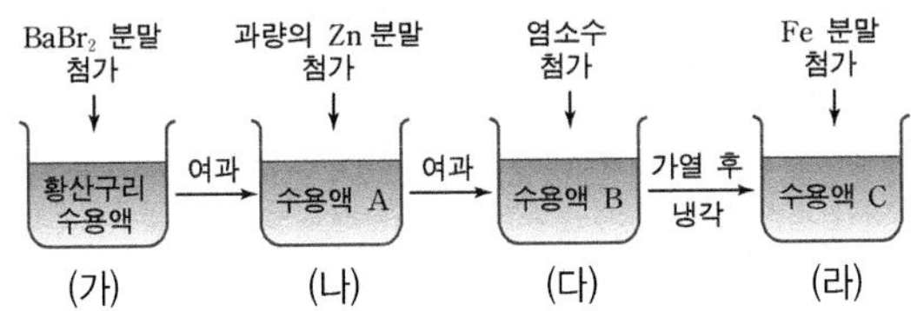

(가)~(라)에서 일어나는 반응에 대한 설명으로 옳은 것을 〈보기〉에서 모두 고른 것은?

보기

ㄱ. (가)에서 앙금생성 반응, (나)에서 산화 · 환원 반응이 일어난다.
ㄴ. (다)에서 생성되는 물질은 염소보다 반응성이 크다.
ㄷ. (라)에서 금속이 석출된다.

① ㄱ ② ㄴ ③ ㄱ, ㄷ
④ ㄴ, ㄷ ⑤ ㄱ, ㄴ, ㄷ

19. 표는 몇 가지 알칼리 금속과 할로젠의 성질을 나타낸 것이다. (단, A~D는 임의의 기호이다.)

물질	A	B	C	D
녹는점(℃)	−8	63	98	114
끓는점(℃)	59	766	889	184
전기 전도성	없음	있음	있음	없음

위 물질들에 대한 설명으로 옳지 않은 것은?

① A는 할로젠이다.
② B는 물과 반응하여 수소를 발생한다.
③ C는 자유 전자를 가지고 있다.
④ C는 A와 반응할 때 환원된다.
⑤ D는 상온에서 고체로 존재한다.

20. 영희는 알칼리 금속 Li, Na, K과 할로젠 Cl_2, Br_2, I_2를 설명에 따라 그림에 배치하였다.

- 알칼리 금속은 이웃하지 않게 한다.
- 녹는점이 가장 낮은 금속의 옆에 반응성이 가장 큰 할로젠을 둔다.
- 반응성이 가장 작은 할로젠은 빨간 불꽃 반응색을 나타내는 금속의 맞은편에 둔다.

상온에서 액체로 존재하는 물질의 맞은편에 있는 물질은?

① Li ② Na
③ K ④ Cl_2
⑤ I_2

21. 그림은 주기율표의 일부를 나타낸 것이다. (단, A~E는 임의의 원소 기호이다.)

족 주기	1	2	13	14	15	16	17	18
3	A						B	C
4		D					E	

원소 A~E에 대한 설명으로 옳지 않은 것은?

① A의 녹는점은 B_2보다 높다.

② C는 B보다 전자를 얻기 쉬운 원소이다.

③ AB와 DB_2는 불꽃 반응으로 구별할 수 있다.

④ AE 수용액에 B_2를 넣어 주면 E_2가 생성된다.

⑤ A와 B_2를 반응시키면 A는 산화되고, B_2는 환원된다.

CHAPTER 03

탄소 화합물

제1절 탄화수소

정답 p. 91

대표 유형 기출 문제

17 지방직 7급 19

1. 알케인(alkane)에 대한 설명으로 옳지 않은 것은?

① 뷰테인(butane)은 2개의 구조 이성질체를 갖는다.
② 프로페인(propane)은 뷰테인(butane)보다 낮은 온도에서 끓는다.
③ 2,2-다이메틸프로페인(2,2-dimethylpropane)에는 카이랄(chiral) 중심이 있다.
④ 2,2-다이메틸프로페인(2,2-dimethylpropane)이 n-펜테인(n-pentane)보다 낮은 온도에서 끓는다.

17 서울시 7급 15

2. 다음과 같은 아미노산 유도체의 구조에 포함되지 않은 작용기는?

OH O OH O NH₂

① 에터(ether)
② 아민(amine)
③ 알코올(alcohol)
④ 카복시산(carboxylic acid)

20 지방직 7급 12

3. 다음은 안정한 탄화수소 화합물들의 화학식을 나타낸 것이다. 탄소(C)-탄소(C) 간 결합 길이를 순서대로 바르게 나열한 것은?

C_2H_6, C_2H_4, C_2H_2, C_6H_6

① $C_2H_6 > C_2H_4 > C_6H_6 > C_2H_2$
② $C_2H_6 > C_2H_4 = C_6H_6 > C_2H_2$
③ $C_2H_6 > C_6H_6 > C_2H_4 > C_2H_2$
④ $C_2H_6 > C_2H_4 > C_6H_6 = C_2H_2$

21 지방직 7급 01

4. 다음 유기화합물에 존재하지 않는 작용기는?

H_2C H HO N H O

① 에터(ether)기
② 아민(amine)기
③ 하이드록시(hydroxy)기
④ 에스터(ester)기

21 서울시 7급 03

5. 사이클로헥세인(cyclohexane)이 가질 수 있는 형태(conformation) 중 에너지 측면에서 가장 안정한 것은?

① 보트형(boat)
② 트위스트 보트형(twist boat)
③ 하프-체어형(half-chair)
④ 체어형(chair)

22 서울시 7급 09

6. 〈보기〉 속 화합물의 탄소 중 카이랄 중심 탄소는?

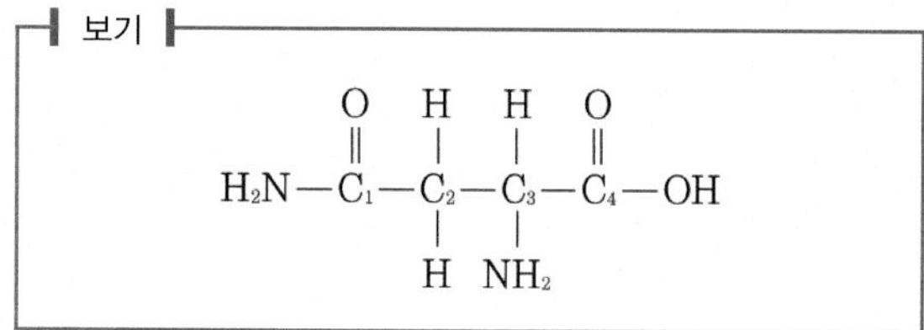

① C_1　② C_2
③ C_3　④ C_4

23 해양 경찰청 08

7. 다음 중 포화 탄화수소와 불포화 탄화수소가 가장 옳게 짝지어진 것은?

	(포화 탄화수소)	(불포화 탄화수소)
①	C_2H_2	C_2H_6
②	C_3H_6	C_3H_8
③	C_4H_{10}	C_4H_4
④	C_5H_{12}	C_8H_{18}

24 해양 경찰청 05

8. 다음 화합물($C_{20}H_{32}ClN$)의 불포화도는 얼마인가?

① 3　② 4
③ 5　④ 6

24 해양 경찰청 07

9. 다음 〈그림〉은 4종류의 염화 알킬(CH_3Cl, CH_3CH_2Cl, $(CH_3)_2CHCl$, $(CH_3)_3CCl$)이 기체상에서 해리되어 탄소 양이온을 형성할 때의 치환 형태에 따른 해리엔탈피 도표이다. 다음 〈보기〉에서 이에 대한 설명으로 옳은 것은 모두 몇 개인가?

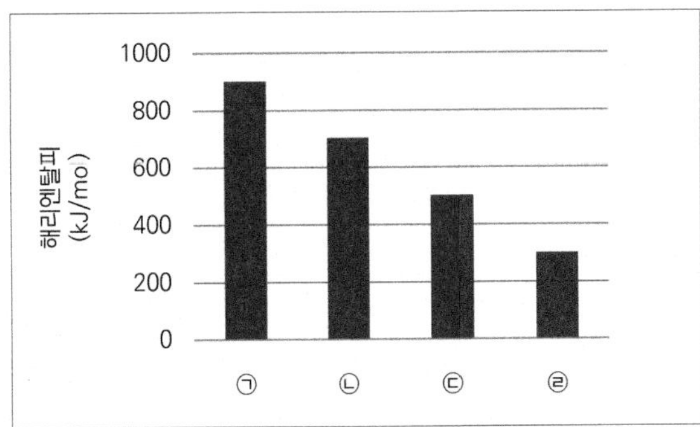

보기

(가) ㉠은 CH_3Cl이다.
(나) 화합물 ㉢은 화합물 ㉡보다 안정하다.
(다) ㉠과 ㉡의 해리엔탈피 차이는 유발효과로 설명할 수 있다.
(라) ㉢과 ㉣의 해리엔탈피 파이는 하이퍼콘쥬게이션(hyperconjugation)으로 설명할 수 있다.

① 1개 ② 2개
③ 3개 ④ 4개

주관식 개념 확인 문제

10. 다음 글을 읽고 [ ] 안에 알맞은 답을 써 넣어라.

(1) 알카인족 탄화수소의 일반식은 [①](으)로 표시되며 [②] 결합을 가지고 있다. 이 계열에서 가장 간단한 탄화수소의 분자식은 [③]인데, 이 탄화수소는 [④]에 물을 반응시켜 얻는다. 이 탄화수소에 염화수소를 반응시켜 생성되는 물질의 구조식은 [⑤]으로 이 생성물로 폴리염화비닐(PVC)를 만들게 된다.

(2) 메탄은 햇빛 존재하에 염소와 반응하여 처음에는 [①](이)가 생기나 이 역시 다시 반응하여 최종적으로 [②](으)로 된다.

11. 다음 각 물음에 알맞은 화합물을 보기 중에서 찾아 그 기호를 써라.

보기

A: C_2H_4 B: C_2H_6
C: C_2H_2 D: C_6H_6

(1) C와 C 사이의 결합 길이가 긴 것부터 차례로 써라.
(2) 브롬 첨가 반응에 의해 기하 이성질체가 생기는 탄화수소는?

기본 문제

12. 사슬 모양 탄화수소인 C_2H_6, C_2H_4, C_2H_2와 고리 모양 탄화수소인 C_6H_6, C_6H_{12}를 같이 분류하였다. (단, A~E는 각 탄화수소들의 화학식을 대신한 것이다.)

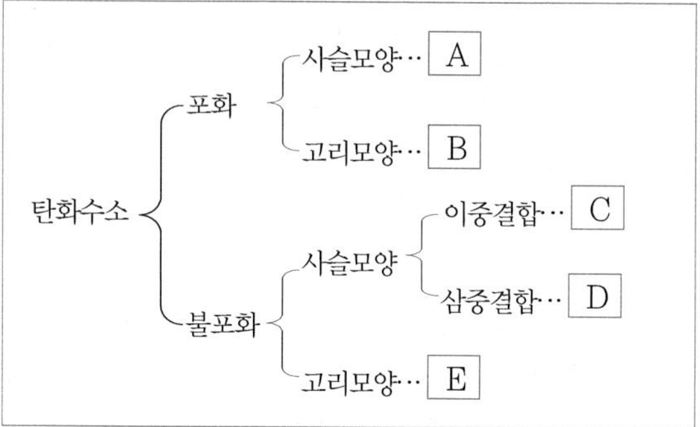

다음 설명 중 옳은 것은?

① A와 B의 일반식 C_nH_{2n+2}

② B와 C의 일반식은C_nH_{2n}이다.

③ D나 E에 적갈색의 브롬수를 가하면 무색으로 된다.

④ B와 C는 첨가 반응, 첨가 중합 반응을 잘 한다.

⑤ D와 E는 첨가 반응, 첨가 중합 반응을 잘 한다.

13. 다음 화합물들 중 탄소-탄소 결합이 가장 짧은 것은?

① C_2H_2　　② C_2H_4

③ C_2H_6　　④ C_6H_6

14. 다음 중 동족체 관계에 있지 않은 것은?

① C_3H_8　　② C_2H_6

③ CH_4　　④ C_4H_8

15. 다음은 어떤 탄화수소의 일반적인 성질을 나타낸 것이다.

> ㄱ. 무극성 분자이다.
> ㄴ. 평면 구조이다.
> ㄷ. 적갈색의 브롬수를 통과시키면 무색이 된다.
> ㄹ. 태우면 생성되는 CO_2의 분자수가 H_2O보다 많다.

위의 탄화수소와 비슷한 성질을 가지는 탄화수소를 다음 〈보기〉에서 모두 고른 것은?

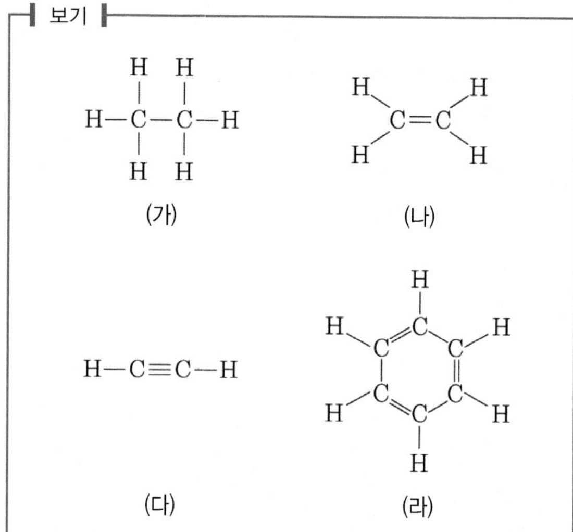

① (가)　　② (나)　　③ (다)

④ (가), (다)　　⑤ (다), (라)

16. 분자식이 C_5H_{10}인 탄화수소의 구조식을 나타낸 것이다.

```
        H  H  H              H   H
        |  |  |               \ /
H—C=C—C—C—C—H           H     C     H
  |  |  |  |  |            \  / \  /
  H  H  H  H  H          H—C     C—H  (H)
                             |     |
                          H—C—————C—H
                             |     |
                             H     H
```

(가) (나)

탄화수소(가)와 (나)에 대한 다음 〈보기〉의 설명 중 옳은 것을 모두 고르면?

보기
ㄱ. 이성질체의 관계이다.
ㄴ. (가)는 치환 반응, (나)는 첨가 반응을 한다.
ㄷ. 브롬수와 반응하여 탈색되는 물질은 (가)이다.
ㄹ. (가), (나)가 완전 연소하면 CO_2와 H_2O가 생긴다.

① ㄱ, ㄴ, ㄷ
② ㄱ, ㄴ, ㄹ
③ ㄱ, ㄷ, ㄹ
④ ㄴ, ㄷ, ㄹ
⑤ ㄱ, ㄴ, ㄷ, ㄹ

17. 다음은 탄화수소의 제법을 나타낸 것이다.

(가) 에탄올 5mL를 넣고 160~180℃로 가열하여 발생하는 기체 A를 모은다.
(나) 탄화칼슘(CaC_2)을 삼각플라스크에 넣고 깔때기를 통해 물을 넣으면서 발생하는 기체 B를 모은다.

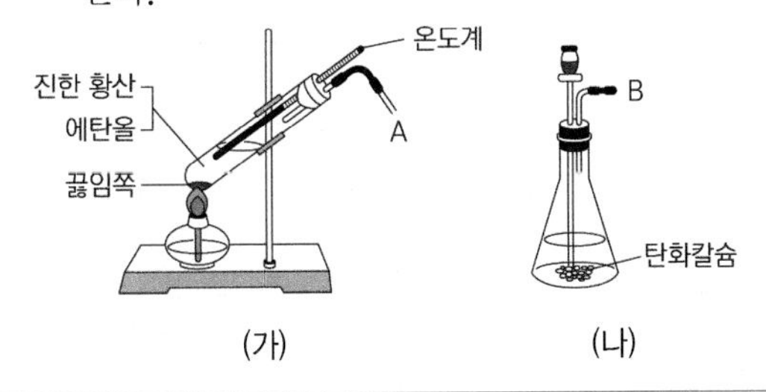

(가) (나)

다음 중 기체 A와 B의 공통된 성질이 아닌 것은?

① 브롬수와 작용시키면 브롬수의 적갈색이 탈색된다.
② 연소 생성물은 푸른 염화 코발트를 붉게 변화시키며 석회수를 흐리게 한다.
③ 분자를 구성하는 모든 원자는 동일 평면상에 존재한다.
④ Ni를 촉매로 수소 기체와 반응시키면 포화 탄화수소가 된다.
⑤ 염소 기체를 첨가시키면 기하 이성질체인 물질이 된다.

18. **아래 가설을 검증하기 위하여 계획된 탐구 설계 중에서 가장 적당한 것은?**

메탄의 구조는 평면 사각형이 아니고 사면체이다.

① 메탄 1분자를 구성하는 원자들의 종류와 개수를 조사한다.
② 메탄을 구성하는 성분 원소들의 질량비를 구한다.
③ 메탄을 연소시켜서 발생하는 기체의 종류와 몰수비를 구한다.
④ 메탄의 염소 치환체인 CH_2Cl_2의 이성질체를 조사해 본다.
⑤ 메탄이 극성 분자인지 무극성 분자인지를 조사해 본다.

19. **C_6H_{12}의 두 개의 구조 이성질체(cyclohexane과 2-hexene)가 동일한 온도와 압력 하에서 존재할 때, 다음 양 중 가장 비슷한 값을 가질 것으로 예상되는 것은?**

① 끓는점　　② 녹는점
③ 기체 밀도　　④ 증발열

20. **일상생활에서 흔히 사용하는 연료, 섬유, 의약품, 플라스틱 등은 탄소가 주성분인 탄소 화합물이다. 이처럼 다양한 형태로 수많은 탄소 화합물이 존재할 수 있는 이유로 타당하지 않은 것은?**

① 탄소는 여러 종류의 원자나 원자단과 결합할 수 있다.
② 분자식은 같지만 구조식이 다른 화합물이 존재한다.
③ 탄소 원자들끼리 여러 가지 형태의 결합을 형성할 수 있다.
④ 탄소는 지구에서 존재량이 가장 많은 원소이다.
⑤ 많은 수의 탄소 원자가 연속하여 결합할 수 있다.

21. **실험 (가)와 (나)에서 발생하는 기체에 대한 설명으로 옳지 않은 것은? (단, (가)의 반응은 170℃를 유지한다.)**

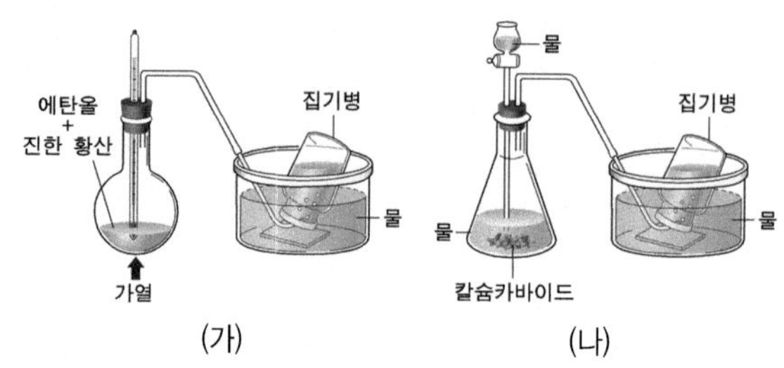

① 두 기체 모두 한 분자에 2개의 탄소를 포함한다.
② 두 기체 모두 브롬수에 통과시키면 브롬수의 적갈색이 사라진다.
③ (가)에서 발생한 기체 분자를 중합하면 열가소성 수지가 만들어진다.
④ (나)에서 발생한 기체는 금속 용접에 사용된다.
⑤ 발생한 기체 한 분자를 구성하는 원자의 수는 (가)보다 (나)에서 더 많다.

22. **다음은 알칸에 속하는 몇 가지 탄화수소의 분자 구조이다.**

```
   H           H   H             H   H   H
   |           |   |             |   |   |
H—C—H      H—C—C—H       H—C—C—C—H
   |           |   |             |   |   |
   H           H   H             H   H   H
```

위 탄화수소들의 공통점이 아닌 것은?

① 물에 잘 녹지 않는다.
② 일반식은 C_nH_{2n+2}이다.
③ 완전 연소하면 물과 이산화탄소가 생성된다.
④ 염소와 혼합하여 빛을 쪼이면 치환 반응이 일어난다.
⑤ H 원자 1개를 Br으로 치환하면 1가지 물질이 생성된다.

제 2 절 지방족 탄화수소와 유도체

정답 p. 95

대표 유형 기출 문제

17 지방직 9급(상) 08

1. 다음 알코올 중 산화 반응이 일어날 수 없는 것은?

① $H-C(OH)(H)-CH_3$

② $H_3C-C(OH)(H)-CH_3$

③ $H_3C-C(OH)(H)-OH$

④ $H_3C-C(OH)(CH_3)-CH_3$

주관식 개념 확인 문제

2. 메탄올 A를 산화시키면 알데히드 B를 거쳐 카르복시산 C로 된다. 또한 A와 C를 산촉매하에서 축합 반응시키면 에스테르를 생성한다. 다음 각 물음에 답하여라.

(1) 화합물 B와 C의 시성식을 써라.

(2) 메탄올 A와 금속 나트륨과의 반응을 써라.

3. 황산수은(II)($HgSO_4$)을 촉매로 써서 에타인(C_2H_2)에 물을 첨가 반응시킬 때 생성되는 화합물 A는 산화되면 B가 되고, 환원되면 C가 된다. A, B, C의 시성식과 이름을 써라.

4. 다음과 같은 성질을 갖는 화합물의 시성식을 써라.

① 가수 분해하였더니 메탄올이 생성되었다.
② 암모니아성 질산은 용액을 환원하여 은(Ag)을 석출시켰다.
③ Na을 넣었을 때 수소 기체가 발생하지 않았다.

5. 다음의 성질을 모두 갖는 화합물을 시성식으로 나타내어라.

① $C_3H_6O_2$의 분자식을 갖는다.
② 가수 분해하면 에탄올이 생성된다.
③ 암모니아성 질산은 용액을 환원시킨다.

기본 문제

6. 다음 화합물 중 금속 나트륨과 반응하여 수소를 발생하지 않는 것은?

① H_2O ② $HCHO$
③ CH_3OH ④ $HCOOH$

7. 다음 화합물 중 산화되어 케톤이 생기는 것은?

① CH_3CH_2OH ② $CH_3CHOHCH_3$
③ $(CH_3)_3COH$ ④ C_2H_5CHO
⑤ $HCOOH$

8. 다음과 같은 유기 화합물이 있다. 이들에 대한 설명 중 옳지 않은 것은?

A: CH_3CH_2OH B: CH_3COOH
C: CH_3CHO D: $CH_3COOC_2H_5$

① A를 산화시키면 C가 되고 C를 더 산화시키면 B가 된다.
② A와 B를 에스테르화 반응시키면 D가 형성된다.
③ C는 펠링 용액을 변화시킨다.
④ B는 산이므로 Na과 반응하여 수소 기체를 발생시키지만 A는 그렇지 못하다.

9. 다음은 몇 가지 탄소 화합물의 화학식이다.

a. CH_3COOH	b. C_2H_5COOH
c. CH_3OH	d. $C_6H_{12}O_6$
e. C_2H_5OH	

위의 탄소 화합물에 대한 설명 중 옳지 않는 것은?

① a와 성질이 비슷한 것은 b이다.
② a와 실험식이 같은 것은 b이다.
③ c는 분자식과 실험식이 같다.
④ c와 성질이 비슷한 것은 e이다.
⑤ d는 a, b, c, e와 다른 종류의 화학식이다.

10. 다음 중 산성과 환원성을 동시에 갖는 물질은?

① CH_3CHO ② CH_3OCH_3
③ CH_3COOCH_3 ④ CH_3COOH
⑤ $HCOOH$

11. 다음 화합물들을 물에 대한 용해도 크기 순으로 알맞게 나열한 것은?

① $CHCl_3 > C_2H_6 > CH_3CH_2OH$
② $C_2H_6 > CHCl_3 > CH_3CH_2OH$
③ $CH_3CH_2OH > CHCl_3 > C_2H_6$
④ $CH_3CH_2OH > C_2H_6 > CHCl_3$

12. 다음 중 가수분해되면 메탄올이 생성되는 화합물은 어느 것인가?

① CH_3COCH_3 ② CH_3CHO
③ $C_2H_5COOCH_3$ ④ $C_2H_5COOC_2H_5$

13. 다음은 에탄올과 관련된 여러 가지 반응을 나타낸 것이다.

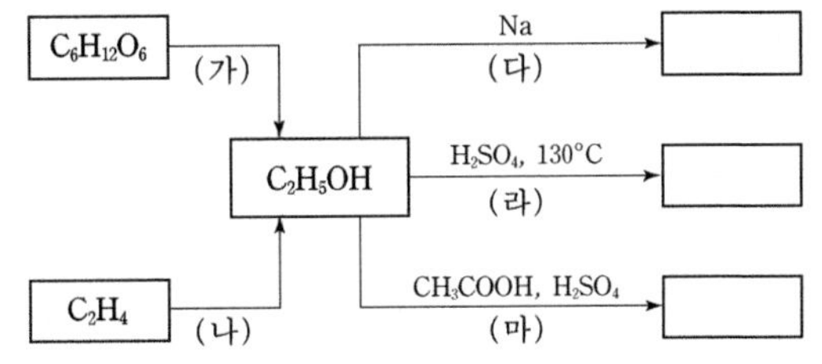

이에 대한 설명으로 옳지 않은 것은?

① 반응 (가)에서 CO_2가 발생한다.
② 반응 (나)에서 첨가 반응이 일어난다.
③ 반응 (다)에서 H_2가 발생한다.
④ 반응 (라)에서 C_2H_4가 생성된다.
⑤ 반응 (마)에서 과일향이 나는 물질이 생성된다.

14. 그림은 메탄올(CH_3OH)과 관련된 반응을 나타낸 모식도이다.

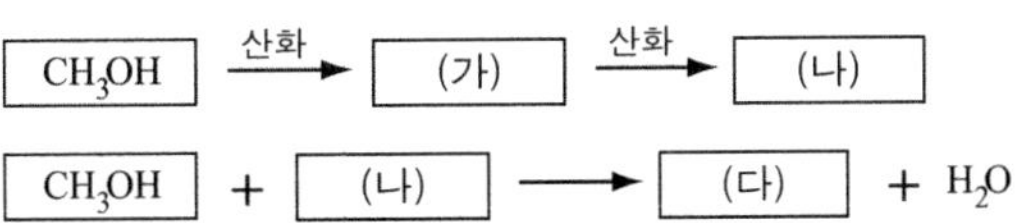

화합물 (가), (나), (다)에 대한 옳은 설명을 〈보기〉에서 모두 고른 것은?

> 보기
> ㄱ. 모두 환원성이 있다.
> ㄴ. 물에 가장 잘 녹는 것은 (다)이다.
> ㄷ. (나)의 수용액은 산성을 나타낸다.

① ㄱ ② ㄷ ③ ㄱ, ㄷ
④ ㄴ, ㄷ ⑤ ㄱ, ㄴ, ㄷ

PART 03 원소와 화합물

15. 다음 화학 반응에 대한 설명으로 옳은 것만을 〈보기〉에서 있는 대로 고른 것은?

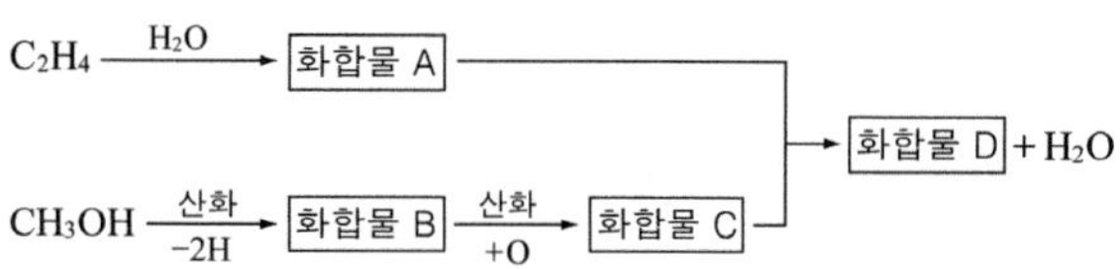

보기

ㄱ. 수용액의 pH는 A가 C보다 작다.
ㄴ. B는 물과 수소결합을 할 수 있다.
ㄷ. C와 D는 NaOH 수용액과 반응할 수 있다.

① ㄱ ② ㄷ ③ ㄱ, ㄴ
④ ㄴ, ㄷ ⑤ ㄱ, ㄴ, ㄷ

16. 그림은 메탄올(CH_3OH)을 이용한 반응 (가)~(마)를 나타낸 모식도이다.

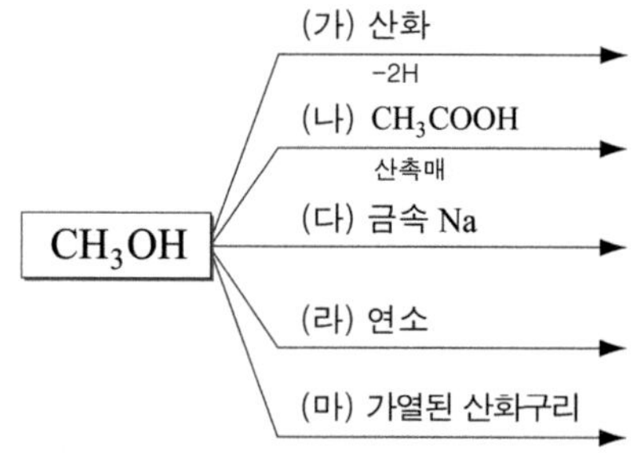

이에 대한 설명으로 옳은 것은?

① (가)에서 생성된 물질은 은거울 반응을 한다.
② (나)에서 에테르가 생성된다.
③ (다)에서 산소 기체가 발생한다.
④ (라)에서 생성된 물질은 물에 녹아 염기성을 나타낸다.
⑤ (마)에서 생성된 물질은 과일향이 난다.

탄소 화합물과 화학 양론

17. 휘발유의 주성분인 옥테인(C_8H_{18})을 완전 연소시키면 이산화탄소와 물이 생기고, 이 때 생긴 이산화탄소의 대기 중 농도가 증가 하면 지구 온난화 현상을 일으킨다. 하루에 옥테인 2280g을 사용하는 자동차가 대기 중에 방출하는 이산화탄소의 부피를 알아보려고 한다. 필요한 자료를 〈보기〉에서 모두 고른 것은?

보기

ㄱ. 옥테인의 연소 반응식
ㄴ. C_8H_{18}의 분자량
ㄷ. 연소에 소비된 C_8H_{18}의 부피
ㄹ. 실험 조건에서 CO_2 1몰의 부피

① ㄱ, ㄴ, ㄷ ② ㄱ, ㄴ, ㄹ
③ ㄱ, ㄷ, ㄹ ④ ㄴ, ㄷ, ㄹ
⑤ ㄷ, ㄹ

18. 그림은 프로펜과 사이클로헥세인의 구조식을 나타낸 것이다.

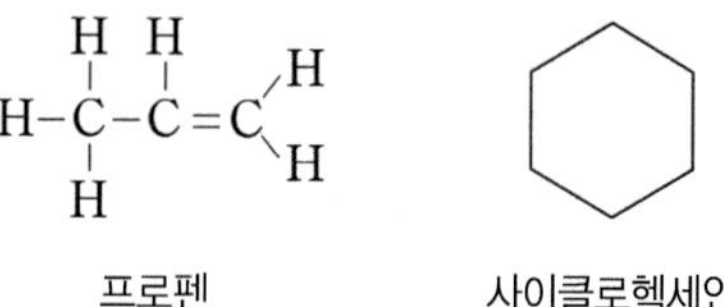

두 화합물을 비교하여 설명한 것으로 옳은 것을 〈보기〉에서 모두 고른 것은?

보기

ㄱ. 두 화합물 모두 탄소와 수소의 원자수의 비는 1 : 2이다.
ㄴ. 프로펜과 사이클로헥세인 분자의 상대적 질량비는 1 : 2이다.
ㄷ. 1g이 완전 연소되기 위해 필요한 산소의 양은 서로 같다.

① ㄱ ② ㄱ, ㄴ ③ ㄱ, ㄷ
④ ㄴ, ㄷ ⑤ ㄱ, ㄴ, ㄷ

19. 실험실 조건에서 액체 상태인 화합물 A에 대한 조사 내용과 실험 내용은 다음과 같다.

- 조사 내용: C, H, O 원자수의 비는 1 : 2 : 1이다.
- 실험내용
  시료 45g을 8.2L 용기에 놓고 공기를 모두 뽑아낸 후 273℃에서 모두 기화시키니 용기 속의 압력이 2.73기압이었다.
- 기체 상수(R)는 0.082 기압·L/몰·K이다.

시료의 분자량과 실험에 사용한 시료의 분자수를 옳게 짝지어 놓은 것은?

① 45, 6.02×10^{23}개
② 90, 3.01×10^{23}개
③ 180, 1.50×10^{23}개
④ 22.5, 1.2×10^{24}개
⑤ 135, 2.0×10^{23}개

제 3 절 방향족 탄화수소와 유도체

정답 p. 98

주관식 개념 확인 문제

1. 산과 반응하여 염을 만들 수 있는 것을 〈보기〉에서 골라라.

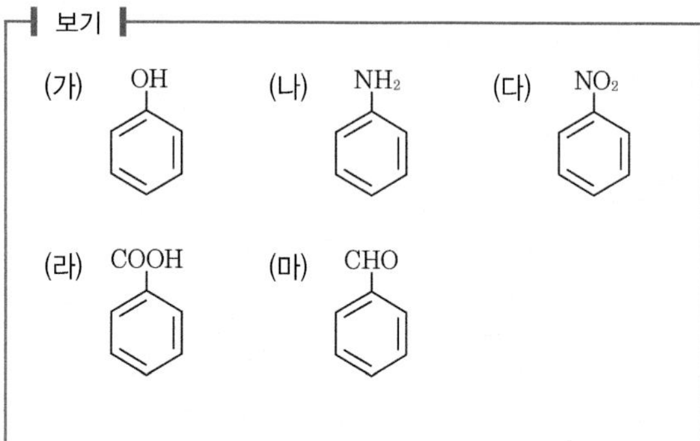

2. 다음 〈보기〉의 화합물에서 아래 반응이나 설명에 가장 적합한 것을 골라 그 기호로 답하시오.

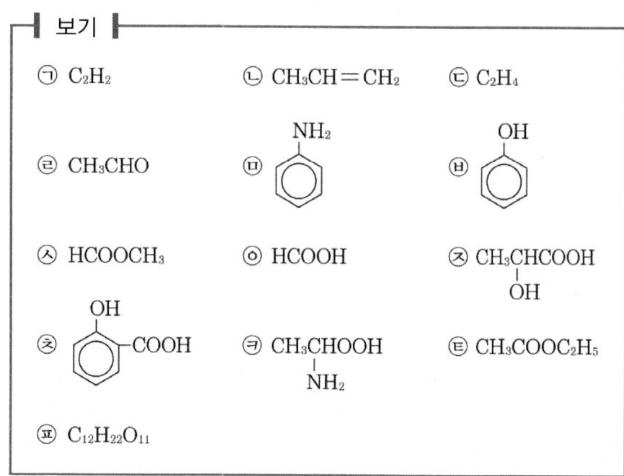

(1) 축합 중합시키면 폴리아미드가 생기는 것은?

(2) 황산수은을 촉매로 물을 첨가시키면 펠링 시약을 환원시킬 수 있는 물질이 생기는 것은?

(3) 가수 분해시키면 산과 알코올이 생기고 그 알코올을 다시 산화시키면 가수 분해로 생긴 산과 같은 산이 되며 은거울 반응을 할 수 있는 물질은?

3. 다음 각 질문에 해당하는 모든 화합물을 〈보기〉에서 골라 답하여라.

보기

① $CH_2=CH_2$	② $CH\equiv CH$
③ $CH_3CH_2CH_2OH$	④ CH_3CH_2CHO
⑤ $CH_3-\overset{CH_3}{\underset{H}{C}}-CH_2-CH_3$	⑥ $CH_3-\overset{O}{\overset{\parallel}{C}}-CH_2CH_3$
⑦ $CH_3-CH_2-\overset{O}{\overset{\parallel}{C}}-CH_2CH_3$	
⑧ $-NO_2$	⑨ $-COCH_3$
⑩	⑪ $-OH$

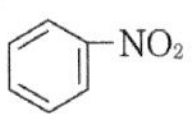

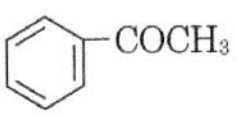

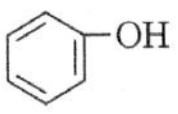

(1) 알칼리 금속과 반응시키면 수소 기체를 발생한다.

(2) $HgSO_4$ 촉매하에 물과 반응시키면 알데히드가 생성된다.

(3) 암모니아성 질산은 용액과 반응시키면 은의 침전이 생성된다.

기본 문제

4. 벤젠에 대한 설명으로 옳지 않는 것은?

① 탄소－탄소 결합 길이는 모두 같다.

② 결합각은 모두 120이다

③ 이중결합이 3개 존재한다.

④ 평면육각형 구조이다.

5. 벤젠에 대한 다음 설명 중 옳지 않은 것은?

① 모든 구성 원자가 동일 평면상에 위치한다.

② 탄소－탄소 사이의 결합 길이는 모두 같다.

③ 한 탄소 원자가 다른 두 탄소 원자와 형성하는 결합각은 120° 이다.

④ 같은 탄소수를 가진 사슬 모양의 포화 탄화 수소보다 8개의 수소가 부족하다.

⑤ 6개의 탄소－탄소 결합 중 3개는 단일 결합이고 나머지 3는 이중 결합이다.

6. 다음 중 그 수용액이 산성인 것은?

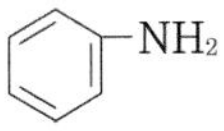

① $-OH$　　② $-NH_2$

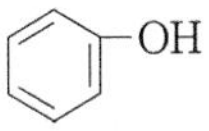

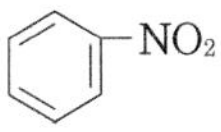

③ $-NO_2$　　④ $-CH_3$

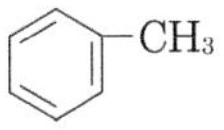

7. 다음 중 상온에서 이성질체를 갖지 않는 화합물은?

① 나프탈렌　　② 크실렌

③ 크레졸　　④ $CH_3CH=CHCH_3$

8. 다음 중 액성이 다른 하나는?

① 벤조산　　② 아닐린
③ 크레졸　　④ 벤젠술폰산
⑤ 살리실산

9. 분자식이 C_6H_6인 벤젠은 다음 그림의 (가)와 같은 구조도 아니고 (나)와 같은 구조도 아닌 (가)와 (나)의 성질을 동시에 가진 물질로 알려져 있다.

(가)　　(나)

벤젠에 대한 옳은 내용을 〈보기〉에서 모두 고르면?

> 보기
> ㄱ. 실험식은 에타인의 실험식과 같다.
> ㄴ. 탄소 원자간 결합 길이는 에텐과 같다.
> ㄷ. 브롬수의 탈색 반응이 일어난다.

① ㄱ　　② ㄴ　　③ ㄷ
④ ㄱ, ㄴ　　⑤ ㄴ, ㄷ

10. 짱구는 서로 다른 탄수화물 A, B, C, D에 대하여 〈보기〉와 같은 사실을 알았다. 이들의 화합물 명은 '에틸렌, 아세틸렌, 벤젠, 사이클로헥세인'이다.

> 보기
> ㄱ. 탄소와 수소의 원자수 비가 1 : 2인 화합물은 A와 B이다.
> ㄴ. 탄소와 수소의 원자수 비가 1 : 1인 화합물은 C와 D이다.
> ㄷ. B와 D는 적갈색의 브롬(Br_2) 수용액을 탈색시키나 A와 C는 탈색시키지 않는다.

A와 C의 화합물 명을 바르게 짝지은 것은?

	A	C
①	사이클로헥세인	벤젠
②	벤젠	아세틸렌
③	벤젠	사이클로헥세인
④	에틸렌	사이클로헥세인
⑤	에틸렌	벤젠

11. 다음은 물에 잘 녹지 않는 몇 가지 방향족 탄소 화합물을 나타낸 것이다.

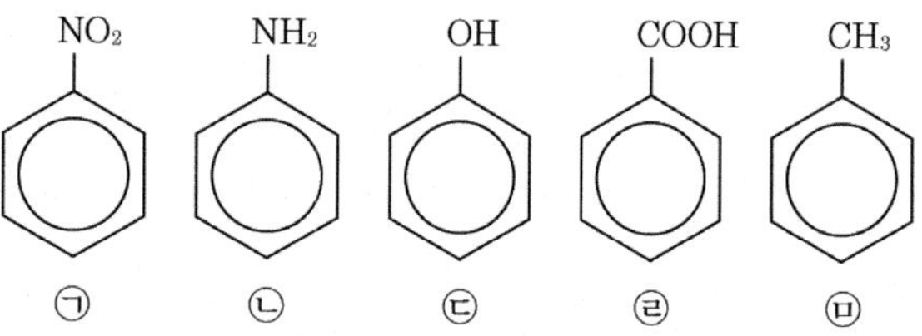

위 탄소 화합물 중 다음과 같은 성질을 지녔으리라고 생각되는 것은?

> • 수산화나트륨 수용액과 중화 반응을 한다.
> • 아세트산과 반응하여 에스테르를 생성한다.

① ㄱ　　② ㄴ　　③ ㄷ
④ ㄹ　　⑤ ㅁ

12. 다음은 서로 다른 세 가지 유기화합물의 구조식을 나타낸 것이다.

A

H_3C-CH_2-OH

B

$H_3C-C(=O)-OH$

C

(OH가 결합된 벤젠 고리)

화합물 A, B, C에 대한 설명으로 옳은 것은?

① A, B, C는 모두 산성이다.
② A와 B는 방향족 화합물이다.
③ A, B, C는 모두 수소결합을 할 수 있다.
④ A, B, C 중 몰질량이 가장 큰 것은 B이다.

13. 아닐린($C_6H_5-NH_2$)은 물에 잘 녹지 않는다. 다음 중 아닐린의 용해도를 높이는 것은?

① 염산(HCl)　　② 수산화나트륨(NaOH)
③ 에탄올(C_2H_5OH)　　④ 벤젠(C_6H_6)

14. 다음은 바닐린(vanillin)의 구조식이다.

O
H
HO
OCH_3

바닐린에 포함되어 있는 작용기를 포함한 유도체로 옳은 것만을 보기에서 있는 대로 고른 것은?

ㄱ. 알데하이드(aldehyde)
ㄴ. 케톤(ketone)
ㄷ. 에스터(ester)
ㄹ. 에테르(ether)
ㅁ. 알코올(alcohol)

① ㄱ, ㄹ　　② ㄴ, ㄷ
③ ㄱ, ㄹ, ㅁ　　④ ㄴ, ㄷ, ㅁ

PART 03 원소와 화합물

제4절 이성질체와 명명법

정답 p. 100

대표 유형 기출 문제

탄소 화합물의 명명법

13 국가직 7급 16

1. IUPAC 명명법에 의한 다음 화합물의 명칭은?

```
                         CH3   CH3
                          |     |
H3C — CH — CH2 — CH — C — CH2 — CH3
       |                  |
      CH2                CH2
       |                  |
      CH3                CH2
                          |
                         CH3
```

① 3,5,6,-trimethyl-6-proyloctane
② 6-ethyl-3,5,6-trimethylnonane
③ 2-ethyl-4,5-dimetyl-5-propylheptane
④ 2,5-diethyl-4,5-dimethyloctane

16 국가직 7급 12

2. IUPAC 명명법에 의한 다음 화합물의 명칭은?

```
H2C ══ C ——— CH —— CH3
       |      |
       |      |
      CH3    H2C ——— CH3
```

① 2,3-dimethyl-1-pentene
② 3,4-dimethyl-4-pentene
③ 1,2,3-trimethyl-1-heptene
④ 3-ethyl-2-methyl-1-butene

19 국가직 7급 12

3. 다음 결합 구조를 갖는 탄화수소 화합물의 IUPAC 이름은?

```
H3C — CH2      H2C — CH3
       |           |
H3C — C — CH2 — CH
       |           |
      CH3         CH3
```

① 2,3-다이에틸-2,3-다이메틸뷰테인
(2,3-diethyl-2,3-dimethylbutane)
② 3,3,5-트라이메틸헵테인
(3,3,5-trimethylheptane)
③ 3,3-다이메틸-5-에틸헥세인
(3,3-dimethyl-5-ethylhexane)
④ 3,5,5-트라이메틸헵테인
(3,5,5-trimethylheptane)

20 지방직 7급 20

4. IUPAC명으로 옳은 것은?

① 2-methylpentane
② 3,5-dimethylhexane
③ 3-methyl-5-ethylheptane
④ 2,2-dimethyl-4-ethylhexane

21 국가직 7급 18

5. 다음 화합물에 대한 설명으로 옳은 것은?

$$\begin{array}{ccccccccccccccc} & & H & & H & & H & & & & & & H & & \\ & & | & & | & & | & & & & & & | & & \\ H_3C & - & C & - & C & - & C & - & C & \equiv & C & - & C & - & CH_3 \\ & & | & & | & & | & & & & & & | & & \\ & & H & & CH_3 & & H & & & & & & H & & \end{array}$$

① 2-ethlhept-4-yne
② 6-ethylhept-3-yne
③ 3-methyloct-5-yne
④ 6-methyloct-3-yne

탄소 화합물의 이성질체

17 지방직 7급 18

6. C_4H_8의 분자식을 가지는 알켄(alkene)의 이성질체는 모두 몇 개인가?

① 3 ② 4
③ 5 ④ 6

21 지방직 9급 16

7. 다음 분자쌍 중 성질이 다른 이성질체 관계에 있는 것은?

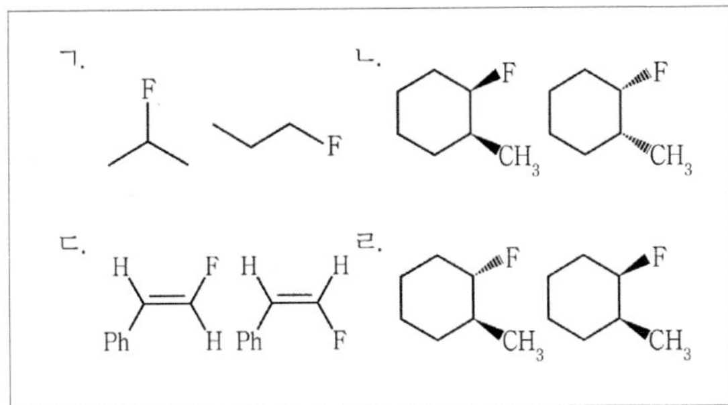

① ㄱ ② ㄴ
③ ㄷ ④ ㄹ

기본 문제

탄소 화합물의 이성질체

8. 디클로로에텐($C_2H_2Cl_2$) 화합물은 모두 몇 개의 이성질체를 갖는가?

① 2　　② 3
③ 4　　④ 5

9. 다음 〈보기〉 중, 이성질체를 갖는 것만을 짝지은 놓은 것은?

보기
ㄱ. $CH_3CH(OH)COOH$
ㄴ. $[Zn(NH_3)_2(H_2O)_2]^{2+}$
ㄷ. $[Cu(NH_3)_2(H_2O)_2]^{2+}$
ㄹ. $[Co(NH_3)_4Cl_2]^+$
ㅁ. $CH_2=CH_2$

① ㄱ, ㅁ　　② ㄱ, ㄷ, ㄹ
③ ㄴ, ㄷ, ㄹ　　④ ㄱ, ㄴ, ㄹ
⑤ ㄴ, ㅁ

10. 톨루엔의 수소원자 1개를 염소 원자로 치환한 화합물은 몇 가지 존재하는가?

① 2　　② 3　　③ 4
④ 5　　⑤ 6

11. $C_5H_{11}Cl$의 구조 이성질체의 개수는?

① 4　　② 5　　③ 6
④ 7　　⑤ 8

12. 다음 중 입체이성질체가 존재하는 분자는 무엇인가?

① $F_2C=CCl_2$　　② $CHF=CHF$
③ CH_2F-CHF_2　　④ CF_3-CF_3

13. 분자식이 $C_4H_{10}O$이고 2차 알코올인 화합물에 대한 설명으로 가장 옳지 않은 것은?

① 카이랄 탄소가 있다.
② 지방족 알코올이다.
③ 3차 알코올인 구조 이성질체가 존재한다.
④ 1몰이 완전 연소할 때 소모되는 O_2는 9몰이다.

14. 알케인(alkane, C_6H_{14})의 구조 이성질체의 개수와 존재하는 거울상 이성질체의 쌍의 수를 옳게 짝지은 것은?

	구조이성질체의 개수	거울상이성체 쌍의 수
①	4개	1쌍
②	5개	0쌍
③	5개	1쌍
④	5개	2쌍

15. C_6H_{14}의 이성질체가 아닌 것은?

① 3-에틸펜테인 ② n-헥세인
③ 2,3-다이메틸뷰테인 ④ 2-메틸펜테인

16. 부탄올(C_4H_9OH)의 이성질체는 몇 개인가?

① 6개 ② 5개
③ 4개 ④ 3개

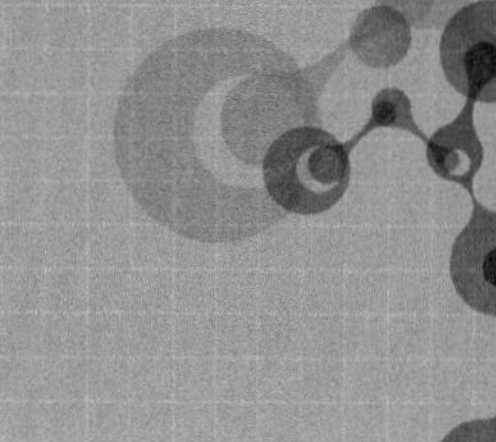

CHAPTER 04 고분자 화합물

정답 p. 103

대표 유형 기출 문제

15 국가직 7급 07

1. 다음 고분자들이 합성 방법에 따라 옳게 짝지어진 것은?

A $\left(CH_2-CH_2 \right)_n$

B $\left(\underset{\mid \atop H}{N}-(CH_2)_6-\underset{\mid \atop H}{N}-\overset{O \atop \parallel}{C}-(CH_2)_4-\overset{O \atop \parallel}{C} \right)_n$

C $\left(CH_2-\underset{\mid \atop C\equiv N}{CH} \right)_n$

D $\left(CH_2-\underset{CH_3}{C}=\underset{H}{C}-CH_2 \right)_n$

	부가 중합	축합 중합
①	A, C, D	B
②	A, C	B, D
③	A	B, C, D
④	B	A, C, D

16 지방직 7급 17

2. 다음 중 단위체(monomer)로부터 고분자가 합성될 때 물이 함께 생성되는 것은?

① 폴리스타이렌

$\left(\underset{\mid \atop C_6H_5}{CH}-CH_2 \right)_n$

② 폴리아마이드

$\left(NH-C_6H_4-NH-\overset{O \atop \parallel}{C}-C_6H_4-\overset{O \atop \parallel}{C} \right)_n$

③ 폴리아크릴로나이트릴(PAN)

$\left(\underset{\mid \atop CN}{CH}-CH_2 \right)_n$

④ 폴리염화바이닐(PVC)

$\left(\underset{\mid \atop Cl}{CH}-CH_2 \right)_n$

17 국가직 7급 13

3. 다음 구조의 고분자를 축합 중합 반응으로 합성하기 위해 필요한 단량체들로 옳은 것은?

$$\left[OCH_2CH_2CH_2O\overset{\overset{O}{\|}}{C}CH_2CH_2\overset{\overset{O}{\|}}{C} \right]_n$$

① $HOOCCH_2COOH$, $HOCH_2CH_2CH_2CH_2OH$
② $HOCH_2CH_2COOH$, $HOCH_2CH_2CH_2COH$
③ $HOCH_2CH_2COOH$, $HOCH_2CH_2CH_2COOH$
④ $HOCH_2CH_2CH_2OH$, $HOOCCH_2CH_2COOH$

19 지방직 9급 08

4. 고분자(중합체)에 대한 설명으로 옳은 것만을 모두 고르면?

보기
ㄱ. 폴리에틸렌은 에틸렌 단위체의 첨가 중합 고분자이다.
ㄴ. 나일론-66은 두 가지 다른 종류의 단위체가 축합 중합된 고분자이다.
ㄷ. 표면 처리제로 사용되는 테플론은 C－F 결합 특성 때문에 화학약품에 약하다.

① ㄱ ② ㄱ, ㄴ
③ ㄴ, ㄷ ④ ㄱ, ㄴ, ㄷ

22 해양 경찰청 07

5. 고분자의 대표적인 합성 방법에는 첨가 반응과 축합 반응이 있다. 다음 중 합성법이 다른 하나는?

① 폴리에틸렌(PE)
② 폴리에틸렌테레프탈레이트(PET)
③ 폴리스티렌(PS)
④ 폴리염화비닐(PVC)

주관식 개념 확인 문제

6. 다음 페놀 수지의 일부를 나타낸 것이다. 다음 각 물음에 답하여라.

(1) 이 반응의 중합 방식은?
(2) 이 수지를 이루는 단위체를 쓰시오.

기본 문제

합성 고분자

7. 다음 중 축합 중합체이면서 열가소성 합성 수지인 물질은?

① 페놀 수지 ② 폴리 염화비닐
③ 6.6-나일론 ④ 부나-S(SBR)고무
⑤ 요소 수지

8. 합성수지인 폴리에틸렌 $-(CH_2-CH_2)-_n$에 대한 보기의 설명 중 옳은 것을 모두 고른 것은?

ㄱ. 단위체는 $CH_2=CH_2$이다.
ㄴ. 알켄에 속하는 물질이다.
ㄷ. 열가소성 수지이다.
ㄹ. 열경화성 수지이다.

① ㄱ, ㄴ ② ㄱ, ㄷ ③ ㄱ, ㄹ
④ ㄴ, ㄷ ⑤ ㄴ, ㄹ

9. 다음은 플라스틱을 만드는 데 사용되는 작은 분자인 단위체들이다.

A

$H_2C=CHCl$ (H, H / C=C / H, Cl)

B

(H, H / C=C / H, 벤젠 고리)

C

$H_2N-(CH_2)_6-NH_2$

D

$HOOC-(CH_2)_4-COOH$

위의 단위체로부터 만들어지는 플라스틱에 대한 설명으로 옳은 것은?

① A나 B는 첨가중합을 할 수 있다.
② A와 C는 축합중합을 할 수 있다.
③ A로부터 만들어지는 플라스틱은 폴리에틸렌이다.
④ C와 D가 축합중합을 하게 되면 폴리에스테르가 만들어진다.

10. 아미노산에서 단백질이 만들어질 때 형성되는 결합 유형을 지닌 고분자는?

① 합성고무 ② 나일론
③ 폴리에스터 ④ PVC

11. 다음의 고분자를 형성하는 데 가장 일반적인 단분자들은?

ㄱ. $HOCH=CH_2COOH$
ㄴ. $HOCH_2CH_2COOH$
ㄷ. $CH_2=CH_2$
ㄹ. $HOOCCH_2CH_2COOH$
ㅁ. $HOCH_2CH_2OH$

$$\left(-O-CH_2-CH_2-O-\overset{O}{\overset{\|}{C}}-CH_2-CH_2-\overset{O}{\overset{\|}{C}}- \right)_n$$

① ㄱ, ㄷ　② ㄱ, ㅁ
③ ㄷ, ㄹ　④ ㄹ, ㅁ

천연 고분자

12. 단백질에 대한 설명이다. 옳지 않은 것은?

① 펩티드 결합이 들어 있다.
② 수소 결합이 들어 있다.
③ 열에 약하여 열을 가하면 응고한다.
④ 단백질을 축합하면 α-아미노산이 나온다.
⑤ 단백질을 검출하는 방법으로 NaOH와 $CuSO_4$를 가하는 뷰렛 반응이 있다.

13. 다음은 글루타치온(glutathione) 화합물로서 생체 내에서 중요한 생리작용에 관여한다. 이 화합물은 몇 가지의 아미노산으로 구성되어 있는가?

$$^-OOC-\underset{NH_3^+}{\underset{|}{C}}HCH_2CH_2-\overset{O}{\overset{\|}{C}}-NH-\underset{CH_2SH}{\underset{|}{C}}H-\overset{O}{\overset{\|}{C}}-NHCH_2COO^-$$

① 1가지　② 2가지
③ 3가지　④ 4가지

PART 03 원소와 화합물

자료 추론형

14. 다음은 고분자 화합물의 단위체를 나타낸 것이다.

고분자	단위체
(가)	$CH_2=CH-CH=CH_2$
	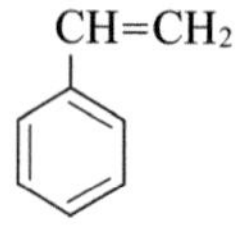 $C_6H_5-CH=CH_2$ (벤젠 고리에 $CH=CH_2$)
(나)	$HO-CH_2-CH_2-OH$
	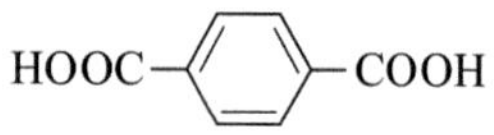 $HOOC-C_6H_4-COOH$
(다)	HCHO
	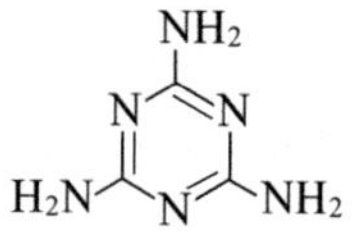 멜라민 (트라이아진 고리: NH_2, H_2N, NH_2, N, N, N)

고분자 화합물 (가)~(다)에 대한 설명으로 옳은 것만을 〈보기〉에서 있는 대로 고른 것은?

보기

ㄱ. 축합중합체는 2가지이다.
ㄴ. 열경화성 고분자는 2가지이다.
ㄷ. 에스테르결합을 가지고 있는 것은 2가지이다.

① ㄱ ② ㄷ ③ ㄱ, ㄴ
④ ㄴ, ㄷ ⑤ ㄱ, ㄴ, ㄷ

15. 세 가지 고분자 화합물 (가)~(다)에 대한 설명으로 옳지 않은 것은?

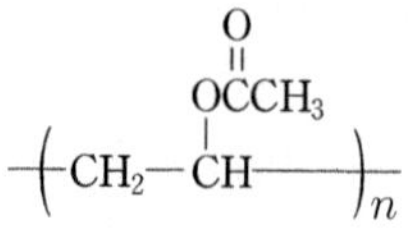

$$\left[CH_2-CH(OCOCH_3)\right]_n$$
(가)

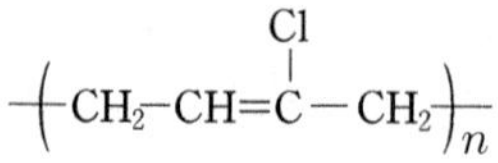

$$\left[CH_2-CH=C(Cl)-CH_2\right]_n$$
(나)

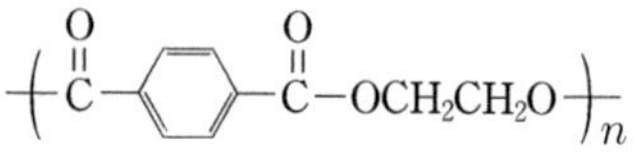

$$\left[C(=O)-C_6H_4-C(=O)-OCH_2CH_2O\right]_n$$
(다)

① (가)를 가수분해하면 아세트산이 생성된다.
② (나)는 열경화성 고분자이다.
③ (다)는 축합중합체이다.
④ (가)와 (나)는 각각 한 종류의 단위체로 만들어진다.
⑤ (가)와 (다)는 모두 에스테르 결합을 갖는다.

16. 그림은 합성수지 A와 B의 구조를 나타낸 것이다.

A	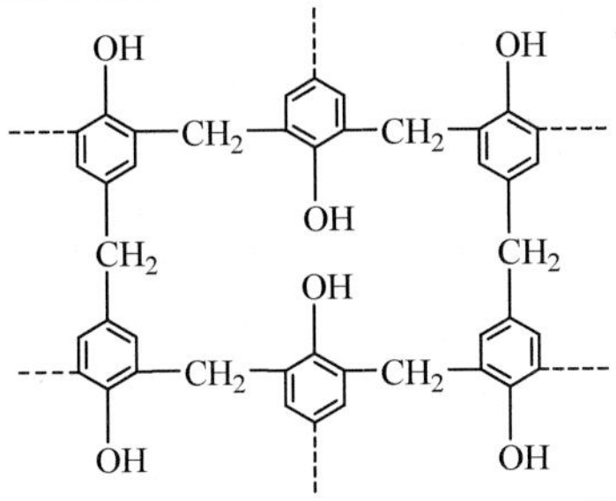 (페놀과 CH_2로 연결된 그물 구조: OH가 붙은 벤젠 고리들이 $-CH_2-$로 가로·세로로 연결됨)
B	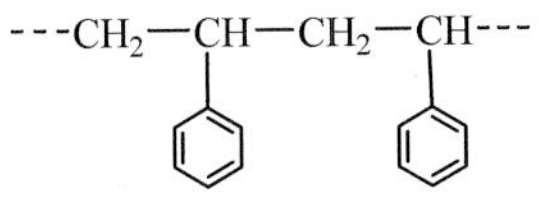 $---CH_2-CH-CH_2-CH---$ (각 CH에 벤젠 고리)

A와 B에 대한 옳은 설명을 〈보기〉에서 모두 고른 것은?

> 보기
> ㄱ. A의 단위체는 2종류이다.
> ㄴ. A는 열을 가하여 쉽게 다른 모양으로 만들 수 있다.
> ㄷ. B는 냄비나 다리미의 손잡이를 만들 때 이용된다.

① ㄱ ② ㄱ, ㄴ ③ ㄱ, ㄷ
④ ㄴ, ㄷ ⑤ ㄱ, ㄴ, ㄷ

17. 그림은 합성섬유인 6,6-나일론과 천연섬유인 실크의 구조식을 나타낸 것이다.

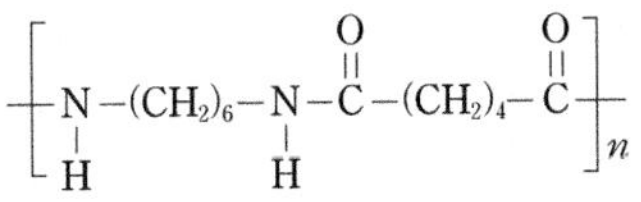

$$\left[-\underset{H}{\underset{|}{N}}-(CH_2)_6-\underset{H}{\underset{|}{N}}-\overset{O}{\overset{\|}{C}}-(CH_2)_4-\overset{O}{\overset{\|}{C}}-\right]_n \qquad \left[-\underset{H}{\underset{|}{N}}-\overset{R}{\overset{|}{CH}}-\overset{O}{\overset{\|}{C}}-\right]_n$$

6,6-나일론 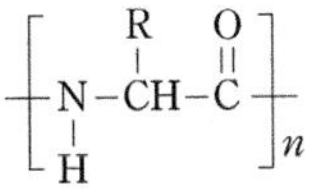 실크

위 물질에 대한 설명으로 옳은 것을 〈보기〉에서 모두 고른 것은?

> 보기
> ㄱ. 두 물질 모두 축합중합 화합물이다.
> ㄴ. 두 물질 모두 펩티드결합을 가지고 있다.
> ㄷ. 실크를 가수분해하면 아미노산이 얻어진다.

① ㄱ ② ㄱ, ㄴ ③ ㄱ, ㄷ
④ ㄴ, ㄷ ⑤ ㄱ, ㄴ, ㄷ

CHAPTER 05 전이 금속 화합물

제1절 전이 금속 일반

정답 p. 105

대표 유형 기출 문제

16 지방직 7급 12

1. 다음 착화합물 수용액에 $AgNO_3$ 수용액을 첨가하였을 때, 침전이 생성되는 것은?

① $[Cr(NH_3)_3Cl_3]$
② $[Cr(NH_3)_6]Cl_3$
③ $[Cr(NH_3)_4Cl_2]NO_3$
④ $Na_3[Cr(CN)_6]$

18 지방직 7급 12

2. 배위 화합물 $[Co(NH_3)_2(en)Cl_2]^+$에서 중심 금속 Co의 산화수와 배위수를 바르게 연결한 것은?

$(en = H_2NCH_2CH_2NH_2)$

	산화수	배위수
①	+2	5
②	+2	6
③	+3	5
④	+3	6

20 지방직 7급 05

3. 크로뮴(Cr) 원자의 바닥 상태의 전자 배치에서 홀전자 개수는? (단, Cr의 원자 번호는 24이다)

① 3 ② 4
③ 5 ④ 6

20 국가직 7급 01

4. 짝지은 d 오비탈 모양이 가장 다른 것은?

① d_{yz}, d_{xz} ② d_{xz}, $d_{x^2-z^2}$
③ $d_{x^2-z^2}$, d_{z^2} ④ d_{yz}, d_{xy}

21 지방직 9급 11

5. $_{29}$Cu에 대한 설명으로 옳지 않은 것은?

① 상자성을 띤다.
② 산소와 반응하여 산화물을 형성한다.
③ Zn보다 산화력이 약하다.
④ 바닥 상태의 전자 배치는 $[Ar]4s^13d^{10}$이다.

21 지방직 7급 09

6. 배위 화합물에 대한 설명으로 옳지 않은 것은?

① 배위 화합물은 착이온과 상대이온(counter ion)으로 구성된다.
② 한 자리 리간드는 한 금속 이온과 하나의 결합을 형성하는 리간드이다.
③ 배위수는 금속 이온의 크기 및 전하에 관계없이 항상 일정하다.
④ 리간드는 금속 이온과 결합을 형성하는 데 쓸 수 있는 고립 전자쌍이 있는 중성 분자나 이온이다.

23 지방직 9급 13

7. 다음 각 0.1M 착화합물 수용액 100mL에 0.5M $AgNO_3$ 수용액 100mL씩을 첨가했을 때, 가장 많은 양의 침전물이 얻어지는 것은?

① $[Co(NH_3)_6]Cl_3$ ② $[Co(NH_3)_5Cl]Cl_2$
③ $[Co(NH_3)_4Cl_2]Cl$ ④ $[Co(NH_3)_3Cl_3]$

주관식 개념 확인 문제

8. 다음 [ ] 안에 알맞은 말이나 기호 또는 화학식으로 써라.

(1) 주기율표에서 3A~7A족, 8족, 1B족 원소를 [①]라 하며, [②], 또는 [③] 오비탈에 부분적으로 채워진다.

(2) 푸른색의 $CuSO_4$ 수용액에 암모니아수를 조금씩 가하면 처음에는 청백색의 [①]가 침전된다. 여기에 암모니아수를 과량 가하면 짙은 푸른색의 착이온 [②](이)가 생성되면서 침전이 녹는다. 이 착이온에서 NH_3를 [③]라고 하고 Cu^{2+}과, NH_3 사이에는 [④] 결합을 한다.

9. 다음 주어진 〈보기〉는 제4주기 원소의 일부분을 원자 번호순으로 나열한 것이다. 다음 각 물음에 답하여라.

보기

$_{20}Ca$, $_{21}Sc$, $_{22}Ti$, $_{23}V$, $_{24}Cr$, $_{25}Mn$, $_{26}Fe$, $_{27}Co$, $_{28}Ni$, $_{29}Cu$, $_{30}Zn$

(1) 전자 배치의 안정성으로 보아 +1의 산화수를 가지는 원소를 써라.
(2) 바닥 상태의 전자 배치에서 최외각 전자수가 1개인 원소는?
(3) 최고 산화수가 +7로서 그 산화물은 강력한 산화제가 되는 원소는?
(4) 전이 원소에 속하지 않는 원소를 모두 써라.

10. $K_4Fe(CN)_6$를 물에 녹일 때 생기는 이온을 모두 써라.

11. 원자 번호 29인 Cu 원자의 바닥 상태의 전자 배치에 대하여 각 물음에 답하여라.

(1) 바닥 상태의 전자 배치를 써라.

(2) Cu^{2+}의 전자 배치에서 M 전자 껍질에 채워진 전자의 총 수는 몇 개인가?

12. 착이온$[Co(NH_3)_4Cl_2]^+$에 대하여 다음 각 물음에 답하여라.

(1) 리간드의 종류와 수 및 배위수를 써라.

(2) 중심 금속 이온인 Co의 전하수는?

(3) 중심 금속 이온과 리간드 사이의 결합의 종류는?

13. 배위수 6인 Co^{3+} 1몰에 에틸렌 디아민 ($H_2N-CH_2-CH_2-NH_2$)과 배위 결합하여 착이온을 만들려면 몇 몰의 에틸렌 디아민이 필요한가?

14. 착화합물 $CrCl_3 \cdot 4H_2O$ 1몰이 포함된 용액이 있다. 이 용액에 충분한 양의 질산은 용액($AgNO_3$)을 가했더니 1몰의 AgCl이 침전되었다. (단, 중심 금속 이온의 배위수는 6이다.)

(1) 이 착화합물 속에 들어 있는 착이온의 화학식을 써라.

(2) 이 착화합물 1몰에 포함된 리간드의 종류와 그 몰 수를 써라.

(3) 중심 금속 이온의 전하는 얼마인가?

기본 문제

전이 원소 일반

15. 다음 중 전이 원소가 아닌 것은?

① Cr ② Mn
③ Fe ④ Ca
⑤ Ag

16. 다음 원소 중 두 종류 이상의 원자가를 갖는 원소로 짝지어진 것은?

① K, Na, Al ② Pb, Ag, Mg
③ Fe, Cu, Hg ④ Zn, Cu, Ca

17. 다음은 4주기 전이 원소에 대한 설명이다. 잘못 설명한 것은?

① 족이 달라져도 성질이 비슷하다.
② 전이 원소 이온이나 화합물은 색깔을 띠는 것이 많다.
③ 대부분 2가지 이상의 산화수를 갖는다.
④ 활성이 큰 중금속으로 녹는점이 매우 높다.
⑤ 이온은 여러 종류의 리간드와 착이온을 형성한다.

18. 다음의 설명 중 전이원소와 관련 없는 사항은?

① 단단하고 비중이 크다.
② 화합물과 이온들은 색을 띤 것이 많다.
③ 홑원소 물질과 화합물은 대개 촉매로 쓰인다.
④ 홑원소 물질은 실온에서 비교적 변화되기 쉽다.

19. 전이원소에 대한 설명 중 옳지 않은 것은?

① 모두 금속이다.
② 반응에서 촉매로 쓰이는 것이 많다.
③ 한 가지 산화수만 가질 수 있다.
④ d, f 오비탈에 부분적으로 전자가 채워진다.

20. 전이원소의 일반적 성질에 해당하지 않은 것은?

① 전자가 d, f 오비탈에 부분적으로 채워진다.
② 녹는점과 끓는점이 높다.
③ 원자 번호가 증가할수록 원자 반지름이 증가한다.
④ 여러 가지 산화 상태를 가진다.

21. 다음은 4주기 전이 원소의 전자 배치에 대한 설명이다 다음 설명 중 틀린 것은?

① 원자 번호 24번인 크롬(Cr)의 홀전자수가 가장 많다.
② Mn^{4+}는 d 오비탈에 3개의 전자를 갖는다. (Mn은 25번)
③ Fe는 d 오비탈에 4개의 홀전자를 갖는다. (Fe는 26번)
④ 원자 번호 29번인 Cu는 d 오비탈에 1개의 홀전자를 갖는다.

리간드

22. 다음 중 착이온을 만들 때 리간드(ligand)가 될 수 없는 분자나 이온은?

① NH_3　　② NH_4^+
③ $S_2O_3^{2-}$　　④ Cl^-
⑤ H_2O

23. 다음 중 리간드가 될 수 없는 것을 고르면?

① $H_2N-(CH_2)_2-NH_2$　　② BeH_2
③ H_2O　　④ Cl^-

24. 다음에서 2자리수 리간드가 아닌 것은?

① CO_3^{2-}　　② $H_2NCH_2CH_2NH_2$
③ $C_2O_4^{2-}$　　④ SO_4^{2-}

착이온 화학식의 해석

25. 아래의 화합물 중에서 V원자의 산화수가 +3인 것은?

① $K_4[V(CN)_6]$　　② NH_4VO_2
③ VSO_4　　④ $VOSO_4$
⑤ V_2O_5

26. $K_3Fe(CN)_6$ 속에 포함된 철 이온의 전하수는?

① 0　　② +1
③ +2　　④ +3

27. Zn^{2+}이 CN^-와 배위 결합하여 착이온을 형성하였을 때의 이온식으로 옳은 것은?

① $[Zn(CN)]^{2+}$　　② $[Zn(CN)_4]^{2+}$
③ $[Zn(CN)_4]^{2-}$　　④ $[Zn(CN)_6]^{2+}$

28. $K_4Fe(CN)_6$ 1몰을 물에 완전히 녹일 때 생성되는 이온의 종류와 몰수를 옳게 나타낸 것은?

① 3종류, 11몰 ② 2종류, 5몰
③ 3종류, 7몰 ④ 2종류, 6몰

29. 배위 화합물인 $[Cr(NH_3)(en)_2Cl]Br_2$의 중심 금속인 Cr의 산화수와 배위수를 순서대로 바르게 나열한 것은? (단, $en = H_2NCH_2CH_2NH_2$이다.)

① +3, 6 ② +3, 4
③ +2, 6 ④ +2, 4

30. 다음 착이온에 대한 설명 중 옳지 않은 것은?

$[Co(NH_3)_4Cl_2]^+$

① 중심 금속 이온은 Co^{3+}이다.
② 리간드는 NH_3와 Cl^-이다.
③ 배위수는 6이다.
④ 중심 금속 이온과 리간드는 수용액 속에서도 이온 결합으로 강하게 결합되어 있다.

31. 착이온 $[Co(NH_3)_6]^{3+}$에 대한 설명 중 옳지 않은 것은?

① 중심 금속의 전하는 +3이다.
② NH_3는 중심 금속과 이온 결합을 형성하고 있다.
③ 착이온은 정팔면체 구조를 하고 있다.
④ 리간드는 NH_3이다.

32. 조성이 $CoCl_3 \cdot 5NH_3$인 착화합물 1몰의 수용액에 충분한 양의 $AgNO_3$ 수용액을 가하면 2몰의 AgCl이 침전된다. 이 착화합물의 중심 이온의 배위수는?

① 2 ② 4
③ 6 ④ 8

33. 다음은 Co^{3+}의 아민착물에 관한 실험 결과이다. 실험에서는 착물 1몰에 충분한 양의 $AgNO_3$ 용액을 넣어 생긴 AgCl 앙금의 몰수를 측정했다.

	착물	착물 1몰 속의 이온의 총몰수	$AgNO_3$에 의해 생성된 앙금의 몰수
A	$CoCl_3 \cdot 5NH_3$	3	2

다음 중 옳지 않은 것은?

① 착물 A 1몰을 물에 녹일 때 생성되는 Cl^-은 2몰이다.
② 착물 A에 들어 있는 3몰의 Cl^- 중 이온화되지 않고 Co^{3+}과 강하게 결합되어 있는 Cl^-은 2몰이다.
③ 착물 A에 들어 있는 착이온의 전하는 +2이다.
④ Co^{3+}의 배위수는 6이다.

착이온과 입자수 효과

34. 어떤 착물 0.5몰을 2.5kg의 물에 녹인 다음 어는점을 측정하였더니 −1.12℃였다. 이 실험 결과와 어는점이 동일한 화합물은? (단, 물의 몰랄 어는점 내림 상수는 1.86℃/m이다.)

① $K_3[Fe(CN)_6]$　② $K_2[PtCl_6]$
③ $K[Pt(NH_3)Cl_3]$　④ $[Co(NH_3)_3Cl_3]$

35. 어떤 착화합물 0.5몰을 물 1,000g에 녹여 끓는점을 측정하였더니 101.04℃였다. 같은 조건에서 이와 같은 끓는점을 가질 수 있는 착물을 아래 〈보기〉에서 골라 옳게 묶어 놓은 것은? (단, 착화합물은 수용액에서 이온화도가 1이고, 물의 끓는점 오름 상수는 0.52℃/m이다.)

보기

ㄱ. $K_4[Fe(CN)_6]$　ㄴ. $[Co(NH_3)_6]Cl_3$
ㄷ. $K_3[Fe(CN)_6]$　ㄹ. $[Zn(NH_3)_4]Cl_2$
ㅁ. $K[Ag(CN)_2]$　ㅂ. $[Pt(NH_3)_4]Cl_2$

① ㄱ, ㄴ, ㄷ, ㄹ　② ㄱ, ㄷ, ㄹ
③ ㄷ, ㄹ, ㅂ　④ ㄴ, ㅂ
⑤ ㄴ, ㄷ

착화합물 명명법

대표 유형 기출 문제

07 국가직 7급 03

36. 다음 무기화합물들을 명명한 것 중에서 올바르지 않은 것은?

① $[Co(NH_3)_6]Cl_3$
hexaamminecobalt(Ⅲ) chloride

② $[Co(NH_3)_5Cl]Cl_2$
pentaamminechlorocobalt(Ⅲ) chloride

③ $K_3[Fe(CN)_6]$
potassium hexacyanoferrate(Ⅲ)

④ $[Co(H_2O)_2(NH_3)_4]Cl_3$
diaquatetraamminecobalt(Ⅲ) chloride

주관식 개념 확인 문제

37. 다음 배위화합물에 대한 이름이나 화학식을 쓰시오.

(1) $Na_3[AlF_6]$

(2) $[Co(en)_2Cl_2]NO_3$

(3) 염화 테트라암민브로로클로로백금(Ⅳ)

(4) 테트라클로로철(Ⅲ)산 헥사암민 코발트(Ⅲ)

38. 다음 배위화합물에 대한 이름을 쓰시오.

(1) $[Co(NH_3)_5Cl]Cl_2$

(2) $K_3[Fe(CN)_6]$

(3) $[Fe(en)_2(NO_2)_2]_2SO_4$

39. 다음 배위화합물에 대한 이름을 쓰시오.

(1) $[CoCl_4]^{2-}$

(2) $[Co(en)_3]^{3+}$

(3) $[Cr(H_2O)_4(NH_3)_2]^{2+}$

(4) $[Cr(H_2O)_4Cl_2]Cl$

40. 다음 배위화합물에 대한 화학식을 쓰시오.

(1) 염화 트라이암민브로모백금(Ⅱ)

(2) 헥사플루오로코발트(Ⅲ)산 포타슘

제2절 착이온의 구조와 이성질체

정답 p. 109

대표 유형 기출 문제

07 국가직 7급 04

1. MA_3B_3 팔면체 착물은 기하 이성질체인 mer-이성질체와 fac-이성질체를 형성할 수 있다. 다음 중에서 mer-이성질체는?

① NH_3, Cl, Cl / Co / NH_3, NH_3, Cl

② NH_3, Cl, Cl / Co / Cl, NH_3, NH_3

③ NH_3, Cl, NH_3 / Co / Cl, NH_3, Cl

④ Cl, Cl, Cl / Co / NH_3, NH_3, NH_3

09 국가직 7급 02

2. 전이금속 화합물인 $[Co(NH_3)_4Cl_2]^+$의 이성질체의 수는?

① 1개　　② 2개
③ 3개　　④ 4개

12 지방직 7급 18

3. 다음은 A, B, C의 특성을 나타낸 것이다. A, B, C에 대한 설명으로 옳지 않은 것은?(단, 수용액에서 리간드는 중심 금속 Co^{3+}로부터 해리되지 않는다.)

- A, B, C는 모두 중심 금속 Co^{3+}에 Cl^-, NH_3가 임의의 비율로 배위 결합되어 팔면체 구조를 형성한다.
- A는 중성 분자이고, B와 C는 염이다.
- 1몰의 B를 과량의 질산은($AgNO_3$) 수용액과 반응시키면 3몰의 염화은(AgCl) 침전이 생성된다.
- 1몰의 C를 물에 녹이면 2몰의 이온이 생성되며, 이 중 1몰은 포타슘 이온(K^+)이다.

① A는 $[Co(NH_3)_3Cl_3]$이며, 시스, 트랜스 기하 이성질체가 있다.
② A는 $[Co(NH_3)_3Cl_3]$이며, 이성질체의 수는 2개이다.
③ B는 $[Co(NH_3)_6]Cl_3$이며, 6개의 리간드가 모두 동일하므로 착이온의 쌍극자 모멘트는 0이다.
④ C는 $K[CoCl_4(NH_3)_2]$이며, 시스, 트랜스 2개의 기하 이성질체를 갖는다.

13 지방직 7급 11

4. 팔면체 배위 화합물 $K[Co(NH_3)_2Cl_4]$의 기하 이성질체 개수와 중심 금속 Co의 산화수가 옳게 짝지어진 것은?

	기하 이성질체	산화수
①	2	+2
②	2	+3
③	3	+2
④	3	+3

13 국가직 7급 09

5. $[Co(en)_3]^{3+}$ 착이온에 대한 설명으로 옳은 것을 모두 고른 것은? (단, en은 ethylenediamine이다.)

ㄱ. 거울상 이성질체(enantimer)가 존재한다.
ㄴ. 중심 금속의 배위수는 3이다.
ㄷ. 킬레이트 리간드를 가지고 있다.
ㄹ. 카이랄(chiral)성 물질이다.

① ㄱ, ㄴ ② ㄴ, ㄷ
③ ㄱ, ㄴ, ㄷ ④ ㄱ, ㄷ, ㄹ

14 국가직 7급 14

6. 시스-트랜스(cis-trans)이성질체를 가지는 금속 화합물을 모두 고르면?
(단, en은 ethylenediamine이다.)

ㄱ. $Pt(NH_3)_2Br_2$
ㄴ. $[Co(NH_3)_4Cl_2]^+$
ㄷ. $Co(NH_3)_3Cl_3$
ㄹ. $[Rh(en)(NH_3)_4]^+$

① ㄱ, ㄴ ② ㄴ, ㄷ
③ ㄷ, ㄹ ④ ㄱ, ㄴ, ㄹ

16 국가직 7급 02

7. 금속 착화합물 $[Pt(NH_3)_2Cl_2]$ 에 대한 설명으로 옳지 않은 것은?

① 중심 금속 Pt의 산화 상태는 +2이다.
② 평면 사각형의 기하구조를 갖는다.
③ 시스-트랜스 이성질체를 갖는다.
④ 이성질체 구조에 따라 광학 활성이 달라진다.

17 국가직 7급 15

8. 팔면체 착물 $Cr(H_2O)_3ClBrI$가 가질 수 있는 이성질체의 수와 거울상 이성질체 쌍의 수를 바르게 연결한 것은?

	이성질체의 수	거울상 이성질체 쌍의 수
①	4	1
②	4	2
③	5	1
④	5	2

주관식 개념 확인 문제

9. 다음 물음에 답하여라.

(1) 바닥 상태에 있는 Cu 원자의 전자 배치를 써라.

(2) $[Cu(NH_3)_4]^{2+}$ 착이온에서 구리 원자의 산화수를 써라.

(3) $[Cu(NH_3)_4]^{2+}$ 착이온은 구리 원자를 중심으로 점대칭성을 가지고 있다. 이 착이온의 기하학적 구조는 무엇인가?

10. $CrCl_3 \cdot 5H_2O$의 조성을 갖는 엷은 녹색의 착화합물이 있다. 이 화합물 1몰을 물에 녹인 후 $AgNO_3$ 용액을 과량 가하면 2몰의 AgCl이 침전한다. 이 착화합물의 기하학적 구조를 말하고 착이온의 화학식을 쓰시오.

기본 문제

11. (가)항에는 착이온을 (나)항에는 결합에 사용된 혼성 오비탈을 또한 (다)항에는 착이온의 구조를 나타내었다. 서로 관련이 있는 것끼리 연결하시오.

	(가)	(나)	(다)
①	$[Ag(CN)_2]^-$	㉠ dsp^2	ⓐ 평면사각형
②	$[Cd(NH_3)_4]^{2+}$	㉡ d^2sp^3	ⓑ 직선구조
③	$[Cu(NH_3)_4]^{2+}$	㉢ sp	ⓒ 정팔면체
④	$[Fe(CN)_6]^{4-}$	㉣ sp^3	ⓓ 정사면체

12. 착이온 $[Cu(NH_3)_4]^{2+}$의 구조는?

① 선형 ② 평면 사각형
③ 정사면체 ④ 정팔면체

13. 착이온 $[Fe(CN)_6]^{3-}$에 대한 설명이다. 다음 설명 중 잘못된 것은 어느 것인가?

① 배위수는 6이다.

② 리간드는 CN^-이다.

③ 이 착이온의 입체구조는 정사면체이다.

④ 중심 금속 이온과 리간드 사이는 배위 결합으로 이루어져 있다.

14. $CrCl_3 \cdot 5NH_3$ 1몰을 물에 녹인 용액에 충분한 양의 질산은 용액을 가하면 2몰의 염화은을 얻을 수 있다. 다음 설명 중 틀린 것은?

① 크롬 착화합물의 배위수는 6이다.
② 착물은 5개의 NH_3 리간드를 갖는다.
③ 착물은 1개의 Cl^- 리간드를 갖는다.
④ 착물의 입체구조는 정사면체이다.

15. 〈보기〉에서 설명하는 배위 화합물로 가장 적절한 것은? (단, en은 $H_2NCH_2CH_2NH_2$이다.)

보기
- 금속의 산화수는 +3이다.
- 수용액에서 1몰이 해리되었을 때 생성되는 이온의 수는 3몰이다.
- 착이온의 기하 이성질체가 존재한다.

① $[Co(NH_3)_4(H_2O)Br]Cl_2$
② $[Co(NH_3)_5Cl]Cl_2$
③ $[Co(H_2O)_6](NO_3)_2$
④ $[Co(en)_2Cl_2]Cl$

16. 원자가 결합 이론(valence bond theory)을 바탕으로 할 때, 〈보기〉와 같은 팔면체 구조를 가진 $[CoF_6]^{3-}$의 중심 원자 Co는 6개의 F^-와 결합하기 위하여 혼성 오비탈을 형성한다. 이 혼성 오비탈을 이루는 각각의 s, p, d 오비탈의 수[개]는?

보기

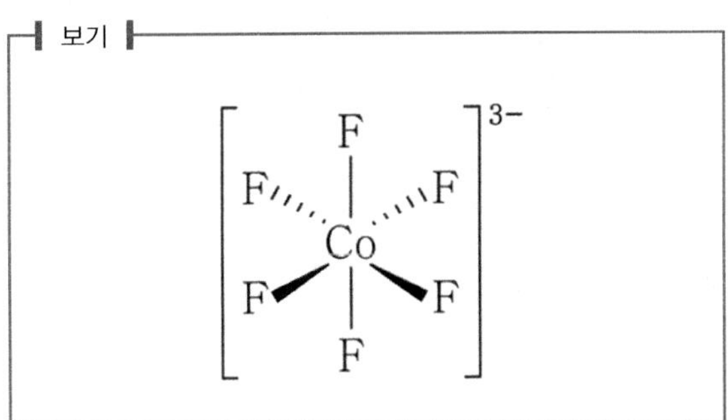

	s 오비탈	p 오비탈	d 오비탈
①	1	1	4
②	1	2	3
③	1	3	2
④	1	3	3

제 3 절 결정장 이론과 리간드장 이론

정답 p. 111

대표 유형 기출 문제

결정장 이론

08 국가직 7급 17

1. **$[Ni(NH_3)_2Cl_2]$는 상자기성을 띠고, $[Pt(NH_3)_2Cl_2]$는 반자기성을 띤다. 두 화합물에 대한 설명으로 옳은 것은?**

① $[Pt(NH_3)_2Cl_2]$에서 Pt의 산화수는 +4이다.
② $[Ni(NH_3)_2Cl_2]$의 기하구조는 사면체이다.
③ $[Ni(NH_3)_2Cl_2]$에서 Ni는 3개의 홀전자를 갖는다.
④ $[Pt(NH_3)_2Cl_2]$의 시스(cis) 이성질체는 쌍극자 모멘트가 0이다.

10 지방직 7급 20

2. **$[NiCl_4]^{2-}$는 상자성인 반면 $[Ni(CN)_4]^{2-}$는 반자성을 띤다. 이러한 성질을 이용하여 $_{28}Ni$의 전자배치를 작성하여 화학 결합에 참여하는 혼성화 궤도함수를 구할 때 각각 맞게 짝지어진 것은?**

① sp^3, d^2sp　　② sp^3, dsp^2
③ d^2sp, sp^3　　④ dsp^2, sp^3

10 국가직 7급 20

3. **배위 화합물에 대한 설명으로 옳지 않은 것은?**

① 리간드는 비공유 전자쌍을 가진다.
② 결정장 이론에 의하면 팔면체 착물에서는 e_g가 t_{2g} 오비탈보다 에너지 준위가 낮다.
③ 팔면체장에서 d_{xy} 오비탈은 t_{2g} 궤도에 속한다.
④ 결정장 이론은 중심 금속의 d-오비탈과 리간드 간의 상호작용을 정전기적 반발력의 개념으로 설명한다.

11 국가직 7급 10

4. **착이온의 결합에 대한 결정장 모형(crystal field model)을 설명한 것으로 옳지 않은 것은?**

① 편재된 전자 결합 모형에 비해 착이온의 자기적 성질을 잘 설명할 수 있다.
② d 궤도함수들의 에너지에 초점을 맞춘다.
③ CN^-는 Br^-에 비해 강한 장 리간드이다.
④ 리간드가 사면체 배열을 하는 경우 팔면체 배열일 때보다 d궤도함수들의 에너지 갈라짐이 더 크다.

12 지방직 7급 17

5. 결정장 이론에 대한 설명으로 옳은 것은?

① 할로젠 음이온들은 암모니아보다 강한 결정장 세기를 가진다.

② 금속 이온 용액의 색은 금속의 전자 배치와 무관하다.

③ 결정장 갈라짐 에너지는 사면체가 팔면체보다 크다.

④ 팔면체 착화합물의 경우 d^4부터 d^7까지는 고스핀과 저스핀을 가질 수 있다.

14 국가직 7급 19

6. 팔면체(octahedral) 착물 $[CoF_6]^{3-}$와 $[Co(CN)_6]^{3-}$에 대한 설명으로 옳지 않은 것은?

① 두 착물에 존재하는 Co의 산화수는 모두 +3가이다.

② $[CoF_6]^{3-}$의 결정장 갈라짐 에너지는 $[Co(CN)_6]^{3-}$의 결정장 갈라짐 에너지보다 작다.

③ $[CoF_6]^{3-}$는 팔면체 결정장 내에서 t_{2g} 오비탈에 6개, e_g 오비탈에 0개의 전자가 존재하는 저스핀 착물(low spin complex)이다.

④ $[Co(CN)_6]^{3-}$ 착물의 결정장 갈라짐 에너지는 짝지음 에너지(pairing energy)보다 크다.

15 국가직 7급 20

7. 다음 특성을 모두 가지는 금속 착이온은?

- 금속의 산화수는 +2이다.
- 금속의 d 오비탈 전자 수는 6개이다.
- 상자기성(paramagnetic) 착이온이다.

① $[MnF_6]^{3-}$ ② $[Fe(CN)_6]^{4-}$

③ $[Fe(H_2O)_6]^{2+}$ ④ $[Co(H_2O)_6]^{2+}$

16 지방직 7급 05

8. 결정장 이론에 대한 $[Mn(CN)_6]^{3-}$의 d 오비탈 전자 배치는? (단, Mn의 원자 번호는 25이다.)

① e_g ＿ ＿
t_{2g} ↑↓ ↑ ↑

② t_{2g} ↑ ↑ ＿
e_g ↑ ↑

③ e_g ↑ ＿
t_{2g} ↑ ↑ ↑

④ t_{2g} ＿ ＿ ＿
e_g ↑↓ ↑↓

16 지방직 7급 09

9. 착화합물 $K_3[NiCl_6]$에 대한 설명으로 옳은 것만을 모두 고른 것은? (단, Ni의 원자 번호는 28이다.)

ㄱ. Ni의 배위수는 6이다.
ㄴ. Ni의 산화수는 −3이다.
ㄷ. $K_3[NiCl_6]$은 상자성(paramagnetic)이다.

① ㄱ ② ㄱ, ㄷ

③ ㄴ, ㄷ ④ ㄱ, ㄴ, ㄷ

16 서울시 7급 13

10. 각 팔면체 착물에 대한 설명으로 옳지 않은 것은? (단, CN^-와 en은 강한장 리간드, H_2O와 F^-는 약한장 리간드이다.)

① $[Cr(en)_3]^{3+}$는 세 개의 홀전자를 가진다.

② $[Mn(CN)_6]^{3-}$는 두 개의 홀전자를 가진다.

③ $[Co(H_2O)_6]^{2+}$는 한 개의 홀전자를 가진다.

④ $[NiF_6]^{4-}$는 두 개의 홀전자를 가진다.

16 국가직 7급 20

11. 전이 금속 배위 착물의 결정장 갈라짐(crystal field splitting)에 대한 설명으로 옳은 것은?

① $[Fe(CN)_6]^{4-}$는 상자기성(paramagnetic)이다.

② 결정장 갈라짐의 크기는 $[Cr(H_2O)_6]^{2+}$가 $[Cr(H_2O)_6]^{3+}$보다 크다.

③ $[Co(CN)_6]^{4-}$가 $[CoF_6]^{4-}$보다 장파장의 빛을 흡수한다.

④ 리간드가 같은 경우, 결정장 갈라짐의 크기는 Pt^{2+} 착물이 Ni^{2+} 착물보다 크다.

17 서울시 7급 07

12. Mn 원자의 바닥 상태 전자배치는 $[Ar]3d^5 4s^2$이며, 산 수용액에서 쉽게 이온화하여 착이온인 $[Mn(H_2O)_6]^{2+}$를 형성한다. $[Mn(H_2O)_6]^{2+}$의 구조는 정팔면체이고, H_2O는 약한장 리간드일 때, 이 착이온에서 짝짓지 않은 전자의 수는?

① 2개	② 3개
③ 4개	④ 5개

19 지방직 9급 20

13. 팔면체 철 착이온 $[Fe(CN)_6]^{3-}$, $[Fe(en)_3]^{3+}$, $[Fe(en)_2Cl_2]^+$에 대한 설명으로 옳은 것만을 모두 고르면? (단, en은 에틸렌다이아민이고 Fe는 8족 원소이다)

보기

ㄱ. $[Fe(CN)_6]^{3-}$는 상자기성이다.

ㄴ. $[Fe(en)_3]^{3+}$는 거울상 이성질체를 갖는다.

ㄷ. $[Fe(en)_2Cl_2]^+$는 3개의 입체이성질체를 갖는다.

① ㄱ	② ㄴ
③ ㄷ	④ ㄱ, ㄴ, ㄷ

19 지방직 7급 10

14. 몰 조성비가 Fe : Cl : NH_3 = 1 : 3 : 4인 6배위 착화합물에 대한 설명으로 옳은 것은?

① 중심 금속의 산화수는 +2이다.

② 거울상 이성질체를 갖는다.

③ 상자기성이다.

④ 1몰이 물에 녹아 완전히 해리되면 이온 3몰이 생긴다.

19 국가직 7급 18

15. 금속 착물에서 중심 원자의 d 오비탈 에너지 준위는 리간드의 분광화학적 계열에 따른 결정장 모형에 의해 정해진다. 이때, d 오비탈에 홀전자의 개수가 가장 많은 금속 착물은?(단, Mn, Fe, Co, Ni은 각각 7족, 8족, 9족, 10족 원소이다.)

① $[Mn(H_2O)_6]^{2+}$	② $[CoF_6]^{3-}$
③ $[NiCl_4]^{2-}$	④ $[Fe(CN)_6]^{3-}$

20 서울시 7급 03

16. 〈보기〉의 전이금속 화합물의 자화율(magnetic susceptibility)을 측정했을 때, 가장 작은 값을 갖는 것은?

보기

ㄱ. $[Fe(CN)_6]^{3-}$　　ㄴ. $[Co(CN)_6]^{3-}$

ㄷ. $[FeCl_6]^{4-}$　　ㄹ. $[CoF_6]^{3-}$

① ㄱ　② ㄴ

③ ㄷ　④ ㄹ

20 국가직 7급 08

17. 상자기성(paramagnetism)을 띠는 착이온은? (단, Mn, Co, Cu, Zn은 각각 7족, 9족, 11족, 12족 원소이다.)

① $Mn(CN)_6^{2-}$　② $Co(CN)_6^{3-}$

③ $Cu(CN)_3^{2-}$　④ $Zn(H_2O)_6^{2+}$

21 국가직 7급 22

18. 착화합물 $K_2[Ni(CN)_4]$에 대한 설명으로 옳은 것만을 모두 고르면?(단, Ni의 족 번호는 10이다.)

ㄱ. Ni의 $3d$ 전자 개수는 6이다.

ㄴ. 반자성이다.

ㄷ. 화합물 이름은 테트라사이아노니켈 포타슘이다.

① ㄱ　② ㄴ

③ ㄷ　④ ㄴ, ㄷ

리간드장 이론

07 국가직 7급 05

19. 착물의 흡수 스펙트럼은 리간드의 성질에 의존하는 결정장 갈라짐의 크기에 따라 흡수파장이 달라진다. 분광화학적 계열은 다음과 같다.

$$en > NH_3 > H_2O$$

Ni^{2+}의 팔면체 착물에서 리간드를 H_2O, NH_3 및 ethylenediamine(en)으로 변화시켰을 때 흡수 파장의 크기가 증가하는 순서가 맞는 것은?

① $[Ni(H_2O)_6]^{2+} < [Ni(NH_3)_6]^{2+} < [Ni(en)_3]^{2+}$

② $[Ni(en)_3]^{2+} < [Ni(NH_3)_6]^{2+} < [Ni(H_2O)_6]^{2+}$

③ $[Ni(en)_3]^{2+} < [Ni(H_2O)_6]^{2+} < [Ni(NH_3)_6]^{2+}$

④ $[Ni(NH_3)_6]^{2+} < [Ni(H_2O)_6]^{2+} < [Ni(en)_3]^{2+}$

10 국가직 7급 03

20. 다음 중 가장 강한 장 리간드(strong field ligand)로 작용하는 것은?

① CN^-

② H_2O

③ NH_3

④ en(ethylene diamine)

11 국가직 7급 18

21. 서로 다른 리간드 X, Y, Z로 이루어진 팔면체 니켈 착화합물들이 아래와 같은 색깔을 띤다. 착화합물들의 색깔에 근거한 리간드들의 장의 세기(field strength) 비교로 옳은 것은?

> $[NiX_6]^{2+}$: 초록색
> $[NiY_6]^{2+}$: 보라색
> $[NiZ_6]^{2+}$: 파란색

① X > Y > Z　② Y > Z > X
③ Z > X > Y　④ Z > Y > X

14 국가직 7급 18

22. 다음 화합물 중 수용액상에서 무색인 것은? (단, Cr, Fe, Cu, Zn의 원자번호는 각각 24, 26, 29, 30이다.)

① $[Cr(H_2O)_6]Cl_3$　② $K_3[Fe(CN)_6]$
③ $CuSO_4$　④ $[Zn(NH_3)_6]SO_4$

17 국가직 7급 10

23. Co^{2+} 팔면체 착물 $[CoCl_6]^{4-}$, $[Co(CN)_6]^{4-}$, $[Co(H_2O)_6]^{2+}$, $[Co(NH_3)_6]^{2+}$의 수용액은 빨간색, 주황색, 노란색, 초록색 중 한 색을 띤다. 다음 중 노란색을 띠는 착물은?

① $[CoCl_6]^{4-}$　② $[Co(CN)_6]^{4-}$
③ $[Co(H_2O)_6]^{2+}$　④ $[Co(NH_3)_6]^{2+}$

20 지방직 7급 18

24. 가시광선 영역에서 가장 긴 파장의 빛을 흡수하는 착이온은?

① $[Co(NH_3)_6]^{2+}$　② $[Co(H_2O)_6]^{2+}$
③ $[Co(CN)_6]^{4-}$　④ $[CoF_6]^{4-}$

주관식 개념 확인 문제

25. 다음 착화합물들의 결정장 갈라짐 에너지를 비교하시오.

(1)

> $[Ni(H_2O)_6]^{2+}$　$[Ni(NH_3)_6]^{2+}$　$[Ni(en)_3]^{2+}$

(2)

> $[V(H_2O)_6]^{2+}$　$[V(H_2O)_6]^{3+}$

(3)

> $[Pt(H_2O)_6]^{2+}$　$[Ni(H_2O)_6]^{2+}$

기본 문제

26. 다음은 저스핀인 $[Co(NH_3)_6]^{3+}$에서 Co^{3+} 이온의 바닥 상태에서의 d–전자 배치와 $d-d$ 전이의 흡수선 파장을 나타낸 것이다.

착이온	$[Co(NH_3)_6]^{3+}$
d – 전자 배치	— — e_g ↿⇂ ↿⇂ ↿⇂ t_{2g}
흡수선 파장	220nm

고스핀인 CoF_6^{3-}에서 Co^{3+} 이온의 바닥 상태에서의 홀전자수와 $d-d$ 전이의 흡수선 파장을 옳게 나타낸 것은? (순서대로 홀전자수, 흡수선 파장)

① 0, 220nm보다 길다.
② 2, 220nm보다 짧다.
③ 4, 220nm보다 짧다.
④ 4, 220nm보다 길다.

27. Fe^{3+}의 d 오비탈에 존재하는 전자가 고스핀 팔면체 착물의 전자 배치를 할 때의 결정장 안정화 에너지(CFSE)를 구하면?

① $-\frac{6}{5}\Delta_O$　② $-\frac{3}{5}\Delta_O$
③ 0　④ $+\frac{2}{5}\Delta_O$

28. 가시광선 영역에서 가장 긴 파장의 빛을 흡수하는 착이온은?

① $[Co(NH_3)_6]^{2+}$　② $[Co(H_2O)_6]^{2+}$
③ $[Co(CN)_6]^{4-}$　④ $[CoF_6]^{4-}$

29. 정팔면체(octalhedral) 구조의 착물(complex)에 결정장 모델(crystal field model) 적용시 중심 금속이 가진 d 오비탈 중 가장 높은 에너지 준위를 갖는 오비탈은?

① d_{xy}　② d_{yz}
③ d_{z^2}　④ 전부 동일하다.

PART

4

물질의 상태와 용액

CHAPTER 01

화학의 기초

정답 p. 117

대표 유형 기출 문제

14 서울시 7급 01

1. 온도의 단위인 섭씨온도(℃)와 화씨온도(°F)의 관계로 옳은 것은?

① 100℃ = 32°F　② 25℃ = 32°F
③ 100℃ = 132°F　④ 0℃ = 32°F

23 지방직 9급 03

2. 다음 다원자 음이온에 대한 명명으로 옳지 않은 것은?

	음이온	명명
①	NO_2^-	질산 이온
②	HCO_3^-	탄산수소 이온
③	OH^-	수산화 이온
④	ClO_4^-	과염소산 이온

23 해양 경찰청 01

3. 다음 중 당량을 나타내는 것으로 가장 옳은 것은?

① $\frac{\text{부피}}{\text{질량}}$　② $\frac{\text{무게}}{\text{길이} \times \text{시간}}$
③ $\frac{\text{원자량}}{\text{원자가}}$　④ 압력 × 부피

기본 문제

4. 눈금 실린더에 물을 넣었을 때의 부피가 15.43mL이다. 여기에 금속 조각을 넣었을 때의 부피가 29.8mL이었다면 이 금속의 부피를 유효숫자에 맞게 구한 것은?

① $14.37cm^3$　② $14.37dm^3$
③ $14.4cm^3$　④ $14.4dm^3$

5. SI 기본 단위 및 유도 단위의 물리량과 단위 기호가 옳게 짝지어지지 않은 것은?

① 질량 − kg　② 길이 − m
③ 온도 − ℃　④ 압력 − Pa

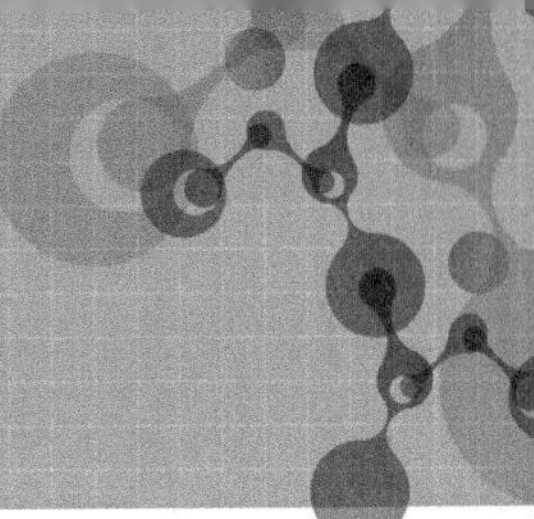

CHAPTER 02

화학식량과 몰

정답 p. 118

대표 유형 기출 문제

13 지방직 7급 07

1. 다음 표는 0℃, 1기압에서 이상 기체 A~D의 상태를 나타낸 것이다.

기체	몰 질량 (g/mol)	몰 수 (mol)	부피 (L)	질량 (g)
A			22.4	16
B	32			32
C	44		44.8	
D		0.4		10

이에 대한 설명으로 옳은 것만을 모두 고른 것은?

ㄱ. 몰 질량은 B가 D보다 더 크다.
ㄴ. 몰 수는 A와 B가 서로 같다.
ㄷ. 부피는 B가 D보다 더 작다.
ㄹ. 질량은 A가 C보다 더 크다.

① ㄱ, ㄴ ② ㄱ, ㄷ
③ ㄴ, ㄹ ④ ㄷ, ㄹ

13 국가직 7급 11

2. 다음 중 몰수가 가장 작은 것은?
(단, C: 12.0g/mol, N: 14.0g/mol, O: 16.0g/mol, Fe: 56.0g/mol)

① 3.0×10^{22}개의 CO 분자
② 28.0g의 Fe
③ 40.0g의 Fe_2O_3
④ 23.0g의 NO_2

14 지방직 9급 11

3. 다음 중 분자의 몰(mol) 수가 가장 적은 것은? (단, N, O, F의 원자량은 각각 14, 16, 19이다.)

① 14g의 N_2
② 23g의 NO_2
③ 54g의 OF_2
④ 2.0×10^{23}개의 NO

16 지방직 9급 01

4. 다음 중 개수가 가장 많은 것은?

① 순수한 다이아몬드 12g 중의 탄소 원자
② 산소 기체 32g 중의 산소 분자
③ 염화암모늄 1몰을 상온에서 물에 완전히 녹였을 때 생성되는 암모늄 이온
④ 순수한 물 18g 안에 포함된 모든 원자

17 국가직 7급 02

5. 30.0g의 포도당($C_6H_{12}O_6$)에 포함된 원자의 총 개수는? (단, H, C, O의 원자량은 각각 1.0, 12.0, 16.0이며, N_A는 아보가드로수이다.)

① N_A ② $2N_A$
③ $4N_A$ ④ $6N_A$

18 지방직 9급 13

6. **분자 수가 가장 많은 것은? (단, C, H, O의 원자량은 각각 12.0, 1.00, 16.0이다.)**

① 0.5mol 이산화 탄소 분자 수

② 84g 일산화 탄소 분자 수

③ 아보가드로 수만큼의 일산화 탄소 분자 수

④ 산소 1.0mol과 일산화 탄소 2.0mol이 정량적으로 반응한 후 생성된 이산화 탄소 분자 수

21 국가직 7급 01

7. **32g의 탄화 칼슘(CaC_2)에 들어 있는 이온의 총 개수는?(단, Ca, C의 원자량은 각각 40, 12이고, 아보가드로 수는 6.0×10^{23}이다.)**

① 3.0×10^{23}　　② 6.0×10^{23}

③ 9.0×10^{23}　　④ 1.2×10^{24}

주관식 개념 확인 문제

8. **다음 [　　　] 안에 적당한 말이나 수를 써 넣으시오.**

(1) 원자의 실제 질량은 너무 작아서 상대적인 질량인 [①]을 사용한다. 상대적 질량의 기준이 되는 원자는 질량수 12인 [②] 로서 그 질량은 12.00이다. 이 상대적인 질량값은 실제 질량은 아니지만 원자간 서로 질량 비교가 가능하다.

(2) 화학식을 구성하는 원자들의 원자량의 총합을 [①]이라고 하며, 이 중 [②]은 분자식을 구성하는 원자들의 원자량의 합이다.

(3) 원자나 분자 등의 입자들을 다룰 때는 '몰' 단위를 사용한다. 1몰이란 입자 [①]개의 집단을 말하며, 이 수를 [②]수라 한다.

9. **아세트산 분자 1개는 탄소, 수소 및 산소 원자가 각각 2개, 4개, 2개로 구성되어 있다. 아세트산을 화학식으로 나타낼 때, CH_2O와 같이 구성하는 원자들의 종류와 수를 가장 간단한 정수비로 나타낸 식을 [①], $C_2H_4O_2$와 같이 구성하는 원자들의 종류와 수로 나타낸 식을 [②], [③]와 같이 작용기를 써서 물질의 성질을 나타내는 식을 [④], 결합선을 써서 결합한 상태를 알 수 있게 나타낸 식을 [⑤]이라 한다.**

10. 다음 [ ] 속에 적당한 말이나 수를 써 넣으시오.

탈수제로 많이 쓰이는 황산(H_2SO_4)은 [①] 가지 원소로 구성된 [②] 개의 원자를 지닌 다원자 분자이며, 흰인(P_4)은 [③] 가지 원소의 [④] 원자로 구성된다.

11. 탄소 원자 ^{12}C 1개의 질량은 1.99×10^{-23}g이다. 원자 1개의 질량이 2.11×10^{-22}g인 요오드(I)의 원자량은 얼마인가? (단, 탄소(C)의 원자량은 12이다.)

12. 자연계에 존재하는 염소에는 ^{35}Cl가 75%, ^{37}Cl가 25% 포함되어 있다. 다음 물음에 답하시오.

(1) 염소(Cl)의 평균 원자량을 구하시오.

(2) Cl_2 분자의 분자량을 종류는 몇 가지인가?

(3) Cl_2 분자량의 존재 비율을 구하시오.

13. 지구를 둘러싸고 있는 대기에는 질소 기체가 78%, 산소 기체가 21%, 아르곤 기체가 1%의 부피비로 혼합되어 있다. 이 때, 대기의 평균 분자량을 소수 첫째자리까지 구하여라. (기체의 분자량: $N_2=28$, $O_2=32$, $Ar=40$)

14. 황산암모늄의 화학식은 $(NH_4)_2SO_4$이다. 황산암모늄 2몰 속에 들어 있는 다음 입자들은 각각 몇 몰인가?

(1) 암모늄 이온(NH_4^+)과 황산 이온(SO_4^{2-})

(2) 수소 원자

(3) 산소 원자

(4) 총 원자

15. 탄산나트륨 결정의 화학식은 $Na_2CO_3\cdot10H_2O$이다. 화학식 내의 $10H_2O$는 결정수로서 탄산나트륨이 결정 구조를 이룰 때 필요로 하는 물 분자이다. 결정수를 잃으면 결정 구조가 깨져 탄산나트륨은 흰색 가루가 된다. 구성 원자의 원자량은 Na=23, C=12, O=16, H=1이다.

(1) 탄산나트륨 결정의 화학식량은 얼마인가?

(2) 탄산나트륨 결정을 가열하여 결정수를 제거한 흰 가루의 질량은 처음 질량의 몇 %인가?

(3) 결정수가 없는 탄산나트륨 가루에서 산소의 질량 백분율은 얼마인가?

(4) 탄산나트륨 결정 0.5몰 중에 들어 있는 나트륨의 질량은 몇 g인가?

16. 상온, 1기압에서 산소 기체 80g을 담을 수 있는 용기가 있다. 같은 조건에서 이 용기를 질소 기체로 채운다면 질소 몇 g을 담을 수 있겠는가?

17. 금속 M의 산화물의 화학식이 MO인 물질 ag 속에 bg의 원소 M이 들어 있다고 한다. 원소 M의 원자량을 a, b로 나타내어라. (단, 산소의 원자량은 16이다.)

18. 미지의 원소 X가 산소와 결합하면 분자식이 XO_2인 산화물이 된다. 56g의 X가 128g의 산소와 결합하였다면 원소 X의 원자량은 얼마인가?

19. 메탄올(CH_3OH)과 물(H_2O)을 질량비 1 : 1로 섞은 용액 576g 속에 들어 있는 수소 원자의 수는 총 몇 개인가? (단, 아보가드로수는 N_A개이다.)

20. 표준 상태에서 어떤 기체 XO_2의 밀도는 산소 기체의 2배이다. 산소의 원자량이 16이라고 할 때, 기체 XO_2의 성분 원소인 X의 원자량은 얼마인가?

21. 질량이 10.00g인 비닐 주머니에 산소 기체를 가득 채우고 질량을 측정하였더니 12.00g이었다. 같은 조건에서 기체 X_2O_3를 이 비닐 주머니에 넣고 질량을 채었더니 14.75g이었다.

(1) 비닐 주머니 속에 있는 기체 X_2O_3는 몇 몰인가?

(2) 원소 X의 원자량은 얼마인가?

기본 문제

화학식량과 몰

22. 다음 설명 중 옳지 못한 것은?

① 메탄올(CH_3OH) 1몰 중에는 산소 원자가 6.02×10^{23}개 들어 있다.

② 물 1몰 중에는 H_2O분자 6.02×10^{23}개 들어 있다.

③ 염화나트륨 1몰 중에는 Na^+이온과 Cl^-이온이 각각 3.01×10^{23}개씩 들어 있다.

④ 전자 1몰 중에는 전자 6.02×10^{23}개가 들어 있다.

⑤ 수소(H^+)이온 1몰은 수소 원자 1몰이 전자 1몰을 잃어버리고 생성된다.

23. 다음과 같은 양의 기체 중 표준 상태에서 부피가 가장 큰 것은? (단, 원자량은 He = 4, O = 16, N = 14, Ne = 20)

① 헬륨(He) 0.05몰

② 산소(O_2) 1L

③ 질소(N_2) 6.02×10^{22}개

④ 이산화탄소(CO_2) 1g

⑤ 네온(Ne) 0.5몰

24. 2.1g의 리튬 금속에 포함된 리튬 원자는 약 몇 개인가?

① 1.8×10^{23}개　② 3×10^{-23}개

③ 3×10^{22}개　④ 1.8×10^{-23}개

⑤ 3×10^{23}개

25. 가장 간단한 알코올 화합물인 메탄올(methanol) 20mL에 포함된 수소 원자의 수[개]는? (단, 메탄올의 몰질량은 32g/mol이고 밀도는 0.8g/mL이며, 최종 결과는 소수점 셋째 자리에서 반올림한다.)

① 6.02×10^{23}　② 1.20×10^{24}
③ 2.41×10^{24}　④ 4.82×10^{24}

동위 원소

26. 아래 표와 같은 상태 질량과 동위원소 비율을 가진 원소 A, B의 반응으로 화합물 AB를 만들었다. 이에 관한 설명 중 옳은 것을 보기에서 모두 고른 것은?

동위원소	상대 질량	존재비율(%)
^{14}A	14.0	40
^{15}A	15.0	60
^{16}B	16.0	40
^{17}B	17.0	60

보기

가. 질량이 다른 4종류의 AB분자가 생성된다.
나. B_2 분자들에 있는 양성자의 수는 모두 같다.
다. 반응물 A_2분자들의 평균 분자량은 29.0이다.
라. 질량이 가장 큰 B_2분자의 상대 질량은 34이다.

① 가, 나　② 나, 다
③ 나, 라　④ 다, 라

27. 그림은 화합물 RbCl의 화학식량에 따른 상대적 존재비를 나타낸 것이다.

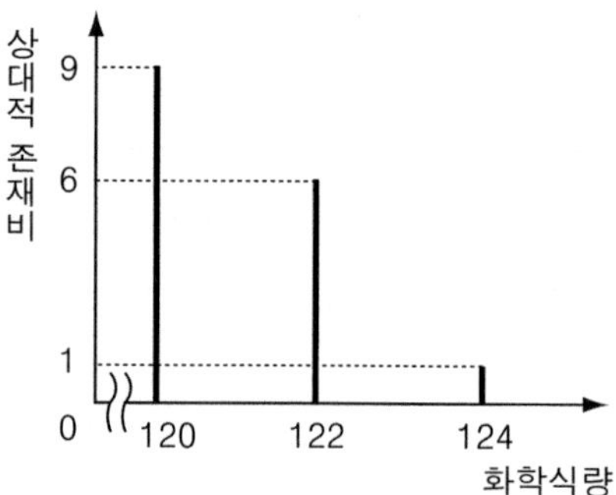

자연계에서 ^{35}Cl : ^{37}Cl 의 존재비가 3 : 1라고 할 때 이에 대한 설명으로 옳은 것만을 ⟨보기⟩에서 있는 대로 고른 것은? (단, Rb과 Cl는 각각 두 종류의 동위원소가 존재한다고 가정한다.)

보기

ㄱ. ^{85}Rb : ^{87}Rb의 존재비는 3 : 1이다.

ㄴ. $^{85}Rb^{37}Cl$: $^{87}Rb^{35}Cl$의 존재비는 1 : 1이다.

ㄷ. 분자량이 다른 Cl_2는 두 가지이다.

① ㄱ ② ㄷ ③ ㄱ, ㄴ

④ ㄴ, ㄷ ⑤ ㄱ, ㄴ, ㄷ

28. 표는 임의의 원소 A, B로 이루어진 화합물에서 성분 원소의 질량을 나타낸 것이다. B의 원자량은 16이다.

실험식	(가)	AB_3
A의 질량(g)	2.7	2.7
B의 질량(g)	6.0	12.0

이에 대한 설명으로 옳은 것만을 ⟨보기⟩에서 있는 대로 고른 것은? (단, 자연계에 A의 동위 원소는 ^{10}A, ^{11}A만 존재한다.)

보기

ㄱ. (가)는 A_2B_3이다.

ㄴ. 동위 원소의 존재비는 ^{10}A : ^{11}A = 1 : 4이다.

ㄷ. 같은 질량에 포함된 A 원자의 수는 AB_3가 (가)보다 크다.

① ㄱ ② ㄷ ③ ㄱ, ㄴ

④ ㄴ, ㄷ ⑤ ㄱ, ㄴ, ㄷ

29. 그림은 붕소(B) 동위 원소의 상대적 존재비를 나타낸 것이다.

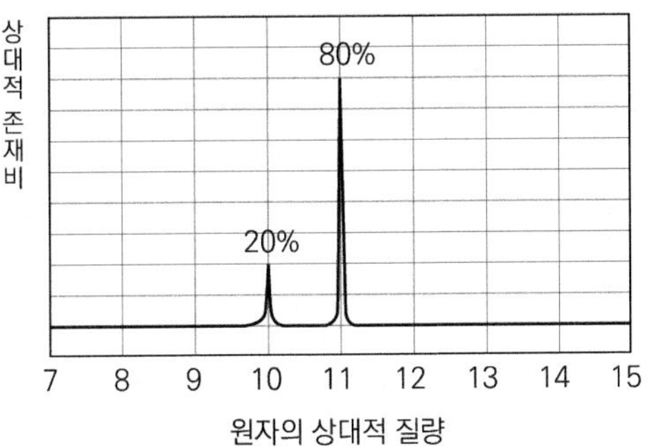

이에 대한 옳은 설명만을 〈보기〉에서 있는 대로 고른 것은?

보기

ㄱ. B의 원자량은 10.8이다.
ㄴ. 양성자 수는 ^{11}B가 ^{10}B보다 많다.
ㄷ. 두 동위 원소 각 1g 속에 들어 있는 원자 수는 ^{11}B가 ^{10}B보다 많다.

① ㄱ ② ㄷ ③ ㄱ, ㄴ
④ ㄴ, ㄷ ⑤ ㄱ, ㄴ, ㄷ

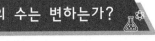

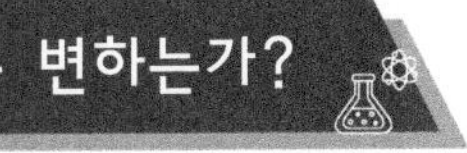

30. 현재 원자량의 기준은 $^{12}C = 12.00$으로 정하여 사용하고 있다. 만약 ^{12}C의 원자량을 1로 정하여 사용한다고 할 때, 다음 중 그 값이 달라지는 것을 모두 골라라.

ㄱ. 수소 원자량
ㄴ. 수소 원자 1개의 질량
ㄷ. 산소 분자량
ㄹ. 산소 분자 1개의 질량
ㅁ. 표준 상태에서 수소의 밀도
ㅂ. 아보가드로의 수

① ㄱ, ㄴ, ㅁ ② ㄱ, ㄷ, ㅂ
③ ㄴ, ㄹ, ㅂ ④ ㄷ, ㄹ, ㅁ
⑤ ㄹ, ㅁ, ㅂ

31. 표는 원자량을 정하는 기준 (가)와 (나)에 따른 ^{1}H의 원자량을 나타낸 것이다.

원자량을 정하는 기준		기준에 따른 ^{1}H의 원자량
(가)	$^{12}C = 12$	1.008
(나)	$^{1}H = 1$	1.000

원자량 기준을 (가)와 (나)로 각각 적용하여 구한 값이 서로 같은 것만을 〈보기〉에서 있는 대로 고른 것은?

보기

ㄱ. ^{1}H 원자 1개의 실제 질량
ㄴ. ^{1}H로만 구성된 H_2의 분자량
ㄷ. ^{12}C 12g에 들어있는 원자 수

① ㄱ ② ㄴ ③ ㄱ, ㄴ
④ ㄱ, ㄷ ⑤ ㄴ, ㄷ

32. 표는 원자량을 정하는 기준과 이와 관련된 자료이다. 현재 사용되는 원소의 원자량은 기준 Ⅰ에 따른 것으로 ^{12}C에 대한 상대적 질량이다. 기준 Ⅱ는 영희가 ^{12}C 대신 ^{16}O를 사용하여 새롭게 제안한 것이다.

원자량을 정하는 기준		1몰의 정의	기준에 따른 ^{16}O의 원자량
Ⅰ	^{12}C의 원자량 =12	^{12}C 12g의 원자 수	15.995
Ⅱ	^{16}O의 원자량 =16	^{16}O 16g의 원자 수	16.000

기준 Ⅰ을 적용한 탄소 1몰과 기준 Ⅱ를 적용한 탄소 1몰을 각각 완전 연소시켰다. 기준 Ⅰ보다 기준 Ⅱ에서 큰 값만을 〈보기〉에서 있는 대로 고른 것은?

보기

ㄱ. 0℃, 1기압에서 생성된 이산화탄소(CO_2)의 밀도

ㄴ. 생성된 이산화탄소(CO_2)의 분자 수

ㄷ. 소모된 산소(O_2)의 질량

① ㄱ　② ㄷ　③ ㄱ, ㄴ　④ ㄴ, ㄷ　⑤ ㄱ, ㄴ, ㄷ

같은 질량의 양적 관계

33. 그림은 같은 질량의 3가지 기체의 몰수를 나타낸 것이다.

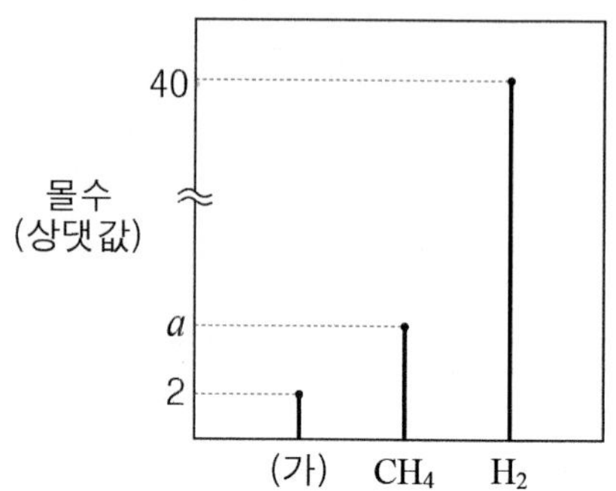

이에 대한 설명으로 옳은 것만을 〈보기〉에서 있는 대로 고른 것은? (단, H, C의 원자량은 각각 1, 12이다.)

보기

ㄱ. a는 5이다.

ㄴ. (가)의 화학식량은 40이다.

ㄷ. 같은 질량의 CH_4과 H_2에서 H의 몰수 비는 1 : 4이다.

① ㄱ　② ㄷ　③ ㄱ, ㄴ　④ ㄴ, ㄷ　⑤ ㄱ, ㄴ, ㄷ

34. 그림은 같은 질량의 (가)와 (나)를 구성하는 원자 수를 각각 나타낸 것이다. (가)와 (나)는 각각 $AB_2(g)$, $AB_3(g)$ 중 하나이다.

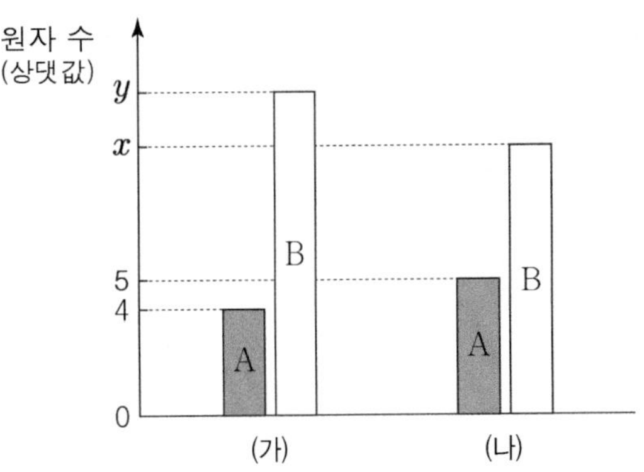

이에 대한 설명으로 옳은 것만을 〈보기〉에서 있는 대로 고른 것은? (단, A, B는 임의의 원소 기호이다.)

보기

ㄱ. (가)는 $AB_3(g)$이다.
ㄴ. $x : y = 5 : 6$이다.
ㄷ. 원자량은 A가 B의 2배이다.

① ㄱ ② ㄷ ③ ㄱ, ㄴ
④ ㄴ, ㄷ ⑤ ㄱ, ㄴ, ㄷ

실험식이 같은 경우

35. 그림은 물질 (가), (나)의 구조식을 나타낸 것이다.

(가): H—C(=O)—H

(나): H—C(H)(H)—C(=O)—O—H

(가)와 (나)가 같은 값을 갖는 것만을 〈보기〉에서 있는 대로 고른 것은? (단, H, C, O의 원자량은 각각 1, 12, 16이다.)

보기

ㄱ. 분자량
ㄴ. 1 g에 들어 있는 전체 원자 수
ㄷ. 1몰에 들어 있는 H 원자 수

① ㄴ ② ㄷ ③ ㄱ, ㄴ
④ ㄱ, ㄷ ⑤ ㄴ, ㄷ

36. 그림과 같이 부피가 다른 두 용기에 0℃, 1기압의 에텐(C_2H_4) 기체와 뷰텐(C_4H_8) 기체가 각각 들어 있다.

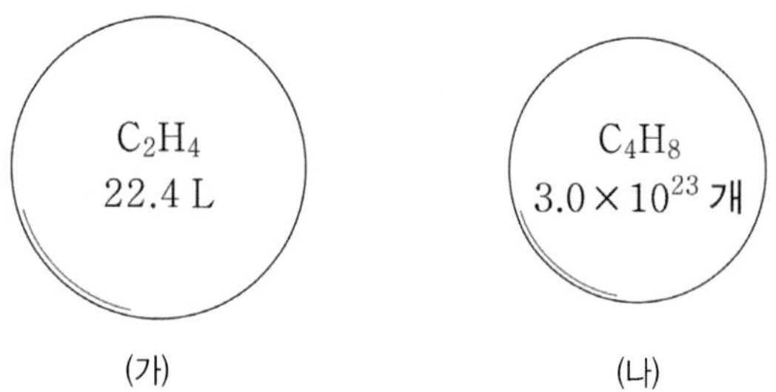

이에 대한 옳은 설명만을 〈보기〉에서 있는 대로 고른 것은? (단, 0℃, 1기압에서 기체 1몰의 부피는 22.4 L이고, 아보가드로수는 6.0×10^{23}이다.)

보기

ㄱ. (나)의 부피는 11.2L이다.
ㄴ. 전체 원자 수는 (가)와 (나)가 같다.
ㄷ. 완전 연소시킬 때 필요한 산소의 몰수는 (가)와 (나)가 같다.

① ㄱ ② ㄷ ③ ㄱ, ㄴ
④ ㄴ, ㄷ ⑤ ㄱ, ㄴ, ㄷ

37. 그림 (가)와 (나)는 90℃, 1기압에서 실험식이 같은 기체 상태의 탄화수소 A와 B를 각각 13g씩 실린더에 넣은 것을 나타낸 것이다.

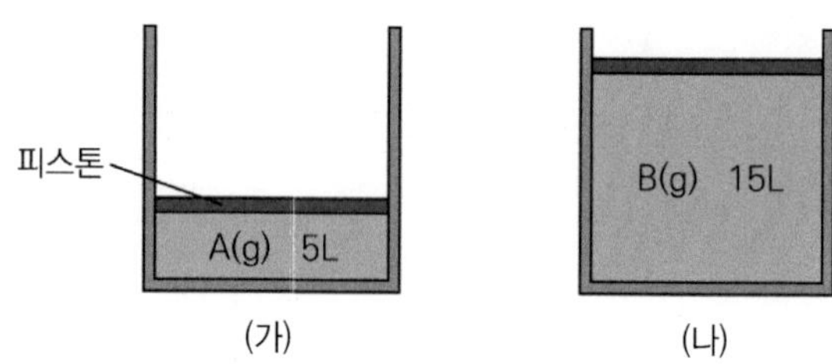

이에 대한 옳은 설명만을 〈보기〉에서 있는 대로 고른 것은? (단, C, H의 원자량은 각각 12, 1이며, 90℃, 1기압에서 기체 1몰의 부피는 30L이다. 피스톤의 질량과 마찰은 무시한다.)

보기

ㄱ. (가)에서 A는 $\frac{1}{6}$몰이다.
ㄴ. 분자량은 A가 B의 3배이다.
ㄷ. (나)에서 B의 분자식은 C_2H_2이다.

① ㄴ ② ㄷ ③ ㄱ, ㄴ
④ ㄱ, ㄷ ⑤ ㄱ, ㄴ, ㄷ

38. 그림은 실험식이 같은 탄화수소 A와 B를 강철 용기에서 연소시키기 전과 후에 용기에 존재하는 물질의 질량을 나타낸 것이다. 용기 내 산소의 질량은 표시하지 않았다.

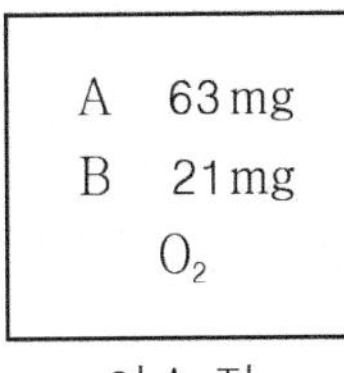

연소 전

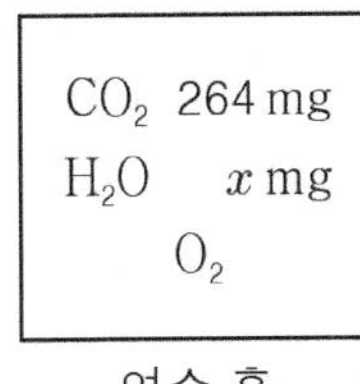

연소 후

이에 대한 설명으로 옳은 것만을 〈보기〉에서 있는 대로 고른 것은? (단, H, C, O의 원자량은 각각 1, 12, 16이다.)

보기

ㄱ. 연소 전 강철 용기 내 탄소(C)의 전체 질량은 72mg이다.
ㄴ. x는 108이다.
ㄷ. A와 B의 실험식은 CH이다.

① ㄱ ② ㄷ ③ ㄱ, ㄴ
④ ㄴ, ㄷ ⑤ ㄱ, ㄴ, ㄷ

실린더 해석

39. 그림은 3개의 실린더에 각각 기체가 들어 있는 모습을 나타낸 것이다. 기체의 온도와 압력은 같다.

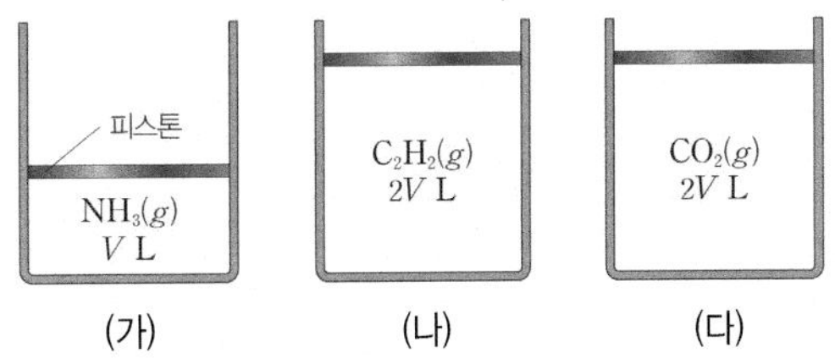

(가)~(다)에 들어 있는 기체에 대한 설명으로 옳지 않은 것은? (단, H, C, O의 원자량은 각각 1, 12, 16이고, 피스톤의 질량과 마찰은 무시한다.)

① 기체의 몰수는 (다)에서가 (가)에서의 2배이다.
② C 원자 수는 (나)에서가 (다)에서의 2배이다.
③ 원자의 총수는 (나)에서가 (가)에서의 2배이다.
④ H의 질량은 (가)에서가 (나)에서보다 크다.

혼합물의 양적 관계
(NO REACTION)

40. 그림 (가)는 피스톤으로 분리된 용기에 기체 A 2g과 기체 B 1g이 들어 있는 것을, (나)는 B가 들어 있는 부분에 기체 C 1g을 더 넣은 것을 나타낸 것이다. 온도는 일정하고, B와 C는 반응하지 않는다.

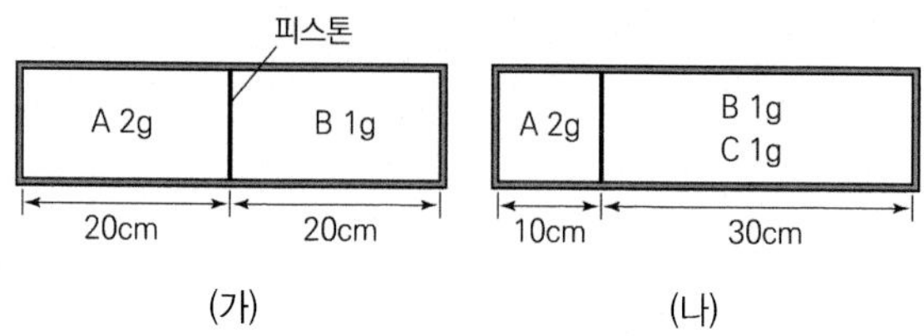

기체의 분자량 비 A : B : C는? (단, 피스톤의 두께와 마찰은 무시한다.)

① 1 : 2 : 2
② 1 : 2 : 4
③ 2 : 1 : 1
④ 2 : 1 : 2
⑤ 4 : 2 : 1

41. 그림은 25℃, 1기압에서 실린더 (가), (나)에 들어 있는 혼합 기체의 조성과 부피를 각각 나타낸 것이다. A, B는 각각 C_2H_2, C_3H_8 중 하나이고, (가)와 (나)에 들어 있는 수소(H) 원자의 몰수는 같다.

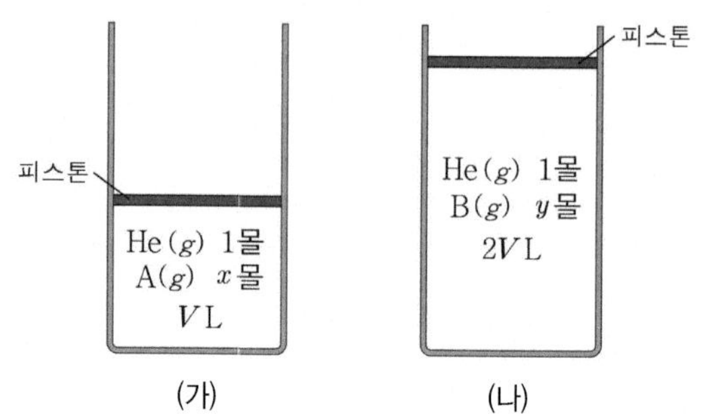

이에 대한 설명으로 옳은 것만을 〈보기〉에서 있는 대로 고른 것은? (단, 피스톤의 질량과 마찰은 무시한다.)

보기

ㄱ. 실린더 속 혼합 기체의 전체 몰수는 (나)가 (가)의 2배이다.

ㄴ. A는 C_2H_2이다.

ㄷ. (나)에 들어 있는 탄소(C) 원자는 6몰이다.

① ㄱ
② ㄴ
③ ㄱ, ㄷ
④ ㄴ, ㄷ
⑤ ㄱ, ㄴ, ㄷ

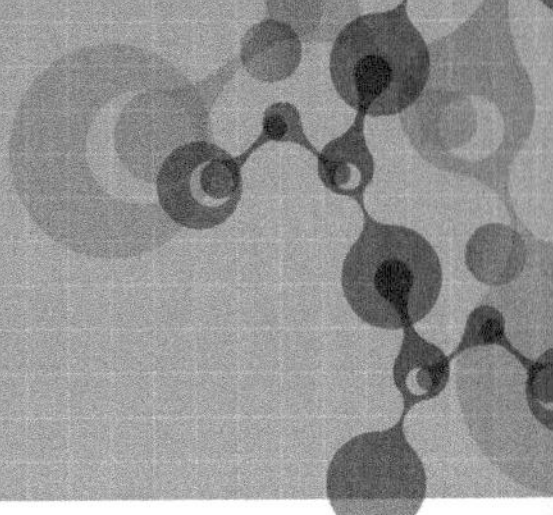

CHAPTER 03 실험식과 분자식

정답 p. 124

대표 유형 기출 문제

16 지방직 9급 12

1. 질량 백분율이 N 64%, O 36%인 화합물의 실험식은? (단, N, O의 몰 질량[g/mol]은 각각 14, 16이다.)

① N_2O　② NO
③ NO_2　④ N_2O_5

16 국가직 7급 08

2. C, H, O로 구성되어 있는 어떤 물질 128g을 완전 연소시켰더니 176g의 이산화탄소(CO_2)와 144g의 물(H_2O)이 생성되었다. 이 물질의 실험식은?
(단, C: $12g \cdot mol^{-1}$, O: $16g \cdot mol^{-1}$, H: $1g \cdot mol^{-1}$)

① CH_2O　② CH_4O
③ C_2H_4O　④ C_2H_6O

18 지방직 9급 12

3. 다음에서 실험식이 같은 쌍만을 모두 고르면?

ㄱ. 아세틸렌(C_2H_2), 벤젠(C_6H_6)
ㄴ. 에틸렌(C_2H_4), 에테인(C_2H_6)
ㄷ. 아세트산($C_2H_4O_2$), 글루코스($C_6H_{12}O_6$)
ㄹ. 에탄올(C_2H_6O), 아세트알데하이드(C_2H_4O)

① ㄱ, ㄷ　② ㄱ, ㄹ
③ ㄴ, ㄷ　④ ㄷ, ㄹ

20 지방직 9급 09

4. 화합물 A_2B의 질량 조성이 원소 A 60 %와 원소 B 40 %로 구성될 때, AB_3를 구성하는 A와 B의 질량비는?

① 10 %의 A, 90 %의 B
② 20 %의 A, 80 %의 B
③ 30 %의 A, 70 %의 B
④ 40 %의 A, 60 %의 B

21 지방직 9급 07

5. 탄소(C), 수소(H), 산소(O)로 이루어진 화합물 X 23 g을 완전 연소시켰더니 CO_2 44 g과 H_2O 27 g이 생성되었다. 화합물 X의 화학식은? (단, C, H, O의 원자량은 각각 12, 1, 16이다)

① $HCHO$　② C_2H_5CHO
③ C_2H_6O　④ CH_3COOH

주관식 개념 확인 문제

6. C, H, O로 이루어진 화합물 45mg을 그림과 같은 장치에서 완전 연소시켰더니 염화칼슘관의 질량은 27mg, 수산화칼륨 수용액의 질량은 66mg 증가하였다. 이 물질의 실험식과 분자식을 구하시오. (단, 이 화합물의 분자량 60)

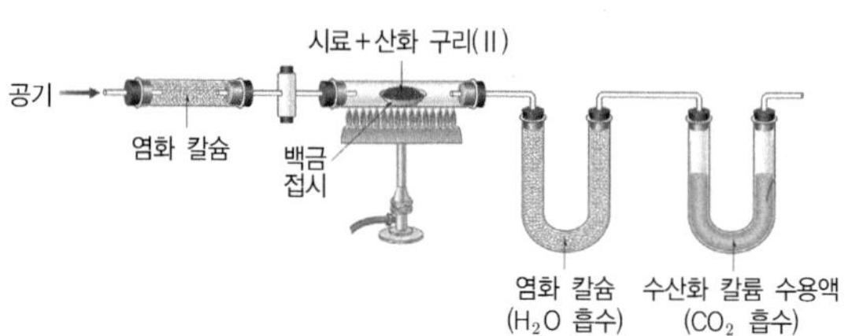

7. 부틸산은 탄소(C), 수소(H), 산소(O)만으로 구성된 탄소 화합물이다. 이 화합물 4.2mg을 연소시켰더니 CO_2 8.45mg과 H_2O 3.46mg이 생성되었다. (원자량: C = 12, H = 1, O = 16이다.)

(1) 이 화합물의 실험식을 구하여라.

(2) 이 화합물의 분자량을 측정하였더니 88이었다. 분자식을 구하여라.

(3) 부틸산도 아세트산과 같은 종류의 작용기를 가진 물질이다. 시성식을 쓰시오.

기본 문제

8. 다음은 C와 H로 이루어진 시료의 실험식을 구하기 위한 실험이다.

[실험 장치]

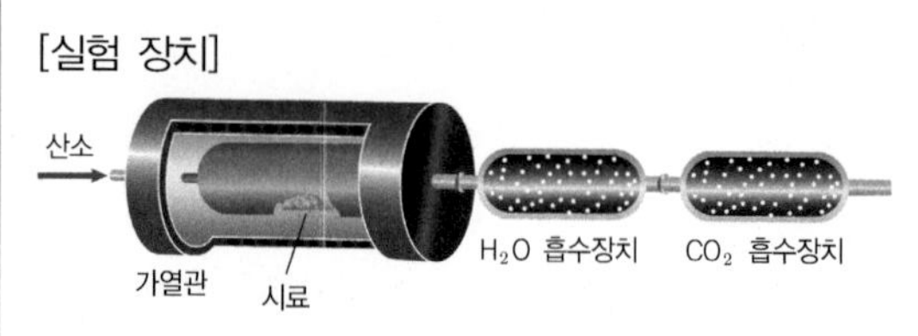

[실험 결과 및 해석]

- H_2O 흡수장치의 처음 질량 $= a$, 나중 질량 $= a'$
- CO_2 흡수장치의 처음 질량 $= b$, 나중 질량 $= b'$
- 생성된 H_2O 질량 $= a' - a$
- 생성된 CO_2 질량 $= b' - b$
- C와 H의 원자수비 = (가) : (나) $= x : y$
- 시료의 실험식은 C_xH_y 이다.

(가)와 (나)에 들어갈 식으로 옳은 것은? (단, 시료는 완전 연소하며, 원자량은 H = 1, C = 12, O = 16 이다.)

	(가)	(나)
①	$\frac{b'-b}{44}$	$\frac{a'-a}{18}$
②	$\frac{b'-b}{44}$	$\frac{2(a'-a)}{18}$
③	$\frac{12(b'-b)}{44}$	$\frac{a'-a}{18}$
④	$\frac{12(b'-b)}{44}$	$\frac{2(a'-a)}{18}$
⑤	$\frac{24(b'-b)}{44}$	$\frac{2(a'-a)}{18}$

9. 표는 탄화수소 C_xH_y의 질량을 달리하여 완전 연소시켰을 때 생성되는 CO_2와 H_2O의 질량에 대한 자료이다.

C_xH_y	생성물의 질량(g)	
	CO_2	H_2O
$2a$	4.4	w_1
$3a$	w_2	5.4

$x+y$는? (단, H, C, O의 원자량은 각각 1, 12, 16이다.)

① 4 ② 5 ③ 6
④ 7 ⑤ 8

10. 실험식이 CH_2인 어떤 탄화수소 1몰을 밀폐된 용기에서 5몰의 산소(O_2)로 완전 연소시켰다. 반응 후 용기에 잔류하는 산소가 0.5몰이었다면, 이 탄화수소의 분자식은?(단, 반응 전과 후의 온도와 부피는 동일한 것으로 가정한다.)

① C_2H_4 ② C_3H_6
③ C_4H_8 ④ C_5H_{10}

11. 다음은 C, H, O로 구성된 물질 X에 대한 자료이다. 물질 X에 대한 설명으로 가장 옳은 것은? (단, C, H, O의 원자량은 각각 12, 1, 16이다.)

- 질량 백분율은 O가 H의 4배이다.
- 완전 연소시 생성되는 CO_2와 H_2O의 몰 수는 같다.
- 분자량은 실험식량의 2배이다.

① 물질 X에서 질량비는 C : O=3 : 4이다.
② 실험식은 $C_2H_4O_2$이다.
③ 1몰을 완전 연소하면 H_2O 4몰이 생성된다.
④ 완전 연소시 반응하는 O_2와 생성되는 CO_2의 몰 수는 같다.

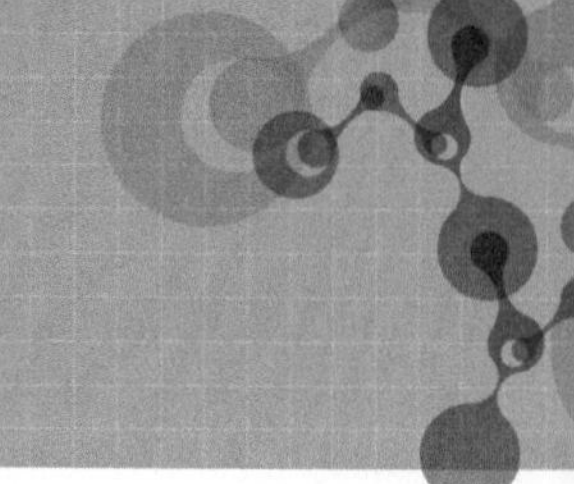

CHAPTER 04

화학의 기본 법칙

정답 p. 126

주관식 개념 확인 문제

1. 다음 각 항에서 설명하는 반응들과 가장 밀접한 관계가 있는 법칙을 고르시오.

㉠ 질량 보존의 법칙
㉡ 일정 성분비의 법칙
㉢ 배수 비례의 법칙

(1) 수소 2g과 산소 32g이 반응하여 물을 합성할 때, 산소 16g은 반응하지 않고 남는다.
(2) 물(H_2O)과 과산화수소(H_2O_2)에서 산소 한 원자와 결합하는 수소 원자수의 비는 2 : 1이다.
(3) 철을 공기 중에 놓아두면 녹이 슬면서 질량이 늘어나지만 녹슨 철에는 원래의 철의 질량과 반응한 공기 중의 산소의 질량이 포함되어 있다.

2. 다음은 화학 변화에 관계된 법칙들이다. 물음에 답하여라.

ㄱ. 질량 보존의 법칙
ㄴ. 일정 성분비의 법칙
ㄷ. 배수 비례의 법칙
ㄹ. 아보가드로의 법칙
ㅁ. 기체 반응의 법칙

(1) 아보가드로가 분자설을 발표하게 된 원인이 된 법칙은?
(2) 화합물과 혼합물을 구별해줄 수 있는 법칙은?

3. 탄산칼슘 100g을 열분해 하였더니 산화칼슘과 이산화탄소가 생성되었다. 다음 물음에 답하시오.

(1) 위 반응을 화학 반응식으로 나타내시오.
(2) 산화칼슘 56g을 얻었다면 발생한 이산화탄소는 몇 g인가?
(3) 탄산칼슘 50g을 열분해 하였다면 발생한 이산화탄소는 몇 g인가?

4. 그림은 탄화수소 C_mH_n을 강철 용기에서 연소시키기 전과 후에 용기에 존재하는 물질에 대한 자료를 나타낸 것이다. 연소 후 용기 내 H_2O와 O_2의 질량은 표시하지 않았다.

연소 전	연소 후
C_mH_n: xg O_2: $4x$g 전체 몰수: y몰	CO_2: $3.3x$g H_2O, O_2 전체 몰수: y몰

이 탄화수소의 실험식을 구하시오. (단, H, C, O의 원자량은 각각 1, 12, 16이다.)

5. 마그네슘이나 구리를 산소와 반응시키면 각각 산화마그네슘과 산화구리(II)를 생성한다. 이 때 질량 관계는 다음 그래프와 같다.

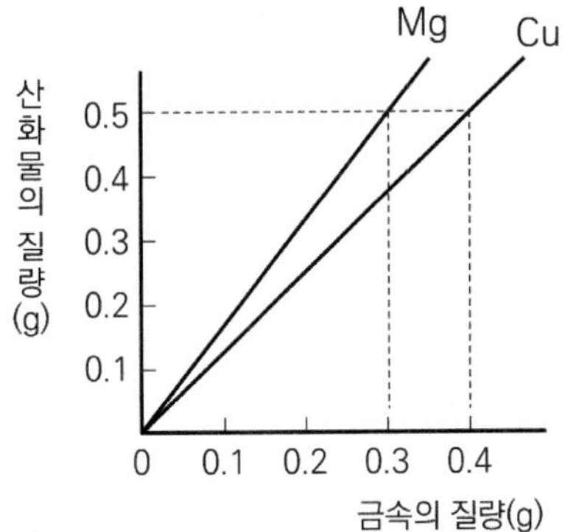

다음을 구하시오.

(1) 산화구리(Ⅱ) 1.25g을 분해시켜 얻을 수 있는 산소의 질량은 몇 g인가?

(2) 마그네슘과 구리 혼합물 13g을 완전 연소시켰더니 산화마그네슘과 산화구리(Ⅱ)의 혼합물 17.5g이 생성되었다. 처음 혼합물 속의 마그네슘의 질량이 얼마인가?

6. 탄소를 공기 중에서 연소시키면 다음과 같이 일산화탄소와 이산화탄소가 발생한다.

$$2C(s) + O_2(g) \rightarrow 2CO(g)$$
$$C(s) + O_2(g) \rightarrow CO_2(g)$$

두 화학 반응식을 통하여 확인할 수 있는 법칙을 모두 골라라.

- 일정 성분비의 법칙
- 질량 보존의 법칙
- 아보가드로의 법칙
- 배수 비례의 법칙
- 기체 반응의 법칙

기본 문제

※[7~8] 다음 법칙들을 보고 물음에 답하시오.

A. 질량 보존의 법칙
B. 일정 성분비의 법칙
C. 배수 비례의 법칙
D. 기체 반응의 법칙
E. 아보가드로의 법칙

7. $C(s)+O_2(g) \rightarrow CO_2(g)$ 반응에서 성립하는 법칙을 모두 고른 것은?

① A, B
② A, B, C
③ A, B, D
④ A, D, E
⑤ A, B, D, E

8. $2CO(g)+O_2(g) \rightarrow 2CO_2(g)$ 반응에서 성립하는 법칙을 모두 고른 것은?

① A, B
② A, B, C
③ A, B, D
④ A, D, E
⑤ A, B, C, D

9. 다음 물질 중 배수 비례의 법칙을 설명하는 데 사용할 수 있는 물질로 짝지어진 것은?

① CH_4, CCl_4
② O_2, O_3
③ ${}^1_1H_2O$, ${}^1_2H_2O$
④ H_2SO_4, H_2SO_3
⑤ FeO, Fe_2O_3

10. 아래의 설명은 아보가드로의 법칙이다. 아보가드로의 법칙이 성립하는 것과 관계가 깊은 것은?

모든 기체는 종류에 관계없이 같은 온도, 같은 압력 하에서 같은 부피 속에 같은 수의 기체 분자를 포함한다.

① 기체 분자의 크기는 모두 같다.
② 기체 분자의 질량은 모두 같다.
③ 같은 온도와 압력에서 기체의 밀도는 모두 같다.
④ 같은 온도와 압력에서 기체의 분자 운동 속도는 모두 같다.
⑤ 같은 온도와 압력에서 기체 분자들 사이의 평균 거리는 모두 같다.

11. 수소 기체와 산소 기체가 반응하여 생성되는 수증기의 양은 다음과 같다.

	수소	산소	수증기
질량	4g	32g	36g
부피	4L	2L	4L
분자수	2N개	N개	2N개

이 반응 결과로 설명할 수 없는 법칙은?

① 질량 보존의 법칙
② 일정 성분비의 법칙
③ 배수 비례의 법칙
④ 기체 반응의 법칙
⑤ 아보가드로의 법칙

화학 반응과 양적 관계

정답 p. 128

대표 유형 기출 문제

10 지방직 9급 09

1. 다음 반응식에 따라 A 3몰과 B 2몰이 반응하여 C 4몰이 생성되었다면 이 반응의 퍼센트 수율[%]?

$$2A + B \rightarrow 3C + D$$

① 67　② 75
③ 89　④ 100

16 지방직 9급 05

2. 90g의 글루코오스($C_6H_{12}O_6$)와 과량의 산소(O_2)를 반응시켜 이산화탄소(CO_2)와 물(H_2O)이 생성되는 반응에 대한 설명으로 옳지 않은 것은? (단, H, C, O의 몰질량[g/mol]은 각각 1, 12, 16이다.)

$$C_6H_{12}O_6(s) + 6O_2(g) \rightarrow xCO_2(g) + yH_2O(l)$$

① x와 y에 해당하는 계수는 모두 6이다.
② 90g 글루코오스가 완전히 반응하는 데 필요한 O_2의 질량은 96g이다.
③ 90g 글루코오스가 완전히 반응해서 생성되는 CO_2의 질량은 88g이다.
④ 90g 글루코오스가 완전히 반응해서 생성되는 H_2O의 질량은 54g이다.

16 지방직 7급 01

3. 알칼리 토금속 M xg을 묽은 염산과 완전 반응시켰더니 y몰의 수소 기체가 발생하였다. 이 금속 M의 원자량은?

① xy　② $\frac{x}{y}$
③ $2\sqrt{xy}$　④ $x+y$

17 지방직 9급(상) 04

4. Al과 Br_2로부터 Al_2Br_6가 생성되는 반응에서, 4mol의 Al과 8mol의 Br_2로부터 얻어지는 Al_2Br_6의 최대 몰수는? (단, Al_2Br_6가 유일한 생성물이다.)

① 1　② 2
③ 3　④ 4

17 지방직 9급 18

5. 몰질량이 56g/mol인 금속 M 112g을 산화시켜 실험식이 M_xO_y인 산화물 160g을 얻었을 때, 미지수 x, y를 각각 구하면?(단, O의 몰질량은 16g/mol이다.)

① $x=2$, $y=3$　② $x=3$, $y=2$
③ $x=1$, $y=5$　④ $x=1$, $y=2$

17 지방직 7급 08

6. 다음은 기체 A_2(●●)과 B_2(○○)의 반응을 모형으로 나타낸 것이다.

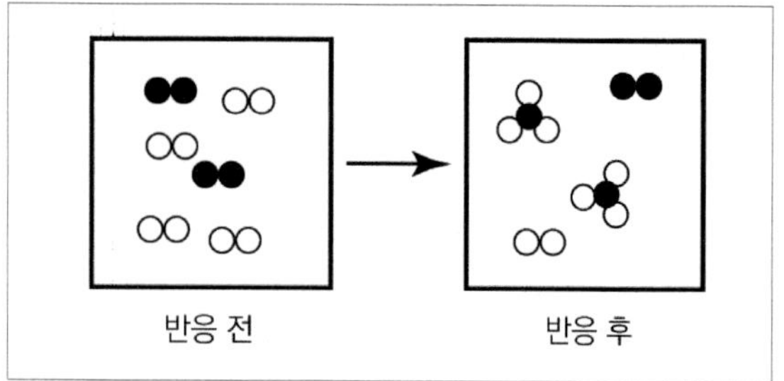

A_2 1mol과 B_2 2mol이 충분히 반응하였을 때, 생성물은 몇 몰(mol)인가? (단, A와 B는 임의의 원소 기호이고, 온도는 일정하다.)

① $\frac{1}{3}$　② $\frac{2}{3}$

③ 1　④ $\frac{4}{3}$

17 국가직 7급 16

7. 배출가스에 포함된 SO_2 기체는 $CaCO_3$에 열을 가하여 생성되는 CaO와 반응하여 $CaSO_3$ 형태로 제거된다. 0℃, 1기압에서 150.0g의 $CaCO_3$로 제거할 수 있는 SO_2 기체의 최대 부피[L]는? (단, C, O, S, Ca의 원자량은 각각 12.0, 16.0, 32.0, 40.0이고, SO_2 기체는 이상 기체로 가정한다.)

① 33.6　② 44.8

③ 56.0　④ 67.2

18 지방직 9급 14

8. 0.3M Na_3PO_4 10mL와 0.2M $Pb(NO_3)_2$ 20mL를 반응시켜 $Pb_3(PO_4)_2$를 만드는 반응이 종결되었을 때, 한계 시약은?

$$2Na_3PO_4(aq) + 3Pb(NO_3)_2(aq) \rightarrow 6NaNO_3(aq) + Pb_3(PO_4)_2(s)$$

① Na_3PO_4　② $NaNO_3$

③ $Pb(NO_3)_2$　④ $Pb_3(PO_4)_2$

19 지방직 9급 05

9. 4몰의 원소 X와 10몰의 원소 Y를 반응시켜 X와 Y가 일정비로 결합된 화합물 4몰을 얻었고 2몰의 원소 Y가 남았다. 이때, 균형 맞춘 화학 반응식은?

① $4X + 10Y \rightarrow X_4Y_{10}$

② $2X + 8Y \rightarrow X_2Y_8$

③ $X + 2Y \rightarrow XY_2$

④ $4X + 10Y \rightarrow 4XY_2$

19 지방직 7급 14

10. 에탄올(C_2H_5OH) 10몰과 산소(O_2) 27몰을 혼합물을 연소 반응하면 이산화탄소(CO_2)와 물(H_2O)이 생성된다. 이 반응이 완결되었을 때의 설명으로 옳은 것은?

① 한계 반응물은 에탄올이다.

② 남아 있는 반응물의 몰수는 1이다.

③ 물은 25몰 생성된다.

④ 이산화탄소는 20몰 생성된다.

19 국가직 7급 07

11. 다음은 암모니아와 이산화탄소를 사용하여 요소를 생산하는 화학 반응식이다.

$$2NH_3(g) + CO_2(g) \rightarrow (NH_2)_2CO(aq) + H_2O(l)$$

NH_3 850g과 CO_2 880g을 반응시켰을 때 생성된 요소의 질량은 1,000g이었다. 이 반응의 초과 반응물과 반응 수득률(%)은? (단, 원자량은 H: 1, C: 12, N: 14, O: 16이다.)

① NH_3, 66.7%
② CO_2, 66.7%
③ NH_3, 83.3%
④ CO_2, 83.3%

20 지방직 9급 02

12. 32g의 메테인(CH_4)이 연소될 때 생성되는 물(H_2O)의 질량[g]은? (단, H의 원자량은 1, C의 원자량은 12, O의 원자량은 16이며 반응은 완전연소로 100% 진행된다)

① 18
② 36
③ 72
④ 144

20 국가직 7급 13

13. 질소(N_2) 기체와 수소(H_2) 기체를 반응시켜 암모니아(NH_3) 기체를 만드는 반응에서 질소 기체 14g과 수소 기체 7g을 완전히 반응시켰을 때, 반응 후 남아 있는 과량 반응물(excess reagent)(A)와 생성된 암모니아의 질량(B)를 바르게 연결한 것은? (단, 수소와 질소의 원자량은 각각 1, 14이다.)

	(A)	(B)
①	수소 기체 2g	암모니아 10g
②	수소 기체 4g	암모니아 17g
③	질소 기체 2g	암모니아 10g
④	질소 기체 4g	암모니아 17g

21 지방직 9급 04

14. 다음은 일산화탄소(CO)와 수소(H_2)로부터 메탄올(CH_3OH)을 제조하는 반응식이다.

$$CO(g) + 2H_2(g) \rightarrow CH_3OH(l)$$

일산화탄소 280g과 수소 50g을 반응시켜 완결하였을 때, 생성된 메탄올의 질량[g]은? (단, C, H, O의 원자량은 각각 12, 1, 16이다)

① 330
② 320
③ 290
④ 160

21 지방직 7급 08

15. 헥세인이 완전 연소하여 이산화탄소와 물이 발생한다.

$$(가)C_6H_{14} + (나)O_2 \rightarrow (다)CO_2 + (라)H_2O$$

위 반응식의 균형을 맞추기 위해 (가)~(라)에 들어갈 계수들의 합은? (단, (가)~(라)는 최소정수비를 따른다.)

① 28
② 47
③ 55
④ 62

22 지방직 9급 05

16. 수소(H_2)와 산소(O_2)가 반응하여 물(H_2O)을 만들 때, 1mol의 산소(O_2)와 반응하는 수소의 질량[g]은? (단, H의 원자량은 1이다)

① 2
② 4
③ 8
④ 16

주관식 개념 확인 문제

17. 화학 변화에 참여하는 모든 물질을 [①] 으로 나타낸 식을 화학 반응식이라 하다. 화학 반응식을 유용하게 사용하려면 [②] 를 맞추어 반응식을 완결시켜야 한다. 반응식을 완결할 때에는, 화학 반응시 원자는 생성되지도 않고 소멸되지도 않기 때문에 반응 물질의 원자의 종류 및 수와 생성 물질의 원자의 종류 및 수가 같다는 [③] 의 원리를 이용한다.

18. 화학 반응식을 이용하면 여러 가지 화학 법칙이나 원리를 확증할 수 있지만, 계수와 [①] 개념을 이용해서 반응에 참여하는 물질과 생성되는 물질 사이의 여러 [②] 관계를 쉽게 산출할 수 있다.

19. 화학 반응에 대한 다음 설명들 중 옳은 것을 모두 골라라.

① 원자들이 보존된다.
② 분자들은 보존된다.
③ 질량은 보존된다.
④ 부피는 보존된다.
⑤ 기체의 몰수는 보존된다.

20. 다음은 여러 화학 변화에 대한 화학 반응식이다. 각 반응이 속한 적당한 반응을 아래에서 골라라.

화합	분해	치환	복분해

(1) $NH_4Cl \xrightarrow{\text{가열}} NH_3 + HCl$

(2) $BaCl_2 + H_2SO_4 \rightarrow 2HCl + BaSO_4$

(3) $2NaCl + F_2 \rightarrow 2NaF + Cl_2$

(4) $2CO + O_2 \rightarrow 2CO_2$

(5) $2KI + Pb(NO_3)_2 \rightarrow 2KNO_3 + PbI_2$

21. 탄산칼슘($CaCO_3$)에 염산을 반응시키면 물과 이산화탄소가 발생하고 염화칼슘($CaCl_2$)이 남는다. 40g의 탄산칼슘을 충분한 양의 염산과 반응시켰다. 표준 상태에서 발생한 이산화탄소의 부피는 몇 L인가?
(단, 원자량은 Ca = 40, C = 12, O = 16)

22. 고체 수산화리튬(LiOH)은 우주선에서 발생하는 이산화탄소(CO_2)를 제거하는 데 쓰인다. LiOH는 CO_2 기체와 반응하여 고체의 탄산리튬(Li_2CO_3)과 물을 생성한다. LiOH 1.00g에 의하여 흡수되는 CO_2의 g수를 계산하라.
(단, Li = 6.94, O = 16.00, H = 1.00, C = 12.00)

23. 금속 M과 비금속 X의 산소음이온 화합물의 화학식은 $M(XO_2)_2$이다. 이 화합물 16.7g을 가열하면 MX_2와 4.80g의 O_2를 발생하면서 완전히 분해된다. 이 때, 생성한 MX_2를 물에 녹여 NaOH와 반응시키면 9.12g의 $M(OH)_2$가 생성된다. X의 원자량을 구하여라.

24. 1.00g의 $CoCO_3$를 진공 속에서 가열하여 0.633g의 산화코발트(II)를 얻었다. 생성된 산화코발트는 공기와 접촉하여 또 다른 산화물을 만들어 0.675g이 되었다. (Co = 60) 두 산화물의 화학식을 구하시오.

25. 다음은 탄화수소 C_mH_n의 연소 반응에 대한 화학 반응식이다.

$$C_mH_n(g) + aO_2(g) \rightarrow 3CO_2(g) + 2H_2O(g)$$

(a는 반응 계수)

그림은 C_mH_n xg이 완전 연소되기 전과 후에 실린더에 들어 있는 물질을 나타낸 것이다. 반응 후 남은 O_2의 질량은 0.8xg이다.

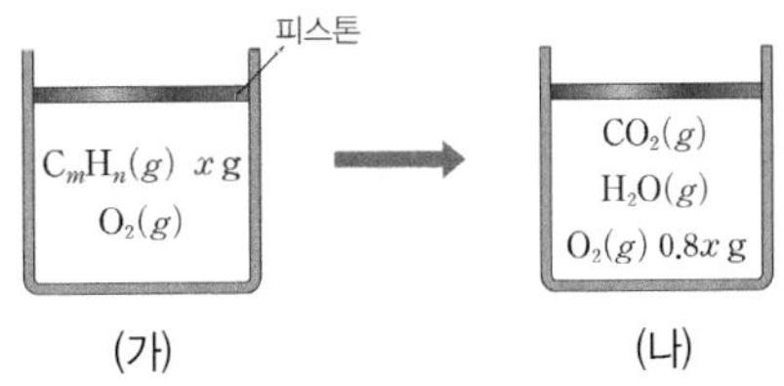

(나)에서 생성된 H_2O의 질량은 몇 g인가?

26. 메테인(CH_4)과 에틸렌(C_2H_4)의 혼합물인 천연 기체 5.00g을 충분한 산소의 존재 하에서 연소시켰더니 14.5g의 이산화탄소와 약간의 물이 생성되었다. 천연 기체 안에 들어 있는 에틸렌의 양은 몇 g인가?

27. 메테인(CH_4)과 아세틸렌(C_2H_2) 혼합 기체 8.4g을 완전 연소시켰더니 같은 몰수의 물과 이산화탄소가 생성되었다. (단, 원자량은 수소 = 1, 탄소 = 12)

(1) 메테인과 아세틸렌의 연소 반응식을 각각 써라.

(2) 반응하기 전 혼합 기체에 들어 있던 메테인의 질량은 몇 g인가?

(3) 연소 후 생성된 물의 양은 몇 몰인가?

28. 황과 탄소의 혼합물 20g을 완전히 연소시켰더니 이산화황과 이산화탄소 혼합물 60g이 생성되었다. (단, 원자량은 S = 32, O = 16, C = 12)

(1) 반응하기 전 혼합물에 들어 있었던 황과 탄소의 질량은 각각 몇 g인가?

(2) 생성된 혼합 기체는 총 몇 몰인가?

29. 일산화탄소(CO)와 산소(O_2)의 혼합 기체 24g을 점화시켜 반응시켰더니 산소는 모두 소모되고 일산화탄소 기체가 2g 남았다. 반응 전 혼합 기체 속에 들어 있는 일산화탄소와 산소의 질량비를 구하시오. (단, 원자량은 C = 12, O = 16이다.)

부피와 양적 관계

30. 무색의 사산화이질소는 다음과 같이 반응하여 적갈색의 이산화질소로 변화한다.

$$N_2O_4(g) \rightleftarrows 2NO_2(g)$$

사산화이질소(N_2O_4) 100mL를 큰 주사기에 넣고 일정한 온도와 압력을 유지하였더니 부피가 늘어나다가 130mL가 된 후에는 더 이상 늘어나지 않았다. 이 상태에서의 주사기 안에 들어 있는 혼합 기체 중 N_2O_4와 NO_2의 부피비는 얼마인가?

31. 표준 상태에서 산소 기체 100L를 방전시켰더니 생성된 오존(O_3)과 반응하지 않는 산소의 혼합 기체의 부피가 90L였다. 생성된 오존의 부피는 표준 상태에서 몇 L인가?

32. 수소와 산소의 혼합 기체 120mL를 반응시켰더니 반응 물질 중 산소만 30mL 남았다. 생성된 수증기의 부피는 같은 조건에서 몇 mL인가?

기본 문제

화학 반응식의 완성

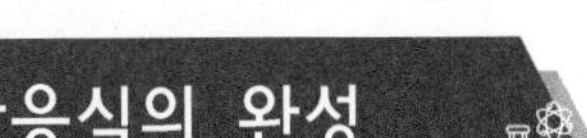

33. 다음은 에탄올(C_2H_6O) 연소 반응의 화학 반응식이다.

$$C_2H_6O + aO_2 \rightarrow bCO_2 + cH_2O$$

($a \sim c$는 반응 계수)

$a \times b$는?

① 4　　② 6
③ 7　　④ 8
⑤ 9

34. 다음은 염소산 칼륨($KClO_3$) 분해 반응의 화학 반응식이다.

$$aKClO_3(s) \rightarrow 2KCl(s) + bO_2(g)$$

(a, b는 반응 계수)

$a + b$는?

① 3　　② 4
③ 5　　④ 6
⑤ 7

35. 다음은 암모니아(NH_3)와 산소(O_2)의 반응에 대한 화학 반응식이다.

$$4NH_3(g) + aO_2(g) \rightarrow bNO(g) + cH_2O(g)$$

($a \sim c$는 반응 계수)

$\frac{b+c}{a}$ 는?

① $\frac{3}{8}$ ② 2
③ $\frac{8}{3}$ ④ 4
⑤ 6

36. 다음은 철의 제련과 관련된 화학 반응식이다.

$$Fe_2O_3(s) + aCO(g) \rightarrow bFe(s) + cCO_2(g)$$

($a \sim c$는 반응 계수)

$a+b+c$는?

① 7 ② 8
③ 9 ④ 10
⑤ 11

37. 다음의 화학식을 완성하였을 때 모든 계수의 합은?

$$NO + NH_3 \rightarrow N_2 + 6H_2O$$

① 11 ② 21
③ 31 ④ 41

38. 〈보기〉는 HCN을 생성하는 반응인데, 계수가 맞추어지지 않은 반응식이다. 반응의 실제 수득률이 100%라고 가정하고 반응물 NH_3, O_2, CH_4이 각각 100.0g씩 들어 있을 때, 생성되는 HCN의 무게와 가장 가까운 값[g]은? (단, H, C, N, O의 몰 질량은 각각 1.0, 12.0, 14.0, 16.0g/mol이다.)

보기

$$NH_3(g) + O_2(g) + CH_4(g) \rightarrow HCN(g) + H_2O(g)$$

① 28g ② 56g
③ 68g ④ 84g

화학 반응 모형

39. 그림은 반응 용기에 물질 X_2와 Y_2를 넣었을 때 일어나는 반응을 모형으로 나타낸 것이다.

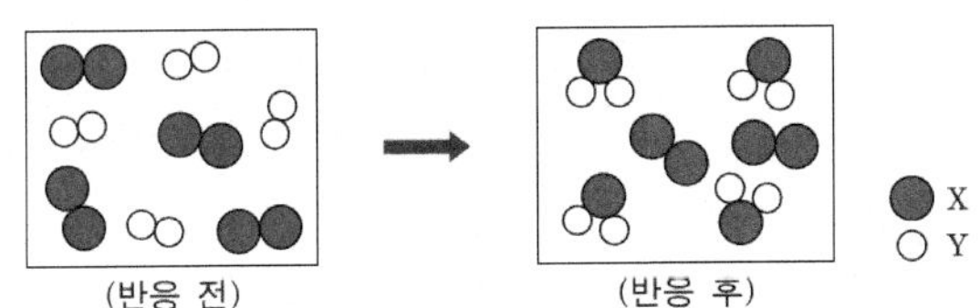

이에 대한 설명으로 옳은 것만을 〈보기〉에서 있는 대로 고른 것은? (단, X와 Y는 임의의 원소 기호이다.)

보기

ㄱ. 생성물의 화학식은 XY_2이다.
ㄴ. X_2와 Y_2는 2:1의 몰수비로 반응한다.
ㄷ. 반응 용기에 Y_2를 더 첨가하면 생성물의 양이 증가한다.

① ㄱ ② ㄴ ③ ㄱ, ㄷ
④ ㄴ, ㄷ ⑤ ㄱ, ㄴ, ㄷ

화학 반응의 양적 관계

40. 요소[$(NH_2)_2CO$]는 다음과 같이 암모니아와 이산화탄소의 반응으로 만든다.

$$2NH_3(g) + CO_2(g) \rightarrow (NH_2)_2CO(aq) + H_2O(l)$$

NH_3 51g과 CO_2 44g을 반응시키고자 한다. 이때 생성된 $(NH_2)_2CO$의 질량은 얼마인가?

① 30g ② 60g ③ 120g
④ 180g ⑤ 240g

41. 다음 화학 반응식을 따른다고 할 때, $Al(s)$ 27.0g과 $O_2(g)$ 32.0g이 반응하여 생성되는 $Al_2O_3(s)$의 질량은 얼마인가?(단, 화학식량은 Al=27.0, O_2=32.0, Al_2O_3=102.0이다.)

$$4Al(s) + 3O_2(g) \rightarrow 2Al_2O_3(s)$$

① 51.0g ② 68.0g
③ 102.0g ④ 153.0g

42. 글루코스($C_6H_{12}O_6$)의 대사분해반응은 공기 중에서 산소와 결합하여 이산화탄소와 물로 분해되는 반응이다. 90g의 글루코스와 반응하는 산소의 몰수는?(단, $C_6H_{12}O_6$의 몰질량은 180g이다.)

① 1mol ② 2mol
③ 3mol ④ 6mol

43. 암모니아(NH_3) x g과 이산화탄소(CO_2) 110g의 반응으로부터 요소($(NH_2)_2CO$) 60g과 물(H_2O)이 생성되었을 때, x로 옳은 것은?
(단, NH_3, CO_2, $(NH_2)_2CO$의 분자량은 각각 17, 44, 60이고, 생성물은 화학 양론적으로 얻어진다.)

① 17 ② 34
③ 51 ④ 68

44. 16.0g 메탄올과 11.5g 에탄올의 혼합 시료를 완전 연소시켰다. 이에 대한 설명으로 가장 옳은 것은? (단, 원자량은 H=1.0, C=12.0, O=16.00이다.)

① 발생하는 CO_2는 66.0g이다.
② 발생하는 H_2O는 31.5g이다.
③ 완전 연소를 위해 소요되는 산소 기체(O_2)의 최소량은 0.750몰이다.
④ 메탄올 대신 같은 g 수의 메탄(CH_4)을 넣어도 발생하는 CO_2의 양은 같다.

45. C_4H_{10} 기체 1L를 완전 연소시키는 데 필요한 공기의 부피는? (단, 산소는 공기 중에 부피비율 20%로 존재한다.)

① 6.5L ② 13L
③ 19.5L ④ 32.5L

46. 〈보기〉는 공업적으로 질소와 수소를 반응시켜 암모니아를 제조하는 화학 반응식이다. N_2 2mol과 H_2 9mol로부터 최대로 얻을 수 있는 NH_3의 몰수[mol]는?

보기

$$N_2(g) + 3H_2(g) \rightleftarrows 2NH_3(g)$$

① 1 ② 2
③ 3 ④ 4

47. 다음은 알루미늄(Al)과 염산(HCl(aq))이 반응할 때의 화학 반응식이다.

$$2Al(s)+6HCl(aq) \rightarrow 2AlCl_3(aq)+3H_2(g)$$

학생 A는 부피가 1.0cm^3인 Al(s)이 충분한 양의 HCl(aq)과 반응할 때 생성되는 $H_2(g)$의 질량을 〈보기〉에 있는 자료를 이용하여 이론적으로 구하려고 한다. 학생 A가 반드시 이용해야 할 자료만을 〈보기〉에서 있는 대로 고른 것은? (단, 온도와 압력은 25℃, 1기압이다.)

보기

ㄱ. $H_2(g)$ 1몰의 부피
ㄴ. $Al(s)$의 밀도
ㄷ. H와 Al의 원자량

① ㄱ ② ㄴ ③ ㄱ, ㄷ
④ ㄴ, ㄷ ⑤ ㄱ, ㄴ, ㄷ

48. 다음은 $CaCO_3(s)$과 $HCl(aq)$의 반응의 화학 반응식이다.

> $CaCO_3(s) + aHCl(aq)$
> $\rightarrow bCaCl_2(aq) + cH_2O(l) + dCO_2(g)$
> ($a \sim d$는 반응 계수)

$NaCl(s)$과 $CaCO_3(s)$의 혼합물 X 50 g을 충분한 양의 $HCl(aq)$에 넣어 반응시켰더니 $CO_2(g)$가 4 L 생성되었다. X에서 $CaCO_3$의 질량 백분율(%)은? (단, 실험 조건에서 기체 1몰의 부피는 24 L이고, $CaCO_3$의 화학식량은 100이다.)

① $\frac{50}{3}$ ② $\frac{100}{3}$ ③ 50
④ $\frac{200}{3}$ ⑤ $\frac{250}{3}$

49. 다음은 금속 M의 원자량 구하는 실험이다.

> • 화학 반응식: $2MX_2(s) \rightarrow 2MX(s) + X_2(g)$
>
> [실험 과정]
> (가) MX_2 wg을 반응 용기에 넣고 모두 반응시킨다.
> (나) MX의 질량을 측정한다.
> (다) X_2의 부피를 측정한다.
>
> [실험결과]
> • MX의 질량 : $0.65w$ g
> • X_2의 부피 : 122mL(25℃, 1기압)

M의 원자량은? (단, 25℃, 1기압에서 기체 1몰의 부피는 24.4L이다.)

① $15w$ ② $30w$ ③ $35w$
④ $45w$ ⑤ $65w$

50. 다음은 포도당($C_6H_{12}O_6$)이 발효되어 에탄올(C_2H_6O)과 기체 생성물 A를 생성하는 반응의 화학 반응식이다.

> $C_6H_{12}O_6(s) \rightarrow 2C_2H_6O(l) + 2\,\boxed{A}\,(g)$

이에 대한 설명으로 옳은 것만을 〈보기〉에서 있는 대로 고른 것은? (단, C, H, O의 원자량은 각각 12, 1, 16이고, 0℃, 1기압에서 기체 1몰의 부피는 22.4L이다.)

> 보기
> ㄱ. A의 분자량은 44이다.
> ㄴ. 0℃, 1기압에서 A 11.2L를 생성하기 위해 필요한 포도당의 질량은 45g이다.
> ㄷ. 생성물의 부피 비는 $C_2H_6O : A = 1 : 1$이다.

① ㄱ ② ㄷ ③ ㄱ, ㄴ
④ ㄴ, ㄷ ⑤ ㄱ, ㄴ, ㄷ

51. 다음은 2가지 반응의 화학 반응식이다. a와 b는 반응 계수이다.

(가) $CuO(s)+H_2(g) \rightarrow Cu(s)+aH_2O(g)$
(나) $2Cu_2O(s)+C(s) \rightarrow 4Cu(s)+bCO_2(g)$

이에 대한 설명으로 옳은 것만을 〈보기〉에서 있는 대로 고른 것은? (단, H, C의 원자량은 각각 1, 12이다.)

보기

ㄱ. $a=b$이다.
ㄴ. CuO와 Cu_2O가 각각 1몰 반응할 때 생성되는 Cu의 질량은 (나)가 (가)의 2배이다.
ㄷ. H_2와 C가 1g씩 반응할 때 생성되는 Cu의 질량은 (나)가 (가)보다 크다.

① ㄱ ② ㄷ ③ ㄱ, ㄴ
④ ㄴ, ㄷ ⑤ ㄱ, ㄴ, ㄷ

52. 다음은 기체 X와 관련된 2가지 화학 반응식이다.

(가) $aM(s) + 2HCl(aq) \rightarrow bMCl_2(aq) + cX(g)$
($a \sim c$는 반응 계수)
(나) $X(g) + CuO(s) \rightarrow Cu(s) + H_2O(l)$

금속 M 3.6g을 충분한 양의 HCl(aq)과 반응시켜 포집한 기체 X 전부를 다시 충분한 양의 CuO와 반응시켰다. 이때 생성된 H_2O의 질량이 2.7g일 때, 이에 대한 설명으로 옳은 것만을 〈보기〉에서 있는 대로 고른 것은? (단, M의 임의의 원소 기호이고, H, O의 원자량은 각각 1, 16이다.)

보기

ㄱ. X는 H_2이다.
ㄴ. $a=b+c$이다.
ㄷ. M의 원자량은 27이다.

① ㄱ ② ㄷ ③ ㄱ, ㄴ
④ ㄴ, ㄷ ⑤ ㄱ, ㄴ, ㄷ

53. 아래 반응에 대하여 6.02×10^{21}개의 산소 분자를 모두 반응시키기 위한 0.5M의 $FeCl_2$ 수용액의 부피로 옳은 것은? (단, 최종 결과의 유효 숫자는 세 개가 되도록 반올림한다.)

$$4FeCl_2(aq) + 3O_2(g) \rightarrow 2Fe_2O_3(s) + 4Cl_2(g)$$

① 0.0267mL ② 0.267mL
③ 2.67mL ④ 26.7mL

54. $Ba(NO_3)_2$와 $BaCl_2$의 혼합물 2.000g을 물에 녹인 후, 더 이상 침전이 생기지 않을 때까지 0.500M 농도 $AgNO_3$ 용액을 한 방울씩 가하였더니, 흰색 침전 0.717g이 얻어졌다. 침전이 완전히 형성되는데 필요한 0.50M 농도 $AgNO_3$ 용액의 최소 부피[mL]와 가장 유사한 값은? (단, Ba, N, O, Cl, Ag의 몰 질량은 각각 137.3, 14.0, 16.0, 35.5, 107.9g/mol이다.)

① 10mL ② 12mL
③ 15mL ④ 20mL

55. 그림은 밀폐된 용기에서 일어나는 A_2B와 C_2의 반응에서 반응 전후의 화학종의 종류와 양을 나타낸 것이다.

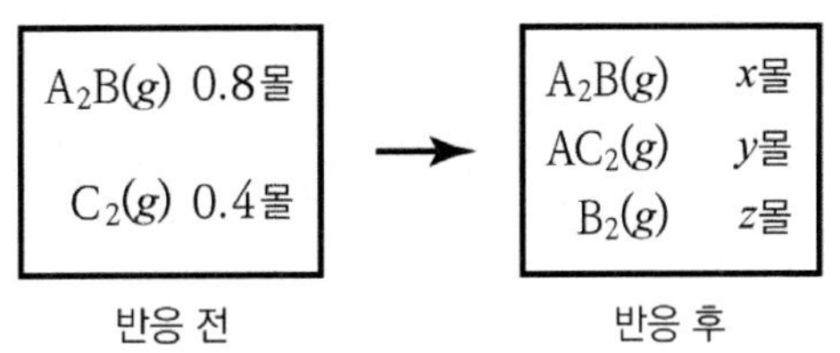

이에 대한 설명으로 옳은 것은? (단, 온도는 일정하고, A~C는 임의의 원소기호이다.)

① 이 반응의 한계 반응물은 A_2B이다.
② 반응 후 A_2B의 몰 수 x는 0.4이다.
③ 반응 후 $y : z = 4 : 1$이다.
④ 반응 후 몰 수가 가장 큰 물질은 B_2이다.

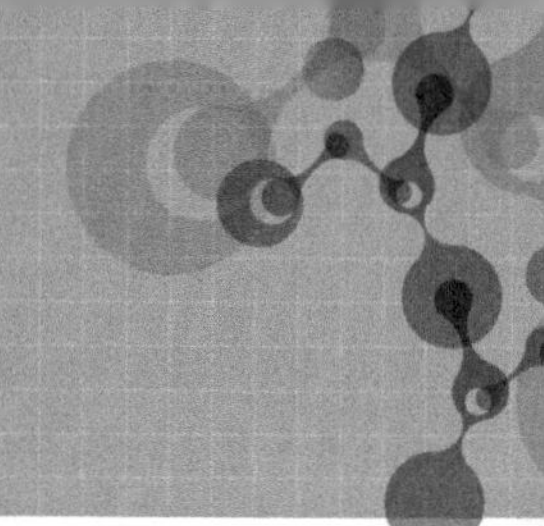

CHAPTER 06 기체

제1절 기체의 법칙과 이상 기체 상태방정식

정답 p. 139

대표 유형 기출 문제

11 지방직 9급 17

1. 〈표〉는 0℃에서 세 종류의 이상 기체에 대한 자료이다. 이에 대한 〈보기〉의 설명 중 옳은 것을 모두 고른 것은? (단, A, B, C는 임의의 원소 기호이다.)

〈표〉 세 종류의 이상 기체에 대한 자료

	A_2	A_2B	CB_2
부피(L)	0.56	1.12	2.24
압력(atm)	4.0	2.0	0.5
질량(g)	0.2	1.8	3.2

보기

ㄱ. 원자량은 B가 A의 8배이다.
ㄴ. A_2와 CB_2의 분자량 비는 1:32이다.
ㄷ. 1.8g의 A_2B와 3.2g의 CB_2에 들어 있는 총 원자 수는 같다.

① ㄴ ② ㄷ
③ ㄱ, ㄴ ④ ㄱ, ㄷ

19 지방직 7급 11

2. 온도가 일정하고 압력이 1.0atm인 밀폐된 용기에 네온(Ne) 0.01몰과 헬륨(He) 0.04몰이 들어 있다. 네온의 부분 압력[atm]은? (단, 네온과 헬륨은 서로 반응하지 않으며, 모두 이상 기체이다.)

① 0.20 ② 0.40
③ 0.80 ④ 1.00

22 지방직 9급 02

3. 이상 기체 (가), (나)의 상태가 다음과 같을 때, P는?

기체	양[mol]	온도[K]	부피[L]	압력[atm]
(가)	n	300	1	1
(나)	n	600	2	P

① 0.5 ② 1
③ 2 ④ 4

23 해양 경찰청 16

4. 일정한 온도에서 1atm의 A 기체 2L, 2atm의 B 기체 3L, 3atm의 C 기체 4L를 20L의 밀폐된 용기에 넣었을 때의 전체 압력(atm)은? (단, 세 기체는 서로 반응하지 않는 이상 기체라고 가정한다.)

① 1atm ② 2atm
③ 3atm ④ 4atm

주관식 개념 확인 문제

5. 다음 [   ] 안에 알맞은 답을 써 넣으시오.

(1) 샤를에 의하면, 온도가 1℃ 내려가면 기체의 부피는 0℃때 부피의 $\frac{1}{273}$씩 줄어든다. 따라서, 이론적으로 [①]℃가 되면 기체의 부피는 0이 된다. 켈빈 온도에서는 기체의 부피가 0이 되는 온도를 [②]라고 한다.

(2) 일정한 양의 기체라고 하더라도 기체는 온도와 압력에 따라 [①]가 달라진다. 기체의 양, 온도 및 압력과 기체의 부피의 관계를 나타낸 식을 [②]이라고 한다.

(3) 기체 분자 운동론의 가정에 근거하면, 기체는 입자의 [①]와 입자간 [②]이 없으므로, 서로 반응하지 않는 두 가지 이상의 기체를 혼합하였을 때 전체 압력은 성분 기체의 부분 압력의 합과 같다.

6. 그림은 일정량의 기체에 대하여 온도와 압력에 따른 부피 변화를 나타낸 것이다.

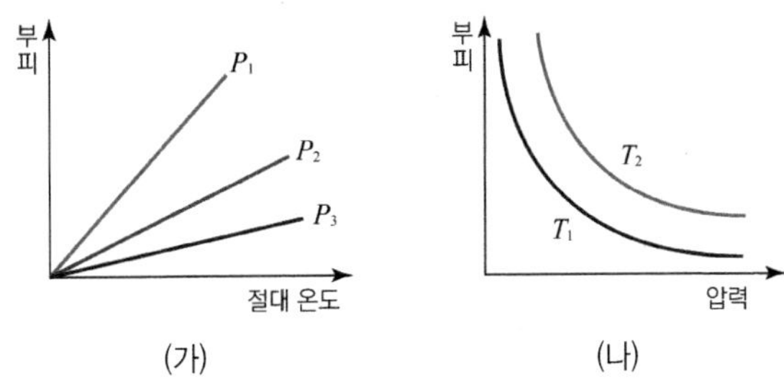

(가) (나)

(가)에서 P_1, P_2, P_3의 크기와 (나)에서 T_1, T_2의 크기를 비교하시오.

7. 20℃, 1기압에서 부피가 2.0L인 기체가 있다.

(1) 같은 온도에서 압력을 2기압으로 올리면 기체의 부피는 몇 L가 되겠는가?

(2) (1)의 기체를 2기압에서 처음 부피(2.0L)가 되게 하려면 온도를 몇 ℃까지 올려야 하는가?

8. 27℃, 1기압에서 부피가 100000L인 큰 풍선이 있다. 온도가 −23℃이고 압력이 0.5기압인 고도에서 이 풍선의 부피는 몇 L인가?

9. 1g의 수소와 42g의 질소를 22.4L의 용기에 채웠더니 용기 내의 전체 압력이 4기압이 되었다. 기체 상수는 0.082기압 · L/몰 · K이다. (단, 수소와 질소는 변하지 않는다.)

(1) 용기 속의 수소 기체와 질소 기체는 모두 몇 몰인가?

(2) 수소 기체가 나타내는 부분 압력은 몇 기압인가?

(3) 용기 속의 온도는 몇 ℃인가? (소수 첫째 자리에서 반올림하여라.)

10. 아래의 그림과 같이 연결된 플라스크 A와 B가 있다. 부피를 모르는 A에는 헬륨 기체 2몰이 들어 있다. 반면 B의 부피는 8.2L이고 헬륨 기체가 들어 있다. 위 장치를 일정한 온도로 유지시킨 수조 안에 잠기게 하여 한참 후에 각각의 압력을 재었더니, A의 압력은 1atm이었고 B의 압력은 3atm이었다. 코크를 열고 한참 후에 압력을 쟀더니 $\frac{9}{7}$atm이었다.

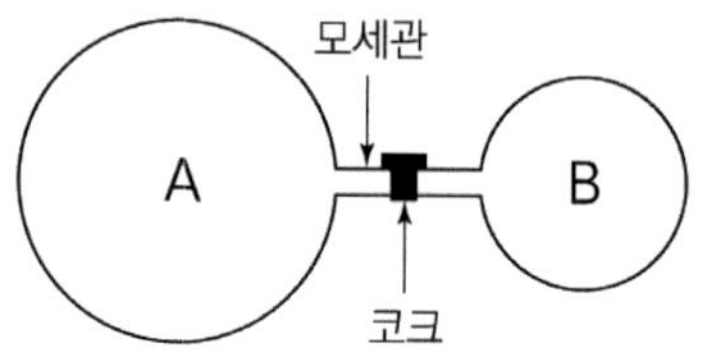

다음을 계산하시오.

(1) A플라스크의 부피는 몇 L인가?

(2) 처음 B플라스크 안에 들어 있었던 헬륨은 몇 몰인가? (모세관의 부피는 무시하며, 헬륨은 이상 기체라고 한다.)

11. H_2 기체 0.5몰과 He 기체 0.5몰의 혼합 기체에 비활성 기체인 Ar 1몰을 첨가한 경우 각 기체의 부분압을 혼합 기체가 강철 용기에 있을 때와 실린더에 있을 때 각 기체의 분압을 비교하시오. (단, Ar을 첨가하기 전의 강철 용기와 실린더의 압력은 각각 1기압이고, 각 용기의 부피는 22.4L이며, 온도는 0℃이다.)

12. 기체 X는 다음과 같이 기체 Y와 반응하여 기체 Z를 생성한다.

$$X(g) + 2Y(g) \rightarrow 3Z(g)$$

초기에 X와 Y는 그림과 같이 분리되어 있고, 꼭지를 열면 반응은 빠른 속도로 완결된다. 반응이 종결되었을 때, 기체 Y의 부분압을 구하시오. (단, 온도는 25℃로 일정하게 유지되며 X, Y, Z는 이상기체이다.)

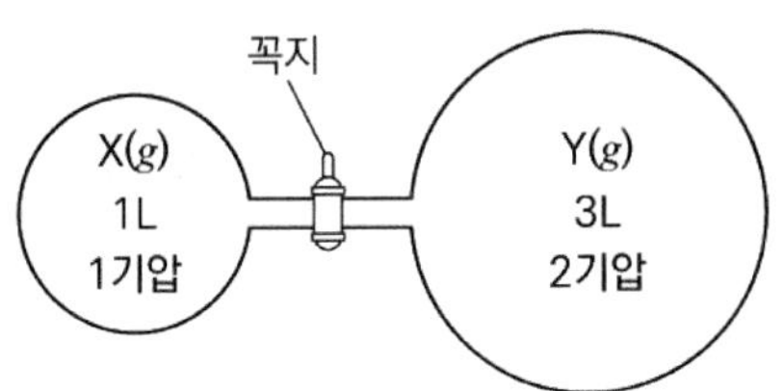

기본 문제

13. 부피가 49.2L인 그릇 속에 어떤 기체 4g이 들어 있다. 그릇 안의 온도는 27℃이고 내부 압력은 760mmHg였다. 그릇 안에 들어 있는 기체는 다음 중 어떤 것인가?
(단, 기체 상수 R=0.082기압 · L/몰 · K)

① H_2　　② He
③ CH_4　　④ N_2
⑤ O_2

14. 1몰의 메탄과 1몰의 질소 및 3몰의 이산화탄소가 섞여 있는 혼합 기체를 10L 용기에 채웠을 때 0℃에서 혼합 기체의 전체 압력은 얼마인가?

① 5.6기압　　② 11.2기압
③ 16.8기압　　④ 22.4기압
⑤ 112기압

15. 1기압 산소 2L와 2기압 질소 2L를 부피가 5L인 닫힌 용기 속에 넣었다. 혼합기체의 전체 압력은?

① 0.4기압　　② 0.8기압
③ 1.2기압　　④ 3기압

16. 상온, 1기압에서 16g의 순수한 산소 기체(O_2)가 포함된 풍선이 있다. 같은 온도 및 압력에서 산소 기체가 포함된 풍선의 2배 크기인 순수한 이산화탄소 기체(CO_2)가 담긴 풍선이 있다. 이 풍선에 포함된 이산화탄소 기체의 질량은? (단, O_2와 CO_2의 분자량은 각각 32g/mol, 44g/mol이다.)

① 11g ② 22g
③ 44g ④ 88g

17. 5L의 헬륨이 들어 있는 풍선을 넣어둔 용기 (1기압, 25oC)가 있다. 이 용기의 압력을 80%로 낮추고 또한 온도도 변화시켜 헬륨 풍선의 부피에 변화가 없도록 하고자 한다. 최종 온도로 가장 가까운 것은? (헬륨은 이상 기체 방정식을 따른다고 가정하자.)

① −30℃ ② 0℃
③ 20℃ ④ 100℃

18. 그래프는 27℃, 1기압의 이상 기체 1L를 온도와 압력을 차례로 변화시키면서 부피를 측정한 결과를 나타낸 것이다.

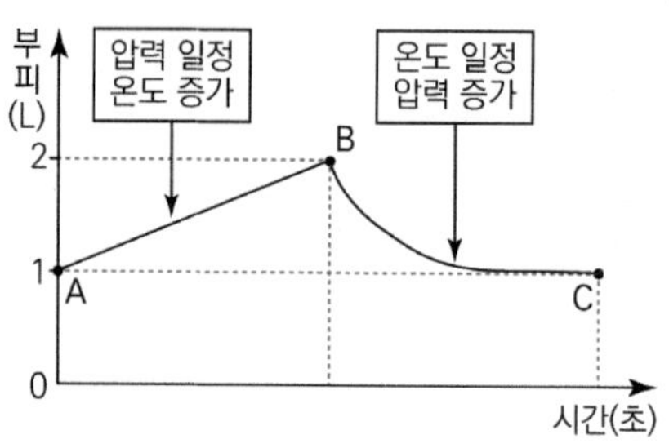

이에 대한 설명으로 옳은 것을 〈보기〉에서 모두 고르면?

> 보기
> ㄱ. B의 온도는 300℃이다.
> ㄴ. C의 압력은 2기압이다.
> ㄷ. A의 밀도는 B보다 작다.

① ㄱ ② ㄴ ③ ㄱ, ㄴ
④ ㄱ, ㄷ ⑤ ㄴ, ㄷ

19. 그림 (가)와 같이 용기의 왼쪽에는 헬륨(He) 2.4g이, 오른쪽에는 산소(O_2) A몰이 들어 있다. 용기 안의 피스톤은 양쪽의 압력이 같아지도록 움직인다. 온도를 일정하게 유지하며 용기의 오른쪽에 Bg의 산소를 더 넣었더니 그림 (나)와 같이 되었다.

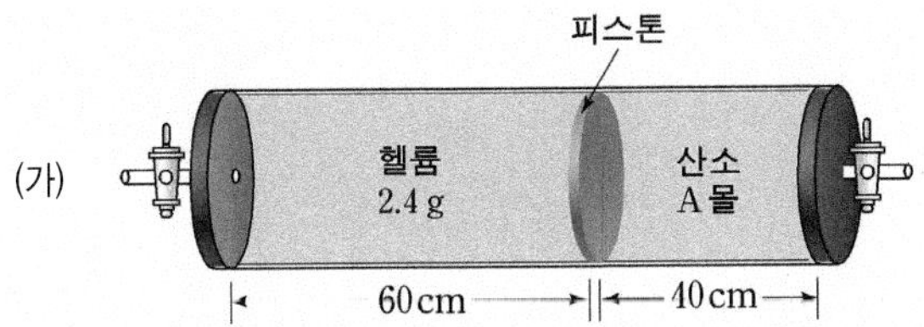

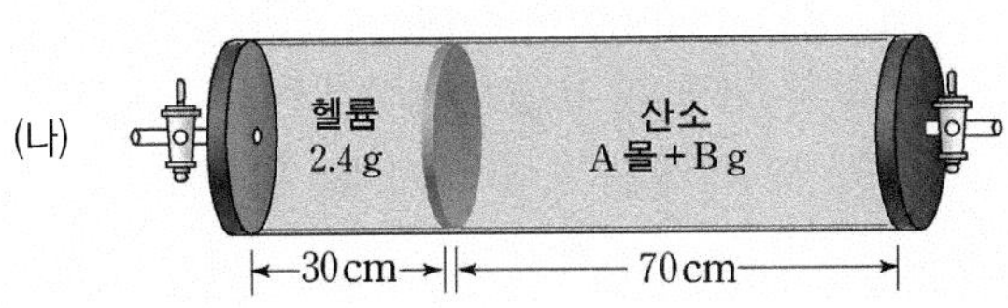

위 그림에 대한 설명으로 옳은 것을 〈보기〉에서 모두 고른 것은? (단, 헬륨과 산소는 원자량이 각각 4, 16이며, 이상 기체로 가정한다.)

보기

ㄱ. 그림 (가)에서 산소의 몰수 A는 0.4몰이다.
ㄴ. 더 넣어준 산소의 질량 B는 32g이다.
ㄷ. 그림 (나)에서 헬륨과 산소의 분자 수의 비는 3 : 7이다.

① ㄱ ② ㄷ ③ ㄱ, ㄴ
④ ㄴ, ㄷ ⑤ ㄱ, ㄴ, ㄷ

20. 그림 (가)와 같이 용기의 왼쪽에는 수소(H_2) 2 g이, 오른쪽에는 미지 기체 56g이 들어 있다. 용기 안의 피스톤은 양쪽의 압력이 같아지도록 움직인다. 온도를 일정하게 유지하며 오른쪽의 콕을 연 후, 피스톤이 정지한 순간 콕을 닫았더니 그림 (나)와 같이 되었다.

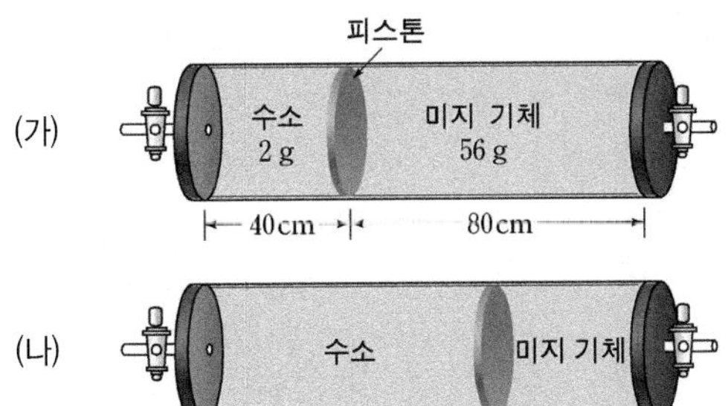

이에 대한 설명으로 옳은 것을 〈보기〉에서 모두 고른 것은? (단, 수소의 원자량은 1로, 수소와 미지 기체는 이상 기체로 가정한다.)

보기

ㄱ. 미지 기체의 분자량은 28이다.
ㄴ. 배출된 미지 기체의 몰수는 1.0몰이다.
ㄷ. 그림 (나)에서 수소와 미지 기체의 분자 수 비는 2 : 1이다.

① ㄱ ② ㄴ ③ ㄱ, ㄷ
④ ㄴ, ㄷ ⑤ ㄱ, ㄴ, ㄷ

21. 그림과 같이 두 용기 (가), (나)에 헬륨(He)과 네온(Ne)이 각각 들어 있다. 온도를 일정하게 유지하면서 콕을 열어 평형에 도달하게 하였다.

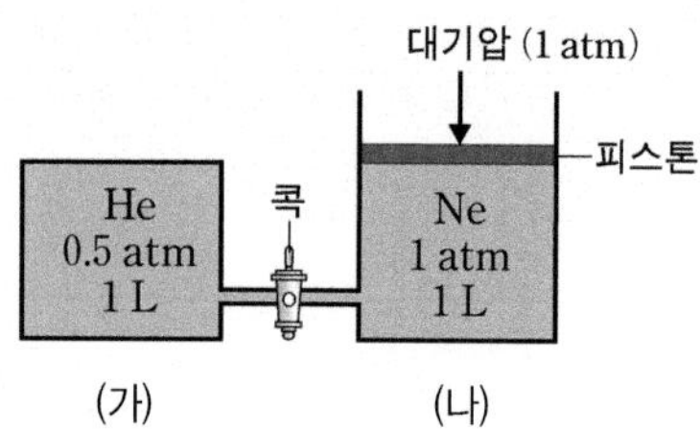

이에 대한 설명으로 옳은 것을 〈보기〉에서 모두 고른 것은? (단, 피스톤과 용기 사이의 마찰과 피스톤의 무게는 없고, He과 Ne은 이상 기체라고 가정한다.)

보기

ㄱ. He과 Ne의 분자수의 비는 2 : 1이다.

ㄴ. 평형에서 Ne의 부분 압력은 $\frac{2}{3}$atm이다.

ㄷ. 평형에서 용기 (나)의 부피는 0.5L이다.

① ㄱ ② ㄴ ③ ㄱ, ㄷ
④ ㄴ, ㄷ ⑤ ㄱ, ㄴ, ㄷ

22. 그림은 헬륨(He)과 아르곤(Ar)을 양쪽 용기에 각각 채우고 가운데 용기와 연결관을 진공으로 만든 상태를 나타낸 것이다.

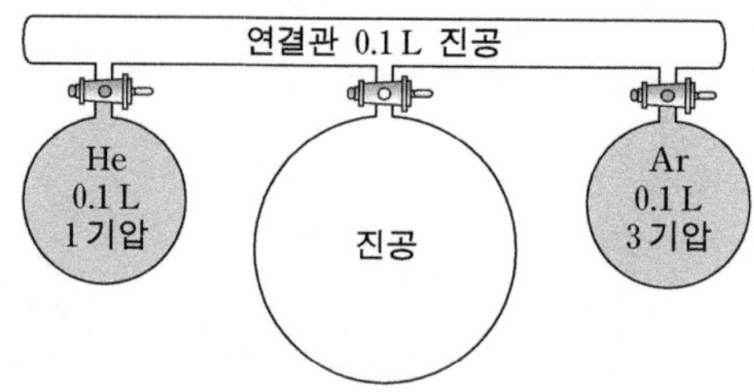

콕을 모두 열고 충분한 시간이 경과한 후 전체 압력이 0.4기압이 되었다면, 가운데 용기의 부피(V)와 헬륨의 부분 압력(P_{He})으로 옳은 것은?
(단, He과 Ar은 이상 기체의 법칙을 따른다.)

	V	P_{He}
①	0.7L	0.1기압
②	0.7L	0.3기압
③	0.8L	0.1기압
④	0.8L	0.2기압
⑤	0.8L	0.3기압

23. **다음은 일정한 온도에서 기체의 성질을 알아보는 실험이다.**

(가) 콕으로 연결된 용기 A, B에 네온 기체와 헬륨 기체를 그림과 같이 각각 주입한다.

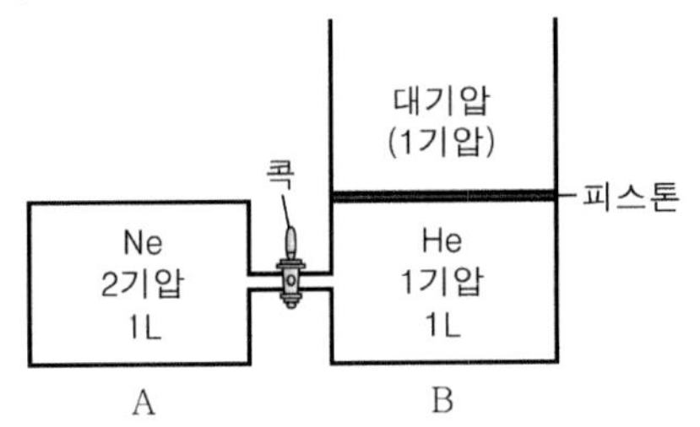

(나) 콕을 열어 충분한 시간 동안 방치한다.

(다) 콕을 열어둔 채로 용기 B의 피스톤 위에 추 1개를 올려놓는다.

이에 대한 설명으로 옳은 것만을 〈보기〉에서 있는 대로 고른 것은? (단, 피스톤의 마찰과 무게 및 연결관의 부피는 무시하며, 추 1개의 압력은 0.5기압이다.)

보기

ㄱ. (가)에서 네온 기체와 헬륨 기체의 분자수 비는 2 : 1이다.

ㄴ. (나)에서 용기 B의 부피는 2L가 된다.

ㄷ. (다)에서 네온 기체의 부분 압력은 1기압이다.

① ㄱ ② ㄷ ③ ㄱ, ㄴ
④ ㄴ, ㄷ ⑤ ㄱ, ㄴ, ㄷ

제2절 기체 분자 운동론과 확산

정답 p. 144

대표 유형 기출 문제

14 지방직 9급 17

1. 이상 기체로 거동하는 1몰(mol)의 헬륨(He)이 다음 (가)~(다) 상태로 존재할 때, 옳게 설명한 것만을 <보기>에서 모두 고른 것은?

	(가)	(나)	(다)
압력(기압)	1	2	2
온도(K)	100	200	400

보기

ㄱ. 부피는 (가)와 (나)가 서로 같다.
ㄴ. 단위 부피당 입자 개수는 (가)와 (다)가 서로 같다.
ㄷ. 원자의 평균 운동 속력은 (다)가 (나)의 2배이다.

① ㄱ　② ㄴ
③ ㄱ, ㄷ　④ ㄴ, ㄷ

16 지방직 7급 20

2. 일정 온도와 압력에서 어떤 기체 X 60.0mL가 분출하는 데 10초 걸렸다. 같은 조건에서 수소 기체(H_2) 480.0mL가 분출하는 데 20초가 걸렸다면, 기체 X의 분자량은? (단, H의 원자량은 1이다.)

① 4　② 16
③ 32　④ 64

주관식 개념 확인 문제

3. 다음 그림은 온도 $T_1 \sim T_3$에서 어떤 기체의 분자 운동 속력에 따른 분자 수 분포를 각각 나타낸 것이다.

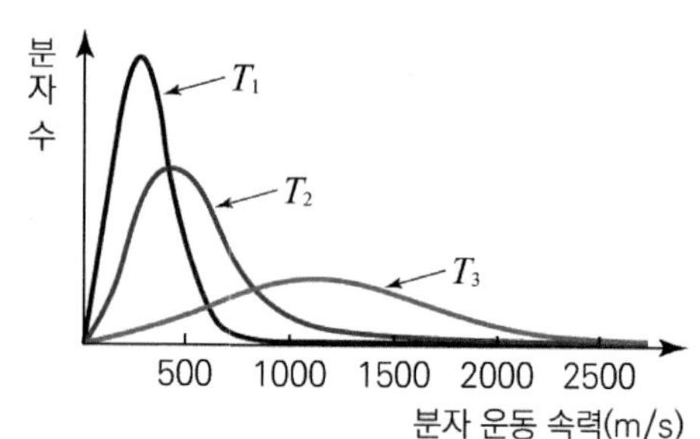

(1) $T_1 \sim T_3$의 온도를 비교하시오.

(2) $T_1 \sim T_3$에서 기체 분자의 평균 운동 속력을 비교하시오.

4. 기체의 평균 속력(v_{av}), 최빈 속력(v_{mp}), 근평균 제곱 속력(v_{rms})을 비교하시오.

5. 다음을 계산하시오.

(1) 같은 온도와 압력에서 분자량이 32.0인 기체 A는 10초 동안에 60mL가 용기 밖으로 분출되었고, 분자량을 모르는 기체 B는 동일한 용기를 사용하였을 때, 10초 동안 240mL가 분출되었다. 두 기체 A, B가 이상 기체와 같이 행동한다고 하면, 기체 B의 분자량은 얼마인가?

(2) 미지의 물질 X의 산화물 XO_2를 기화시켜 같은 조건에서 산소 기체와 비교하였더니 분출 속도가 1 : 2였다. X의 원자량은 얼마인가?

6. 그림은 일정한 온도에서 크기가 같은 두 용기에 기체 A와 B를 넣고 꼭지를 열었을 때 두 기체가 반응하여 흰 연기가 생긴 모습을 나타낸 것이다.

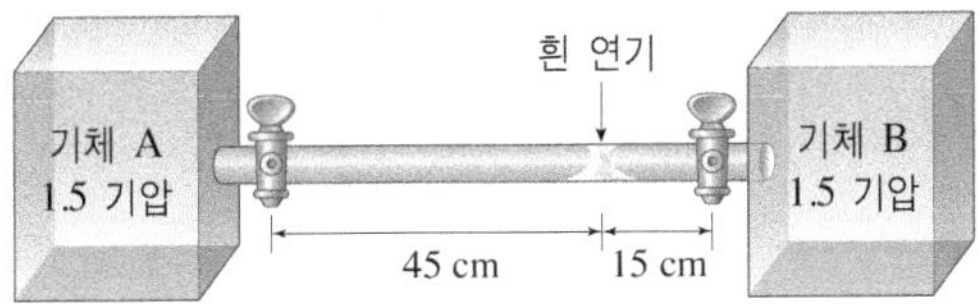

이에 대한 설명으로 옳은 것은 ○, 옳지 않은 것은 ×로 표시하시오.

(1) 꼭지를 열기 전 기체 A와 B의 분자 수는 서로 같다. (　　)

(2) 확산 속도는 기체 A가 B보다 빠르다. (　　)

(3) 기체 B의 분자량은 A의 3배이다. (　　)

(4) 평균 운동 에너지는 기체 A가 B보다 크다. (　　)

7. 어떤 탄화수소 화합물 X를 완전 연소시켰을 때, 발생하는 이산화탄소와 수증기의 부피비가 3 : 4이다. X가 진공으로 분출되는 속도는 이산화탄소의 분출 속도와 거의 같다. X의 분자식을 구하시오.

기본 문제

기체 분자 운동론

8. 기체 분자의 운동 에너지를 결정하는 요인은?

① 분자의 모양 ② 분자의 부피
③ 분자량 ④ 절대 온도

9. 다음 그림은 20℃ 3기압의 수소를 포함하고 있는 금속 통의 단면 그림이다. 검은 점들은 수소 기체 분자를 나타낸다.

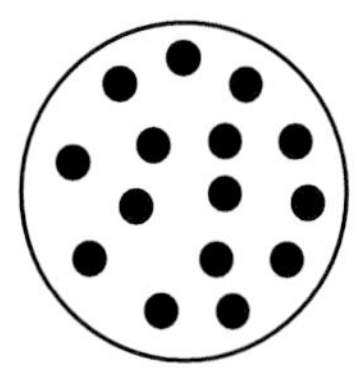

다음 중 어떤 그림이 이 금속 통을 −5℃로 냉각시켰을 때의 상황을 가장 잘 나타내고 있는가?
(수소의 끓는점은 −242.8℃이다.)

① 
② 
③ 
④ 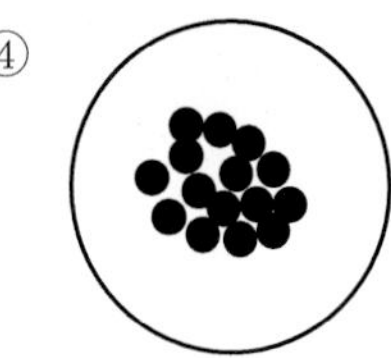

10. 다음은 기체 분자 운동론에 관한 설명이다. 옳은 것을 모두 고르면?

a. 분자 상호간에 인력이나 반발력이 작용하지 않으며, 기체는 끊임없이 불규칙한 분자운동을 한다.
b. 분자의 운동 에너지는 온도 의존 함수이고 충돌할 때 생기는 분자들의 마찰에 의한 에너지 손실만을 고려한다.
c. 기체 분자들은 질량을 가지고 있으나, 기체 자체의 부피는 무시한다.

① a ② b
③ c ④ a, c

11. 온도, 압력, 부피가 동일한 질소 기체와 암모니아 기체가 있다. 두 기체가 동일한 값을 가지는 것을 〈보기〉에서 모두 고르면? (단, 이상기체로 가정하자.)

보기

a. 분자수 b. 질량
c. 공유결합수 d. 평균속력

① a, b ② a, c
③ a, d ④ a, c, d

12. 상온(25℃)에서 기체 분자들의 평균 속도의 순서는?

① 수소 > 질소 > 산소 > 네온 > 아르곤
② 수소 > 질소 > 네온 > 산소 > 아르곤
③ 수소 > 네온 > 질소 > 산소 > 아르곤
④ 수소 > 질소 > 산소 > 네온 > 아르곤

13. 다음의 (가)와 (나) 문제를 일반적으로 용이 하게 풀기 위하여 사용할 기체 상수(R)의 값(a 또는 b)이 잘 짝지어진 것은?

(가) 기체 입자의 근 평균 제곱 속도(단위: m/s)를 구하는 공식($\sqrt{\frac{3RT}{M}}$)을 이용하여 기체 입자의 근 평균 제곱 속도를 구하고자 한다 (M은 기체 1몰의 질량).
(나) 순수한 단백질을 물에 녹여서 삼투압(P)을 측정한 후, $P = CRT$ 공식으로 단백질의 분자량을 측정하고자 한다.(c는 용액의 몰 농도)
a. $R=0.082$ L atm K^{-1} mol^{-1}
b. $R=8.314$ J K^{-1} mol^{-1}

① 가-a, 나-a ② 가-a, 나-b
③ 가-b, 나-a ④ 가-b, 나-b

14. 부피 1L의 플라스크 세 개에 각각 H_2, Cl_2, CH_4 기체가 담겨 있다. 0℃, 1기압의 조건에서 가장 높은 밀도를 가지는 기체는?

① H_2 ② Cl_2
③ CH_4 ④ 모두 같다.

15. 27℃, 3기압의 질소 기체 일정량이 다음과 같이 세 단계로 변하였다.

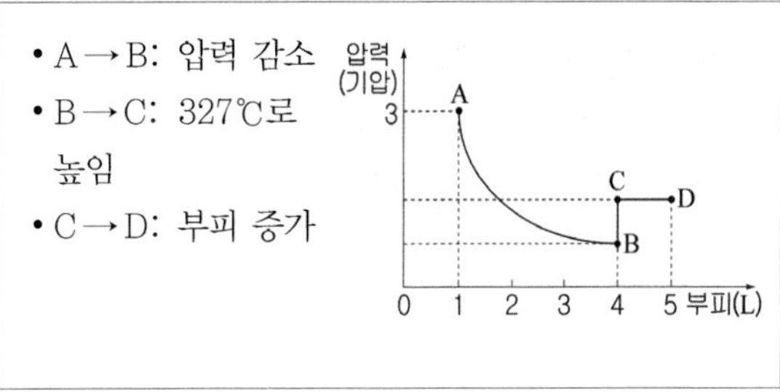

이에 대한 설명으로 옳은 것을 〈보기〉에서 모두 고른 것은?

보기
ㄱ. 밀도는 B<C이다.
ㄴ. C의 압력은 B의 두 배이다.
ㄷ. 기체 분자의 평균 운동 에너지는 B < C < D이다.

① ㄱ ② ㄴ ③ ㄱ, ㄷ
④ ㄴ, ㄷ ⑤ ㄱ, ㄴ, ㄷ

16. 그래프는 온도 T_1, T_2에서 일정량의 이상 기체의 압력에 따른 부피 변화를 나타낸 것이다.

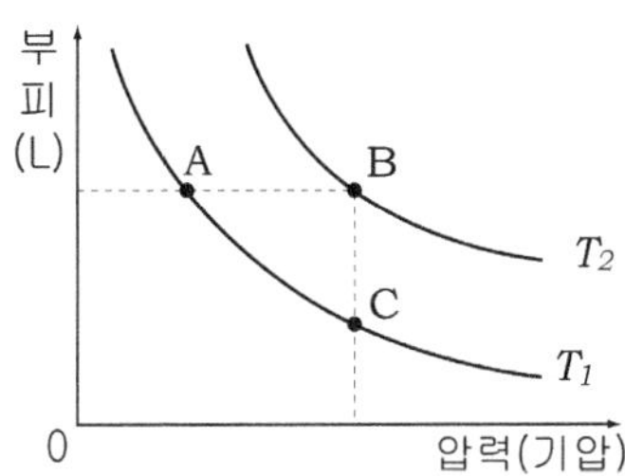

A~C에서 기체 분자의 물리량을 바르게 비교한 것을 〈보기〉에서 고르면?

보기
ㄱ. 평균 속력: A < B
ㄴ. 충돌 횟수: A < C
ㄷ. 분자 간 평균 거리: B < C
ㄹ. 평균 운동 에너지: A > C

① ㄱ, ㄴ ② ㄱ, ㄷ ③ ㄴ, ㄷ
④ ㄴ, ㄹ ⑤ ㄷ, ㄹ

17. 그림과 같이 일정한 부피의 강철 용기에 헬륨(He)을 넣고 온도를 올렸다.

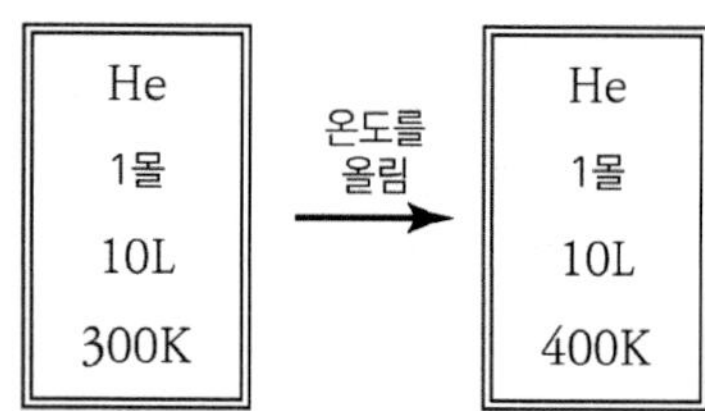

온도를 올린 후, 용기 내에서 증가한 것만을 〈보기〉에서 있는 대로 고른 것은?

보기

ㄱ. 기체의 압력
ㄴ. 분자 간 평균 거리
ㄷ. 분자의 평균 속력

① ㄱ　② ㄴ　③ ㄱ, ㄷ　④ ㄴ, ㄷ　⑤ ㄱ, ㄴ, ㄷ

18. 그림은 같은 온도에서 3가지 기체 A~C의 분자 운동 속력에 따른 분자 수를 각각 나타낸 것이다.

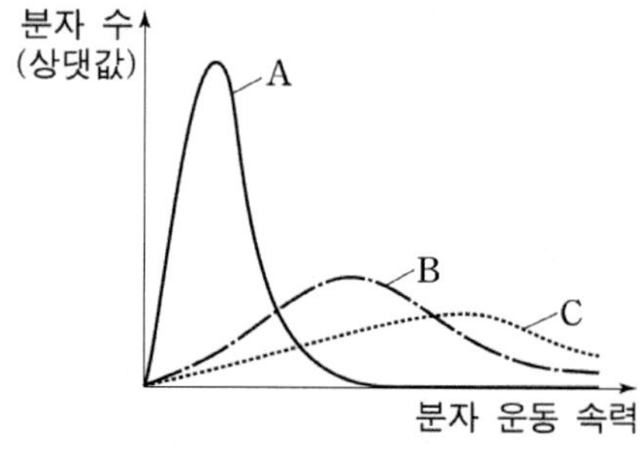

A~C에 대한 설명으로 옳은 것만을 〈보기〉에서 있는 대로 고른 것은?

보기

ㄱ. 분자량은 A가 가장 크다.
ㄴ. 분자의 평균 운동 에너지는 C가 가장 크다.
ㄷ. B의 온도를 높이면 B의 곡선이 A와 같아진다.

① ㄱ　② ㄴ　③ ㄱ, ㄷ　④ ㄴ, ㄷ　⑤ ㄱ, ㄴ, ㄷ

19. 그림은 일정한 온도에서 질량이 같은 기체 X, Y의 압력에 따른 부피를 나타낸 것이다.

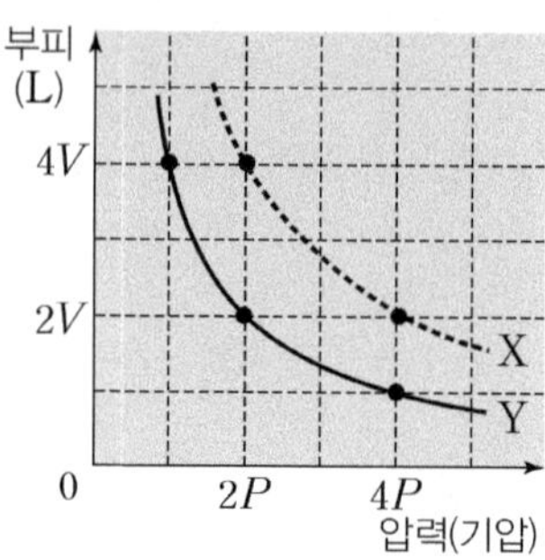

Y가 X보다 큰 값을 갖는 것만을 〈보기〉에서 있는 대로 고른 것은?

ㄱ. 기체의 양(mol)
ㄴ. 분자량
ㄷ. 평균 운동 에너지

① ㄱ　② ㄴ　③ ㄱ, ㄴ　④ ㄱ, ㄴ, ㄷ

20. 그림은 실린더에 들어 있는 일정량의 기체 X를, 그래프는 서로 다른 온도 T_1, T_2에서 이 기체 X의 속력에 따른 분자수를 나타낸 것이다.

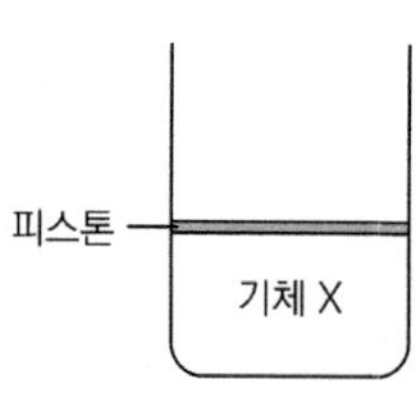

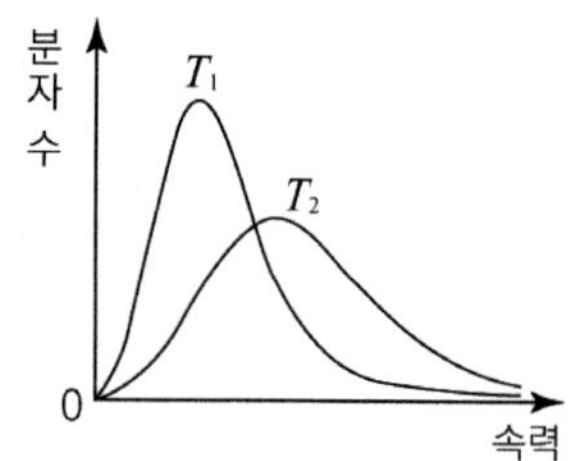

기체 X의 온도를 T_1에서 T_2로 변화시켰을 때, 증가하지 않는 물리량은? (단, 대기압은 일정하고, 피스톤의 무게와 마찰은 무시한다.)

① 기체의 밀도
② 평균 운동 에너지
③ 분자 간 평균 거리
④ 기체의 부피

확산 속도

21. 기체의 확산 속도에 대한 다음 설명 중 맞는 것은?

① 온도가 높아질수록 확산 속도가 증가한다.
② 분자량이 큰 기체일수록 확산 속도가 빠르다.
③ 백금과 같은 촉매를 넣어주면 확산 속도가 증가한다.
④ 분자의 크기가 작을수록 확산 속도가 빠르다.
⑤ 기체의 밀도가 클수록 확산 속도가 빠르다.

22. 확산속도가 SO_2보다 2배 빠른 기체는?

① CH_4　　② CO_2
③ O_2　　④ H_2

23. 일정 온도와 압력에서 기체 X 100mL가 분출하는데 10초, H_2 200mL가 분출하는 데 5초 걸렸다. X의 분자량은 얼마인가?

① 8　　② 16
③ 32　　④ 64

24. 다음 그림과 같이 유리관에 서로 다른 A기체와 B기체가 들어 있는 병을 연결하고 두 콕을 동시에 열었을 때 유리관 안에서 두 기체가 확산되는 만남을 나타낸 것이다. (단, A기체와 B기체가 들어 있는 병의 온도와 압력은 같다.)

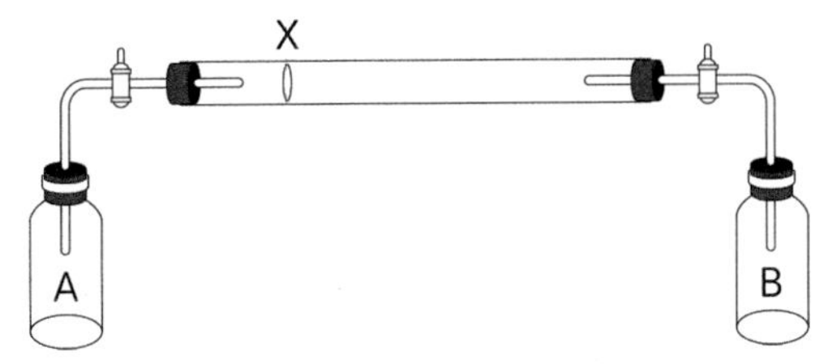

두 기체 A와 B가 유리관의 X위치에서 만났다면 다음 설명 중 옳지 않은 것은?

① 유리관의 내부를 진공으로 하면 두 기체가 만나는 위치는 같으나 확산 속도는 빠르다.
② 유리관 내부의 온도를 높게 하면 두 기체가 만나는 위치는 같으나 확산 속도는 빠르다.
③ B기체의 확산 속도가 A기체보다 빠른 것으로 보아 B기체의 운동 에너지가 A보다 큼을 알 수 있다.
④ A, B 두 기체가 만나는 위치로 보아 A기체의 분자량이 B기체의 분자량보다 크다는 것을 알 수 있다.

25. 기체의 분자 운동론에 근거한 H_2와 He의 분자 운동 에너지에 대한 설명으로 가장 옳은 것은?
(단, H_2의 분자량은 2이고, He의 원자량은 4이다.)

① 350K에서 분자의 평균 운동 속력은 H_2와 He이 같다.
② He의 평균 운동 속력은 700K에서가 350K에서의 2배이다.
③ 350K, 1atm에서 H_2의 분출 속도는 He의 2배이다.
④ 350K에서 분자의 평균 운동 에너지는 He과 Ar이 같다.

제3절 이상 기체와 실제 기체

정답 p. 148

대표 유형 기출 문제

13 환경부 9급 기출

1. 이상 기체 상태방정식을 실제 기체에 맞게 보정한 반데르발스식은 보정 상수 a와 b를 포함한다.

$$P=\frac{nRT}{(V-nb)}-a\left(\frac{n^2}{V^2}\right)$$

다음 설명 중 옳지 않은 것은?

① 분자량이 같을 때 극성이 큰 분자일수록 a값이 크다.

② 액체 상태 몰부피가 큰 분자일수록 b값이 크다.

③ CCl_4의 b값이 CH_4의 b값보다 크다.

④ Ne의 a값이 Ar의 a값보다 크다.

14 환경부 9급 기출

2. 그래프 A, B, C는 300K에서 실제 기체인 헬륨, 메테인과 이상 기체 각 1몰의 압력에 따른 $\frac{PV}{RT}$값을 나타낸 것이다.

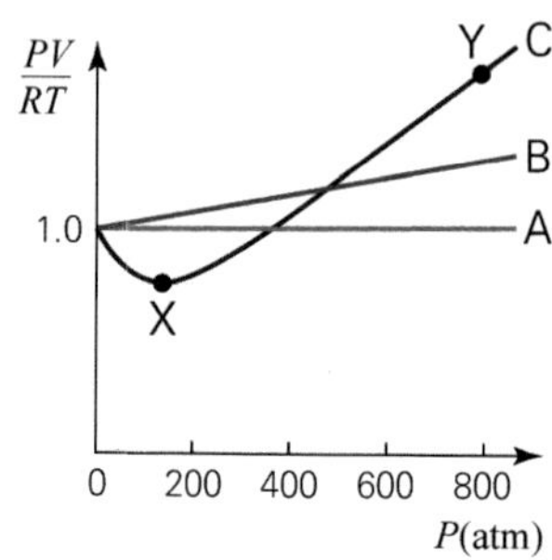

이에 대한 설명으로 옳지 않은 것은?

① A는 이상 기체, B는 헬륨, C는 메테인이다.

② 기체 C의 끓는점은 기체 B보다 높다.

③ 온도가 높아지면 X점의 위치는 아래쪽으로 이동한다.

④ X점에서 $\frac{PV}{RT}$값이 1보다 작은 이유는 분자 사이의 인력 때문이다.

⑤ Y점에서 $\frac{PV}{RT}$값이 1보다 큰 이유는 분자 자체의 부피 때문이다.

16 지방직 9급 10

3. van der Waals 상태방정식 $P=\frac{nRT}{V-nb}-\frac{an^2}{V^2}$ 에 대한 설명으로 옳은 것만을 모두 고른 것은? (단, P, V, n, R, T는 각각 압력, 부피, 몰수, 기체 상수, 온도이다.)

ㄱ. a는 분자 간 인력의 크기를 나타낸다.
ㄴ. b는 분자 간 반발력의 크기를 나타낸다.
ㄷ. a는 $H_2O(g)$가 $H_2S(g)$보다 크다.
ㄹ. b는 $Cl_2(g)$가 $H_2(g)$보다 크다.

① ㄱ, ㄷ　② ㄴ, ㄹ
③ ㄱ, ㄷ, ㄹ　④ ㄱ, ㄴ, ㄷ, ㄹ

23 해양 경찰청 02

4. 산소기체(O_2) 320kg이 온도 200K, 압력 10atm인 탱크에 들어있다. 이때 압축인자가 0.5라고 할 때, 다음 중 탱크의 부피로 가장 가까운 값은?

① $4.1m^3$　② $8.2m^3$
③ $41m^3$　④ $82m^3$

기본 문제

5. 다음 중 이상 기체에 가장 가까운 기체는?

① H_2 100℃, 0.1atm
② O_2 100℃, 0.1atm
③ H_2 0℃, 1atm
④ O_2 0℃, 1atm

6. 이상 기체 방정식 $PV=nRT$에서 기체 상수 R의 물리적 의미는?

① 이상 기체 1몰을 1℃ 올리는 데 필요한 힘
② 이상 기체 1몰을 1℃ 올리는 데 필요한 압력
③ 이상 기체 1몰을 1℃ 올리는 데 필요한 에너지
④ 이상 기체 1몰을 1℃ 올리는 데 필요한 엔트로피

7. 아래 그래프는 일정한 온도에서 헬륨, 이산화탄소, 이상 기체 각 1몰의 $\frac{PV}{RT}$값을 압력 변화에 따라 나타낸 것이다. 이 그래프에 대한 옳은 해석을 〈보기〉에서 모두 고르면?

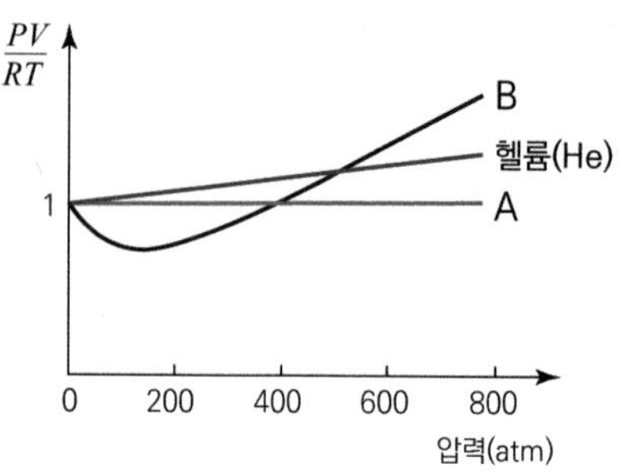

보기

ㄱ. 압력이 높을수록 이상 기체에 가까워진다.
ㄴ. A는 이상 기체, B는 이산화탄소 기체이다.
ㄷ. 분자 간의 힘이 큰 기체일수록 이상 기체에 가까워진다.

① ㄱ　② ㄴ
③ ㄷ　④ ㄱ, ㄴ

8. 다음은 어떤 기체의 압력(P)에 따른 압축률(PV/RT)을 나타낸 그림이다. P가 400기압(atm)보다 작은 영역 A와 큰 영역 B에서 기체 입자 사이의 주된 상호 작용은?

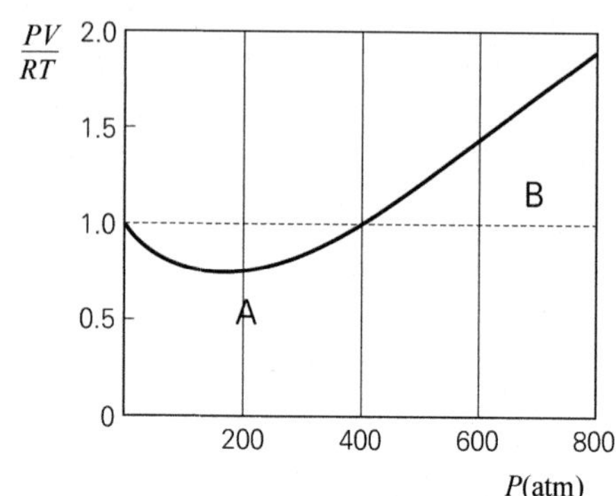

① A: 인력, B: 인력
② A: 반발력, B: 인력
③ A: 인력, B: 반발력
④ A: 반발력, B: 반발력

9. 그림은 300K에서 같은 몰수의 어떤 실제 기체 A와 이상 기체의 값을 압력(P)에 따라 나타낸 것이다.

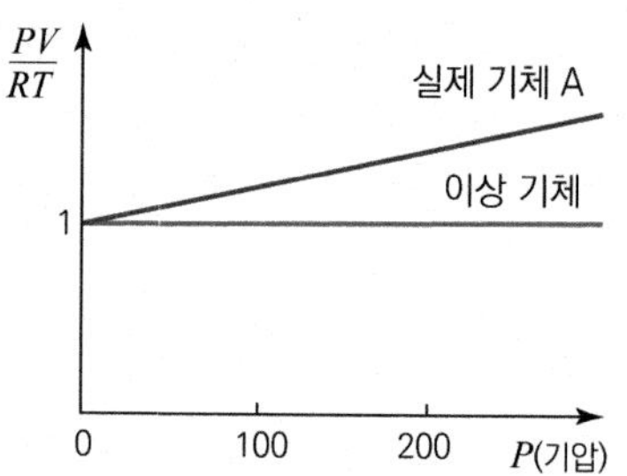

이 자료의 A에 대한 설명으로 옳지 않은 것은?

① 몰수는 1이다.
② 기체 분자 자체의 부피는 없다.
③ 압력이 0에 가까워지면 이상 기체처럼 행동한다.
④ 200기압에서 A의 부피는 이상 기체의 부피보다 크다.
⑤ 압력을 100기압에서 200기압으로 높여도 액화되지 않는다.

제 4 절 이상 기체 상태방정식과 화학 양론

정답 p. 149

대표 유형 기출 문제

21 지방직 9급 03

1. 강철 용기에서 암모니아(NH_3) 기체가 질소(N_2) 기체와 수소(H_2) 기체로 완전히 분해된 후의 전체 압력이 900mmHg이었다. 생성된 질소와 수소 기체의 부분 압력[mmHg]을 바르게 연결한 것은? (단, 모든 기체는 이상 기체의 거동을 한다)

	질소 기체	수소 기체
①	200	700
②	225	675
③	250	650
④	275	625

주관식 개념 확인 문제

2. 25℃, 1기압에서 물을 전기 분해하여 생성되는 수소 기체를 수상 치환하여 기체 수집관에 68.2mL를 모았다. 생성된 수소 기체는 몇 mg인가? 소수 첫째 자리까지 구하여라.
(단, 25℃에서 수증기압은 24.1mmHg이다.)

3. 니트로글리세린(분자량 227)이 폭발하면 다음과 같은 반응이 일어난다.

$$\square C_3H_5(NO_3)_3(s) \rightarrow \square CO_2(g) + 10H_2O(g) + \square N_2(g) + \square O_2(g)$$

다음 물음에 답하시오.

(1) 위의 화학 반응식을 완결하여라.

(2) 니트로글리세린 22.7g이 8.21L의 강철 용기 내에서 폭발한 후, 시간이 경과하여 생성물의 온도가 927℃에 도달했을 때, 용기 내의 압력은 몇 기압이 되겠는가? (단, 모든 기체는 이상 기체로 간주한다. 기체 상수는 0.0821L · atm/mol · K이다.)

4. 아래의 그림과 같은 장치가 있다. 부피가 300mL인 플라스크 A에는 0.82기압의 크세논 기체가 들어 있고, 진공으로 되어 있는 플라스크 B에는 활성탄 10g이 들어 있다. 활성탄이 차지하는 부피를 제외한 플라스크 B의 부피는 300mL이다. 콕을 열어 평형이 이루어지게 하였을 때 크세논 기체의 압력은 0.082기압이었다. 크세논은 이상 기체이며 온도는 27℃로 일정하였다고 한다. 활성탄 1g당 흡착된 크세논은 몇 몰인가? (단, 기체 상수 R는 0.082L · 기압/몰 · K이다.)

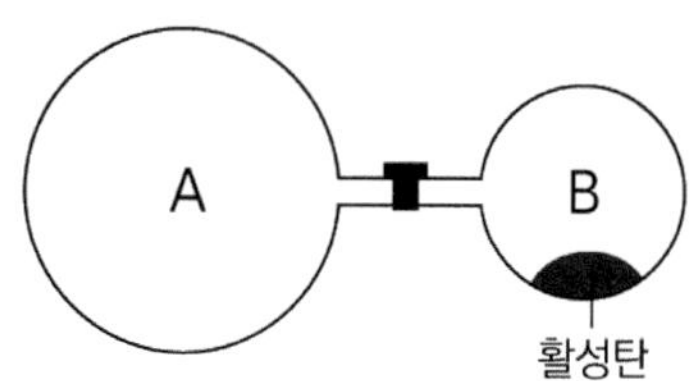

5. 부피 변화가 없는 밀폐 용기에 1기압의 기체 A와 1기압의 기체 B를 용기에 넣고 전체 압력이 2기압일 때 다음 화학 반응에 의해 기체 A와 기체 B가 모두 반응한 후의 전체 압력을 구하시오.

$$2A(g) + B(g) \rightarrow 2C(g)$$

기본 문제

6. 298K, 1기압에서 금속 아연(Zn)을 0.2M 염산(HCl) 0.2L에 넣었더니, Zn이 모두 반응하여 기체 0.244L가 발생하였다. 반응 후 남은 용액 0.2L에서 수소 이온(H^+)의 몰농도는?(단, HCl은 용액에서 모두 이온화하며, 온도는 일정하고, 기체 상수(R)는 0.08 기압 · L/몰 · K이며, 물의 증발은 무시한다.)

① 0.02M ② 0.05M ③ 0.07M
④ 0.1M ⑤ 0.15M

7. 기압 0.293atm, 온도 293K에서 8.2L의 염소기체가 11.5g의 칼륨(K) 금속과 반응하면 몇 g의 염화칼륨(KCl)이 생성되는가?(단, 염소기체는 이상기체로 가정하고, 이상기체상수는 0.082(atm · L)/(mol · K)이다. 또한, K의 몰질량은 39.1g/mol이고, KCl의 몰질량은 74.5g/mol이다.)

① 14.9 ② 18.9 ③ 22.9
④ 26.9 ⑤ 30.9

8. 일산화질소(NO) 기체와 산소(O_2) 기체가 각각 동일한 크기의 용기에 1기압의 압력으로 담겨져 있다. 일정한 온도 조건에서 두 용기를 서로 연결하여 〈보기〉와 같은 반응이 진행되어 일산화질소가 모두 소진되었다면 반응 종료 후 용기 내부의 압력(기압)은?

보기

$$2NO(g) + O_2(g) \rightarrow 2NO_2(g)$$

① 0.75 ② 1
③ 1.5 ④ 2

9. 탄화수소 C_2H_4 x[g]을 완전 연소시켜 생성된 CO_2의 부피가 1기압, 0℃에서 11.2L일 때, x값[g]은? (단, C_2H_4의 분자량은 28이고, 기체 상수 $R=0.082$atm·L/mol·K이다.)

① 3.5g ② 7.0g
③ 14.0g ④ 21.0g

10. 그림과 같이 부피가 1.0L인 두 개의 강철 용기에 0.2기압의 메탄(CH_4) 기체와 1.0기압의 산소(O_2) 기체가 각각 들어 있다. 콕을 열어 일정한 온도를 유지하며 기체를 혼합시킨 후 점화 장치로 메탄을 완전 연소시켰다.

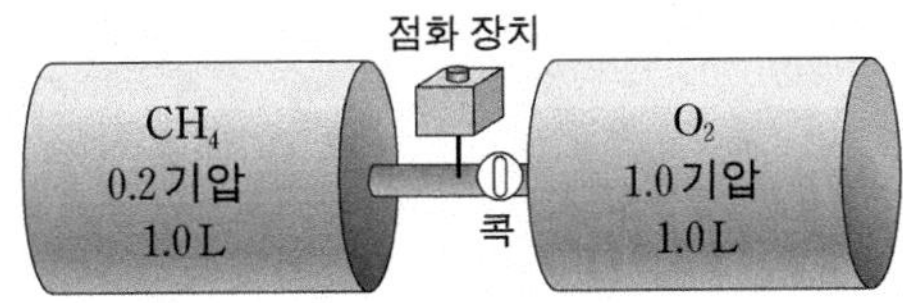

이에 대한 설명으로 옳은 것을 〈보기〉에서 모두 고른 것은? (단, 연소 반응 후 온도는 반응 전과 같게 하였으며, 연결 관의 부피는 무시한다. 또한 수증기의 상태 변화는 고려하지 않는다.)

보기
ㄱ. 반응 전 혼합 기체의 전체 압력은 1.2 기압이다.
ㄴ. 반응 후 남은 산소의 부분 압력은 0.3 기압이다.
ㄷ. 반응 전과 반응 후의 총 분자 수는 같다.

① ㄱ ② ㄴ ③ ㄱ, ㄷ
④ ㄴ, ㄷ ⑤ ㄱ, ㄴ, ㄷ

CHAPTER 07 액체

제1절 수소 결합으로 인한 특성

정답 p. 151

주관식 개념 확인 문제

1. −10℃의 냉동실에서 얼음 5g을 꺼내어 플라스크에 담고 이것이 완전히 수증기(110℃)로 될 때까지 천천히 가열하였다.
얼음(고체) − 물(액체) − 수증기(기체)로 상태 변화를 하는 동안 필요한 열량은 몇 cal인가?

참고 사항

- 비열
  얼음: 0.492cal/g℃
  물: 1.000cal/g℃
  수증기: 0.481cal/g℃
- 융해열 79.8cal/g
- 증발열 540.0cal/g

기본 문제

수소 결합과 공유 결합

2. 그림은 액체와 고체 상태의 물에서 물 분자가 배열된 모습을 모형으로 나타낸 것이다.

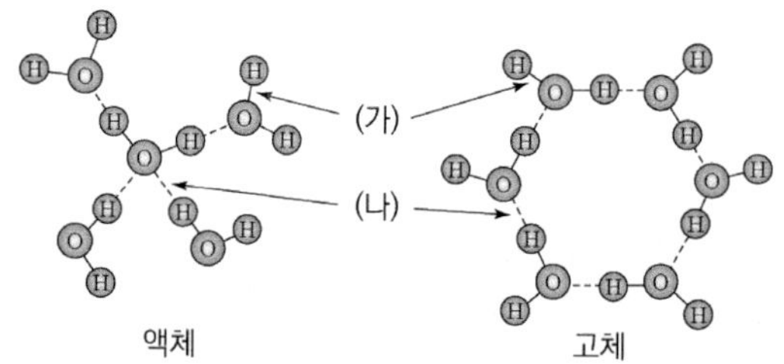

이에 대한 옳은 설명을 <보기>에서 모두 고른 것은?

보기

ㄱ. 결합력의 세기는 (가) > (나)이다.
ㄴ. 물의 상태 변화는 (가) 결합보다 (나) 결합이 관련이 깊다.
ㄷ. 고체에서 액체로 변할 때 결합수의 변화량은 (가) > (나)이다.

① ㄱ ② ㄴ ③ ㄱ, ㄴ
④ ㄴ, ㄷ ⑤ ㄱ, ㄴ, ㄷ

3. 그림은 얼음의 결정 구조를 나타낸 것이다.

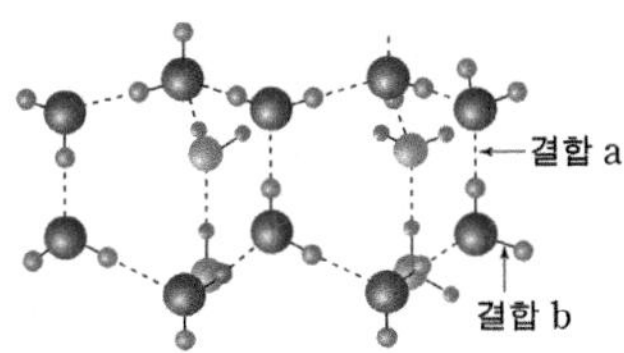

이에 대한 설명으로 옳은 것만을 〈보기〉에서 있는 대로 고른 것은?

보기

ㄱ. 얼음이 녹으면 한 분자당 결합 a의 수가 감소한다.
ㄴ. 뜨거운 식용유에 얼음을 넣으면 결합 b가 끊어진다.
ㄷ. 얼음이 물에 뜨는 것은 결정 내에 빈 공간이 형성되기 때문이다.

① ㄱ ② ㄴ ③ ㄱ, ㄷ
④ ㄴ, ㄷ ⑤ ㄱ, ㄴ, ㄷ

4. 그림은 물과 얼음의 분자 배열을 모형으로 나타낸 것이다.

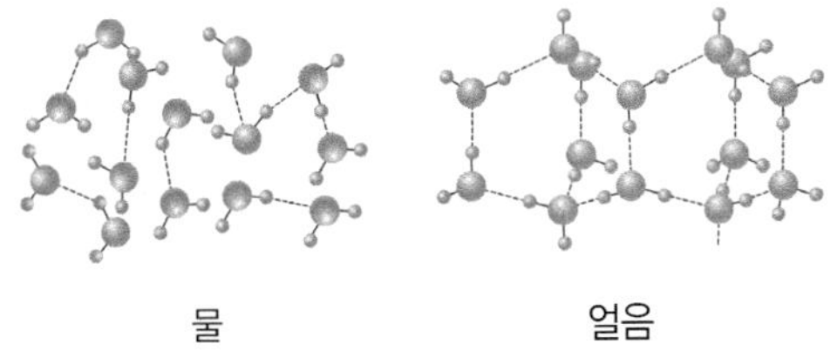

물과 얼음의 부피 차이로 설명할 수 있는 예를 〈보기〉에서 고른 것은?

보기

ㄱ. 추운 겨울날 물이 얼어 수도관이 터진다.
ㄴ. 오렌지 나무의 냉해를 방지하기 위해 물을 뿌려준다.
ㄷ. 해안 지방이 내륙 지방에 비해 기온의 일교차가 작다.
ㄹ. 암석 틈에 스며든 물이 얼면 암석이 부서지거나 쪼개진다.

① ㄱ, ㄴ ② ㄱ, ㄹ ③ ㄴ, ㄷ
④ ㄴ, ㄹ ⑤ ㄷ, ㄹ

5. 그림 (가)와 (나)는 같은 크기의 비커에 들어있는 100 g의 얼음과 물을, (다)는 얼음의 구조를 모형으로 나타낸 것이다.

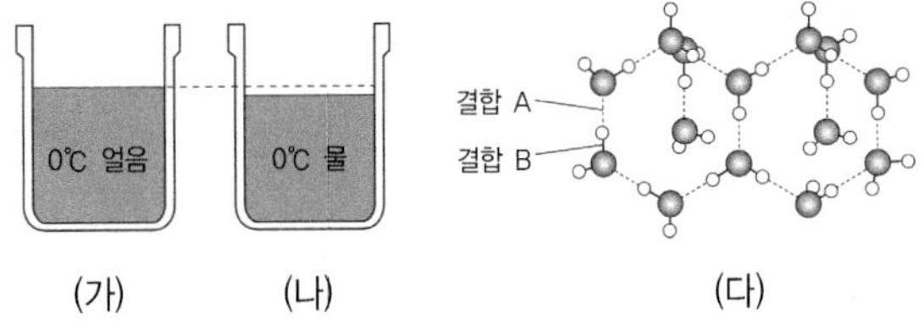

(가) (나) (다)

이에 대한 설명으로 옳은 것만을 〈보기〉에서 있는 대로 고른 것은?

보기

ㄱ. 한 분자당 결합 A의 평균 개수는 (가) > (나)이다.
ㄴ. 단위 부피당 분자수는 (가) > (나)이다.
ㄷ. 결합의 세기는 A > B이다.

① ㄱ ② ㄴ ③ ㄱ, ㄴ
④ ㄱ, ㄷ ⑤ ㄴ, ㄷ

가열 곡선의 해석

6. 그림은 −40℃의 얼음을 단위 시간당 일정한 열량으로 가열하였을 때, 시간에 따른 온도를 나타낸 것이다.

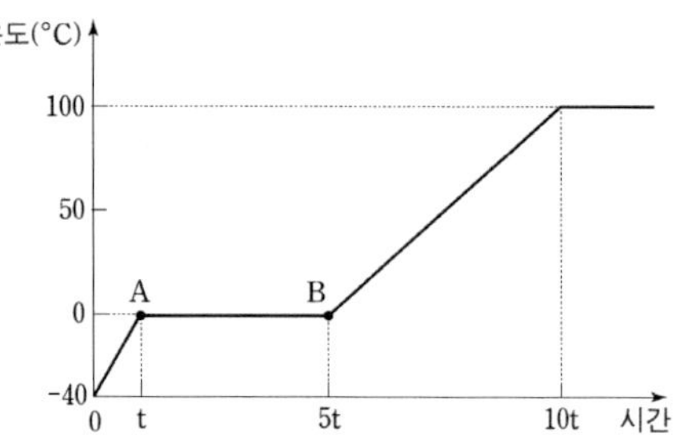

이에 대한 설명으로 옳은 것만을 〈보기〉에서 있는 대로 고른 것은?

보기

ㄱ. 비열은 물이 얼음보다 크다.
ㄴ. 6t에서 물의 온도는 15℃가 된다.
ㄷ. 한 분자당 평균 수소 결합수는 A에서가 B에서 보다 많다.

① ㄱ ② ㄴ ③ ㄱ, ㄷ
④ ㄴ, ㄷ ⑤ ㄱ, ㄴ, ㄷ

7. 그림은 일정량의 얼음을 단위 시간당 일정한 열량으로 가열하였을 때 시간에 따른 온도를 나타낸 것이다.

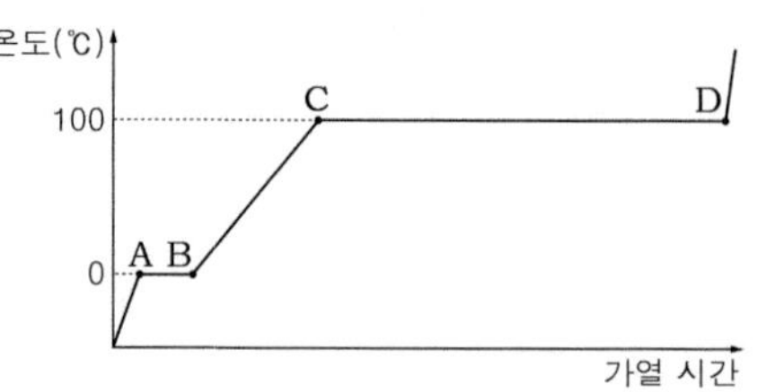

이에 대한 설명으로 옳은 것만을 〈보기〉에서 있는 대로 고른 것은?

보기

ㄱ. 기화열은 융해열보다 크다.
ㄴ. 얼음의 질량을 2배로 하면 AB 구간의 길이는 2배가 된다.
ㄷ. CD 구간에서 수소 결합 수는 일정하다.

① ㄱ ② ㄴ ③ ㄷ
④ ㄱ, ㄴ ⑤ ㄴ, ㄷ

물의 밀도 곡선

8. 그림 (가)는 일정량의 얼음을 가열할 때 시간에 따른 온도를, (나)는 온도에 따른 얼음과 물의 부피를 나타낸 것이다.

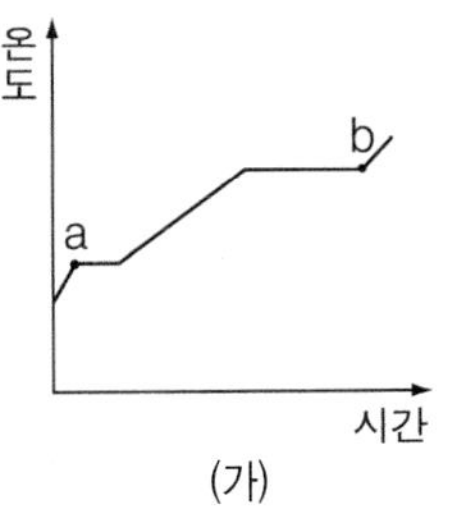

(가)

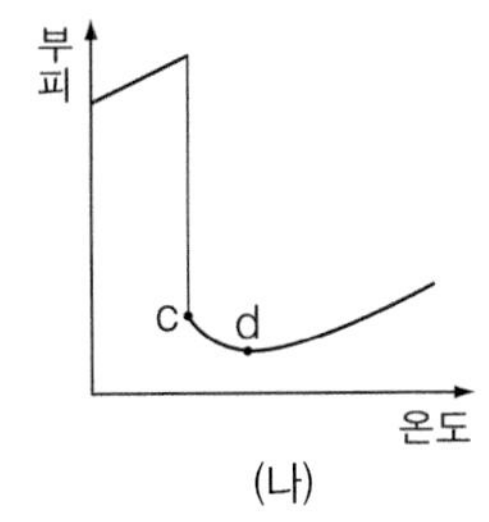

(나)

이에 대한 설명으로 옳은 것만을 〈보기〉에서 있는 대로 고른 것은?

보기
ㄱ. 단위 부피당 분자의 수는 a < c이다. ㄴ. 한 분자당 평균 수소결합의 수는 c < d이다. ㄷ. a~d에서 분자 간 인력은 b가 가장 작다.

① ㄴ　② ㄷ　③ ㄱ, ㄴ
④ ㄱ, ㄷ　⑤ ㄱ, ㄴ, ㄷ

9. 그림은 온도에 따른 물의 밀도를 나타낸 것이다.

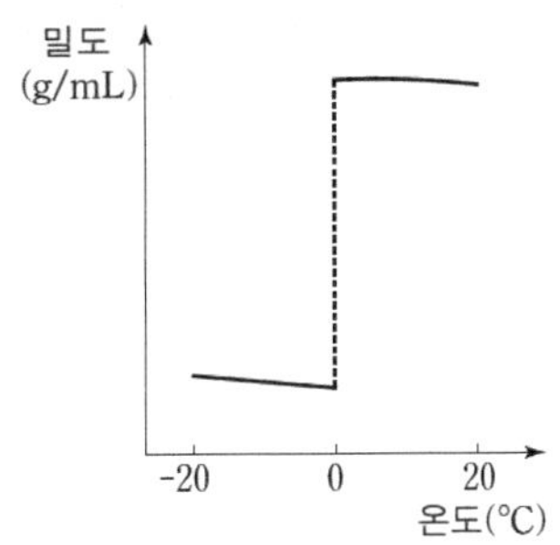

이 자료에 나타난 물의 성질과 관련이 가장 깊은 현상은?

① 수건에 물이 스며든다.
② 풀잎에 맺힌 이슬이 둥글다.
③ 여름날 마당에 물을 뿌리면 시원해진다.
④ 수도관 속의 물이 얼어 수도관이 터진다.
⑤ 맑은 날 낮에 해안 지방에서 해풍이 분다.

표면 장력과 모세관 현상

10. 그림 (가)는 같은 부피의 액체 A와 B를 아크릴 판 위에 떨어뜨린 모습을, (나)는 일정 시간이 지났을 때 액체가 증발된 모습을 나타낸 것이다.

(가) (나)

A가 B보다 큰 값을 갖는 물리량만을 〈보기〉에서 있는 대로 고른 것은?

보기
ㄱ. 표면 장력
ㄴ. 증기 압력
ㄷ. 분자 간 인력

① ㄱ ② ㄴ ③ ㄷ
④ ㄱ, ㄷ ⑤ ㄴ, ㄷ

11. 그림 (가)는 얼음에서 분자 사이의 결합 모형을, (나)와 (다)는 1기압에서 같은 부피의 4℃와 50℃ 물을 각각 아크릴판 위에 떨어뜨렸을 때 물방울의 모양을 나타낸 것이다.

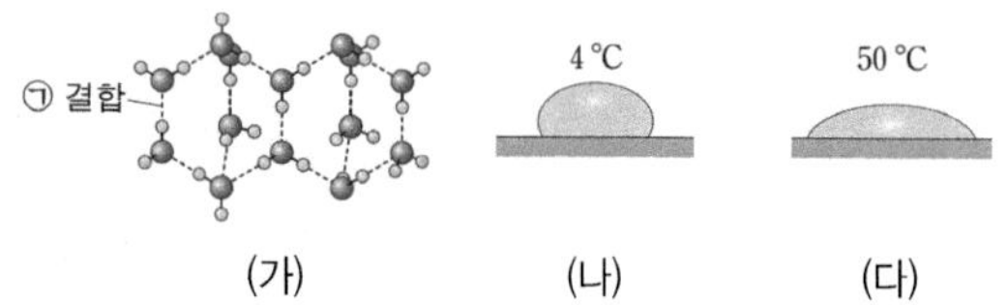

(가) (나) (다)

이에 대한 설명으로 옳은 것만을 〈보기〉에서 있는 대로 고른 것은?

보기
ㄱ. 분자당 ㉠ 결합의 평균 개수는 얼음에서가 물에서보다 크다.
ㄴ. 1g의 부피는 4℃ 물이 50℃ 물보다 크다.
ㄷ. 물의 표면 장력은 (나)에서가 (다)에서보다 크다.

① ㄱ ② ㄴ ③ ㄱ, ㄷ
④ ㄴ, ㄷ ⑤ ㄱ, ㄴ, ㄷ

12. 그림은 액체 A와 B가 든 비커에 굵기가 같은 유리관을 각각 세웠을 때의 모습을 나타낸 것이다.

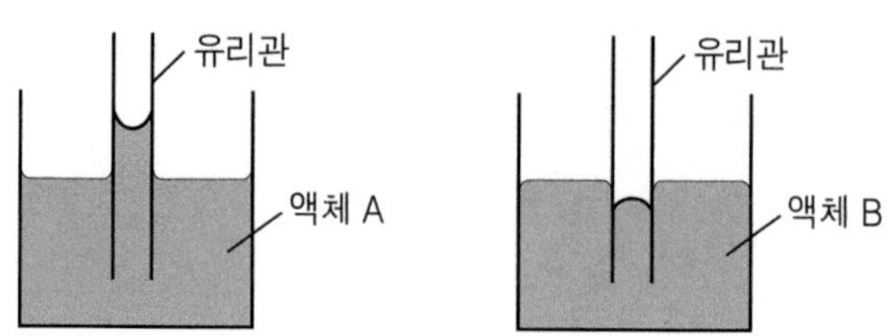

이에 대한 옳은 설명을 〈보기〉에서 모두 고른 것은?

보기
ㄱ. 액체 A는 유리관의 굵기가 가늘수록 더 높이 올라간다.
ㄴ. 액체 B의 입자 간 인력은 액체 B와 유리와의 인력보다 크다.
ㄷ. 액체가 올라가고 내려가는 이유는 액체의 밀도가 다르기 때문이다.

① ㄱ ② ㄱ, ㄴ ③ ㄱ, ㄷ
④ ㄴ, ㄷ ⑤ ㄱ, ㄴ, ㄷ

제2절 액체의 증기압

정답 p. 154

대표 유형 기출 문제

10 경기도 9급 기출

1. 다음 그림 (가)는 유리관 내부가 진공 상태에서의 수은주의 높이를 나타낸 것이고, 그림 (나)와 (다)는 일정한 온도에서 그림 (가)의 수은에 물, 에터를 각각 넣었을 때 수은주의 높이를 나타낸 것이다. 이 자료에 대한 해석으로 옳은 것을 〈보기〉에서 모두 고르면?

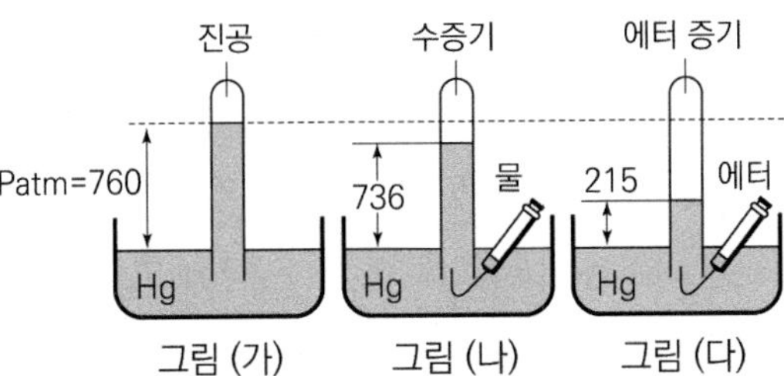

보기

ㄱ. 물의 증기압력은 736mmHg이다.
ㄴ. 물의 끓는점은 에터보다 높다.
ㄷ. 물보다 에테의 몰 증발열이 크다.

① ㄱ ② ㄴ
③ ㄷ ④ ㄱ, ㄴ

10 환경부 9급 기출

2. 25℃에서 24mmHg의 증기압 평형을 유지하고 있는 물과 수증기가 든 밀폐된 피스톤을 보여주고 이걸 눌러서 부피를 반으로 하면 증기압력은?

① 6mmHg ② 12mmHg
③ 24mmHg ④ 48mmHg

11 환경부 9급 기출

3. 다음은 증기 압력 곡선이다. 액체 A, B, C에 대한 설명 중 틀린 것은?

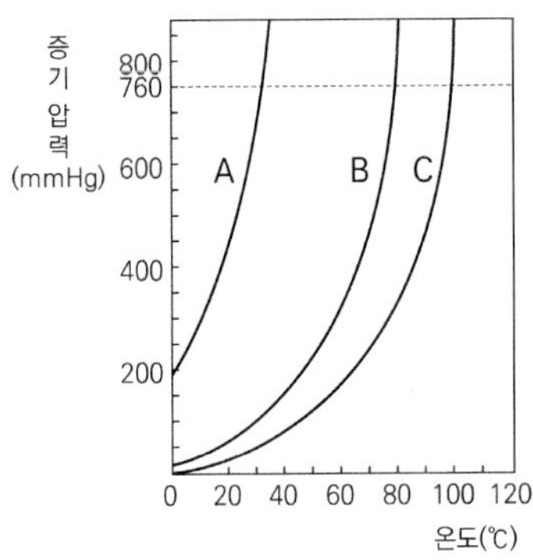

① 증기압은 A>B>C이다.
② 끓는점은 A>B>C이다.
③ 분자간 인력은 C>B>A이다.
④ 휘발성은 A>B>C이다.

12 경기도 9급 기출

4. 다음 그림과 같이 같은 부피의 액체 A와 B를 같은 크기의 용기에 담아 수은이 들어 있는 U자관에 연결하면 처음에는 U자관의 수은주 높이가 같으나, 시간이 어느 정도 지난 후에는 h만큼의 차이가 생긴다. 다음 〈보기〉의 내용 중 옳은 것을 모두 고르면?

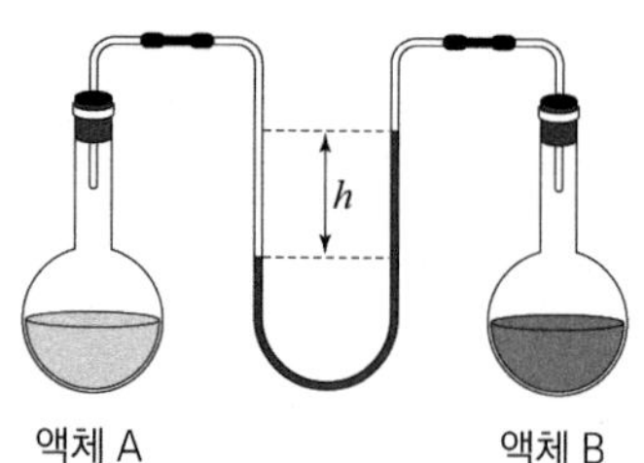

보기

ㄱ. A의 휘발성이 B보다 크다.
ㄴ. A의 증기 압력이 B보다 크다.
ㄷ. A의 몰 증발열이 B보다 크다.
ㄹ. A의 기준 끓는점이 B보다 크다.

① ㄱ, ㄴ　　② ㄴ, ㄷ
③ ㄷ, ㄹ　　④ ㄱ, ㄴ, ㄷ

14 경기도 9급 기출

5. 25℃에서 액체 A와 B의 증기 압력은 각각 100mmHg, 200mmHg이다. 액체 A와 B의 끓는점, 몰 증발열, 분자간 인력의 크기 비교로 옳은 것은?

	끓는점	몰 증발열	분자간 인력
①	A > B	A > B	A > B
②	A > B	A < B	A > B
③	A < B	A < B	A < B
④	A < B	A > B	A > B

19 지방직 7급 05

6. 어떤 액체 유기물의 증기압은 250K에서 300mmHg이고 500K에서 900mmHg이다. 이 유기물의 증발열 $[\mathrm{J\,mol^{-1}}]$은? (단, 증발열은 온도에 무관하며, 기체상수 $R = 8\mathrm{JK^{-1}mol^{-1}}$이고 $\ln 3 = 1.1$이다.)

① 1,100　　② 2,200
③ 4,400　　④ 6,600

20 지방직 9급 20

7. 물질 A, B, C에 대한 다음 그래프의 설명으로 옳은 것만을 모두 고르면?

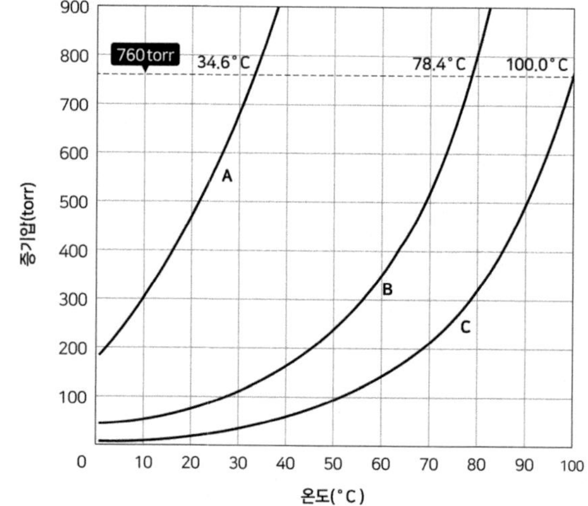

ㄱ. 30℃에서 증기압 크기는 C < B < A이다.
ㄴ. B의 정상 끓는점은 78.4℃이다.
ㄷ. 25℃ 열린 접시에서 가장 빠르게 증발하는 것은 C이다.

① ㄱ, ㄴ　　② ㄱ, ㄷ
③ ㄴ, ㄷ　　④ ㄱ, ㄴ, ㄷ

주관식 개념 확인 문제

8. 다음 [   ] 안에 알맞은 답을 써 넣으시오.

(1) 물질은 온도와 압력에 따라 기체, 액체 및 고체 상태로 존재하는데, 기체는 일정한 [①]과 [②]가 없으나, 액체는 일정한 [②]만을 지닌다. 고체는 일정한 [①]과 [②]을 가지고 있다.

(2) 증기압은 밀폐된 그릇 안에 있는 액체와 그 증기 사이에 [①]이 이루어졌을 때 증기가 나타내는 압력으로 [②]가 변하지 않으면 일정한 값을 나타낸다.

(3) 일반적으로 분자 간 인력이 약한 물질이 증기압력이 크므로, 가열해주면 쉽게 증기압이 [①]과 같아져서 끓게 된다. 즉, 분자 간 인력이 약한 물질일수록 [②]이 낮다.

9. 다음 그림은 3가지 액체 A, B, C의 포화 증기 압력 곡선이다.

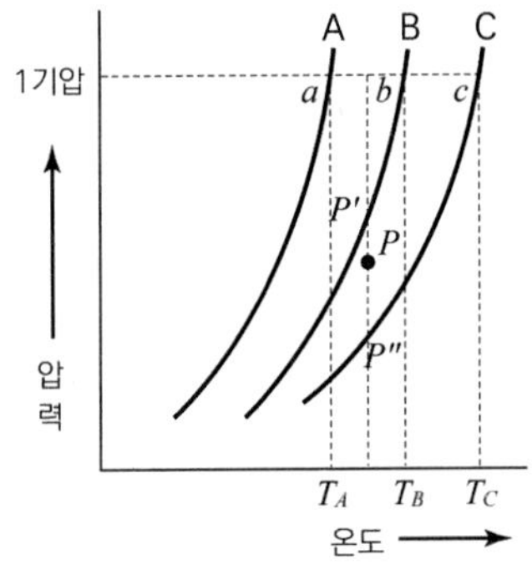

(1) 끓는점이 가장 낮은 액체는 어느 것인가?

(2) 액체 상태에 있어서 분자 간 상호 작용이 가장 강한 것은 어느 것인가?

(3) 액체 A, B, C를 25℃에서 20mL들이 용기에 각각 5, 10, 15g을 넣고, 공기를 빼어 밀봉하였더니 A, B, C 모두 각각 일부가 액체로서 용기 속에 남았다. 이 때, 어느 용기 속의 압력이 가장 높은가?

(4) 일정 온도에서 물질 B 및 C의 증기 압력이 점 P의 위치에 해당할 때, 이 때에 생기는 각각의 상태 변화에 관하여 설명하여라.

10. 그림은 동일한 두 비커에 어떤 순수한 액체 A와 B를 각각 같은 부피로 넣고 실온에 둔 후 일정한 시간이 경과하였을 때, A의 부피가 B보다 더 많이 줄어든 것을 나타낸 모습이다.

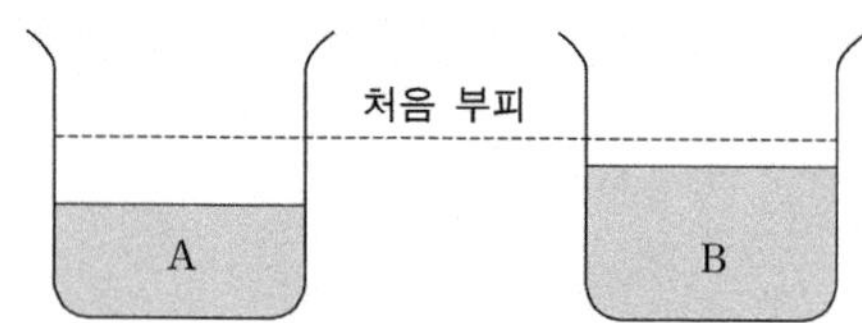

액체 A와 B의 성질을 비교한 다음 빈칸에 알맞은 기호를 넣으시오.

(1) 증기 압력: A (　　) B

(2) 몰 증발열: A (　　) B

(3) 기준 끓는점: A (　　) B

(4) 분자 간 인력: A (　　) B

11. 소량의 물을 실린더에 넣고 그림과 같이 피스톤이 수면에 밀착된 상태에서 피스톤을 충분히 느리게 끌어 올렸더니, 높이 h 에서 물이 모두 증발하였다.

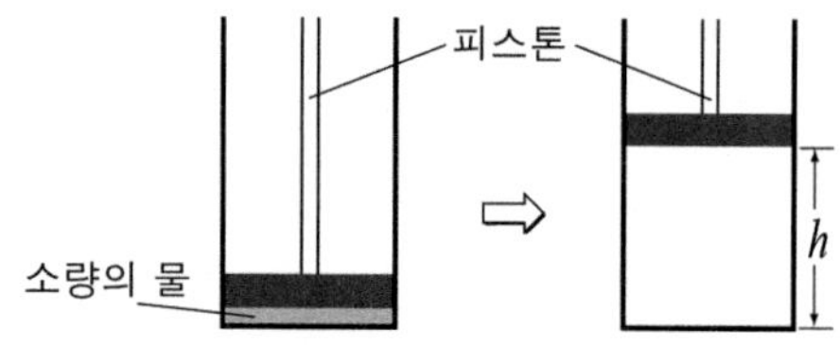

피스톤의 높이에 따른 실린더 내부 기체의 압력(P) 변화를 그래프로 나타내시오.

12. 그림은 일정한 온도에서 순수한 액체의 동적 평형 상태를 나타낸 것이다.

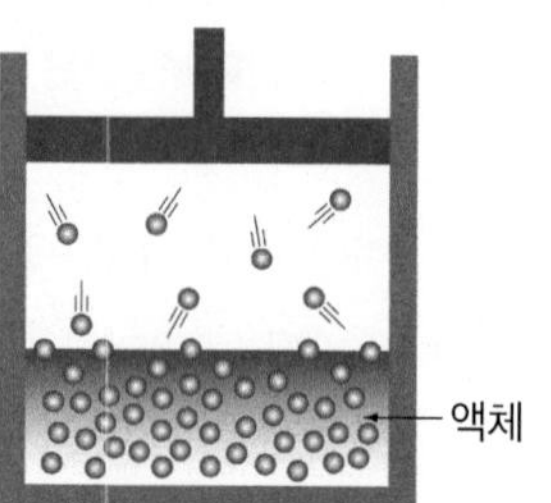

피스톤을 위로 당겨 새로운 평형이 되었을 때, 처음 평형 상태와 비교한 다음 물음에 답하시오.

(1) 증발 속도는 어떻게 변하겠는가?

(2) 응결 속도는 어떻게 변하겠는가?

(3) 수증기의 양은 어떻게 변하겠는가?

(4) 액체의 부피는 어떻게 변하겠는가?

(5) 증기압력은 어떻게 변하겠는가?

13. 그림 (가)는 25℃에서 물에 녹지 않는 기체 X를 수상 치환으로 모은 모습을 (나)는 (가)의 수조에 물을 부어 유리관 속과 밖의 수면을 일치시킨 모습을 나타낸 것이다.

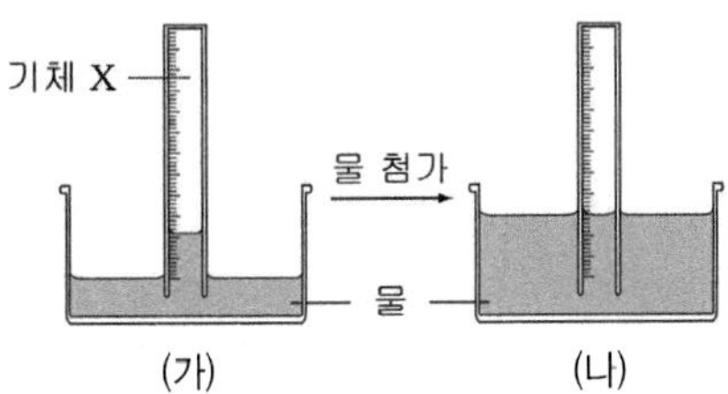

(가), (나)의 유리관 내부 기체에 대한 다음 빈칸에 알맞은 기호를 넣으시오. (단, 온도는 일정하다.)

(1) 수증기의 몰분율: (가) (　　) (나)
(2) 기체 X의 몰분율: (가) (　　) (나)
(3) 수증기압: (가) (　　) (나)
(4) 기체 X의 부분 압력: (가) (　　) (나)
(5) 유리관 내부의 압력: (가) (　　) (나)

기본 문제

14. 물 1g의 증발열이 540cal라고 하면 3.01×10^{21}개의 물 분자를 수증기 상태로 증발시키는 데 필요한 에너지는 얼마인가?

① 18cal　② 24.3cal
③ 54cal　④ 48.6cal
⑤ 180cal

15. 물의 끓는점을 낮출 수 있는 방법으로 옳은 것은?

① 밀폐된 그릇에서 물을 끓인다.
② 끓임쪽을 넣어 준다.
③ 설탕을 넣어 준다.
④ 끓이는 물의 양을 줄인다.
⑤ 외부 압력을 낮추어 준다.

16. 다음 표는 25℃에서의 각 액체의 증기압력을 나타낸 것이다.

액체	증기 압력(mmHg)
물	23.8
에탄올	65
에틸에테르	537

위의 자료를 근거로 해석한 〈보기〉의 설명 중 옳은 것을 고르면?

보기

ㄱ. 몰 증발열은 에탄올이 가장 크다.
ㄴ. 끓는점은 에틸에테르가 가장 높다.
ㄷ. 분자 사이의 인력은 물이 가장 크다.

① ㄱ ② ㄴ
③ ㄷ ④ ㄱ, ㄴ

17. 25℃에서 물의 증기압은 23.76mmHg이다. 그림에서와 같은 장치에서 피스톤을 움직여서 액체 위에 존재하는 기체의 부피를 반으로 줄였을 때 물의 증기압은 얼마가 되겠는가? (온도는 변화가 없다고 가정하라.)

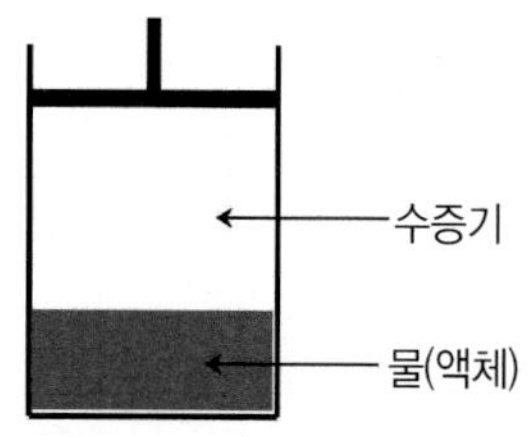

① 11.88mmHg
② 23.76mmHg
③ 47.52mmHg
④ 11.88mmHg과 23.76mmHg 사이

18. 밀폐된 용기 안에 물과 수증기가 평형 상태에서 공존할 때 증기압에 영향을 주는 것은?

① 물의 양 ② 물의 표면적
③ 물의 온도 ④ ①과 ③

19. 휘발성 유기 화합물 A는 18℃에서 증기 압력이 400mmHg이다. 기체 상수(R) 값을 알고, 40℃에서 A의 증기 압력을 계산하려 할 때 반드시 필요한 데이터는?

① A의 몰질량
② A의 몰증발열
③ A의 헨리 법칙 상수
④ A의 끓는점 오름 상수

20. 다음 표는 물(H_2O)과 액체 A의 온도에 따른 증기압에 대한 자료이다.

온도(℃)	증기압(mmHg)	
	$H_2O(l)$	$A(l)$
30	32	79
80	355	808

이에 대한 설명으로 가장 옳은 것은?

① 정상 끓는점은 A가 H_2O보다 높다.
② 분자 간 인력은 A가 H_2O보다 크다.
③ 증발 엔탈피($\Delta H_{증발}$)는 A가 H_2O보다 높다.
④ 각각의 정상 끓는점에서 A와 H_2O의 증기압은 같다.

21. 300K에서 밀폐된 용기에 액체 상태의 에탄올 120mL와 기체 상태의 에탄올 800mL가 동적 평형을 이루고 있다. 에탄올의 증기압은 0.06atm, 액체 상태의 에탄올 밀도는 0.8g/mL이다. 용기 내에 존재하는 에탄올 분자의 총 몰수에 가장 가까운 것은? (단, 에탄올의 몰질량은 46이고, 기체상수 $R = 0.08\,\text{atm}\cdot\text{L}\cdot\text{K}^{-1}\cdot\text{mol}^{-1}$이다.)

① 0.002mol　　② 0.02mol
③ 0.2mol　　④ 2mol

22. 다음은 액체 A와 B에 대한 자료이다.

- t_1℃에서 A(l)의 증기 압력은 P_1 atm, B(l)의 증기 압력은 P_2 atm이다.
- P_1 atm에서 끓는점은 A(l)가 B(l)보다 높다.
- P_2 atm에서 A(l)의 끓는점은 t_2℃이다.

이에 대한 옳은 설명만을 〈보기〉에서 있는 대로 고른 것은?

ㄱ. $P_1 > P_2$이다.
ㄴ. $t_2 > t_1$이다.
ㄷ. t_2℃에서 증기 압력은 A(l)가 B(l)보다 크다.

① ㄱ　　② ㄴ
③ ㄷ　　④ ㄱ, ㄴ

23. 네 가지 액체의 증기 압력 곡선을 나타낸 다음 그래프에 대한 설명으로 옳은 것은?

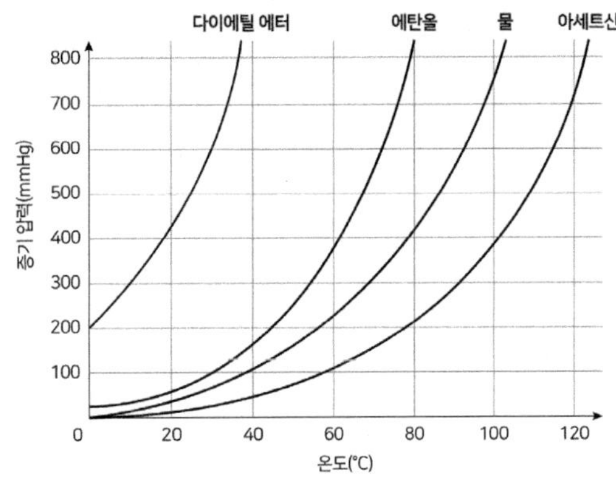

① 500mmHg에서 휘발성이 가장 큰 액체는 아세트산이다.
② 60℃, 1기압에서 에탄올과 아세트산의 안정한 상은 기체이다.
③ 20℃에서 분자 간 인력이 가장 작은 물질은 다이에틸 에터이다.
④ 400mmHg에서 끓는점은 물이 아세트산보다 높다.

PART 04 물질의 상태와 용액

자료 추론형

24. Clausius-Clapeyron식을 이용하여 증기압의 온도 의존성을 예측할 수 있다.

$$\ln P_{vap} = -\frac{\Delta H_{eva}}{R}\left(\frac{1}{T}\right)+C$$

그래프는 네 가지 분자성 물질 A, B, C, D의 증기압을 온도에 따라 나타낸 것이다.

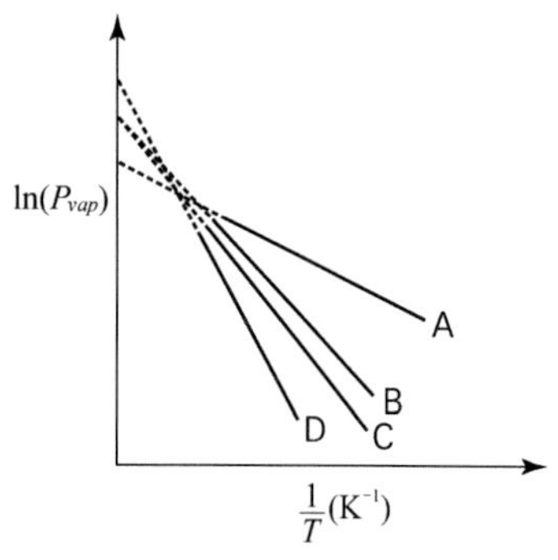

자료에 대한 해석으로 옳은 것을 〈보기〉에서 모두 고른 것은?

보기

ㄱ. 동일한 조건에서 증발 엔탈피가 가장 큰 물질은 A이다.

ㄴ. C_2H_5OH이 B라고 하면, $C_2H_5OC_2H_5$는 C 또는 D이다.

ㄷ. 동일한 조건에서 분자간 인력이 가장 큰 물질은 D이다.

① ㄱ ② ㄴ ③ ㄷ
④ ㄱ, ㄴ ⑤ ㄴ, ㄷ

25. 그림 (가)와 같이 플라스크에 액체를 넣고, 충분한 시간이 지난 후 수은주의 높이를 관찰하였더니 (나)와 같은 상태가 유지되었다.

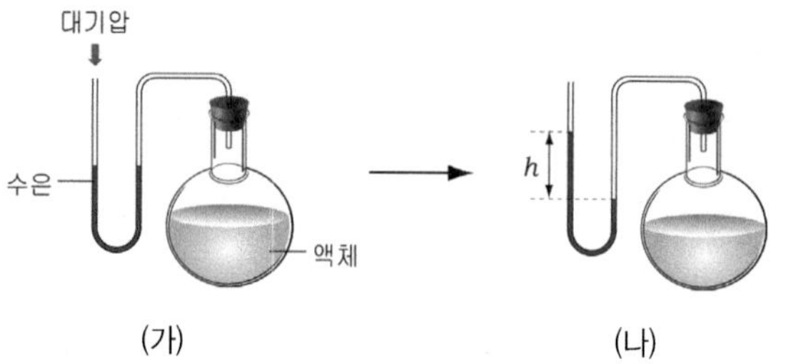

(가), (나)에 대한 설명으로 옳은 것은? (단, 온도는 일정하다.)

① (가)의 플라스크 내부는 진공이다.
② (나)에서 증발 속도와 응축 속도는 같다.
③ (나)의 h는 대기압과 증기 압력의 합이다.
④ (가)는 (나)보다 응축 속도가 빠르다.
⑤ 분자 간 인력이 작은 액체일수록 h는 작아진다.

26. 그림은 일정한 온도에서 일정량의 어떤 물질에 대해 압력에 따른 부피 변화를 나타낸 것이다. 이 물질은 점 A에서 한 가지 상태로 존재한다.

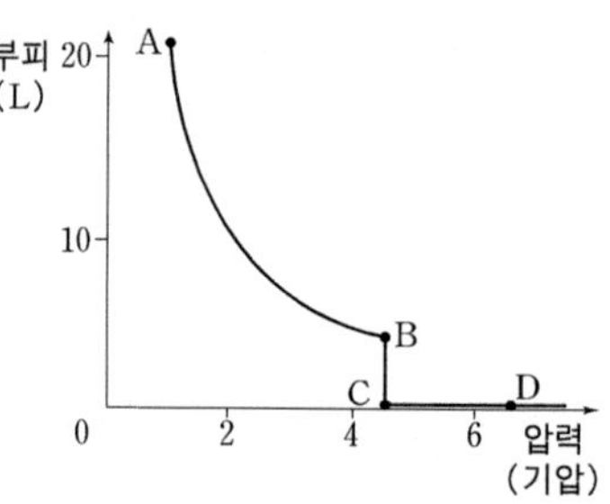

이에 대한 설명으로 옳은 것을 〈보기〉에서 모두 고른 것은?

보기

ㄱ. 이 물질은 순물질이다.

ㄴ. 점 A보다 점 D에서 밀도가 작다.

ㄷ. B−C구간의 압력은 증기압이다.

① ㄱ ② ㄴ ③ ㄱ, ㄷ
④ ㄴ, ㄷ ⑤ ㄱ, ㄴ, ㄷ

27. 그림은 액체 A와 B의 증기 압력 곡선을 나타낸 것이다. A와 B에 대한 설명으로 옳은 것만을 〈보기〉에서 있는 대로 고른 것은?

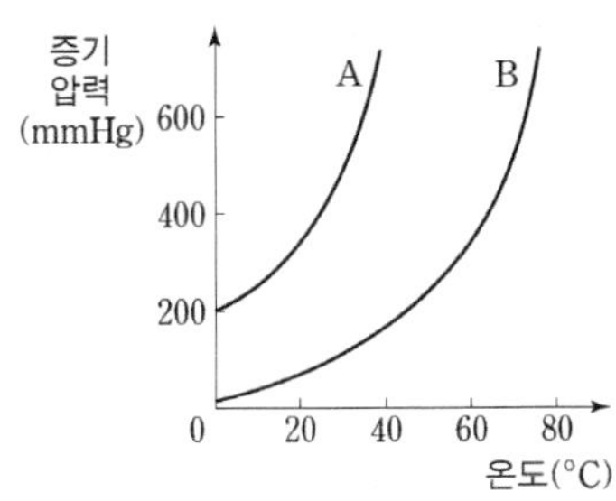

보기

ㄱ. 20℃에서 증기 압력은 A가 B보다 크다.
ㄴ. 분자 간 인력은 A가 B보다 크다.
ㄷ. 대기압이 400mmHg일 때 끓는점은 A가 B보다 높다.

① ㄱ ② ㄴ ③ ㄱ, ㄷ
④ ㄴ, ㄷ ⑤ ㄱ, ㄴ, ㄷ

28. 그림 (가)는 액체의 증기 압력을 측정하는 과정을, (나)는 액체 A와 B를 (가)의 장치에 각각 20mL씩 넣고 일정한 온도에서 측정한 수은 기둥의 높이 차(h)를 시간에 따라 나타낸 것이다.

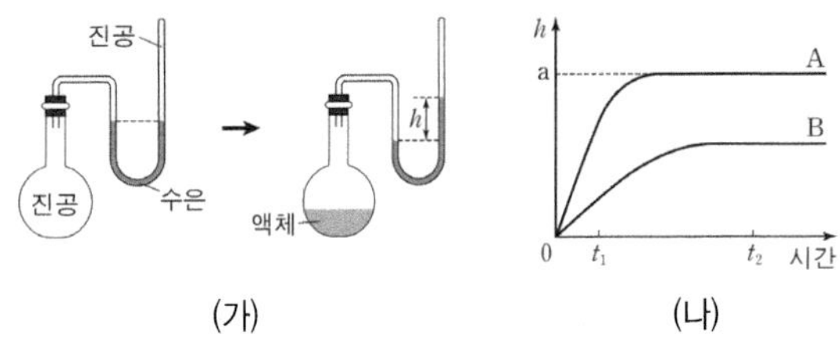

(가) (나)

이에 대한 설명으로 옳은 것만을 〈보기〉에서 있는 대로 고른 것은?

보기

ㄱ. A의 증발 속도는 t_1과 t_2에서 같다.
ㄴ. A를 40mL 넣었다면 t_2에서 측정되는 h는 $2a$이다.
ㄷ. 몰 증발열은 B가 A보다 크다.

① ㄱ ② ㄷ ③ ㄱ, ㄴ
④ ㄱ, ㄷ ⑤ ㄴ, ㄷ

PART 04 물질의 상태와 용액

29. 그림은 온도에 따라 액체 A, B의 증기 압력(P)을 물의 증기 압력(P_w)으로 나눈 값을 나타낸 것이다.

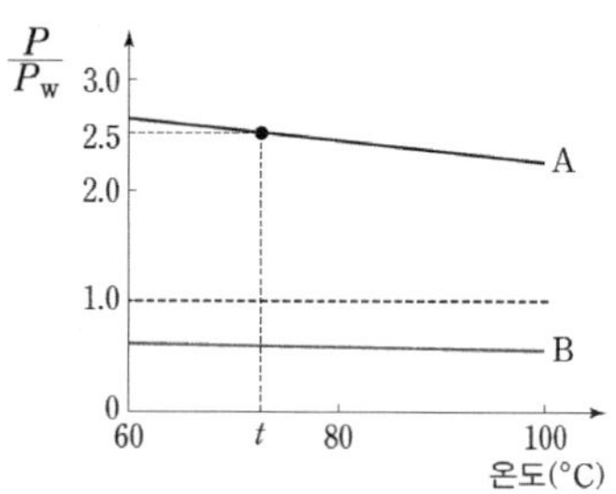

이에 대한 설명으로 옳은 것만을 〈보기〉에서 있는 대로 고른 것은? (단, t℃에서 물의 증기 압력은 240mmHg이다.)

보기

ㄱ. A의 기준 끓는점은 100℃보다 높다.
ㄴ. 분자 간 인력은 B가 A보다 크다.
ㄷ. t℃에서 A의 증기 압력은 600mmHg이다.

① ㄱ ② ㄴ ③ ㄱ, ㄷ
④ ㄴ, ㄷ ⑤ ㄱ, ㄴ, ㄷ

30. 그림 (가)는 수은이 들어 있는 유리관 아래쪽에 소량의 에탄올($C_2H_6O(l)$)을 넣은 것을, (나)는 (가)의 에탄올이 수은 기둥 위로 올라간 후 평형에 도달한 것을 나타낸 것이다. (다)는 에탄올 대신 다이에틸 에테르($C_4H_{10}O(l)$)로 실험한 결과를 나타낸 것이다. $h_1 > h_2$이다.

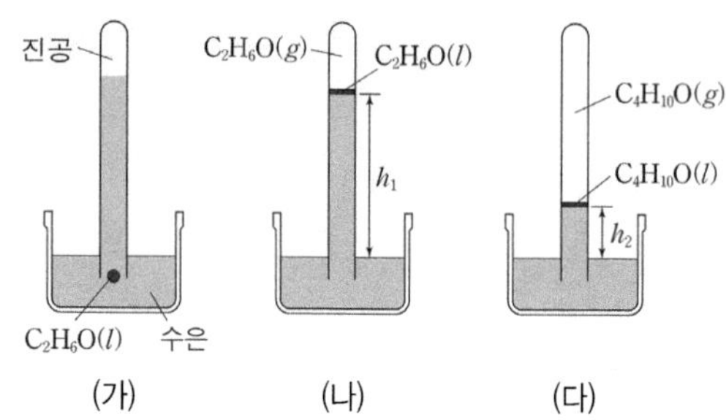

이에 대한 설명으로 옳은 것만을 〈보기〉에서 있는 대로 고른 것은? (단, 온도와 대기압은 일정하다.)

보기

ㄱ. 유리관 속 기체 분자 수는 (나)에서가 (다)에서보다 크다.
ㄴ. 액체 분자 사이의 인력은 C_2H_6O이 $C_4H_{10}O$보다 크다.
ㄷ. 유리관 속 기체 분자의 평균 운동 속력은 (다)에서가 (나)에서보다 크다.

① ㄱ ② ㄴ ③ ㄷ
④ ㄱ, ㄷ ⑤ ㄴ, ㄷ

31. 그림은 t℃, 1기압에서 액체 A~C를 수은으로 가득 찬 유리관에 각각 주입한 후 충분한 시간이 지난 후의 상태와 액체 A~C의 증기 압력 곡선을 나타낸 것이다.

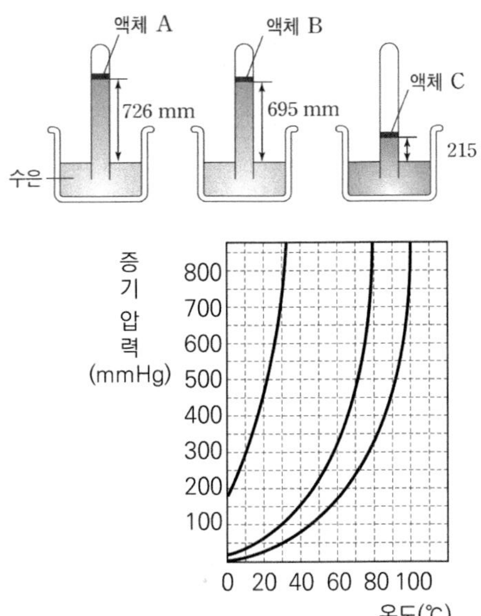

이에 대한 설명으로 옳지 않은 것은? (단, 1기압은 760 mmHg이고, 액체의 부피는 무시한다.)

① 온도 t는 30℃보다 낮다.
② 몰 증발열은 A > B > C이다.
③ 기준 끓는점은 A > B > C이다.
④ t℃에서 액체 A와 B의 증기 압력의 합은 C의 증기 압력보다 작다.
⑤ 액체 A~C 중에서 증기 압력이 가장 큰 액체에 액체 C를 소량 추가하면 증기 압력은 작아진다.

32. 그림 (가)와 같이 t℃에서 압력이 10mmHg이고 부피가 V인 기체 X가 실린더 속에 들어 있다. 이 실린더의 피스톤을 눌러 기체 X의 부피를 $\frac{1}{4}$로 감소시키는 과정에서의 압력 변화를 나타내면 그림 (나)와 같다.

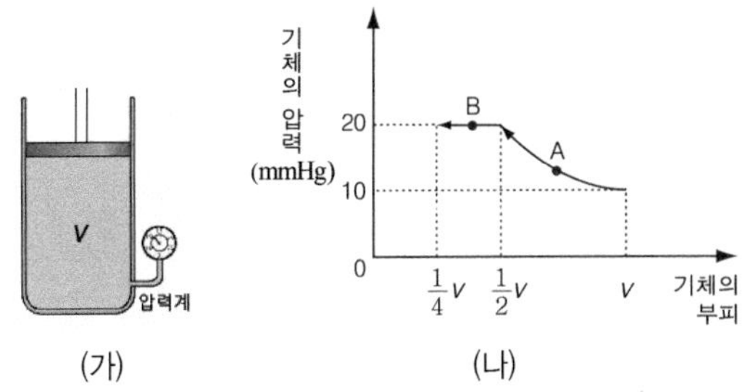

이에 대한 설명으로 옳은 것만을 〈보기〉에서 있는 대로 고른 것은? (단, 온도는 일정하게 유지된다.)

보기
ㄱ. B점에서는 액체와 기체가 공존한다. ㄴ. t℃에서 액체 X의 증기압력은 20mmHg이다. ㄷ. A점에서 실린더에 He 기체를 넣어 전체 압력이 20mmHg가 되도록 하면 기체 X가 액화된다.

① ㄱ ② ㄷ ③ ㄱ, ㄴ
④ ㄴ, ㄷ ⑤ ㄱ, ㄴ, ㄷ

액체의 동적 평형

33. 그림 (가)는 25℃에서 진공 상태의 용기에 액체 A를 넣어 동적 평형에 도달한 것을, (나)는 시간에 따른 2가지 속도 v_1, v_2를 나타낸 것이다. v_1, v_2는 각각 응결 속도, 증발 속도 중 하나이다.

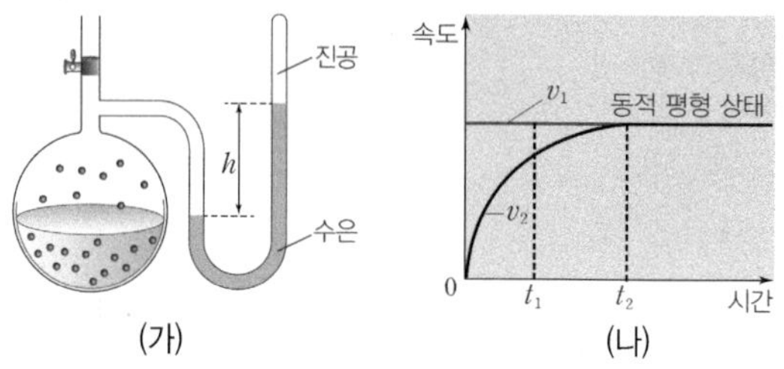

(가) (나)

이에 대한 설명으로 옳은 것만을 〈보기〉에서 있는 대로 고른 것은?

> ㄱ. (가)에서 액체의 온도를 높이면 h는 커진다.
> ㄴ. (나)에서 기체 A의 분자 수는 t_1에서와 t_2에서가 같다.
> ㄷ. (나)에서 v_1은 증발 속도이다.

① ㄱ　② ㄷ
③ ㄱ, ㄴ　④ ㄱ, ㄷ

34. 그림은 밀폐된 진공 용기 안에 $H_2O(l)$을 넣은 모습을 나타낸 것이다.

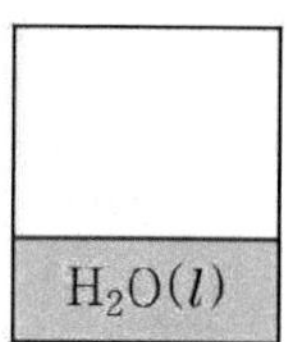

시간이 t일 때 $H_2O(l)$과 $H_2O(g)$는 동적 평형 상태에 도달하였다. 다음 중 시간에 따른 용기 속 $\frac{H_2O(g)\text{의 질량}}{H_2O(l)\text{의 질량}(\alpha)}$을 나타낸 것으로 가장 적절한 것은? (단, 온도는 일정하다.)

①

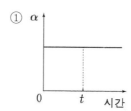

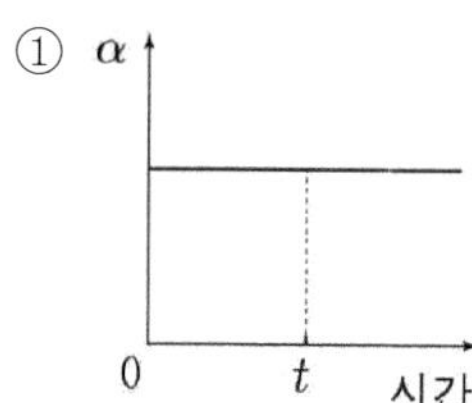

②

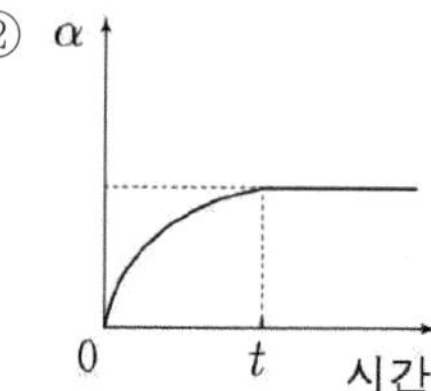

③

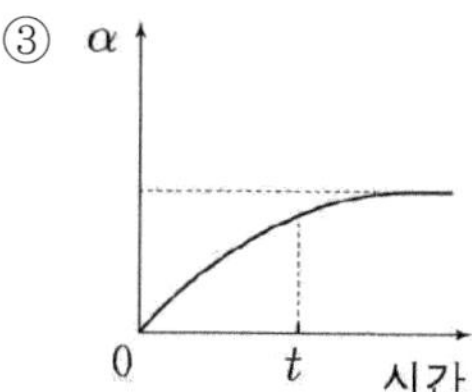

④

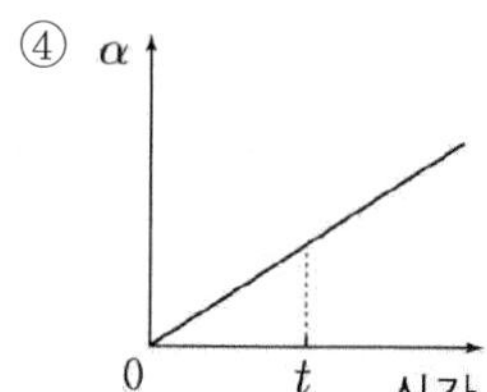

⑤

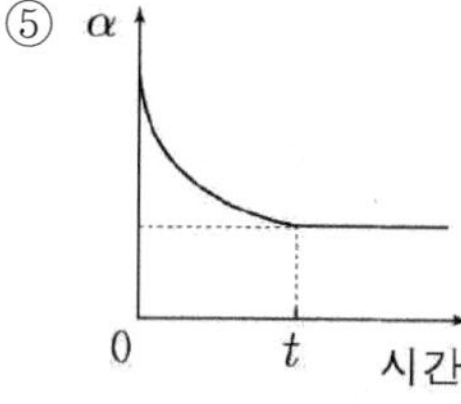

35. 표는 밀폐된 진공 용기 안에 $H_2O(l)$을 넣은 후 시간에 따른 ㉠을, 그림은 시간이 t일 때 용기 안의 상태를 나타낸 것이다. $a>b$이고, $2t$에서 동적 평형 상태를 도달하였다.

시간	t	$2t$	$3t$
㉠	a	b	b

$H_2O(g)$
$H_2O(l)$

㉠으로 적절한 것만을 <보기>에서 있는 대로 고른 것은? (단, 온도는 일정하다.)

> ㄱ. $H_2O(l)$의 질량
> ㄴ. $H_2O(g)$의 분자 수
> ㄷ. $\dfrac{H_2O(g)\text{의 응축 속도}}{H_2O(l)\text{의 증발 속도}}$

① ㄱ ② ㄴ ③ ㄱ, ㄷ
④ ㄴ, ㄷ ⑤ ㄱ, ㄴ, ㄷ

36. 표는 밀폐된 진공 용기에 $H_2O(l)$을 넣은 후 시간에 따른 $\dfrac{H_2O(g)\text{의 양(mol)}}{H_2O(l)\text{의 양(mol)}}$을 나타낸 것이다. $0<t_1<t_2<t_3$이고, t_2일 때 $H_2O(l)$과 $H_2O(g)$는 동적 평형에 도달하였다.

시간	t_1	t_2	t_3
$\dfrac{H_2O(g)\text{의 양(mol)}}{H_2O(l)\text{의 양(mol)}}$	a	b	c

이에 대한 옳은 설명만을 <보기>에서 있는 대로 고른 것은? (단, 온도는 일정하다.)

> ㄱ. $c>b$이다.
> ㄴ. $H_2O(g)$의 양(mol)은 t_2일 때가 t_1일 때보다 많다.
> ㄷ. $\dfrac{H_2O(g)\text{의 응축 속도}}{H_2O(l)\text{의 증발 속도}}$는 t_1일 때가 t_3일 때보다 크다.

① ㄱ ② ㄴ ③ ㄱ, ㄷ
④ ㄴ, ㄷ ⑤ ㄱ, ㄴ, ㄷ

37. 표는 부피가 다른 밀폐된 진공 용기 (가)와 (나)에 각각 같은 양(mol)의 $X(l)$를 넣은 후 시간에 따른 $\dfrac{X(g)\text{의 양(mol)}}{X(l)\text{의 양(mol)}}$을 나타낸 것이다. $c>b>a$이다.

시간		t	$2t$	$3t$	$4t$
$\dfrac{X(g)\text{의 양(mol)}}{X(l)\text{의 양(mol)}}$	(가)	a	b	b	
	(나)		b	c	c

이에 대한 설명으로 옳은 것만을 <보기>에서 있는 대로 고른 것은? (단, 온도는 일정하다.)

> ㄱ. (가)에서 $X(g)$의 양(mol)은 $2t$일 때가 t일 때보다 크다.
> ㄴ. $X(l)$와 $X(g)$가 동적 평형에 도달하는 데 걸린 시간은 (나)>(가)이다.
> ㄷ. (가)에서 $4t$일 때 $\dfrac{X(g)\text{의 응축 속도}}{X(l)\text{의 증발 속도}}>1$이다.

① ㄱ ② ㄷ ③ ㄱ, ㄴ
④ ㄴ, ㄷ ⑤ ㄱ, ㄴ, ㄷ

38. 표는 크기가 다른 두 밀폐된 진공 용기 (가)와 (나)에 각각 X(l)를 넣은 후 시간에 따른 $\frac{\text{X}(l)\text{의 양(mol)}}{\text{X}(g)\text{의 양(mol)}}$을 나타낸 것이다. (가)에서는 $2t$일 때, (나)에서는 $3t$일 때 X(l)와 X(g)는 동적 평형 상태에 도달하였다.

시간		t	$2t$	$3t$	$4t$
$\frac{\text{X}(l)\text{의 양(mol)}}{\text{X}(g)\text{의 양(mol)}}$ (상댓값)	(가)	a		1	
	(나)			b	c

이에 대한 옳은 설명만을 〈보기〉에서 있는 대로 고른 것은? (단, 온도는 일정하다.)

ㄱ. $a > 1$이다.
ㄴ. $b > c$이다.
ㄷ. $2t$일 때, X의 $\frac{\text{응축 속도}}{\text{증발 속도}}$는 (나)에서가 (가)에서보다 크다.

① ㄱ ② ㄴ ③ ㄷ
④ ㄱ, ㄷ ⑤ ㄴ, ㄷ

39. 표는 25℃에서 밀폐된 진공 용기에 $I_2(s)$을 넣은 후 시간에 따른 $I_2(g)$의 양(mol)에 대한 자료이다. $2t$일 때 $I_2(s)$과 $I_2(g)$은 동적 평형 상태에 도달하였고 $b > a > 0$이다. 그림은 $2t$일 때 용기 안의 상태를 나타낸 것이다.

시간	t	$2t$	$3t$
$I_2(g)$의 양(mol)	a	b	x

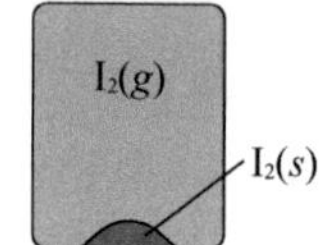

이에 대한 설명으로 옳은 것만을 〈보기〉에서 있는 대로 고른 것은? (단, 25℃로 일정하다.)

ㄱ. $x > a$이다.
ㄴ. t일 때 $I_2(g)$이 $I_2(s)$으로 승화되는 반응은 일어나지 않는다.
ㄷ. $2t$일 때 $\frac{I_2(s)\text{이 } I_2(g)\text{으로 승화되는 속도}}{I_2(g)\text{이 } I_2(s)\text{으로 승화되는 속도}} = 1$이다.

① ㄱ ② ㄴ ③ ㄱ, ㄷ
④ ㄴ, ㄷ ⑤ ㄱ, ㄴ, ㄷ

CHAPTER 08

고체

제1절 고체의 결정구조

정답 p. 161

대표 유형 기출 문제

17 국가직 7급 14

1. 금속 알루미늄(Al)이 면심 입방 결정구조를 갖고 단위세포의 모서리 길이가 4.0 Å 일 때, 옳은 것만을 모두 고른 것은?

ㄱ. 단위세포는 Al 원자 4개를 포함한다.
ㄴ. Al 원자와 가장 인접한 원자의 개수는 6개이다.
ㄷ. Al 원자 핵 간 최단거리는 $2\sqrt{2}$ Å 이다.

① ㄱ　② ㄴ
③ ㄱ, ㄷ　④ ㄴ, ㄷ

19 지방직 9급 18

2. 구조 (가)~(다)는 결정성 고체의 단위 세포를 나타낸 것이다. 이에 대한 설명으로 옳은 것만을 모두 고르면?

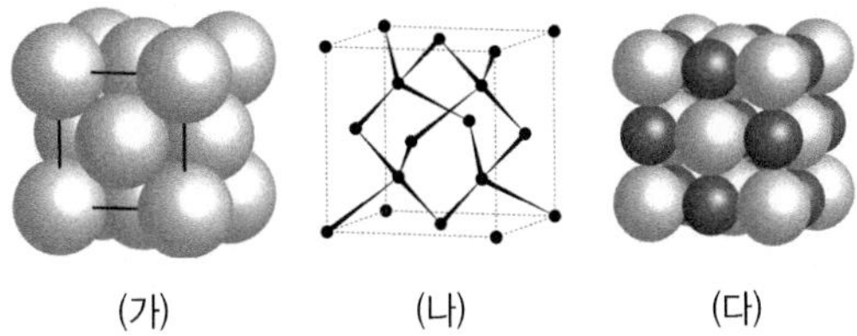

(가)　(나)　(다)

보기

ㄱ. 전기 전도성은 (가)가 (나)보다 크다.
ㄴ. (나)의 탄소 원자 사이의 결합각은 CH_4의 H－C－H 결합각과 같다.
ㄷ. (나)와 (다)의 단위 세포에 포함된 C와 Na^+의 개수 비는 1 : 2이다.

① ㄱ　② ㄷ
③ ㄱ, ㄴ　④ ㄱ, ㄴ, ㄷ

19 국가직 7급 11

3. 두 원소 A와 B로 구성된 결정성 고체의 단위 세포(unit cell)가 그림과 같을 때, 이 고체의 화학식은?

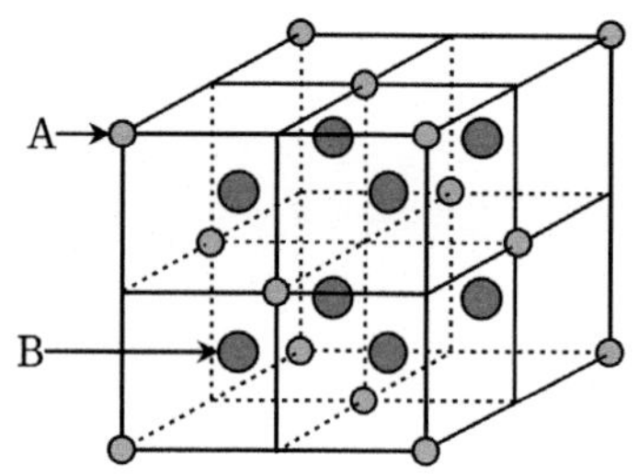

① AB_2　　② A_2B
③ AB_3　　④ A_3B

20 지방직 7급 13

4. 금속의 세 가지 입방계 결정 형태에서 단위 세포 내의 입자수가 가장 많은 것은?

ㄱ. 단순 입방체(simple cubic)
ㄴ. 면심 입방체(face-centered cubic)
ㄷ. 체심 입방체(body-centered cubic)

① ㄱ　　② ㄴ
③ ㄷ　　④ 모두 동일하다.

21 지방직 9급 13

5. 철(Fe) 결정의 단위 세포는 체심 입방 구조이다. 철의 단위 세포내의 입자수는?

① 1개　　② 2개
③ 3개　　④ 4개

21 지방직 7급 18

6. NaCl 결정의 단위세포(unit cell)에 대한 설명으로 옳은 것만을 모두 고르면?

ㄱ. 면심 입방(face-centered cubic) 구조이다.
ㄴ. 각 Cl^-는 4개의 Na^+에 의해 둘러싸여 있다.
ㄷ. 한 단위세포는 각각 4개의 Na^+와 Cl^-를 갖는다.
ㄹ. CuCl의 단위세포와 같은 구조이다.

① ㄱ, ㄴ　　② ㄱ, ㄷ
③ ㄴ, ㄷ　　④ ㄷ, ㄹ

21 국가직 7급 20

7. 면심 입방 구조인 금(Au) 결정의 쌓임 효율(packing efficiency)은?

① $\frac{\pi}{6}$　　② $\frac{\sqrt{3}\pi}{8}$
③ $\frac{\sqrt{2}\pi}{6}$　　④ $\frac{\sqrt{3}\pi}{6}$

22 지방직 9급 12

8. 고체 알루미늄(Al)은 면심 입방(fcc) 구조이고, 고체 마그네슘(Mg)은 육방 조밀 쌓임(hcp) 구조이다. 이에 대한 설명으로 옳지 않은 것은?

① Al의 구조는 입방 조밀 쌓임(ccp)이다.
② Al의 단위 세포에 포함된 원자 개수는 4이다.
③ 원자의 쌓임 효율은 Al과 Mg가 같다.
④ 원자의 배위수는 Mg가 Al보다 크다.

23 지방직 9급 08

9. 다음은 3주기 원소로 이루어진 이온성 고체 AX의 단위 세포를 나타낸 것이다. 이에 대한 설명으로 옳지 않은 것은?

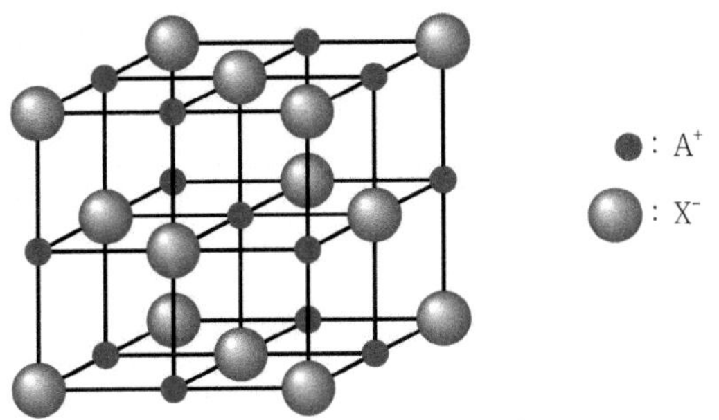

① 단위 세포 내에 있는 A 이온과 X 이온의 개수는 각각 4이다.
② A 이온과 X 이온의 배위수는 각각 6이다.
③ A(s)는 전기적으로 도체이다.
④ AX(l)는 전기적으로 부도체이다.

24 국가직 7급 19

10. 면심 입장 결정구조를 갖는 금속 원소의 원자량이 M, 원자 반지름이 $r$cm일 때, 이 금속의 밀도 [g/cm^3]는? (단, 아보가드로수는 N_A이다.)

① $\dfrac{\sqrt{2}}{4}\,\dfrac{N_A r^3}{M}$
② $\dfrac{\sqrt{2}}{8}\,\dfrac{N_A r^3}{M}$
③ $\dfrac{\sqrt{2}}{4}\,\dfrac{M}{N_A r^3}$
④ $\dfrac{\sqrt{2}}{8}\,\dfrac{M}{N_A r^3}$

주관식 개념 확인 문제

11. 고체 상태의 아르곤(Ar)은 면심 입방 구조를 가진다. 아르곤 결정의 단위 세포의 한 변의 길이가 a nm라고 하면, 아르곤 원자의 반지름은 몇 nm인가?

12. 염화나트륨(NaCl)결정의 단위 세포 안에는 나트륨 이온(Na^+)과 염화 이온(Cl^-)이 각각 몇 개씩 들어 있는가?

13. 한 변이 4.29Å인 체심 입방 격자의 구조로 된 어떤 금속이 있다. 이 금속의 밀도가 $0.970g/cm^3$이다.

(1) 금속의 단위 격자에 들어 있는 원자수와 원자량을 계산하여라. (단, 아보가드로수는 6.02×10^{23}개이다.)

(2) 금속의 원자 반경을 계산하여라.

14. 다음 주어진 자료를 이용하여 금속 X의 원자량을 구하는 식을 나타내시오.

- 단위 격자의 입자수: N
- 금속의 밀도: $d\,g/cm^3$
- 한 모서리의 길이: $a\,cm$
- 아보가드로 수: N_A

15. 어떤 금속 결정을 X선으로 조사하였더니, 면심 입방 격자로서 한 모서리의 길이는 4.0Å이었고, 결정의 밀도는 $6.0g/cm^3$이었다.(단, 아보가드로수는 6.0×10^{23}이다.)

(1) 단위 격자 1개의 부피는 몇 cm^3인가?

(2) 단위 격자 1개의 질량은 몇 g인가?

(3) 이 금속의 원자량은 얼마인가?

16. 다음은 X(s)와 관련된 자료이다.

- X(s)의 결정 구조에서 단위 세포는 한 변의 길이가 a cm인 정육면체이다.
- X 원자 1개의 질량은 w g이고, X 1몰의 질량은 M g이다.

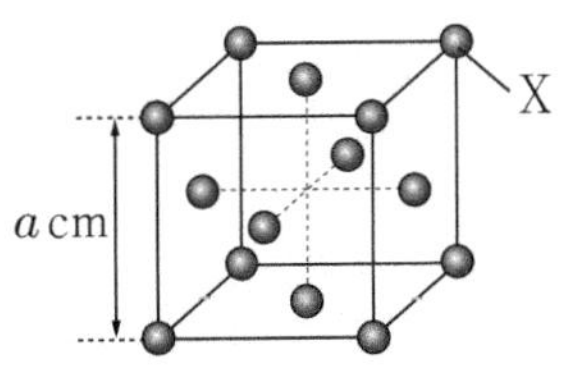

이 자료로부터 구한 X(s) 1몰의 부피(cm^3)를 나타내시오.(단, X는 임의의 원소 기호이다.)

기본 문제

17. 이온화합물은 그 종류에 따라 여러 가지 형태의 결정구조를 만든다. NaCl과 CsCl이 서로 다른 결정구조를 갖는 가장 큰 이유는?

① 전기음성도
② 이온화 에너지
③ 이온의 상대적 전하
④ 이온의 상대적 크기

18. 결정의 구조를 분석하는 데 X-선이 매우 유용하게 쓰인다. 그 주된 이유는?

① X-선은 손쉽게 생성할 수 있다.
② 결정 구조를 이루는 원자들 사이의 간격이 X-선의 파장과 비슷하다.
③ X-선은 많은 물질들을 잘 투과한다.
④ 해당사항 없음.

19. 어떤 금속은 면심 입방 격자 형태의 결정 구조를 가진다. 단위세포의 모서리 길이가 408pm일 때, 금속 원자의 직경은? (단, $\sqrt{2}=1.414$이며, 최종 결과는 소수점 첫째 자리에서 반올림한다.)

① 144pm ② 204pm
③ 288pm ④ 408pm

20. 〈보기〉에서 면심 입방 격자 구조를 가지고 있는 이온성 고체 NaCl에 대한 설명으로 옳은 것을 모두 고른 것은?

보기

ㄱ. 단위 세포 내에서 Cl^-는 꼭짓점과 면의 중심에 위치한다.
ㄴ. Na^+는 단위 세포의 체심을 관통하는 대각선상의 1/4 거리 지점에 위치한다.
ㄷ. Na^+와 Cl^-는 모두 4 배위수를 가진다.

① ㄱ ② ㄴ
③ ㄷ ④ ㄱ, ㄷ

자료 추론형

21. 그림 (가)는 염화세슘(CsCl)의, (나)는 염화나트륨(NaCl)의 결정 구조를 나타낸 것이다.

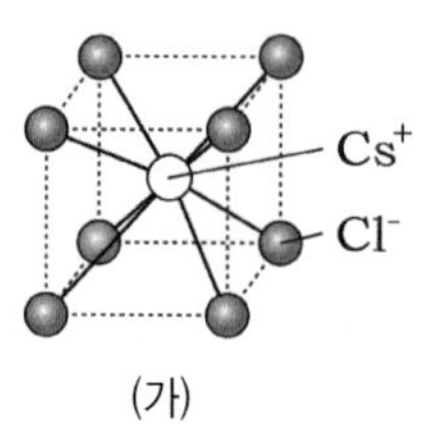

(가)

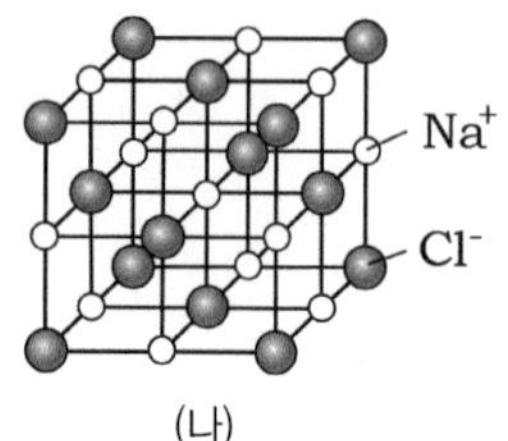

(나)

이에 대한 설명으로 옳은 것만을 〈보기〉에서 있는 대로 고른 것은?

보기

ㄱ. (가)에서 Cl^-은 단순 입방 구조를 이룬다.
ㄴ. (가)에서 1개의 Cl^- 주위를 4개의 Cs^+이 둘러싸고 있다.
ㄷ. (나)의 단위 세포당 실제 포함된 총 이온 수는 8개이다.

① ㄱ ② ㄴ ③ ㄱ, ㄷ
④ ㄴ, ㄷ ⑤ ㄱ, ㄴ, ㄷ

22. 그림은 고체 A의 결정 구조와 고체 B의 결합 모형을 나타낸 것이다.

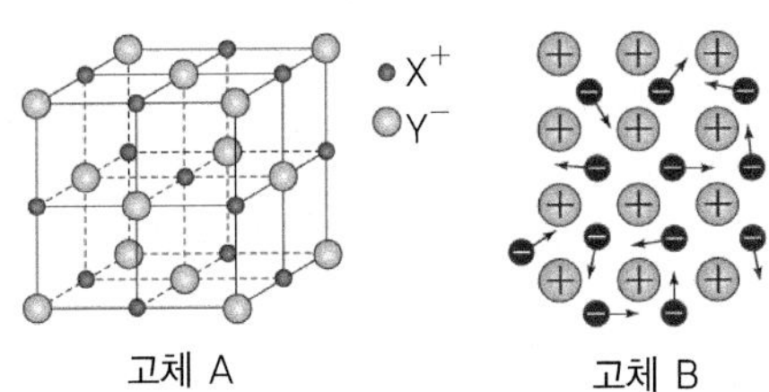

고체 상태의 A와 B에 설명으로 옳은 것만을 〈보기〉에서 있는 대로 고른 것은?

> 보기
> ㄱ. A에서 X^+과 가장 인접한 Y^-의 개수는 6이다.
> ㄴ. 전기 전도성은 B가 A보다 크다.
> ㄷ. A와 B는 모두 전성(펴짐성)이 좋다.

① ㄱ ② ㄷ ③ ㄱ, ㄴ
④ ㄱ, ㄷ ⑤ ㄴ, ㄷ

23. 그림은 염화 세슘(CsCl)의 결정 구조를 모형으로 나타낸 것이다.

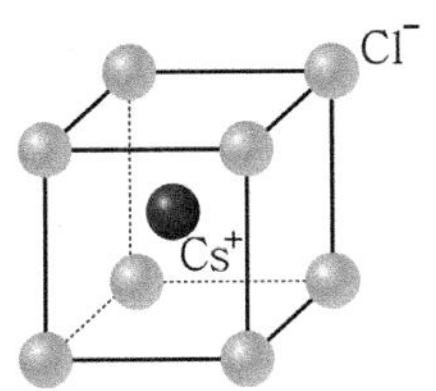

이에 대한 옳은 설명만을 〈보기〉에서 있는 대로 고른 것은?

> 보기
> ㄱ. 고체 상태에서 전기 전도성이 있다.
> ㄴ. 단위세포당 실제 포함된 Cl^-은 1개이다.
> ㄷ. Cl^-과 가장 가까운 거리에 있는 Cs^+은 8개이다.

① ㄱ ② ㄴ ③ ㄱ, ㄷ
④ ㄴ, ㄷ ⑤ ㄱ, ㄴ, ㄷ

24. 그림 (가)는 Na의 결정 구조를, (나)는 NaCl의 결정 구조를 모형으로 나타낸 것이다.

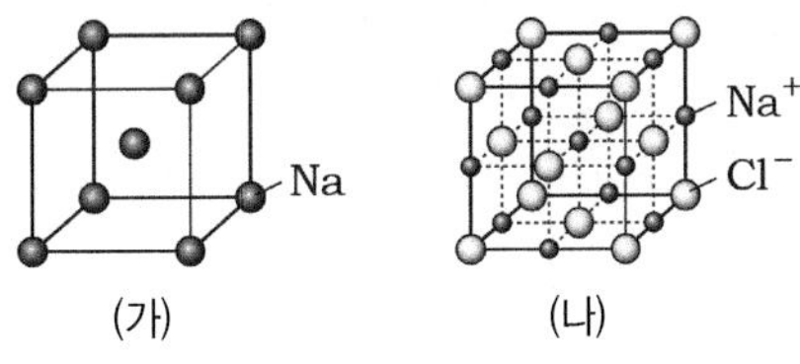

이에 대한 설명으로 옳은 것만을 〈보기〉에서 있는 대로 고른 것은?

> 보기
> ㄱ. (가)에서 단위 세포에 포함된 Na은 2개이다.
> ㄴ. (나)에서 Na^+과 가장 인접한 Cl^-은 8개이다.
> ㄷ. (가)의 Na 결정 구조와 (나)의 Na^+ 결정 구조는 같다.

① ㄱ ② ㄴ ③ ㄱ, ㄷ
④ ㄴ, ㄷ ⑤ ㄱ, ㄴ, ㄷ

25. 그림은 고체 (가)~(다)의 결정 구조를 나타낸 것이다.

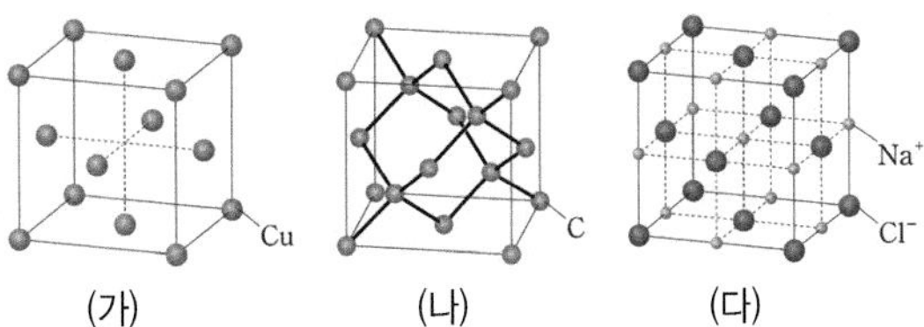

이에 대한 설명으로 옳은 것만을 〈보기〉에서 있는 대로 고른 것은?

> 보기
> ㄱ. (가)에서 한 원자와 가장 인접한 원자의 수는 8이다.
> ㄴ. (나)의 원자들은 공유 결합으로 연결되어 있다.
> ㄷ. (다)에서 Na^+은 면심 입방 격자 구조를 형성한다.

① ㄱ ② ㄴ ③ ㄱ, ㄷ
④ ㄴ, ㄷ ⑤ ㄱ, ㄴ, ㄷ

26. 그림 (가)와 (나)는 각각 나트륨과 염화나트륨의 결정 구조를 모형으로 나타낸 것이다.

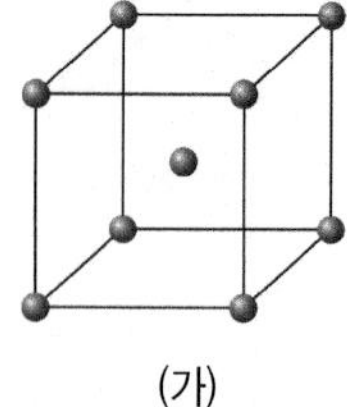
(가)

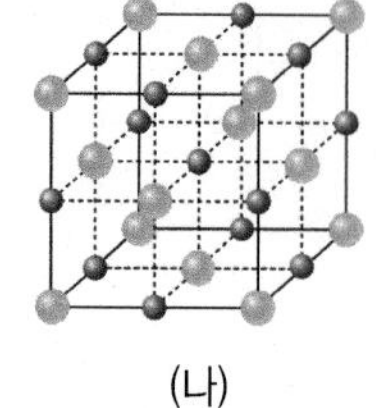
(나)

이에 대한 옳은 설명만을 〈보기〉에서 있는 대로 고른 것은?

보기

ㄱ. (가)는 체심 입방 격자 구조이다.
ㄴ. (나)에서 단위 세포에 포함된 양이온 수와 음이온 수는 같다.
ㄷ. (가)와 (나)에서 입자 사이의 화학 결합은 종류가 같다.

① ㄱ ② ㄷ ③ ㄱ, ㄴ
④ ㄴ, ㄷ ⑤ ㄱ, ㄴ, ㄷ

제 2 절 고체의 실험식 결정

정답 p. 166

대표 유형 기출 문제

실험식 결정

10 국가직 7급 08

1. 페롭스카이트(perovskite) 단위세포의 화학식과 티타늄의 산화 상태는?

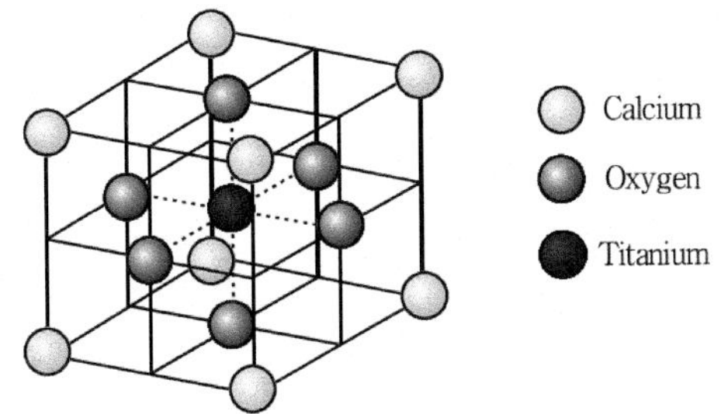

① $CaTiO_3$, +3　② $CaTiO_3$, +4
③ Ca_2TiO_6, +4　④ Ca_2TiO_6, +8

17 지방직 7급 11

2. 다음은 어떤 결정의 단위 세포(unit cell)이다. 각 꼭짓점과 중심에 있는 원자 수로부터 이 화합물의 화학식을 A_xB_y로 나타낼 수 있다. 이 때 $x+y$의 값은? (단, ○은 양이온 A, ●은 음이온 B를 나타낸다.)

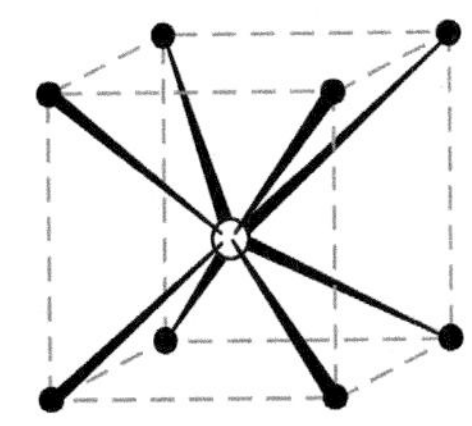

① 2　② 3
③ 4　④ 5

기본 문제

3. 그림은 금속 A, B와 산소(O)로 이루어진 이온 화합물의 결정 구조를 모형으로 나타낸 것이다. ●, •, ●은 각각 정육면체의 꼭짓점, 중심, 면의 중심에 위치한다.

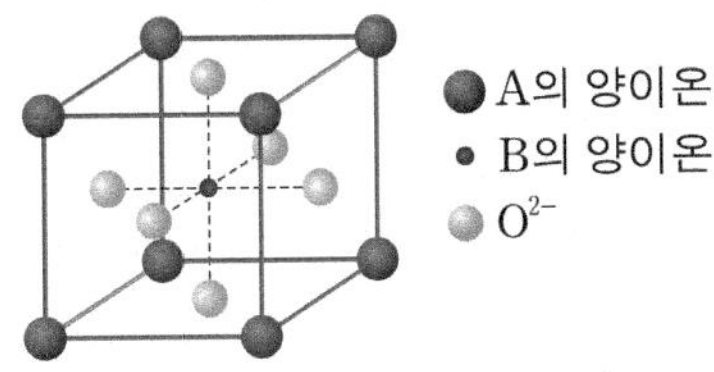

이 화합물의 화학식은?(단, A와 B는 임의의 원소 기호이다.)

① ABO_2　② ABO_3
③ A_2BO_2　④ A_4BO_3
⑤ A_8BO_6

4. 다음은 면심 입방 구조를 갖는 금속(M) 양이온(작은 공모양)과 사면체 구멍(체심 위치)에 존재하는 비금속(X) 음이온(큰 공모양)으로 구성된 화합물의 격자 구조 일부를 나타낸 그림이다. 화합물의 화학식은?

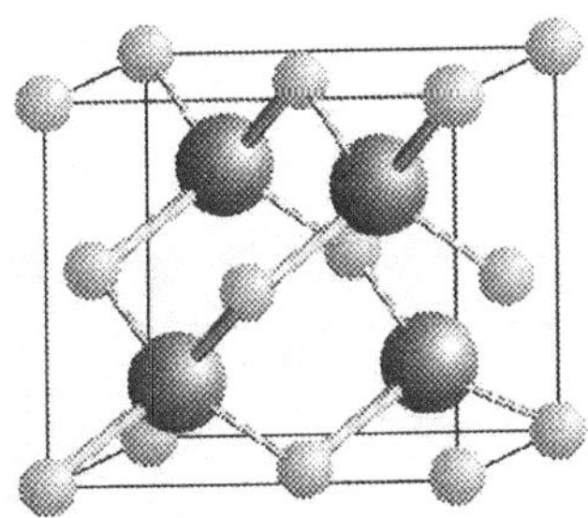

① MX　② MX_2
③ M_2X　④ M_4X

PART 04 물질의 상태와 용액

5. 그림은 어떤 이온 화합물 결정의 단위 세포를 나타낸 것이다.

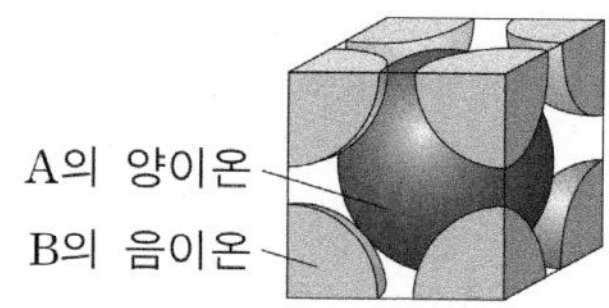

이 화합물의 화학식으로 옳은 것은? (단, A와 B는 임의의 원소 기호이다.)

① AB　② AB_2
③ AB_3　④ A_2B
⑤ A_2B_3

6. 그림은 A, B, C, X 이온으로 이루어진 이온 화합물의 결정 구조를 모형으로 나타낸 것이다. 모형에서 단위 세포는 부피가 $3a^3$인 직육면체이다.

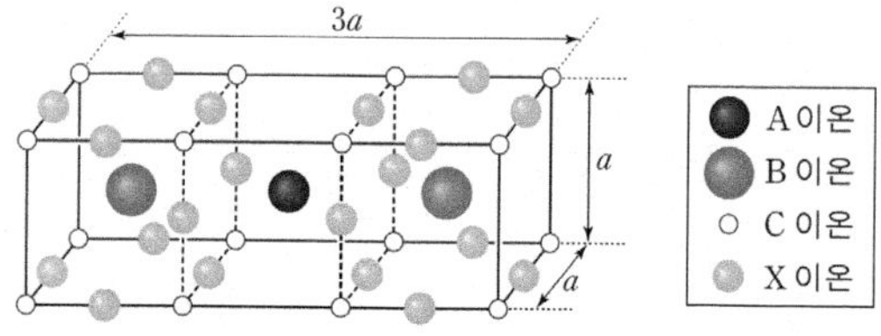

이 화합물의 화학식은? (단, A, B, C, X는 임의의 원소 기호이다.)

① $AB_2C_2X_3$　② $AB_2C_3X_7$
③ $AB_2C_4X_7$　④ $A_2BC_3X_5$
⑤ $A_2BC_4X_5$

7. 그림은 2가지 화합물의 결정 구조를 모형으로 나타낸 것이다. (가)와 (나)에서 단위 세포는 한 변의 길이가 각각 a_1과 a_2인 정육면체이다.

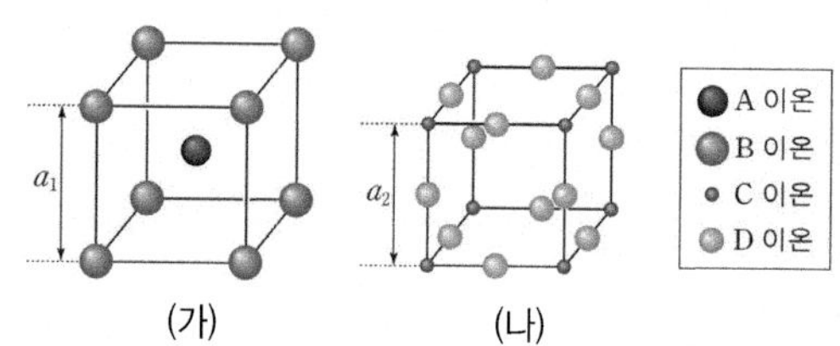

$\dfrac{\text{(나)의 단위 세포에 포함된 이온 수}}{\text{(가)의 단위 세포에 포함된 이온 수}}$는?
(단, A~D는 임의의 원소 기호이다.)

① $\dfrac{1}{2}$　② 1
③ $\dfrac{3}{2}$　④ 2
⑤ $\dfrac{5}{2}$

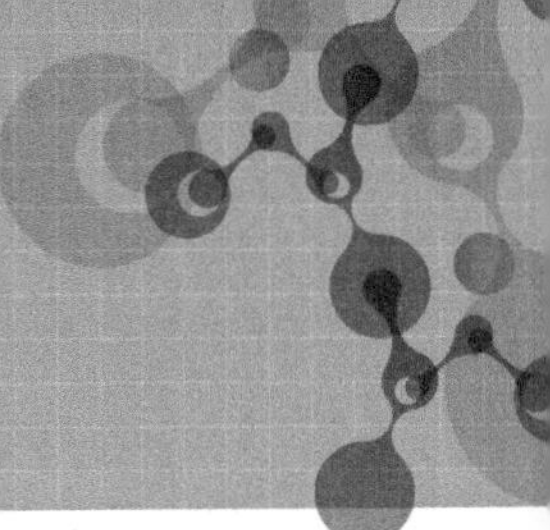

CHAPTER 09

용액과 농도

정답 p. 167

대표 유형 기출 문제

10 지방직 7급(하) 05

1. 시판되는 진한 염산은 보통 37.0wt% HCl의 순도를 가지며, 밀도는 1.19g/mL이다. 이 진한 염산의 몰랄농도(m)는? (단, 원자량 H = 1.0, Cl = 35.5)

① 10.1 ② 12.1
③ 16.1 ④ 17.0

10 지방직 7급 16

2. 0.35M HCl 용액을 제조하기 위해 0.40M HCl 100.0mL에 첨가해야 하는 0.10M HCl 용액의 양[mL]은?

① 15 ② 20
③ 25 ④ 30

20 지방직 9급 17

3. 용액에 대한 설명으로 옳지 않은 것은?

① 용액의 밀도는 용액의 질량을 용액의 부피로 나눈 값이다.
② 용질 A의 몰농도는 A의 몰수를 용매의 부피(L)로 나눈 값이다.
③ 용질 A의 몰랄농도는 A의 몰수를 용매의 질량(kg)으로 나눈 값이다.
④ 1ppm은 용액 백만g에 용질 1g이 포함되어 있는 값이다.

20 지방직 9급 18

4. 바닷물의 염도를 1kg의 바닷물에 존재하는 건조 소금의 질량(g)으로 정의하자. 질량 백분율로 소금 3.5%가 용해된 바닷물의 염도[$\frac{g}{kg}$]는?

① 0.35 ② 3.5
③ 35 ④ 350

21 지방직 7급 11

5. 농도를 구하는 식으로 옳지 않은 것은?

① 성분의 십억분율(ppb) $= \frac{\text{용액속의 성분의 질량}}{\text{용액의 총 질량}} \times 10^9$

② 성분의 몰분율 $= \frac{\text{성분의 몰수}}{\text{모든 성분의 총 몰수}}$

③ 몰농도(M) $= \frac{\text{용질의 몰수}}{\text{용액의 리터수}}$

④ 몰랄농도(m) $= \frac{\text{용질의 몰수}}{\text{용액의 } kg \text{수}}$

PART 04 물질의 상태와 용액

22 지방직 9급 03

6. X가 녹아 있는 용액에서, X의 농도에 대한 설명으로 옳지 않은 것은?

① 몰 농도[M]는 $\frac{\text{X의 몰(mol) 수}}{\text{용액의 부피(L)}}$이다.

② 몰랄 농도[m]는 $\frac{\text{X의 몰(mol) 수}}{\text{용매의 질량(kg)}}$이다.

③ 질량 백분율[%]은 $\frac{\text{X의 질량}}{\text{용매의 질량}} \times 100$이다.

④ 1ppm 용액과 1,000ppb 용액은 농도가 같다.

23 지방직 9급 04

7. 1.0M KOH 수용액 30mL와 2.0M KOH 수용액 40mL를 섞은 후 증류수를 가해 전체 부피를 100mL로 만들었을 때, KOH 수용액의 몰농도[M]는? (단, 온도는 25℃이다.)

① 1.1　　② 1.3

③ 1.5　　④ 1.7

주관식 개념 확인 문제

8. 다음을 계산하시오.

(1) 물 100g에 황산구리 결정($CuSO_4 \cdot 5H_2O$) 100g을 넣으면 몇 %의 용액이 되겠는가?
(단, 원자량은 Cu=64, S=32이다.)

(2) 포도당($C_6H_{12}O_6$) 용액 500mL 속에 9.0g의 포도당이 녹아 있을 때, 포도당 용액의 몰 농도를 구하여라.

(3) 순수한 황산(H_2SO_4) 4.9g으로 0.1M 농도의 황산 용액 몇 mL를 만들 수 있는가?

9. 밀도가 1.40g/cm^{3}인 50%의 황산(H_2SO_4) 수용액이 있다. 황산의 분자량은 98이다. 다음을 구하시오.

(1) 황산 수용액 1L의 질량은 얼마인가?

(2) 황산 수용액 1L 중의 황산의 양은 몇 g인가?

(3) 황산 수용액의 몰랄 농도를 구하여라.

10. 1M 포도당 수용액 80mL에 농도를 모르는 포도당 용액 20mL을 넣었더니 혼합 용액의 농도가 1.2M이 되었다. 추가로 넣은 포도당 수용액의 농도는 몇 M인가?

11. 3.0M HCl 수용액으로 0.5M HCl 수용액 300mL를 만들려면 3.0M HCl 수용액 몇 mL가 필요한가?

12. 어떤 화합물 A의 0.5M 수용액의 밀도가 1.1g/mL일 때, 몰랄 농도를 구하여라. (단, A의 분자량은 200이다.)

13. 표는 A(aq)과 B(aq)의 농도에 대한 자료이다.

수용액	퍼센트 농도(%)	몰랄 농도(m)
A(aq)	20	$7a$
B(aq)	30	$8a$

$\dfrac{\text{A의 화학식량}}{\text{B의 화학식량}}$을 구하시오.

기본 문제

14. $MgCl_2$ 1몰과 $AlCl_3$ 0.5몰을 혼합한 후, 물을 가하여 수용액 5L를 만들었다. 혼합 용액 중에 용해되어 있는 Cl^-의 몰농도는? (단, 각 화합물의 이온화도는 1이며, 용해 과정에서 아무런 화학 반응도 일어나지 않았다고 가정한다.)

① 0.3M　② 0.5M
③ 0.7M　④ 1.5M

15. 0.1M $Ca(OH)_2$ 250mL 중에 포함된 (가) 수산화칼슘의 질량(g)과 (나) OH^-의 몰수를 옳게 나타낸 것은? (단, Ca=40, O=16, H=1이다.)

	(가)	(나)
①	1.85	0.025
②	1.85	0.050
③	3.70	0.025
④	3.70	0.050

16. 분자량이 200.0g/mol인 용질 50.0g을 분자량이 78g/mol인 액체 200.0g에 녹여 밀도가 1.00g/mL인 용액을 얻었다. 이 용액에 대한 설명으로 옳은 것은? (단, 용질에 의한 부피 변화는 무시한다.)

① 몰농도는 0.250M이다.
② 몰농도는 1.00M이다.
③ 몰랄 농도는 0.250m이다.
④ 몰랄 농도는 1.00m이다.

17. 질량 백분율이 20%인 아세트산(CH_3COOH) 수용액 A의 밀도는 dg/mL이다. 100mL의 수용액 A를 묽혀 수용액 B 250mL를 만들었다. 수용액 B에서 CH_3COOH의 몰농도는? (단, CH_3COOH의 분자량은 60이다.)

① $\frac{3}{4d}$M ② $\frac{4}{3d}$M
③ $\frac{3d}{4}$M ④ $\frac{4d}{3}$M

18. 밀도가 1.84g/cm^{3}인 진한 황산(H_2SO_4, 몰질량 =98g/mol) 수용액 1L에는 순수한 황산이 1780g이 포함되어 있다. 이 수용액의 농도를 환산하는 〈보기〉의 계산 중에서 옳은 것을 모두 고르면?

보기

ㄱ. 1L당 질량은 $1.84g/cm^3 \times \frac{1000cm^3}{1L}$이다.

ㄴ. % 농도는 $\frac{1780g}{1840g} \times 100(\%)$이다.

ㄷ. 몰농도는 $\frac{\frac{1780g}{98g/mol}}{1L}$이다.

① ㄱ, ㄴ ② ㄱ, ㄷ
③ ㄴ, ㄷ ④ ㄱ, ㄴ, ㄷ

19. 분자량이 M인 고체 물질 mg을 부피가 VmL인 액체에 녹였더니 부피가 V′mL가 되었다. 이 용액의 몰농도와 몰랄농도를 구하는 식을 바르게 나타낸 것은? (단, 순수한 액체의 밀도는 dg/mL이다.)

	(가) 몰농도	(나) 몰랄농도
①	(1000m)/(MV′)	(1000m)/(MdV)
②	(1000m)/(MdV)	(1000m)/(MV′)
③	m/(MV′)	m/(MdV)
④	m/(MdV)	m/(MV′)

20. 시중에서 많이 판매하는 진한 황산의 질량 백분율은 96%이다. 이 진한 황산을 사용하여 1.0M 황산 용액 1L를 만들 때 필요한 진한 황산의 양은 얼마인가? (단, 진한 황산의 밀도는 1.84g/mL이다.)

① 13.9mL ② 27.8mL
③ 55.5mL ④ 83.4mL

21. 농도가 48.0%, 밀도 1.5 g/mL인 어떤 산 HA 수용액이 있다. 이 수용액 1.0L에 물을 넣어 처음 몰랄농도의 $\frac{1}{2}$이 되도록 희석하려고 한다. 이 때 필요한 물의 양은?

① 480g ② 520g
③ 720g ④ 780g
⑤ 1000g

22. 200mL 부피 플라스크에 고체 NaOH 8.0g을 넣고 표선까지 증류수를 넣었을 때 이 용액의 몰랄농도(m)는? (단, 이 용액의 밀도는 d g/mL이고, NaOH의 화학식량은 40이다.)

① $\left(\frac{10}{d-0.08}\right)m$ ② $\left(\frac{10}{d-0.04}\right)m$
③ $\left(\frac{1}{d-0.08}\right)m$ ④ $\left(\frac{1}{d-0.04}\right)m$

자료 추론형

용액의 농도 비교

23. 그림과 같이 수용액 (가), (나)가 비커에 들어 있다. (단, (가)의 밀도는 1g/mL이고 NaOH의 화학식량은 40이다.)

(가)

(나)

(가), (나)에 대한 설명으로 옳은 것은?

① (가)의 몰랄농도는 $\frac{1000}{960}$m이다.
② 용액의 끓는점은 (가) < (나)이다.
③ 용액의 증발속도는 (가) > (나)이다.
④ NaOH의 몰분율은 (가) < (나)이다.
⑤ 온도를 높이면 (나)의 몰랄농도(m)는 감소한다.

24. 그림과 같이 비커 (가)에는 2% NaOH 수용액, 비커 (나)에는 0.2m(몰랄 농도) NaOH 수용액이 각각 100g씩 들어 있다.

(가)

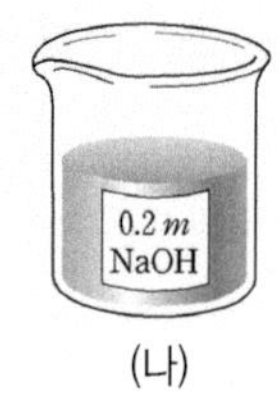

(나)

(가), (나)의 수용액에 대한 설명으로 옳은 것을 〈보기〉에서 모두 고른 것은? (단, NaOH의 화학식량은 40이다.)

보기

ㄱ. (가)의 수용액을 몰랄 농도로 환산하면 $\frac{1000 \times 2}{98 \times 40}m$이다.

ㄴ. 어는점은 (가)의 수용액이 (나)의 수용액보다 높다.

ㄷ. 전체 이온의 수는 (나)의 수용액이 (가)의 수용액보다 많다.

① ㄱ ② ㄷ ③ ㄱ, ㄴ
④ ㄴ, ㄷ ⑤ ㄱ, ㄴ, ㄷ

25. 표는 포도당 수용액 (가)~(다)의 농도를 나타낸 것이다. 포도당의 분자량은 180이고, (다)의 밀도는 1.02g/mL이다.

수용액	농도
(가)	0.1m
(나)	1%
(다)	0.1M

(가)~(다)의 몰랄 농도를 비교한 것으로 옳은 것은?

① (가) > (나) > (다) ② (가) > (다) > (나)
③ (나) > (가) > (다) ④ (다) > (가) > (나)

희석 유형

26. 대방이는 2.5M 탄산수소칼륨($KHCO_3$) 수용액 200mL를 희석시켜 1M 수용액을 만들려고 하였으나 실수로 물을 더 넣어 600mL가 되었다. 이 수용액을 1M 수용액으로 만들기 위한 방법으로 옳은 것만을 〈보기〉에서 있는 대로 고른 것은?(단, $KHCO_3$의 화학식량은 100이며, 온도 변화는 없다.)

보기

ㄱ. $KHCO_3$ 10g을 더 녹인다.

ㄴ. $KHCO_3$ 25g을 더 녹이고 물을 넣어 750mL가 되게 한다.

ㄷ. 2.5M $KHCO_3$ 수용액 200mL를 더하고 물을 넣어 1L가 되게 한다.

① ㄱ ② ㄴ ③ ㄷ
④ ㄱ, ㄴ ⑤ ㄴ, ㄷ

27. 수산화나트륨(NaOH) 수용액의 각 농도를 $\frac{1}{2}$로 묽히는 방법으로 옳은 것을 〈보기〉에서 모두 고른 것은?

보기

ㄱ. 10% NaOH 수용액 100g에 물 100g을 넣는다.

ㄴ. 1m NaOH 수용액 1000g에 물 1000g을 넣는다.

ㄷ. 1M NaOH 수용액 1 L에 물을 넣어 부피가 2 L로 되게 한다.

① ㄱ ② ㄴ ③ ㄱ, ㄷ
④ ㄴ, ㄷ ⑤ ㄱ, ㄴ, ㄷ

28. 다음은 묽은 과망간산칼륨($KMnO_4$) 수용액을 만드는 과정이다.

> (가) 용액 A: $KMnO_4$ 15.8g을 소량의 물에 녹인 후, 1L 부피플라스크에 넣고 표선까지 물을 가한다.
> (나) 용액 B: (가)의 용액 1mL를 취하여 1L 부피플라스크에 넣고 표선까지 물을 가한다.

이에 대한 설명으로 옳은 것을 〈보기〉에서 모두 고른 것은? (단, $KMnO_4$의 화학식량은 158이다.)

보기

ㄱ. 용액 A 1mL와 용액 B 1L에 들어 있는 $KMnO_4$의 몰수는 서로 같다.
ㄴ. 용액 A 1L에는 $KMnO_4$ 0.1몰이 들어 있다.
ㄷ. 용액 B의 몰 농도는 1.0×10^{-4}M이다.

① ㄱ　② ㄱ, ㄴ　③ ㄱ, ㄷ
④ ㄴ, ㄷ　⑤ ㄱ, ㄴ, ㄷ

혼합 유형

29. 그림과 같이 농도가 다른 탄산수소칼륨($KHCO_3$) 수용액을 혼합한 후, 증류수를 더 넣어 새로운 수용액 800g을 만들었다.

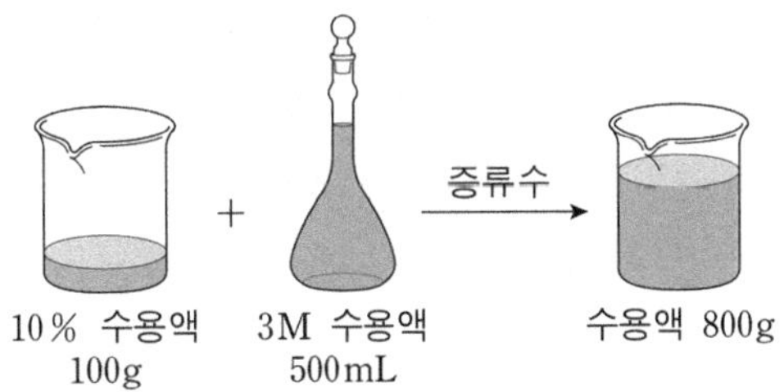

만들어진 수용액 800g의 몰랄농도(m)는?
(단, $KHCO_3$의 화학식량은 100이다.)

① 1.0m　② 1.5m
③ 2.0m　④ 2.5m
⑤ 3.0m

30. 그림과 같이 500mL 부피플라스크에 고체 NaOH 0.15몰과 0.50M NaOH 수용액 100mL를 넣은 후, 표선까지 증류수를 채웠을 때 NaOH 수용액의 몰 농도(M)는?

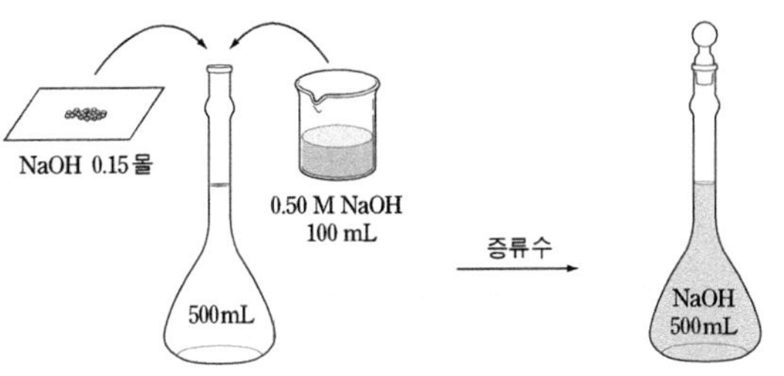

① 0.30M　② 0.40M
③ 0.50M　④ 0.60M
⑤ 0.70M

PART 04
물질의 상태와 용액

31. 그림과 같이 농도가 서로 다른 수산화나트륨($NaOH$) 수용액 (가)와 (나)를 부피 플라스크에 넣은 후, 증류수를 가하여 1L의 용액 (다)를 만들었다.

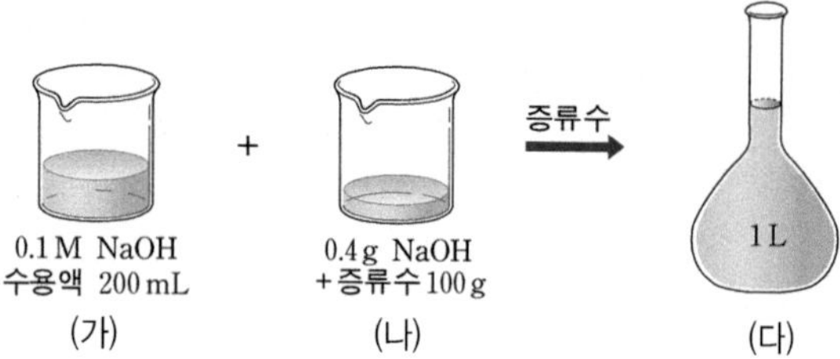

수용액 (다)의 몰 농도(M)는? (단, $NaOH$의 화학식량은 40이다.)

① 0.01M ② 0.02M
③ 0.03M ④ 0.04M
⑤ 0.05M

32. 그림은 A 수용액 (가)와 (나)에 대한 자료이다. A의 화학식량은 60이고, (가)의 밀도는 1.03g/mL이다.

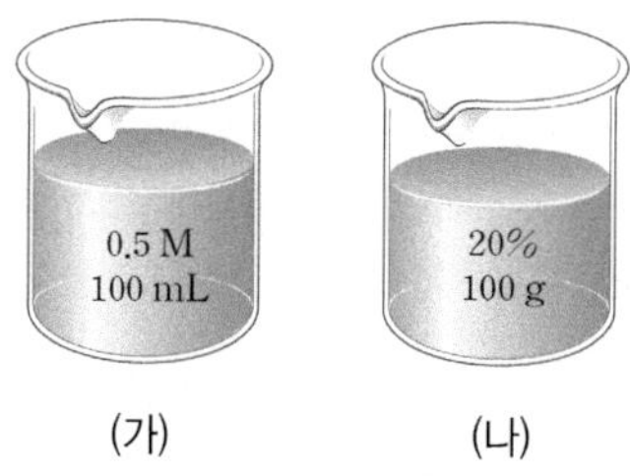

(가)와 (나) 중 한쪽에만 A(s)를 첨가하여 농도가 같아졌을 때, A(s)를 첨가한 수용액과 첨가한 A(s)의 질량은? (단, 온도는 일정하다.)

	수용액	A(s)의 질량
①	(가)	17g
②	(가)	22g
③	(나)	23g
④	(나)	22g

CHAPTER 10

묽은 용액의 성질

제1절 라울의 법칙과 증기압 내림

정답 p. 173

대표 유형 기출 문제

입자수 효과

15 지방직 9급 13

1. 다음 각 화합물의 1M 수용액에서 이온 입자 수가 가장 많은 것은?

① NaCl ② KNO_3
③ NH_4NO_3 ④ $CaCl_2$

19 국가직 7급 01

2. 다음 수용액 중 녹아 있는 용질 입자의 총 개수가 가장 많은 것은? (단, 이온결합 화합물은 모두 완전히 해리된다.)

① 2.0M NaCl 20mL ② 0.8M C_2H_5OH 0.1L
③ 0.4M $FeCl_3$ 20mL ④ 0.1M $CaCl_2$ 0.3L

21 지방직 9급 02

3. 용액의 총괄성에 해당하지 않는 현상은?

① 산 위에 올라가서 끓인 라면은 설익는다.
② 겨울철 도로 위에 소금을 뿌려 얼음을 녹인다.
③ 라면을 끓일 때 스프부터 넣으면 면이 빨리 익는다.
④ 서로 다른 농도의 두 용액을 반투막을 사용해 분리해 놓으면 점차 그 농도가 같아진다.

라울의 법칙

14 지방직 9급 18

4. 어떤 용액이 라울(Raoult)의 법칙으로부터 음의 편차를 보일 때, 이 용액에 대한 설명으로 옳은 것만을 보기에서 모두 고른 것은?

보기
ㄱ. 용액의 증기압이 라울의 법칙에서 예측한 값보다 작다.
ㄴ. 용액의 증기압은 용액 내의 용질 입자 개수와 무관하다.
ㄷ. 용질－용매 분자 간 인력이 용매－용매 분자 간 인력보다 강하다.

① ㄱ ② ㄴ
③ ㄱ, ㄷ ④ ㄴ, ㄷ

PART 04 물질의 상태와 용액

20 국가직 7급 17

5. 이상 용액(ideal solution)에 대한 설명으로 옳은 것만을 모두 고르면?

> ㄱ. 라울(Raoult) 법칙을 따르는 용액으로 정의된다.
> ㄴ. 용질－용질, 용매－용매, 용질－용매 간의 상호 작용이 균일하다.
> ㄷ. 총괄성은 용질 입자의 수에 무관하고, 종류에 의존한다.

① ㄱ ② ㄴ
③ ㄷ ④ ㄱ, ㄴ

이성분계 혼합 용액

11 서울시 9급 10

6. 액체 물질 A, B각 각각 78g, 184g이 혼합되어 있는 용액이 있다. 온도 t℃에서 순수한 A, B의 증기압이 각각 117mmHg, 39mmHg일 때 같은 온도에서 혼합 용액의 전체 증기압력은?
(단, A, B의 분자량은 각각 78, 92이다.)

① 65mmHg ② 78mmHg
③ 91mmHg ④ 117mmHg

12 국가직 7급 08

7. 밀폐된 용기에 같은 몰수의 벤젠과 톨루엔의 액체 혼합물이 30℃에서 그 증기와 평형 상태를 이룰 때 벤젠 증기의 몰분율은? (단, 혼합물은 Raoult의 법칙을 따르는 이상 용액이고, 30℃에서 순수한 벤젠과 톨루엔의 증기압은 각각 120mmHg 및 40mmHg라 가정한다.)

① 0.25 ② 0.50
③ 0.75 ④ 1.00

주관식 개념 확인 문제

8. 다음 [　　　] 안에 알맞은 답을 써 넣으시오.

(1) 두 종류 이상의 순물질이 균일하게 섞여 있는 혼합물이 [①] 이며, 용질이 반투막을 통과하지 못할 정도로 큰 혼합물이 [②] 이다.

(2) 일반적으로 고체는 물에 녹을 때 열을 [①] 하므로 고체의 용해도는 온도가 상승하면 [②] 한다.

(3) 묽은 용액의 성질은 순수한 용매의 성질과 크게 달라서, 용액의 증기압 내림, 끓는점 오름, 어는점 내림 및 삼투압 등은 [①] 의 종류에는 영향을 받지 않으나 용질의 입자수 및 용액의 [②] 농도에는 비례한다. 이와 같은 성질을 묽은 용액의 [③] 이라고 한다. 용액의 증기압 내림과 관계가 있는 법칙은 [④] 의 법칙이다.

9. 100℃에서 순수한 물의 증기압은 1기압이다. 같은 온도에서 1.0m 소금물에서 물의 증기압은 얼마나 감소하는가? 소수 둘째 자리까지 구하여라.

10. 물 36g과 에탄올(C_2H_6O) 23g이 섞여 있는 용액이 있다. 333K에서 순수한 물의 증기압이 0.20기압이고, 순수한 에탄올의 증기압은 0.50기압이라고 하자. 이 용액이 라울의 법칙을 따른다고 가정하고, 333k에서 증기에 존재하는 물의 몰 분율을 구하여라.

이성분계 혼합 용액

11. 80℃에서 1몰의 벤젠과 2몰의 톨루엔을 혼합한 용액이 있다. 각 성분의 부분 압력과 용액의 증기 압력을 각각 구하시오. (단, 80℃에서 벤젠과 톨루엔의 증기 압력은 각각 800mmHg과 400mmHg이다.)

12. 벤젠과 톨루엔의 혼합 용액에서 기체상으로 존재하는 벤젠과 톨루엔의 몰분율을 측정하였더니 동일하였다. 혼합 용액에서 벤젠의 몰분율을 구하시오. (단, 80℃에서 벤젠과 톨루엔의 증기 압력은 각각 800mmHg과 400mmHg이다.)

13. 39g의 벤젠(C_6H_6, M=78)과 184g의 톨루엔(C_7H_8, M=92) 혼합 용액이 있다. 두 용액은 이상 용액을 형성하며 30℃에서 순수한 벤젠의 증기압은 119mmHg이고 순수한 톨루엔의 증기압은 37mmHg이다. 다음을 계산하시오.

(1) 혼합 용액에서 벤젠의 몰 분율을 구하여라.

(2) 30℃에서 혼합 용액의 전체 증기압을 구하여라.

(3) 30℃에서 증기에 존재하는 벤젠의 몰 분율을 구하여라.

기본 문제

14. 다음 용액의 총괄성(colligative property)에 대한 설명 중 옳지 않은 것은?

① 라울(Raoult)의 법칙에 의해 잘 설명된다.
② 용액 내에 녹아 있는 용질의 화학적 특성에 의해 결정된다.
③ 삼투압 현상은 총괄성의 하나이다.
④ 순수한 용매의 어는점은 용액의 어는점보다 높다.

15. 액체 A(분자량: 120)의 증기압은 20℃에서 70 torr이다. 30g의 액체 A에 10g의 비휘발성 물질 B (분자량: 40)를 녹인 이 용액의 증기압은 얼마인가?

① 35torr ② 140torr
③ 50torr ④ 210torr
⑤ 280torr

16. 25.0℃에서 물의 증기압은 23.8torr이다. 180g의 물에 몇 g의 글루코스를 첨가하면 이 용액의 증기압이 11.9torr가 되겠는가?(단, 물과 글루코스의 분자량은 각각 18g/mol, 180g/mol이다.)

① 90g ② 180g
③ 1800g ④ 3900g

17. 아래 세 개의 수은 압력계중 한 개 관의 수은 위에는 물 1mL, 다른 관의 수은 위에는 1몰랄 농도 포도당 수용액 1mL 또 다른 하나 관의 수은 위에는 1몰랄 농도 소금(NaCl) 수용액 1mL가 있다. 수은 압력계와 그 안의 용액을 모두 옳게 짝지은 것은?

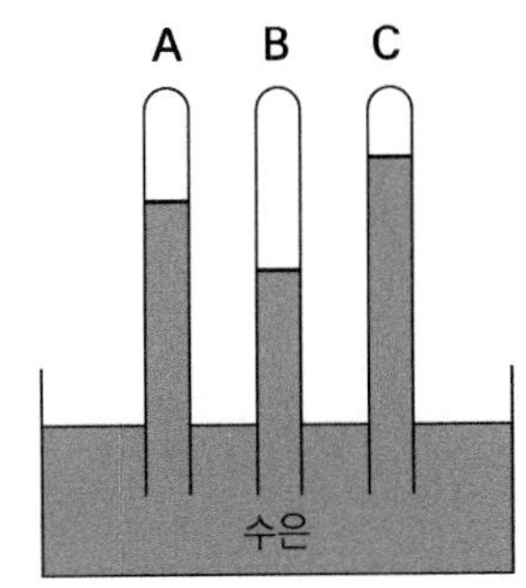

	A	B	C
①	물	포도당	소금
②	포도당	물	소금
③	소금	물	포도당
④	소금	포도당	물

18. 35.5g의 고체 Na_2SO_4(몰질량: 142g/mol)와 180g의 물(몰질량: 18g/mol)을 온도 T에서 섞었을 때 용액의 증기압은? (단, 온도 T에서 순수한 물의 증기압은 $\frac{1}{20}$atm이다. 용액은 라울의 법칙(Raoult's law)을 만족하고, Na_2SO_4은 수용액에서 모두 해리된다고 가정한다.)

① $\frac{2}{43}$atm ② $\frac{1}{21}$atm
③ $\frac{2}{41}$atm ④ $\frac{1}{20}$atm

PART 04 물질의 상태와 용액

자료 추론형

동적평형의 질량관계

19. 밀폐된 유리종 속에 포도당 수용액과 설탕 수용액을 놓아 두었다. (단, 물, 포도당, 설탕의 분자량은 각각 18, 180, 342이다.)

- 포도당 수용액: 포도당 36g을 물 180g에 녹였다.
- 설탕 수용액: 설탕 17.1g을 물 90g에 녹였다.

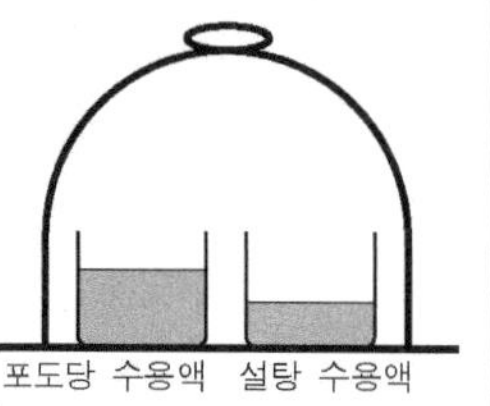

위의 두 수용액을 그림과 같이 충분히 오랫동안 두었을 때 일어나는 변화를 〈보기〉에서 모두 고른 것은?

보기

ㄱ. 두 수용액의 부피가 같아진다.
ㄴ. 설탕 수용액의 농도는 묽어진다.
ㄷ. 두 수용액의 증기 압력이 같아진다.

① ㄱ　② ㄴ　③ ㄷ　④ ㄱ, ㄴ　⑤ ㄴ, ㄷ

20. 그림과 같이 농도와 질량이 서로 다른 요소 수용액을 크기가 같은 비커 A와 B에 담아 용기 안에 넣어 밀폐시켰다.

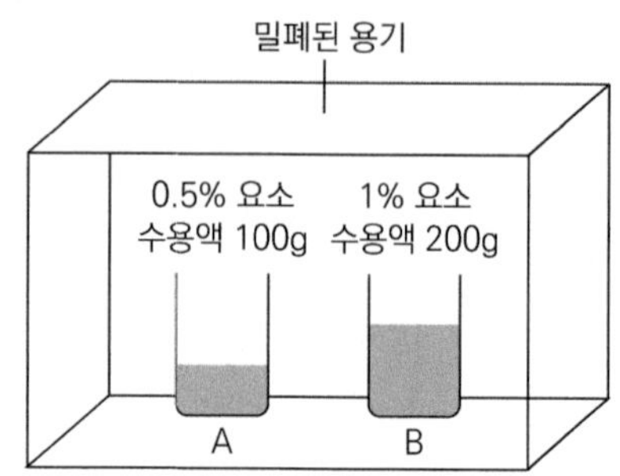

충분한 시간 동안 방치하였을 때 두 수용액에 대한 설명으로 옳은 것만을 〈보기〉에서 있는 대로 고른 것은?

보기

ㄱ. 두 수용액의 밀도는 같다.
ㄴ. 두 수용액의 어는점은 같다.
ㄷ. B에 들어있는 수용액의 질량은 A의 2배이다.

① ㄱ　② ㄷ　③ ㄱ, ㄴ　④ ㄴ, ㄷ　⑤ ㄱ, ㄴ, ㄷ

21. 그림(가)는 수증기로 포화된 밀폐 용기 속에 같은 질량의 물질 A와 B가 각각 물 100g에 녹아 있는 수용액을, (나)는 두 수용액의 시간에 따른 증발 속도를 나타낸 것이다.

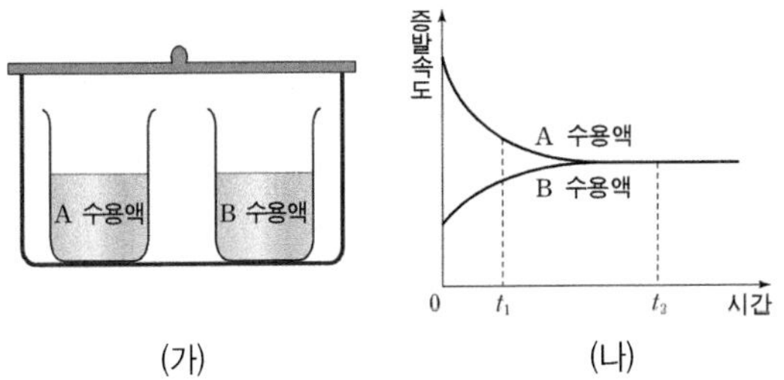

(가) (나)

이에 대한 설명으로 옳은 것만을 〈보기〉에서 있는 대로 고른 것은? (단, A와 B는 비휘발성, 비전해질이다.)

보기

ㄱ. 녹아 있는 용질의 몰수는 B가 A보다 크다.

ㄴ. t_1일 때, 증기압력 내림은 A 수용액이 B 수용액보다 크다.

ㄷ. t_2일 때, 두 수용액의 몰랄 농도는 같다.

① ㄱ ② ㄴ ③ ㄱ, ㄷ

④ ㄴ, ㄷ ⑤ ㄱ, ㄴ, ㄷ

22. 그래프는 물 100g에 서로 다른 질량의 포도당을 녹인 수용액 A와 B의 증기 압력 곡선을, 그림은 두 수용액을 수증기로 포화된 밀폐용기에 넣은 모습을 나타낸 것이다.

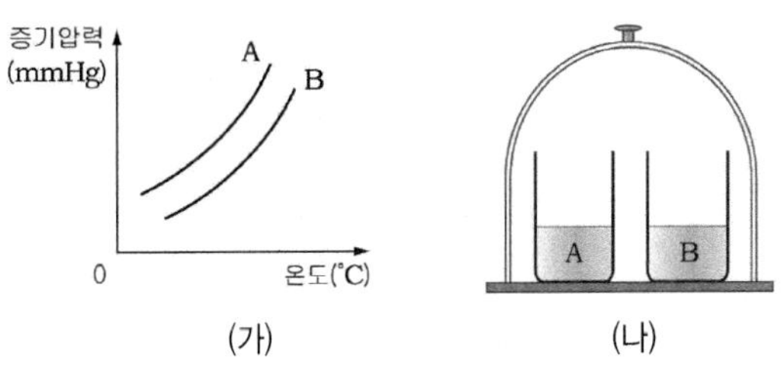

(가) (나)

(나)에서 동적 평형 상태에 도달했을 때, 수용액 A, B에 대한 설명으로 옳은 것만을 〈보기〉에서 있는 대로 고른 것은?

보기

ㄱ. 수면의 높이는 A가 B보다 높다.

ㄴ. 증기 압력은 A가 B보다 크다.

ㄷ. 포도당의 몰분율은 A와 B가 같다.

① ㄴ ② ㄷ ③ ㄱ, ㄴ

④ ㄱ, ㄷ ⑤ ㄱ, ㄴ, ㄷ

23. 그림과 같이 0.5m과 1.0m의 염화나트륨 수용액이 각각 100g씩 담긴 비커를 수증기로 포화된 용기에 넣고 밀폐시켰다.

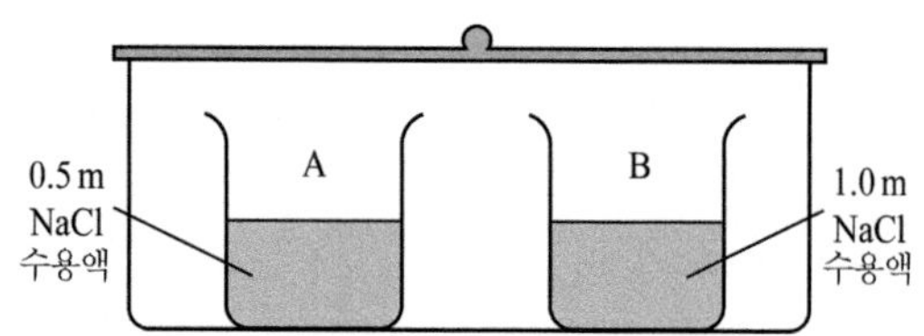

밀폐시킨 시점부터 용기 내에서 일어나는 변화에 대한 옳은 설명을 〈보기〉에서 모두 고른 것은?
(단, 온도는 일정하게 유지하였다.)

보기

ㄱ. 용기 내 수증기량은 일정하게 유지된다.
ㄴ. 비커 B의 용액은 질량이 증가하다가 일정하게 유지된다.
ㄷ. 충분한 시간이 지나면 비커 A, B 용액의 몰랄 농도가 서로 같아진다.

① ㄱ ② ㄴ ③ ㄱ, ㄷ
④ ㄴ, ㄷ ⑤ ㄱ, ㄴ, ㄷ

24. 그림은 유리관으로 연결된 두 용기에 농도가 서로 다른 X 수용액 (가), (나)를 각각 넣었을 때의 모습을, 그래프는 콕을 열었을 때 두 수용액의 증발 속도를 시간에 따라 나타낸 것이다.

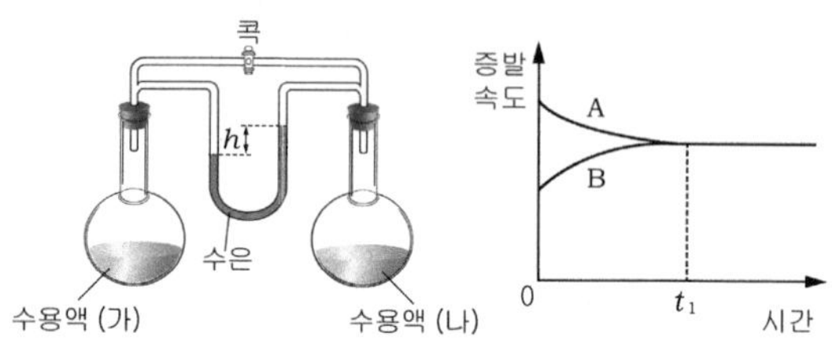

이에 대한 설명으로 옳은 것만을 〈보기〉에서 있는 대로 고른 것은? (단, 용질 X는 비휘발성이며, 온도는 일정하다.)

보기

ㄱ. 콕을 열면 h는 작아진다.
ㄴ. 수용액 (가)의 증발 속도를 나타낸 것은 B이다.
ㄷ. t_1에서 수용액 (가), (나)에 들어 있는 용질의 몰 분율은 서로 같다.

① ㄱ ② ㄴ ③ ㄱ, ㄷ
④ ㄴ, ㄷ ⑤ ㄱ, ㄴ, ㄷ

다른 용매+같은 용질

25. 그림 (가)는 양쪽 플라스크에 분자량이 동일한 액체 A와 B가 각각 100g씩 들어 있는 모습을 나타낸 것이다. 그림 (나)는 (가)의 A와 B에 각각 용질 C 5g을 녹인 용액 X, Y의 모습을 나타낸 것이다.

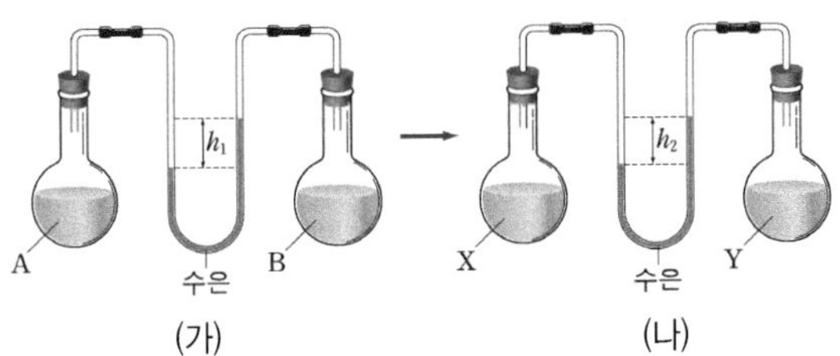

이에 대한 설명으로 옳은 것만을 〈보기〉에서 있는 대로 고른 것은? (단, C는 비휘발성, 비전해질이며, 용액은 라울의 법칙을 따르고 온도는 일정하다.)

> 보기
>
> ㄱ. 끓는점은 B가 A보다 높다.
>
> ㄴ. B의 증기 압력은 Y의 증기 압력보다 크다.
>
> ㄷ. h_1은 h_2와 같다.

① ㄱ ② ㄷ ③ ㄱ, ㄴ
④ ㄴ, ㄷ ⑤ ㄱ, ㄴ, ㄷ

26. 그림은 25℃, 1기압에서 용질 X를 용매 A와 B에 각각 녹인 용액 (가)와 (나)의 몰랄 농도에 따른 증기 압력을 나타낸 것이다.

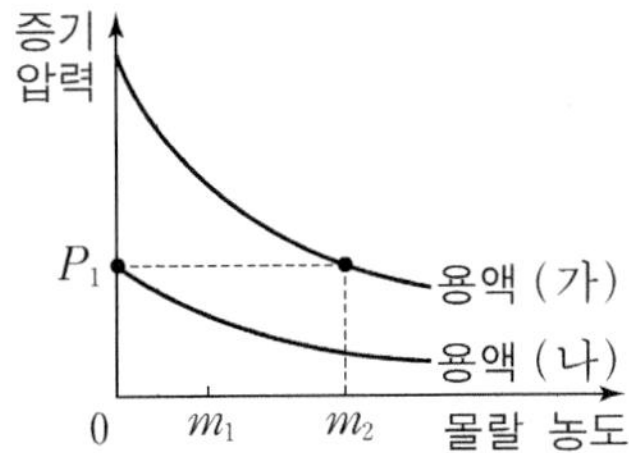

이에 대한 설명으로 옳은 것만을 〈보기〉에서 있는 대로 고른 것은? (단, X는 비휘발성 비전해질이고, 용액은 라울 법칙을 따른다.)

> 보기
>
> ㄱ. 용매의 분자 간 압력은 B가 A보다 크다.
>
> ㄴ. 외부 압력이 1기압일 때, 몰랄 농도가 m_1인 두 용액의 끓는점에서 증기 압력은 용액 (가)가 (나)보다 크다.
>
> ㄷ. 외부 압력 P_1에서, 몰랄 농도가 m_2인 용액 (가)와 용매 B의 끓는점은 같다.

① ㄱ ② ㄴ ③ ㄱ, ㄷ
④ ㄴ, ㄷ ⑤ ㄱ, ㄴ, ㄷ

제2절 끓는점 오름과 어는점 내림

정답 p. 178

대표 유형 기출 문제

12 지방직 7급 15

1. 용액의 총괄성에 대한 설명으로 옳은 것은?

① 삼투압은 분자량이 큰 분자의 몰질량을 측정하는 데 유용하다.

② NaCl은 같은 몰 수의 $CaCl_2$보다 도로의 눈을 녹이는 효과가 더 크다.

③ 1몰랄농도의 설탕물은 1몰랄농도의 소금물보다 끓는점이 더 높다.

④ 동일한 조건에서 소금물은 순수한 물에 비해 증발 속도가 더 빠르다.

19 지방직 9급 07

2. 용액의 총괄성에 대한 설명으로 옳은 것만을 모두 고르면?

보기

ㄱ. 용질의 종류와 무관하고, 용질의 입자 수에 의존하는 물리적 성질이다.
ㄴ. 증기 압력은 0.1M NaCl 수용액이 0.1M 설탕 수용액보다 크다.
ㄷ. 끓는점 오름의 크기는 0.1M NaCl 수용액이 0.1M 설탕 수용액보다 크다.
ㄹ. 어는점 내림의 크기는 0.1M NaCl 수용액이 0.1M 설탕 수용액보다 작다.

① ㄱ, ㄴ ② ㄱ, ㄷ
③ ㄴ, ㄹ ④ ㄷ, ㄹ

20 지방직 7급 03

3. 1기압에서 어는점이 가장 낮은 수용액은?

① 0.01m 염화소듐(NaCl) 수용액

② 0.01m 염화칼슘($CaCl_2$) 수용액

③ 0.03m 글루코스($C_6H_{12}O_6$) 수용액

④ 0.03m 아세트산(CH_3COOH) 수용액

22 해양 경찰청 12

4. 다음 표는 수용액 (가), (나)에 대한 자료이다.

수용액	(가)	(나)
용질의 종류	A	B
용질의 질량(상댓값)	1	4
용매의 질량(상댓값)	1	2
어는점 내림(상댓값)	3	2

두 수용액에 대한 설명으로 ㄱ~ㄷ 중 옳은 것을 모두 고른 것은?

ㄱ. 몰랄 농도 비는 (가) : (나)=3 : 2이다.
ㄴ. 화학식량 비는 A : B=1 : 3이다.
ㄷ. 용해된 용질의 몰수 비는 (가) : (나)=3 : 4이다.

① ㄱ, ㄴ ② ㄱ, ㄷ
③ ㄴ, ㄷ ④ ㄱ, ㄴ, ㄷ

주관식 개념 확인 문제

5. 벤젠(C_6H_6, M=78) 100g에 나프탈렌($C_{12}H_8$, M=152) 1.52g을 녹인 용액이 있다. 벤젠의 끓는점과 몰랄 오름 상수는 각각 80.1℃, 2.53℃/m이다. 다음을 구하시오.

(1) 벤젠 용액은 몇 m농도인가?
(2) 벤젠 용액의 끓는점을 구하시오.

6. 비전해질인 요소 0.6g을 100g의 물에 녹여 만든 수용액의 끓는점과 이온화도가 1인 염화나트륨(NaCl, 58.5) 0.585g을 물 200g에 녹여 만든 수용액의 끓는점이 같다면, 요소의 분자량은 얼마인가?

7. 비커 A에는 0.1몰의 설탕(분자량: 120)이 180g의 물(분자량: 18)에 녹아 있는 설탕물이 담겨져 있고, 비커 B에는 0.05몰의 소금(분자량: 58.5)이 물 500g에 녹아 있는 소금물이 담겨져 있다. 각 용액은 이상 용액이다. 다음을 계산하시오.

(1) 25℃에서 순수한 물의 증기압은 24mmHg이다. 비커 A에 담겨져 있는 설탕물의 증기압은 얼마인가? 소숫점 둘째 자리까지 구하여라.
(2) 비커 B에 담겨져 있는 소금물의 어는점은 얼마인가? 소숫점 둘째 자리까지 구하여라. 단, 물의 몰랄 어는점 내림 상수는 1.86이다.
(3) 비커 A와 B를 작고 밀폐된 상자 속에 같이 넣고 충분한 시간이 경과하였다. 비커 A와 B에 존재하는 물의 양은 각각 얼마인가?

8. 어느 비전해질 5.67%의 수용액을 만들어 이 수용액 100g을 어는점 측정기에 넣고 어는점을 측정한 결과, −0.62℃였다. 이 어는점 측정기의 수용액에 물을 얼마간 넣고 다시 어는점을 측정하였더니 −0.44℃였다. (단, 물의 어는점 내림 상수는 1.86℃/m이다.)

(1) 5.67% 용액의 몰랄 농도는 얼마인가?

(2) 이 비전해질의 분자량을 계산하여라.

(3) 이 비전해질의 실험식이 CH_2O이라면 분자식은 무엇인가? (C=12, H=1, O=16)

(4) 두 번째 실험에서 가한 물의 양은 몇 g인가?

9. $AB_x \rightarrow A^{x+} + xB^-$와 같이 완전히 이온화하는 전해질 AB_x 0.2몰을 물 200g에 녹인 용액의 어는점이 −7.44℃였다면 x는 얼마인가?
(단, 물의 K_f = 1.86℃/m이다.)

10. 전해질인 AB_2 0.1몰을 물 100g에 녹인 용액의 끓는점은 101.04℃였다.

(1) AB_2는 물 속에서 몇 % 이온화하였는가?

(2) 물 50g에 NaCl을 몇 mol을 녹이면 이 용액의 끓는점과 같아지겠는가? (단, 물의 K_b=0.52℃/m이고 NaCl은 모두 이온화한다.)

기본 문제

11. 어떤 착물 0.5mol을 2.5kg의 물에 녹인 후, 어는점을 측정하였더니 −1.12℃였다. 이 실험 결과와 어는점이 동일한 화합물은? (단, 물의 몰랄 어는점 내림 상수는 1.86℃/m이다.)

① $K_3[Fe(CN)_6]$ ② $K_2[PtCl_6]$
③ $K[Pt(NO_3)Cl_3]$ ④ $[Co(NO_3)_3Cl_3]$
⑤ NaCl

12. 전해질 용액의 경우는 수용액에서 이온화되기 때문에 끓는점은 비전해질의 경우보다 높아지게 된다. 다음은 수용액에서 완전히 이온화되는 염화칼슘의 이온화 식을 나타낸 것이다.

$$CaCl_2(aq) \rightarrow Ca^{2+}(aq) + 2Cl^-(aq)$$

물 1000g에 염화칼슘 0.2몰을 녹인 용액의 끓는점은? (단, 물의 K_b=0.52K · kg/mol이다.)

① 100.312℃ ② 100.208℃
③ 100.104℃ ④ 100.052℃

13. 설탕물의 끓는점을 측정하여 설탕의 분자량을 구할 수 있다. 설탕물의 끓는점이 100.52℃라고 할 때, 설탕의 분자량을 알아보기 위해서 필요한 자료를 다음 〈보기〉에서 모두 고르면? (단, 물의 끓는점은 100℃이고, 몰랄 오름 상수는 0.52℃/m이다.)

보기
ㄱ. 물의 질량
ㄴ. 물의 부피
ㄷ. 설탕물의 몰농도
ㄹ. 녹은 설탕의 질량

① ㄱ, ㄴ ② ㄱ, ㄷ
③ ㄱ, ㄹ ④ ㄴ, ㄷ

14. 12g의 포도당을 100g의 물에 녹인 용액의 끓는점이 100.34℃이었다. 포도당의 분자량은?
(단, 물의 K_b=0.52K · kg/mol이다.)

① 30 ② 60
③ 180 ④ 240

15. 물 100g에 어떤 비전해질 9g이 용해된 용액의 끓는점을 측정하였더니 100.26℃이었다. 이 비전해질의 실험식이 CH_2O라고 할 때, 이 비전해질의 분자식은? (단, 물의 K_b=0.52K · kg/mol이다.)

① CH_2O ② $C_2H_4O_2$
③ $C_4H_8O_4$ ④ $C_6H_{12}O_6$

16. 〈보기〉와 같은 A, B, C, D 네가지 용액을 만들어 용액들의 증기 압력, 끓는점, 어는점 관계를 비교하였다. 그 관계를 옳게 짝지은 것은? (단, 염은 100% 이온화하는 것으로 한다)

보기
A. 0.3m $CaCl_2$
B. 0.5m 포도당($C_6H_{12}O_6$)
C. 0.5m NaCl
D. 0.3m 설탕($C_{12}H_{22}O_{11}$)

① 증기압이 가장 낮은 용액 – B
② 끓는점이 가장 높은 용액 – A
③ 끓는점이 가장 낮은 용액 – D
④ 어는점이 가장 높은 용액 – C

17. 〈보기〉의 수용액을 끓는점이 낮은 것부터 높은 순서대로 바르게 나열한 것은?

보기
(가) 0.3m 포도당($C_6H_{12}O_6$) 수용액
(나) 0.11m 탄산칼륨(K_2CO_3) 수용액
(다) 0.05m 과염소산 알루미늄 $Al(ClO_4)_3$) 수용액

① (가) < (나) < (다)
② (다) < (가) < (나)
③ (다) < (나) < (가)
④ (가) < (다) < (나)

18. 어떤 비휘발성, 비전해질 물질 20g을 물 500g에 녹인 용액의 끓는점이 물보다 0.256℃ 높게 형성되었다면 이 물질의 분자량(g/mol)은 얼마인가? (단, 물의 끓는점 오름 상수 $K_b = 0.512$ ℃/m 이다.)

① 20 ② 40 ③ 60
④ 80 ⑤ 100

19. 다음 화합물이 비극성 용매인 벤젠(C_6H_6)에 녹는다고 가정하면, 용액의 어는점이 가장 낮은 화합물은? (단, m은 몰랄농도)

① 0.2m 글루코스 ② 0.2m NaCl
③ 0.2m $MgCl_2$ ④ 모두 같다

20. 다음 그래프는 비전해질이며, 비휘발성 용질인 어떤 물질을 녹인 수용액을 1기압 상태에서 가열하였을 때 시간에 따른 온도 변화를 나타낸 것이다. (단, 물의 끓는점 오름 상수 값(K_b)은 0.52℃/m이다.)

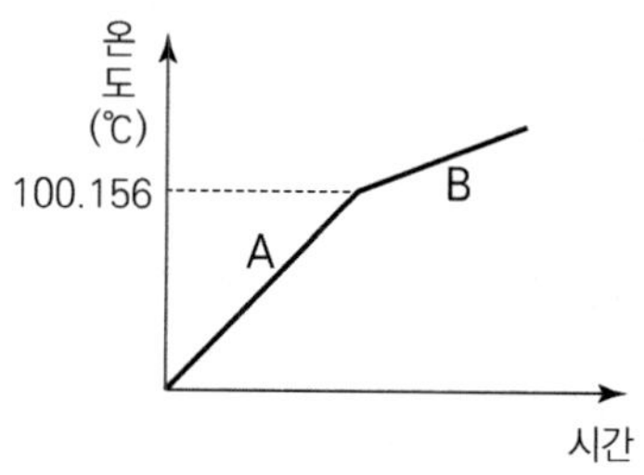

위 그래프를 참고로 하여 다음 설명 중 옳은 것을 〈보기〉에서 모두 고르면?

보기
ㄱ. 이 수용액의 몰랄 농도는 0.3m이다.
ㄴ. 100℃에서 이 수용액의 증기 압력은 1기압이다.
ㄷ. B 상태에 있는 용액의 농도는 A 상태에 있는 용액의 농도보다 더 크다.

① ㄱ ② ㄴ
③ ㄷ ④ ㄱ, ㄷ

21. 아래 상자 안에 나타낸 성질을 갖는 용매 200mL에 미지의 순물질 고체 0.32g을 완전히 녹였다. 어는점 실험에서 측정된 용액의 어는점이 6.10℃일 때, 고체의 몰질량(g/mol)에 가장 가까운 값은 다음 중 어느 것인가? (단, 미지의 고체는 비전해질이며, 용액은 이상 용액으로 간주한다.)

- 어는점: 6.50℃
- 어는점 내림 상수(K_f): 20.0℃/m
- 밀도: 0.8g/mL

① 50　② 100
③ 200　④ 500

자료 추론형

22. 그림은 용매 A의 냉각 곡선과 용질 x, y가 A에 각각 녹아 있는 용액의 냉각 곡선을 나타낸 것이다.

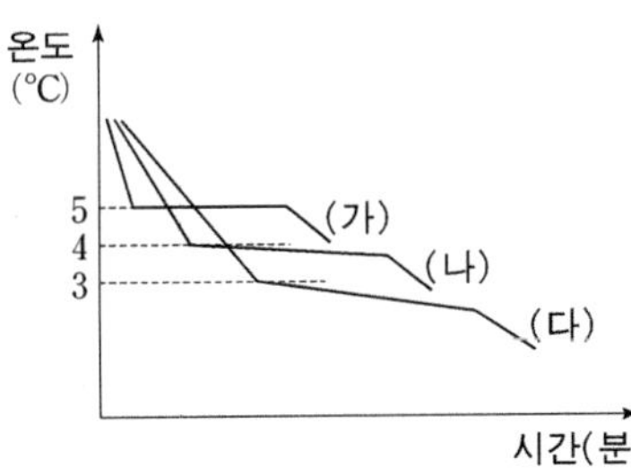

(가)	A 100g
(나)	A 100g + x 6g
(다)	A 100g + y 15g

이에 대한 설명으로 옳은 것만을 〈보기〉에서 있는 대로 고른 것은? (단, A, x, y는 모두 비휘발성, 비전해질이고 서로 반응하지 않는다.)

보기

ㄱ. (가)는 순물질이다.
ㄴ. 끓는점은 (나)가 (다)보다 높다.
ㄷ. (가)에 6g의 x와 15g의 y가 녹아 있는 용액의 어는점은 2℃이다.

① ㄱ　② ㄴ　③ ㄱ, ㄷ
④ ㄴ, ㄷ　⑤ ㄱ, ㄴ, ㄷ

23. 그림은 일정한 온도에서 용질의 몰분율에 따른 두 용액 (가)와 (나)의 증기 압력을 나타낸 것이다. 여기서 A와 B는 용매이고 C는 용질이다.

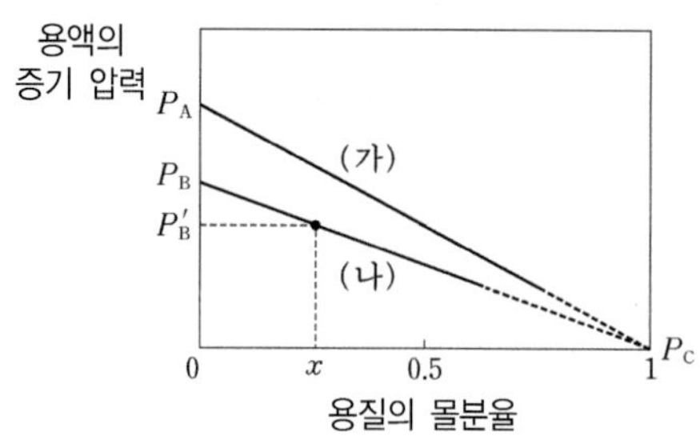

이에 대한 설명으로 옳지 않은 것은?

① 증기 압력은 A가 B보다 높다.

② 분자 사이의 힘은 B가 A보다 크다.

③ C는 비휘발성 물질이다.

④ 몰분율 x에서 (나)의 증기 압력 내림은 $P_B - P_B'$이다.

⑤ 몰분율이 각각 0.5일 때 (가)의 끓는점이 (나)보다 높다.

24. 그림은 1기압에서 1000g의 물에 비휘발성 비전해질 용질 X 18g을 녹인 수용액을 가열하였을 때의 시간에 따른 온도 변화를 나타낸 것이다.

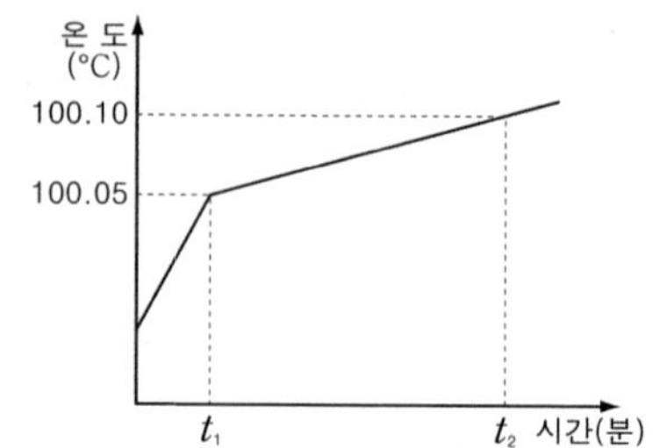

이에 대한 옳은 설명만을 〈보기〉에서 있는 대로 고른 것은? (단, 물의 몰랄 오름 상수는 0.5℃/m이다.)

보기

ㄱ. X의 분자량은 180이다.

ㄴ. t_1과 t_2에서 수용액의 증기압력은 같다.

ㄷ. t_2에서 수용액 중 물의 질량은 500g이다.

① ㄱ ② ㄴ ③ ㄱ, ㄷ
④ ㄴ, ㄷ ⑤ ㄱ, ㄴ, ㄷ

25. 그림은 물의 상 평형과 100g의 물에 포도당 18g을 녹인 수용액의 상 평형을 나타낸 것이다.

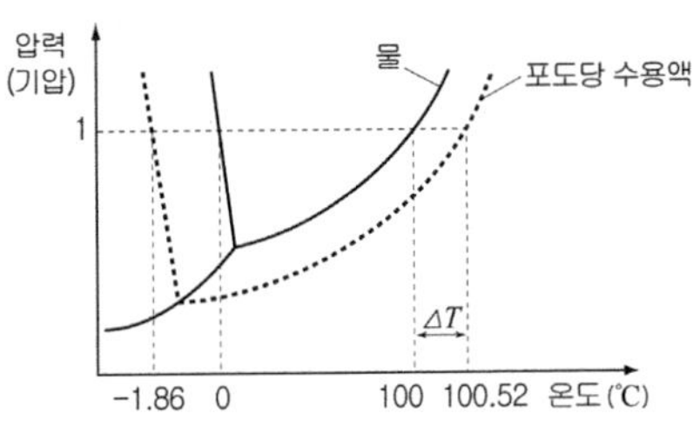

이에 대한 설명으로 옳은 것을 <보기>에서 모두 고른 것은?(단, 포도당, 소금의 화학식량은 각각 180, 58.5이고, 모두 비휘발성이다.)

보기

ㄱ. 물 대신 에탄올을 사용해도 ΔT는 같다.
ㄴ. 100℃의 물과 100.52℃의 포도당 수용액의 증기압력은 같다.
ㄷ. 포도당 대신 소금 5.85g을 녹인 수용액의 어는점은 −1.86℃보다 낮다.

① ㄱ ② ㄷ ③ ㄱ, ㄴ
④ ㄴ, ㄷ ⑤ ㄱ, ㄴ, ㄷ

26. 표는 벤젠에 나프탈렌을 녹인 용액의 몰랄 농도에 따른 끓는점을 나타낸 것이다.

몰랄 농도(m)	0.1	0.2	0.3
끓는점(℃)	80.453	80.706	80.959

벤젠 100g에 나프탈렌 5.12g을 녹인 용액이 끓기 시작하는 온도는? (단, 나프탈렌의 분자량은 128이다.)

① 80.453℃ ② 80.706℃
③ 80.959℃ ④ 81.212℃
⑤ 81.465℃

27. 다음은 비휘발성이고 비전해질인 A와 B 수용액의 어는점을 나타낸 것이다.

	수용액	어는점(℃)
(가)	용질 A 31g + 물 100g	−9.30
(나)	용질 B 0.1몰 + 물 100g	−1.86

이에 대한 설명으로 옳은 것을 <보기>에서 모두 고른 것은? (단, 물의 어는점 내림 상수 K_f = 1.86℃/m 이고, 용질 A와 B는 서로 반응하지 않는다.)

보기

ㄱ. (가)에서 용질 A의 분자량은 62이다.
ㄴ. (나)에서 용질 B 대신 염화칼슘 0.05몰을 넣어도 어는점은 같다.
ㄷ. (가)와 (나)의 수용액을 혼합하면 어는점이 −6℃ 이하로 된다.

① ㄱ ② ㄴ ③ ㄱ, ㄷ
④ ㄴ, ㄷ ⑤ ㄱ, ㄴ, ㄷ

28. 표는 서로 다른 비휘발성 물질이 녹아 있는 0.1m (몰랄농도) 수용액 A와 B의 어는점을 나타낸 것이다.

수용액	어는점(℃)
A	−0.186
B	−0.372

이에 대한 설명으로 옳은 것을 <보기>에서 모두 고른 것은?

보기

ㄱ. 수용액 A의 증기압은 B보다 낮다.
ㄴ. 수용액 B는 전해질 수용액이다.
ㄷ. 두 수용액의 어는점이 다른 것은 용질의 분자량이 다르기 때문이다.

① ㄱ ② ㄴ ③ ㄱ, ㄷ
④ ㄴ, ㄷ ⑤ ㄱ, ㄴ, ㄷ

용질의 질량을 변화시키는 경우

29. 그림은 용질 A와 B의 질량을 달리하여 물 100g에 녹여 만든 4가지 수용액 (가)~(라)의 끓는점 오름(ΔT_b)을 나타낸 것이다.

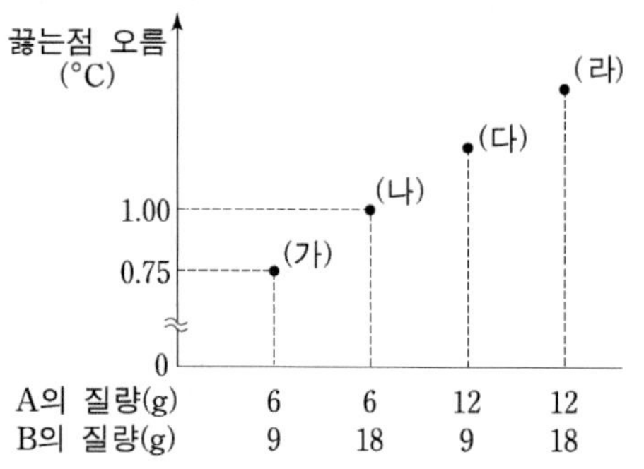

이에 대한 설명으로 옳은 것만을 〈보기〉에서 있는 대로 고른 것은? (단, 용질은 비휘발성, 비전해질이며, 각 물질 사이의 화학 반응은 일어나지 않는다.)

보기

ㄱ. (가)와 (다)에서 용질 입자수의 비는 3 : 5이다.
ㄴ. B의 분자량은 A의 3배이다.
ㄷ. (라)의 끓는점 오름은 1.5℃다.

① ㄱ ② ㄷ
③ ㄱ, ㄴ ④ ㄱ, ㄴ, ㄷ

30. 그래프는 물 100g에 용질 A를 녹인 수용액에, 용질 B를 조금씩 넣어 주면서 만든 혼합 용액의 어는점 내림을 측정하여 나타낸 것이다.

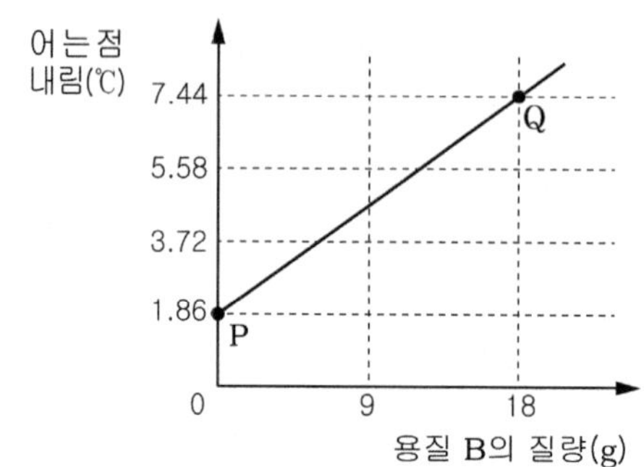

이에 대한 설명으로 옳은 것만을 〈보기〉에서 있는 대로 고른 것은? (단, A, B는 비휘발성, 비전해질이며, 용질 간의 상호 작용은 무시한다. 물의 어는점 내림 상수(K_f)는 1.86℃/m이다.)

보기

ㄱ. P에 들어 있는 용질 A는 1몰이다.
ㄴ. 용질 B의 분자량은 60이다.
ㄷ. Q에서 용질 A와 B의 입자수의 비는 1 : 3이다.

① ㄱ ② ㄴ
③ ㄱ, ㄷ ④ ㄴ, ㄷ

다른 용매+같은 용질

31. 그림은 같은 질량의 용매 A와 B에 각각 용질 X의 질량을 달리하면서 녹인 용액의 끓는점을 나타낸 것이다.

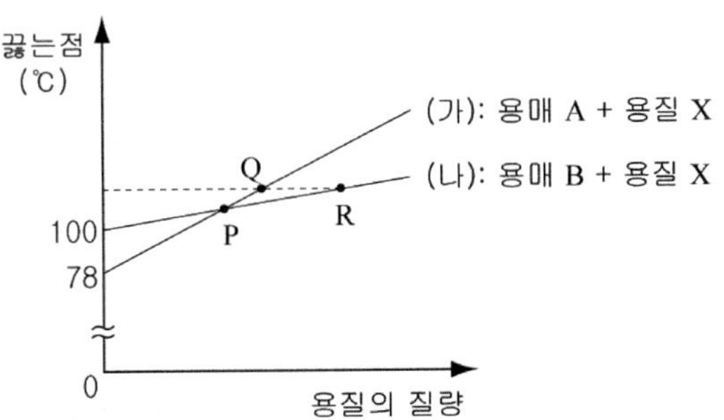

이에 대한 설명으로 옳은 것만을 〈보기〉에서 있는 대로 고른 것은? (단, X는 비휘발성, 비전해질이다.)

보기
ㄱ. P에서 용액의 몰랄 농도는 (가)>(나)이다.
ㄴ. Q와 R에서 용액의 증기 압력은 같다.
ㄷ. 끓는점 오름 상수는 A>B이다.

① ㄱ ② ㄴ ③ ㄱ, ㄷ
④ ㄴ, ㄷ ⑤ ㄱ, ㄴ, ㄷ

32. 그래프는 용매 A, B에 포도당을 각각 녹인 용액 (가), (나)의 몰랄농도에 따른 끓는점을 나타낸 것이다.

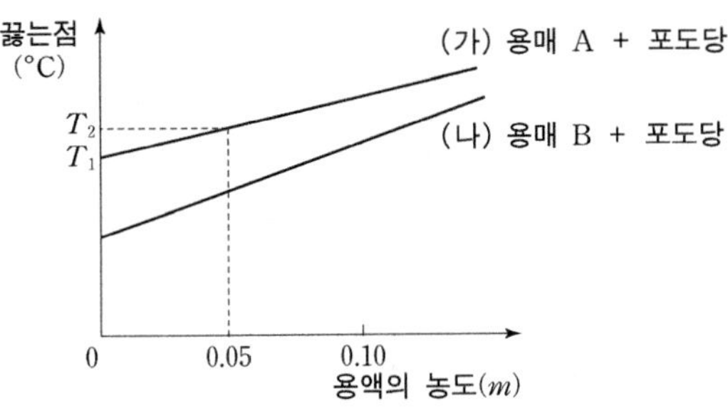

이에 대한 설명으로 옳은 것만을 〈보기〉에서 있는 대로 고른 것은? (단, 용액은 이상 용액이라고 가정한다.)

보기
ㄱ. 0.05m 농도에서 용액(가)의 끓는점 오름은 $T_2 - T_1$이다.
ㄴ. 끓는점 오름 상수(K_b)는 용매 B가 용매 A보다 크다.
ㄷ. 포도당 대신에 설탕을 사용해도 같은 그래프가 얻어진다.

① ㄱ ② ㄴ ③ ㄱ, ㄷ
④ ㄴ, ㄷ ⑤ ㄱ, ㄴ, ㄷ

33. 그래프는 같은 질량의 용매에 녹인 용질의 질량에 따른 용액의 어는점을 나타낸 것이다.

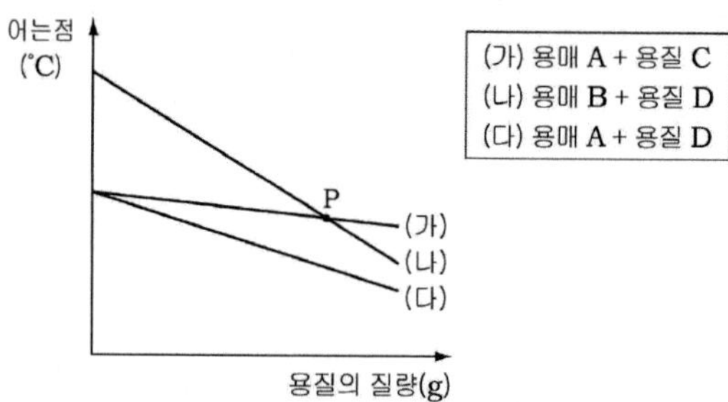

이에 대한 설명으로 옳은 것만을 〈보기〉에서 있는 대로 고른 것은? (단, 용질은 비휘발성, 비전해질이다.)

보기

ㄱ. C의 분자량은 D보다 크다.
ㄴ. A의 몰랄 내림 상수는 B보다 크다.
ㄷ. P에서 (가)와 (나)의 어는점 내림은 같다.

① ㄱ　② ㄷ　③ ㄱ, ㄴ　④ ㄴ, ㄷ　⑤ ㄱ, ㄴ, ㄷ

34. 그림은 용매 A와 B에 각각 용질 C의 질량을 달리하면서 녹인 용액의 끓는점을 나타낸 것이다. 이때 용매의 끓는점 오름 상수는 B가 A보다 크다.

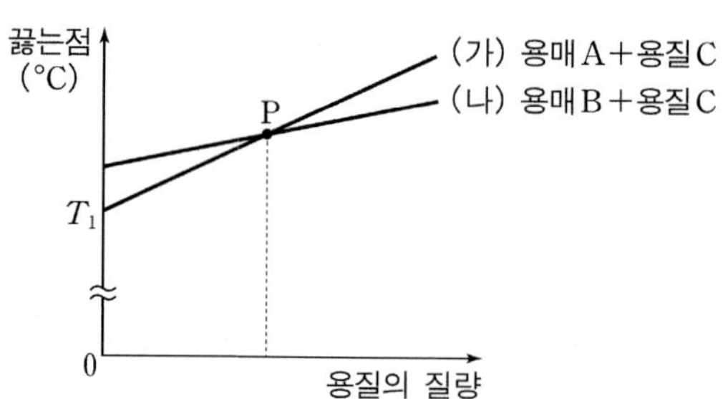

이에 대한 설명으로 옳은 것만을 〈보기〉에서 있는 대로 고른 것은? (단, C는 비휘발성, 비전해질이다.)

보기

ㄱ. T_1에서 용매의 증기압은 A가 B보다 크다.
ㄴ. P에서 퍼센트 농도는 (가)가 (나)보다 크다.
ㄷ. A와 B의 분자량을 비교할 수 있다.

① ㄱ　② ㄷ　③ ㄱ, ㄴ　④ ㄴ, ㄷ　⑤ ㄱ, ㄴ, ㄷ

35. 그림 (가)는 물 100g에 용질 A와 B의 질량을 달리하여 녹여 만든 수용액의 끓는점을 나타낸 것이다. 그림 (나)는 25℃에서 물 100g에 용질 A와 B가 각각 24g씩 녹아 있는 수용액을 수증기로 포화된 밀폐된 용기에 놓아둔 것을 나타낸 것이다.

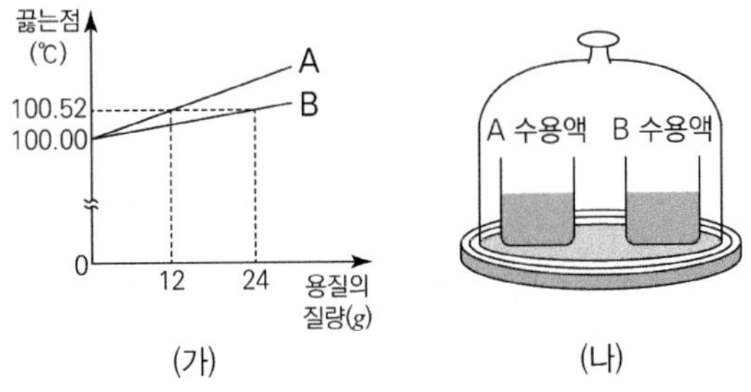

(가) (나)

이 자료에 대한 설명으로 옳은 것만을 〈보기〉에서 있는 대로 고른 것은? (단, 용질 A, B는 비휘발성 비전해질이며, 용액은 라울의 법칙을 따르고, 물의 끓는점 오름 상수 K_b는 0.52℃/m이다.)

보기

ㄱ. 분자량은 A가 B의 2배이다.
ㄴ. (나)에서 평형에 도달하기 전, A 수용액의 증발 속도는 응축 속도보다 크다.
ㄷ. (나)에서 평형에 도달했을 때, % 농도는 B 수용액이 A 수용액보다 크다.

① ㄱ ② ㄷ ③ ㄱ, ㄴ
④ ㄴ, ㄷ ⑤ ㄱ, ㄴ, ㄷ

PART 04 물질의 상태와 용액

제3절 삼투압

정답 p. 186

대표 유형 기출 문제

07 지방직 7급 20

1. 20℃에서 1.0L의 수용액에 어떤 물질 10g이 녹아 있다. 이 수용액의 삼투압을 측정하니 3.6×10^{-3} atm이었다. 이 물질의 몰 질량은?
(단, R=0.082L · atm/mol · K이다.)

① 1.5×10^{3} g/mol

② 1.5×10^{4} g/mol

③ 6.7×10^{3} g/mol

④ 6.7×10^{4} g/mol

21 국가직 7급 24

2. 실험식이 CH_4O인 비전해질 화합물 0.16g을 녹인 100mL 수용액의 삼투압이 300K에서 0.6atm이면 이 화합물의 분자식은? (단, 기체 상수 $R=0.08\,\mathrm{L\,atm\,K^{-1}mol^{-1}}$이고, H, C, O의 원자량은 각각 1, 12, 16이다.)

① CH_4O　② $C_2H_8O_2$

③ $C_3H_{12}O_3$　④ $C_4H_{16}O_4$

주관식 개념 확인 문제

3. 어떤 고분자 화합물 0.5g을 물에 녹여 500mL의 용액을 만든 후 27℃에서 삼투압을 측정하였더니 2.46×10^{-3}기압이었다. 기체 상수 R=0.082기압 · L/몰 · K이다. 다음을 구하시오.

(1) 이 고분자 화합물의 분자량은 얼마인가?

(2) 이 고분자 화합물 용액은 몇 몰 농도인가?

4. 물 125mL에 헤모글로빈을 7.0g 녹인 용액의 삼투압이 300K에서 0.020기압이었다. 헤모글로빈의 분자량을 구하여라.
(단, 기체 상수 R=0.082atm · L/몰 · K이다.)

5. 27℃에서 포도당 $C_6H_{12}O_6$ 360mg을 1000g의 물에 녹인 후, 다음 그림과 같은 장치를 이용하여 삼투압을 측정하려고 한다. (단, 부피의 변화는 없으며 용액의 밀도와 물의 밀도는 1g/cm^{3}이고 수은의 밀도는 13.6g/cm^{3}이다. 또한 중력가속도 g=9.8m/s^{2}이고 $R=0.082$atm · L/mol · K이다.)

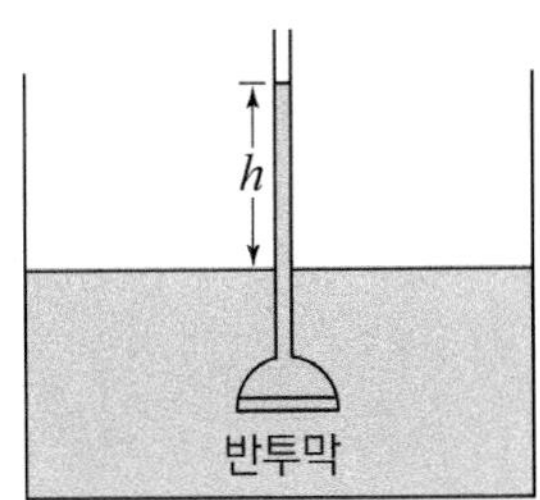

(1) 삼투압은 몇 기압인가?
(2) 용액이 올라간 높이 h는 몇 cm인가?
(3) 이 포도당 수용액과 같은 높이로 올리려면 몇 몰/L의 KCl 용액이 필요한가?

6. 아래의 그림과 같이 반투막으로 막혀 있는 U자관의 왼쪽에는 용매를, 오른쪽에는 용액을 채웠다. 분자량이 M인 비전해질 wg을 녹여 VmL로 만든 용액을 사용했을 때 양쪽의 높이 차가 h이였다. 이 용액의 삼투압은? 용액의 온도는 t℃이다.

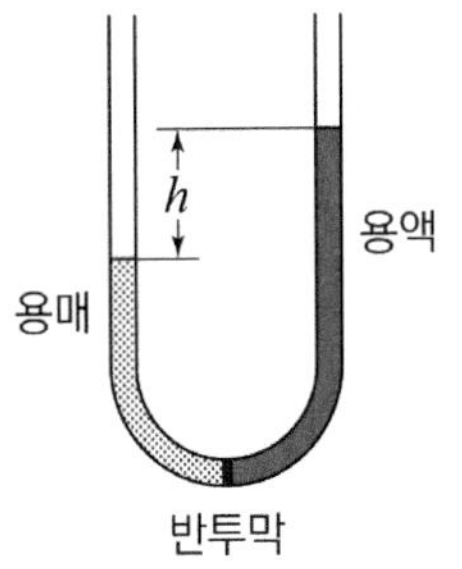

기본 문제

7. 다음 중 물질의 분자량을 측정할 수 있는 방법으로 적당하지 않은 것은?

① 끓는점 오름을 측정한다.
② 어는점 내림을 측정한다.
③ 삼투압을 측정한다.
④ 증기압 내림을 측정한다.

8. 25℃에서 역삼투(reverse osmosis)를 이용하여 바닷물을 마실 수 있는 물로 바꾸기 위해서 필요한 압력은? (바닷물을 5M의 NaCl 용액으로 가정하라.)

① 5기압 ② 10기압
③ 100기압 ④ 250기압

9. NaCl 수용액에 압력을 가해서 반투막을 통과시키면 담수를 얻을 수 있다. 반투막 장치에 약 7.5 기압까지 압력을 가해 준다면, 300K에서 이 반투막으로 담수화시킬 수 있는 NaCl 수용액의 최고 농도는? (단, NaCl 수용액은 이상 용액으로 간주한다.)

① 0.0015M ② 0.0030M
③ 0.15M ④ 0.30M

10. 20.0g의 단백질이 녹아 있는 1.00L의 수용액이 있다. 25℃에서 이 단백질 수용액에 의한 삼투압은 0.021 기압이다. 단백질의 몰질량은?

① 120,000g/mol ② 23,000g/mol
③ 12,000g/mol ④ 2,300g/mol

11. 질량비 5.8%인 NaCl 용액과 삼투압이 비슷한 용액은? (단, NaCl의 화학식량은 58.5이고, 용액의 밀도는 1g/mL이다.)

① 5.8% 포도당 용액 ② 2M 포도당 용액
③ 1M 포도당 용액 ④ 0.2M 포도당 용액

12. 300K, 1기압에서 화합물 A 13g을 물에 녹여 수용액 200mL를 만든 후 삼투압을 측정하였더니 0.024 기압이었다. A의 분자량은? (단, A는 비휘발성, 비전해질이며, 기체 상수는 0.08기압 · L/몰 · K이다.)

① 65 ② 1,560
③ 13,000 ④ 65,000

13. 27℃에서 용질 AB_3 0.65g을 물에 녹여 용액 100.65g을 만들었을 때의 삼투압은 4.8atm이었다. 용질 AB_3가 완전히 해리된다고 할 때 이 용액의 어는점은 몇 ℃인가? (단, 용액의 비중은 1.0065g/mL이고, 기체 상수 R=0.08atm · L/mol · K, 물의 어는점 내림 상수는 1.86℃/m이다.)

① −0.093℃ ② −0.186℃
③ −0.372℃ ④ −0.558℃

자료 추론형

14. 그림과 같은 장치에 반투막을 경계로 농도가 서로 다른 포도당 수용액을 넣었다.

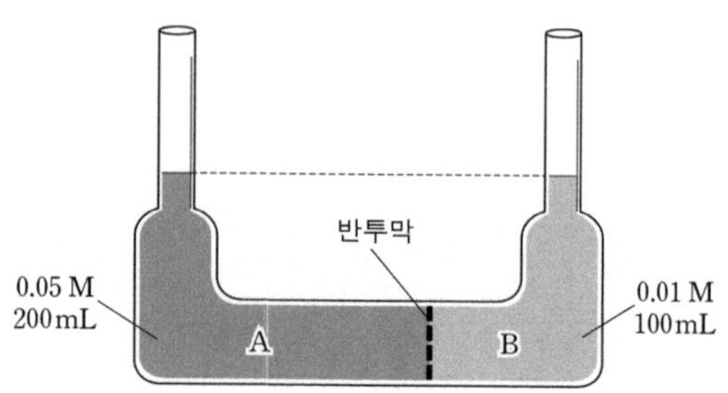

이 장치에서 일어나는 현상으로 옳은 것을 〈보기〉에서 모두 고른 것은? (단, 온도에 따른 용액의 부피 변화는 무시한다.)

보기

ㄱ. A의 유리관 수면이 더 높아진다.
ㄴ. A에 0.10 M 포도당 수용액 200 mL를 사용하면 유리관 수면의 높이 차이는 더 커진다.
ㄷ. 두 용액을 같은 온도로 가열하면 유리관 수면의 높이 차이는 감소한다.

① ㄱ ② ㄱ, ㄴ ③ ㄱ, ㄷ
④ ㄴ, ㄷ ⑤ ㄱ, ㄴ, ㄷ

15. 그림은 A의 분자량을 알아보기 위해 삼투압을 측정하는 실험 장치이다.

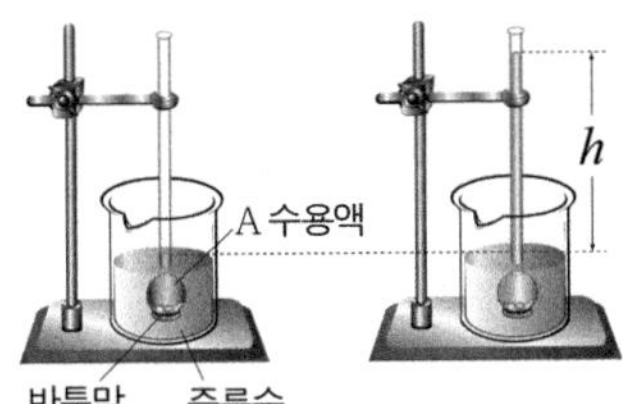

이 실험에서 용질 A의 분자량이 실제보다 크게 측정되는 원인이 될 수 있는 것을 〈보기〉에서 모두 고른 것은?

보기

ㄱ. h 가 실제보다 크게 측정되었다.
ㄴ. 용질의 질량이 실제보다 크게 측정되었다.
ㄷ. 온도가 실제보다 높게 측정되었다.

① ㄱ ② ㄴ ③ ㄷ
④ ㄱ, ㄴ ⑤ ㄴ, ㄷ

16. 그림은 수용액의 삼투압 실험을 나타낸 것이다. 25℃, 1기압에서 물질 A 0.01g을 녹인 10mL 수용액 (가)와 물질 B 0.04g을 녹인 10mL 수용액 (나)에서 얻어진 삼투압은 각각 0.04기압과 0.08기압이다.

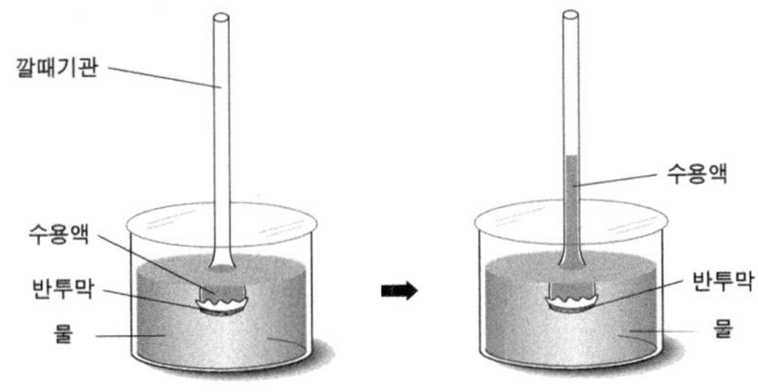

이에 대한 설명으로 옳은 것을 〈보기〉에서 모두 고른 것은? (단, 물질 A와 B는 비휘발성, 비전해질이며, 반투막을 통과하지 못한다.)

보기

ㄱ. 물질 A와 물질 B의 화학식량은 같다.
ㄴ. 수용액 (가)와 (나)의 농도는 감소한다.
ㄷ. 수용액 (가)의 몰농도는 수용액 (나)보다 작다.

① ㄴ ② ㄷ ③ ㄱ, ㄴ
④ ㄱ, ㄷ ⑤ ㄴ, ㄷ

17. 그림 (가)는 반투막으로 나누어진 실린더에 농도가 다른 설탕물 A와 B를 넣은 것을, (나)는 시간이 충분히 지난 후의 모습을 나타낸 것이다.

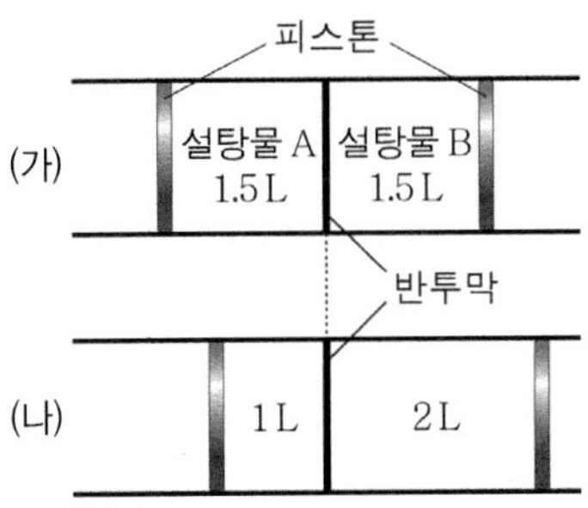

이에 대한 옳은 설명만을 〈보기〉에서 있는 대로 고른 것은? (단, 설탕물의 온도는 일정하고 피스톤의 마찰은 무시한다.)

보기

ㄱ. 설탕물 A의 농도는 증가한다.
ㄴ. (가)에서 녹아 있는 설탕의 질량은 설탕물 B가 A의 2배이다.
ㄷ. (나)에서 두 설탕물의 끓는점은 같다.

① ㄱ ② ㄷ ③ ㄱ, ㄴ
④ ㄴ, ㄷ ⑤ ㄱ, ㄴ, ㄷ

18. 25℃, 대기압에서 그림 (가)는 반투막으로 분리된 U자관에 설탕 수용액과 물을 넣었을 때 높이 차(h)가 발생한 평형 상태를, 그림 (나)는 h가 0이 되도록 설탕 수용액에 가한 압력(π)과 대기압의 합(P)을 용매의 몰분율($X_{용매}$)에 따라 나타낸 것이다.

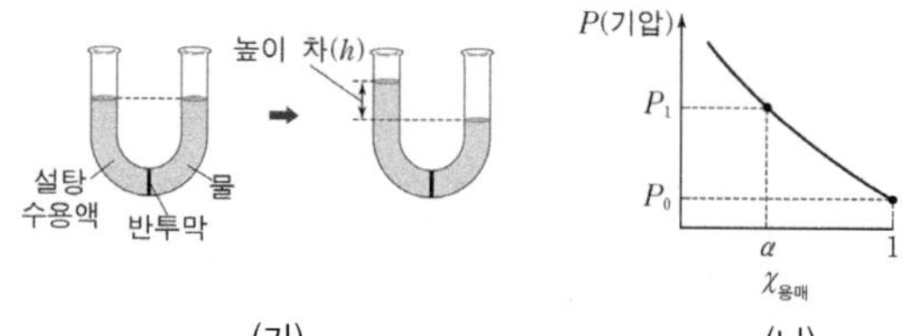

(가) (나)

이에 대한 설명으로 옳은 것만을 〈보기〉에서 고른 것은? (단, 대기압은 일정하고, 물과 용액의 증발과 밀도 변화는 무시한다.)

보기

ㄱ. (가)의 평형 상태에서 온도를 50° C로 높이면 h는 커진다.
ㄴ. (나)에서 대기압은 P_0기압이다.
ㄷ. (나)에서 $X_{용매} = \alpha$일 때 Π는 $(P_1 - P_0)$기압이다.

① ㄱ ② ㄷ ③ ㄱ, ㄴ
④ ㄴ, ㄷ ⑤ ㄱ, ㄴ, ㄷ

제 4 절 콜로이드

정답 p. 190

대표 유형 기출 문제

13 지방직 7급 20

1. 콜로이드에 대한 설명으로 옳은 것만을 모두 고른 것은?

ㄱ. 매질에 10~100μm 크기의 입자가 분산되어 형성된다.
ㄴ. 틴달(Tyndall) 효과를 나타낼 수 있다.
ㄷ. 가열이나 전해질의 첨가에 의해 응집을 일으킬 수 있다.

① ㄱ ② ㄷ
③ ㄱ, ㄴ ④ ㄴ, ㄷ

21 지방직 7급 20

2. 콜로이드에 대한 설명으로 옳은 것만을 모두 고르면?

ㄱ. 콜로이드에서는 입자들에 의해 빛이 산란되는 Tyndall 효과가 나타난다.
ㄴ. 안개, 우유, 치즈는 콜로이드이다.
ㄷ. 콜로이드는 입자들 간의 정전기적 반발력에 의해 응집되지 않고 안정한 상태로 존재한다.
ㄹ. 액체-액체 콜로이드를 가열하면 입자들의 운동 속도가 증가하여 입자들이 응집된다.

① ㄱ, ㄴ ② ㄴ, ㄷ
③ ㄱ, ㄷ, ㄹ ④ ㄱ, ㄴ, ㄷ, ㄹ

주관식 개념 확인 문제

3. 단백질 수용액은 콜로이드 용액이다. 단백질 수용액에서 용질인 단백질은 (가), 용매인 물은 (나), 용액은 (다) 라고 한다.

4. 다음과 같은 내용은 콜로이드 용액의 성질 중 어느 것과 관련이 있는가?

(1) 소나기가 내린 후 구름 사이로 햇살이 내리쬐는 것이 보인다.

(2) 녹말 용액을 한외 현미경으로 관찰하면 계속 움직이는 입자를 볼 수 있다.

(3) 단백질을 반투막에 넣어 물 속에 담가 둔다.

기본 문제

5. 다음 중 콜로이드가 전하를 띠어 나타나는 성질이 아닌 것을 모두 고르면?

① 틴들 현상 ② 브라운 운동
③ 전기 운동 ④ 엉김
⑤ 염석

6. 수산화철(Ⅲ)($Fe(OH)_3$)의 콜로이드 입자는 양전기를 띠고 있다. 이 콜로이드를 엉기게 하는 데 가장 효과적인 전해질은?

① 염화칼슘
② 질산나트륨
③ 페로시안화칼륨
④ 염화나트륨
⑤ 황산칼륨

PART

5

화학 반응

CHAPTER 01 화학 반응과 에너지

제1절 열화학 반응식의 해석과 반응열 계산

정답 p. 191

대표 유형 기출 문제

16 지방직 9급 14

1. 온도가 400K이고 질량이 6.00kg인 기름을 담은 단열 용기에 온도가 300K이고 질량이 1.00kg인 금속공을 넣은 후 열평형에 도달했을 때, 금속공의 최종 온도[K]는? (단, 용기나 주위로 열 손실은 없으며, 금속공과 기름의 비열[J/(kg · K)]은 각각 1.00과 0.50로 가정한다.)

① 350 ② 375
③ 400 ④ 450

19 지방직 9급 13

2. 다음 열화학 반응식에 대한 설명으로 옳지 않은 것은?

$$2Mg(s) + O_2(g) \rightarrow 2MgO(s) \quad \Delta H^\circ = -1204\text{kJ}$$

① 발열 반응 ② 산화-환원 반응
③ 결합 반응 ④ 산-염기 중화 반응

20 지방직 9급 05

3. 일정 압력에서 2몰의 공기를 40℃에서 80℃로 가열할 때, 엔탈피 변화(ΔH)[J]는? (단, 공기의 정압 열용량은 $20\text{J mol}^{-1}℃^{-1}$이다)

① 640 ② 800
③ 1,600 ④ 2,400

20 지방직 9급 07

4. 단열된 용기 안에 있는 25℃의 물 150g에 60℃의 금속 100g을 넣어 열평형에 도달하였다. 평형 온도가 30℃일 때, 금속의 비열[$\text{Jg}^{-1}℃^{-1}$]은? (단, 물의 비열은 $4\text{Jg}^{-1}℃^{-1}$이다)

① 0.5 ② 1.0
③ 1.5 ④ 2.0

20 지방직 9급 19

5. 25℃ 표준상태에서 아세틸렌($C_2H_2(g)$)의 연소열이 $-1,300kJmol^{-1}$일 때, C_2H_2의 연소에 대한 설명으로 옳은 것은?

① 생성물의 엔탈피 총합은 반응물의 엔탈피 총합보다 크다.
② C_2H_2 1몰의 연소를 위해서는 1,300 kJ이 필요하다.
③ C_2H_2 1몰의 연소를 위해서는 O_2 5몰이 필요하다.
④ 25℃의 일정 압력에서 C_2H_2이 연소될 때 기체의 전체 부피는 감소한다.

20 지방직 7급 14

6. 질산 포타슘(KNO_3) 수용액과 이산화탄소(CO_2) 수용액에 대한 설명 중 옳은 것만을 모두 고르면?

ㄱ. KNO_3의 용해 과정은 발열 반응이다.
ㄴ. 25℃에서 $CO_2(g)$의 압력을 증가시키면 용해도는 증가한다.
ㄷ. 25℃에서 KNO_3 수용액의 증기압은 순수한 물의 증기압보다 낮다.

① ㄱ ② ㄴ
③ ㄴ, ㄷ ④ ㄱ, ㄴ, ㄷ

20 국가직 7급 10

7. 나프탈렌($C_{10}H_8$) 64g을 통열량계에서 연소시켰을 때, 열량계의 온도가 300K에서 310K으로 상승하였다. 나프탈렌의 연소에 대한 몰당 반응열[kJ/mol]은? (단, 수소와 탄소의 원자량은 각각 1, 12이고, 열량계의 열용량은 $10kJK^{-1}$이다.)

① −100 ② 100
③ −200 ④ 200

21 지방직 9급 01

8. 다음 물질 변화의 종류가 다른 것은?

① 물이 끓는다.
② 설탕이 물에 녹는다.
③ 드라이아이스가 승화한다.
④ 머리카락이 과산화수소에 의해 탈색된다.

21 지방직 7급 10

9. 다음은 원자 간 결합길이를 나타낸 것이다. 이에 대한 설명으로 옳지 않은 것은?

결합	결합길이(nm)	결합	결합길이(nm)
Br−Br	0.229	C−C	0.154
Cl−Cl	0.199	C=C	0.134
F−F	0.142	C≡C	0.120

① 두 탄소 간 결합수가 늘어날수록 결합에너지는 커진다.
② 결합에너지의 크기는 HF>HCl>HBr 순이다.
③ 결합에너지는 Br_2가 Cl_2보다 크다.
④ Cl_2는 염소원자의 핵 간 거리가 0.199nm일 때 퍼텐셜에너지가 최소가 된다.

21 서울시 7급 01

10. 모든 물질의 측정 가능한 성질들은 크기 성질(extensive property)과 세기 성질(intensive property)로 구분된다. 〈보기〉에서 크기 성질에 해당하는 것을 모두 고른 것은?

보기
ㄱ. 온도 ㄴ. 압력
ㄷ. 비열 ㄹ. 열용량
ㅁ. 엔탈피

① ㄱ, ㄴ ② ㄴ, ㄷ
③ ㄷ, ㄹ ④ ㄹ, ㅁ

23 지방직 9급 15

11. **다음 열화학 반응식에 대한 설명으로 옳지 않은 것은? (단, C, H, O의 원자량은 각각 12, 1, 16이다.)**

$$C_2H_5OH(l) + 3O_2(g) \rightarrow 2CO_2(g) + 3H_2O(l) \quad \Delta H = -1371\,kJ$$

① 주어진 열화학 반응식은 발열 반응이다.

② CO_2 4mol과 H_2O 6mol이 생성되면 2742kJ의 열이 방출된다.

③ C_2H_5OH 23g이 완전 연소되면 H_2O 27g이 생성된다.

④ 반응물과 생성물이 모두 기체 상태인 경우에도 ΔH는 동일하다.

주관식 개념 확인 문제

12. **다음 글을 읽고 [　　] 안에 알맞은 답을 써 넣으시오.**

(1) 화합물이 지니는 열함량을 [①] 라고 하며 H로 표시한다. 이 화합물의 ①의 절대값은 알 수 없지만, 화학 반응을 할 때의 변화량은 [②] 의 출입에 의해 알 수 있다. 생성물의 ①에서 반응물의 ①을 뺀 값을 [③] 라고 하며 ΔH로 표시한다. $\Delta H > 0$인 반응은 [④] 이고, $\Delta H < 0$인 반응은 [⑤] 이다.

(2) 반응 조건, 물질의 상태 및 열량의 변화를 나타내는 화학 반응식을 [①] 이라고 하며, 이 반응식의 [②] 가 달라지면 반응열도 달라진다.

(3) 총열량 불변의 법칙이라고도 하는 [①] 의 법칙에 의하면, 초기 반응 물질과 최종 생성 물질 및 반응 조건이 같으면, [②] 에 관계없이 반응열은 일정하다.

13. 농도 X의 HCl 수용액 200mL에 0.5M NaOH 수용액 200mL를 섞었을 때 발생한 반응열은 2.81kJ 이다. HCl 수용액의 농도 X[M]를 구하시오. (단, HCl과 NaOH 반응의 중화열은 56.2kJmol^{-1}이고, HCl과 NaOH는 완전해리 한다.)

열화학 반응식의 해석

14. 다음과 같은 조건에서 수소와 산소가 반응하여 수증기 및 물을 생성하는 반응이다.

$$H_2(g) + \frac{1}{2}O_2(g) \rightarrow H_2O(g) + 57.8\text{kcal}$$

$$H_2(g) + \frac{1}{2}O_2(g) \rightarrow H_2O(l)$$

$$\Delta H = -68.3\text{kcal}$$

수증기가 물로 상태 변화할 때, 얼마의 열을 흡수 또는 방출하겠는가?

15. 0℃, 1atm에서 프로페인(C_3H_8) 기체 1L를 태우면 물과 이산화탄소가 생성되면서 23.7kcal의 열량을 방출한다. 다음 물음에 대하여 소수 첫째 자리까지 구하여라. (단, ΔH는 온도와 상관없이 일정하다고 본다.)

(1) 프로판 기체의 연소 반응을 열화학 반응식으로 나타내어라.

(2) 25℃, 1기압에서 프로판 기체 10g을 태우는 네 필요한 산소의 부피는 몇 L인가?

(3) (2)에서 방출되는 열량은 몇 kcal인가?

16. 일산화탄소(CO)의 연소열은 (ΔH)은 −68kcal/몰이다. 다음 물음에 답하시오.

(1) 이 반응의 열화학 반응식을 써라.

(2) 일산화탄소(CO) 14g이 연소할 때의 반응열(ΔH)을 구하여라.

(3) 136kcal의 열을 얻으려면 0℃, 1atm에서 산소 몇 L가 필요한가?

17. 가정에서 사용하고 있는 도시가스는 흔히 메테인과 에테인이 섞여 있는 혼합물이다. 메테인의 연소열은 210kcal/몰이며, 에테인의 연소열은 350kcal/몰이다. 어떤 도시가스 110g을 완전히 연소시켰더니 물과 이산화탄소로 되면서 1400kcal의 열이 발생하였다. 이 도시 가스에서 메테인의 몰 분율은 얼마인가?

기본 문제

열화학 반응식의 해석

18. 다음 반응에 대한 설명 중 맞는 것을 모두 고르시오.

$$2CO(g) + O_2(g) \rightarrow 2CO_2(g) \qquad \Delta H = -136\,\text{kcal}$$

① 136kcal의 열이 방출되기 위해서는 일산화탄소 56g과 표준 상태에서의 산소 기체 22.4L가 필요하다.

② 이산화탄소의 생성열은 화학 반응식의 반응열의 절반인 −68kcal/몰이다.

③ 이산화탄소의 분해열은 화학 반응식의 역반응의 반응열의 절반인 +68kcal/몰이다.

④ 일산화탄소의 연소열은 화학 반응식의 반응열과 같은 136kcal이다.

⑤ 위 반응은 일산화탄소의 연소 반응이라고 할 수 있지만, 이산화탄소의 생성 반응은 아니다.

19. 다음은 염화수소가 생성되는 열화학 반응식을 나타낸 것이다.

$$H_2(g) + Cl_2(g) \longrightarrow 2HCl(g) + 92.3\text{kJ}$$

위의 반응식을 참고로 한 다음 설명 중 옳은 것은?

① H_2와 Cl_2는 같은 질량의 비로 반응한다.

② H_2의 반응 속도는 HCl의 생성 속도와 같다.

③ 화학 반응이 진행되는 동안 용기 내의 온도는 내려간다.

④ 일정한 부피의 용기 내에서 반응이 진행되면 용기 내의 압력이 감소한다.

⑤ HCl의 생성열(ΔH)은 −46.15kJ/mol이다.

20. 25℃, 1기압에서 프로페인(C_3H_8)가스가 연소되는 열화학 반응식은 다음과 같다.

$$C_3H_8(g) + 5O_2(g) \rightarrow 3CO_2(g) + 4H_2O(l) + 2225\text{kJ}$$

프로페인 11g을 완전 연소시킬 때, 발생하는 열량을 구하기 위해 필요한 자료를 〈보기〉 중에서 모두 고른 것은?

보기

ㄱ. 프로페인의 분자량
ㄴ. 산소 분자량
ㄷ. 사용한 산소의 양

① ㄱ ② ㄴ ③ ㄷ
④ ㄱ, ㄴ ⑤ ㄱ, ㄷ

반응열 계산

21. 표는 25℃에서 중화열과 수산화나트륨의 용해열을 나타낸 것이다.

중화열(ΔH)	-56kJ/몰
NaOH(s)의 용해열(ΔH)	-45kJ/몰

25℃에서 0.2M 염산(HCl) 500mL에 NaOH(s) 8g을 넣어 반응시켰을 때 발생하는 열량은?
(단, NaOH(s)의 화학식량은 40이다.)

① 5.6kJ ② 10.1kJ
③ 11.2kJ ④ 14.6kJ
⑤ 20.2kJ

22. 36g의 황을 25℃부터 녹기 직전까지 가열하는데 2280J의 열이 필요하다. 열손실이 없다고 가정할 때 황의 녹는점은 몇 도인가?
(단, 황의 비열은 0.70J · g^{-1} · ℃$^{-1}$로 가정하라.)

① 90℃ ② 103℃
③ 115℃ ④ 128℃

23. 다음은 포도당에 대한 자료이다.

> • 체내에서 포도당의 연소열: $\Delta H = -2860$kJ/몰
> • 포도당의 분자량: 180

체중 70kg인 어떤 사람이 운동으로 체내의 포도당($C_6H_{12}O_6$) 45g을 연소하여 소모하였다. 이에 대한 설명으로 옳은 것을 〈보기〉에서 모두 고른 것은? (단, 체중 70kg인 사람의 열용량은 286kJ/℃이고, 포도당의 연소 과정에서 발생한 에너지의 20%만 체온을 올리는 데 쓰인다고 가정한다.)

> 보기
> ㄱ. 생성된 이산화탄소는 6몰이다.
> ㄴ. 포도당 연소로 발생한 열량은 715kJ이다.
> ㄷ. 포도당 연소로 체온은 0.2℃ 증가한다.

① ㄱ ② ㄴ ③ ㄱ, ㄷ
④ ㄴ, ㄷ ⑤ ㄱ, ㄴ, ㄷ

24. 다음은 산-염기 중화 반응의 열화학 반응식이다.

$$H^+(aq) + OH^-(aq) \rightarrow H_2O(l) \quad \Delta H = -56\text{kJ/mol}$$

일정 압력의 단열 용기에서 0.8M HCl(aq) 1L와 0.4M NaOH(aq) 1L를 혼합할 때, 중화 반응에 의한 용액의 온도 변화는? (단, 용액의 밀도는 1.0gcm^{-3}이고, 비열은 4.0J℃$^{-1}$g^{-1}이다.)

① 2.8℃ 감소 ② 0.28℃ 감소
③ 0.28℃ 증가 ④ 2.8℃ 증가

열평형

25. 일정부피 열량계를 이용하여 0.752g의 벤조산(분자량 122)을 충분한 양의 산소와 반응시켰다. 반응 결과 열량계 안의 물 1.00kg의 온도가 3.60℃ 상승하였다면, 물을 제외한 이 열량계만의 열용량은 얼마인가? (단, 벤조산의 연소열은 −26.4kJ/g이고, 물의 비열은 4.18J/g · ℃이다.)

① 15.87kJ/° C ② 5.52kJ/° C
③ 4.81kJ/° C ④ 1.33kJ/° C

26. 은(Ag)과 철(Fe)의 비열은 각각 0.2350Jg^{-1}℃$^{-1}$과 0.4494Jg^{-1}℃$^{-1}$이다. 단열이 된 용기 안에 100℃의 은 50g과 0℃의 철 50g을 접촉시켜 두 금속의 온도가 같아질 때까지 방치하였다. 두 금속의 최종 온도에 대한 설명으로 가장 옳은 것은?

① 50℃ 초과 ② 50℃
③ 50℃ 미만 ④ 알 수 없음

제2절 헤스의 법칙

정답 p. 196

대표 유형 기출 문제

09 지방직 9급 16

1. 다음 중 Hess의 법칙을 이용하지 않으면 반응엔탈피를 구하기 어려운 반응을 모두 고른 것은?

ㄱ. $CO_2(s) \rightarrow CO_2(g)$
ㄴ. C(흑연) → C(다이아몬드)
ㄷ. C(흑연) + $\frac{1}{2}O_2(g) \rightarrow CO(g)$
ㄹ. $CO(g) + \frac{1}{2}O_2(g) \rightarrow CO_2(g)$

① ㄱ, ㄴ, ㄷ　② ㄱ, ㄹ
③ ㄴ, ㄷ　④ ㄴ, ㄹ

11 지방직 7급 05

2. 프로페인(C_3H_8)과 염소(Cl_2)의 화학 반응은 다음과 같이 나타낼 수 있다.

$$C_3H_8(g)+Cl_2(g) \rightarrow C_3H_7Cl(g)+HCl(g)$$

결합 에너지를 이용하여, 298K에서 위 반응의 반응열[kJ/mol]을 계산한 것으로 옳은 것은?

결합 에너지[kJ/mol]
C−H: 413　C−C: 346　Cl−Cl: 242
C−Cl: 339　H−Cl: 432

① −116　② 116
③ −230　④ 230

19 지방직 9급 12

3. $CH_2O(g)+O_2(g) \rightarrow CO_2(g)+H_2O(g)$ 반응에 대한 ΔH° 값[kJ]은?

$CH_2O(g) + H_2O(g) \rightarrow CH_4(g) + O_2(g)$　$\Delta H^\circ = +275.6$kJ
$CH_4(g) + 2O_2(g) \rightarrow CO_2(g) + 2H_2O(l)$　$\Delta H^\circ = -890.3$kJ
$H_2O(g) \rightarrow H_2O(l)$　$\Delta H^\circ = -44.0$kJ

① −658.7　② −614.7
③ −570.7　④ −526.7

20 지방직 7급 04

4. 다음의 정보를 이용하여 $2S(s)+3O_2(g) \rightarrow 2SO_3(g)$의 ΔH°[kJ]를 구하면?

반응식	ΔH°[kJ]
$S(s) + O_2(g) \rightarrow SO_2(g)$	a
$SO_2(g) + \frac{1}{2}O_2(g) \rightarrow SO_3(g)$	b

① $a+b$　② $a-b$
③ $2a+2b$　④ $2a-2b$

22 지방직 9급 19

5. 25℃, 1atm에서 메테인(CH_4)이 연소되는 반응의 열화학 반응식과 4가지 결합의 평균 결합 에너지이다. 제시된 자료로부터 구한 a는?

$$CH_4(g)+2O_2(g)\rightarrow CO_2(g)+2H_2O(g) \quad \Delta H = a\ \text{kcal}$$

결합	C−H	O=O	C=O	O−H
평균 결합 에너지 [kcal mol^{-1}]	100	120	190	110

① −180 ② −40
③ 40 ④ 180

22 해양 경찰청 15

6. 다음 표는 표준 상태에서 3가지 물질이 생성 엔탈피와 연소 엔탈피에 대한 자료의 일부이다. A값은?

물질	생성 엔탈피 (kJ/mol)	연소 엔탈피 (kJ/mol)
$C_2H_6(g)$	A	a
$H_2(g)$		b
$CO_2(g)$	c	

① a+3b+2c ② a−3b+2c
③ −a+3b−2c ④ −a+3b+2c

22 해양 경찰청 16

7. 다음은 표준 상태에서 과산화수소와 관련된 자료이다.

ㄱ. H−H의 결합 에너지 440kJ/mol
ㄴ. O=O의 결합 에너지 490kJ/mol
ㄷ. O−H의 결합 에너지 460kJ/mol
ㄹ. $H_2O_2(l)$의 생성 엔탈피 −188kJ/mol
ㅁ. $H_2O_2(l)$의 기화 엔탈피 52kJ/mol

이 자료로부터 구한 O−O의 결합 에너지(kJ/mol)는?

① 73 ② 146
③ 306 ④ 576

주관식 개념 확인 문제

생성열

8. 25℃, 1기압에서 다음 화합물들의 생성 반응식을 써라.

(1) 과산화칼륨($K_2O_2(s)$)
(2) 중크롬산칼륨($K_2Cr_2O_7(s)$)
(3) 히드라진($N_2H_4(g)$)
(4) 사산화이질소($N_2O_4(g)$)
(5) 염소 분자(Cl_2)
(6) 염소 원자(Cl)

9. 제시된 표준 생성 엔탈피를 이용하여 세 화합물의 안정성이 증가하는 순서대로 나열하시오.

물질	C_2H_2	C_2H_4	C_2H_6
ΔH_f° (kJ/mol)	226.73	52.26	−84.68

10. 다음 반응을 이용하여 이산화황($SO_2(g)$)의 생성열(ΔH_f)를 구하시오.

$$S(s) + \frac{3}{2}O_2(g) \rightarrow SO_3(g) \quad \Delta H = -94.5\text{kcal} \cdots ①$$

$$2SO_2(g) + O_2(g) \rightarrow 2SO_3(g) \quad \Delta H = -47.0\text{kcal} \cdots ②$$

11. 다음 반응은 프로페인의 연소 반응이다.

$$C_3H_8(g) + 5O_2(g) \rightarrow 3CO_2(g) + 4H_2O(l) \quad \Delta H^\circ = ?$$

물질	C_3H_8	CO_2	H_2O	O_2
표준 생성 엔탈피 (ΔH_f°)(kJ/mol)	−104	−394	−286	0

반응열(ΔH°)을 본문의 표준 생성열 표를 이용하여 구하시오.

12. 히드라진(N_2H_4)과 사산화이질소(N_2O_4)의 혼합물은 로켓의 연료로 쓰이는데, 이것은 이들이 반응하면서 N_2와 H_2O로 변하면서 에너지를 내놓기 때문이다. 이 물질들의 표준 생성 엔탈피(ΔH_f°)는 다음과 같다.

물질	ΔH_f° (kJ/mol)
N_2H_4	50.6
N_2O_4	9.16
H_2O	−241.8
N_2	−

다음 물음에 답하여라.

(1) 히드라진과 사산화이질소가 반응하여 질소와 물로 변할 때의 엔탈피 변화(ΔH°)를 계산하시오.
(2) N_2H_4 0.0800mol이 N_2O_4와 완전히 반응할 때에 발생하는 열량을 계산하시오.

기본 문제

13. 그림은 산화칼슘(CaO)과 묽은 염산(HCl)의 반응 경로와 에너지 관계를 나타낸 것이다.

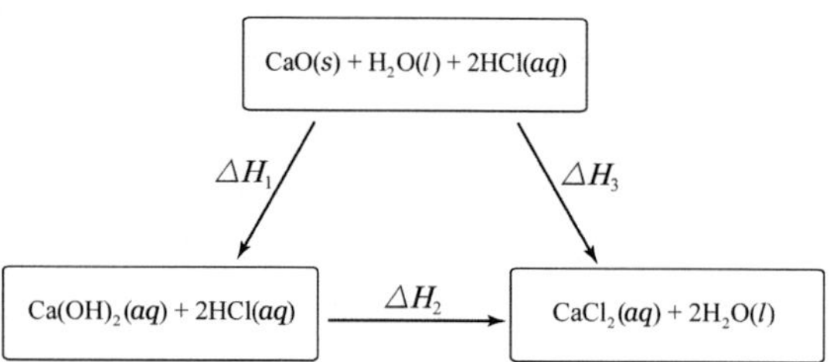

이에 대한 설명으로 옳은 것을 〈보기〉에서 모두 고른 것은?

보기

ㄱ. $\Delta H_3 = \Delta H_1 + \Delta H_2$이다.

ㄴ. $Ca(OH)_2(aq)$과 $HCl(aq)$의 반응에서 중화열은 $\frac{1}{2}\Delta H_2$이다.

ㄷ. $HCl(aq)$ 대신 $HNO_3(aq)$을 사용하여도 ΔH_2는 변하지 않는다.

① ㄱ ② ㄷ ③ ㄱ, ㄴ
④ ㄴ, ㄷ ⑤ ㄱ, ㄴ, ㄷ

14. 주어진 〈자료〉를 이용하여 다음 반응의 반응열을 구하면?

$$FeO(s) + Fe_2O_3(s) \rightarrow Fe_3O_4(s)$$

자료

$2Fe(s) + O_2(g) \rightarrow 2FeO(s)$ $\Delta H^\circ = -544.0kJ$

$4Fe(s) + 3O_2(g) \rightarrow 2Fe_2O_3(s)$ $\Delta H^\circ = -1648.4kJ$

$Fe_3O_4(s) \rightarrow 3Fe(s) + 2O_2(g)$ $\Delta H^\circ = +1118.4kJ$

① +22.2kJ ② −22.2kJ
③ −1074.0kJ ④ +2184kJ

15. 다음은 일산화탄소(CO)와 이산화탄소(CO_2)가 생성되는 과정의 표준 반응 엔탈피(ΔH°)를 나타낸 것이다. 이에 대한 설명으로 옳은 것은?

$C(s,흑연) + \frac{1}{2}O_2(g) \rightarrow CO(g)$ $\Delta H^\circ = -110kJ$

$CO(g) + \frac{1}{2}O_2(g) \rightarrow CO_2(g)$ $\Delta H^\circ = -280kJ$

① $CO(g)$의 표준 생성 엔탈피는 −110kJ/mol이다.
② $CO_2(g)$의 표준 생성 엔탈피는 −280kJ/mol이다.
③ $C(s,흑연)$의 표준 연소 엔탈피는 −280kJ/mol이다.
④ $C(s,흑연) + O_2(g) \rightarrow CO_2(g)$ 과정의 표준 반응 엔탈피는 −170kJ/mol이다.

16. 다음 반응은 일산화탄소가 수소 또는 수증기와 반응할 때, 각 생성물 1mol에 대한 엔탈피 변화를 보여주고 있다.

$CO(g) + H_2(g) \rightarrow C(s) + H_2O(g)$

$\Delta H_1^\circ = -131kJ$

$CO(g) + 3H_2(g) \rightarrow CH_4(g) + H_2O(g)$

$\Delta H_2^\circ = -206kJ$

$CO(g) + H_2O(g) \rightarrow CO_2(g) + H_2(g)$

$\Delta H_3^\circ = -41kJ$

이 반응을 이용하여, 다음과 같은 '석탄 가스화 반응'에 의해 메테인 1mol이 생성될 때 수반되는 엔탈피 변화는 얼마인가?

$2C(s) + 2H_2O(g) \rightarrow CH_4(g) + CO_2(g)$

$\Delta H_4^\circ = ?$

① −378kJ ② −45kJ
③ 15kJ ④ 116kJ

17. 표준 생성 엔탈피(ΔH_f°)를 사용하여 계산한 〈보기〉 반응의 표준 엔탈피 변화 값[kJ]? (단, 반응물 또는 생성물은 $CH_4(g)$, $CO_2(g)$ 및 $H_2O(g)$의 표준 생성 엔탈피(ΔH_f°)는 각각 −74.6kJ/mol, −393.5kJ/mol, −241.8kJ/mol이다.)

보기

$CH_4(g) + 2O_2(g) \rightarrow CO_2(g) + 2H_2O(g)$

① −318.9kJ ② −560.7kJ
③ −802.5kJ ④ −951.7kJ

18. 〈보기 1〉에 주어진 화학 반응식 및 표준 엔탈피 변화를 활용하여 계산한 〈보기 2〉 반응의 표준 엔탈피 변화(ΔH°) 값[kJ]은?(단, 최종 결과는 소수점 둘째 자리에서 반올림한다.)

보기 1

- $3Fe_2O_3(s) + CO(g) \rightarrow 2Fe_3O_4(s) + CO_2(g)$
  $\Delta H^\circ = -48.3kJ$
- $Fe_2O_3(s) + 3CO(g) \rightarrow 2Fe(s) + 3CO_2(g)$
  $\Delta H^\circ = -23.4kJ$
- $Fe_3O_4(s) + CO(g) \rightarrow 3FeO(s) + CO_2(g)$
  $\Delta H^\circ = +21.8kJ$

보기 2

$FeO(s) + CO(g) \rightarrow Fe(s) + CO_2(g)$

① −93.5 ② −49.9
③ −26.5 ④ −10.9

19. 다음은 298K에서 반응 $2A(g) \rightarrow B(g)$에 관한 자료이다.

표준 반응 엔탈피(ΔH_r°)	−110kJ/mol
B(g)의 표준 생성 엔탈피(ΔH_f°)	−10kJ/mol
A(g)의 표준 연소 엔탈피(ΔH_c°)	−750kJ/mol

298K에서 A(g)의 표준 생성 엔탈피와 B(g)의 표준 연소 엔탈피를 옳게 구한 것은? (단, 기체는 이상 기체로 거동한다.)

	A(g)의 표준 생성 엔탈피(kJ/mol)	B(g)의 표준 연소 엔탈피(kJ/mol)
①	−50kJ/mol	+1390kJ/mol
②	−50kJ/mol	−1390kJ/mol
③	50kJ/mol	+1390kJ/mol
④	50kJ/mol	−1390kJ/mol

PART 05 화학 반응

20. 다음에 주어진 열화학 반응식을 이용하여 아래 반응의 엔탈피 변화량(ΔH)를 구하면?

$2ClF(g) + O_2(g) \rightarrow Cl_2O(g) + F_2O(g)$ $\Delta H = 167.4kJ$

$2ClF_3(g) + 2O_2(g) \rightarrow Cl_2O(g) + 3F_2O(g)$ $\Delta H = 341.4kJ$

$2F_2(g) + O_2(g) \rightarrow 2F_2O(g)$ $\Delta H = -43.4kJ$

$$ClF(g) + F_2(g) \rightarrow ClF_3(g)$$

① −57.8kJ ② −92.6kJ
③ −108.7kJ ④ −213.9kJ

결반생

※[21~22] 수소와 염소가 반응하여 염화수소가 되는 기체 반응은 다음과 같은 단계 반응들로 구성된다. (단, 아래의 순서는 반응 단계의 순서가 아니다.)

(가) $H_2(g) \longrightarrow 2H(g)$
(나) $Cl_2(g) \longrightarrow 2Cl(g)$
(다) $H(g) + Cl(g) \longrightarrow HCl(g)$
(라) $H(g) + Cl_2(g) \longrightarrow HCl(g) + Cl(g)$
(마) $Cl(g) + H_2(g) \longrightarrow HCl(g) + H(g)$
H_2, Cl_2, HCl의 결합 에너지는 각각 435.8, 243, 431.6kJ/mol

21. 헤스의 법칙을 이용하여 반응 (라)의 반응 엔탈피 ΔH를 구하려고 한다. 위의 열화학 반응식 중 꼭 필요한 것만을 모아 놓은 것은?

① (가), (나) ② (나), (다)
③ (다), (라) ④ (나), (다), (마)
⑤ (가), (나), (다), (라)

22. 위의 반응들 중 발열 반응인 것을 모두 고르면?

① (가), (나) ② (다), (라)
③ (다), (마) ④ (라), (마)
⑤ (다), (라), (마)

23. 알케인의 브롬화 반응은 다음과 같이 일어난다. 결합 에너지 표를 참고하여 아래 설명 중 옳은 것은?

〈반응 Ⅰ〉 $Br_2 \rightarrow 2Br\cdot$
〈반응 Ⅱ〉 $RCH_3 + Br\cdot \rightarrow RCH_2\cdot + HBr$
〈반응 Ⅲ〉 $RCH_2\cdot + Br_2 \rightarrow RCH_2Br + Br\cdot$

결합	결합 에너지 (kcal/mol)
C−H	99
H−Br	88
Br−Br	46
C−Br	69

① 〈반응 Ⅰ〉은 발열 반응이다.
② 〈반응 Ⅱ〉에서는 11kcal/mol의 열이 발생한다.
③ 〈반응 Ⅲ〉에서는 42kcal/mol의 열이 발생한다.
④ $RCH_3 + Br_2 \rightarrow RCH_2Br + HBr$의 반응은 발열 반응이다.

24. NO분자가 구성 원소로부터 만들어질 때는 90kJ/mol의 에너지가 필요하다. NO분자의 결합 해리 에너지는 얼마인가? (N_2와 O_2의 결합 에너지는 각각 941kJ/mol, 499kJ/mol이다.)

① 630kJ/mol ② 675kJ/mol
③ 765kJ/mol ④ 810kJ/mol

25. 〈보기〉에 제시한 엔탈피(enthalpy) 자료를 보고 25℃에서 7.00g의 질소 기체(N_2)가 과량의 수소 기체(H_2)와 반응하여 암모니아 기체(NH_3)를 생성할 때 발생하는 열을 계산한 것으로 가장 옳은 것은? (단, 원자량은 H=1.0, N=14.0이다.)

보기
결합 엔탈피($N\equiv N$) = 941kJ/mol
결합 엔탈피($H-H$) = 436kJ/mol
결합 엔탈피($N-H$) = 393kJ/mol

① 27kJ/mol ② 56kJ/mol
③ 109kJ/mol ④ 112kJ/mol

26. 아래 그림은 $N_2O_4(l) \rightarrow 2NO_2(g)$ 반응과 관련된 에너지 도식이다. 반응물과 생성물의 생성열이 각각 −20kJ/mol, +34kJ/mole이다. A, B, C에 관하여 옳게 적은 것을 골라라.
(아래 그림에서 에너지 간격은 정확한 척도로 그려진 것이 아니다.)

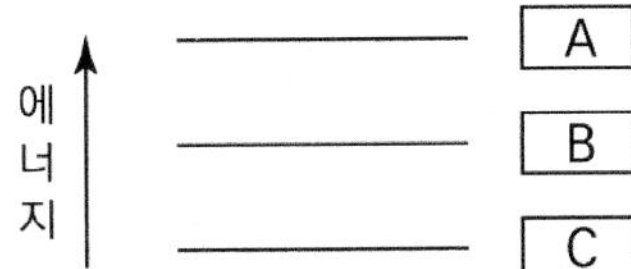

	A	B	C
①	$N_2O_4(l)$	$N_2(g)$, $O_2(g)$	$NO_2(g)$
②	$NO_2(g)$	$N_2(g)$, $O_2(g)$	$N_2O_4(l)$
③	$N_2O_4(l)$	$NO_2(g)$	$N_2(g)$, $O_2(g)$
④	$N_2(g)$, $O_2(g)$	$NO_2(g)$	$N_2O_4(l)$

27. $H_2(g)$와 $F_2(g)$의 결합 에너지는 각각 432kJ/mol, 154kJ/mol이다. $HF(g)$의 표준생성 엔탈피가 −271kJ/mol이라면 $HF(g)$의 결합 에너지는 얼마인가?

① 857kJ/mol ② 315kJ/mol
③ 282kJ/mol ④ 564kJ/mol

28. 저마늄(Ge)은 불소(F_2)와 반응하여 GeF_4 기체를 형성한다. $GeF_4(g)$의 표준 생성 엔탈피는?

F_2의 결합 에너지	158kJ/mol
Ge 승화 엔탈피	375kJ/mol
Ge−F 결합 에너지	465kJ/mol

① +998kJ/mol ② −998kJ/mol
③ +1169kJ/mol ④ −1169kJ/mol

29. 아래의 반응식과 엔탈피의 변화로부터 아세틸렌(C_2H_2)의 표준 생성 엔탈피를 구하여라.

$2C(\text{흑연}) + H_2(g) \rightarrow C_2H_2(g)$

㉠ $C(\text{흑연}) + O_2(g) \rightarrow CO_2(g)\ \ \Delta H^\circ = -393.5\text{kJ}$
㉡ $H_2(g) + \frac{1}{2}O_2(g) \rightarrow H_2O(l)\ \ \Delta H^\circ = -285.8\text{kJ}$
㉢ $2C_2H_2(g) + 5O_2(g) \rightarrow 4CO_2(g) + 2H_2O(l)$
$\Delta H^\circ = -2598.8\text{kJ}$

① +226.6kJ ② −453.2kJ
③ −226.6kJ ④ −3278.1kJ
⑤ +453.2kJ

30. 그림은 25℃에서 아이오딘화 수소(HI)의 분해와 관련된 반응들의 표준 반응 엔탈피(ΔH°)를 각각 나타낸 것이다.

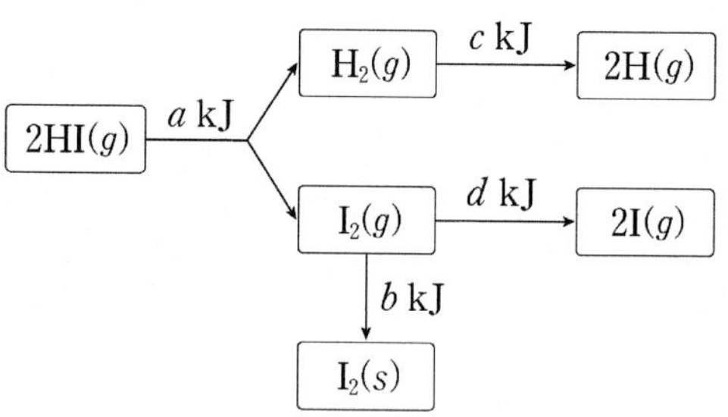

이에 대한 설명으로 옳은 것은?

① $b \sim d$는 모두 0보다 크다.
② 절댓값은 d가 c보다 크다.
③ $HI(g)$의 표준 생성 엔탈피는 $-\frac{a}{2}$kJ/mol이다.
④ H−I 결합의 결합 에너지는 $\left(\frac{a+c+d}{2}\right)$kJ/mol이다.

기타 반응에 대한 엔탈피 변화

31. KCl(s)을 물에 녹일 때 용해열은 17.2kJ/mol이고, KCl(s)의 격자 에너지(lattice energy)는 701.2kJ/mol이다. 다음 반응의 엔탈피 변화는?

$K^+(g) + Cl^-(g) \rightarrow K^+(aq) + Cl^-(aq) \qquad \Delta H^\circ = ?$

① 718kJ ② 684kJ
③ −684kJ ④ −718kJ

32. 고체 브롬의 표준 승화 엔탈피가 +40.1kJ/mol이고, 표준 용융 엔탈피가 +10.6kJ/mol일 때, 액체 브롬의 표준 증발 엔탈피는?

① −29.5kJ/mol ② −50.7kJ/mol
③ +29.5kJ/mol ④ +50.7kJ/mol

33. 온도 25℃에서 〈보기〉와 같은 열역학적 특성을 가지는 이온성 고체 NaF(s)의 용해 과정에 대한 설명으로 가장 옳지 않은 것은? (단, ΔH_1, ΔH_2, ΔH_3는 각각 격자 엔탈피, 수화 엔탈피, 용해 엔탈피이며, ΔG_3는 용해 반응에 대한 깁스(Gibbs) 자유에너지이다.)

보기

- $NaF(s) \rightarrow Na^+(g) + F^-(g) \qquad \Delta H_1 = x$ kJ/mol
- $Na^+(g) + F^-(g) \rightarrow Na^+(aq) + F^-(aq) \qquad \Delta H_2 = -927$kJ/mol
- $NaF(s) \rightarrow Na^+(aq) + F^-(aq) \qquad \Delta H_3 = 3.0$kJ/mol $\quad \Delta G_3 = 8.0$kJ/mol

① ΔH_1은 흡열 과정이다.
② $\Delta H_2 = \Delta H_3 - \Delta H_1$의 관계를 가진다.
③ NaF가 물에 용해될 때 엔트로피는 증가한다.
④ NaF가 물에 용해될 때 수용액의 온도는 내려간다.

자료 추론형

34. 그림은 동소체인 산소(O_2)와 오존(O_3)의 분자 모형을 나타낸 것이다.

O_2 $\qquad$ O_3

25℃, 1기압에서 $O_2(g)$의 결합 에너지를 ΔH_1, $O_3(g)$의 생성열을 ΔH_2라 할 때, $O_3(g)$ 1몰의 결합을 모두 끊기 위해 필요한 에너지는?

① $2\Delta H_1$ ② $\frac{3}{2}\Delta H_2$
③ $3\Delta H_1 - 2\Delta H_2$ ④ $\frac{3}{2}\Delta H_1 - \Delta H_2$
⑤ $\frac{2}{3}\Delta H_1 - \Delta H_2$

35. 다음은 메테인의 브롬화 반응에 관련된 화학반응식과 그에 따른 반응열을 나타낸 것이다.

$Br_2(g) \rightarrow 2Br(g) \qquad \Delta H_1^\circ = 192$kJ/mol

$CH_4(g) + Br(g) \rightarrow CH_3(g) + HBr(g) \qquad \Delta H_2^\circ = 67$kJ/mol

$CH_3(g) + Br_2(g) \rightarrow CH_3Br(g) + Br(g) \qquad \Delta H_3^\circ = -101$kJ/mol

이 반응에 대한 설명으로 옳은 것을 〈보기〉에서 모두 고른 것은?

보기

ㄱ. C-Br 결합 에너지는 $\Delta H_3^\circ - \frac{1}{2}\Delta H_1^\circ$이다.
ㄴ. C-H보다 H-Br의 결합 에너지가 더 크다.
ㄷ. $CH_4 + Br_2 \rightarrow CH_3Br + HBr$반응의 ΔH°는 $\Delta H_2^\circ + \Delta H_3^\circ$이다.

① ㄴ ② ㄷ ③ ㄱ, ㄴ
④ ㄱ, ㄷ ⑤ ㄱ, ㄴ, ㄷ

PART 05 화학 반응

36. 그림은 1기압, 298K에서 몇 가지 물질의 생성열(ΔH_f)을 나타낸 것이다.

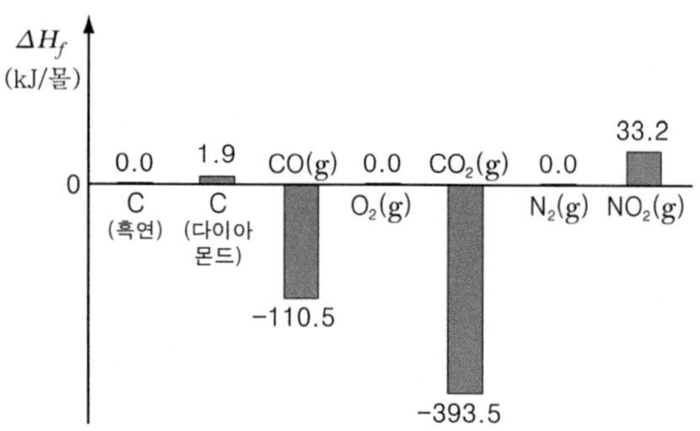

이에 대한 옳은 설명만을 〈보기〉에서 있는 대로 고른 것은?

보기

ㄱ. $NO_2(g)$의 생성 반응은 흡열 반응이다.

ㄴ. $CO(g)$의 연소열(ΔH)은 −283.0kJ/몰이다.

ㄷ. $CO(g)$의 ΔH_f는 C(다이아몬드)$+\frac{1}{2}O_2(g) \rightarrow CO(g)$의 엔탈피 변화이다.

① ㄴ ② ㄷ ③ ㄱ, ㄴ
④ ㄴ, ㄷ ⑤ ㄱ, ㄴ, ㄷ

37. 다음은 메탄과 염소의 화학 반응식과 그 반응이 일어날 때의 에너지 관계를 나타낸 것이다.

$$CH_4(g) + Cl_2(g) \rightarrow CH_3Cl(g) + HCl(g) \quad \Delta H = -99\,kJ$$

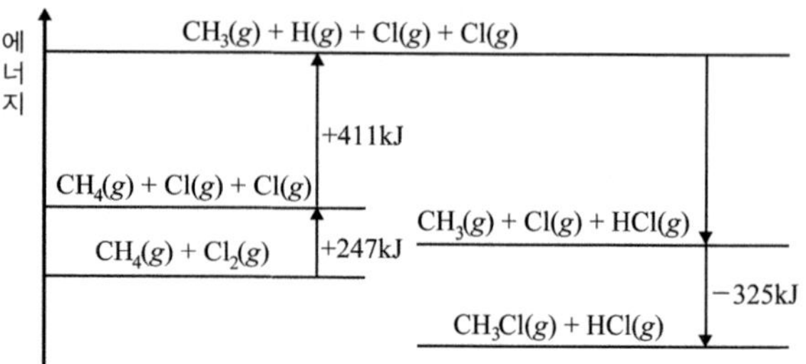

이에 대한 옳은 설명을 〈보기〉에서 모두 고른 것은?

보기

ㄱ. 결합의 세기는 C−H < C−Cl 이다.

ㄴ. H−Cl의 결합 에너지는 432kJ/몰이다.

ㄷ. 반응이 진행되면 반응 용기 내부의 온도는 높아진다.

ㄹ. 1몰의 메탄(CH_4)과 염소(Cl_2)가 염화메틸(CH_3Cl)과 염화수소(HCl)로 될 때 658kJ의 에너지가 흡수된다.

① ㄱ, ㄴ ② ㄱ, ㄹ ③ ㄴ, ㄷ
④ ㄱ, ㄷ, ㄹ ⑤ ㄴ, ㄷ, ㄹ

화학 결합과 반응열

38. 다음 그림은 리튬(Li)과 플루오린(F_2)으로부터 플루오린화리튬(LiF)이 생성될 때의 에너지 변화를 나타낸 에너지 준위도이다. 리튬의 이온화 에너지는 얼마인가?

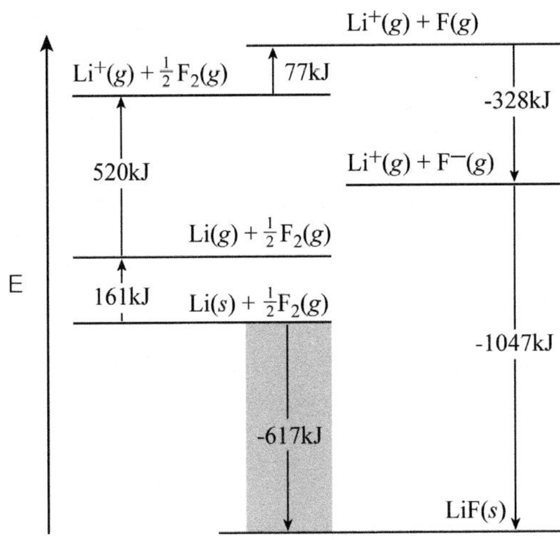

① −328kJ/mol ② 161kJ/mol
③ 520kJ/mol ④ 77kJ/mol

39. 다음은 화합물 XY의 결정 모형과 몇 가지 열화학 반응식을 나타낸 것이다.

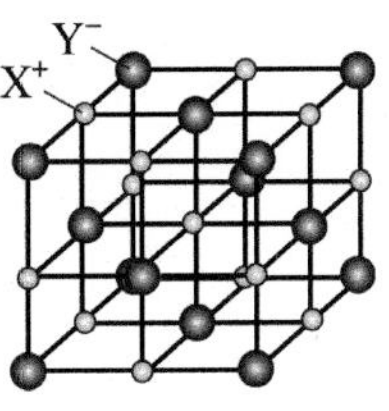

$X(g) \rightarrow X^+(g) + e^-$	$\Delta H = 495\text{kJ/mol}$
$Y(g) + e^- \rightarrow Y^-(g)$	$\Delta H = -349\text{kJ/mol}$
$X^+(g) + Y^-(g) \rightarrow XY(g)$	$\Delta H = -450\text{kJ/mol}$
$XY(g) \rightarrow XY(s)$	$\Delta H = -337\text{kJ/mol}$

이 자료에 대한 설명으로 옳은 것만을 〈보기〉에서 있는 대로 고른 것은? (단, X, Y는 임의의 원소이다.)

보기

ㄱ. X의 이온화 에너지는 495kJ/mol이다.
ㄴ. 1개의 X^+와 결합하고 있는 Y^-는 6개이다.
ㄷ. $X^+(g)$와 $Y^-(g)$가 결합하여 $XY(s)$를 형성할 때 787kJ/mol의 에너지를 방출한다.

① ㄱ ② ㄷ ③ ㄱ, ㄴ
④ ㄴ, ㄷ ⑤ ㄱ, ㄴ, ㄷ

40. 그림은 염화나트륨의 생성 과정에 대한 에너지 관계의 일부를 나타낸 것이다.

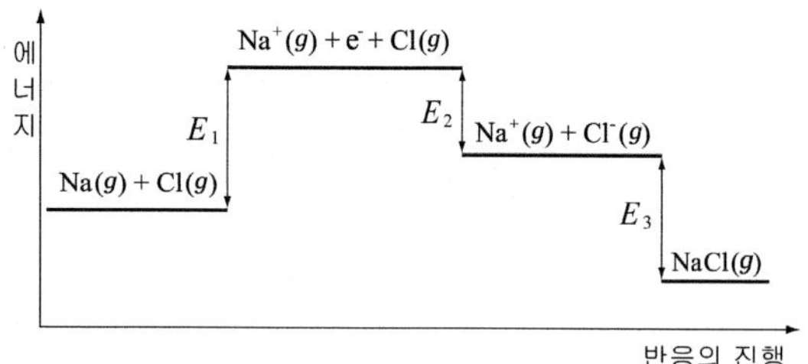

이에 대한 설명으로 옳은 것을 〈보기〉에서 모두 고른 것은?

보기

ㄱ. $Cl(g)$대신 $I(g)$로 바꾸면 E_3가 커진다.

ㄴ. $NaCl(g)$의 생성열(ΔH)은 $E_2 + E_3 - E_1$이다.

ㄷ. $Na(g)$의 이온화 에너지는 $Cl(g)$의 전자 친화도보다 크다.

① ㄱ ② ㄷ ③ ㄱ, ㄴ
④ ㄴ, ㄷ ⑤ ㄱ, ㄴ, ㄷ

41. 그래프는 $Li(s)$과 $F_2(g)$가 반응하여 1 몰의 $LiF(s)$이 생성되는 과정에서 단계별 엔탈피 변화(ΔH)를 나타낸 것이다.

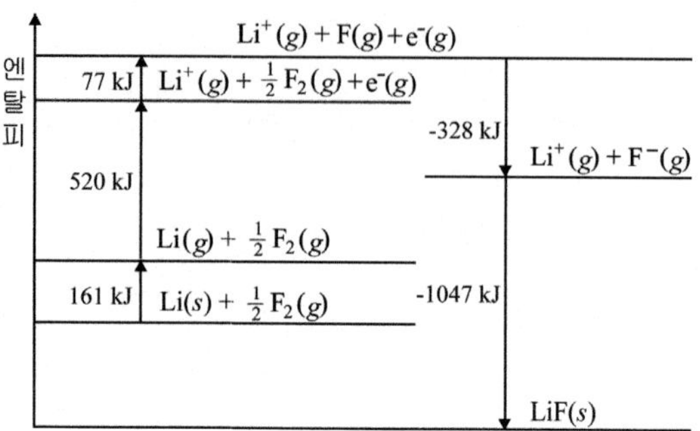

위 자료에 대한 옳은 설명을 〈보기〉에서 모두 고른 것은?

보기

ㄱ. Li의 이온화 에너지는 520kJ/mol이다.

ㄴ. F_2의 결합 에너지는 77kJ/mol이다.

ㄷ. $Li(s) + \frac{1}{2}F_2(g) \rightarrow LiF(s)$의 반응열 ($\Delta H$)은 -617kJ이다.

① ㄱ ② ㄴ ③ ㄱ, ㄴ
④ ㄱ, ㄷ ⑤ ㄴ, ㄷ

42. 다음은 HBr가 생성되는 열화학 반응식이다.

$H_2(g) + Br_2(g) \rightarrow 2HBr_2(g)$	$\Delta H < 0$

그림은 H_2, Br_2, HBr의 분자 내 핵간 거리에 따른 에너지를 모식적으로 나타낸 것이다.

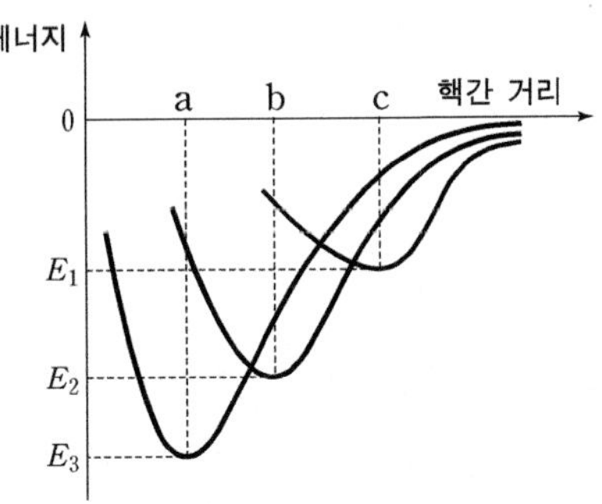

이에 대한 설명으로 옳은 것만을 <보기>에서 있는 대로 고른 것은?

보기

ㄱ. 결합 에너지는 Br_2이 가장 작다.

ㄴ. b는 $\frac{a+c}{2}$보다 크다.

ㄷ. E_2는 $\frac{E_1+E_3}{2}$와 같다.

① ㄱ ② ㄴ ③ ㄱ, ㄷ
④ ㄴ, ㄷ ⑤ ㄱ, ㄴ, ㄷ

열역학

24 해양 경찰청 14

43. 다음 중 카르노 사이클(Carrot cycle)의 가역 과정순으로 가장 옳은 것은?

① 등온팽창 → 단열팽창 → 등온압축 → 단열압축
② 등온팽창 → 단열팽창 → 단열압축 → 등온압축
③ 등온팽창 → 등온압축 → 단열팽창 → 단열압축
④ 등온팽창 → 등온압축 → 단열압축 → 단열팽창

CHAPTER 02

반응의 자발성과 자유 에너지 변화

제1절 엔트로피 변화

정답 p. 205

대표 유형 기출 문제

10 공업화학 9급 18

1. 다음 중 엔트로피 변화(ΔS)의 증가가 예상되는 반응만 고른 것은?

ㄱ. $Na(s) + \frac{1}{2}Cl_2(g) \rightarrow NaCl(s)$
ㄴ. $N_2(g) + 3H_2(g) \rightarrow 2NH_3(g)$
ㄷ. $CaCO_3(s) \rightarrow CaO(s) + CO_2(g)$
ㄹ. $NaCl(s) \rightarrow NaCl(l)$

① ㄱ, ㄴ ② ㄱ, ㄹ
③ ㄴ, ㄷ ④ ㄷ, ㄹ

11 지방직 9급 13

2. 계의 엔트로피가 감소하는 반응을 모두 고른 것은?

ㄱ. $H_2O(l) \rightarrow H_2O(g)$
ㄴ. $2SO_2(g) + O_2(g) \rightarrow 2SO_3(g)$
ㄷ. $4Fe(s) + 3O_2(g) \rightarrow 2Fe_2O_3(s)$

① ㄱ ② ㄴ
③ ㄴ, ㄷ ④ ㄱ, ㄴ, ㄷ

11 지방직 7급 08

3. 수용성 고체 이온 화합물이 물에 녹을 때의 열역학적 변화를 서술한 것으로 옳지 않은 것은?

① 계 전체의 엔탈피는 항상 증가한다.
② 고체 결정격자에서 자유로운 이온으로 바뀌어 엔트로피가 증가한다.
③ 조성이온의 크기에 따라 계의 엔트로피 변화 크기가 다르다.
④ 해리된 이온 화학종의 수화(hydration)는 계의 엔트로피를 감소하게 한다.

14 지방직 9급 14

4. 다음 중 엔트로피가 증가하는 과정만을 〈보기〉에서 모두 고른 것은?

보기

ㄱ. 소금이 물에 용해된다.
ㄴ. 공기로부터 질소(N_2)가 분리된다.
ㄷ. 기체의 온도가 낮아져 부피가 감소한다.
ㄹ. 상온에서 얼음이 녹아 물이 된다.

① ㄱ, ㄴ ② ㄱ, ㄹ
③ ㄴ, ㄷ ④ ㄷ, ㄹ

23 지방직 9급 16

5. 298K에서 다음 반응에 대한 계의 표준 엔트로피 변화(ΔS°)는? (단, 298K에서 $N_2(g)$, $H_2(g)$, $NH_3(g)$의 표준 몰 엔트로피[$Jmol^{-1}K^{-1}$]는 각각 191.5, 130.6, 192.5이다.)

$$N_2(g) + 3H_2(g) \rightarrow 2NH_3(g)$$

① −129.6　　② 129.6
③ −198.3　　④ 198.3

기본 문제

6. 그림 (가)~(다)는 콕으로 분리된 용기 한쪽에 기체를 넣고 콕을 열었을 때, 시간에 따른 기체의 분포를 모형으로 순서 없이 나타낸 것이다.

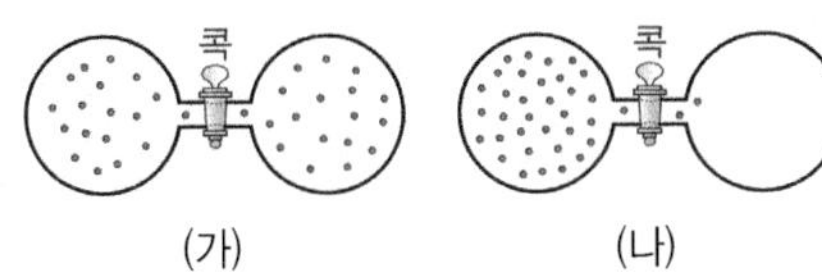

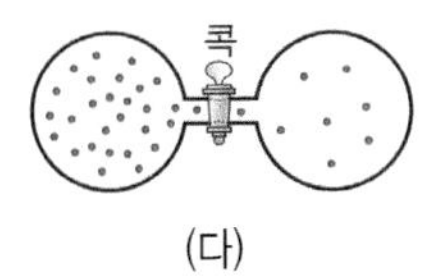

용기 내 전체 기체의 엔트로피(S)를 비교한 것으로 옳은 것은? (단, 온도는 일정하다.)

① (가) < (나) < (다)　　② (나) < (가) < (다)
③ (나) < (다) < (가)　　④ (다) < (가) < (나)
⑤ (다) < (나) < (가)

계의 종류와 엔트로피

7. 다음은 메탄올(CH_3OH)이 연소되는 화학 반응식이다.

$$2CH_3OH(l) + 3O_2(g) \rightarrow 2CO_2(g) + 4H_2O(g)$$

그림 (가)~(다)와 같이 CH_3OH이 각각 열린계, 닫힌계, 고립계에서 연소되고 있다.

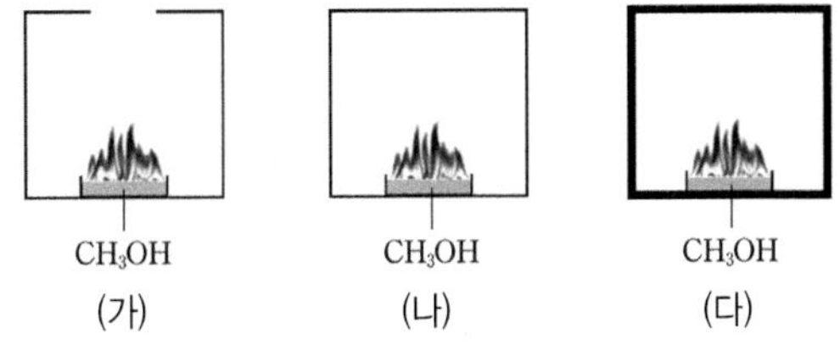

이에 대한 설명으로 옳지 않은 것은?

① (가)에서 계의 엔탈피는 감소한다.
② (나)에서 주위의 엔트로피는 감소한다.
③ (나)에서 계와 주위 사이에 물질 이동은 없다.
④ (다)에서 계의 엔트로피는 증가한다.
⑤ (다)에서 주위의 온도는 변하지 않는다.

PART 05 화학 반응

제2절 반응의 자발성 판단

정답 p. 206

대표 유형 기출 문제

화학 반응식과 자발성

10 지방직 9급 03

1. 어떤 온도에서 다음 발열 반응의 평형 상수 K_c = 9.6일 때 옳은 것은?

$$N_2(g) + 3H_2(g) \rightarrow 2NH_3(g)$$

① $\Delta G > 0,\ \Delta H > 0,\ \Delta S > 0$

② $\Delta G > 0,\ \Delta H > 0,\ \Delta S < 0$

③ $\Delta G < 0,\ \Delta H < 0,\ \Delta S > 0$

④ $\Delta G < 0,\ \Delta H < 0,\ \Delta S < 0$

18 지방직 7급 10

2. 다음은 수소 기체에 의한 산화알루미늄 환원 반응이고, 열역학 데이터는 25℃ 1기압에서의 값이다. 이에 대한 설명으로 옳은 것만을 〈보기〉에서 모두 고르면?

$$Al_2O_3(s) + 3H_2(g) \rightarrow 2Al(s) + 3H_2O(g)$$

	$Al_2O_3(s)$	$H_2(g)$	$Al(s)$	$H_2O(g)$
ΔH_f° ($kJ \cdot mol^{-1}$)	−1,676	0	0	−242
S° ($J \cdot mol^{-1} \cdot K^{-1}$)	51	131	28	189

보기

ㄱ. 25℃ 1기압에서 이 반응은 흡열반응이다.
ㄴ. 반응의 ΔH°_{rxn}는 $-950 kJ \cdot mol^{-1}$이다.
ㄷ. 반응의 ΔS°_{rxn}는 $179 J \cdot mol^{-1} \cdot K^{-1}$이다.
ㄹ. 25℃ 1기압에서 이 반응은 자발적이다.

① ㄱ, ㄴ ② ㄱ, ㄷ
③ ㄴ, ㄷ ④ ㄴ, ㄹ

19 국가직 7급 17

3. 25℃, 1기압에서 물(H_2O)과 다이클로로메테인(CH_2Cl_2) 혼합 용액을 균일한 상태로 만든 후 가만히 놓아두면 층 분리가 자발적으로 일어난다. 이 과정에서 혼합 용액의 엔탈피 변화(ΔH)와 엔트로피 변화(ΔS)를 옳게 짝지은 것은?

① $\Delta H > 0,\ \Delta S > 0$

② $\Delta H > 0,\ \Delta S < 0$

③ $\Delta H < 0,\ \Delta S > 0$

④ $\Delta H < 0,\ \Delta S < 0$

자료 추론형

4. 다음은 반응 (가)~(다)의 화학 반응식이다.

(가) $2H(g) \rightarrow H_2(g)$
(나) $CO_2(s) \rightarrow CO_2(g)$
(다) $CH_4(g)+2O_2(g) \rightarrow CO_2(g)+2H_2O(l)$

표는 반응 엔탈피(ΔH)와 반응 엔트로피(ΔS)의 부호를 나타낸 것이다.

구분	ΔH의 부호	ΔS의 부호
A	+	+
B	−	−
C	−	+

(가)~(다)를 A~C중 하나에 옳게 연결한 것은?

	(가)	(나)	(다)
①	A	B	C
②	B	A	B
③	B	C	B
④	C	B	A
⑤	C	C	A

5. 25℃, 1atm에서 프로페인(C_3H_8)이 완전히 연소되는 과정에 대한 반응 엔탈피(ΔH)와 반응 엔트로피(ΔS)의 부호를 모두 옳게 나타낸 것은?

① $\Delta H>0$, $\Delta S>0$　② $\Delta H>0$, $\Delta S<0$
③ $\Delta H<0$, $\Delta S>0$　④ $\Delta H<0$, $\Delta S<0$

6. 그림은 25℃, 1 기압에서 $NO_2(g)$ 분해 반응의 반응 진행에 따른 엔탈피 변화를 나타낸 것이다.

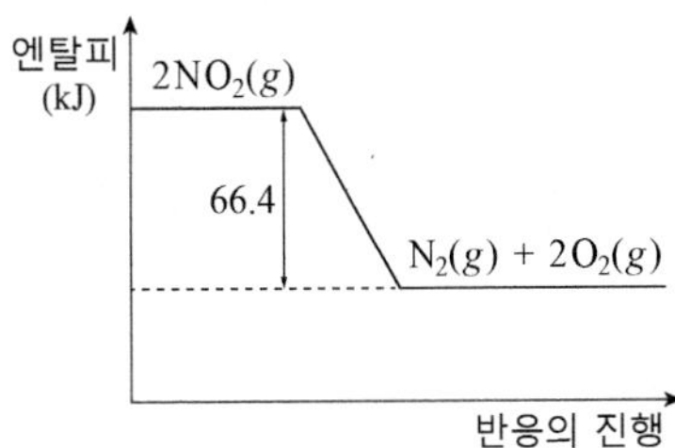

이 반응에서 계의 엔트로피 변화(ΔS)와 $NO_2(g)$의 분해열(ΔH)로 옳은 것은?

	ΔS	ΔH (kJ/mol)
①	$\Delta S<0$	−33.2
②	$\Delta S<0$	+66.4
③	$\Delta S>0$	+66.4
④	$\Delta S>0$	−33.2
⑤	$\Delta S>0$	+66.4

7. 다음은 온도 T에서 기체 X가 반응하여 기체 Y와 Z가 생성되는 반응의 열화학 반응식이다.

$2X(g) \rightarrow aY(g)+bZ(g)$　$\Delta H>0$, $\Delta G<0$
(a, b는 반응 계수이다.)

이 반응에 대한 옳은 설명만을 〈보기〉에서 있는 대로 고른 것은?

보기
ㄱ. $|\Delta S_{계}|>|\Delta S_{주위}|$이다.
ㄴ. $a+b$는 2보다 작다.
ㄷ. T보다 높은 온도에서 비자발적이다.

① ㄱ　② ㄷ　③ ㄱ, ㄴ
④ ㄱ, ㄷ　⑤ ㄴ, ㄷ

8. 다음은 1 기압에서 암모니아(NH_3)가 질소(N_2)와 수소(H_2)로 분해되는 반응의 열화학 반응식이다.

$$2NH_3(g) \rightarrow N_2(g) + 3H_2(g) \qquad \Delta H > 0$$

1기압에서 이 반응이 일어날 때, 이에 대한 설명으로 옳은 것만을 〈보기〉에서 있는 대로 고른 것은?

보기
ㄱ. 반응 과정에서 계의 엔트로피는 증가한다.
ㄴ. 전체(계+주위) 에너지 총량은 반응 전과 반응 후가 같다.
ㄷ. 이 반응은 온도와 무관하게 항상 자발적이다.

① ㄱ ② ㄷ ③ ㄱ, ㄴ
④ ㄴ, ㄷ ⑤ ㄱ, ㄴ, ㄷ

9. 그림은 온도와 압력이 일정하게 유지되는 실린더에서 기체 A가 반응하여 기체 B를 생성할 때, 반응 전후 실린더 속 기체의 전체 몰수를 나타낸 것이다.

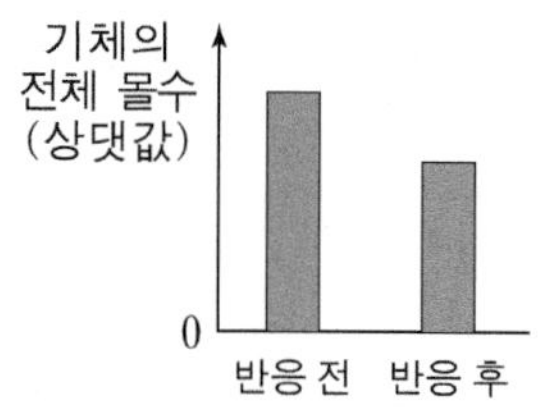

이 반응이 자발적으로 일어날 때, 실린더 속 기체에 대한 설명으로 옳은 것만을 〈보기〉에서 있는 대로 고른 것은? (단, 실린더에서 피스톤의 질량과 마찰은 무시한다.)

보기
ㄱ. 엔트로피(S)는 반응 후가 반응 전보다 크다.
ㄴ. 자유 에너지(G)는 반응 후가 반응 전보다 크다.
ㄷ. 엔탈피(H)는 반응 후가 반응 전보다 작다.

① ㄱ ② ㄴ ③ ㄷ
④ ㄱ, ㄴ ⑤ ㄴ, ㄷ

10. 다음 표는 300K에서 3가지 기체의 표준 생성 엔탈피(ΔH_f°)와 표준 엔트로피(S°)를 나타낸 것이다. 300K에서 $A(g) + 3B(g) \rightarrow 2C(g)$ 반응의 표준 반응 자유 에너지(ΔG_r°)[kJ]는?

화합물	ΔH_f° [kJ/mol]	S° [J/K · mol]
$A(g)$	0	200
$B(g)$	0	100
$C(g)$	−50	150

① −40kJ ② −20kJ
③ 20kJ ④ 40kJ

11. 자유 에너지(G)와 평형 상수(K)에 관한 관계식으로 옳지 않은 것은?

① $\ln K = \Delta G^\circ / RT$ (R: 이상 기체 상수, T: 절대 온도)
② $\Delta G = \Delta G^\circ + RT\ln Q$ (Q: 반응 지수)
③ $\Delta G^\circ = -RT\ln K$ (R: 이상 기체 상수, T:절대 온도)
④ $K = e^{-\frac{\Delta G^\circ}{RT}}$ (R: 이상 기체 상수, T: 절대 온도)

12. 다음은 산화철(Ⅲ)(Fe_2O_3)을 열분해하여 철(Fe)을 얻는 화학 반응식과 그와 관련된 열화학 자료이다.

$$2Fe_2O_3(s) \rightarrow 4Fe(s) + 3O_2(g)$$

이 자료로부터 산화철(Ⅲ)을 열분해하여 철(Fe)을 얻을 수 있는 가장 낮은 온도는? (단, 온도에 따른 표준 생성 엔탈피와 표준 엔트로피의 변화는 무시한다.)

	표준 생성 엔탈피 ΔH_f°(kJ/mol)	표준 엔트로피 S°(J/K · mol)
$Fe(s)$	0	30
$Fe_2O_3(s)$	−810	90
$O_2(g)$	0	200

① 1500K ② 2000K
③ 2500K ④ 3000K

대표 유형 기출 문제

깁스 에너지 그래프 분석

11 지방직 9급 14

13. 화학 반응에 대한 설명으로 옳은 것을 모두 고른 것은?

ㄱ. 자발 반응에서 Gibbs 에너지는 감소한다.
ㄴ. 발열 반응은 화학 반응시 열을 주위에 방출한다.
ㄷ. 에너지는 한 형태에서 다른 형태로 변환되지만, 창조되거나 소멸되지 않는다.

① ㄱ ② ㄱ, ㄴ
③ ㄴ, ㄷ ④ ㄱ, ㄴ, ㄷ

15 지방직 9급 08

14. 모든 온도에서 자발적으로 과정이기 위한 조건은?

① $\Delta H > 0$, $\Delta S > 0$
② $\Delta H = 0$, $\Delta S < 0$
③ $\Delta H > 0$, $\Delta S = 0$
④ $\Delta H < 0$, $\Delta S > 0$

16 지방직 9급 16

15. 다음 그림은 어떤 반응의 자유 에너지 변화(ΔG)를 온도(T)에 따라 나타낸 것이다. 이에 대한 설명으로 옳은 것만을 모두 고른 것은? (단, ΔH는 일정하다.)

ㄱ. 이 반응은 흡열 반응이다.
ㄴ. T_1보다 낮은 온도에서 반응은 비자발적이다.
ㄷ. T_1보다 높은 온도에서 반응의 엔트로피 변화(ΔS)는 0보다 크다.

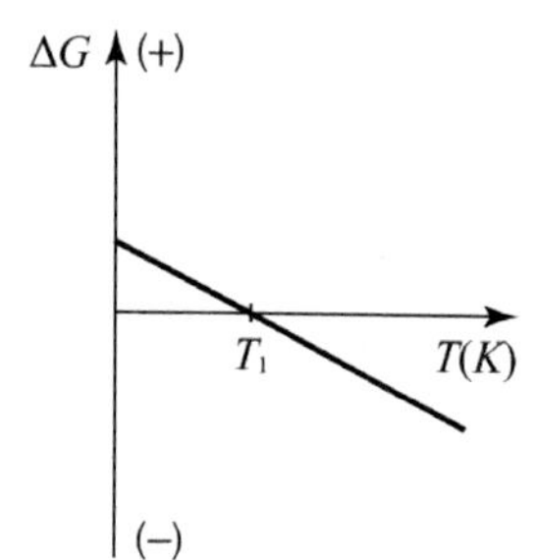

① ㄱ, ㄴ ② ㄱ, ㄷ
③ ㄴ, ㄷ ④ ㄱ, ㄴ, ㄷ

16 지방직 7급 06

16. 어떤 반응에서 표준 엔탈피 변화를 ΔH°, 표준 엔트로피 변화를 ΔS°라고 할 때, 이 반응이 자발적으로 일어나기 위한 온도 T[K]의 조건은?

① $T > \Delta H^\circ \times \Delta S^\circ$
② $T > \Delta H^\circ / \Delta S^\circ$
③ $T = \Delta H^\circ + \Delta S^\circ$
④ $T = \Delta H^\circ - \Delta S^\circ$

자료 추론형

17. 그림은 25℃에서 어떤 반응 Ⅰ~Ⅲ의 ΔH와 $T\Delta S$를 나타낸 것이다.

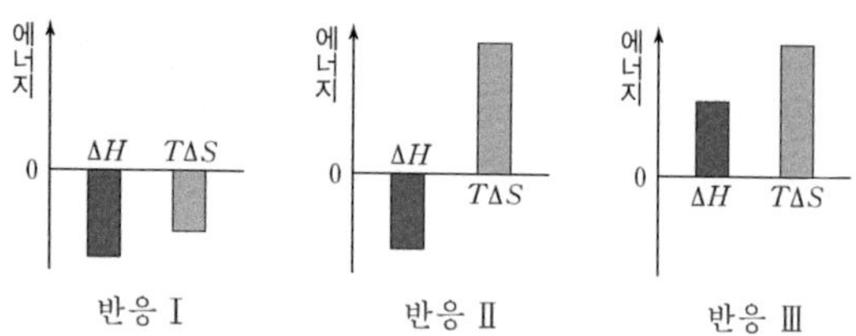

25℃에서 이에 대한 설명으로 옳은 것만을 〈보기〉에서 있는 대로 고른 것은?

보기

ㄱ. 반응 Ⅰ~Ⅲ은 모두 자발적으로 일어난다.
ㄴ. $H_2O(s) \rightarrow H_2O(l)$은 반응 Ⅰ에 해당한다.
ㄷ. $C_3H_8(g) + 5O_2(g) \rightarrow 3CO_2(g) + 4H_2O(g)$은 반응 Ⅲ에 해당한다.

① ㄱ ② ㄷ ③ ㄱ, ㄴ
④ ㄱ, ㄷ ⑤ ㄴ, ㄷ

18. 그림은 25℃에서 어떤 반응 (가)~(다)의 ΔH와 ΔG를 나타낸 것이다.

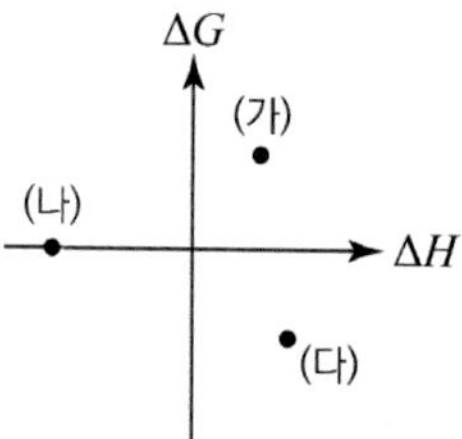

이에 대한 옳은 설명만을 〈보기〉에서 있는 대로 고른 것은?

보기

ㄱ. 25℃에서 (가)는 비자발적이다.
ㄴ. (나)는 10℃에서 자발적이다.
ㄷ. 25℃에서 (다)는 $|\Delta H| > |T\Delta S|$이다.

① ㄱ ② ㄷ ③ ㄱ, ㄴ
④ ㄴ, ㄷ ⑤ ㄱ, ㄴ, ㄷ

19. 그림 (가)는 기체 AB_2와 기체 B_2가 반응하여 기체 AB_3가 생성되는 반응 모형을, (나)는 이 반응의 온도에 따른 자유 에너지 변화(ΔG)를 나타낸 것이다.

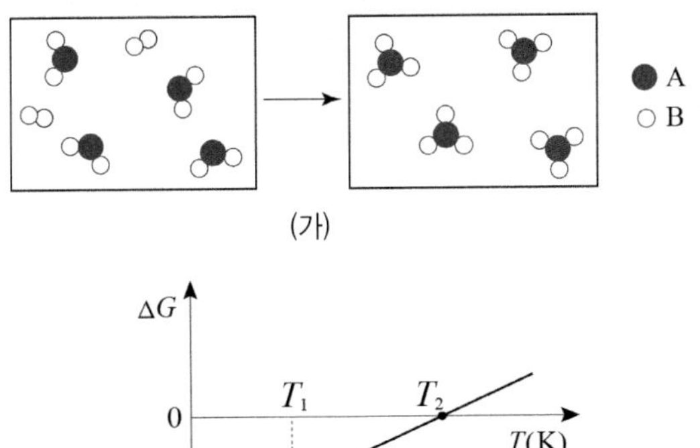

이 반응에 대한 설명으로 옳은 것만을 〈보기〉에서 있는 대로 고른 것은? (단, $\Delta S_{계}$와 $\Delta S_{주위}$는 각각 계와 주위의 엔트로피 변화이다.)

보기

ㄱ. $\Delta H > 0$이다.
ㄴ. T_1에서 $|\Delta S_{계}| < |\Delta S_{주위}|$이다.
ㄷ. T_2보다 높은 온도에서 비자발적이다.

① ㄱ ② ㄴ ③ ㄱ, ㄷ
④ ㄴ, ㄷ ⑤ ㄱ, ㄴ, ㄷ

20. 그림은 닫힌계에서 반응 (가)~(다)의 계와 주위의 엔트로피 변화를 나타낸 것이다. 점선에서 $\Delta S_{계} = -\Delta S_{주위}$이다.

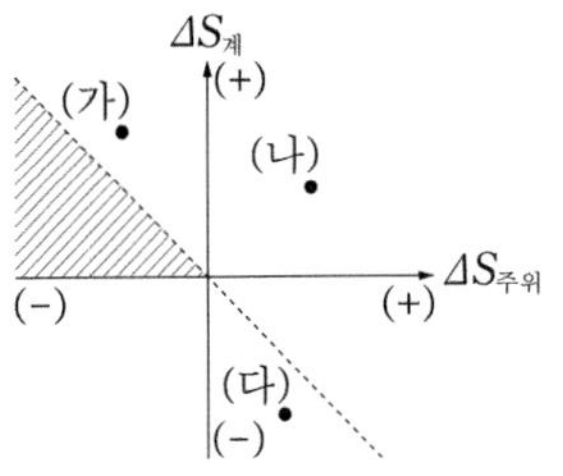

이에 대한 옳은 설명만을 〈보기〉에서 있는 대로 고른 것은?

보기

ㄱ. (가)와 (다)는 발열 반응이다.
ㄴ. (가)와 (나)는 자발적인 반응이다.
ㄷ. 25℃에서 $H_2O(l) \rightarrow H_2O(s)$은 빗금 친 영역에 속한다.

① ㄱ ② ㄴ ③ ㄷ
④ ㄱ, ㄷ ⑤ ㄴ, ㄷ

21. 그림은 T K에서 반응 (가)와 (나)의 반응 엔탈피(ΔH)와 자유 에너지 변화(ΔG)를 나타낸 것이다.

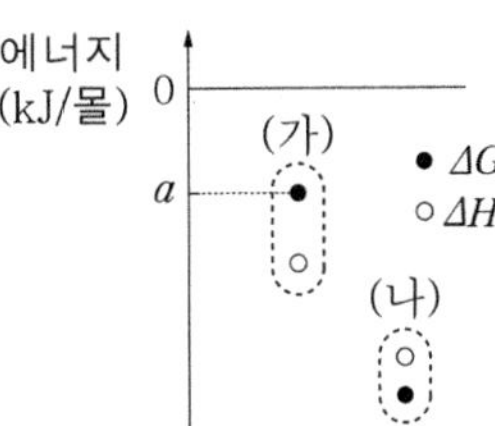

이에 대한 옳은 설명만을 〈보기〉에서 있는 대로 고른 것은?

보기

ㄱ. (가)는 자발적이다.
ㄴ. (나)의 엔트로피 변화(ΔS)는 0보다 작다.
ㄷ. T보다 높은 온도에서 (가)의 ΔG는 a보다 작다.

① ㄱ ② ㄴ ③ ㄱ, ㄷ
④ ㄴ, ㄷ ⑤ ㄱ, ㄴ, ㄷ

22. 그림은 1 기압에서 어떤 반응의 온도(T)에 따른 엔탈피 변화(ΔH)와 자유 에너지 변화(ΔG)를 나타낸 것이다.

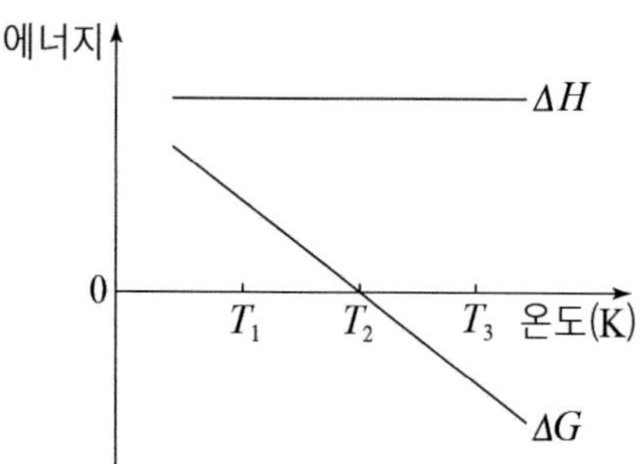

이에 대한 설명으로 옳은 것만을 〈보기〉에서 있는 대로 고른 것은?

> ㄱ. $T_1 \Delta S$는 0보다 크다.
>
> ㄴ. 평형 상태에서 ΔS는 $\dfrac{\Delta H}{T_2}$이다.
>
> ㄷ. 평형 상수(K)는 T_2에서가 T_3에서보다 크다.

① ㄱ　　② ㄷ

③ ㄱ, ㄴ　　④ ㄱ, ㄴ, ㄷ

대표 유형 기출 문제

상변화와 깁스 에너지

09 지방직 9급 02

23. 자발적으로 물이 수증기로 기화하는 ΔH, ΔS, ΔG 부호를 순서대로 바르게 나열한 것은?

① +, +, +　　② +, +, −

③ +, −, −　　④ −, −, −

12 지방직 7급(하) 09

24. 1기압, 끓는점 27℃에서 몰증발열이 27.0kJ/mol인 물질의 액체 → 기체 상전이에 대한 엔트로피 변화값 [J/K · mol]은? (단, 0K는 −273℃로 계산한다.)

① −1.11　　② 1.11

③ −90.0　　④ 90.0

15 국가직 7급 18

25. 그림은 1기압에서 에탄올의 가열 곡선이며, A ~C와 D~E는 각각 등온 구간이다. 이에 대한 설명으로 옳지 않은 것은?

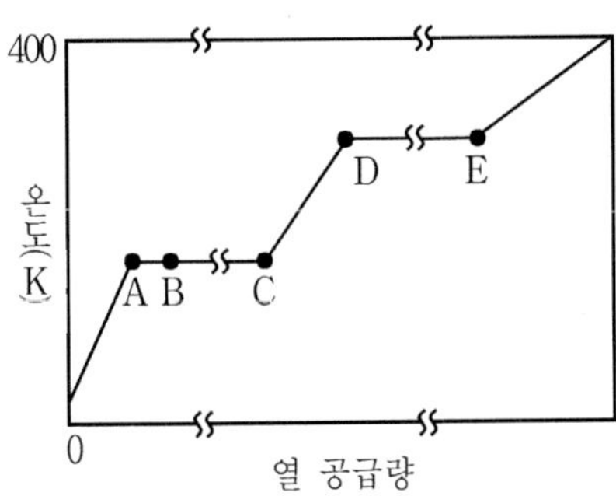

① B지점에서 에탄올은 액체와 고체 상태로 혼재한다.
② 구간의 길이는 A~C보다 D~E가 길다.
③ B지점보다 C지점의 엔탈피(H)가 크다.
④ D지점보다 E지점의 자유 에너지(G)가 크다.

자료 추론형

26. 다음은 드라이아이스가 승화하는 반응식이다.

$$CO_2(s) \rightarrow CO_2(g)$$

25℃에서 드라이아이스가 승화할 때에 대한 설명으로 옳은 것만을 〈보기〉에서 있는 대로 고른 것은?

보기
ㄱ. 계의 엔트로피 변화($\Delta S_{계}$)는 양(+)의 값이다.
ㄴ. 주위의 엔트로피 변화($\Delta S_{주위}$)는 음(−)의 값이다.
ㄷ. 전체의 엔트로피 변화 ($\Delta S_{전체} = \Delta S_{계} + \Delta S_{주위}$)는 양(+)의 값이다.

① ㄱ ② ㄴ ③ ㄱ, ㄷ
④ ㄴ, ㄷ ⑤ ㄱ, ㄴ, ㄷ

27. 1기압에서 암모니아(NH_3)의 어는점은 −78℃이다. 암모니아가 1기압, −80℃에서 〈보기〉와 같이 액체에서 고체가 될 때의 ΔH, ΔS, ΔG의 부호를 옳게 짝지은 것은?

보기

$$NH_3(l) \rightarrow NH_3(s)$$

① $\Delta H > 0$, $\Delta S > 0$, $\Delta G > 0$
② $\Delta H > 0$, $\Delta S < 0$, $\Delta G < 0$
③ $\Delta H < 0$, $\Delta S < 0$, $\Delta G < 0$
④ $\Delta H > 0$, $\Delta S > 0$, $\Delta G < 0$

28. 그림 (가)~(다)는 물질 A의 온도와 상이 다른 3가지 상태를 나타낸 것이다. 1기압에서 A의 어는점은 41℃이다.

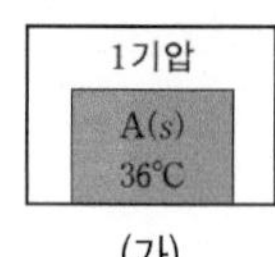

(가)

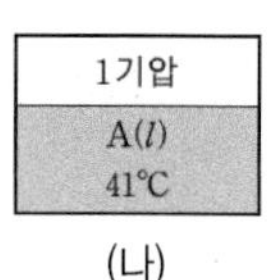

(나)

1기압
A(l)
46℃

(다)

이에 대한 설명으로 옳은 것만을 〈보기〉에서 있는 대로 고른 것은?

보기

ㄱ. (가)에서 반응 $A(s) \rightarrow A(l)$는 자발적이다.
ㄴ. (나)에서 반응 $A(l) \rightarrow A(s)$의 ΔG는 0이다.
ㄷ. (다)에서 반응 $A(l) \rightarrow A(s)$의 자유 에너지(G)는 감소한다.

① ㄱ ② ㄴ ③ ㄱ, ㄷ
④ ㄴ, ㄷ ⑤ ㄱ, ㄴ, ㄷ

29. 그림은 물질 X의 상 평형 그림의 일부를 나타낸 것이다. $X(s) \rightarrow X(l)$의 반응 엔탈피와 반응 엔트로피는 각각 ΔH와 ΔS이다.

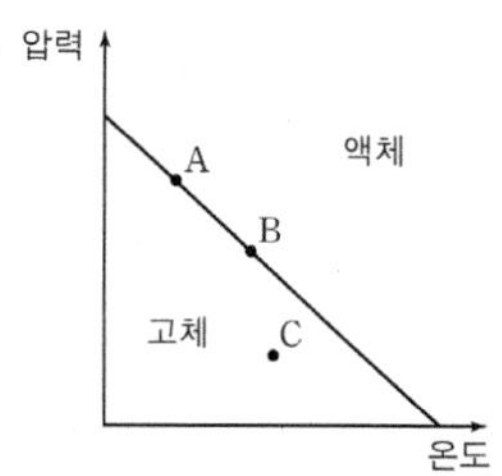

$X(s) \rightarrow X(l)$ 반응에 대한 설명으로 옳은 것만을 〈보기〉에서 있는 대로 고른 것은?

보기

ㄱ. A에서 $\Delta H > 0$이고, $\Delta S > 0$이다.
ㄴ. $\dfrac{\Delta H}{\Delta S}$는 A에서가 B에서보다 크다.
ㄷ. C에서 자발적 반응이다.

① ㄱ ② ㄷ ③ ㄱ, ㄴ
④ ㄴ, ㄷ ⑤ ㄱ, ㄴ, ㄷ

30. 다음은 어떤 학생이 수행한 탐구 활동이다.

[탐구 과정 및 결과]
(가) 25° C에서, 풍선에 소량의 드라이아이스($CO_2(s)$)를 넣어 묶은 후, 질량을 측정한다.
(나) 30초 간격으로 5분 동안 풍선의 변화를 관찰하였더니 부피는 점점 증가했고, 질량 변화는 없었다.

풍선 내부의 변화에 대한 설명으로 옳은 것만을 〈보기〉에서 있는 대로 고른 것은? (단, 온도와 대기압은 일정하다.)

보기

ㄱ. (나)에서 엔트로피는 증가한다.
ㄴ. (나)에서 기체의 몰수는 증가한다.
ㄷ. $CO_2(s) \rightarrow CO_2(g)$는 자발적이다.

① ㄱ ② ㄴ ③ ㄱ, ㄷ
④ ㄴ, ㄷ ⑤ ㄱ, ㄴ, ㄷ

31. 아래 그림은 화합물 A의 가열 곡선을 나타낸 것이다. 이에 대한 설명으로 옳은 것은?

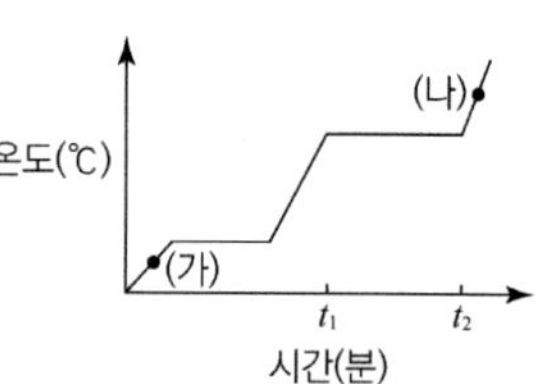

① A의 비열은 고체보다 기체가 크다.
② 고체를 녹이는 데 필요한 에너지는 같은 질량의 액체를 기화시키는 데 필요한 에너지보다 크다.
③ $t_1 \sim t_2$ 시간동안 계의 엔트로피는 증가한다.
④ 분자 간 인력은 (나)가 (가)보다 크다.

32. 다음 과정의 $\Delta H^{\circ} = 9.2$kJ/mol이고, $\Delta S^{\circ} =$ 43.9J/mol · K이다.

$$\mathrm{CHCl_3}(s) \rightarrow \mathrm{CHCl_3}(l)$$

이때 고체 $CHCl_3$의 정상 녹는점은? (단, 최종 결과는 소수점 첫째 자리에서 반올림한다.)

① −63℃　② 5℃
③ 63℃　④ 210℃

33. 〈보기〉는 물질 X의 물리적 상태에 따른 표준 생성열(ΔH_f°)과 표준 몰 엔트로피(ΔS°)를 나타낸 것이다. 이에 대한 설명으로 가장 옳은 것은? (단, 기압은 1atm이다.)

보기

물질	ΔH_f°[kJ/mol]	ΔS°[J/mol · K]
X(l)	48	170
X(g)	83	270

① X의 표준 기화열은 −35kJ/mol이다.
② X의 끓는점은 400K보다 높다.
③ X의 끓는점에서 X가 기화할 때, 주위의 엔트로피는 감소한다.
④ X의 끓는점에서 X가 기화할 때, 우주의 엔트로피는 증가한다.

실험과 자발성

34. 그림과 같이 물에 수산화나트륨(NaOH)을 넣었더니 온도가 올라갔다.

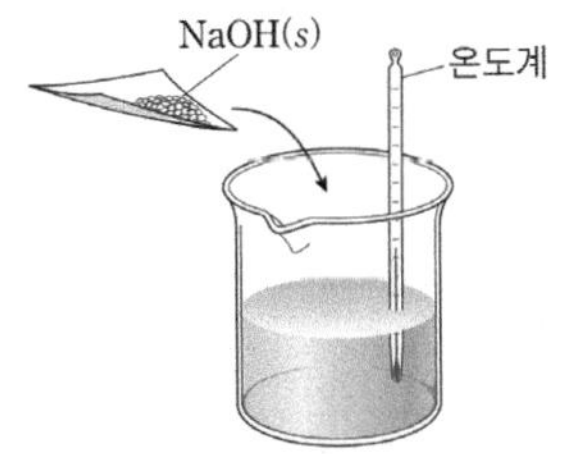

이 반응에 대한 설명으로 옳은 것만을 〈보기〉에서 있는 대로 고른 것은?

보기

ㄱ. 발열 반응이다.
ㄴ. 반응 엔탈피(ΔH)는 0보다 크다.
ㄷ. 반응 전후 우주(계+주위)의 에너지 총량은 동일하다.

① ㄱ　② ㄴ　③ ㄱ, ㄷ
④ ㄴ, ㄷ　⑤ ㄱ, ㄴ, ㄷ

PART 05 화학 반응

35. 다음은 아세트산나트륨(CH_3COONa) 수용액을 이용한 손난로에 대한 설명이다.

- 손난로는 닫힌계이다.
- 손난로 안의 금속판을 꺾으면 CH_3COONa이 석출되면서 열이 발생한다.

이에 대한 옳은 설명만을 〈보기〉에서 있는 대로 고른 것은?

보기

ㄱ. 손난로에서 계와 주위 사이에 물질은 이동하지 않는다.
ㄴ. CH_3COONa의 용해 엔탈피(ΔH)는 0보다 크다.
ㄷ. 손난로에서 CH_3COONa이 석출될 때 주위의 엔트로피는 증가한다.

① ㄱ ② ㄷ ③ ㄱ, ㄴ
④ ㄴ, ㄷ ⑤ ㄱ, ㄴ, ㄷ

36. 그림은 20℃의 물 100g이 들어 있는 간이 열량계를 나타낸 것이고, 표는 1기압에서 열량계에 20℃의 용질 A(s)와 B(s)를 각각 녹인 수용액 (가)와 (나)에 대한 자료이다.

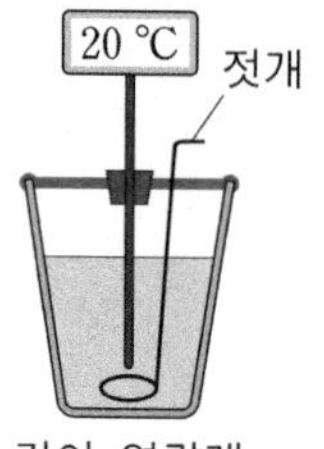

간이 열량계

수용액	용질의 질량		최종 온도
	A(s)	B(s)	
(가)	1	0	22
(나)	0	1	19

이에 대한 설명으로 옳은 것만을 〈보기〉에서 있는 대로 고른 것은? (단, 열량계와 주위 사이의 열 출입은 없다.)

보기

ㄱ. A(s)가 물에 용해되는 반응은 발열 반응이다.
ㄴ. B(s)의 용해 엔탈피 $\Delta H_{용해} < 0$이다.
ㄷ. B(s)가 물에 용해되는 반응에서 전체(계+주위)의 엔트로피 변화 $\Delta S_{전체} < 0$이다.

① ㄱ ② ㄴ ③ ㄷ
④ ㄱ, ㄴ ⑤ ㄱ, ㄷ

CHAPTER 03

화학 반응 속도

제1절 반응 속도식의 결정

정답 p. 212

대표 유형 기출 문제

반응 속도 일반

12 지방직 7급 01

1. 화학 반응 속도에 대한 설명으로 옳은 것은?

① 화학 반응 속도에서 속도 상수 k의 단위는 반응의 전체 차수와 관계없다.

② 반응 차수는 오직 실험적으로만 결정할 수 있다.

③ 반응 속도는 온도에 무관하다.

④ 화학 반응 속도에서 반응물 농도의 거듭제곱 수는 균형 화학 방정식의 계수들과 항상 동일하다.

19 지방직 9급 15

2. 다음 그림은 $NOCl_2(g)+NO(g) \rightarrow 2NOCl(g)$ 반응에 대하여 시간에 따른 농도 $[NOCl_2]$와 $[NOCl]$를 측정한 것이다. 이에 대한 설명으로 옳은 것만을 모두 고르면?

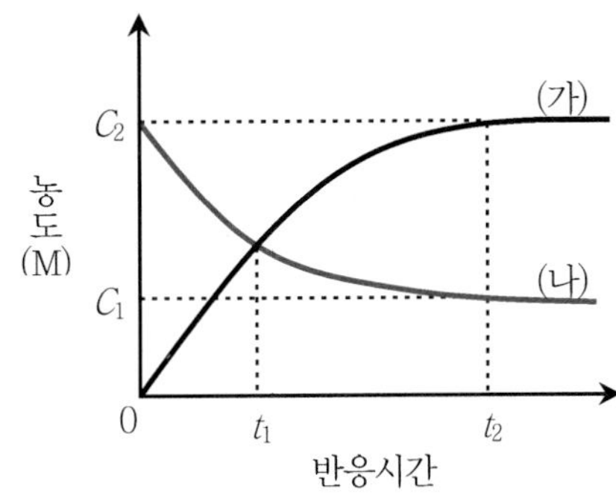

보기

ㄱ. (가)는 $[NOCl_2]$이고 (나)는 $[NOCl]$이다.

ㄴ. (나)의 반응 순간 속도는 t_1과 t_2에서 다르다.

ㄷ. $\Delta t = t_2 - t_1$동안 반응 평균 속도 크기는 (가)가 (나)보다 크다.

① ㄱ ② ㄴ

③ ㄷ ④ ㄴ, ㄷ

반응 속도식의 결정

09 지방직 9급 20

3. 아래의 실험값으로부터 다음 반응의 속도식을 결정할 수 있다. 이에 대한 설명으로 옳지 않은 것은?

$$2A + B + C \rightarrow D + E$$
$$v = k[A]^x[B]^y[C]^z$$

실험	초기 [A]	초기 [B]	초기 [C]	E의 초기 생성 속도 $Mmin^{-1}$
1	0.20 M	0.20 M	0.20 M	2.4×10^{-6}
2	0.40 M	0.30 M	0.20 M	9.6×10^{-6}
3	0.20 M	0.30 M	0.20 M	2.4×10^{-6}
4	0.20 M	0.40 M	0.60 M	7.2×10^{-6}

① $x=2$이고 반응은 [A]에 대해 2차이다.
② 반응 속도는 [B]에 무관하므로 $y=0$이다.
③ $z=3$이고 반응은 [C]에 대해 3차이다.
④ 속도 상수 $k=3.0\times10^{-4}M^{-2}min^{-1}$이다.

14 서울시 7급 16

4. 다음 반응에서 OH^-의 농도를 4×10^{-2}mol/L에서 2×10^{-2}mol/L로 감소시키면 반응 속도가 $\frac{1}{4}$로 감소하였다. CH_3Br 농도를 1.5배 증가시켰더니 반응 속도는 1.5배 증가하였다. 이 반응의 속도 법칙을 썼을 때 옳은 것은?

$$CH_3Br(aq) + OH^-(aq) \rightarrow CH_3OH(aq) + Br^-(aq)$$

① $v=k[CH_3Br]^{1.5}[OH^-]$
② $v=k[CH_3Br]^{1.5}[OH^-]^2$
③ $v=k[OH^-]^2$
④ $v=k[CH_3Br][OH^-]^2$

15 환경부 9급 기출

5. 다음은 강철 용기에서 일어나는 $A(g)+2B(g) \rightarrow C(g)$의 반응에서 반응속도식을 구하기 위해 몇 번의 실험을 했을 때 이와 관련된 자료이다. n번째 실험에서 A와 B의 초기 농도와 초기 반응 속도는 각각 $[A]_n$, $[B]_n$, v_n이다.

- $\frac{[A]_2}{[A]_1}$가 1이고, $\frac{[B]_2}{[B]_1}$가 2일 때, $\frac{v_2}{v_1}$는 4이다.
- $\frac{[A]_3}{[A]_2}$가 3이고, $\frac{[B]_3}{[B]_2}$가 $\frac{1}{2}$일 때, $\frac{v_3}{v_2}$는 $\frac{3}{4}$이다.

이 반응의 반응 속도식은?(단, 온도는 일정하고, k는 반응 속도 상수이다.)

① $v=k[A]$　② $v=k[B]$
③ $v=k[A][B]$　④ $v=k[A][B]^2$

17 지방직 7급 13

6. 다음 반응에서 반응 속도는 $k[A]^m[B]^n$이다.

aA + bB → 생성물

B의 농도가 일정하고 A의 농도가 2배 증가할 때, 반응속도는 2배 감소하였다. m의 값으로 옳은 것은?

① −2　② −1
③ 1　④ 2

주관식 개념 확인 문제

7. 다음 물음에 답하시오.

(1) $2NO(g)+O_2(g) \rightarrow 2NO_2(g)$의 반응에서 NO의 농도를 일정하게 하고, O_2의 농도를 2배로 증가시켰더니 반응 속도가 2배로 되었다. 또, O_2의 농도를 일정하게 하고 NO의 농도를 2배로 하였더니 반응 속도가 4배가 되었다. 반응 속도 상수가 k일 때, 반응 속도식을 구하여라.

(2) 아세트알데히드(CH_3CHO)의 분해 반응에서 CH_3CHO의 농도에 따른 분해 속도가 표와 같다.

$CH_3CHO(g) \rightarrow CH_4(g)+CO(g)$

실험 번호	$[CH_3CHO]$ (몰/L)	CH_3CHO (몰/L·s)
1	0.10	0.020
2	0.20	0.080
3	0.30	0.180

① 반응 속도 상수가 k일 때, 반응 속도식을 구하여라.
② 반응 속도 상수 k를 구하여라.

8. 400K의 온도에서 다음 반응의 반응 속도를 측정한 결과가 아래의 표와 같았다.

$$aA(g) + bB(g) \rightarrow cC(g)$$

실험	[A] (몰/L)	[B] (몰/L)	반응 속도(몰/L · s)
1	0.01	0.01	0.003
2	0.01	0.02	0.006
3	0.02	0.01	0.012

다음 물음에 답하시오.

(1) 반응 속도 상수가 k일 때, 반응 속도식을 구하여라.

(2) 이 반응의 전체 반응 차수는 얼마인가?

(3) 반응 속도 상수 k값과 단위를 구하여라.

(4) 만약 A의 농도가 0.03몰/L, B의 농도가 0.02몰/L라면 반응 속도는 얼마인가?

(5) (4)의 농도로 반응하려는 순간 갑자기 반응 용기의 부피가 2배로 늘어났다면 반응 속도는 (4)의 반응 속도의 몇 배가 되겠는가?

기본 문제

반응 속도 일반

9. 요오드화수소 HI의 분해 반응은 다음과 같다.

$$2HI(g) \rightarrow H_2(g) + I_2(g)$$

이 반응에서 HI의 분해 속도가 5.0×10^{-3}mol/L · s라면 H_2의 생성 속도는 얼마인가?

① 1.23×10^{-3}mol/L · s
② 2.5×10^{-3}mol/L · s
③ 5.0×10^{-3}mol/L · s
④ 5.0×10^{-2}mol/L · s
⑤ 7.5×10^{-2}mol/L · s

10. 충분한 양의 묽은 염산과 일정량의 마그네슘 조각을 이용하여 다음과 같이 수소 생성 반응을 실시하였다.

$$Mg(s) + 2HCl(aq) \rightarrow MgCl_2(aq) + H_2(g)$$

다음 그래프는 이 실험에서 시간에 따라 발생되는 수소의 부피를 측정한 것이다.

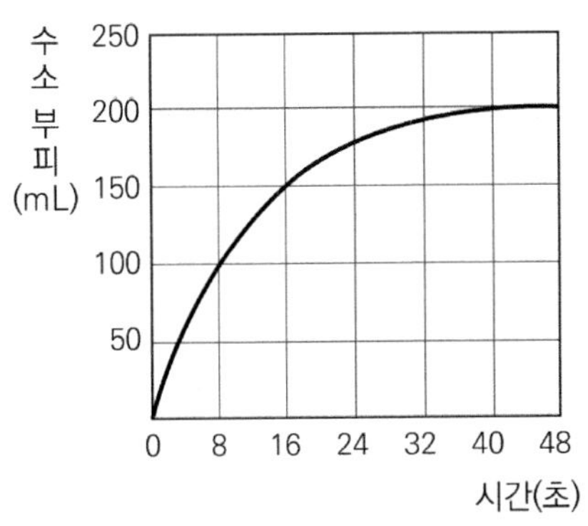

이 수소발생 반응에 대한 〈보기〉의 설명 중 옳은 것을 모두 고른 것은?

보기

ㄱ. 반응 속도가 가장 빠른 구간은 0~8이다.
ㄴ. 반응 물질이 반으로 줄어드는 데 걸리는 시간은 8초이다.
ㄷ. 수소 기체가 50mL씩 생성되는 데 걸리는 시간은 항상 4초이다.

① ㄱ ② ㄴ ③ ㄷ
④ ㄱ, ㄴ ⑤ ㄱ, ㄷ

반응 속도식의 결정

※[11~12] 다음 반응에 대해 25℃에서 실험한 자료를 이용, 물음에 답하여라.

$$2NO(g) + O_2(g) \rightarrow 2NO_2(g)$$

11. 반응 속도식이 바른 것은?

실험	처음 농도(㏖/L)		NO_2 생성 속도
	[NO]	$[O_2]$	
1	0.01	0.01	7×10^{-6}
2	0.01	0.02	14×10^{-6}
3	0.01	0.03	21×10^{-6}
4	0.02	0.03	84×10^{-6}
5	0.03	0.03	189×10^{-6}

① $v = k[NO_2]^2$ ② $v = k[NO][O_2]^2$
③ $v = k[NO][O_2]$ ④ $v = k[NO]^2[O_2]$

12. 전체 반응 차수는?

① 1차 ② 2차
③ 3차 ④ 4차

13. 짱구는 A+2B → C+2D+Q(Q>0)의 반응에서 반응 물질의 초기 농도를 바꿔가면서 반응 속도를 측정하여 다음 표와 같은 결과를 얻었다.

실험	처음 농도(㏖/L)		반응 속도(mol/M · s)
	[A]	[B]	
1	0.01	0.01	0.00016
2	0.02	0.01	0.00032
3	0.01	0.02	0.00032

위 반응의 반응 속도식을 바르게 나타낸 것은?

① $v = k[A]$ ② $v = k[B]$
③ $v = k[A][B]$ ④ $v = k[A][B]^2$
⑤ $v = k[A]^2[B]$

14. 다음 반응에 대하여 반응물의 농도 변화에 따른 초기 속도를 측정하는 실험이 수행되었다.

$$BrO_3^-(aq) + 5Br^-(aq) + 6H^+(aq) \rightarrow 3Br_2(aq) + 3H_2O(l)$$

실험	초기농도 (mol/L)			초기속도 (mol/L · s)
	BrO_3^-	Br^-	H^+	
1	0.10	0.10	0.10	1.2×10^{-3}
2	0.20	0.10	0.10	2.4×10^{-3}
3	0.10	0.30	0.10	3.6×10^{-3}
4	0.20	0.10	0.20	9.6×10^{-3}

이 반응의 속도식과 속도 상수를 옳게 표현한 것은?

① 속도 $= k[BrO_3^-][Br^-][H^+]$

$$k = \frac{1.2 \times 10^{-3}}{0.10 \times 0.10}$$

② 속도 $= k[BrO_3^-][Br^-][H^+]$

$$k = \frac{2.4 \times 10^{-3}}{0.20 \times 0.10 \times 0.10}$$

③ 속도 $= k[BrO_3^-][Br^-][H^+]^2$

$$k = \frac{3.6 \times 10^{-3}}{0.10 \times 0.30 \times 0.10}$$

④ 속도 $= k[BrO_3^-][Br^-][H^+]^2$

$$k = \frac{9.6 \times 10^{-3}}{0.20 \times 0.10 \times 0.20^2}$$

15. 영희는 다음 반응에서 수산화 이온(OH^-) 농도가 반응 속도에 영향을 미치는지 알아보기 위하여 실험을 수행하여 아래의 표를 얻었다.

$$I^-(aq) + OCl^-(aq) \rightarrow IO^-(aq) + Cl^-(aq)$$

실험 번호	$[I^-]_0$ (mol/L)	$[OCl^-]_0$ (mol/L)	$[OH^-]_0$ (mol/L)	초기 속도 (mol/L · s)
(1)	0.0013	0.012	0.10	9.4×10^{-3}
(2)	0.0013	0.006	0.10	4.7×10^{-3}
(3)	0.0013	0.012	0.05	18.7×10^{-3}
(4)	0.0013	0.012	0.20	4.7×10^{-3}
(5)	0.0026	0.012	0.10	18.7×10^{-3}
(6)	0.0013	0.018	0.10	14.0×10^{-3}
(7)	0.0013	0.018	0.20	7.0×10^{-3}

이 반응의 속도식과, $[OH^-]$의 농도가 속도식에 기여하는 정도를 알기 위하여 반드시 필요한 실험번호들을 묶은 것으로 옳은 것은?

	속도식	실험번호
①	속도 $= [I^-][OCl^-][OH^-]^{-1/2}$	(1), (3)
②	속도 $= [I^-][OCl^-][OH^-]^{-1}$	(6), (7)
③	속도 $= [I^-][OCl^-][OH^-]^{-1}$	(5), (6)
④	속도 $= [I^-][OCl^-]^2[OH^-]$	(1), (3)

16. 다음은 산화질소(NOI) 기체와 염소 기체의 반응식이다.

$$NO(g) + \frac{1}{2}Cl_2(g) \rightarrow NOCl(g)$$

초기 반응 속도가 다음과 같이 관찰되었을 때 이 반응의 반응 속도식을 구하면?

실험	반응속도(M/시간)	NO(M)	Cl_2(M)
1	1.19	0.50	0.50
2	4.79	1.00	0.50
3	9.59	1.00	1.00

① 속도$=k[NO]$

② 속도$=k[NO][Cl_2]^{\frac{1}{2}}$

③ 속도$=k[NO][Cl_2]$

④ 속도$=k[NO]^2[Cl_2]$

17. 다음은 X와 Y로부터 Z가 생성되는 화학 반응식이다.

$$X + Y \rightarrow Z$$

그림 (가)는 Y의 농도가 a일 때 X의 초기 농도를 바꾸어 가면서 측정한 초기 반응 속도를, (나)는 X의 농도가 a일 때 Y의 초기 농도를 바꾸어 가면서 측정한 초기 반응 속도를 나타낸 것이다.

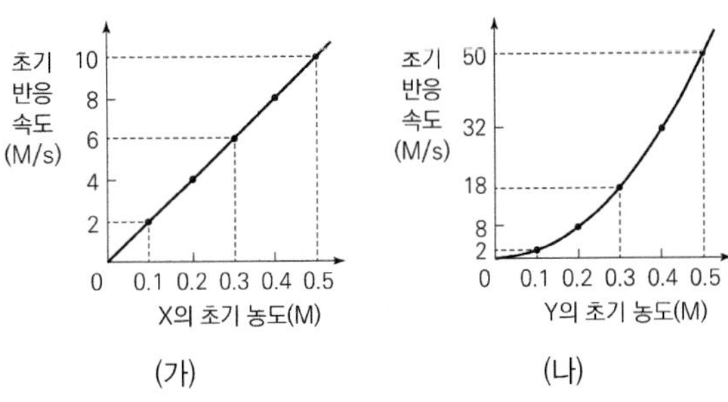

이 자료에 대한 설명으로 옳은 것만을 〈보기〉에서 있는 대로 고른 것은? (단, 온도는 일정하다.)

보기

ㄱ. a는 1.0M이다.

ㄴ. 반응 속도 상수는 $2\times10^3M^{-2}s^{-1}$이다.

ㄷ. X와 Y의 농도를 모두 2배로 하면 반응 속도는 8배가 된다.

① ㄱ ② ㄷ ③ ㄱ, ㄴ

④ ㄴ, ㄷ ⑤ ㄱ, ㄴ, ㄷ

18. 다음은 산 촉매하에서 아세톤의 브롬화 반응을 나타낸 것이다.

$$CH_3COCH_3 + Br_2 \xrightarrow{\text{촉매}(H^+)} CH_3COCH_2Br + H^+ + Br^-$$

표는 일정 온도에서 CH_3COCH_3, Br_2, H^+의 초기 농도에 따른 Br_2농도의 감소 속도를 측정한 결과이다.

실험	초기 농도(mol/L)			$[Br_2]$의 감소 속도(mol/L · s)
	$[CH_3COCH_3]$	$[Br_2]$	$[H^+]$	
Ⅰ	0.20	0.05	0.05	1.0×10^{-5}
Ⅱ	0.20	0.05	0.10	2.0×10^{-5}
Ⅲ	0.20	0.10	0.05	1.0×10^{-5}
Ⅳ	0.40	0.20	0.10	4.0×10^{-5}

이에 대한 설명으로 옳은 것을 〈보기〉에서 모두 고른 것은?

보기

ㄱ. 이 반응의 전체 반응 차수는 3이다.
ㄴ. 산 촉매의 농도는 반응 속도에 영향을 미친다.
ㄷ. 반응 속도 상수 $k = 1.0 \times 10^{-2} L^2/mol^2 \cdot s$이다
ㄹ. 반응 속도식은 $v = k[CH_3COCH_3][Br_2][H^+]$ 이다.

① ㄴ　② ㄱ, ㄷ　③ ㄴ, ㄷ
④ ㄷ, ㄹ　⑤ ㄱ, ㄴ, ㄹ

19. 온도가 일정할 때 다음 반응에 대한 초기 속도가 다음과 같다.

$$2A(g) + B_2(g) \rightarrow 2AB(g)$$

실험	초기 [A](M)	초기 $[B_2]$(M)	B_2소모의 초기 속도(M/s)
1	0.13	0.20	1.0×10^{-2}
2	0.26	0.20	1.0×10^{-2}
3	0.13	0.10	5.0×10^{-3}

이 반응의 속도법칙은?(단, k는 속도상수이다.)

① $k[A]$　② $k[B_2]$
③ $k[A]^2[B_2]$　④ $k[A][B_2]^2$

제2절 반감기와 적분 속도식

정답 p.215

대표 유형 기출 문제

반감기

09 지방직 7급(하) 19

1. 분해 속도 상수가 $1.5\times10^{-2}day^{-1}$인 농약이 1차 반응으로 초기 농도의 50%로 분해되는 데 걸리는 시간[day]은? (단, $\ln 0.25=-1.39$, $\ln 0.5=-0.69$, $\ln 2=0.69$, $\ln 4=1.39$로 계산한다.)

① 92 ② 64
③ 46 ④ 12

14 지방직 9급 01

2. 약 5천 년 전 서식했던 식물의 방사성 연대 측정에 이용될 수 있는 가장 적합한 동위원소는?

① 탄소－14 ② 질소－14
③ 산소－17 ④ 포타슘－40

15 국가직 7급 19

3. 반응 차수에 대한 설명으로 옳은 것을 모두 고른 것은?

ㄱ. 영차 반응의 반응 속도는 반응물의 초기 농도와 무관하다.
ㄴ. 일차 반응의 반감기는 반응물의 초기 농도에 정비례한다.
ㄷ. 동위원소의 방사선 붕괴는 일차 반응이다.
ㄹ. 단일 화합물의 이차 반응의 반감기는 반응물 초기 농도의 역수에 의존한다.

① ㄱ, ㄷ ② ㄴ, ㄹ
③ ㄱ, ㄴ, ㄹ ④ ㄱ, ㄷ, ㄹ

20 지방직 7급 07

4. NO_2의 분해 반응에 대한 화학 반응식은 다음과 같다.

$$2NO_2(g) \rightarrow 2NO(g) + O_2(g)$$

이 반응의 속도 법칙은 $v=k[NO_2]^2$이고, 반응 속도 상수(k)는 $0.5M^{-1}s^{-1}$이다. $[NO_2]_0=0.1M$일 때, NO_2의 농도가 0.05M로 감소될 때까지 걸리는 시간[s]은? (단, $[NO_2]_0$은 NO_2의 초기 농도이고, 온도는 일정하다)

① 10 ② 20
③ 40 ④ 50

아레니우스 식

07 지방직 7급 02

5. 다음 그림은 반응물 A의 반응 시간과 농도([A])간의 관계를 그림으로 나타낸 것이다. 이 중에서 반응 속도가 반응물 A의 농도에 대해 1차인 것은?

①
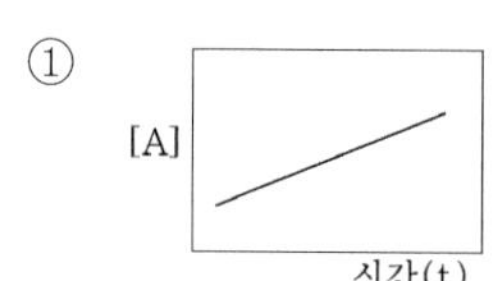

②
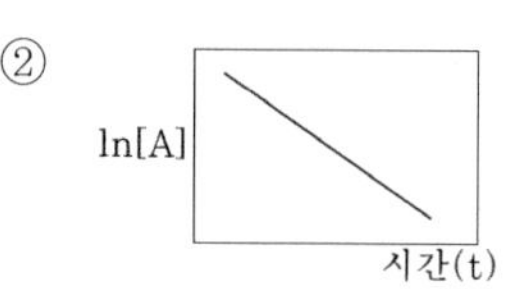

③
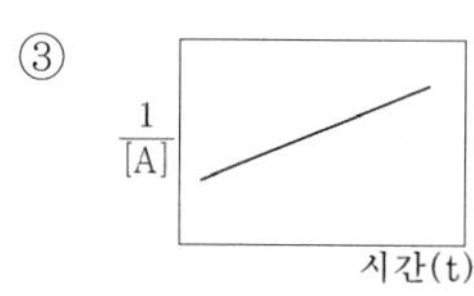

④
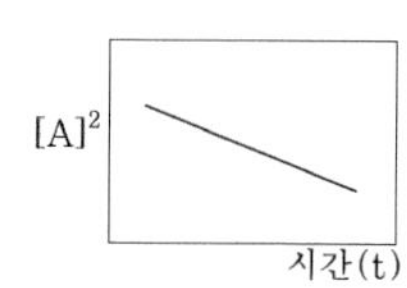

08 환경부 9급 기출

6. 다음 반응의 활성화 에너지는?

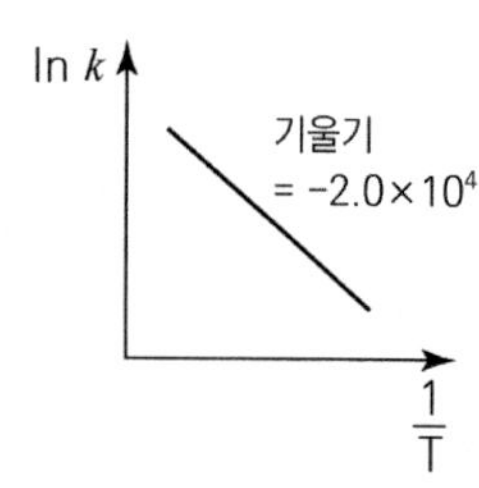

① 1660kJ/mol　　② 166kJ/mol
③ 16.6kJ/mol　　④ 1.66kJ/mol

16 국가직 7급 17

7. 어떤 반응에서 반응 온도를 227℃에서 127℃로 낮추었더니 반응 속도 상수가 $\frac{1}{10}$로 감소하였다. 이 반응의 활성화 에너지[J · mol^{-1}]는? (단, ln10 = 2.3, R = 8.3J · mol^{-1} · K^{-1}로 가정한다.)

① 5,454　　② 10,908
③ 22,908　　④ 38,180

20 국가직 7급 19

8. $2N_2O_5(g) \rightarrow 4NO_2(g) + O_2(g)$ 반응에서, 20℃에서 측정한 속도 상수 k_1은 $2.0\times10^{-5}s^{-1}$였고, 60℃에서 측정한 속도 상수 k_2는 $2.9\times10^{-3}s^{-1}$였다. 이 반응의 활성화 에너지(E_a)[$Jmol^{-1}K^{-1}$] 계산식은? (단, 빈도 인자(frequency factor)는 온도가 변해도 일정하다.)

① $E_a = \ln\left(\frac{2.9\times10^{-3}}{2.0\times10^{-5}}\right)\times8.314\div\left(\frac{1}{293}-\frac{1}{333}\right)$

② $E_a = \ln\left(\frac{2.0\times10^{-5}}{2.9\times10^{-3}}\right)\times8.314\div\left(\frac{1}{293}-\frac{1}{333}\right)$

③ $E_a = \ln\left(\frac{2.9\times10^{-3}}{2.0\times10^{-5}}\right)\times8.314\times\left(\frac{1}{333}-\frac{1}{293}\right)$

④ $E_a = \ln\left(\frac{2.0\times10^{-5}}{2.9\times10^{-3}}\right)\times8.314\times\left(\frac{1}{333}-\frac{1}{293}\right)$

기본 문제

9. 물질 A는 반감기가 50일인 일차 반응으로 체내에서 줄어든다. 체내의 온도가 일정하다고 가정할 때 물질 A를 섭취한 후 200일이 지나면 체내의 물질 A의 농도는 초기값의 몇 %가 되는가?

① 6.25% ② 12.5%
③ 25% ④ 50%

10. 어느 시약회사에서 반감기가 20일인 어떤 방사능 동위 원소를 생산하고, 생산 당시의 순도는 80.0%라고 한다. 재고조사를 하다가 생산한 지 80일이나 지난 시약병을 창고에서 발견하였다면, 발견 당시의 이 시약의 순도[%]는?

① 2.0% ② 4.0%
③ 5.0% ④ 10.0%

11. 〈보기〉는 한 종류의 반응물(A)만이 관여하는 반응의 속도 법칙이다. 이 반응에서 직선 관계를 보이는 그래프는?(단, k는 속도 상수이다.)

보기

반응 속도 = $k[\mathrm{A}]^2$

① 반응 시간 t에 대한 $[\mathrm{A}]_t$의 그래프
② 반응 시간 t에 대한 $\frac{1}{[\mathrm{A}]_t}$의 그래프
③ 반응 시간 t에 대한 $\log[\mathrm{A}]_t$의 그래프
④ 반응 시간 t에 대한 $\ln[\mathrm{A}]_t$의 그래프

12. 〈보기〉는 A → 2B가 되는 반응에 대한 반응 속도식이다. 반감기($t_{1/2}$)는 어떻게 표현될 수 있는가?(단, $[\mathrm{A}]_0$는 A의 초기 농도이다.)

보기

반응 속도 = $k[\mathrm{A}]$

① $\frac{1}{k[\mathrm{A}]_0}$ ② $\frac{\ln 2}{k[\mathrm{A}]_0}$
③ $\frac{\ln 2}{k}$ ④ $\frac{\ln 2}{[\mathrm{A}]_0}$

13. 그림은 기체 A의 분해 반응 (가)와 기체 B의 분해 반응 (나)에서 시간에 따른 기체 A와 기체 B의 농도 변화를 나타낸 것이다.

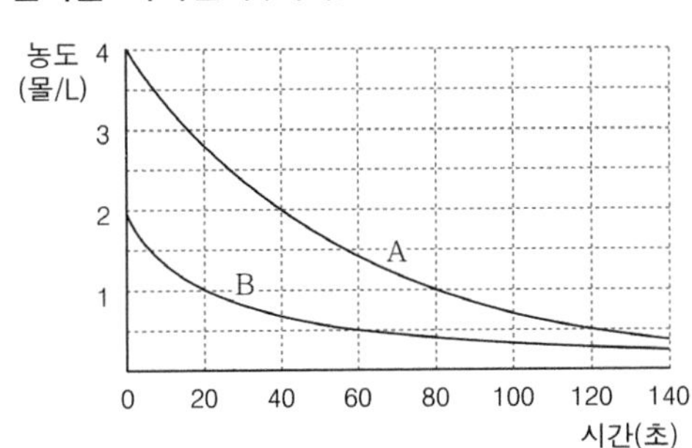

이에 대한 설명으로 옳은 것만을 〈보기〉에서 있는 대로 고른 것은?

보기

ㄱ. 반응 (가)는 1차 반응이다.
ㄴ. 반응 (나)에서 반감기는 B의 농도와 무관하다.
ㄷ. 200초에서 A의 농도는 0.125몰/L이다.

① ㄱ ② ㄴ ③ ㄱ, ㄷ
④ ㄴ, ㄷ ⑤ ㄱ, ㄴ, ㄷ

PART 05 화학 반응

14. 그림은 A(g)가 B(g)를 생성하는 반응에서 반응 시 따른 $\frac{1}{[A]}$의 변화를 절대 온도 T와 $\frac{4}{3}T$에서 나타낸 것이다. 이 반응의 활성화 에너지(kJ/mol)는? (단, R는 기체 상수이고, $RT=2.5$kJ/mol, $\ln 2=0.7$이다.)

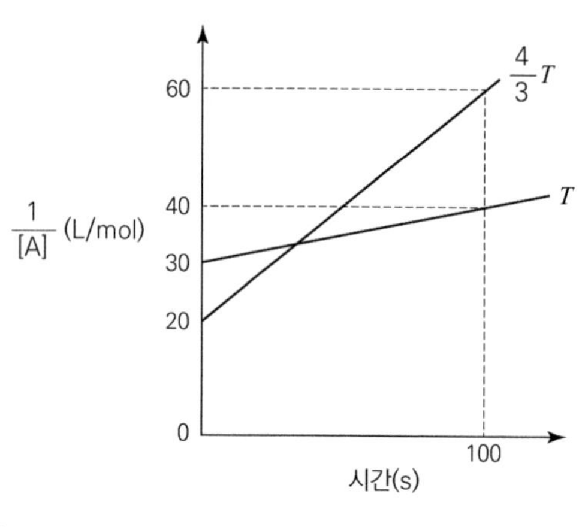

① 7　　② 10　　③ 12　　④ 14

15. NO_2의 분해 반응에 대한 화학 반응식은 다음과 같다.

$$2NO_2(g) \rightarrow 2NO(g) + O_2(g)$$

이 반응의 속도 법칙은 $v=k[NO_2]^2$이고, 반응 속도 상수(k)는 $0.5M^{-1}s^{-1}$이다.

$[NO_2]_0=0.1$M일 때, NO_2의 농도가 0.05M로 감소될 때까지 걸리는 시간[s]은? (단, $[NO_2]_0$은 NO_2의 초기 농도이고, 온도는 일정하다.)

① 10　　② 20　　③ 40　　④ 50

16. 다음은 $N_2O_5(g)$의 분해 반응에 대한 반응식, 속도 법칙, 반응 시간에 따른 몰농도를 나타낸 것이다. 이에 대한 설명으로 옳은 것은?

$$2N_2O_5(g) \rightarrow 4NO_2(g) + O_2(g)$$

반응 속도 $=k[N_2O_5]^n$

반응 시간[s]	0	100	200
$[N_2O_5]$(M)	0.10	0.050	(나)
$[NO_2]$(M)	0	(가)	0.15

① n은 2이다.
② (나)는 0.025이다.
③ (가)는 (나)의 2배이다.
④ 반응 온도가 낮아지면 k는 증가한다.

17. 그림은 초기 농도와 반응 온도가 다른 조건에서 물질 X가 분해되는 반응의 농도 변화를 나타낸 것이다.

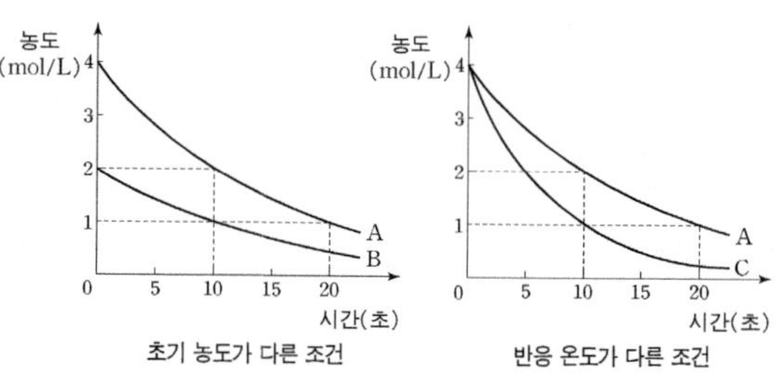

이 반응에 대한 설명으로 옳지 않은 것은?

① 일정 온도에서 농도가 클수록 반응 속도가 빠르다.
② 이 반응은 X의 농도에 대하여 1차 반응이다.
③ A에서 30초일 때 X의 농도는 0.5mol/L이다.
④ C보다 A의 반응 온도가 높다.
⑤ B와 C의 반응 속도 상수는 다르다.

18. 다음은 아세토아세트산(CH_3COCH_2COOH)의 분해 반응이다.

$$CH_3COCH_2COOH \rightarrow CH_3COCH_3 + CO_2$$

그림은 일정 온도에서 0.1M CH_3COCH_2COOH 100mL의 반응 시간에 따른 농도 변화를 나타낸 것이다.

시간(분)	0	140	280	420
농도(mol/L)	0.1	0.05	0.025	0.0125

이에 대한 설명으로 옳은 것만을 〈보기〉에서 있는 대로 고른 것은?

보기

ㄱ. 반응 속도식은 $v = k[CH_3COCH_2COOH]$이다.

ㄴ. 0~280분 동안 발생한 CO_2는 7.5×10^{-3}mol 이다.

ㄷ. 420분 후 남아 있는 CH_3COCH_2COOH의 몰수는 1.25×10^{-3}mol이다.

① ㄱ ② ㄴ ③ ㄱ, ㄴ
④ ㄴ, ㄷ ⑤ ㄱ, ㄴ, ㄷ

제3절 반응 메커니즘과 속도식의 결정

정답 p. 218

대표 유형 기출 문제

10 지방직 7급(하) 14

1. 반응 메커니즘에 대한 설명으로 옳지 않은 것은?

① 반응 메커니즘을 구성하는 단일 단계반응들을 전부 합하면 전체 반응이 된다.

② 반응 메커니즘을 구성하는 단일 단계반응들 중 가장 빠른 단계를 속도 결정 단계라고 한다.

③ 반응 메커니즘을 구성하는 단일 단계반응들에는 반응물과 생성물 이외의 화학종이 있을 수 있다.

④ 반응 메커니즘을 구성하는 단일 단계반응들로부터 유도된 속도식은 실험적으로 구한 속도식과 일치한다.

14 지방직 9급 09

2. 다음의 반응 메커니즘과 부합되는 전체 반응식과 속도 법칙으로 옳은 것은?

- $NO + Cl_2 \rightleftarrows NOCl_2$ (빠름, 평형)
- $NOCl_2 + NO \rightarrow 2NOCl$ (느림)

① $2NO + Cl_2 \rightarrow 2NOCl$,
속도 $= k[NO][Cl_2]$

② $2NO + Cl_2 \rightarrow 2NOCl$,
속도 $= k[NO]^2[Cl_2]$

③ $NOCl_2 + NO \rightarrow 2NOCl$,
속도 $= k[NO][Cl_2]$

④ $NOCl_2 + NO \rightarrow 2NOCl$,
속도 $= k[NO][Cl_2]^2$

15 지방직 9급 18

3. 다음 표는 반응 $2A_3(g) \rightarrow 3A_2(g)$의 메커니즘과 각 단계의 활성화 에너지를 나타낸 것이다.

반응 메커니즘	활성화 에너지 [kJ/mol]
단계 (1) $A_3 \rightarrow A + A_2$	20
단계 (1)의 역과정 $A + A_2 \rightarrow A_3$	10
단계 (2) $A + A_3 \rightarrow 2A_2$	50

이에 대한 설명으로 옳은 것만을 〈보기〉에서 모두 고른 것은?

보기

ㄱ. A는 반응 중간체이다.
ㄴ. 반응 속도 결정 단계는 단계(2)이다.
ㄷ. 전체 반응의 활성화 에너지는 50kJ/mol이다.

① ㄱ ② ㄷ
③ ㄱ, ㄴ ④ ㄴ, ㄷ

16 지방직 7급 15

4. 다음은 염기성 수용액 속에서 $I^- + OCl^- \rightarrow Cl^- + OI^-$ 반응이 일어날 때 제안된 메커니즘이다.

- 단계 1:
  $OCl^-(aq) + H_2O(l) \rightleftarrows HOCl(aq) + OH^-(aq)$
  (빠른 평형, 평형 상수 $= K_1$)
- 단계 2:
  $I^-(aq) + HOCl(aq) \rightarrow HOI(aq) + Cl^-(aq)$
  (느림, k_2)
- 단계 3:
  $OH^-(aq) + HOI(aq) \rightarrow H_2O(l) + OI^-(aq)$
  (빠름, k_3)

전체 반응에 대한 반응 속도식으로 가장 적절한 것은?

① $k_2[I^-]$

② $k_2 k_3[I^-][OCl^-]$

③ $K_1 k_3[I^-][OH^-]$

④ $K_1 k_2[I^-][OCl^-]/[OH^-]$

16 서울시 9급 19

5. 성층권에서 $CFCl_3$와 같은 클로로플루오로탄소는 다음의 반응들에 의해 오존을 파괴한다. 여기에서 Cl과 ClO의 역할을 올바르게 짝지은 것은?

- $CFCl_3 \rightarrow CFCl_2 + Cl$
- $Cl + O_3 \rightarrow ClO + O_2$
- $ClO + O \rightarrow Cl + O_2$

① Cl, ClO: 촉매, 촉매

② Cl, ClO: 촉매, 중간체

③ Cl, ClO: 중간체, 촉매

④ Cl, ClO: 중간체, 중간체

19 국가직 7급 19

6. 일산화질소(NO)와 산소(O_2)가 반응하여 이산화질소(NO_2)를 형성하는 화학 반응의 메커니즘은 다음과 같이 두 단계의 단일 반응으로 구성된다.

- 전체 화학 반응식:
  $2NO(g) + O_2(g) \rightarrow 2NO_2(g)$
- 단계 1:
  $NO(g) + NO(g) \underset{k_{-1}}{\overset{k_1}{\rightleftarrows}} N_2O_2(g)$ (빠른 반응)
- 단계 2:
  $N_2O_2(g) + O_2(g) \xrightarrow{k_2} 2NO_2(g)$ (느린 반응)

과량의 산소가 존재하는 용기에 소량의 일산화질소를 주입하여 반응이 위 메커니즘에 따라 진행된다면 일산화질소의 농도 변화로 옳은 것은?
(단, 산소의 농도는 변하지 않는다.)

①
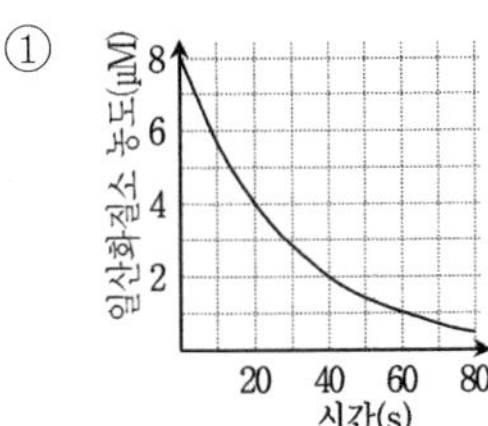

②
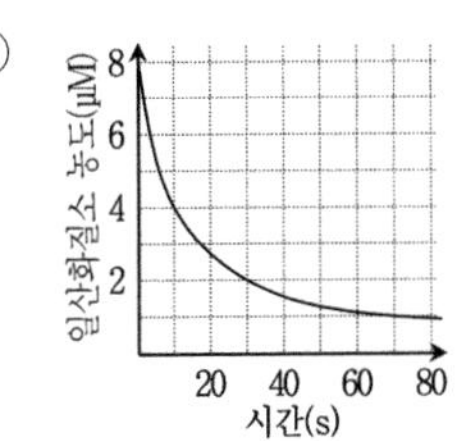

③
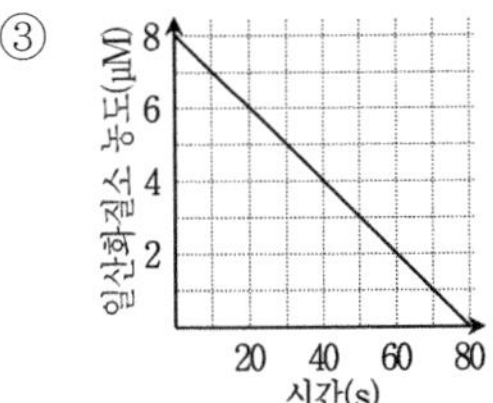

④
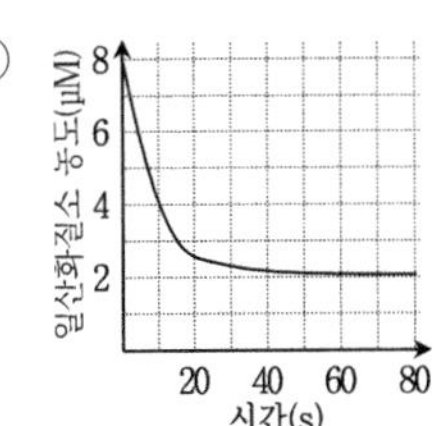

20 지방직 9급 04

7. N_2O 분해에 제안된 메커니즘은 다음과 같다.

$$N_2O(g) \xrightarrow{k_1} N_2(g) + O(g) \quad \text{(느린 반응)}$$

$$N_2O(g) + O(g) \xrightarrow{k_2} N_2(g) + O_2(g) \quad \text{(빠른 반응)}$$

위의 메커니즘으로부터 얻어지는 전체반응식과 반응 속도 법칙은?

① $2N_2O(g) \rightarrow 2N_2(g) + O_2(g)$, 속도 $= k_1[N_2O]$

② $N_2O(g) \rightarrow N_2(g) + O(g)$, 속도 $= k_1[N_2O]$

③ $N_2O(g) + O(g) \rightarrow N_2(g) + O_2(g)$, 속도 $= k_2[N_2O]$

④ $2N_2O(g) \rightarrow N_2(g) + 2O_2(g)$, 속도 $= k_2[N_2O]^2$

주관식 개념 확인 문제

8. 오존(O_3)이 산소(O_2)로 되는 분해 반응은 다음과 같은 2단계의 반응을 거쳐 진행된다.

- 1단계: $O_3(g) \underset{k_{-1}}{\overset{k_1}{\rightleftarrows}} O_2(g) + O(g)$ (빠름)
- 2단계: $O_3(g) + O(g) \xrightarrow{k_2} 2O_2(g)$ (느림)

다음 물음에 답하시오.

(1) 전체 반응의 반응 속도식을 구하여라.

(2) O_2의 농도가 2배가 되면 반응 속도는 몇 배가 되는가?

9. 수소와 브롬이 반응하여 브롬화수소가 되는 기체 반응은 다음과 같은 단위 반응들로 구성된다. (단, 순서는 무시하였고, 수소, 브롬, 브롬화수소의 결합 에너지는 각각 104, 46, 88kcal/mol이다.)

> ㉠ $H_2(g) \rightarrow 2H(g)$
> ㉡ $Br_2(g) \rightarrow 2Br(g)$
> ㉢ $H(g) + Br(g) \rightarrow HBr(g)$
> ㉣ $H(g) + Br_2(g) \rightarrow HBr(g) + Br(g)$
> ㉤ $Br(g) + H_2(g) \rightarrow HBr(g) + H(g)$

다음 물음에 답하시오.

(1) 전체의 화학 반응식을 쓰고 브롬화수소의 생성열(ΔH)를 구하여라.

(2) ㉠과 ㉡ 반응들 중 먼저 일어나리라고 예상되는 반응은?

(3) 위 반응들 중 발열 반응을 모두 골라라.

(4) 위 반응들 중 반응의 연속적인 진행을 억제하는 반응은?

(5) 위 반응들 중 반응 속도 상수 값이 가장 크리라고 예상되는 반응은?

기본 문제

10. 다음 표는 $H_2O_2 + 2H^+ + 2I^- \rightarrow 2H_2O + I_2$의 반응에서 반응 물질의 농도를 달리해가며 반응 속도를 측정한 결과이다. (단, 반응 온도는 25℃로 일정하다.)

실험	초기 몰농도(몰/L)			I_2의 초기 생성 속도(몰/L · s)
	$[H_2O_2]$	$[I^-]$	$[H^+]$	
1	0.010	0.010	0.100	1.75×10^{-6}
2	0.030	0.010	0.100	5.25×10^{-6}
3	0.030	0.020	0.100	1.05×10^{-5}
4	0.030	0.020	0.200	1.05×10^{-5}

위의 반응이 다음과 같이 3단계의 과정을 거쳐 진행된다고 할 때, 다음 중 옳은 것은?

> • Ⅰ단계: $H_2O_2 + I^- \rightarrow H_2O + IO^-$
> • Ⅱ단계: $H^+ + IO^- \rightarrow HIO$
> • Ⅲ단계: $HIO + H^+ + I^- \rightarrow I_2 + H_2O$

① $[H^+]$의 농도를 높여 주면 전체 반응 속도는 약 2배 증가한다.

② 반응 속도식은 $v = k[H_2O_2]^2[I^-]$이다.

③ Ⅰ단계의 활성화 에너지가 가장 크다.

④ Ⅲ단계가 속도 결정 단계이다.

⑤ 초기 농도가 $[H_2O_2]=0.030$, $[I^-]=0.040$, $[H^+]=0.200$이면 초기 생성 속도는 4.20×10^{-5}일 것이다.

11. 다음은 어떤 반응의 반응 메카니즘을 나타낸 것이다.

> • [1단계] $NO_2(g)$ + $NO_2(g)$ → $NO_3(g)$ + $NO(g)$ (느림)
> • [2단계] $NO_3(g)$ + $CO(g)$ → $NO_2(g)$ + $CO_2(g)$ (빠름)

이에 대한 설명으로 옳은 것만을 〈보기〉에서 있는 대로 고른 것은?

보기

ㄱ. CO에 대해 1차 반응이다.
ㄴ. 전체 반응 차수는 2차이다.
ㄷ. NO는 중간 생성물이다.

① ㄱ ② ㄴ ③ ㄷ
④ ㄱ, ㄴ ⑤ ㄴ, ㄷ

12. 다음은 NOBr이 생성되는 기체상 반응에 대한 메커니즘이다. 이에 대한 설명으로 옳지 않은 것은?

> (단계 1) $NO + Br_2 \rightleftarrows NOBr_2$ (빠름, 평형 상수K)
> (단계 2) $NOBr_2 + NO \rightleftarrows 2NOBr$ (느림, 속도 상수 K_2)

① $NOBr_2$는 반응 중간체이다.
② 전체 반응의 속도 상수는 K_2이다.
③ NO 1몰이 반응하면 NOBr 1몰이 생성된다.
④ Br_2의 농도를 2배로 하면 반응 속도는 2배가 된다.

13. 〈보기〉는 $Ni(CO)_4$에서 CO 리간드 하나를 $P(CH_3)_3$로 치환하는 반응의 메커니즘이다. 이 반응에 대한 설명으로 가장 옳은 것은?

보기

• 1단계: $Ni(CO)_4 \rightarrow Ni(CO)_3 + CO$ (느림)
• 2단계:
$Ni(CO)_3 + P(CH_3)_3 \rightarrow Ni(CO)_3(P(CH_3)_3)$ (빠름)

① 전체 반응 차수는 2이다.
② 속도 결정 단계는 2번째 단계이다.
③ 전체 반응 속도는 $P(CH_3)_3$의 농도와 무관하다.
④ 전체 반응식은 $Ni(CO)_3 + P(CH_3)_3 \rightarrow Ni(CO)_3(P(CH_3)_3) + CO$ 이다.

14. 다음 표는 메테인(CH_4)과 염소(Cl_2)의 반응에 대하여 제안된 반응 메커니즘이고, 단계 Ⅱ의 반응 엔탈피는 0보다 크다.

단계	반응	속도
Ⅰ	$Cl_2(g) \underset{k_{-1}}{\overset{k_1}{\rightleftarrows}} 2Cl(g)$	빠른 평형
Ⅱ	$Cl(g) + CH_4(g) \xrightarrow{k_2} CH_3(g) + HCl(g)$	느림
Ⅲ	$Cl(g) + CH_3(g) \xrightarrow{k_3} CH_3Cl(g)$	빠름

이에 대한 설명으로 가장 옳은 것은?(단, 온도와 잦음률(A)은 일정하고, k_{-1}, k_1, k_2, k_3는 반응 속도 상수이다.)

① 전체 반응 차수는 2이다.
② 단계 Ⅱ의 활성화 에너지는 역반응이 정반응보다 크다.
③ 속도 결정 단계는 단계 Ⅲ이다.
④ CH_4에 대하여 1차인 반응이다.

15. 다음은 메탄의 할로젠화 반응에 대한 열화학반응식과 주어진 반응 경로에 대한 에너지를 나타낸 그림이다.

- 1단계: $CH_4(g) + X(g) \rightarrow CH_3(g) + HX(g)$ $\Delta H_1 = 4kJ$
- 2단계: $CH_3(g) + X_2(g) \rightarrow CH_3X(g) + X(g)$ $\Delta H_2 = -109kJ$
- 전체 반응: $CH_4(g) + X_2(g) \rightarrow CH_3X(g) + HX(g)$ $\Delta H = ?$

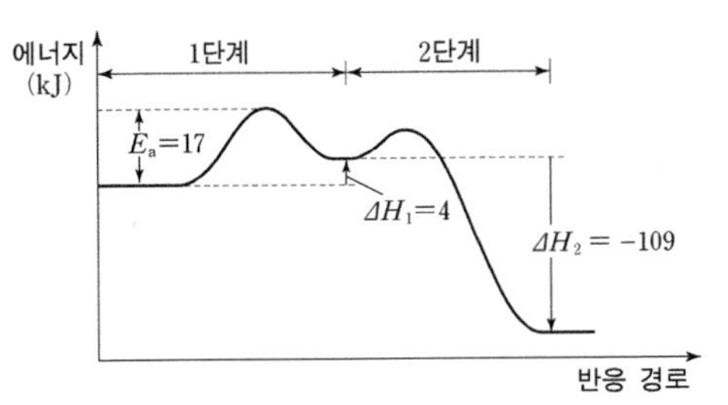

이 반응에 대한 설명으로 옳은 것을 〈보기〉에서 모두 고른 것은?

보기
ㄱ. $CH_3(g)$는 중간 생성물이다.
ㄴ. 전체 반응은 흡열 반응이다.
ㄷ. 1단계에서 역반응의 활성화 에너지는 13kJ이다.

① ㄱ ② ㄷ ③ ㄱ, ㄴ
④ ㄱ, ㄷ ⑤ ㄴ, ㄷ

16. 다음은 포름산의 분해 반응 (가)와 (나)의 반응 메커니즘과 반응 경로에 따른 에너지 변화를 나타낸 것이다.

반응	메커니즘
(가)	$HCOOH \rightarrow CO + H_2O$
	에너지 변화
	에너지 / 92kJ / 반응 경로
(나)	• 1단계: $HCOOH + H^+ \rightarrow HCOOH_2^+$ • 2단계: $HCOOH_2^+ \rightarrow HCO^+ + H_2O$ • 3단계: $HCO^+ \rightarrow CO + H^+$
	에너지 변화
	에너지 / 75kJ / 반응 경로

포름산의 분해 반응에 대한 설명으로 옳지 않은 것은?

① (가)와 (나)의 최종 생성물은 다르다.
② (가)의 반응 속도는 (나)보다 느리다.
③ (나)에서 H^+는 정촉매로 사용되었다.
④ (나)에서 속도 결정 단계는 2단계이다.
⑤ (가)의 활성화 에너지는 (나)보다 크다.

17. 다음은 일산화이질소(N_2O) 기체의 분해 반응과 시간에 따른 N_2O의 농도를 나타낸 것이다. k_1과 k_2는 각 단계의 반응 속도 상수이다.

> • 1단계: $N_2O \xrightarrow{k_1} N_2 + O$
>
> • 2단계: $N_2O + O \xrightarrow{k_2} N_2 + O_2$

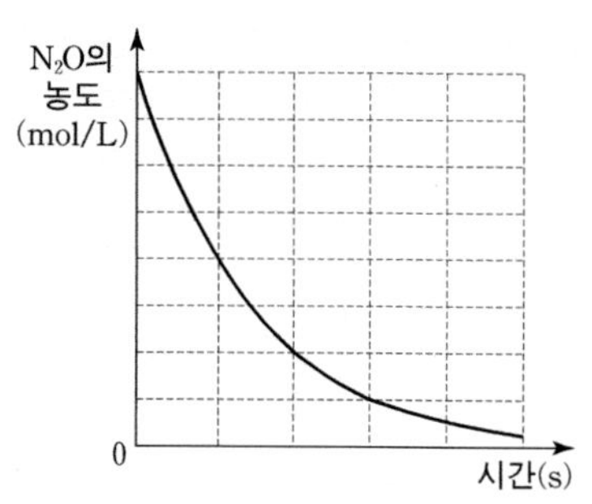

이에 대한 설명으로 옳은 것을 〈보기〉에서 모두 고른 것은?

보기

ㄱ. 산소 원자의 농도는 전체 반응 속도와 무관하다.
ㄴ. k_1은 k_2보다 매우 크다.
ㄷ. 전체 반응 속도 상수 K는 k_1과 같다.

① ㄱ　② ㄴ　③ ㄱ, ㄷ
④ ㄴ, ㄷ　⑤ ㄱ, ㄴ, ㄷ

18. 다음은 $2NO_2(g) + F_2(g) \rightarrow 2NO_2F(g)$ 반응에 대해 제안된 반응 메커니즘과 이에 근거한 속도 법칙을 나타낸 것이다.

> • 단계 (1):
>
> $NO_2(g) + F_2(g) \xrightarrow{k_1} NO_2F(g) + F(g)$　(느림)
>
> • 단계 (2):
>
> $NO_2(g) + F(g) \xrightarrow{k_2} NO_2F(g)$　(빠름)
>
> 전체 반응 속도$= \dfrac{\Delta[NO_2F]}{\Delta t} = k[NO_2]^m[F_2]^n$

이에 대한 설명으로 옳은 것만을 〈보기〉에서 있는 대로 고른 것은?

보기

ㄱ. $(m+n)$은 2이다.
ㄴ. k는 $(k_1 + k_2)$이다.
ㄷ. $F(g)$은 반응 중간체이다.

① ㄱ　② ㄴ
③ ㄱ, ㄷ　④ ㄴ, ㄷ

제 4 절 반응 속도론

정답 p. 221

대표 유형 기출 문제

08 지방직 7급 02

1. A+B → C+D 반응의 활성화 에너지는 12.6kJ/mol, Gibbs 자유 에너지 변화는 10.3kJ/mol이다. 이 반응의 역반응에 대한 활성화 에너지는? (단, A+B → C+D 반응은 단일단계 반응이다.)

① 2.3kJ/mol ② 10.3kJ/mol
③ 12.6kJ/mol ④ 22.9kJ/mol

11 지방직 9급 08

2. 다음 반응도표에 대한 설명으로 옳지 않은 것은?

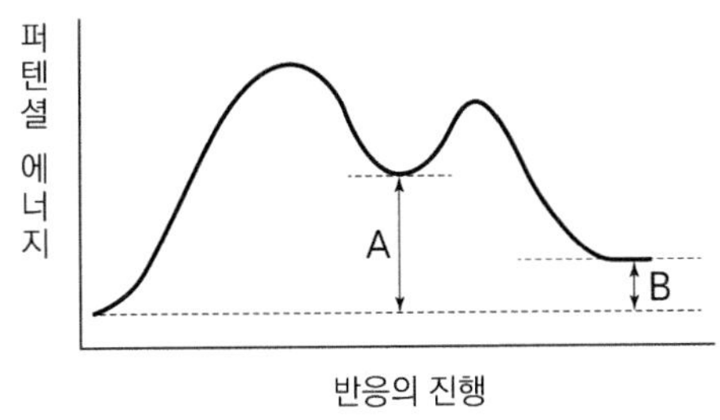

① 2단계 반응이다.
② 전체 반응은 B만큼 흡열한다.
③ 전체 반응 속도는 A에 의존한다.
④ 전체 화학 방정식에 나타나지 않은 중간체가 형성된다.

11 지방직 7급 07

3. 다음 반응식에 나타난 수소와 요오드의 기체상 반응을 700℃에서 수행할 때, 정반응의 활성화 에너지는 165kJ/mol이다. 정반응과 역반응이 모두 단일 단계 반응이라고 할 때, 역반응의 활성화 에너지 [kJ/mol]에 가장 가까운 것은?

$$H_2(g) + I_2(g) \rightleftarrows 2HI(g)$$

(단, HI(g)의 ΔH_f°는 26.5kJ/mol이고, I_2(g)의 ΔH_f°는 62.4kJ/mol이다.)

① 125 ② 150
③ 175 ④ 200

13 서울시 9급 기출

4. 촉매에 관한 설명으로 옳은 것은?

보기

ㄱ. 반응에 참여하지 않으므로 반응 속도식에 표현하지 않는다.
ㄴ. 생성물이 많이 생성되게 한다.
ㄷ. 정반응과 역반응에 모두 관여한다.
ㄹ. 전이 상태의 활성화 에너지를 낮추어 속도를 빠르게 한다.

① ㄱ, ㄷ ② ㄴ, ㄷ
③ ㄴ, ㄹ ④ ㄷ, ㄹ

19 지방직 9급 14

5. 화학 반응 속도에 영향을 주는 인자가 아닌 것은?

① 반응 엔탈피의 크기
② 반응 온도
③ 활성화 에너지의 크기
④ 반응물들의 충돌 횟수

21 지방직 7급 17

6. 촉매에 대한 설명으로 옳은 것만을 모두 고르면?

ㄱ. 촉매는 새로운 반응 경로를 통해 반응속도를 빠르게 한다.
ㄴ. 촉매는 반응물과 생성물의 에너지 준위 차이를 작게 한다.
ㄷ. 균일 촉매는 흡착과 탈착 과정을 수반한다.

① ㄱ　　② ㄴ
③ ㄱ, ㄴ　　④ ㄴ, ㄷ

22 지방직 9급 13

7. 화학 반응 속도에 대한 설명으로 옳지 않은 것은?

① 1차 반응의 반응 속도는 반응물의 농도에 의존한다.
② 다단계 반응의 속도 결정 단계는 반응 속도가 가장 빠른 단계이다.
③ 정촉매를 사용하면 전이 상태의 에너지 준위는 낮아진다.
④ 활성화 에너지가 0보다 큰 반응에서, 반응 속도 상수는 온도가 높을수록 크다.

23 해양 경찰청 11

8. 다음 〈보기〉에서 반응속도에 영향을 주는 요소는 모두 몇 개인가?

보기

온도, 압력, 농도, 촉매

① 1개　　② 2개
③ 3개　　④ 4개

주관식 개념 확인 문제

9. 아래의 그림은 흡열 반응에서 반응 경로에 따른 엔탈피 변화를 나타낸 것이다. 다음 물음에 기호로 답하여라.

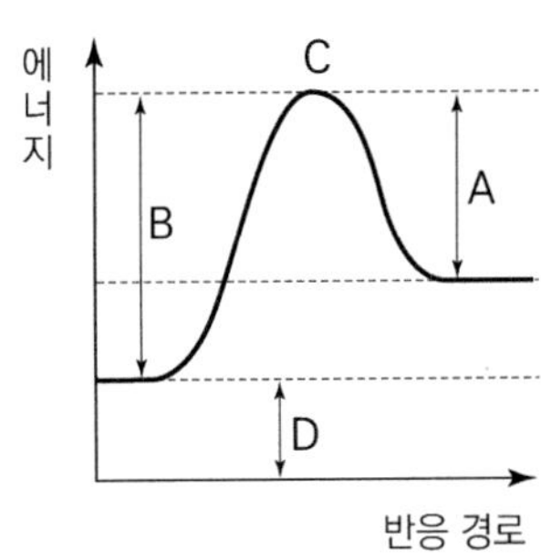

(1) 활성화물이 지닌 엔탈피의 양은?

(2) 정반응의 활성화 에너지는?

(3) 반응열 ΔH는?

기본 문제

QUAN

10. 온도를 높였을 때 반응 속도가 증가하는 이유를 가장 바르게 설명한 것은?

① 활성화 에너지 이상의 에너지를 가진 분자 수가 증가

② 활성화 에너지 이상의 에너지를 가진 분자 수가 감소

③ 활성화 에너지가 낮아지므로

④ 활성화 에너지가 높아지므로

11. 온도를 증가시켰을 때, 기체의 분자 속도에 따른 분자 수의 분포의 변화를 설명한 것 중 옳지 않은 것은?

① 가장 빈도수가 높은 분자 속도의 크기가 증가한다.

② 가장 빈도수가 높은 분자 속도를 갖는 분자들의 수가 증가한다.

③ 분자들의 평균 속도가 증가한다.

④ 분자속도의 분포가 더 넓어진다.

12. 대부분의 화학 반응은 온도가 높을수록 더 빨리 일어난다. 다음 중 온도가 높아질수록 증가하는 것은?

ㄱ. 활성화 에너지
ㄴ. 충돌 에너지
ㄷ. 반응 속도 상수

① ㄱ ② ㄴ
③ ㄱ, ㄷ ④ ㄴ, ㄷ

13. 반응물이 전이 상태로 변화하기 위해서 반드시 필요한 활성화 에너지(E_a)에 대한 설명으로 틀린 것은?

① E_a가 클수록 반응물과 생성물이 평형에 도달하기 어렵다.
② E_a가 클수록 단위시간당 장벽의 정상에 도달하는 반응물의 수가 감소한다.
③ E_a가 클수록 반응물이 활성화 에너지 이상의 에너지를 가지기 어렵다.
④ E_a가 클수록 반응물이 서로 충돌할 확률이 작아진다.

14. 다음 반응의 속도 상수(k)를 변화시키는 조건을 모두 고르면?

$$2A + B \rightarrow P$$

가. A의 농도를 증가시킨다.
나. 촉매를 가한다.
다. 반응이 일어나는 온도를 높인다.
라. 생성물 P를 반응용기에서 제거한다.

① 가, 나　② 나, 다
③ 가, 다　④ 나, 다, 라

15. 반응물의 농도를 증가시킬 때 반응 속도가 빨라지는 현상에 대하여 올바르게 설명한 것을 모두 고르면?

가. 반응물의 평균 운동 에너지가 증가하였다.
나. 분자간 충돌빈도가 증가하였다.
다. 반응 속도 상수가 증가하였다.
라. 활성화 에너지가 변하지 않았다.

① 가, 나　② 나, 라
③ 가, 라　④ 나, 다

16. 반응 속도 상수는 온도뿐만 아니라 반응의 활성화 에너지에도 의존한다. 다음의 조건들 중에서 반응 속도 상수가 가장 크게 나타는 경우는?

① 온도가 높고 활성화 에너지가 클 때
② 온도가 낮고 활성화 에너지가 클 때
③ 온도가 높고 활성화 에너지가 작을 때
④ 온도가 낮고 활성화 에너지가 작을 때

그래프 해석

17. 아래의 그래프는 이산화황이 산소와 반응하여 삼산화황이 되는 반응에서 반응 경로에 따른 에너지 변화를 나타낸 것이다.

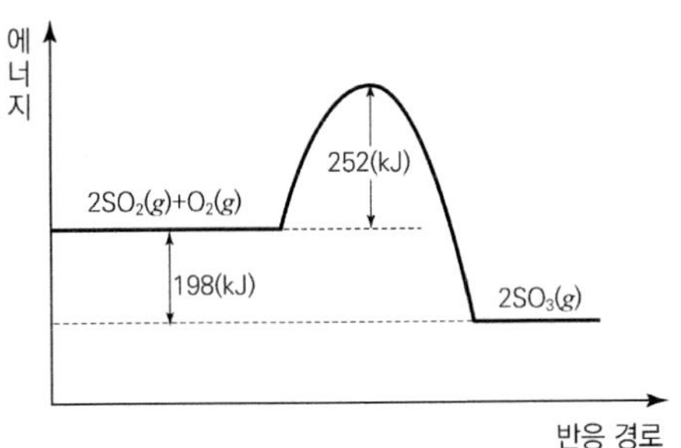

이 반응에 정촉매를 가하면 정반응의 활성화 에너지가 50kJ로 변하고, 정반응의 속도가 빨라진다. 이 때, 역반응의 활성화 에너지와 역반응 속도는?

① 248kJ 느려진다.
② 248kJ 빨라진다.
③ 302kJ 느려진다.
④ 652kJ 느려진다.
⑤ 652kJ 빨라진다.

18. 다음 그림은 가열된 탄소 막대에 물을 조금씩 부었을 때 일어나는 반응에서 반응 경로에 따른 에너지 변화를 나타낸 것이다.

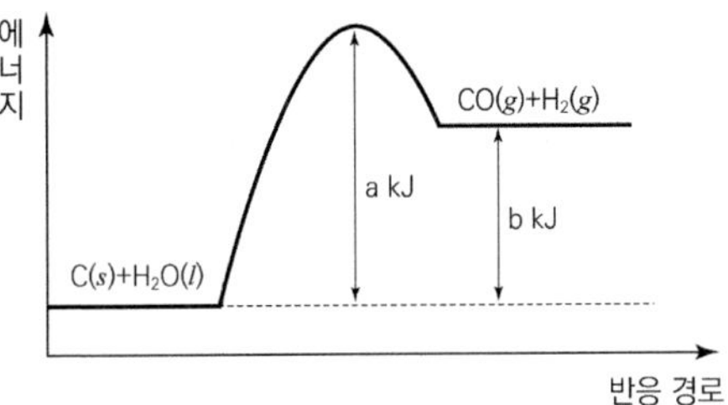

이 반응에 대한 다음 설명 중 옳은 것은? (단, a, b는 양수)

① 열화학 반응식은 $C(s)+H_2O(l) \rightarrow CO(g)+H_2(g)+bkJ$이다.
② 반응열은 akJ이다.
③ 정반응의 활성화 에너지는 (a−b)kJ이다.
④ 촉매를 넣었을 때 변화하는 것은 a와 b의 값이다.
⑤ 반응이 일어나면 반응 용기의 온도가 내려간다.

19. 다음 그림은 두 가지 반응에서 반응 경로에 따른 에너지 변화를 나타낸 것이다.

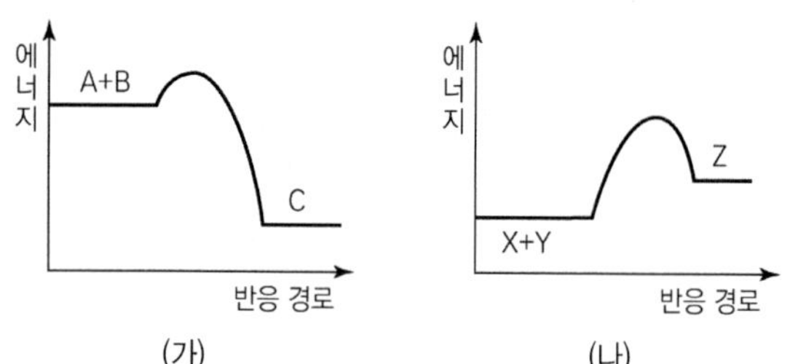

위의 반응에 대한 다음 설명 중 옳지 않은 것은? (단, A, B, C, X, Y, Z는 서로 다른 물질을 나타낸다.)

① (가)의 화학 반응이 진행되면 반응 용기의 온도가 올라간다.
② (가)의 화학 반응식은 A+B → C+QkJ로 나타낼 수 있다. (단, Q>0이다.)
③ (나)의 화학 반응이 진행되면 주위에서 열이 흡수된다.
④ 출입하는 열량은 (가)의 반응이 (나)의 반응보다 많다.
⑤ 같은 조건에서 반응 속도는 (가)의 반응보다 (나)의 반응이 더 빠르다.

QUAL

20. 어떤 반응의 활성화 에너지가 85kJ이고 ΔH는 −50kJ이다 역반응의 활성화 에너지는 얼마인가?

① 85kJ ② 35kJ
③ 15kJ ④ 135kJ

21. 표준 상태에 있는 산소 원소의 가장 안정한 상태는 오존이 아닌 산소 분자이다. 표준 상태에서 다음 반응의 특성을 모두 옳게 짝지은 것은?

$$O_3(g) + O(g) \rightarrow 2O_2(g)$$

	위 반응의 반응열	활성화 에너지가 큰 반응
①	흡열	정반응
②	흡열	역반응
③	발열	정반응
④	발열	역반응

22. $O+O_3 \rightarrow 2O_2$ 반응의 활성화 에너지는 25kJ/mol이고, 반응의 엔탈피 변화(ΔH)는 −388kJ/mol이다. O_2가 분해되는 역반응의 활성화 에너지는?

① 413kJ ② 388kJ
③ 363kJ ④ 50kJ

CHAPTER 04 화학 평형

제1절 화학 평형

정답 p. 224

대표 유형 기출 문제

화학 평형 일반

13 서울시 9급 기출

1. 화학 평형에 대한 올바른 설명은?

① 정반응의 속도와 역반응의 속도가 같다.
② 정반응의 속도 상수와 역반응의 속도 상수는 같다.
③ 평형 상태에서는 더 이상 반응하지 않는다.
④ 화학 평형일 때 반응물의 농도와 생성물의 농도가 같다.
⑤ 평형 상태에서는 반응물이 존재하지 않는다.

화학 평형 상수 K

07 국가직 7급 18

2. 절대 온도 1330K에서 기체인 산화게르마늄(GeO)과 산화텅스텐(W_2O_6)은 다음과 같은 평형을 이루고 있다.

- $2GeO(g) + W_2O_6(g) \rightleftarrows 2GeWO_4(g)$
- $GeO(g) + W_2O_6(g) \rightleftarrows GeW_2O_7(g)$

위의 두 반응에 대한 평형 상수는 각각 7.0×10^3과 2.8×10^4이다. 같은 온도에서 다음 반응에 대한 평형 상수는 얼마인가?

$$GeO(g) + GeW_2O_7(g) \rightleftarrows 2GeWO_4(g)$$

① 0.25　② 4
③ 0.5　④ 2

08 국가직 7급 11

3. A+AB ⇄ A_2+B 반응의 평형 상수 K_c는 3이다. 다음 그림은 원자 A(검은 공), 원자 B(흰 공), A_2와 AB 분자를 포함하는 혼합물을 나타낸다. 이 가운데 평형에 놓여있는 혼합물은?

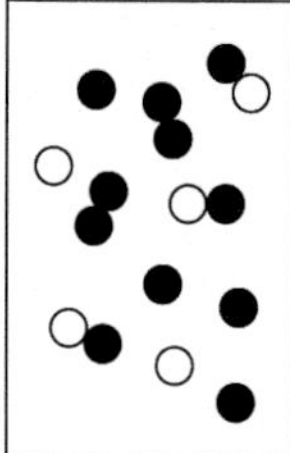

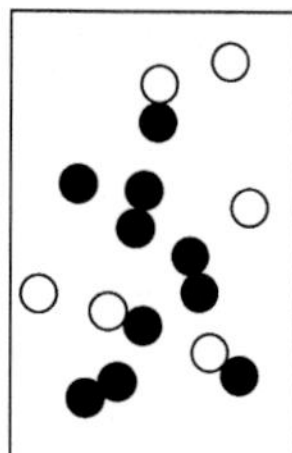

③
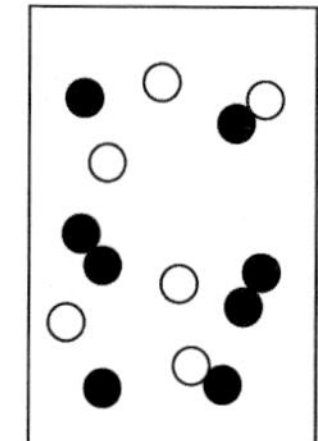

④
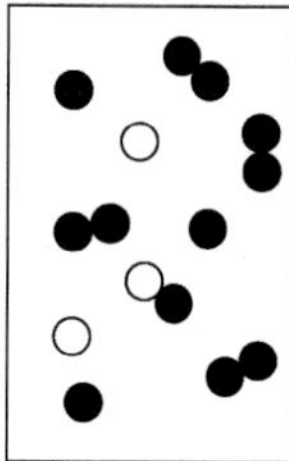

16 지방직 9급 11

4. 다음 반응에 대한 평형 상수는?

$$2CO(g) \rightleftarrows CO_2(g) + C(s)$$

① $K=[CO_2]/[CO]^2$

② $K=[CO]^2/[CO_2]$

③ $K=[CO_2][C]/[CO]^2$

④ $K=[CO]^2/[CO_2][C]$

16 서울시 9급 11

5. 아래에 나타낸 화학 반응에 대한 평형 상수는?

$$CaCl_2(s) + 2H_2O(g) \rightleftarrows CaCl_2 \cdot 2H_2O(s)$$

① $\dfrac{[CaCl_2 \cdot 2H_2O]}{[CaCl_2][H_2O]^2}$　② $\dfrac{1}{[H_2O]^2}$

③ $\dfrac{1}{2[H_2O]^2}$　④ $\dfrac{[CaCl_2 \cdot 2H_2O]}{[H_2O]^2}$

20 지방직 7급 03

6. $A(g)+2B(g) \leftrightarrows C(g)$ 반응의 평형 상수가 0.2일 때, $2C(g) \leftrightarrows 2A(g)+4B(g)$ 반응의 평형 상수는? (단, 모든 반응은 25° C에서 일어난다)

① 0.04　② 0.2

③ 5　④ 25

주관식 개념 확인 문제

7. 반응 조건에 따라 정반응과 역반응이 모두 일어날 수 있는 반응을 [㉠]이라 하며 화학 반응식에는 [㉡] 표시로 나타낸다. 정반응에 비해 무시할 수 있을 정도로 역반응이 느리게 진행하는 반응을 [㉢]이라 한다.

8. 다음 반응의 평형 상수는 각각 21, 0.01이다.

- $SnO_2(s) + 2H_2(g) \rightleftarrows Sn(s) + 2H_2O(g)$
- $CO(g) + H_2O(g) \rightleftarrows CO_2(g) + H_2(g)$

화학 반응 $SnO_2(s) + 2CO(g) \rightleftarrows Sn(s) + 2CO_2(g)$에 대한 평형 상수 K는 얼마인가?

9. 할로젠 화합물인 BrCl은 붉은 오렌지색의 브롬 기체와 연한 황록색의 염소 기체가 반응하여 생성된다. 다음 물음에 답하시오.

(1) 400℃의 평형 상태에서 반응 용기 안에 0.82M BrCl, 0.20M Br_2, 0.48M Cl_2가 혼합되어 있었다. 평형 상수 K_C를 구하시오.

(2) 400℃에서의 압력 평형 상수 K_P를 구하시오.

10. 다음은 기체 A와 B로부터 기체 C가 생성되는 반응의 화학 반응식과 온도 T에서 농도로 정의되는 평형 상수(K)이다.

$A(g) + bB(g) \rightleftarrows cC(g) \quad K \quad (b,\ c$: 반응 계수$)$

표는 온도 T에서 강철 용기에 A(g)~C(g)의 초기 농도를 달리하여 평형에 도달하였을 때 초기 농도와 평형 농도를 나타낸 것이다.

실험	초기 농도(M)			평형 농도(M)		
	A(g)	B(g)	C(g)	A(g)	B(g)	C(g)
Ⅰ	5	x	2	4	2	4
Ⅱ	y	2	4	1	3	3

$K \times \frac{x}{y}$를 구하시오.

11. 다음은 온도 T에서 A(s) 분해 반응의 화학 반응식과 압력으로 정의되는 평형 상수(K_p)이다.

$A(s) \rightleftarrows B(g) + C(g) \qquad K_p$

T에서, 1기압의 B(g)가 들어 있는 용기에 A(s)를 넣은 후 A(s)의 분해 반응이 일어나 도달한 평형 상태의 전체 기체 압력이 2기압이었다. K_p를 구하시오. (단, 기체는 이상 기체로 거동하고, A(s)의 증기 압력은 무시한다.)

12. 다음은 A와 B가 반응하여 C를 생성하는 반응의 화학 반응식과 온도 T에서 농도로 정의되는 평형 상수(K)이다.

$$A(g) + B(g) \rightleftarrows 2C(g) \qquad K$$

표는 강철 용기에서 이 반응이 평형에 도달했을 때, 초기 농도와 평형 농도를 나타낸 것이다.

구분	A(g)	B(g)	C(g)
초기 농도(M)	1.2	y	0
평형 농도(M)	x	0.1	1.6

온도가 T로 일정할 때, 이 반응의 평형 상수를 구하시오.

기본 문제

13. 평형 상수에 대한 〈보기〉의 설명 중 옳은 것을 모두 고른 것은?(단, K_c와 K_p는 각각 농도와 압력으로 정의되는 평형 상수이다.)

보기

ㄱ. 모든 평형 상수에는 단위를 표시하지 않는다.
ㄴ. 어떤 발열 반응에서 온도가 증가하면 평형 상수는 증가한다.
ㄷ. 반응물과 생성물이 모든 기체인 평형 반응에서 K_c 값은 항상 K_p값과 같다.
ㄹ. 고체와 기체를 포함하는 불균일 평형 반응의 평형 상수 식에서 고체의 농도는 표시하지 않는다.

① ㄱ, ㄷ　　② ㄱ, ㄹ
③ ㄱ, ㄴ, ㄷ　　④ ㄴ, ㄷ, ㄹ

14. 다음 보기는 평형 상태에 있는 어느 화학 반응에 관한 설명이다. 옳은 것을 모두 고르시오.

ㄱ. 반응 물질의 농도는 항상 일정하다.
ㄴ. 생성 물질의 몰농도는 0이다.
ㄷ. 반응 물질과 생성 물질의 몰농도는 항상 같다.
ㄹ. 정반응 속도와 역반응 속도는 같다.
ㅁ. 반응 물질과 생성 물질의 농도의 비는 이 반응의 화학 반응식의 계수의 비와 같다.

① ㄱ, ㄴ　　② ㄱ, ㄷ
③ ㄱ, ㄹ　　④ ㄷ, ㄹ
⑤ ㄹ, ㅁ

15. 그림은 어떤 온도에서 반응 A(g) ⇄ B(g)에 대하여 반응의 진행에 따른 자유 에너지(G)를 나타낸 것이다.

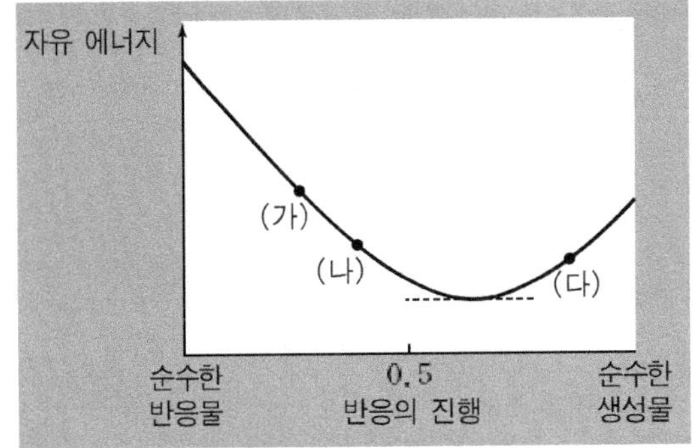

이 반응에 대한 설명으로 옳지 않은 것은?

① 평형 상수(K)는 1보다 크다.
② (가) → (나)에서 자유 에너지 변화(ΔG)는 0보다 작다
③ (다)에서 A(g) ⇄ B(g)의 자유 에너지 값은 감소한다.
④ $\Delta G=0$인 지점에서 화학 평형에 도달한다.

16. 아래 반응이 평형 상태에 도달되었다. 옳은 것끼리 짝지어진 것은?

$$2NO_2(g) \rightleftarrows N_2O_4(g)$$

ㄱ. 정반응 속도와 역반응 속도가 같다.
ㄴ. NO_2와 N_2O_4의 농도비가 2 : 1이다
ㄷ. NO_2와 N_2O_4의 농도변화가 없다.
ㄹ. NO_2와 N_2O_4의 몰수가 같다.

① ㄱ, ㄴ　② ㄱ, ㄷ
③ ㄴ, ㄷ　④ ㄴ, ㄹ
⑤ ㄱ, ㄹ

17. 가역 반응 X ⇄ Y가 시간 t_0후에 평형 상태에 도달한다고 하였을 때, X와 Y의 농도가 시간에 따라 변화하는 것을 옳게 나타낸 그림은?

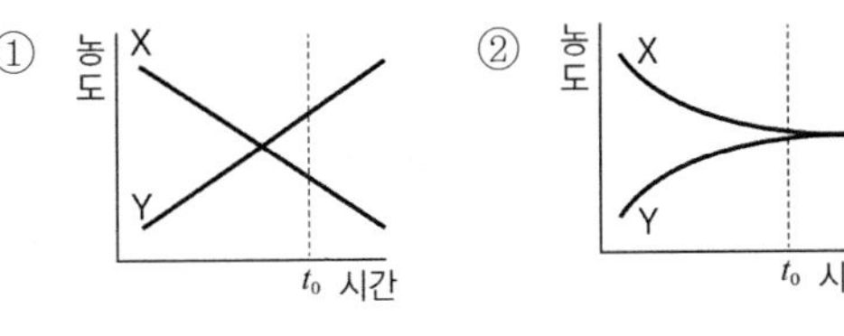

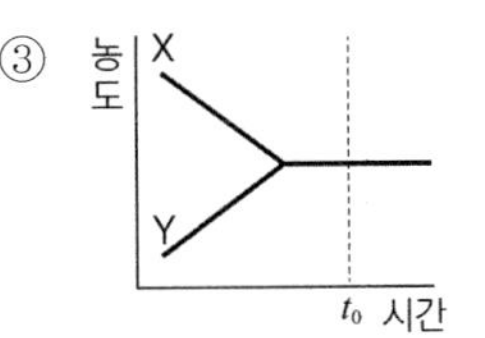

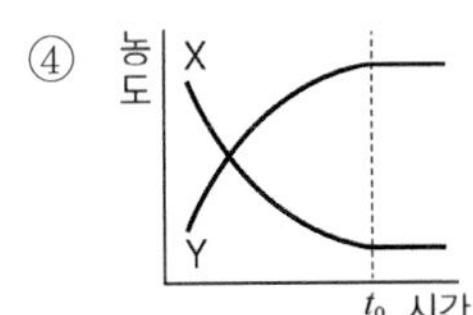

18. 이산화질소 2몰을 밀폐된 용기에 넣었더니 다음과 같은 반응이 진행되다가 평형 상태에 도달하였다.

$$2NO_2(g) \rightleftarrows N_2O_4(g)$$

다음 중 올바르게 설명한 것을 모두 고르시오.

① 용기 속에는 N_2O_4 1몰만 존재한다.
② NO_2와 N_2O_4가 2 : 1로 공존한다.
③ 이 반응은 가역 반응이다.
④ 용기 속에서 물질의 농도 변화는 더 이상 일어나지 않는다.
⑤ N_2O_4의 생성 반응이 NO_2의 분해 반응보다 우세하다.

19. 표준 상태에서 단일단계 정반응 A(g) → D(g)의 활성화 에너지가 330kJ/mol이고, 그 역반응 D(g) → A(g)의 활성화 에너지가 30kJ/mol이다. 300K에서 A ⇄ D 반응의 평형 상수 K는?

① $K > 1$　② $K=1$
③ $K < 1$　④ 알 수 없다

20. 다음 반응에 대한 평형 상수를 옳게 나타낸 것은?

$$3Ag^{+}(aq) + PO_4^{3-}(aq) \rightleftarrows Ag_3PO_4(s)$$

① $K = \dfrac{[Ag^{+}]^3[PO_4^{3-}]}{[Ag_3PO_4]}$　② $K = \dfrac{[Ag_3PO_4]}{[Ag^{+}]^3[PO_4^{3-}]}$

③ $K = \dfrac{[Ag_3PO_4]}{[3Ag^{+}][PO_4^{3-}]}$　④ $K = [Ag^{+}]^3[PO_4^{3-}]$

⑤ $K = \dfrac{1}{[Ag^{+}]^3[PO_4^{3-}]}$

21. 아래에 주어진 반응의 평형 상수(K)를 참고하여 다음 화학 반응의 평형 상수를 계산하면 얼마인가?

$$2A(g) \rightleftarrows C(g) + 2D(g) \qquad K_1 = 2.5\times10^{-5} \cdots ①$$

$$\frac{1}{2}B(g) + \frac{1}{2}C(g) \rightleftarrows D(g) \qquad K_2 = 5.0\times10^{-10} \cdots ②$$

$$2A(g) \rightleftarrows B(g) + 2C(g)$$

① 1.0×10^{14}　② 5.0×10^{4}

③ 2.5×10^{4}　④ 2.0×10^{-5}

22. 고체 NH_4NO_3을 진공 용기에 넣고 가열하였더니 다음과 같은 반응이 격렬하게 진행되었다.

$$NH_4NO_3(s) \rightleftarrows NO_2(g) + 2H_2O(g)$$

평형에 도달한 뒤 500℃에서 용기의 전체 압력은 3.00atm이었다. 이때의 K_p(부분 압력으로 나타낸 평형상수)는?

① 1.00　② 2.00

③ 3.00　④ 4.00

23. 〈보기〉는 기체 A와 기체 B가 반응하여 기체 C를 생성하는 반응의 화학 반응식과, 부피가 2L인 서로 다른 용기 X와 Y에서 A와 B가 반응하여 평형에 도달한 상태의 반응물과 생성물의 양을 나타낸 표이다. $\dfrac{b}{a}$는? (단, 온도는 일정하다.)

보기

$$A(g) + B(g) \rightleftarrows 2C(g)$$

	용기 X	용기 Y
A	a몰	0.1몰
B	0.4몰	b몰
C	0.1몰	0.2몰

① $\dfrac{1}{16}$　② $\dfrac{1}{8}$

③ 8　④ 16

24. 다음은 $AB_3(g)$가 분해되는 반응의 화학 반응식이다.

$$AB_3(g) \rightleftarrows AB(g) + B_2(g)$$

2.0L 밀폐 용기에 $AB_3(g)$ 0.10mol을 넣어 분해 반응시켰더니, $AB_3(g)$가 20% 분해되어 평형에 도달하였다. 이 평형 상태에 관한 설명으로 옳지 않은 것은? (단, A와 B는 임의의 원소 기호이고, 기체는 이상 기체로 거동하며, 온도는 T로 일정하고 RT= 80L · atm/mol이다.)

① $B_2(g)$의 몰분율은 $\dfrac{1}{6}$이다.

② $AB(g)$의 부분 압력은 0.8atm이다.

③ 평형 상수 K_p는 0.2이다.

④ 평형 상수 K_c는 $\dfrac{1}{200}$이다.

제 2 절 화학 평형 이동

정답 p. 228

대표 유형 기출 문제

평형 이동

11 지방직 9급 06

1. 평형 상수(K)에 대한 설명으로 옳지 않은 것은?

① K값이 클수록 평형에 도달하는 시간이 짧아진다.
② K값이 클수록 평형위치는 생성물 방향으로 이동한다.
③ 발열 반응에서 평형 상태에 열을 가해주면 K값이 감소한다.
④ K값의 크기는 생성물과 반응물 사이의 에너지 차이에 의해 결정된다.

11 지방직 9급 20

2. 900℃에서 반응, $CaCO_3(s) \rightleftarrows CaO(s) + CO_2(g)$에 대한 K_p(압력으로 나타낸 평형 상수)값은 1.04이다. 이에 대한 설명으로 옳은 것을 모두 고른 것은?

보기
ㄱ. 평형에서 CO_2의 압력은 1.04atm이다.
ㄴ. 생성되는 CO_2를 제거하면 정반응이 우세하다.
ㄷ. 같은 온도에서 $CaCO_3$의 양을 변화시키면 평형 상수 값도 변화한다.

① ㄱ
② ㄱ, ㄴ
③ ㄴ, ㄷ
④ ㄱ, ㄴ, ㄷ

13 지방직 7급 17

3. 다음은 X와 Y가 반응하여 Z를 생성하는 균형 반응식이다.

$$aX(g) + bY(g) \rightleftarrows cZ(g)$$

다음 그림은 반응계의 온도와 압력에 따라 생성물 Z의 수득률을 나타낸 것이다.

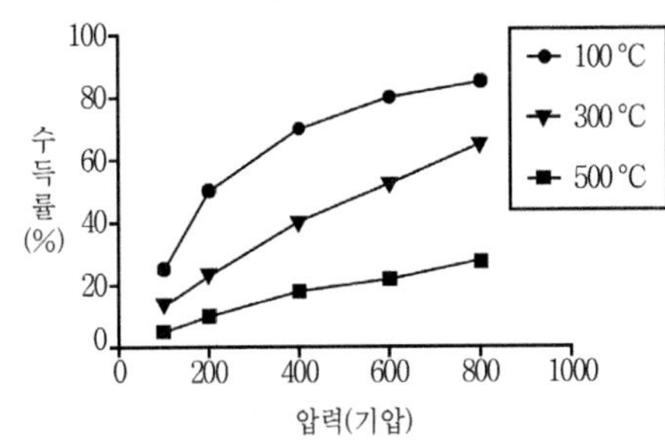

$(a+b-c)$의 부호와 반응 엔탈피(ΔH)의 부호가 옳게 짝지어진 것은? (단, 반응 초기에는 X와 Y만이 존재한다.)

	$(a+b-c)$	ΔH
①	+	+
②	+	−
③	−	+
④	−	−

14 국가직 7급 20

4. 화학 평형에 대한 설명으로 옳은 것은?

① 화합물의 용해도곱 상수(K_{sp})는 평형에 포함된 이온들의 농도합과 같다.

② 완충 용액(buffer solution)은 강산 또는 강염기와 이들의 염을 각각 섞어 만들 수 있다.

③ 이온 평형 상태인 수용액에 공통 이온을 가진 용질을 첨가하면 정반응이 항상 우세해진다.

④ 아세트산 나트륨과 아세트산이 섞여 있는 수용액에 아세테이트(CH_3COO^-)이온을 첨가하면 아세트산의 이온화는 감소한다.

16 지방직 9급 19

5. 다음 반응은 300K의 밀폐된 용기에서 평형 상태를 이루고 있다. 이에 대한 설명으로 옳은 것만을 모두 고른 것은? (단, 모든 기체는 이상 기체이다.)

$$A_2(g) + B_2(g) \rightleftarrows 2AB(g) \quad \Delta H = 150\text{kJ/mol}$$

ㄱ. 온도가 낮아지면, 평형의 위치는 역반응 방향으로 이동한다.
ㄴ. 용기에 B_2 기체를 넣으면, 평형의 위치는 정반응 방향으로 이동한다.
ㄷ. 용기의 부피를 줄이면, 평형의 위치는 역반응 방향으로 이동한다.
ㄹ. 정반응을 촉진시키는 촉매를 용기 안에 넣으면, 평형의 위치는 정반응 방향으로 이동한다.

① ㄱ, ㄴ　　② ㄱ, ㄷ
③ ㄴ, ㄹ　　④ ㄷ, ㄹ

16 지방직 7급 08

6. 다음은 질소와 산소가 반응하여 일산화질소가 생성되는 반응의 평형 반응식이다.

$$N_2(g) + O_2(g) \rightleftarrows 2NO(g)$$

이 반응이 밀폐된 강철 용기에서 일어날 때, 평형 상수(K_p)는 2,200K에서 1.1×10^{-3}이고, 2,500K에서 3.6×10^{-3}이었다. 이에 대한 설명으로 옳은 것은?

① 이 반응은 발열 반응이다.

② 용기 내 압력은 2,200K에서와 2,500K에서가 동일하다.

③ 2,200K의 평형에서 용기 내 압력을 높이면 평형은 왼쪽으로 이동한다.

④ 2,500K의 평형에서 용기에 He(g)를 주입하면 NO(g)의 부분 압력은 변하지 않는다.

17 지방직 9급(상) 07

7. 다음 반응은 500℃에서 평형 상수 K=48이다.

$$H_2(g) + I_2(g) \rightleftarrows 2HI(g)$$

같은 온도에서 10L 용기에 H_2 0.01mol, I_2 0.03mol, HI 0.02mol로 반응을 시작하였다. 이때, 반응 지수 Q의 값과 평형을 이루기 위한 반응의 진행 방향으로 옳은 것은?

① Q=1.3, 왼쪽에서 오른쪽

② Q=13, 왼쪽에서 오른쪽

③ Q=1.3, 오른쪽에서 왼쪽

④ Q=13, 오른쪽에서 왼쪽

19 국가직 7급 04

8. 일산화탄소와 수소의 혼합 연료인 수성 가스는 뜨거운 탄소 위에 수증기를 흘려서 생산하며 다음 반응식으로 표현할 수 있다.

$$C(s) + H_2O(g) \rightleftarrows CO(g) + H_2(g)$$

수성 가스 생성을 증가시키는 방법만을 모두 고르면?

ㄱ. 반응기의 압력을 낮춘다.
ㄴ. $H_2(g)$를 제거한다.
ㄷ. $H_2O(g)$를 제거한다.
ㄹ. $CO(g)$를 첨가한다.
ㅁ. $C(s)$를 제거한다.

① ㄱ, ㄴ
② ㄴ, ㄷ
③ ㄷ, ㄹ
④ ㄹ, ㅁ

21 지방직 9급 17

9. 다음은 밀폐된 용기에서 오존(O_3)의 분해 반응이 평형 상태에 있을 때를 나타낸 것이다. 평형의 위치를 오른쪽으로 이동시킬 수 있는 방법으로 옳지 않은 것은?(단, 모든 기체는 이상 기체의 거동을 한다.)

$$2O_3(g) \rightleftarrows 3O_2(g) \qquad \Delta H^\circ = -284.6\text{kJ}$$

① 반응 용기 내의 O_2를 제거한다.
② 반응 용기의 온도를 낮춘다.
③ 온도를 일정하게 유지하면서 반응 용기의 부피를 두 배로 증가시킨다.
④ 정촉매를 가한다.

22 지방직 9급 18

10. $CaCO_3(s)$가 분해되는 반응의 평형 반응식과 온도 T에서의 평형 상수(K_p)이다. 이에 대한 설명으로 옳은 것만을 〈보기〉에서 모두 고르면? (단, 반응은 온도와 부피가 일정한 밀폐 용기에서 진행된다)

$$CaCO_3(s) \rightleftarrows CaO(s) + CO_2(g) \qquad K_p = 0.1$$

보기

ㄱ. 온도 T의 평형 상태에서 $CO_2(g)$의 부분 압력은 0.1atm이다.
ㄴ. 평형 상태에 $CaCO_3(s)$를 더하면 생성물의 양이 많아진다.
ㄷ. 평형 상태에서 $CO_2(g)$를 일부 제거하면 $CaO(s)$의 양이 많아진다.

① ㄱ, ㄴ
② ㄱ, ㄷ
③ ㄴ, ㄷ
④ ㄱ, ㄴ, ㄷ

평형 농도와 평형 상수

09 국가직 7급 08

11. 700K에서 H_2와 I_2가 반응하여 HI를 생성한다. 최초의 I_2 농도가 2.0M이었고 같은 온도의 평형 상태에서 처음 I_2의 50%가 변환된다고 할 때, 최초의 H_2 농도[M]는?(단, 700K에서 이 반응에 대한 평형 상수 값은 200이다.)

① 0.68　② 0.86
③ 1.02　④ 1.20

15 지방직 9급 10

12. 다음은 질소(N_2) 기체와 수소(H_2) 기체가 반응하여 암모니아(NH_3) 기체가 생성되는 화학 반응식이다.

$$N_2(g) + 3H_2(g) \rightleftarrows 2NH_3(g)$$

그림은 부피가 1L인 강철용기에 N_2 4몰, H_2 8몰을 넣고 반응시킬 때 반응 시간에 따른 N_2의 몰수를 나타낸 것이다.

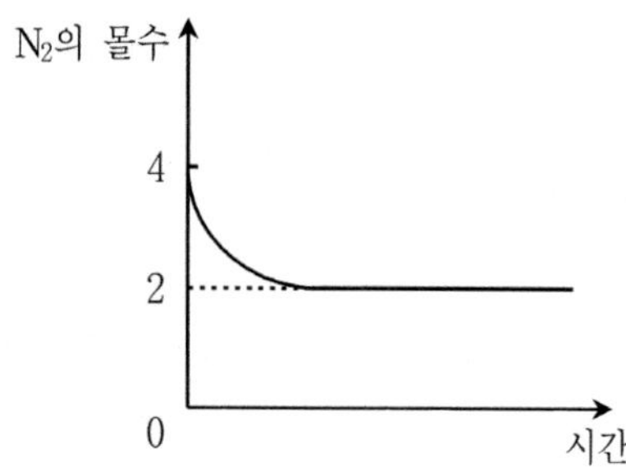

이 반응의 평형 상수(K)값은? (단, 온도는 일정하다.)

① 1　② 2
③ 4　④ 8

17 국가직 7급 07

13. 다음은 기체 A가 기체 B와 C로 분해되는 평형 반응식과 농도로 정의되는 평형 상수(K)를 나타낸 것이다. 일정 온도에서 부피가 2L인 용기에 4mol의 기체 A만을 넣은 후 평형에 도달하게 하였다. 평형 상태에서 A의 농도[M]는?

$$A(g) \rightleftarrows B(g) + C(g) \qquad K = \frac{1}{6}$$

① $\frac{1}{2}$　② 1
③ $\frac{3}{2}$　④ 3

19 지방직 7급 02

14. 기체 A 0.8몰과 기체 B 1.2몰을 부피 1L의 반응기에 넣고 다음 반응을 진행시켰다. 기체 C가 0.4몰 생성되어 평형에 도달하였다면 이 반응의 평형 상수 값은? (단, A~D는 임의의 이상 기체이다.)

$$A(g) + B(g) \rightleftarrows C(g) + D(g)$$

① 0.5　② 1.0
③ 1.5　④ 2.0

주관식 개념 확인 문제

15. 다음 글을 읽고 [　　　] 안에 알맞은 답을 써 넣으시오.

(1) 가역 반응을 하는 물질이 반응할 때, 시간이 지남에 따라 [①] 속도는 점점 느려지고 [②] 속도는 점점 빨라져 결국은 이 두 속도가 같아지게 된다. 두 속도가 같아져 겉보기에 반응이 멈춘 것처럼 보이는 반응 상태를 [③] 라고 한다.

(2) 평형계 내에서 공존하는 반응 물질의 평형 농도의 곱과 생성 물질의 평형 농도의 곱의 비를 [①] 라고 하며 K로 표시한다. 같은 반응의 K값은 반응 물질의 초기 농도나 반응계의 압력에 관계없이 항상 일정하나 [②] 가 변화하면 변한다.

(3) K값이 큰 반응이 평형 상태에 이르렀을 때, 평형계에는 많은 양의 [①] 이 존재하며, K값이 작은 반응의 평형계에는 많은 양의 [②] 이 존재한다.

(4) 평형 상수를 구하는 식에 반응계에 존재하는 물질들의 현재 농도를 대입하여 구한 값을 Q라고 하면, 이 Q값이 평형 상수 K와 같아질 때까지 반응이 진행된다. $Q>K$이면 [①] 이 진행되고, $Q<K$이면 [②] 이 진행된다.

16. 밀폐된 용기 속에 수소 기체와 이산화탄소 기체를 넣고 반응시키면 다음과 같이 반응하여 평형 상태에 도달한다.

$$CO(g)+H_2O(g) \rightleftarrows CO_2(g)+H_2(g)$$

다음 물음에 답하시오.

(1) 1000K의 온도에서 1L의 밀폐된 용기 속에서 수소 0.50몰, 이산화탄소 0.40몰을 반응시켰더니 일산화탄소 0.20몰이 생성되었다. 평형 상수 K를 구하시오.

(2) (1)의 반응을 같은 조건의 2L의 용기에서 반응시킨다면 평형 상수는 어떻게 되겠는가?

(3) (1)의 반응을 촉매 존재 하에서 반응시켜 평형에 도달했을 때의 평형 상수를 구하시오.

(4) 600℃에서 주어진 반응의 K값은 0.41이다. 다음 반응에서 반응 ①의 평형 상수 값이 0.42일 때, 반응 ②의 평형 상수를 구하여라.

$$FeO(s)+H_2(g) \rightleftarrows Fe(s)+H_2O(g) \quad K_1=0.42 \cdots ①$$

$$FeO(s)+CO(g) \rightleftarrows Fe(s)+CO_2(g) \quad K_2=? \cdots ②$$

17. N_2O_4 0.1몰을 1L의 반응 용기에 넣고 100℃로 올린 결과 NO_2로 분해가 시작되었다. 충분한 시간이 지난 뒤에 N_2O_4의 몰 수를 조사한 결과 0.08몰임을 알았다. 100℃에서 이 분해 반응의 평형 상수를 구하여라.

18. 440℃에서 수소(H_2)와 요오드(I_2)를 1L의 용기에 넣고 반응시켰더니 다음 그림과 같이 반응이 진행되었다.

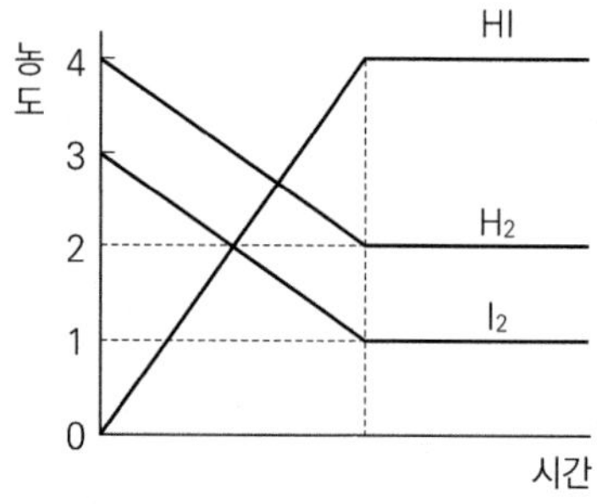

다음 물음에 답하시오.

(1) 440℃에서의 평형 상수 K를 구하시오.

(2) 같은 조건에서 같은 용기에 수소 2몰, 요오드 2몰, 요오드화수소 4몰을 넣고 반응을 시키면 반응은 어느 쪽으로 진행되겠는가?

19. 다음은 기체 A와 B가 반응하여 기체 C가 생성되는 반응의 화학 반응식이다.

$$aA(g)+B(g) \rightleftarrows cC(g) \quad (a,\ c\text{: 반응 계수})$$

그림은 A(g)~C(g)가 평형을 이루고 있는 강철 용기에 A(g)를 추가하였을 때 시간에 따른 A(g)~C(g)의 농도를 나타낸 것이다.

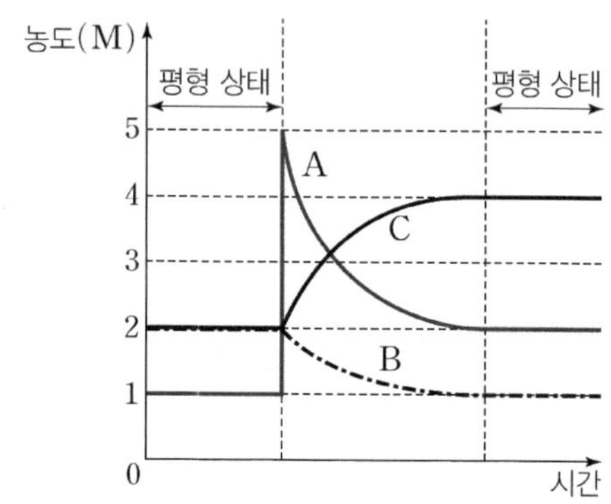

농도로 정의되는 평형 상수 K는? (단, 온도는 일정하다.)

20. 아래의 그림은 다음과 같은 평형 상태의 화학 반응에 외부로부터 반응 조건을 변화시킨 후 시간에 따라 각 물질의 농도의 변화를 관찰한 것이다.

$$N_2(g) + 3H_2(g) \rightleftarrows 2NH_3(g) + 22\text{kcal}$$

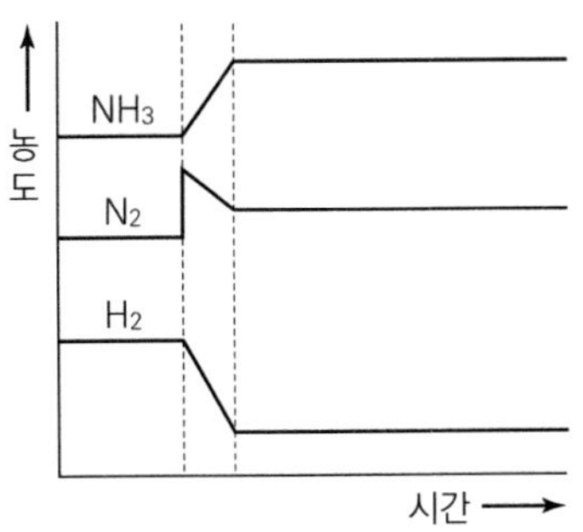

다음 물음에 답하시오.

(1) 외부에서 변화시킨 반응 조건은 무엇인가?

(2) 어느 방향에서 평형 이동이 일어나는가?

(3) 반응 조건을 변화시킨 순간의 농도 곱의 비 Q와 평형 상수 K와의 크기를 비교하시오.

21. 암모니아 수용액은 다음과 같은 평형을 이루고 있다.

$$NH_3(aq) + H_2O(l) \rightleftarrows NH_4^+(aq) + OH^-(aq)$$

암모니아 수용액에 다음과 같은 조건을 주었을 때 평형 이동을 예측하시오.

(1) 염$NH_4Cl(s)$을 첨가한다.

(2) HCl 수용액을 몇 방울 넣는다.

(3) NaOH 수용액을 몇 방울 넣는다.

(4) 암모니아 수용액의 온도를 낮춘다.

22. 이산화탄소(CO_2)는 수용액에서 다음과 같이 평형을 이루고 있다.

$$CO_2(g) + H_2O(l) \rightleftarrows H_2CO_3(aq) \rightleftarrows 2H^+(aq) + CO_3^{2-}(aq)$$

(1) $H^+(aq)$을 첨가하는 경우

(2) $OH^-(aq)$을 첨가하는 경우

(3) $CaCl_2(s)$를 첨가하는 경우

(4) $NaCl(s)$를 첨가하는 경우

(5) 물을 첨가하는 경우

평형 상수와 이상기체 상태방정식

23. 반응 $CaCO_3(s) \rightleftarrows CaO(s) + CO_2(g)$의 평형 상수는 800℃에서 $K_p = 1.16$atm이다. 10.0g의 $CaCO_3$를 0.5L 용기에 넣고 800℃로 가열했을 때, 평형 상태에 도달한 뒤 분해되지 않고 남아 있는 $CaCO_3$는 몇 g이 되는가? (단, 원자량은 Ca = 40, C = 12, O = 16)

24. N_2O_4와 NO_2는 다음과 같은 평형을 이룬다.

$$N_2O_4(g) \rightleftarrows 2NO_2(g)$$

6.0L의 용기에 18.4g의 N_2O_4를 채운 뒤 300K에서 평형에 도달하도록 하였더니 용기의 내부 압력이 1.00기압이 되었다. 이 온도에서 이 반응의 평형 상수(K_c)를 구하시오.

25. $PCl_5(g) \rightleftarrows PCl_3(g) + Cl_2(g)$ 반응에서 각 화합물의 평형 농도는 모두 1M이다. 같은 온도에서 용기의 부피를 $\frac{1}{3}$으로 줄였을 경우에 $PCl_5(g)$의 평형 농도를 구하시오.

26. 과량의 고체 탄소가 들어 있는 1L의 용기에 4.4g의 이산화탄소를 넣었더니 다음과 같은 반응이 일어났다.

$$CO_2(g) + C(s) \rightleftarrows 2CO(g)$$

평형 상태에서 기체의 밀도를 측정하여 반응 용기에 들어 있는 기체의 평균 분자량이 36임을 알았다. 다음 물음에 답하시오. 단, C와 O의 원자량은 각각 12와 16이다.

(1) 각 성분의 평형 농도로부터 평형 상수를 구하여라.

(2) 반응 용기의 부피를 일정하게 유지시키면서 비활성 기체인 He를 주입하여 전체 압력을 두 배로 증가시켰다. 평형 상태는 어떻게 변하였는가?

(3) 비활성 기체를 첨가할 때 반응 용기의 부피를 증가시켜 전체 압력을 일정하게 유지시킨다면 평형 상태는 어떻게 변하겠는가?

27. 어떤 기체 A_2(분자량 100.0)는 상온에서 한 단계 반응으로 분해하여 기체 A와 다음과 같이 평형을 이루게 된다.

$$A_2(g) \rightleftarrows 2A(g)$$

27℃에서 5.0L용기에 100.0g의 A_2만이 존재할 경우, 이 화합물의 초기 분해 반응 속도는 $1.0 \times 10^6 \text{mol/L} \cdot \text{s}$가 된다. 이를 토대로 다음 물음에 답하시오.

(1) 27℃에서 8.21L 용기에 80.0g의 A_2만이 존재할 경우, 초기 분해 반응 속도는 얼마가 되겠는가?

(2) 위의 (1)실험에서, 오랜 시간이 경과하여 평형에 도달하였을 때, 반응 용기 내의 전체 압력을 측정하니 3.0기압이었다. 이 때, 용기 내에 존재하는 A와 A_2의 몰수는 각각 얼마인가?
(단, 기체는 이상 기체로 간주한다. 기체 상수는 0.0821L · atm/mol · K이다.)

28. 다음 그림은 다음과 같은 화학 반응의 온도와 압력에 따른 생성물 C의 수득률이다.
(단, 수득률 = $\frac{\text{평형에서의 생성량}}{\text{가능한 최대 생성량}}$이다.)

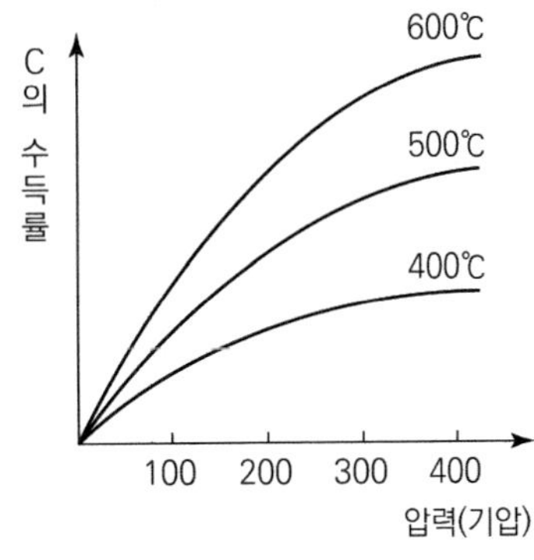

$$aA(g) + bB(g) \rightleftarrows cC(g) + Q\text{kcal}$$

다음 [ ] 안에 적당한 부등호를 넣으시오.

(1) $a+b$ [ ] c

(2) Q [ ] 0

PART 05 화학 반응

기본 문제

평형 이동

29. 밀폐된 반응 용기에 N_2 1몰과 H_2 3몰을 넣고 반응시켰더니 t℃에서 평형 상태가 되었다. 다음 중 옳은 것을 모두 고르시오.

① 분자 사이의 모든 반응은 끝났다.
② 정반응 속도와 역반응 속도가 같은 상태이다.
③ 세 기체의 농도의 비가 $N_2 : H_2 : NH_3 = 1:2:3$이다.
④ N_2, H_2, NH_3 3가지 물질이 일정한 농도비로 존재한다.
⑤ 반응물의 분자수와 생성물의 분자수가 같다.

30. 평형 상태에 있는 아래 반응에서 침전되는 Ag(s)의 양을 증가시키려 한다. 어떠한 방법을 사용하며 되겠는가?

$$Ag^{+}(aq) + Ce^{3+}(aq) \rightleftarrows Ag(s) + Ce^{4+}(aq) \quad \Delta H^{\circ} < 0$$

① 온도를 증가시킨다.
② 침전된 Ag(s)를 제거한다.
③ $Ce^{4+}(aq)$의 농도를 증가시킨다.
④ $Ce^{3+}(aq)$의 농도를 증가시킨다.

※[31～32] 다음 그림과 같은 밀폐된 플라스크 안에 벤젠과 요오드가 평형을 이루고 있고, 이때의 온도는 25℃이다.

31. 평형계에 대한 설명 중 옳은 것은?

① 벤젠의 증기 압력은 계속 증가한다.
② 액체는 더 이상 증발되지 않는다.
③ 액체 상의 색은 점점 진해 진다.
④ 고체 요오드의 양은 변하지 않고 일정하다.
⑤ 벤젠의 부분 압력과 요오드의 부분 압력은 같다.

32. 이 평형계의 온도를 35℃로 올렸을 때 일어나는 화학 변화로 옳지 않은 것은?

① 무질서도의 증가
② 벤젠 증기 압력의 증가
③ 분자 운동 에너지의 증가
④ 요오드 증기 압력의 증가
⑤ 반응계의 질량 증가

33. 염화나트륨(NaCl) 포화 수용액으로 평형 상태에 있는 반응이 농도 변화에 따라 어떻게 평형이 이동되는가를 알아보려고 한다. 삼각 플라스크에 증류수와 염화나트륨 결정이 녹지 않고 결정으로 남아 있을 때까지 충분히 넣은 후, 염화 수소 기체를 그림과 같이 통과시켰을 때 예측되는 결과와 그 까닭을 가장 잘 설명한 것은? (단, 온도는 일정하다.)

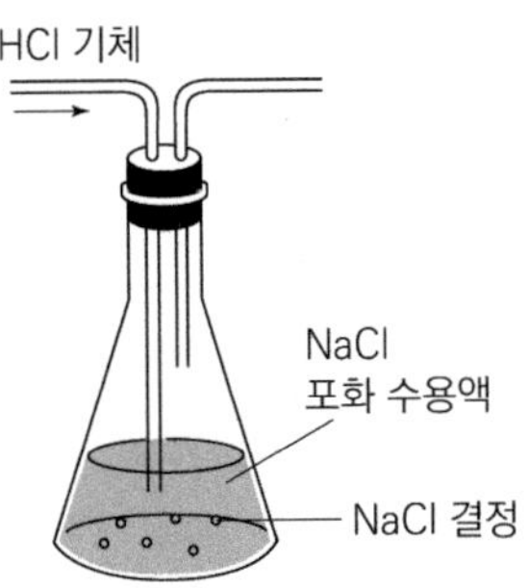

① H^+의 농도가 증가하기 때문에 H_2가 발생한다.

② Cl^-의 농도가 감소하기 때문에 Cl_2가 발생한다.

③ Cl^-의 농도가 감소하기 때문에 염화나트륨 결정이 더 녹아 들어간다.

④ Cl^-의 농도가 증가하기 때문에 염화나트륨 결정이 석출된다.

⑤ 염화나트륨 포화 수용액은 결정의 용해 속도와 석출 속도가 같은 상태이므로 아무런 변화가 없다.

34. 다음 반응에서 정반응이 일어날 조건은?

$$N_2O_4(g) \rightleftarrows 2NO_2(g) \quad \Delta H=58.2KJ$$

① 온도 높이고 압력을 내린다.

② 온도 낮추고 압력을 내린다.

③ 온도 높이고 압력을 높인다.

④ 온도 낮추고 압력을 높인다.

35. 다음 표는 100℃에서 반응, $N_2O_4(g) \rightleftarrows 2NO_2(g) - 58kJ$의 처음 농도와 평형 농도를 몇 차례 측정한 값을 나타낸 것이다.

$$N_2O_4(g)+58kJ \leftrightarrows 2NO_2(g)$$

(100℃)

실험	처음 농도(mol/L)		평형 농도(mol/L)	
	N_2O_4	NO_2	N_2O_4	NO_2
1	0.100	0.000	0.040	0.120
2	0.000	0.100	0.014	0.072
3	0.100	0.100	0.070	0.160

위 자료에 관한 설명 중 옳은 것은?

① 각 실험에서 NO_2를 첨가하여 농도를 크게 하면 평형 상수(K)값은 증가할 것이다.

② 실험 3의 평형 상수(K)값은 실험 1과 2의 두 배이다.

③ 각 실험에서 용기의 부피를 반으로 줄여 용기 내의 압력을 두 배로 높여 주면 평형 상수(K)값은 모두 증가할 것이다.

④ 각 실험에서 온도를 200℃로 높여 주면 평형 상수(K)값은 모두 증가할 것이다.

⑤ 각 실험에서 정촉매를 사용하면 평형 상수(K)값은 모두 증가 할 것이다.

36. 대기 중의 CO_2는 물에 녹아 다음과 같이 평형을 이룬다.

$$CO_2(g)+H_2O(l) \leftrightarrows H_2CO_3(aq) \leftrightarrows 2H^+(aq)+CO_3^{2-}(aq)$$

이 반응에 다음 〈보기〉와 같은 실험을 했을 때 CO_2를 줄일 수 있는 것을 모두 고르면?

보기

ㄱ. 1M HCl 수용액을 가한다.
ㄴ. 1M $Ca(NO_3)_2$ 수용액을 가한다.
ㄷ. 1M NH_3 수용액을 가한다.
ㄹ. 10% NaCl 수용액을 가한다.

① ㄱ, ㄴ　② ㄴ, ㄷ
③ ㄷ, ㄹ　④ ㄱ, ㄷ
⑤ ㄴ, ㄹ

37. 다음 반응이 평형에 도달했다.

$$ZnCl_4^{2-}(aq) + 4NH_3(aq) \leftrightarrows Zn(NH_3)_4^{2+}(aq) + 4Cl^-(aq)$$

이 반응의 평형 이동을 조사하기 위해서 다음 〈보기〉와 같은 실험 조작을 할 경우 평형 이동이 일어나는 것을 모두 고른 것은?

보기

ㄱ. 1M NH_3 수용액을 가한다.
ㄴ. $CaCl_2$ 결정을 녹인다.
ㄷ. HCl 기체를 녹인다.
ㄹ. $Ca(NO_3)_2$결정을 녹인다.

① ㄱ, ㄴ　② ㄷ, ㄹ　③ ㄱ, ㄴ, ㄷ
④ ㄱ, ㄷ, ㄹ　⑤ ㄱ, ㄴ, ㄷ, ㄹ

38. 탄산칼슘($CaCO_3$)은 물에 안 녹는 물질로 알려져 있지만 실제로는 수용액에서 극히 조금 녹아 다음과 같이 평형을 이룬다.

$$CaCO_3(s) \leftrightarrows Ca^{2+}(aq) + CO_3^{2-}(aq)$$

또한, 위 반응의 평형 상수 식은 $K_{sp}=[Ca^{2+}][CO_3^{2-}]$로 표현된다. 위 반응의 평형을 오른쪽으로 이동시킬 수 있는 것을 다음 〈보기〉에서 모두 고른 것은?

보기

ㄱ. $CaCO_3$를 더 넣어 준다.
ㄴ. Na_2CO_3 결정을 넣어 준다.
ㄷ. 1M H_2SO_4 수용액을 넣어 준다.
ㄹ. $BaCl_2$ 결정을 넣어 준다.

① ㄱ　② ㄱ, ㄴ　③ ㄴ, ㄷ
④ ㄴ, ㄹ　⑤ ㄷ, ㄹ

39. 약산인 아세트산을 증류수에 녹여 수용액을 만들면 다음과 같이 이온화하여 평형을 이룬다.

$$CH_3COOH(l) + H_2O(l) \leftrightarrows CH_3COO^-(aq)+H_3O(aq)^+$$

다음 중 아세트산 수용액에 소량의 CH_3COONa와 NaOH를 각각 넣었을 때 평형 이동의 방향이 옳게 짝지어진 것은?

	CH_3COONa을 넣었을 때	NaOH을 넣었을 때
①	→	←
②	→	→
③	←	←
④	←	→
⑤	이동 안 함	이동 안 함

40. 다음 반응이 평형 상태를 이루고 있다.

$$2A(g) + B(g) \leftrightarrows 2C(g) + 80kJ$$

생성된 C(g)의 양을 많게 하려고 할 때, 다음 〈보기〉 중 옳은 것을 모두 고른 것은?

보기

ㄱ. A를 첨가한다.
ㄴ. 온도를 낮추어 준다.
ㄷ. 정촉매를 가해 준다.
ㄹ. 비활성 기체를 첨가하여 압력을 크게 한다.

① ㄱ, ㄴ, ㄹ
② ㄱ, ㄷ, ㄹ
③ ㄱ, ㄴ
④ ㄱ, ㄷ
⑤ ㄱ, ㄹ

41. 표는 기체 A가 기체 B로 변할 때 온도에 따른 평형 상수를 나타낸 것이다.

온도(℃)	평형 상수	온도(℃)	평형 상수
0.0	6.80×10^{-4}	73.6	1.19×10^{-1}
18.8	3.03×10^{-3}	99.8	4.38×10^{-1}
49.9	3.03×10^{-2}		

이 반응을 다음과 같이 나타낼 때,

$$aA(g) \leftrightarrows bB(g) + QkJ$$

〈보기〉의 설명 중 옳은 것을 모두 고르면?

보기

ㄱ. 반응열 Q는 0보다 크다.
ㄴ. A보다 B가 지닌 에너지가 더 크다.
ㄷ. 온도가 상승하면 B의 양이 증가한다.

① ㄱ
② ㄴ
③ ㄷ
④ ㄱ, ㄴ
⑤ ㄴ, ㄷ

42. 〈보기〉는 기체 A와 B가 반응하여 기체 C를 생성하는 균형 화학 반응식과 25℃에서의 일정 부피의 밀폐된 용기내 각 기체의 평형 농도이다. 반응에 대한 설명으로 옳지 않은 것은? (단, K_{eq}는 평형 상수, ΔH°는 엔탈피 변화이다.)

보기

$$xA(g) + 2B(g) \rightleftarrows C(g) \quad \Delta H^\circ < 0, \; K_{eq} = 50$$

평형 농도(mol/L)		
A	B	C
0.1	0.2	0.2

① 반응은 표준 상태에서 자발적으로 진행된다.
② 균형 반응식에서 계수 x는 2이다.
③ 용기의 부피를 줄이면 정반응이 진행된다.
④ 용기의 온도를 증가시키면 K_{eq}값이 감소한다.

43. 다음 반응의 생성물인 N_2의 농도를 증가시키는 방법을 보기에서 모두 고른 것은?
(이 때, 반응 계수를 반드시 고려해야 한다.)

$$NH_3(g) + O_2(g) \rightarrow N_2(g) + H_2O(g) \quad \Delta H < 0$$

보기

ㄱ. 압력의 증가
ㄴ. $O_2(g)$의 첨가
ㄷ. $H_2O(g)$의 제거
ㄹ. 온도 감소

① ㄱ, ㄴ
② ㄴ, ㄷ
③ ㄱ, ㄷ, ㄹ
④ ㄴ, ㄷ, ㄹ

44. 다음 반응이 평형 상태에 있다. 반응 용기의 온도를 높이면 일어나는 변화로 옳은 것을 〈보기〉에서 모두 고르면?

$$NO(g) + Cl_2(g) \rightleftarrows 2NOCl(g) \ (\Delta H < 0)$$

보기

ㄱ. 정반응 속도가 빨라진다.
ㄴ. 역반응 속도가 빨라진다.
ㄷ. 평형 상수는 변하지 않는다.
ㄹ. 생성물의 양이 많아진다.

① ㄱ, ㄴ ② ㄱ, ㄹ
③ ㄴ ④ ㄴ, ㄷ

45. 암모니아 기체는 질소 기체와 수소 기체의 평형 반응으로부터 얻어진다. 암모니아의 생성 반응은 발열 반응이다. 평형에 도달한 후 일정량의 반응물로부터 암모니아 생성량을 증가시키는 방법으로 옳은 것은?

① 반응 용기의 부피를 증가시킨다.
② 반응 온도를 높인다.
③ 촉매를 사용한다.
④ 반응 용기의 압력을 증가시킨다.

46. 아래의 암모니아 합성반응에서 어떤 변화를 주었을 때, 평형의 위치가 생성물인 암모니아가 얻어지는 오른쪽 방향으로 이동하지 않는 경우는 어느 것인가?

$$N_2(g) + 3H_2(g) \rightleftarrows 2NH_3(g)$$

① $H_2(g)$를 첨가한다.
② $NH_3(g)$를 제거한다.
③ 용기의 부피를 두 배로 증가시킨다.
④ 온도를 낮춘다.(이 반응은 발열 반응이다.)
⑤ $N_2(g)$를 첨가한다.

47. 다음 중 일정 온도에서 계의 부피를 감소시켜도 영향을 받지 않는 화학 평형으로 가장 옳은 것은?

① $2PbS(s) + 3O_2(g) \rightleftarrows 2PbO(s) + 2SO_2(g)$
② $H_2(g) + Cl_2(g) \rightleftarrows 2HCl(g)$
③ $2NOCl(g) \rightleftarrows 2NO(g) + Cl_2(g)$
④ $SO_2(g) + Cl_2(g) \rightleftarrows SO_2Cl_2(g)$

48. 〈보기〉의 반응이 평형 상태에 있을 때, 일정한 부피와 온도에서 아르곤 기체를 첨가한 결과로 가장 옳은 것은? (단, H, C, N, O의 몰 질량은 각각 1.0, 12.0, 14.0, 16.0g/mol이다.)

보기

$$N_2(g) + 3H_2(g) \rightleftarrows 2NH_3(g)$$

① 평형 상수는 감소한다.
② 평형 상수는 증가한다.
③ 평형 상수의 변화는 없다.
④ 기체 입자의 몰수가 작아지는 방향으로 반응이 이동한다.

49. 440℃에서 수소와 요오드를 1L의 용기에 넣었더니 다음과 같이 반응이 진행되었다.

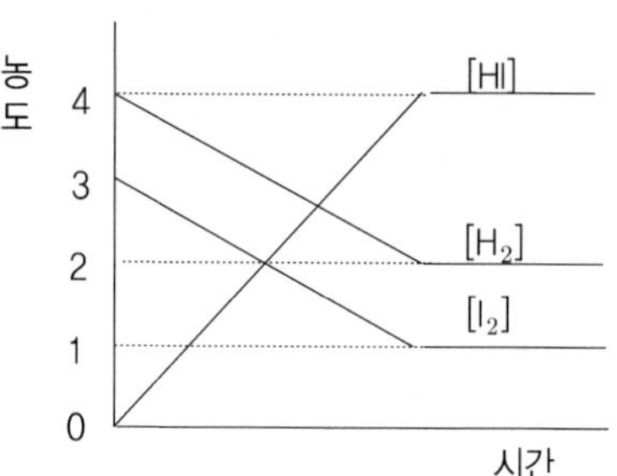

동일한 조건에서 수소 1몰, 요오드 1몰, 요오드화수소 4몰을 넣었을 때 반응의 진행 방향은?

① 정반응 ② 역반응
③ 평형 ④ 알 수 없다

50. 화학 반응의 진행 정도나 방향에 대하여 알려주는 반응 지수(reaction quotient, Q)와 평형 상수(K)에 관한 내용 중 옳지 않은 것은?

① $Q=K$인 상태는 평형 상태이다.
② $Q>K$일 때, 정반응이 우세하게 일어난다.
③ 반응 초기에 반응물만 존재할 때 Q값은 0이다.
④ 높은 온도일수록 Q값이 K값과 같아지는 데 걸리는 시간이 줄어든다.

51. A 기체와 B 기체가 반응하면 C 기체가 생성된다. 그래프는 1L의 용기 속에 0.4몰의 A 기체와 0.3몰의 B 기체를 넣고 온도를 t℃로 일정하게 유지시켰을 때, 시간에 따른 각 기체의 몰수 변화를 나타낸 것이다.

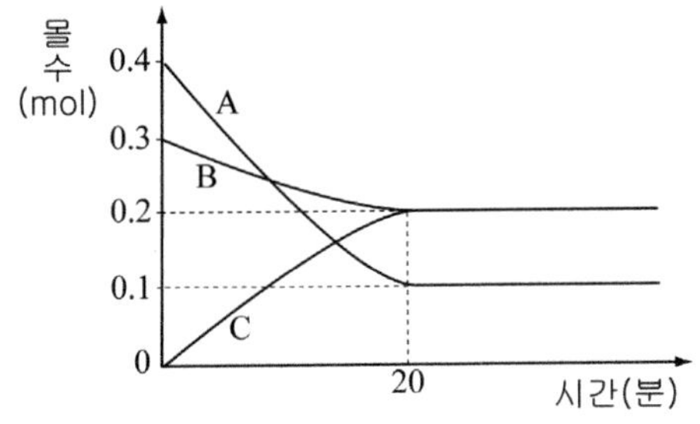

위 그래프에 대한 해석으로 옳지 않은 것은? (단, 화학 반응식은 가장 간단한 정수비로 나타낸다.)

① 화학 반응식은 $3A(g) + B(g) \rightleftarrows 2C(g)$이다.
② t℃에서 반응의 평형 상수(K)는 10이다.
③ 용기 속의 기체의 전체 압력은 처음보다 감소한다.
④ 20분 이후에는 정반응의 속도와 역반응의 속도가 같다.
⑤ t℃에서 1L의 용기에 A, B, C 기체를 0.1몰씩 넣으면 정반응이 우세하게 일어난다.

52. 다음은 암모니아 합성에 대한 화학 반응식이다. 25℃에서의 $NH_3(g)$의 표준 생성 엔탈피(ΔH_f°)와 표준 생성 자유 에너지(ΔG_f°)는 각각 −46kJ/mol, −16kJ/mol이다.

$$N_2(g) + 3H_2(g) \rightleftarrows 2NH_3(g)$$

이에 대한 설명으로 옳지 않은 것은?

① 25℃, 표준 상태에서 정반응은 발열 반응이다.
② 25℃, 표준 상태에서 반응의 평형상수는 1보다 작다.
③ 온도가 올라갈수록 반응의 평형상수는 감소한다.
④ 25℃, 표준 상태에서 정반응은 자발적이다.

53. 메테인(CH_4)과 아이오딘(I_2)은 다음과 같이 반응한다.

$$CH_4(g) + I_2(g) \rightleftarrows CH_3I(g) + HI(g)$$

온도 630K에서 이 반응에 대한 K_p는 2.3×10^{-4}이고, 730K에서 이 반응에 대한 K_p는 9.7×10^{-4}이다. 이 반응의 평형 상태에 대한 다음의 설명 중 옳지 않은 것은?

① 630K에서 K_C는 2.3×10^{-4}이다.
② HI(g)를 가하면 평형은 왼쪽으로 이동한다.
③ 온도를 높이면 평형은 오른쪽으로 이동한다.
④ 반응 용기의 전체 압력을 일정하게 유지하면서 비활성기체를 첨가하면 평형은 오른쪽으로 이동한다.

평형 이동과 보일의 법칙

54. 그림 (가)는 실온에서 $2NO_2(g) \rightleftarrows N_2O_4(g)$ 반응의 혼합 기체가 a기압으로 평형을 이루고 있는 것을, (나)는 (가) 부피의 $\frac{1}{2}$이 되도록 피스톤을 고정시킨 후 새로운 평형 상태에 도달한 것을 나타낸 것이다.

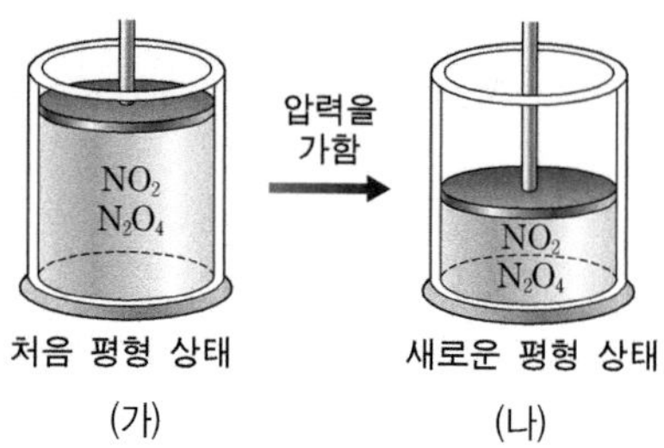

처음 평형 상태 (가) 새로운 평형 상태 (나)

이에 대한 설명으로 옳은 것을 〈보기〉에서 모두 고른 것은? (단, (가)와 (나)의 온도는 같다.)

보기

ㄱ. (가)와 (나)에서 평형 상수는 서로 같다.
ㄴ. (나)에서 내부 압력은 2a기압이다.
ㄷ. N_2O_4의 부분 압력은 (가)와 (나)에서 서로 같다.

① ㄱ ② ㄴ ③ ㄱ, ㄴ
④ ㄱ, ㄷ ⑤ ㄱ, ㄴ, ㄷ

55. 다음은 평형 이동을 알아보기 위한 실험이다.

[실험]
Ⅰ. t℃에서 $H_2(g)$, $N_2(g)$, $NH_3(g)$가 평형 상태에 있는 용기에 용기 (가)와 (나)를 그림과 같이 연결한다.
Ⅱ. 콕 A를 열어 평형에 도달하게 한다.
Ⅲ. 과정 Ⅱ 후, 콕 B를 열어 평형에 도달하게 한다.

$$3H_2(g) + N_2(g) \rightleftarrows 2NH_3(g)$$

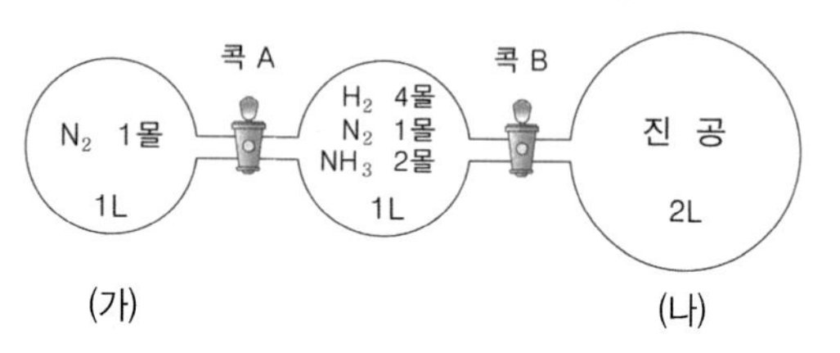

(가) (나)

이에 대한 옳은 설명만을 〈보기〉에서 있는 대로 고른 것은? (단, 온도는 일정하며 연결관의 부피는 무시한다.)

보기

ㄱ. t℃에서 이 반응의 평형 상수는 $\frac{1}{16}$이다.
ㄴ. Ⅱ에서 용기 속 $NH_3(g)$의 몰수는 증가한다.
ㄷ. Ⅲ에서 기체의 압력은 Ⅱ에서의 $\frac{1}{2}$배이다.

① ㄱ ② ㄷ ③ ㄱ, ㄴ
④ ㄱ, ㄷ ⑤ ㄴ, ㄷ

평형 농도와 평형 상수

56. 용액에서 반응 A + B ⇄ C + D의 평형 상수가 144이다. A와 B를 각각 0.400몰씩 넣어 용액 2L를 만들어 반응을 진행시켰다. 반응이 평형에 도달하였을 때 C의 농도는?

① 0.015M ② 1.005M
③ 0.185M ④ 1.085M

57. 아래의 기체 반응에서

$$N_2O_4(g) \rightleftarrows 2NO_2(g) \qquad K_c = 8$$

1리터 용기에 2몰의 N_2O_4를 넣어 평형에 도달하였을 때 용기 내에 존재하는 NO_2의 몰수 x를 구하는 올바른 식은?

① $8=\dfrac{x^2}{2-\dfrac{x}{2}}$ ② $8=\dfrac{x}{2-\dfrac{x}{2}}$
③ $8=\dfrac{4x^2}{2-x}$ ④ $8=\dfrac{x^2}{2-x}$

58. 300K에서 다음 반응의 평형 상수 K는 9.00이다.

$$H_2(g)+I_2(g) \rightleftarrows 2HI(g)$$

이 온도에서 10.0L용기에 1.0mol H_2, 1.0mol I_2, 1.0mol HI를 넣었다. 평형에 도달했을 때 HI의 농도는 얼마인가?

① 0.12M ② 0.14M
③ 0.16M ④ 0.18M

59. 〈보기〉는 A(g)로부터 B(g)가 생성되는 평형 반응의 균형 화학 반응식이다. 용기 속에 들어 있는 A(g)의 초기 농도가 0.5M이고 반응이 진행되어 도달한 평형 상태에서 A(g)와 B(g)의 농도가 각각 0.1M과 0.2M일 때, 반응이 진행되는 과정에서 평형에 도달하기 전 A(g)와 B(g)의 농도가 같아지는 지점에서의 반응지수(Q)는? (단, 반응 초기에 용기 속에는 A(g)만 들어있고 온도와 용기의 부피는 일정하다.)

보기

$$a\,A(g) \rightleftarrows b\,B(g)$$

① $\frac{1}{6}$ ② $\frac{1}{3}$
③ 3 ④ 6

60. 반응식 A(g)+B(g) ⇆ 2C(g)에 따라 A, B, C가 평형 Ⅰ에 도달해 있고, 이때 평형 농도는 A 4.0M, B 1.0M, C 4.0M이다. 평형 Ⅰ에 B 3.0M을 첨가하여 새롭게 도달한 평형 Ⅱ에서 C의 농도[M]는?
(단, 전체 과정에서 온도와 부피는 일정하다.)

① 4.8 ② 6.0
③ 7.2 ④ 8.4

61. 25℃에서 $N_2O_4(g)$ ⇆ $2NO_2(g)$가 되는 반응의 평형 상수(K_p)가 0.15이다. NO_2의 평형 압력이 0.3기압일 때, N_2O_4의 부분 압력[기압]은?

① 0.6 ② 1.0
③ 1.2 ④ 1.5

PART 05 화학 반응

62. 〈보기〉의 반응은 500℃에서 0.25의 평형 상수 값(K_C)을 가진다. 500℃에서 A(g) 2mol과 B(g) 2mol을 2L 반응 용기에 채웠을 때, 다음의 설명 중 가장 옳은 것은?

보기

$$A(g) + B(g) \rightleftarrows 2C(g)$$

① 평형에서 반응물 A와 B의 농도는 각각 0.6M, 0.8M이다.

② 평형에서 반응 용기 속 생성물 C(g)는 0.4mol 존재한다.

③ 평형에서 생성물 C(g)의 몰분율은 0.2이다.

④ 반응 용기 속 생성물의 농도가 0.3M이라면, 반응은 왼쪽으로 진행된다.

63. 다음은 부피가 일정한 용기에서 기체 A로부터 B가 생성되는 반응의 화학 반응식이다.

$$A(g) \rightleftarrows 2B(g)$$

표는 온도 25℃와 50℃에서 A의 초기 농도와 반응의 평형 상수를 나타낸 것이다.

온도(℃)	A의 초기 농도(M)	평형 상수
25	1	2
50	2	4

이에 대한 설명으로 옳지 않은 것은?

① 25℃에서 A의 평형 농도는 0.5M이다.

② 흡열 반응이다.

③ A의 평형 농도는 25℃에서가 50℃에서의 2배이다.

④ 25℃의 평형 상태에서 용기에 A를 첨가하면 평형은 정반응 방향으로 이동한다.

화학 평형과 반응속도

64. 그림은 반응 X $\underset{k_r}{\overset{k_f}{\rightleftarrows}}$ Y에 대한 퍼텐셜 에너지를 나타낸 것이다. 정반응과 역반응은 각각 X와 Y의 1차 반응이며, k_f와 k_r은 각각 정반응과 역반응의 속도 상수이다.

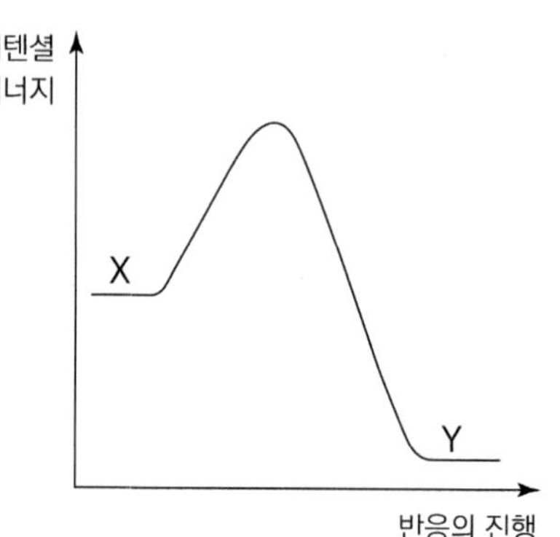

이 반응에 관한 설명으로 옳은 것만을 〈보기〉에서 있는 대로 고른 것은? (단, k_f와 k_r은 아레니우스 식을 만족하며 정반응과 역반응의 아레니우스 상수 A는 서로 같다.)

보기

ㄱ. 평형 상수(K_c)는 1보다 작다.

ㄴ. 온도를 높이면 k_r은 커진다.

ㄷ. 온도를 높이면 K_c는 작아진다.

① ㄴ　② ㄷ

③ ㄱ, ㄴ　④ ㄴ, ㄷ

평형 이동의 이용

65. 암모니아 합성에 많이 사용되는 하버-보슈 공정의 중요한 내용이 아닌 것은?

$$N_2(g) + 3H_2(g) \rightarrow 2NH_3(g) + 열$$

① 평형 면에서는 낮은 온도에서 반응을 시키는 편이 유리하다.
② 평형 면에서 높은 압력에서 반응을 시키는 편이 유리하다.
③ 반응 속도 면에서 낮은 온도에서 반응을 시키는 편이 유리하다.
④ 낮은 온도에서 반응 속도를 높여주기 위해서 적당한 촉매를 사용했다.

66. 하버에 의한 암모니아 합성 반응식은 다음과 같다.

$$N_2(g)+3H_2(g) \overset{촉매}{\rightleftarrows} 2NH_3(g) \quad \Delta H=-92.4kJ$$

밀폐된 반응 용기에 질소와 수소의 몰 비가 1 : 3일 때, 다음 중 암모니아 합성에 가장 적합한 조건은?

① 450℃, 10atm ② 450℃, 1000atm
③ 900℃, 10atm ④ 900℃, 1000atm

CHAPTER 05

상 평형과 용해 평형

제1절 상 평형

정답 p. 241

대표 유형 기출 문제

07 국가직 7급 19

1. 어떤 물질의 상 평형 그림은 아래와 같다. 이 그림에 대한 설명으로 옳지 않은 것은?

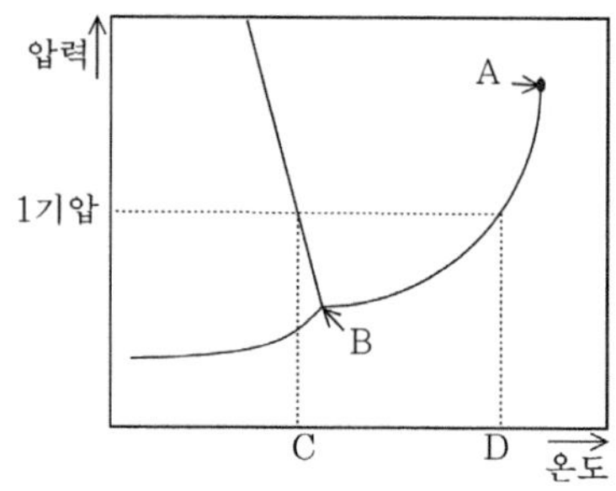

① 정상 끓는점은 D이다.
② 액체의 밀도가 고체보다 낮다.
③ 임계점은 A이고 삼중점은 B이다.
④ 정상 어는점은 C이다.

13 국가직 7급 19

2. 상 그림(phase diagram)에 대한 설명으로 옳은 것은?

① 상그림은 열린계에서 물질의 상(phase)사이의 압력－온도 평형 관계를 나타낸다.
② 임계점에서는 고체, 액체, 기체가 평형 상태로 공존한다.
③ 상그림으로부터 고체, 액체, 기체의 상변환 속도를 예측할 수 있다.
④ 삼중점보다 낮은 압력의 평형 상태에서는 액체가 존재하지 않는다.

14 지방직 9급 19

3. 물질 X의 상 그림이 다음과 같을 때, 주어진 온도와 압력 범위에서 X에 대해 설명한 것으로 옳은 것은?

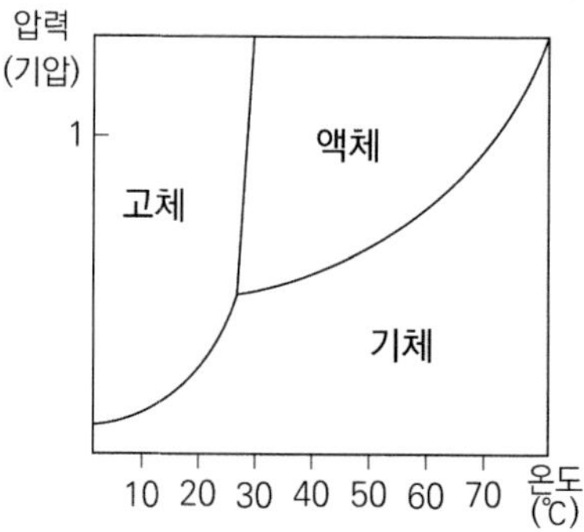

① 정상 끓는점은 60℃보다 높다.
② 정상 녹는점에서 고체의 밀도가 액체의 밀도보다 낮다.
③ 고체, 액체, 기체가 모두 공존하는 온도는 30℃보다 높다.
④ 20℃의 기체에 온도 변화 없이 압력을 가하면 기체가 액체로 응축될 수 있다.

주관식 개념 확인 문제

4. 다음 그림은 물의 상 평형 그림을 나타낸 것이다.

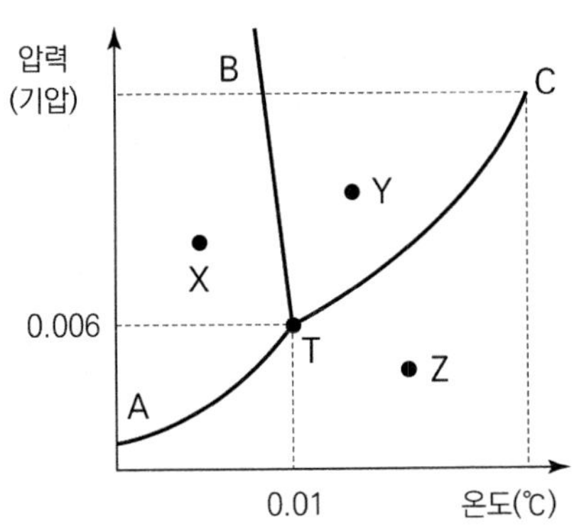

(1) 점 X~Z에서 물은 각각 어떤 상태로 존재하는가?

(2) 점 Y의 상태를 기체 상태로 변화시키는 방법 두 가지를 쓰시오.

(3) 식품의 동결 건조와 관련이 깊은 곡선은 무엇인가?

(4) 압력솥에서 음식이 빨리 익는 현상과 관련이 깊은 곡선은 무엇인가?

※[5~6] 다음 CO_2의 상평형 그림을 나타낸 것이다. 다음 물음에 답하시오.

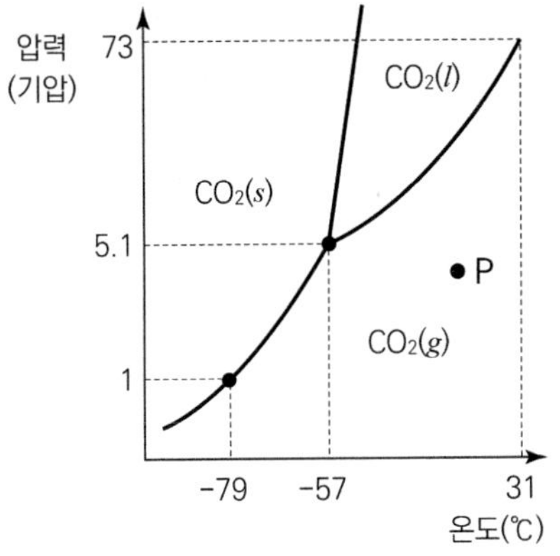

5. −70℃, 4기압에서 CO_2는 어떤 상태로 존재하는지 쓰시오.

6. 다음 중 점 P에 있는 조건에서 온도를 일정하게 하고, 압력만 증가시킬 때 일어나는 상태 변화가 무엇인지 다음에서 고르시오.

기화, 액화, 승화, 응고, 용융

기본 문제

7. 다음 기체 물질 중 상온에서 압력을 가해 액화시킬 수 없는 것은?

	물질	임계온도(℃)	임계압력(atm)
①	암모니아	132.4	111.2
②	산소	−118.4	50.1
③	이산화탄소	31.0	72.8
④	에탄올	243.1	63.1

8. 일정 온도에서 어떤 순수한 물질에 압력을 가할 때 일어날 가능성이 가장 낮은 상전이는?

① 고체 → 기체　② 액체 → 고체
③ 기체 → 고체　④ 기체 → 액체

9. CO_2의 삼중점은 5.1atm, −56℃이고, 임계온도는 31℃이다. CO_2는 고체가 액체보다 밀도가 크다. 다음 중 어떤 조건하에서 액체 이산화탄소가 안정하게 존재하는가?

① 5.1atm: −25℃
② 10atm: 33℃
③ 5.1atm: −100℃
④ 10atm: −25℃

10. 아이오딘(I_2)의 삼중점은 90mmHg, 115℃이다. I_2에 대한 설명 중 옳은 것은?

① 밀도는 액체가 고체보다 크다.
② 115℃ 이상에서는 액체로 존재할 수 없다.
③ 1기압에서 액체로 존재할 수 없다.
④ 액체의 증기압은 항상 90mmHg 이상이다.

11. 그림은 서로 다른 온도의 강철 용기에서 $CO_2(g)$와 $CO_2(s)$가 평형 상태에 도달한 것을 나타낸 것이다. $T_1 > T_2$이다.

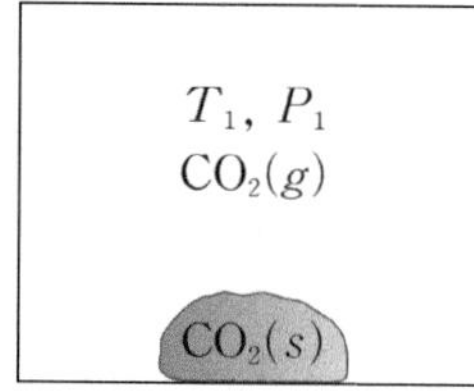

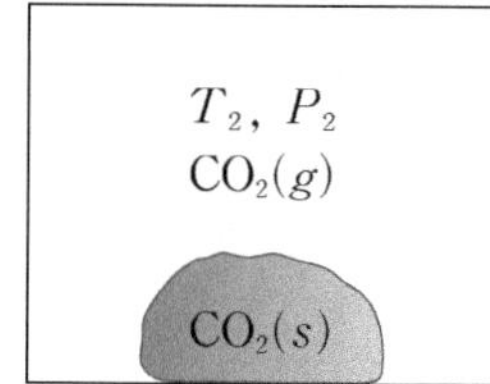

다음 설명 중 옳지 않은 것은?

① $CO_2(g)$와 $CO_2(s)$ 사이의 과정은 승화이다.
② $P_1 > P_2$이다.
③ 삼중점에서의 압력은 P_1보다 크다.
④ 삼중점에서의 온도는 T_2보다 낮다.

상 평형도 해석

12. 다음은 물의 상 평형 그림이다.

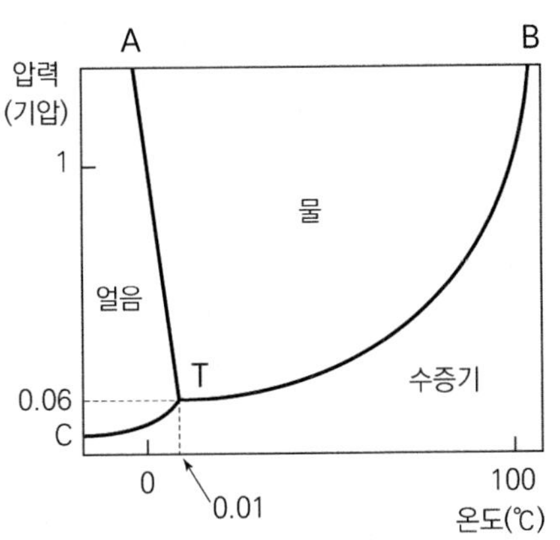

〈보기〉는 상 평형 그림을 이용하여 설명할 수 있는 자연 현상을 나타낸 것이다.

보기

(가) 높은 산 위에서는 밥이 설익는다.
(나) 추운 겨울에 밖에 널어 놓은 언 빨래가 마른다.
(다) 얼음 위에 스케이트를 신고 올라서면 얼음이 녹는다.

각 상 평형 곡선과 〈보기〉의 자연 현상을 바르게 관련지은 것은?

	(가)	(나)	(다)
①	AT	BT	CT
②	AT	CT	BT
③	BT	AT	CT
④	BT	CT	AT

13. 다음은 물(H_2O)의 상 평형 그림을 나타낸 것이다. 상 평형 그림에 대한 다음 설명 중 옳지 않은 것은?

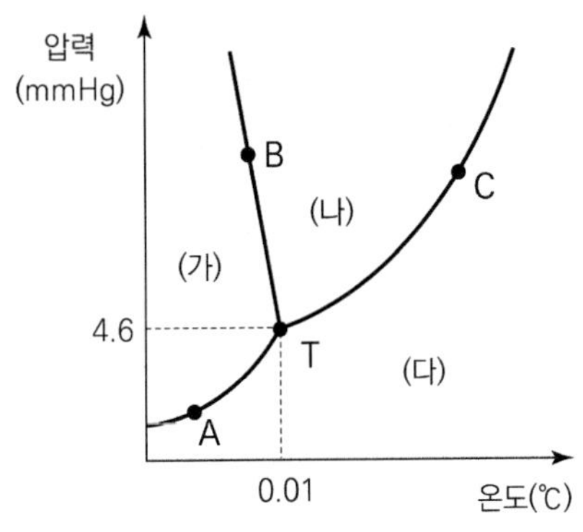

① (나) 영역에서 H_2O는 액체로 존재한다.
② 압력이 낮아지면 어는점은 높아진다.
③ T점에서는 기체, 액체, 고체가 공존한다.
④ 압력이 높아지면 녹는점과 끓는점의 차이는 작아진다.

14. 오른쪽 그림은 물의 상 평형 그림이다. 상 평형 그림은 온도와 압력에 따라 한 물질의 세 가지 상들 사이의 평형 관계를 나타낸 그림이다. 물의 상 평형 그림에 대한 다음 설명 중 옳은 것을 모두 고른 것은?

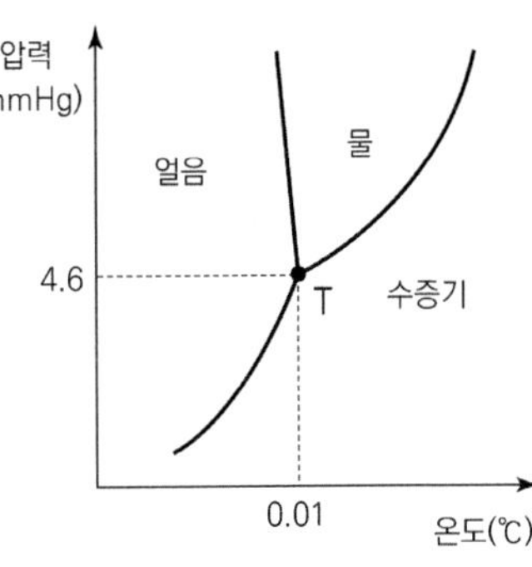

ㄱ. T는 삼중점으로 얼음, 물 및 수증기가 공존한다.
ㄴ. 얼음을 승화시키려면 증기압을 4.6mmHg 이하로 낮추어야 한다.
ㄷ. 얼음판에서 스케이트를 탈 때 스케이트 날에 눌린 얼음의 녹는점은 높아진다.
ㄹ. 높은 산에서는 평지에 비해 물의 끓는점은 높아지고 어는점은 낮아진다.

① ㄱ, ㄴ
② ㄱ, ㄷ
③ ㄴ, ㄹ
④ ㄱ, ㄴ, ㄷ

15. 다음은 H_2O의 상 평형 그림이다. (단, 임계점은 374℃, 218기압이다.)

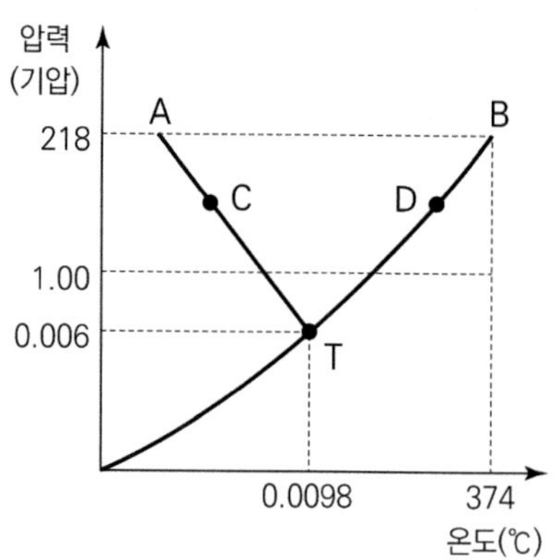

위의 상 평형 그림을 참고하여 〈보기〉설명 중, 옳은 것만을 모두 고르면?

보기

ㄱ. C점에서는 얼음과 물이 동적 평형을 이루고 있으며, D점에서는 물과 수증기가 동적 평형을 이루고 있다.
ㄴ. 곡선 TB는 B점에서 끝나며 더 이상 연장할 수 없다.
ㄷ. 해수면에서보다 고산 지대가 얼음의 녹는점이 더 낮다.
ㄹ. 해수면에서보다 고산 지대가 물의 끓는점이 더 낮다.

① ㄱ, ㄴ, ㄷ
② ㄱ, ㄴ, ㄹ
③ ㄴ, ㄷ, ㄹ
④ ㄱ, ㄷ, ㄹ

16. 그림 (가)는 물질 A의 상 평형 그림을 나타낸 것이고, 그림(나)는 물질 B의 상 평형 그림을 나타낸 것이다.

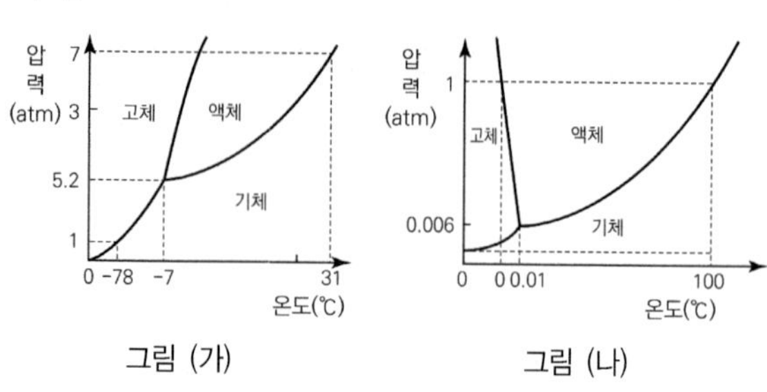

위 그림을 참고로 할 때 두 물질 A, B의 몇 가지 성질을 비교한 것 중 옳은 것을 〈보기〉에서 모두 고르면?

보기

ㄱ. 증기압: 물질 A > 물질 B
ㄴ. 분자 간 인력: 물질 A < 물질 B
ㄷ. 휘발성: 물질 A < 물질 B

① ㄱ
② ㄷ
③ ㄱ, ㄴ
④ ㄱ, ㄷ

17. 다음은 이산화탄소(CO_2)의 상 평형 그림이다. 이에 대한 설명으로 옳은 것은?

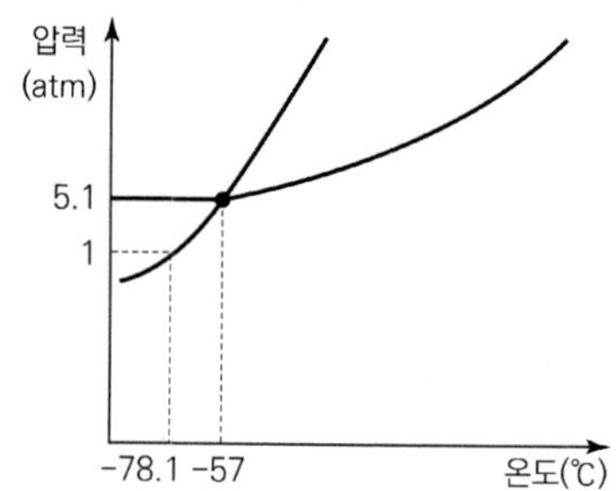

① 1기압에서 액체가 존재할 수 있다.
② −70℃에서 이산화탄소는 증발할 수 있다.
③ 이산화탄소 고체는 액체보다 밀도가 더 크다.
④ −40℃의 히말라야 고산 지대에서 이산화탄소는 고체로 존재한다.

18. 다음은 어떤 두 가지 고체를 가열하여 액체로 된 이후까지 온도 변화에 따른 부피 변화를 측정한 결과에 대한 그래프이다.

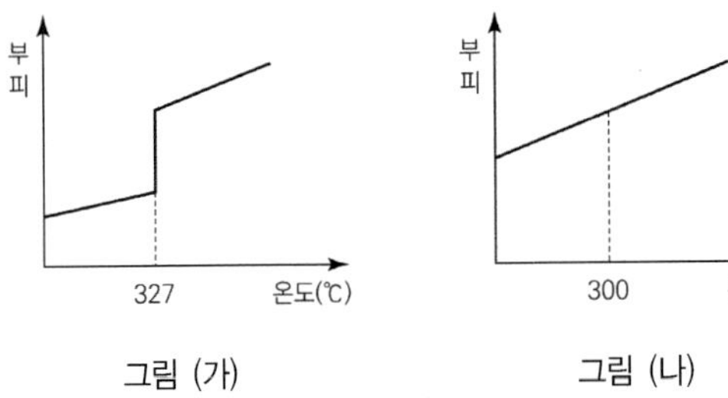

그림 (가) 그림 (나)

이 그래프에 대한 설명으로 옳은 것은?

① 그림 (가)의 고체는 홑원소 물질이고, 그림 (나)의 고체는 화합물이다.

② 그림 (가)의 고체는 녹는점이 327℃이고, 그림 (나)의 고체는 녹는점이 일정하지 않다.

③ 그림 (가)와 그림 (나)의 고체는 모두 결정성 고체이다.

④ 그림 (가)와 그림 (나)의 고체는 모두 비결정성 고체이다.

19. 다음은 H_2O의 상 평형 그림을 보고 설명한 것이다.

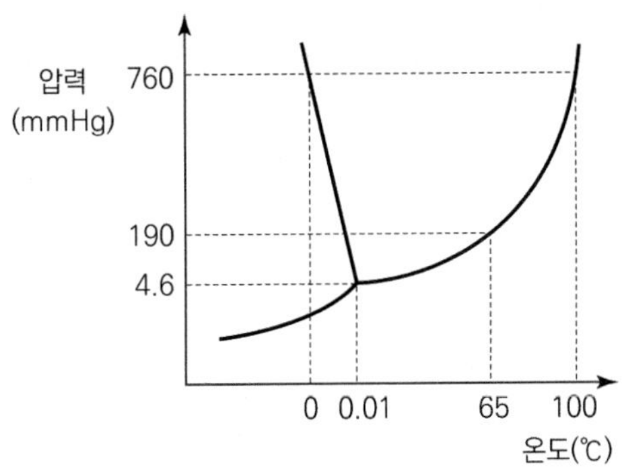

ㄱ. 압력이 증가하면 녹는점은 낮아지는 반면 끓는점은 높아진다.
ㄴ. 65℃에서 물이 190mmHg의 수증기와 같이 존재할 때, 물의 증발 속도와 수증기의 응축 속도는 같다.
ㄷ. 얼음을 승화시키려면 수증기의 증기압을 4.6mmHg 미만을 낮추어야 한다.
ㄹ. 100℃에서 포화증기압의 수증기로 채운 플라스크를 65℃로 냉각시키면 수증기의 75%가 물로 액화한다.

위 설명 중 옳은 것은?

① ㄱ, ㄴ ② ㄷ, ㄹ
③ ㄴ, ㄷ ④ ㄴ, ㄹ
⑤ ㄱ, ㄴ, ㄷ

20. 다음 그림은 두 개의 책상 사이에 얼음 덩어리가 떨어지지 않도록 걸쳐 놓고 그 중간 양 끝에 50g, 100g, 200g짜리 추를 단 코일을 걸쳐 놓은 것이고, 아래 오른쪽 그림은 물의 상 평형 그래프이다.

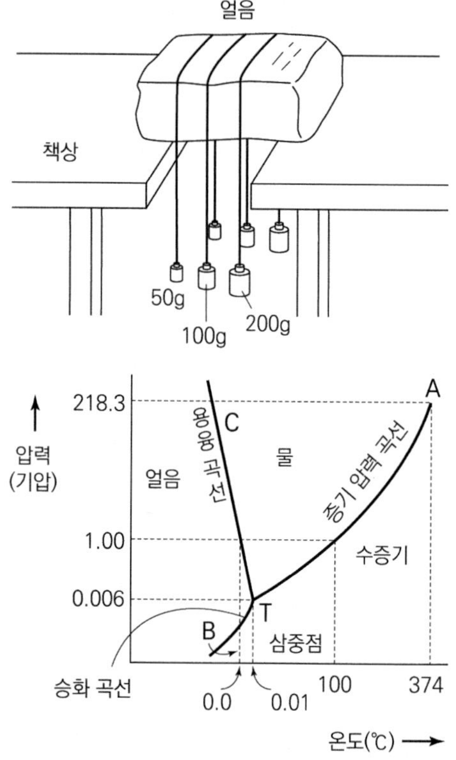

한참 시간이 흐르는 동안 관찰된 사항으로 올바른 것은?

① 코일이 얼음을 뚫고 땅에 동시에 떨어졌다.

② 코일이 얼음을 뚫고 땅에 떨어지는 순서는 200g, 100g, 50g 순이다.

③ 코일이 얼음을 뚫고 땅에 떨어지는 순서는 50g, 100g, 200g 순이다.

④ 코일이 얼음을 뚫고 땅에 떨어지는 순간 얼음도 네 토막으로 나누어졌다.

⑤ 코일이 얼음 위에 그대로 매달려 있었다.

21. 짱구는 물이 든 플라스크와 얼음을 이용하여 아래와 같은 실험을 하였다.

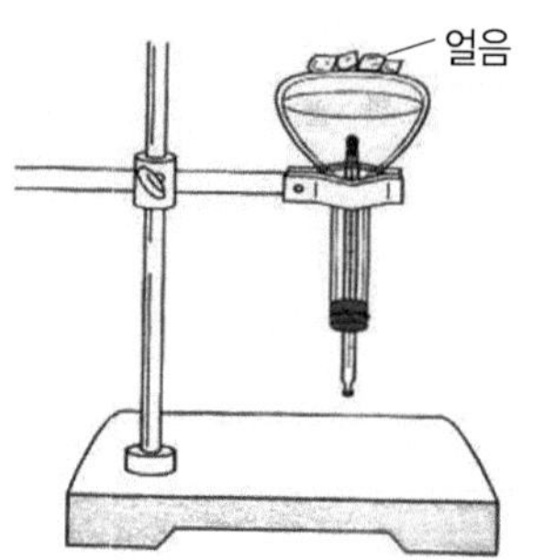

(가) 5L들이 플라스크에 물을 $\frac{4}{5}$쯤 넣고 끓인다.
(나) 플라스크에 온도계가 꽂힌 마개를 막고 뒤집어서 스탠드에 세운다.
(다) 플라스크의 바닥에 얼음을 올려놓고 물이 다시 끓을 때의 온도를 측정한다.

다음 중 짱구의 가설로서 설명할 수 있는 현상은?

① 사이다병의 마개를 따면 거품이 올라온다.

② 눈오는 날 미끄러운 도로에 염화칼슘을 뿌린다.

③ 찌그러진 탁구공을 가열하면 펴진다.

④ 높은 산 위에서 밥을 하면 밥이 설 익는다.

⑤ 냉장고에서 꺼낸 병의 표면에 물이 응결되어 있다.

22. 〈보기〉는 어떤 액체의 상 평형 도표에 대한 설명이다. 이 물질의 특성에 대한 설명으로 가장 옳지 않은 것은?(단, 외부 압력은 1atm이며, 고체, 액체, 기체상만 존재한다.)

보기

- 고체의 밀도는 액체보다 항상 높다.
- 350K에서 액체의 증기 압력이 1atm이다.
- 삼중점의 온도와 압력은 각각 177K와 0.85atm이다.

① 끓는점은 350K이다.

② 삼중점의 온도는 어는점보다 높다.

③ 150K일 때, 평형에서는 고체와 기체만 존재한다.

④ 177K일 때, 0.85atm 이상의 압력에서 이 물질은 고체이다.

자료 추론형

23. 다음은 분자성 물질 A와 B의 상 평형 그림이다.

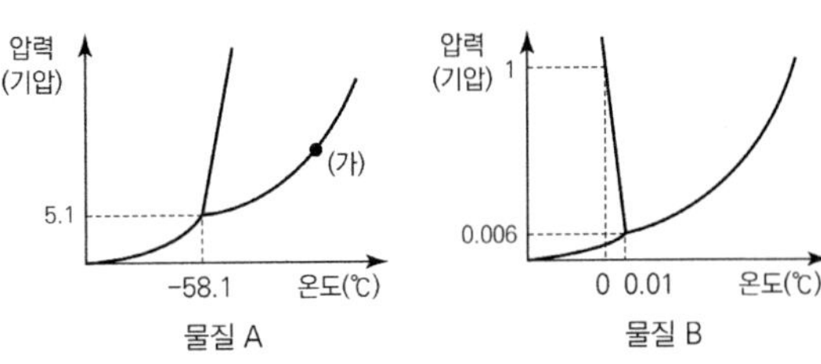

위 그림에 대한 설명으로 옳은 것을 〈보기〉에서 모두 고른 것은?

보기

ㄱ. (가)에서는 액체와 기체가 공존한다.

ㄴ. 0℃에서 물질 B의 증기 압력은 1기압이다.

ㄷ. 0℃, 1기압에서 고체 상태의 물질 A는 승화된다.

ㄹ. 물질 A와 B의 녹는점은 압력에 관계없이 일정하다.

① ㄱ, ㄴ ② ㄱ, ㄷ

③ ㄴ, ㄷ ④ ㄱ, ㄷ, ㄹ

⑤ ㄴ, ㄷ, ㄹ

24. 그림은 물의 상 평형을 나타낸 것이다.

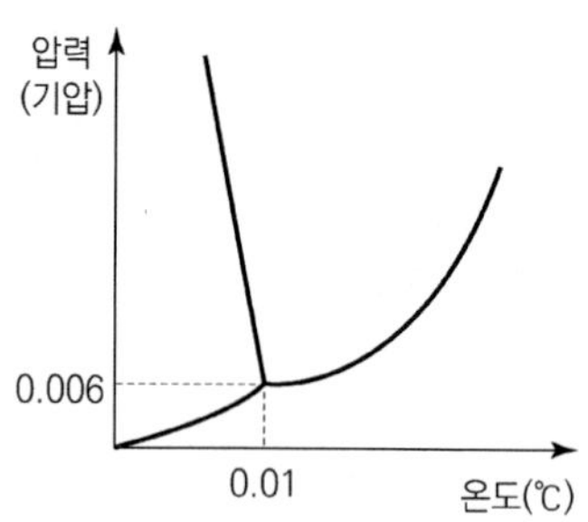

이 그림으로 옳게 설명할 수 있는 것을 〈보기〉에서 모두 고른 것은?

보기

ㄱ. 얼음은 물에 뜬다.
ㄴ. 비커의 물을 서서히 가열하면 물 속의 비커 내벽에 기포가 생성된다.
ㄷ. 같은 양, 같은 온도의 물을 끓일 때 해변보다 한라산 정상에서 더 적은 양의 연료가 소비된다.

① ㄱ ② ㄴ ③ ㄱ, ㄷ
④ ㄴ, ㄷ ⑤ ㄱ, ㄴ, ㄷ

25. 그림 (가)는 물의 상 평형 그림을, (나)는 온도 T_1에서 일정량의 물에 대해 압력에 따른 밀도 변화를 나타낸 것이다.

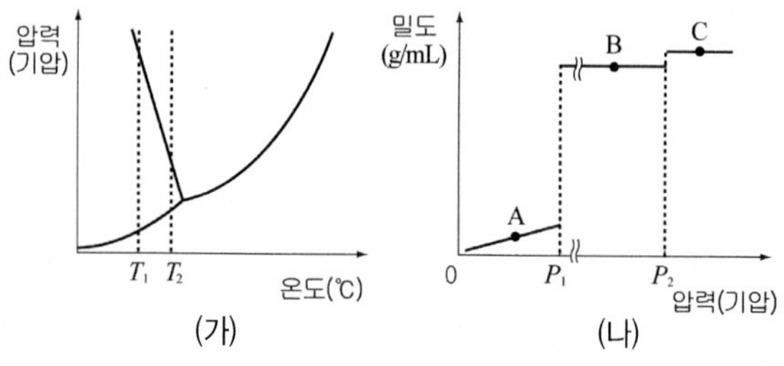

이에 대한 설명으로 옳지 않은 것은? (단, P_1과 P_2는 상태가 변할 때의 압력이다.)

① 부피는 A > B > C이다.
② B점의 상태는 고체이다.
③ 분자 사이의 인력은 B >C > A이다.
④ 온도가 T_2로 변하면 P_2가 증가한다.
⑤ 온도가 T_2로 변하면 P_1과 P_2의 차이가 감소한다.

26. 그림 (가)는 1기압에서 −20℃의 얼음 100g을 일정한 열량으로 가열할 때 시간에 따른 온도 변화를 나타낸 것이고, 그림 (나)는 물의 상 평형 그림이다.

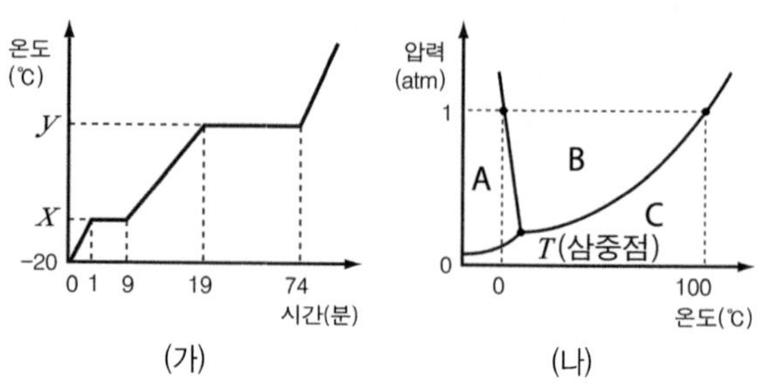

이에 대한 설명으로 옳은 것만을 〈보기〉에서 있는 대로 고른 것은? (단, x와 y는 수평한 구간의 온도이다.)

보기

ㄱ. 0.5기압에서 얼음을 가열하면 x는 높아진다.
ㄴ. 얼음 200g을 가열하면 y와 x의 차는 커진다.
ㄷ. (가)에서 74분이 지난 후 물은 (나)의 C영역의 상태로 존재한다.

① ㄱ ② ㄷ ③ ㄱ, ㄴ
④ ㄱ, ㄷ ⑤ ㄱ, ㄴ, ㄷ

제2절 용해 평형

정답 p. 245

대표 유형 기출 문제

24 지방직 9급 20

1. 25℃에서 탄산수가 담긴 밀폐 용기의 CO_2 부분 압력이 0.41MPa일 때, 용액 내의 CO_2 농도[M]는? (단, 25℃에서 물에 대한 CO_2의 Henry 상수는 $3.4\times10^{-4}molm^{-3}Pa^{-1}$이다.)

① 1.4×10^{-1} ② 1.4

③ 1.4×10 ④ 1.4×10^{2}

주관식 개념 확인 문제

2. 다음 [ ] 안에 알맞은 답을 써 넣으시오.

(1) 두 종류 이상의 순물질이 균일하게 섞여 있는 혼합물이 [①] 이며, 용질이 반투막을 통과하지 못할 정도로 큰 혼합물이 [②] 이다.

(2) 일반적으로 고체는 물에 녹을 때 열을 [①] 하므로 고체의 용해도는 온도가 상승하면 [②] 한다.

3. 다음 중 용액이라고 할 수 없는 것을 모두 골라라.

공기, 가솔린, 단백질+물, 청동, 수산화나트륨+물, 소금물, 흙탕물, 우유

고체의 용해도

4. 다음 물음에 답하시오.

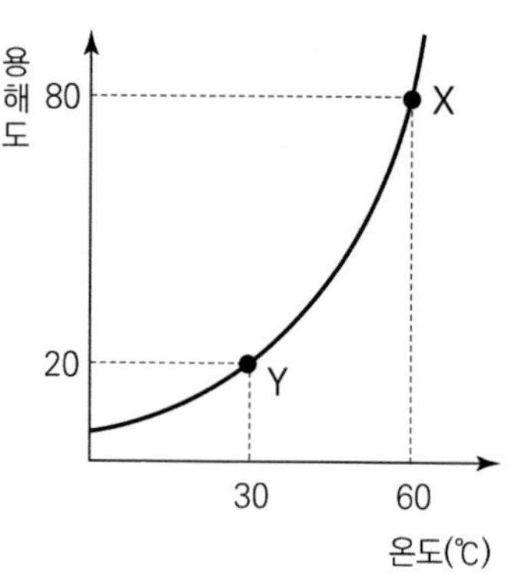

(1) 위의 그림에서 60℃의 포화 용액 90g을 30℃로 냉각하면 석출되는 양은 몇 g인가?

(2) 위의 그림에서 30℃의 포화 용액 180g을 60℃로 가열하면 이 용액에 용질 몇 g을 더 녹일 수 있는가?

5. 다음 그림은 어떤 비전해질, 비휘발성 용질이 녹은 용액의 용해도 곡선이다.

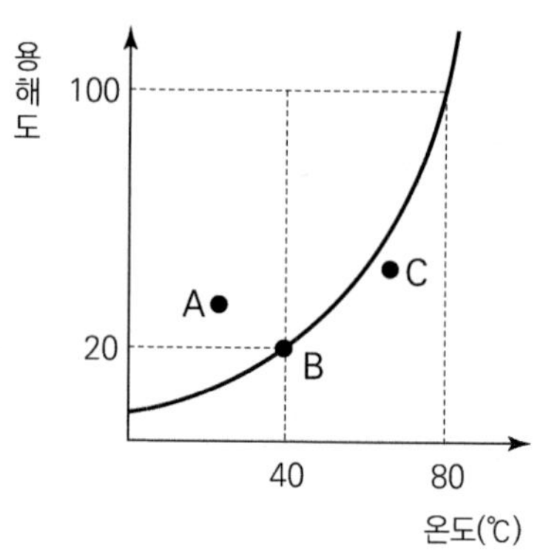

다음 물음에 답하시오.

(1) 점 A, B, C의 용액 중 농도가 가장 진한 것은 [①] 이며, 이 용액을 포화 용액으로 만들려면 온도를 [②] 준다. 이 물질의 용해 과정은 [③] 과정이다.

(2) 80℃에서 이 물질의 포화 용액의 %농도를 구하여라.

(3) ㉠ 80℃에서 포화 용액 150g을 만든 후 40℃로 냉각할 경우와, ㉡ 80℃에서 포화 용액을 200g을 만든 후 가열하여 150g이 되게 한 용액을 40℃로 냉각할 경우 석출되는 용질의 양을 구하시오.

(4) 40℃에서 포화 용액 60g을 만든 후 80℃로 가열하면, 용질이 몇 g 더 녹을 수 있는가?

기체의 용해도

6. 25℃, 1기압에서 이산화탄소 기체는 물 1L에 806mL가 녹는다. 다음을 계산하시오.

(1) 25℃, 1기압에서 물 1L에 녹은 이산화탄소의 양은 몇 g인가?

(2) 25℃, P기압에서 물 VL에 녹은 이산화탄소의 부피와 질량은 얼마인가?

7. 25℃에서 수상 치환으로 산소 기체를 포집하여 포집기 내의 압력을 측정하였더니 78mmHg 였다. 이때의 산소 기체의 용해도는 0.04g/L이다. 만일 같은 온도에서 포집기 내의 산소 부분 압력을 1520mmHg로 하면 산소 기체의 용해도는 얼마인가? (단, 25℃에서 물의 증기 압력은 20mmHg이다.)

8. 수소는 0℃, 1기압에서 1L의 물에 amL 녹는다. 다음을 계산하시오.

(1) 0℃, 2기압에서 1L의 물에 녹는 수소의 질량은 몇 g인가?

(2) 0℃, 5기압에서 2L의 물에 녹는 수소의 부피는 몇 mL인가?

(3) 오른쪽 그래프는 부분 압력의 증가에 따른 0℃, 1L의 물에 녹는 수소의 양적 변화를 나타낸 것이다. A와 B는 무엇인가?

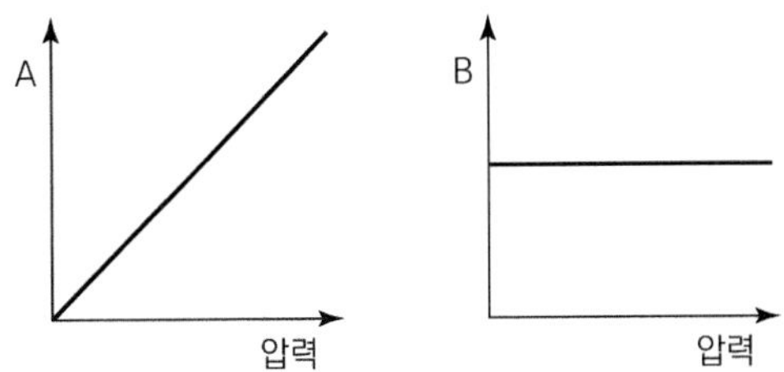

기본 문제

용해

9. 포화 용액에 대한 설명으로 옳은 것은?

① 석출속도 > 용해속도
② 석출속도 = 용해속도
③ 석출속도 < 용해속도
④ 용질의 용해가 정지된 상태

10. 다음 설명 중 옳지 않은 것은?

① 용해 과정이 흡열인 경우 온도를 높이면 용해도 증가한다.
② 기체의 용해도는 온도는 높고 압력이 낮을 때 증가한다.
③ 기체의 용해는 일반적으로 에너지는 낮아지고 무질서도가 감소하는 방향으로 일어난다.
④ 이온 화합물은 수화 작용에 의해 용해된다.

11. 다음 중 무극성 용질인 나프탈렌을 가장 잘 녹일 수 있는 것은?

① C_2H_5OH(에탄올)
② CH_3COCH_3(아세톤)
③ CH_3COOH(아세트산)
④ C_6H_{12}(사이클로헥세인)

12. 다음 화합물 중 상온에서 물에 가장 잘 용해되는 것은?

① $CH_3-CH_2-O-CH_2-CH_3$
② $CH_3-CH_2-CH_2-CH_2-OH$
③ $CH_3-CH_2-CH_2-CH_2-CH_3$
④ $CH_3-CH_2-CH_2-CH_2-NO_2$

13. 카르복시산의 일반적인 화학식을 $CH_3(CH_3)_nCOOH$(n은 양의 정수)로 나타낼 때 n의 크기가 증가함에 따라 카르복시산의 용해도에 대한 다음 설명 중 옳은 것은?

① 물과 사염화탄소 모두에서 용해도는 증가한다.
② 물과 사염화탄소 모두에서 용해도는 감소한다.
③ 물에서는 용해도가 증가하고 사염화탄소에서는 감소한다.
④ 물에서는 용해도가 감소하고 사염화탄소에서는 증가한다.

14. 용해도에 대한 다음 설명 중 옳은 것은?

① 온도가 증가할 때 물에서 고체의 용해도는 항상 증가한다.
② 압력이 증가할 때 물에서 고체의 용해도는 증가한다.
③ 온도가 증가할 때 물에서 기체의 용해도는 증가한다.
④ 압력이 증가할 때 물에서 기체의 용해도는 증가한다.

고체의 용해도

15. 질산 칼륨의 물에 대한 용해도 곡선은 오른쪽 그래프와 같다. 13℃의 질산칼륨 포화 수용액 260g을 가열하여 온도를 74℃로 유지시켰다. 이 수용액에 질산칼륨을 몇 g 더 녹일 수 있겠는가?

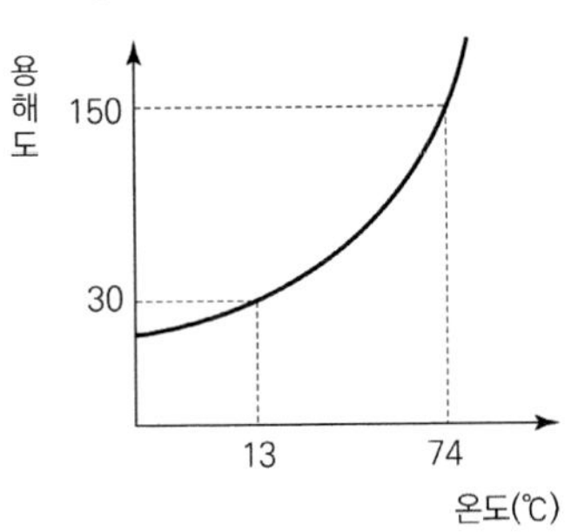

① 60g ② 120g ③ 180g
④ 240g ⑤ 28g

16. 아래 그림은 질산포타슘(KNO_3)과 염화포타슘(KCl)의 용해도 곡선을 보여준다. 이에 대한 설명 중 옳은 것을 〈보기〉에서 모두 고른 것은?

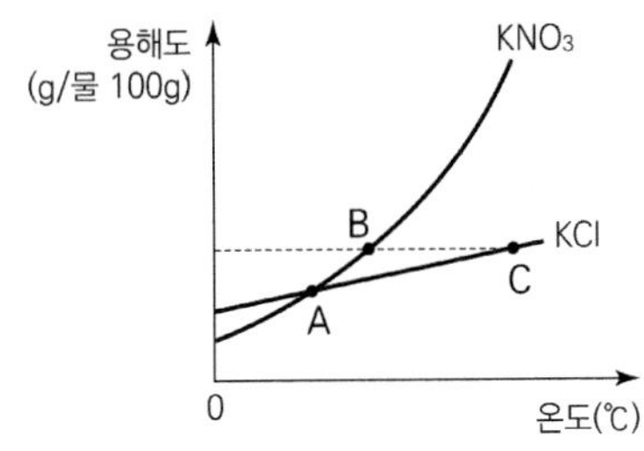

보기

가. 두 물질은 용해 과정에서 열을 방출한다.
나. 점 A에서 두 수용액의 몰랄 농도는 같다.
다. 온도가 높아지면 KNO_3의 용해도는 증가한다.
라. 점 B의 KNO_3은 용해 속도보다 석출속도가 빠르다.
마. 점 B의 KNO_3과 점 C의 KCl의 질량 백분율 농도는 같다.

① 가, 다, 마 ② 나, 다, 라
③ 다, 라, 마 ④ 다, 마

17. 그림은 어떤 고체의 물에 대한 용해도 곡선을 나타낸 것이다.

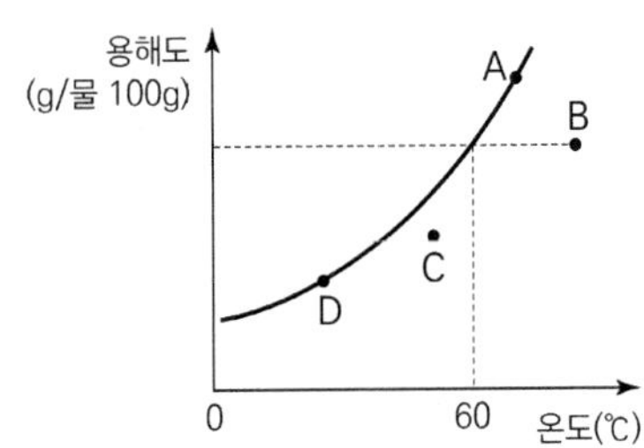

A~D점의 용액을 60℃로 변화시킨 후 거름종이로 거른 용액의 % 농도를 옳게 비교한 것은?

① A > B > C > D
② A = B > C > D
③ A = B > C = D
④ A = D > B > C
⑤ A = D > B = C

기체의 용해도

18. 헨리의 법칙에 의하면 묽은 용액에서 기체의 용해도는 용액 위에 있는 그 기체의 부분 압력에 비례한다고 한다. 다음 중 압력을 2배로 변화시킬 때 물에 대한 용해도가 2배가 되지 않는 기체는?

① H_2　　② N_2
③ NH_3　　④ CH_4

19. 다음 표는 온도에 따르는 몇 가지 기체의 용해도(물 100g에 용해되는 기체의 g수)를 나타낸 것이다.

기체종류/온도	0℃	20℃
암모니아	89.9	53.3
염화수소	82.3	72.1
산소	0.0049	0.0040
수소	0.0002	0.00016

이 표에 대한 해석으로 옳은 것을 〈보기〉에서 모두 고르면?

보기
ㄱ. 극성 용매인 물에 잘 녹는 암모니아와 염화수소는 극성 물질이다.
ㄴ. 온도가 증가할 때 수소의 용해도가 감소하는 것은 수소 분자의 공유결합이 깨어지기 때문이다.
ㄷ. 0℃에서 물 100g에 용해되는 산소(몰질량=32g/mol)의 몰수는 수소(몰질량=2g/mol)의 몰수보다 많다.
ㄹ. 수소가 염화수소보다 용해도가 아주 낮은 것은 분자량 차이 때문이다.

① ㄱ, ㄴ　　② ㄱ, ㄷ
③ ㄴ, ㄷ　　④ ㄴ, ㄹ

20. 기체 CO_2를 pH=7, pH<7, 그리고 pH>7인 수용액에 용해시키는 세 가지 경우를 생각할 때 다음 중 옳은 것은?

① pH<7일 때 가장 많이 용해된다.
② pH>7일 때 가장 많이 용해된다.
③ pH=7일 때 가장 많이 용해된다.
④ pH와 CO_2의 용해도는 관련이 없다.

21. 그림은 암모니아(NH_3)와 황산마그네슘($MgSO_4$)의 용해도 곡선을 나타낸 것이다.

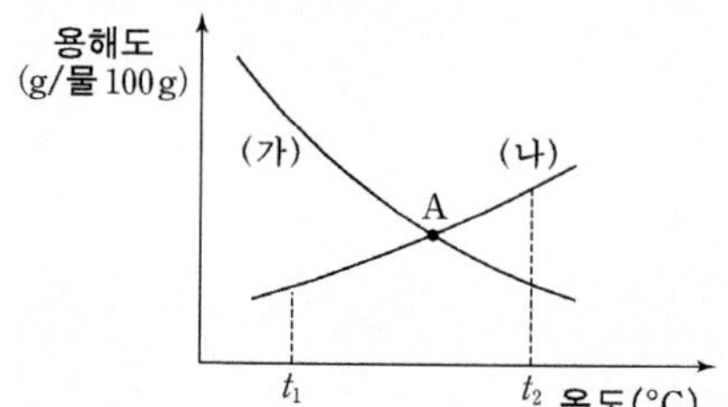

위 그림에 대한 설명으로 옳은 것을 〈보기〉에서 모두 고른 것은?

보기
ㄱ. 점 A에서 두 용액의 % 농도는 같다.
ㄴ. 곡선 (가)는 황산마그네슘의 용해도 곡선이다.
ㄷ. t_2℃에서 (나)의 포화 용액을 t_1℃로 낮추면 용질이 석출된다.

① ㄱ　　② ㄴ　　③ ㄱ, ㄴ
④ ㄱ, ㄷ　　⑤ ㄴ, ㄷ

22. 그림은 25℃에서 산소의 압력과 용해도의 관계를 나타낸 것이다.

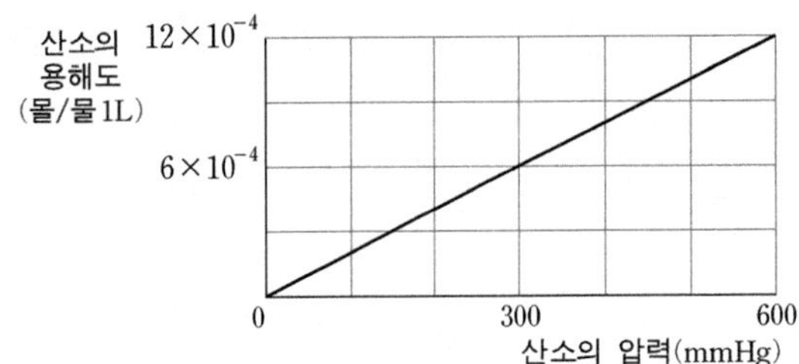

25℃ 물의 용존 산소량을 4.8×10^{-3}g/L 이상으로 유지하기 위한 산소의 최소 압력은 몇 mmHg인가? (단, 산소의 분자량은 32이다.)

① 75mmHg ② 80mmHg
③ 85mmHg ④ 90mmHg
⑤ 95mmHg

23. 그림은 이산화탄소(CO_2)의 포화 수용액을 나타낸 것이다. CO_2의 용해도를 높이기 위한 방법으로 옳은 것만을 〈보기〉에서 있는 대로 고른 것은?

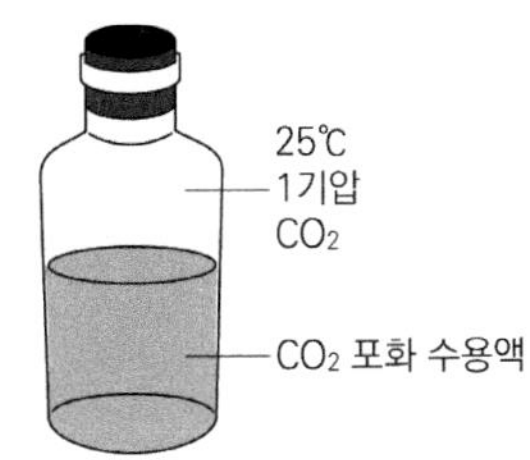

보기

ㄱ. 수용액에 드라이아이스 조각을 넣는다.
ㄴ. 헬륨(He)을 넣어 전체 압력이 2기압이 되도록 한다.
ㄷ. 마개를 열어 둔다.

① ㄱ ② ㄷ ③ ㄱ, ㄴ
④ ㄴ, ㄷ ⑤ ㄱ, ㄴ, ㄷ

24. 그림은 서로 다른 조건에서 물이 담긴 실린더에 산소 기체를 넣어 준 모습을 나타낸 것이다. 0℃와 22℃에서 물의 수증기압은 각각 5mmHg와 20mmHg이며, 대기압은 760mmHg, 추에 의한 압력은 740mmHg이다.

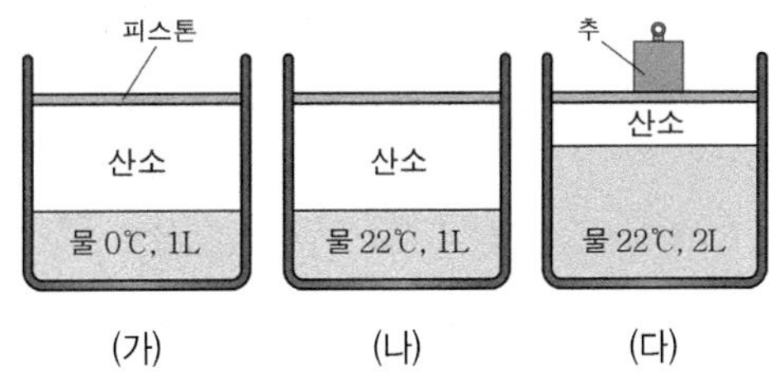

이에 대한 설명으로 옳은 것만을 〈보기〉에서 있는 대로 고른 것은? (단, 산소 기체는 헨리의 법칙을 만족하며, 피스톤의 무게와 마찰은 무시한다.)

보기

ㄱ. 용해되는 산소의 질량은 (나) > (가)이다.
ㄴ. 용해되는 산소의 질량은 (다)가 (나)의 4배이다.
ㄷ. 용해되는 산소의 부피는 (나)와 (다)가 같다.

① ㄱ ② ㄴ ③ ㄱ, ㄷ
④ ㄴ, ㄷ ⑤ ㄱ, ㄴ, ㄷ

25. 그림은 25℃에서 기체 A와 B를 여러 비율로 혼합하였을 때, 각 기체의 물에 대한 용해도(몰/L)를 부분 압력에 따라 나타낸 것이다.

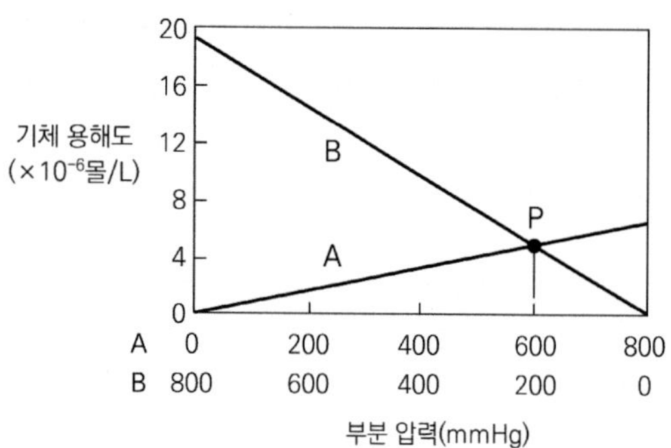

이에 대한 설명으로 옳은 것만을 〈보기〉에서 있는 대로 고른 것은? (단, B의 분자량은 A의 2배이다.)

보기

ㄱ. 두 기체는 모두 헨리의 법칙을 따른다.
ㄴ. 점 P에서 물에 녹는 A와 B의 질량은 같다.
ㄷ. 물에 녹는 전체 기체의 질량은 A의 부분 압력이 0일 때 가장 크다.

① ㄱ ② ㄴ ③ ㄱ, ㄷ
④ ㄴ, ㄷ ⑤ ㄱ, ㄴ, ㄷ

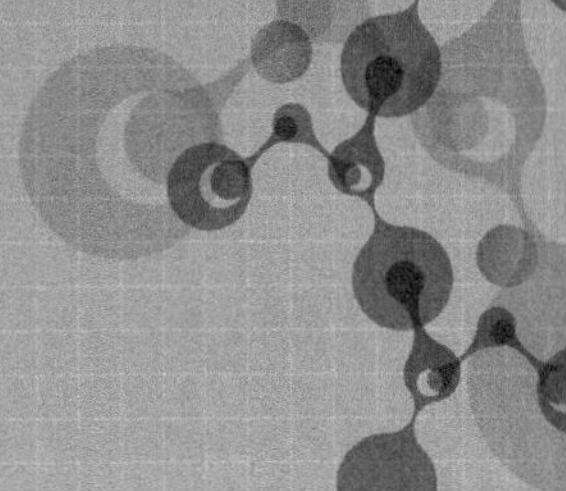

CHAPTER 06

산과 염기의 평형

제1절 산염기의 정의와 전해질의 구분

정답 p. 249

대표 유형 기출 문제

09 지방직 9급 01

1. 산성 물질 HX와 HY를 같은 농도로 물에 녹여 아래와 같은 두 가지 용액을 얻었다. 다음 설명 중 옳은 것은?

H^+ X^- H^+ X^- H^+ X^- H^+ X^- X^- X^- H^+ H^+ X^- X^- H^+ H^+ X^-

H^+ HY Y^- H^+ Y^- H^+ Y^- Y^- HY H^+ Y^- H^+ H^+ HY Y^-

① HX가 HY보다 센 산이며 HX가 HY보다 강전해질이다.

② HY가 HX보다 센 산이며 HX가 HY보다 강 전해질이다.

③ HX가 HY보다 센 산이며 HY가 HX보다 강 전해질이다.

④ HY가 HX보다 센 산이며 HY가 HX보다 강 전해질이다.

15 국가직 7급 04

2. 〈보기〉의 화학종을 각각 1몰씩 물에 용해하여 제조한 전해질의 세기를 바르게 나열한 것은?

보기
$NaCl$ $C_{12}H_{22}O_{11}$ H_2O CH_3COOH

① $NaCl > C_{12}H_{22}O_{11} > CH_3COOH > H_2O$

② $H_2O > NaCl > C_{12}H_{22}O_{11} > CH_3COOH$

③ $NaCl > CH_3COOH > H_2O > C_{12}H_{22}O_{11}$

④ $C_{12}H_{22}O_{11} > NaCl > CH_3COOH > H_2O$

18 지방직 7급 19

3. 염화수소(HCl)의 해리에 대한 설명으로 옳지 않은 것은?

① HCl 수용액은 매우 강산이다.

② HCl 수용액의 H^+이온과 Cl^-이온은 열역학적으로 매우 안정하게 용해되어 있다.

③ 염화수소(HCl)는 기체상에서 극성공유결합 분자이며 강산이다.

④ 기체상의 H^+이온과 Cl^-이온은 매우 불안정하다.

19 지방직 9급 11

4. 전해질(electrolyte)에 대한 설명으로 옳은 것은?

① 물에 용해되어 이온 전도성 용액을 만드는 물질을 전해질이라 한다.

② 설탕($C_{12}H_{22}O_{11}$)을 증류수에 녹이면 전도성 용액이 된다.

③ 아세트산(CH_3COOH)은 KCl보다 강한 전해질이다.

④ NaCl 수용액은 전기가 통하지 않는다.

19 국가직 7급 02

5. 다음 화학 평형에 대한 설명으로 옳지 않은 것은?

$$HCO_3^-(aq) + H_2O(l) \rightleftarrows CO_3^{2-}(aq) + H_3O^+(aq)$$

① H_3O^+는 산으로 작용하다.

② CO_3^{2-}는 산으로 작용한다.

③ H_2O의 짝산은 H_3O^+이다.

④ HCO_3^-는 산으로 작용한다.

20 국가직 7급 02

6. 다음 산-염기 반응에서 암모니아의 역할은?

$$BF_3 + NH_3 \longrightarrow F_3B-NH_3$$

① 아레니우스 염기

② 브뢴스테드-로우리 염기

③ 루이스 염기

④ 아레니우스 산

20 국가직 7급 15

7. 균일하고 묽은 Na_2SO_4 수용액 속에 존재하는 화학종을 가장 잘 표현한 것은?(단, 물 분자는 모식도에서 생략되었다.)

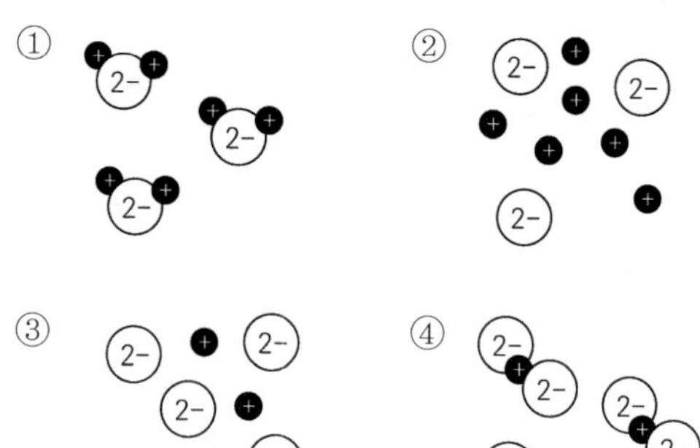

주관식 개념 확인 문제

8. 다음 [   ] 안에 알맞은 말을 써라.

(1) 전해질의 이온화설을 주장한 아레니우스는, 산은 수용액 속에서 [①] 을 내는 물질, 염기는 [②] 을 내는 물질이라고 정의 하였다. 브뢴스테드는 보다 넓은 개념의 산, 염기 이론을 주장하였는데, 그에 의하면 산은 [③] 를 주는 물질, 염기는 ③을 받는 물질이다. 브뢴스테드의 이론은 수용액이 아닌 산, 염기 반응에서도 적용된다.

(2) 산, 염기 등 전해질을 물에 녹일 때 양이온과 음이온으로 나누어지는 현상을 [①] 라고 한다. 수용액에서 전해질은 [②] 상태이다. 산, 염기의 동적 평형 상태에서 얻어지는 평형상수인 [③] 가 클수록 산이나 염기의 세기는 강하다.

9. 다음 물음에 답하여라.

(1) O_2^-의 짝산

(2) NH_2^-의 짝산

(3) $H_2PO_4^-$의 짝산과 짝염기

10. 다음 반응에서 브뢴스테드-로우리의 산 · 염기는 각각 어느 것인가?

$$HCO_3^-(aq) + C_2H_3O_2^-(aq) \rightleftarrows CO_3^{2-}(aq) + HC_2H_3O_2(aq)$$

11. 다음 물음에 답하시오.

(1) 다음 물질 중 루이스의 산으로 작용할 수 있는 것은?

H^+, NH_3, BF_3, $BeCl_2$, Zn^{2+}, OH^-

(2) 아래 그림에서 브뢴스테드-로우리의 염기와 루이스의 염기를 지적하고 간단히 설명하시오.

$$H-\ddot{O}:(-H) + HCl \longrightarrow \left[H-\ddot{O}(-H)-H\right]^+ + Cl^-$$

PART 05 화학 반응

기본 문제

전해질의 구분

12. 다음 수용액에서 전기전도성이 있는 것은?

ㄱ. H_2SO_4	ㄴ. HNO_3
ㄷ. $C_6H_{12}O_6$	ㄹ. NaOH
ㅁ. CH_3OH	ㅂ. C_2H_5OH
ㅅ. HCl	ㅇ. $CO(NH_2)_2$

① ㄱ. ㄷ, ㅁ, ㅇ　② ㄴ, ㄷ, ㄹ, ㅁ
③ ㄱ, ㄴ, ㄹ, ㅅ　④ ㄷ, ㄹ, ㅂ, ㅇ

13. 상온에서 다음 물질 1몰을 물 1L에 넣었을 때, 전류가 가장 잘 흐르는 것은?

① NaCl　② AgCl
③ $CaCO_3$　④ $C_6H_{12}O_6$

산과 염기의 정의

14. 다음 반응에서 짝산, 짝염기의 관계가 바른 것은?

$$NH_3 + H_2O \rightleftarrows NH_4^+ + OH^-$$

① NH_3의 짝산 H_2O
② NH_3의 짝염기 OH^-
③ H_2O의 짝염기 OH^-
④ H_2O의 짝산 NH_4^+

15. 다음 반응에서 산과 염기로 모두 작용한 것은?

$$HCl + H_2O \rightleftarrows Cl^- + H_3O^+$$
$$NH_3 + H_2O \rightleftarrows NH_4^+ + OH^-$$

① H_3O^+　② OH^-
③ NH_3　④ H_2O

16. 다음에서 양쪽성을 갖는 것은?

① HSO_4^-　② H_3PO_4
③ HNO_3　④ ClO_4^-

17. 열거된 반응식에서 루이스 산과 염기에 대한 설명으로 가장 옳지 않은 것은?

① $CO_2 + OH^- \rightarrow HCO_3^-$ 반응에서 CO_2는 산
② $BF_3 + NH_3 \rightarrow BF_3NH_3$ 반응에서 BF_3는 산
③ $Cu^{2+} + 4NH_3 \rightarrow Cu(NH_3)_4^{2+}$ 반응에서 Cu^{2+}는 산
④ $H_2O + SO_3 \rightarrow H_2SO_4$ 반응에서 H_2O는 산

18. 〈보기〉의 다양성자산 중에서 이양성자산을 모두 고른 것은?

보기	
ㄱ. H_2CO_3	ㄴ. HOOC−COOH
ㄷ. H_3PO_3	ㄹ. H_3AsO_4

① ㄱ, ㄴ　② ㄴ, ㄷ
③ ㄷ, ㄹ　④ ㄱ, ㄴ, ㄷ

자료 추론형

19. 다음은 산 · 염기 반응의 화학 반응식이다.

(가) $CH_3NH_2(g) + H_2O(l) \rightarrow CH_3NH_3^+(aq) + OH^-(aq)$
(나) $HCOOH(l) + H_2O(l) \rightarrow HCOO^-(aq) + H_3O^+(aq)$
(다) $H_3O^+(aq) + NH_3(g) \rightarrow H_2O(l) + NH_4^+(aq)$

이에 대한 설명으로 옳은 것만을 〈보기〉에서 있는 대로 고른 것은?

보기
ㄱ. (가)에서 CH_3NH_2은 브뢴스테드−로우리 염기이다.
ㄴ. (나)에서 HCOOH은 아레니우스 산이다.
ㄷ. (다)에서 NH_3는 루이스 염기이다.

① ㄱ　② ㄷ　③ ㄱ, ㄴ
④ ㄴ, ㄷ　⑤ ㄱ, ㄴ, ㄷ

20. 다음은 산 염기 반응의 화학 반응식이다.

(가) $H_3PO_4(s) + H_2O(l) \rightarrow H_3O^+(aq) + H_2PO_4^-(aq)$
(나) $CH_3COOH(aq) + OH^-(aq) \rightarrow CH_3COO^-(aq) + H_2O(l)$
(다) $F^-(aq) + BF_3(g) \rightarrow BF_4^-(aq)$

이에 대한 설명으로 옳은 것만을 〈보기〉에서 있는 대로 고른 것은?

보기
ㄱ. (가)에서 H_3PO_4은 아레니우스 산이다.
ㄴ. (나)에서 CH_3COOH은 브뢴스테드−로우리 산이다.
ㄷ. (다)에서 F^-은 루이스 염기이다.

① ㄱ　② ㄷ　③ ㄱ, ㄴ
④ ㄴ, ㄷ　⑤ ㄱ, ㄴ, ㄷ

21. 다음은 산 염기 반응의 화학 반응식이다.

(가) $CH_3COOH(aq) + H_2O(l) \rightarrow CH_3COO^-(aq) + H_3O^+(aq)$

(나) $NH_3(g) + H_2O(l) \rightarrow NH_4^+(aq) + OH^-(aq)$

(다) $NH_2CH_2COOH(s) + NaOH(aq) \rightarrow NH_2CH_2COO^-(aq) + Na^+(aq) + H_2O(l)$

(가)~(다)에 대한 설명으로 옳은 것만을 <보기>에서 있는 대로 고른 것은?

보기

ㄱ. (가)에서 CH_3COOH은 아레니우스 산이다.
ㄴ. (나)에서 NH_3는 브뢴스테드-로우리 염기이다.
ㄷ. (다)에서 NH_2CH_2COOH은 루이스 염기이다.

① ㄱ ② ㄷ ③ ㄱ, ㄴ
④ ㄴ, ㄷ ⑤ ㄱ, ㄴ, ㄷ

22. 그림은 분자 (가)와 관련된 반응 ㉠과 ㉡을 나타낸 것이다.

COOH H⁺ ㉠ COOH OH⁻ H₂O ㉡ COO⁻ N⁺ H N N (가)

이에 대한 설명으로 옳은 것만을 <보기>에서 있는 대로 고른 것은?

보기

ㄱ. (가)는 아미노산이다.
ㄴ. ㉠에서 (가)는 루이스 염기로 작용한다.
ㄷ. ㉡에서 (가)는 브뢴스테드-로우리 산으로 작용한다.

① ㄱ ② ㄷ ③ ㄱ, ㄴ
④ ㄴ, ㄷ ⑤ ㄱ, ㄴ, ㄷ

23. 다음은 2가지 산 염기 반응의 화학 반응식이다.

(가) $F^- + H_2O \rightarrow HF + OH^-$

(나) $BF_3 + :NH_3 \rightarrow F_3B-NH_3$ (F–B–F 결합각 α, 생성물에서 F–B–F 결합각 β)

이에 대한 옳은 설명만을 <보기>에서 있는 대로 고른 것은?

보기

ㄱ. (가)에서 H_2O은 브뢴스테드-로우리 산이다.
ㄴ. (나)에서 NH_3는 루이스 염기이다.
ㄷ. (나)에서 결합각은 α가 β보다 크다.

① ㄱ ② ㄴ ③ ㄱ, ㄷ
④ ㄴ, ㄷ ⑤ ㄱ, ㄴ, ㄷ

24. 다음은 3가지 산 염기 반응의 화학 반응식이다.

- $NH_3 +$ (가) $\rightarrow NH_3BF_3$
- (나) $+ HBr \rightarrow CH_3OH_2^+ + Br^-$
- $(CH_3)_2NH +$ (다) $\rightarrow (CH_3)_2NH_2^+ + OH^-$

(가)~(다) 중 브뢴스테드-로우리 산에 해당하는 물질만을 있는 대로 고른 것은?

① (가) ② (나)
③ (다) ④ (가), (다)
⑤ (나), (다)

전해질의 구분

25. 표는 3가지 물질 A~C의 수용액에 대한 성질을 알아보기 위한 실험의 결과를 나타낸 것이다. A~C는 각각 CH_3COOH, C_2H_5OH, $Ca(OH)_2$ 중 하나이다.

물질	A	B	C
수용액에 전류를 흘려 주었을 때	전류가 흐름	전류가 흐름	전류가 흐르지 않음
수용액에 페놀프탈레인 용액을 떨어뜨렸을 때의 색깔	붉은색	무색	무색

이에 대한 설명으로 옳은 것만을 <보기>에서 있는 대로 고른 것은?

보기
ㄱ. pH는 C의 수용액이 A의 수용액보다 크다.
ㄴ. B의 수용액에는 H^+이 존재한다.
ㄷ. C는 아레니우스 염기이다.

① ㄱ ② ㄴ ③ ㄷ
④ ㄱ, ㄴ ⑤ ㄴ, ㄷ

26. 표는 NaCl(s), HCl(g), NaOH(s)을 각각 0.1몰씩 녹인 1L의 수용액 (가)~(다)의 성질을 나타낸 것이다. (가)~(다)는 각각 NaCl(aq), HCl(aq), NaOH(aq) 중 하나이다.

수용액	(가)	(나)	(다)
Mg과의 반응	기체 발생	변화 없음	변화 없음
페놀프탈레인 용액을 넣었을 때의 색	무색	붉은색	무색

이에 대한 설명으로 옳은 것만을 <보기>에서 있는 대로 고른 것은? (단, (가)~(다)의 처음 온도는 같다.)

보기
ㄱ. 수용액의 pH는 (가)가 (다)보다 크다.
ㄴ. (가)와 (나)를 혼합하면 용액의 온도는 높아진다.
ㄷ. (다)에 석회석($CaCO_3$)을 넣으면 기체가 발생한다.

① ㄴ ② ㄷ ③ ㄱ, ㄴ
④ ㄱ, ㄷ ⑤ ㄱ, ㄴ, ㄷ

27. 그림은 25℃에서 물질 A~C를 각각 물에 녹여 만든 수용액의 pH를 나타낸 것이다. A~C는 각각 C_2H_5OH, NaOH, HCl 중 하나이다.

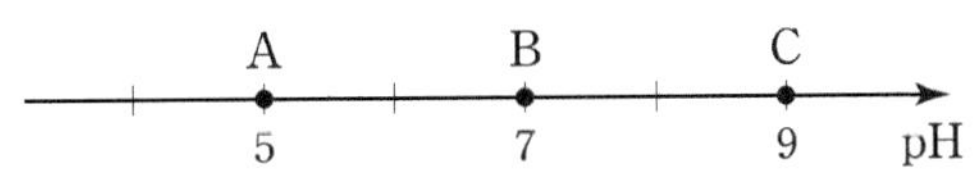

이에 대한 설명으로 옳은 것만을 <보기>에서 있는 대로 고른 것은?

보기
ㄱ. A 수용액에는 H_3O^+이 들어 있다.
ㄴ. B는 아레니우스 염기이다.
ㄷ. C 수용액은 전기 전도성이 있다.

① ㄱ ② ㄴ ③ ㄱ, ㄷ
④ ㄴ, ㄷ ⑤ ㄱ, ㄴ, ㄷ

28. 그림은 수용액 (가)~(다)에 들어 있는 양이온을 나타낸 것이다. (가)~(다)는 각각 HCl(g), KOH(s), KCl(s) 중 하나를 물에 녹인 수용액이고, 수용액의 pH는 (가)<(다)이다.

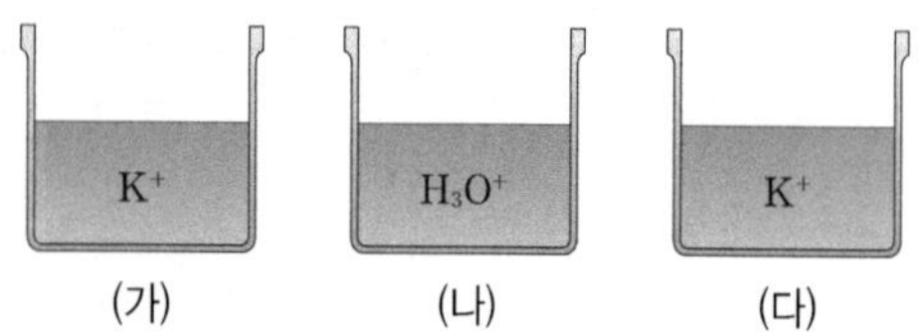

이에 대한 설명으로 옳은 것만을 〈보기〉에서 있는 대로 고른 것은?

보기
ㄱ. (가)는 KCl(aq)이다.
ㄴ. (나)에 녹인 물질은 물에서 브뢴스테드-로우리 산으로 작용한다.
ㄷ. (다)에 녹인 물질은 아레니우스 염기이다.

① ㄴ ② ㄷ ③ ㄱ, ㄴ
④ ㄱ, ㄷ ⑤ ㄱ, ㄴ, ㄷ

29. 다음은 물질 A~C와 관련된 실험 결과이다. A~C는 각각 HNO_3, KOH, NaCl 중 하나이다.

[실험 결과]
- 수용액의 pH는 A가 가장 크다.
- 수용액에 금속 Mg을 넣었을 때 C에서만 기체가 발생하였다.

이에 대한 설명으로 옳은 것만을 〈보기〉에서 있는 대로 고른 것은?

보기
ㄱ. A~C 수용액은 모두 전기 전도성이 있다.
ㄴ. B 수용액의 불꽃색은 노란색이다.
ㄷ. C는 아레니우스 염기이다.

① ㄱ ② ㄴ ③ ㄷ
④ ㄱ, ㄴ ⑤ ㄴ, ㄷ

30. 다음은 25℃ 수용액 (가)~(라)에 대한 설명이다. (가)~(라)는 각각 HCl(aq), NaOH(aq), NaCl(aq), C_2H_5OH(aq) 중 하나이다.

- (가)와 (나)에 들어 있는 양이온의 종류는 같다.
- (가)와 (다)가 반응하면 $H_2O(l)$이 생성된다.

이에 대한 설명으로 옳은 것만을 〈보기〉에서 있는 대로 고른 것은? (단, 수용액의 온도는 일정하다.)

보기
ㄱ. (가)는 NaOH(aq)이다.
ㄴ. (라)는 전기 전도성이 있다.
ㄷ. pH가 가장 작은 것은 (다)이다.

① ㄱ ② ㄴ ③ ㄱ, ㄷ
④ ㄴ, ㄷ ⑤ ㄱ, ㄴ, ㄷ

31. 그림은 3가지 물질을 2가지 기준에 따라 분류하는 과정을 나타낸 것이다.

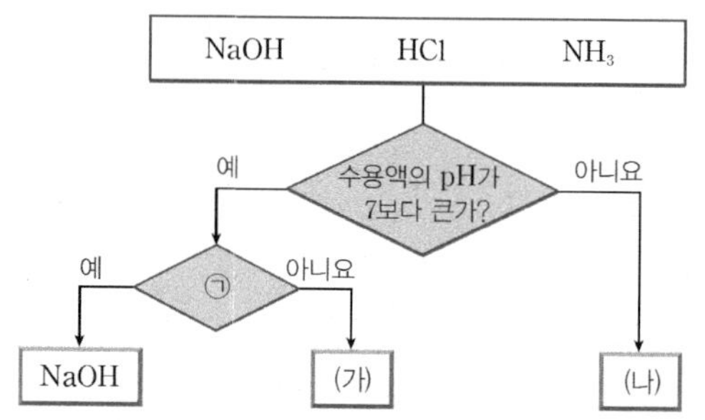

이에 대한 설명으로 옳은 것만을 〈보기〉에서 있는 대로 고른 것은? (단, 수용액의 온도는 25℃이다.)

보기
ㄱ. ㉠에 '이온 결합 물질인가?'를 적용할 수 있다.
ㄴ. (가) 수용액에는 OH^-이 존재한다.
ㄷ. 기체 상태의 (가)와 (나)를 반응시키면 물이 생성된다.

① ㄱ ② ㄷ ③ ㄱ, ㄴ
④ ㄴ, ㄷ ⑤ ㄱ, ㄴ, ㄷ

제2절 산의 이온화도와 이온화 상수

정답 p. 253

대표 유형 기출 문제

산의 이온화와 평형 농도

15 지방직 9급 02

1. 25℃에서 1.0M의 수용액을 만들었을 때 pH가 가장 낮은 것은? (단, 25℃에서 산 해리 상수(K_a)는 아래와 같다.)

C_6H_5OH	1.3×10^{-10}
$C_9H_8O_4$	3.0×10^{-4}
HCN	4.9×10^{-10}
HF	6.8×10^{-4}

① C_6H_5OH ② HCN
③ $C_9H_8O_4$ ④ HF

산의 세기 비교(이온화 상수)

13 지방직 7급 16

2. 다음은 25℃ 수용액에서 옥살산($H_2C_2O_4$)과 아닐린($C_6H_5NH_2$)의 이온화 평형과 해리 상수(K)를 나타낸 것이다.

$$H_2C_2O_4 + H_2O \rightleftarrows HC_2O_4^- + H_3O^+ \quad K_a = 5.9\times10^{-2}$$
$$HC_2O_4^- + H_2O \rightleftarrows C_2O_4^{2-} + H_3O^+ \quad K_a = 6.4\times10^{-5}$$

$$C_6H_5NH_2 + H_2O \rightleftarrows C_6H_5NH_3^+ + OH^- \quad K_b = 4.0\times10^{-10}$$

이에 대한 설명으로 옳은 것은?

① $HC_2O_4^-$가 $C_2O_4^{2-}$보다 더 센 염기이다.
② $C_6H_5NH_3^+$가 $HC_2O_4^-$보다 더 센 산이다.
③ $C_6H_5NH_3^+$는 $C_6H_5NH_2$의 짝염기이다.
④ 브뢴스테드-로우리의 산-염기 정의에서 H_2O는 양쪽성이다.

14 국가직 7급 13

3. 시트릭산($H_3C_6H_5O_7$)은 수용액에서 3개의 수소 이온을 만들어 낼 수 있다. 같은 온도에서 세 이온화 반응의 평형 상수는 K_1, K_2, K_3이다.

$H_3C_6H_5O_7(aq) \rightleftarrows H^+(aq) + H_2C_6H_5O_7^-(aq)$ K_1

$H_2C_6H_5O_7^-(aq) \rightleftarrows H^+(aq) + HC_6H_5O_7^{2-}(aq)$ K_2

$HC_6H_5O_7^{2-}(aq) \rightleftarrows H^+(aq) + C_6H_5O_7^{3-}(aq)$ K_3

동일한 온도에서 다음 반응의 평형 상수(K)를 K_1, K_2, K_3로 나타내면?

$H_3C_6H_5O_7(aq) \rightleftarrows 3H^+(aq) + C_6H_5O_7^{3-}(aq)$

① $K_1 \cdot K_2 \cdot K_3$　② $K_1 + K_2 + K_3$

③ $\frac{1}{K_1 \cdot K_2 \cdot K_3}$　④ $\frac{K_2 \cdot K_3}{K_1}$

18 지방직 9급 03

4. 다음 평형 반응식의 평형 상수 K값의 크기를 순서대로 바르게 나열한 것은?

ㄱ. $H_3PO_4(aq) + H_2O(l) \rightleftarrows H_2PO_4^-(aq) + H_3O^+(aq)$

ㄴ. $H_2PO_4^-(aq) + H_2O(l) \rightleftarrows HPO_4^{2-}(aq) + H_3O^+(aq)$

ㄷ. $HPO_4^{2-}(aq) + H_2O(l) \rightleftarrows PO_4^{3-}(aq) + H_3O^+(aq)$

① ㄱ > ㄴ > ㄷ　② ㄱ = ㄴ = ㄷ

③ ㄴ > ㄷ > ㄱ　④ ㄷ > ㄴ > ㄱ

19 국가직 7급 16

5. 다양성자산 0.100M H_3PO_4 용액 내 화학종의 농도에 대한 설명으로 옳은 것은?
(단, 이온화 상수 $K_{a1} = 7.5 \times 10^{-3}$, $K_{a2} = 6.2 \times 10^{-8}$, $K_{a3} = 4.8 \times 10^{-13}$이다.)

① 용액 내에서 농도는 $H_2PO_4^-$가 H_3PO_4보다 크다.

② 첫 번째 이온화 단계는 H_3O^+의 농도에 가장 크게 기여한다.

③ HPO_4^{2-}의 농도는 $H_2PO_4^-$의 농도보다 크다.

④ 용액 내에 이온화되지 않은 H_3PO_4는 존재하지 않는다.

산의 세기 비교(산의 구조)

10 지방직 9급 13

6. 산의 세기를 비교한 것으로 옳지 않은 것은?

① $HCl < HF$
② $HBrO_3 < HClO_3$
③ $H_2O < H_2S$
④ $HClO < HClO_2$

12 지방직 7급 03

7. 다음 산소산 중 25℃에서 이온화 상수(K_a)가 가장 큰 것은?

① $HClO$ ② HIO
③ $HClO_3$ ④ HIO_3

14 지방직 9급 20

8. 다음의 3가지 화학종이 섞여 있을 때, 염기의 세기 순서대로 바르게 나열한 것은?

$H_2O(l)$, $F^-(aq)$, $Cl^-(aq)$

① $Cl^-(aq)$ < $H_2O(l)$ < $F^-(aq)$
② $F^-(aq)$ < $H_2O(l)$ < $Cl^-(aq)$
③ $H_2O(l)$ < $Cl^-(aq)$ < $F^-(aq)$
④ $H_2O(l)$ < $F^-(aq)$ < $Cl^-(aq)$

17 지방직 9급 10

9. 다음은 25℃, 수용액 상태에서 산의 세기를 비교한 것이다. 옳은 것만을 모두 고른 것은?

ㄱ. $H_2O < H_2S$
ㄴ. $HI < HCl$
ㄷ. $CH_3COOH < CCl_3COOH$
ㄹ. $HBrO < HClO$

① ㄱ, ㄴ ② ㄷ, ㄹ
③ ㄱ, ㄷ, ㄹ ④ ㄴ, ㄷ, ㄹ

17 지방직 7급 06

10. (가)~(다)의 산도(acidity) 세기를 옳게 비교한 것은?

(가) $H_3C-\ddot{\underset{..}{O}}-H$ (나) $H_3C-\ddot{N}(H)-H$ (다) $H_3C-C(H)(H)-H$

① (가) > (나) > (다) ② (나) > (가) > (다)
③ (나) > (다) > (가) ④ (다) > (나) > (가)

19 지방직 9급 19

11. 아세트산(CH_3COOH)과 사이안화수소산(HCN)의 혼합 수용액에 존재하는 염기의 세기를 작은 것부터 순서대로 바르게 나열한 것은? (단, 아세트산이 사이안화수소산보다 강산이다.)

① $H_2O < CH_3COO^- < CN^-$
② $H_2O < CN^- < CH_3COO^-$
③ $CN^- < CH_3COO^- < H_2O$
④ $CH_3COO^- < H_2O < CN^-$

24 국가직 7급 09

12. 25℃ 수용액에서 pK_a값이 가장 작은 것은?

① (phenol: benzene ring–OH)

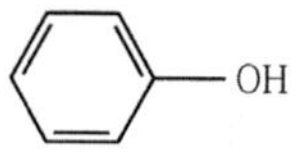

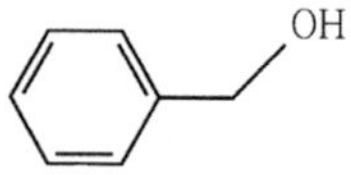

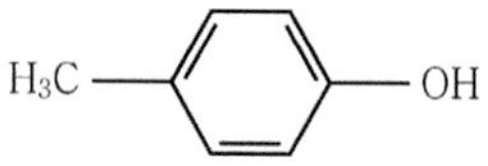

② (benzyl alcohol: benzene ring–CH_2–OH)

③ H_3C–(benzene ring)–OH

④ O_2N–(benzene ring)–OH

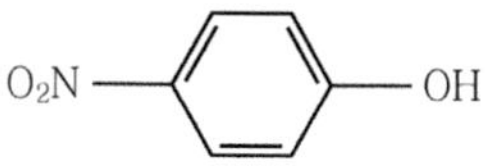

주관식 개념 확인 문제

산의 이온화와 이온화 상수

13. 다음 물음에 답하시오.

(1) 25℃에서 0.10M의 약산 HA 수용액의 pH는 3.0이었다. HA의 이온화 상수는 얼마인가?

(2) 25℃에서 0.10M HBrO 수용액의 이온화 상수는 $K_a = 1.6 \times 10^{-6}$이다.

① 이 용액의 수소 이온 농도 $[H^+]$ 및 pH를 구하여라. (단, $\log 2 = 0.3$)

② 이 용액에서 HBrO의 이온화도 α를 구하여라.

14. 산 HCl과 CH_3COOH의 이온화도는 각각 0.94, 0.013이다. 각 물질 0.1몰씩을 물에 녹여 1L의 용액을 만들었을 때, HCl은 CH_3COOH보다 몇 배의 산성을 나타내겠는가?

15. 약산이며 2가산인 황화수소는 다음과 같이 두 단계로 이온화한다.

$$H_2S + H_2O \rightleftarrows HS^- + H_3O^+ \cdots ①$$
$$HS^- + H_2O \rightleftarrows S^{2-} + H_3O^+ \cdots ②$$

(1) 두 반응의 평형 상수를 각각 K_1, K_2라고 할 때, K_1과 K_2의 크기를 비교하시오.

(2) 전체 반응 $H_2S + 2H_2O \rightleftarrows S^{2-} + 2H_3O^+$의 평형 상수값 K를 구하여라.

16. 0.1M $HCl(aq)$이 이온화되었을 때 $[Cl^-]$와 $[H_3O^+]$를 구하시오.

17. 0.1M $CH_3COOH(aq)$이 이온화 평형 상태에 있을 때 $[CH_3COO^-]$와 $[H_3O^+]$를 구하시오.
(단, $K_a(CH_3COOH) = 1.0 \times 10^{-5}$이다.)

18. 다음 용액의 pH를 계산하시오.

(1) 0.01M NaOH 수용액

(2) 0.1M NH_3 수용액 ($\alpha = 1.0 \times 10^{-2}$)

19. 0.01M 페놀(C_6H_5OH) 수용액의 pH를 측정하였더니 6.0이었다. 수용액에서 페놀의 pK_a값에 가장 가까운 것을 구하시오.

20. 다음 중 산 HA 0.1M 수용액의 이온화도(α)가 0.6일 경우 이온화상수 K_a를 구하시오.

$$HA(aq) + H_2O(l) \rightleftarrows A^-(aq) + H_3O^+(aq)$$

21. 0.1M $H_2CO_3(aq)$이 이온화 평형 상태에 있을 때 $[HCO_3^-]$, $[CO_3^{2-}]$, $[H_3O^+]$를 구하시오.
(단, $K_{a_1}=1.0\times10^{-7}$, $K_{a_2}=1.0\times10^{-11}$이다.)

22. 0.1M $H_3PO_4(aq)$이 이온화 평형 상태에 있을 때 $[H_2PO_4^-]$, $[HPO_4^{2-}]$, $[PO_4^{3-}]$, $[H_3O^+]$를 구하시오.
(단, $K_{a_1}=1.0\times10^{-3}$, $K_{a_2}=1.0\times10^{-8}$,
$K_{a_3}=1.0\times10^{-13}$이다.)

산의 세기 비교

23. 다음 할로젠화 수소산의 세기를 비교하시오.

HF HCl HBr HI

24. 다음 산소산의 세기를 비교하시오.

HOCl HOBr HOI

25. 다음 산소산의 세기를 비교하시오.

HClO $HClO_2$ $HClO_3$ $HClO_4$

26. 다음 분자들의 산의 세기를 비교하시오.

CH_3-OH CH_3-NH_2 CH_3-CH_3

27. 다음 분자들의 산의 세기를 비교하시오.

CH_3-OH CH_3-SH

28. 다음 분자들의 산의 세기를 비교하시오.

C_6H_5OH CH_3CH_2OH

29. 다음 분자들의 산의 세기를 비교하시오.

CH_3COOH CH_3CH_2OH

30. 다음 산소산의 세기를 비교하시오.

CF_3COOH CF_2HCOOH CH_3COOH

31. 다음 산소산의 세기를 비교하시오.

CF_3COOH CF_3CH_2COOH

32. 다음 분자들의 산의 세기를 비교하시오.

$HC \equiv CH$ $\quad CH_2 = CH_2$ $\quad CH_3CH_3$

33. 다음 분자들의 염기의 세기를 비교하시오.

$C_6H_5NH_2$ $\quad NH_3$ $\quad CH_3NH_2$

34. 다음 분자들의 염기의 세기를 비교하시오.

CH_3NH_2 $\quad (CH_3)_2NH$ $\quad (CH_3)_3N$

혼합 용액의 평형 상수

35. 황산과 질산의 이온화 상수는 각각 100 및 20이다. 다음 반응의 평형 상수를 구하여라. (단, 황산의 제2 이온화 단계는 무시할 수 있다.)

$$H_2SO_4(aq) + NO_3^-(aq) \rightleftarrows HSO_4^-(aq) + HNO_3(aq)$$

기본 문제

36. 산 · 염기에 대한 다음 설명 중 옳은 것은?

> (가) 강산은 약산에 비해 이온화 상수값이 크다.
> (나) 약산의 이온화도는 온도가 높고, 농도가 진할수록 커진다.
> (다) 강산의 짝염기는 약산의 짝염기보다 강염기이다.
> (라) 약산의 이온화 상수에 그 짝염기의 이온화 상수를 곱하면 물의 이온곱 상수와 같아진다.
> (마) 강산과 약염기를 같은 당량으로 섞은 용액의 pH는 7이다.

① 가, 나　② 나, 다
③ 라, 마　④ 가, 라

37. 그림은 어떤 산 HA와 HB가 수용액에서 이온화된 상태를 모형으로 나타낸 것이다. 이때 두 수용액의 부피는 같다.

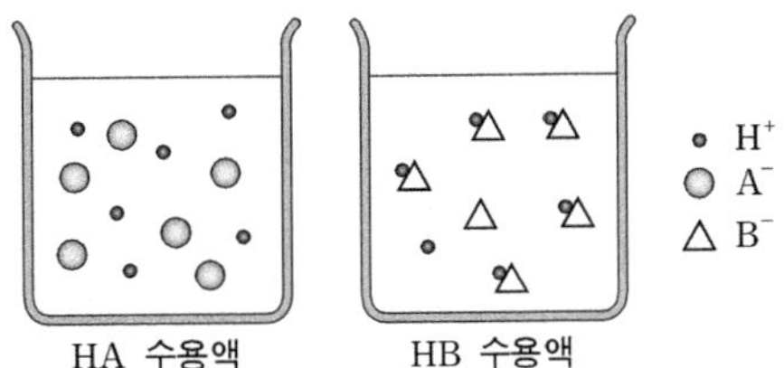

HA와 HB 수용액을 비교한 것으로 옳은 것을 〈보기〉에서 모두 고른 것은?

> 보기
> ㄱ. 몰 농도: HA > HB
> ㄴ. 산의 세기: HA > HB
> ㄷ. 전기 전도도: HA > HB

① ㄱ　② ㄷ　③ ㄱ, ㄴ
④ ㄴ, ㄷ　⑤ ㄱ, ㄴ, ㄷ

38. 0.1M 아세트산 수용액과 0.001M 아세트산 수용액에서 H_3O^+의 농도의 비는?
(아세트산의 이온화 상수는 $K_a = 1.0 \times 10^{-5}$이다.)

① 1 : 1　② 5 : 1
③ 10 : 1　④ 100 : 1

39. 25℃, 0.1M NH_3의 이온화도(α)는 0.01이다. 다음 설명 중 옳은 것은?

① 이 용액의 $[H^+] = 10^{-13}$몰/L이다.
② 이 용액의 $[OH^-] = 10^{-13}$몰/L이다.
③ 이 용액의 pH=11이다.
④ 이 용액 100mL에 포함된 H^+의 수는 6.02×10^9개이다.
⑤ 이 용액의 온도가 높아지더라도 pH값은 변하지 않는다.

40. 0.01M 약산 HA의 이온화도가 10^{-4}이다. 이 산의 pH값은 얼마인가?

① 3.0　② 4.0
③ 5.0　④ 6.0

41. 0.1M 약한 산($K_a = 1.0 \times 10^{-5}$) 용액에서 % 해리도는?

① 0.001%　② 0.1%
③ 1%　④ 10%

42. 약한 염기 B의 0.010M 수용액에서 측정된 해리도는 4.2%이었다. 이 수용액에 대한 아래 설명 중 옳은 것을 모두 고르면? (log4.2 = 0.6)

보기

가. 평형에서 수용액의 pH는 약 10.6이다.
나. B의 농도가 작아질수록 해리도는 감소한다.
다. 짝산 BH^+의 해리 상수는 약 5.6×10^{-10}이다.

① 가, 나　　② 가, 다
③ 나, 다　　④ 가, 나, 다

43. 아세트산(CH_3COOH)의 산 해리 상수(K_a)는 1.8×10^{-5}이다. 0.10M 아세트산 용액의 pH는 얼마인가? (단, log1.8 = 0.255이다.)

① pH = 1.00　　② pH = 1.87
③ pH = 2.87　　④ pH = 4.74

44. 25℃에서 메틸암모늄 이온($CH_3NH_3^+$)의 산 해리 상수(K_a)는 2.0×10^{-11}이다. 0.1M 메틸아민(CH_3NH_2) 용액의 pH는 얼마인가? (단, log2 = 0.300이다.)

① 10.70　　② 11.85
③ 12.70　　④ 13.00

45. 25℃에서 농도가 C M인 약산 HA의 이온화 백분율이 5%이다. C의 값은? (단, 25℃에서 HA의 산 이온화 상수 K_a는 1.0×10^{-3}이다.)

① 0.1　　② 0.2
③ 0.4　　④ 0.5

46. 대기 중에 이산화탄소의 양이 100년 동안 4배 증가하였다고 가정하자. 현재의 산성비의 pH가 5.0이라고 할 때, 현재와 같은 온도에서 100년 H^+의 농도는? (단, 대기 중 물과 이산화탄소에 의해서 발생된 H_2CO_3만 산성비의 pH에 영향을 준다고 가정한다.)

$$H_2CO_3(aq) \rightleftarrows HCO_3^-(aq) + H^+(aq)$$
$$K_a = 5.0 \times 10^{-8}$$

① 1.0×10^{-6}M　　② 2.0×10^{-6}M
③ 5.0×10^{-6}M　　④ 2.0×10^{-5}M

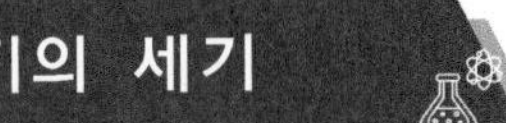

산과 염기의 세기

47. 다음 두 반응에서 브뢴스테드-로우리 산들의 산을 세기 순서로 올바르게 나열한 것은?

$HCl + H_2O \rightleftarrows H_3O^+ + Cl^-$ (HCl의 $\alpha \fallingdotseq 1$) …㉠

$CH_3CHOOH + H_2O \rightleftarrows CH_3COO^- + H_3O^+$ ($K_a = 1.76 \times 10^{-5}$) …㉡

① $H_3O^+ > H_2O > CH_3COOH$

② $H_3O^+ > CH_3COOH > H_2O$

③ $HCl > CH_3COOH > H_3O^+$

④ $HCl > H_3O^+ > CH_3COOH$

48. 다음은 두 종류의 산을 각각 물에 녹였을 때 일어나는 이온화현상을 나타낸 평형 반응식이다.

$HCOOH + H_2O \rightleftarrows H_3O^+ + HCOO^-$ $K_a = 1.9 \times 10^{-4}$

$CH_3COOH + H_2O \rightleftarrows H_3O^+ + CH_3COO^-$ $K_a = 1.8 \times 10^{-5}$

위 자료를 참고로 한 〈보기〉의 설명 중에서 옳은 것을 고르면? (단, 두 용액의 몰농도는 같다.)

보기

ㄱ. 용액 속의 $[H_3O^+]$은 HCOOH 용액이 CH_3COOH 용액보다 크다.

ㄴ. HCOOH는 CH_3COOH보다 산성이 약하다.

ㄷ. H_2O는 브뢴스테드 산으로 작용한다.

ㄹ. $HCOO^-$와 CH_3COO^-는 브뢴스테드 염기이다.

① ㄱ, ㄴ ② ㄱ, ㄷ ③ ㄱ, ㄹ

④ ㄴ, ㄷ ⑤ ㄴ, ㄹ

49. 25℃에서 아세트산의 $K_a = 1.8 \times 10^{-5}$이며 물에 조금만 이온화한다.

$CH_3COOH + H_2O \rightleftarrows CH_3COO^- + H_3O^+$

이 가역 반응에서 산의 세기와 염기의 세기가 바르게 표현된 것은?

	산의 세기	염기의 세기
①	$CH_3COOH > H_3O^+$	$CH_3COO^- > H_2O$
②	$H_3O^+ > CH_3COOH$	$CH_3COO^- > H_2O$
③	$CH_3COO^- > H_2O$	$H_3O^+ > CH_3COOH$
④	$CH_3COOH > CH_3COO^-$	$H_2O > OH^-$
⑤	$H_3O^+ > OH^-$	$CH_3COOH > CH_3COO^-$

50. 다음은 아세트산 수용액이 이온화하여 평형을 이루는 반응식과 농도가 0.1몰/L일 때 이온화 상수(Ka)를 나타낸 것이다.

$CH_3COOH + H_2O \leftrightarrows CH_3COO^- + H_3O^+$

$K_a = 1.0 \times 10^{-5}$ (0.1M, 25℃)

위 자료에 대한 설명 중 옳은 것은?

① 다른 산에 비해 아세트산은 강산에 속한다.

② CH_3COOH에 대한 짝산은 H_3O^+이다.

③ CH_3COO^-에 대한 짝염기는 CH_3COOH이다.

④ CH_3COOH에 비해 H_3O^+의 산성이 더 강하다.

⑤ CH_3COO^-에 비해 H_2O의 염기성이 더 강하다.

51. 브렌스테드의 의하면 산이란 H^+를 주는 물질이고, 염기란 H^+를 받는 물질이다. 다음은 각각의 농도가 1M인 아세트산(CH_3COOH)과 폼산(HCOOH)에서 이온화 평형과 이온화 상수값을 나타낸 것이다.

$$CH_3COOH + H_2O \leftrightarrows CH_3COO^- + H_3O^+ \quad K_a = 1.8 \times 10^{-5}$$

$$HCOOH + H_2O \leftrightarrows HCOO^- + H_3O^+ \quad K_a = 1.9 \times 10^{-4}$$

다음 〈보기〉의 설명 중 옳은 것을 모두 고르면?

보기

ㄱ. H_2O의 짝산은 H_3O^+이다.
ㄴ. 산의 세기는 $H_3O^+ > HCOOH > CH_3COOH$이다.
ㄷ. 가장 강한 염기는 H_2O이다.

① ㄱ　② ㄴ　③ ㄷ
④ ㄱ, ㄴ　⑤ ㄴ, ㄷ

52. 다음은 25℃에서 0.1M $CH_3COOH(aq)$과 0.1M $NH_3(aq)$의 이온화 반응식과 이온화 상수를 나타낸 것이다.

(가) $CH_3COOH(aq) + H_2O(l) \rightleftarrows CH_3COO^-(aq) + H_3O^+(aq)$
$K_a = 1.8 \times 10^{-5}$

(나) $NH_3(aq) + H_2O(l) \rightleftarrows NH_4^+(aq) + OH^-(aq)$
$K_b = 1.8 \times 10^{-5}$

이에 대한 옳은 설명만을 〈보기〉에서 있는 대로 고른 것은? (단, 25 ℃에서 $K_w = 1.0 \times 10^{-14}$이다.)

보기

ㄱ. CH_3COOH이 NH_4^+보다 강한 산이다.
ㄴ. $CH_3COOH(aq)$과 $NH_3(aq)$를 1 : 1의 부피비로 혼합한 용액은 중성이다.
ㄷ. (가)와 (나)에서 $H_2O(l)$은 염기로 작용한다.

① ㄱ　② ㄷ　③ ㄱ, ㄴ
④ ㄴ, ㄷ　⑤ ㄱ, ㄴ, ㄷ

53. 다음은 25℃에서 1.0M 산 HA와 1.0M 염기 B의 이온화 반응식과 이온화 상수이다.

- $HA(aq) + H_2O(l) \rightleftarrows A^-(aq) + H_3O^+(aq)$ $K_a = 1.0 \times 10^{-10}$
- $B(aq) + H_2O(l) \rightleftarrows BH^+(aq) + OH^-(aq)$ $K_b = 1.0 \times 10^{-6}$
- $BH^+(aq) + H_2O(l) \rightleftarrows B(aq) + H_3O^+(aq)$ $K_a =$?

이에 대한 설명으로 옳은 것만을 〈보기〉에서 있는 대로 고른 것은? (단, 25℃에서 물의 이온곱 상수 $K_w = 1.0 \times 10^{-14}$이다.)

보기

ㄱ. $HA(aq)$는 $BH^+(aq)$보다 강한 산이다.
ㄴ. $B(aq)$와 $BH^+(aq)$을 1 : 1로 혼합한 용액은 완충 용액이다.
ㄷ. $B(aq)$의 pH는 11.0이다.

① ㄱ ② ㄴ ③ ㄱ, ㄷ
④ ㄴ, ㄷ ⑤ ㄱ, ㄴ, ㄷ

54. 다음은 25 ℃에서 아세트산(CH_3COOH), 탄산(H_2CO_3), 황화수소(H_2S)의 이온화 상수(K_a)값을 나타낸 것이다.

$CH_3COOH + H_2O \rightleftarrows CH_3COO^- + H_3O^+$ $K_a = 1.8 \times 10^{-5}$

$H_2CO_3 + H_2O \rightleftarrows HCO_3^- + H_3O^+$ $K_a = 4.4 \times 10^{-7}$

$H_2S + H_2O \rightleftarrows HS^- + H_3O^+$ $K_a = 1.0 \times 10^{-7}$

위 자료에 대한 옳은 설명을 〈보기〉에서 모두 고른 것은?

보기

ㄱ. CH_3COOH은 H_2S보다 약한 산이다.
ㄴ. HCO_3^-은 CH_3COO^-보다 강한 염기이다.
ㄷ. 0.1M H_2CO_3수용액의 pH는 0.1M H_2S 수용액보다 크다.

① ㄱ ② ㄴ ③ ㄷ
④ ㄱ, ㄴ ⑤ ㄴ, ㄷ

55. 다음 중 네 번째로 강한 산은?

ㄱ. H_2O
ㄴ. HCl
ㄷ. HOCl ($K_a = 4 \times 10^{-8}$)
ㄹ. NH_4^+ (NH_3의 $K_b = 2 \times 10^{-5}$)
ㅁ. HCN ($K_a = 6 \times 10^{-10}$)
ㅂ. $C_6H_5NH^+$ (C_6H_5N의 $K_b = 2 \times 10^{-9}$)

① ㄷ ② ㄹ
③ ㅁ ④ ㅂ

56. 수용액에서 염기의 상대적 세기가 옳게 표시된 것은?

① $OH^- > CH_3COO^- > H_2O > H_3O^+$
② $OH^- > H_3O^+ > CH_3COO^- > H_2O$
③ $CH_3COO^- > H_2O > H_3O^+ > OH^-$
④ $H_3O^+ > H_2O > CH_3COO^- > OH^-$

57. 다음 반응들에서 평형은 모두 오른쪽에 치우쳐 있다. 산성이 증가하는 순서를 바르게 나열한 것은?

$$N_2H_5^+ + NH_3 \rightleftarrows NH_4^+ + N_2H_4$$
$$NH_3 + HBr \rightleftarrows NH_4^+ + Br^-$$
$$N_2H_4 + HBr \rightleftarrows N_2H_5^+ + Br^-$$

① $HBr > N_2H_5^+ > NH_4^+$
② $N_2H_5^+ > N_2H_4 > NH_4^+$
③ $NH_3 > N_2H_4 > Br^-$
④ $N_2H_5^+ > HBr > NH_4^+$

58. 수용액 상태에서 산의 세기 비교가 옳은 것은?

① $HF > HBr$ ② $HNO_2 > HNO_3$
③ $H_2SO_3 > H_2CO_3$ ④ $NH_3 > HCN$

59. 표는 25℃ 수용액에서 3가지 약산의 이온화 상수(K_a)를 나타낸 것이다.

약산	K_a
HNO_2	5.0×10^{-4}
$HONH_3^+$	1.0×10^{-6}
$HOBr$	2.0×10^{-9}

25℃에서 이에 대한 설명으로 옳은 것만을 〈보기〉에서 있는 대로 고른 것은?(단, 25℃에서 물의 자체 이온화 상수(K_W)는 1.0×10^{-14}이다.)

보기

ㄱ. 염기의 세기는 OBr^-이 NO_2^-보다 크다.
ㄴ. 1M $HONH_2$ 수용액의 pH는 10이다.
ㄷ. $NO_2^-(aq) + HONH_3^+(aq) \rightleftarrows HNO_2(aq) + HONH_2(aq)$
반응의 평형 상수는 2.0×10^{-3}이다.

① ㄷ ② ㄱ, ㄷ
③ ㄱ, ㄴ ④ ㄱ, ㄴ, ㄷ

60. 다음 몇 가지 화학종의 수용액에서 평형반응식을 나타낸 것이다. 이에 대한 설명으로 가장 적절한 것은? (단, 25℃에서 NH_3의 K_b(염기해리상수) = 1.8 × 10^{-5}이다.)

(가) $Al(OH)_3(aq) + 2H_2O(l) \rightleftarrows Al(OH)_4^-(aq) + H_3O^+(aq)$
(나) $BF_3 + NH_3 \rightleftarrows BF_3NH_3$
(다) $NH_3(g) + H_2O(l) \rightleftarrows NH_4^+(aq) + OH^-(aq)$

① $Al(OH)_3$, BF_3, NH_3는 루이스 산이다.
② BF_3NH_3의 모든 원자들은 옥텟규칙을 만족한다.
③ 반응식 (다)의 H_2O는 브뢴스테드-로우리의 염기이다.
④ 25℃에서 1M의 $NH_3(g)$가 물에 모두 녹아 있을 때, 평형 상태에서 NH_4^+의 농도는 NH_3의 농도보다 크다.

다양성자산의 세기 비교

61. 〈보기〉의 설명 중 옳은 것을 모두 고른 것은?

보기

ㄱ. H_3PO_4는 H_3AsO_4보다 강산이다.
ㄴ. H_3AsO_3는 H_3AsO_4보다 강산이다.
ㄷ. 25℃에서 pH 1.0인 위액에 존재하는 수산화이온(OH^-)의 농도는 1×10^{-13}M이다.

① ㄱ, ㄴ ② ㄱ, ㄷ
③ ㄴ, ㄷ ④ ㄱ, ㄴ, ㄷ

62. 다음은 25℃의 인산(H_3PO_4) 수용액에서 일어나는 이온화 평형을 나타낸 것이다.

$H_3PO_4(aq) + H_2O(aq) \rightleftarrows H_2PO_4^-(aq) + H_3O^+(aq)$ $K_{a_1} = 7.1\times10^{-3}$

$H_2PO_4^-(aq) + H_2O(aq) \rightleftarrows HPO_4^{2-}(aq) + H_3O^+(aq)$ $K_{a_2} = 6.2\times10^{-8}$

$HPO_4^{2-}(aq) + H_2O(aq) \rightleftarrows PO_4^{3-}(aq) + H_3O^+(aq)$ $K_{a_3} = 4.8\times10^{-13}$

이에 대한 설명으로 옳은 것을 〈보기〉에서 모두 고른 것은?

보기

ㄱ. H_2O은 염기로 작용한다.
ㄴ. HPO_4^{2-}은 PO_4^{3-}보다 센 염기이다.
ㄷ. NaH_2PO_4과 H_3PO_4으로 완충 용액을 만들 수 있다.

① ㄱ ② ㄴ ③ ㄱ, ㄷ
④ ㄴ, ㄷ ⑤ ㄱ, ㄴ, ㄷ

63. 다음은 25℃에서 0.01M H_2A 수용액의 단계별 이온화 과정과 이온화 상수를 나타낸 것이다.

• 1단계: $H_2A(aq) + H_2O(l) \rightleftarrows H_3O^+(aq) + HA^-(aq)$ $K_{a_1} = 4.0 \times 10^{-7}$

• 2단계: $HA^-(aq) + H_2O(l) \rightleftarrows H_3O^+(aq) + A^{2-}(aq)$ $K_{a_2} = 5.0 \times 10^{-11}$

• 전체 반응: $H_2A(aq) + 2H_2O(l) \rightleftarrows 2H_3O^+(aq) + A^{2-}(aq)$ $K_a = ?$

위 반응에 대한 설명으로 옳은 것은?

① 전체 반응의 K_a는 $K_{a1} + K_{a2}$이다.

② 2단계에서 HA^-는 염기로 작용한다.

③ H_2A를 더 넣어 주면 K_a는 증가한다.

④ 염기의 세기는 $A^{2-} < HA^- < H_2O$이다.

⑤ pH가 9일 때 H_2A는 주로 HA^-로 존재한다.

혼합 용액의 평형 상수

64. 약산인 HX와 HY의 산 이온화 상수는 각각 K_{HX}와 K_{HY}이다. 다음 반응의 평형 상수 값이 1보다 작을 때, 다음 중 타당한 것은?

$$HX + Y^- \leftrightarrows X^- + HY$$

① $K_{HX} = K_{HY}$ ② $K_{HX} > K_{HY}$

③ $K_{HX} < K_{HY}$ ④ $K_{HX} / K_{HY} = K_W$

65. 약산 HA_1과 HA_2의 해리 상수는 각각 K_{A_1}과 K_{A_2}이다. 아래 반응의 평형 상수 K>1일 때

$$HA_1 + A_2^- \rightleftarrows HA_2 + A_1^-$$

다음 중 옳은 것은?

① $K_{A_1} > K_{A_2}$ ② $K_{A_1} = K_{A_2}$

③ $K_{A_1} < K_{A_2}$ ④ $K_{A_1} \times K_{A_2} = K_W$

제3절 물의 자동이온화와 pH

정답 p. 263

대표 유형 기출 문제

09 지방직 9급 17

1. 아래와 같은 물의 자동이온화는 흡열과정이다. 물의 온도가 오를 때 일어나는 현상을 바르게 설명한 것은?

$$2H_2O(l) \rightleftarrows H_3O^+(aq) + OH^-(aq)$$

① pH는 변하지 않고 중성이다.
② pH는 증가하고 중성이다.
③ pH는 감소하고 더 산성이 된다.
④ pH는 감소하고 중성이다.

10 지방직 9급 04

2. 25℃에서 pH가 5.0인 HCl 수용액을 1,000배 묽힌 용액의 pH에 가장 가까운 값은? (단, log2 = 0.30이다.)

① 6.0　② 7.0
③ 7.5　④ 8.0

15 국가직 7급 13

3. 37℃의 순수한 물에 대한 설명으로 옳은 것은? (단, 37℃에서 물의 자동이온화 상수(K_W)는 2.5×10^{-14}이다.)

① $[H^+] > 10^{-7}M$　② $[OH^-] = 10^{-7}M$
③ $pH = 7.0$　④ $pH > pOH$

20 지방직 9급 01

4. 25℃에서 측정한 용액 A의 $[OH^-]$가 $1.0 \times 10^{-6}M$일 때, pH값은? (단, $[OH^-]$는 용액 내의 OH^- 몰농도를 나타낸다)

① 6.0　② 7.0
③ 8.0　④ 9.0

22 지방직 9급 14

5. $Ba(OH)_2$ 0.1 mol이 녹아 있는 10L의 수용액에서 H_3O^+ 이온의 몰 농도[M]는? (단, 온도는 25℃이다)

① 1×10^{-13}　② 5×10^{-13}
③ 1×10^{-12}　④ 5×10^{-12}

주관식 개념 확인 문제

6. 물의 K_W는 다음과 같다. 물의 자동화 이온화 과정은 흡열 반응인가? 발열 반응인가?

- 10℃: 0.292×10^{-14}
- 20℃: 0.681×10^{-14}
- 30℃: 1.008×10^{-14}

7. 다음 물음에 답하시오.

(1) pH=1인 용액을 100배로 희석시킨 용액의 pH는?

(2) pH=6인 용액을 100배로 희석시킨 용액의 pH는?

8. 50℃에서 물의 이온곱 상수 값이 $K_W = 1.0 \times 10^{-13}$이라고 가정하자. 이 온도에서의 $[H_3O^+]$를 계산하고 액성을 결정하시오.

9. 1.0×10^{-4}M HBr 수용액에서 H_2O의 자체 이온화에 의해 생성된 H^+의 농도는?

10. 25℃에서 다음 반응의 평형 상수 크기를 바르게 비교한 것은? (단, 25℃에서 HF의 산 해리 상수는 $K_a = 1.0 \times 10^{-4}$이다.)

$$HF(aq) + OH^-(aq) \rightleftarrows H_2O(l) + F^-(aq) \qquad K_1$$
$$F^-(aq) + H^+(aq) \rightleftarrows HF(aq) \qquad K_2$$
$$H^+(aq) + OH^-(aq) \rightleftarrows H_2O(l) \qquad K_3$$

$K_1 \times K_2 \times K_3$를 구하시오.

혼합된 산의 pH

강산+강산

11. 일정 온도에서 pH가 1.0 및 3.0인 두 HCl 수용액을 1L씩 섞었다. 이 용액의 pH는?
(단, $\log_{10}2=0.30$, $\log_{10}3=0.48$)

12. 0.03M HNO_3 500ml와 0.02M HCl 500mL의 혼합 용액 속의 $[H^+]$를 구하시오.

강염기+강염기

13. 0.03M NaOH 500mL와 0.02M KOH 500mL의 혼합 용액 속의 $[OH^-]$를 구하시오.

약산+강산

14. 0.015M HCOOH 500mL와 0.02M HCl 500mL의 혼합 용액 속의 $[H^+]$와 $[HCOO^-]$를 구하시오.
(단, K_a(HCOOH)$=1.8\times10^{-4}$이다.)

약염기+강염기

15. 0.02M NH_3 500mL와 0.01M KOH 500mL의 혼합 용액 속의 $[OH^-]$와 $[NH_4^+]$를 구하시오.
(단, $K_b(NH_3) = 1.8\times10^{-5}$이다.)

기본 문제

16. 물은 다음과 같이 자동 이온화하여 평형을 이룬다.

$$H_2O(l)+H_2O(l) \rightleftarrows H_3O^+(aq)+OH^-(aq)$$

서로 다른 온도에서 물의 이온곱 K_W를 조사하였더니 다음과 같았다.

- 18℃: $K_W = 0.64\times10^{-14}$
- 25℃: $K_W = 1.00\times10^{-14}$

물의 이온화에 대한 설명으로 옳은 것은?

① 물은 이온화할 때 열을 흡수한다.
② 25℃에서 물의 pH는 18℃에서 물의 pH보다 크다.
③ 18℃에서 물 속의 $[OH^-] = 1.0\times10^{-7}$M이다.
④ 물은 25℃에서는 중성이지만 18℃에서는 산성이다.
⑤ 25℃에서 이 평형계에 물을 더 넣으면 K_W값이 커진다.

17. 1.0×10^{-4}M HCl 수용액을 10,000배 묽혔을 때의 pH는?

① 8.00
② 7.00보다 약간 작음
③ 7.00보다 약간 큼
④ 4.00

제4절 중화 반응의 양적 관계

정답 p. 266

대표 유형 기출 문제

15 지방직 9급 09

1. 다음 반응에서 28.0g의 NaOH(화학식량: 40.0)이 들어있는 1.0L 용액을 중화하기 위해 필요한 2.0M HCl의 부피는?

$$NaOH(aq) + HCl(aq) \rightarrow NaCl(aq) + H_2O(l)$$

① 150.0mL ② 250.0mL
③ 350.0mL ④ 450.0mL

09 지방직 7급(하) 18

2. 벤조산은 염기 용액의 표준화에 필요한 1차 표준 물질로 사용된다. 벤조산 1.00g의 시료가 다음과 같은 반응식에 따라 반응한다.

$$C_6H_5COOH(s) + NaOH(aq) \rightarrow C_6H_5COONa(aq) + H_2O(l)$$

NaOH 수용액 30.00mL로 중화되었다면 이 염기 용액의 몰농도[M]는? (단, 벤조산의 분자량은 122.1g/mol이다.)

① 0.473 ② 0.373
③ 0.273 ④ 0.173

17 지방직 9급(상) 06

3. 0.100M의 NaOH 수용액 24.4mL를 중화하는데 H_2SO_4 수용액 20.0mL를 사용하였다. 이때, 사용한 H_2SO_4 수용액의 몰 농도[M]는?

$$2NaOH(aq) + H_2SO_4(aq) \rightarrow Na_2SO_4(aq) + 2H_2O(l)$$

① 0.041 ② 0.061
③ 0.122 ④ 0.244

17 지방직 7급 05

4. 0.10M 질산(HNO_3) 용액 400mL를 완전히 중화시키려면 몇 g의 강염기 $M(OH)_2$가 필요한가? (단, $M(OH)_2$의 몰질량은 60g/mol이다.)

① 0.4 ② 0.6
③ 1.2 ④ 2.4

18 지방직 7급 17

5. 질량 백분율 98.0%, 비중 1.8의 진한 황산용액 1L에서 50.0mL를 취한 다음, 증류수로 희석하여 1L의 묽은 황산용액을 다시 제조하였다. 농도를 모르는 80.0mL의 NaOH 수용액과 당량점까지 중화 반응을 시키는 데 이 묽은 황산용액 40.0mL가 필요하였다. NaOH 수용액의 농도는? (단, 황산의 몰질량은 $98.0g \cdot mol^{-1}$이다.)

① 0.3M ② 0.45M
③ 0.90M ④ 1.8M

21 지방직 9급 15

6. 0.1M $CH_3COOH(aq)$ 50mL를 0.1M $NaOH(aq)$ 25mL로 적정할 때, 알짜 이온 반응식으로 옳은 것은? (단, 온도는 일정하다.)

① $H_3O^+(aq) + OH^-(aq) \rightarrow 2H_2O(l)$

② $CH_3COOH(aq) + NaOH(aq) \rightarrow CH_3COONa(aq) + H_2O(l)$

③ $CH_3COOH(aq) + OH^-(aq) \rightarrow CH_3COO^-(aq) + H_2O(l)$

④ $CH_3COO^-(aq) + Na^+(aq) \rightarrow CH_3COONa(aq)$

21 지방직 9급 18

7. 약산 HA가 포함된 어떤 시료 0.5g이 녹아 있는 수용액을 완전히 중화하는데 0.15M $NaOH(aq)$ 10mL가 소비되었다. 이 시료에 들어있는 HA의 질량 백분율[%]은? (단, HA의 분자량은 120이다.)

① 72 ② 36

③ 18 ④ 15

21 지방직 7급 19

8. 농도 X의 HCl 수용액 200mL에 0.5M NaOH 수용액 200mL를 섞었을 때 발생한 반응열은 2.81kJ이다. HCl 수용액의 농도 X[M]는? (단, HCl과 NaOH 반응의 중화열은 $56.2kJmol^{-1}$이고, HCl과 NaOH는 완전해리 한다.)

① 0.05 ② 0.1

③ 0.25 ④ 0.5

21 국가직 7급 08

9. 다음은 산-염기 중화 반응의 열화학 반응식이다.

$$H^+(aq) + OH^-(aq) \rightarrow H_2O(l) \quad \Delta H = -56kJ$$

일정 압력의 단열 용기에서 0.8M $HCl(aq)$ 1L와 0.4M $NaOH(aq)$ 1L를 혼합할 때, 중화 반응에 의한 용액의 온도 변화는? (단, 용액의 밀도는 $1.0gcm^{-3}$이고, 비열은 $4.0J℃^{-1}g^{-1}$이다.)

① 2.8℃ 감소 ② 0.28℃ 감소

③ 0.28℃ 증가 ④ 2.8℃ 증가

일상 생활에서의 중화 반응

23 해양 경찰청 06

10. **다음은 일상생활에서 접할 수 있는 산 · 염기 반응과 관련된 내용이다.**

> (가) 벌에 쏘였을 때 ㉠ 벌침액을 중화하기 위해 암모니아수를 바른다.
> (나) 동물성 섬유로 만든 옷을 ㉡ 비눗물로 세탁하면 옷감이 상할 수 있다.
> (다) 생선 비린내를 ㉢ 레몬즙으로 없앤다.

이에 대한 설명으로 가장 옳은 것은?

① ㉠에 소량의 페놀프탈레인 용액을 넣으면 용액의 색이 변하지 않는다.
② ㉡이 금속 Zn과 반응하면 수소 기체가 발생한다.
③ 25℃에서 ㉢의 pH는 7보다 크다.
④ ㉡이 ㉢보다 pH가 작다.

주관식 개념 확인 문제

11. **다음 물음에 답하시오.**

(1) 0.1M HCl 100mL를 중화시키는 데 필요한 0.1M NaOH의 부피는?
(2) 0.1M CH_3COOH 100mL를 중화시키는 데 필요한 0.1M NaOH의 부피는?

12. **23mg 금속 나트륨을 50mL의 물과 반응시킨 다음, 이 용액에 물을 더 가하여 100mL의 수용액을 만들었다. (Na의 원자량은 23)**

(1) 금속 나트륨과 물과의 완전한 화학 반응식을 써라.
(2) 100mL의 수용액 중 1mL를 취하여 pH를 측정하였을 때 그 값을 계산하여라.
(3) 100mL의 수용액을 중화하는 데 0.01M HCl 수용액 몇 mL가 필요한가?

13. 어떤 유기 화합물(C, H, O) 6.10g을 연소 시켰더니 CO_2 15.4g과 H_2O 2.68g이 얻어졌다. 이 화합물 0.24g을 벤젠 100g에 녹인 용액은 끓는점이 0.050℃ 올라갔다. 또한, 이 화합물 1.00g을 물에 녹여 1L의 수용액을 만든 후 용액 10mL를 중화하는 데에 0.01M NaOH 수용액 8.2mL가 소비되었다. (단, 벤젠의 몰랄 오름 상수 $K_b = 2.54$℃/m)

(1) 이 화합물의 실험식을 구하여라.

(2) 이 화합물의 분자량을 산출하고 분자식을 구하여라.

(3) 이 화합물은 몇 가의 산인가?

(4) 이 화합물의 구조식을 써라.

기본 문제

14. 농도를 모르는 황산 용액 10mL에 0.50M 수산화나트륨 용액 20mL를 넣었더니 완전히 중화가 되었다. 황산 용액은 몇 M 농도인가?

① 0.05M ② 0.5M
③ 1.0M ④ 1.5M

15. 1.0M H_2SO_4 수용액 10mL를 중화시키려면 몇 g의 NaOH를 넣으면 되는가?

① 0.2g ② 0.4g
③ 0.8g ④ 4g

16. 2가의 산 0.4g을 완전 중화하는 데 0.2M NaOH 수용액 40mL가 소모되었다면 이 산의 분자량은 얼마인가?

① 0.1 ② 1
③ 10 ④ 100

17. $Ca(OH)_2$ 0.2몰을 물에 녹여 2L 용액을 만들었다. 이 용액에 0.1M의 HCl 3L를 넣은 혼합 용액의 pH를 구하시오. (단, log2 = 0.30, log3 = 0.48)

① 6.18 ② 7.83
③ 10.30 ④ 12.30

18. pH가 3.00인 강산용액 5.0mL와 pH가 11.00인 강염기용액 4.0mL를 섞은 용액의 pH는 약 얼마인가?

① 3 ② 4
③ 5 ④ 8
⑤ 11

19. 다음의 반응에서 0.4M KOH 용액 60.0mL를 중화시키려면 1.2M H_2SO_4는 몇 mL가 필요하겠는가?

$$H_2SO_4 + 2KOH \rightarrow K_2SO_4 + 2H_2O$$

① 5mL ② 10mL
③ 15mL ④ 20mL

20. 납축전지 전해액의 주성분은 H_2SO_4 수용액이다. 납축전지에서 1.00mL의 전해액을 피펫으로 취한 뒤 플라스크에 넣고 물과 페놀프탈레인 지시약을 첨가하였다. 그 용액을 0.50M NaOH 용액으로 적정하였더니 연분홍빛으로 변하게 하는데 12.0mL가 필요하였다. 1L의 납축전지 전해액에 존재하는 H_2SO_4의 양은 대략 몇 g인가? (단, H_2SO_4의 분자량은 98g/mol이며, 최종 결과의 유효 숫자는 두 개가 되도록 반올림한다.)

① 240 ② 290
③ 480 ④ 580

21. 농도를 알 수 없는 이양성자산 50mL를 중화시키기 위하여 0.4M KOH 용액 25mL가 사용되었다면, 다음 설명 중 가장 옳지 않은 것은?

① 이양성자산의 농도는 0.1M이다.
② 이양성자산 100mL를 중화시키는 데 필요한 KOH의 몰수는 0.01mol이다.
③ 이양성자산 1mol당 KOH 2mol이 반응한다.
④ 이 중화반응을 통해 생성되는 물의 몰수는 0.01mol이다.

중화 반응의 해석

중화 반응의 실험 모형 해석

22. 그림은 묽은 염산(HCl) 5mL와 수산화나트륨(NaOH) 수용액 10mL를 혼합한 용액 A에 존재하는 이온을 모형으로 나타낸 것이다.

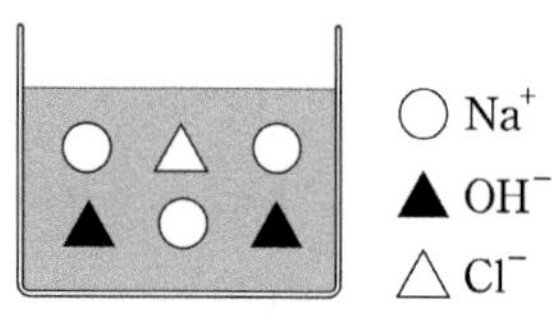

이에 대한 설명으로 옳은 것만을 〈보기〉에서 있는 대로 고른 것은?

보기

ㄱ. 혼합 전 단위 부피당 이온 수는 묽은 염산이 수산화나트륨 수용액보다 작다.
ㄴ. 용액 A에 페놀프탈레인 용액을 넣으면 붉은 색을 띤다.
ㄷ. 용액 A에 위에서 사용한 묽은 염산 10mL를 더 넣으면 산성이 된다.

① ㄱ ② ㄷ ③ ㄱ, ㄴ
④ ㄴ, ㄷ ⑤ ㄱ, ㄴ, ㄷ

23. 그림 (가)~(다)는 강산 HA 수용액 20mL에 강염기 BOH 수용액을 10mL씩 2번 넣었을 때, 수용액 속의 이온을 모형으로 나타낸 것이다.

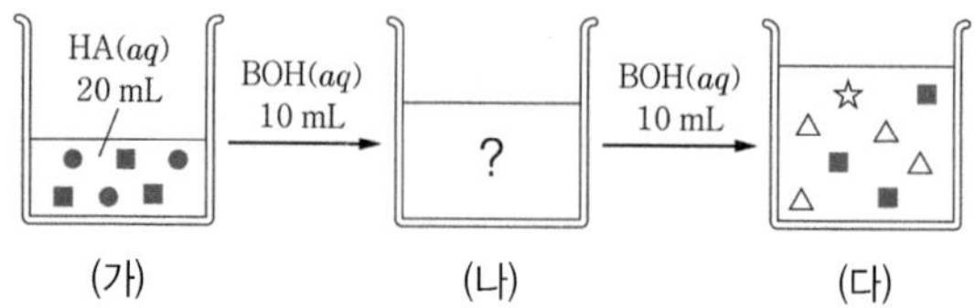

이에 대한 옳은 설명만을 〈보기〉에서 있는 대로 고른 것은?

보기

ㄱ. ●는 H^+이다.
ㄴ. (나)에서 △의 개수는 2개이다.
ㄷ. (나)에서 수용액은 산성이다.

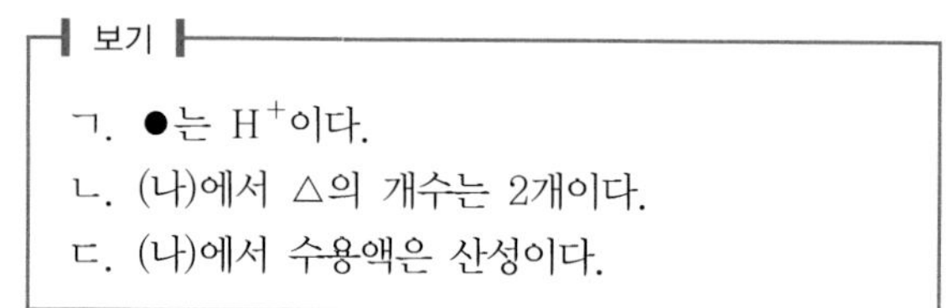

① ㄱ ② ㄷ ③ ㄱ, ㄴ
④ ㄴ, ㄷ ⑤ ㄱ, ㄴ, ㄷ

24. 그림은 산 수용액 A 20mL에 염기 수용액 B 20mL를 넣을 때, 혼합 전 후 수용액 속에 존재하는 이온을 입자 모형으로 나타낸 것이다.

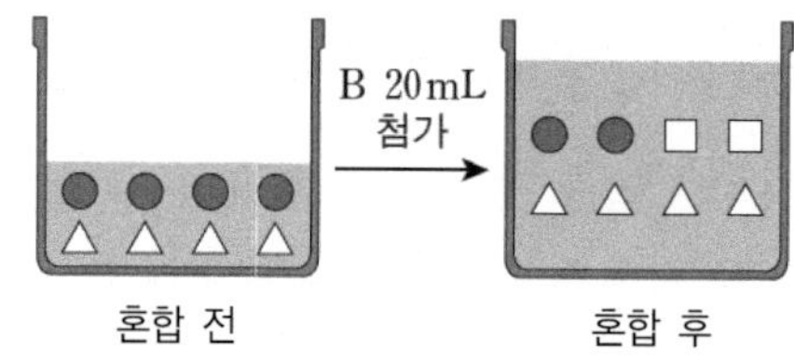

이에 대한 설명으로 옳은 것만을 〈보기〉에서 있는 대로 고른 것은?(단, 사용한 산과 염기는 수용액에서 완전히 이온화한다.)

보기

ㄱ. 혼합 후 수용액은 중성이다.
ㄴ. 이 반응에서 △와 □는 구경꾼 이온이다.
ㄷ. 혼합 전 수용액의 단위 부피당 총 이온 수는 A가 B의 4배이다.

① ㄱ ② ㄴ ③ ㄷ
④ ㄱ, ㄷ ⑤ ㄴ, ㄷ

25. 그림은 HCl(aq)에 A(aq), B(aq)을 순서대로 넣었을 때 용액 속의 양이온만을 모형으로 나타낸 것이다. A, B는 각각 NaOH, $Ca(OH)_2$ 중 하나이다.

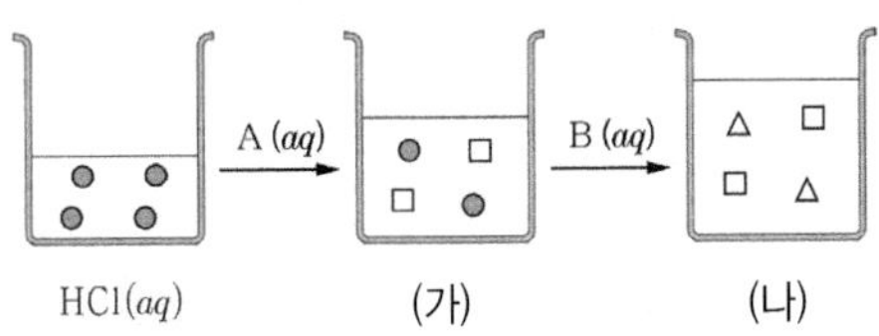

이에 대한 옳은 설명만을 <보기>에서 있는 대로 고른 것은?

보기

ㄱ. □는 Na^+이다.
ㄴ. (나)는 염기성이다.
ㄷ. 용액 속의 전체 음이온 수는 (나)가 (가)보다 많다.

① ㄴ ② ㄷ ③ ㄱ, ㄴ
④ ㄱ, ㄷ ⑤ ㄱ, ㄴ, ㄷ

중화점 확인 - 온도

26. 그림은 일정한 양의 수산화나트륨 수용액에 묽은 염산을 조금씩 가해줄 때, 혼합 용액의 온도 변화를 나타낸 것이다.

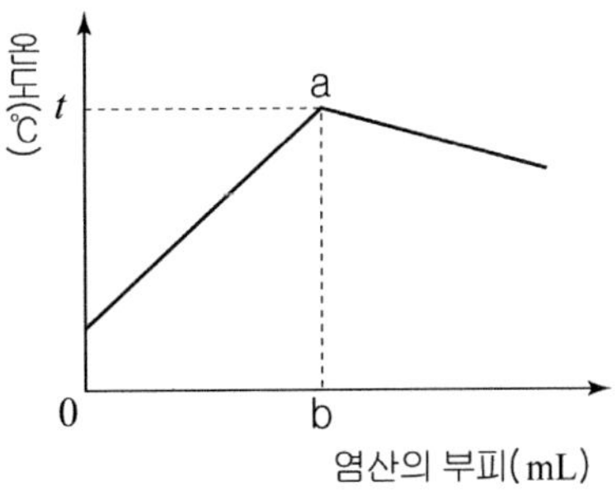

묽은 염산 대신 같은 농도의 황산으로 실험할 때 그래프 형태로 옳은 것은? (단, 용액들의 처음 온도는 모두 같다.)

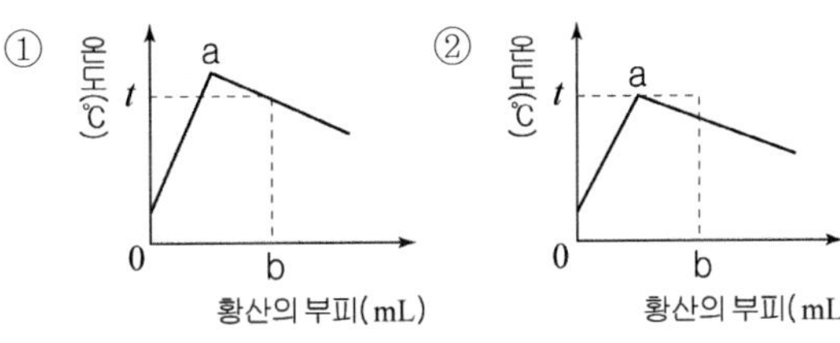

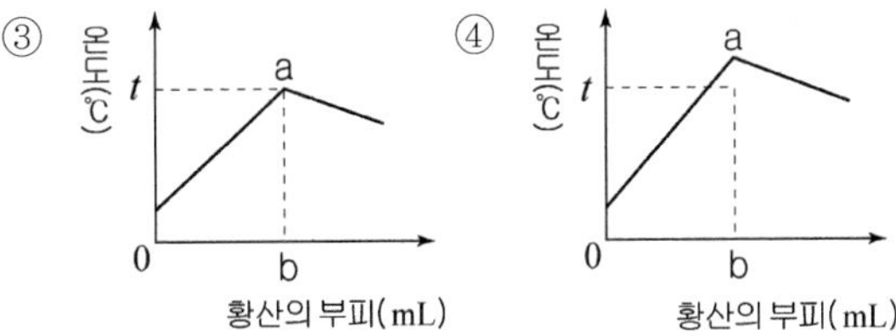

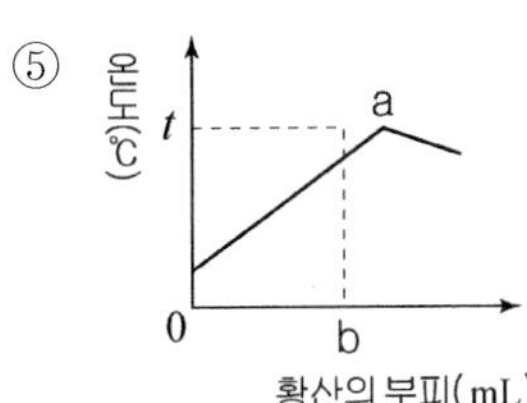

27. 그림 (가)는 산 수용액 10mL에 염기 수용액을 넣어가면서 혼합 용액의 온도 변화를 나타낸 것이고, (나)는 b에서 혼합 용액에 존재하는 이온을 입자 모형으로 나타낸 것이다.

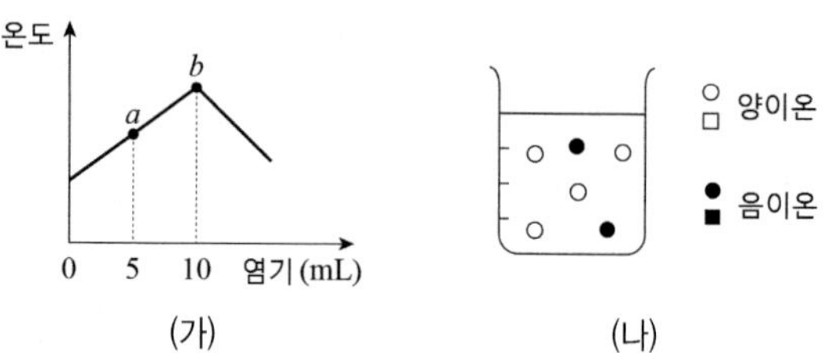

a에서 혼합 용액에 존재하는 이온의 입자 모형으로 가장 적절한 것은? (단, 산과 염기는 수용액에서 완전히 이온화되고, 앙금은 생성되지 않는다.)

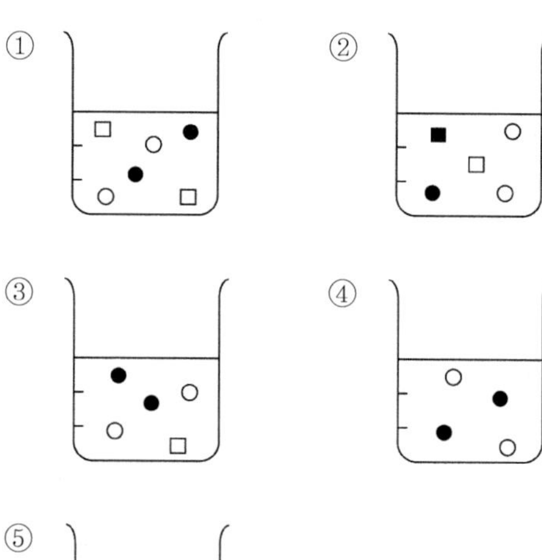

중화점 확인 – 이온수

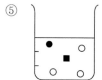

28. 그림은 수산화칼륨(KOH) 수용액 50mL에 염산(HCl)을 조금씩 떨어뜨릴 때, 혼합 용액에 들어 있는 이온 수를 나타낸 것이다.

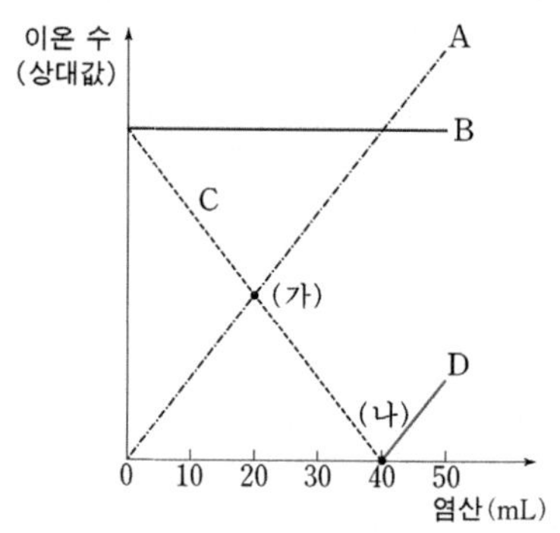

이에 대한 설명으로 옳은 것만을 〈보기〉에서 있는 대로 고른 것은?

보기

ㄱ. A와 B는 구경꾼 이온이다.
ㄴ. 혼합 용액의 pH는 (나)가 (가)보다 크다.
ㄷ. 같은 부피의 KOH 수용액과 염산에 각각 들어 있는 전체 이온 수는 서로 같다.

① ㄱ ② ㄴ ③ ㄷ
④ ㄱ, ㄴ ⑤ ㄱ, ㄷ

29. 그림은 묽은 염산(HCl) 10mL에 수산화나트륨(NaOH) 수용액을 가할 때, 혼합 용액의 $\frac{Na^+ \text{이온 수}}{Cl^- \text{이온 수}}$를 나타낸 것이다.

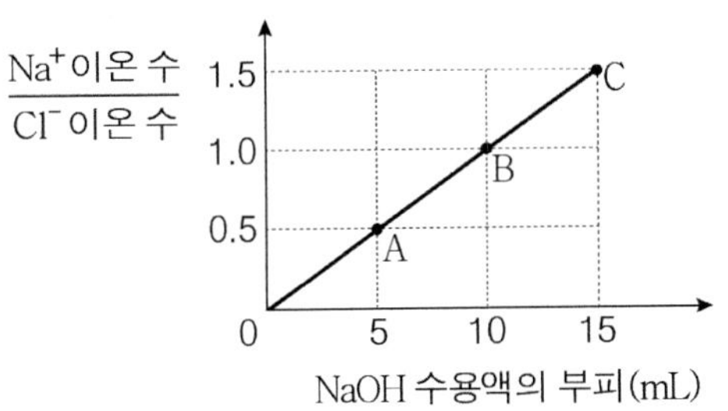

이에 대한 옳은 설명만을 〈보기〉에서 있는 대로 고른 것은?

보기

ㄱ. A에서 양이온 수가 음이온 수보다 많다.
ㄴ. 생성된 물의 양은 B보다 C에서 많다.
ㄷ. C에서 가장 많이 존재하는 이온은 Na^+이다.

① ㄴ　② ㄷ　③ ㄱ, ㄴ
④ ㄱ, ㄷ　⑤ ㄱ, ㄴ, ㄷ

중화점 확인-전기전도도

30. 영희는 다음과 같이 실험하였다.

[실험 과정]
(가) 비커에 묽은 염산 20mL를 넣는다.
(나) 비커에 전류 측정 장치를 설치한다.
(다) 비커에 스포이트로 묽은 수산화나트륨(NaOH) 수용액을 조금씩 떨어뜨리면서 용액에 흐르는 전류의 세기를 측정한다.

[실험 결과]

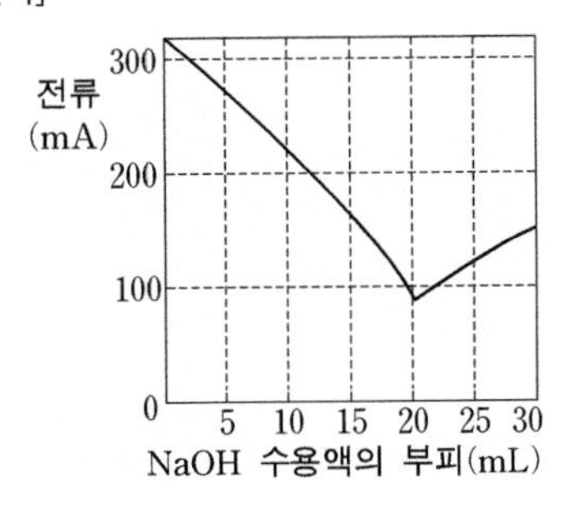

이 반응에서 생성되는 물의 분자수를 바르게 나타낸 것은?

①
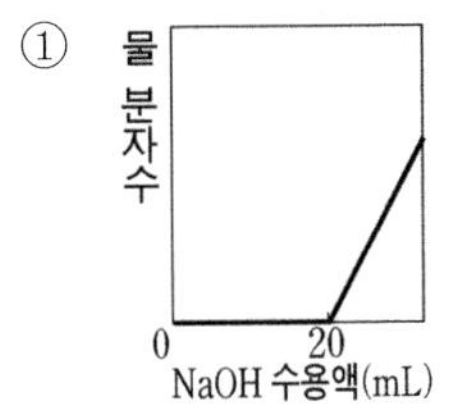

②
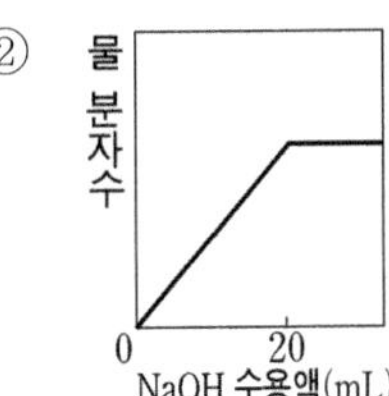

③
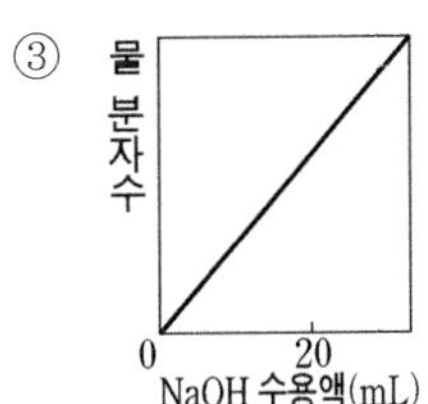

④
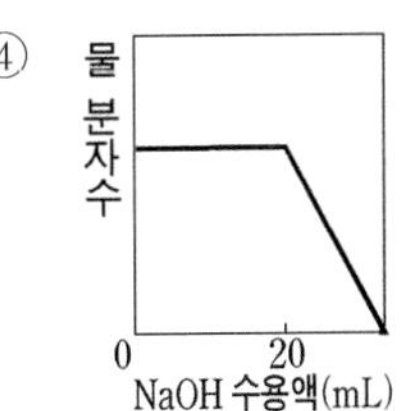

⑤
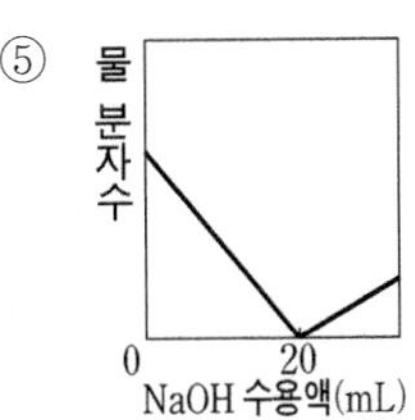

31. 그림은 농도와 부피가 같은 수산화나트륨(NaOH) 수용액이 담긴 두 개의 비커에 묽은 염산(HCl)과 묽은 황산(H_2SO_4)을 각각 넣으면서 혼합 용액의 전류 세기를 측정한 결과를 나타낸 것이다.

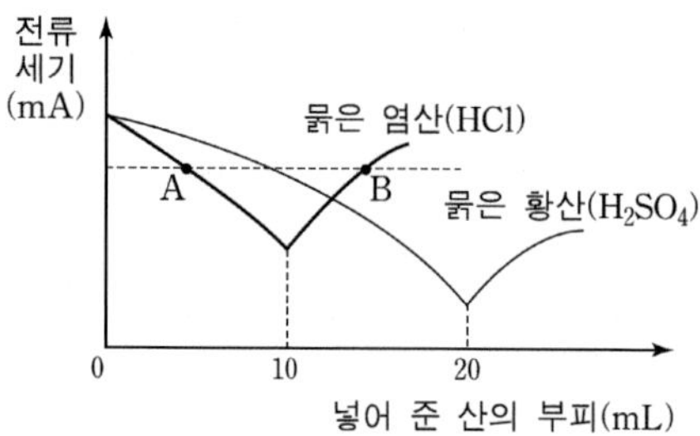

이에 대한 설명으로 옳은 것만을 〈보기〉에서 있는 대로 고른 것은?

보기
ㄱ. 각각의 중화점까지 생성된 물의 양은 같다. ㄴ. A와 B에서 수용액속의 전체 이온수는 같다. ㄷ. 사용된 묽은 염산과 묽은 황산의 단위 부피당 수소 이온수는 같다.

① ㄱ　② ㄷ　③ ㄱ, ㄴ　④ ㄴ, ㄷ　⑤ ㄱ, ㄴ, ㄷ

제5절 염의 가수 분해와 완충 용액

정답 p. 272

대표 유형 기출 문제

가수 분해

07 국가직 7급 01

1. 고체인 염화암모늄 10g을 물에 녹이면 다음과 같은 반응이 진행된다.

$NH_4Cl(s) \rightarrow NH_4^+(aq) + Cl^-(aq)$
$NH_4^+(aq) + H_2O(l)$
$\rightarrow NH_3(aq) + H_3O^+(aq)$

위 반응에 대한 설명 중 옳은 것만 묶은 것은?

보기
ㄱ. NH_4Cl이 물에 녹으면 용매화된 이온이 생성된다.
ㄴ. NH_4Cl의 수용액은 약산성이다.
ㄷ. NH_4Cl의 수용액에 페놀프탈레인 용액을 한두 방울 가하면 붉게 변한다.
ㄹ. 두 번째 반응에서 H_2O는 BrØnsted 산으로 작용하였다.

① ㄱ, ㄴ ② ㄱ, ㄷ
③ ㄴ, ㄹ ④ ㄷ, ㄹ

09 국가직 7급 18

2. 다음과 같은 염을 이용하여 만든 수용액 중에서 가장 센 산성 용액은?

① $KClO_4$ ② NH_4I
③ Na_3PO_4 ④ $NaCl$

17 지방직 7급 14

3. 다음 염의 수용액이 염기성인 것은?

① NH_4Cl ② NaF
③ CH_3NH_3Br ④ $Al(ClO_4)_3$

완충 용액 

08 국가직 7급 10

4. 다음은 몇 가지 약산의 K_a값이다.

약산	K_a
CH_3COOH	1.8×10^{-5}
H_2SO_3	2.7×10^{-3}
HSO_3^-	2.5×10^{-7}

다음 각 농도의 수용액 중 pH값이 가장 큰 것은?

① $[CH_3COOH]=0.01M$,
$[CH_3COO^-]=1.0M$

② $[CH_3COOH]=1.0M$,
$[CH_3COO^-]=1.0M$

③ $[H_2SO_3]=0.01M$,
$[HSO_3^-]=0.1M$

④ $[HSO_3^-]=1.0M$,
$[SO_3^{2-}]=0.1M$

09 지방직 7급(하) 04

5. 완충 용액에 대한 설명으로 가장 옳지 않은 것은?

① 공통이온 효과를 이용한 용액이다.

② H_2SO_4 수용액$+NaHSO_4$는 완충 용액이다.

③ 혈액은 완충 용액의 일종으로 7.4 내외의 pH를 유지한다.

④ 외부에서 산성이나 염기성 물질이 첨가되더라도 pH가 크게 변하지 않는다.

10 지방직 9급 05

6. 다음 중 완충 용액에 대한 설명으로 옳은 것만을 모두 고른 것은?

ㄱ. 산이나 염기를 소량 첨가해도 pH가 거의 변하지 않는다.
ㄴ. 약한 산과 그것의 짝염기를 비슷한 농도 비로 혼합하여 만들 수 있다.
ㄷ. 사람의 혈액은 탄산을 주요 성분으로 하는 완충계를 가진다.
ㄹ. pH의 큰 변화 없이 완충 용액이 흡수할 수 있는 H^+나 OH^-의 양을 완충 용량이라 한다.

① ㄱ ② ㄱ, ㄴ
③ ㄱ, ㄴ, ㄷ ④ ㄱ, ㄴ, ㄷ, ㄹ

11 지방직 7급 15

7. 평형상태의 묽은 아세트산 수용액에 아세트산나트륨을 소량 가했을 때 일어나는 변화로 옳은 것은?

① $[CH_3COOH]$ 증가, $[H_3O^+]$ 증가

② $[CH_3COOH]$ 증가, $[H_3O^+]$ 감소

③ $[CH_3COOH]$ 일정, $[H_3O^+]$ 증가

④ $[CH_3COOH]$ 일정, $[H_3O^+]$ 감소

13 지방직 7급 05

8. 다음의 두 수용액이 부피비 1 : 1로 혼합될 때 완충 용액으로 가장 적절한 것은?

① 0.10M HCl $+$0.15M NH_3

② 0.10M HCl $+$0.05M NaOH

③ 0.10M HCl $+$0.20M CH_3COOH

④ 0.10M HCl $+$0.20M NaCl

15 국가직 7급 08

9. 다양성자산인 인산(H_3PO_4)의 산 해리 상수는 각각 $K_{a1}=7.5\times10^{-3}$, $K_{a2}=6.2\times10^{-8}$, $K_{a3}=4.8\times10^{-13}$이다. pH가 7.4인 완충 용액을 제조하기 위해 가장 적절한 조합은?

① H_3PO_4와 NaH_2PO_4

② NaH_2PO_4와 Na_2HPO_4

③ Na_2HPO_4와 Na_3PO_4

④ NaH_2PO_4와 Na_3PO_4

17 지방직 7급 09

10. 1.1mol의 아세트산(CH_3COOH)을 포함한 수용액 0.9L에 1M NaOH 수용액 0.1L를 첨가하여 완충 용액을 제조하였다. 이 완충 용액의 수소 이온 농도(pH)는? (단, 두 용액을 전체 용액의 부피는 정확히 1.0L이고, 아세트산의 $K_a=1.8\times10^{-5}$, $pK_a=4.74$이다.)

① 3.74 ② 4.74

③ 5.74 ④ 6.74

20 지방직 7급 08

11. 아세트산(CH_3COOH)과 아세트산 소듐(CH_3COONa)을 이용하여 pH가 5.74인 완충 용액을 제조하였다. 이때, $\frac{[CH_3COOH]}{[CH_3COO^-]}$의 값은? (단, 아세트산의 $pK_a=4.74$이고, 온도는 일정하다)

① 0.01 ② 0.1

③ 1 ④ 10

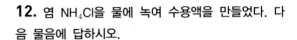

주관식 개념 확인 문제

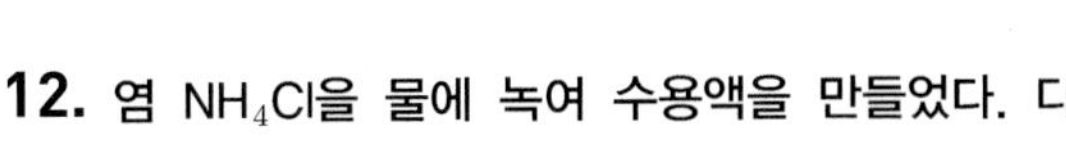

가수 분해

12. 염 NH_4Cl을 물에 녹여 수용액을 만들었다. 다음 물음에 답하시오.

(1) 염 NH_4Cl이 물에 녹아 해리되는 반응식을 쓰시오.

(2) 염 NH_4Cl의 가수 분해 반응의 알짜 이온 반응을 쓰고 용액의 액성을 결정하시오.

(3) 0.1M NH_4Cl 수용액의 pH를 구하시오. (단, NH_3의 이온화 상수는 $K_b=1.0\times10^{-5}$이다.)

13. 염 CH_3COONa을 물에 녹여 수용액을 만들었다. 다음 물음에 답하시오.

(1) 염 CH_3COONa이 물에 녹아 해리되는 반응식을 쓰시오.

(2) 염 CH_3COONa의 가수 분해 반응의 알짜 이온 반응을 쓰고 용액의 액성을 결정하시오.

(3) 0.1M CH_3COONa 수용액의 pH를 구하시오. (단, CH_3COONa의 이온화 상수는 $K_a=1.0\times10^{-5}$이다.)

14. 염 NH_4CN이 물에 용해되었을 때의 액성을 결정하시오.
(단, NH_3의 $K_b = 1.0 \times 10^{-5}$, HCN 의 $K_a = 1.0 \times 10^{-9}$ 이다.)

15. 다음 두 염 $NaHSO_4$와 $NaHCO_3$에 대한 물음에 답하시오.

(1) 산성염을 고르시오.

(2) 두 염이 물에 용해되었을 때의 액성을 결정하시오.

16. 다음 두 염 NaH_2PO_4와 Na_2HPO_4에 대한 물음에 답하시오.

(1) 산성염을 고르시오.

(2) 두 염이 물에 용해되었을 때의 액성을 결정하시오.

17. 다음 중 증류수에 녹았을 때 산성 수용액을 만드는 물질의 개수는?

KCl	NH_4Cl	SO_2	CO_2
CaO	K_2O	$FeCl_3$	

18. 다음 염 중 가수분해하여 산성을 나타내는 것을 모두 고르시오.

KNO_3, $NaNO_3$, NH_4NO_3, $NaHCO_3$

완충 용액

19. 25℃에서 아세트산(CH_3COOH)의 이온화 상수는 $K_a = 1.0 \times 10^{-5}$이다. 다음 물음에 답하시오. (단, log2 = 0.30, log3 = 0.48이다.)

(1) 같은 온도에서 아세트산나트륨(CH_3COONa) 0.1몰과 아세트산 0.1몰을 증류수에 용해하여 1L 용액을 만들었을 때 이 용액의 H_3O^+ 농도는?

(2) 이 용액에 0.02몰의 염화수소를 녹였을 때 용액의 pH는 얼마인가?

(3) 이 용액에 0.02몰의 NaOH를 녹였을 때 용액의 pH는 얼마인가?

20. 25℃에서 폼산(HCOOH)의 이온화 상수는 $K_a = 5.0 \times 10^{-4}$이다. 다음 물음에 답하시오. (단, log2 = 0.30, log3 = 0.48, log7 = 0.85이다.)

(1) 같은 온도에서 폼산나트륨(HCOONa) 0.5몰과 폼산 1.0몰을 증류수에 용해하여 1L 용액을 만들었을 때 이 용액의 H_3O^+ 농도는?

(2) 이 용액에 0.2몰의 염화수소를 녹였을 때 용액의 pH는 얼마로 되겠는가?

(3) 이 용액에 0.2몰의 수산화나트륨을 녹였을 때 이 용액의 pH를 구하시오.

21. 0.2mol 아세트산(CH_3COOH)과 16.4g 아세트산나트륨(CH_3COONa)을 섞어 1L의 용액을 만든 완충용액의 pH는? (단, $K_a = 1.8 \times 10^{-5}$, $pK_a = 4.74$이고, H, C, O, Na의 원자량은 각각 1, 12, 16, 23이다.)

22. 25℃에서 용액의 중성 상태를 유지하기 위해서 H_2CO_3와 $NaHCO_3$로 완충 용액을 만들었다. H_2CO_3의 K_{a_1}이 4.3×10^{-7}이라면 $\frac{[HCO_3^-]}{[H_2CO_3]}$ 비율을 얼마로 맞춰야 하는지 구하시오.

23. 다음은 25℃에서 약산 HA(aq)과 NaA(s)를 혼합한 수용액을 만드는 실험 과정이다. 25℃에서 약산 HA의 이온화 상수 $K_a = 2 \times 10^{-6}$이다.

> [실험 과정]
> (가) 0.05M HA(aq) 100mL를 준비한다.
> (나) (가)의 용액에 NaA(s) 0.82g을 넣는다.

이 혼합 용액의 pH를 구하시오. (단, NaA의 화학식량은 82이고, 온도는 일정하며, 고체 용해에 의한 부피 변화는 무시한다.)

24. 25℃에서 0.55M CH_3COOH 수용액 100.0mL와 0.05M NaOH 수용액 100.0mL를 혼합한 용액의 pH를 구하시오. (단, 25℃에서 CH_3COOH의 pK_a = 4.80이다.)

25. 다음 혼합 용액이 완충 용액인 것을 모두 고르시오.

① 0.1M HF 100mL+0.1M NaF 100mL
② 0.5M HF 100mL+0.1M NaOH 100mL
③ 0.2M HCl 100mL+0.1M NaOH 100mL
④ 0.2M NH_3 100mL+0.1M HCl 100mL

26. 부피가 1L인 완충 용액 (가)와 (나)에 대하여 비교해 놓은 다음 빈칸에 알맞은 기호를 넣으시오. (단, HA의 pK_a = 5.0이다.)

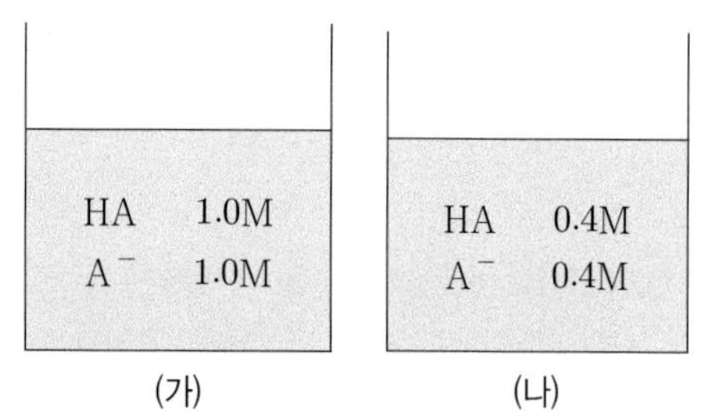

(1) pH (가) (　　) (나)
(2) HCl 0.1몰을 가하여 평형에 도달하는 동안 pH의 변화량 (가) (　　) (나)
(3) 완충 용량 (가) (　　) (나)

완충 용액의 제조

27. pH = 9.0인 염기성 완충 용액을 제조하고자 한다. 이러한 경우 NH_4^+와 NH_3의 농도비를 결정하시오. (단, NH_3의 $K_b = 1.8 \times 10^{-5}$이다.)

28. H_2CO_3와 $NaHCO_3$로 pH = 7.0인 완충 용액을 제조하고자 한다. $[HCO_3^-]/[H_2CO_3]$는 얼마로 하여야 하는가?
(단, H_2CO_3의 $K_{a_1} = 4.3 \times 10^{-7}$이다.)

기본 문제

가수 분해와 pH

29. 다음 물질의 수용액 중 산성을 띠는 것은?

① NH_4Cl ② $NaHCO_3$
③ NH_3 ④ Na_2HPO_4

30. 물에 녹았을 때 산성 용액을 만드는 것으로 가장 옳은 것은?

① Na_2SO_4 ② Na_2CO_3
③ K_2S ④ NH_4NO_3

31. 0.1M 아세트산나트륨(CH_3COONa) 수용액의 pH는 얼마인가?
(단, CH_3COOH의 $K_a = 1.0 \times 10^{-5}$이다.)

① 8.0 ② 8.5
③ 9.0 ④ 11

32. 다음 물질의 수용액이 산성을 띠는 것은?

① $NaCl$ ② CH_3COONa
③ NH_4Cl ④ KNO_3

33. 물에 녹아서 pH>7인 용액을 만드는 것은?

① $NaCN$ ② KCl
③ $NaNO_3$ ④ NH_4NO_3

34. 다음 용액들의 pH 순서는?

ㄱ. 0.1M CH_3COOH 100mL
ㄴ. 0.1M CH_3COONa 100mL
ㄷ. 0.1M CH_3COOH 100mL+0.1M CH_3COONa 100mL
ㄹ. 0.1M CH_3COOH 100mL+증류수 900mL
ㅁ. 0.1M CH_3COONa 100mL+증류수 900mL

① ㄱ < ㄷ < ㄹ < ㅁ < ㄴ
② ㄱ < ㄹ < ㅁ < ㄴ < ㄷ
③ ㄱ < ㄴ < ㄹ < ㄷ < ㅁ
④ ㄱ < ㄹ < ㄷ < ㅁ < ㄴ

35. 네 가지 염 KCH_3CO_2, KF, KCN 및 KNO_2을 물에 녹일 때 용액의 액성이 염기성이 되는 염의 개수는?

① 4 ② 3
③ 2 ④ 1

36. 강산 또는 강염기를 사용하여 중화시켰을 때 당량점에서의 pH가 7보다 작은 화합물은?

① HCl ② HCOOH
③ NH_3 ④ NaOH

37. 다음 용액들을 pH가 증가하는 순서대로 나열한 것은?

> 가. 0.1M NaCl　　나. 0.1M CH_3COONa
> 다. 0.1M NH_4Cl　　라. 0.1M NaOH

① 다 < 나 < 가 < 라
② 다 < 가 < 나 < 라
③ 라 < 가 < 나 < 다
④ 라 < 나 < 가 < 다

38. 다음 해리 상수를 참고하여 아래 염들의 1M 용액 중 염기성이 가장 센 것을 고르면?

> • NH_3, $K_b = 1.8 \times 10^{-5}$
> • CH_3COOH, $K_a = 1.8 \times 10^{-5}$
> • HCN, $K_a = 4.0 \times 10^{-10}$

① RbI　　② NH_4NO_3
③ CH_3COOK　　④ NaCN

39. 다음 중 pH가 가장 낮은 용액은?

① 0.1M NaCl 수용액
② 0.1M $NaHCO_3$ 수용액
③ 0.1M 포도당 수용액
④ 1×10^{-8}M HCl 수용액

40. 다음 중 물에 녹았을 때 수용액을 산성으로 만드는 것은?

① KBr　　② Na_2CO_3
③ NH_4Cl　　④ NaF

41. 다음 화합물 중 물에 녹았을 때 가장 약한 염기를 만드는 것은?

① HNO_3　　② HNO_2
③ Na_2CO_3　　④ $NaHCO_3$

42. 산 HA와 염기 BOH의 이온화 상수(K_a값, K_b값)는 각각 다음과 같다.

> • HA의 K_a=매우 크다.
> • BOH의 $K_b = 4.0 \times 10^{-7}$

위의 산 HA와 염기 BOH가 중화되어 만들어진 염 BA 0.1몰을 물에 녹여 0.5L의 용액을 만들었다. 이 BA 수용액에 대한 다음 〈보기〉의 기술 중 옳은 것을 모두 고르면?

> 보기
> ㄱ. A^-의 몰농도는 0.2몰/L이다.
> ㄴ. 이 수용액의 pH는 7보다 크다.
> ㄷ. B^+이 가수 분해하여 산성을 띠게 된다.
> ㄹ. A^-이 가수 분해하여 염기성을 나타낸다.

① ㄱ, ㄴ　　② ㄱ, ㄷ
③ ㄱ, ㄴ, ㄹ　　④ ㄱ, ㄷ, ㄹ
⑤ ㄱ, ㄹ

43. 다음 세 화합물 KNO_3, NaF, NH_4Cl 수용액의 pOH가 큰 순서대로 나열한 것은?

① KNO_3 > NaF > NH_4Cl
② KNO_3 > NH_4Cl > NaF
③ NaF > KNO_3 > NH_4Cl
④ NH_4Cl > KNO_3 > NaF

44. 0.10M 디에틸아민($C_4H_{10}NH$) 수용액의 pH는 얼마인가? (단, $C_4H_{10}NH$의 $K_b = 1.0 \times 10^{-3}$이다.)

① 9.0 ② 10.0
③ 11.0 ④ 12.0

45. 표는 25℃에서 3가지 염을 각각 물에 녹인 수용액에 대한 자료이다.

수용액	NaX(*aq*)	YNO_3(*aq*)	YX(*aq*)
농도(M)	0.1	0.2	0.1
부피(mL)	100	50	100
전체 이온의 양(mol)	0.02	0.02	0.02
액성	염기성	중성	㉠

25℃에서 이에 대한 설명으로 옳은 것만을 〈보기〉에서 있는 대로 고른 것은?

보기

ㄱ. ㉠은 '염기성'이다.
ㄴ. NaX(*aq*)에서 가장 많이 존재하는 이온은 Na^+이다.
ㄷ. HX의 이온화 상수(K_a)는 YOH의 이온화 상수(K_b)보다 크다.

① ㄱ ② ㄷ
③ ㄱ, ㄴ ④ ㄱ, ㄴ, ㄷ

46. 다음 중 염의 액성이 같은 것끼리 모은 것은?

ㄱ. $KClO_4$　ㄴ. $NaNO_2$
ㄷ. $NaHCO_3$　ㄹ. $FeCl_3$
ㅁ. NaCl　ㅂ. K_3PO_4

① ㄱ, ㄴ, ㅁ ② ㄴ, ㄷ, ㅂ
③ ㄴ, ㄹ, ㅂ ④ ㄷ, ㅁ, ㅂ

완충 용액의 구성

47. 완충 용액에 관한 설명으로 옳은 것은?

① H_3O^+를 첨가하면 급격한 pH 변화가 있다.
② 사람의 혈액은 완충 용액 역할을 수행하지 못한다.
③ 소량의 OH^-를 첨가하면 급격히 염기성으로 변한다.
④ 약한 짝산과 그의 짝염기로 구성되었다.

48. 아래 혼합 용액 중 완충 용액으로 부적절한 것은?

① 0.1M HOAc와 0.1M NaOAc
② 0.1M NH_4Cl와 0.1M NH_3
③ 0.1M HCl와 0.1M NaCl
④ 0.1M NaH_2PO_4와 0.1M Na_2HPO_4

49. 완충 용액에 해당하는 혼합 용액만을 〈보기〉에서 있는 대로 고른 것은? (단, NaOH의 화학식량은 40이다.)

보기

ㄱ. NaOH(*s*) 2g과 0.2M CH_3COOH(*aq*) 500mL를 혼합한 용액
ㄴ. 0.1M KCl(*aq*) 100mL와 0.1M CH_3COOH(*aq*) 200mL를 혼합한 용액
ㄷ. 0.1M NH_4Cl(*aq*) 100mL와 0.1M HCl(*aq*) 100mL를 혼합한 용액

① ㄱ ② ㄴ
③ ㄱ, ㄷ ④ ㄴ, ㄷ

50. 아래 두 용액 각각 1.0L를 혼합하면 완충 용액이 되는 것을 모두 고르면?

a	0.1M NaOH	0.1M CH_3NH_3Cl
b	0.1M NaOH	0.2M CH_3NH_3Cl
c	0.2M NaOH	0.1M CH_3NH_3Cl

① a ② b
③ c ④ a, b

51. 다음 중 pH 4.76의 완충 용액을 만드는 방법과 가장 거리가 먼 것은? (CH_3COOH의 pK_a는 4.76이다.)

① 물 1L에 CH_3COOH 0.5mol과 CH_3COONa 0.5mol을 각각 넣는다.
② 물 500mL에 CH_3COOH 0.5mol과 CH_3COONa 0.5mol을 각각 넣는다.
③ 물 1L에 CH_3COOH 1.0mol과 NaOH 0.5mol을 각각 넣는다.
④ 물 500mL에 CH_3COONa 0.5mol과 HCl 0.5mol을 각각 넣는다.

완충 용액의 pH

52. 25℃에서 0.4M $CH_3COOH(aq)$ 500mL와 0.1M $CH_3COONa(aq)$ 500mL를 혼합할 때, 이 혼합 수용액의 pH는? (단, 25℃에서 $CH_3COOH(aq)$의 pK_a = 4.74이고, log2 = 0.3이다.)

① 4.14 ② 4.34
③ 4.74 ④ 5.04

53. 용액 1.0L에 약산(HA, $K_a = 1.0 \times 10^{-5}$) 0.1M과 그 짝염기 0.1M이 녹아 있다. 이 용액의 pH는?

① 3.0 ② 4.0
③ 5.0 ④ 6.0

54. 일양성자산인 프로피온산(propionic acid)의 2/3가 해리되는 pH는? (단, 프로피온산의 pK_a = 4.9이고, log2 = 0.3, log3 = 0.48이다.)

① 4.7 ② 4.9
③ 5.2 ④ 5.5

※ [55~56] 젖산($C_3H_6O_3$, $CH_3CH(OH)COOH$, HLac)은 약한 유기산이다. 1.0mol의 젖산(HLac, $K_a = 1.0\times10^{-4}$)과 1.0mol의 젖산나트륨(NaLac)을 물에 녹여 1L의 완충 용액을 만들었다. 다음 물음에 답하시오.

55. 이 완충 용액의 pH를 구하시오.

① 3.0 ② 3.5
③ 3.85 ④ 4.0

56. 위의 용액에 0.2몰의 NaOH를 넣으면 pH는 얼마나 되겠는가? (단, log2 = 0.30, log3 = 0.48)

① 3.84 ② 4.03
③ 4.18 ④ 4.35

57. 약한 산 HA의 이온화 상수는 1.0×10^{-4}이다. 농도가 1.0M인 HA 수용액에서 HA의 이온화도를 a_A라 하고, 1L에 1.0몰 HA와 1.0몰 NaA가 들어 있는 수용액에서 HA의 이온화도를 a_B라 한다. $\frac{a_A}{a_B}$를 계산하시오. (필요하면 약산법을 사용하시오.)

① 1 ② 10
③ 100 ④ 150

58. 지시약 브롬티몰블루(BTB)는 약산으로 이온화 상수 $K_a = 1.0\times10^{-7}$이다. 지시약을 HIn로 나타내었을 때, 이온화 평형 관계는 다음과 같다.

$$HIn(aq) + H_2O(l) \rightleftarrows H_3O^+(aq) + In^-(aq)$$
(HIn: 황색, In^-: 청색)

황색과 청색의 농도가 똑같았을 때의 pH는?

① 2 ② 5
③ 7 ④ 14

59. 25℃에서 아세트산은 물에 녹아 다음과 같은 평형을 이룬다.

$$CH_3COOH(aq) \rightleftarrows CH_3COO^-(aq) + H^+(aq)$$
$$K_a = 1.8\times10^{-5}$$

0.10 M의 아세트산 수용액에 수산화나트륨(NaOH) 수용액을 가하여 수용액의 pH가 7이 되었을 때, 수용액의 $[CH_3COO^-]$와 $[CH_3COOH]$의 비는? (단, 온도는 25℃로 일정하다.)

① 1 : 180 ② 1 : 18
③ 1 : 1 ④ 18 : 1
⑤ 180 : 1

완충 용액과 평형 상태

60. KH_2PO_4 0.030몰과 NaOH 0.10몰을 넣어 1.00L의 수용액을 만들었을 때 평형 상태에서 용액 내의 각 화학종의 농도 값 중 옳은 것을 모두 고르면?

a. $[K^+]=0.030M$　　b. $[Na^+]=0.10M$
c. $[H_2PO_4^-]=0.030M$　d. $[OH^-]=0.10M$

① a, b　　② a, b, c
③ b, c　　④ a, c

61. 다음은 0.1M 아세트산(CH_3COOH) 수용액 100mL와 0.1M 아세트산나트륨(CH_3COONa) 수용액 100mL를 혼합하여 만든 완충 용액에서 각 물질의 이온화 반응식을 나타낸 것이다.

• $CH_3COOH(aq)+H_2O(l) \rightleftarrows CH_3COO^-(aq)+H_3O^+(aq)$
• $CH_3COONa(aq) \rightarrow CH_3COO^-(aq)+Na^+(aq)$

이에 대한 설명으로 옳은 것을 〈보기〉에서 모두 고른 것은?

보기
ㄱ. 위 완충 용액에 약간의 산을 넣어도 pH 변화는 거의 없다.
ㄴ. 위 완충 용액을 증류수로 10배 희석시키면 pH가 1만큼 증가한다.
ㄷ. CH_3COOH 수용액에 CH_3COONa 수용액 대신 NaOH 수용액을 적당량 첨가하여도 완충 용액이 만들어진다.

① ㄱ　② ㄴ　③ ㄷ
④ ㄱ, ㄷ　⑤ ㄱ, ㄴ, ㄷ

62. 그림과 같이 pH가 다른 세 가지 용액이 있다.

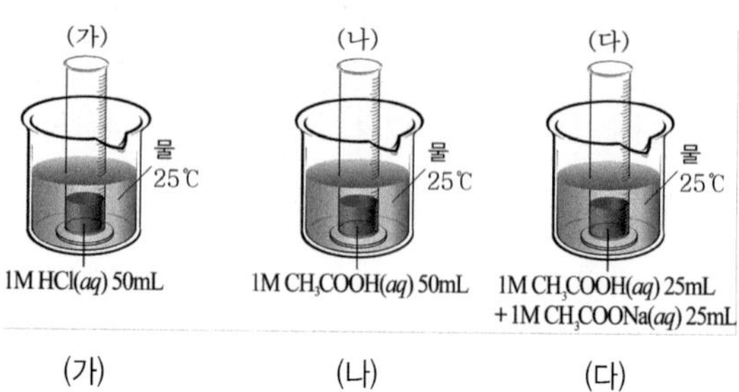

(가)　(나)　(다)

위 용액과 관련된 옳은 설명을 〈보기〉에서 모두 고른 것은?

보기
ㄱ. 용액의 전기 전도도가 가장 큰 것은 (나)이다.
ㄴ. $CaCO_3$을 첨가할 때 pH 변화가 가장 작은 것은 (다)이다.
ㄷ. $CaCO_3$을 첨가할 때 기체 발생 속도는 (다)가 (나)보다 빠르다.

① ㄱ　② ㄴ　③ ㄷ
④ ㄱ, ㄴ　⑤ ㄴ, ㄷ

63. 탄산수소나트륨($NaHCO_3$) 수용액은 다음과 같이 반응한다.

• $NaHCO_3(aq)+HCl(aq) \rightarrow H_2CO_3(aq)+NaCl(aq)$
• $NaHCO_3(aq)+NaOH(aq) \rightarrow Na_2CO_3(aq)+H_2O(l)$

이에 대한 설명으로 옳은 것을 〈보기〉에서 모두 고른 것은?

보기
ㄱ. $NaHCO_3$은 양쪽성 물질이다.
ㄴ. HCO_3^-의 짝산은 HCl이다.
ㄷ. $NaHCO_3(aq)$과 $Na_2CO_3(aq)$의 혼합 용액은 완충 용액이다.

① ㄱ　② ㄴ　③ ㄱ, ㄷ
④ ㄴ, ㄷ　⑤ ㄱ, ㄴ, ㄷ

64. 그림 (가)는 약산 HA의 수용액을, (나)는 (가)에 NaA(s) 0.1mol을 첨가한 용액을 나타낸 것이다. 25℃에서 HA의 이온화 상수(K_a)는 4×10^{-5}이다.

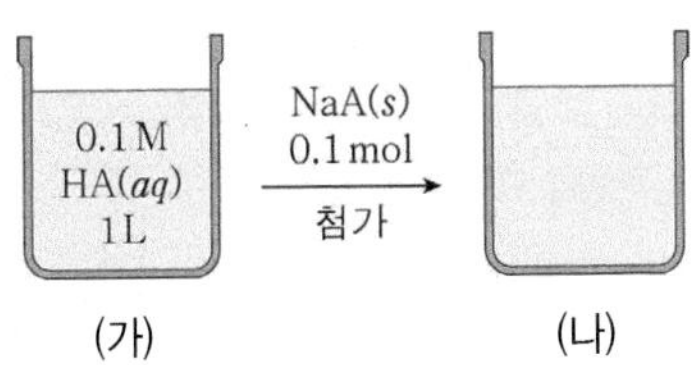

다음 설명 중 옳지 않은 것은? (단, 단, 수용액의 온도는 25℃로 일정하고, 용질의 용해에 따른 용액의 부피 변화는 무시한다.)

① (가)에서 $[H_3O^+]=2 \times 10^{-3}$M이다.
② (나)는 완충 용액이다.
③ pH는 (나)가 (가)보다 작다.
④ (나) 용액의 pH는 5－log4이다.

완충 용량

65. 동일한 소량의 산을 혼합 수용액 (가)~(라)에 첨가할 때, pH의 변화가 가장 작은 것은?

(가) 0.2M CH_3COOH 10mL＋
0.2M CH_3COONa 10mL의 혼합액
(나) 0.2M CH_3COOH 10mL＋
0.4M CH_3COONa 10mL의 혼합액
(다) 0.2M CH_3COOH 20mL＋
0.2M CH_3COONa 20mL의 혼합액
(라) 0.4M CH_3COOH 20mL＋
0.2M CH_3COONa 20mL의 혼합액

① (가) ② (나)
③ (다) ④ (라)

66. 다음 혼합 수용액 중 완충 용량이 가장 큰 것은?

① 0.2M $CH_3COOH(aq)$ 1L＋0.2M $CH_3COONa(aq)$ 1L
② 0.1M $CH_3COOH(aq)$ 5L＋0.1M $CH_3COONa(aq)$ 5L
③ 0.2M $HCl(aq)$ 1L＋0.2M $CH_3COONa(aq)$ 1L
④ 0.1M $HCl(aq)$ 5L＋0.1M $CH_3COONa(aq)$ 5L

제 6 절 중화 적정

정답 p. 282

대표 유형 기출 문제

09 지방직 9급 07

1. 아미노산인 글리신(NH_2-CH_2-COOH)은 pH가 1.5인 수용액에서 어떤 형태로 녹아 있겠는가?

① NH_2-CH_2-COOH

② $NH_2-CH_2-COO^-$

③ $^+NH_3-CH_2-COO^-$

④ $^+NH_3-CH_2-COOH$

10 지방직 9급 19

2. 아미노산의 하나인 알라닌(Alanine)은 수용액의 pH에 따라 다양한 구조를 가질 수 있다. 알라닌의 산 해리 상수 값이 $pK_{a1}=2.34$, $pK_{a2}=9.69$와 같을 때, pH = 6에서 주로 존재하는 이온 혹은 분자의 형태는?

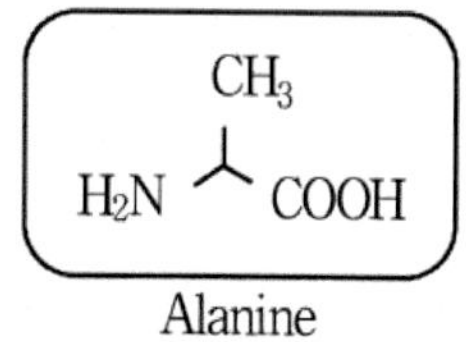

Alanine

① CH_3 / H_2N COOH

② CH_3 / H_2N COO^-

③ CH_3 / H_3N^+ COOH

④ CH_3 / H_3N^+ COO^-

13 국가직 7급 18

3. 0.10M 아세트산 ($pK_a=5$) 수용액 100.0mL를 0.10M 수산화나트륨 수용액으로 적정하는 과정에서 수산화나트륨 수용액을 한 방울 떨어뜨렸을 때, pH가 가장 작게 변하는 구간은?

① 25mL 근처 ② 50mL 근처

③ 75mL 근처 ④ 100mL 근처

15 지방직 9급 03

4. 약염기를 강산으로 적정하는 곡선으로 옳은 것은?

①
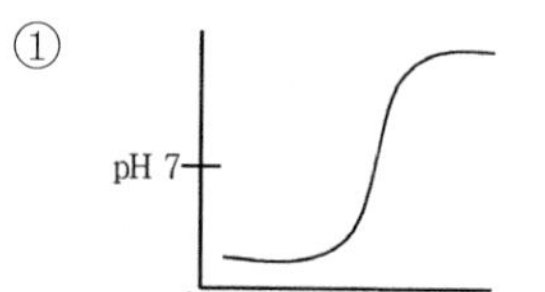

②
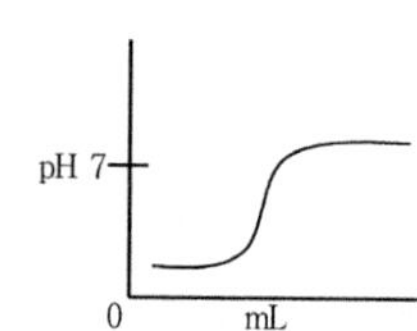

③
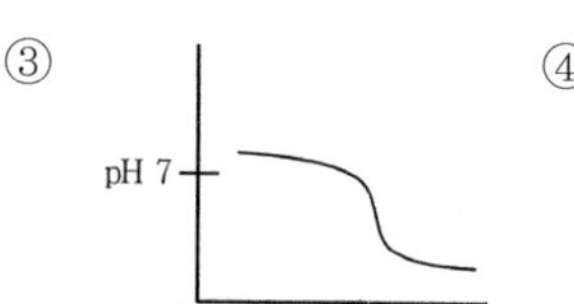

④
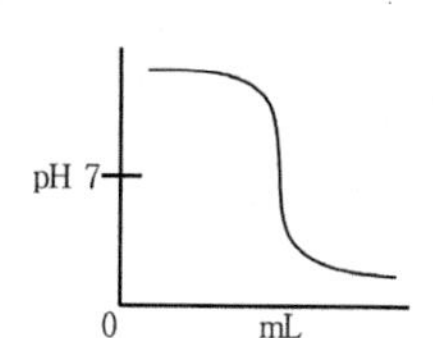

16 지방직 7급 16

5. 소량의 지시약을 넣은 아세트산(CH_3COOH) 수용액 50.0mL를 0.20M 수산화포타슘(KOH) 수용액으로 적정할 때 당량점까지 들어간 KOH 수용액의 부피는 100mL이었다. 이 적정에 대한 설명으로 옳은 것은? (단, 온도는 25℃이다.)

① 아세트산의 농도는 0.1M이다.

② 당량점의 pH는 7이다.

③ 지시약으로 적절한 것은 메틸 오렌지이다.

④ 알짜 이온 반응식은 $CH_3COOH(aq) + OH^-(aq) \rightarrow CH_3COO^-(aq) + H_2O(l)$ 이다.

16 국가직 7급 09

6. 1M HCl 수용액 100mL를 1M NaOH 수용액으로 적정하였을 때, NaOH 수용액 첨가량에 따른 용액 내 양이온의 몰수를 나타낸 그래프는?

①
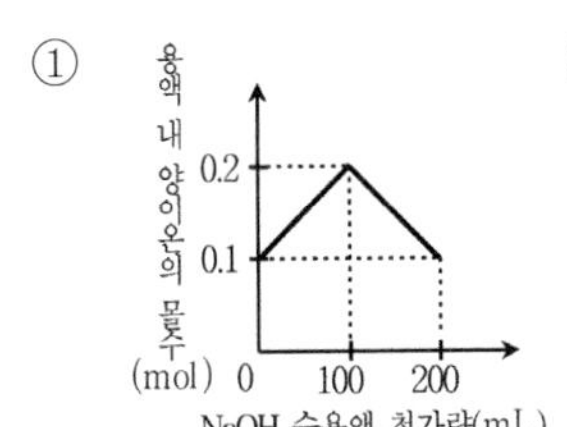

②
용액 내 양이온의 몰수 (mol)
0.2
0.1
0 100 200
NaOH 수용액 첨가량(mL)

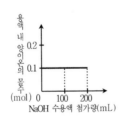

③
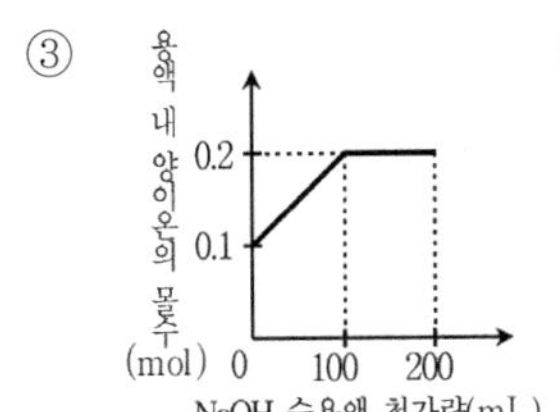

④
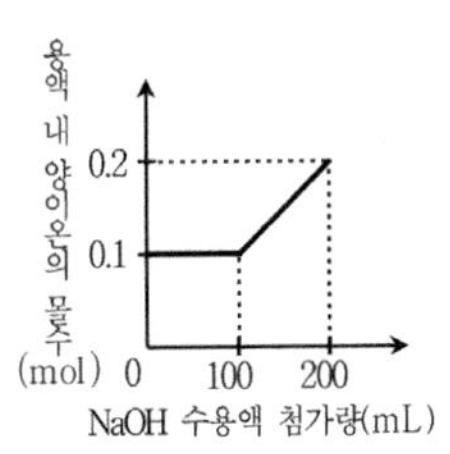

17 지방직 9급(상) 16

7. 0.100M CH_3COOH($K_a = 1.8 \times 10^{-5}$) 수용액 20mL에 0.100M NaOH 수용액 10.0mL를 첨가한 후, 용액의 pH를 구하면?
(단, log1.80 = 0.255이다.)

① 2.875 ② 4.745

③ 5.295 ④ 7.875

17 국가직 7급 08

8. 아미노산 중 하나인 알라닌은 두 개의 pK_a값을 갖는다. 다음 중 pK_{a1}에 해당하는 산 해리 평형 반응식은? (단, $pK_{a1} = 2.34$, $pK_{a2} = 9.69$)

① $H_3N^+CH(CH_3)COOH + H_2O \rightleftharpoons H_3N^+CH(CH_3)COO^- + H_3O^+$

② $H_3N^+CH(CH_3)COOH + H_2O \rightleftharpoons H_2NCH(CH_3)COOH + H_3O^+$

③ $H_3N^+CH(CH_3)COO^- + H_2O \rightleftharpoons H_2NCH(CH_3)COO^- + H_3O^+$

④ $H_2NCH(CH_3)COOH + H_2O \rightleftharpoons H_2NCH(CH_3)COO^- + H_3O^+$

20 국가직 7급 14

9. 다음 그래프는 25℃에서 임의의 염 Na_2A 수용액 10.0mL를 0.1M HCl 수용액으로 적정하여 얻은 것이다. 이에 대한 설명으로 옳은 것만을 모두 고르면? (단, 다양성자산 H_2A의 단계별 산 해리 상수는 각각 $K_{a1}=4.3\times10^{-7}$, $K_{a2}=5.6\times10^{-11}$이다.)

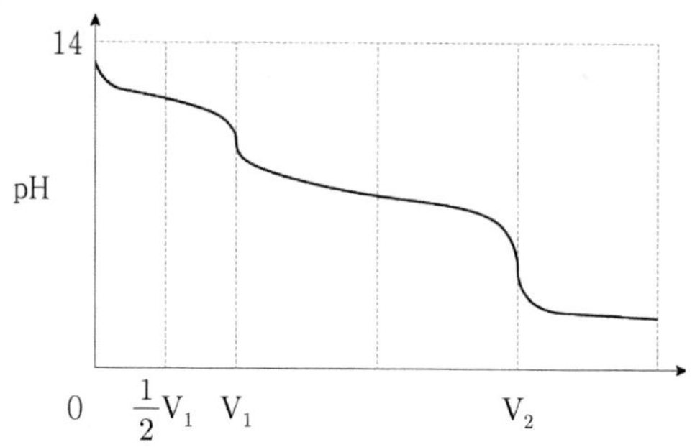

ㄱ. V_1 지점에서 용액에 존재하는 화학종은 A^{2-}, Cl^-, Na^+, H_2O이다.
ㄴ. V_2 지점에서 $[HA^-]=[H_2A]$의 관계식이 성립한다.
ㄷ. $\frac{1}{2}V_1$ 지점에서 $pH=pK_{a2}$이다.

① ㄱ　② ㄴ
③ ㄷ　④ ㄱ, ㄴ

23 해양 경찰청 13

10. 다음은 아미노산 X의 화학식과 이를 이용한 탐구이다.

[X의 화학식]
H_2NCH_2COOH

[가설]
아미노산 X는 ㉠

[실험과정과 결과]
(가) 고체 아미노산 X를 HCl(aq)에 넣어 녹인다.
(나) (가)의 용액에 전류를 흘렸더니 X가 (−)극으로 이동하였다.

[결론]
가설은 타당하다.

이 실험과 관련된 내용으로 가장 옳지 않은 것은?

① ㉠은 "산성용액에서 (+)전하를 띤다."이다.
② (가)에서 X는 루이스 염기로 작용한다.
③ (가)에서 X의 전체 전자쌍 수는 감소한다.
④ X를 NaOH(aq)에 녹인 후 전류를 흘리면 X는 (+)극으로 이동한다.

주관식 개념 확인 문제

중화 적정의 pH

11. 0.2M HNO_3 50.0mL를 0.1M NaOH로 적정하는 경우 pH를 구하시오. (log2=0.3, log5=0.7)

(1) 0.1M NaOH V=0mL를 첨가하는 경우

(2) 0.1M NaOH V=50ml를 첨가하는 경우

(3) 0.1M NaOH V=100ml를 첨가하는 경우

(4) 이 반응의 평형 상수를 구하시오.

12. 0.1M CH_3COOH($K_a=1.0\times10^{-5}$) 50.0mL를 0.1M NaOH로 적정하는 경우 pH를 구하시오.

(1) 0.1M NaOH V=0mL를 첨가하는 경우

(2) 0.1M NaOH V=25mL를 첨가하는 경우

(3) 0.1M NaOH V=50mL를 첨가하는 경우

(4) 이 반응의 평형 상수를 구하시오.

13. 0.1M 아세트산(CH_3COOH) 수용액 50mL에 0.1M NaOH 수용액 55mL를 가했을 때, 용액 내에 존재하는 이온의 농도가 높은 것부터 차례대로 나열하시오.

기본 문제

14. 0.1M CH_3COOH 수용액 20mL에 0.1M NaOH 수용액을 조금씩 가하여 중화 적정하였더니 20mL를 가했을 때, 지시약의 색 변화가 일어났다. 가한 NaOH 수용액의 양에 따른 전기 전도도의 변화를 옳게 나타낸 것은?

① 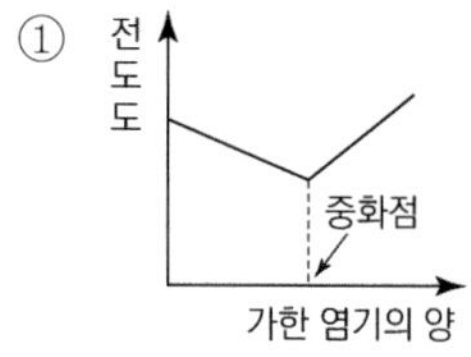

② 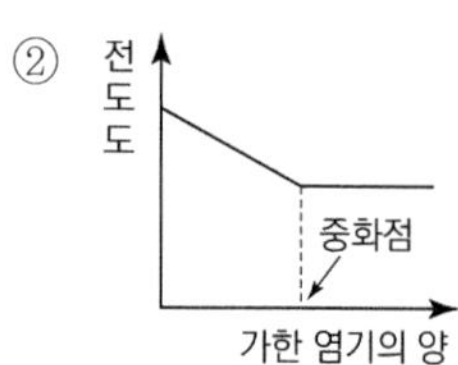

③ 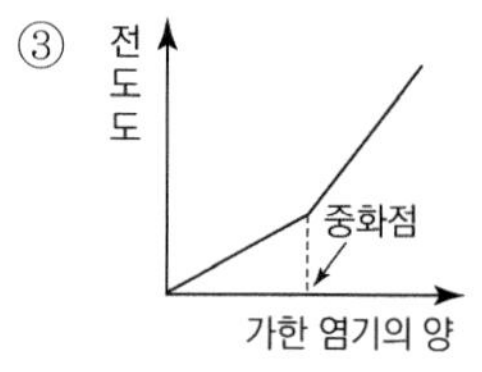

④ 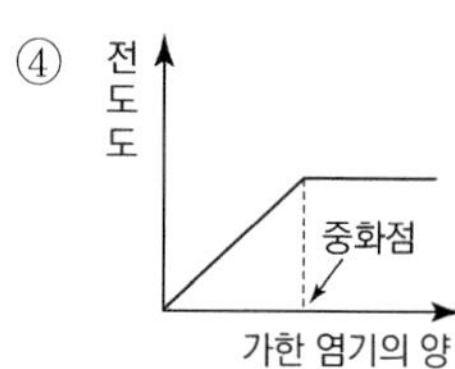

15. 0.1M 아세트산 수용액을 0.1M 수산화나트륨 용액으로 중화 적정하고자 한다. 다음의 이온화 상수 (K_a)값을 갖는 지시약 중 가장 적합한 것은?
(단, 아세트산의 $K_a = 1.0 \times 10^{-5}$이다.)

① 1×10^{-3}　② 1×10^{-5}
③ 1×10^{-7}　④ 1×10^{-9}

16. 식초의 중화 반응에서 소비된 NaOH 수용액의 부피는 40mL였다. 이 결과를 이용하여 실험에 사용된 식초의 몰농도를 다음과 같이 계산하였다.

$$MX = M'V'$$
$$0.2 \times 40 = M' \times 20$$
∴ 식초의 몰농도(M′)=0.4몰/L

- M: 실험에 사용된 NaOH 수용액의 몰농도
- V: 적정에 소비된 NaOH 수용액의 부피
- M': 식초의 몰농도
- V': 실험에 사용된 식초의 부피

그런데 시중에서 구입한 이 식초의 실제 몰농도는 0.5몰/L이다. 따라서, 실험에서 구한 값이 실제 식초의 몰농도보다 작게 측정되었다는 것을 알 수 있다. 이러한 오차의 원인이 될 수 있는 것을 〈보기〉에서 모두 고르면?

보기

ㄱ. NaOH 수용액의 농도 0.2M가 실제 농도보다 크게 측정된 값이다.
ㄴ. 피펫으로 취한 식초의 부피 20mL가 실제 부피보다 크게 측정된 값이다.
ㄷ. 적정에 소비된 NaOH 수용액의 부피 40mL가 실제 부피보다 크게 측정된 값이다.

① ㄱ　② ㄴ　③ ㄷ
④ ㄱ, ㄴ　⑤ ㄱ, ㄷ

17. 다음은 몇 가지 지시약의 변색 범위와 산성 및 염기성에서의 색을 나타낸 것이다.

지시약	변색 범위	산성	염기성
메틸오렌지	3.1−4.4	오렌지색	노란색
브로모페놀블루	3.0−4.6	노란색	붉은보라색
페놀프탈레인	8.0−10.0	무색	분홍보라색
페놀레드	6.4−8.0	노란색	분홍보라색

암모니아 수용액 ($NH_3(aq)$)을 염산 표준 용액 ($HCl(aq)$)으로 적정하였을 때 중화점을 확인하기 위하여 가장 적당한 지시약과 중화점 이후의 색을 옳게 짝지은 것은?

	(지시약)	(중화점 이후의 색)
①	메틸오렌지	오렌지
②	브로모페놀블루	붉은보라색
③	페놀프탈레	무색
④	페놀레드	노란색

18. 다음 산들을 0.1M NaOH 용액으로 적정할 때 마지막 당량점까지 들어간 NaOH 용액의 부피가 가장 큰 것은?

① 0.1M HCl 10mL
② 0.1M CH_3COOH 15mL
③ 0.07M H_2SO_4 10mL
④ 0.02M H_3PO_4 20mL

19. 0.0144M NH_3 용액 10mL를 0.0144M HCl 용액으로 적정할 때 당량점에서의 pH에 가장 가까운 것은? (단, NH_3의 $K_b = 1.8 \times 10^{-5}$이다.)

① 5.7 ② 6.7
③ 7.7 ④ 8.7

자료 추론형

20. 아래 그림은 0.1M 암모니아 수용액 20mL를 삼각 플라스크에 넣고 0.1M 염산으로 적정할 때의 적정 곡선이다. 이에 대한 설명으로 옳은 것을 보기에서 모두 고른 것은?

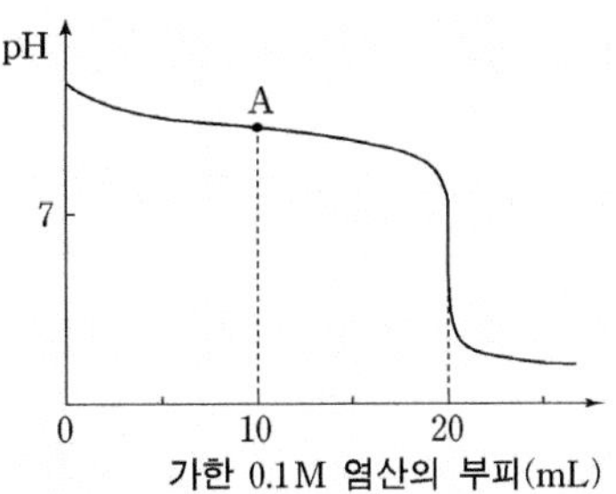

보기

가. 중화점까지 가한 HCl의 양은 0.002몰이다.
나. 중화 반응으로 얻어진 염의 수용액은 중성이다.
다. 점 A 부근에서 삼각 플라스크의 수용액은 완충 용액으로 작용한다.

① 가 ② 가, 나
③ 가, 다 ④ 나, 다

21. 그림은 25℃에서 산 HA와 HB를 30mL씩 취하여 0.1M NaOH 수용액으로 각각 적정한 중화 적정 곡선이다.

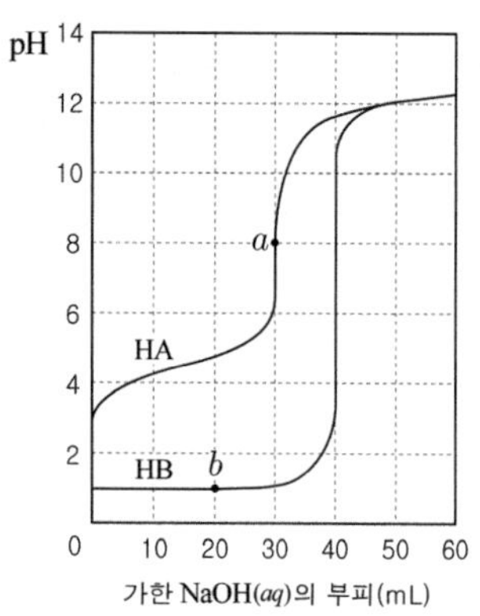

이에 대한 설명으로 옳은 것은?

① 산의 세기는 HA>HB이다.

② 산의 농도는 HA>HB이다.

③ a점에서 $[Na^+]>[A^-]$이다.

④ b점의 용액은 완충 용액이다.

⑤ 중화점까지 생성된 물의 양은 HA와 HB가 같다.

22. 그림은 25 ℃에서 약산 HA 수용액 10 mL를 0.1 M NaOH 표준 용액으로 적정할 때, pH 변화를 나타낸 것이다. (단, 25 ℃에서 HA의 K_a = 1.0×10^{-5}이다.) $a \sim d$ 점에 대한 옳은 설명만을 〈보기〉에서 있는 대로 고른 것은?

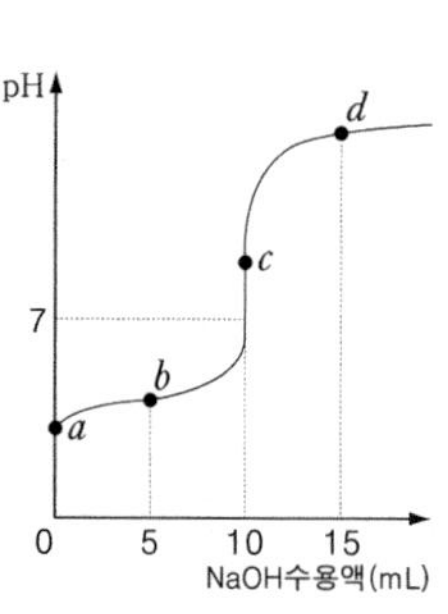

보기

ㄱ. a점에서 수소 이온 농도는 1.0×10^{-3} M이다.

ㄴ. b점과 d점의 용액은 완충 용액이다.

ㄷ. 전기 전도도가 가장 작은 것은 c점 용액이다.

① ㄱ ② ㄷ ③ ㄱ, ㄴ

④ ㄴ, ㄷ ⑤ ㄱ, ㄴ, ㄷ

23. 그림은 25℃에서 1.0M HCl 수용액과 1.0M NaOH 수용액을 여러 가지 비율로 섞은 후 각 혼합 용액의 최고 온도를 측정한 결과를 나타낸 것이다. 이에 대한 설명으로 옳은 것만을 〈보기〉에서 있는 대로 고른 것은? (단, 물의 이온곱 상수(K_w)는 25℃에서 1.0×10^{-14}이고, 50℃에서 5.3×10^{-14}이다.)

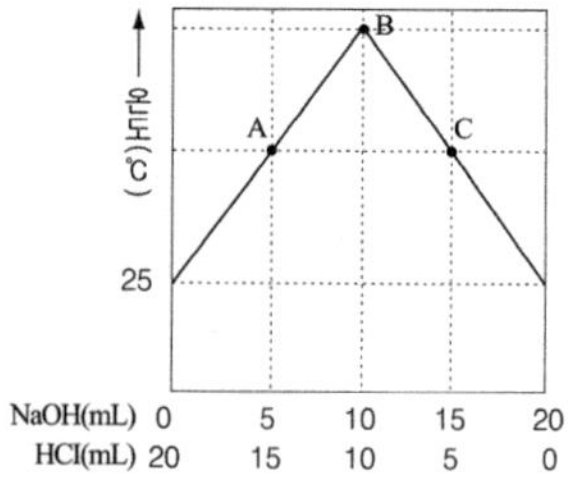

보기

ㄱ. A 용액과 C 용액에서 생성된 물의 양은 같다.

ㄴ. B 용액의 $[H^+]$는 10^{-7} M보다 크다.

ㄷ. C 용액은 완충 용액이다.

① ㄱ ② ㄷ ③ ㄱ, ㄴ

④ ㄴ, ㄷ ⑤ ㄱ, ㄴ, ㄷ

24. 그래프는 산 HA의 수용액 40mL에 염기 0.1M BOH의 수용액을 가하며 pH를 측정한 결과를 나타낸 것이다.

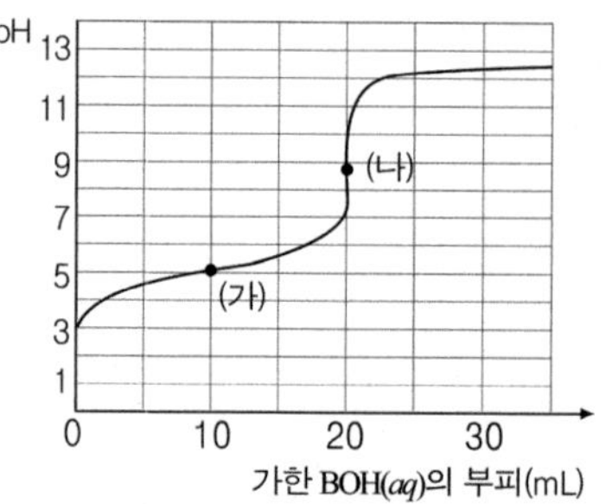

이에 대한 설명으로 옳은 것은? (단, A, B는 임의의 기호이며, A^-와 B^+는 반응하지 않는다.)

① HA의 초기 농도는 0.2M이다.

② HA의 이온화도는 BOH보다 크다.

③ 점 (가)에서 $[A^-]$는 0.05M이다.

④ 점 (나)에서 $[A^-]$는 $[B^+]$보다 크다.

⑤ 점 (나)에서 $[OH^-]$는 $[H^+]$보다 크다.

25. 그림은 산 HA와 HB 수용액 20mL에 1.0M NaOH 수용액을 각각 가할 때 두 용액에 들어 있는 A^-와 B^-의 몰수를 나타낸 것이다.

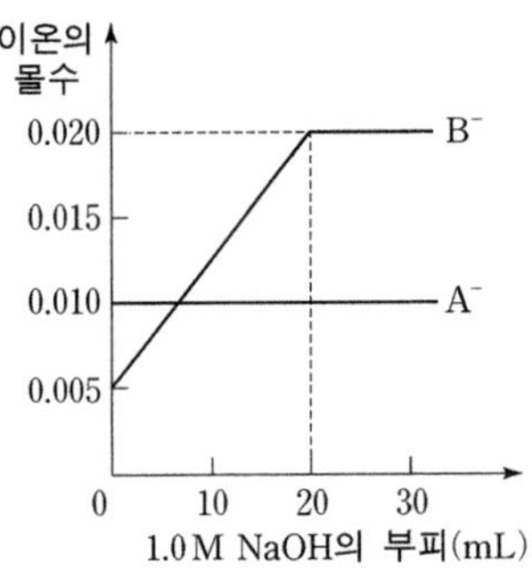

HA와 HB 수용액의 몰 농도의 비와 이온화도의 비로 옳은 것은?

	몰 농도의 비 HA : HB	이온화도의 비 HA : HB
①	1 : 2	4 : 1
②	1 : 2	1 : 4
③	1 : 2	2 : 1
④	2 : 1	4 : 1
⑤	2 : 1	1 : 4

26. 그림 (가)는 25℃에서 농도가 0.10M인 산 HA와 HB를 50mL씩 취하여 0.10M NaOH 수용액으로 각각 적정한 중화 적정 곡선이고, 그림 (나)는 HA, HB 수용액과 그림 (가)의 어떤 지점에 있는 용액의 농도에 따른 pH 변화 곡선이다.

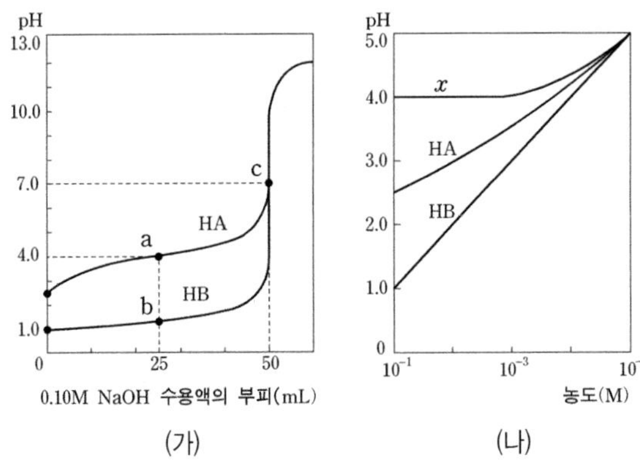

(가) (나)

이에 대한 설명으로 옳지 않은 것은?

① 점 c에서 $[OH^-]$는 1.0×10^{-7}M이다.
② 점 b에서 B^-의 양은 2.5×10^{-3}몰이다.
③ HA의 이온화 상수(K_a)는 1.0×10^{-4}이다.
④ 그림 (나)의 HB 수용액에서 $[H^+] = [B^-]$이다.
⑤ 곡선 x는 점 a 수용액의 농도를 변화시킨 것이다.

27. 다음은 산과 염기의 중화 반응에 대한 실험이다.

[실험 과정]

(1) 0.2M $CH_3COOH(aq)$ 50mL를 비커에 넣고, 전류의 세기를 측정한다.

(2) 과정 (1)의 용액에 0.1M $NaOH(aq)$ 을 한 방울씩 떨어뜨리면서 전류의 세기를 측정한다.

(3) 넣어준 $NaOH(aq)$의 부피에 따른 전류의 세기를 그래프로 나타낸다.

[실험 결과]

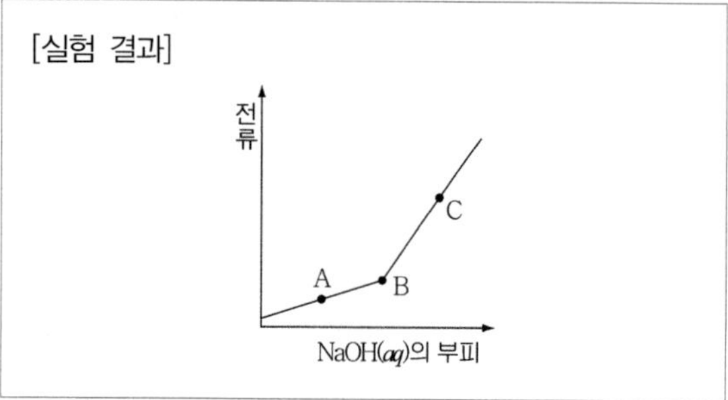

A~C 점에서의 혼합 용액에 대한 설명으로 옳은 것은? (단, $CH_3COOH(aq)$과 $NaOH(aq)$의 처음 온도는 같다.)

① 생성된 물의 몰 수가 가장 큰 것은 A 점의 용액이다.

② B 점까지 가해진 $NaOH(aq)$의 부피는 50mL 이다.

③ 용액의 온도가 가장 높은 것은 C 점의 용액이다.

④ 같은 부피에 들어있는 이온의 수는 A 보다 B 점의 용액이 적다.

⑤ B 점의 용액에 BTB 용액을 떨어뜨리면 파란색이 나타난다.

28. 다음과 같이 약산 HA와 강염기의 적정에서 그림과 같은 적정 곡선을 얻었을 때 〈보기〉에서 이를 바르게 설명한 것을 모두 고르면?

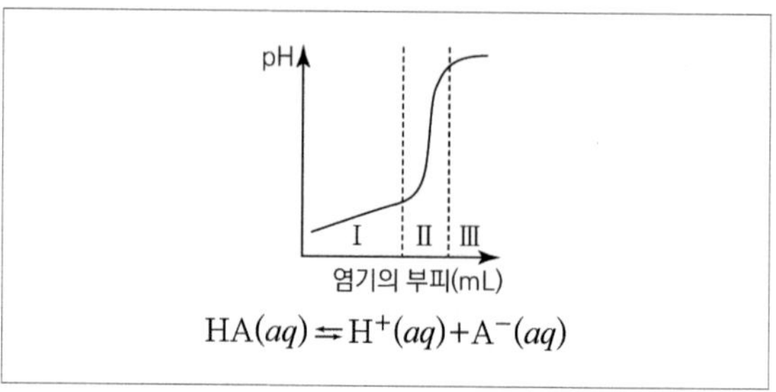

$$HA(aq) \rightleftharpoons H^+(aq) + A^-(aq)$$

보기

ㄱ. 당량점(화학양론점)은 영역 Ⅱ에 존재한다.

ㄴ. 최대 완충 영역은 Ⅲ에 해당한다.

ㄷ. pH가 [HA]에만 의존하는 영역이 Ⅱ에 존재한다.

ㄹ. 영역 Ⅲ에서는 pH가 첨가된 과량의 강염기의 양에만 의존한다.

① ㄱ　② ㄱ, ㄴ　③ ㄱ, ㄷ　④ ㄱ, ㄹ

29. 그림은 어떤 약한 산 HA 수용액 20mL를 1.0M NaOH 수용액으로 중화 적정할 때 HA와 A^-의 몰(mol) 수 변화를 나타낸 것이다.

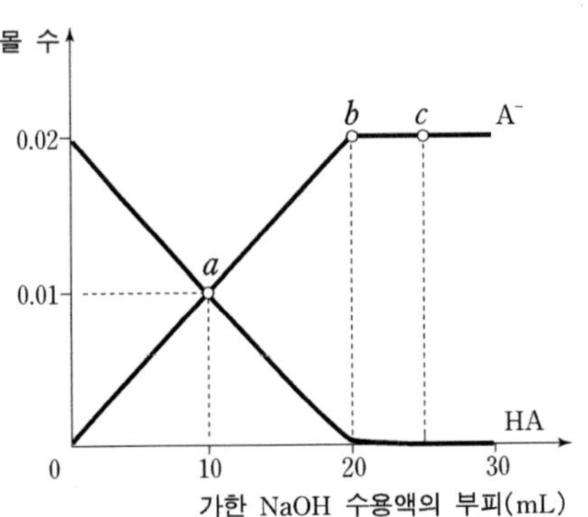

이에 대한 설명으로 옳지 않은 것은?

① 점 a는 중화점이다.
② 산 HA의 농도는 1.0M이다.
③ 중화점에서 pH는 7.0보다 크다.
④ pH는 점 b에서보다 점 c에서 더 크다.
⑤ 전기 전도도는 점 a에서보다 점 b에서 더 크다.

30. 그림은 0.1M HA(aq) 100mL에 0.1M NaOH(aq) xmL를 섞어 혼합 용액을 만드는 과정을 나타낸 것이다.

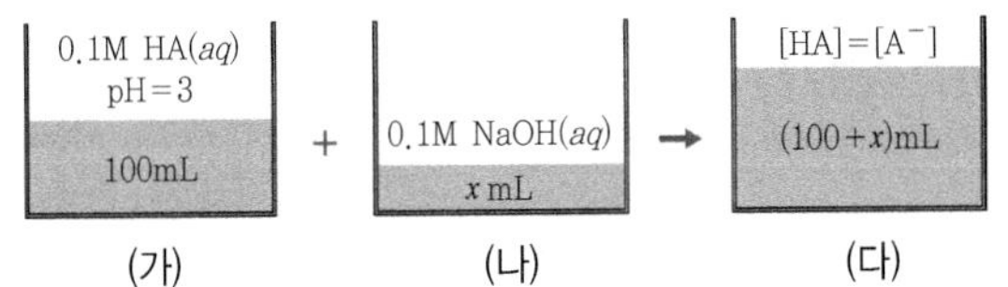

이에 대한 옳은 설명만을 〈보기〉에서 있는 대로 고른 것은? (단, 수용액의 온도는 25℃로 일정하다.)

보기

ㄱ. (나)에서 x는 50이다.
ㄴ. (다)에서 pH는 5이다.
ㄷ. (다)에 NaA(s)를 첨가하면 pH는 증가한다.

① ㄱ ② ㄷ ③ ㄱ, ㄴ
④ ㄴ, ㄷ ⑤ ㄱ, ㄴ, ㄷ

31. 그림은 HCl(aq)과 약산 HA(aq)의 혼합 수용액 100mL에 1M NaOH(aq)을 넣을 때, 넣은 NaOH(aq)의 부피에 따른 A^-의 양을 나타낸 것이다. P에서 pH는 6.3이다.

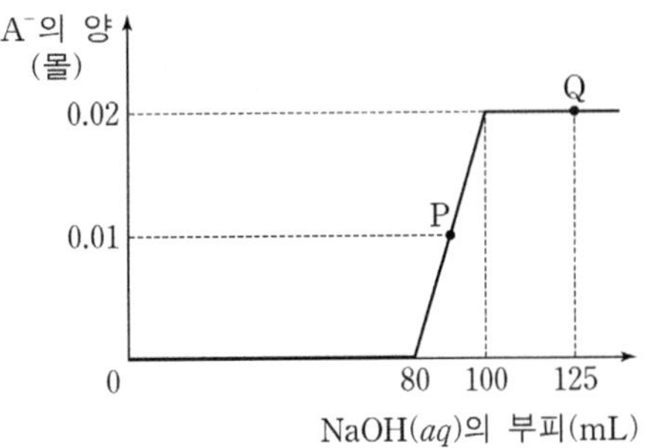

이에 대한 설명으로 옳은 것만을 〈보기〉에서 있는 대로 고른 것은? (단, 온도는 25℃로 일정하고, 물의 이온곱 상수(K_w)는 1×10^{-14}이다.)

보기

ㄱ. 염기 A^-의 이온화 상수(K_b)는 1×10^{-8}보다 크다.
ㄴ. P에서 $\frac{[Cl^-]}{[A^-]}=8$이다.
ㄷ. Q에서 $[OH^-]=0.2M$이다.

① ㄱ ② ㄷ ③ ㄱ, ㄴ
④ ㄴ, ㄷ ⑤ ㄱ, ㄴ, ㄷ

32. 표는 25℃에서 0.1M HA(aq)과 0.1M NaOH(aq)의 부피를 달리하여 혼합한 용액 (가)~(다)에 대한 자료이다. 25℃에서 HA(aq)의 이온화 상수(K_a)는 1×10^{-5}이다.

용액	부피(mL)		pH
	HA(aq)	NaOH(aq)	
(가)	150	0	x
(나)	100	50	5
(다)	75	75	

이에 대한 옳은 설명만을 〈보기〉에서 있는 대로 고른 것은?(단, 25℃에서 물의 이온곱 상수(K_w)는 1×10^{-14}이다.)

보기

ㄱ. (나)에서 [HA]는 [A^-]와 같다.

ㄴ. x는 3이다.

ㄷ. (다)에서 $\frac{[OH^-]}{[H_3O^+]}$은 5×10^3이다.

① ㄱ ② ㄷ ③ ㄱ, ㄴ
④ ㄴ, ㄷ ⑤ ㄱ, ㄴ, ㄷ

33. 그림 (가)와 (나)는 HCl(aq) 100mL와 약산 HA(aq) 100mL를 xM NaOH(aq)으로 각각 적정하여 얻은 중화 적정 곡선이다.

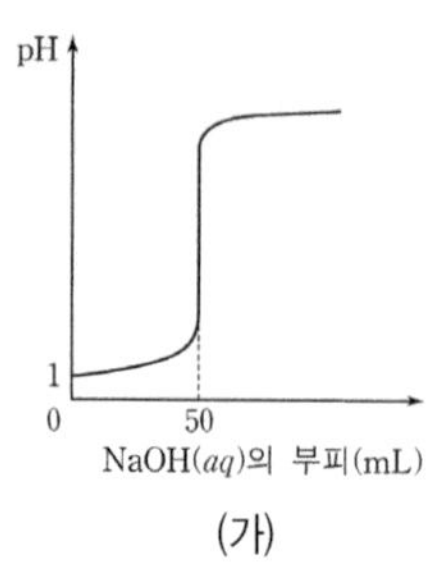

(가)

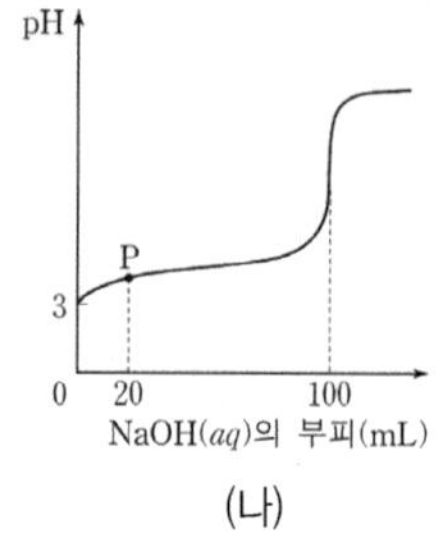

(나)

이에 대한 설명으로 옳은 것만을 〈보기〉에서 있는 대로 고른 것은?

보기

ㄱ. $x=0.2$이다.

ㄴ. 25℃에서 HA의 이온화 상수(K_a)는 1×10^{-5}보다 작다.

ㄷ. P에서 $\frac{[HA]}{[A^-]}<\frac{9}{2}$이다.

① ㄱ ② ㄷ ③ ㄱ, ㄴ
④ ㄴ, ㄷ ⑤ ㄱ, ㄴ, ㄷ

34. 표는 25℃에서 0.1M 산 HA(aq) 100mL에 0.1M NaOH(aq)을 넣은 결과이다.

용액	0.1M NaOH의 부피(mL)	혼합 용액	
		부피(mL)	$\frac{[H_3O^+]}{[OH^-]}$
(가)	0	100	1×10^8
(나)	50	150	1×10^4
(다)	100	200	x

이에 대한 설명으로 옳은 것만을 〈보기〉에서 있는 대로 고른 것은? (단, 25℃에서 물의 이온곱 상수(K_w)는 1×10^{-14}이고, 모든 수용액의 온도는 일정하다.)

보기

ㄱ. 25℃에서 HA(aq)의 이온화 상수(K_a)는 1×10^{-3}이다.

ㄴ. (나)의 pH는 5이다.

ㄷ. (다)에서 x는 2×10^{-4}이다.

① ㄱ ② ㄴ ③ ㄱ, ㄷ
④ ㄴ, ㄷ ⑤ ㄱ, ㄴ, ㄷ

35. 그림 (가)와 (나)는 HA(aq) 50mL와 HB(aq) 50mL를 0.1M NaOH(aq)으로 각각 적정하여 얻은 중화 적정 곡선을 나타낸 것이다.

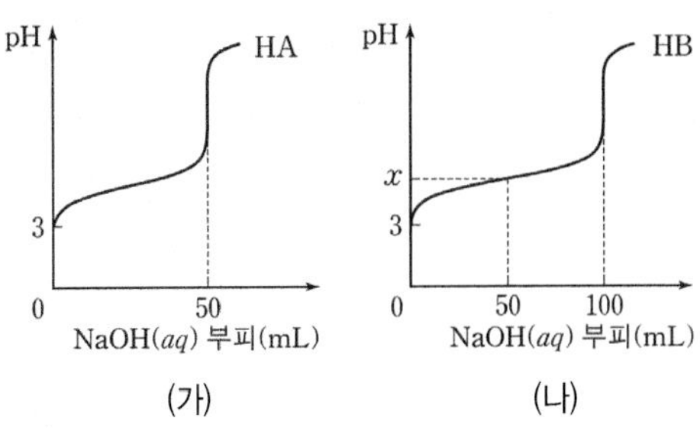

이에 대한 설명으로 옳은 것만을 〈보기〉에서 있는 대로 고른 것은? (단, 수용액의 온도는 25℃로 일정하다.)

보기

ㄱ. 적정 전 초기 몰농도는 HB(aq) > HA(aq)이다.

ㄴ. (가)의 중화점에서 $[A^-]>0.05$M이다.

ㄷ. $x>5$이다.

① ㄱ ② ㄴ ③ ㄷ
④ ㄱ, ㄷ ⑤ ㄴ, ㄷ

36. 25℃에서 아래 혼합 용액(㉠, ㉡)의 pH가 모두 7이다.

㉠	0.01M NaOH 수용액 100mL + 0.02M HCl 수용액 amL
㉡	0.01M NaOH 수용액 100mL + 0.02M CH_3COOH 수용액 bmL

다음 중 옳은 것만을 모두 고른 것은? (단, CH_3COOH의 pK_a는 5이다.)

ㄱ. $a=50$
ㄴ. $b=50$
ㄷ. 혼합 용액 ㉡에서 $[CH_3COO^-]<[CH_3COOH]$

① ㄱ　② ㄱ, ㄴ
③ ㄴ, ㄷ　④ ㄱ, ㄴ, ㄷ

혼합된 약산의 평형 이동

37. 다음은 25℃에서 산 HA와 아질산(HNO_2)의 이온화 상수(K_a)이다.

- $HA(aq)+H_2O(l) \rightleftarrows A^-(aq)+H_3O^+(aq)$　$K_a=3.7\times10^{-8}$
- $HNO_2(aq)+H_2O(l) \rightleftarrows NO_2^-(aq)+H_3O^+(aq)$　$K_a=6.0\times10^{-4}$

HA와 HNO_2이 수용액에서 다음과 같이 이온화 평형을 이루고 있다.

$$A^-(aq)+HNO_2(aq) \rightleftarrows HA(aq)+NO_2^-(aq)$$

이에 대한 설명으로 옳은 것을 〈보기〉에서 모두 고른 것은?

보기

ㄱ. HA는 HNO_2보다 약한 산이다.
ㄴ. A^-은 NO_2^-보다 약한 염기이다.
ㄷ. 산 HA와 HNO_2 혼합 수용액에 질산(HNO_3) 수용액을 첨가하면 NO_2^-의 농도가 증가한다.

① ㄱ　② ㄴ　③ ㄱ, ㄷ
④ ㄴ, ㄷ　⑤ ㄱ, ㄴ, ㄷ

38. 다음은 아질산(HNO_2)과 아세트산(CH_3COOH)이 포함된 수용액의 평형을 나타내는 화학 반응식과 25℃에서 두 산의 이온화 상수 K_a를 나타낸 것이다.

$$HNO_2(aq) + CH_3COO^-(aq) \rightleftarrows NO_2^-(aq) + CH_3COOH(aq)$$

	K_a
CH_3COOH	1.8×10^{-5}
HNO_2	7.1×10^{-4}

이 평형에 대한 설명으로 옳은 것만을 〈보기〉에서 있는 대로 고른 것은?

보기

ㄱ. 염기의 세기는 $NO_2^-(aq)$이 $CH_3COO^-(aq)$보다 크다.

ㄴ. 평형 상수는 1보다 크다.

ㄷ. $NaNO_2(s)$을 첨가하면 $CH_3COO^-(aq)$의 몰농도는 감소한다.

① ㄱ ② ㄴ ③ ㄱ, ㄷ
④ ㄴ, ㄷ ⑤ ㄱ, ㄴ, ㄷ

39. 다음은 25 ℃에서 산 HA와 HB의 이온화 반응식과 HA와 HB의 혼합 수용액에서의 평형을 나타내는 화학 반응식이다.

- $HA(aq) + H_2O(l) \rightleftarrows H_3O^+(aq) + A^-(aq)$ $K_a = 2.0 \times 10^{-4}$
- $HB(aq) + H_2O(l) \rightleftarrows H_3O^+(aq) + B^-(aq)$ $K_a' = 1.0 \times 10^{-10}$
- $HA(aq) + B^-(aq) \rightleftarrows HB(aq) + A^-(aq)$ $K = ?$

이에 대한 옳은 설명만을 〈보기〉에서 있는 대로 고른 것은?

보기

ㄱ. 염기의 세기는 A^-가 B^-보다 약하다.

ㄴ. 25 ℃에서 1.0M $HB(aq)$의 pH는 5이다.

ㄷ. 평형 상수 K는 2.0×10^6이다.

① ㄱ ② ㄷ ③ ㄱ, ㄴ
④ ㄴ, ㄷ ⑤ ㄱ, ㄴ, ㄷ

40. 다음은 약한 산 HA와 HB의 이온화 평형과 이온화 상수를 나타낸 것이다.

> • $HA(aq) + H_2O(l) \rightleftarrows H_3O^+(aq) + A^-(aq)$ K_a
>
> • $HB(aq) + H_2O(l) \rightleftarrows H_3O^+(aq) + B^-(aq)$ K_a'

HA 수용액과 HB 수용액을 혼합하였더니 다음과 같은 평형을 이루었다.

> $HA(aq) + B^-(aq) \rightleftarrows HB(aq) + A^-(aq)$ $K = 10^4$

이에 대한 설명으로 옳은 것만을 〈보기〉에서 있는 대로 고른 것은?

보기

ㄱ. K_a가 K_a'보다 크다.

ㄴ. 염기의 세기는 $A^- > B^-$이다.

ㄷ. 혼합 용액에 염산을 넣어 주면 A^-의 농도가 증가한다.

① ㄱ ② ㄷ ③ ㄱ, ㄴ

④ ㄴ, ㄷ ⑤ ㄱ, ㄴ, ㄷ

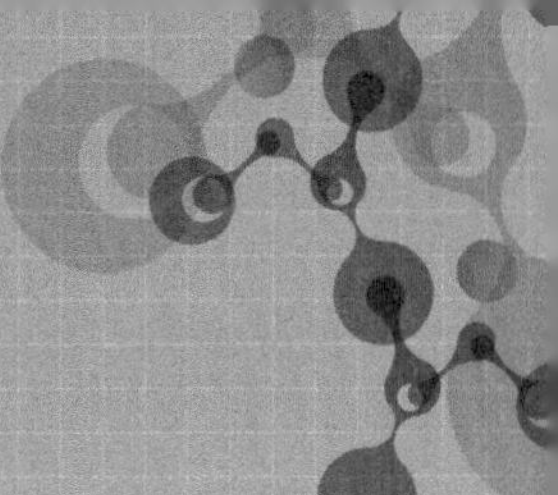

CHAPTER 07

불용성 염의 용해 평형

제1절 용해도와 용해도곱 상수

정답 p. 291

대표 유형 기출 문제

13 지방직 7급 10

1. 다음은 비휘발성 염 MX, M_2Y, MZ_2 각각의 용해도 평형과 100℃에서의 용해도곱 상수(K_{sp})를 나타낸 것이다.

- $MX(s) \rightleftarrows M^+(aq) + X^-(aq)$ $\quad K_{sp} = 1.0 \times 10^{-4}$
- $M_2Y(s) \rightleftarrows 2M^+(aq) + Y^{2-}(aq)$ $\quad K_{sp} = 4.0 \times 10^{-3}$
- $MZ_2(s) \rightleftarrows M^{2+}(aq) + 2Z^-(aq)$ $\quad K_{sp} = 3.2 \times 10^{-5}$

포화 수용액의 끓는점이 높은 순으로 바르게 나열한 것은? (단, 수용액 형성 과정에서 용질에 의한 부피 변화는 없고, 온도에 따른 용해도 변화는 무시한다.)

① $MX > M_2Y > MZ_2$

② $MX > MZ_2 > M_2Y$

③ $M_2Y > MZ_2 > MX$

④ $MZ_2 > M_2Y > MX$

18 서울시 7급(1) 14

2. 요오드화 납(PbI_2)의 물에 대한 용해도는 4.0×10^{-5}M이라고 가정하자. 요오드화 납의 용해도곱 상수는?

① 1.6×10^{-9}　② 4.0×10^{-5}

③ 6.4×10^{-14}　④ 2.6×10^{-13}

19 서울시 7급 13

3. $Ca(OH)_2$ 74g을 물에 녹여 1L를 만들고 평형에 도달할 때까지 기다렸다. 용액 속에 존재하는 Ca^{2+}의 농도는? (단, $Ca(OH)_2$의 몰질량은 74g이고, 용해도곱 상수(K_{sp})는 4×10^{-6}이다.)

① 0.01M　② 0.1M

③ 0.2　④ 1.0

주관식 개념 확인 문제

용해도 → 용해도곱 상수

4. 25℃에서 브로민화 구리(Ⅰ)의 측정된 용해도는 2.0×10^{-4}mol/L이다. K_{sp} 값을 계산하시오.

5. 25℃에서 황화 비스무트($Bi_2S_3(s)$)의 용해도는 1.0×10^{-15}mol/L이다. K_{sp} 값을 계산하시오.

용해도곱 상수 → 용해도

6. 25℃에서 $CaCO_3(s)$의 $K_{sp} = 8.7 \times 10^{-9}$이다. $CaCO_3(s)$의 용해도를 계산하시오.
(단, 산염기 성질은 무시한다.)

7. 25℃에서 다음 불용성 염의 용해도가 증가하는 순으로 나열하시오.

$AgI(s)$	$K_{sp} = 1.5 \times 10^{-16}$
$CuI(s)$	$K_{sp} = 5.0 \times 10^{-12}$
$CaSO_4(s)$	$K_{sp} = 6.1 \times 10^{-5}$

8. 25℃에서 다음 불용성 염의 용해도가 증가하는 순으로 나열하시오.

$CuS(s)$	$K_{sp} = 8.5 \times 10^{-45}$
$Ag_2S(s)$	$K_{sp} = 1.6 \times 10^{-49}$
$Bi_2S_3(s)$	$K_{sp} = 1.1 \times 10^{-73}$

제 2 절 불용성 염의 용해 평형에 미치는 요인

정답 p. 292

대표 유형 기출 문제

08 지방직 7급 03

1. 0.0001M Na_2S 용액 중에서 MnS의 용해도는? (단, MnS의 K_{sp}는 3.0×10^{-14}이다.)

① 1.5×10^{-14}M ② 1.5×10^{-10}M
③ 3.0×10^{-10}M ④ 1.0×10^{-10}M

14 경기도 9급 기출

2. 불용성 염인 AgCl의 $K_{sp} = 1.6 \times 10^{-10}$이다. 6.4×10^{-2}M $AgNO_3$ 수용액에서 AgCl의 용해도는 얼마인가?

① 8.5×10^{-3}M ② 6.5×10^{-5}M
③ 4.5×10^{-7}M ④ 2.5×10^{-9}M

16 서울시 9급 18

3. 25℃에서 수산화 알루미늄[$Al(OH)_3$]의 용해도곱 상수(K_{sp})가 3.0×10^{-34}이라면 pH = 10으로 완충된 용액에서 $Al(OH)_3(s)$의 용해도는 얼마인가?

① 3.0×10^{-22}M ② 3.0×10^{-17}M
③ 3.0×10^{-15}M ④ 3.0×10^{-10}M

16 서울시 7급(상) 17

4. $Ag_2CO_3(s)$의 평형 반응식과 25℃에서의 K_{sp}가 다음과 같을 때 $Ag_2CO_3(s)$의 용해도에 대한 설명으로 옳은 것은?

$$Ag_2CO_3(s) \rightleftarrows 2Ag^+(aq) + CO_3^{2-}(aq) \qquad K_{sp} = 8 \times 10^{-12}$$

① 용액에 $HNO_3(aq)$를 첨가하면 $Ag_2CO_3(s)$의 용해도는 감소한다.
② 용액에 $CO_2(g)$를 녹여주면 $Ag_2CO_3(s)$의 용해도는 증가한다.
③ 용액에 $NH_3(aq)$를 첨가하면 $Ag_2CO_3(s)$의 용해도는 증가한다.
④ 용액에 $Na_2CO_3(s)$를 첨가하면 $Ag_2CO_3(s)$의 용해도는 증가한다.

17 경기도 9급 기출

5. 1.00M NH_3 수용액에서의 AgBr의 용해도를 계산하시오. (단, AgBr의 $K_{sp}=1.0\times10^{-13}$, $Ag(NH_3)_2^+$의 $K_f=1.0\times10^7$이다.)

① 10^{-1} ② 10^{-2}
③ 10^{-3} ④ 10^{-4}

18 서울시 7급(상) 08

6. 〈보기〉의 고체 중에서 물에서보다 산성 용액에서 용해도가 증가하는 것을 모두 고른 것은?

보기
수산화 아연($Zn(OH)_2$), 플루오린화 납(PbF_2), 황산 바륨($BaSO_4$)

① $Zn(OH)_2$, PbF_2
② $Zn(OH)_2$, $BaSO_4$
③ PbF_2, $BaSO_4$
④ $Zn(OH)_2$, PbF_2, $BaSO_4$

19 국가직 7급 15

7. 25℃, 1기압에서 pH=11인 완충 용액에 대한 $Mn(OH)_2$의 몰용해도는?(단, 25℃, 1기압에서 $Mn(OH)_2$의 용해도곱 상수(K_{sp})는 1.6×10^{-13}이다.)

① 1.6×10^{-10}M ② 4.0×10^{-10}M
③ 1.6×10^{-7}M ④ 4.0×10^{-7}M

21 서울시 7급 11

8. Ag_2CrO_4의 용해도가 가장 높은 경우는?

① 0.5M AgCl 수용액에 녹이는 경우
② 0.3M AgCl 수용액에 녹이는 경우
③ 0.3M $AgNO_3$ 수용액에 녹이는 경우
④ 순수한 물(deionized water, DI water)에 녹이는 경우

21 국가직 7급 16

9. t℃의 물에서 MgF_2의 용해도곱 상수(K_{sp})가 4×10^{-9}일 때, t℃에서 MgF_2의 용해 거동에 대한 설명으로 옳은 것만을 모두 고르면? (단, NaF은 물에서 이온으로 완전히 해리된다.)

ㄱ. 물에서 MgF_2의 몰용해도는 1×10^{-3}M이다.
ㄴ. $\dfrac{\text{물에서 } MgF_2 \text{의 몰용해도}}{0.1M\,HCl \text{ 수용액에서 } MgF_2 \text{의 몰용해도}}$는 1보다 작다.
ㄷ. $\dfrac{\text{물에서 } MgF_2 \text{의 몰용해도}}{0.1M\,NaF \text{ 수용액에서 } MgF_2 \text{의 몰용해도}}$는 10^4이다.

① ㄱ, ㄴ ② ㄱ, ㄷ
③ ㄴ, ㄷ ④ ㄱ, ㄴ, ㄷ

22 서울시 7급 15

10. 25℃에서 $CaF_2(s)$의 용해도곱 상수(K_{sp})는 1.5×10^{-10}이다. 25℃에서 0.01M $NaF(aq)$가 존재할 때, $CaF_2(s)$의 몰 용해도 값[M]으로 가장 가까운 것은?

① 1.5×10^{-6} ② 1.5×10^{-8}
③ 1.5×10^{-10} ④ 1.5×10^{-12}

주관식 개념 확인 문제

공통 이온 효과

11. 25℃에서 순수한 물에서와 0.10M NaCl 용액에서의 AgCl(s)의 용해도를 비교하시오.
(단, AgCl(s)의 K_{sp} = 1.0×10^{-10}이다.)

12. 25℃에서 순수한 물에서와 0.10M $AgNO_3$ 용액에서의 AgCl(s)의 용해도를 비교하시오.
(단, AgCl(s)의 K_{sp} = 1.0×10^{-10}이다.)

13. 25℃에서 순수한 물에서와 0.10M NaF 용액에서의 CaF_2(s)의 용해도를 비교하시오.
(단, CaF_2(s)의 K_{sp} = 1.0×10^{-12}이다.)

pH

14. 순수한 물에서와 산성 조건에서 $CaCO_3(s)$의 평형 상수값을 비교하시오. (단, $K_{sp}(CaCO_3) = 1.0 \times 10^{-9}$, $K_{a1}(H_2CO_3) = 1.0 \times 10^{-7}$, $K_{a2}(H_2CO_3) = 1.0 \times 10^{-11}$이다.)

15. 순수한 물에서와 산성 조건에서 $AgCl(s)$의 용해도를 비교하시오.
(단, $AgCl(s)$의 $K_{sp} = 1.0 \times 10^{-10}$이다.)

금속 황화합물의 K_{sp}

16. 순수한 물에서와 산성 조건에서 $ZnS(s)$의 평형 상수식을 표현하시오.
(단, $ZnS(s)$의 $K_{sp} = 2 \times 10^{-25}$이다.)

착이온 형성

17. 순수한 물에서와 1.0M의 암모니아 수용액에서의 AgBr의 용해도를 비교하시오.
(단, AgBr의 K_{sp} = 7.7×10^{-13}이고, $Ag(NH_3)_2^+$의 K_f = 1.7×10^7이다.)

18. 진한 암모니아를 0.01 $AgNO_3$ 용액에 가하여 평형에서 $[NH_3]$ = 0.20M일 때 용액에 존재하는 Ag^+의 농도를 계산하시오.
(단, $Ag(NH_3)_2^+$의 K_f = 1.7×10^7이다.)

기본 문제

19. 수용액 (가)는 0.10몰 $CaF_2(s)$를 순수한 물에 녹인 용액 1.0L로, $Ca^{2+}(aq)$의 평형 농도는 xM이다. 수용액 (나)는 0.10몰 $CaF_2(s)$를 $[H^+]$ = 5.0 × 10^{-3}M인 산성 완충 용액에 녹인 용액 1.0L로, $Ca^{2+}(aq)$의 평형 농도는 yM이다.

$$CaF_2(s) \rightleftarrows Ca^{2+}(aq) + 2F^-(aq) \qquad K_{sp} = 4.0\times10^{-11}$$

$$HF(aq) \rightleftarrows H^+(aq) + F^-(aq) \qquad K_a = 7.2\times10^{-4}$$

이에 관한 설명으로 옳은 것만을 〈보기〉에서 있는 대로 고른 것은? (단, 온도는 T로 일정하고 수용액 (가)에서 F^- 가 염기로 작용하는 것은 무시하며, 주어진 평형 반응만 고려한다.)

보기
ㄱ. $y > x$이다.
ㄴ. $x < 1.0\times10^{-4}$이다.
ㄷ. 수용액 (가)에 0.010몰 NaF를 녹이면 CaF_2의 몰용해도는 증가한다.

① ㄱ ② ㄴ
③ ㄱ, ㄷ ④ ㄱ, ㄴ, ㄷ

20. 다음은 25℃에서 옥살산칼슘(CaC_2O_4)의 용해 평형과 관련된 반응식과 평형 상수이다.

$$CaC_2O_4(s) \rightleftarrows Ca^{2+}(aq) + C_2O_4^{2-}(aq) \quad K_{sp} = 1.3 \times 10^{-6}$$

$$H_2C_2O_4(s) \rightleftarrows H^+(aq) + HC_2O_4^-(aq) \quad K_{a1} = 5.4 \times 10^{-2}$$

$$HC_2O_4^-(s) \rightleftarrows H^+(aq) + C_2O_4^{2-}(aq) \quad K_{a2} = 5.4 \times 10^{-5}$$

과량의 고체 옥살산칼슘으로 포화된 수용액에서 옥살산칼슘의 용해도에 대한 설명으로 옳은 것만을 보기에서 있는 대로 고른 것은? (단, 용해도의 단위는 mol/L이다.)

ㄱ. 물을 첨가하면 용해도가 증가한다.
ㄴ. $Na_2C_2O_4$를 첨가하면 용해도가 증가한다.
ㄷ. 묽은 질산을 첨가하면 용해도가 증가한다.

① ㄱ ② ㄷ
③ ㄱ, ㄴ ④ ㄱ, ㄷ

21. 반응에 대한 평형상수는 직접 평형 상태의 각 화학종의 농도를 측정하여 구하거나 기존의 알려진 반응의 평형 상수를 이용하여 구할 수 있다. $Cu(OH)_2$의 용해도곱 상수(K_{sp} = 1.6 × 10^{-19})와 $Cu(NH_3)_4{}^{2+}$의 형성상수(K_f = 1.0 × 10^{13})를 이용하여 구한 다음 반응의 평형상수는?

$$Cu(OH)_2(s) + 4NH_3(aq) \rightleftarrows Cu(NH_3)_4^{2+}(aq) + 2OH^-(aq)$$

① 1.6×10^{-6} ② 1.6×10^{-32}
③ 6.3×10^{31} ④ 6.3×10^{6}

제 3 절 선택적 침전

정답 p. 296

대표 유형 기출 문제

17 서울시 7급 09

1. 어떤 용액에 0.10M Cl^-과 0.10M CrO_4^{2-}이 들어 있다. 이 용액에 0.10M 질산은 용액을 한 방울씩 첨가했을 때, 다음 중 가장 먼저 침전되는 물질은? (단, 크롬산은의 $K_{sp}=9.0\times10^{-12}$이고, 염화은의 $K_{sp}=1.6\times10^{-10}$이다.)

① 염화은

② 크롬산은

③ 질산은

④ 주어진 정보로는 알 수 없다.

주관식 개념 확인 문제

침전 조건

2. 4.0×10^{-2}M $Pb(NO_3)_2$ 100mL와 2.0×10^{-2}M KI 100mL를 혼합한 용액에서 $PbI_2(s)$ ($K_{sp}=1.4\times10^{-8}$)가 침전될 수 있을까?

3. 4.0×10^{-4}M $Mg(NO_3)_2$ 100.0mL를 2.0×10^{-4}M NaOH 100mL에 첨가할 때 침전될 수 있을까? (단, $Mg(OH)_2(s)$의 $K_{sp}=8.9\times10^{-12}$이다.)

선택적 침전

4. 다음 물음에 답하시오.

Pb^{2+}와 Cl^-을 포함하는 용액을 섞으면 $PbCl_2$ 침전이 생긴다. $PbCl_2$의 $K_{sp} = 1.7\times10^{-5}$이다.

(1) ① $[Cl^-] = 0.10M$일 때, Pb^{2+}의 농도와,

② $[Pb^{2+}] = 0.10M$일 때, Cl^-의 농도를 구하여라.

(2) $1.0\times10^{-3}M$의 Sr^{2+} 용액에 크롬산 이온을 넣는다. $SrCrO_4$의 K_{sp}는 3.6×10^{-5}이다. 침전이 생성되게 하려면 최소한 CrO_4^{2-}의 농도는 몇 M 이상이어야 하는가?

5. 0.01M Cl^- 이온과 0.01M Br^- 이온을 포함하는 용액에 질산은을 천천히 첨가한다. AgCl이 침전하지 않고 AgBr이 침전하기 시작하는 데 필요한 Ag^+이온의 농도(mol/L)를 계산하시오. (단, K_{sp}(AgCl) = 1.0×10^{-10}, K_{sp}(AgBr) = 1.0×10^{-13}이다.)

6. $1.4\times10^{-3}M$ Pb^{2+} 이온과 $1.0\times10^{-4}M$ Cu^+ 이온의 혼합 용액에 I^- 이온을 첨가할 때 가장 먼저 침전되는 물질은? (단, PbI_2와 CuI의 K_{sp}는 각각 1.4×10^{-8}, 5.3×10^{-12}이다.)

7. 어떤 금속 이온 N^{2+}와 M^{2+}의 농도가 각각 0.01M인 혼합 용액에 NaOH를 가하여 둘 중 하나만 선택적으로 침전시킬 수 있는 최대 pH는 대략 얼마인가?

$$N(OH)_2(s) \rightleftarrows N^{2+}(aq) + 2OH^-(aq) \qquad K_{sp,N} = 1.6\times10^{-15}$$

$$M(OH)_2(s) \rightleftarrows M^{2+}(aq) + 2OH^-(aq) \qquad K_{sp,M} = 1.0\times10^{-12}$$

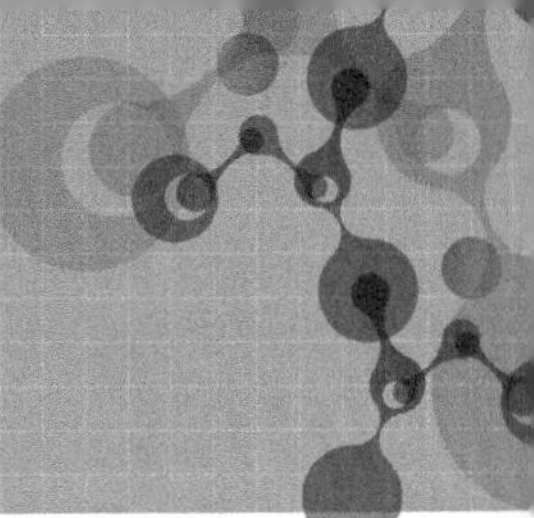

CHAPTER 08

환경 화학

정답 p. 298

대표 유형 기출 문제

09 지방직 9급 09

1. 성층권에 도달하여 오존층을 파괴하는 물질을 모두 고른 것은?

ㄱ. CF_2Cl_2	ㄴ. $CFCl_3$
ㄷ. CF_3CHCl_2	ㄹ. CF_3CF_2H

① ㄱ　② ㄱ, ㄴ
③ ㄱ, ㄴ, ㄷ　④ ㄱ, ㄴ, ㄷ, ㄹ

10 지방직 9급 01

2. 다음 중 산성비의 피해를 가장 많이 입을 수 있는 건축 재료는?

① 대리석　② 화강암
③ 유리　④ 모래

10 지방직 9급 08

3. 산성비의 형성과 관계없는 반응은?

① $CO + H_2O \rightarrow HCO_2H$
② $2NO_2 + H_2O \rightarrow HNO_2 + HNO_3$
③ $SO_3 + H_2O \rightarrow H_2SO_4$
④ $2SO_2 + O_2 \rightarrow 2SO_3$

11 지방직 9급 05

4. 오존층 파괴와 관련된 설명으로 옳지 않은 것은?

① 오존층 파괴는 CFC 내에 존재하는 Cl에 의해 진행된다.
② 냉매와 공업용매로 많이 사용되는 CFC는 공기와 화학적인 반응성이 크다.
③ 오존층 파괴의 주된 화학물질로 알려진 CFC는 클로로플루오로카본의 약자이다.
④ 오존층에 존재하는 오존은 자외선으로부터 지구의 생명체를 보호하는 역할을 한다.

11 지방직 9급 15

5. 산성비에 대한 설명으로 옳지 않은 것은?

① 산성비는 대리석을 부식시킨다.
② 산성비로 인한 호수의 산성화를 막기 위하여 염화칼슘을 사용한다.
③ 질소산화물은 산성비의 원인 물질 중 하나이다.
④ 화석연료에 대한 탈황시설의 설치를 의무화하면 산성비를 줄일 수 있다.

14 지방직 9급 02

6. 다음 화합물 중 물에 녹았을 때 산성 용액을 형성하는 것의 개수는?

SO_2	NH_3	BaO	$Ba(OH)_2$

① 1　② 2　③ 3　④ 4

15 지방직 9급 17

7. 대기 중에서 일어날 수 있는 다음 반응 중 산성비 형성과 관계가 없는 것은?

① $O_3(g) \rightarrow O_2(g) + O(g)$
② $S(s) + O_2(g) \rightarrow SO_2(g)$
③ $N_2(g) + O_2(g) \rightarrow 2NO(g)$
④ $SO_3(g) + H_2O(l) \rightarrow H_2SO_4(aq)$

15 지방직 9급 20

8. 광화학 스모그를 일으키는 주된 물질은?

① 이산화탄소　② 이산화황
③ 질소 산화물　④ 프레온 가스

16 지방직 9급 08

9. 대기 오염 물질인 기체 A, B, C가 〈보기 1〉과 같을 때 〈보기 2〉의 설명 중 옳은 것만을 모두 고른 것은?

보기 1

A : 연료가 불완전 연소할 때 생성되며, 무색이고 냄새가 없는 기체이다.
B : 무색의 강한 자극성 기체로, 화석 연료에 포함된 황 성분이 연소 과정에서 산소와 결합하여 생성된다.
C : 자극성 냄새를 가진 기체로 물의 살균 처리에도 사용된다.

보기 2

ㄱ. A는 헤모글로빈과 결합하면 쉽게 해리되지 않는다.
ㄴ. B의 수용액은 산성을 띤다.
ㄷ. C의 성분 원소는 세 가지이다.

① ㄱ, ㄴ　② ㄱ, ㄷ
③ ㄴ, ㄷ　④ ㄱ, ㄴ, ㄷ

17 지방직 9급 11

10. 화석 연료는 주로 탄화수소(C_nH_{2n+2})로 이루어지며, 소량의 황, 질소 화합물을 포함하고 있다. 화석 연료를 연소하여 에너지를 얻을 때, 연소 반응의 생성물 중에서 산성비 또는 스모그의 주된 원인이 되는 물질이 아닌 것은?

① CO_2　② SO_2
③ NO　④ NO_2

18 지방직 9급 04

11. 방사성 실내 오염 물질은?

① 라돈(Rn) ② 이산화질소(NO_2)
③ 일산화탄소(CO) ④ 폼알데하이드(CH_2O)

18 지방직 9급 18

12. 물과 반응하였을 때, 산성이 아닌 것은?

① 에테인(C_2H_6) ② 이산화황(SO_2)
③ 일산화질소(NO) ④ 이산화탄소(CO_2)

19 지방직 9급 06

13. 온실 가스가 아닌 것은

① $CO_2(g)$ ② $H_2O(g)$
③ $N_2(g)$ ④ $CH_4(g)$

21 지방직 9급 12

14. 광화학 스모그 발생과정에 대한 설명으로 옳지 않은 것은?

① NO는 주요 원인 물질 중 하나이다.
② NO_2는 빛 에너지를 흡수하여 산소 원자를 형성한다.
③ 중간체로 생성된 하이드록시라디칼은 반응성이 약하다.
④ O_3는 최종 생성물 중 하나이다.

23 지방직 9급 20

15. 대기 오염 물질에 대한 설명으로 옳지 않은 것은?

① 이산화황(SO_2)은 산성비의 원인이 된다.
② 휘발성 유기 화합물(VOCs)은 완전 연소된 화석 연료로부터 주로 발생한다.
③ 일산화탄소(CO)는 혈액 속 헤모글로빈과 결합하여 산소 결핍을 유발한다.
④ 오존(O_3)은 불완전 연소된 탄화수소, 질소 산화물 산소 등의 반응으로 생성되기도 한다.

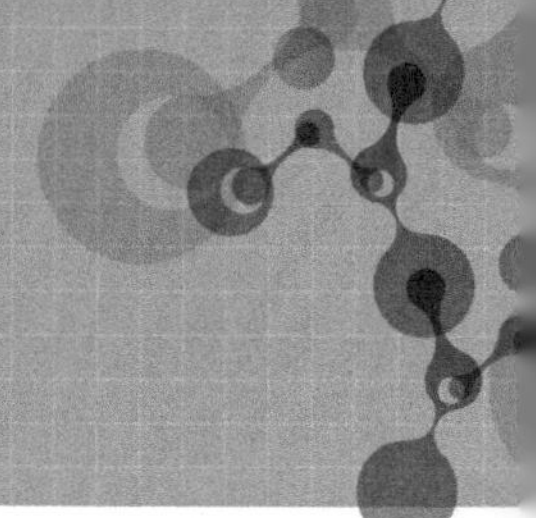

CHAPTER 09 전기 화학

제1절 산화수와 양적 관계

정답 p. 300

대표 유형 기출 문제

산화-환원 반응

09 지방직 9급 08

1. 다음 반응 중 산화-환원 반응이 아닌 것을 모두 고른 것은?

ㄱ. 프로판의 연소
ㄴ. 착화합물의 형성
ㄷ. 물의 전기 분해
ㄹ. 건전지에서 일어나는 반응
ㅁ. 산성비에 의한 대리석상의 손상

① ㄱ, ㄴ, ㄹ　② ㄱ, ㄷ, ㅁ
③ ㄴ, ㅁ　④ ㄷ, ㄹ

17 지방직 9급(상) 01

2. 다음 중 산화-환원 반응이 아닌 것은?

① $2Al + 6HCl \rightarrow 3H_2 + 2AlCl_3$
② $2H_2O \rightarrow 2H_2 + O_2$
③ $2NaCl + Pb(NO_3)_2 \rightarrow PbCl_2 + 2NaNO_3$
④ $2NaI + Br_2 \rightarrow 2NaBr + I_2$

18 지방직 9급 16

3. 다음 중 산화-환원 반응은?

① $Na_2SO_4(aq) + Pb(NO_3)_2(aq) \rightarrow PbSO_4(s) + 2NaNO_3(aq)$
② $3KOH(aq) + Fe(NO_3)_3(aq) \rightarrow Fe(OH)_3(s) + 3KNO_3(aq)$
③ $AgNO_3(aq) + NaCl(aq) \rightarrow AgCl(s) + NaNO_3(aq)$
④ $2CuCl(aq) \rightarrow CuCl_2(aq) + Cu(s)$

18 지방직 7급 04

4. 환원 반응이 아닌 것은?

① Fe^{3+}가 Fe^{2+}로 되었다.
② 이황화물(R-S-S-R)이 두 개의 싸이올(R-SH)로 되었다.
③ 메테인이 이산화탄소로 되었다.
④ $SnO_2(s)$가 $Sn(s)$으로 되었다.

19 지방직 7급 01

5. 다음 산화환원 반응식에서 산화제와 환원제를 바르게 연결한 것은?

$$5Fe^{2+} + MnO_4^- + 8H^+ \rightarrow 5Fe^{3+} + Mn^{2+} + 4H_2O$$

	산화제	환원제
①	H^+	MnO_4^-
②	H^+	Fe^{2+}
③	MnO_4^-	Fe^{2+}
④	MnO_4^-	H^+

20 지방직 9급 15

6. 다음 중 산화-환원 반응은?

① $HCl(g) + NH_3(g) \rightarrow NH_4Cl(s)$

② $HCl(aq) + NaOH(aq) \rightarrow H_2O(l) + NaCl(aq)$

③ $Pb(NO_3)_2(aq) + 2KI(aq) \rightarrow PbI_2(s) + 2KNO_3(aq)$

④ $Cu(s) + 2Ag^+(aq) \rightarrow 2Ag(s) + Cu^{2+}(aq)$

21 지방직 7급 02

7. 산화-환원 반응에 대한 설명으로 옳지 않은 것은?

① 산화제의 산화수는 증가한다.

② 반응물 중 하나는 산화되고, 다른 하나는 환원된다.

③ 환원제는 산화된다.

④ 환원제는 전자를 잃는다.

21 지방직 7급 13

8. 음극화 보호(cathodic protection)를 이용하여 철(Fe)의 부식을 막을 수 있는 원소는?

① 마그네슘(Mg) ② 니켈(Ni)

③ 구리(Cu) ④ 납(Pb)

산화수

12 지방직 7급 12

9. 다음 반응에 대한 〈보기〉의 설명 중 옳은 것을 모두 고른 것은?

$$Cd(s) + NiO_2(s) + 2H_2O(l) \rightarrow Cd(OH)_2(s) + Ni(OH)_2(s)$$

보기

ㄱ. Cd는 반응 후 산화수가 증가한다.
ㄴ. NiO_2는 산화제로 작용한다.
ㄷ. H_2O는 산화제이며 환원제이다.

① ㄱ　　② ㄱ, ㄴ
③ ㄴ, ㄷ　　④ ㄱ, ㄴ, ㄷ

12 국가직 7급 12

10. 다음은 은(Ag)을 진한 질산에 넣었을 때 일어나는 산화－환원 반응식이다. 이에 대한 설명으로 옳은 것은? (단, ㉠~㉣은 화학 반응식의 양론 계수이다.)

$$Ag(s) + (㉠)NO_3^-(aq) + (㉡)H^+(aq) \rightarrow Ag^+(aq) + (㉢)NO_2(g) + (㉣)H_2O(l)$$

① ㉡과 ㉣은 각각 2와 1이다.
② NO_3^-는 환원제이다.
③ H^+는 산화제이다.
④ Ag 1몰이 NO_3^- 3몰과 반응한다.

12 국가직 7급 04

11. 환원제(Reducing agent)에 대한 설명 중 가장 관련이 적은 것은?

① 상대 물질에서 전자를 빼앗는다.
② 상대 물질에서 산소를 빼앗는다.
③ 상대 물질에 수소를 제공한다.
④ $NaBH_4$와 N_2H_4를 예로 들 수 있다.

13 지방직 7급 18

12. 14족 원소 주석(Sn)의 염화물과 관련된 다음 반응에 대한 설명으로 옳은 것은?

$$SnCl_2(s) + Cl^-(aq) \rightarrow SnCl_3^-(aq)$$
$$SnCl_4(l) + 2Cl^-(aq) \rightarrow SnCl_6^{2-}(aq)$$

① 두 반응 모두 산화－환원 반응이다.
② $SnCl_3^-$의 Sn은 비공유 전자쌍을 갖지 않는다.
③ $SnCl_4$는 루이스 염기이다.
④ $SnCl_4$에서 Sn의 혼성 오비탈은 sp^3이다.

15 지방직 9급 07

13. 산화수에 대한 설명으로 옳은 것만을 모두 고른 것은?

ㄱ. 화학 반응에서 산화수가 감소하는 물질은 환원제이다.
ㄴ. 화합물에서 수소의 산화수는 항상 +1이다.
ㄷ. 홑원소 물질을 구성하는 원자의 산화수는 0이다.
ㄹ. 단원자 이온의 산화수는 그 이온의 전하수와 같다.

① ㄱ, ㄴ　　② ㄱ, ㄷ
③ ㄴ, ㄹ　　④ ㄷ, ㄹ

16 지방직 9급 04

14. 밑줄 친 원자(C, Cr, N, S)의 산화수가 옳지 않은 것은?

① $H\underline{C}O_3^-$, +4　　② $\underline{Cr}_2O_7^{2-}$, +6
③ $\underline{N}H_4^+$, +5　　④ $\underline{S}O_4^{2-}$, +6

16 지방직 9급 15

15. 아래 반응에서 산화되는 원소는?

$$14HNO_3 + 3Cu_2O \rightarrow 6Cu(NO_3)_2 + 2NO + 7H_2O$$

① H　　② N
③ O　　④ Cu

16 지방직 7급 18

16. 다음 산화-환원 반응에서 산화제와 환원제는?

$$16H^+(aq) + 2Cr_2O_7^{2-}(aq) + C_2H_5OH(l) \rightarrow 4Cr^{3+}(aq) + 11H_2O(l) + 2CO_2(g)$$

	산화제	환원제
①	H^+	$Cr_2O_7^{2-}$
②	H^+	C_2H_5OH
③	C_2H_5OH	$Cr_2O_7^{2-}$
④	$Cr_2O_7^{2-}$	C_2H_5OH

18 지방직 9급 07

17. 산화수 변화가 가장 큰 원소는?

$$PbS(s) + 4H_2O_2(aq) \rightarrow PbSO_4(s) + 4H_2O(l)$$

① Pb　　② S
③ H　　④ O

18 지방직 7급 04

18. 다음 산화환원 반응에 대한 설명으로 옳지 않은 것은?

$$PbO(s) + CO(g) \rightarrow Pb(s) + CO_2(g)$$

① 납 산화물을 일산화탄소로 처리하여 납 금속을 만드는 반응이다.
② PbO는 산화제이다.
③ 반응을 통해 CO는 산화되었다.
④ 환원된 생성물 Pb의 산화수는 +2이다.

19 지방직 9급 10

19. 수용액에서 $HAuCl_4(s)$를 구연산(citric acid)과 반응시켜 금 나노입자 $Au(s)$를 만들었다. 이에 대한 설명으로 옳은 것만을 모두 고르면?

보기
ㄱ. 반응 전후 Au의 산화수는 +5에서 0으로 감소하였다.
ㄴ. 산화-환원 반응이다.
ㄷ. 구연산은 환원제이다.
ㄹ. 산-염기 중화 반응이다.

① ㄱ, ㄴ　　② ㄱ, ㄷ
③ ㄴ, ㄷ　　④ ㄴ, ㄹ

19 지방직 9급 17

20. $KMnO_4$에서 Mn의 산화수는?

① +1　② +3
③ +5　④ +7

19 지방직 7급 12

21. 중크롬산포타슘($K_2Cr_2O_7$)과 크롬산포타슘(K_2CrO_4)에 포함된 크로뮴(Cr)의 산화수를 바르게 연결한 것은?

	$K_2Cr_2O_7$	K_2CrO_4
①	+6	+5
②	+6	+6
③	+8	+5
④	+8	+6

20 지방직 9급 11

22. 반응식 $P_4(s)+10Cl_2(g) \rightarrow 4PCl_5(s)$에서 환원제와 이를 구성하는 원자의 산화수 변화를 옳게 짝지은 것은?

	환원제	반응 전 산화수	반응 후 산화수
①	$P_4(s)$	0	+5
②	$P_4(s)$	0	+4
③	$Cl_2(g)$	0	+5
④	$Cl_2(g)$	0	−1

20 지방직 7급 15

23. 다음 화학 반응식에 대한 설명으로 옳지 않은 것은?

(가) $2AgNO_3(aq) + Cu(s) \rightarrow Cu(NO_3)_2(aq) + 2Ag(s)$
(나) $3AgNO_3(aq) + K_3PO_4(aq) \rightarrow Ag_3PO_4(s) + 3KNO_3(s)$
(다) $4KClO_3(s) \rightarrow KCl(s) + 3KClO_4(s)$

① (가)에서 Cu는 환원제이다.
② $AgNO_3$의 N의 산화수는 K_3PO_4의 P의 산화수와 같다.
③ (나)는 산화환원 반응이다.
④ (다)에서 $KClO_3$는 산화제인 동시에 환원제이다.

21 지방직 9급 20

24. 다음은 철의 제련 과정과 관련된 화학 반응식이다. 이에 대한 설명으로 옳지 않은 것은?

(가) $2C(s) + O_2(g) \rightarrow 2CO(g)$
(나) $Fe_2O_3(s) + 3CO(g) \rightarrow 2Fe(s) + 3CO_2(g)$
(다) $CaCO_3(s) \rightarrow CaO(s) + CO_2(g)$
(라) $CaO(s) + SiO_2(s) \rightarrow CaSiO_3(l)$

① (가)에서 C의 산화수는 증가한다.
② (가)~(라) 중 산화−환원 반응은 2가지이다.
③ (나)에서 CO는 환원제이다.
④ (다)에서 Ca의 산화수는 변한다.

21 지방직 7급 04

25. 인(P)의 산화수가 다른 분자는?

① P_4O_6 ② $Mg_2P_2O_7$
③ $(NH_4)_2HPO_4$ ④ H_3PO_4

22 지방직 9급 06

26. 황(S)의 산화수가 나머지와 다른 것은?

① H_2S ② SO_3
③ $PbSO_4$ ④ H_2SO_4

이온 전자법과 산화-환원 반응의 양적 관계

09 국가직 7급 03

27. 산성 용액에서 과산화수소(H_2O_2)는 Fe(II)이온을 Fe(III)이온으로 산화시킨다. 이 반응을 올바르게 표현한 반응식은?

① $H_2O_2 + 2H_3O^+ + Fe^{2+} \rightarrow 4H_2O + Fe^{3+}$
② $H_2O_2 + 2H_3O^+ + 2Fe^{2+} \rightarrow 4H_2O + 2Fe^{3+}$
③ $H_2O_2 + H_3O^+ + Fe^{2+} \rightarrow 4H_2O + Fe^{3+}$
④ $4H_2O_2 + 2Fe^{2+} \rightarrow H_2O + 2H_3O^+ + 2Fe^{3+}$

11 국가직 7급 17

28. C(s) 혹은 CO(g)에 의해 산화철(Fe_xO_y)이 환원되어 Fe(s)와 $CO_2(g)$가 생성될 때, 그림과 같이 서로 다른 반응 비를 따른다. 옳지 않은 설명은?

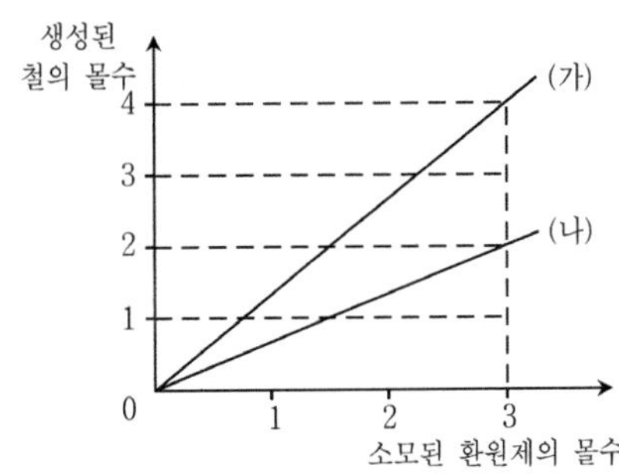

① 산화철은 탄소를 산화시키는 산화제로 작용한다.
② (나)에서 사용한 환원제는 C(s)이다.
③ 사용한 산화철의 화학식은 $Fe_2O_3(s)$이다.
④ 같은 양의 Fe(s)가 생성될 때, 발생되는 $CO_2(g)$의 양은 (나) 경우가 (가) 경우의 2배이다.

15 해양 경찰청 03

29. 다음 반응식에서 (　　) 안에 들어갈 알맞은 내용은?

$$MnO_4^- + 8H^+ + (\quad) \rightarrow Mn^{2+} + 4H_2O$$

① $2e^-$　　② $3e^-$
③ $4e^-$　　④ $5e^-$

16 국가직 7급 16

30. Fe^{2+}이온과 과망간산칼륨($KMnO_4$) 용액의 반응식은 다음과 같다. Fe^{2+}이온이 녹아있는 수용액을 0.10M 과망간산칼륨 수용액으로 적정하였다. 총 0.30L의 과망간산칼륨 수용액이 첨가되어 종말점에 이르렀다면, 적정 전 수용액에 들어있던 Fe^{2+}이온의 몰수는?

$$aMnO_4^-(aq) + bFe^{2+}(aq) + cH_3O^+(aq) \rightarrow dMn^{2+}(aq) + eFe^{3+}(aq) + fH_2O(l)$$

① 0.12　　② 0.15
③ 0.18　　④ 0.21

16 해양 경찰청 15

31. 과망가니즈산 이온은 황산 용액에서 철(II) 이온을 철(III) 이온으로 변화시키고 과망가니즈산 이온 자신은 망가니즈(II) 이온으로 변한다. 이 반응의 산화 반쪽 반응식과 환원 반쪽 반응식은 다음과 같다.

$$Fe^{2+} \rightarrow Fe^{3+} + e^-$$
$$MnO_4^- + aH^+ + be^- \rightarrow Mn^{2+} + cH_2O$$

이에 대한 설명으로 옳은 것은?

① $b+c$는 8이다.
② 과망가니즈산 이온(MnO_4^-)은 산화된다.
③ 수소 이온(H^+)은 산화제이다.
④ 5몰의 철(Ⅱ)이온이 철(Ⅲ)이온으로 변할 때 반응하는 과망가니즈산 이온은 1몰이다.

18 서울시 9급(2회) 15

32. 과망간산칼륨($KMnO_4$)은 산화제로 널리 쓰이는 시약이다. 염기성 용액에서 과망간산 이온은 물을 산화시키며 이산화망간으로 환원되는데, 이때의 화학 반응식으로 가장 옳은 것은?

① $MnO_4^-(aq) + H_2O(l) \rightarrow MnO_2(s) + H_2(g) + OH^-(aq)$
② $MnO_4^-(aq) + 6H_2O(l) \rightarrow MnO_2(s) + 2H_2(g) + 8OH^-(aq)$
③ $4MnO_4^-(aq) + 2H_2O(l) \rightarrow 4MnO_2(s) + 3O_2(g) + 4OH^-(aq)$
④ $2MnO_4^-(aq) + 2H_2O(l) \rightarrow 2Mn^{2+}(aq) + 3O_2(g) + 4OH^-(aq)$

18 서울시 7급(3회) 02

33. 〈보기〉의 반응식에 대한 설명으로 가장 옳지 않은 것은?

보기

$5H_2O_2 + 2MnO_4^- + 6H^+ \rightarrow 2Mn^{2+} + 8H_2O + xO_2$

① $x = 5$이다.
② H_2O_2는 환원되었다.
③ MnO_4^-는 산화제이다.
④ 반응 전후 화합물 내 H의 산화수는 모두 같다.

19 국가직 7급 10

34. 다음은 산성 수용액에서 일어나는 산화-환원의 불균형 반응식이다. 이에 대한 설명으로 옳지 않은 것은?

$MnO_4^-(aq) + C_2O_4^{2-}(aq) \rightarrow Mn^{2+}(aq) + CO_2(g)$

① MnO_4^-에서 Mn의 산화수는 +7이다.
② C의 산화수는 2만큼 증가한다.
③ 균형 반응식에서 H_2O는 생성물로 나타난다.
④ 균형 반응식에서 MnO_4^-와 $C_2O_4^{2-}$의 몰비는 2 : 5 이다.

21 서울시 7급(2회) 14

35. 산성 수용액에서 H_2O_2와 Fe^{2+}의 산화-환원 반응이 일어난 H_2O와 Fe^{3+}이 생성되는 과정에 대한 설명으로 가장 옳은 것은?

① H_2O_2 1몰이 반응할 때 Fe^{3+} 2몰이 생성된다.
② H_2O_2 1몰이 반응할 때 전자 1몰이 이동한다.
③ O의 산화수는 2만큼 낮아진다.
④ 반응의 진행과 함께 수용액의 pH가 낮아진다.

21 국가직 7급 17

36. 다음은 산성 용액에서 일어나는 산화-환원 과정의 불균형 반응식이다.

$Sn(s) + Cl^-(aq) + NO_3^-(aq) \rightarrow SnCl_6^{2-}(aq) + NO_2(g)$

이 과정에 대한 설명으로 옳은 것은?

① Cl의 산화수는 감소한다.
② NO_3^-은 환원제이다.
③ 1몰의 Sn이 반응할 때 4몰의 H_2O이 생성된다.
④ 1몰의 Sn이 반응할 때 2몰의 전자가 이동한다.

22 지방직 7급 09

37. 다음 화학 반응식은 산성 용액에서 과망가니즈산 이온과 철 이온 사이의 반응을 나타낸 것이다. 이에 대한 설명으로 옳은 것만을 모두 고르면? (단, $a \sim f$는 최소 정수비를 가진다.)

$aMnO_4^-(aq) + bFe^{2+}(aq) + cH^+(aq) \rightarrow dFe^{3+}(aq) + eMn^{2+}(aq) + fH_2O(l)$

ㄱ. 전체 반응식의 균형을 맞추기 위해서는 8개의 수소 양이온이 필요하다.
ㄴ. 전체 반응식의 균형을 맞추기 위해서는 6개의 전자가 필요하다.
ㄷ. 철 이온은 환원제로 사용되었다.
ㄹ. $a+b+d+e = 14$

① ㄱ, ㄷ　② ㄴ, ㄹ
③ ㄱ, ㄷ, ㄹ　④ ㄴ, ㄷ, ㄹ

22 서울시 7급(3회) 05

38. 산성 용액에서 화학 반응($MnO_4^- + ClO_3^- \rightarrow Mn^{2+} + ClO_4^-$)의 균형 잡힌 반응식을 구했을 때 총 계수의 합은?

① 23　② 25
③ 27　④ 29

22 서울시 7급(3회) 15

39. 산성 조건에서 진행되는 〈보기〉의 산화-환원 반응의 균형을 맞추었을 때, α, β, γ, δ의 합은?

보기

$$\alpha Cl_2(g) + \beta S_2O_3^{2-}(aq) \rightarrow \gamma Cl^-(aq) + \delta SO_4^{2-}(aq)$$

① 8　② 10
③ 15　④ 16

22 국가직 7급 25

40. 다이크로뮴산 소듐($Na_2Cr_2O_7$)은 탄소와 반응하여 산화 크로뮴(Ⅲ), 탄산 소듐, 일산화탄소를 생성한다. 이에 대한 설명으로 옳은 것만을 모두 고르면?

ㄱ. 반응물인 탄소는 환원제로 작용한다.
ㄴ. 반응에서 Cr의 산화수 변화는 −4이다.
ㄷ. 생성물에서 탄소 원자의 산화수는 동일하다.
ㄹ. 균형 맞춘 반응식에서 두 반응물의 반응 계수 비는 1 : 1이다.

① ㄱ　② ㄴ
③ ㄱ, ㄹ　④ ㄴ, ㄷ, ㄹ

22 해양 경찰청 06

41. 과망간산칼륨($KMnO_4$)은 산화제로 널리 쓰이는 시약이다. 염기성 용액에서 과망간산 이온은 물을 산화시키며 이산화망간으로 환원되는데 이때의 화학 반응식으로 가장 옳은 것은?

① $MnO_4^-(aq) + H_2O(l) \rightarrow MnO_2(s) + H_2(g) + OH^-(aq)$
② $MnO_4^-(aq) + 6H_2O(l) \rightarrow MnO_2(s) + 2H_2(g) + 8OH^-(aq)$
③ $4MnO_4^-(aq) + 2H_2O(l) \rightarrow 4MnO_2(s) + 3O_2(g) + 4OH^-(aq)$
④ $4MnO_4^-(aq) + 4H_2O(l) \rightarrow 4Mn^{2+}(aq) + 6O_2(g) + 8OH^-(aq)$

23 지방직 9급 12

42. 다음은 산성 수용액에서 일어나는 균형 화학 반응식이다. 염기성 조건에서의 균형 화학 반응식으로 옳은 것은?

$$Co(s) + 2H^+(aq) \rightarrow Co^{2+}(aq) + H_2(g)$$

① $Co^{2+}(aq) + H_2(g) \rightarrow Co(s) + 2H^+(aq)$
② $Co(s) + 2OH^-(aq) \rightarrow Co^{2+}(aq) + H_2(g)$
③ $Co(s) + H_2O(l) \rightarrow Co^{2+}(aq) + OH^-(aq)$
④ $Co(s) + 2H_2O(l) \rightarrow Co^{2+}(aq) + 2OH^-(aq) + H_2(g)$

주관식 개념 확인 문제

43. 다음 화학식에서 밑줄친 원소의 산화수를 구하여라.

① $K\underline{Mn}O_4$　　② $Na_2\underline{S_2}O_3$

③ $\underline{Cr_2}O_7^{2-}$　　④ $\underline{N}H_4\underline{N}O_3$

44. 다음 반응에서 SO_2는 산화제인가? 아니면 환원제인가?

① $SO_2 + Cl_2 + H_2O \rightarrow H_2SO_4 + 2HCl$

② $SO_2 + 2H_2S \rightarrow 2H_2O + 3S$

※[45~46] 다음 반응에서 산화제와 환원제를 결정하시오.

45. $Cu + 2H_2SO_4 \rightarrow CuSO_4 + H_2O + SO_2$

46. $2HBr + Cl_2 \rightarrow 2HCl + Br_2$

47. 과거에는 부도체로만 알려졌던 고체 상태의 산화물 중 일부에서 최근 들어 초전도 현상이 발견되었다. 예를 들면, $YBa_2Cu_3O_7$의 화학식을 갖는 산화물은 저온에서 초전도 현상을 나타낸다. 이 화합물의 구성 원소들의 산화수를 조사하였더니 이트륨은 +3, 바륨은 +2, 산소는 −2, 구리는 +2와 +3의 두 가지 산화수를 지니고 있었다. 이 초전도 물질에 존재하는 Cu^{2+}와 Cu^{3+}의 몰 비는 얼마인가?

48. 다음 산화−환원 반응식을 산화수법으로 완결하여라.

(1) $Cu + H^+ + NO_3^- \rightarrow Cu^{2+} + NO + H_2O$

(2) $Cr_2O_7^{2-} + Fe^{2+} + H^+ \rightarrow Cr^{3+} + Fe^{3+} + H_2O$

49. 염기성 용액에서 염소 분자는 Cl^-와 ClO_3^-로 자체 산화-환원 반응이 일어난다. 반쪽 반응(이온-전자)법에 의하여 산화-환원 반응식을 완결하여라.

50. $Sn^{2+} + MnO_4^- + H^+ \rightarrow Sn^{4+} + Mn^{2+} + H_2O$

다음 물음에 답하시오.

(1) 위의 산화-환원 반응식을 완결하여라.

(2) 0.1M $SnCl_2$ 용액 500mL로 $KMnO_4$ 용액 100mL를 산화-환원 적정하였다면 $KMnO_4$의 농도는 몇 M인가?

51. NaCl과 $SnCl_2$가 혼합된 시료를 산성 조건에서 중크롬산 염 용액으로 적정하고자 한다. 이 때 중크롬산염 용액은 1.47g의 $K_2Cr_2O_7$을 물에 녹여 최종 부피가 0.25L로 만들었다. 2.0g의 시료를 물에 녹여 적정한 결과 $K_2Cr_2O_7$용액 50mL가 필요하였다. 시료에 함유되어 있는 $SnCl_2$의 백분율(%)을 구하여라. (단, Sn^{2+}의 산화 생성물은 Sn^{4+}이고, 중크롬산염의 환원 생성물은 Cr^{3+}이다. 화학식량은 $K_2Cr_2O_7 = 294$, $SnCl_2 = 190$이다.)

52. $KMnO_4$의 MnO_4^-는 Mn^{2+}의 상태까지 환원될 수 있다. 산성 용액에 들어 있는 0.23g의 에탄올(분자량은 46.00)을 아세트산으로 산화하는 데 필요한 0.050M $KMnO_4$ 용액의 최소 부피는 얼마이겠는가?

53. 1.19g의 Sn이 진한 염산(HCl)과 질산(HNO_3)의 혼합 용액에서의 반응으로 $SnCl_6^{2-}$과 기체 NO_2가 생성된다. 발생한 $NO_2(g)$의 질량을 구하시오. (단, H, N, O, Sn의 원자량은 각각 1, 14, 16, 119이다.)

기본 문제

산화－환원 반응

54. 다음 기술된 현상 중에서 산화－환원 반응과 관계 없는 것은?

① 빵 굽는 소다를 이용하여 빵을 부풀린다.
② 머리카락을 염색할 때 과산화수소수를 사용한다.
③ 승용차 엔진에서 가솔린의 연소로 물과 이산화탄소가 발생한다.
④ 사진 필름을 현상하고 정착제를 이용하여 네가티브 사진을 만든다.

55. 다음 반응에서 괄호 안에 "주어진 원소"가 환원되는 반응만을 모은 것은?

a. $2H_2+O_2 \rightarrow 2H_2O$ (O 원자)
b. $2NaOH+H_2SO_4 \rightarrow Na_2SO_4+2H_2O$ (Na 이온)
c. $Zn+Cu^{2+} \rightarrow Zn^{2+}+Cu$ (Cu 이온)
d. $2H_2O_2 \rightarrow 2H_2O+O_2$ (H 원자)

① a, d　② a, c
③ b, c　④ b, d

56. 다음은 3가지 반응의 화학 반응식이다.

(가) $N_2H_4+2I_2 \rightarrow 4HI+N_2$
(나) $NH_3+H_2O \rightarrow NH_4^+ + OH^-$
(다) $HNO_3+NaOH \rightarrow NaNO_3+H_2O$

(가)~(다) 중 산화－환원 반응만을 있는 대로 고른 것은?

① (가)　② (나)
③ (가), (다)　④ (나), (다)
⑤ (가), (나), (다)

57. 다음의 각 반응식 중에서 산화－환원반응에 해당하는 것은?

① $BF_3(g)+NH_3(g) \rightarrow NH_3BF_3(s)$
② $AgNO_3(aq)+NaCl(aq) \rightarrow AgCl(s)+NaNO_3(aq)$
③ $Cu(s)+2H_2SO_4(aq) \rightarrow CuSO_4(aq)+SO_2(g)+2H_2O(l)$
④ $H_2SO_4(aq)+Ba(OH)_2(aq) \rightarrow BaSO_4(aq)+2H_2O(l)$
⑤ $HCl(aq)+H_2O(l) \rightarrow H_3O^+(aq)+Cl^-(aq)$

58. 〈보기〉의 금속 화학 반응에 대한 설명으로 가장 옳지 않은 것은?

보기
(가) 아연금속 조각을 아세트산 용액에 첨가하였다.
(나) 망간금속을 브롬증기와 반응시켰다.
(다) 알루미늄 호일을 질산은 용액에 첨가하였다.
(라) 탄산수소구리(Ⅰ)를 가열하여 분해하였다.

① 모두 산화－환원 반응이다.
② 치환 반응은 (가), (다)이다.
③ 생성물로 수소가 발생하는 반응은 (가)이다.
④ 생성물로 이산화탄소가 발생하는 반응은 (라)이다.

산화수

59. 다음 분자들 중에서 염소의 산화수가 가장 큰 것은?

① HCl　　② Cl_2
③ HClO　　④ Cl_2O_5
⑤ $HClO_4$

60. F_2O와 H_2O_2에서 산소의 산화수는 각각 얼마인가?

① −2, −2　　② −2, −1
③ +2, −1　　④ −2, −1/2

61. 다음 분자들에 존재하는 Cl의 산화수의 총합은?

$HClO_3$　　NaCl　　Cl_2

① 6　　② 5
③ 4　　④ 3

62. 아래의 화합물 중 바나듐 원자(V)의 산화수가 +3인 것은?

① $K_4[V(CN)_6]$　　② NH_4VO_2
③ VSO_4　　④ $VOSO_4$

63. 다음 화합물 중에서 합성이 불가능한 화합물은?

① Na_2O_2　　② ClO_4
③ Mn_2O_3　　④ P_4O_{10}

64. 다음 화학종의 중심 원자(Ca, Xe, P, Pd, Cr)의 산화수가 같은 것끼리 옳게 묶은 것은?

CaO　　XeF_6　　PO_4^{3-} $[PdCl_4]^{2-}$　　$[Cr(H_2O)_6]^{3+}$

① XeF_6　　PO_4^{3-}
② CaO　　$[PdCl_4]^{2-}$
③ $[PdCl_4]^{2-}$　　$[Cr(H_2O)_6]^{3+}$
④ CaO　　$[Cr(H_2O)_6]^{3+}$

65. 다음 설명 중 옳지 않은 것은?

① FeO에서 Fe의 산화수는 +2이다.
② N_2O_5에서 N의 산화수는 +5이다.
③ NaH에서 H의 산화수는 +1이다.
④ H_2SO_3에서 S의 산화수는 +4이다.

66. 표는 임의의 2주기 원소 X, Y의 수소 화합물 XH_4, YH_3과 Y의 플루오린 화합물 YF_3에서 중심 원자의 산화수를 나타낸 것이다. 세 화합물의 중심 원자는 옥텟 규칙을 만족한다.

화합물	XH_4	YH_3	YF_3
중심 원자의 산화수	-4	a	b

이에 대한 설명으로 옳은 것만을 〈보기〉에서 있는 대로 고른 것은?

보기
ㄱ. a와 b는 같다.
ㄴ. X의 플루오린 화합물 XF_4에서 X의 산화수는 $+4$이다.
ㄷ. Y의 산화물인 YO_2의 화학 반응 $2YO_2 \rightarrow 2YO + O_2$에서 Y의 산화수는 2만큼 감소한다.

① ㄱ　② ㄴ　③ ㄱ, ㄷ
④ ㄴ, ㄷ　⑤ ㄱ, ㄴ, ㄷ

67. 표는 1, 2주기 임의의 원소 A~D로 이루어진 몇 가지 분자에 대한 자료이다.

분자	BA_2	CB_2	D_2B
B의 산화수 절댓값	2	2	2

이에 대한 설명으로 옳은 것만을 〈보기〉에서 있는 대로 고른 것은? (단, 전기 음성도의 크기는 A>B>C>D이다.)

보기
ㄱ. BA_2의 구조는 직선형이다.
ㄴ. CB_2에서 C의 산화수는 $+4$이다.
ㄷ. $2D_2 + B_2 \rightarrow 2D_2B$ 반응에서 B_2는 환원제이다.

① ㄴ　② ㄷ　③ ㄱ, ㄴ
④ ㄱ, ㄷ　⑤ ㄴ, ㄷ

68. 표는 2주기 원소 X~Z로 구성된 화합물 XY_2, Y_2Z_2에 대한 자료이다.

화합물	Y의 산화수
XY_2	-2
Y_2Z_2	$+1$

X~Z의 전기음성도를 비교한 것으로 옳은 것은? (단, X~Z는 임의의 원소기호이다.)

① X > Y > Z　② X > Z > Y
③ Y > X > Z　④ Y > Z > X
⑤ Z > Y > X

69. 그림은 화합물 (가)~(다)를 구성하는 원소의 종류와 몰수 비율을 각각 나타낸 것이다. X~Z는 2주기 원소이다.

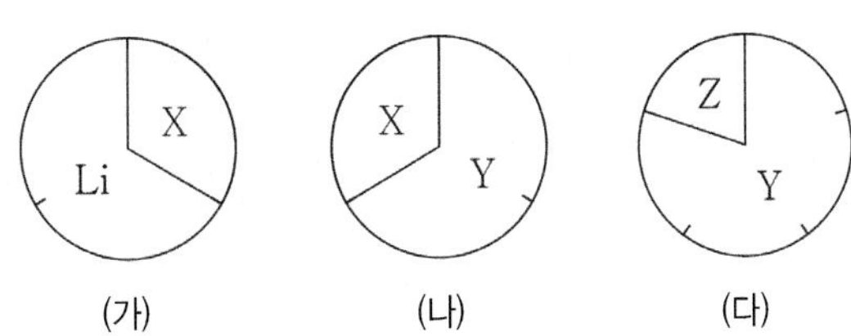

(가)　(나)　(다)

이에 대한 옳은 설명만을 〈보기〉에서 있는 대로 고른 것은? (단, X~Z는 임의의 원소 기호이다.)

보기
ㄱ. (나)에서 X와 Y는 옥텟 규칙을 만족한다.
ㄴ. (다)는 극성 분자이다.
ㄷ. (가)와 (나)에서 X의 산화수는 같다.

① ㄱ　② ㄴ　③ ㄱ, ㄷ
④ ㄴ, ㄷ　⑤ ㄱ, ㄴ, ㄷ

70. 다음은 3가지 화합물의 화학식과 이에 대한 학생과 선생님의 대화이다.

H_2O Li_2O $CaCO_3$

학생: 제시된 모든 화합물에서 산소(O)의 산화수는 −2입니다. 따라서 O가 포함된 화합물에서 O는 항상 −2의 산화수를 가진다고 생각합니다.
선생님: 꼭 그렇지는 않아요. 예를 들어 ㉠에서 O의 산화수는 −2가 아닙니다.

㉠에 들어갈 화합물로 적절한 것만을 <보기>에서 있는 대로 고른 것은?

보기

ㄱ. H_2O_2　　ㄴ. O_2F_2
ㄷ. CaO

① ㄱ　② ㄷ　③ ㄱ, ㄴ
④ ㄴ, ㄷ　⑤ ㄱ, ㄴ, ㄷ

분자의 구조식과 산화수

71. 다음은 어떤 분자의 구조식이며, 구성 원소의 전기음성도는 W < X < Y < Z이다.

$$\mathrm{W{-}X{=}\ddot{\underset{\cdot\cdot}{Z}}}\quad(\text{X–Y 단일 결합},\ :\!\ddot{\underset{\cdot\cdot}{Y}}\!:)$$

X의 산화수는? (단, W~Z는 임의의 원소 기호이다.)

① −4　② −2
③ 0　④ +2
⑤ +4

72. 다음은 분자 (가)~(다)의 루이스 구조식과 자료이다.

(가) $\mathrm{XH_4}$: H−X−H (X에 H 4개 결합)
(나) H−X=Ÿ (X에 H 2개 결합, Y에 비공유 전자쌍 2개)
(다) H−X−Ÿ−Z̈: (X에 H 3개 결합, Y에 비공유 전자쌍 2개, Z에 비공유 전자쌍 3개)

• X~Z는 2, 3주기 원소이다.
• X의 산화수는 (나)에서가 (가)에서보다 크다.
• Y의 산화수는 (나)에서와 (다)에서 같다.

이에 대한 설명으로 옳은 것만을 <보기>에서 있는 대로 고른 것은? (단, X~Z는 임의의 원소 기호이다.)

보기

ㄱ. (나)에서 X의 산화수는 0이다.
ㄴ. 전기음성도는 Z가 Y보다 크다.
ㄷ. Y의 산화수는 H_2Y_2에서와 (나)에서 같다.

① ㄱ　② ㄴ　③ ㄱ, ㄷ
④ ㄴ, ㄷ　⑤ ㄱ, ㄴ, ㄷ

73. 그림은 2주기 원소 X~Z로 이루어진 3가지 분자의 구조식을 나타낸 것이고, ㉠~㉢은 밑줄 친 각 원자의 산화수이다.

$$Y{=}\underset{㉠}{\underline{X}}{-}Z \qquad Z{-}\underset{㉡}{\underline{X}}(Z){-}X(Z){-}Z \qquad Z{-}\underset{㉢}{\underline{Y}}{-}Z$$

전기음성도가 X < Y <Z일 때, ㉠ + ㉡ + ㉢은?

(단, X~Z는 임의의 언소 기호이며, 분자 내에서 옥텟 규칙을 만족한다.)

① +8　　② +7
③ +6　　④ +5
⑤ +4

74. 그림은 수소(H)와 2주기 원소 X~Z로 이루어진 분자의 구조식을 나타낸 것이다. 이 분자에서 X~Z는 모두 음(−)의 산화수를 갖는다.

```
    H
    |
H - X - Y - Z - H
    |       |
    H       H
```

이 분자에서 X~Z의 산화수로 옳은 것은? (단, X~Z는 임의의 원소 기호이다.)

	X의 산화수	Y의 산화수	Z의 산화수
①	−2	−1	−2
②	−2	−2	−1
③	−2	−2	−2
④	−3	−1	−1
⑤	−3	−2	−2

화학 반응과 산화수

75. HOF에 있는 불소의 산화수와 HOCl에 있는 염소의 산화수를 합한 값은?

① −4　　② −2
③ −1　　④ 0

76. $SO_2 + 2H_2S \rightarrow 2H_2O + 3S$에서 산화제는 어느 물질이며, 산화제의 산화수의 변화를 바르게 표현 한 것은?

	산화제	산화수의 변화
①	SO_2	$+4 \rightarrow 0$
②	H_2S	$-2 \rightarrow 0$
③	H_2O	$+1 \rightarrow +1$
④	SO_2	$+4 \rightarrow +2$
⑤	H_2S^+	$+1 \rightarrow 0$

77. 질산(HNO_3)을 HNO_2로 전환시키기 위해서 필요한 것은?

① 산화제　　② 환원제
③ 산　　④ 약염기

78. 다음 반응식에서 한 원소가 산화와 환원을 동시에 일으키는 반응식을 골라라.

① $14HNO_3 + 3Cu_2O \rightarrow 6Cu(NO_3)_2 + 2NO + 7H_2O$

② $3H_2SO_4 + Cu \rightarrow Cu^{2+} + 2HSO_4^- + SO_2 + 2H_2O$

③ $2H^+ + Cu_2O \rightarrow Cu + Cu^{2+} + H_2O$

④ $Fe^{2+} + 2H^+ + NO_3^- \rightarrow Fe^{3+} + NO_2 + H_2O$

79. 〈보기〉의 반응식에 대한 설명으로 가장 옳지 않은 것은?

보기

$5H_2O_2 + 2MnO_4^- + 6H^+ \rightarrow 2Mn^{2+} + 8H_2O + xO_2$

① $x=5$이다.
② H_2O_2는 환원되었다.
③ MnO_4^-는 산화제이다.
④ 반응 전후 화합물 내 H의 산화수는 모두 같다.

80. 다음은 이산화황(SO_2)이 반응물인 세 가지 화학 반응식이다.

(가) $SO_2(g)+H_2O(l) \rightarrow H_2SO_3(aq)$
(나) $SO_2(g)+2H_2S(g) \rightarrow 3S(s)+2H_2O(l)$
(다) $SO_2(g)+2H_2O(l)+Cl_2(g) \rightarrow H_2SO_4(aq)+2HCl(aq)$

이에 대한 설명으로 옳은 것만을 〈보기〉에서 있는 대로 고른 것은?

보기

ㄱ. (가)에서 $SO_2(g)$은 산화되었다.
ㄴ. (나)에서 $SO_2(g)$은 산화제로 작용하였다.
ㄷ. $SO_2(g)$은 $Cl_2(g)$보다 더 강한 산화제이다.

① ㄴ ② ㄷ ③ ㄱ, ㄴ
④ ㄱ, ㄷ ⑤ ㄱ, ㄴ, ㄷ

81. 다음은 2가지 산화-환원 반응의 화학 반응식과, 생성물에서 X의 산화수를 나타낸 것이다.

(가) $X_2+2Y_2 \rightarrow X_2Y_4$
(나) $X_2+3Z_2 \rightarrow 2XZ_3$

생성물	X의 산화수
X_2Y_4	-2
XZ_3	$+3$

이에 대한 설명으로 옳은 것만을 〈보기〉에서 있는 대로 고른 것은? (단, X~Z는 임의의 1,2주기 원소 기호이다.)

보기

ㄱ. X_2Y_4에서 Y의 산화수는 +2이다.
ㄴ. (나)에서 X_2는 산화된다.
ㄷ. 분자 YZ에서 Y의 산화수는 0보다 작다.

① ㄱ ② ㄴ ③ ㄱ, ㄷ
④ ㄴ, ㄷ ⑤ ㄱ, ㄴ, ㄷ

82. 다음은 물질 X와 관련된 반응 (가), (나)의 화학 반응식이다.

(가) $2KClO_3 \rightarrow 2KCl + 3$ [X]
(나) $C_4H_8 + 6$ [X] $\rightarrow 4CO_2 + 4H_2O$

이에 대한 설명으로 옳은 것만을 〈보기〉에서 있는 대로 고른 것은?

보기

ㄱ. X는 O_2이다.
ㄴ. (가)는 산화-환원 반응이다.
ㄷ. (나)에서 C_4H_8은 산화제로 작용한다.

① ㄴ ② ㄷ ③ ㄱ, ㄴ
④ ㄱ, ㄷ ⑤ ㄱ, ㄴ, ㄷ

83. 다음은 2가지 반응의 화학 반응식이다.

(가) $3H_2S + 2HNO_3 \rightarrow 3S + 2NO + 4H_2O$
(나) $2Li + 2H_2O \rightarrow 2LiOH + H_2$

이에 대한 설명으로 옳은 것만을 〈보기〉에서 있는 대로 고른 것은?

보기

ㄱ. (가)는 산화-환원 반응이다.
ㄴ. (나)에서 Li은 환원제이다.
ㄷ. (나)에서 H의 산화수는 모두 같다.

① ㄱ ② ㄷ ③ ㄱ, ㄴ
④ ㄴ, ㄷ ⑤ ㄱ, ㄴ, ㄷ

산화-환원 반응의 양적 관계

84. 산성 용액에서 다음 산화-환원 반응의 계수를 맞추었을 때 과산화수소의 계수는?

$Cl_2O_7(aq) + H_2O_2(aq) \rightarrow ClO_2^-(aq) + O_2(g)$

① 1 ② 2
③ 4 ④ 7

85. 다음 반응식의 계수를 이온-전자법으로 맞추었을 때 계수 $a+b+c+d+e+f$는 얼마인가?

$aSn^{2+} + bCr_2O_7^{2-} + cH^+ \rightarrow dSn^{4+} + eCr^{3+} + fH_2O$

① 25 ② 30
③ 35 ④ 40

86. 일정량의 1M $FeSO_4$ 용액을 산성에서 $KMnO_4$ 용액으로 반응시켰다. 이 반응에 대한 산화-환원 반응식은 다음과 같다.

$Fe^{2+} + MnO_4^- + H^+ \rightarrow Fe^{3+} + Mn^{2+} + H_2O$

이 때 사용한 $FeSO_4$ 용액의 부피가 250mL라고 하면, 반응에 소모되는 H^+는 몇 몰인가?

① 0.1 ② 0.2
③ 0.3 ④ 0.4

87. 다음은 완성되지 않은 산화－환원 반응식을 나타낸 것이다. (단, H＝1, O＝16)

(가) $MnO_2 + H^+ + H_2O_2 \rightarrow Mn^{2+} + H_2O + O_2$
(나) $MnO_4^- + H^+ + Fe^{2+} \rightarrow Fe^{3+} + Mn^{2+} + H_2O$

위의 두 반응에 대한 다음 〈보기〉의 기술 중 옳은 것을 모두 고르면?

보기

ㄱ. 반응 (가)에서 환원제로 작용한 것은 H_2O_2이다.
ㄴ. 반응 (나)의 MnO_4^-에서 망간의 산화수는 ＋7이다.
ㄷ. 반응 (나)에서 MnO_4^- 1몰과 꼭 맞게 반응하는 Fe^{2+}는 5몰이다.
ㄹ. 반응 (가)에서 H_2O_2 3.4g이 반응했다면, 발생된 산소는 0℃, 1기압에서 1.12L이다.

① ㄱ, ㄴ, ㄷ
② ㄱ, ㄴ, ㄹ
③ ㄱ, ㄷ, ㄹ
④ ㄴ, ㄷ, ㄹ
⑤ ㄱ, ㄴ, ㄷ, ㄹ

88. $MnO_4^- + Fe^{2+} + H^+ \rightarrow Mn^{2+} + Fe^{3+} + H_2O$에서 0.1M $FeCl_2$ 수용액 100㎖를 산화시킬 때 필요한 0.1M $KMnO_4$ 수용액의 부피는 몇 ㎖인가?

① 10㎖
② 20㎖
③ 30㎖
④ 40㎖
⑤ 50㎖

89. 다음은 $KMnO_4$ 표준 용액과 H_2O_2를 이용하여 미지 시료의 요오드 함량을 구하기 위한 산화환원 반응식이다.

(가) $2MnO_4^- + 5H_2O_2 + 6H^+ \rightarrow 5O_2 + 2Mn^{2+} + 8H_2O$
(나) ⓐ H_2O_2 ＋ ⓑ I^- ＋ $2H^+$ → ⓒ I_2 ＋ ⓓ H_2O

이에 대한 옳은 설명만을 〈보기〉에서 있는 대로 고른 것은? (단, ⓐ～ⓓ는 반응 계수이다.)

보기

ㄱ. 환원력의 세기는 $MnO_4^- > H_2O_2 > I^-$이다.
ㄴ. (가)와 (나)에서 H_2O_2는 산화제로 작용한다.
ㄷ. (나)에서 ⓐ＋ⓑ＋ⓒ＋ⓓ는 6이다.

① ㄱ
② ㄷ
③ ㄱ, ㄴ
④ ㄴ, ㄷ
⑤ ㄱ, ㄴ, ㄷ

90. 다음은 구리(Cu)와 묽은 질산(HNO_3)의 산화－환원 반응식이다.

$$aCu + bNO_3^- + cH^+ \rightarrow aCu^{2+} + bX + dH_2O$$

반응식에서 X는 질소 산화물이며, a～d는 계수이다.

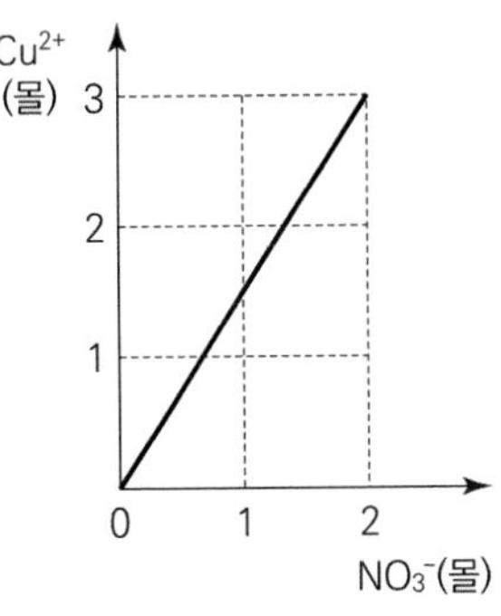

그림은 이 반응에서 반응한 NO_3^-의 몰수에 따른 생성물 Cu^{2+}의 몰수를 나타낸 것이다. $\frac{d}{a}$는?

① $\frac{2}{3}$　② $\frac{3}{4}$
③ 1　④ $\frac{4}{3}$
⑤ $\frac{8}{3}$

91. 다음은 과망가니즈산 칼륨($KMnO_4$)과 진한 염산($HCl(aq)$)이 반응하는 산화－환원 반응의 화학 반응식이다.

$$aKMnO_4 + bHCl(aq)$$
$$\rightarrow cKCl(aq) + dMnCl_2(aq) + 8H_2O(l) + 5Cl_2(g)$$

(a～d는 반응 계수)

이 반응에 대한 설명으로 옳은 것만을 〈보기〉에서 있는 대로 고른 것은?

보기

ㄱ. $HCl(aq)$은 산화제이다.
ㄴ. Mn의 산화수는 +7에서 +2로 감소한다.
ㄷ. $\frac{b}{a}=8$이다.

① ㄱ　② ㄴ　③ ㄷ
④ ㄱ, ㄷ　⑤ ㄴ, ㄷ

92. 다음은 에탄올(C_2H_5OH)이 분해되는 반응의 반쪽 반응식이다.

반응 1	$C_2H_5OH(aq) + 3H_2O(l) \rightarrow 2CO_2(g) + 12H^+(aq) + 12e^-$
반응 2	$Cr_2O_7^{2-}(aq) + H^+(aq) + e^- \rightarrow Cr^{3+}(aq) + H_2O(l)$

혈장 시료 50.0g에 함유된 (C_2H_5OH)을 적정하는데, 0.050M $K_2Cr_2O_7$ 40.0mL가 소모되었다. 혈장 시료 속의 C_2H_5OH 무게 %는? (단, 이 적정에서 반응 1과 2만 고려하며, 반응 2는 균형이 이루어지지 않았다. 반응 온도는 일정하고, 에탄올의 분자량은 46.0g/mol이다.)

① 0.023　　② 0.046
③ 0.069　　④ 0.092

제2절 화학 전지

정답 p.311

대표 유형 기출 문제

표준 환원 전위의 해석

12 지방직 7급 13

1. 다음 표준 환원 전위 표에 대한 설명으로 옳지 않은 것은?

환원 반쪽 반응	E°[V]
$A^{2+} + 2e^- \rightarrow A$	1.36
$B^+ + e^- \rightarrow B$	0.52
$C^{2+} + 2e^- \rightarrow C$	−0.45
$D^{3+} + 3e^- \rightarrow D$	−0.55

① A, B, C, D 중 A가 가장 강한 산화제이다.
② A, B, C, D 중 D가 가장 강한 환원제이다.
③ A^{2+}와 D로 이루어진 전지의 표준 전위(E°) 값은 1.91V이다.
④ B^+는 C를 C^{2+}로 산화시킬 수 없다.

16 국가직 7급 05

2. 25℃ 수용액에서 다음과 같은 표준 환원 전위(E°)가 측정되었다. 다음 반응식의 화학종 중에서 가장 강한 산화제는?

$Al^{3+}(aq) + 3e^- \rightarrow Al(s)$
$E^\circ = -1.66V$

$Fe^{3+}(aq) + e \rightarrow Fe^{2+}(aq)$
$E^\circ = +0.77V$

① $Al^{3+}(aq)$ ② $Al(s)$
③ $Fe^{3+}(aq)$ ④ $Fe^{2+}(aq)$

08 지방직 7급 13

3. 다음은 금속의 표준 환원 전위 값이다.

$Zn^{2+}(aq) + 2e^- \rightarrow Zn(s)$ $E^\circ = -0.76V$
$Ag^+(aq) + e^- \rightarrow Ag(s)$ $E^\circ = +0.80V$
$Fe^{2+}(aq) + 2e^- \rightarrow Fe(s)$ $E^\circ = -0.44V$
$Cr^{3+}(aq) + 3e^- \rightarrow Cr(s)$ $E^\circ = -0.74V$

전기 화학 반응에 관한 설명으로 옳지 않은 것은?

① 아연 전극과 은 전극으로 이루어지 갈바니 전지의 표주 기전력은 1.56V이다.
② 철의 부식을 막기 위하여 은 금속을 희생양극으로 쓸 수 있다.
③ 크롬은 철보다 더 강한 환원제이다.
④ 철 금속을 수소 이온 용액에 넣으면 수소 기체가 발생한다.

화학 전지의 해석

14 지방직 9급 08

4. 볼타(Volta) 전지에 대한 설명으로 옳지 않은 것은?

① 자발적 산화−환원 반응에 의해 화학 에너지를 전기 에너지로 변환시킨다.

② 전기도금을 할 때 볼타 전지가 이용된다.

③ 다이엘(Daniell) 전지는 볼타 전지의 한 예이다.

④ $Zn(s) | Zn^{2+}(aq) \| Cu^{2+}(aq) | Cu(s)$로 표기되는 전지가 작동할 때 산화전극의 질량이 감소한다.

16 국가직 7급 01

5. $Cu^{2+}(aq) + Co(s) \rightarrow Cu(s) + Co^{2+}(aq)$ 반응식을 갖는 볼타 전지가 있다. 25℃에서 이 전지의 표준 전지 전위 $E^\circ = 0.62V$이고, 환원 전극의 표준 환원 전위 $E^\circ = 0.34V$일 때, 산화 전극의 표준 환원 전위 E[V]는?

① −0.28　　② −0.96

③ +0.28　　④ +0.96

17 지방직 9급(상) 09

6. 다음은 어떤 갈바니 전지(또는 볼타 전지)를 표준 전지 표시법으로 나타낸 것이다. 이에 대한 설명으로 옳은 것은?

$$Zn(s) | Zn^{2+}(aq) \| Cu^{2+}(aq) | Cu(s)$$

① 단일 수직선(|)은 염다리를 나타낸다.

② 이중 수직선(‖) 왼쪽이 환원 전극 반쪽 전지이다.

③ 전지에서 Cu^{2+}는 전극에서 Cu로 환원된다.

④ 전자는 외부 회로를 통해 환원 전극에서 산화 전극으로 흐른다.

18 지방직 9급 05

7. 볼타 전지에서 두 반쪽 반응이 다음과 같을 때, 이에 대한 설명으로 옳지 않은 것은?

$$Ag^+(aq) + e^- \rightarrow Ag(s) \qquad E^\circ = +0.80V$$
$$Cu^{2+}(aq) + 2e^- \rightarrow Cu(s) \qquad E^\circ = +0.34V$$

① Ag는 환원 전극이고, Cu는 산화 전극이다.

② 알짜 반응은 자발적으로 일어난다.

③ 셀 전압(E°_{cell})은 1.261V이다.

④ 두 반응의 알짜 반응식은 $2Ag^+(aq) + Cu(aq) \rightarrow 2Ag(s) + Cu^{2+}(aq)$ 이다.

20 지방직 9급 10

8. 25℃ 표준상태에서 다음의 두 반쪽 반응으로 구성된 갈바니 전지의 표준 전위[V]는? (단, E°는 표준 환원 전위 값이다)

$$Cu^{2+}(aq) + 2e^- \rightarrow Cu(s) \qquad E^\circ = +0.34V$$
$$Zn^{2+}(aq) + 2e^- \rightarrow Zn(s) \qquad E^\circ = -0.76V$$

① −0.76　　② 0.34

③ 0.42　　④ 1.1

기전력과 자유 에너지의 변화

09 국가직 7급 19

9. $2Au(s) + 3Ca^{2+}(1.0M)$
$\rightarrow 2Au^{3+}(1.0M) + 3Ca(s)$

위 반응에 대한 25℃에서의 표준 자유 에너지 변화[kJ/mol]는? (단, Au와 Ca에 대한 25℃ 표준 환원 전위는 다음과 같으며 1F는 96,500C/mol이다.)

> $Au^{3+}(aq) + 3e^- \rightarrow Au(s) \quad E^\circ = +1.50V$
> $Ca^{2+}(aq) + 2e^- \rightarrow Ca(s) \quad E^\circ = -2.87V$

① 2.5×10^3　② 6.7×10^3
③ -2.5×10^3　④ -6.7×10^3

19 지방직 7급 09

10. 다음과 같은 두 반쪽 반응으로 구성된 갈바니 전지의 전체 반응에서 ΔG°의 절댓값[kJ]은? (단, 패러데이(Faraday) 상수 F = 96,500 C mol^{-1}이다.)

> • $Zn^{2+}|Zn$ 반쪽 반응:
> $Zn^{2+}(aq) + 2e^- \rightarrow Zn(s), \quad E^\circ = -0.76V$
> • $Cu^{2+}|Cu$ 반쪽 반응:
> $Cu^{2+}(aq) + 2e^- \rightarrow Cu(s), \quad E^\circ = +0.34V$
> • 전체 반응:
> $Zn(s) + Cu^{2+}(aq) \rightarrow Zn^{2+}(aq) + Cu(s)$

① 40.53　② 81.06
③ 106.15　④ 212.30

21 국가직 7급 10

11. 다음은 2개의 반쪽 전지와 염다리로 구성된 갈바니 전지의 전지 반응식과, 25℃에서 반쪽 반응의 표준 환원 전위(E°)이다. 25℃에서 이 전지에 대한 설명으로 옳은 것은? (단, 패러데이 상수 F = 96,500 C mol^{-1}이다.)

> • 전지 반응:
> $2Ag^+(aq) + Cu(s) \rightarrow 2Ag(s) + Cu^{2+}(aq)$
> • 반쪽 반응:
> $Ag^+(aq) + e^- \rightleftarrows Ag(s) \quad E^\circ = +0.80V$
> $Cu^{2+}(aq) + 2e^- \rightleftarrows Cu(s) \quad E^\circ = +0.34V$

① 표준 기전력은 1.26V이다.
② Ag 전극은 (−)극이다.
③ 전지 반응의 표준 반응 자유 에너지는 $-(0.92 \times 96.5)$kJ이다.
④ Cu 전극이 포함된 반쪽 전지에서 $Cu^{2+}(aq)$ 농도를 높이면 기전력이 증가한다.

네른스트식

09 지방직 7급(하) 17

12. 다음 전지 표기식에 대한 설명으로 옳지 않은 것은?

$Zn(s) \mid Zn^{2+}(1M) \parallel Cu^{2+}(1M) \mid Cu(s)$

$Zn^{2+}(aq) + 2e^- \rightarrow Zn(s)$

$E^\circ = -0.76V$

$Cu^{2+}(aq) + 2e^- \rightarrow Cu(s)$

$E^\circ = +0.34V$

① 가운데 표시한 이중 수직선은 염다리를 의미한다.
② 두 전극의 종류가 정해지면 각 이온의 농도와 관계없이 전지의 기전력은 일정하다.
③ 이중 수직선의 왼쪽은 산화전극을, 오른쪽은 환원전극을 나타낸다.
④ 예시된 전지의 표준전위(E°)는 1.10V이다.

13 국가직 7급 06

13. 다음 전지에 대한 설명으로 옳은 것을 모두 고른 것은?

$Zn(s) \mid Zn^{2+}(1M) \parallel Cu^{2+}(1M) \mid Cu(s)$

$Zn^{2+}(aq) + 2e^- \rightarrow Zn(s)$

$E^\circ = -0.76V$

$Cu^{2+}(aq) + 2e^- \rightarrow Cu(s)$

$E^\circ = +0.34V$

ㄱ. Zn은 산화 전극이고 Cu는 환원 전극이다.
ㄴ. 298K에서

$$E = 1.1V - \frac{0.0592V}{2}\log\frac{[Cu^{2+}]}{[Zn^{2+}]}$$

ㄷ. 전자는 Zn 전극에서 Cu 전극으로 이동한다.
ㄹ. Zn 전극의 질량은 감소하고, Cu 전극의 질량은 증가한다.

① ㄱ, ㄴ, ㄷ
② ㄱ, ㄴ, ㄹ
③ ㄱ, ㄷ, ㄹ
④ ㄴ, ㄷ, ㄹ

16 지방직 7급 13

14. 다음은 어떤 갈바니 전지를 선 표시법으로 나타낸 것이다.

$Fe(s) \mid Fe^{2+}(aq) \parallel MnO_4^-(aq),$

$Mn^{2+}(aq) \mid Pt(s)$

이 전지에 대한 설명으로 옳은 것은? (단, 온도는 25℃이다.)

① 산화 전극은 $Fe(s)$이다.
② 작동할 때 산소 기체가 발생한다.
③ 전지의 전위는 각 이온들의 농도와 무관하다.
④ 표준 환원 전위(E°)는 Fe^{2+}/Fe이 MnO_4^-/Mn^{2+}보다 크다.

17 서울시 7급 19

15. 다음 전지에서 주석 전극은 1.0M Sn^{2+} 용액에, 니켈 전극은 0.1M Ni^{2+} 용액에 각각 담겨 있다. 이때 아래의 두 반쪽 반응을 기초로 한 전기화학 전지의 전위 E에 가장 가까운 값은?(단, 최종 결과는 소수점 셋째 자리에서 반올림한다.)

$Sn^{2+}(aq) + 2e^- \rightarrow Sn(s)$	$E^\circ = -0.14V$
$Ni^{2+}(aq) + 2e^- \rightarrow Ni(s)$	$E^\circ = -0.23V$

① −0.37V ② 0.06V
③ 0.09V ④ 0.12V

19 서울시 7급 19

16. 25℃에서 〈보기〉의 갈바니 전지에 대한 설명으로 옳지 않은 것은?

보기

$Ni(s) \mid Ni^{2+}(aq, 1.0M) \parallel Pb^{2+}(aq, 1.0M) \mid Pb(s)$

$Ni^{2+}(aq) + 2e^- \rightarrow Ni(s)$,	$E^\circ = -0.26V$
$Pb^{2+}(aq) + 2e^- \rightarrow Pb(s)$,	$E^\circ = -0.13V$

① 전지의 표준 전지전위($E^\circ_{전지}$) 값은 0.13V이다.
② 전지 반응에서 Pb 전극의 질량은 증가한다.
③ 전지 반응은 전지전위($E^\circ_{전지}$) 값이 0이 될 때까지 진행된다.
④ 두 전해질 용액의 농도를 각각 0.5M로 묽혀주면 표준 전지전위($E^\circ_{전지}$)가 감소한다.

22 지방직 9급 20

17. 다니엘 전지의 전지식과, 이와 관련된 반응의 표준 환원 전위(E°)이다. Zn^{2+}의 농도가 0.1M이고, Cu^{2+}의 농도가 0.01M인 다니엘 전지의 기전력[V]에 가장 가까운 것은? (단, 온도는 25℃로 일정하다)

$Zn(s) \mid Zn^{2+}(aq) \parallel Cu^{2+}(aq) \mid Cu(s)$

$Zn^{2+}(aq) + 2e^- \rightleftarrows Zn(s)$	$E^\circ = -0.76V$
$Cu^{2+}(aq) + 2e^- \rightleftarrows Cu(s)$	$E^\circ = 0.34V$

① 1.04 ② 1.07
③ 1.13 ④ 1.16

농도차 전지

11 국가직 7급 09

18. 25℃에서 다음 농도차 전지가 발생시키는 전압 [V]은?

$$Cu(s) \mid Cu^{2+}(0.010M) \parallel Cu^{2+}(0.10M) \mid Cu(s)$$
$$Cu^{2+}(aq) + 2e^{-} \rightarrow Cu(s)$$
$$E^{\circ} = 0.34V$$

① 0.03 ② 0.06
③ 0.37 ④ 0.40

주관식 개념 확인 문제

19. 화학 전지는 화학 반응을 이용하여 기전력을 얻는다. 화학 전지는 두 개의 반쪽 전지로 이루어져 있다. 이 때 전지가 역할을 하기 위해서는 금속 도선을 통해서는 [A] 가 흐르고, 두 용액 사이에는 [B] 들이 이동해야 한다. 이 때 두 전해질 용액이 섞이는 것을 막고 양쪽 전해질의 전기적 균형을 이루기 위해서 [C] 를 이용하여 두 전해질 용액을 연결한다. A, B, C 에 알맞은 용액을 써 넣어라.

20. 다음 중 수소 이온에 의해 녹을 수 있는 금속을 모두 고르시오.

Fe Pb Cu Hg Au Al Ni

21. 아래 반응에서 사용한 물질들로 전지를 만들었을 때, 산화되는 화학종과 환원되는 화학종을 쓰시오.

$$Fe^{2+}(aq) + 2e^{-} \rightarrow Fe(s) \quad E^{\circ} = -0.409V$$
$$Pb^{2+}(aq) + 2e^{-} \rightarrow Pb(s) \quad E^{\circ} = -0.127V$$

22. 납판을 아연 이온의 수용액에 넣었다. 다음 반응식을 이용하여 반응 여부를 예측하여라.

$Pb^{2+} + 2e^- \rightarrow Pb$	$E^\circ = -0.13V$
$Zn^{2+} + 2e^- \rightarrow Zn$	$E^\circ = -0.76V$

23. 다음 그림과 같이 화학 전지를 만들었다. 아래 주어진 표준 환원 전위값들을 이용하여 물음에 답하여라.

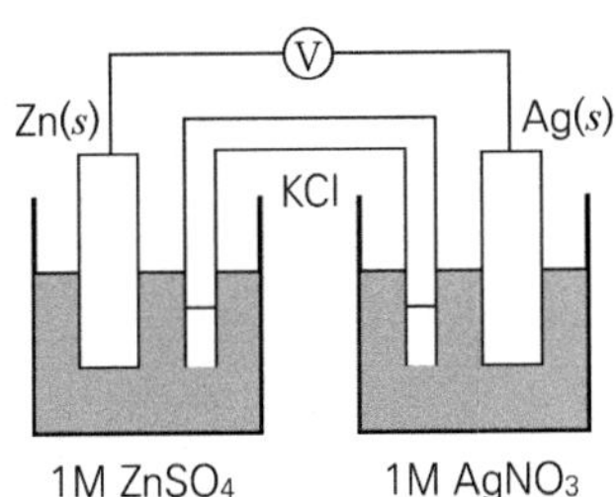

$Ag^+(aq) + e^- \rightarrow Ag(s)$	$E^\circ = 0.80V$
$Zn^{2+}(aq) + 2e^- \rightarrow Zn(s)$	$E^\circ = -0.76V$

(1) (+)극은 어느 전극인가?

(2) 이 전지의 표준 기전력을 구하시오.

(3) 이 반응에 대한 ΔG°을 구하시오.

24. 니켈 및 은 막대 그리고 $Ni(NO_3)_2$, $AgNO_3$를 반응물로 하여 화학 전지를 만들어 전구를 켜려고 한다. 다음 물음에 답하시오.

(1) 이 전지 반응의 전체 반응식을 써라.

(2) 1.0M 농도의 $Ni(NO_3)_2$ 및 $AgNO_3$ 수용액을 사용하였을 때 이 전지의 기전력은 얼마이겠는가?

$Ni^{2+} + 2e^- \rightarrow Ni$	$E^\circ = -0.23V$
$Ag^+ + e^- \rightarrow Ag$	$E^\circ = +0.80V$

(3) 이 전지로 전구를 965초간 켰을 때, 질량이 감소한 전극을 밝히고, 감소량을 구하여라. (전류의 세기는 0.103A이며, 실험 중 전지의 기전력은 일정하게 유지되었다. 이때 전자의 전하량은 96,500C/mol이고 원자량은 Ni=59, Ag=108이다.)

기본 문제

금속의 반응성과 화학 전지

25. 그림은 금속 X~Z를 전극으로 사용한 화학 전지 (가)와 (나)에서 전지 반응이 진행될 때 전자의 이동 방향을 나타낸 것이다.

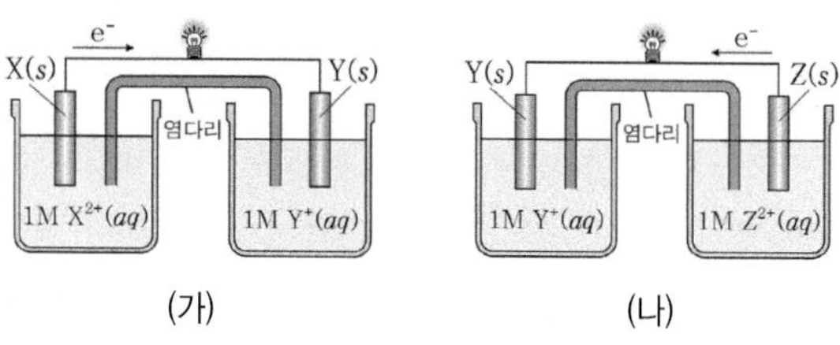

이에 대한 옳은 설명만을 〈보기〉에서 있는 대로 고른 것은? (단, X~Z는 임의의 원소 기호이고, 온도는 25℃로 일정하다.)

보기

ㄱ. 금속의 이온화 경향은 X>Y이다.
ㄴ. (나)에서 Z^{2+}은 환원된다.
ㄷ. (가)와 (나)에서 Y(s) 전극은 모두 (+)극이다.

① ㄱ ② ㄴ
③ ㄱ, ㄷ ④ ㄱ, ㄴ, ㄷ

26. 다음은 금속의 반응성에 대한 실험 결과이다. 이 실험 결과에 대한 설명으로 옳은 것은?

	A^{2+}	B^{2+}	C^{2+}
A	–	○	○
B	×	–	×
C	×	○	–

① A는 B보다 금속성이 작다.
② B는 C보다 전자를 잃기 쉽다.
③ A와 C를 이용하여 화학 전지를 구성하는 경우 A가 (−)극이 된다.
④ B^{2+}와 C^{2+}가 들어 있는 혼합 용액에 금속 A를 반응시키면 금속 C가 먼저 석출된다.

27. 갈바니 전지에 대한 설명 중 옳지 않은 것은?

① 자발적 반응이 일어나는 경우 일반적으로 전위차 값을 음수로 나타낸다.
② 갈바니 전지에서는 산화, 환원 반응이 모두 일어난다.
③ 염다리를 사용할 수 있다.
④ 자발적인 화학반응이 전기를 생성한다.
⑤ 아연은 자발적인 산화, 구리이온은 자발적인 환원을 일으킨다.

28. 가장 강한 환원제는?

① Li ② Cu
③ Cd ④ Zn

29. 다음은 Zn과 Cu 사이의 산화−환원 반응을 이용하는 볼타 전지(voltaic cell)의 반응식을 나타낸 것이다. 시간 경과 후 관측되는 현상을 올바르게 설명한 것은?

$$Zn(s) + Cu^{2+}(aq) \rightarrow Zn^{2+}(aq) + Cu(s)$$

① Zn^{2+}의 농도가 감소한다.
② Zn 전극의 질량이 감소한다.
③ Cu 전극의 질량이 감소한다.
④ Cu^{2+}의 농도가 증가한다.

30. 다음 두 반쪽 전지를 결합하여 갈바니 전지 (galvanic cell)를 구성하였을 때 예상되는 기전력은 얼마인가?

$Al^{3+}(aq) + 3e^- \rightarrow Al(s)$	$E^\circ = -1.66V$
$Mg^{2+}(aq) + 2e^- \rightarrow Mg(s)$	$E^\circ = -2.37V$

① +3.79V ② +0.71V
③ −0.71V ④ −3.79V

31. 다음 반쪽 반응식과 표준 환원 전위를 보고 물음에 답하여라.

$Ag^+(aq) + e^- \rightarrow Ag(s)$ $E^\circ = 0.80V$

$MnO_4^-(aq) + 8H^+(aq) + 5e^- \rightarrow Mn^{2+}(aq) + 4H_2O(l)$ $E^\circ = +1.52V$

금속 은을 산성의 과망간산 칼륨 용액에 넣었을 때 일어나는 반응과 전체 반응의 E° 값은 어떻게 되겠는가?

① 반응이 자빌적으로 일어남 $E^\circ = -2.32V$
② 반응이 자발적으로 일어남 $E^\circ = +0.72V$
③ 반응이 안 일어남 $E^\circ = -0.72V$
④ 반응이 안 일어남 $E^\circ = -2.84V$

32. 다음 반쪽 반응들을 보고 질문에 답하여라.

$Zn^{2+}(aq) + 2e^- \rightarrow Zn(s)$	$E^\circ = -0.76V$
$Fe^{2+}(aq) + 2e^- \rightarrow Fe(s)$	$E^\circ = -0.44V$
$Cu^{2+}(aq) + 2e^- \rightarrow Cu(s)$	$E^\circ = +0.34V$
$Hg^{2+}(aq) + 2e^- \rightarrow Hg(s)$	$E^\circ = +0.85V$
$Fe^{3+}(aq) + e^- \rightarrow Fe^{2+}(aq)$	$E^\circ = +0.77V$

가장 높은 표준 전지 전위를 얻을 수 있는 값은 얼마인가?

① 1.23V ② 1.35V
③ 1.61V ④ 2.08V
⑤ 3.15V

33. 반쪽 전지 Al^{3+}(1M)/Al과 Zn^{2+}(1M)/Zn을 이용하여 전지를 만들면, 이 전지의 기전력은 0.91V가 된다. Zn^{2+}(1M)/Zn반쪽 전지의 표준 환원 전위가 −0.76V 이며, Al 전극에서 산화가 일어난다면, Al^{3+}/Al 반쪽 전지의 환원 전위는?

① 0.15V ② −0.15V
③ 1.67V ④ −1.67V

34. 다음 표는 몇 가지 반쪽 반응의 표준 환원 전위 값을 나타낸 것이다.

반쪽 반응	표준 환원 전위(V)
$Ag^+(aq)+e^- \rightarrow Ag(s)$	+0.80
$Cu^{2+}(aq)+2e^- \rightarrow Cu(s)$	+0.34
$2H^+(aq)+2e^- \rightarrow Fe(s)$	0.00
$Fe^{2+}(aq)+2e^- \rightarrow Fe(s)$	−0.44
$Zn^{2+}(aq)+2e^- \rightarrow Zn(s)$	−0.76

위 표의 표준 환원 전위 값을 참고로 할 때 다음 중 자발적으로 일어나는 반응은?

① $Cu^{2+}+2Ag \rightarrow 2Ag^++Cu$
② $Zn^{2+}+Cu \rightarrow Cu^{2+}+Zn$
③ $Fe^{2+}+Cu \rightarrow Cu^{2+}+Fe$
④ $Fe^{2+}+Zn \rightarrow Zn^{2+}+Fe$
⑤ $Fe^{2+}+2Ag \rightarrow 2Ag^++Fe$

35. 대방이는 다음과 같은 전지를 만들었다 표준 전극 전위가 $Cu \mid Cu^{2+}$는 −0.34V, $Ag^+ \mid Ag$는 +0.8V 이면 이 전지의 기전력은?

$Cu \mid Cu^{2+}$ (1M) ‖ Ag^+ (1M) | Ag

① 0.34V　② 0.46V
③ 0.8V　④ 1.14V
⑤ −0.46V

36. $Pb \mid H_2SO_4 \mid PbO_2$로 표시되는 축전지에서 방전시킨 결과 (−)극이 4.8g이 증가되었다면 (+)극은 몇 g 증가되겠는가? 이때 소모된 황산은 몇 몰인가? (단, 화학식량은 Pb=207, $PbSO_4$=303, PbO_2=239 이다.)

① 1.6g, 0.01mol　② 1.6g, 0.1mol
③ 3.2g, 0.01mol　④ 3.2g, 0.1mol

※[37~38] 다음 물음에 답하시오.

반쪽 반응	표준 환원전위(V)
$A^{2+}+2e^- \rightarrow A$	−1.03
$B^{2+}+2e^- \rightarrow B$	−0.76
$C^{2+}+2e^- \rightarrow C$	−0.44
$D^{2+}+2e^- \rightarrow D$	−0.13
$E^{2+}+2e^- \rightarrow E$	+0.34

37. 위의 표는 5종류의 금속에 대한 표준 환원 전위(E°)값을 나타낸 것이다. 철수는 이 중에서 2개의 반쪽 반응을 이용하여 전류가 자발적으로 흐르는 전지를 구성하고자 한다. 구성하고자 하는 전지의 반응 중 산화−환원 반응이 자발적으로 일어나지 않는 것은?

① $A^{2+} + D \rightarrow A + D^{2+}$
② $B^{2+} + A \rightarrow B + A^{2+}$
③ $C^{2+} + B \rightarrow C + B^{2+}$
④ $D^{2+} + B \rightarrow D + B^{2+}$
⑤ $E^{2+} + C \rightarrow E + C^{2+}$

38. 위의 금속들로 전지를 만들 때 가장 큰 기전력을 얻을 수 있는 것은?

① B, D　② B, E
③ C, E　④ A, E

39. 다음은 여러 화합물들의 표준 환원 전위값이다. 갈바니 전지를 구성할 수 있는 조합은?(모든 화합물이 표준 상태로 존재한다고 가정하라.)

반쪽 반응	E°(V)
a. $MnO_2(s) + 4H^+ + 2e^- \rightleftharpoons Mn^{2+} + 2H_2O$	1.230
b. $Cu^{2+} + 2e^- \rightleftharpoons Cu(s)$	0.339
c. $Cd^{2+} + 2e^- \rightleftharpoons Cd(s)$	−0.402
d. $Li^+ + e^- \rightleftharpoons Li(s)$	−3.040

① $MnO_2(s)$와 $Li(s)$
② $Cu(s)$와 Cd^{2+}
③ Li^+와 Mn^{2+}
④ Cd^{2+}와 Mn^{2+}

40. 연료전지는 산소의 환원과 수소의 산화 반응을 이용하며 생성물로 물만 나오는 무공해 에너지원으로서 주목을 받고 있다. 산소의 환원 반응은 다음과 같다.

$$O_2 + 4H^+ + 4e^- \rightleftharpoons 2H_2O$$

만일 연료전지에서 1시간 동안 0.80mmol의 산소분자가 환원 된다면 전지에 흐르는 전류값은?

① $0.89\mu A$ ② 21mA
③ 86mA ④ 309A

41. 다음은 갈바니전지 그림과 표준 환원전위 값이다. (전지의 온도는 25°C이다.)

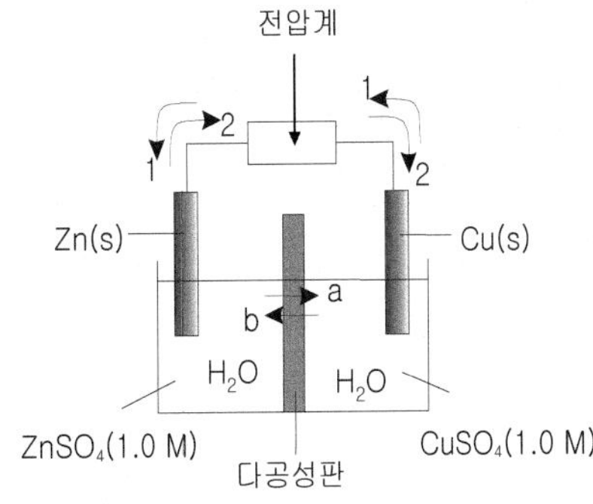

환원 반쪽 반응	표준 환원 전위(E°)
$Cu^{2+}(aq) + 2e^- \rightarrow Cu(s)$	0.34V
$Zn^{2+}(aq) + 2e^- \rightarrow Zn(s)$	−0.76V

환원 전극과 산화 전극에서 일어나는 반응을 올바르게 짝지은 것은?

① 환원 전극: $Zn^{2+}(aq) + 2e^- \rightarrow Zn(s)$
산화 전극: $Cu(s) \rightarrow Cu^{2+}(aq) + 2e^-$
② 환원 전극: $Cu(s) \rightarrow Cu^{2+}(aq) + 2e^-$
산화 전극: $Zn^{2+}(aq) + 2e^- \rightarrow Zn(s)$
③ 환원 전극: $Cu^{2+}(aq) + 2e^- \rightarrow Cu(s)$
산화 전극: $Zn(s) \rightarrow Zn^{2+}(aq) + 2e^-$
④ 환원 전극: $Zn(s) \rightarrow Zn^{2+}(aq) + 2e^-$
산화 전극: $Cu^{2+}(aq) + 2e^- \rightarrow Cu(s)$

42. 위 문제의 그림과 표를 참조하여 다음 중에서 전류의 방향(전자가 흐르는 방향의 반대 방향)과 음이온이 이동하는 방향을 올바르게 짝지은 것은?

	전류의 방향	음이온의 이동 방향
①	1	a
②	1	b
③	2	a
④	2	b

43. 다음의 전지 전위는 0.462V이다.

$Cu \mid Cu^{2+}(1.00M) \parallel Ag^{+}(1.00M) \mid Ag$

구리전극의 표준환원전위는 0.337V, 은전극의 표준환원전위는 0.799V이다. 아래와 같은 전지를 구성한다면 이때 전지의 전위는?

$Ag \mid Ag^{+}(0.01M) \parallel Cu^{2+}(0.01M) \mid Cu$

① 0.462V ② −0.462V
③ −0.403V ④ 0.403V

44. 그림은 금속 철(Fe)을 전극으로 사용한 화학 전지를, 표는 표준 환원 전위를 나타낸 것이다.

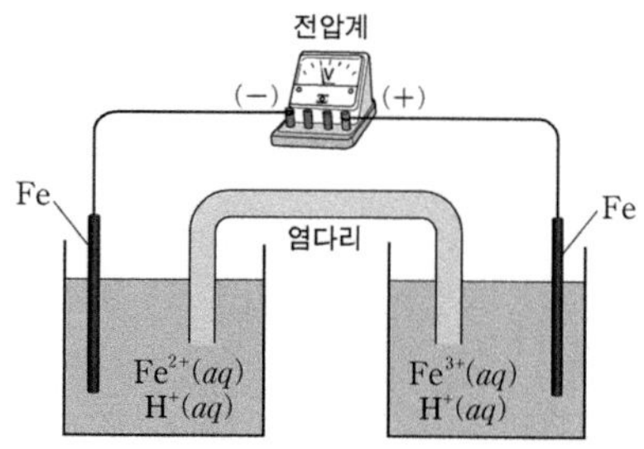

[표준 환원 전위]

- $Fe^{2+}(aq) + 2e^{-} \rightarrow Fe(s)$ $E^{0} = -0.44V$
- $Fe^{3+}(aq) + e^{-} \rightarrow Fe^{2+}(aq)$ $E^{0} = +0.77V$

이에 대한 설명으로 옳은 것을 〈보기〉에서 모두 고른 것은?

보기

ㄱ. 표준 기전력은 +1.21V이다.
ㄴ. (+)극에서의 반쪽 반응은 $Fe^{3+}(aq) + e^{-} \rightarrow Fe^{2+}(aq)$이다.
ㄷ. 전체 반응식은 $Fe(s) + 2Fe^{3+}(aq) \rightarrow 3Fe^{2+}(aq)$이다.

① ㄱ ② ㄷ ③ ㄱ, ㄴ
④ ㄴ, ㄷ ⑤ ㄱ, ㄴ, ㄷ

실용 전지

45. 납축전지의 전체 반응을 화학 반응식으로 나타내면 다음과 같다.

$$Pb + 2H_2SO_4 + PbO_2 \underset{\text{충전}}{\overset{\text{방전}}{\rightleftharpoons}} 2PbSO_4 + 2H_2O$$

납축전지가 방전할 때의 현상으로 옳지 않은 것은?

① (−)극에서 전자를 잃고 산화된다.
② 양쪽 극판의 질량이 증가한다.
③ PbO_2는 감극제로 사용한다.
④ H_2SO_4의 비중이 점점 커진다.
⑤ (+)극에서의 화학 반응은 $PbO_2 + 4H^{+} + SO_4^{2-} + 2e^{-} \rightarrow PbSO_4 + 2H_2O$이다.

46. 다음은 건전지와 연료전지의 개략도이다. 이에 대한 설명으로 잘못된 것은?

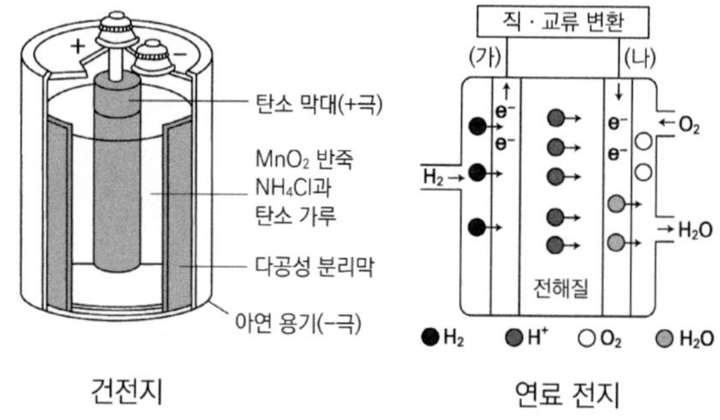

건전지 연료 전지

① 연료전지의 (가)는 (−)극이고, (나)는 (+)극이다.
② 건전지의 아연과 연료전지의 산소는 같은 역할을 한다.
③ 연료전지의 전체 반응식은 $2H_2 + O_2 \rightarrow 2H_2O$이다.
④ 건전지의 전체 반응식은
$Zn(s) + 2MnO_2(s) + 2NH_4^{+}(aq) \rightarrow [Zn(NH_3)_2]^{2+}(aq) + Mn_2O_3(s) + H_2O(l)$이다.

자료 추론형

47. 그림은 25℃에서 두 가지 산화－환원 반응의 반응 진행에 따른 자유 에너지(G) 변화를 나타낸 것이다.

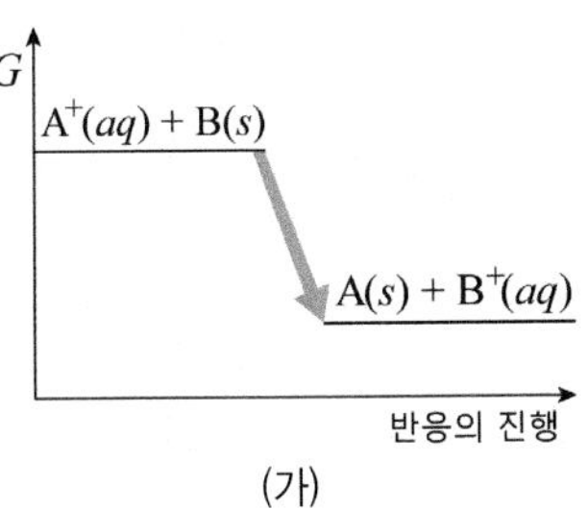

(가)

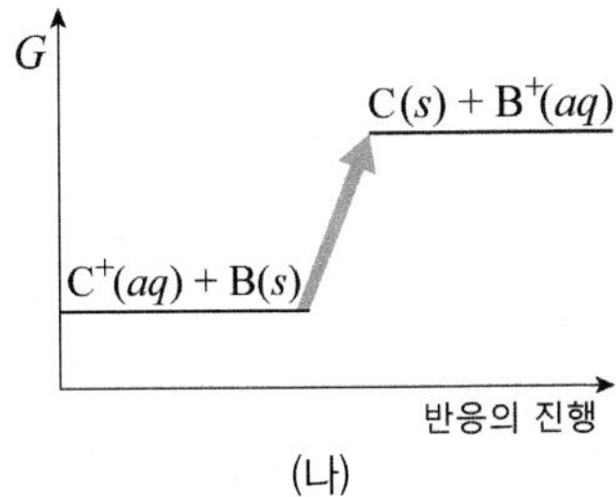

(나)

이에 대한 설명으로 옳은 것만을 〈보기〉에서 있는 대로 고른 것은? (단, A~C는 임의의 금속 원소이다.)

> 보기
>
> ㄱ. (가)에서 B(s)는 산화제이다.
> ㄴ. 표준 전지 전위는 (가)가 (나)보다 크다.
> ㄷ. 금속 A와 C를 전극으로 하는 전지를 만들면 금속 A가 (+)극이 된다.

① ㄱ ② ㄷ ③ ㄱ, ㄴ
④ ㄴ, ㄷ ⑤ ㄱ, ㄴ, ㄷ

48. 그림은 구리(Cu)와 은(Ag)을 사용한 화학 전지에서 전지 반응이 일어나고 있는 것을 나타낸 것이다.

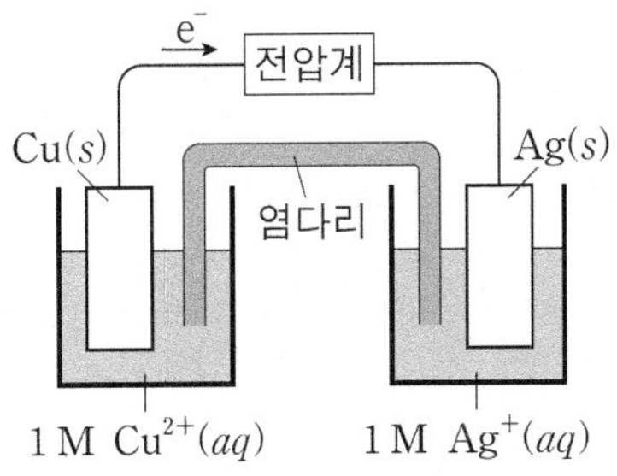

이에 대한 설명으로 옳은 것만을 〈보기〉에서 있는 대로 고른 것은?

> 보기
>
> ㄱ. Ag(s)은 산화된다.
> ㄴ. Cu(s)의 질량은 증가한다.
> ㄷ. 반응 $2Ag^+(aq) + Cu(s) \rightarrow 2Ag(s) + Cu^{2+}(aq)$의 표준 전지 전위($E^\circ_{전지}$)는 0보다 크다.

① ㄱ ② ㄴ ③ ㄷ
④ ㄱ, ㄷ ⑤ ㄴ, ㄷ

49. 다음은 25℃에서 어떤 화학 전지와 이 전지에서 일어나는 반응과 관련된 반쪽 반응의 표준 환원 전위($E°$)를 나타낸 것이다.

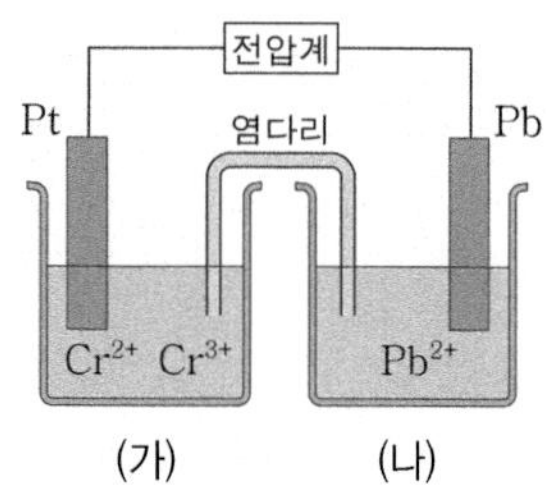

반쪽 반응	$E°$ (V)
$Cr^{3+}(aq) + e^- \rightarrow Cr^{2+}(aq)$	−0.41
$Pb^{2+}(aq) + 2e^- \rightarrow Pb(s)$	−0.13

이에 대한 옳은 설명만을 <보기>에서 있는 대로 고른 것은?

보기

ㄱ. (가)에서 수용액의 양이온 수는 감소한다.
ㄴ. (나)에서 Pb전극의 질량은 증가한다.
ㄷ. 표준 전지 전위($E°_{전지}$)는 0.28V이다.

① ㄱ ② ㄴ ③ ㄱ, ㄷ
④ ㄴ, ㄷ ⑤ ㄱ, ㄴ, ㄷ

50. 그림은 25℃, 1기압에서 어떤 화학 전지를 나타낸 것이고, 자료는 2가지 반쪽 반응에 대한 25℃에서의 표준 환원 전위($E°$)이다. 25℃에서 이 전지의 표준 전지 전위($E°_{전지}$)는 1.10V이고 전자의 이동 방향은 ㉠과 ㉡ 중 하나이다.

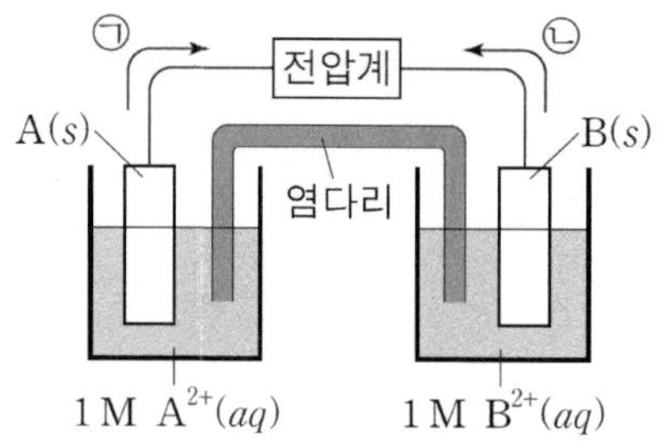

- $A^{2+}(aq) + 2e^- \rightarrow A(s)$ $E° = -0.76V$
- $B^{2+}(aq) + 2e^- \rightarrow B(s)$ $E° = aV\ (a > 0)$

이에 대한 설명으로 옳은 것만을 <보기>에서 있는 대로 고른 것은? (단, A와 B는 임의의 원소 기호이다.)

보기

ㄱ. $a = 0.34$이다.
ㄴ. 전자의 이동 방향은 ㉡이다.
ㄷ. 25℃에서
$A(s) + 2H^+(aq) \rightarrow A^{2+}(aq) + H_2(g)$ 반응의 자유 에너지 변화($\Delta G°$)는 0보다 크다.

① ㄱ ② ㄷ ③ ㄱ, ㄴ
④ ㄱ, ㄷ ⑤ ㄴ, ㄷ

51. 다음은 25℃에서 3가지 물질의 표준 환원 전위($E°$)와 이 물질과 관련된 산환-환원 반응의 표준 자유 에너지 변화($\Delta G°$)를 나타낸 것이다.

- $A^{+}(aq) + e^{-} \rightarrow A(s)$ $E° = +0.80V$
- $B^{2+}(aq) + 2e^{-} \rightarrow B(s)$ $E° = x$
- $C^{2+}(aq) + 2e^{-} \rightarrow C(s)$ $E° = -0.76V$
- $2A(s) + B^{2+}(aq) \rightarrow 2A^{+}(aq) + B(s)$ $\Delta G° > 0$

이에 대한 설명으로 옳은 것만을 〈보기〉에서 있는 대로 고른 것은? (단, A~C는 임의의 금속 원소 기호이다.)

보기

ㄱ. 1M HCl(aq)에 A(s)를 넣으면 $H_2(g)$가 발생한다.

ㄴ. x는 +0.80V보다 작다.

ㄷ. $C(s) + 2A^{+}(aq) \rightarrow C^{2+}(aq) + 2A(s)$ 반응의 표준 전지 전위($E°_{전지}$)는 +1.56V이다.

① ㄱ ② ㄴ ③ ㄷ
④ ㄱ, ㄷ ⑤ ㄴ, ㄷ

52. 그림 (가)와 (나)는 25℃에서 표준 전지 전위($E°_{전지}$)가 각각 $+x$ V와 +0.46 V인 2가지 화학 전지를 나타낸 것이고, 자료는 3가지 반쪽 반응에 대한 25℃에서의 표준 환원 전위($E°$)이다.

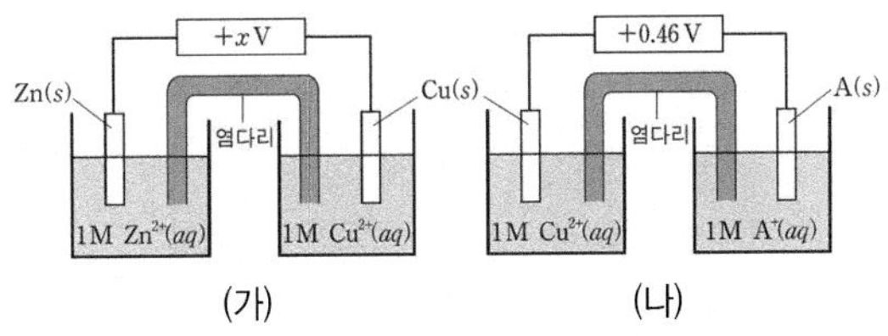

(가) (나)

- $Zn^{2+}(aq) + 2e^{-} \rightarrow Zn(s)$ $E° = -0.76V$
- $Cu^{2+}(aq) + 2e^{-} \rightarrow Cu(s)$ $E° = +0.34V$
- $A^{+}(aq) + e^{-} \rightarrow A(s)$ $E° = aV\ (a > 0)$

25℃에서 이에 대한 설명으로 옳은 것만을 〈보기〉에서 있는 대로 고른 것은? (단, A는 임의의 원소 기호이다.)

보기

ㄱ. (가)에서 반응이 진행됨에 따라 Zn 전극의 질량은 증가한다.

ㄴ. (나)에서 반응이 진행됨에 따라 $\frac{[Cu^{2+}]}{[A^{+}]}$는 증가한다.

ㄷ. $Zn(s) + 2A^{+}(aq) \rightarrow Zn^{2+}(aq) + 2A(s)$ 반응의 표준 전지 전위($E°_{전지}$)는 $+x$ V보다 크다.

① ㄱ ② ㄴ ③ ㄷ
④ ㄱ, ㄴ ⑤ ㄴ, ㄷ

53. 그림은 미완성 갈바니 전지를, 표는 25℃에서 표준 환원 전위를 나타낸 것이다.

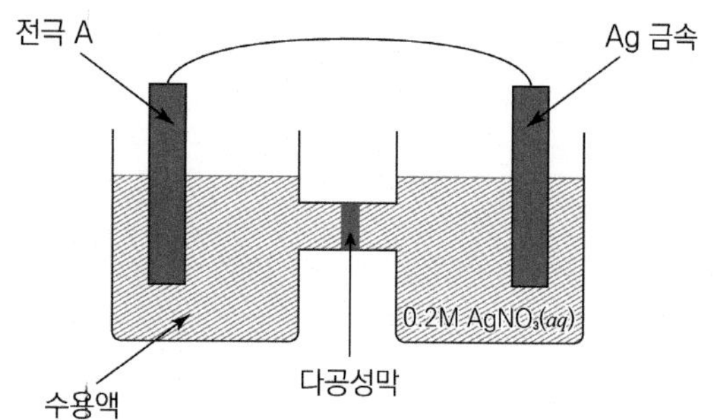

$Ag^{+}(aq) + e^{-} \rightarrow Ag(s)$	$E^{\circ} = +0.8V$
$Cu^{2+}(aq) + 2e^{-} \rightarrow Cu(s)$	$E^{\circ} = +0.34V$

25℃에서 전극 A가 산화 전극으로 작동하는 전지를 구성하려 할 때, 산화전극 쪽에 사용할 수 있는 전극과 수용액으로 적당한 것만을 〈보기〉에서 모두 고른 것은?

보기

ㄱ. 전극 A: $Ag(s)$, 수용액: $0.02M\ AgNO_3(aq)$
ㄴ. 전극 A: $Cu(s)$, 수용액: $0.1M\ Cu(NO_3)_2(aq)$
ㄷ. 전극 A: $Cu(s)$, 수용액: $0.2M\ Cu(NO_3)_2(aq)$

① ㄱ ② ㄱ, ㄷ
③ ㄴ, ㄷ ④ ㄱ, ㄴ, ㄷ

54. 그림은 갈바니 전지를 나타낸 것이고, 표는 25℃에서 전극 금속과 관련된 반쪽반응의 표준 환원 전위(E°)이다.

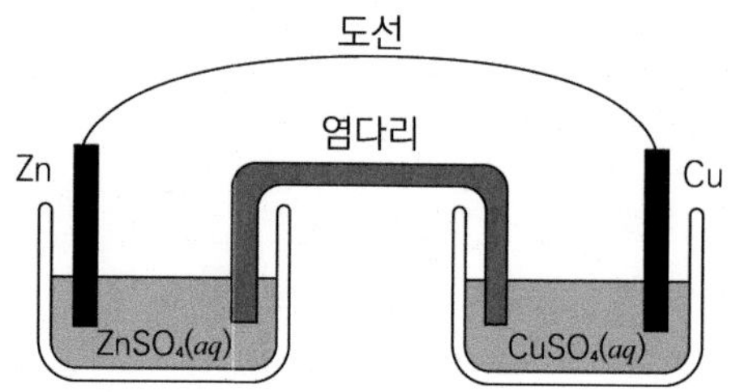

$Cu^{+}(aq) + e^{-} \rightarrow Cu(s)$	$E^{\circ} = +0.52V$
$Cu^{2+}(aq) + e^{-} \rightarrow Cu^{+}(aq)$	$E^{\circ} = +0.16V$
$Zn^{2+}(aq) + 2e^{-} \rightarrow Zn(s)$	$E^{\circ} = -0.76V$

전지가 작동할 때, 이에 대한 설명으로 옳지 않은 것은? (단, Cu와 Zn의 원자량은 각각 63과 65이다.)

① 전지가 작동할수록 환원 전극이 들어있는 용액의 푸른색이 옅어진다.
② 환원 전극의 표준 환원 전위는 0.36V이다.
③ 전지의 표준 전위는 1.10V이다.
④ 염다리를 통해 이동하는 양이온의 총 전하량과 음이온의 총 전하량의 각 절댓값은 같다.

제 3 절 전기 분해

정답 p. 318

대표 유형 기출 문제

14 국가직 7급 07

1. 그림은 염화나트륨(NaCl) 수용액의 전기분해 장치를 나타낸 것이다. 10A의 전류를 965초 동안 흘려 주었을 때, 이에 대한 설명으로 옳지 않은 것은?(단, 전자 1몰의 전하량은 96,500쿨롱이다.)

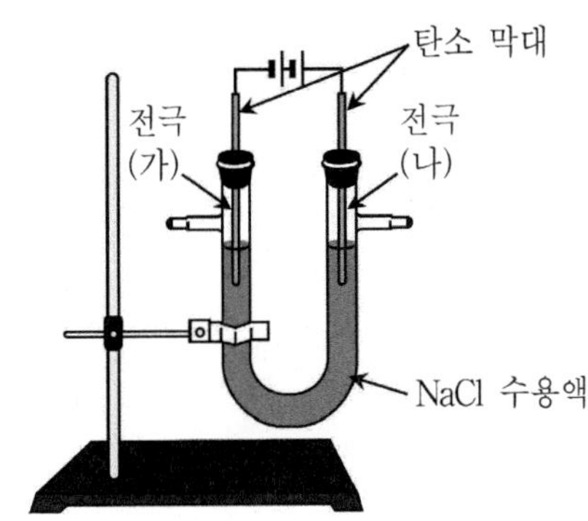

① 전극 (가)에서 발생하는 기체의 양은 0.05몰이다.

② 전극 (나)에서 발생하는 기체에 성냥불을 갖다 대면 '펑'소리를 내면서 잘 탄다.

③ 각 전극에서 발생하는 기체의 부피비는 (가) : (나) =1 : 1이다.

④ 전극 (가)에서는 환원 반응이 일어난다.

15 국가직 7급 14

2. 금속 이온(M^{3+})을 포함한 수용액을 m[F]의 전기량으로 전기 분해하였더니 n[g]의 금속 M이 석출되었다. 이 금속의 원자량은?

① $\frac{n}{m}$ ② $\frac{m}{n}$

③ $\frac{3n}{m}$ ④ $\frac{n}{3m}$

16 국가직 7급 19

3. 질량이 각각 0.500g인 두 개의 은(Ag) 전극을 1M 질산은($AgNO_3$) 수용액 1L에 넣고 10.0mA의 전류를 흘려 전기분해하고자 한다. 전기분해를 시작한 후 19,300초가 흘렀을 때 은이 석출된 전극의 총 질량[g]은? (단, Ag: 108g · mol^{-1}, 1몰의 전자가 갖는 전하량은 96,500쿨롱(C)이고, 전극 표면에서 산화-환원 이외의 부반응은 없다고 가정한다.)

① 0.608 ② 0.716

③ 0.824 ④ 0.932

17 국가직 7급 11

4. $CuSO_4$ 수용액을 전기 분해하여 구리 25.6g을 얻으려고 한다. 이때 필요한 전하량[C]은?
(단, Cu의 원자량은 64.0이고, Faraday 상수는 96,500$Cmol^{-1}$)

① 38,600 ② 57,900

③ 77,200 ④ 96,500

주관식 개념 확인 문제

5. (+)전극에 카드뮴(Cd), (−)전극에 철(Fe)이, 전해질로 $CdCl_2$ 수용액에 담겨져 있는 전해 용기가 있다. 다음 표준 환원 전위표를 참고하여 아래 물음에 답하여라.

반응	E°
$Cl_2(g)+2e^- \rightarrow 2Cl^-(aq)$	$E^\circ = +1.36V$
$O_2(g)+4H^+(aq)+4e^- \rightarrow 2H_2O(l)$	$E^\circ = +1.23V$
$Cd^{2+}(aq)+2e^- \rightarrow Cd(s)$	$E^\circ = -0.40V$
$Fe^{2+}(aq)+2e^- \rightarrow Fe(s)$	$E^\circ = -0.44V$
$2H_2O(l)+2e^- \rightarrow H_2(g)+2OH^-(aq)$	$E^\circ = -0.83V$

(1) 각 전극에서 일어나는 반응식을 써라.

(2) 19300초 동안 0.5A의 전류를 흘렸을 때, 음극에서 생성되는 물질의 몰 수는 얼마인가?
(단, 1F=96500C)

(3) 위 전해 용기의 전극을 모두 백금으로 바꾸고 $CdCl_2$ 수용액 대신 $CdCl_2$ 용융액을 사용하였을 경우 (2)과 같이 전류를 흘렸다면 양극에서 발생하는 기체는 무엇이며, 표준 상태에서의 부피는 얼마인가?
(단, 기체 상수 R은 0.082기압 · L/몰 · K)

6. 표와 같은 몇 가지 용액에 서로 다른 전극을 써서 다음과 같이 전기 분해하였다.

전해조	A	B	C
전극	탄소 전극	은 전극	백금 전극
수용액	0.5M NaCl	0.5M $AgNO_3$	0.1M H_2SO_4

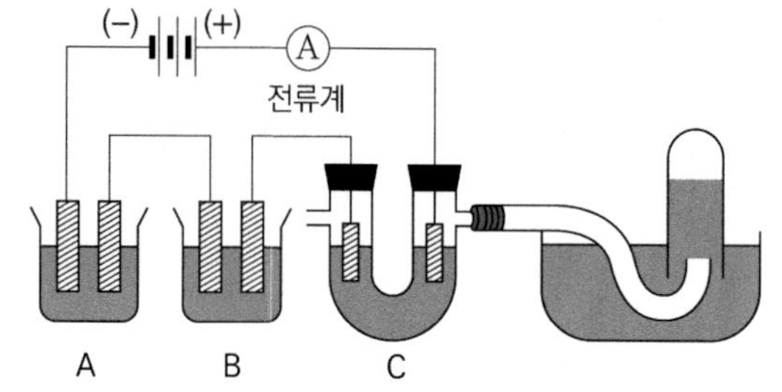

다음 물음에 답하시오.

(1) 전해조 B는 전기 분해 전의 (+)전극의 질량이 5.79g이었는데 전기 분해 후의 질량은 4.71g으로 되었다. 전해조 B의 (−)극의 질량 변화는 얼마나 되었는가? (단, Ag=108)

(2) 전해조 B에서의 변화가 일어나는 동안 전해조 C의 시험관에 모아진 기체의 부피는 0℃, 1기압에서 얼마나 되겠는가?

(3) 0.2A의 전류의 세기로 전기 분해를 했다면 전기 분해하는데 걸린 시간은 몇 초인가?

7. Pt을 전극으로 하여 요오드화칼륨(KI) 수용액을 전기 분해하려고 한다. 다음의 표준 환원 전위(E°_{re})를 참고하여 요오드화칼륨 수용액을 전기 분해 하기 위한 최저 전압을 구하시오.

$K^{+}(aq)+e^{-} \rightarrow K(s)$
$E^{\circ}_{re} = -2.94V$

$I_2(s)+2e^{-} \rightarrow 2I^{-}(aq)$
$E^{\circ}_{re} = +0.53V$

$2H_2O(l)+2e^{-} \rightarrow H_2(g)+2OH^{-}(aq)$
$E^{\circ}_{re} = -0.83V$

$O_2(g)+4H^{+}(aq)+4e^{-} \rightarrow 2H_2O(l)$
$E^{\circ}_{re} = +1.23V$

※[8~9] 전기 분해에 관한 물질의 양을 계산하시오.

8. 1F의 전하량으로 물을 전기 분해하였을 때 생성되는 기체의 총 몰수를 구하시오.

9. $CuSO_4$ 용액 중에서 구리 도금을 할 때 0.5A의 전류를 32분 10초 동안 통해 주었을 때 도금된 구리의 무게를 구하시오. (단, Cu의 화학식량은 63.5이다)

10. 다음 표는 몇 가지 반쪽 반응의 표준 환원 전극 전위값이다.

반응	E^0(V)
$Ag^{+}(aq)+e^{-} \rightarrow Ag(s)$	+0.80
$Fe^{3+}(aq)+3e^{-} \rightarrow Fe(s)$	+0.77
$Cu^{2+}(aq)+2e^{-} \rightarrow Cu(s)$	+0.34
$Sn^{4+}(aq)+4e^{-} \rightarrow Sn(s)$	+0.15
$2H^{+}(aq)+2e^{-} \rightleftarrows H_2(g)$	+0.00
$Ni^{2+}(aq)+2e^{-} \rightarrow Ni(s)$	−0.25
$Zn^{2+}(aq)+2e^{-} \rightarrow Zn(s)$	−0.76

다음 물음에 답하시오.

$Ni \mid Ni^{2+}(1M) \parallel Ag^{+}(1M) \mid Ag$

(1) 위의 전지에서 발생하는 전위차를 계산하여라.
(2) 위의 전지에서 일어나는 전지 반응을 적어라.
(3) Ag 1몰을 전기 분해의 방법으로 석출시키는 데 필요한 전하량은 96500쿨롱이다. 이로부터 전자 1개가 가지는 전하량을 계산하여라.
(4) 위의 표에서 각각의 산화−환원에서 E°값은 어떤 특정 전극에 대한 상대적 값이다. 그 전극을 무슨 전극이라고 하는가?

기본 문제

정성적 해석

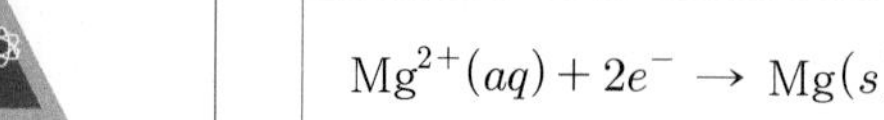

11. 다음 중 물을 전기 분해할 때 물 속에 넣어서는 안 되는 물질은?

① $CuSO_4$　　② KNO_3
③ NaF　　④ NaOH

12. 소금물을 백금 전극을 이용하여 전기 분해하였다. 잘못 설명한 것은?

① 직류 전류를 사용해야 한다.
② 양극에서는 산화 반응이 일어난다.
③ 전기 분해를 진행하는 동안 양극과 음극의 질량 변화가 없다.
④ 전기 분해하는 동안 용액의 pH는 점점 작아진다.
⑤ 음극에서는 물이 분해되어 수소 기체가 발생한다.

13. 다음은 몇 금속의 이온의 표준 환원 전위를 나타낸 것이다.

$Mg^{2+}(aq) + 2e^- \rightarrow Mg(s)$　$E^\circ = -2.38V$
$Zn^{2+}(aq) + 2e^- \rightarrow Zn(s)$　$E^\circ = -0.76V$
$Pb^{2+}(aq) + 2e^- \rightarrow Pb(s)$　$E^\circ = -0.13V$
$Ag^{+}(aq) + e^- \rightarrow Ag(s)$　$E^\circ = +0.80V$
$2H_2O(l) + 2e^- \rightarrow H_2(g) + 2OH^-(aq)$　$E^\circ = -0.828V$

Mg^{2+}, Zn^{2+}, Pb^{2+}, Ag^+가 각각 1M 농도가 되도록 하여 한꺼번에 비커에 놓고 전류를 흘려서 전기 분해할 때, 음극에서 가장 먼저 석출되리라고 생각되는 것은?

① Mg^{2+}　　② Zn^{2+}
③ Pb^{2+}　　④ Ag^+

14. 다음 5가지 물질의 수용액을 각각 전기 분해할 때 음극과 양극에서 생성되는 물질이 같은 것끼리 바르게 묶은 것은?

NaOH　NaCl　$CuCl_2$　Na_2SO_4　$CuSO_4$

① $CuSO_4$, $CuCl_2$　　② NaCl, Na_2SO_4
③ NaOH, Na_2SO_4　　④ NaCl, $CuCl_2$
⑤ NaOH, $CuCl_2$

15. 물의 전기분해와 관련한 설명 중 맞는 것은?

① 얻어진 수소와 산소의 질량비는 2 : 1이다.
② 얻어진 수소와 산소의 부피 비는 아보가드로의 원리를 반영한다.
③ (−)극에서는 수산화이온이 산화된다.
④ (+)극에서는 수소가 환원된다.

정량적 해석

16. $CuSO_4$ 수용액을 전기분해하여 0.1몰의 구리를 얻는 데 필요한 전하량은?

① 0.1F ② 0.2F
③ 0.4F ④ 1F
⑤ 2F

17. 어떤 금속M의 염화물을 물에 녹여 0.4F의 전하량을 흘려 주었더니 12.8g의 금속이 석출되었다. 이 금속의 염화물을 나타낸 것은?(단, M의 원자량은 64이다.)

① MCl ② MCl_2
③ MCl_3 ④ M_2Cl_3
⑤ MCl_4

18. 1M NaCl 수용액 1L에 전기량 9650C(=0.1F)을 통해 주어 전기 분해하였다. 생성된 $H_2(g)$의 양은 0℃, 1기압에서 몇 L인가?

① 0.56L ② 1.12L
③ 11.2L ④ 22.4L

19. 위의 문제로부터 전기 분해 후 NaCl 수용액의 pH는 얼마이겠는가? (전기 분해하는 동안 용액의 부피는 변하지 않으며 함께 생긴 염소 기체는 반응에 참여하지 않는다.)

① 7 ② 9
③ 11 ④ 13

※[20~21] 1.0몰의 $CuSO_4$를 물에 녹여 1L의 수용액을 만들어 전해조에 넣고, Pt 전극을 직류 전원에 연결하여 Cu 3.18g 석출될 때까지 전기 분해하였다. (단, Cu=63.6, 전류 효율 100%, 용액의 부피는 불변이다.)

20. 위의 전기 분해 실험에 대한 〈보기〉의 내용 중 옳은 것을 모두 고르면?

보기
ㄱ. 이 때 흐른 전기량은 0.2F이다.
ㄴ. (+)극에는 산소가 발생된다.
ㄷ. 전해액의 pH는 증가한다.
ㄹ. 전기 분해 후 전해액의 $[Cu^{2+}]$ 농도는 0.95몰/L이다.

① ㄱ, ㄴ ② ㄱ, ㄷ
③ ㄴ, ㄷ ④ ㄴ, ㄹ
⑤ ㄷ, ㄹ

21. 전기 분해 후 용액의 pH는 얼마인가?
(단, Cu^{2+}의 가수 분해는 무시한다.)

① 0 ② 1
③ 2 ④ 7
⑤ 13

22. $CuSO_4$용액에 8.7A의 전류를 2시간 동안 흘려 주면 Cu는 몇 g이 석출되겠는가? (단, 분자량은 Cu: 64, S: 32)

① 18.49 ② 20.77
③ 41.54 ④ 51.93

자료 추론형

23. 그림과 같은 장치를 이용하여 $CuCl_2$ 수용액과 $Mg(NO_3)_2$ 수용액에 9650초 동안 0.1A의 전류를 흘려주었다.

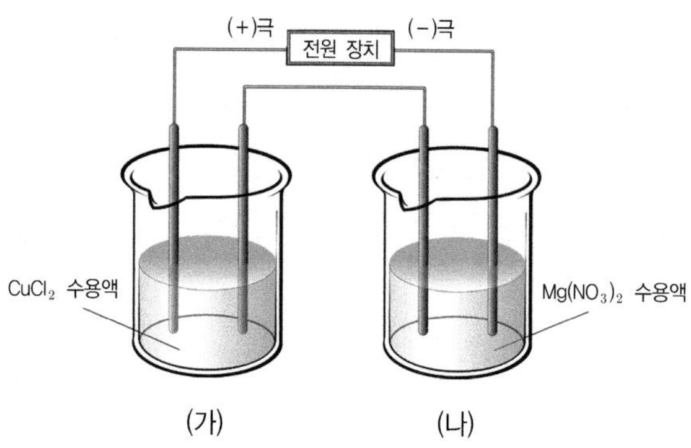

이에 대한 설명으로 옳은 것은? (단, Cu와 Mg의 원자량은 각각 64와 24이며, 1F는 96500C, 전극은 백금을 사용하였다.)

① (가)의 (+)극에서 환원 반응이 일어난다.
② (가)의 (−)극의 질량은 0.64g 증가한다.
③ (나)의 두 전극에서 생성되는 물질의 몰 수는 같다.
④ (나)의 (+)극 주변 용액의 pH는 감소한다.
⑤ (나)의 (−)극의 질량은 0.12g 증가한다.

24. 다음은 전기 분해를 이용하여 철(Fe)이 포함된 구리(Cu)막대로부터 순수한 구리를 얻는 장치와 금속의 표준 환원 전위를 나타낸 것이다.

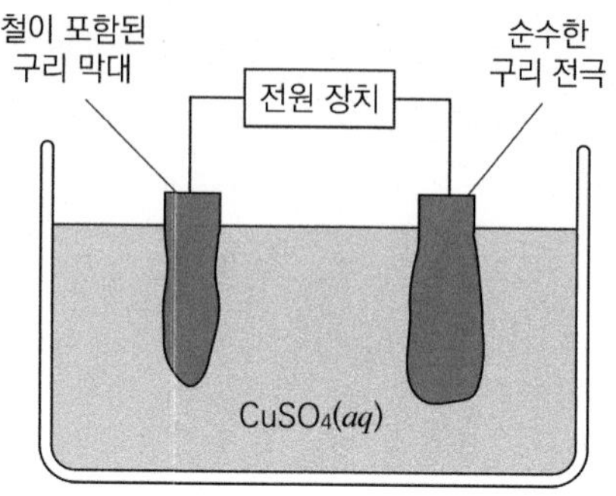

$Fe^{2+}(aq) + 2e^- \rightarrow Fe(s)$	$E° = -0.45V$
$Cu^{2+}(aq) + 2e^- \rightarrow Cu(s)$	$E° = +0.34V$

전기 분해 과정에 대한 설명으로 옳은 것만을 〈보기〉에서 있는 대로 고른 것은? (단, Cu의 원자량은 64이며, 1F = 96500C이다.)

보기

ㄱ. 순수한 구리 전극은 전원 장치의 (−)극에 연결한다.
ㄴ. 철은 수용액 내에 양이온으로 존재한다.
ㄷ. 10A의 전류를 9650초 동안 흘려주면 순수한 구리 전극의 질량이 64g 증가한다.

① ㄴ ② ㄱ, ㄴ ③ ㄱ, ㄷ
④ ㄴ, ㄷ ⑤ ㄱ, ㄴ, ㄷ

25. 그림은 염화구리(II) 수용액이 든 U자관에 구리 막대와 직류 전원 장치를 연결한 것을, 표는 몇 가지 반응의 표준 환원 전위 값을 나타낸 것이다.

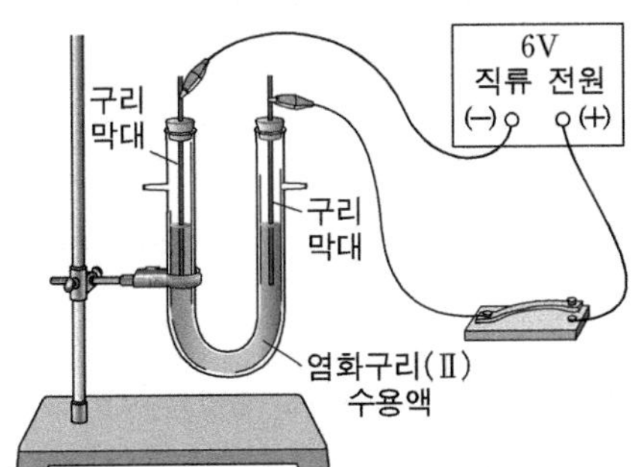

환원 반쪽 반응	E^0(V)
$2H_2O(l) + 2e^- \rightarrow H_2(g) + 2OH^-(aq)$	−0.83
$Cu^{2+}(aq) + 2e^- \rightarrow Cu(s)$	0.34
$O_2(g) + 4H^+(aq) + 4e^- \rightarrow 2H_2O(l)$	1.23
$Cl_2(g) + 2e^- \rightarrow 2Cl^-(aq)$	1.36

위 장치의 스위치를 닫고 충분한 시간이 경과한 후, (−)극과 (+)극 구리 막대의 질량 변화로 옳은 것은?

	(−)극	(+)극
①	감소	증가
②	일정	감소
③	일정	일정
④	증가	일정
⑤	증가	감소

26. 질산은($AgNO_3$) 수용액과 금속 M의 황산염(MSO_4) 수용액을 전기 분해하기 위해 그림과 같이 장치하였다. 이 수용액에 0.1F의 전하량을 흘려주었더니 금속 M 3.2g과 은 xg이 석출되었다.

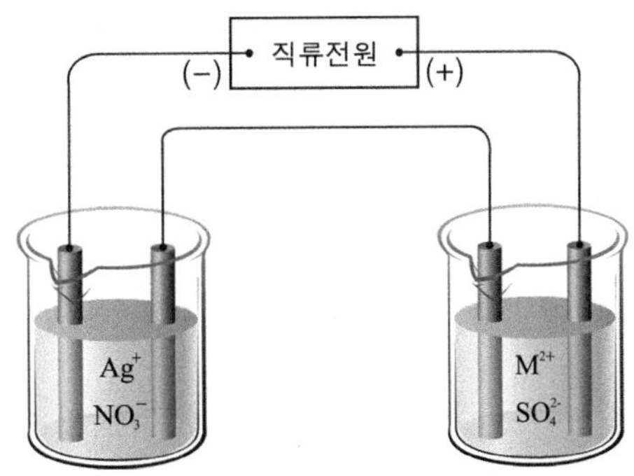

이에 대한 설명으로 옳지 않은 것은? (단, 은의 원자량은 108이다.)

① x는 10.8이다.

② 금속 M의 원자량은 64이다.

③ 황산 이온의 개수는 일정하게 유지된다.

④ 두 수용액의 (+)극에서 발생하는 기체의 종류는 같다.

⑤ 두 수용액에서 발생하는 기체의 총 부피는 0℃, 1기압에서 0.56L이다.

27. 그림은 산성 수용액에서 백금을 전극으로 하는 전기분해 장치이다.

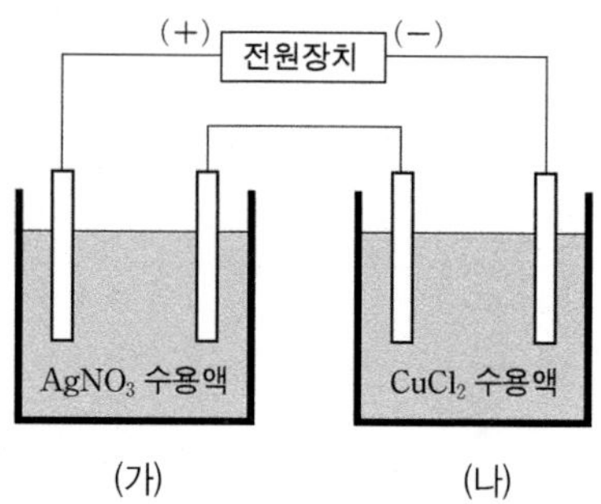

위 장치에 일정한 전기량을 통해 주었더니 (가)에서 Ag 10.8 g이 석출되었다. 이에 대한 설명으로 옳은 것만을 〈보기〉에서 있는 대로 고른 것은?
(단, Ag과 Cu의 원자량은 각각 108.0, 64.0이다.)

보기

ㄱ. 통해 준 전기량은 0.1F이다.
ㄴ. (가)의 환원 반쪽 반응은
$Ag^{+}(aq) + e^{-} \rightarrow Ag(s)$이다.
ㄷ. (나)에서 석출된 Cu의 양은 3.2g이다.

① ㄱ ② ㄷ ③ ㄱ, ㄴ
④ ㄴ, ㄷ ⑤ ㄱ, ㄴ, ㄷ

28. 그림은 백금 전극을 사용하여 $Na_2SO_4(aq)$과 $CuCl_2(aq)$를 전기 분해하는 장치이다.

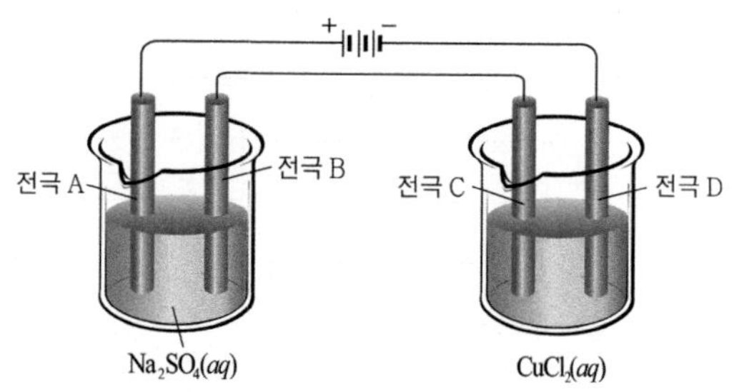

장치에 1F의 전하량을 통해 주었을 때, 그 결과에 대한 설명으로 옳은 것은?

① 전극 A에서 발생된 기체의 부피는 0℃, 1 기압에서 11.2L이다.
② 전극 B와 C에서 발생된 기체의 부피비는 1 : 2 이다.
③ 전극 D에서 얻어진 금속 구리는 0.5몰이다.
④ 전극 B에서는 산화 반응이 일어났다.
⑤ 전극 A 주변 용액의 pH는 커졌다.

29. 묽은 염산에 구리의 염화물 A와 B를 각각 녹인 수용액을 그림과 같은 장치로 9650초 동안 0.1A의 전류를 흘려 전기 분해하였더니, 각각 0.64g, 0.32g의 구리가 석출되었다.

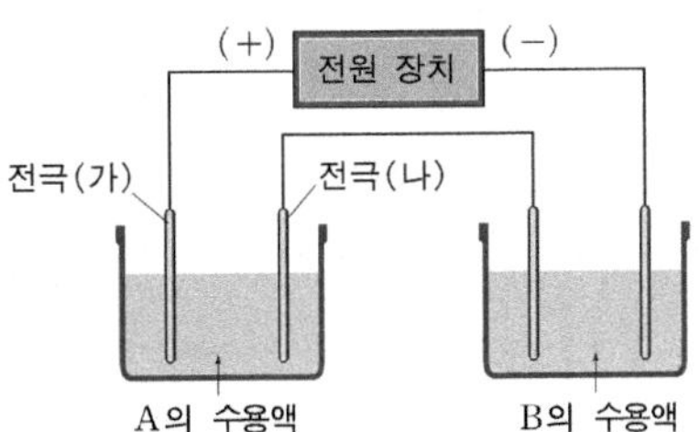

이에 대한 설명으로 옳은 것을 〈보기〉에서 모두 고른 것은? (단, 구리 1몰은 64g, 1F는 96500C, 전극은 백금을 사용하였다.)

보기

ㄱ. 전극 (가)에서의 반응은 $2Cl^-(aq) \rightarrow Cl_2(g) + 2e^-$이다.
ㄴ. 전극 (나)에서의 반응은 $Cu^{2+}(aq) + 2e^- \rightarrow Cu(s)$이다.
ㄷ. B의 화학식은 CuCl이다.

① ㄱ ② ㄷ ③ ㄱ, ㄴ
④ ㄴ, ㄷ ⑤ ㄱ, ㄴ, ㄷ

30. 그림은 25℃에서 황산구리($CuSO_4$) 수용액의 전기분해 장치이고, 자료는 이 전기분해에 관련된 반쪽 반응의 표준 환원 전위($E°$)를 나타낸 것이다.

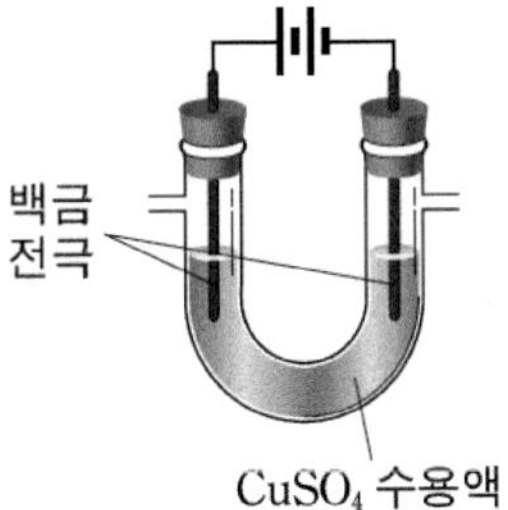

$Cu^{2+}(aq) + 2e^- \rightarrow Cu(s)$ $E° = 0.34V$
$O_2(g) + 4H^+(aq) + 4e^- \rightarrow 2H_2O(l)$ $E° = 1.23V$

$CuSO_4$ 수용액을 전기분해하여 0.05몰의 산소(O_2)를 얻었을 때, 이에 대한 설명으로 옳은 것만을 〈보기〉에서 있는 대로 고른 것은?

보기

ㄱ. 산소 발생에 관여한 전자의 총 몰수는 0.2이다.
ㄴ. 석출된 구리의 양은 6.4g이다.
ㄷ. 수용액에서 전체 양이온의 수는 증가하였다.

① ㄴ ② ㄷ ③ ㄱ, ㄴ
④ ㄱ, ㄷ ⑤ ㄱ, ㄴ, ㄷ

31. 그림과 같은 장치를 이용하여 1.0M 질산은($AgNO_3$) 수용액과 1.0M 황산구리(II)($CuSO_4$) 수용액을 전기분해하였더니 전극 (나)의 질량이 1.08g 증가하였다.

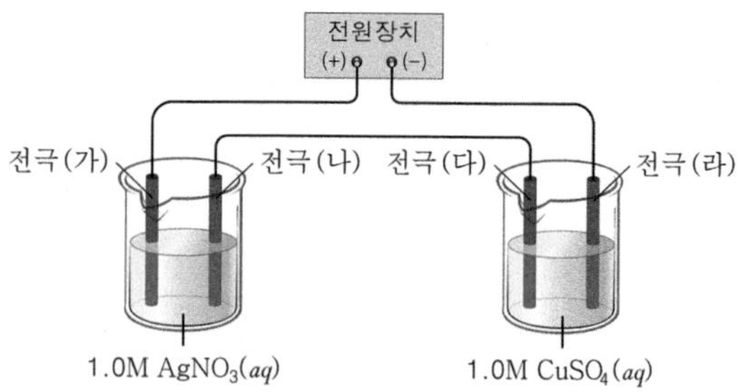

이에 대한 설명으로 옳은 것은? (단, 전극은 백금을 사용하였고, 원자량은 Ag = 108, Cu = 64이다.)

① 흘려준 전하량은 0.1F이다.
② 두 수용액의 pH는 모두 감소한다.
③ 전극 (나)에서 산화 반응이 일어난다.
④ 전극 (라)의 질량은 0.64g 증가한다.
⑤ 전극 (가)와 (다)에서 발생하는 기체의 몰수 비는 1 : 2이다.

32. 그림과 같은 장치를 이용하여 $CuSO_4$ 수용액에 9650초 동안 1A의 전류를 흘려 주었다.

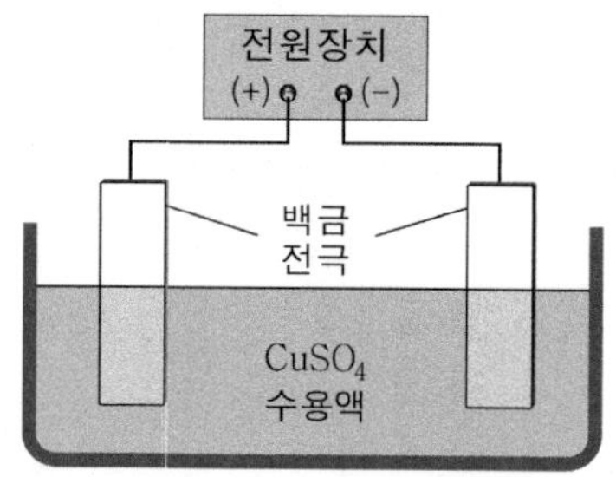

이에 대한 설명으로 옳지 않은 것은? (단, 1 F는 96500 C이며, Cu의 원자량은 64이다.)

① 수용액의 pH는 감소한다.
② (+)극에서 O_2 기체가 발생한다.
③ 수용액 속의 총 이온 수는 증가한다.
④ (−)극에서 석출된 Cu의 질량은 3.2g이다.
⑤ (+)극에서 생성되는 물질의 양은 0.05몰이다.

33. 다음은 NaCl 수용액을 전기 분해할 때 두 전극에서 일어나는 반응의 화학 반응식이다.

$2H_2O(l)+2e^- \rightarrow$ ㉠ $(g)+2OH^-(aq)$
2 ㉡ $(aq) \rightarrow Cl_2(g)+2e^-$

NaCl(aq)을 전기 분해하였을 때, t초에서 OH^-의 양은 0.01몰이었다. 이에 대한 설명으로 옳은 것만을 〈보기〉에서 있는 대로 고른 것은? (단, 페러데이 상수는 96500C/몰이다.)

보기

ㄱ. ㉠은 H_2이다.
ㄴ. ㉡은 환원된다.
ㄷ. 0~t초 동안 흘려 준 전하량은 $\frac{965}{2}$C 이다.

① ㄱ ② ㄷ ③ ㄱ, ㄴ
④ ㄱ, ㄷ ⑤ ㄴ, ㄷ

34. 표는 25℃에서 세 가지 물질의 1.0M 수용액을 각각 그림과 같이 전기 분해하였을 때 각 전극에서 얻어진 물질을 나타낸 것이다.

	(+) 전극	(−) 전극
ASO_4	(가)	A
BCl	Cl_2	H_2
B_2SO_4	O_2	H_2

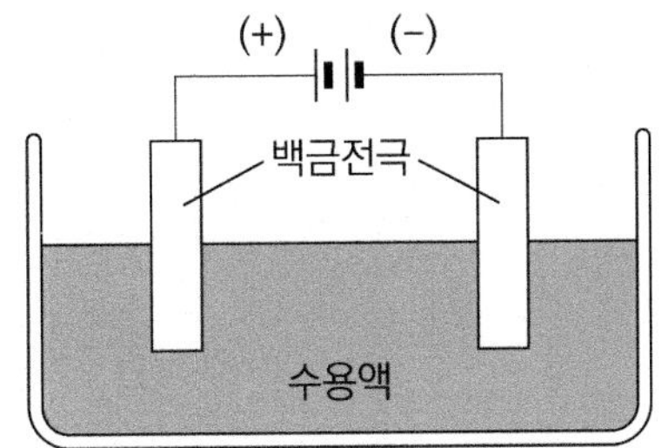

이에 대한 설명으로 옳은 것만을 〈보기〉에서 있는 대로 고른 것은? (단, A, B는 임의의 금속 원소이다.)

보기

ㄱ. (가)는 O_2이다.
ㄴ. 표준 환원 전위는 A이온이 B이온보다 크다.
ㄷ. BCl 수용액을 전기 분해하면 수용액의 pH가 증가한다.

① ㄱ ② ㄴ
③ ㄱ, ㄷ ④ ㄱ, ㄴ, ㄷ

제4절 금속의 부식과 방지

정답 p. 324

대표 유형 기출 문제

16 지방직 9급 18

1. 철(Fe)로 된 수도관의 부식을 방지하기 위하여 마그네슘(Mg)을 수도관에 부착하였다. 산화되기 쉬운 정도만을 고려할 때, 마그네슘 대신에 사용할 수 없는 금속은?

① 아연(Zn) ② 니켈(Ni)
③ 칼슘(Ca) ④ 알루미늄(Al)

19 국가직 7급 20

2. 산소 기체와 물이 철을 녹슬게 하는 부식 반응에 대한 설명으로 옳지 않은 것은?

① 철의 초기 반응은 $Fe(s) \rightarrow Fe^{2+}(aq) + 2e^-$이다.
② 환원되는 화학종은 산소 기체(O_2)이다.
③ 이 부식 반응의 표준 기전력은 음의 값을 갖는다.
④ 철의 최종 부식 생성물은 산화철(Ⅲ)이다.

기본 문제

금속의 제련

3. 그림은 SiO_2가 포함된 철광석(Fe_2O_3)을 석회석($CaCO_3$), 코크스(C)와 함께 용광로에 넣고 열풍을 불어 넣어 철을 얻는 과정 및 용광로에서 일어나는 화학 반응을 나타낸 것이다.

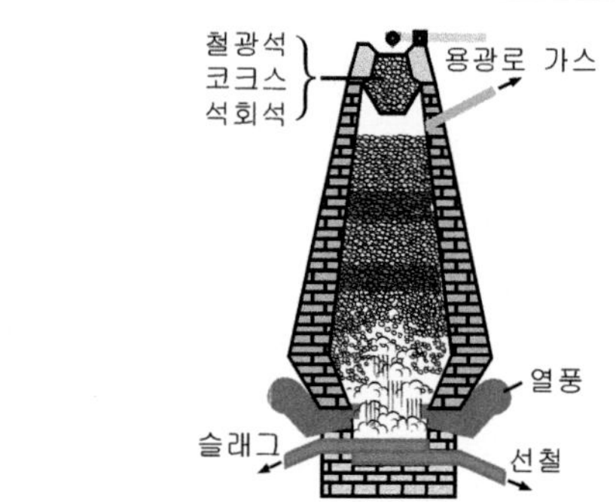

〈용광로에서의 화학 반응〉

[Ⅰ] $2C + O_2 \rightarrow 2CO$

$Fe_2O_3 + 3CO \rightarrow 2Fe + 3CO_2$

[Ⅱ] $CaCO_3 \rightarrow CaO + CO_2$

$CaO + SiO_2 \rightarrow CaSiO_3$(슬래그)

위 자료에 관한 〈보기〉의 설명 중 옳은 내용을 모두 고른 것은?

보기
ㄱ. Fe는 CO보다 산화되기 쉽다.
ㄴ. 용광로 가스에는 CO_2 포함되어 있다.
ㄷ. 석회석은 철광석 속에 들어 있는 SiO_2를 제거하는 데 이용된다.

① ㄱ ② ㄴ ③ ㄱ, ㄴ
④ ㄱ, ㄷ ⑤ ㄴ, ㄷ

4. 그림 (가)는 수저를 은도금하는 장치를, (나)는 철, 은 등의 불순물을 포함한 구리로부터 순수한 구리를 얻는 장치를 나타낸 것이다.

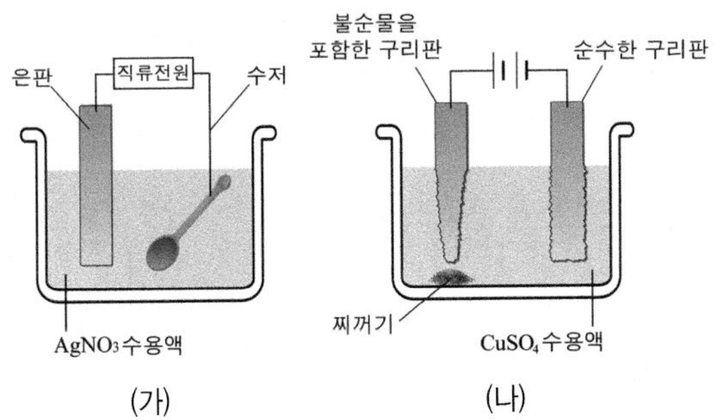

이에 대한 설명으로 옳은 것은?

① (가)에서 은판은 (−)극에 연결한다.
② (가)에서 수저의 질량은 변하지 않는다.
③ (가)에서 용액 속 Ag^+의 개수는 감소한다.
④ (나)에서 찌꺼기 속에는 철(Fe)이 포함된다.
⑤ (나)의 순수한 구리판에서는 환원 반응이 일어난다.

5. 광석을 제련해서 얻은 구리에는 여러 가지 금속이 불순물로 포함되어 있으므로, 그림과 같은 장치를 이용하면 (−)극에서는 순도가 높은 구리가 얻어지고, (+)극 아래에는 찌꺼기가 쌓인다.

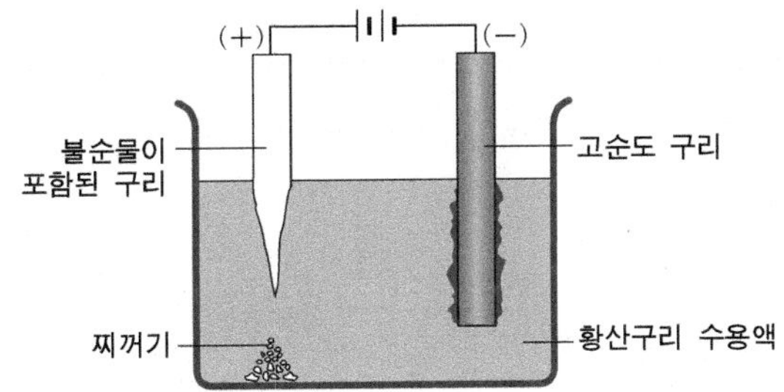

(+)극 아래의 찌꺼기에서 원소 상태로 존재할 수 있는 금속은?

① Ag ② Fe
③ Pb ④ Sn
⑤ Zn

6. 다음은 금속 M에 은을 도금하는 실험이다.

그림과 같이 금속 M과 은(Ag)을 직류 전원에 연결하여 질산은($AgNO_3$) 수용액에 담근다.

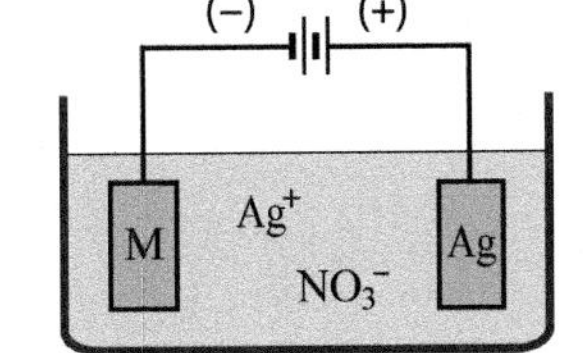

이 실험에 대한 옳은 설명을 〈보기〉에서 모두 고른 것은? (단, M은 임의의 원소 기호이다.)

보기
ㄱ. (−)극에서는 환원 반응이 일어난다.
ㄴ. 용액 속의 Ag^+의 수는 변하지 않는다.
ㄷ. 금속 M은 Ag보다 반응성이 작아야한다.

① ㄱ ② ㄴ ③ ㄱ, ㄴ
④ ㄱ, ㄷ ⑤ ㄴ, ㄷ

금속의 부식과 방지

7. 금속 A의 부식을 방지하기 위하여 금속 A에 금속 B 또는 C를 도금하여 사용한다. 그림은 도금된 금속에 흠집이 생긴 후 물방울과 접촉했을 때 부식되는 모습을 나타낸 것이다.

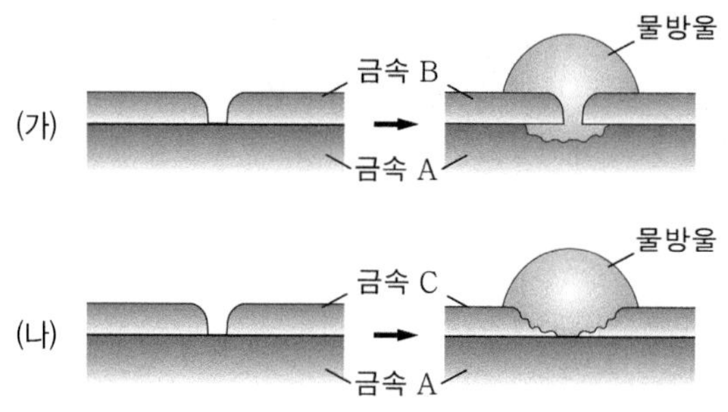

이에 대한 옳은 설명을 〈보기〉에서 모두 고른 것은?

보기

ㄱ. A는 B보다 전자를 잃기 쉽다.
ㄴ. (나)의 물방울에는 A 이온의 수가 C 이온의 수보다 많다.
ㄷ. B 이온이 용해된 수용액에 C를 넣으면 B가 석출된다.

① ㄱ ② ㄱ, ㄴ ③ ㄱ, ㄷ
④ ㄴ, ㄷ ⑤ ㄱ, ㄴ, ㄷ

8. 다음은 철의 부식을 방지하기 위한 방법을 나타낸 것이다.

(가) 철의 성질을 변화시킨다.
(나) 금속의 반응성 차이를 이용한다.
(다) 물과 산소의 접촉을 차단한다.

위 (가)~(다)의 원리를 옳게 적용한 예를 〈보기〉에서 모두 고른 것은?

보기

ㄱ. (가): 철에 크롬(Cr), 니켈(Ni)을 섞는다.
ㄴ. (나): 철에 알루미늄(Al)을 부착한다.
ㄷ. (다): 철에 주석(Sn)을 도금한다.

① ㄱ ② ㄴ ③ ㄷ
④ ㄱ, ㄷ ⑤ ㄴ, ㄷ

9. 그림은 철의 부식을 방지하는 일반적인 방법을 나타낸 것이다.

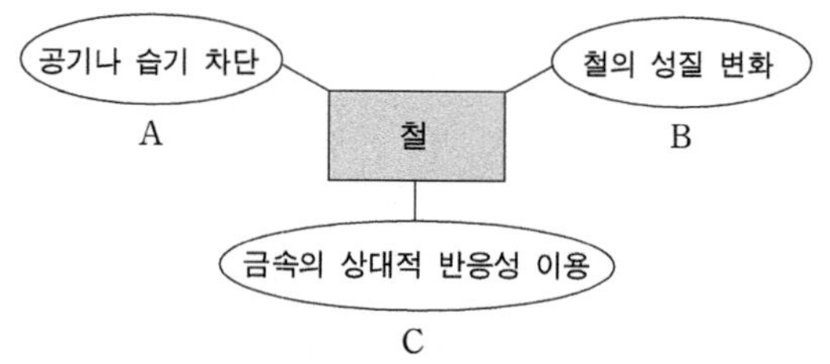

방법 A에 해당하는 예가 아닌 것은?

① 철 캔에 주석을 입힌다.
② 철 대문에 페인트를 칠한다.
③ 철제 공구에 기름을 바른다.
④ 수도꼭지에 크롬을 도금한다.
⑤ 철로 된 기름 탱크에 마그네슘을 연결한다.

2025

식품위생직 | 환경직

환경부 | 해양경찰청

BOND CHEMISTRY

공무원 화학 시험 대비 문제집

유단자

정답 및 해설

목 차

bond CHEMISTRY

PART 1 원자의 구조와 원소의 주기성

Chapter

01 원자의 구성 입자와 전자 배치

제 1 절 원자의 구성 입자와 동위 원소

01 ④ 02 ② 03 ② 04 ④ 05 ④
06 ② 07 ③ 08 ④ 09 ④ 10 ①
11 ① 12 ① 11 ② 12 ③ 11 ④ 10
13 15개 14 $n-5$
15 ①-㉯-㉣, ②-㉲-㉤, ③-㉮-㉢, ④-㉱-㉠, ⑤-㉰-㉡
16 ② 17 ③ 18 ④ 19 ② 20 ②
21 ④ 22 ① 23 ② 24 ③ 25 ④
26 ② 27 ③ 28 ② 29 ④ 30 ④
31 ① 32 ① 33 ① 34 ③ 35 ②
36 ② 37 ④ 38 ④ 39 ② 40 ②
41 ② 42 ④ 43 ② 44 ④ 45 ④
46 ③ 47 ①

대표 유형 기출 문제

원자의 구성 입자

01

① 톰슨의 음극선 실험으로 입증되었다.

② 양성자는 골트슈타인, 중성자는 채드윅이 발견했고, 러더퍼드는 원자핵을 발견했다.

④ 러더퍼드는 원자 질량의 대부분을 차지하며 밀도가 매우 큰 +전하를 띤 입자를 발견하였고, 이 입자가 원자핵이다.

정답 ④

02

① 전자의 전하량은 밀리컨의 기름방울 실험으로 밝혀졌다.

④ 돌턴의 원자론에서는 원자는 더 이상 쪼갤 수 없는 가장 작은 입자로 공모양이라고 주장했다. 이 시기에는 양성자, 중성자, 전자의 개념은 밝혀지지 않았다.

정답 ②

03

돌턴의 원자론에서는 원자내의 입자에 대한 언급은 없다. 원자내의 입자에 대한 것은 돌턴의 원자론 이후에 발견된 것이다.

정답 ②

04

제시된 특정 원자 모형은 현대적 원자 모형이다.

ㄱ. 전자를 발견한 음극선 실험은 톰슨의 원자 모형이다.

정답 ④

05

ㄱ. 양성자는 양(+)의 전하를 띤다.

ㄴ. 원자 크기의 대부분을 차지하는 것은 빈 공간이며 중성자는 원자핵을 구성입자는 입자로 전하를 갖고 있지 않으며 양성자보다 약간 더 무겁다.

정답 ④

동위원소

06

^{37}Cl의 존재비율을 x라고 가정을 하고, 평균 원자량 공식에 대입을 하면,

$$35.46 = (1-x) \times 35 + x \times 37 \qquad x = 0.245$$

%로 나타내었으므로 100을 곱하면, ^{37}Cl의 존재비[%]는 24.5%이다.

정답 ②

07

	(가)			(나)	
동위 원소	A	B	C	D	E
질량수	24	25	26	35	37

① (가)의 질량수는 24, 25, 26이다. 이중 질량수가 24인 존재 비율이 가장 크므로 평균 원자량이 24보다는 커야 하지만 25가 될 수는 없다.
평균 원자량을 계산으로 확인을 해보면,
$0.79 \times 24 + 0.1 \times 25 + 0.11 \times 26 = 24.32$

② (가)의 동위원소 중 원자 1개의 질량이 가장 큰 것은 질량수가 가장 큰 C이다.

③ (나)의 동위원소 중 같은 질량(1g) 속에 들어 있는 원자의 개수는 질량수가 작은 D가 E보다 많다.

④ A와 D로 이루어진 화합물과 C와 E로 이루어진 화합물의 화학적 성질은 동위 원소로 이루어졌으므로 동일하다.

정답 ③

08

피크들의 상대적인 세기 비($[M]^+ : [M+2]^+ : [M+4]^+$)라는 것이 결국 동위원소로 이루어진 분자의 존재비율을 말한다. 동원원소의 존재비가 3 : 1이므로 분자의 존재비는 9 : 6 : 1이다.

정답 ④

09

① ^{16}O의 원자 번호는 8이고, 16은 ^{16}O의 질량수이다.

② 자연계에 존재하는 $^{35}_{17}Cl$의 다른 한 가지 동위원소의 질량은 Cl의 평균 원자질량이 35.453amu이므로 35amu보다 커야 평균 원자량이 35보다 큰 값이 된다.

③ $^{137}_{56}Ba^{2+}$ 이온의 양성자 개수는 원자번호와 같은 56개이다.

정답 ④

10

양성자 수로부터, A와 B는 Cl이고, C는 Ar, D는 K이다.

① 이온 $A^-(Cl^-)$와 중성 원자 C(Ar)의 전자수는 18개로 같다.

② 이온 $A^-(Cl^-)$와 이온 $B^+(Cl^+)$의 질량수는 35와 37로 같지 않다. 이온이 되어도 질량수에는 변함이 없다.

③ 이온 $B^-(Cl^-)$와 중성 원자 D(K)의 전자수는 18개와 19개로 같지 않다.

④ 질량수는 양성자 수와 중성자 수의 합이므로 각 원자의 질량수는 다음 표와 같다.

	A	B	C	D
양성자수	17	17	18	19
중성자수	18	20	22	20
질량수	35	37	40	39

따라서 원자 A~D 중 질량수가 가장 큰 원자는 C이다.

정답 ①

11

① 동소체란 한 종류의 원소로 이루어졌으나 그 성질이 다른 물질로 존재할 때, 이 여러 형태를 부르는 이름이다. 이는 원소 하나가 다른 여러 방식으로 결합되어 있다. 예를 들면, 탄소의 동소체에는 다이아몬드(탄소 원자가 사면체 격자 배열로 결합됨), 흑연(탄소 원자가 육각형 격자구조 판처럼 결합됨), 그래핀(흑연의 판 중 하나) 및 풀러렌(탄소 원자가 구형, 관형, 타원형으로 결합됨)이 포함된다. 동소체라는 말은 원소에만 쓰이고, 화합물에는 쓰이지 않는다. 따라서 ^{12}C와 ^{13}C는 동소체 관계가 아니고 동위 원소 관계이다.

②, ③ ^{12}C와 ^{13}C는 동위 원소 관계이다. 따라서 양성자 수와 전자 수가 같고, 중성자 수는 질량수가 큰 ^{13}C이 ^{12}C보다 크다.

④ 평균 원자량이 12.01이므로 자연계에 존재하는 양은 ^{12}C가 ^{13}C보다 많다.

정답 ①

주관식 개념 확인 문제

12

정답 ① 11 ② 12 ③ 11 ④ 10

13

양성자수는 핵전하량을 양성자의 전하량으로 나눈 값이다.

$$\frac{2.4\times10^{-18}\text{C}}{1.6\times10^{-19}\text{C}/\text{개}}=15\text{개}$$

정답 15개

14

A의 원자 번호를 x라 하면 $x+2=n-3$으로 $x=n-5$이다.

정답 $n-5$

기본 문제

원자의 구성 입자

15

정답 ①-㉯-㉣, ②-㉰-㉤, ③-㉮-㉢, ④-㉱-㉠, ⑤-㉲-㉡

16

A, C: α입자-산란실험으로 원자핵의 존재만 설명할 수 있었고, 원자의 크기와 전자 궤도에 대해 알 수는 없다.

F: 원자핵에 같은 전하를 띤 α입자가 충돌하면 양성자가 아닌 α입자가 튕겨져 나오는 것이다.

정답 ②

17

① 돌턴의 원자 모형 ② 톰슨의 원자 모형 ③ 러더퍼드의 원자 모형 ④ 보어의 원자 모형 ⑤ 오비탈 모형

정답 ③

18

④ 양성자는 골트슈타인이 발견하였다.

정답 ④

19

① 양성자수가 작은 원자들은 같은 수의 중성자를 갖지만 양성자수가 많은 원자들은 양성자간의 반발력이 커져서 양성자수보다 더 많은 중성자를 가져야 양성자 간의 반발력을 무마할 수 있다.

③ 같은 원사번호를 가지는 두 가지 동위원소의 양성자수와 전자의 수는 같고 중성자수가 달라서 질량수가 다르다.

④ 원자의 질량수는 양성자와 중성자수의 합이다.

정답 ②

20

양성자수는 $\frac{1.92\times10^{-18}\text{C}}{1.6\times10^{-19}\text{C}/\text{개}}=12$개이다. 중성 원자에서 양성자수는 12개로 전자수와 같다. 따라서 중성 원자에서 전자 2개를 잃은 양이온의 전자는 10개이다.

정답 ②

21

양성자수로 원자를 특정할 수 있다.

A(He) B(C) C(C) D(O) E(Na)

① 헬륨은 비활성 기체이므로 화학적 활성이 거의 없다.

② 양성자수는 같고 중성자의 수가 다른 동위 원소이므로 화학적 성질이 같다.

③ 산소가 포함된 화합물인 산화물은 주위에 많다.

④ 전기적 중성을 충족하기 위해서는 E_2D이어야 한다.

정답 ④

22

① 양성자수는 원소를 특정하므로 양성자수가 다르면 항상 다른 원소이다.

② 중성자수가 다르더라도 양성자수가 같으면 같은 원소이다.

③ 전자수가 다르더라도 양성자수가 같으면 같은 원소이다.

④ 양성자가 두 개 이상이면 양성자 간의 반발력을 무마 시키기 위해 반드시 중성자가 필요하다.

정답 ①

23

질량수 − 중성자수 = 양성자수 = 원자번호

A는 1가 음이온(F^-), 중성 원자 B(Ne), C는 1가 양이온(Na^+), D는 1가 음이온(Cl^-), E는 2가 양이온(Ca^{2+})이다. A, D는 같은 족(17족)으로 할로젠 원소이다.

정답 ②

24

아세틸렌의 연소 반응식은 아래와 같다

$$C_2H_2(g) + \frac{5}{2}O_2(g) \rightarrow 2CO_2(g) + H_2O(l)$$

18은 H_2O의 질량을, 44는 CO_2의 질량을 나타낸다. 연소 반응식으로부터 H_2O와 CO_2의 몰수의 비가 1 : 2 이므로 이산화탄소의 길이가 물보다 더 길어야 한다. 이를 만족하는 스펙트럼은 ③이다.

정답 ③

25

양성자수 20개인 원자의 전하가 +2로 전자 2개를 잃었으므로 전자수인 (가)는 18, 양성자수보다 전자수가 3개 적으므로 전하 (나)는 +3이다. 질량수에서 양성자수를 뺀 값이 중성자수이므로 56−26인 (다)는 30이다.

(가)+(나)+(다)=51

정답 ④

26

톰슨의 원자 모형이 맞다면 α입자의 극히 일부만 약간 휘고, 대부분은 튕겨 나가지 않고 금박을 통과할 것이다. 이에 적합한 선택지는 ②이다.

정답 ②

동위 원소

27

동위 원소는 양성자수가 같아서 화학적 성질은 같고, 중성자 수가 달라 질량수가 다르므로 물리적 성질이 다른 원소이다.

정답 ③

28

양성자수는 같고 질량수가 다른 동위 원소는 a, b이다.

정답 ②

29

다이아몬드는 $C_{다이아몬드}$, 흑연은 $C_{흑연}$, 풀러렌은 C_{60}, 아세틸렌의 화학식은 C_2H_2로 아세틸렌은 탄소의 동소체가 아니고 C와 H의 화합물이다.

정답 ④

30

④ 동위원소란 양성자 수는 같지만 중성자수가 달라서 질량수가 다른 원소를 말한다. 양성자 수가 같으므로 당연히 전자수도 같다.

정답 ④

31

① ^{12}C와 ^{13}C는 동위 원소이다.

②, ③ ^{12}C와 ^{13}C는 동위 원소이므로 양성자 수와 전자 수가 같고, 중성자 수는 질량수가 큰 ^{13}C이 ^{12}C보다 크다.

④ 평균 원자량이 12.01로 질량수 12에 더 근접하므로 존재 비율은 ^{12}C가 ^{13}C보다 많다.

정답 ①

자료 추론형

원자의 모형과 실험

32

ㄱ. 톰슨은 음극선 실험(실험 I)으로 (−)전하를 띤 입자인 전자를 발견하였다.

ㄴ. 러더퍼드는 α입자 산란 실험(실험 II)으로 (+)전하를 띤 입자인 원자핵을 발견하였다.

ㄷ. 전자는 (−)전하, 원자핵은 (+)전하를 띠므로 다른 종류의 전하를 띤다.

정답 ①

33

톰슨의 음극선 실험으로 발견한 입자는 전자이다.

ㄱ. 원자핵에 대한 설명이다.

ㄴ. 전자는 (−)전하를 띤다.

ㄷ. 원자핵은 양성자와 중성자로 구성되어 있다. 전자는 원자핵의 구성에 포함되지 않는다.

정답 ①

34

(가)는 궤도가 표현된 보어의 원자 모형이다. (나)는 현대의 원자 모형인 오비탈 모형이다. (다)는 (+)전하가 고르게 퍼진 원자에 (−)전하를 띤 전자가 박혀있는 톰슨의 원자 모형이다.

ㄱ. 보어의 원자 모형은 수소 원자의 선 스펙트럼을 설명하기 위해 제안되었다.

ㄴ. 러더퍼드가 알파 입자 산란 실험을 설명하기 위해 제안한 모형은 오비탈 모형인 (나)가 아닌 전자가 원자핵 주위를 원운동하는 모형이다.

ㄷ. (다)는 톰슨이 주장한 원자 모형이다.

정답 ③

35

(가) A는 오비탈 모형으로 전자의 존재를 확률 분포로 설명할 수 있다.

(나) 궤도가 표현된 C는 보어의 원자 모형으로 수소 원자의 선스펙트럼은 설명할 수 있지만 전자의 확률 분포는 설명할 수는 없다.

(다) 수소 원자의 선 스펙트럼은 B인 톰슨의 원자 모형이 주장된 이후 보어의 원자 모형으로 설명할 수 있다.

정답 ②

36

자료는 음극선 실험에 대한 설명으로 톰슨은 음극선 실험으로 원자에 (−)전하를 띤 전자가 박혀있는 ②와 같은 모형이라고 주장했다.

정답 ②

원자의 구성 입자

37

이온 Z^-로부터 양성자보다 전자가 1개 더 많으므로 ㉡은 양성자이다. 원자 X, Y로부터 중성 원자는 양성자와 전자의 수가 같음을 이용하여 ㉠은 전자, ㉢은 중성자임을 알 수 있다.

ㄱ. ㉠은 전자이다.

ㄴ. 질량수는 양성자수와 중성자수의 합으로 $5+6=11$이다.

ㄷ. X의 중성자수는 6, Y의 중성자수는 8, Z의 중성자수는 10으로 Z의 중성자수가 가장 크다

정답 ④

38

ㄱ. A^-를 통해 양성자수 + 1 = 전자수 x이므로 x는 10이다.

ㄴ. 질량수는 양성자수와 중성자수의 합이므로 y는 12이고 z는 24이다.

ㄷ. 전자수(10) = 양성자수 − m이므로 $10=11-m$, m은 1이고, n은 양성자수(12) − n = 전자수(10)이므로 n은 2이다. 따라서 n이 m보다 크다.

정답 ④

39

ㄱ. Y는 질량수가 14인 N이다.

ㄴ. X, Z는 양성자수가 6으로 같으므로 동위 원소이다.

ㄷ. Z의 질량수는 14, Y의 질량수도 14이므로 질량수는 Z = Y이다.

정답 ②

40

설명을 통해 ㉠은 중성자, ㉡은 전자, ㉢은 양성자이다.

ㄱ. ${}^{7}_{3}Li$의 중성자수는 4, ${}^{9}_{4}Be^{+}$의 중성자수는 5이므로 중성자수는 다르다.

ㄴ. ${}^{7}_{3}Li$의 중성자수는 4, 양성자수는 3으로 중성자수와 양성자수는 다르다.

ㄷ. ${}^{9}_{4}Be^{+}$의 양성자수는 4이고, 전자수는 3으로 양성자수가 전자수보다 크다.

정답 ②

41

양성자수와 전자수가 같고, 양성자수+중성자수=질량수임을 이용한다.

ㄱ. Y의 질량수는 3이다.

ㄴ. Z의 중성자수는 10이다.

ㄷ. 원자 번호는 X가 2, Z가 8이므로 Z가 X보다 크다.

정답 ②

동위 원소

42

그래프를 표로 정리해보면 다음과 같다.

	A	B	C	D	E	F
양성자수	1	2	5	5	6	7
중성자수	1	1	6	7	6	7
전자수	1	2	5	5	6	7
질량수	2	3	11	12	12	14

① 중성 원자이므로 전자수는 양성자수와 같으므로 A의 전자수는 1개, F의 전자수는 7개로 같지 않다.

② E의 질량수는 12이고, B의 질량수는 3이므로 B의 4배이다.

③ 양성자수는 같고 질량수가 다른 동위 원소이므로 화학적 성질은 같다.

④ D, E는 질량수가 모두 12이므로 질량수는 같다.

⑤ E의 중성자수는 6, F의 중성자수는 7이므로 중성자수는 같지 않다.

정답 ④

43

ㄱ. 중성 원자에서 원자 번호는 전자수와 같고, 동위 원소는 원자 번호가 같으므로 전자수도 7개로 같다.

ㄴ. 중성자수는 질량수에서 원자 번호를 뺀 값인 7로 같다.

$$13-6=7,\ 14-7=7$$

ㄷ. 비금속 원자간 결합인 공유결합으로 화학 결합의 종류는 같다.

정답 ②

44

ㄱ. 중성 원자에서 양성자와 중성자의 합이 질량수이고, 양성자수와 전자수가 같으므로 A는 중성자, B는 전자임을 알 수 있다.

ㄴ. (가)는 양성자수보다 전자수가 2개 많으므로 2가 음이온이다.

ㄷ. (나)와 (다)는 양성자수가 같고, 질량수가 다른 동위원소이다.

정답 ④

45

① 중성 원자 A, B는 양성자수가 같으므로 전자수가 같다.

② B의 질량수는 2, C의 질량수는 14이다. A와 D의 질량수는 각각 1과 15이다.

③ C, D는 원자 번호가 7로 같고 질량수가 다른 동위원소이다.

④ CA_3의 분자량은 17이고, DB_3의 분자량은 21로 분자량은 DB_3가 CA_3보다 크다.

⑤ 중성자수는 A는 0개, D는 8개이다.

정답 ④

46

ㄱ. 동위 원소는 양성자수가 같으므로 전자수도 같다.

ㄴ. 동위원소로 이루어진 분자의 존재 비율은 원자의 존재 비율로부터 구할 수 있으므로 $\frac{1}{4}\times\frac{3}{4}\times2$이므로 $\frac{6}{16}$이다.

ㄷ. X의 평균 원자량은 원자량과 원자의 존재 비율로부터 구할 수 있는데 존재 비율만 주어졌으므로 원자량이 주어지면 평균 원자량을 구할 수 있다.

정답 ③

47

ㄱ. 동위 원소는 양성자수는 같고, 중성자수가 다르므로 질량수가 큰 원소의 중성자수가 더 많다.

ㄴ. 평균 원자량으로부터 존재 비율을 구할 수 있다.
^{6}Li의 존재 비율을 x라고 하면,
$6.02 \times x + (1-x) \times 7.02 = 6.94 \quad \therefore x = 0.08$
^{6}Li의 존재 비율은 8%, ^{7}Li의 존재 비율은 92%이다. 따라서 $x < 50$이다.

ㄷ. 같은 질량에 들어있는 원자수는 질량수가 큰 원자가 더 작다.

정답 ①

제 2 절 보어의 원자 모형

01	③	02	④	03	④	04	①	05	③
06	①	07	③	08	③	09	②	10	④

11 (1) $7.54 \times 10^{14}\,\text{sec}^{-1}$ (2) 400 nm

12 $\lambda = \dfrac{hc}{E_1 - E_2}$ 13 10가지

14 (1) 마이크로파: 전자 레인지
(2) 적외선: 작용기 검출
(3) 자외선: 결합 에너지

15 $f_1 = f_2 + f_3$, $\dfrac{1}{\lambda_1} = \dfrac{1}{\lambda_2} + \dfrac{1}{\lambda_3}$

16 (1) C (2) 313.6 kcal/mol 17 −78.4 kcal

18 (1) ㉯, ㉱ (2) 313.6 kcal/mol (3) ㉵
(4) 4배 (5) 278.8 kcal/mol

19	③	20	④	21	④	22	④	23	③
24	②	25	③	26	③	27	①	28	④

대표 유형 기출 문제

01

① 방전에 의해 전자가 높은 에너지 상태의 주양자수에서 낮은 에너지 상태의 주양자수를 갖게 되면 빛이 방출된다.

② 전자를 잃고 양이온이 되는 것은 전자가 $n = \infty$로 전이하는 것이므로 빛이 흡수된다.

④ 전자와 양성자의 충돌은 방전으로 불가능하다.

정답 ③

02

에너지가 양자화된 것은 에너지 준위가 불연속적임을 의미하므로 선 스펙트럼이 관측된다. 흑체 복사와 유사한 스펙트럼은 연속 스펙트럼이므로 양자화를 설명할 수 없다.

정답 ④

03

에너지가 양자화 된 것은 불연속적 에너지 준위를 가지고, 특정한 파장을 가지므로 관찰되는 스펙트럼은 불연속 스펙트럼인 선 스펙트럼이다.

정답 ④

04

수소 원자의 선 스펙트럼을 설명할 수 있는 것은 보어의 이론이다. 톰슨과 러더퍼드는 보어 이전의 이론으로 수소 원자의 선 스펙트럼을 설명할 수 없다.

정답 ①

05

이온화 에너지의 정의를 잘 알고 있다면 쉽게 해결할 수 있는 문제이다. 이온화 에너지의 정의는 ㉠ 중성 상태의 기체 원자로부터 전자 1몰을 떼어내는데 필요한 에너지, ㉡ 바닥 상태의 전자 1몰을 무한대($n = \infty$)로 보내는 데 필요한 에너지이다. ㉡의 정의를 생각하면 수소 원자의 선 스펙트럼으로부터 수소 원자의 이온화 에너지를 측정할 수 있다.

정답 ③

$E = hf = h\dfrac{c}{\lambda}$

06

$$E = \frac{hc}{\lambda} = \frac{(6.626 \times 10^{-34}\text{Js})(3 \times 10^8\text{ms}^{-1})}{5.70 \times 10^{-7}\text{m}}$$

$$E = 3.49 \times 10^{-19}\text{J}$$

정답 ①

07

적외선 분광법으로 작용기의 정보를 알아낼 수 있다.

정답 ③

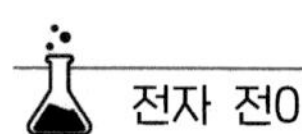

전자 전이

08

$$E_2 - E_1 = \frac{3}{4}k,\ E_3 - E_2 = \frac{5}{36}k$$

$$\frac{E_2 - E_1}{E_3 - E_2} = \frac{\frac{3}{4}k}{\frac{5}{36}k} = \frac{27}{5} = 5.4$$

정답 ③

09

ㄱ. 에너지와 파장은 반비례한다. (나)의 에너지(가시광선)가 (라)의 에너지(적외선)보다 크므로 파장은 (라)가 크다.

ㄴ. (가)는 $n=2 \rightarrow n=1$이므로 에너지는 $\frac{3}{4}k$,

(다) $n=4 \rightarrow n=2$이므로 에너지는 $\frac{3}{16}k$이므로

(가)의 에너지는 (다)의 4배이다.

ㄷ. (나), (다)는 $n=2$으로 수렴하므로 가시광선 영역의 빛이 방출된다.

정답 ②

10

보어 모형에 따른 수소 원자의 에너지 준위는 $E_n = -\frac{k}{n^2}$ 이고, 전자 전이에 따른 에너지 변화 $\Delta E = E_{나} - E_{처}$를 이용하여 구할 수 있다.

먼저, $n=4$ 준위에서 $n=2$ 준위로 전이할 때 방출하는 에너지(A), $\Delta E_{4\rightarrow 2} = -\frac{k}{2^2} - \left(-\frac{k}{4^2}\right) = -\frac{3k}{16}$

다음으로, $n=8$ 준위에서 $n=4$ 준위로 전이할 때 방출하는 에너지(B), $\Delta E_{8\rightarrow 4} = -\frac{k}{4^2} - \left(-\frac{k}{8^2}\right) = -\frac{3k}{64}$

$-\frac{3k}{16} = 4 \times -\frac{3k}{64}$이므로 $\mathrm{A} = 4\mathrm{B}$이다.

정답 ④

주관식 개념 확인 문제

11

(1) $f = \frac{E}{h} = \frac{5.0 \times 10^{-19}}{6.63 \times 10^{-34}} = 7.54 \times 10^{14}\ \mathrm{s}^{-1}$

정답 $7.54 \times 10^{14}\,\mathrm{sec}^{-1}$

(2) $\lambda = \frac{c}{f} = \frac{3.0 \times 10^8}{7.54 \times 10^{14}} = 0.4 \times 10^{-6}\mathrm{m}$

$1\mathrm{nm} = 10^{-9}\mathrm{m}$이므로 $\lambda = 400\mathrm{nm}$이다.

정답 $400\mathrm{nm}$

12

$\lambda = \frac{hc}{E}$이고, 방출되는 에너지는 $\Delta E = E_1 - E_2$이므로

$\lambda = \frac{hc}{E_1 - E_2}$이다.

정답 $\lambda = \frac{hc}{E_1 - E_2}$

13

$n=5 \rightarrow n=4$, $n=5 \rightarrow n=3$, $n=5 \rightarrow n=2$,
$n=5 \rightarrow n=1$, $n=4 \rightarrow n=3$, $n=4 \rightarrow n=2$,
$n=4 \rightarrow n=1$, $n=3 \rightarrow n=2$, $n=3 \rightarrow n=1$,
$n=4 \rightarrow n=1$

총 10가지이다.

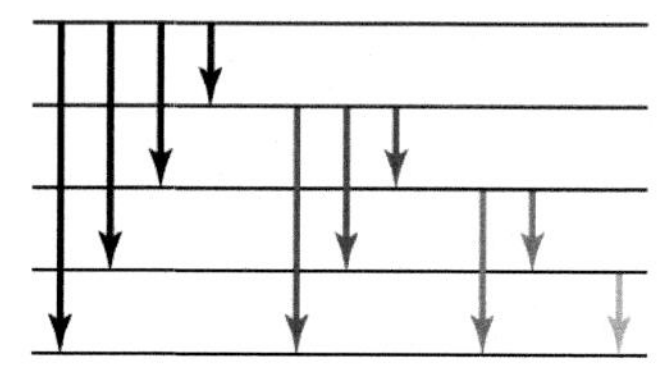

정답 10가지

14

정답 (1) 마이크로파: 전자 레인지

정답 (2) 적외선: 작용기 검출

정답 (3) 자외선: 결합 에너지

15

진동수는 에너지와 비례하고, 파장은 에너지와 반비례하다.

정답 $f_1 = f_2 + f_3$, $\frac{1}{\lambda_1} = \frac{1}{\lambda_2} + \frac{1}{\lambda_3}$

16

(1) 400nm~700nm는 가시광선 영역으로 $n=2$로 도달하는 C가 가시광선을 방출한다.

정답 C

(2) $n=1 \rightarrow n=\infty$이므로

$$\Delta E = E_\infty - E_1 = 0 - \left(\frac{-313.6}{1^2}\right) = 313.6\text{kcal/mol}$$

정답 313.6 kcal/mol

17

발머 계열에서 가장 큰 에너지를 방출하는 전자 전이는 $n=\infty \rightarrow n=2$인 경우이다.

$$\Delta E = E_2 - E_\infty = -\frac{313.6}{2^2} - 0 = -78.4\text{kcal/mol}$$

정답 −78.4kcal

18

(1) 가시광선은 $n=2$로 수렴하는 ㉯, ㉱이다.

정답 ㉯, ㉱

(2) 이온화 에너지는 $n=1 \rightarrow n=\infty$로 전이될 때 공급되는 에너지이므로 313.6kcal/mol이다.

정답 313.6 kcal/mol

(3) 진동수는 에너지와 비례하므로 에너지가 가장 작은 것은 ㉵이다.

정답 ㉵

(4) ㉱의 에너지는 $\frac{3}{16}k$이고, ㉲의 에너지는 $\frac{3}{4}k$이므로 4배이다.

정답 4배

(5) ㉴에서 흡수하는 에너지는 $\frac{8}{9}k$이므로 $\frac{8}{9} \times 313.6 = 278.8\text{kcal/mol}$이다.

정답 278.8kcal/mol

기본 문제

19

전자 껍질의 에너지의 불연속성 때문에 원자에서 전자가 전이할 때 특정한 파장의 빛을 방출하면서 선 스펙트럼이 나타난다.

정답 ③

20

3번 계단에서 3가지, 2번 계단에서 2가지, 1번 계단에서 1가지로 총 6가지 파장의 빛이 방출될 수 있다.

정답 ④

21

(b)와 (d)는 같은 발머 계열로, 에너지는 파장과 반비례하므로 (d)가 (b)보다 에너지가 크므로 파장은 (b)가 길다.

정답 ④

22

④ 오비탈 모형에 대한 설명이다.

정답 ④

23

① $n=5 \rightarrow 3$ 전이할 때 방출되는 전자기파는 적외선, $n=3 \rightarrow 1$ 전이할 때 방출되는 전자기파는 자외선이므로 $n=3 \rightarrow 1$ 전이에 해당하는 에너지가 더 크다.

② 바닥 상태는 전자가 가장 안정한 에너지 상태임을 의미한다.

③ 에너지와 파장은 반비례하므로 $n=3 \rightarrow n=2$ 전이 시 방출하는 에너지가 더 작으므로 파장은 $n=3 \rightarrow n=2$로 전이할 때가 더 크다.

④ 전자가 높은 에너지 준위에서 낮은 에너지 준위로 전이될 때 빛을 방출한다.

정답 ③

24

656nm는 $n=3 \rightarrow 2$, 486nm는 $n=4 \rightarrow 2$이므로 434nm는 $n=5 \rightarrow n=2$의 전자 전이에 해당하는 파장으로 O$(n=5) \rightarrow$ L$(n=2)$에 해당한다.

정답 ②

25

수소 원자의 오비탈 에너지 준위 $E_n = -k\frac{1}{n^2}$ kJ/mol 이다.

$\Delta E_1 = E_\infty - E_1 = 0 - (-k) = k$ kJ/mol

$\Delta E_2 = E_4 - E_2 = -\frac{1}{4^2}k - (-\frac{1}{2^2}k) = \frac{3}{16}k$ kJ/mol

$$\frac{\Delta E_2}{\Delta E_1} = \frac{\frac{3}{16}k}{k} = \frac{3}{16}$$

정답 ③

자료 추론형

26

ㄱ. 파장은 에너지와 반비례하므로 파장이 가장 긴 D가 가장 에너지가 작다.

ㄴ. 가시광선 영역의 선 스펙트럼은 $n=2$로 전이될 때 나타난다.

ㄷ. 주양자수가 클수록 껍질간 거리가 매우 멀어져 인력이 작아지므로 에너지 준위의 간격은 작아진다.

정답 ③

27

ㄱ. a는 k만큼 방출하고, c는 $\frac{1}{4}k$만큼 방출하므로 a의 에너지는 c의 4배이다.

ㄴ. 파장이 짧을수록 에너지가 크므로 파장이 가장 짧은 것은 e가 아닌 a이다. b는 a와 에너지의 크기는 같으나 방출이 아닌 공급되는 에너지이다.

ㄷ. $n=2$로 도달하는 c, e가 가시광선 영역의 빛을 방출한다.

ㄹ. 수소 원자의 전자친화 되는 과정을 반응식으로 나타내면 다음과 같다.

$$H(g) + e^- \rightarrow H^-(g) + E$$

a에 대한 과정을 반응식으로 나타내면 다음과 같다.

$$H^+(g) + e^- \rightarrow H(g) + E$$

출입하는 에너지가 같으려면 반응물과 생성물이 같아야 하는데 반응물과 생성물이 다르므로 출입하는 에너지는 같을 수가 없다.

정답 ①

28

ㄱ. 선 스펙트럼으로 수소 원자의 에너지 준위가 불연속적임을알 수 있다.

ㄴ. 진동수는 에너지와 비례한다. a의 에너지는 $n=6 \rightarrow n=2$의 전자전이에 해당하므로 $\frac{2}{9}k$이고, c의 에너지는 $n=3 \rightarrow n=2$의 전자전이에 해당하므로 $\frac{5}{36}k$이므로 에너지는 a가 c보다 1.6배 크므로 진동수도 a가 1.6배 크다.

ㄷ. b선은 $n=4 \rightarrow n=2$로 전이이므로 N껍질에서 L껍질로의 전이에 해당한다.

정답 ④

제 3 절 오비탈 모형과 양자수

01 ③	02 ①	03 ①	04 ③	05 ④
06 ④	07 ③	08 ④	09 ③	10 ①
11 ①	12 ②	13 ④		

14 (1) $l=0, 1, 2$ 및 s, p, d의 3종류,
$3s$: 1개, $3p$: 3개, $3d$: 5개, 총 9개
(2) ① $2p_x$ ② $3p_z$

15 (1) $2p_x$ (2) $3p_y$ (3) $4s$ (4) 가질 수 없다

16 ④	17 ②	18 ③	19 ①	20 ①
21 ④	22 ④	23 ③	24 ②	25 ④
26 ②				

대표 유형 기출 문제

01

③ 부껍질은 0부터 $n-1$까지이므로 총 n개다.

정답 ③

02

ㄱ. 수소의 에너지 준위는 주양자수가 같으면 에너지 준위도 같다. $2s$와 $2p$의 주양자수가 $n=2$로 같으므로 에너지 준위가 같다.

ㄴ. 양성자가 여러 개인 원자의 오비탈 에너지 준위는 다음과 같다.

$$E = -k\frac{Z^2}{n^2}\text{kJ/mol } (Z\text{: 원자번호})$$

리튬의 핵전하량이 수소보다 크기 때문에 리튬의 $1s$ 오비탈이 에너지 준위가 더 낮다.

ㄷ. 방사상 마디수는 $n-l-1$으로 $n=2, l=0$이므로 1개의 방사상 마디를 갖는다.

정답 ①

03

① 주양자수(n)가 3일 때, 가능한 각운동량 양자수 $l=0,\ 1,\ 2$이다.

정답 ①

04

최대 전자수는 $2n^2$개이다. $n=4$일 때 최대 전자수는 32개이다.

정답 ③

05

④ 스핀 양자수는 전자의 스핀 방향을 나타낸다.

정답 ④

06

$n=4,\ l=3,\ m_l=-3,\ -2,\ -1,\ 0,\ +1,\ +2,\ +3$이다. 총 7개의 오비탈이 가능하므로 전자의 최대 개수는 $2 \times 7 = 14$개이다.

정답 ④

07

① 주양자수가 증가함에 따라 방사 확률 분포의 봉우리 개수는 주양자수가 하나 증가함에 따라 한 개씩 증가한다.

② 방사 확률 분포의 봉우리가 여러 개일 경우, 바깥쪽 봉우리가 안쪽 봉우리보다 크다.

④ 주양자수가 증가함에 따라 방사 확률 분포의 마디 개수는 증가한다.(방사 방향 마디 개수: $n-l-1$)

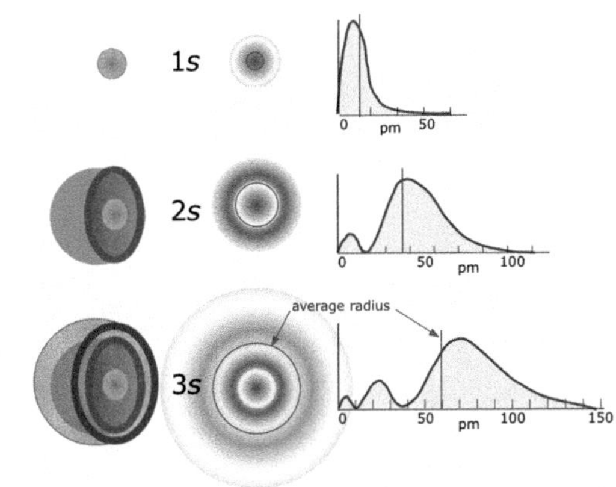

정답 ③

08

주양자수가 $n=5$인 경우 가능한 각운동량 양자수 l값은 0부터 4까지이다. 이를 양자수와 오비탈로 정리하면 다음과 같다.

주양자수(n)	5				
각운동량 양자수(l)	0	1	2	3	4
오비탈	$5s$	$5p$	$5d$	$5f$	$5g$

정답 ④

09

양자수 조건에 따라 가능한 양자수를 나열해보면 다음과 같다.

a	b	c	전자수
5	1	0	2
	3	−2, 0, +2	6
	5	−4, −2, 0, +2, +4	10

따라서 수용할 수 있는 전자의 최대 개수는 총 18개이다.

정답 ③

PART 01 원자의 구조와 원소의 주기성

10

유효 핵전하는 가리움 상수가 작을수록 증가한다. $2s$ 오비탈의 전자들이 $2p$ 오비탈의 전자들을 잘 가리기 때문에 $2p$ 오비탈의 가라움 상수가 증가되므로 유효 핵전하는 $2s > 2p$이고, 침투 효과는 s-character이 클수록 증가하므로 $2s > 2p$이다.

정답 ①

11

① 주양자수(n)가 3일 때, 가능한 각운동량 양자수(l)는 0, 1, 2이다.

정답 ①

12

②에서 각 운동량 양자수(l)이 0이므로 자기 양자수(m_l)는 0이어야 한다.

정답 ②

13

주 양자수(n)는 오비탈의 크기와 에너지를 결정하는 양자수이고, 방위 양자수(l)는 오비탈의 모양과 에너지를 결정하는 양자수이다. l 값에 따른 오비탈의 종류와 모양은 다음과 같다.

방위 양자수(l)	$l=0$	$l=1$	$l=2$
오비탈의 종류	s	p	d
오비탈의 모양	구형	아령모양	복잡한 모양

따라서 (가) $2p$ (나) $1s$ (다) $3d$ (라) $3s$이다.

정답 ④

주관식 개념 확인 문제

14

정답 (1) $l=0, 1, 2$ 및 s, p, d의 3종류,
$3s$: 1개, $3p$: 3개, $3d$: 5개. 총 9개
(2) ① $2p_x$ ② $3p_z$

15

정답 (1) $2p_x$ (2) $3p_y$ (3) $4s$ (4) 가질 수 없다

기본 문제

16

② N 전자 껍질까지의 오비탈 수이므로 K, L, M, N 전자 껍질의 오비탈 수의 총합에 대한 물음이다.

K L M N
1+4+9+16=30

전자 껍질	오비탈	오비탈 수
K	$1s^2$	1
L	$2s^2 2p^6$	1+3=4
M	$3s^2 3p^6 3d^{10}$	1+3+5=9
N	$4s^2 4p^6 4d^{10} 4f^{14}$	1+3+5+7=16

총 30개

④ p오비탈은 $l=1$이므로 $L(n=2)$껍질부터 존재한다.

정답 ④

17

② d오비탈의 종류는 d_{xy}, d_{yz}, d_{zx}, $d_{x^2-y^2}$, d_{z^2}으로 오비탈 수는 5개이다.

정답 ②

18

다전자 원자의 경우 주양자수와 부양자수에 의해 에너지 준위가 결정된다. a는 $2s$, b는 $2p_x$, c는 $2p_y$, d는 $2p_z$이다. s오비탈은 $l=0$으로 에너지 준위가 가장 낮고, p오비탈은 $l=1$로 같으므로 에너지 준위는 $b=c=d$이다. 따라서 $a<b=c=d$이다.

정답 ③

19

가능한 양자수 조건은 다음과 같다.

$$n = 1, 2, 3, \ldots\ldots$$
$$l = 0, 1, 2, \ldots, n-1$$
$$-l < m_l < +l$$
$$s = -\frac{1}{2} \text{ 또는 } s = +\frac{1}{2}$$

정답 ①

20

	방사 방향 마디수 $(n-l-1)$	각운동량 마디수 (l)
$1s$	1-0-1=0	0
$2p_x$	2-1-1=0	1
$3d_{xy}$	3-2-1=0	2
$4d_{xy}$	4-2-1=1	2

정답 ①

자료 추론형

21

ㄱ. 전자가 발견될 확률이 가장 높은 곳에서 수직선을 그으면 $2s$는 3부근이고, $2p$는 2에 가까우므로 거리는 $2s$가 크다.

ㄴ. $2s$ 오비탈에는 전자가 발견될 확률이 0인 마디가 존재한다.

ㄷ. 수소 원자의 경우 에너지 준위는 주양자수만으로 결정되므로 두 오비탈의 에너지 준위는 같다.

정답 ④

22

ㄱ. 불확정성의 원리에 의해 전자의 위치는 특정할 수 없고, 확률 분포로 나타낸 것이 오비탈이다.

ㄴ. s 오비탈은 방향성이 없으므로 거리가 같으면 방향과 관계없이 전자가 발견될 확률은 같다.

ㄷ. $2s$ 오비탈은 전자가 발견될 확률이 0인 마디가 1개 있다.

정답 ④

23

ㄱ. p 오비탈에서는 거리와 방향이 같으면 전자가 발견될 확률은 같다.

ㄴ. 수소 원자의 에너지 준위는 주양자수로 결정된다. $3p$ 오비탈과 $3s$ 오비탈의 주양자수가 같아서 에너지 준위도 같으므로 전이할 때 출입하는 에너지는 없다.

ㄷ. 에너지는 파장과 반비례한다.

$$E_1(2s \to 1s) : E_2(3s \to 2s) = \frac{3}{4}k : \frac{5}{36}k$$

$$E_1 : E_2 = 27 : 5 = \frac{1}{\lambda_1} : \frac{1}{\lambda_2}$$

파장의 비는 $5:27$이다.

정답 ③

24

p 오비탈은 거리와 방향이 같을 때 전자가 발견될 확률이 같다. (가)와 (나)는 x축상에 위치하고, 거리가 같으므로 전자가 발견될 확률은 같다.

정답 ②

25

그래프를 통해 경계면보다 경계면 안쪽에서 전자가 발견될 확률이 최대임을 알 수 있다.

정답 ④

26

ㄱ. 원자의 크기는 원자핵과 원자핵을 둘러싼 전자의 확률밀도 함수로부터 추정할 수 있다. 원자핵의 크기는 원자의 크기보다 매우 작다(10^5배).

ㄴ. 전자 구름의 경계는 특정할 수 없어 전자가 발견될 확률밀도 함수로 표현한다.

ㄷ. s오비탈은 방향성이 없어 핵으로부터 거리가 같으면 전자가 발견될 확률은 같다.

정답 ②

제 4 절 전자 배치의 원리

01 ④ 02 ① 03 ② 04 ④ 05 ②
06 ④ 07 ① 08 ③ 09 ③

10 (1) 인접한 궤도 (2) 5개 (3) 원자가전자
(4) $CaCl_2$ (5) n^2

11 (1) $1s^2 2s^2 2p^6 3s^2 3p^3$ (2) 3개
(3) 9개($1s$: 1개, $2s$: 1개, $2p$: 3개, $3s$: 1개, $3p$: 3개)

12 (1) $[Ar]4s^1 3d^{10}$
(2) Cu^+ : $[Ar]3d^{10}$ M껍질은 $n=3$인 전자 껍질이므로 $3s^2 3p^6 3d^{10}$ 오비탈이 존재하므로 전자의 총수는 18개이다.

13 (1) 4개 (2) 14개($3s^2 3p^6 3d^6$) (3) $1s^2 2s^2 2p^6 3s^2 3p^6 3d^5$
(4) 14개

14 (1) Na^+, F^-, Ne (2) H^-, He
(3) H^+, He^{2+} (4) K^+, S^{2-}, Ar

15 D < A < C < B < E

16 (1) 25 (2) $[Ar]4s^2 3d^5$ (3) +7 (4) 5 (5) $[Ar]3d^5$

17 ③ 18 ① 19 ④ 20 ④ 21 ③
22 ④ 23 ④ 24 ③ 25 ② 26 ①
27 ③ 28 ① 29 ④ 30 ⑤ 31 ③
32 ② 33 ④

대표 유형 기출 문제

01

쌓음의 원리, 파울리의 배타 원리, 훈트의 규칙을 만족하는 바닥 상태의 전자 배치인 B의 에너지가 가장 낮고, 훈트의 규칙을 위반한 A의 에너지가 그 다음으로 낮다. 다전자 원자에서 에너지 준위는 $2s < 2p$이므로 쌓음의 원리에 의해 $1s$에서 $2p$로 들뜬 D가 가장 에너지가 높고, $2s$에서 $2p$로 들뜬 C가 두 번째로 높다. 따라서 D>C>A>B 순서이다.

정답 ④

02

② 각운동량 양자수는 오비탈의 모양을 결정하므로 주 양자수가 다르더라도 동일한 각운동량 양자수를 가질 수 있다.

$2s$	$3s$
$l=0$	$l=0$

③ 한 개의 궤도함수에는 서로 다른 스핀의 전자가 최대 2개까지 채워질 수 있다.

④ 스핀 양자수는 $+\frac{1}{2}$ 또는 $-\frac{1}{2}$ 중에 하나를 갖는다.

정답 ①

03

② 원자 번호가 큰 B(F)의 유효 핵전하가 A(O)보다 크다.

정답 ②

04

Cr은 주의해야 할 전자배치를 가진 원소로 $[Ar]4s^1 3d^5$이다. Cr의 최대 산화수가 +6이므로 원자가전자수는 6이고, d오비탈의 전자수는 5이다.

정답 ④

05

	P^+	P	P^-	P^{2-}
홀전자수	2	3	2	1

정답 ②

06

① A는 쌓음의 원리에 위배된 들뜬 상태의 전자배치이다.
② B의 원자가전자 수는 5개이다.
③ C의 홀전자 수는 1개, D의 홀전자 수는 2개이다.
④ C는 원자가 전자수가 1개이므로 전자 1개를 잃어야 옥텟 규칙을 만족하는 안정한 이온(C^+)이 된다.

정답 ④

07

$_{27}Co$의 바닥 상태의 전자 배치는 $[Ar]4s^2 3d^7$이다.

정답 ①

08

바닥 상태의 전자배치란 쌓음의 원리, 파울리의 배타원리, 훈트의 규칙을 만족하는 전자배치이다.
ㄱ. 쌓음의 원리 위배 ㄹ. 훈트의 규칙 위배

정답 ③

09

전자배치로부터 ㉠은 A이고, 전자수가 8개이므로 산소 원자(O), ㉡는 A^+로 산소 양이온(O^+), ㉢은 B^{2+}로 B 원자가전자 2개를 잃어서 7개가 되었으므로 전자 9개인 플루오린(F) 양이온(F^{2+})이다.

① A(O)는 B(F)보다 전기 음성도가 작다.

② B(F)는 17족 원소이므로 원자가전자 수는 7이다.

③ 바닥상태인 B^+(F^+)의 홀전자 수는 2이다.

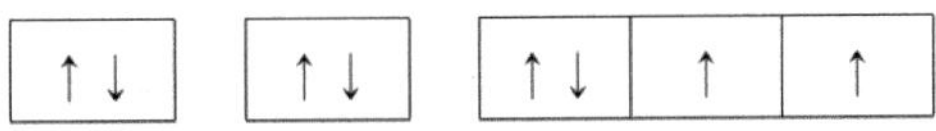

④ ㉠의 배치를 갖는 A(O)(g) 1몰에서 전자 1몰을 떼어 ㉡의 배치를 갖는 A^+(O^+)(g) 1몰을 만드는 데 필요한 에너지는 곧 산소 원자(O)의 1차 이온화 에너지를 말하는데, 이 에너지가 B(F)의 1차 이온화 에너지와 같다고 할 수 없다. $A^+(g)$와 $B(g)$의 유효 핵전하가 다르기 때문이다.

정답 ③

주관식 개념 확인 문제

10

정답 (1) 태양계의 운행처럼 핵의 주위를 전자가 인접한 궤도를 돌고 있다고 생각한 과학자는 러더퍼드이다.

(2) $_{26}Fe^{3+}$는 23개의 전자를 가지고 있으며 바닥 상태에서 $3d$ 오비탈에는 5개의 전자가 배치되어 있다. $_{26}Fe^{3+}$: $[Ar]3d^5$

(3) 한 원소의 화학적 성질은 바닥 상태의 전자 배치에서 그 원자가 가진 원자가전자 수에 의해 결정된다.

(4) Ar과 같은 전자 배치를 갖는 +2의 양이온과 −1의 음이온으로 이루어진 물질의 화학식은 $CaCl_2$이다.

(5) 주양자수 n인 전자 껍질에 존재하는 오비탈의 수는 모두 n^2개이며 최대로 $2n^2$개까지 전자가 채워질 수 있다.

11

정답 (1) $1s^2 2s^2 2p^6 3s^2 3p^3$ (2) 3개

(3) 9개($1s$: 1개, $2s$: 1개, $2p$: 3개, $3s$: 1개, $3p$: 3개)

12

정답 (1) $[Ar]4s^1 3d^{10}$

(2) Cu^+ : $[Ar]3d^{10}$ M껍질은 $n=3$인 전자 껍질이므로 $3s^2 3p^6 3d^{10}$ 오비탈이 존재하므로 전자의 총수는 18개이다.

13

$_{26}Fe$: $[Ar]4s^2 3d^6$

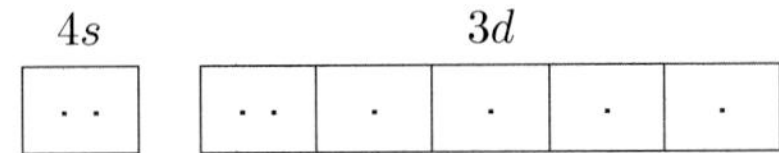

$_{26}Fe^{3+}$: $[Ar]3d^5$

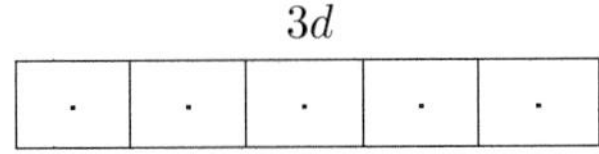

정답 (1) 4개 (2) 14개($3s^2 3p^6 3d^6$)

(3) $1s^2 2s^2 2p^6 3s^2 3p^6 3d^5$

(4) 14개(K 껍질: 1개, L 껍질: 4개, M 껍질: 9개)

14

정답 (1) Na^+, F^-, Ne (2) H^-, He

(3) H^+, He^{2+} (4) K^+, S^{2-}, Ar

15

에너지 준위는 $n+l$으로 결정할 수 있다. $n+l$이 같을 경우 n이 작은 궤도 함수의 에너지가 낮다.

A : $3p$, B : $3d$, C : $4s$, D : $2p$, E : $4p$.

따라서 $2p < 3p < 4s < 3d < 4p$ 순이다.

정답 D < A < C < B < E

16

정답 (1) 25 (2) $[Ar]4s^2 3d^5$ (3) +7 (4) 5

(5) $[Ar]3d^5$

기본 문제

17

아연은 $3d$ 오비탈까지 꽉 채워진 전자배치이므로 전자를 잃을 때 가장 바깥 껍질인 $4s$오비탈에서부터 전자가 떨어져나가므로 Zn^{2+}은 $[Ar]3d^{10}$의 전자배치를 갖는다.

정답 ③

18

Ar은 전자가 18개이고, ②, ③은 전자가 10개로 ④ Ne의 전자배치를 갖는 등전자 이온이다.

정답 ①

19

A는 바닥 상태 전자배치를 갖는 Na이고, B는 쌓음의 원리에 위배된 들뜬 상태의 Na으로 A와 B는 같은 원자이다.

④ 바닥 상태보다 들뜬 상태에서 전자 1개를 떼어내기가 쉬우므로 B에서 전자 1개를 떼어내는 데 더 적은 에너지가 필요하다.

정답 ④

20

④는 훈트의 규칙에 대한 설명이다.

정답 ④

21

Cr은 주의해야 할 전자배치를 갖는 원소로 d오비탈에 5개의 전자가 1개씩 채워진 전자배치일 때 안정하다.

$$[Ar]\ 4s^1 3d^5$$

정답 ③

22

A(Li), B(F), C(Na), D(Si), E(Ar)이다.

④ D는 14족 원소로 원자가전자가 4개이다.

① Li_2O ② HF ③ Li과 Na는 1족 원소이다.

정답 ④

23

① s 오비탈은 $l=0$으로 오비탈의 수가 1이므로 최대 전자가 2개까지 채워질 수 있다. → $2s^2$

② d오비탈은 $l=2$으로 주양자수 n이 3이상일 경우부터 가질 수 있다. → $3d^1$

③ f오비탈은 $l=3$으로 주양자수 n이 4이상일 때부터 가질 수 있다. → $4f^2$

정답 ④

24

Fe^{3+}의 전자배치는 $[Ar]3d^5$이다. 다전자 원자의 에너지 준위는 $n+l$이므로 에너지 준위가 가장 큰 오비탈은 $3d$ 오비탈이고, 전자수는 5개이다. d 오비탈에 전자가 각 1개씩 채워졌으므로 홀전자수는 5개이다.

정답 ③

자료 추론형

25

A는 N, B는 O, C는 F, X는 F^-이다.

① 1차 이온화 에너지는 같은 2주기 16족에서 감소되므로 N > O이다.

② $2p$ 오비탈은 방향만 다르고, 오비탈의 에너지 준위가 같으므로 B의 전자배치는 바닥 상태이다.

③ 전자 친화도는 같은 주기에서 원자번호가 증가할수록 증가하므로 F이 가장 크다.

④ F^-는 F의 안정한 음이온이다.

⑤ N_2는 O_2보다 분자량이 작아서 분자간 인력이 작으므로 끓는점은 $N_2 < O_2$이다.

정답 ②

26

전자의 개수가 17개인 Cl의 전자배치이다. 최외각 껍질 $(2s^2 2p^5)$에 7개의 전자가 있으므로 원자가전자수는 7개이다.

정답 ①

27

에너지 준위가 같은 p 오비탈에 전자가 한 개씩 채워지지 않았으므로 훈트의 규칙을 위배하였다.

정답 ③

28

ㄱ. 탄소는 전자 6개로 이루어져 있으므로 (가)는 s 오비탈에 총 3개의 전자가 채워져야 하므로 s 오비탈($1s$ 또는 $2s$)에 들어 있는 홀전자수는 1개로 들뜬 상태이다.

ㄴ. (나)는 s 오비탈에 4개의 전자가 배치되어야 하므로 바닥 상태이다.

ㄷ. (다)는 s 오비탈에는 4개의 전자가 채워지지만 에너지 준위가 같은 세 개의 p 오비탈에 전자가 나누어 들어가지 않았으므로 훈트의 규칙을 위배한 들뜬 상태의 전자배치이다.

정답 ①

29

(가)는 Be, (나)는 C, (다)는 N이다.

①, ③, ⑤ (가)는 쌓음의 원리를 위배한 들뜬 상태, (나)는 바닥 상태, (다)는 훈트의 규칙을 위배한 들뜬 상태의 전자배치이다. 따라서 바닥 상태의 전자배치는 1가지이다.

② 전자가 들어있는 오비탈의 수는 (가)는 3개, (나)는 4개, (다)는 4개로 다르다.

④ p 오비탈은 세 개의 에너지 준위가 같다.

정답 ④

30

ㄱ. (가)는 바닥 상태의 전자배치이다.

ㄴ. 스핀 방향이 같으므로 파울리의 배타 원리에 어긋난다.

ㄷ. 3주기 13족 원소 Al의 전자가 들어있는 오비탈의 수는 7개이다. → $1s^2 2s^2 2p^6 3s^2 3p^1$

정답 ⑤

31

ㄱ. M껍질의 $3s$ 오비탈의 전자를 잃었으므로 가장 바깥 껍질의 전자를 잃는다.

ㄴ. 부양자수 0인 $3s$ 오비탈에 들어 있는 전자수가 감소한다.

ㄷ. 에너지 준위가 가장 높은 오비탈의 전자를 잃는다.

정답 ③

32

ㄱ. (나)는 파울리의 배타 원리는 만족하고, 훈트의 규칙에 위배된다.

ㄴ. (다)는 s오비탈에 채워진 전자 수는 4개, p오비탈에 채워진 전자 수는 3개이다.

ㄷ. 주양자수가 2인 전자 수는 (가)는 3, (나)는 4, (다)는 5이다.

정답 ②

33

① (가)는 훈트의 규칙을 위배한 들뜬 상태이다.

② (나)는 에너지 준위가 같은 비어있는 오비탈을 두고 전자가 쌍을 이루었으므로 훈트의 규칙을 위배한다.

③ (가), (나)의 홀전자 수는 1이다.

④ (라)는 스핀 방향이 같은 전자배치를 가지므로 파울리의 배타원리에 위배된다.

⑤ 바닥 상태의 전자배치는 (다) 1가지뿐이다.

정답 ④

제 5 절 오비탈 수의 전자 수 및 마디 수

01 ①	02 ④	03 ⑤	04 ①	05 ④
06 ④	07 ②	08 ①	09 ④	10 ③
11 ③	12 ③	13 ①	14 ③	15 ①

대표 유형 기출 문제

01

주어진 자료로부터 A는 Na, B는 Cl임을 알 수 있다.

ㄱ. A와 B는 같은 주기의 원소이므로 원자 반지름은 양성자수가 더 작은 A(Na)가 B(Cl)보다 크다.

ㄴ. AB(NaCl)에서 A(Na^+)는 전자 10개이므로 Ne과 같은 전자 배치를 갖지만, B(Cl^-)는 전자 18개이므로 Ar과 같은 전자 배치를 갖는다.

ㄷ. AB(NaCl)(*aq*)를 전기 분해하면 (−)극에서 $H_2(g)$가 발생한다. Na^+보다 H_2O이 산화력이 더 크므로(환원을 더 잘 하므로) (−)극에서 제공된 전자를 H_2O이 얻어서 환원하기 때문이다.

$$2H_2O(l) + 2e^- \rightarrow H_2(g) + 2OH^-(aq)$$

정답 ①

기본 문제

02

$a=5$, $b=3$, $c=0$, $d=1$이다

ㄱ. s오비탈이 3개, p오비탈이 3개이므로 전자가 들어있는 오비탈의 수는 6개이다.

ㄴ. $a=5$, $b=3$, $c=0$, $d=1$이므로 $a+b+c+d=9$이다.

ㄷ. (나)는 원자 번호가 7, (다)는 원자 번호가 3으로 유효핵전하는 원자 번호가 큰 (나)가 크다.

따라서 (가) Na (나) N (다) Li이다.

정답 ④

03

홀전자 수가 1이면 1족, 13족, 17족 원소이므로 원자 번호는 Na, Al, Cl 중 하나이다.

3주기 원소이기 때문에 s오비탈에 들어있는 전자 수는 Na이 5, Al이 6, Cl가 6이다. 전자가 들어있는 오비탈 수는 Na이 6, Al이 7, Cl가 9이다.

비는 $Na=\frac{6}{5}$, $Al=\frac{7}{6}$, $Cl=\frac{9}{6}=\frac{3}{2}$이다. 비가 $\frac{3}{2}$인 것은 원자 번호가 17인 Cl이다.

정답 ⑤

04

2주기 원소 중 오비탈의 전자 수의 비 $s:p=2:1$인 것은 원자 번호 6인 C, $s:p=1:1$인 것은 원자 번호 8인 O이다.

ㄱ. 원자 번호는 B가 A보다 크다.

ㄴ. 두 원자의 홀전자 수는 2로 같다.

ㄷ. 전자가 들어있는 오비탈의 수는 A가 4개, B가 5개이다.

정답 ①

05

전자가 들어있는 $s:p$가 $1:1$인 (가)는 O, Mg, 전자가 들어있는 $s:p$가 $2:3$인 (나)는 Ne, P이다.

ㄱ. (가)에서 O는 16족, Mg은 2족 원소이므로 같은 족 원소가 아니다.

ㄴ. (나)를 만족하는 원자는 Ne, P이므로 원자의 수는 2개이다.

ㄷ. (나)를 만족하는 원자에서 홀전자 수는 Ne이 0, P이 3으로 합은 3이다.

정답 ④

06

ㄱ. 2주기 원소에서 $s:p$가 $1:1$인 것은 산소 원자뿐이므로 X는 O이다.

ㄴ. 2주기 원소에서 홀전자 수와 원자가전자 수가 같은 원소는 Li으로 각각 1개이다. 따라서 Y는 Li이다.

ㄷ. Li에서 전자가 들어 있는 오비탈의 수가 2개이므로 Z에서 전자가 들어 있는 오비탈의 수는 3개이어야 한다. 따라서 Z는 B이다.

정답 ④

07

A는 O, B는 F, C는 Mg이다.

ㄱ. B는 F로 전자 배치는 $1s^2 2s^2 2p^5$이다.

ㄴ. A는 2주기 원소(O), C는 3주기 원소(Mg)로 전자껍질 수는 C가 많다.

ㄷ. $B^-(F^-)$와 $C^{2+}(Mg^{2+})$는 등전자 이온이므로 원자번호가 클수록 이온의 반지름은 작다. 따라서 이온 반지름은 B>C이다.

정답 ②

08

(가)는 Li, (나)는 C, (다)는 O, (라)는 N이다.

ㄱ. (가)는 원자 번호 3인 Li의 전자배치이다.

ㄴ. (나)의 원자가전자 수는 4, (다)의 원자가전자 수는 6이다. 따라서 (나)와 (다)의 원자가전자 수는 같지 않다.

ㄷ. 원자 번호가 가장 큰 것은 (다)이다.

정답 ①

09

A는 N, B는 F, C는 Al이므로 전자가 들어있는 오비탈 수는 A, B는 5, C는 7로 C > A = B이다.

정답 ④

10

(가)는 Li, (나)는 N, (다)는 O이다.

ㄱ. (가)의 원자 번호는 3이다.

ㄴ. ㉠는 3, ㉡은 2이므로 ㉠+㉡=5이다.

ㄷ. N와 O에서 전자가 들어있는 오비탈 수는 5로 같다.

정답 ③

11

p 오비탈에 들어있는 전자의 수는 X가 5, Y는 1이다. X가 10일 때 Y가 2인 경우는 X, Y의 전자가 들어있는 전자껍질 수가 같다는 조건을 충족시키지 못한다. X^-와 Z^+는 등전자 이온으로 X, Y는 2주기 원소, Z는 3주기 원소이다.

ㄱ. X가 17족 원소인 불소(F), Y는 13족 원소인 붕소(B)이다.

ㄴ. Z는 3주기 1족인 나트륨(Na)으로 전자가 들어있는 오비탈 수는 6이다.

ㄷ. 홀전자 수는 1개로 모두 같다.

정답 ③

12

A(B), B(Li), C(O), D(N)이다.

ㄱ. 원자 번호 5인 B의 전자 배치는 $1s^2 2s^2 2p^1$이다.

ㄴ. Li은 2주기 1족 원소이다.

ㄷ. 원자가전자 수는 C(O)가 6, D(N)가 5이므로 C가 크다.

정답 ③

13

오비탈 B에서 각마디 수가 2이므로 방위 양자수 $l=2$이고 오비탈의 종류는 d 오비탈이다. 따라서 B 오비탈의 주양자수는 3이므로 $n=2$이고 결국 B 오비탈은 $3d$이다. 오비탈 A의 주양자수는 2이고, 방사 방향 마디수는 $n-1-l$이므로 $2-1-l=0$, $l=1$이다. 즉 A 오비탈은 $2p$이다.

ㄱ. A 오비탈의 각마디수는 1이므로 $x=1$이다.

ㄴ. $n=2$이다.

ㄷ. A의 각운동량 양자수(l)는 1이다.

정답 ①

14

X는 $2p$ 오비탈이고, Y는 마디가 1개 있으므로 $2s$ 오비탈이다.

① 각운동량 양자수(l)는 X는 1이고, Y는 0이므로, Y<X이다.

② 전체 마디의 수는 $n-1$이다. 따라서 X와 Y의 주양자수(n)가 같으므로 전체 마디수는 1로 Y=X이다.

③ 수소 원자의 오비탈 에너지 준위는 주양자수에만 의존한다. X와 Y의 주양자수가 $n=2$로 같으므로 에너지 준위는 같다.

④ Y는 s 오비탈이다.

정답 ③

15

p 오비탈에 들어 있는 전자 수로부터 A=N, B=F, C=Al임을 알 수 있다. A와 B는 2주기, 15족과 17족 원소이므로 각 원자에 전자가 들어 있는 총 오비탈 수는 5개이고, C는 3주기 13족 원소이므로 총 오비탈 수는 7개이다.

$_{7}N : 1s^2 2s^2 2p^3$

$_{9}F : 1s^2 2s^2 2p^5$

$_{13}Al : 1s^2 2s^2 2p^6 3s^2 3p^1$

원자	A	B	C
전자가 들어있는 총 오비탈 수	5	5	7

총 오비탈 수를 비교하면 다음과 같다.

C>A=B

정답 ①

Chapter

02 원소의 주기적 성질

제 1 절 유효 핵전하

01 ④

기본 문제

01

ㄱ. 양성자는 헬륨이 수소의 2배이지만 가리움 효과에 의해 유효 핵전하는 헬륨이 수소의 2배보다는 적다.

ㄴ. 같은 오비탈의 전자에 대한 유효 핵전하 비교이므로 양성자가 클수록 유효 핵전하는 크다. 따라서 산소의 유효 핵전하가 질소보다 크다.

ㄷ. 핵으로부터 바깥쪽에 위치한 $2p$ 전자의 가리움 효과가 더 클 것이므로 $1s$ 전자의 유효 핵전하는 $2p$ 전자의 유효 핵전하보다 크다.

정답 ④

제 2 절 원자 반지름과 이온 반지름

01 ② 02 ① 03 ② 04 ④ 05 ③
06 ③ 07 ④
08 (1) 유효핵전하 (2) 껍질수 (3) 껍질수 (4) 유효핵전하 (5) 유효핵전하
09 $S^{2-} > Cl^- > Na^+ > Mg^{2+} > Al^{3+}$ 10 ③
11 ③ 12 ③ 13 ④ 14 ④ 15 ①
16 ⑤ 17 ④ 18 ① 19 ④ 20 ④

대표 유형 기출 문제

01

전자수로부터 A는 O, B는 F, C는 Na이다.

② 유효 핵전하는 같은 주기에서 원자번호에 비례한다. B의 원자번호가 더 크므로 $2p$ 전자의 유효 핵전하는 B가 A보다 더 크다.

③ $C_2A(Na_2O)$는 금속 산화물로 액성은 염기성이다.

$$Na_2O(s) + H_2O(l) \rightarrow 2NaOH(aq)$$

④ B^-와 C^+은 전자수 10개인 등전자 이온이므로 원자번호가 클수록 이온 반지름은 작다. 따라서 원자번호가 작은 B^-의 반지름이 C^+의 반지름보다 더 크다.

정답 ②

02

같은 2족 원소의 이온이므로 주기가 클수록 이온 반지름은 증가한다.

정답 ①

03

모두 전자수 10개의 등전자 이온이므로 원자번호가 클수록 정전기적 인력이 증가하여 이온 반지름은 감소한다. 따라서 원자번호가 가장 큰 Mg^{2+}이 가장 작은 이온 반지름을 갖는다.

정답 ②

04

① 이온 결합 물질의 전자 친화도 차이가 크다는 것은 전자를 잘 얻는 비금속 원자와 전자를 잘 얻지 않는 금속 원자와의 결합을 말하므로 그 차이가 클수록 이온 결합력은 강하다.

③ 같은 족 원소의 이온이므로 주기가 증가할수록 이온 반지름은 커지게 된다.

④ Al^{3+}과 Mg^{2+}은 전자수가 10개로 동일한 등전자 이온이다. 등전자 이온의 경우 원자번호가 증가할수록 정전기적 인력이 증가하여 원자 반지름이 작아진다. 따라서 이온 반지름의 크기는 $Al^{3+} < Mg^{2+}$이다.

정답 ④

05

전자수가 10개인 등전자 이온이다. 등전자 이온의 경우 원자번호가 클수록 유효핵전하가 증가하여 정전기적 인력이 커지므로 이온 반지름은 작아지게 된다. 따라서 이온 반지름이 가장 큰 것은 원자번호가 가장 작은 O^{2-}이다.

정답 ③

06

같은 주기에 속한 원자의 원자 반지름은 주기율표에서 오른쪽으로 갈수록 유효 핵전하가 증가하므로 징진기직 인력이 증가하여 (가) (감소)하고, 같은 족에 속한 원자의 원자 반지름은 주기율표에서 아래로 내려갈수록 전자껍질수가 증가하므로 정전기적 인력이 감소하여 (나) (증가)하는 경향이 있다.

정답 ③

07

① 같은 주기에서는 원자 번호가 클수록 원자의 크기가 작아진다. $(Na > Mg > Al)$

② 비금속이 전자를 얻어 음이온이 되면 전자간의 반발력으로 인해 원자일 때보다 이온의 크기가 더 크게 된다. $(S^{2-} > S > Cl)$

③ 같은 족에서는 전자 껍질수가 클수록 원자의 크기가 커진다. $(Ca < Sr)$ 4주기의 K과 5주기의 Sr의 크기를 주기성에 의해서는 판단이 불가능하다. 주기가 작은 K의 원자 반지름(227pm)이 주기가 큰 Sr의 원자 반지름(215pm)보다 더 크다. 데이터에 의하면 $K > Sr > Ca$ 순서이다.

④ 금속이 전자를 잃게 되면 전자껍질수가 줄어들어 양이온의 크기가 작아진다. $(Fe^{3+} < Fe < Ca)$

정답 ④

주관식 개념 확인 문제

08

정답 (1) 유효핵전하 (2) 껍질수 (3) 껍질수
(4) 유효핵전하 (5) 유효핵전하

09

S^{2-}, Cl^{-}는 3개의 전자 껍질, Na^{+}, Mg^{2+}, Al^{3+}는 2개의 전자 껍질이다. 전자 껍질수가 많을수록 이온의 크기는 커지고, 등전자 이온의 경우 원자 번호가 클수록 이온 반지름은 작아진다.

정답 $S^{2-} > Cl^{-} > Na^{+} > Mg^{2+} > Al^{3+}$

기본 문제

10

③ 핵과 전자의 인력이 클수록 원자의 크기는 작아진다.

정답 ③

11

같은 주기의 원소 중에서는 유효 핵전하가 작은 Li의 원자 반지름이 F의 원자 반지름보다 크다.

정답 ③

12

Li^{+}과 Be^{2+}은 등전자 이온, Na^{+}와 Mg^{2+}은 등전자 이온으로 전자 껍질수가 같으므로 이온의 크기가 비슷하다고 할 수 있다.

정답 ③

13

주어진 화학종은 모두 등전자 이온이다. 원자 번호가 클수록 유효 핵전하가 커서 이온 반지름의 크기가 작아지므로 원자 번호가 가장 큰 Na^{+}의 반지름이 가장 작다.

정답 ④

14

등전자 이온이므로 원자번호가 증가할수록 정전기적 인력이 증가하여 이온 반지름은 감소한다.

$$P^{3-} > S^{2-} > Cl^{-} > K^{+}$$

정답 ④

자료 추론형

15

2, 3주기 원소 중 2가 양이온은 Be^{2+}, Mg^{2+}이고, 3가 양이온은 Al^{3+}, 2가 음이온은 O^{2-}, S^{2-}, 1가 음이온은 F^{-}, Cl^{-}이다. 이온 반지름을 통해 이온을 특정하면 A^{+}는 Be^{2+}, B^{+}는 Al^{3+}, C^{2-}는 O^{2-} D^{-}는 Cl^{-}이다.

ㄱ. A인 Be은 2주기 원소이다.

ㄴ. 원자 번호는 C가 8, B가 13으로 B가 크다.

ㄷ. 원자 반지름은 전자 껍질수가 작은 B가 D보다 크다.

정답 ①

16

전자가 10개인 등전자 이온 중 원자 번호가 작은 것이 이온 반지름이 가장 크므로 A는 Na, B는 Mg, C는 O, D는 F이다.

ㄱ. C는 O이다.

ㄴ. 유효 핵전하는 A의 원자 번호가 11, B의 원자 번호가 12로 원자 번호가 큰 B가 더 크다.

ㄷ. O와 F는 2주기 원소이다.

정답 ⑤

17

전자가 18개인 등전자 이온이고, 이온 반지름을 통해 A는 K, B는 P, C는 S, D는 Ca이다.

ㄱ. (가)는 S > P > Ca > K 순서이므로 주기율표상 오른쪽 위 방향으로 갈수록 증가하는 전기음성도이다.

ㄴ. 원자 번호가 클수록 유효 핵전하도 증가하므로 원자 번호가 19인 A가 20인 D보다 작다.

ㄷ. 원자 반지름은 4주기 금속 원소인 D가 3주기 비금속 원소인 C보다 크다.

정답 ④

18

원자 번호로 인해 원소가 O, F, Na, Mg임을 알 수 있고, 네 원소의 이온은 등전자 관계에 있으므로 A는 Mg^{2+}, B는 Na^{+}, C는 F^{-}, D는 O^{2-}이다.

ㄱ. 전기음성도는 주기율표상 왼쪽 아래에 위치한 1족 원소 B가 가장 작다.

ㄴ. 원자 번호는 C가 D보다 크므로 유효 핵전하도 C가 D보다 크다.
ㄷ. A와 C는 전기적 중성을 충족하기 위해 1 : 2로 결합하여 안정한 화합물을 형성한다. → AC_2

정답 ①

19

원소 A~E는 등전자 이온으로 Na, Mg, N, O, F이다. 이온 반지름의 크기로 원소를 특정하면 A는 Na, B는 Mg, C는 N, D는 O, E는 F이다.

① 원자 번호는 A(11)가 B(12)보다 작다.
② B는 3주기 원소, C는 2주기 원소이다.
③ 원자가 전자 수는 C는 5개, D는 6개이므로 C는 D보다 원자가전자 수가 작다.
④ D는 2개, E는 1개의 홀전자 수를 갖는다.
⑤ 원자 번호가 클수록 유효 핵전하도 크므로 가장 큰 원소는 B이다.

정답 ④

20

2주기 원소의 원자 반지름이 3주기 원소의 원자 반지름보다 크므로 A는 2주기 금속 원소이고, B는 3주기 비금속 원소이다. 금속 원소는 껍질수 감소로 이온 반지름이 원자 반지름보다 작아지고, 비금속 원소는 전자간의 반발력 증가로 이온 반지름이 커진다. 따라서 ㉠은 A의 이온 반지름, ㉡은 B의 이온 반지름이다.

ㄱ. 원자가전자수는 비금속 원소가 금속 원소보다 크다.
ㄴ. A이온은 1주기 비활성 기체의 전자 배치와 같고, B 이온은 3주기 비활성 기체의 전자배치와 같다. 따라서 A와 B의 전자 배치는 다르다.
ㄷ. ㉡은 B이온의 반지름이다.

정답 ④

제 3 절 이온화 에너지와 순차적 이온화 에너지

01 ② 02 ④ 03 ① 04 ③ 05 ②
06 ① 07 ② 08 ②
09 (1) H < He
He의 유효 핵전하가 크기 때문이다.
(2) He > Li
Li은 전자 껍질수가 1개 더 많고 원자가전자수가 1개로 전자를 잃기 쉽기 때문이다.
10 (1) A, E (2) A, E, F (3) D, H
11 A: Ar / B: Na
12 (1) 1족 (2) 1231kcal (3) ZO
13 (1) 3 (2) A_2O_3 (3) $A(g) + 1228 \rightarrow A^{3+}(g) + 3e^-$
14 ③ 15 ④ 16 ④ 17 ③ 18 ④
19 ① 20 ② 21 ③ 22 ② 23 ③
24 ④ 25 ② 26 ② 27 ② 28 ①
29 ② 30 ② 31 ③ 32 ② 33 ②
34 ⑤ 35 ④ 36 ③ 37 ④ 38 ⑤

대표 유형 기출 문제

01

① 1차 이온화 에너지가 가장 큰 원소는 원자의 크기가 가장 작은 헬륨(He)이다.
② 마그네슘(Mg)뿐만 아니라 모든 원자의 2차 이온화 에너지는 1차 이온화 에너지보다 더 크다.
③ 할로젠 원소 중 1차 이온화 에너지가 가장 큰 것은 원자의 크기가 작은 플루오린(F)이다.
④ 1차 이온화 에너지는 원자의 크기가 큰 리튬(Li)이 네온(Ne)보다 더 작다.

정답 ②

02

주어진 정보로부터 각 원소를 결정하면 다음과 같다. 주의해야 할 점은 3원소 모두 금속 원소라는 점이다.

A	B	C
Al	Mg	Be

① A는 13족 원소이므로 A의 산화물의 화학식은 A_2O_3이다.

② 원자번호가 가장 작은 것은 C이다.

③ C의 바닥상태 전자배치는 $1s^2 2s^2$이다.

④ A와 B는 3주기로 같은 주기 원소이다.

정답 ④

03

ㄱ. 같은 주기에서 원자 반지름은 원자 번호가 작을수록 크다. 따라서 Li이 F보다 원자 반지름이 크다.

ㄴ. 등전자 이온에서 이온 반지름은 원자 번호가 클수록 작다. 따라서 Mg^{2+}가 Na^+보다 이온 반지름이 더 작다.

ㄷ. 2차 이온화 에너지가 가장 큰 원소는 최외각 전자수가 1개인 1족 원소이므로 Na이 Mg보다 더 크다.

정답 ①

04

A, B, C는 각각 C, N, O로 같은 2주기 원소이다. 같은 주기에서는 원자 번호가 증가할수록 이온화 에너지가 증가하나 13족과 16족에서 예외가 존재한다. 따라서 1차 이온화 에너지의 크기를 나타내면 N > O > C 순이므로 B > C > A이다.

정답 ③

05

제3 이온화 에너지에서 이온화 에너지가 많이 증가하였으므로 최외각 껍질의 전자수가 2개인 2족 원소이다. 따라서 17족 염소와의 안정한 화합물의 화학식은 MCl_2이다.

정답 ②

06

A에서 B로 1차 이온화 에너지가 증가하다가 C에서 갑자기 줄었다는 것은 주기가 2주기에서 3주기로 바뀌었다는 것을 의미하고, A에서 B로, C에서 D로 이온화 에너지가 증가하는 것은 원자 번호가 증가하는 것을 의미한다. 따라서 A = F, B = Ne, C = Na, D = Mg이다.

① A_2 분자는 F_2이고, 분자궤도함수에서 홀전자가 없으므로 반자기성이다.

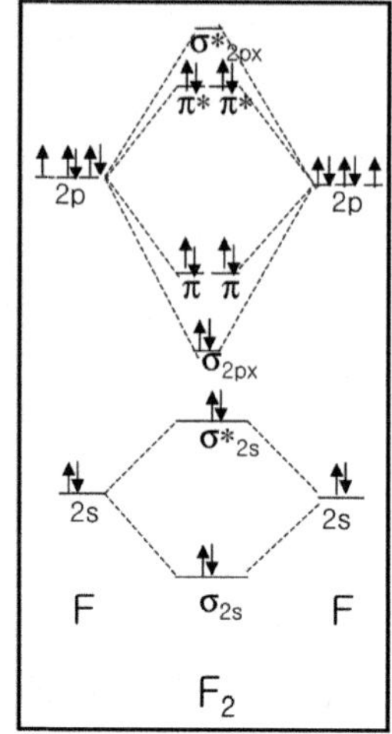

② 원자 반지름은 B(Ne)가 C(Na)보다 주기가 작으므로 작다.

③ A(F)는 비금속, C(Na)는 금속이므로 A와 C로 이루어진 화합물은 이온 결합 화합물이다.

④ 2차 이온화 에너지(IE_2)는 1족 원소가 항상 가장 크므로 C(Na)가 D(Mg)보다 크다.

정답 ①

07

ㄴ. 1차 이온화 에너지가 큰 원소일수록 전자를 제거하기 어렵다는 것이므로 양이온이 되기 어렵다.

정답 ②

08

①, ③, ④ 같은 족에서는 원자 번호가 증가할수록 원자의 크기가 커지므로 이온화 에너지는 감소한다.

② 원소의 주기성에 의하면 원자번호가 증가할수록 1차 이온화 에너지는 증가하여야한다. 다만 16족에서는 전자쌍에서 전자를 제거하므로 전자쌍간의 반발력으로 인해 이온화 에너지가 감소되는 예외가 존재하므로 산소가 질소보다 이온화 에너지가 작다.

올바른 이온화 에너지의 경향은 다음과 같다.

F > N > O > C

정답 ②

주관식 개념 확인 문제

09

정답 (1) H < He
He의 유효 핵전하가 크기 때문이다.
(2) He > Li
Li은 전자 껍질수가 1개 더 많고 원자가전자 수가 1개로 전자를 잃기 쉽기 때문이다.

10

A: Li, B: C, C: F, D: Ne E: Na, F: Mg G: Cl, H: Ar

(1) 같은 주기에서 이온화 에너지가 가장 작은 것은 1족 원소이다.
정답 A, E

(2) 비금속 원소인 G와 이온 결합할 수 있는 금속 원자는 A, E, F이다.
정답 A, E, F

(3) 비활성 기체인 18족 원소는 D, H이다.
정답 D, H

11

제1 이온화 에너지가 가장 큰 원소는 18족 원소이므로 Ar이고, 제2 이온화 에너지가 가장 큰 원소는 1족 원소이므로 Na이다.

정답 A: Ar / B: Na

12

순차적 이온화 에너지로부터 X는 1족, Y는 13족, Z는 2족 원소임을 알 수 있다.

(1) 2차 이온화 에너지 값이 크게 증가했으므로 1족 원소
정답 1족

(2) Y는 13족 원소이므로 안정한 이온이 되는데 필요한 에너지는 순차적 이온화 에너지의 합인 $E_1+E_2+E_3$인 1231kcal이다.
정답 1231kcal

(3) 2족 원소인 Z의 산화물의 화학식은 ZO이다.
정답 ZO

13

(1) 3차 이온화 에너지에서 4차 이온화 에너지로 갈 때 크게 증가했으므로 원자가전자수는 3인 13족 원소이다.
정답 3

(2) 정답 A_2O_3

(3) 정답 $A(g) + 1228 \rightarrow A^{3+}(g) + 3e^-$

기본 문제

이온화 에너지

14

① 이온화 에너지는 같은 족에서 원자 번호가 증가함에 따라 감소한다.
② 이온화 에너지는 같은 주기에서 원자 번호가 증가함에 따라 증가한다.
④ 가장 약하게 결합되어 있는 전자의 이온화 에너지가 제1 이온화 에너지이다.

정답 ③

15

이온화 에너지의 정의는 기체 상태의 중성 원자에서 전자 1개를 떼어내 양이온이 되는데 필요한 에너지이므로 정의에 부합되는 것은 ④에 해당한다.
①, ②는 고체 상태, ③은 액체 상태이므로 부적합하다.

정답 ④

16

A는 N, B는 F, C는 Na, D는 Al이다. 원자가 진자수가 가장 많은 원소는 17족 원소인 B이다.

정답 ④

17

① H와 He^+은 핵전하량이 달라 이온화 에너지가 다르다. 핵전하량이 클수록 이온화 에너지가 크다.

② He^+는 He보다 전자수가 적으므로 가리움 효과도 줄어 유효 핵전하가 증가하므로 이온화 에너지는 He^+이 He보다 더 크다.

④ 수소 원자의 이온화 에너지는 전자 1몰을 $n=1$에서 $n=\infty$로 보내는 데 필요한 에너지이다.

정답 ③

18

같은 주기에서 원자 번호가 작을수록 유효 핵전하가 작으므로 수소 원자의 이온화 에너지가 헬륨 원자보다 더 작다.

정답 ④

19

다음 원자와 이온은 등전자 관계에 있다.

ㄱ. 반지름은 유효 핵전하가 클수록 작아지므로 원자 번호가 클수록 작다.

ㄴ. 등전자인 관계에서 전자를 떼어내는 데 필요한 에너지인 이온화 에너지는 핵전하량이 작을수록 작다.

ㄷ. 전자의 수는 모두 같다.

ㄹ. 양성자의 수는 원자 번호가 클수록 크다.

정답 ①

20

①, ③, ④ 같은 족에서는 원자 번호가 증가할수록 원자의 크기가 커지므로 이온화 에너지는 감소한다.

② 원소의 주기성에 의하면 원자 번호가 증가할수록 1차 이온화 에너지는 증가하여야한다. 다만 전자쌍에서 전자를 제거하는 경우 전자쌍간의 반발력으로 인해 이온화 에너지가 감소되는 예외가 있다(N > O). 올바른 이온화 에너지의 경향은 다음과 같다.

$$F > N > O > C$$

정답 ②

21

2, 3주기 원소의 일부 중 1차 이온화 에너지가 가장 큰 원소는 18족이므로 $n+2$는 Ne이므로 $n=8$이다.

① 최외각 전자의 유효 핵전하는 같은 주기에서 원자 번호가 증가할수록 증가하므로 $(n+1)$번 원자(F)가 n번 원자(O)보다 크다.

② 원자 반지름은 주기가 클수록 크므로 $(n+3)$번 원자(Na)가 $(n+2)$번 원자(Ne)보다 크다.

③ 2차 이온화 에너지는 1족 원소가 가장 크므로 $(n+3)$번 원자(Na)가 $(n+4)$번 원자(Mg)보다 크다.

④ $(n+4)$번 원자(Mg)는 $3p$ 오비탈에 전자를 갖지 않는다.

정답 ③

순차적 이온화 에너지

22

E_2에서 E_3에서 갈 때 크게 증가하므로 이 원소는 2족 원소이다. Cl와 안정한 화합물을 만들 때의 화학식은 MCl_2이다.

정답 ②

23

4차 이온화 에너지 값에서 가장 많이 증가하였으므로 최외각껍질의 전자수가 3개인 13족 원소(Al)임을 알 수 있다.

정답 ③

24

A는 Mg, B는 Al, C는 Na이다.

ㄱ. A(Mg)의 원자번호는 12이다.

ㄴ. B(Al)는 13족 원소로 원자가전자수는 3개이다.

ㄷ. C(Na)는 원자 번호 11이므로 전자 배치는 $1s^2 2s^2 2p^6 3s^1$이다.

정답 ④

25

2차 이온화 에너지에서 3차 이온화 에너지로 될 때 크게 증가했으므로 2족 원소인 Mg을 알 수 있다. Cl 화합물의 화학식은 $MgCl_2$이다.

정답 ②

26

원소 T는 14족 원소로 Si이고, 원소 X는 8번째 이온화 에너지가 급격히 증가하였으므로 17족 원소이다. 따라서 T와 X는 비금속 원소로 공유결합하므로 화합물의 화학식은 TX_4이다.

정답 ②

27

$\frac{E_2}{E_1}$이 가장 큰 원자인 Z는 1족 원자인 Li이다.

ㄱ. Be과 B는 제1 이온화 에너지의 예외에 해당하므로 B의 제1 이온화 에너지가 Be보다 작다. 따라서 $\frac{E_2}{E_1}$는 B이 Be보다 더 커야 한다. 따라서 Y는 B, X는 Be이다.

ㄴ. 제1 이온화 에너지는 X가 가장 크다.

ㄷ. 유효 핵전하는 원자 번호가 작은 Z가 가장 작다.

정답 ②

28

ㄱ. 중성 원자에서 전자 1몰을 제거하기 위해서는 에너지를 공급해야 하므로 일차 이온화 에너지는 항상 양의 값을 갖는다.

ㄴ. 수소 음이온(H^-)의 일차 이온화 에너지를 화학 반응식으로 나타내면,

$$H^-(g) \rightarrow H(g) + e^-$$

수소(H)의 전자 친화도를 화학 반응식으로 나타내며,

$$H(g) + e^- \rightarrow H^-(g)$$

수소의 전자 친화 반응의 역반응이 수소 음이온의 일차 이온화 반응과 같으므로 부호는 반대이지만 절댓값은 같다.

ㄷ. 중성 원자의 이차 이온화 과정은 일차 이온화 과정보다 전자를 떼어내기 어렵기 때문에 더 많은 에너지가 공급되어야 하므로 더 짧은 파장의 복사선을 필요로 한다.

정답 ①

자료 추론형

이온화 에너지

29

① (가)는 Mg^{3+}에서 전자 1개를 떼어낼 때의 에너지이고, (나)는 Na^{2+}에서 전자 1개를 떼어낼 때의 에너지이다. (가)와 (나)의 전자수가 동일한 경우이므로 원자 번호가 클수록 유효 핵전하가 증가하여 전자를 떼어내기 어려우므로 (가)>(나)이다. 따라서 X는 Mg, Y는 Al, Z는 Na이다.

② Z는 알칼리 금속으로 반응성이 가장 크다.

정답 ②

30

녹는점을 통해 (나)는 알칼리 토금속 원소이고, (가), (다)는 알칼리 금속 원소임을 알 수 있다. 이온화 에너지가 (다)가 작으므로 4주기 알칼리 금속인 K이고, (가)는 3주기 알칼리 금속인 Na이다. (나)는 3주기 1족 원소인 Na보다 크므로 4주기 2족 원소인 Ca이다. 따라서 원자번호는 (가) 11, (나) 20, (다) 19로 (가)−(다)−(나) 순서이다.

정답 ②

31

전자 배치가 같은 등전자 이온이므로 A는 O, B는 F, C는 Na, D는 Mg이다.

ㄱ. 핵전하량이 작은 A의 이온 반지름이 가장 크다.

ㄴ. 등전자 이온의 반지름 차이는 유효 핵전하 차이 때문이다.

ㄷ. 제1 이온화 에너지는 같은 주기에서 일반적으로 원자 번호가 증가함에 따라 증가하므로 C가 작다.

정답 ③

32

모두 등전자 이온이므로 2주기 비금속 원소와 3주기 금속 원소이다. 등전자 이온에서 이온 반지름은 음이온이 양이온보다 크기 때문에 C, D는 비금속 원소인 N, O, F가 가능하고, A, B는 금속 원소인 Na, Mg, Al가 가능하다. 원자의 홀전자 수가 모두 다르므로 비금속 중 F과 금속 중 Na은 제외된다. 남은 원소 중 이온 반지름이 가장 작은 A가 Al이고, 따라서 B는 Mg이다. N와 O는 이온화 에너지의 예외이므로 C는 O, D는 N이다. 전기음성도가 가장 큰 원소는 O인 C이고, 제2 이온화 에너지가 가장 작은 원소는 2차 이온화 에너지의 예외에 해당되는 Mg이므로 B이다.

정답 ②

순차적 이온화 에너지

33

같은 족에서 원자 번호가 증가함에 따라 일반적으로 이온화 에너지가 증가하는데 17족인 C의 이온화 에너지가 가장 작으므로 C는 3주기 원소이고, A, B는 2주기 원소이다.

ㄱ. 같은 2주기에서 16원소가 15족 원소보다 이온화 에너지가 더 작으므로 A는 2주기 15족인 N이고, B는 2주기 16족인 O이다.

ㄴ. 제2 이온화 에너지는 유효 핵전하가 더 큰 O가 N보다 크다.

ㄷ. B의 안정한 이온은 Ne의 전자배치를 갖고, C의 안정한 이온은 Ar의 전자배치를 가지므로 안정한 이온일 때 전자배치는 같지 않다.

정답 ②

34

주기율표로부터 ㉠은 O, ㉡은 F, ㉢은 Mg, ㉣은 Al임을 알 수 있다. 따라서 A는 Al, B는 Mg, C는 O, D는 F이다.

ㄱ. D와 ㉡은 F이다.

ㄴ. C는 O, D는 F로 2주기 원소이다.

ㄷ. B가 2족 원소로 제2 이온화 에너지의 예외에 해당되어 A의 제2 이온화 에너지보다 작으므로 $\frac{E_3}{E_2}$는 B>A이다.

정답 ⑤

35

A와 C로 이루어진 이온결합 화합물을 통해 A는 1가 양이온으로 알칼리 금속원소이고, C는 2가 음이온인 16족 원소임을 알 수 있다. 등전자 이온에서 핵전하량이 클수록 이온 반지름이 작아지므로 A는 Na^+, B는 Mg^{2+}, C는 O^{2-}이다.

ㄱ. 원자 반지름은 3주기 1족 원소인 A가 가장 크다.

ㄴ. 전기음성도는 비금속 원소인 C가 가장 크다.

ㄷ. 제2 이온화 에너지는 1족 원소가 가장 크므로 $\frac{E_2}{E_1}$은 1족 원소인 A가 가장 크다.

정답 ④

36

$\frac{E_2}{E_1}$가 가장 큰 것은 1족 원소이므로 C는 Na이고, 17족에서 제2 이온화 에너지가 감소되므로 A가 F, B가 O이다.

ㄱ. C는 Na이다.

ㄴ. 유효 핵전하는 원자 번호가 9인 A가 원자 번호가 8인 B보다 크다.

ㄷ. 등전자 이온에서 핵전하량이 작을수록 이온 반지름이 크므로 B가 가장 크다.

정답 ③

37

홀전자수가 3인 Z는 15족인 N이다. 홀전자수가 2인 것은 14족, 16족이고 제2 이온화 에너지가 Y가 더 크므로 X는 14족인 C, Y는 16족인 O이다.

ㄱ. 유효 핵전하는 원자 번호가 가장 큰 Y가 가장 크다.

ㄴ. 원자 반지름은 같은 주기에서 원자 번호가 작을수록 크므로 X가 Y보다 크다.

ㄷ. 제1 이온화 에너지는 전자간의 반발력으로 인해 Y가 Z보다 작다.

정답 ④

38

ㄱ. (가)는 훈트의 규칙에 위배된 들뜬 상태이다.

ㄴ. (라)는 파울리의 배타원리를 만족한다.

ㄷ. 이온화 에너지는 바닥 상태인 (나)보다 들뜬 상태인 (다)가 작다.

정답 ⑤

제 4 절 종합편

01 ③	02 ③	03 ④	04 ④	05 ③
06 ④	07 ③	08 ②	09 ②	10 ④
11 ②	12 ①	13 ④		

14 (1) I (2) D (3) J, K (4) I

15 (1) B (2) F (3) E (4) ns^2np^5 (5) D

16 (1) d (2) b (3) i와 h (4) b (5) d (6) d (7) c (8) I (9) f (10) i와 d

17 (1) Na, Mg (2) Na (3) Ar (4) Cl

18 (1) $[Ar]4s^1 3d^5$ (2) 작다 (3) 32개 (4) 이온화 에너지, 중성 원자 (5) 16배

19 (1) A (2) D (3) C (4) B

20 ④	21 ⑤	22 ③	23 ④	24 ③
25 ④	26 ③	27 ③	28 ④	29 ①
30 ①	31 ②	32 ⑤		

대표 유형 기출 문제

01

① 같은 주기에서는 1족에 있는 원자의 반지름이 가장 크므로 일차 이온화 에너지는 가장 작다.

② 모든 원소 중에서 일차 이온화 에너지가 가장 큰 원자는 원자 반지름이 가장 작아야 한다. 모든 원소 중에서 원자 반지름이 가장 작은 원소는 He이므로 이온화 에너지가 가장 큰 원소는 He이다.

③ 2주기에서 알칼리 금속부터 할로젠 원소까지 원자 번호가 커짐에 따라 유효 핵전하량이 증가하여 핵과 전자사이의 정전기적 인력 또한 증가하게 되므로 원자의 반지름은 작아지게 된다.

④ 2족인 알칼리 토금속은 전자친화도의 예외에 해당되므로 전자친화도는 알칼리 금속이 알칼리 토금속보다 더 크다.

정답 ③

02

A와 B는 바닥 상태에 있는 2주기 원소이므로 A에서 전자가 들어 있는 s 오비탈의 수는 2개이다. 즉 s 오비탈의 개수가 주기에 해당한다. 따라서 B의 p 오비탈에 들어 있는 전자의 수가 2개이므로 B는 탄소(C)임을 알 수 있다. 또한 B의 전자가 들어 있는 오비탈의 수는 $1s^2 2s^2 2p^2$로 총 4개이므로 A의 전자쌍의 수가 4개이기 위해서는 p 오비탈의 전자수는 5개이어야 하므로 A는 F임을 알 수 있다.

① A는 F으로 비금속이다.

② 전자친화도는 같은 2주기 원소이므로 A(F)가 B(C)보다 크다.

③ 원자 반지름은 B(C)가 A(F)보다 크다.

④ 제1 이온화 에너지는 A(F)가 B(C)보다 크다.

정답 ③

03

전자 배치로부터 A는 F이고, B는 Na이다.

ㄱ. 홀전자 개수는 1개로 동일하다.

ㄴ. 제1 이온화 에너지는 원자의 크기가 더 작은 A가 B보다 더 크다.

ㄷ. A^-와 B^+는 등전자 이온이므로 이온 반지름은 유효 핵전하가 더 큰 B의 양이온(B^+)이 A의 음이온(A^-)보다 더 작다.

ㄹ. B가 들뜬 상태가 되면(B^*: $1s^2 2s^2 2p^6 4s^1$) 에너지 준위가 더 높은 오비탈에서 전자를 제거하므로 제1 이온화 에너지가 더 작아진다.

정답 ④

04

A~D를 정리하면 다음과 같다.

A	B	C	D
F	Be	O	N

ㄱ. 제1 이온화 에너지는 원자 반지름이 작은 A가 D보다 크다.

ㄴ. 원자 번호의 차이가 클수록 원자 반지름의 차이도 크다. A와 B의 원자 번호 차이(9－4＝5)가 C와 D의 원자 번호 차이(8－7＝1)보다 크므로 A와 B의 원자 반지름 차이는 C와 D의 원자 반지름 차이보다 크다.

정답 ④

05

① O^{2-}, F^-, Na^+은 전자수가 10개로 같은 등전자 이온이다. 등전자 이온은 양성자수가 작을수록 정전기적 인력이 약해져 이온 반지름이 증가하므로 이온 반지름이 가장 큰 것은 양성자수가 가장 적은 O^{2-}이다.

② F은 모든 원소들중에서 전기음성도가 가장 크다.

③ Li과 Ne은 같은 2주기 원소이므로 크기가 가장 작은 Ne의 1차 이온화 에너지가 Li보다 더 크다.

④ 알칼리 토금속(2족)은 전자 친화 과정이 예외적으로 흡열이므로 같은 주기에서 알칼리 금속의 전자 친화도는 알칼리 토금속보다 더 크다. 전자 친화 과정은 원칙적으로 발열 반응이기 때문이다.

정답 ③

06

Li과 Na은 1족 원소로 주기만 다르다. 2주기 Li이 3주기 Na보다 원자 반지름이 작으므로 이온화 에너지와 전기음성도가 더 크다.

정답 ④

07

원소	A(13족)	B(14족)	C(15족)	D(16족)
원자가전자 수	3	4	5	6
전기 음성도	2.0	1.9	3.0	2.6
원소 기호	B	Si	N	S
원자 번호	5	14	7	16

원자 번호를 비교하면 다음과 같다.

D > B > C > A

정답 ③

08

ㄱ. 같은 족에 있는 원소들은 원자 번호가 커질수록 전자 껍질수가 증가하므로 핵과 전자사이의 거리가 멀어져서 정전기적 인력이 감소하므로 원자 반지름이 증가한다.

ㄴ. 같은 주기에 있는 원소들은 원자 번호가 커질수록 유효 핵전하가 증가하여 정전기적 인력이 증가하므로 원자 반지름이 감소한다.

ㄷ. 전자친화도는 주기의 왼쪽에서 오른쪽으로 갈수록 더 큰 음의 값을 갖는다.

ㄹ. He는 원소 중 1차 이온화 에너지가 가장 큰 원소이다.

정답 ②

09

(가) Na (나) Mg (다) Al (라) Cl

4개의 원소는 모두 2주기 원소들이다. 2주기 원소 중 2차 이온화 에너지가 가장 큰 원자(A)는 1족 원소로 Na이고, 전자 친화도가 가장 큰 원자(B)는 Cl이다.

정답 ②

10

주기율표의 위치로부터 A: F, B: Na, C: Mg, D: Al임을 알 수 있다.

① A(F)은 17족 원소이므로 원자가 전자 개수는 7이다.

② 같은 주기에서 2차 이온화 에너지는 1족 원소가 가장 크므로 B(Na)가 C(Mg)보다 크다.

③ C^{2+}(Mg^{2+})와 B^+(Na^+)는 등전자 이온이므로 원자번호가 작을수록 이온 반지름의 크기는 크므로 B^+(Na^+)가 C^{2+}(Mg^{2+})보다 크다.

④ 같은 주기에서 원자가전자에 대한 유효 핵전하는 원자 번호가 클수록 크므로 D(Al)가 C(Mg)보다 크다.

정답 ④

11

Be, Mg, Ca는 모두 2족 원소이다.

ㄱ. 같은 족에서 전기음성도는 원자번호가 증가할수록 감소하므로 크기 순서는 Be > Mg > Ca이다.

ㄴ. 같은 족에서 원자 반지름은 원자번호가 증가할수록 증가하므로 크기 순서는 Be < Mg < Ca이다.

ㄷ. 같은 족에서 유효 핵전하는 원자번호가 증가할수록 증가하므로 크기 순서는 Be < Mg < Ca이다.

정답 ②

12

X: Li, Y: Be, Z: O로 모두 2주기 원소들이다.

① 최외각 전자의 개수는 원자가전자 수와 같다.
Z: 6개, Y: 2개, X: 1개이므로 Z > Y > X 순이다.

② 전기음성도의 크기는 2주기에서 원자번호가 증가할수록 증가하므로 Z > Y > X 순이다.

③ 원자 반지름의 크기는 2주기에서 원자번호가 증가할수록 감소하므로 X > Y > Z 순이다.

④ 이온 반지름의 크기를 판단하기 전에 우선적으로 이온의 전자수부터 계산해야 한다.

Z^{2-}는 전자가 10개이므로 전자 껍질수가 2개이고, 나머지 Y^{2+}와 X^{+}는 전자가 2개이므로 전자 껍질수가 1개이다. 따라서 당연히 껍질수가 많은 Z^{2-}의 반지름이 가장 크고, Y^{2+}와 X^{+}는 2개의 전자로 등전자 이온에 해당된다. 등전자 이온의 경우 양성자가 많을수록 이온 반지름이 작아지므로 순서를 정리하면 $Z^{2-} > X^{+} > Y^{2+}$ 순이다.

정답 ①

13

① 유효 핵전하는 원자 번호에서 가리움 상수를 뺀 값으로 정의한다.

② 최외각 껍질에서 p 전자는 s 전자에 비해 가리움 효과가 크므로 핵 인력을 더 약하게 느낀다.

③ 3주기 주족 원소를 포함한 모든 원소는 주기율표에서 오른쪽으로 갈수록 전자수 증가에 따른 가리움 효과의 증가량보다 양성자수의 증가량이 더 크므로 유효 핵전하는 증가한다.

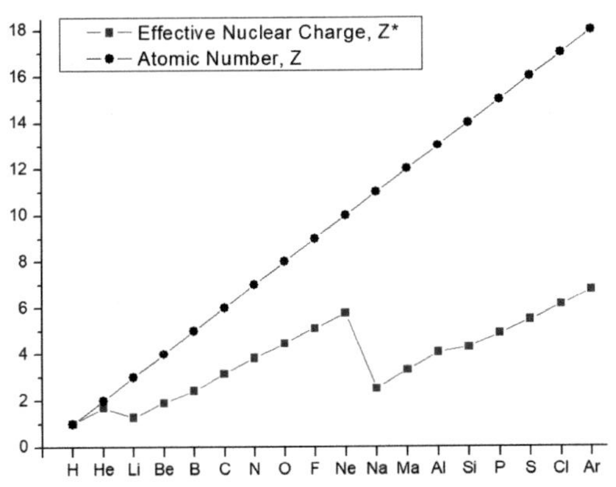

④ 알칼리 금속은 원자 번호가 증가할수록 양성자수가 증가하므로 유효 핵전하가 증가한다.

정답 ④

주관식 개념 확인 문제

14

정답 (1) I (2) D (3) J, K (4) I

15

정답 (1) B (2) F (3) E (4) ns^2np^5 (5) D

16

정답 (1) d (2) b (3) i와 h (4) b (5) d (6) d
(7) c (8) l (9) f (10) i와 d

17

정답 (1) Na, Mg (2) Na (3) Ar (4) Cl

18

정답 (1) $[Ar]4s^1 3d^5$ (2) 작다 (3) 32개
(4) 이온화 에너지, 중성 원자 (5) 16배

19

정답 (1) A (2) D (3) C (4) B

기본 문제

20

이온화 에너지는 같은 주기에서 원자 번호가 증가할 때 일반적으로 증가한다. D−E, F−G, J−K, L−M처럼 역전된 부분은 이온화 에너지의 예외에 해당한다.

정답 ④

21

같은 주기에서 오른쪽으로 갈수록 유효 핵전하량이 증가하여 핵과 전자사이의 정전기적 인력이 증가하므로 원자 반지름은 감소하고, 이온화 에너지는 증가하고 전기음성도도 증가한다.

정답 ⑤

22

① 원자 반지름은 같은 주기에서 원자 번호가 증가할수록 감소한다.

$$Si > P > S > Cl$$

② 1차 이온화 에너지는 같은 족에서 원자 번호가 증가함에 따라 감소하고(Na > K), 같은 주기에서 2족 원소는 1족 원소보다 핵전하량이 커서 이온화 에너지가 크다(Li < Be). 이를 정리하면 다음과 같다.

$$Be > Li > Na > K$$

④ 전자 친화되는 과정이 흡열인 Ne이 가장 작고, 같은 주기에서는 원자 번호가 증가할수록 전자 친화도 또한 증가한다. 이를 정리하면 다음과 같다.

$$F > O > N > Ne$$

정답 ③

23

① 원자 반지름은 같은 주기에서 양성자수가 증가할수록 감소한다.

$$N > O > F$$

② 같은 족에서 원자 번호가 증가할수록 이온화 에너지는 감소한다.

$$Cs < Rb < K < Na$$

③ s-Character이 클수록 침투 효과에 의해 결합 길이는 짧아진다. 단일 결합은 sp^3혼성, 이중 결합은 sp^2 혼성, 삼중 결합은 sp혼성으로 s-Character이 50%로 가장 큰 삼중 결합의 결합 길이가 가장 짧다.

④ 전기음성도의 차이가 클수록 결합의 이온성은 크다.

정답 ④

24

① 전기음성도: C < F

② 비금속성: Si < S

④ 이온화 에너지: O < Ne

정답 ③

25

A는 N, B는 O, C는 Na, D는 Al이다.

① 비금속성은 같은 주기에서 원자 번호가 증가할수록 증가한다. A < B이다.

② 금속성은 같은 주기에서 원자 번호가 작을수록 증가한다. D < C이다.

③ 원자 반지름은 같은 주기에서 원자 번호가 증가할수록 감소한다. C > D이다.

④ A, B는 제1 이온화 에너지의 예외에 해당한다. 전자 간의 반발력 때문에 A보다 B에서 전자를 떼어내기 쉬우므로 B의 이온화 에너지가 더 작다.

정답 ④

26

같은 주기에서 원자 번호가 증가함에 따라 원자가전자수는 증가한다. 원자 반지름은 원자 번호가 증가함에 따라 감소한다. 금속 원소는 상온에서 고체 상태로 존재하고, 전하량이 클수록 정전기적 인력이 커서 녹는점이 높아진다. 비금속 원소는 상온에서 기체 상태로 존재하므로 녹는점이 낮다.

정답 ③

27

1차 이온화 에너지가 가장 큰 F는 비활성 기체인 Ne이고, G는 이온화 에너지가 가장 작은 알칼리 금속인 Na이다. 같은 족에서 원자 번호가 증가함에 따라 이온화 에너지는 일반적으로 증가하므로 A는 B, B는 C, C는 N, D는 O, E는 F이다. H는 Mg이다.

① 이온 결합 물질의 녹는점은 전하량의 곱이 클수록 높다.

② 전자친화도는 비금속성이 큰 E가 가장 크다.

③ G와 H의 안정한 이온은 Ne의 전자배치와 같으므로 전자수는 10개이다.

④ 비금속인 C는 금속인 G보다 끓는점이 낮다.

⑤ A의 바닥 상태의 전자배치는 $1s^2 2s^2 2p^1$이다.

정답 ③

28

전자 배치로부터 A: Mg, B^{2+}: Mg^{2+}, C^-: F^-임을 알 수 있다.

① 같은 원소의 경우 차수가 증가할수록 유효 핵전하가 증가되어 이온화 에너지는 증가한다. 따라서 A보다 B^{2+}가 더 크다.

② B^{2+}와 C^-는 등전자 이온이므로 양성자수가 더 많은 B^{2+}의 반지름이 더 작다.

③ 전자를 잃은 양이온은 전자를 얻을려고 하므로 정전기적 인력이 작용하므로 전자 친화 과정은 발열과정이다. 따라서 $B^{2+}(g)$의 전자 친화도(ΔH)는 0보다 작다.

④ 전자를 이미 얻어 안정한 음이온은 전자를 얻으려고 하지 않을 것이다. 따라서 $C^-(g)$의 전자 친화 과정은 흡열이므로 ΔH는 0보다 크다.

정답 ④

자료 추론형

29

(가)는 원자 번호가 증가할수록 감소하다가 껍질수가 변하는 Na에서 크게 증가했으므로 원자 반지름에 해당한다.
(나)는 같은 주기에서 원자 번호가 증가함에 따라 증가하다가 Na의 껍질수가 증가하여 가리움 효과에 의해 감소하므로 유효 핵전하에 해당한다.
등전자 이온 관계에서 원자 번호가 증가할수록 이온 반지름이 감소하므로 (다)는 이온 반지름이다.

정답 ①

30

홀전자 수가 모두 같으므로 X, Y, Z는 1족, 13족, 17족 원소이다.
제1 이온화 에너지는 같은 주기에서 원자 번호가 증가할수록 증가하므로 X는 17족 원소이다.
제2 이온화 에너지는 1족 원소가 가장 크므로 Z는 1족 원소이고, 따라서 Y는 13족 원소이다.
전기음성도는 같은 주기에서 원자 번호가 증가함에 따라 증가하므로 X > Y > Z이다.

정답 ①

31

유효 핵전하가 급격히 감소하는 것으로 보아 C에서 D로 갈 때 껍질수가 증가함을 알 수 있다. 따라서 원자 번호가 연속이므로 A는 O ,B는 F, C는 Ne으로 2주기 원소, D는 Na으로 3주기 원소이다.

ㄱ. 3주기 원소는 D로 1가지이다.

ㄴ. 이온화 에너지는 원자 번호가 증가함에 따라 증가하므로 B가 A보다 크다.

ㄷ. 전기음성도는 비금속성이 클수록 증가하므로 B의 전기음성도가 금속성이 큰 D보다 크다.

정답 ②

32

홀전자수가 3인 D는 N, 홀전자수가 2개인 C, E 중 전기음성도가 큰 E가 O, C가 C, 홀전자수가 0인 B는 Be, 홀전자수가 1개이고 전기음성도가 2족원소보다 작은 A는 Li이다.

ㄱ. 금속 원소는 Li과 Be으로 2가지이다.

ㄴ. 유효 핵전하는 원자 번호가 큰 B가 A보다 더 크다.

ㄷ. 전자가 들어있는 오비탈의 수는 D와 E 모두 5로 같다.

정답 ⑤

Chapter

03 핵화학

01 ④	02 ②	03 ③	04 ①

대표 유형 기출 문제

01

α 붕괴시 양성자수는 2감소하고, 질량수는 4감소하고, β^- 붕괴시 양성자수는 1증가한다.
먼저 질량수의 변화를 보면 238－206＝32/4＝8번의 α붕괴가 일어났고, 따라서 α붕괴시 양성자수의 변화를 보면 92－16＝76이다. 양성자 수가 76에서 82로 6 증가하였으므로 β^-는 6회 일어났다.

정답 ④

02

핵변환 반응에서 질량수와 양성자수는 각각 보존되어야 한다.
질량수가 보존되기 위해서는 $14+x=17+1 \quad x=4$
양성자 수가 보존되기 위해서는 $7+y=8+1 \quad y=2$
양성자수가 2인 원소는 He이다.

정답 ②

03

베타 붕괴는 중성자가 양성자와 전자로 변환되는 것이므로 질량수의 변화는 없으나 원자 번호가 1만큼 증가한다.

$$^{1}_{0}n \rightarrow ^{1}_{1}\mathrm{P} + ^{0}_{-1}e$$

정답 ③

기본 문제

04

α 붕괴 시 원자번호 2감소, 질량수 4감소, β 붕괴 시 원자번호 1증가이다.

$$\frac{238-4}{92-2} \xrightarrow{\alpha} \frac{234}{90} \xrightarrow{2\beta} \frac{234}{90+2} = \frac{234}{92}$$

정답 ①

PART 2 화학 결합과 분자 간 인력

Chapter

01 화학 결합

제 1 절 이온 결합

01 ④ **02** ③

03 ① 이온 ② 공유 ③ 금속 ④ Ne ⑤ A^+
⑥ 18 ⑦ B^- ⑧ 정전기적 ⑨ 이온

04 ① 18족 ② 이온화 에너지 ③ 양이온
④ 전자친화도 ⑤ 음이온 ⑥ 이온

05 (1) A^{2+}: Ne, B^-: Ar (2) AB_2

06 (1) A, B, C (2) D, E, F

07 (1) C (2) 105kcal 방출

08 (1) NaF > NaCl > NaBr > NaI
(2) MgO > Na_2O
(3) MgO > CaO > NaCl > KCl

09 ④	**10** ②	**11** ③	**12** ⑤	**13** ②
14 ⑤	**15** ①	**16** ④	**17** ③	**18** ③
19 ④	**20** ⑤	**21** ①	**22** ②	**23** ④
24 ③	**25** ⑤	**26** ①	**27** ②	**28** ②
29 ③	**30** ④	**31** ④	**32** ⑤	**33** ⑤

대표 유형 기출 문제

01

이온 결합 화합물의 녹는점은 양이온과 음이온사이의 정전기적 인력에 비례하는데, 각 이온의 전하량의 곱이 클수록 정전기적 인력이 커지고 녹는점은 높아진다. NaF, KCl, NaCl은 전하량의 곱이 | 1 |이고 MgO는 | 2 |이므로 MgO가 녹는점이 가장 높다.

정답 ④

02

NaCl과 KCl의 핵간 거리로부터 K이 Na보다 0.041nm 더 크다. 따라서 KF의 핵간 거리는 NaF의 핵간 거리보다 0.041nm 더 길 것으로 예측된다. 즉 KF의 핵간 거리는 0.25+0.041=0.291nm이다.

정답 ③

주관식 개념 확인 문제

03

정답 ① 이온 ② 공유 ③ 금속 ④ Ne ⑤ A^+
⑥ 18 ⑦ B^- ⑧ 정전기적 ⑨ 이온

04

정답 ① 18족 ② 이온화 에너지 ③ 양이온
④ 전자친화도 ⑤ 음이온 ⑥ 이온

05

정답 (1) A^{2+}: Ne, B^-: Ar (2) AB_2

06

A: 승화(흡열), B: 이온화(흡열), C: 결합해리(흡열), D: 전자친화(발열), E: 이온 결합(발열), F: 승화(발열)

정답 (1) A, B, C (2) D, E, F

07

(1) 에너지가 가장 낮은 지점이 가장 안정한 화합물로 존재할 때이므로 C지점일 때이다.

정답 C

(2) $x = 118 - 83 - 140$
$= -105$kcal

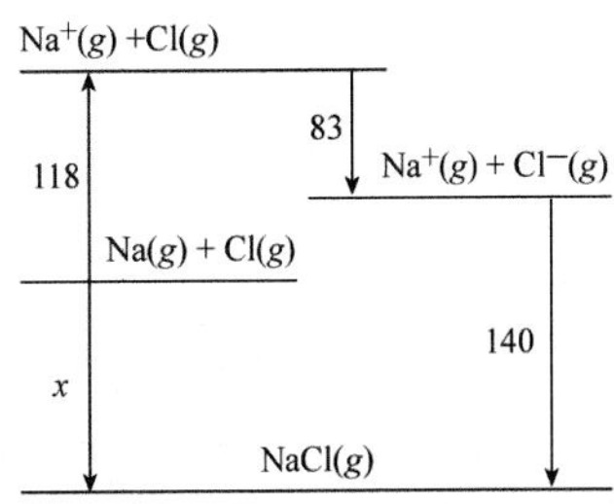

정답 105kcal 방출

08

(1) 이온 결합 화합물의 결합 길이가 짧을수록 결합력이 커져서 녹는점이 높아진다.

정답 $NaF > NaCl > NaBr > NaI$

(2) 이온 결합 화합물의 전하량이 클수록 결합력이 커져서 녹는점이 높아진다.

정답 $MgO > Na_2O$

(3) 정답 $MgO > CaO > NaCl > KCl$

기본 문제

이온 결합의 형성

09

3주기 18족 원소인 Ar과 같은 전자수를 가지는 것은 같은 주기 비금속 원소의 음이온 S^{2-}과 4주기 금속 원소의 양이온 Ca^{2+}이다.

정답 ④

10

① 이온 결합, 공유 결합, 배위 결합 ② 이온 결합
③ 이온 결합, 공유 결합 ④ 공유 결합
⑤ 이온 결합, 공유 결합

정답 ②

11

KF, $CaCl_2$, LiBr는 금속과 비금속 간의 이온 결합 물질이고 CH_4는 비금속 간의 공유 결합 물질이다.

정답 ③

12

W는 Na, X는 N, Y는 Mg, Z는 Cl 원자이다. 전기적 중성을 충족하는 화합물은 YZ_2이다.

정답 ⑤

13

①, ②, ③ 이온 결합 물질인 KBr은 개수로 특정할 수 없어 조성의 비만 알 수 있는 실험식으로 표현한다. 분자식은 공유 결합 물질 중 분자에만 사용된다.

④ KBr 54g은 1몰이므로 K^+과 Br^-가 각각 1몰씩 6.02×10^{23}개 들어 있다.

정답 ②

14

음이온과 이온 결합을 이룰 수 있는 원자는 금속 양이온이다. 같은 주기에서 이온화 에너지는 원자번호가 증가할수록 일반적으로 증가하므로 이온화 에너지가 작은 A, B, E, F가 금속 원소이다.

정답 ⑤

이온 결합의 에너지와 녹는점

15

금속 산화물은 이온 결합 물질이므로 정전기적 인력이 강할수록 녹는점이 높다. 전하량의 곱이 같은 경우 정전기적 인력과 핵간 거리는 반비례하므로 이온간 거리가 짧을수록 정전기적 인력은 크고, 녹는점도 높다.

정답 ①

16

이온 결합 물질의 정전기적 인력은 전하량의 곱에 비례하고, 핵간 거리에 반비례하므로 녹는점의 크기는 $MgO > CaO > NaCl > KCl$ 순이다.

정답 ④

17

이온 결합 물질의 정전기적 인력은 전하량의 곱이 같을 경우 핵간 거리가 짧을수록 크므로, 녹는점이 높다. 핵간 거리는 $NaCl < KCl$, $MgO < MgS$이므로 정전기적 인력과 비례하는 녹는점은 $NaCl > KCl$, $MgO > MgS$이다.

정답 ③

18

이온화 에너지는 작고 전자친화도가 클수록 이온 결합이 쉽게 형성되고(BC), 핵간 거리가 짧을수록 정전기적 인력이 커서 녹는점이 높다(AD).

정답 ③

19

① 전자껍질수가 더 많은 Cl^-이 F^-보다 이온 반지름이 더 크다.
② 전자껍질수가 더 많은 Ca^{2+}이 Mg^{2+}보다 이온 반지름이 더 크다.
③ NaF가 NaCl보다 녹는점이 높은 것은 이온간 거리(핵간 거리)가 짧기 때문이다.
④ MgO가 CaO보다 녹는점이 높은 이유는 이온간 거리가 짧아 정전기적 인력이 크기 때문이다.

정답 ④

20

① 양이온과 음이온 사이의 거리가 가까울수록(결합 길이보다 더 짧은 경우) 반발력에 의한 영향이 커져서 에너지가 높아져 불안정하다.
② 점 A는 양이온과 음이온 사이의 거리가 가까울수록 반발력에 의한 영향이 커져서 에너지가 높아져 불안정하다.
③ 이온 결합 시 에너지를 방출한다.
④ 점 C는 에너지가 기준보다 더 낮으므로 반발력보다 인력이 더 큰 지점이다.
⑤ 점 B가 가장 에너지가 낮은 안정한 상태이므로 이온 결합이 형성된다.

정답 ⑤

21

ㄱ. E_1은 $Mg(g)$의 1차 이온화 에너지와 2차 이온화 에너지의 합이다.
ㄴ. 전자친화도는 기체 상태의 중성 원자 1몰이 전자 1몰을 얻을 때 방출되는 에너지로 2몰의 전자를 얻었으므로 전자친화도는 $\frac{1}{2}E_2$이다.
ㄷ. E_3는 이온 결합 에너지로 $Cl_2(g)$보다 전자친화도가 작은 $Br_2(g)$를 사용하면 E_3는 감소한다.

정답 ①

22

ㄱ. r_0는 이온 반지름의 합이다.
ㄴ. r_0의 크기는 3주기인 Mg보다 4주기인 Ca에서 더 크다.
ㄷ. 이온 결합 에너지인 E는 전하량의 곱이 큰 MgO가 NaCl보다 더 크다.

정답 ②

23

ㄱ. 이온 사이의 거리가 NaX가 NaY보다 작으므로 이온 반지름은 X^-가 작다.
ㄴ. 녹는점은 이온 결합 에너지와 비례하므로 이온 결합 에너지가 큰 NaX가 더 높다.
ㄷ. 이온으로 분해될 때 필요한 에너지는 이온 결합 에너지와 그 크기가 같으므로 이온 결합 에너지가 더 큰 NaX가 크다.

정답 ④

24

ㄱ. Cl^-가 Br^-보다 이온 반지름이 작으므로 r_0도 KCl이 KBr보다 작다.
ㄴ. E는 이온 결합 에너지로 핵간 거리와 반비례하기 때문에 핵간 거리가 더 짧은 MgO가 CaO보다 크다.
ㄷ. 녹는점은 이온 결합 에너지와 비례한다. 전하량의 곱이 큰 CaO의 이온 결합 에너지가 KCl보다 크므로 녹는점도 KCl보다 CaO가 높다.

정답 ③

25

이온 결합 에너지가 클수록 핵간 거리가 짧으므로 알칼리 금속의 원자 반지름 순서는 C > A > B, 할로젠 원소의 원자 반지름 순서는 X > Z > Y이다.

정답 ⑤

26

KCl은 NaCl보다 핵간 거리가 길어 정전기적 인력이 약하므로 에너지가 작다(a). MgO는 NaCl보다 전하량의 곱이 커서 정전기적 인력이 강하므로 에너지가 크다(c).

정답 ①

PART 02 화학 결합과 분자 간 인력

27

ㄱ. 녹는점이 낮을수록 핵간 거리가 길다는 것이므로 핵간 거리 r_0는 C > B > A이다.

ㄴ. A는 NaF, B는 NaCl이다. 녹는점은 이온 결합 에너지와 비례하므로 핵간 거리가 짧은 A가 B보다 E가 크다.

ㄷ. 녹는점은 이온 결합 에너지와 비례한다. 전하량의 곱이 같으므로 핵간 거리가 짧을수록 녹는점은 높으므로 C는 NaBr로 NaI보다 높다.

정답 ②

28

ㄱ. 핵간 거리가 짧은 (나)가 MgS이고, (가)는 CaS이다.

ㄴ. (가)의 전하량의 곱이 커서 핵간 거리가 짧으므로, KCl의 핵간 거리는 r_0보다 크다.

ㄷ. K^+와 Cl^-는 등전자 이온이므로 전자 껍질수는 같다. 따라서 이온 반지름의 크기 차이는 핵전하량이 다르기 때문이다. 핵전하량이 클수록 이온 반지름은 작아지게 된다.

정답 ②

29

ㄱ. 이온간 거리가 KX < KCl < KBr이므로 원자 반지름은 Cl이 X보다 더 크다.

ㄴ. KX의 이온 결합 에너지가 더 크므로 녹는점도 KX가 KCl보다 더 높다.

ㄷ. r_0는 K^+와 Cl^-의 이온 반지름의 합이다. 이온 반지름은 $K^+ < Cl^-$이므로 K^+의 이온 반지름(r_{K^+})은 $\frac{r_0}{2}$보다 짧다.($r_{K^+} < \frac{r_0}{2}$)

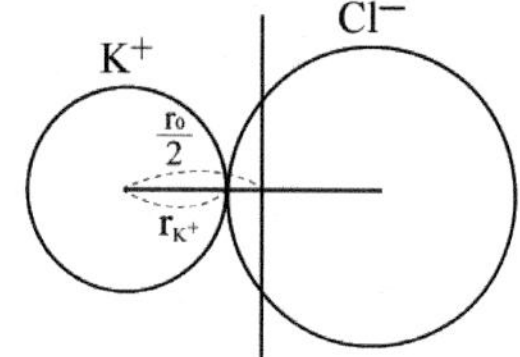

정답 ③

30

이온화 에너지의 순서는 F > O > Mg > Na이고, 홀전자수는 O(2개)>F = Na(1개)>Mg(0개)이므로, A는 Na, B는 Mg, C는 O, D는 F이다.

ㄱ. 양성자수가 적은 A이온의 이온 반지름이 B이온보다 더 크다.

ㄴ. B는 3주기 원소, D는 2주기 원소이다.

ㄷ. AD는 NaF, BC는 MgO이다. 따라서 금속 양이온과 비금속 음이온으로 이루어진 이온 결합 물질이다.

정답 ④

이온쌍 에너지

31

ㄱ. a점에서는 반발력이 인력보다 더 우세하다.

ㄴ. KF는 KCl에 비해 껍질수가 감소하므로 핵간 거리 R은 감소하고, 정전기적 인력은 핵간 거리에 반비례하므로 E_1은 커진다.

ㄷ. 이온화 에너지가 커지므로 이온화 에너지와 전자친화도의 합인 이온쌍 에너지인 E_2도 커진다.

정답 ④

32

ㄱ. 기체 상태의 원자가 이온쌍으로 되는 과정은 언제나 흡열과정이므로 Na(g)의 이온화 에너지는 Cl(g)의 전자친화도보다 크다.

ㄴ. 점 A가 점 B보다 에너지가 큰 것은 점 A의 핵간 거리가 점 B보다 짧아서 반발력이 증가하기 때문이다.

ㄷ. KCl는 NaCl에 비해 껍질수가 증가하여 핵간 거리(R)는 증가하므로, 이온화 에너지(E)는 감소하고 이온 결합 에너지는 감소한다.

정답 ⑤

33

ㄱ. 이온화 에너지와 전자친화도의 합인 이온쌍 에너지가 항상 0보다 크므로 K(g)의 이온화 에너지는 Cl(g)의 전자친화도보다 크다.

ㄴ. E_1은 이온쌍 에너지로 이온화 에너지가 더 작은 KCl의 E_1이 더 작다.

ㄷ. E_2는 이온 결합 에너지로 핵간 거리가 짧은 NaF의 이온 결합 에너지가 KCl보다 더 크다.

정답 ⑤

제 2 절 공유 결합

01 ②	02 ④			
03 $BF_3 - SO_2 - CO_2 - HF - H_2O - NH_3 - CH_4$				
04 (1) C (2) 104kcal/mol (3) 0.37Å (4) D				
05 ③	06 ②	07 ②	08 ②	09 ②
10 ②	11 ④	12 ①	13 ②	14 ③
15 ⑤	16 ③	17 ③	18 ⑤	19 ⑤
20 ⑤	21 ①	22 ④	23 ④	24 ③
25 ③	26 ③	27 ④	28 ②	29 ③

대표 유형 기출 문제

01

① 지점 ⓐ에서 지점 ⓑ로 갈수록 핵간거리가 가까워지므로 원자간 핵-전자 인력이 커진다.

② 퍼텐셜 에너지가 가장 낮은 지점 c에서 공유 결합이 형성된다. 따라서 핵간 전자밀도가 높아야 핵과 핵 사이의 반발력을 무마시킬 수 있으므로 핵간 전자밀도는 지점 b보다 지점 c가 더 높다.

③ 지점 ⓒ는 수소 분자가 형성되는 지점으로 가장 퍼텐셜 에너지가 낮은 지점이고, 지점 ⓐ는 수소 원자의 퍼텐셜 에너지이므로 그 퍼텐셜 에너지 차이는 수소 분자의 결합 에너지와 같다.

$$H_2(g) + E \rightarrow 2H(g)$$

④ 지점 ⓒ에서 지점 ⓓ로 갈수록 결합길이보다 핵간 거리가 가까워지므로 핵간 반발력이 커진다.

정답 ②

02

KBr은 이온 결합 물질이고, Cl_2와 NH_3는 단일 결합으로 이루어진 공유 결합 물질이다. O_2만이 2중 결합으로 이루어진 공유 결합 물질이다.

$$:\ddot{O}=\ddot{O}:$$

정답 ④

주관식 개념 확인 문제

03

비공유 전자쌍의 수는 보기 순서대로 0, 3, 6, 2, 4, 1, 9이다.

:F̤̈–B(–:F̤̈:)–F̤̈:　Ö=S̈–Ö:　Ö=C=Ö　H–F̤̈:

H–Ö–H　H–N̈(–H)–H　H–C(H)(H)–H

정답 $BF_3 - SO_2 - CO_2 - HF - H_2O - NH_3 - CH_4$

04

(1) 에너지가 가장 낮은 지점에서 분자가 가장 안정해진다.

정답 C

(2) 분자가 형성되었을 때 방출되는 에너지이다.

정답 104kcal/mol

(3) 동종 핵간 결합에서 원자 반지름은 핵간 거리의 $\frac{1}{2}$이다.

정답 0.37Å

(4) 핵간 거리가 가까워질수록 반발력이 크게 증가하므로 반발력이 인력보다 더 큰 지점은 D이다.

정답 D

기본 문제

공유 결합의 형성

05

2주기 원소 중 비공유 전자쌍이 2쌍인 A는 O, 3쌍인 C는 F, 비공유 전자쌍이 없는 B는 C이다. 원자 번호는 A가 8, B가 6, C가 9이므로 원자 번호의 순서는 B, A, C이다.

정답 ③

06

X: N, Y: O, Z: F이다.

① N는 최대 3개의 공유 결합을 이룰 수 있다.

② 공유 전자쌍 수가 N_2는 3쌍, O_2는 2쌍이므로 공유 전자쌍 수는 N_2가 O_2보다 많다.

③ 비공유 전자쌍 수는 NF_3가 10쌍, OF_2는 8쌍이므로 NF_3가 OF_2보다 많다.

④ O_2에는 이중 결합이 있다.

정답 ②

07

공유 결합은 비금속 원자 간 전자를 공유하여 형성하는 결합이다. 금속 원자가 있으면 공유 결합이 아니다.

① 공유, 이온, 이온

② 공유, 공유, 공유

③ 이온, 이온, 공유

④ 공유, 이온, 공유

⑤ 공유, 이온, 공유

정답 ②

08

① 단일결합 ② 삼중결합 ③ 이중결합 ④ 단일결합

정답 ②

09

① C≡O: ② H−C̈l: ③ :N≡N:

④ H−C(H)(H)−Ö−H

① O: 1쌍 ② Cl: 3쌍 ③ N: 1쌍씩 총 2쌍

④ O: 2쌍

정답 ②

10

① H−C(H)(H)−C̈l: ② H−C(H)(H)−Ö−H ③ Ö=C=Ö

④ H−N̈(H)−H ⑤ Ö=S̈−Ö:

① Cl: 3쌍 ② O: 2쌍 ③ O: 2쌍씩 총 4쌍

④ N: 1쌍 ⑤ S: 1쌍 O: 5쌍 총 6쌍

정답 ②

11

질소 분자는 공유 전자쌍이 3쌍이고, 비공유 전자쌍이 2쌍이다.

:N⋮⋮N:

정답 ④

12

공유 전자쌍은 4쌍, 비공유 전자쌍은 Cl에 각 3쌍의 비공유 전자쌍이 있어 6쌍이다.

H−C(H)(:C̈l:)−C̈l:

정답 ①

공유 결합의 에너지 관계

13

ㄱ. 핵간 거리로부터 할로젠 원소의 원자 반지름의 크기는 $X < Y < Z$이다.

ㄴ. 결합 에너지는 $Y_2 > Z_2 > X_2$이다.

ㄷ. 끓는점은 분자간 인력의 크기로, 무극성 분자에서 분자량이 클수록 분산력이 크므로
끓는점은 $X_2 < Y_2 < Z_2$ 순이다.

정답 ②

14

2, 3주기 원소 중 동종 핵간 결합을 한 분자는 N_2, O_2, F_2, Cl_2이다. 결합 에너지가 가장 큰 A_2는 결합 차수가 3차인 N_2, 핵간 거리가 가장 긴 D_2는 3주기 원소로 이루어진 Cl_2이다. O_2와 F_2는 같은 2주기 원소로서 결합 차수가 2차인 O_2가 B_2이고, 단일 결합인 F_2는 C_2이다.

정답 ③

15

2주기 원소 중 상온에서 기체로 존재하는 것은 비금속 원소 중 N, O, F, Ne이다. 결합 에너지의 크기로 보아 A는 Ne, B는 F, C는 O, D는 N이다.

① A는 Ne으로 단원자 분자이므로 안정한 이원자 분자를 형성하지 않는다.

② 1차 이온화 에너지가 가장 큰 것은 원자 반지름이 가장 작은 A이다.

③ 결합 에너지가 가장 큰 것은 3중 결합을 한 D이다.

④ 결합 길이가 가장 긴 것은 단일 결합을 한 B이다.

⑤ 원자 반지름은 같은 주기에서 원자 번호가 커질수록 핵전하량이 커서 작아지므로 B의 원자 반지름은 C보다 작다.

정답 ⑤

16

ㄱ. 결합 에너지는 분자를 형성할 때 방출하는 에너지로 Y축의 값으로부터 알 수 있다. 따라서 결합 에너지는 $AB > A_2 > B_2$이다.

ㄴ. A_2의 결합 에너지와 B_2의 결합 에너지의 합에서 AB의 결합 에너지의 2배를 뺀 값이 음수이므로 발열 반응이다.

$$\frac{E(A-A)+E(B-B)}{2} < E(A-B)$$

ㄷ. 일반적으로 결합 길이가 짧을수록 결합 에너지가 커진다. 그러나 자료에 의하면 결합 길이가 짧은 A_2가 AB보다 결합 에너지가 작으므로 ㄷ은 틀린 지문이다.

정답 ③

전자 배치와 화학 결합

17

A는 H, B는 C, C는 N, D는 O이다.

① A_2는 H_2로 단일 결합이 있다.

② BA_4는 CH_4로 수소 결합을 하지 못한다.

③ CA_3는 NH_3이다. NH_3는 물에서 이온화하여 OH^-를 내놓으므로 수용액은 염기성이다.

$NH_3(aq) + H_2O(l) \rightleftarrows NH_4^+(aq) + OH^-(aq)$

④ CD는 NO이므로 비금속 원자 간의 결합이므로 공유 결합 물질이다.

⑤ A_2D는 H_2O로 무극성 분자인 O_2보다 수소 결합을 하므로 끓는점이 더 높다.

정답 ③

18

전자 배치 모형으로부터 A: F, B: O, C: Na임을 알 수 있다.

① B_2는 이중 결합을 한 분자이다.

② 전자 1개를 잃어서 총 10개의 전자를 갖고 있으므로 C의 양성자수는 11개이다.

③ A^-와 B^{2-}는 등전자 이온이다. 등전자 이온에서 양성자수가 많을수록 이온 반지름이 작으므로 A^-가 B^{2-}보다 이온 반지름이 더 작다.

④ 전기적 중성을 충족한 화합물의 화학식은 CA이다.

⑤ 금속 원소는 이온화 에너지가 작고, 비금속 원소는 이온화 에너지가 크므로 비금속인 A가 금속인 C보다 이온화 에너지가 더 크다.

정답 ⑤

19

전자 배치로부터 A: B, B: O, C: F이다.

① B는 바닥 상태이다.

② B의 원자가전자수는 $2s$오비탈의 전자와 $2p$오비탈의 전자의 합인 6이다.

③ C는 홀전자수가 1개이므로 C_2에는 단일 결합이 있다.

④ A, C는 같은 주기 원소이다. 같은 주기에서 이온화 에너지는 일반적으로 원자 번호가 증가할수록 증가하므로 이온화 에너지는 C가 A보다 더 크다.

⑤ AC_3에서 중심 원자의 비공유 전자쌍이 없고 공유 전자쌍이 3쌍이므로 옥텟을 만족하지 않는다(옥텟 규칙의 축소).

정답 ⑤

화학 결합 모형

20

X는 H, Y는 N, Z는 Na이다.

(가)는 HF, (나)는 NF_3, (다)는 NaF이다.

ㄱ. 비금속 원자로 이루어진 (가)는 공유 결합 물질이다.

ㄴ. (나)의 모든 원자는 옥텟 규칙을 만족한다.

ㄷ. 액체 상태에서 전기전도성은 이온 결합 물질인 (다)는 있고, 분자인 (나)는 없으므로 (다) > (나)이다.

정답 ⑤

21

A는 Ca, B는 O, C는 F이다. 따라서 AB는 CaO, BC_2는 OF_2이다.

ㄱ. 금속 양이온과 비금속 음이온 간의 결합이므로 AB는 이온 결합 물질이다.

ㄴ. 공유 결합 물질인 BC_2는 액체 상태에서 전기전도성이 없다.

ㄷ. AB에서 B의 산화수는 −2, BC_2에 B의 산화수는 +2이므로 B의 산화수는 같지 않다.

정답 ①

22

(가)는 H_2O_2, (나)는 MgF_2이다.

ㄱ. (가)에서 비공유 전자쌍 수는 4쌍이다.

H − Ö − Ö − H

ㄴ. 이온 결합 물질인 (나)는 액체 상태에서 전기전도성이 있다.

ㄷ. (나)에서 B, C는 전자수가 10개인 등전자 이온으로 Ne의 전자배치를 갖는다.

정답 ④

23

A는 전자가 10개인 양이온이므로 Na이다. B와 C는 삼중 결합을 했고, 원자 번호가 B < C이므로 B는 C, C는 N이다. 따라서 화합물 ABC는 NaCN이다.

ㄱ. A는 3주기 원소, B는 2주기 원소이다.

ㄴ. NaCN은 이온 결합 물질이므로 액체 상태에서 전기전도성이 있다.

ㄷ. C_2는 N_2로 공유 전자쌍 수는 3이다.

정답 ④

배위 결합

24

삼플루오르화붕소 BF_3에서 B는 옥텟의 축소로 옥텟 규칙을 충족하지 못한다.

:F̤̈ − B(−F̤̈:)(−F̤̈:)

정답 ③

25

중심 원자의 홀전자수보다 결합수가 크면 배위 결합을 포함한다.

① 중심 원자 산소의 홀전자수는 2, 결합수는 3

② 중심 원자 질소의 홀전자수는 3, 결합수는 4

③ 중심 원자 염소의 홀전자수는 1, 결합수는 1

④ 중심 원자 황의 홀전자수는 2, 결합수는 3

정답 ③

26

홀전자 수와 결합수를 비교한다. 중심 원자의 홀전자 수와 결합수가 4로 같은 H_2CO_3는 배위 결합을 포함하지 않는다.(CO_3^{2-}의 구조식 참고)

정답 ③

27

탄소의 홀전자수는 4, 결합수 4로 배위 결합이 존재하지 않는다.

정답 ④

28

① 공유 결합, 이온 결합
② 이온 결합, 공유 결합, 배위 결합
③ 공유 결합, 배위 결합
④ 공유 결합
⑤ 이온 결합, 공유 결합

정답 ②

29

③ 불소는 붕소와 전자를 공유하여 팔우설을 만족시킨다.

$$\mathrm{H_3N\!:} + \mathrm{BF_3} \longrightarrow \mathrm{H_3N \rightarrow BF_3}$$

정답 ③

제 3 절 금속 결합

01 ①
02 드라이 아이스는 분자 결정으로 분자간 인력이 매우 약하나, SiO_2는 그물 구조체의 공유 결정으로 끓는점이 매우 높다.
03 (1) C (2) E (3) A (4) D (5) B
04 자유 전자
05 (1) ② (2) ⑤ (3) ① (4) ⑥ (5) ③ (6) ④

06	②	07	②	08	④	09	②	10	②
11	⑤	12	④	13	④	14	①	15	②
16	①	17	④	18	③	19	⑤	20	④
21	②	22	④	23	④	24	②	25	⑤

대표 유형 기출 문제

01

ㄱ. 이온 결정은 녹는점이 높으며, 녹으면 양이온과 음이온들이 서로 이동할 수 있으므로 전도체가 된다.
ㄴ. 분자 결정인 아르곤은 무극성 분자이므로 결정에서 인력은 단지 London 힘뿐이다. 여기서 말하는 London 힘은 분산력을 말한다.
ㄷ. 공유 결정은 매우 단단해서 녹는점이 매우 높으며 녹더라도 이온으로 되지 않기 때문에 비전도체이다.
ㄹ. 금속 결정은 열전도성과 전기 전도성이 좋다. 그러나 금속이라고 하여 녹는점이 모두 높은 것은 아니다. 알칼리 금속의 경우 녹는점이 낮다. Cs의 경우 녹는점은 36℃ 정도로 다른 금속에 비해 녹는점이 낮은 편이다.

정답 ①

주관식 개념 확인 문제

02

정답 드라이 아이스는 분자 결정으로 분자간 인력이 매우 약하나, SiO_2는 그물 구조체의 공유 결정으로 끓는점이 매우 높다.

03

정답 (1) C (2) E (3) A (4) D (5) B

04

정답 자유 전자

05

정답 (1) ② (2) ⑤ (3) ① (4) ⑥ (5) ③ (6) ④

기본 문제

06

금속의 녹는점은 정전기적 인력인 금속 결합력과 비례한다. 전하량이 클수록 정전기적 인력이 강하므로 전하량이 큰 Al의 녹는점이 가장 높다.

정답 ②

07

밀도가 큰 것은 자유 전자와 관계가 없다.

정답 ②

08

① 무극성 공유 결합 ② 극성 공유 결합 ③ 이온 결합
④ 금속 결합 ⑤ 극성 공유 결합을 한 삼원자 분자의 모형이다.

정답 ④

09

ㄱ. 밀도는 물질의 특성으로 부피가 증가하여 표면적이 늘어나도 그만큼 표면적을 차지하는 입자수도 늘어나게 되어 질량도 증가하므로 밀도는 변하지 않고 일정하다.
ㄷ. 부피가 늘어나더라도 자유 전자의 수는 변하지 않는다.

정답 ②

10

금속 결합력은 정전기적 인력으로 전하량이 클수록 강하다. 같은 주기에서 X족의 녹는점이 Y족보다 더 높으므로 X족이 전하량이 큰 2족이고, Y족은 1족이다.

A: Be, B: Mg, C: Li, D: K

ㄱ. A는 Be이고 C는 Li으로 같은 주기에서 원자 번호가 작은 C의 원자 반지름이 A보다 더 크다.
ㄴ. 주기율표에서 왼쪽 아래로 갈수록 금속성이 증가하므로 D가 B보다 금속성이 크다.
ㄷ. Y족은 1족으로 금속 결합력은 Size가 클수록 작으므로 원자량이 클수록 금속 결합력은 작아진다.

정답 ②

11

A, B, C는 원자가전자수가 1개이므로 모두 1족 원소이고 원자 반지름이 증가하므로 A: Li, B: Na, C: K이다. D는 2족 원소이고 Na과 같은 주기이므로 Mg이다.

① 녹는점은 금속 결합력과 비례한다. 금속 결합력은 껍질수가 증가할수록 약해지므로 A > B > C이다.
② C는 D보다 원자 반지름이 더 크므로 전자를 잃고 양이온이 되기 쉽다.
③ A~D는 모두 금속 원소이므로 자유 전자로 인해 열전도도가 높다.
④ 자유 전자로 인해 연성과 전성이 있어 쉽게 변형된다.
⑤ 원자가전자 수가 클수록 전하량이 커서 결합력이 강하다.

정답 ⑤

결정의 성질

12

이온 결합 물질은 고체 상태에서는 양이온과 음이온이 강력한 정전기적 인력에 의해 서로 결합되어 이온들이 이동할 수 없어서 전기 전도성이 없으나 액체가 되면 이온들이 이동할 수 있어서 전기 전도성을 갖는다.

정답 ④

13

표1로부터 A: H, B: O, C: Na, D: Cl이다.
표2는 이온 결합 물질에 대한 설명이고, 전기적 중성을 충족해야 하므로 전하량이 +1인 X는 금속 원소, 전하량 −2인 Y는 비금속 원소이다. X는 1족인 C, Y는 16족인 B이다. A는 H로 비금속으로 공유 결합을 하므로 X가 될 수 없다.

정답 ④

14

이온 결정에 대한 성질 중 잘 쪼개지는 성질을 나타낸 그림이다. 이온 결정은 금속의 양이온과 비금속의 음이온이 정전기적 인력에 의해 결합한 화합물이므로 홑원소 물질이 될 수 없다.

정답 ①

15

이온 결정인 NaCl은 고체 상태에서는 이온이 움직일 수 없어 선기 선도성이 없고, 액체 상태인 용융액에서는 이온이 움직일 수 있으므로 전기 전도성이 있다. 고체 상태보다 액체 상태에서 정전기적 인력이 약해지므로 이온 사이의 거리가 멀어진다.

정답 ②

결정과 비결정

16

ㄱ. 석영은 결정성 고체이다.

ㄴ. 석영 유리는 비결정성 고체로 결합력이 일정치 않아 녹는점이 일정치 않다.

ㄷ. (가)의 결합력은 일정하나 (나)의 결합력은 일정치 않다.

정답 ①

17

ㄱ. 석영 유리는 비결정성 고체로 결합력이 일정치 않아서 녹는점이 일정치 않다.

ㄴ. 흑연은 공유 결합한 원자 결정으로 예외적으로 전기 전도성이 있다.

ㄷ. 다이아몬드는 원자 결정으로 탄소 간의 결합 길이가 모두 같아서 탄소 원자 간 결합력이 모두 같다.

정답 ④

결정의 비교

18

A는 금속 결정, AB는 이온 결정, B_2는 분자 결정이다.

ㄱ. 금속 A는 전자를 잃고 양이온이 되고, 비금속으로 이루어진 분자 B_2는 전자를 얻어 음이온이 된 후 정전기적 인력이 작용하여 이온 결합 물질인 AB가 생성된다.

$$2A + B_2 \rightarrow 2AB$$

ㄴ. A는 3주기 원소의 알칼리 금속으로 이온 결합 물질인 AB의 녹는점보다 낮다.

ㄷ. 금속 결정인 A는 자유 전자로 인해서, 이온 결합 물질인 AB는 용융 상태에서 이온이 이동할 수 있어서 전기 전도성을 갖는다.

정답 ③

19

ㄱ. 결합 길이는 이온 반지름의 합이다. Na^+의 이온 반지름은 동일하다. 이온 반지름이 큰 Cl^-이 A^-보다 껍질수도 많고, 원자 번호가 크므로 화학식량도 NaCl이 NaA보다 더 크다.

ㄴ. 이온 결합력은 녹는점과 비례하므로 결합 길이가 긴 BCl의 녹는점이 NaCl보다 더 낮다.

ㄷ. 화합물 BA는 금속 양이온과 비금속 음이온의 이온 결합 물질이므로 물에 잘 녹는다.

정답 ⑤

20

(가)는 분자 결정, (나)는 이온 결정, (다)는 원자 결정에 대한 모형이다.

② (나)는 이온 결정이므로 충격에 의해 쉽게 부서진다.

④ 화학 결합의 종류는 (가)는 공유 결합이고, (나)는 이온 결합이므로 화학 결합의 종류는 다르다.

⑤ (다)는 흑연으로 전기 전도성이 있고, (나)는 이온 결정으로 고체 상태에서는 전기 전도성이 없으므로 전기 전도성은 (다)가 (나)보다 크다.

정답 ④

21

A는 금속 결정, B는 분자 결정, C는 비결정성 고체, D는 이온 결정, E는 공유 결정이다.

① A는 금속 결정이므로 양이온과 자유 전자 간의 정전기적 인력에 의해 결합되어 있다.
② B는 분자 결정으로 기체가 된다는 것은 분자간의 인력이 끊어지는 것이므로 원자 간 결합은 그대로 유지된다.
③ C는 비결정성 고체이므로 구성 입자 사이의 결합력이 모두 같지 않다.
④ D는 이온 결정으로 연성과 전성이 없다. 연성과 전성을 갖는 것은 금속 결정이다.
⑤ E는 원자 결정으로 승화하지 않는다. 쉽게 승화하는 것은 분자 결정이다.

정답 ②

탄소 동소체

22

ㄷ. 다이아몬드와 흑연은 공유 결합으로 이루어진 원자 결정으로 승화성이 없다. 승화성이 있는 것은 분자 결정이다.

정답 ④

23

① (가)는 다이아몬드, (나)는 흑연, (다)는 풀러렌(C_{60})에 대한 모형이다.
② 흑연은 공유 결합 물질임에도 예외적으로 전기 전도성이 있다.
③ 풀러렌은 공유 결합 물질이다.
④ 탄소의 동소체이므로 연소 생성물은 CO_2로 같다.
⑤ 다이아몬드에서 탄소 원자의 결합각은 109.5°이고, 흑연에서 탄소 원자의 결합각은 120°이다.

정답 ④

24

② 흑연에서 탄소 원자의 혼성 오비탈은 sp^2이므로 다른 탄소 원자와 평면 삼각형 구조로 결합된다.

정답 ②

25

(가)와 (나)의 화학식은 각각 C_{60}과 C이다. 따라서 분자를 구성하는 원자수가 다르므로 1몰에 포함된 원자 수도 다르다.

(가) 6.02×10^{23}개 (나) $60\times6.02\times10^{23}$개

정답 ⑤

제 4 절 화합물의 비교

01 ① 02 ④

대표 유형 기출 문제

01

① 격자 에너지는 이온 결합력으로 판단할 수 있다. 따라서 전하량의 곱이 같으므로 결합 길이가 짧은 $NaCl(s)$이 $KI(s)$보다 격자 에너지가 더 크다.
② 전기음성도는 같은 주기에서 원자 번호가 증가할수록 증가하므로 플루오린(F)이 탄소(C)보다 크며, 이 둘 간의 화학 결합은 서로 다른 핵간 결합이므로 극성 공유 결합이다.
③ 포타슘(K)은 금속 원소이고 염소(Cl)는 비금속 원소이므로 KCl을 형성하는 결합은 이온 결합이다.

정답 ①

02

ㄷ. HCl은 수소 원자(H)와 염소 원자(Cl) 간의 공유 결합 물질($HCl(g)$)이다. $HCl(g)$이 물에 녹아 H^+ 이온과 Cl^- 이온으로 이온화되는 것이다.

$$H(g) + Cl(g) \rightarrow HCl(g)$$

$$HCl(g) + H_2O(l) \rightleftarrows H_3O^+(aq) + Cl^-(aq)$$

ㄹ. K은 1족 원소로 +1의 전하를 띠고, I은 17족 원소로 −1의 전하를 띤다. 따라서 KI는 K^+와 I^-의 이온 결합 화합물이다.

정답 ④

Chapter

02 분자의 구조와 혼성 및 성질

제 1 절 루이스 구조식과 형식전하와 공명구조

01 ④	02 ③	03 ②	04 ③	05 ①
06 ③	07 ①	08 ①	09 ②	10 ①
11 ④	12 ③	13 ①	14 ②	15 ②
16 ③	17 ③	18 ①	19 ③	20 ④

대표 유형 기출 문제

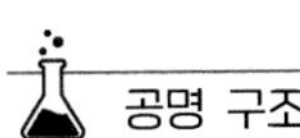

공명 구조

01

중심 원자의 주위 원자 수 < 결합수인 O_3, NO_2^-가 공명구조를 갖는다.

정답 ④

02

NO_3^-의 공명 구조는 3개이다.

정답 ③

03

NF_3는 공명 구조를 갖지 않고, 나머지는 모두 공명 구조를 갖는다.

- NF_3
- O_3의 공명 구조
- CO_3^{2-}의 공명 구조
- C_6H_6의 공명 구조

정답 ②

04

중심 원자 황에 존재하는 비공유 전자쌍의 수가 1쌍이므로 비공유 전자의 수는 2개이다.

정답 ③

형식 전하

05

전기음성도가 큰 산소 원자에 (−)전하가 있고, 형식 전하의 분리가 작은 ①일 때 가장 안정하다.

$$\overset{0}{:N}\equiv\overset{+}{N}-\overset{-}{\ddot{\underset{..}{O}}:}$$

정답 ①

06

형식 전하는 원자가 전자 수−자기만의 전자수이다. 산소의 형식 전하는 −1, 질소의 형식 전하는 0, 탄소의 형식 전하는 0이고, 전체 전하수 −1은 형식 전하의 합과도 같다.

$$\overset{-1}{:\ddot{\underset{..}{O}}}-\overset{0}{C}\equiv\overset{0}{N:}$$

정답 ③

07

형식 전하는 원자가 전자 수−자기만의 전자수이다. 순서대로 6−6=0, 6−5=+1, 6−7=−1로 0, +1, −1이다.

$$0\;\ddot{O}=\overset{+1}{\ddot{O}}-\ddot{O}\;-1$$

정답 ①

08

ClO_3^-의 루이스 구조식과 형식 전하를 구해보면 다음과 같다.

$$:\ddot{O}:\,-1$$
$$:\ddot{\underset{..}{O}}-\underset{..}{Cl}-\ddot{\underset{..}{O}}:$$
$$-1\quad +2\quad -1$$

ClO_3^-는 입체수가 4이므로 삼각뿔 구조로 중심 원자의 형식 전하는 7−5=2이다.

정답 ①

09

(나)에서 Cl의 형식 전하는 7−7=0이다.

정답 ②

10

O의 형식 전하가 −1이 되기 위해서는 비공유 전자쌍이 3쌍이어야 한다. 즉 6−7=−1이다.

정답 ①

11

B의 경우 홀전자수보다 1개의 결합을 더 하였으므로 형식전하는 −1이고, O의 경우 고립 전자쌍이 1쌍이므로 +1, F의 경우 고립 전자쌍이 3쌍이므로 0이다.

정답 ④

12

P은 전기음성도가 큰 O와 F과 결합하고 있어 전자를 모두 잃었다고 가정하므로 P의 산화수는 +5이다. P의 형식 전하는 5−5=0이다. 따라서 P의 산화수는 +5이고, 형식 전하는 0이므로 합은 5이다.

정답 ③

13

I_3^-의 형식 전하를 구해보면 다음과 같다.

$$:\ddot{\underset{..}{I}}-\underset{-1}{\ddot{\underset{..}{I}}}-\ddot{\underset{..}{I}}:$$

OCN^-의 형식 전하를 구해보면 다음과 같다.

$$\overset{0}{:N}\equiv\overset{0}{C}-\overset{-1}{\ddot{\underset{..}{O}}:}$$

$$\overset{-1}{\ddot{\underset{..}{N}}}=\overset{0}{C}=\overset{0}{\ddot{\underset{..}{O}}}$$

$$\overset{-2}{:\ddot{\underset{..}{N}}}-\overset{0}{C}\equiv\overset{+1}{O:}$$

따라서 중심 원자의 형식 전하의 합은 −1이다.

정답 ①

14

NO은 옥텟 규칙의 예외로 홀수개의 원자가전자 수를 갖는다.

NO의 루이스 구조식을 그려보면 다음과 같다.

$$\dot{\underset{..}{N}}=\ddot{\underset{..}{O}}\qquad \ddot{\underset{..}{N}}=\dot{\underset{..}{O}}$$

① NO는 이중 결합을 하므로 각각 한 개씩의 σ결합과 π결합을 가진다.

②, ③ NO는 홀수개의 원자가전자 수를 갖기 때문에 질소가 홀전자를 가질 수 있거나 또는 산소가 홀전자를 가질 수 있는데 이를 판단할 수 있는 근거가 형식 전하이다.
왼쪽 그림에서 질소와 산소의 형식 전하는 각각 0이지만, 오른쪽 그림에서 질소와 산소의 형식 전하는 각각 -1과 $+1$이다. 형식 전하의 합은 두 가지 경우 모두 0이지만 오른쪽 구조의 경우 전기 음성도기 더 큰 산소가 $+$의 형식 전하를 가짐으로써 불안정한 구조이다. 따라서 질소가 홀전자수를 갖는 왼쪽 그림의 구조가 좀 더 안정한 구조라고 할 수 있다.

④ NO는 O_2와 반응하여 쉽게 NO_2로 된다.

$$2NO(g) + O_2(g) \rightarrow 2NO_2(g)$$

정답 ②

기본 문제

15

가. NO_2가 홀수개의 원자가전자를 가져 옥텟을 만족하지 못한다.

라. 중심 원자인 붕소(B)가 들뜬 상태에서 홀전자 수가 3개로 옥텟을 만족하지 못한다.

정답 ②

16

옥텟을 만족하는 것은 CO_2, Br_2, XeO_3이다. 옥텟의 축소($BeCl_2$, BF_3)와 옥텟의 확장($XeCl_2$, SF_4)경우는 옥텟을 충족하지 못한다. 특히 XeO_3가 옥텟 규칙의 확장이 아님을 주의해야 한다.

정답 ③

17

중심 원자의 비공유 전자쌍의 수는 ① 2 ② 2 ③ 3 ④ 0이다.

① F－:Xe:－F (Xe에 F 두 개가 더 결합: F F)　② H－:S:－H

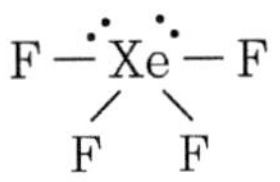

③ Cl－:I:－Cl　④ F－P(F)(F)(F)－F

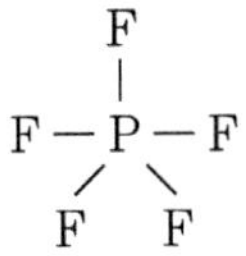

정답 ③

18

ㄱ. 사이안산 이온의 기하학적 구조는 중심원자의 혼성 오비탈이 sp이므로 선형이다.

ㄴ. 공명 혼성에 가장 많이 기여하는 공명 구조는 산소 원자와 탄소 원자 사이가 단일 결합이며 산소 원자가 -1의 형식전하를 갖는다. (아래 그림의 첫 번째 구조)

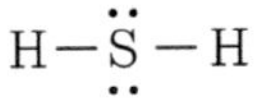

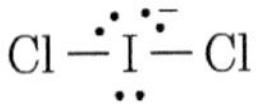

ㄷ. 공명 혼성에 가장 적게 기여하는 공명 구조는 질소 원자와 탄소 원자사이가 단일 결합이며 질소 원자가 -2의 형식전하를 갖는다. (아래 그림의 세 번째 구조)

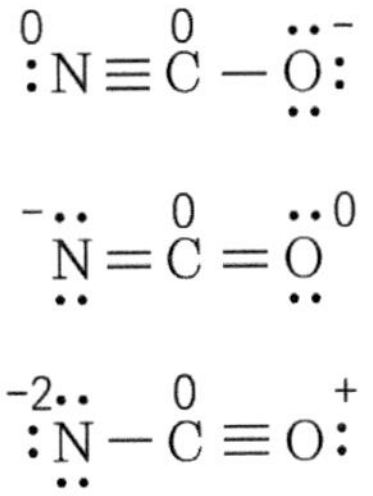

:N≡C－Ö: (형식 전하: N 0, C 0, O −)

N̈=C=Ö (형식 전하: N −, C 0, O 0)

:N̈－C≡O: (형식 전하: N −2, C 0, O +)

정답 ①

19

① C_6H_6

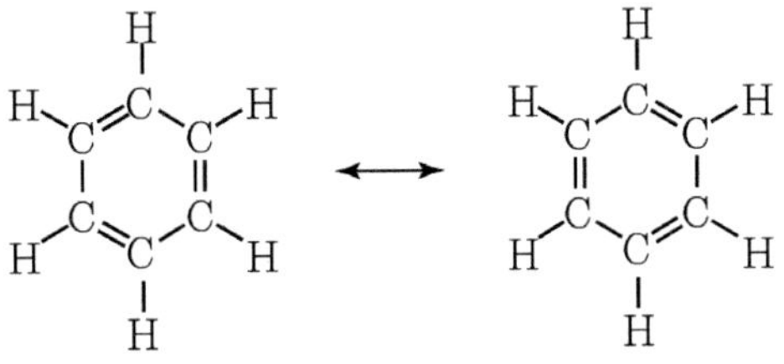

(벤젠의 두 공명 구조: C=C 이중 결합의 위치가 서로 바뀐 두 육각 고리 구조 ↔)

② O_3

(O=O－O ↔ O－O=O)

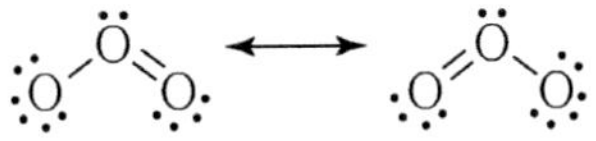

③ HNO_2는 공명 구조를 갖지 않는다.

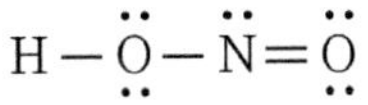

H－Ö－N̈=Ö

④ HCO_2^-

$H-C(=\ddot{O}:)-\ddot{O}:^{\ominus} \longleftrightarrow H-C(-\ddot{O}:^{\ominus})=\ddot{O}:$

정답 ③

20

가운데 있는 N의 형식전하: 5－4＝＋1
양 끝에 있는 N의 형식전하: 5－6＝－1

$:\ddot{N}=N=\underset{..}{N}:$
−1 +1 −1

정답 ④

제 2 절 분자의 구조와 혼성

01 ③	02 ②	03 ①	04 ③	05 ①
06 ②	07 ③	08 ④	09 ④	10 ③
11 ②	12 ③	13 ①	14 ④	15 ②
16 ①	17 ①	18 ②	19 ④	20 ③
21 ①	22 ③	23 ③	24 ③	25 ②

26 (1) ②, ④, ⑤, ⑥, ⑪ (2) ①, ⑪, ⑭

27 (1) sp^3, sp^2 (2) sp^2 (3) sp

28 (1) XY_3 (2) 공유 (3) sp^3

29 (1) A＞D＞B＞C
(2) D＞C＞B＞A
(3) A : sp^3, B : sp^2, C : sp, D : sp^2
(4) A(σ:7, π:0) B(σ:5, π:1) C(σ:3, π:2) D(σ:12, π:3)

30 $CH_4 > NH_3 > H_2O$

31 (1) 109.5° (2) 120° (3) 104.5°

32 (1) $NF_3 > PF_3 > AsF_3 > SbF_3$
(2) $PI_3 > PBr_3 > PCl_3 > PF_3$
(3) $H_2O > OF_2$
(4) $NH_3 > NF_3$

33 ③	34 ①	35 ④	36 ①	37 ①
38 ③	39 ④	40 ③	41 ④	42 ①
43 ③	44 ③	45 ②	46 ①	47 ①
48 ④	49 ①	50 ③	51 ②	52 ④
53 ②	54 ④	55 ①	56 ①	57 ⑤
58 ⑤	59 ②	60 ③	61 ①	62 ④
63 ⑤	64 ②	65 ①	66 ②	67 ③
68 ②, ⑤, ⑥		69 ④	70 ①	71 ③
72 ③	73 ②	74 ④	75 ④	76 ③
77 ①	78 ①, ②	79 ①	80 ⑤	81 ④
82 ③	83 ④	84 ③	85 ③	

대표 유형 기출 문제

01

중심 원자의 비공유 전자쌍의 수는 순서대로 0, 0, 1, 0이다.

① $POCl_3$: $:\ddot{Cl}-P(=\ddot{O})(-\ddot{Cl}:)-\ddot{Cl}:$

② $:\ddot{O}-S(-\ddot{O}:)(-\ddot{O}:)-\ddot{O}:$

③ $[:\ddot{O}-\ddot{Cl}(-\ddot{O}:)-\ddot{O}:]^-$

④ $:\ddot{O}^--Cl^{+3}(-\ddot{O}:^-)(-\ddot{O}:^-)-\ddot{O}:^-$

정답 ③

02

각 분자의 구조는 다음과 같다.

SO_3^{2-}	NO_3^-	PF_3	IF_4^+
삼각뿔	평면 삼각형	삼각뿔	시소형

따라서 입체 구조가 평면인 것은 NO_3^-이다.

정답 ②

03

① BF_3: 평면 삼각형, BrF_3: 뒤틀린 T형
② CH_4, PO_4^{3-}: 사면체
③ NH_3, ClO_3^-: 삼각뿔
④ SF_6, $Mo(CO)_6$: 정팔면체

정답 ①

04

NO_2^-, SO_2, HOCl은 모두 굽은형이고 HCN는 직선형 구조이다.

정답 ③

05

	XeF_2	XeF_4	ClF_3	SF_2
중심원자의 비공유 전자쌍	3쌍	2쌍	2쌍	2쌍
분자의 모양	직선형	평면 사각형	(뒤틀린) T형	굽은형

정답 ①

06

① NH_4^+, $AlCl_4^-$: 사면체

② ClF_3: T형, PF_3: 삼각뿔

③ $BeCl_2$, XeF_2: 선형

④ $FeCl_4^-$, SO_4^{2-}: 사면체

정답 ②

07

SF_4는 시소형, XeF_4, BrF_4^-, IF_4^-는 모두 평면 사각형 구조이다.

정답 ③

08

ㄱ. SF_4는 입체수 5에 비공유 전자쌍이 1쌍인 시소형이다.

ㄴ. 입체수가 5로 옥텟의 확장으로 팔전자 규칙을 만족하지 않는다.

ㄷ. 형식 적하는 원자가전자수(6) − 자신만의 전자수(6)이므로 형식 전하는 0이다.

정답 ④

09

ICl_4^-의 루이스 구조식은 다음과 같다.

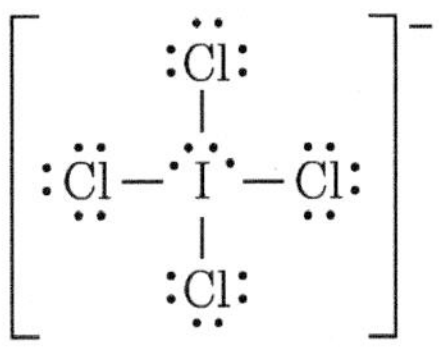

① , ③ 입체수 6이고 비공유 전자쌍이 2쌍이므로 사각평면형 구조로 무극성 화합물이다.

② 중심 원자의 형식 전하는 $7-8=-1$이다.

④ 주위 원자는 팔전자 규칙을 만족하고 있으나 중심 원자인 I는 공유 전자쌍이 6개이므로 옥텟 규칙의 확장에 해당한다.

정답 ④

10

① PCl_5는 입체수 5로 비공유 전자쌍이 없는 삼각쌍뿔 구조로 팔전자 규칙의 확장이다.

② ClF_3는 입체수 5로 비공유 전자쌍이 2쌍인 (뒤틀린) T형 구조로 역시 팔전자 규칙의 확장이다.

③ XeO_3는 입체수 4로 비공유 전자쌍이 1쌍인 삼각뿔 구조로 팔전자 규칙을 만족한다.

④ BF_3는 입체수 3으로 중심 원자인 붕소의 공유 전자쌍이 3쌍인 평면 삼각형으로 팔전자 규칙의 축소에 해당한다.

정답 ③

11

① NF_3의 결합각은 NH_3보다 작다. → NH_3에서 중심 원자인 N가 주위 원자인 H보다 더 커서 중심 원자의 전자 밀도가 증가하므로 전자쌍 간의 반발력이 증가해서 결합각은 커진다. NF_3에서 주위 원자인 F의 전기음성도가 중심 원자인 N보다 더 커서 중심 원자의 전자 밀도가 감소되므로 결합각은 작아지게 된다. ($NF_3 < NH_3$)

② NCl_3의 결합각은 PCl_3보다 크다. → 중심 원자 N가 P보다 전기음성도가 더 크므로 중심원자의 전자밀도가 증가하여 반발력이 커지므로 결합각이 커진다. ($NCl_3 > PCl_3$)

③ H_2S의 결합각은 H_2O보다 크다. → 중심 원자 O의 전기음성도가 S보다 더 크기 때문에 중심 원자의 전자밀도가 증가하여 전자쌍 간의 반발력이 커져서 결합각은 더 커진다.(H_2S < H_2O)

④ $SbCl_3$의 결합각은 $SbBr_3$보다 크다. → 주위 원자인 Cl의 전기음성도가 Br보다 크므로 중심 원자의 전자밀도가 감소하여 결합각은 감소한다.($SbCl_3$ < $SbBr_3$)

정답 ②

혼성

12

폼알데하이드는 중심 원자 탄소에 주위 원자가 3개인 sp^2혼성 오비탈을 갖는다.

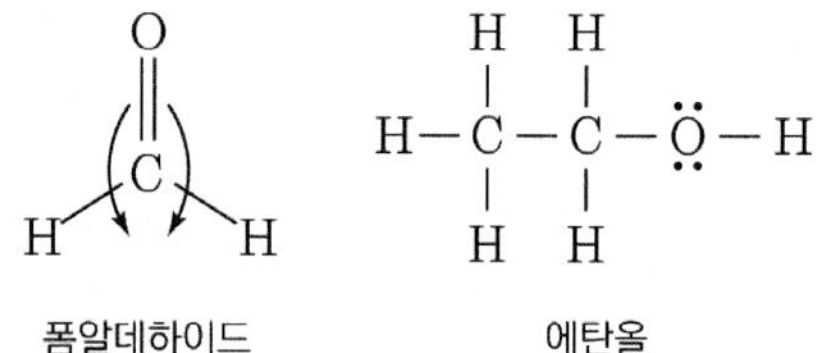

폼알데하이드 에탄올

폼알데하이드에서 C = O는 이중 결합이고, 에탄올의 C − O는 단일 결합이므로 폼알데하이드의 C = O의 결합 길이가 더 짧다. 또한 C와 O의 이중 결합으로 인해 산소 원자 주변의 전자 밀도가 커서 반발력을 최소화하기 위해∠OCH는 120°보다 커지고 ∠HCH가 120°보다 작아진다.

정답 ③

13

$2s$오비탈과 $2p$오비탈 3개를 혼성하여 에너지 준위가 같은 $2sp^3$혼성 궤도함수 4개가 만들어지므로 $2s$보다는 에너지가 높고 $2p$보다는 낮은 에너지를 갖는다.

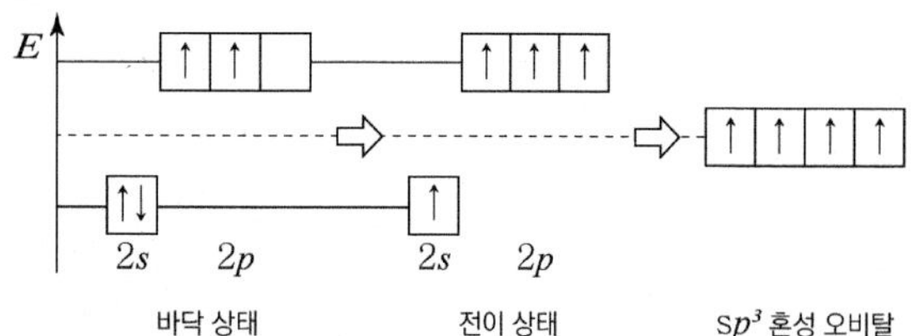

정답 ①

14

탄소와 탄소의 2중 결합에는 1개의 σ결합과 1개의 π결합이 존재한다.

정답 ④

15

SF_4^{2-}와 SF_5^-에서 S의 형식 전하는 각 화합물의 전하수와 같다. 즉, −2와 −1로 형식 전하는 동일하지 않다.

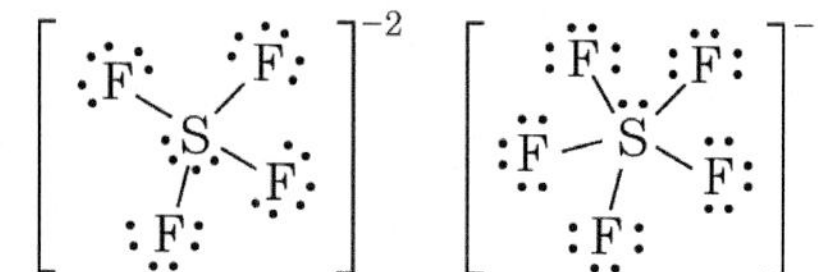

정답 ②

16

BeF_2는 sp 혼성으로 s−character이 50%로 가장 크다. ② sp^2 혼성으로 25%, ③, ④ sp^3 혼성으로 33%이다.

정답 ①

17

① 흑연은 혼성에 참여하지 않는 탄소 원자들의 π결합을 통해 전자들이 이동하여 전기 전도성을 갖는다.

정답 ①

18

XeF_2에서 Xe의 혼성은 dsp^3이고, 선형 구조이다.

정답 ②

19

아세틸렌(C_2H_2)은 1개의 σ 결합과 2개의 π결합으로 이루어진 분자이다.

H−C≡C−H

acetylene

s 오비탈의 특징이 방향성이 없는 것이라면, p 오비탈의 특징은 방향성을 갖는다는 것이다. 따라서 p 오비탈 간의 결합이 이루어지기 위해서는 반드시 방향성이 맞아야 한다. 즉 서로 같은 방향을 갖는 평행한 오비탈 간의 결합만이 가능하며 서로 수직인 오비탈 간의 결합은 불가능하다.

정답 ④

20

sp^3는 1개, sp^2는 3개이다.

정답 ③

21

아세트알데하이드의 루이스 구조식은 다음과 같다.

혼성 오비탈은 원자의 입체수(SN)에 대응한다.

ⓐ 탄소의 입체는 4이므로 sp^3 혼성 오비탈이고,

ⓑ 탄소의 입체수는 3이므로 sp^2 혼성 오비탈이다.

정답 ①

22

① sp^2 혼성화 질소 원자 개수: (가) 0 < (나) 2

② sp^3 혼성화 질소 원자 개수: (가) 2 < (나) 3

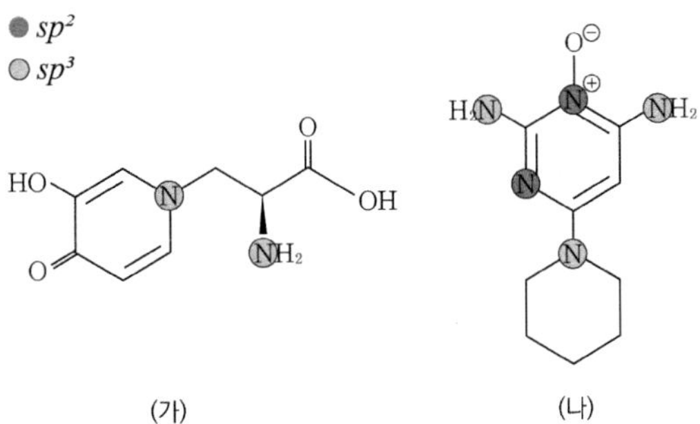

③ 탄소 원자 개수: (가) 6 > (나) 4

④ 탄소 원자 개수: (가) 2 < (나) 5

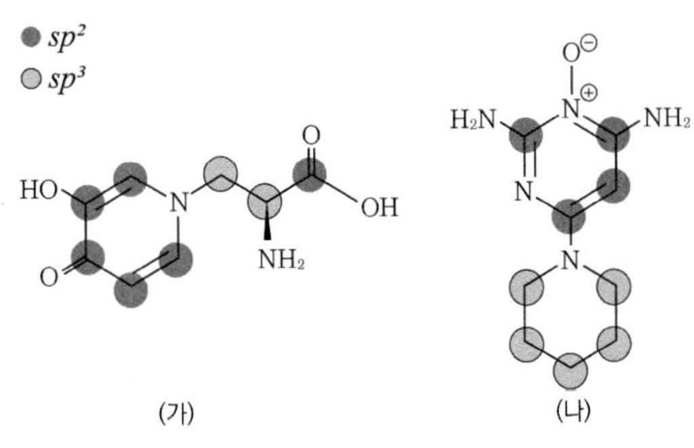

정답 ③

23

③ 탄소와 이중 결합을 한 산소 원자는 sp^2 혼성을 갖는다.

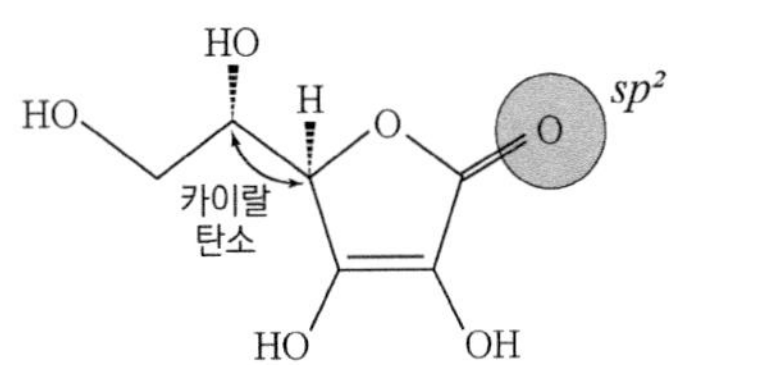

정답 ③

24

① 벤젠 링에 카복시산 작용기($-COOH$)가 결합되어 있다.

② 에스터 작용기($-COO$)가 있으므로 에스터화 반응을 통해 합성할 수 있다.

③ 이중 결합을 하고 있는 산소 원자는 같은 평면에 존재하지만 단일 결합한 산소 원자는 sp^3 혼성을 하였으므로 이중 결합을 하고 있는 산소 원자와 같은 평면에 존재하지 않는다.

④ 이중 결합을 하고 있는 산소 원자의 혼성 궤도 함수가 sp^2이므로 sp^2 혼성을 갖는 산소 원자의 개수는 2이다.

정답 ③

25

ㄱ, ㄴ. 알렌의 구조식은 다음과 같다.

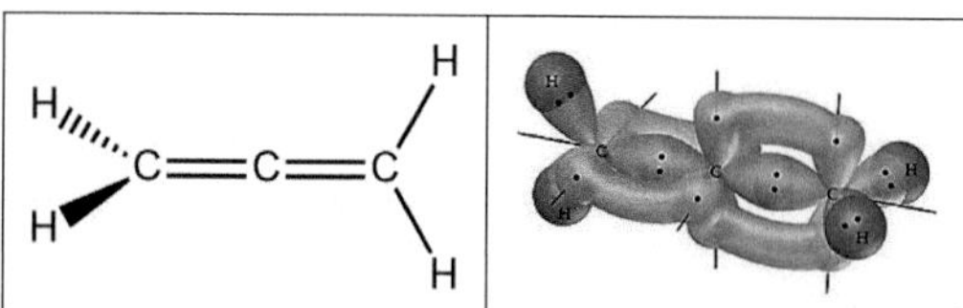

위의 구조식으로부터 알 수 있듯이 H_a와 H_b가 같은 평면 위에 있다면, H_c와 H_d는 H_a와 H_b가 존재하는 평면에 있지 않다.

ㄷ, ㄹ. 모든 탄소는 같은 평면 위에 존재하지만, 가운데 탄소의 혼성 오비탈은 sp이고, 양 끝에 위치한 탄소의 혼성 오비탈은 sp^2이므로 모든 탄소가 같은 혼성화 오비탈을 가지고 있지 않다.

정답 ②

주관식 개념 확인 문제

26

정답 (1) ②, ④, ⑤, ⑥, ⑪

정답 (2) ①, ⑪, ⑭

27

정답 (1) sp^3, sp^2 (2) sp^2 (3) sp

28

정답 (1) XY_3 (2) 공유 (3) sp^3

29

C_2H_6: 단일 결합, C_2H_4: 이중 결합, C_2H_2: 삼중 결합

C_6H_6: 1.5 결합

정답 (1) A > D > B > C

정답 (2) D > C > B > A

정답 (3) A : sp^3, B : sp^2, C : sp, D : sp^2

정답 (4) A(σ:7, π:0) B(σ:5, π:1) C(σ:3, π:2) D(σ:12, π:3)

30

CH_4 : 109.5° H_2O : 104.5° NH_3 : 107°

정답 $CH_4 > NH_3 > H_2O$

31

정답 (1) 109.5° (2) 120° (3) 104.5°

32

(1) 중심 원자의 전기음성도가 클수록 중심 원자 주위의 전자밀도가 커져서 반발력 증가하여 결합각 증가

정답 $NF_3 > PF_3 > AsF_3 > SbF_3$

(2) 주위 원자의 크기가 커질수록 결합각 증가

정답 $PI_3 > PBr_3 > PCl_3 > PF_3$

(3) 전기음성도를 비교하여 중심 원자의 전자 밀도가 클수록 결합각 증가

정답 $H_2O > OF_2$

(4) 전기음성도를 비교하여 중심 원자의 전자 밀도가 클수록 결합각 증가

정답 $NH_3 > NF_3$

기본 문제

VSEPR

33

평면 사각형이거나 사각뿔이면 이성질체가 존재할 수 있다. CH_2Cl_2는 이성질체가 존재하지 않으므로 가능한 구조는 정사면체이다.

정답 ③

34

① BCl_3: 평면 삼각형 구조이므로 평면 구조이다.

② H_3O^+ ③ NH_3 ④ PH_3 모두 삼각뿔 구조이므로 입체 구조이다.

정답 ①

35

④ NH_3: 삼각뿔형으로 입체 구조이므로 원자들이 동일 평면상에 존재하지 않는다.

① $BeCl_2$: 직선형 ② BF_3: 평면 삼각형

③ CO_2: 직선형 ⑤ HCHO: 평면 삼각형

정답 ④

36

① 삼각뿔

②, ③, ④, ⑤는 모두 평면 삼각형 구조이다.

정답 ①

37

① CH_4, NH_4^+: 사면체

② NH_3: 삼각뿔, BF_3: 평면 삼각형

③ SO_2: 굽은형, BF_3: 평면 삼각형

④ H_2O: 굽은형, CS_2: 직선형

⑤ H_3O^+: 삼각뿔, C_2H_4: 평면 삼각형이 연결된 형태

정답 ①

38

황화 수소(H_2S)는 굽은형이고, 나머지는 직선형이다.

정답 ③

39

CS_2는 직선형이고, 나머지는 굽은형이다.

정답 ④

40

① BeF_2(직선형) – H_2O(굽은형)

② BF_3(평면 삼각형) – NF_3(삼각뿔형)

③ H_3O^+(삼각뿔형) – NF_3(삼각뿔형)

④ CO_2(직선형) – NO_2^-(굽은형)

정답 ③

41

SO_2는 굽은형이다. ①, ②, ③은 모두 직선형이므로 굽은형 구조에 해당되는 화합물은 없다.

정답 ④

42

삼각 피라미드는 입체수 4에 비공유 전자쌍 1인 삼각 피라미드(삼각뿔)이다.

a는 삼각뿔, b는 평면 삼각형, c는 삼각뿔, d는 뒤틀린 T형이다.

정답 ①

43

① PCl_3: 삼각뿔형 ② NH_3: 삼각뿔형

③ SO_3: 평면 삼각형 ④ ClF_3: 뒤틀린 T형

정답 ③

44

① SO_3^{2-}: 삼각뿔형, BF_3: 평면 삼각형

② CO_3^{2-}: 평면 삼각형, ClF_3: 뒤틀린 T형

③ NH_3: 삼각뿔형, SO_3^{2-}: 삼각뿔형

④ ClF_3: 뒤틀린 T형, BF_3: 평면 삼각형

정답 ③

45

SF_4에서 중심원자 황의 입체수는 5인데 고립 전자쌍이 1쌍이 존재하므로 (휘어진) 시소형 구조이다.

SF_4 (S에 F 네 개가 결합하고 고립 전자쌍 1쌍을 가진 시소형 구조)

정답 ②

PART 02 화학 결합과 분자 간 인력

46

XeF_4의 구조는 평면 사각형이다.

CH_4와 PCl_4^+는 정사면체, SF_4는 시소형, $PtCl_4^{2-}$가 평면 사각형이므로 평면 사각형과 같은 분자구조를 가진 화합물의 총 개수는 1개이다.

정답 ①

47

HClO는 중심 원자인 산소에 고립 전자쌍이 2쌍 있으므로 굽은형 구조이다.

$$:\ddot{\underset{..}{Cl}}-\ddot{\underset{..}{O}}-H$$

정답 ①

48

	H_2NNH_2	NH_3
루이스 구조식	$H-\ddot{N}(H)-\ddot{N}(H)-H$	$H-\ddot{N}(H)-H$
혼성 오비탈	sp^3	sp^3

정답 ④

49

I_3^-	CO_2	SF_4	CH_4
선형	선형	시소	사면체

BrF_5	PF_5	$BeCl_2$	H_2O
사각뿔	삼각쌍뿔	직선형	굽은형

정답 ①

50

$BeCl_2$	C_2H_2	BF_3	NO_3^-
직선형		평면 삼각형	

CH_4	SO_3^{2-}	NH_3	H_3O^+
정사면체	삼각뿔	삼각뿔	

정답 ③

51

각 분자의 구조는 다음과 같다.

SO_3^{2-}	NO_3^-	PF_3	IF_4^+
삼각뿔	평면 삼각형	삼각뿔	시소형

따라서 입체 구조가 평면인 것은 NO_3^-이다.

정답 ②

52

ClF_3: 뒤틀린 T형, SF_4: 시소형, PBr_5: 삼각쌍뿔형

정답 ④

53

NH_2^-의 루이스 구조식은 다음과 같다.

$$H-\ddot{\underset{..}{N}}-H$$

NH_2^-의 중심 원자 질소의 입체수가 4이므로 혼성 오비탈은 sp^3이다.

KrF_2	H_2O	O_3	N_2O
직선형	굽은형	굽은형	직선형
dsp^3	sp^3	sp^2	sp

정답 ②

54

고립 전자쌍은 결합 전자쌍에 비해 반발력이 크므로 상대적으로 많은 공간을 차지하기 때문에 결합 전자쌍의 결합각은 작아지게 된다.

정답 ④

55

IF_4^+의 루이스 구조식은 다음과 같다.

$$\left[\begin{array}{ccc} & :\ddot{F}: & \\ & | & \\ :\ddot{\underset{..}{F}}- & \dot{I}\dot{} & -\ddot{\underset{..}{F}}: \\ & | & \\ & :\underset{..}{F}: & \end{array}\right]^+$$

입체수 5에 중심 원자에 고립 전자쌍이 1쌍 있으므로 시소형에 해당된다.

정답 ①

자료 추론형

56

(가) CO_2, (나) HCN

(가)는 이종 핵간 결합이지만 쌍극자 모멘트의 합이 0이므로 무극성 분자이다. (나)는 이종 핵간 결합을 한 쌍극자 모멘트의 합이 0이 아닌 극성 분자이다.

정답 ①

57

A는 Na, B는 O, C는 H이다. 따라서 ABC는 NaOH이고, C_2는 H_2이다.

ㄱ. NaOH는 이온 결합 물질로 액체 상태에서 전기 전도성이 있다.

ㄴ. H_2O의 모양은 굽은형이다.

ㄷ. O^{2-}와 Na^+는 등전자 이온으로 양성자수가 적을수록 이온 반지름은 크므로 O^{2-}의 반지름이 Na^+의 반지름보다 더 크다.

정답 ⑤

58

X는 C, Y는 O, Z는 N, W는 F이다.

ㄱ. 결합각은 α가 120°, β가 109.5°이므로 $\alpha > \beta$이다.

ㄴ. YW_2 (OF_2)는 $\frac{8}{2}=4$이고, $Z_2(N_2)$는 $\frac{2}{3}$이므로 $\frac{\text{비공유 전자쌍수}}{\text{공유 전자쌍수}}$는 YW_2가 Z_2보다 크다.

ㄷ. $X_2W_4(C_2F_4)$는 평면 삼각형 구조이므로 모든 원자가 동일 평면에 존재한다.

정답 ⑤

59

CO_2는 직선형 구조로 구조 A이고, HCHO는 평면 삼각형으로 구조 B이다. NH_3는 삼각뿔 구조로 중심 원자의 전자쌍은 4쌍이고 그중 한쌍이 비공유 전자쌍인 구조 D이다.

정답 ②

60

ㄱ. 질소를 포함한 (나), (다)는 비공유 전자쌍이 있다.

ㄴ. (가)는 sp^2혼성 (나)는 sp^3혼성 (다)는 sp^2혼성으로 평면 구조는 (가), (다) 두 가지이다.

ㄷ. (가)에서의 결합각은 120°이고, (다)에서의 결합각은 (가)와 같은 혼성 궤도 함수이지만 비공유 전자쌍이 있어 반발력이 커 120°보다 작다.

정답 ③

61

ㄱ. α는 120°이다. β는 107°이다.

ㄴ. NH_3는 삼각뿔형으로 입체 구조이다.

ㄷ. BF_3는 옥텟을 만족하지 않는다.

정답 ①

62

$2s$오비탈에서 $2p$오비탈로 전자가 전이하여 에너지가 높아진다.

정답 ④

63

ㄱ. 결합각은 α는 109.5°, β는 107°, γ는 104.5°이다.

ㄴ. 옥텟을 모두 만족한다.

ㄷ. NH_3에서의 결합각은 107°, $NH_4{}^+$에서의 결합각은 109.5°이다.

정답 ⑤

64

BCl, $CH_3{}^+$는 sp^2혼성으로 중심 원자 주위의 전자쌍 수는 3쌍이다. NH_3, $NH_4{}^+$는 sp^3혼성으로 중심 원자 주위의 전자쌍 수는 4쌍이다.

정답 ②

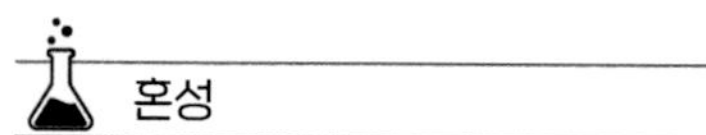

혼성

65

① CH_4를 형성하는 데 관여한 탄소의 sp^3 혼성 궤도함수는 탄소의 순수한 s 궤도함수보다는 높고, p 궤도함수보다 낮은 에너지 준위이다.

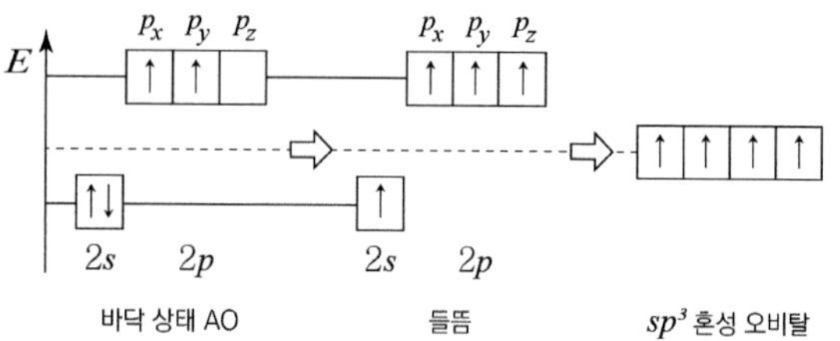

정답 ①

66

CH_4의 구조를 형성할 때 C는 들뜬 상태로 결합에 참여하므로 홀전자수가 4개인 ②의 전자 배치를 갖는다.

정답 ②

67

O는 고립 전자쌍 2쌍과 탄소와 수소로 결합하고 있으므로 입체수가 4이므로 혼성궤도함수는 sp^3이다.

정답 ③

68

① C_2H_2은 sp혼성 ③ NH_3은 sp^3혼성
④ CH_4은 sp^3혼성이다.

정답 ②, ⑤, ⑥

69

sp 혼성 오비탈은 직선 구조를 갖는다. 여기에 해당하는 분자는 C_2H_2이다. 따라서 C_2H_2에는 σ결합 3개(C－C 결합 1개, C－H결합 2개), π결합 2개(C－C)를 포함한다.

정답 ④

70

① BH_3: sp^2 ② CH_4: sp^3
③ NH_3: sp^3 ④ H_2O: sp^3

정답 ①

71

NH_3에서 N의 혼성 궤도 함수는 sp^3이고, BF_3에서 B의 혼성 궤도 함수는 sp^2이다.

정답 ③

72

모든 C가 sp^2혼성이다.

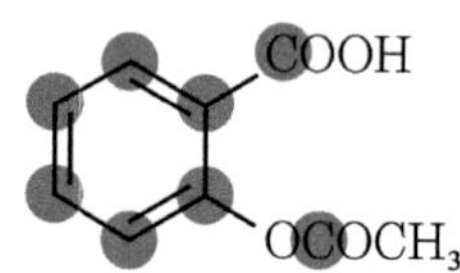

정답 ③

73

에텐의 파이 결합 수는 1개, 옥살레이트 이온의 파이 결합 수는 2개로 파이 결합 수는 총 3개이다.

정답 ②

74

① 전자들의 분포가 대칭적이지 않으므로 극성 분자이다.
② 모든 단일 결합은 시그마(σ) 결합이므로 총 3개이다.
③ C의 형식 전하는 0이다.
④ C의 입체수가 3이므로 혼성 오비탈은 sp^2이다.

정답 ④

75

	C_1	C_2	C_3	C_4
혼성 오비탈	sp^3	sp^2	sp^3	sp
s－character	25%	33%	25%	50%

s 오비탈의 기여가 가장 큰 혼성 오비탈을 지닌 탄소는 혼성 오비탈이 sp인 C_4이다.

정답 ④

76

N_2O_5의 루이스 구조식은 다음과 같다.

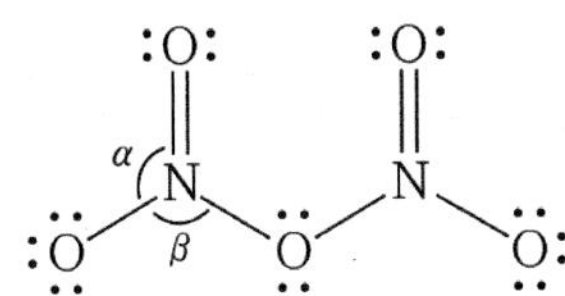

① 산소－질소 결합은 단일 결합과 이중 결합 둘 다 존재한다.

② 이중 결합의 산소를 포함한 결합각(α)이 단일 결합의 산소를 포함한 결합각(β)보다 더 크다. 이중 결합으로 인해 전자쌍간의 반발력이 더 크기 때문에 좀 더 많은 공간을 차지하기 때문이다($\alpha > \beta$).

③ 질소 원자의 형식전하는 모두 $5-4=1$이다.

④ 단일 결합한 산소 원자는 sp^3 혼성 오비탈, 이중 결합한 산소 원자는 sp^2 혼성오비탈이다.

정답 ③

77

결합 길이는 결합 차수로 판단할 수 있다. 결합 차수가 클수록 결합 길이는 짧아지고 결합 에너지는 커지게 된다.

	CO	CO_2	CO_3^{2-}	CH_3OH
결합 차수	3	2	$\frac{4}{3}$	1

따라서 결합 길이가 증가하는 순서대로 나열하면 다음과 같다.

$$CO < CO_2 < CO_3^{2-} < CH_3OH$$

ㄱ < ㄴ < ㄷ < ㄹ

정답 ①

결합각

78

(가) BeF_2 (나) BF_3 (다) CF_4 (라) NF_3 (마) OF_2

중심 원자의 전자쌍이 (가)는 3쌍, (나)는 2쌍으로 옥텟을 충족하지 못한다.

정답 ①, ②

79

(가)는 180° (나)는 120° (다)는 109.5° (라)는 107° (마)는 104.5°이다.

결합각의 크기를 순서대로 나열하면 다음과 같다.

(가) > (나) > (다) > (라) > (마)

정답 ①

80

반발력은 $sp < sp^2 < sp^3$순서로 증가하고, 비공유 전자쌍이 많을수록 반발력이 증가하므로 sp^3혼성 중에서 비공유 전자쌍이 2쌍인 H_2O의 반발력이 가장 크므로 결합각이 가장 작다.

정답 ⑤

81

①, ②, ③은 중심 원자의 전기음성도 차이가 크지 않으므로 결합각의 차이도 크지 않다. ④는 중심 원자가 산소에서 황으로 바뀌면 전기음성도 차이가 커져서 중심 원자 주위의 전자 밀도가 낮아져 결합각이 작아진다. 즉, 전기음성도의 차가 클수록 결합각의 차이도 크다.

정답 ④

82

① BF_3: 120° ② NH_3: 107°

③ H_2O: 104.5° ④ $BeCl_2$: 180°

정답 ③

83

같은 sp^3혼성에서 비공유 전자쌍이 많아질수록 반발력이 증가하여 결합각은 작아진다.

따라서 결합각의 순서는 다음과 같다.

$$CH_4 > NH_3 > H_2O$$

정답 ④

84

ABC에서 AB 간 이중 결합, BC 간 단일 결합이라고 가정하면 A의 비공유 전자쌍은 2쌍, B의 비공유 전자쌍은 1쌍, C의 비공유 전자쌍은 3쌍이다. A는 비공유 전자쌍이 2쌍인 16족 원소로 원자가전자수 6개, B는 비공유 전자쌍이 1쌍인 15족 원소로 원자가전자수는 5개, C는 비공유 전자쌍이 3쌍인 17족 원소로 원자가전자수는 7개이다. 따라서, 필요한 원자가전자수는 18개이다. 중심 원자 B가 비공유 전자쌍 1쌍을 가지므로 sp^2혼성으로 결합각은 120°이다.

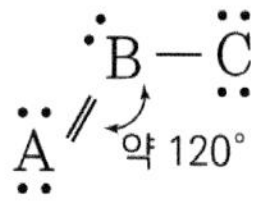

B − C
A // 약 120°

정답 ③

85

각 화학종의 루이스 구조식과 결합각은 다음과 같다.

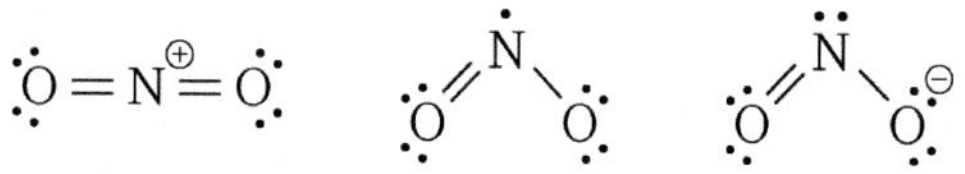

$O=N^{\oplus}=O$ 180°　　NO_2 134°　　$NO_2^{\ominus}$ 115°

ㄱ. NO_2^+의 분자 구조는 직선형이므로 질소 원자는 sp 혼성화 되어있다.

ㄴ. NO_2에서 중심 원자 질소는 전자쌍이 아닌 홀전자를 가지고 있으므로 그만큼 반발력은 NO_2^-의 중심 원자 질소의 전자쌍보다 작으므로 결합각은 NO_2^-가 더 작다.

ㄷ. 홀전자가 있는 것은 NO_2뿐이므로 NO_2는 상자기성이고 나머지는 반자기성이다.

정답 ③

제 3 절 극성 분자와 무극성 분자

01 ④　02 ②　03 ④　04 ④

05 F>N>C>B>Li>Na

06 • 극성 분자: ②, ③, ⑤　• 무극성 분자: ①, ④

07 (1) ②, ④, ⑤, ⑥, ⑪　(2) ①, ⑪, ⑭

08 (1) ㉣　(2) ㉠　(3) ㉣, ㉤　(4) ㉡, ㉢, ㉣

09 (1) ②, ⑦, ⑨, ⑩　(2) ⑪, ⑭
(3) ①, ④, ⑤, ⑧　(4) ⑬　(5) ③, ⑥
(6) ②, ⑦, ⑩, ⑪, ⑫, ⑬, ⑭
(7) ①, ③, ④, ⑤, ⑥, ⑧, ⑨

10 (1) ① H_2O ② Ne ③ HCl ④ CCl_4 ⑤ CO_2
(2) ①, ③ (3) ④ (4) ④ (5) ④, ⑤

11 (가): (B), (E), (F), (G)　(나): (A), (C), (D)

12 ④	13 ②	14 ④	15 ④	16 ④
17 ①	18 ③	19 ②	20 ①	21 ③
22 ③	23 ①	24 ④	25 ④	26 ④
27 ③	28 ⑤	29 ①	30 ④	31 ③
32 ③	33 ②	34 ①	35 ③	36 ①
37 ②	38 ③	39 ③	40 ①	41 ②
42 ⑤	43 ⑤	44 ②		

대표 유형 기출 문제

01

① NH_3: 쌍극자 모멘트의 합이 0이 아니다.
② CH_2Cl_2: 입체 구조이다.
③ C_6H_6: 탄소−탄소 결합이 무극성 공유 결합이다.
따라서 모든 조건을 만족하는 분자는 $BeCl_2$이다.

정답 ④

02

쌍극자 모멘트의 합이 0이 아닌 뒤틀린 T형의 BrF_3는 극성 분자이다.

정답 ②

03

각 분자들의 모양과 성질을 알아보면 다음과 같다.

	SO_2	CCl_4	HCl	SF_6
모양	굽은형	정사면체형	직선형	정팔면체형
성질	극성	무극성	극성	무극성

정답 ④

04

CO_2: 선형, BF_3: 평면 삼각형, PCl_5: 삼각쌍뿔형

세 분자는 모두 대칭 구조로 쌍극자 모멘트의 합이 0이므로 무극성 분자이다.

CH_3Cl: 사면체형으로 쌍극자 모멘트의 합이 0이 아니므로 극성 분자이다.

정답 ④

주관식 개념 확인 문제

05

주기율표상에서 오른쪽 위로 올라갈수록 전기음성도는 증가한다.

정답 F > N > C > B > Li > Na

06

정답 • 극성 분자: ②, ③, ⑤
• 무극성 분자: ①, ④

07

정답 (1) ②, ④, ⑤, ⑥, ⑪
(2) ①, ⑪, ⑭

08

정답 (1) ㉣ (2) ㉠ (3) ㉣, ㉤ (4) ㉡, ㉢, ㉣

09

정답 (1) ②, ⑦, ⑨, ⑩ (2) ⑪, ⑭
(3) ①, ④, ⑤, ⑧ (4) ⑬ (5) ③, ⑥
(6) ②, ⑦, ⑩, ⑪, ⑫, ⑬, ⑭
(7) ①, ③, ④, ⑤, ⑥, ⑧, ⑨

10

정답 (1) ① H_2O ② Ne ③ HCl ④ CCl_4
⑤ CO_2
(2) ①, ③ (3) ④ (4) ④ (5) ④, ⑤

11

(가)는 대전체에 끌려오는 극성 분자이고, (나)는 대전체에 영향을 받지 않는 무극성 분자이다.

(A) 무극성 (B) 극성 (C) 무극성 (D) 무극성
(E) 극성 (F) 극성 (G) 극성

정답 (가): (B), (E), (F), (G) (나): (A), (C), (D)

기본 문제

결합의 극성

12

2주기에서는 0.5씩 일정하게 증가하고 있으나, 3주기에서는 증가량이 일정하지 않다. 또한 그래프상의 기울기도 일정하지 않다. 같은 주기에서는 원자번호가 증가할수록 전기음성도는 감소한다.

정답 ④

13

전기음성도는 같은 주기에서 오른쪽으로 갈수록 증가한다.

정답 ②

14

극성 결합의 세기는 전기음성도의 차이가 클수록 강하다.

$$H_3C-OH > H_3C-Br$$

정답 ④

15

전기음성도 차이가 클수록 이온 결합성이 크다. A, D의 전기음성도 차이가 2.1로 가장 크다.

정답 ④

극성 분자와 무극성 분자

16

쌍극자 모멘트의 합이 0이 아닌 분자가 극성 분자이다.

정답 ④

17

쌍극자 모멘트를 갖지 않는 화합물이란 무극성 분자를 말한다. CO_2가 직선 구조이고 쌍극자 모멘트의 합이 0이므로 무극성 분자를 말한다.

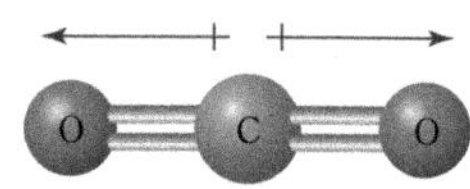

쌍극자 모멘트의 합=0
이산화 탄소: 무극성 분자

정답 ①

18

무극성 분자는 쌍극자 모멘트의 합이 0이다.

정답 ③

19

① BF_3는 무극성 분자이다.
③ CS_2는 무극성 분자이다.
④ $BeCl_2$, BF_3, CCl_4는 무극성 분자이다.

정답 ②

20

메탄올은 극성 분자이고, 극성 분자는 무극성 분자와 잘 섞이지 않는다. 메탄올과 잘 섞이지 않는 것은 무극성 분자인 CCl_4이다.

정답 ①

21

① H_2O는 쌍극자 모멘트가 0이 아닌 극성 분자이다.
② PH_3는 쌍극자 모멘트가 0이 아닌 극성 분자이다.
④ CCl_2F_2는 쌍극자 모멘트가 0이 아닌 극성 분자이다.

정답 ③

22

무극성 분자는 쌍극자 모멘트의 합이 0인 대칭 형태이고, 극성 분자는 쌍극자 모멘트의 합이 0이 아닌 비대칭 형태이다. 이렇게 분자의 극성과 무극성에 영향을 미치는 것은 분자의 구조에 따른 것이다.

정답 ③

23

ㄱ. (가)는 sp^3혼성의 정사면체이다.
ㄴ. γ는 120°, β는 107°, α는 109.5°이다.
ㄷ. (다)의 쌍극자 모멘트의 합은 0이고, (나)는 쌍극자 모멘트의 합이 0이 아니므로 쌍극자 모멘트는 (나)>(다)이다.

정답 ①

24

X는 O, Y는 C, Z는 N이다. 따라서 (가)는 H_2O_2, (나)는 CO_2, (다)는 HCN이다.

ㄱ. (가)는 극성 분자, (나)는 무극성 분자로 쌍극자 모멘트는 (가)가 (나)보다 크다.
ㄴ. Y는 C이다.
ㄷ. Y−Z는 삼중 결합을 포함한다.

정답 ④

25

X는 C, Y는 F, Z는 O이다. 따라서 (가)는 CF_4, (나)는 F_2CO, (다)는 OF_2이다.

ㄱ. (나)의 모양은 평면 삼각형이다.
ㄴ. 비공유 전자쌍의 수는 (나), (다) 8개로 같다.
ㄷ. (다)는 극성 분자, (가)는 무극성 분자로 쌍극자 모멘트는 (다)가 크다.

정답 ④

26

X는 F, Y는 C, Z는 O, W는 N이다. 따라서 (가)는 NF_3, (나)는 CF_4, (다)는 CO_2, (라)는 OF_2이다.

ㄱ. (가), (라)는 극성 분자이고, (나), (다)는 무극성 분자이다.

ㄴ. (가)의 분자의 구조는 삼각뿔형으로 입체형이다.

ㄷ. (라)는 굽은형 구조이다.

정답 ④

27

ㄱ. 쌍극자 모멘트의 합이 0이 아닌 (나)는 극성 분자이다.

ㄴ. α는 109.5°, β는 120°이므로 결합각은 $\alpha < \beta$이다.

ㄷ. 비공유 전자쌍 수는 (가)는 각 산소 원자에 2쌍씩으로 4쌍, (나)는 산소 원자에 2쌍, 각 불소 원자에 3쌍씩이므로 총 8쌍이다.

따라서 비공유 전자쌍의 수는 (나)가 (가)의 2배이다.

정답 ③

28

㉠은 CO_2이다.

$$\ddot{\underset{\cdot\cdot}{O}} = C = \ddot{\underset{\cdot\cdot}{O}}$$

ㄱ. C와 O간의 결합은 서로 다른 비금속 원자간의 결합이므로 극성 공유 결합이다.

ㄴ. 공유 전자쌍 수는 4쌍, 비공유 전자쌍도 4쌍이다.

ㄷ. 무극성 분자인 CO_2의 쌍극자 모멘트의 합은 0이므로 극성 분자인 물보다 작다.

정답 ⑤

29

ㄱ. α는 120°, β는 107°이므로 결합각은 $\alpha > \beta$이다.

ㄴ. H_2S는 굽은형이고 CS_2는 직선형이다.

ㄷ. CS_2는 무극성 물질이고, $COCl_2$는 극성 물질이다.

정답 ①

30

A는 Be, B는 B, C는 N, D는 O이다.

ㄱ. $BF_3(BF_3)$은 무극성 분자이고, $DF_2(OF_2)$는 극성 분자이다.

ㄴ. 결합각은 직선형인 $AF_2(BeF_2)$가 굽은형인 DF_2 (OF_2)보다 크다.

ㄷ. 비공유 전자쌍은 $CF_3(NF_3)$가 10개, $BF_3(BF_3)$가 9개이다.

정답 ④

31

$\alpha = 107°$, $\beta = 109.5°$, $\gamma = 90°$이다.

비대칭형인 (가)는 극성 분자이고, 대칭형인 (나), (다)는 무극성 분자이다.

정답 ③

32

SF_6	CO_2	H_2O	XeF_2
무극성	무극성	극성	무극성

NH_3	SF_4	CCl_4	$CHCl_3$
극성	극성	무극성	극성

정답 ③

33

② H_2O와 NH_3에서 중심 원자인 산소와 질소의 혼성 오비탈은 sp^3 혼성 궤도함수로 동일하나 H－O－H에서 산소는 2쌍의 고립 전자쌍이, H－N－H에서 질소는 1쌍의 고립 전자쌍이 존재한다. 고립 전자쌍 간의 반발력이 공유 전자쌍과 고립 전자쌍 간의 반발력보다 더 크므로 결합각은 물(104.5°)이 암모니아(107°)보다 더 작다.

정답 ②

34

H_2S만 굽은형 구조로 극성 물질이고, 나머지 분자들은 모두 무극성 분자들이다.

정답 ①

35

각 화학종의 루이스 구조식은 다음과 같다.

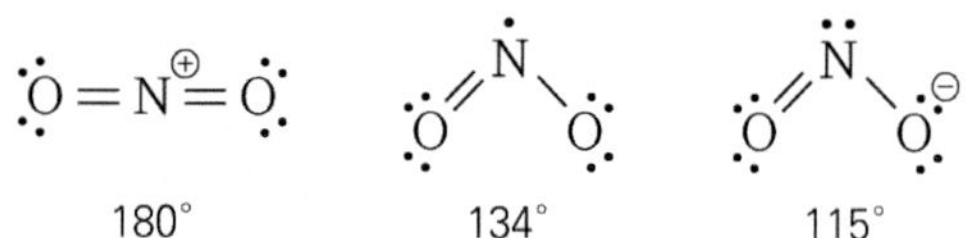

각 화학종의 루이스 구조식으로부터 지문에 대한 것을 정리하면 아래의 표와 같다.

	NO_2^+	NO_2	NO_2^-
혼성 오비탈	sp	sp^2	sp^2
극성 유무	무극성	극성	극성
결합각	$\theta = 180°$	$\theta > 120°$	$\theta < 120°$

① 중심 원소 N의 혼성화 오비탈은 모두 sp^2이 아니다.
② 쌍극자 모멘트를 가지지 않는 화학종은 NO_2^+이다.
③ 결합각(∠O−N−O)이 가장 큰 화학종은 NO_2^+이다.
④ NO_2는 홀전자수가 1개이므로 상자기성이다.

정답 ③

36

	SF_4	PCl_4^+	PCl_5	I_3^-
분자의 구조	시소형	정사면체	삼각쌍뿔	직선형
분자의 성질	극성	무극성	무극성	무극성

정답 ①

분자의 분류

37

옥텟을 만족하지 않는 E는 BF_3이다. 입체 구조 중 배위 결합이 있는 A는 NH_3BF_3, 입체 구조이면서 배위 결합이 없는 B는 NH_3, 평면 구조이면서 다중 결합이 있는 C는 C_2H_2, 평면 구조이면서 단일 결합인 D는 H_2O이다. 극성 분자인 A는 쌍극자 모멘트의 합이 0이 아니다. 분자 간 수소 결합을 하는 것은 B, D이다. D는 굽은형 구조이다. 중심 원자가 비공유 전자쌍을 갖는 것은 B, D이다.
② B의 결합각은 107°, E의 결합각은 120°이다.

정답 ②

38

CO_2, HCN는 선형 구조이므로 (가)는 ㄷ이 들어갈 수 있다. CO_2는 선형 구조이면서 무극성 분자이고, HCN는 선형 구조이면서 극성 분자이므로 (나)는 ㄱ이 들어갈 수 있다. CH_4는 무극성 분자이고, NH_3, CH_2Cl_2는 극성 분자이므로 (다)는 ㄱ이 들어갈 수 있다. NH_3는 삼각뿔형으로 비공유 전자쌍이 1쌍이고, CH_2Cl_2는 사면체형으로 비공유 전자쌍이 없으므로 (라)는 ㄹ이 해당한다.

정답 ③

39

(가)는 분자에 비공유 전자쌍이 있는가?
(나)는 분자의 쌍극자 모멘트 합이 0인가?

정답 ③

40

ㄱ. 입체 구조이면서 극성 분자는 $CHCl_3$뿐이다.
ㄴ. 입체 구조이면서 무극성 분자인 (나)는 CF_4이고, 모두 극성 공유 결합이다.
ㄷ. (다)는 굽은형이고, (라)는 직선형으로 결합각은 (라)가 크다.

정답 ①

41

(가) HCN, CO_2
(나) HCN, CO_2, CH_4
(다) H_2O, NH_3
A는 해당 없고, B는 CH_4로 1개, C는 H_2O, NH_3로 2개이다.

정답 ②

42

ㄱ. HCN, CO_2, CH_4는 공유 전자쌍의 수가 4개이다.
ㄴ. ㉡에 해당되는 분자는 HCN, OF_2, CO_2이고, 각 분자마다 비공유 전자쌍이 존재한다.
ㄷ. ㉠은 입체 구조, ㉣은 무극성 분자이므로 공통되는 분자는 CH_4로 분자의 모양은 정사면체다.

정답 ⑤

43

(가)는 FCN, N_2, C_2H_2

(나)는 C_2H_2, $COCl_2$, FCN

(다)는 무극성 분자인 C_2H_2, N_2

A는 (다)로 무극성 분자인 C_2H_2, N_2와 극성 분자인 $COCl_2$, FCN로 구분한 후 B는 (나)로 극성 공유 결합을 한 C_2H_2와 무극성 공유 결합을 한 N_2로 분류한다. C는 (가)로 이중 결합이 있는 $COCl_2$와 삼중 결합이 있는 FCN를 분류한다.

정답 ⑤

44

(가)에 해당하는 것은 H_2, O_2, H_2O, Cl_2이고, (나)에 해당하는 것은 Na, NaCl이며, (다)에 해당하는 것은 H_2, O_2, H_2O, Cl_2, NaCl이다. 따라서 A, B, C에 들어갈 물질의 가짓수는 각각 0, 1, 0이다.

정답 ②

Chapter

03 분자 궤도 함수

01 ②	02 ②	03 ①	04 ①	05 ①
06 ②	07 ④	08 ④	09 ③	10 ①
11 ②	12 ④	13 ①	14 ②	15 ②
16 ①				

대표 유형 기출 문제

01

① 마디 면(nodal plane)은 전자를 발견할 확률이 1인 평면이다.
→ 마디 면(nodal plane)은 전자를 발견할 확률이 0인 평면이다.

② 산소 이원자 분자에 대해 분자 궤도함수 이론을 사용하면 루이스 구조식에서 나타나지 않는 홀전자가 나타나므로 산소가 상자기성을 갖는 것을 예측할 수 있다.

③ 시그마(sigma) 결합 분자 궤도함수는 원자 궤도함수들의 측면 겹침에 의해 형성된다.
→ 시그마(sigma) 결합 분자 궤도함수는 원자 궤도함수들의 정면 겹침(head-to-head)에 의해 형성된다.

④ 결합 분자 궤도함수는 참여한 원자 궤도함수보다 에너지가 더 높다.
→ 결합 분자 궤도함수는 참여한 원자 궤도함수보다 에너지가 더 낮다.

정답 ②

02

① O_2: 2차 ② F_2: 1차 ③ CN^-: 3차

④ NO^+: 3차

정답 ②

03

먼저, 주어진 그림으로부터 화학종은 반자기성임을 알 수 있다. 따라서 각 화학종의 전자수를 확인해보면, C_2^-는 13개, CN^-, N_2, NO^+는 14개로 같다. 14개의 전자를 분자 궤도함수에 배치하게 되면 반자기성임을 N_2로부터 알 수 있고, 전자수가 13개인 C_2^-는 상자기성을 갖는다.

정답 ①

04

O_2^-의 결합 차수는 1.5차이다.

정답 ①

05

① O_2와 NO의 분자 궤도 함수를 보면 모두 홀전자가 존재하므로 모두 상자기성(paramagnetic)이다.

② 결합 차수가 클수록 결합의 세기가 강하다.
각가의 결합 차수를 구해보면,
O_2의 결합 차수 $= \dfrac{6-2}{2} = 2$,
NO의 결합 차수 $= \dfrac{6-1}{2} = 2.5$이다. 따라서 O_2의 결합세기는 NO의 결합세기보다 약하다.

③ NO^+와 CN^-는 전자수가 14개로 N_2와 분자 궤도 함수가 동일하므로 모두 반자기성이고 결합차수는 3으로 같다.

④ NO의 이온화 에너지는 NO^+의 이온화 에너지보다 크다.

전자를 제거하려는 높은 에너지의 오비탈이 NO^+가 NO보다 더 낮으므로 이온화 에너지는 NO^+가 NO보다 더 크다.

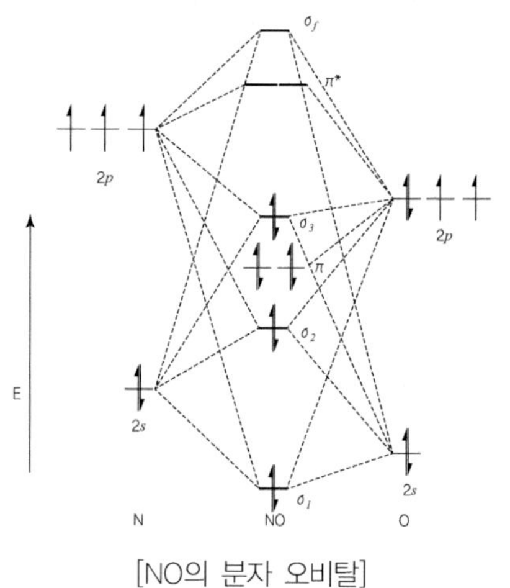

[NO의 분자 오비탈]

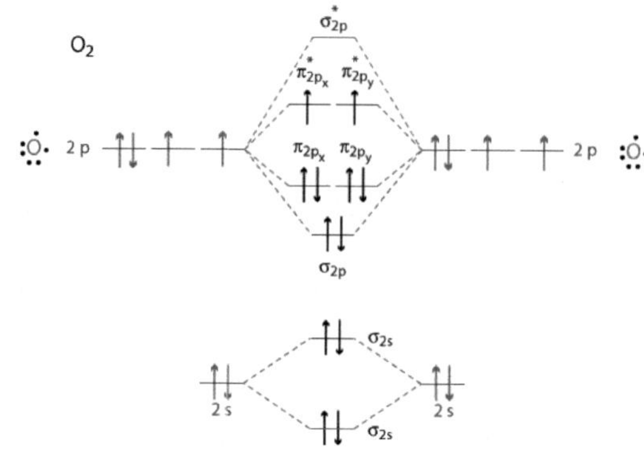

정답 ①

06

자기장에 의해 끌린다는 것은 상자기성을 나타낸다. 분자 궤도 함수에서 홀전자수가 존재하면 상자기성을 나타내는데 홀전자가 존재하는 것은 O_2뿐이다.

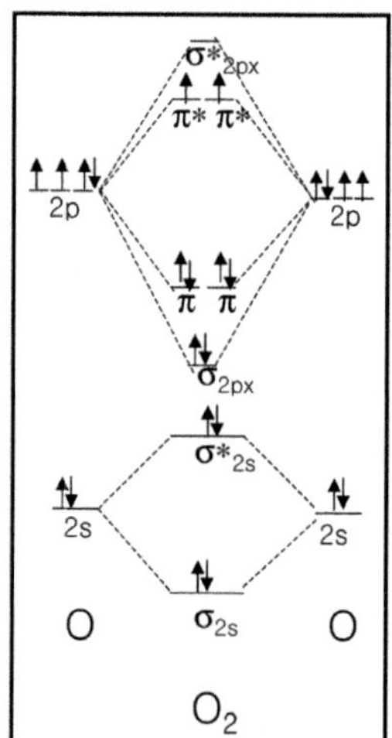

정답 ②

07

σ_{2p} 오비탈의 에너지 준위가 π_{2p} 오비탈의 에너지 준위보다 낮은 것은 전자수가 16개 이상인 산소 분자(O_2)뿐이고 나머지 분자들은 π_{2p} 오비탈의 에너지 준위가 σ_{2p} 오비탈의 에너지 준위보다 낮다.

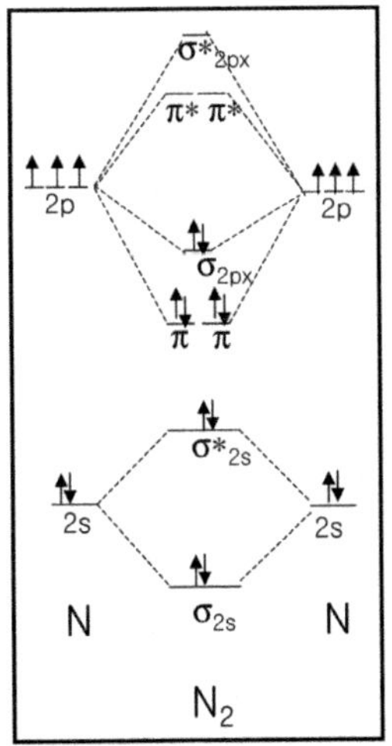

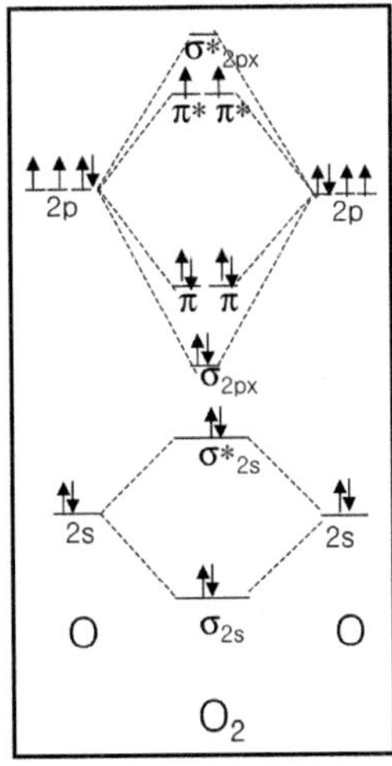

정답 ④

08

질소 분자의 반자기성에 대한 설명이다. 전자 배치상으로 홀전자가 없는 전자배치를 찾으면 된다.

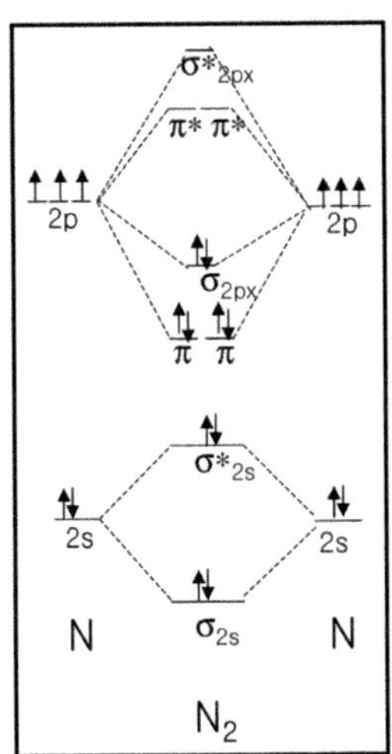

참고로 질소 분자의 분자 궤도함수의 에너지 준위는 산소와 달리 σ_{2p} 오비탈의 에너지가 π_{2p} 오비탈의 에너지보다 더 높으므로 쉽게 답을 찾을 수도 있다.

정답 ④

09

〈보기〉의 설명에 의할 때 2주기 원소로 이루어진 동종 이원자 분자 중에서 상자기성을 띠는 B_2와 O_2를 제외하고, 반자기성으로 $\pi_{2p}{}^*$ 오비탈에 전자가 있는 것은 F_2이므로 X_2는 F_2이다.

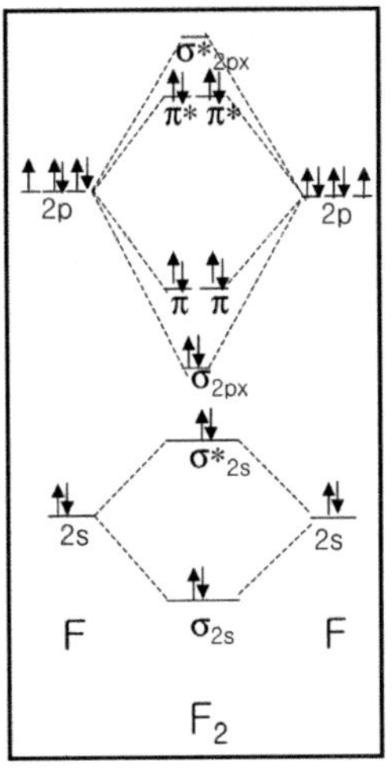

① 바닥 상태에서 F는 1개의 홀전자가 있으므로 상자기성이다.

② F이므로 2주기 원소 중 전기음성도가 가장 크다.

③ F_2의 결합 차수는 $\frac{6-4}{2} = 1$이다.

④ F_2에서 F의 입체수가 4이므로 혼성궤도함수는 sp^3이다.

정답 ③

10

CO는 전자수가 14개로 N_2의 전자배치와 같아 π_{2p}궤도함수와 σ_{2p}궤도함수의 에너지 준위가 바뀐 ㄱ과 같고, O_2는 전자수가 16개로 에너지 준위는 π_{2p}궤도함수보다 σ_{2p}궤도 함수의 에너지가 더 낮은 ㄷ과 같다.

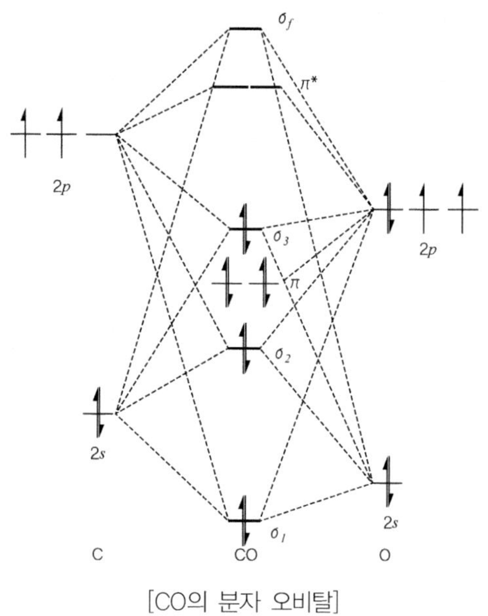

[CO의 분자 오비탈]

정답 ①

11

B_2와 O_2의 분자 궤도 함수을 그려보면, 홀전자가 2개씩 존재하므로 B_2와 O_2는 상자기성을 띤다. 반면 N_2는 홀전자가 없으므로 반자기성을 띤다.

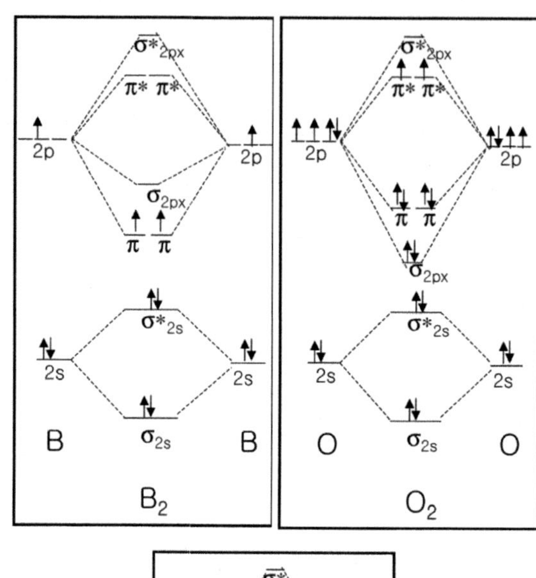

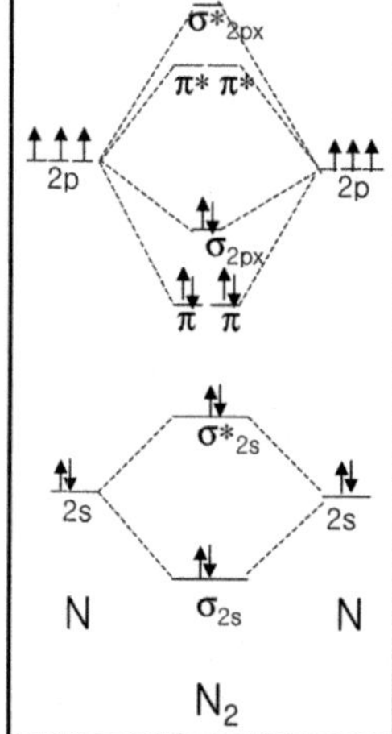

정답 ②

기본 문제

12

ㄱ. 같은 $2s$ 오비탈의 에너지가 A에서 더 높으므로 전기음성도는 A가 B보다 작다.

ㄴ. 원자가전자수가 11개인 경우의 예를 보면 C와 F, N와 O 두 가지가 가능한데 분자식이 AB이므로 NO에 해당된다. C와 F의 가능한 분자식은 CF_4이다. 원자가전자 11개를 채워보면 다음과 같다.

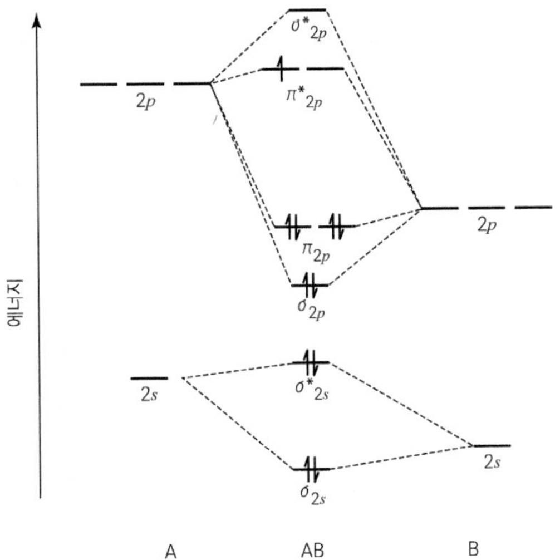

홀전자가 존재하므로 AB 분자는 상자기성이다.

ㄷ. 결합 길이는 결합 차수를 구해봄으로써 판단할 수 있다.

$$B.O(AB) = \frac{8-3}{2} = 2.5$$

$$B.O(AB^+) = \frac{8-2}{2} = 3.0$$

결합 차수는 AB가 AB^+보다 작으므로 결합 길이는 AB가 AB^+보다 길다.

정답 ④

13

ㄱ. Li_2는 홀전자가 없으므로 반자기성이다.

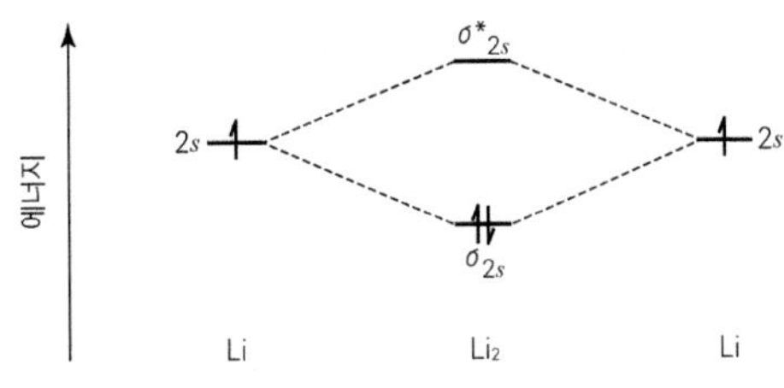

ㄴ. Li_2의 결합차수 $= \frac{2-0}{2} = 1$

$Li_2{}^+$의 결합차수 $= \frac{1-0}{2} = \frac{1}{2}$

따라서 결합 차수는 $Li_2{}^+$이 Li_2보다 작다.

ㄷ. $n=\infty$로 보내는 데 필요한 1차 이온화 에너지는 Li_2가 Li보다 크다.

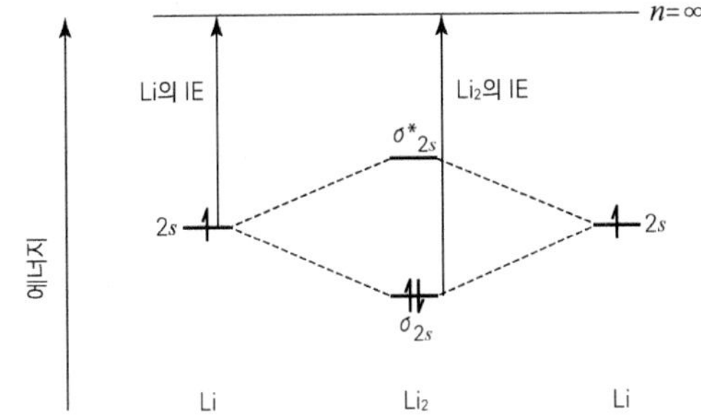

정답 ①

14

ㄱ. $C_2{}^{2-}$의 경우 C_2 분자의 σ_{2px} 오비탈에 전자가 2개 추가되어도 홀전자 수가 0개이므로 반자성이고, $C_2{}^{2+}$의 경우에는 π_{2p} 오비탈에 전자가 각각 1개씩 존재하므로 홀전자 수가 2개가 되어 상사성이다.

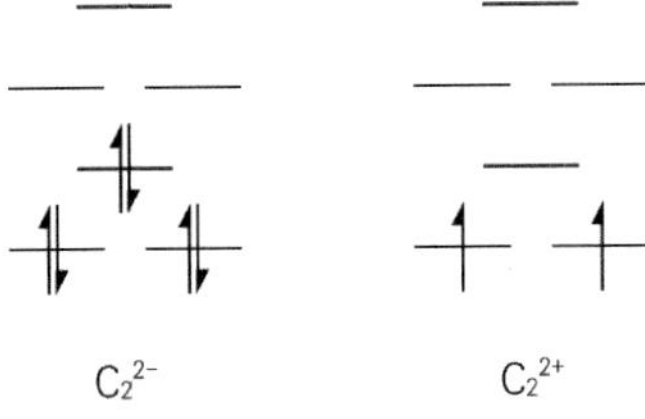

ㄴ. F_2는 홀전자 수가 0개이므로 반자성이고 $F_2{}^{2+}$는 π^*_{2p} 오비탈에 전자가 각각 1개씩 존재하므로 홀전자 수가 2개가 되어 상자성이다.

ㄷ. N_2의 결합 차수 $\frac{6-0}{2}=3$이고, N_2^+는 결합 오비탈에 존재하는 전자수가 1개가 줄어들어 결합 차수 $\frac{5-0}{2}=2.5$이다. 따라서 결합 차수는 N_2가 N_2^+보다 크다.

ㄹ. 산소 간의 결합 길이는 O_2보다 O_2^+가 더 길다.
결합 길이는 결합 차수로 판단할 수 있는데 결합 차수가 클수록 결합 길이는 짧아진다. O_2의 결합 차수 $\frac{6-2}{2}=2.0$이고, O_2^+는 반결합성 분자 오비탈의 전자 1개가 줄어들어 결합 차수 $\frac{6-1}{2}=2.5$이다. 따라서 결합차수는 O_2^+가 O_2보다 더 크므로 결합 길이는 O_2보다 O_2^+가 더 짧다.

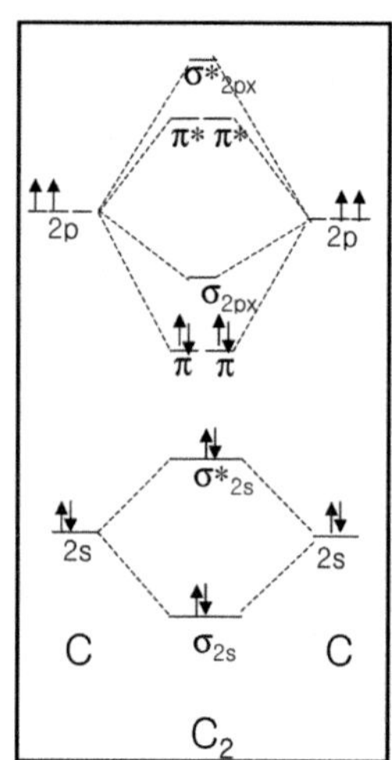

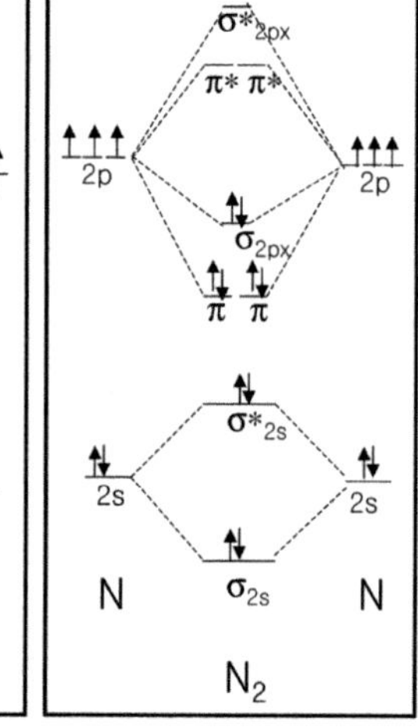

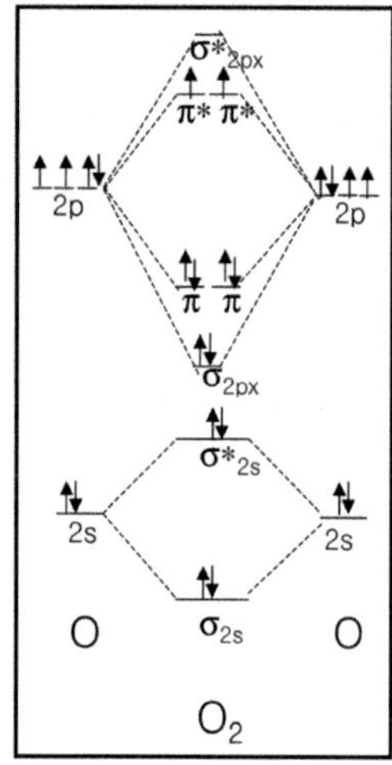

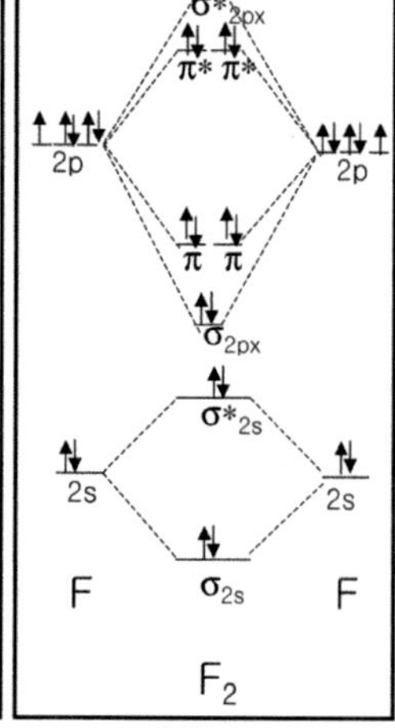

정답 ②

15

	B_2	C_2	N_2	O_2	F_2
자기성	상자성	반자성	반자성	상자성	반자성
결합 차수	1	2	3	2	1
결합 길이 (pm)	159	131	110	121	142
결합 엔탈피 (kJ/mol)	229	628	941	499	157

ㄱ. B_2, O_2는 상자기성 분자이고, C_2는 반자기성 분자이다.

ㄴ. 반자기성 분자는 C_2, N_2, F_2로 3개이다.

ㄷ. 결합 차수가 같은 경우 원자의 크기가 클수록 결합 길이는 길어지므로 B_2가 F_2보다 더 길다.

ㄹ. B_2와 F_2의 결합 에너지를 비교해보면 결합 차수와 특정 결합 에너지를 자동적으로 관련시킬 수 없음을 알 수 있다. 즉, 이 두 분자의 결합 차수는 모두 1이지만, B_2의 결합 에너지는 F_2의 결합 에너지에 비해 거의 두 배나 된다. 이러한 이유는 F_2 분자는 그 크기가 작음에도 불구하고 14개의 원자가전자가 있으므로 전자들 사이의 반발력이 보통의 경우보다 더 크기 때문에 예외적으로 약한 단일 결합을 가지고 있다. F_2와 Cl_2의 결합에너지 비교도 마찬가지로 결합 길이가 짧은 F_2가 결합 길이가 더 긴 Cl_2보다 결합 에너지가 더 작다. 같은 이유 때문이다.

정답 ②

16

	N_2^{2-}	O_2^{2+}	Ne	F_2
자기적 성질	상자기성	반자기성	반자기성	반자기성

정답 ①

Chapter

04 분자 간 인력

01 ③ 02 ④ 03 ④ 04 ① 05 ①

06 ③ 07 ④ 08 ①

09 (1) ① 극성 ② 편극 ③ 분산력 ④ 분자량
(2) ① 수소 ② F ③ O ④ N ⑤ H ⑥ 녹는점 ⑦ 끓는점

10 (a) 쌍극자 - 쌍극자 (b) 유발 쌍극자 (c) 분산력

11 (1) ②, ③, ⑧, ⑩, ⑭ (2) ⑦, ⑪, ⑫, ⑬, ⑮
(3) ①, ④, ⑤, ⑥, ⑨

12 $CF_4 < CCl_4 < CBr_4 < CI_4$

13 $n- > iso > neo$ 14 $H_2 > He$, $CH_4 > Ne$

15 $O_2 > F_2$

16 (1) $HF < HCl < HBr < HI$
(2) $HI < HBr < HCl < HF$
(3) $HI < HBr < HCl < HF$
(4) $HF < HCl < HBr < HI$
(5) $HCl < HBr < HI < HF$

17 b.p: 아세톤 > 이소부틸렌

18 $cis-C_2H_2Br_2 > trans-C_2H_2Br_2$

19 (1) 0.025몰 (2) 수소 결합

20 ② > ① > ④ > ③

21 (1) H_2O (2) H_2O (3) $H_2O > H_2S > H_2Se > H_2Te$

22 ④ 23 ② 24 ② 25 ③ 26 ①

27 ② 28 ① 29 ① 30 ① 31 ①

32 ② 33 ③ 34 ③ 35 ③ 36 ②

37 ① 38 ③ 39 ③ 40 ① 41 ①

42 ③ 43 ④ 44 ① 45 ② 46 ④

47 ④ 48 ③ 49 ④ 50 ②

51 ②, ⑤ 52 ① 53 ③ 54 ① 55 ①

56 ④ 57 ④ 58 ② 59 ② 60 ②

61 ④ 62 ① 63 ③ 64 ⑤ 65 ②

66 ③ 67 ⑤ 68 ⑤ 69 ③ 70 ⑤

71 ⑤ 72 ⑤ 73 ③

대표 유형 기출 문제

01

무극성 분자인 삼플루오린화 붕소가 가장 분자 간 인력이 약해 끓는점이 가장 낮다.

물질	H_2O	ICl	BF_3	NH_3
b.p	100℃	97.4℃	−100℃	−33℃

정답 ③

02

ㄱ. NH_3의 분자량이 PH_3에 비해 작음에도 극성 분자이므로 수소 결합을 하기 때문이다.

정답 ④

03

ㄱ. CH_3OH는 수소 결합을 하므로 CH_3SH보다 끓는점이 높다.

ㄴ. CO는 N_2와 분자량은 비슷하나 극성분자이므로 쌍극자간의 힘으로 인해 녹는점과 끓는점이 높다.

ㄷ. 영족 기체(18족 원소)는 같은 족에서 원자번호가 클수록 분자량이 증가하여 분산력이 커져 끓는점이 높아진다.

ㄹ. 하이드록시벤조산($C_6H_4(OH)(COOH)$)의 오쏘(ortho-) 이성질체는 메타(meta-) 혹은 파라(para-) 이성질체와 달리 극성의 정도는 더 크나 분자내 수소 결합의 영향으로 분자 간 인력이 약해져서 녹는점이 낮아지게 된다. 아래 그림은 Nitrophenol의 예이다.

o-Nitrophenol
(분자 내 수소 결합으로 더욱 휘발성이 크다.)

p-Nitrophenol
(분자 간 수소 결합으로휘발성이 덜하다.)

정답 ④

04

결합 A는 공유 결합, 결합 B는 분자간 인력 중 수소 결합에 해당한다.

① 공유 결합인 결합 A는 분자 간 인력인 결합 B보다 강하다.
② 액체에서 기체로 상태변화를 할 때에는 분자 간 인력인 결합 B가 끊어진다.
③ 산소 원자는 공유 결합인 결합 A에 의해 팔전자 규칙(octet rule)을 만족한다.
④ 수소 결합인 결합 B는 공유 결합으로 이루어진 분자 중 전기 음성도가 큰 F, O, N에 직접 결합한 수소 원자가 있는 분자에서만 관찰된다.

정답 ①

05

$CH_3CH_2OCH_2CH_3$은 eter로 수소 결합을 하지 않는 화합물로 끓는점이 가장 낮을 것으로 예측된다. 나머지 화합물들은 수소 결합이 가능한 $-OH$와 $-NH$가 있는데 이 중 $-OH$가 $-NH$보다 전기음성도의 차이가 커서 좀 더 강한 수소 결합을 할 수 있다. 하나 있는 것보다는 여러 개 있을 때 보다 강한 수소 결합을 할 수 있으므로 끓는점이 가장 높은 화합물은 $HOCH_2CH_2CH_2OH$이다.

정답 ①

06

분자량이 모두 같은 탄소 화합물은 표면적이 작을수록 끓는점이 낮다. 아래 그림으로부터 알 수 있듯이 표면적이 가장 작은 것은 neopentane이므로 끓는점이 가장 낮은 것으로 예상할 수 있다.

$CH_3-CH_2-CH_2-CH_2-CH_3$
n-pentane

$CH_3-CH(CH_3)-CH_2-CH_3$
iso-pentane

$CH_3-C(CH_3)_2-CH_3$
neo-pentane

cyclopentane (H_2C, H_2C, CH_2, $C H_2$, $C H_2$ 고리)

정답 ③

07

① 메테인(CH_4)은 공유 결합으로 이루어진 무극성 물질이다.
② 이온 결합 물질은 양이온과 음이온 사이에 강력한 정전기적 인력에 의해 결합되어 있으므로 상온에서 항상 고체 상태이다.
③ 이온 결합 물질은 액체 상태에서는 이온들이 이동할 수 있으므로 전류가 흐른다.
④ 분산력은 비극성 분자뿐만 아니라 모든 분자 사이에 작용하는 힘이다.

정답 ④

08

Cl_2, Br_2, I_2는 17족 원소로 주기만 서로 다른 무극성 분자이다. 주기가 커질수록 분자량이 커져서 분산력이 증가하기 때문에 끓는점이 높아진다.

정답 ①

주관식 개념 확인 문제

09

정답 (1) ① 극성 ② 편극 ③ 분산력 ④ 분자량
(2) ① 수소 ② F ③ O ④ N ⑤ H
⑥ 녹는점 ⑦ 끓는점

10

정답 (a) 쌍극자-쌍극자 (b) 유발 쌍극자 (c) 분산력

11

정답 (1) ②, ③, ⑧, ⑩, ⑭
(2) ⑦, ⑪, ⑫, ⑬, ⑮
(3) ①, ④, ⑤, ⑥, ⑨

12

모두 무극성 분자이므로 분자량이 증가할수록 분산력이 증가하여 끓는점이 증가한다.

정답 $CF_4 < CCl_4 < CBr_4 < CI_4$

13

분자량이 같을 때 표면적이 클수록 끓는점이 증가한다.

$$CH_3-CH_2-CH_2-CH_2-CH_3 \quad CH_3-CH(CH_3)-CH_2-CH_3 \quad CH_3-C(CH_3)_2-CH_3$$

n-pentane　*iso*-pentane　*neo*-pentane

정답 $n- > iso > neo$

14

분자량이 비슷한 경우 표면적이 클수록 분자간 인력이 증가하여 끓는점이 증가한다. 특히 18족의 기체의 경우 단원자 분자로 표면적이 작다.

정답 $H_2 > He$, $CH_4 > Ne$

15

O_2가 F_2보다 분자량은 더 작지만 상자기성으로 인해 극성이 더 커서 분자 간 인력이 강하고, 끓는점이 더 높다. (O_2 : −183℃, F_2 : −188℃)

정답 $O_2 > F_2$

16

(1) 같은 족 원소에서 껍질수가 증가할수록 원자 반지름도 증가하므로 결합 길이도 증가한다.

정답 HF < HCl < HBr < HI

(2) 결합 에너지는 핵간 거리가 짧을수록 증가한다.

정답 HI < HBr < HCl < HF

(3) 전기음성도 차이가 클수록 쌍극자−쌍극자 힘이 크다.

정답 HI < HBr < HCl < HF

(4) 분산력은 분자량이 클수록 크다.

정답 HF < HCl < HBr < HI

(5) 끓는점은 분자간 인력이 클수록 높은데, HF는 수소 결합을 하여 가장 높고, 나머지 분자는 분자량이 클수록 분산력이 커서 끓는점이 높다.

정답 HCl < HBr < HI < HF

17

분자량이 비슷할 경우 극성 분자인 아세톤이 무극성 분자인 이소부틸렌보다 끓는점이 높다.

정답 b.p: 아세톤 > 이소부틸렌

18

두 분자의 분자량은 같고 비대칭인 *cis*형이 대칭형인 *trans*형보다 극성이 커서 끓는점이 높다.

(Br)(H)C=C(Br)(H)　(Br)(H)C=C(H)(Br)

정답 $cis-C_2H_2Br_2 > trans-C_2H_2Br_2$

19

(1) 아세트산의 몰수는 질량을 분자량으로 나눈 0.05 mol이다.

$$2CH_3COOH \rightleftarrows (CH_3COOH)_2$$

$2CH_3COOH$	$\rightleftarrows$	$(CH_3COOH)_2$
0.05mol		
$-2x$		$+x$
$(0.05-2x)$		x

전체 몰수는 $(0.05-x)$이다. 이합체의 몰수 x를 구하기 위해 $\Delta T_b = mK_b$를 이용하면

$$(5.4-4.76)℃ = 0.64℃ = \frac{(0.05-x)\text{mol}}{0.2\text{kg}} \times 5.12℃/\text{m}$$

$x = 0.025$이다.

정답 0.025몰

(2) 정답 수소 결합

20

수소 결합을 양성자 주게와 양성자 받게로 설명할 수 있는데 양성자를 잘 제공할수록 수소 결합의 세기가 강하다. 수소와 결합한 원자와의 전기음성도 차이가 클수록 양성자를 잘 제공할 수 있다. 반면 양성자를 잘 받을수록 수소 결합의 세기가 강한데 비공유 전자쌍이 있는 원자의 유효 핵전하가 작을수록 비공유 전자쌍과 양성자와의 인력이 잘 형성된다.

정답 ② > ① > ④ > ③

21

(1) 중심 원자와 주위 원자의 전기음성도의 차이가 가장 큰 H_2O의 이중 극자 모멘트가 가장 크다.

정답 H_2O

(2) 수소 결합을 한 H_2O의 끓는점이 가장 높다.

정답 H_2O

(3) 중심 원자의 전기음성도가 클수록 중심 원자 주위의 전자 밀도가 커지고, 반발력이 증가하여 결합각이 커진다.

정답 $H_2O > H_2S > H_2Se > H_2Te$

기본 문제

22

화학 결합력인 공유 결합 에너지는 분자 간에 작용하는 힘이 아니다.

정답 ④

23

이온과 극성 분자 사이에 작용하는 힘인 수화는 극성 이상의 극성을 띤다. 수화(③) > 수소결합(②) > 쌍극자－쌍극자 인력(④) > 분산력(①) 순서이다.

정답 ②

24

전자를 얻거나 잃은 이온 결합 물질의 극성이 가장 크고, 부분적인 전하를 띠는 극성 분자가 다음으로 극성이 크다. 극성의 차이는 이온 결합 물질이든 극성 분자이든 모두 전기음성도의 차이로 판단한다. 즉 전기음성도의 차이가 클수록 극성이 크다.

이온 결합 물질 > 극성 분자 > 무극성 분자

cf. 녹는점 판단 문제와 다름을 주의해야 한다.

정답 ②

25

수소 결합이 가능한 H_2O와 HF가 끓는점이 가장 높고, 둘 중에서는 H_2O이 HF보다 끓는점 더 높다. 극성 분자인 H_2S는 무극성 분자인 CH_4보다 끓는점이 더 높다. 끓는점이 낮은 것부터 높은 순서대로 나열하면, (나)－(라)－(가)－(다)이다.

정답 ③

26

분자량이 클수록 전자수가 많아 전자의 편극이 쉽게 일어나 존재하지 않던 부분적인 전하를 띠면서 분자간 인력이 작용한다.

정답 ①

27

분자량이 가장 큰 Br_2가 분산력이 가장 크다.

정답 ②

28

① HCl 간: 이중극자－이중극자 인력＋분산력

② CO_2와 H_2O: 분산력＋수소결합

③ CO_2와 CO_2: 분산력＋분산력

④ H_2O와 NaCl: 수소결합＋이온

정답 ①

29

① 무극성 분자에는 분산력만 작용한다.(He－CO_2)

② O_2－H_2O: 분산력－수소결합

③ Cl_2－HCl: 분산력－쌍극자간의 인력

④ Ne－HCl: 분산력－쌍극자간의 인력

정답 ①

30

중심 원자는 같고, 주위 원자가 모두 17족 원소로 구성된 분자이다. 껍질수가 증가할수록 전자수도 증가하므로 분산력이 클수록 분자 간 인력이 커서 끓는점이 높다.

정답 ①

31

모두 무극성 분자이다.
무극성 분자의 경우 분자량이 클수록 분산력이 커서 끓는점이 높다. $a > b > d > c$ 순이다.

정답 ①

32

① 두 분자는 이성질체 관계이므로 분자를 구성하는 탄소와 수소 원자의 개수는 서로 같다.
② 노말뷰테인은 아이소뷰테인에 비해 표면적이 더 크므로 분자 간의 힘(분산력)이 더 크다.
③ 아이소뷰테인은 카이랄 탄소가 존재하지 않으므로 거울상 이성질체를 갖지 않는다.
④ 두 분자 모두 노말 헥세인(n-hexane)보다 분자량이 작으므로 분자간 인력이 약해서 낮은 끓는점을 갖고 있다.

```
  H H H H           H H H
  | | | |           | | |
H-C-C-C-C-H       H-C-C-C-H
  | | | |           | | |
  H H H H           H | H
                    H-C-H
                      |
                      H
```

n-뷰테인　　　iso-뷰테인

정답 ②

33

무극성 분자에는 분산력만 작용한다.

정답 ③

34

이온 결합 물질이 다른 분자들에 비해 가장 끓는점이 높고, 분자량이 비슷한 경우 극성 분자의 끓는점이 더 높고, 분자량이 작을수록 끓는점이 낮다.
이를 토대로 끓는점이 낮은 것부터 높은 순서대로 나열하면,

$$CH_4 < CF_4 < CHF_3 < CaF_2$$

이다.

정답 ③

35

ㄱ. BBr_3은 평면 삼각형 구조의 무극성 분자이므로 주된 분자간 힘은 분산력이다.

ㄴ. N_2H_4에서 질소-질소 결합은 단일 결합이고, N_2H_2에서 질소-질소 결합은 이중 결합이다.

N_2H_4	N_2H_2
H−N̈−N̈−H (각 N에 H 결합)	H와 H가 결합된 :N=N:

다중 결합일수록 결합 길이가 더 짧고 결합력이 더 강하므로 질소-질소 결합은 N_2H_4보다 N_2H_2이 더 강하다.

ㄷ. C_5H_{12}은 무극성 분자이고, $C_5H_{11}F$은 C_5H_{12}에서 수소 하나가 전기음성도가 매우 큰 F으로 치환된 것으로 분자량이 비슷한 분자이다. 이러한 경우 유발 효과로 인해 극성을 띠게 되어 분산력보다 강한 쌍극자간의 힘이 작용하게 되므로 분자 간 인력이 증가하게 되므로 정상 끓는점은 $C_5H_{11}F$이 C_5H_{12}보다 더 높다.

ㄹ. SO_2와 BF_3는 상온 · 상압에서 기체이고, CCl_4는 액체이다.

정답 ③

수소 결합

36

이온 결정을 잘 용해시키는 것은 물의 극성 때문이다.

정답 ②

37

① 표면 장력이 클수록 큰 분자 간 힘을 갖는다.

정답 ①

38

물 분자는 최대 4개의 다른 물 분자와 수소결합을 할 수 있다.

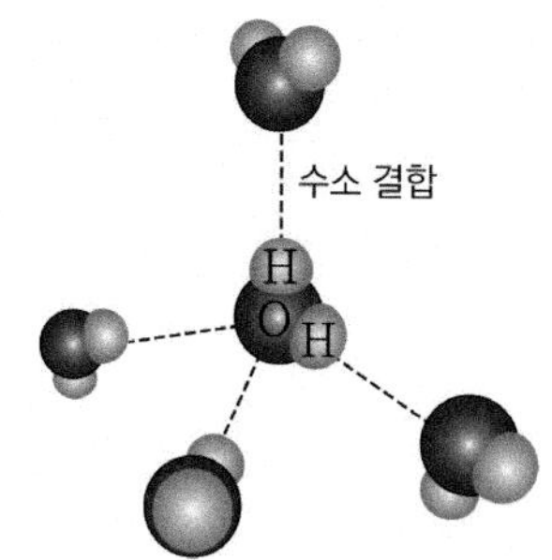

정답 ③

39

H_2O, NH_3, HF는 모두 수소 결합을 한다. 쌍극자-쌍극자 인력 중에서도 가장 강한 분자 간 인력인 수소 결합은 분산력보다 매우 크다. 극성 분자라도 분자량이 커질수록 분산력이 증가하여 끓는점이 높아진다.

① $H_2O > H_2Te > H_2Se > H_2S$

② $NH_3 > SbH_3 > AsH_3 > PH_3$

④ $HF > HI > HBr > HCl$

정답 ③

40

하이드록시기(−OH)는 수소 결합을 한다. 하이드록시기가 많을수록 수소 결합을 많이 하므로 분자간 인력이 강하다.

정답 ①

41

무극성 분자이면서 분자량이 가장 작은 CH_4가 분자간 인력이 가장 약해 끓는점도 가장 낮다.

정답 ①

42

14족 수소 화합물들은 모두 무극성 분자이므로 분자량이 클수록 분산력이 커서 끓는점이 높다.

정답 ③

43

전기음성도 차이가 가장 큰 HF의 극성이 가장 크므로 가장 강한 수소 결합을 한다. 다만, 이 문제에서 끓는점이 가장 높은 물질은 H_2O이다.

정답 ④

44

전기음성도가 큰 원소 F, O, N과 직접 공유 결합한 수소가 없는 HCHO는 수소 결합을 하지 않는다. HCHO에서는 수소가 탄소와 결합하고 있다.

```
     O
     ‖
     C
   ／  ＼
  H      H
```

정답 ①

45

분자량이 비슷할 때 끓는점은 수소 결합 > 극성 분자 > 무극성 분자순이다. 수소 결합을 한 분자는 분자량이 클수록 끓는점이 더 높다.

에틸에테르 < 아세톤 < 메탄올 < 에탄올

정답 ②

46

수소 결합을 하는 H_2O가 수소 결합을 하지 않는 H_2S보다 끓는점이 높다.

정답 ④

47

폼산(HCOOH)의 카복시기는 전기음성도가 큰 산소와 수소가 직접 결합하여 수소 결합을 할 수 있다. 카복시기를 갖는 카복시산은 모두 수소 결합이 가능하다.

정답 ④

48

① 무극성 분자인 (가)는 수소 결합을 하는 (나)보다 끓는점이 낮다.

② (가)의 결합각은 109.5°, (다)의 결합각은 104.5°이므로 결합각은 (가)가 (다)보다 크다.

③ 무극성 분자인 (가)보다 극성 분자인 (나)가 극성 분자인 (다)에 대한 용해도가 더 크다.

정답 ③

49

ㄱ. 분자량이 비슷한 경우 극성 분자가 무극성 분자보다 분자간 인력이 크다. 즉 분자간 인력은 HCl이 F_2보다 더 크다.

ㄴ. 무극성 분자의 경우 분자량이 클수록 분산력이 커서 끓는점이 높다.

ㄷ. 분자량이 비슷한 경우 극성 분자(ICl)가 무극성 분자(Br_2)보다 분자간 인력이 커서 끓는점이 더 높다.

ㄹ. 수소 결합을 한 분자(C_2H_5OH)는 수소 결합을 하지 않는 분자보다 분자간 인력이 강해 끓는점이 높다.

정답 ④

50

끓는점은 수소 결합을 하는 H_2O와 NH_3중 H_2O가 더 높고, 분산력만 작용하는 무극성 분자인 N_2가 가장 낮다.

정답 ②

51

② 수소 결합을 한 분자는 분자량이 작음에도 분자간 인력이 강하여 끓는점이 매우 높다.

⑤ H와 F의 전기음성도 차이가 H와 O의 전기음성도 차이보다 더 크기 때문에 수소 결합 에너지는 HF가 더 크지만 최대 수소 결합횟수가 H_2O가 4, HF가 2로 H_2O가 더 많은 수소 결합을 하고, 평면 구조의 수소 결합을 하는 HF에 비해 3차원 구조의 수소 결합을 하는 H_2O의 끓는점이 HF보다 더 높다.

정답 ②, ⑤

52

가, 나 A, B는 분자식은 같고 구조식이 다른 구조 이성질체 관계이다. 구조 이성질체 관계에서 표면적이 클수록 분자간 인력이 강하므로 B의 분자간 인력이 강하고, 끓는점도 B가 높다.

다. 수소 결합을 할 수 있는 물질은 전기음성도가 큰 F, O, N과 직접 결합한 수소가 있는 경우, 즉 알코올, 카복시산, 아미노산, DNA의 염기만 수소 결합을 할 수 있다. 두 화합물 모두 수소 결합이 불가능하다.

정답 ①

53

분자량이 비슷한 물질들 중 가장 끓는점이 높은 것은 분자 간 인력이 강한 것이다. 이 중 수소 결합을 한 프로판올($CH_3CH_2CH_2OH$)의 끓는점이 가장 높다.

정답 ③

54

에탄올에는 하이드록시기에 전기음성도가 큰 산소 원자에 수소 원자가 직접 결합하는 수소 결합이 포함되어 있어 분자량이 비슷한 물질 중 끓는점이 높다. 물도 전기음성도가 큰 산소 원자에 수소가 직접 결합한 수소결합을 하므로 분자량이 비슷한 메테인에 비해 끓는점이 높다.

정답 ①

자료 추론형

55

A는 Br_2, B는 Cl_2 , C는 HBr, D는 HCl, E는 HF이다.

ㄱ. A는 B보다 분자량이 더 크므로 분산력이 커서 끓는점이 높다.

ㄴ. C와 D 모두 극성 분자이지만 C의 분자량이 D보다 더 커서 분산력이 더 크기 때문이다.

ㄷ. E는 수소 결합이 가능한 분자이기 때문이다.

정답 ①

56

(가)는 분산력 (나)는 쌍극자-쌍극자 인력 (다)는 수소 결합의 유형을 나타낸 것이다.

ㄴ. 극성 분자인 경우에도 분자량이 커질수록 극성의 영향보다 분자량의 영향이 더 커지기 때문에 분자량이 더 큰 분자의 끓는점이 더 높아진다.

정답 ④

57

ㄱ. A와 B는 둘다 극성 분자이고 분자량이 비슷한 분자임에도 A의 끓는점이 더 높은 것은 A의 극성이 더 크기 때문이다. 따라서 A의 쌍극자 모멘트가 B보다 더 크다.

ㄴ. 분자 사이의 인력은 끓는점으로 판단하므로 끓는점이 B가 C보다 더 높으므로 분자 사이의 인력은 B가 C보다 더 크다.

ㄷ. C와 D는 모두 무극성 분자인데 D가 끓는점이 더 높다는 것은 분자량이 큰 D의 분산력이 C보다 크다.

정답 ④

58

2주기 동종 이원자 분자로 가능한 것은 N_2, O_2, F_2이다. AB라는 분자식으로부터 N_2와 O_2만이 가능하다. F이라면 NF_3나 OF_2이므로 AB라는 분자는 존재할 수 없다. 같은 2주기 원소 중 분자량이 큰 B의 원자 번호가 크고 결합 에너지는 A_2가 더 크므로

A_2: N_2, B_2: O_2, AB: NO임을 알 수 있다.

ㄱ. 같은 2주기 원소 중 분자량이 큰 B의 원자 번호가 크므로 원자 반지름은 A가 크다.

ㄴ. A_2: N_2이므로 3중 결합이 존재한다.

ㄷ. 극성 분자인 AB의 끓는점이 가장 높다. 따라서 끓는점 순서는 $A_2 < B_2 <$ AB이다.

정답 ②

59

그래프로부터 A: I_2, B: Br_2, C: HBr임을 알 수 있다.

ㄱ. A의 끓는점이 높은 것은 분산력이 주요 원인이다.

ㄴ. 할로젠화 수소 화합물 중 전기음성도 차이가 가장 큰 HF은 수소 결합으로 인해 끓는점이 가장 높다.

ㄷ. B: Br_2이고 C: HBr인데 무극성 분자이지만 분자량이 크면 극성 분자보다 분산력이 더 커서 끓는점이 더 높다.

정답 ②

60

HCN은 극성 분자이고, C_2H_2는 무극성 분자이다.

ㄱ. 극성 분자와 무극성 분자의 분자량이 비슷한 경우에는 극성 분자가 무극성 분자보다 끓는점이 높다.

ㄴ. 극성 분자가 극성 분자인 물에 더 용해되기 쉽다.

ㄷ. HCN의 공유 전자쌍의 수는 4, 에타인의 공유 전자쌍의 수는 5이다.

정답 ②

61

ㄱ. 분산력은 D가 더 크다. A는 분자량이 작음에도 수소 결합 횟수가 최대 4회로 분자 간 인력이 강하여 끓는점이 높다.

ㄴ. B와 C 모두 수소 결합을 하지만 분자량이 더 큰 C가 분산력이 더 커서 끓는점이 더 높다.

정답 ④

62

ㄱ. 분자량이 비슷한 경우 수소 결합을 하는 분자의 끓는점이 더 높다.

ㄴ. 극성 분자이더라도 분자량이 더 큰 경우 분산력이 커서 끓는점이 더 높다.

ㄷ. 끓는점은 분자 간 인력이 주요 원인이고 원자 사이의 결합 에너지와는 상관이 없다.

정답 ①

63

ㄷ. 2가 알코올인 (라)는 1가 알코올인 (다)보다 표면적이 작아서 분자 간 인력이 약해 끓는점이 낮다.

H H H
H—C—C—C—O—H
H H H

(다)

H
H O H
H—C—C—C—H
H H H

(라)

정답 ③

64

ㄱ. 영역Ⅰ, 영역Ⅱ는 쌍극자 모멘트가 0인 무극성 분자이다. 무극성 분자는 분자량이 클수록 끓는점이 높으므로 영역Ⅱ는 영역Ⅰ보다 분산력이 작다.

ㄴ. 분자량이 비슷할 때 극성 분자가 무극성 분자보다 끓는점이 높으므로 무극성 분자인 영역Ⅱ가 극성 분자인 영역Ⅳ보다 끓는점이 낮다.

ㄷ. 영역Ⅲ은 수소를 포함하고 끓는점이 높은 것으로 보아 수소 결합이 가능한 물질이다. 영역Ⅳ는 쌍극자 모멘트가 0이 아닌 극성 분자이다.

정답 ⑤

65

ㄱ. 탄소수가 많을수록 분자량이 증가하여 분산력이 크다.

ㄴ. 분자량이 같은 경우 표면적이 클수록 분자 간 인력이 크다. 구형에 가까울수록 표면적이 매우 작은 형태로 분자 간 인력이 작다.

ㄷ. 증기압이 크면 분자 간 인력이 작다. 분자량이 작고 표면적이 작은 iso-뷰테인의 증기압이 가장 크다.

정답 ②

66

ㄱ. d_1은 이중 결합의 결합 길이, d_2는 단일 결합의 길이이므로 다중 결합일수록 결합 길이는 짧아진다.

ㄴ. 수소 결합을 할 수 있는 (나)가 (가)보다 끓는점이 더 높다.

ㄷ. (나)에서 N에는 비공유 전자쌍이 1쌍 있다.

정답 ③

67

ㄱ. $\alpha = 109.5°, \beta = 107°$

ㄴ. 산소에 비공유 전자쌍 2쌍, 질소에 비공유 전자쌍 1쌍으로 총 3쌍이다.

ㄷ. 수소와 직접 결합한 질소가 있어 인접 분자와 수소 결합을 할 수 있다.

정답 ⑤

68

ㄱ. CH_3COOH은 물과 같은 극성 물질이고 또한 물과 수소 결합을 하므로 물에 잘 녹는다.

ㄴ. 수소 결합을 한 CH_3COOH이 무극성인 탄화 수소보다 끓는점이 높다.

ㄷ. 이합체로 존재하므로 CH_3COOH의 분자량의 2배인 120으로 측정될 수 있다.

정답 ⑤

69

③ 화합물 B의 N는 sp^3혼성이므로 모든 원자가 같은 평면에 위치하지 않는다.

⑤ A의 C－C－H 결합각(120°)은 B의 N－N－H 결합각(107°)보다 크다.

정답 ③

70

ㄱ. 중심 원자의 전기음성도가 주위 원자의 전기음성도보다 큰 (가)의 전자쌍간의 반발력이 커서 결합각은 $\alpha > \beta$이다.

ㄴ. (가)의 분자량이 작음에도 수소 결합이 존재하여 끓는점이 높다.

ㄷ. 중심 원자는 같고, 주위 원자가 17족 2주기 원소에서 3주기 원소로 바뀌었으므로 분산력이 증가하여 끓는점이 증가했기 때문이다.

정답 ⑤

71

ㄱ. 결합각은 C : 109.5°, N : 107°, O : 104.5°

ㄴ. 중심 원자가 C일 경우에만 비공유 전자쌍이 없다.

ㄷ. 전기음성도가 매우 큰 N와 O를 포함한 수소 화합물은 수소 결합을 할 수 있다.

정답 ⑤

72

ㄱ. N와 직접 결합한 H가 있으므로 수소 결합이 가능하다.

ㄴ. 중심 원자인 C가 sp^2혼성으로 수소를 제외한 원자들은 모두 동일 평면에 존재한다.

ㄷ. 요소에는 O에 2쌍, N에 각 1쌍으로 총 4쌍, 아세톤에는 O에 2쌍의 비공유 전자쌍이 있다.

정답 ⑤

73

ㄱ. (가), (나), (다) 모양은 모두 사면체이다.

ㄴ. 분자량이 큰 (가)의 분산력이 (다)보다 크다.

ㄷ. (나)는 쌍극자 모멘트의 합이 0이 아니므로 극성 분자이다.

정답 ③

Chapter

05 물질의 분류

01 ④ 02 ②

대표 유형 기출 문제

01

물질을 분류하면 순물질과 혼합물로, 순물질은 다시 원소(홑원소물질)과 화합물로 분류할 수 있다.

① 철(Fe)은 순물질 중 원소이므로 (나)에 해당한다.

② 산소(O_2) 또한 순물질 중 원소이므로 (나)에 해당한다.

③ 석유는 혼합물이므로 (가)에 해당한다.

④ 메테인(CH_4)은 순물질 중 화합물이므로 (다)에 해당한다.

정답 ④

02

- 공유 결합 물질은 O_2와 HNO_3(Ar은 비금속 원소이지만 결합을 하지 않는 비활성 기체임)이다. ㉠은 2개이다.
- 원소(홑원소 물질)는 O_2, Mg 그리고 Ar이다. 따라서 ㉡은 원소가 아닌 화합물에 해당하므로 NaCl과 HNO_3로 2개이다.

정답 ②

Chapter
01 알칼리 금속

01 ② 02 ④ 03 ④ 04 ① 05 ①

06 (1) ① 알칼리 ② 증가
(2) ① 알칼리토 ② 작 ③ 높
(3) ① $CaCO_3$ ② CO_2 ③ CO_2 ④ $CaCl_2$

07 (1) $Li < Na < K < Rb < Cs$
(2) $Li > Na > K > Rb > Cs$
(3) $Li > K$

08 (1) Ar (2) Si (3) Na (4) Al
(5) P(흰 인, 붉은 인), S(사방황, 단사황)
(6) Cl, $Cl_2(g) + H_2O(l) \rightarrow HCl(aq) + HClO(aq)$

09 (1) CO_2, NO_2, Cl_2O_7 (2) Na_2O, MgO (3)ZnO

10 (1) $AgCl(s)$ (2) $CdS(s)$ (3) $ZnS(s)$ (4) 불꽃 반응

11 (1) $CO_2(g) + Ca(OH)_2(aq) \rightarrow CaCO_3(s) + H_2O(l)$
(2) 400g
(3) $CaCO_{3}(s) + H_2O(l) + CO_{2}(g) \rightarrow Ca(HCO_3)_2(aq)$

12 (1) $4Li(s) + O_2(g) \rightarrow 2Li_2O(s)$
(2) $2Na(s) + 2H_2O(l) \rightarrow 2NaOH(aq) + H_2(g)$
(3) $2K(s) + Cl_2(g) \rightarrow 2KCl(s)$

13 (1) $CaCO_3(s) \rightarrow CaO(s) + CO_2(g)$
(2) $CaO(s) + 3C(s) \rightarrow CaC_2(s) + CO(g)$
(3) $CaC_2(s) + 2H_2O(l) \rightarrow Ca(OH)_2(aq) + C_2H_2(g)$
(4) $C_2H_2(g) + H_2O(l) \rightarrow CH_3CHO(g)$
(5) $CH_3CHO(g) \rightarrow C_2H_5OH(aq)$

14 ④ 15 ④ 16 ③ 17 ③ 18 ③
19 ③ 20 ④ 21 ④ 22 ② 23 ①
24 ③ 25 ③ 26 ④ 27 ④ 28 ②
29 ③ 30 ① 31 ② 32 ③ 33 ①
34 ⑤ 35 ④ 36 ①

대표 유형 기출 문제

01

ㄱ. 같은 족에서 껍질수가 증가할수록 정전기적 인력이 작아져 이온화 에너지가 감소한다.

ㄴ. 원자 번호가 커질수록 밀도는 증가하다가 K에서 감소한다. (※주의해야 할 지문입니다.)

ㄷ. 비금속과의 반응에서 환원력은 원자 번호가 클수록 증가한다.

$$Li < Na < K$$

ㄹ. 물과의 반응에서 환원력은 비금속과의 반응과 달리 Li이 K보다 크다.

정답 ②

02

④ 원자 반지름이 커질수록 정전기적 인력이 감소되어 일차 이온화 에너지 값은 작아진다.

정답 ④

03

A는 O, B는 F, C는 Na, D는 Mg이다.

① A의 산화수는 B_2A에서 +2, DA에서 −2로 다르다.

② 전하량의 곱이 큰 DB_2의 정전기적 인력이 커서 CB보다 녹는점이 높다.

③ A의 산화수는 −2로 같다.

④ 화합물 C_2A_2는 초과산화물 Na_2O_2이므로 가능하다. Na의 산화수가 +1이고, O의 산화수가 −1이므로 Na_2O_2는 가능한 화합물이다.

정답 ④

04

ㄷ. 알칼리 금속은 반응성이 매우 커서 물이나 산소를 차단하기 위해 무극성 용매인 석유나 벤젠에 넣어 보관해야한다.

ㄹ. 일반적으로 같은 주기에서 원자 번호가 증가할수록 이온화 에너지가 증가하므로 원자 번호가 작은 알칼리 금속의 이온화 에너지가 가장 작다.

정답 ①

05

알칼리 원소에서 원자 번호가 증가함에 따라

① 주기율표 상에서 왼쪽 아래로(↙) 내려감에 따라 전기음성도는 작아진다.

② 원자의 크기가 커지므로 정상 녹는점은 낮아진다.

③ 25℃, 1atm에서 양성자의 수가 늘어나므로 밀도는 증가한다. 다만, K에서 예외적으로 작아진다.

④ 원자가 전자의 개수는 같은 족 원소이므로 일정하다.

정답 ①

주관식 개념 확인 문제

06

정답 (1) ① 알칼리 ② 증가

(2) ① 알칼리토 ② 작 ③ 높

(3) ① $CaCO_3$ ② CO_2 ③ CO_2 ④ $CaCl_2$

07

(1) 같은 족에서 원자의 크기가 커지면 정전기적 인력은 감소하고 반응성은 증가하므로 환원력도 증가한다.

정답 $Li < Na < K < Rb < Cs$

(2) 같은 족에서 원자의 크기가 작아질수록 정전기적 인력은 증가하여 녹는점은 높아진다.

정답 $Li > Na > K > Rb > Cs$

(3) 정답 $Li > K$

08

정답 (1) Ar (2) Si (3) Na (4) Al

(5) P(흰 인, 붉은 인), S(사방황, 단사황)

(6) Cl, $Cl_2(g) + H_2O(l) \rightarrow HCl(aq) + HClO(aq)$

09

(1) 비금속 산화물의 액성은 산성이다.

정답 CO_2, NO_2, Cl_2O_7

(2) 금속 산화물의 액성은 염기성이다.

정답 Na_2O, MgO

(3) 양쪽성 원소를 포함한 산화물이다.

정답 ZnO

10

정답 (1) $AgCl(s)$ (2) $CdS(s)$ (3) $ZnS(s)$

(4) 불꽃 반응

11

(1) 정답 $CO_2(g) + Ca(OH)_2(aq) \rightarrow CaCO_3(s) + H_2O(l)$

(2) 탄소의 질량을 원자량으로 나누면 탄소의 몰수를 알 수 있다. $\frac{48g}{12g/mol} = 4mol$ 침전물 탄산칼슘에서 탄소는 모두 이산화탄소로부터 생성된 것이므로 탄소의 몰수와 이산화탄소의 몰수, 탄산칼슘의 몰수는 모두 같다. 따라서 이산화탄소의 몰수에 탄산칼슘의 화학식량을 곱하면 탄산칼슘의 질량을 구할 수 있다. 탄산칼슘의 화학식량은 100이다.

$$4mol \times 100g/mol = 400g$$

정답 400g

(3) 정답 $CaCO_3(s) + H_2O(l) + CO_2(g) \rightarrow Ca(HCO_3)_2(aq)$

12

정답 (1) $4Li(s) + O_2(g) \rightarrow 2Li_2O(s)$

(2) $2Na(s) + 2H_2O(l) \rightarrow 2NaOH(aq) + H_2(g)$

(3) $2K(s) + Cl_2(g) \rightarrow 2KCl(s)$

13

정답 (1) $CaCO_3(s) \rightarrow CaO(s) + CO_2(g)$

(2) $CaO(s) + 3C(s) \rightarrow CaC_2(s) + CO(g)$

(3) $CaC_2(s) + 2H_2O(l) \rightarrow Ca(OH)_2(aq) + C_2H_2(g)$

(4) $C_2H_2(g) + H_2O(l) \rightarrow CH_3CHO(g)$

(5) $CH_3CHO(g) \rightarrow C_2H_5OH(aq)$

기본 문제

14

은 이온과 아이오딘 이온은 반응하여 앙금 AgI이 생성되고 앙금의 색은 황색이다. 불꽃 반응색은 물질의 특성으로 불꽃 반응색으로 양이온의 종류를 알 수 있다. 불꽃 반응색이 보라색인 것은 칼륨 이온이므로 칼륨과 아이오딘으로 이루어진 화합물 KI이다.

정답 ④

15

같은 족에서 원자 번호가 증가할수록 원자 반지름이 증가하여 정전기적 인력이 작아지므로 녹는점은 낮아진다.

정답 ④

16

ㄱ. Li과 K은 1족 원소이므로 주기가 클수록 원자 반지름도 커진다. 따라서 원자 반지름은 Li<K이다.

ㄴ. Li의 이차 이온화 에너지는 $1s$ 오비탈에서, Be의 일차 이온화 에너지는 $2s$ 오비딜에서 진자를 제거한다. 따라서 에너지 준위가 더 높은 $2s$ 오비탈에서 전자를 제거하는 Be의 일차 이온화 에너지가 Li의 이차 이온화 에너지보다 더 작다.

ㄷ. Li은 금속으로 비금속인 F보다 전기 음성도가 작다.

ㄹ. Li은 금속, F은 비금속이므로 이온 결합물을 만든다.

정답 ③

17

$$2NaHCO_3(s) \rightarrow Na_2CO_3(s) + H_2O(l) + CO_2(g)$$

이산화탄소는 석회수와 반응하여 앙금을 생성하여 뿌옇게 흐려진다.

$$CO_2(g) + Ca(OH)_2(aq) \rightarrow CaCO_3(s) + H_2O(l)$$

정답 ③

18

2족 원소는 알칼리토 금속으로 환원되기 어려우므로 산화력이 아주 작다.

정답 ③

19

반응성은 주기율표에서 왼쪽 아래로 갈수록 증가하므로 같은 주기에서 알칼리 금속이 알칼리토 금속보다 반응성이 크다.

정답 ③

20

알칼리 금속의 수산화물은 강한 염기성을 나타내어서 알칼리 금속은 강력한 환원제이다. 공기와 쉽게 반응하기 때문에 보통 유기 용매에 보관한다.

정답 ④

21

① $2Na(s) + Cl_2(g) \rightarrow 2NaCl(s)$

② $NaOH(aq) + HCl(aq) \rightarrow NaCl(aq) + H_2O(l)$

③ $NaI(aq) + Cl_2(g) \rightarrow NaCl(aq) + I_2(s)$

④ 탄산수소나트륨을 가열하면 탄산나트륨이 생성된다.

$2NaHCO_3 \rightarrow Na_2CO_3(s) + H_2O(l) + CO_2(g)$

정답 ④

22

절대 앙금을 형성하지 않는 이온(Na^+, K^+, NH_4^+, NO_3^-)을 포함한 수용액을 넣으면 침전이 생기지 않는다.

정답 ②

23

염화칼슘($CaCl_2$)은 탄산나트륨 수용액과 반응하여 백색의 $CaCO_3(s)$이 생성되고, 질산은 수용액과 반응하여 백색의 $AgCl(s)$이 생성된다.

$$CaCl_2(aq) + Na_2CO_3(aq) \rightarrow 2NaCl(aq) + CaCO_3(s)$$

$$CaCl_2(aq) + 2AgNO_3(aq) \rightarrow Ca(NO_3)_2(aq) + 2AgCl(s)$$

정답 ①

24

$CaCO_3(s)$은 불용성염으로 물에 대한 용해도가 작다. 그러나 이산화탄소를 포함한 물에는 이산화탄소가 물에 용해되어 생성된 탄산(H_2CO_3)이 수소 이온(H^+)을 내놓고 이 H^+이 탄산 이온(CO_3^{2-})과 반응하여 CO_3^{2-}이 소비되므로 $CaCO_3(s)$의 용해 반응에서 정반응이 진행되어 $CaCO_3$의 용해도가 증가하게 된다.

※ 화학 평형이동의 원리를 참고하기 바랍니다.

정답 ③

25

산화나트륨은 물에 녹아 수산화 이온을 내므로 액성은 염기성이다.

$$Na_2O(s) + H_2O(l) \rightarrow 2Na^+(aq) + 2OH^-(aq)$$

정답 ③

26

산성 산화물인 이산화탄소를 흡수한다고 하였으므로 이 물질은 염기성 물질이다. 조해성이 있는 염기성 물질은 수산화나트륨인 NaOH이다.

정답 ④

27

베이킹 파우더는 탄산수소나트륨 또는 중조라고도 불리며 화학식은 $NaHCO_3$이다. 탄산나트륨을 가열하면 이산화탄소가 발생하여 빵이 부풀게 된다.

정답 ④

28

금속 산화물(ZnO, CaO, CuO)은 산과 반응하여 수소 기체를 발생한다. 비금속 산화물(SiO_2)은 산성 물질이므로 산과 반응하지 않는다.

정답 ②

29

〈보기〉는 모두 산화물이다. 염기인 NaOH은 액성이 산성인 비금속 산화물인 CO_2와 반응하여 염을 생성한다.

정답 ③

30

나트륨 이온의 불꽃 반응색은 노란색이고, 칼륨 이온의 불꽃 반응색은 보라색이므로 불꽃 반응색을 이용하여 두 수용액을 구분할 수 있다.

정답 ①

31

은(Ag)은 황화 이온(S^{2-})과 반응하여 황화은(Ag_2S)이라는 검은색 앙금을 형성한다.

정답 ②

32

①, ②, ④ 알칼리 금속에서 원자 번호가 증가함에 따라 원자 반지름이 증가하므로 1차 이온화 에너지는 감소하고, 녹는점은 낮아진다. 원자 반지름이 증가하므로 이온(M^+) 반지름도 증가한다.

③ 원자 번호가 증가함에 따라 산화되기 쉽고 환원되기는 어려우므로 $M^+ + e^- \rightarrow M$에 대한 표준 환원 전위는 감소한다.

정답 ③

자료 추론형

33

수은은 상온에서 액체인 금속이다. 황동의 주성분은 구리와 아연이다. 음극화 보호에 사용할 수 있는 두 금속은 철보다 이온화 경향이 큰 나트륨과 아연이다. 노란 불꽃 반응색을 나타내는 금속은 나트륨이다. 연성과 전성이 가장 큰 금속은 금이다.

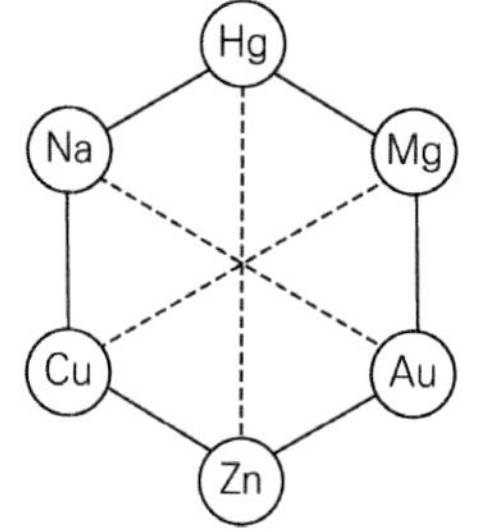

정답 ①

34

녹는점을 측정하여 주기가 증가할수록 녹는점이 낮아짐을 확인한다. 알칼리 금속은 공기 중 산소와 빠르게 반응하여 단면의 색이 변하므로 단면의 색이 변하는 속도를 통해 반응성을 비교할 수 있다.

정답 ⑤

35

각 실험의 반응식은 다음과 같다.

(가) $Ca(s) + 2H_2O(l) \rightarrow Ca(OH)_2(aq) + H_2(g)$

(나) $Ca(OH)_2(aq) + CO_2(s) \rightarrow CaCO_3(s) + H_2O(l)$

(다) $CaCO_3(s) + CO_2(g) + H_2O(l) \rightarrow Ca(HCO_3)(aq)$

(나)에서 앙금 $CaCO_3$이 생성되므로 Ca^{2+}의 개수는 감소한다.

정답 ④

36

두 수용액에서의 반응식은 아래와 같다.

$$Ca(s) + 2HCl(aq) \rightarrow CaCl_2(aq) + H_2(g)$$

$$Ca(s) + 2H_2O(l) \rightarrow Ca(OH)_2(aq) + H_2(g)$$

ㄱ. 수용액의 pH는 산성에서 중성으로, 중성에서 염기성으로 변하므로 pH는 증가한다.

ㄴ. 전기전도도는 용액의 부피당 이온수에 비례한다. 이온수는 각각 4N에서 3N으로 감소하고, 0에서 3N으로 증가한다.

ㄷ. 반응 전 양이온은 수소 이온, 음이온은 염화 이온이다. 반응 후 양이온은 칼슘 이온, 음이온은 염화 이온으로 $\frac{2}{2} \rightarrow \frac{1}{2}$으로 감소한다. 반응전 양이온과 음이온은 모두 없다가 반응 후 양이온은 칼슘 이온, 음이온은 수산화 이온이 생성되므로 $0 \rightarrow \frac{1}{2}$로 증가한다.

정답 ①

Chapter

02 할로젠 원소

01 (A) SO_3 (B) H_2SO_4 (C) $CaSO_4$

02 (1) HF > HI > HBr > HCl
(2) HI > HBr > HCl > HF
(3) HF

03 (1) I (2) $2KI(aq) + Br_2(l) \rightarrow 2KBr(aq) + I_2(s)$

04 (1) $2NaBr + Cl_2 \rightarrow 2NaCl + Br_2$
(2) 3.2g
(3) $Cl_2 + H_2O \rightarrow HClO + HCl$
(4) ④

05 ④	06 ④	07 ②	08 ③	09 ②
10 ②	11 ④	12 ①	13 ②	14 ④
15 ①	16 ③	17 ⑤	18 ①	19 ④
20 ③	21 ②			

주관식 개념 확인 문제

01

정답 (A) SO_3 (B) H_2SO_4 (C) $CaSO_4$

02

(1) 끓는점은 분자간 인력이 클수록 크다. 수소 결합을 한 HF의 끓는점이 가장 높고, 이후 분자량이 클수록 분산력이 크므로 분자량이 큰 순서대로 끓는점이 높다.

(2) 산은 전기음성도 차이가 커서 극성이 클수록 수소 이온을 잘 내므로 세기가 커지는데, 예외적으로 극성이 가장 큰 HF는 결합 에너지가 매우 커서 수소 이온을 잘 내지 못하므로 매우 약한 산성을 띤다.

(3) HF는 유리와 반응하여 유리를 녹이므로 유리병에 저장할 수 없다.

정답 (1) HF > HI > HBr > HCl
(2) HI > HBr > HCl > HF
(3) HF

03

사염화탄소에 녹아서 보라색을 띠는 것은 I_2이다. 두 할로젠 원소 중 반응성이 더 큰 Br이 이온으로 존재하게 되고, 반응성이 작은 I는 분자로 존재하게 된다.

$$2KI(aq)+Br_2(l) \rightarrow 2KBr(aq)+I_2(s)$$

정답 (1) I (2) $2KI(aq)+Br_2(l) \rightarrow 2KBr(aq)+I_2(s)$

04

(1) 반응성이 큰 염소가 환원되어 염화 이온으로 존재하게 되고, 브롬화 이온은 산화되어 분자로 된다.

정답 $2NaBr + Cl_2 \rightarrow 2NaCl + Br_2$

(2) 브롬의 질량을 구하기 위해 브롬화 이온의 몰수는 $0.5M \times 0.08L = 0.04mol$이고, 화학 반응식의 계수의 비를 이용하여 브롬의 질량을 구할 수 있다. 따라서, 브롬의 몰수는 0.02mol이고, Br_2의 분자량 160이므로 질량은 몰수와 분자량을 곱한 $0.02mol \times 160g/mol = 3.2g$이다.

정답 3.2g

(3) 하이포아염소산 (HClO)는 표백작용을 한다.

정답 $Cl_2 + H_2O \rightarrow HClO + HCl$

(4) 염소보다 반응성이 작은 아이오딘이 아이오딘화 이온으로 환원될 수 없다.

정답 ④

기본 문제

05

석회수에 이산화탄소를 가하는 반응은 단계적으로 두 가지로 나누어진다.

$$Ca(OH)_2(aq) + CO_2(g) \rightarrow CaCO_3(s) + H_2O(l)$$

$$CaCO_3(s) + CO_2(g) + H_2O(l) \rightarrow Ca(HCO_3)(aq)$$

석회수에 이산화탄소를 가하면 앙금인 $CaCO_3$가 생성되며 뿌옇게 흐려졌다가 계속 이산화탄소를 가하면 $Ca(HCO_3)_2$가 생성되면서 다시 맑아지므로 침전의 양이 증가했다가 감소하는 그래프의 형태를 띤다.

정답 ④

06

ㄱ. 할로젠 원소는 상온에서 이원자 분자로 존재한다.

ㄴ. $F_2(g)$, $Cl_2(g)$, $Br_2(l)$, $I_2(s)$로 존재한다.

ㄷ. 원자 번호가 증가할수록 분자량이 증가하여 분산력이 증가하므로 녹는점은 증가한다.

ㄹ. 17족에 속하며 원자가전자는 7개이다.

정답 ④

07

할로젠 원소의 반응성은 환원되기 쉬운 정도로서 $F_2 > Cl_2 > Br_2 > I_2$이다. 따라서 반응성이 작은 브롬화 이온이 반응성이 큰 염소 기체와 반응하면 브롬은 브롬화 이온으로 산화되고, 염소 기체는 염화 이온으로 환원되는 반응이 일어난다.

$$2Br^-(aq)+Cl_2(g) \rightarrow 2Cl^-(aq)+Br_2(l)$$

정답 ②

08

염소 기체는 물에 녹아 하이포아염소산과 염산이 되는데 하이포아염소산이 장미꽃을 표백시킨다.

$$Cl_2(g)+H_2O(l) \rightarrow HCl(aq)+HClO(aq)$$

정답 ③

09

① 녹는점과 끓는점은 분자간 인력이 클수록 높아진다. 할로겐 원소는 무극성 분자이므로 분자량이 클수록 분산력이 증가하여 녹는점과 끓는점이 증가한다.

$$F_2 < Cl_2 < Br_2 < I_2$$

② 반응성의 세기는 원자 번호가 작을수록 증가한다.

$$F_2 > Cl_2 > Br_2 > I_2$$

③ 할로젠화 수소산에서 HF는 결합 에너지가 매우 커서 이온화가 잘 되지 않으므로 약산이고, 나머지는 전기음성도차이가 커서 이온화가 잘되는 강산이므로 산의 세기는 $HF << HCl < HBr < HI$이다.

④ 반지름의 크기는 껍질수와 비례하므로 $F_2 < Cl_2 < Br_2 < I_2$이다.

정답 ②

10

암모니아를 물에 녹인 암모니아수는 $NH_3(aq)$이다. 암모니아는 휘발성이 있으므로 암모니아와 염화수소 기체가 반응하여 염화암모늄(NH_4Cl)이라는 흰 고체를 생성하므로 염화수소 기체의 검출에 이용할 수 있다.

$$NH_3(g) + HCl(g) \rightarrow NH_4Cl(s)$$

정답 ②

11

할로젠 원소의 반응성은 환원되기 쉬운 정도이므로 반응성의 순서는 $F_2 > Cl_2 > Br_2 > I_2$이다.

정답 ④

12

할로젠 원소의 반응성의 순서는 $F_2 > Cl_2 > Br_2 > I_2$이다. 반응성이 작은 원소로 이루어진 분자가 사염화탄소에 녹아 색을 띠므로 반응성을 비교해 본다.

① (가)는 Cl_2가 Br보다 반응성이 크므로 산화되면서 Br_2가 생성되므로 적갈색을 띤다.

② (나)는 Cl_2가 I보다 반응성이 크므로 산화되면서 I_2가 생성되므로 보라색을 띤다.

③ (다)는 Br_2가 Cl보다 반응성이 작으므로 반응이 일어나지 않으므로 색의 변화가 없다.

④ (라)는 Br_2가 I보다 반응성이 크므로 산화되면서 I_2가 생성되므로 보라색을 띤다.

정답 ①

13

비금속 산화물인 CO_2는 물에 녹아 산성을 띠므로 중화반응을 이용하여 염기성인 수산화나트륨 수용액에 통과시키면 혼합 기체에서 CO_2를 제거할 수 있다.

$$CO_2(g) + 2NaOH(aq) \rightarrow Na_2CO_3(aq) + H_2O(l)$$

정답 ②

14

절대 앙금을 형성하지 않는 이온인 Na^+, K^+, NH_4^+, NO_3^-가 포함된 염은 침전을 형성하지 않는다.

정답 ④

15

산은 탄산염과 반응하여 이산화탄소를 생성하는 특성이 있다.

$$CaCO_3(s) + 2HCl(aq) \rightarrow CaCl_2(aq) + H_2O(l) + CO_2(g)$$

정답 ①

16

비금속 산화물인 CO_2는 물에 녹아 수소 이온을 내므로 산성을 띤다.

$$CO_2(g) + H_2O(l) \rightleftarrows H_2CO_3(aq) \rightleftarrows 2H^+(aq) + CO_3^{2-}(aq)$$

정답 ③

자료 추론형

17

① (가)에서 반응성의 크기가 $Br_2 > I_2$이므로 브롬수를 이용하여 KI에서 I^-를 I_2로 산화시킬 수 있다.

② (나)에서 불꽃 반응색을 이용하여 나트륨이 포함된 염은 노란색을, 칼륨이 포함된 염은 보라색을 띠므로 구분할 수 있다.

③ (다)에서 브롬의 산화수가 −1에서 0으로 증가하므로 브롬화 이온은 산화된다.

④ (라)에서 염소 기체를 이용하면 염소보다 반응성이 작은 Br^-는 Br_2로 산화되어 적갈색을 띠고, 염소보다 반응성이 큰 F^-는 반응하지 않는다.

⑤ B, C는 KCl과 KBr중에 하나이므로 염소 기체를 이용하여 반응하는 것은 KBr이고, 반응하지 않는 것은 KCl이다.

정답 ⑤

18

각 과정에서 화학 반응식은 아래와 같다.

(가) $CuSO_4(aq) + BaBr_2(s)$

$\rightarrow BaSO_4(s) + CuBr_2(aq)$

바륨 이온은 황산 이온과 반응하여 앙금을 형성한다. (가)를 여과하면 앙금인 $BaSO_4$는 제거된다.

(나) $CuBr_2(aq) + Zn(s) \rightarrow ZnBr_2(aq) + Cu(s)$

금속의 이온화 경향이 Zn > Cu이다. 아연의 반응성이 더 크므로 아연이 산화되고 구리 이온이 환원된다. (나)를 여과하면 석출된 구리가 제거된다.

(다) $ZnBr_2(aq) + Cl_2(aq) \rightarrow ZnCl_2(aq) + Br_2(l)$

할로젠 원소의 반응성이 염소가 브로민보다 크므로 염소가 환원되고, 브로민화 이온이 산화된다. 액체를 가열하면 증발하므로 브롬수가 제거된다.

(라) $ZnCl_2(aq) + Fe(s) \rightarrow$ No reaction!

금속의 이온화 경향이 Zn > Fe이므로 반응성이 큰 아연이 이온 상태로 존재하므로 반응이 일어나지 않는다.

정답 ①

19

① 알칼리 금속은 전기전도성이 있고, 할로젠 원소는 전기전도성이 없으므로 A, D는 할로젠 원소, B, C는 알칼리 금속이다.

② 알칼리 금속은 물과 반응하여 수소 기체를 발생한다.

③ 알칼리 금속은 자유 전자가 있어 연성, 전성, 전기전도성을 갖는다.

④ 알칼리 금속인 C는 할로젠 원소인 A와 반응하면 알칼리 금속은 전자를 잃고 산화되고, 할로젠 원소는 전자를 얻어 환원된다.

⑤ 할로젠 원소인 D는 녹는점이 상온인 25℃보다 높으므로 고체로 존재한다.

정답 ④

20

• 알칼리 금속은 껍질수가 증가함에 따라 정전기적 인력이 작아지므로 녹는점이 낮아진다. 따라서 녹는점이 가장 낮은 금속은 K이다.

• 할로젠 원소는 전기음성도가 클수록 전자를 얻어 환원되기 쉬우므로 반응성이 크다. 따라서 반응성이 가장 큰 할로젠은 Cl_2이다.

• 반응성이 가장 작은 할로젠은 전기음성도가 가장 작은 I_2이고, 불꽃 반응 색은 Li이 빨간색, Na이 노란색, K이 보라색이므로 I_2의 맞은편에는 Li이 온다.

상온에서 액체로 존재하는 물질은 할로젠 원소 중 Br_2이므로 맞은편에는 K이 있다.

정답 ③

21

① 알칼리 금속인 A는 분자인 B_2보다 정전기적 인력이 강하므로 녹는점이 높다.

② C는 18족 원소로서 이미 옥텟을 만족하므로 전자를 얻거나 잃지 않는다.

③ 금속 양이온은 불꽃 반응으로 구별할 수 있다.

④ B, E는 할로젠 원소로서 반응성의 크기는 B>E이므로 반응성이 작은 B_2는 환원되고, E^-가 산화되어 E_2가 생성된다.

⑤ 알칼리 금속인 A는 전자를 잃고 산화되기 쉽고, 할로젠 원소로 구성된 B_2는 전자를 얻어 환원되기 쉽다.

정답 ②

Chapter

03 탄소 화합물

제 1 절 탄화수소

01 ③	02 ①	03 ③	04 ④	05 ④
06 ③	07 ③	08 ③	09 ④	

10 (1) ① C_nH_{2n-2} ② 3중 ③ C_2H_2 ④ CaC_2
⑤ C_2H_3Cl
(2) ① CH_3Cl ② CCl_4

11 (1) B > D > A > C (2) C

12 ②	13 ①	14 ④	15 ③	16 ③
17 ⑤	18 ④	19 ③	20 ④	21 ⑤
22 ⑤				

대표 유형 기출 문제

01

① 뷰테인(butane)은 2개의 구조 이성질체를 갖는다.

```
   H  H  H  H            H  H  H
   |  |  |  |            |  |  |
H─C─C─C─C─H          H─C─C─C─H
   |  |  |  |            |  |  |
   H  H  H  H            H  |  H
                          H─C─H
                             |
                             H
```

n-뷰테인 iso-뷰테인

② 프로페인(propane)은 뷰테인(butane)보다 분자량이 작아서 분산력이 작기 때문에 낮은 온도에서 끓는다.

③ 2,2-다이메틸프로페인(2,2-dimethylpropane)의 중심 탄소 원자는 모두 동일한 메틸기를 가지고 있으므로 카이랄(chiral) 중심이 없다.

```
        CH3
        |
H3C ─ C ─ CH3
        |
        CH3
```

④ 2,2-다이메틸프로페인(2,2-dimethylpropane)이 n-펜테인(n-pentane)보다 표면적이 작아서 분산력이 작기 때문에 낮은 온도에서 끓는다.

정답 ③

02

에터	아민	알코올	카복시산
R−O−R′	$R-NH_2$	R−OH	R−COOH

정답 ①

03

결합차수가 작을수록 결합 길이는 길다.

분자	C_2H_6	C_6H_6	C_2H_4	C_2H_2
결합 차수	1차	1.5차	2차	3차

$$C_2H_6 > C_6H_6 > C_2H_4 > C_2H_2$$

정답 ③

04

① 에터(ether)기: R−O−R
② 아민(amine)기: R−N−R
③ 하이드록시(hydroxy)기: R−OH
④ 에스터(ester)기: R−COO−R
에스터기는 존재하지 않는다.

정답 ④

05

4가지의 사이클로헥세인 구조 중 체어형의 에너지가 가장 낮아 안정한 구조이다.

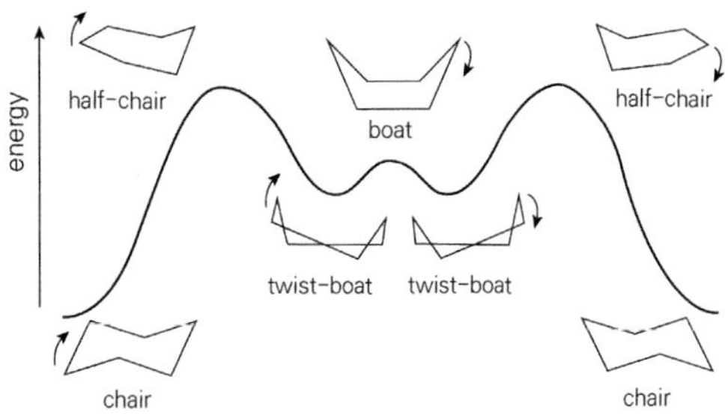

사이클로헥세인(체어형)

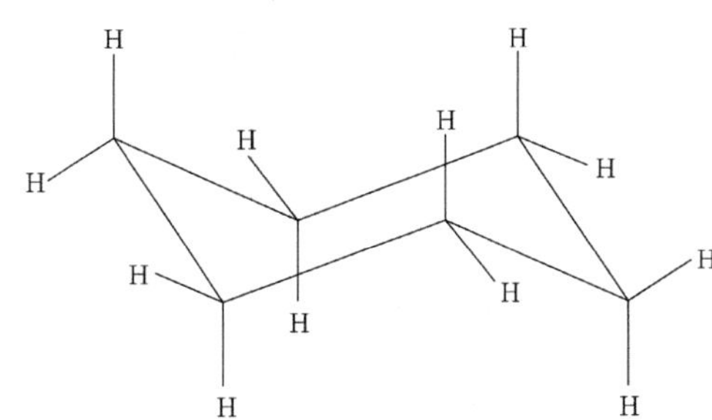

정답 ④

PART 03 원소와 화합물

06

카이랄 탄소는 결합한 4개의 치환기들이 모두 달라야 한다.

C_1와 C_4는 2개의 산소 원자와 결합하고 있으므로 카이랄 탄소가 아니다.

C_2은 2개의 수소 원자와 결합하고 있으므로 카이랄 탄소가 아니다.

C_3와 결합한 치환기($C_2H_2C_1ONH_2$, H, NH_2, C_4OOH)들은 모두 다르므로 C_3는 카이랄 탄소이다.

정답 ③

07

일반적인 탄화수소의 관계식은 다음과 같다.

- C_nH_{2n+2}는 탄소간의 결합이 모두 단일 결합인 포화 탄화수소이다.
- C_nH_{2n}는 ㉠ 1개의 2중 결합을 포함하는 불포화 탄화수소이거나 ㉡ 단일 결합의 고리형 탄화수소이다.
- C_nH_{2n-2}는 ㉠ 1개의 3중 결합을 포함하거나 ㉡ 2개의 2중 결합을 포함하는 불포화 탄화수소이거나 ㉢ 1개의 2중 결합을 포함한 고리형 불포화 탄화수소이다.

C_2H_2은 C_nH_{2n-2}에 해당하므로 불포화 탄화수소이다.

C_3H_6은 C_nH_{2n}에 해당하므로 불포화 탄화수소이다.

C_2H_6, C_3H_8, C_4H_{10}, C_5H_{12}, C_8H_{18}은 C_nH_{2n+2}에 해당하므로 포화 탄화수소이다.

C_4H_4는 일반적인 탄화수소는 아니다. 그러나 C와 H의 개수가 같으므로 다중 결합을 포함할 수 밖에 없으므로 불포화 탄화수소이다. 따라서 가장 옳게 짝지어진 것은 ③이다. 참고로 C_4H_4의 한 예를 나타내면 아래와 같다. 이름은 Vinylacetylene이다.

$H_2C{=}CH{-}C{\equiv}C{-}H$

정답 ③

08

불포화도(D.U) 공식은 다음과 같다.

$$D.U = C - \frac{H+X}{2} + \frac{N}{2} + 1$$

위 공식에 각 원자의 개수를 대입해서 불포화도를 구할 수 있다.

$$D.U = 20 - \frac{32+1}{2} + \frac{1}{2} + 1 = 5$$

정답 ③

09

탄소양이온(carbocation)의 구조

탄소의 혼성 궤도함수는 sp^2이다.

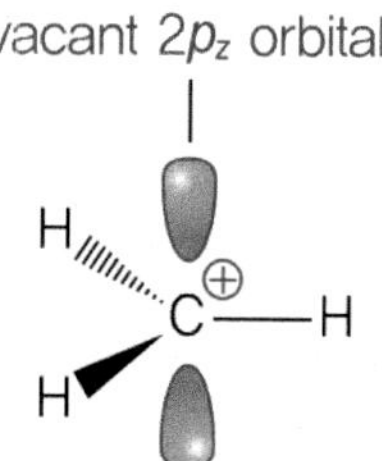

열역학적으로 측정해보면 탄소양이온은 치환기의 수가 많을수록 안정성이 크다. 따라서 안정도 순서는 다음과 같다.

$$3^\circ > 2^\circ > 1^\circ > CH_3^+$$

치환기를 더 많이 가지고 있는 탄소양이온이 치환기를 더 적게 가지는 탄소양이온보다 더 안정한 이유는 유발효과(inductive effect)와 하이퍼콘쥬게이션(hyperconjugation)으로 설명할 수 있다.

유발효과는 가까이 있는 원자들의 전기음성도 때문에 시그마 결합의 전자가 한 쪽으로 치우치면서 발생된다. 탄소양이온의 탄소에 수소 원자만 결합된 것보다 비교적 크고 편극되기 쉬운 알킬기가 결합된 것이 치환기의 전자가 인접한 탄소 양이온 쪽으로 훨씬 치우치기 쉽다. 따라서 양으로 하전된 탄소에 결합된 알킬기의 수가 많으면 많을수록 유발효과에 의해 양이온쪽으로 전자 밀도가 이동하여 양이온의 안정성이 커지게 된다.

$H{-}C^+H_2$	$H_3C{-}C^+H_2$	$H_3C{-}C^+H(CH_3)$	$H_3C{-}C^+(CH_3)_2$
Methyl 양이온 (Methyl)	Ethyl 양이온 (1°)	Isopropyl 양이온 (2°)	*tert*-Butyl 양이온 (3°)

탄소양이온 안정성 증가 →

또한 비어있는 p 궤도함수는 적절하게 배향되어 있는 인접한 탄소의 C－H 시그마결합 궤도함수와 상호작용한다. 탄소양이온에 치환된 알킬기가 많으면 많을수록 하이퍼콘쥬게이션을 일으킬 가능성은 많아지고, 탄소양이온은 더욱 안정된다.

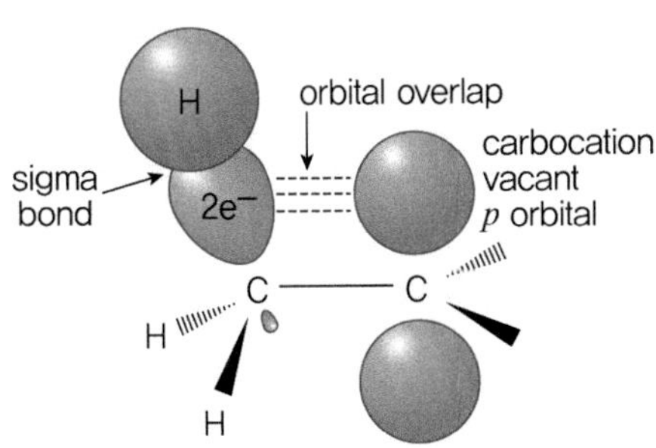

(가) 탄소양이온이 불안정할수록 해리엔탈피는 크다. 따라서 해리엔탈피가 큰 ㉠은 CH_3Cl이다.

$$CH_3Cl + E \rightarrow CH_3^+ + Cl^-$$

(E 해리엔탈피)

$$CH_3Cl > CH_3CH_2Cl > (CH_3)_2CHCl > (CH_3)_3CCl$$

(나) 치환기가 더 많은 화합물 ㉢(2°)가 치환기가 적은 화합물 ㉡(1°)보다 안정하다.

(다) ㉠과 ㉡의 해리엔탈피 차이는 치환기의 개수에 차이가 있으므로 유발효과로 설명할 수 있다.

(라) ㉢과 ㉣의 해리엔탈피 차이 또한 치환기의 개수에 차이가 있으므로 하이퍼콘쥬게이션(hyperconjugation)으로 설명할 수 있다.

정답 ④

주관식 개념 확인 문제

10

정답 (1) ① C_nH_{2n-2} ② 3중 ③ C_2H_2
④ CaC_2 ⑤ C_2H_3Cl
(2) ① CH_3Cl ② CCl_4

11

(1) 결합 차수가 클수록 결합 길이가 짧으므로 A는 이중 결합, B는 단일 결합, C는 삼중 결합, D는 1.5중 결합이다.

정답 B>D>A>C

(2) 삼중 결합을 한 에타인 C가 브롬 첨가 반응에 의해 기하 이성질체가 생긴다.

정답 C

H, Br / C=C / Br, H	H, H / C=C / Br, Br
Trans－$C_2H_2Br_2$ (Ⅰ)	*cis*－$C_2H_2Br_2$ (Ⅱ)

기본 문제

12

A는 포화 탄화수소이고 사슬 모양인 에테인(C_2H_6), B는 포화 탄화수소이면서 고리 모양인 사이클로헥세인(C_6H_{12}), C는 불포화 탄화수소이고, 이중 결합을 한 사슬 모양의 에텐(C_2H_4), D는 사슬 모양의 삼중 결합을 한 불포화 탄화수소이므로 에타인(C_2H_2), E는 불포화 탄화수소이고 고리 모양인 방향족 탄화수소인 벤젠(C_6H_6)이다. B의 일반식은 C_nH_{2n}이다. 사슬형의 불포화 탄화수소인 C, D에 브롬수를 가하면 탈색 반응에 의해 무색이 되고, 첨가 반응, 첨가 중합 반응을 잘 한다. 불포화 탄화수소이지만 E는 공명 구조의 안정성으로 인해 치환 반응을 더 잘한다.

정답 ②

13

다중 결합일수록 s-특성이 커서 결합 길이가 짧다. 삼중 결합을 한 에타인(C_2H_2)의 결합 길이가 가장 짧다.

정답 ①

14

①, ②, ③은 모두 일반식이 C_nH_{2n+2}이므로 동족체이고, ④의 일반식은 C_nH_{2n}이다.

정답 ④

15

(가)는 무극성 분자(C_2H_6), sp^3 혼성으로 입체 구조, 포화 탄화수소, $CO_2 : H_2O = 2:3$이다.

(나)는 무극성 분자(C_2H_4), sp^2 혼성으로 평면 구조, 불포화 탄화수소이고 브롬수를 첨가하면 첨가 반응에 의해 탈색된다. $CO_2 : H_2O = 1:1$

(다)는 무극성 분자(C_2H_2), sp 혼성으로 평면 구조, 불포화 탄화수소이고, 브롬수를 첨가하면 첨가 반응에 의해 탈색된다. $CO_2 : H_2O = 2:1$

(라)는 무극성 분자(C_6H_6), sp^2 혼성으로 평면 구조, 불포화 탄화수소이지만 공명 구조의 안정성으로 인해 치환 반응이 일어난다. $CO_2 : H_2O = 2:1$

정답 ③

16

ㄱ. 분자식이 같고, 구조식이 다르므로 구조 이성질체 관계이다.

ㄴ. (가)는 이중 결합으로 인해 첨가 반응, (나)는 결합각이 109.5°에 가까워 안정하여 치환 반응을 잘한다.

ㄷ. 브롬수와의 반응하여 탈색 반응을 일으키는 것으로 불포화 탄화수소를 확인 할 수 있다.

ㄹ. 탄화수소를 연소시키면 이산화탄소와 물이 생성된다.

정답 ③

17

(가)는 알코올의 분자내 탈수 반응이다. 기체 A는 에텐(C_2H_4)이다. (나)는 칼슘 카바이드와 물을 반응시켜 기체 B인 에타인(C_2H_2)을 얻을 수 있다. 기체 A인 에텐은 이중 결합이 있는 불포화 탄화수소이고, 기체 B는 삼중 결합을 한 불포화 탄화수소이다. 불포화 탄화수소인 기체 A에 염소 기체를 첨가하면 첨가 반응 후 모두 단일 결합으로 이루어졌기 때문에 기하 이성질체는 존재하지 않는다. 기체 B에 염소 기체를 첨가하면 첨가 반응 후에 남아 있는 이중 결합으로 인해 *cis*−, *trans*−형의 기하 이성질체가 존재한다.

정답 ⑤

18

메테인이 평면 사각형이면 *cis*−, *trans*−형의 기하 이성질체가 존재하나 정사면체 구조라면 회전이 가능하므로 이성질체가 존재하지 않는다.

정답 ④

19

이성질체는 분자식이 같으므로 분자량도 같다. 아보가드로 법칙에 의해 밀도는 분자량에 비례하므로 가장 비슷한 값을 가질 것이다.

정답 ③

20

지구에서 존재량이 가장 많은 원소는 C가 아닌 Fe이다.

정답 ④

21

(가)는 알코올의 분자 내 탈수 반응으로 에텐(C_2H_4)이 생성된다. (나)는 칼슘 카바이드와 물의 반응으로 에타인(C_2H_2)이 생성된다.

① C_2H_4과 C_2H_2은 한 분자에 2개의 탄소를 포함한다.

② C_2H_4과 C_2H_2 모두 다중 결합을 포함하고 있으므로 브롬수에 통과시키면 브롬수의 적갈색이 사라진다.

③ C_2H_4은 폴리에틸렌의 단위체로 사용된다.

④ C_2H_2은 금속 용접에 사용된다.

⑤ 발생한 기체 한 분자를 구성하는 원자의 수는 (가)가 6개, (나)가 4개이다. 따라서 (가)보다 (나)에서 더 적다.

정답 ⑤

22

H 원자 1개를 Br로 치환하면 탄소수가 1, 2인 탄화수소의 경우 1가지 물질이 생성되지만, 탄소수가 3인 C_3H_8의 경우 치환기의 위치에 따라 두 가지 물질이 생성된다.

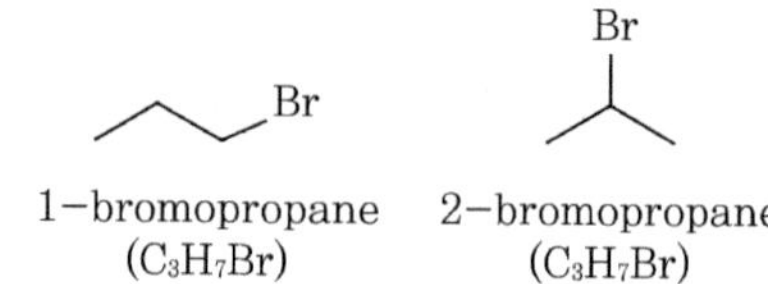

정답 ⑤

제 2 절 지방족 탄화수소와 유도체

01 ④

02 (1) $CH_3OH \xrightarrow{[O]} HCHO \xrightarrow{[O]} HCOOH$

(2) $2CH_3OH + 2Na \rightarrow 2CH_3ONa + H_2$

03 A : CH_3CHO, B : CH_3COOH, C : C_2H_5OH

04 $HCOOCH_3$　05 $HCOOC_2H_5$

06 ②	07 ②	08 ④	09 ②	10 ⑤
11 ③	12 ③	13 ④	14 ③	15 ④
16 ①	17 ②	18 ⑤	19 ②	

대표 유형 기출 문제

01

알코올 중 1차 알코올과 2차 알코올만 산화 반응이 일어난다. 3차 알코올은 탄소와 직접 결합한 수소가 없으므로 산화될 수가 없다.

정답 ④

주관식 개념 확인 문제

02

(1) B는 폼알데히드($HCHO$)이고, C는 폼산($HCOOH$)이다.

정답 $CH_3OH \xrightarrow{[O]} HCHO \xrightarrow{[O]} HCOOH$

(2) 금속 나트륨은 알코올과 반응하여 수소 기체를 발생한다.

정답 $2CH_3OH + 2Na \rightarrow 2CH_3ONa + H_2$

03

에타인에 물을 첨가하며 아세트알데히드(A)가 생성되고, 아세트알데히드를 산화시키면 아세트산(B)이 되고, 아세트알데히드를 환원시키면 에탄올(C)이 된다.

정답 A: CH_3CHO, B: CH_3COOH, C: C_2H_5OH

04

① 가수 분해가 되므로 에스터기(−COO−)를 포함한다.
② 환원성이 있으므로 포르밀기(−CHO)를 포함한다.
③ 금속 나트륨과 반응하지 않으므로 카복시기(−COOH)나 하이드록시기(−OH)를 포함하지 않는다.

정답 $HCOOCH_3$

05

가수 분해하여 에탄올이 생성되므로 에스테르기(−COO−)를 포함한 화합물이다. 질산은 용액을 환원시키므로 포르밀기(−CHO)를 포함한다.

정답 $HCOOC_2H_5$

기본 문제

06

금속 나트륨은 물, 알코올, 카복시산과 반응하여 수소 기체를 발생한다.

정답 ②

07

2차 알코올을 산화시키면 케톤이 생성된다.

① 1차 알코올 ② 2차 알코올 ③ 3차 알코올
④ 프로판알 ⑤ 폼산

정답 ②

08

① 1차 알코올인 A를 산화시키면 알데하이드인 C가 생성된다. 알데하이드를 산화시키면 카복시산인 B가 생성된다.
② 알코올과 카복시산을 에스터화 반응을 시키면 에스터인 D가 생성된다.
③ 알데하이드인 C는 환원성이 있는 포르밀기를 포함하므로 펠링 용액을 변화시킨다.
④ 아세트산인 B는 나트륨과 반응하여 수소 기체를 발생하고 알코올인 A도 나트륨과 반응하여 수소 기체를 발생한다.

정답 ④

09

① a와 b는 모두 카복시기를 포함하므로 성질이 비슷하다.

② a의 실험식은 CH_2O이고, b의 실험식은 $C_3H_6O_2$이다. a와 실험식이 같은 것은 d이다.

③ c의 분자식은 CH_4O이고, 실험식도 CH_4O이다.

④ c는 알코올로 성질이 비슷한 것은 같은 하이드록시기를 포함한 e이다.

⑤ d는 분자식이고, a, b, c, e는 시성식으로 표현 되어 있다.

정답 ②

10

카복시기(−COOH)를 갖는 물질이 산성을 띠고, 알데하이드기(−CHO)를 포함한 물질이 환원성을 가지므로 알데하이드와 카복시기를 모두 포함한 폼알데하이드(HCOOH)가 해당된다.

정답 ⑤

11

물에 대한 용해도는 극성의 크기가 클수록 크다. 알케인인 C_2H_6는 무극성이므로 물에 녹지 않고, 극성인 $CHCl_3$는 물에 녹는다. 에탄올(CH_3CH_2OH)은 산소가 전기음성도가 커서 편극이 잘 일어나므로 극성이 크고 물과 구조가 비슷하기 때문에 물에 가장 잘 녹는다.

정답 ③

12

메탄올의 시성식은 CH_3OH이다. 가수 분해 반응은 에스터 화합물에서 일어날 수 있다. 에스터기를 포함한 화합물 중 가수 분해 반응은 아래와 같다.

③ $C_2H_5COOCH_3 + H_2O \rightarrow CH_3OH + C_2H_5COOH$

④ $C_2H_5COOC_2H_5 + H_2O \rightarrow C_2H_5COOH + C_2H_5OH$

메탄올이 생성되는 반응은 $C_2H_5COOCH_3$뿐이다.

정답 ③

13

① (가) 반응은 포도당으로부터 에탄올을 생성하는 알코올 발효 반응으로 반응시 이산화탄소가 발생한다.

② (나)는 에텐에 물을 첨가하여 에탄올을 만드는 반응이다.

③ (다)는 에탄올과 금속 나트륨의 반응으로 수소 기체가 발생하는 반응이다.

④ (라)는 에탄올의 분자간 탈수 반응으로 다이에틸에터($C_2H_5OC_2H_5$)가 생성된다.

⑤ (마)는 에탄올과 카복시산의 반응인 에스테르 반응이고, 에스터는 과일향을 내는 것이 많다.

정답 ④

14

메탄올을 산화시키면 (가) 폼알데하이드(HCHO)가 되고 계속 산화시키면 (나) 폼산(HCOOH)이 된다. 메탄올은 (나) 폼산(HCOOH)과 에스터 반응을 하여 (다) 폼산메틸($HCOOCH_3$)과 물이 생성한다.

ㄱ. (가), (나), (다) 모두 알데하이드기를 포함하므로 환원성이 있다.

ㄴ. 에스터기를 포함한 (다)가 물에 가장 안 녹는다.

ㄷ. 카복시기를 포함한 (나)의 수용액은 물에 녹아 이온화하여 수소 이온을 내므로 산성을 나타낸다.

정답 ③

15

에텐에 물을 첨가하면 생성되는 A는 에탄올이다. 메탄올을 산화시키면 B인 폼알데하이드가 생성되고 폼알데하이드를 계속 산화시키면 C인 폼산이 된다. 에탄올과 카복시산은 에스터 반응을 하여 에스터와 물을 생성한다.

A: C_2H_5OH, B : HCHO, C : HCOOH,

D: $HCOOC_2H_5$

ㄱ. 수용액의 pH는 비전해질인 A는 중성을 띠고, 전해질인 C는 이온화하여 수소 이온을 내므로 산성을 띠므로 pH는 A가 C보다 크다.

ㄴ. 폼알데하이드는 분자 간에는 수소 결합을 할 수 없지만 물 분자의 수소와 폼알데하이드의 산소 사이에 수소 결합을 할 수 있다.

ㄷ. 카복시산인 C는 염기성을 띠는 수산화나트륨 수용액과 중화 반응을 하고, 에스터인 D는 수산화나트륨과 비누화 반응을 한다.

정답 ④

16

① 메탄올을 산화시키면 폼알데하이드가 생성된다. 알데하이드기로 인해 은거울 반응을 한다.

② 메탄올은 아세트산과 반응하여 에스터 반응으로 에스터와 물을 생성한다.

③ 메탄올을 금속 나트륨과 반응하여 수소 기체를 생성한다.

④ 메탄올을 연소시키면 이산화탄소와 물을 생성한다. 이산화탄소는 물에 녹아 산성을 띤다.

⑤ 메탄올을 가열된 산화구리에 의해 산화되어 폼알데하이드가 된다.

정답 ①

탄소 화합물과 화학 양론

17

ㄱ. 연소 반응식에서 계수의 비를 통해 옥테인과 이산화탄소의 몰수의 비를 알 수 있으므로 연소 반응식이 필요하다.

ㄴ. 옥테인의 몰수는 옥테인의 질량을 옥테인의 분자량으로 나누어 구하므로 제시되지 않은 옥테인의 분자량이 필요하다.

ㄷ. 연소에 소비된 옥테인은 액체이므로 부피만으로는 그 양을 알 수 없고 추가적으로 옥테인의 밀도가 필요하다.

ㄹ. 이산화탄소의 부피는 CO_2의 몰수와 1몰의 부피의 곱이므로 실험 조건에서 이산화탄소 1몰의 부피를 알아야 한다.

정답 ②

18

ㄱ. 프로펜의 분자식은 C_3H_6, 사이클로헥세인의 분자식은 C_6H_{12}이다. 실험식은 CH_2로 같으므로 탄소와 수소의 원자수의 비는 $1:2$이다.

ㄴ. 원자수가 2배이므로 분자의 상대적 질량비도 $1:2$이다.

ㄷ. 실험식이 같고 분자식이 다른 경우에 같은 질량 내 원자 수는 동일하다.

정답 ⑤

19

탄소, 수소, 산소의 원자수의 비가 1 : 2 : 1이므로 실험식은 CH_2O이므로 실험식량은 30이다. 시료의 질량이 주어져 있고, 부피와 온도, 압력이 주어져 있으므로 이상기체 상태방정식에 대입하여 시료의 몰수를 구한다.

$$n=\frac{PV}{RT}=\frac{2.73\text{atm}\times 8.2\text{L}}{0.082\text{atm}\cdot\text{L/mol}\cdot\text{K}\times(273+273)\text{K}}$$
$$=\frac{1}{2}\text{mol}$$

시료 45g은 0.5mol에 해당하므로 몰질량은 90g/mol이다. 1몰은 6.02×10^{23} 개의 분자를 포함하므로 0.5몰에는 1몰의 분자 수의 절반인 3.01×10^{23}개의 분자를 포함한다.

정답 ②

제 3 절 방향족 탄화수소와 유도체

01 (나)	02 (1) ㉪ (2) ㉠ (3) ㉦			
03 (1) ③, ⑪ (2) ② (3) ④			04 ③	05 ⑤
06 ①	07 ①	08 ②	09 ①	10 ①
11 ③	12 ③	13 ①	14 ③	

주관식 개념 확인 문제

01

산과 반응하여 염을 만들 수 있는 것은 염기성을 띠는 (나)이다.

정답 (나)

02

(1) 아미노산인 ㉪을 축합 중합시키면 폴리아미드가 생성된다.

정답 ㉪

(2) ㉠인 에타인에 황산 수은을 촉매로 하여 물을 첨가시키면 아세트알데하이드가 생성되는데 알데하이드기로 인해 환원성이 있다.

정답 ㉠

(3) 에스터기를 포함한 화합물은 ㉦, ㉬이다. 두 물질의 가수 분해 반응식과 산화 반응식은 아래와 같다.

$$HCOOCH_3 + H_2O \rightarrow HCOOH + CH_3OH$$

$$CH_3OH \rightarrow HCHO \rightarrow HCOOH$$

$$CH_3COOC_2H_5 + H_2O \rightarrow CH_3COOH + C_2H_5OH$$

$$C_2H_5OH \rightarrow CH_3CHO \rightarrow CH_3COOH$$

㉦, ㉬ 모두 가수 분해하여 얻은 알코올을 산화시키면 가수 분해로 생긴 산과 같은 산이 되지만 그 산이 환원성을 띠는 것은 알데하이드기를 포함한 폼산이 생성되는 ㉦뿐이다.

정답 ㉦

03

(1) 하이드록시기를 포함한 ③, ⑪은 알칼리 금속과 반응하여 수소 기체를 발생한다.

정답 ③, ⑪

(2) ②인 에타인에 $HgSO_4$ 수용액을 반응시키면 아세트알데하이드가 생성된다.

정답 ②

(3) 알데하이드기를 포함한 ④는 은거울 반응을 한다.

정답 ④

기본 문제

04

벤젠은 고리 형태의 모양에 단일 결합과 이중 결합이 번갈아 있는 형태의 혼성 구조를 이룬다. 이는 둘 중 어느 한 형태로 존재하는 것이 아니다.

정답 ③

05

벤젠은 혼성 구조로 탄소－탄소결합은 1.5중 결합을 하며 결합력이 같은 안정한 구조이다.

정답 ⑤

06

페놀은 물에 녹아 이온화하여 수소 이온을 내므로 액성은 산성을 띤다.

$$C_6H_5OH(aq) + H_2O(l) \rightarrow C_6H_5O^-(aq) + H_3O^+(aq)$$

정답 ①

07

② 크실렌은 치환기의 위치에 따라 오르쏘, 메타, 파라의 이성질체를 갖고 ③ 크레졸도 치환기의 위치에 따라 오르쏘, 메타, 파라의 이성질체를 갖는다. ④는 *cis*－, *trans*－형의 이성질체를 갖는다.

① 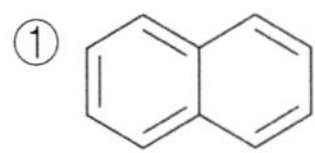

② 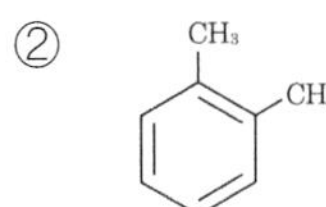

ortho-xylene (1,2-dimethylbenzene) *meta*-xylene (1,3-dimethylbenzene) *para*-xylene (1,4-dimethylbenzene)

③ 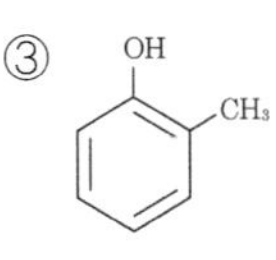 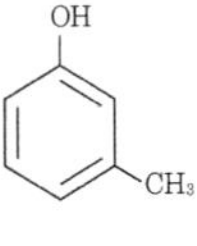

o-cresol *m*-cresol *p*-cresol

정답 ①

08

아닐린은 물에 녹아 수산화 이온이 생성되므로 액성은 염기성이다.

벤조산, 크레졸, 벤젠술폰산, 살리실산은 모두 물에 녹아 수소 이온이 생성되므로 액성은 산성이다.

정답 ②

09

ㄱ. 벤젠의 실험식은 CH이다. 에타인의 분자식은 C_2H_2이므로 실험식은 CH로 같다.

ㄴ. 벤젠의 탄소 원자간 결합은 1.5중 결합이고, 에텐의 탄소 원자간 결합은 2중 결합으로 탄소 원자간 결합 길이는 에텐이 더 짧다.

ㄷ. 벤젠은 불포화 탄화수소이지만 공명 구조의 안정성으로 인해 첨가 반응보다는 치환 반응이 우세하게 일어난다. 브롬수 탈색 반응은 첨가 반응이다.

정답 ①

10

화합물의 분자식은 순서대로 C_2H_4, C_2H_2, C_6H_6, C_6H_{12}이다.

ㄱ. 탄소와 수소의 원자수의 비가 1:2인 화합물은 에틸렌(C_2H_4)과 사이클로헥세인(C_6H_{12})이다.

ㄴ. 탄소와 수소의 원자수의 비가 1:1인 화합물은 아세틸렌(C_2H_2)과 벤젠(C_6H_6)이다.

ㄷ. 불포화 탄화수소인 에틸렌(C_2H_4)과 아세틸렌(C_2H_2)은 브롬수를 탈색시킨다.

따라서, A는 사이클로헥세인, B는 에틸렌, C는 벤젠, D는 아세틸렌이다.

정답 ①

11

염기성인 수산화나트륨과 중화 반응을 하므로 액성이 산성인 화합물이고, 아세트산과 반응하여 에스테르를 생성하므로 하이드록시기를 포함한 화합물이다. 산성을 띠고, 하이드록시기를 포함한 화합물은 페놀인 ⓒ이다.

정답 ③

12

① B, C는 산성이지만, 알코올인 A는 비전해질이므로 액성은 중성이다.

② A, B는 고리를 포함하지 않으므로 지방족 화합물이다.

③ A, B, C는 모두 수소와 직접 결합한 산소가 있으므로 수소 결합을 할 수 있다.

④ 몰질량이 가장 큰 것은 탄소의 수가 가장 많은 C이다.

정답 ③

13

아닐린의 액성은 염기성이므로 산성인 염산에서 용해도가 높아진다.

정답 ①

14

바닐린에 포함되어 있는 작용기를 포함한 유도체는 알데하이드(R−CHO), 에테르(R−O−R′) 그리고 알코올(R−OH)이다.

정답 ③

제 4 절 이성질체와 명명법

01 ②	02 ①	03 ②	04 ①	05 ④
06 ②	07 ①	08 ②	09 ②	10 ③
11 ⑤	12 ②	13 ④	14 ②	15 ①
16 ②				

대표 유형 기출 문제

탄소 화합물의 명명법

01

주사슬로 가장 탄소수가 많은 것을 찾는다. 탄소 9개가 가장 길고 다중 결합이 없는 포화 탄화수소이고, 3,5,6번 탄소에 메틸기로 치환되고, 6번 탄소에 에틸기로 치환되었다. 따라서 알파벳 순으로 에틸기, 메틸기 순서로 명명한다. 6－ethyl-3,5,6－trimethylnonane이다.

정답 ②

02

탄소수가 가장 많은 것을 주사슬로 하고, 이중 결합이 있는 탄소의 번호가 작은 번호가 부여되도록 한다. 탄소가 5개이므로 penta가 기본이고, 1번 탄소에 이중 결합이 있으므로 1－pentene이 주사슬이다. 2번, 3번 탄소의 수소가 메틸기로 치환되었으므로 명칭은 2,3－dimethyl－1－pentene이다.

정답 ①

03

탄소수가 7개이고, 치환기가 먼저 오는 탄소 번호가 낮도록 탄소 번호를 부여하고, 탄소 번호가 낮은 치환기의 갯수가 많도록 3번 탄소에 메틸기가 2개, 5번 탄소에 메틸기가 1개인 3,3,5－trimethylheptane이다.

정답 ②

04

② 3,5－dimethylhexane → 2,4－dimethylhexane
(치환기의 번호가 작은 수가 되도록 사슬의 번호를 매긴다.)

③ 3－methyl－5－ethylheptane
→ 3－ethyl－5－methylheptane

④ 2,2－dimethyl－4－ethylhexane
→ 2,2－ethyl－4－dimethylhexane

※ ③, ④ 2개 이상의 치환기를 명명할 때에는 알파벳 순으로 한다. m보다 e가 먼저이므로 ethyl기를 먼저 명명한다. 이때 치환기의 개수를 나타내는 접두어(*di*, *tri*, *tetra* 등)는 순서를 판단할 때 고려하지 않는다.

①
C
C-C-C-C-C
1 2 3 4 5

②
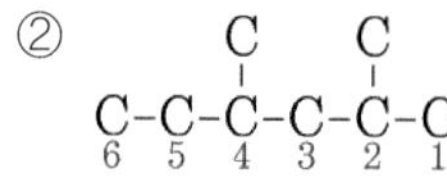

③
C C
C-C-C-C-C-C-C
1 2 3 4 5 6 7

④
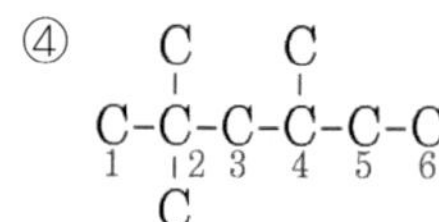

정답 ①

05

치환기의 번호가 작은 수가 되도록 사슬의 번호를 정해야 한다. 오른쪽 끝에 있는 메틸기의 탄소부터 번호를 정하는 것이 명명법의 규칙에 부합한다.

정답 ④

탄소 화합물의 이성질체

06

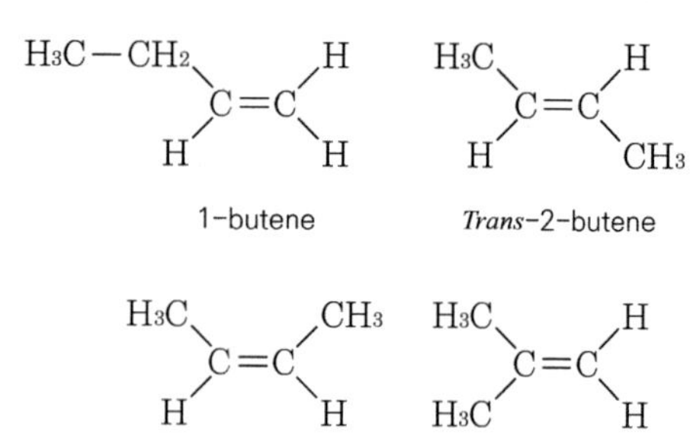

정답 ②

07

ㄴ, ㄷ, ㄹ은 기하 이성질체 관계이고, ㄱ은 구조 이성질체 관계이다.

정답 ①

기본 문제

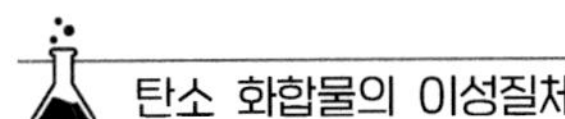

탄소 화합물의 이성질체

08

H(Cl)C=C(Cl)H	Cl(H)C=C(Cl)H	H(H)C=C(Cl)Cl
trans	*cis*	1,2-dichloro ethene

정답 ②

09

비대칭 탄소(=카이랄 탄소)를 가지면 광학 이성질체를 갖는다. 카이랄 탄소는 탄소의 네 개의 결합선이 모두 다른 치환기를 가지는 원소를 말한다.

ㄱ. 2번 탄소가 키랄 탄소이다.

COOH / H—C—OH / CH_2	COOH / HO—C—H / CH_3
D(−)−lactic acid	L(+)−lactic acid

ㄴ. 중심 금속이 아연인 배위수 4인 착화합물의 경우 정사면체 구조이므로 이성질체가 존재하지 않는다.

ㄷ. 중심 금속이 구리인 배위수 4인 착화합물의 경우 평면 사각형 구조이므로 *cis*, *trans*형의 이성질체를 갖는다.

ㄹ. 중심 금속이 코발트인 배위수 6인 착화합물은 2개의 리간드가 있을 때 *cis*, *trans*형의 이성질체를 갖는다.

ㅁ. 이성질체가 존재하지 않는다.

정답 ②

10

핵 치환으로 벤젠 고리의 수소가 염소로 치환된 *o*−, *meta*−, *para*−세 가지 화합물이 있고, 측쇄 치환으로 메틸기의 수소가 염소로 치환될 수 있으므로 총 4가지 화합물이 존재한다.

CH_3(톨루엔) $+Cl_2$ —(햇빛, 측쇄 치환)→ CH_2Cl(벤질 클로라이드)

CH_3(톨루엔) $+Cl_2$ —(Fe 촉매, 핵 치환)→ CH_2Cl, Cl (*o*-) / CH_3, Cl (*m*-) / CH_3, Cl (*p*-)

정답 ③

11

(1) $CH_3-CH(Cl)-CH_2-CH_2-CH_3$

(2) $ClCH_2CH_2CH_2CH_2CH_3$

(3) $CH_3-CH_2-CH(Cl)-CH_2-CH_3$

(4) $CH_3-C(CH_3)(Cl)-CH_2-CH_3$

(5) $CH_3-CH(Cl)-CH(CH_3)-CH_3$

(6) $CH_3-C(CH_3)(CH_3)-CH_2Cl$

(7) $ClCH_2CH_2CH(CH_3)CH_3$

(8) $ClCH_2CH(CH_3)CH_2CH_3$

정답 ⑤

12

CHF=CHF는 기하 이성질체를 갖는다.

H(:F:)C=C(H)(:F:)	H(:F:)C=C(:F:)(H)

정답 ②

13

① 카이랄 탄소는 탄소의 4개의 치환기가 모든 다른 탄소를 말한다. 2-butanol에 카이랄 탄소가 있다.

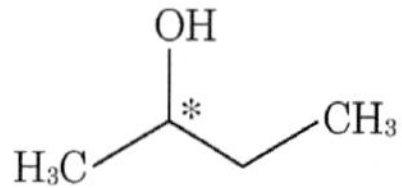

② 벤젠 고리가 없으므로 지방족 알코올이다.

③ 2-methy-2-propanol이 3차 알코올이다.

4 3 2 1
$CH_3-CH_2-CH_2-CH_2-OH$
butan-1-ol

OH
4 3 | 1
$CH_3-CH_2-CH-CH_3$
2
butan-2-ol

CH_3
3 | 1
$CH_3-CH-CH_2-OH$ 1
2
2-methylpropan-1-ol

CH_3
1 |2 3
CH_3-C-CH_3
|
OH
2-methylpropan-2-ol

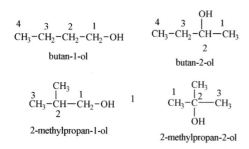

④ 1몰이 완전 연소할 때 소모되는 O_2는 6몰이다.

$$C_4H_{10}O + 6O_2 \rightarrow 4CO_2 + 5H_2O$$

정답 ④

14

카이랄 탄소가 없으므로 거울상 이성질체는 없다.
(※ 15번 해설 참조)

정답 ②

15

	Formulae	***IUPAC names***
(1)	$CH_3-CH_2-CH_2-CH_2-CH_2-CH_3$	Hexane
(2)	$CH_3-CH_2-CH_2-CH(CH_3)-CH_3$	2-methylpentane
(3)	$CH_3-CH_2-CH(CH_3)-CH_2-CH_3$	3-Methylpentane
(4)	$CH_3-CH(CH_3)-CH(CH_3)-CH_3$	2,3-Dimethylbutane
(5)	$CH_3-C(CH_3)-CH_2-CH_3$	2,2-Dimethylbutane

정답 ①

16

$CH_2(OH)-CH_2-CH_2-CH_3$
1-butanol

$CH_3-CH(OH)-CH_2-CH_3$
2-butanol

$CH_2(OH)-CH(CH_3)-CH_3$
2-methyl-1-propanol

$CH_3-C(CH_3)(OH)-CH_3$
2-methyl-2-propanol

구조 이성질체는 4개, 2-butanol이 광학 이성질체이므로 총 이성질체의 개수는 5개이다. 이성질체의 개수를 묻는 문제이므로 이러한 경우에는 광학 이성질체까지 포함해서 생각하여야 한다.

정답 ②

Chapter

04 고분자 화합물

01	①	02	②	03	④	04	②	05	②
06	(1) 축합 중합 (2) 페놀과 폼알데하이드							07	③
08	②	09	①	10	②	11	④	12	④
13	③	14	①	15	②	16	①	17	⑤

대표 유형 기출 문제

01

두 가지 단위체가 아마이드결합을 한 B는 축합 중합을 하고, 한 가지 단위체로만 이루어진 A, C, D는 첨가 중합을 한다.

정답 ①

02

단위체로부터 고분자가 합성될 때 물이 함께 생성되는 것은 축합 중합 반응이다. 두 단위체가 축합 중합을 하면서 간단한 분자인 물 분자가 생성되는 아마이드 결합은 축합 중합 반응이다.

정답 ②

03

고분자에서 에스테르를 가수 분해하면 알코올과 카복시산이 생성되므로 단량체는 양 쪽 말단에 하이드록시기가 포함된 단량체와, 양쪽 말단에 카복시기를 포함한 단량체로 이루어진 화합물이다.

정답 ④

04

ㄱ. 폴리에틸렌은 에틸렌 단위체가 연속으로 이어진 첨가 중합 고분자이다.

ㄴ. 6,6-나일론은 두 가지 다른 종류의 단위체가 축합 중합된 고분자이다(아디프산, 헥사메틸렌다이아민).

ㄷ. 표면 처리제로 사용되는 테플론은 C－F결합 특성 때문에 화학 약품에 강하다.

정답 ②

05

폴리(에틸렌 테레프탈레이트), [poly(ethylene terephthalate), PET]는 일반적으로 "폴리에스터"라고 부르는 고분자의 명칭이다. PET는 섬유로 가장 많이 사용되지만, 플라스틱으로도 많이 사용된다.

이 PET는 테레프탈산(terephthalic acid)과 에틸렌 글리콜(ethylene glycol, EG)의 축합 반응으로부터 합성된다.

2 HO-C(=O)-C₆H₄-C(=O)-OH (테레프탈산) + 2 HO-CH₂-CH₂-OH (에틸렌글리콜) ⟶

HO-C(=O)-C₆H₄-C(=O)-O-CH₂-CH₂-O-C(=O)-C₆H₄-C(=O)-O-CH₂-CH₂-OH + 2 H_2O

정답 ②

주관식 개념 확인 문제

06

페놀 수지는 폼알데하이드와 페놀을 축합 중합한 고분자 화합물이다.

정답 (1) 축합 중합 (2) 페놀과 폼알데하이드

기본 문제

합성 고분자

07

축합 중합체는 페놀 수지, 6,6-나일론, 요소 수지이고, 열가소성 수지는 폴리염화비닐, 6,6-나일론이다. 따라서 축합 중합을 하고 열가소성인 합성 수지는 6,6-나일론이다.

정답 ③

08

폴리에틸렌의 단위체는 에틸렌(C_2H_4)이다. 첨가 중합을 한 열가소성 수지이다.

정답 ②

09

① A, B는 단위체 내에 이중 결합을 포함하므로 첨가 중합을 할 수 있다.

② A는 작용기가 없으므로 축합 중합을 할 수 없다.

③ A로부터 만들어지는 플라스틱은 폴리비닐클로라이드(PVC)이다.

④ C와 D가 축합중합을 하게 되면 폴리아마이드가 만들어진다.

정답 ①

10

아미노산은 축합 중합하여 단백질을 만든다.
합성고무, 폴리에틸렌, PVC는 첨가 중합 반응으로 생성되고, 나일론은 축합 중합 반응으로 생성된다.

정답 ②

11

에스테르를 가수 분해하면 알코올과 카복시산이 생성되므로 단위체는 양쪽 말단에 하이드록시기가 포함된 ㅁ과 양쪽 말단에 카복시기가 포함된 ㄹ이다.

정답 ④

천연 고분자

12

α아미노산을 축합하면 단백질이 나온다.

정답 ④

13

단위체가 축합 중합으로 2개의 아마이드결합을 형성하여 중합체가 되었으므로 3가지 아미노산으로 이루어져 있다.

정답 ③

자료 추론형

14

(가) 부나-N고무 (나) 폴리에스터 (다) 멜라민수지이고, (가)는 첨가 중합 (나) 축합 중합 (다)는 축합 중합이다.

ㄱ. 축합 중합체는 (나)와 (다)로 2가지이다.

ㄴ. 열경화성 고분자는 멜라민수지로 1가지이다.

ㄷ. 에스테르결합을 갖는 고분자는 폴리에스터 1가지이다.

정답 ①

15

(나)는 네오프렌으로 열가소성 고분자이다.

정답 ②

16

A는 페놀 수지이고, B는 폴리스티렌이다.

ㄱ. 페놀수지의 단위체는 포름알데하이드와 페놀로 2종류이다. 폴리스티렌의 단위체는 스타이렌이다.

ㄴ. 페놀 수지는 열경화성 수지이고, 폴리스티렌은 열가소성 수지이다.

ㄷ. 냄비나 다리미의 손잡이를 만들 때 이용되는 것은 열경화성 수지이다. 폴리스티렌은 냄비나 다리미의 손잡이에 사용될 수 없는 열가소성 수지이다.

정답 ①

17

ㄱ, ㄴ. 6,6-나일론과 실크 모두 펩타이드 결합을 한 축합 중합 화합물이다.

ㄷ. 중합체인 실크를 가수 분해하면 탄소에 아미노기, 카복시기, 알킬기와 수소가 결합된 아미노산이 얻어진다.

정답 ⑤

Chapter

05 전이 금속 화합물

제 1 절 전이 금속 일반

01 ② 02 ④ 03 ④ 04 ③ 05 ③

06 ③ 07 ①

08 (1) ① 전이 원소 ② d ③ f
(2) ① $Cu(OH)_2$ ② $[Cu(NH_3)_4]^{2+}$ ③ 리간드
④ 배위

09 (1) Cu (2) Cr, Cu (3) Mn (4) Ca

10 K^+, $[Fe(CN)_6]^{4-}$

11 (1) Cu : $1s^2 2s^2 2p^6 3s^2 3p^6 4s^1 3d^{10}$
(2) Cu^{2+} : $[Ar]3d^9$ 총 17개

12 (1) 리간드 NH_3 : 4개, Cl^- : 2개, 배위수: 6개
(2) +3 (3) 배위 결합

13 3몰

14 (1) $[Cr(H_2O)_4Cl_2]Cl$ (2) H_2O : 4몰, Cl^- : 2몰
(3) +3

15 ④ 16 ③ 17 ④ 18 ④ 19 ③

20 ③ 21 ④ 22 ② 23 ② 24 ④

25 ② 26 ④ 27 ③ 28 ② 29 ①

30 ④ 31 ② 32 ③ 33 ② 34 ②

35 ⑤ 36 ④

37 (1) 헥사플루오로알루미늄산소듐
(2) 질산다이클로로비스(에틸렌디아민)코발트(Ⅲ)
(3) $[Pt(NH_3)_4BrCl]Cl_2$
(4) $[Co(NH_3)_6][FeCl_4]_3$

38 (1) 염화 펜타암민클로로코발트(Ⅲ)
(2) 헥사사이아노철(Ⅲ)산 포타슘
(3) 황산 비스(에틸렌다이아민)다이나이트로철(Ⅲ)

39 (1) 테트라클로로코발트(Ⅱ)산
(2) 트리스(에틸렌디아민)코발트(Ⅲ)
(3) 다이암민테트라아쿠아크로늄(Ⅱ)
(4) 염화 테트라아쿠아다이클로로크로늄(Ⅲ)

40 (1) $[Pt(NH_3)_3Br]Cl$ (2) $K_3[CoF_6]$

대표 유형 기출 문제

01

Cr은 팔면체 착화합물을 형성하는 6배위 전이금속이므로 질산은 수용액을 첨가하여 침전이 생성되려면 염소가 착이온과 반대 전하를 띤 음이온으로 존재해야 한다. 이온화할 수 있는 $[Cr(NH_3)_6]Cl_3$에 질산은 수용액을 첨가하면 흰색의 AgCl 침전이 생성될 것이다.

$$[Cr(NH_3)_6]Cl_3 \rightarrow [Cr(NH_3)_6]^{3+} + 3Cl^-$$

정답 ②

02

NH_3와 en이 중성 리간드이므로 Co의 산화수는 다음과 같이 구할 수 있다.

$$x - 2 = +1 \qquad \therefore x = +3$$

배위수는 NH_3 2개, 2자리수 리간드인 en이 1개, Cl 2개이므로 총 6개이다.

정답 ④

03

Cr 원자의 바닥 상태의 전자 배치는 다음과 같다.

Cr: $[Ar]4s^1 3d^5$이므로 홀전자 개수는 6개이다.

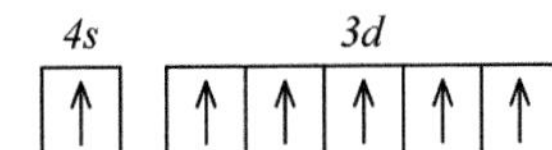

정답 ④

04

d오비탈 중 d_{xy}, d_{yz}, d_{xz}, $d_{x^2-y^2}$는 모양이 유사하지만 d_{z^2} 오비탈의 모양은 도우넛 형태이다.

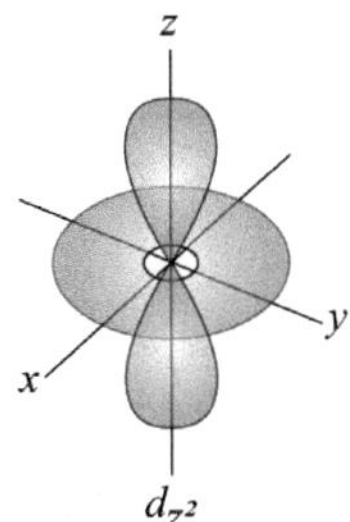

정답 ③

05

①, ④ $_{29}Cu$의 바닥 상태의 전자 배치를 보면, $[Ar]4s^1 3d^{10}$으로 홀전자가 1개 존재하므로 상자성을 띤다.

② 산소와 반응하여 산화물(CuO, Cu_2O)을 형성한다.

③ $_{29}Cu$는 Zn보다 반응성이 작으므로 산화하기 어렵다. 따라서 Zn보다 환원력이 약하다.

정답 ③

06

③ 착이온 내에서 전이 금속 이온과 리간드 사이에 형성되는 배위수는 금속 이온의 크기와 전하에 따라 두 개에서 여덟 개까지 다양하다. 가장 흔한 배위수는 6이다. 많은 금속 이온들이 한 가지 이상의 배위수를 나타낸다.

정답 ③

07

Cl가 중심 원자와 배위 결합한 리간드인지 또는 음이온인지에 따라 침전물의 양은 달라지는데 음이온으로 존재하는 Cl가 많을수록 Ag^+과의 반응으로 침전물($AgCl(s)$)의 양이 많아지므로 $[Co(NH_3)_6]Cl_3$의 경우에 가장 많은 침전물이 얻어진다.

$$Ag^+(aq) + Cl^-(aq) \rightarrow AgCl(s)$$

착화합물의 몰수는 0.01mol이고 첨가되는 $AgNO_3$의 몰수는 0.05mol이므로 침전되는 양을 구체적으로 알아보면 다음과 같다.

① $[Co(NH_3)_6]Cl_3 \rightarrow [Co(NH_3)_6]^{3+} + 3Cl^-$

Cl^-의 양이 0.03mol이므로 $AgCl(s)$의 양은 0.03mol이다.

② $[Co(NH_3)_5Cl]Cl_2 \rightarrow [Co(NH_3)_5Cl]^{2+} + 2Cl^-$

Cl^-의 양이 0.02mol이므로 $AgCl(s)$의 양은 0.02mol이다.

③ $[Co(NH_3)_4Cl_2]Cl \rightarrow [Co(NH_3)_4Cl_2]^+ + Cl^-$

Cl^-의 양이 0.01mol이므로 $AgCl(s)$의 양은 0.01mol이다.

④ $[Co(NH_3)_3Cl_3]$은 음이온으로 존재하는 Cl이 없으므로 침전이 일어나지 않는다.

정답 ①

주관식 개념 확인 문제

08

정답 (1) ① 전이 원소 ② d ③ f

(2) ① $Cu(OH)_2$ ② $[Cu(NH_3)_4]^{2+}$

③ 리간드 ④ 배위

09

정답 (1) Cu (2) Cr, Cu (3) Mn (4) Ca

10

$$K_4Fe(CN)_6(aq) \rightarrow 4K^+(aq) + [Fe(CN)_6]^{4-}$$

정답 K^+, $[Fe(CN)_6]^{4-}$

11

정답 (1) Cu: $1s^2 2s^2 2p^6 3s^2 3p^6 4s^1 3d^{10}$

(2) Cu^{2+}: $[Ar]3d^9$ 총 17개

12

정답 (1) 리간드 NH_3: 4개, Cl^-: 2개, 배위수: 6개

(2) +3 (3) 배위 결합

13

에틸렌디아민은 2자리수 리간드이므로 배위수 6을 충족하기 위해 3몰의 에틸렌디아민과 배위 결합하여 착이온 $[Co(en)_3]^{3+}$을 만든다.

정답 3몰

14

정답 (1) $[Cr(H_2O)_4Cl_2]Cl$

(2) H_2O: 4몰, Cl^-: 2몰

(3) +3

기본 문제

전이 원소 일반

15

Ca은 원자 번호 20번으로 전자 배치는 $[Ar]4s^2$이므로 d오비탈에 전자가 채워지지 않으므로 전이 원소가 아닌 전형 원소이다.

정답 ④

16

두 종류 이상의 산화수를 갖는 원소는 전이 원소인 Fe, Cu, Hg 이다.

정답 ③

17

④ 전이 원소는 활성이 작은 중금속으로 녹는점이 매우 높다.

정답 ④

18

④ 전이 원소는 반응성이 작아 실온에서 안정하다.

정답 ④

19

③ 전이 원소는 다양한 산화수를 가질 수 있다.

정답 ③

20

③ 전이 원소의 원자 반지름은 주기적 경향을 갖지 않는다.

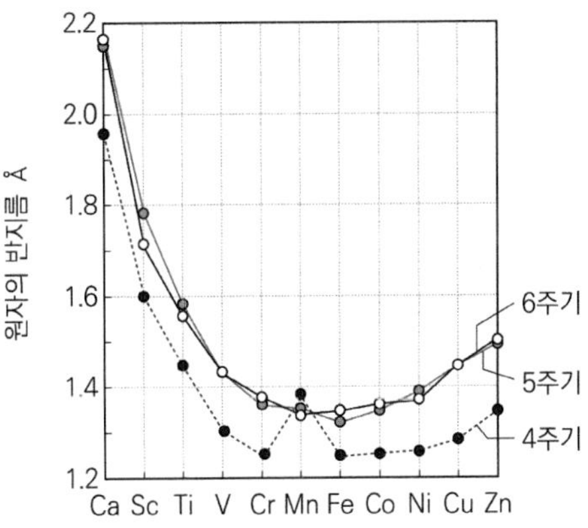

정답 ③

21

① $_{24}Cr$: $[Ar]4s^1 3d^5$ 홀전자수가 6개로 4주기 전이원소 중 홀전자수가 가장 많다. | ↑ | ↑ | ↑ | ↑ | ↑ |

② $_{25}Mn^{4+}$: $[Ar]\ 3d^3$ | ↑ | ↑ | ↑ | | |

③ $_{26}Fe$: $[Ar]4s^2 3d^6$ | ↑↓ | ↑ | ↑ | ↑ | ↑ |

④ 원자 번호가 29번인 구리는 전자 배치가 $[Ar]4s^1 3d^{10}$이므로 d오비탈에 홀전자가 존재하지 않는다.

| ↑↓ | ↑↓ | ↑↓ | ↑↓ | ↑↓ |

정답 ④

리간드

22

리간드는 배위 결합을 할 수 있는 고립 전자쌍을 가져야 하는데 NH_4^+은 고립 전자쌍이 없다.

$$\left[\begin{array}{c} H \\ | \\ H - N - H \\ | \\ H \end{array}\right]^+$$

정답 ②

23

비공유 전자쌍이 없는 BeH_2는 리간드가 될 수 없다.

$$H-Be-H$$

정답 ②

24

SO_4^{2-}는 1자리수 리간드이다.

정답 ④

착이온 화학식의 해석

25

화합물의 산화수의 합은 0이고, 다원자 이온의 산화수는 각 원자의 산화수의 합과 같다. V의 산화수를 x라고 한다면

① $x+(-1)\times 6=-4,\ x=+2$

② $x+(-2)\times 2=-1,\ x=+3$

③ $x=+2$

④ $x=+4$

⑤ $x=+5$

정답 ②

26

$$K_3Fe(CN)_6 \rightarrow 3K^+ + [Fe(CN)_6]^-$$

착이온의 전하수는 −3이다. $x+(-1)\times 6=-3$이므로 Fe의 산화수 x는 +3이다.

정답 ④

27

Zn은 배위수 4인 착이온을 형성한다. Zn의 산화수는 +2이고, CN^-의 산화수는 −1이다. 원소의 산화수의 합이 착이온의 산화수이므로 $x=+2+(-1)\times 4=-2$, 착이온의 산화수가 −2인 착이온은 $[Zn(CN)_4]^{2-}$이다.

정답 ③

28

착이온은 이온화하지 않으므로 착이온과 반대 전하를 띤 이온으로 이온화된다. K^+4몰과 $[Fe(CN)_6]^{4-}$ 1몰이므로 총 5몰의 이온이 생성되고, 이온의 종류는 2종류이다.

$$K_4Fe(CN)_6(aq) \rightarrow 4K^+(aq) + [Fe(CN)_6]^{4-}$$

정답 ②

29

중심 금속인 Cr의 산화수는 +3이다.

$$x-1=+2 \qquad x=+3$$

두 자리수 리간드인 en이 2개, 한 자리수 리간드인 NH_3와 Cl이 각각 1개이므로 배위수는 6개이다.

정답 ①

30

④ 중심 금속 이온과 리간드는 수용액 속에서도 배위 결합으로 강하게 결합되어 이온화되지 않는다.

정답 ④

31

리간드인 NH_3은 중심 금속인 Co와 배위 결합을 형성하고 있다. NH_3는 중성 리간드로 산화수가 0이므로 착이온의 산화수는 곧 중심 금속 Co의 산화수와 같으므로 +3이다. 6배위수의 착이온은 정팔면체 구조를 갖는다.

정답 ②

32

2몰의 AgCl이 침전되려면 염소 2몰이 음이온으로 존재해야한다. $[Co(NH_3)_5Cl]Cl_2$이므로 배위수가 6인 착이온이 형성된다.

정답 ③

33

착물 A에는 3몰의 Cl 중 이온화되지 않고 Co^{3+}과 강하게 결합되어 있는 Cl은 1몰이고, 착이온과 이온 결합한 2몰의 Cl는 질산은 수용액과 반응하여 2몰의 앙금을 형성한다.

$$[Co(NH_3)_5Cl]Cl_2(aq) \rightarrow [Co(NH_3)_5Cl]^{2+}(aq) + 2Cl^-(aq)$$

정답 ②

착이온과 입자수 효과

34

$\Delta T_f = i \times m \times K_f$를 이용하여 반트호프 상수 i를 구한다. 착물의 몰랄 농도는 몰수를 용매의 질량으로 나누면 $m = \frac{0.5\text{mol}}{2.5\text{kg}} = 0.2\text{m}$이다. 반트호프 상수 i에 대해 정리하여 몰랄 농도와 어는점 내림 상수를 대입하면 $i = \frac{1.12}{1.86} \times \frac{1}{0.2} = 3.0$이다. 이온의 몰수가 3으로 가장 비슷한 화합물인 $K_2[PtCl_6]$가 어는점이 동일할 것이다.

$$K_2[PtCl_6](aq) \rightarrow 2K^+(aq) + [PtCl_6]^{2-}(aq)$$

정답 ②

35

$\Delta T_b = i \times m \times K_b$를 이용하여 반트호프 상수 i가 비슷하면 같은 끓는점을 가질 것이다. 착화합물의 몰랄 농도는 $m = \frac{0.5\text{mol}}{1\text{kg}} = 0.5\text{m}$이다. 반트호프 상수를 구하기 위해 몰랄 농도와 끓는점, 끓는점 오름 상수를 대입하자. $1.04 = i \times 0.5 \times 0.52$이므로 반트호프 상수 $i = 4$이다.

ㄱ. $i=5$	ㄴ. $i=4$	ㄷ. $i=4$
ㄹ. $i=3$	ㅁ. $i=2$	ㅂ. $i=3$

반트호프 상수가 같은 ㄴ, ㄷ과 같은 끓는점을 가진다.

정답 ⑤

착화합물 명명법

대표 유형 기출 문제

36

④ 리간드의 순서는 알파벳 순서이므로 ammine이 aqua보다 앞에 와야 한다. tetraamminediaquacobalt(Ⅲ) chloride가 올바른 명칭이다.

정답 ④

주관식 개념 확인 문제

37

정답 (1) 헥사플루오로알루미늄산소듐

(2) 질산다이클로로비스(에틸렌디아민)코발트(Ⅲ)

(3) $[Pt(NH_3)_4BrCl]Cl_2$

(4) $[Co(NH_3)_6][FeCl_4]_3$

38

정답 (1) 염화 펜타암민클로로코발트(Ⅲ)

(2) 헥사사이아노철(Ⅲ)산 포타슘

(3) 황산 비스(에틸렌다이아민)다이나이트로철(Ⅲ)

39

정답 (1) 테트라클로로코발트(Ⅱ)산

(2) 트리스(에틸렌디아민)코발트(Ⅲ)

(3) 다이암민테트라아쿠아크로뮴(Ⅱ)

(4) 염화 테트라아쿠아다이클로로크로뮴(Ⅲ)

40

정답 (1) $[Pt(NH_3)_3Br]Cl$

(2) $K_3[CoF_6]$

제 2 절 착이온의 구조와 이성질체

01 ② 02 ② 03 ① 04 ② 05 ④
06 ① 07 ④ 08 ③
09 (1) $[Ar]4s^1 3d^{10}$ (2) +2 (3) 평면 사각형
10 $[Cr(H_2O)_5Cl]Cl_2$, 팔면체
11 ① ㉢, ⓑ ② ㉣, ⓓ ③ ㉠, ⓐ ④ ㉡, ⓒ
12 ② 13 ③ 14 ④ 15 ① 16 ③

PART 03 원소와 화합물

대표 유형 기출 문제

01

mer−이성질체는 같은 리간드의 결합각이 90°, 90°, 180°이고, fac−이성질체는 같은 리간드의 결합각이 모두 90°일 때이다.

정답 ②

02

같은 리간드 Cl^- 2개를 포함하므로 cis, $trans$형의 2가지 기하 이성질체가 존재한다.

정답 ②

03

팔면체 구조이므로 A, B, C의 배위수는 모두 6이다. A는 중성 분자이므로 산화수의 합이 0이고, 이온화하지 않는다.

①, ② A는 $[Co(NH_3)_3Cl_3]$이다. A는 기하 이성질체는 없고, mer, fac의 2개의 이성질체가 있다.

③ B는 염이고 3몰의 염화은이 침전되므로 Cl^- 3몰이 착이온과 이온결합을 하므로 B는 $[Co(NH_3)_6]Cl_3$이다. 착이온의 구조가 정팔면체이고 6개의 같은 리간드와 결합했으므로 쌍극자 모멘트는 0이다.

④ C는 염이고, 물에 녹이면 2몰의 이온 중 1몰이 K^+이므로 착이온의 산화수는 −1이다. C는 $K[Co(NH_3)_2Cl_4]$이다. NH_3 리간드가 2개 있으므로 cis, $trans$의 기하 이성질체를 갖는다.

정답 ①

04

cis, $trans$의 2가지 기하 이성질체가 존재하고, 착이온의 산화수가 −1이므로 중심 금속 Co의 산화수를 x라고 한다면 $-1=x+(-1)\times4$이므로 산화수 x는 +3이다.

정답 ②

05

에틸렌디아민은 2자리수 리간드이고, 3개의 에틸렌디아민이 결합되어있으므로 중심 금속의 배위수는 6이다. $M(en)_3$ 구조의 착화합물은 거울상 이성질체가 존재하므로 카이랄성 물질이다.

정답 ④

06

리간드 수가 2개이면 기하 이성질체인 cis, $trans$ 이성질체를 가진다.

정답 ①

07

기하 이성질체만 가지므로 광학 활성이 달라지지 않는다.

정답 ④

08

팔면체 착물인 Ma_3bcd형의 경우 이성질체는 기하 4개, 광학1개를 가지고, 거울상 이성질체 쌍의 경우는 $all\ cis$형으로 1개이다.

정답 ③

주관식 개념 확인 문제

09

(1) 주의해야 할 전자 배치를 갖는 구리는 $4s$ 오비탈에 전자 1개, $3d$ 오비탈에 전자를 모두 채운 형태가 안정하다.

정답 $[Ar]4s^13d^{10}$

(2) NH_3는 중성 리간드이므로 구리의 산화수는 착이온의 산화수와 같다.

정답 $+2$

(3) 구리는 배위수가 4일 때 평면 사각형 구조를 갖는다.

정답 평면 사각형

10

염화은 2몰이 침전했으므로 착이온과 이온 결합한 Cl^-이 2몰이고 착이온의 산화수는 +2이다. 착화합물은 $[Cr(H_2O)_5Cl]Cl_2$이므로 한 자리수 리간드가 6개이므로 6배위수의 팔면체 구조이다.

정답 $[Cr(H_2O)_5Cl]Cl_2$, 팔면체

기본 문제

11

① 배위수 2인 Ag^+은 직선형이므로 sp혼성이다.

정답 ⓒ, ⓑ

② 배위수 4인 Cd^{2+}는 사면체이므로 sp^3혼성이다.

정답 ㉣, ⓓ

③ 배위수 4인 Cu^{2+}는 평면 사각형의 dsp^2혼성이다.

정답 ㉠, ⓐ

④ 배위수 6인 Fe^{3+}는 정팔면체의 dsp^3혼성이다.

정답 ㉡, ⓒ

12

중심 금속이 Cu^{2+}이고, 배위수가 4인 착이온은 평면 사각형의 구조를 갖는다.

정답 ②

13

중심 금속이 Fe^{3+}이고 배위수가 6이므로 입체 구조는 정팔면체이다.

정답 ③

14

2몰의 염화은을 얻으므로 착이온과 반대 전하를 띤 Cl^-이 2몰이고, 착이온의 산화수는 +2이다. 착화합물은 $[Cr(NH_3)_5Cl]Cl_2$이므로 중심 금속 Cr의 산화수는 +3이고, 배위수가 6이므로 착물의 입체 구조는 팔면체이다.

정답 ④

15

	산화수	이온의 몰수	기하 이성질체
$[Co(NH_3)_4(H_2O)Br]Cl_2$	+3	3몰	○
$[Co(NH_3)_5Cl]Cl_2$	+3	3몰	×
$[Co(H_2O)_6](NO_3)_2$	+2	3몰	×
$[Co(en)_2Cl_2]Cl$	+3	2몰	○

정답 ①

16

팔면체 구조를 갖는 중심 원자 Co의 혼성 오비탈은 d^2sp^3이므로, s오비탈 1개, p오비탈 3개, d오비탈 2개의 혼성으로 이루어져 있다.

정답 ③

제 3 절 결정장 이론과 리간드장 이론

01 ② 02 ② 03 ② 04 ④ 05 ④
06 ③ 07 ③ 08 ① 09 ② 10 ③
11 ④ 12 ④ 13 ④ 14 ③ 15 ①
16 ② 17 ① 18 ② 19 ② 20 ①
21 ② 22 ④ 23 ② 24 ④
25 (1) $[Ni(H_2O)_6]^{2+} < [Ni(NH_3)_6]^{2+} < [Ni(en)_3]^{2+}$
(2) $[V(H_2O)_6]^{2+} < [V(H_2O)_6]^{3+}$
(3) $[Pt(H_2O)_6]^{2+} > [Ni(H_2O)_6]^{2+}$
26 ④ 27 ③ 28 ④ 29 ③

대표 유형 기출 문제

결정장 이론

01

① Pt의 산화수는 +2이다.

②, ③ Ni은 리간드의 종류에 따라 기하 구조가 나뉘는데 약한장 리간드에서는 사면체 구조이고, 상자기성을 띤다.
Ni은 원자 번호 28번이고 산화수가 +2이므로 d오비탈의 전자수는 28−18−2=+8이다. NH_3와 Cl^-는 모두 약한장 리간드이므로 홀전자수는 2개이다.

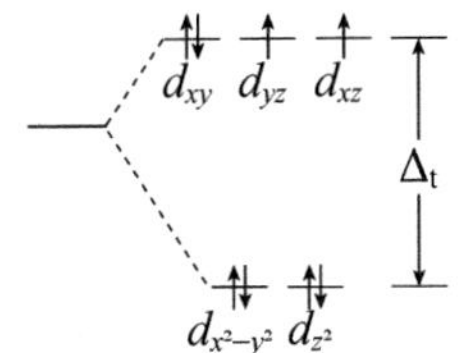

④ $[Pt(NH_3)Cl_2]$의 트랜스($trans$) 이성질체는 대칭형이므로 쌍극자 모멘트가 0이다.

정답 ②

PART 03 원소와 화합물

02

중심 금속이 니켈일 때 리간드가 약한장 리간드이면 상자기성이고, 사면체 구조이고, 리간드가 강한장 리간드이면 반자기성이고, 평면 사각형의 구조이다. 사면체일 때 혼성 궤도함수는 sp^3이고, 평면 사각형일 때 혼성 궤도함수는 dsp^2이다.

정답 ②

03

결정장 이론에서 팔면체 착물에서는 리간드가 축방향으로 접근하므로 축 사이의 t_{2g}오비탈이 축 방향의 e_g오비탈보다 반발력이 작으므로 에너지 준위가 낮다.

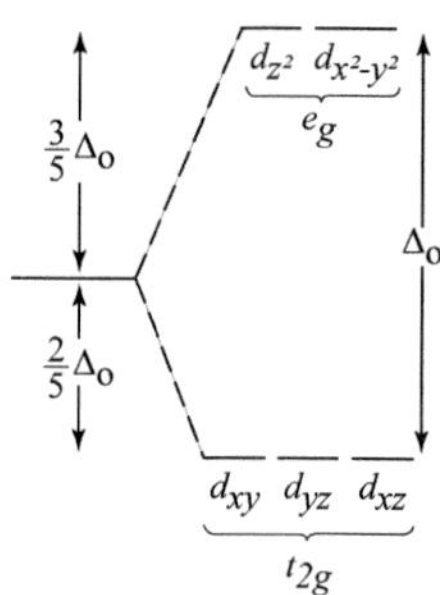

정답 ②

04

사면체 배열에서의 CFSE는 Δ_t이고, 팔면체 배열에서 CFSE는 Δ_o이다. 사면체와 팔면체에서 CFSE는 $\Delta_t = \frac{4}{9}\Delta_o$이므로 결정장 갈라짐 에너지는 팔면체가 더 크다.

정답 ④

05

① 리간드의 세기는 F^-, Cl^-, Br^-, $I^- < H_2O < NH_3$ 이므로 할로젠 음이온은 암모니아보다 약한 결정장 세기를 갖는다.

② 금속 이온 용액의 색은 금속의 전자 배치에 따라 특유의 색을 띤다.

③ 결정장 갈라짐 에너지는 $\Delta_t = \frac{4}{9}\Delta_o$이므로 팔면체가 사면체보다 크다.

④ $d^4 \sim d^7$에서는 리간드의 세기에 따라 고스핀과 저스핀의 전자 배치를 가질 수 있다.

정답 ④

06

① 리간드의 산화수가 모두 -1이고, 배위수가 6이므로 착물의 산화수의 합과 원소의 산화수의 합이 같음을 이용하면 $-3 = x + (-1) \times 6$이고, $x = +3$이므로 Co의 산화수는 +3이다.

② 중심 금속이 같을 때 결합한 리간드의 세기가 강할수록 결정장 갈라짐 에너지는 커진다. F^-는 약한장 리간드이고, CN^-는 강한장 리간드이므로 $[CoF_6]^{3-}$의 결정장 갈라짐 에너지가 $[Co(CN)_6]^{3-}$의 결정장 갈라짐 에너지보다 작다.

③ 배위수가 6이므로 정팔면체구조를 갖고, 중심 금속 Co^{3+}의 홀전자수는 원자 번호가 27, 산화수가 +3이므로 27 − 18 − 3인 6개이고, 할로젠 음이온은 약한장 리간드이므로 결정장 갈라짐 에너지가 작아서 t_{2g}준위에 전자를 배치한 후 e_g준위에 전자를 배치하여 t_{2g}준위에 전자 4개, e_g준위에 전자 2개가 존재하는 고스핀 착물이다.

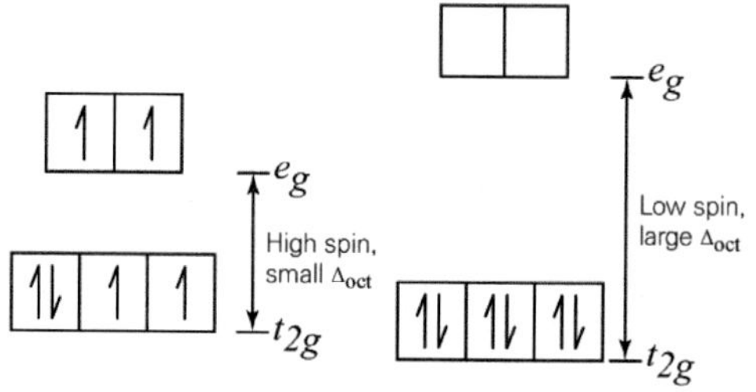

④ CN^-는 강한장 리간드이므로 착물의 결정장 갈라짐 에너지는 전자의 짝지음 에너지보다 크다.

정답 ③

07

중심 금속의 산화수를 x이라 하고, d 오비탈의 전자수는 원자번호 − 18 − 산화수이다.

① 6배위수, 리간드의 산화수가 -1이므로 $x + (-1) \times 6 = -3$, $x = +3$, Mn^{3+}의 d 오비탈의 전자수는 25 − 18 − 3 = +4, 리간드가 약한장 리간드이므로 홀전자수는 4개이고, 상자기성이다.

② 6배위수, 리간드의 산화수가 -1이므로 $x + (-1) \times 6 = -4$, $x = +2$, Fe^{2+}의 d 오비탈의 전자수는 26 − 18 − 2 = +6, 리간드가 강한장 리간드이므로 홀전자수는 0이므로 반자기성이다.

③ 6배위수이고 리간드가 중성리간드이므로 $x=+2$, Fe^{2+}의 d 오비탈의 전자수는 $26-18-2=+6$, 리간드가 약한장 리간드이므로 홀전자수는 4개이고, 상자기성이다.

④ 6배위수이고 리간드가 중성리간드이므로 $x=+2$, Co^{2+}의 d 오비탈의 전자수는 $27-18-2=+7$, 리간드가 약한장 리간드이므로 홀전자수는 3개이고, 상자기성이다.

조건을 모두 만족하는 금속 착이온은 $[Fe(H_2O)_6]^{2+}$이다.

정답 ③

08

배위수가 6이므로 팔면체 구조이고, t_{2g}의 에너지 준위가 e_g 에너지 준위보다 낮다. 중심 금속 Mn^{3+}의 d 오비탈의 전자수는 원자번호−18−산화수이므로 $25-18-3=+4$이다. CN^-는 강한장 리간드이므로 결정장 갈라짐 에너지가 전자짝지음 에너지보다 커서 t_{2g} 오비탈에 전자 4개가 모두 배치된다.

정답 ①

09

ㄱ. 리간드 Cl^-가 6개이므로 배위수는 6이다. 착화합물의 산화수의 합은 0이므로 착이온의 산화수는 −3이다.

ㄴ. Ni의 산화수를 x라 하면 $x+(-1)\times6=-3$이므로 $x=+3$이다.

ㄷ. 니켈은 리간드의 종류에 따라 자기성이 달라지는데, 약한장 리간드와 결합하면 상자성이고, 사면체 구조이고, 강한장 리간드와 결합하면 반자성이고, 평면사각형 구조이다. 할로젠 음이온인 Cl^-은 약한장 리간드이므로 착화합물은 상자성이다.

정답 ②

10

$[Cr(en)_3]^{3+}$	$[Mn(CN)_6]^{3-}$	$[Co(H_2O)_6]^{2+}$	$[NiF_6]^{4-}$
d^3	d^4	d^7	d^8
강한장	강한장	약한장	약한장
— — ↑ ↑ ↑	— — ⇅ ↑ ↑	↑ ↑ ⇅ ⇅ ↑	↑ ↑ ⇅ ⇅ ⇅
3개	2개	3개	2개

정답 ③

11

① $[Fe(CN)_6]^{4-}$의 자기성을 알기 위해 중심 금속의 d 오비탈의 전자수를 알아야한다. Fe^{2+}의 d오비탈의 전자수는 원자번호−18−산화수이므로 +6이다. 배위수가 6이고 CN^-는 강한장 리간드이므로 정팔면체이므로 d오비탈의 6개의 전자를 배치하면 t_{2g}준위에 6개의 전자가 모두 채워지므로 홀전자가 없어 반자기성이다.

⇅ ⇅ ⇅
d_{xy} d_{yz} d_{xz}

② 결정장 갈라짐의 크기는 중심 금속의 산화수가 클수록 커진다.

③ 중심 금속에 배위 결합한 리간드의 세기가 클수록 결정장 갈라짐 에너지가 크고, 파장이 짧은 빛을 흡수한다.

④ 중심 금속의 크기가 커질수록 결정장 갈라짐 에너지가 커진다.

정답 ④

12

Mn의 산화수는 +2이고 원자번호는 25이므로 d 오비탈의 전자수는 5개이다. H_2O는 약한장 리간드이므로 고스핀 전자배치를 하므로 홀전자 수는 5개이다.

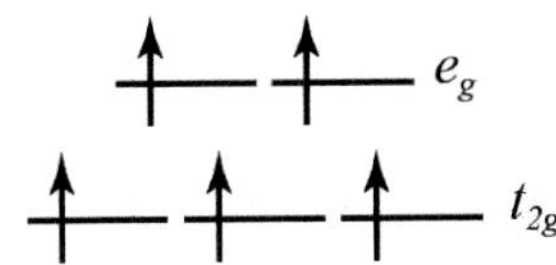

정답 ④

13

ㄱ. 착이온의 중심 금속 Fe^{3+}이므로 d오비탈의 홀전자수는 26－18－3＝＋5이고, CN^-는 강한장 리간드이므로 홀전자수는 1개이므로 상자기성이다.

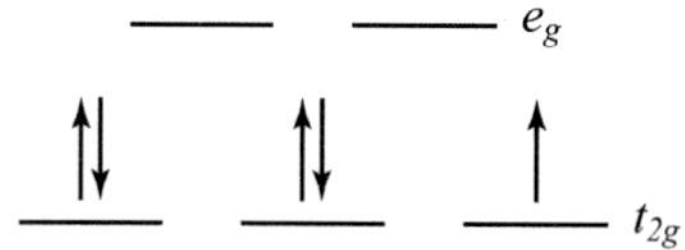

ㄴ. $[Fe(en)_3]^{3+}$는 거울상 이성질체를 갖는다.

ㄷ. Cl^-이 2개이므로 $cis, trans$의 기하 이성질체를 갖고, (en)으로 인해 광학 이성질체를 가지므로 총 3개의 입체 이성질체를 갖는다.

정답 ④

14

몰 조성비에 맞게 착화합물의 화학식을 나타내면 $[Fe(NH_3)_4Cl_2]Cl$이다.

① $[Fe(NH_3)_4Cl_2]^+$이므로 중심 금속의 산화수는 $x-2= +1$ $x= +3$이다.

② 기하 이성질체를 갖는다.

③ Fe^{3+}의 d오비탈의 전자수는 5개이고 강한장 리간드인 NH_3의 수가 더 많으므로 저스핀의 전자배치를 갖는다. 따라서 홀전자가 1개 존재하므로 상자기성을 갖는다.

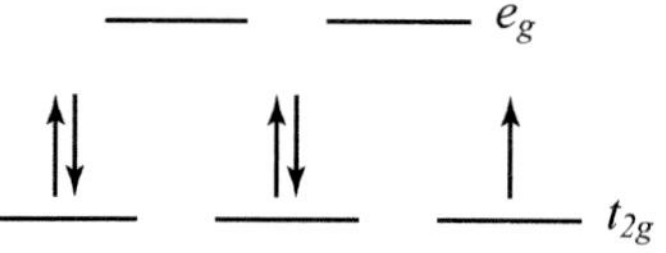

④ 1몰이 물에 녹아 완전히 해리되면 이온 2몰이 생긴다.

$$[Fe(NH_3)_4Cl_2]Cl \rightarrow [Fe(NH_3)_4Cl_2]^+ + Cl^-$$

정답 ③

15

홀전자의 개수를 구하기 위해 d 오비탈의 전자수를 구한다. d 오비탈의 전자수＝원자번호－18－산화수 H_2O, F^-, Cl^-는 약한장 리간드, CN^-은 강한장 리간드이다.

① Mn^{2+} 25－18－2＝+5
약한장 리간드이므로 홀전자수 5

② Co^{3+} 27－18－3＝+6
약한장 리간드이므로 홀전자수 4

③ Ni^{2+} 28－18－2＝+8
약한장 리간드이므로 홀전자수 2

④ Fe^{3+} 26－18－3＝+5
강한장 리간드이므로 홀전자수 1

정답 ①

16

자화율이 작다는 것은 자기적 성질이 작다는 것을 말하는 것이므로 결국 이 문제는 전이금속 화합물의 자기적 성질을 묻는 문제이다. 자기적 성질은 d 오비탈의 전자수와 결합한 리간드의 종류에 따라 결정된다. 이를 표로 정리하면 다음과 같다. 참고로 CN^-는 강한장 리간드이고, Cl^-와 F^-는 약한장 리간드이다.

	전하수	d오비탈의 전자수	홀전자수	자기적 성질
$[Fe(CN)_6]^{3-}$	Fe^{3+}	d^5	1	상자기성
$[Co(CN)_6]^{3-}$	Co^{3+}	d^6	0	반자기성
$[FeCl_6]^{4-}$	Fe^{2+}	d^6	4	상자기성
$[CoF_6]^{3-}$	Co^{3+}	d^6	4	상자기성

홀전자수가 0인 $[Co(CN)_6]^{3-}$이 반자기성을 가지므로 자율이 가장 작은 값을 갖는다.

정답 ②

17

착이온의 산화수는 원소의 산화수의 합을 이용하여 중심 금속의 산화수를 구하고, 중심 금속의 d 오비탈의 전자수를 구한다. d 오비탈의 전자수가 6이고 강한장 리간드일 경우, 반자성, d 오비탈의 전자수가 10이고, 약한장 리간드일 경우 반자성이고, 나머지의 경우는 모두 홀전자가 있으므로 상자성을 띤다.

H_2O는 약한장 리간드, CN^-은 강한장 리간드이다.

① Mn^{4+}: d 오비탈의 전자수 = 25 − 18 − 4 = +3, 강한 장 리간드이고 홀전자수 3 상자기성이다.

② Co^{3+}: d 오비탈의 전자수 = 27 − 18 − 3 = +6, 강한 장 리간드이고 홀전자수 0 반자기성이다.

③ Cu^{+}: d 오비탈의 전자수 = 29 − 18 − 1 = 10, 홀전자수가 없으므로 반자기성이다.

④ Zn^{2+}: d 오비탈의 전자수 = 30 − 18 − 2 = 10, 홀전자수가 없으므로 반자기성이다.

정답 ①

18

ㄱ. $[Ni(CN)_4]^{2-}$에서 Ni^{2+}이므로 $3d$ 오비탈의 전자 개수는 28 − 18 − 2 = 8이다.

ㄴ. $[Ni(CN)_4]^{2-}$의 구조는 평면 사각형이다. 따라서 각 d 오비탈들은 다음과 같은 에너지 준위를 갖고 여기에 8개의 전자를 배치하게 되면 홀전자가 존재하지 않으므로 반자기성을 띤다.

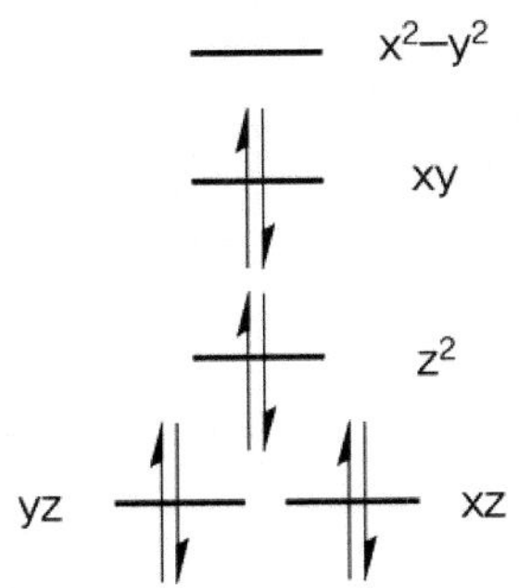

ㄷ. 착이온이 음이온이므로 착이온의 이름 끝에 '-산(-ate)'을 붙여야 하므로 화합물 이름은 테트라사이아노니켈 '산' 포타슘이다.

정답 ②

리간드장 이론

19

중심 금속이 같을 때 리간드의 세기가 클수록 결정장 갈라짐 에너지는 커진다. 에너지는 파장과 반비례하므로 결정장 갈라짐 에너지가 작을수록 장파장의 빛을 흡수하므로 리간드의 세기가 약할수록 흡수파장은 커진다.
리간드의 세기는 $en > NH_3 > H_2O$이다.

정답 ②

20

리간드의 세기는 $H_2O < NH_3 < en < CN^-$이다.

정답 ①

21

리간드의 세기가 클수록 결정장 갈라짐 에너지가 커서 파장이 짧고, 큰 에너지의 빛을 흡수한다. 착물이 띠는 색은 착물이 흡수한 색의 보색이다. 흡수한 색의 파장을 비교하여 단파장의 빛을 흡수할수록 결정장 갈라짐 에너지는 커지고, 리간드의 세기도 크다. 보색을 비교하면 $[NiX_6]^{2+}$는 빨간색 빛을 흡수, $[NiY_6]^{2+}$는 노란색 빛을 흡수, $[NiZ_6]^{2+}$는 주황색 빛을 흡수한다. 파장의 길이는 빨간색 > 주황색 > 노란색이고, 파장과 에너지는 반비례하므로 결정장 갈라짐 에너지는 $[NiX_6]^{2+} < [NiZ_6]^{2+} < [NiY_6]^{2+}$ 순이고, 리간드의 세기는
$Y > Z > X$이다.

정답 ②

22

착화합물이 수용액에서 색을 나타내는 것은 d 오비탈에서 홀전자가 전이할 때 가시광선 영역의 빛을 흡수하여 보색인 색을 띠는 것인데, 홀전자가 없으면 착물은 색을 나타내지 않는다. 중심 금속 Zn^{2+}은 d 오비탈의 전자수가 $30 - 18 - 2 = 10$으로 홀전자수가 없어 색을 띠지 않는다.

정답 ④

23

착물의 중심 금속은 같고 리간드만 다른 경우로 리간드의 세기가 클수록 짧은 파장의 빛을 흡수하고, 보색 관계인 색을 띤다. 리간드의 세기는 $CN^- > NH_3 > H_2O > Cl^-$이다. 노란색을 띠는 착물은 보색인 보라색을 흡수하므로 결정장 갈라짐 에너지가 가장 크다. 결정장 갈라짐 에너지의 크기와 리간드의 세기는 비례하므로 착물은 강한장 리간드 CN^-를 포함한 착물 $[Co(CN)_6]^{4-}$이다.

정답 ②

24

가시광선 영역에서 가장 긴 파장의 빛을 흡수하는 착이온은 약한장 리간드(F)와 배위한 착이온이다.

정답 ④

주관식 개념 확인 문제

25

(1) 강한장 리간드일수록 착화합물의 결정장 갈라짐 에너지가 커진다.

(2) 중심 금속의 산화수가 클수록 착화합물의 결정장 갈라짐 에너지가 커진다.

(3) 중심 금속의 크기가 클수록 착화합물의 결정장 갈라짐 에너지가 커진다.

정답

(1) $[Ni(H_2O)_6]^{2+} < [Ni(NH_3)_6]^{2+} < [Ni(en)_3]^{2+}$

(2) $[V(H_2O)_6]^{2+} < [V(H_2O)_6]^{3+}$

(3) $[Pt(H_2O)_6]^{2+} > [Ni(H_2O)_6]^{2+}$

기본 문제

26

Co^{3+}의 d 오비탈의 전자수는 6개이고, F^-가 약한장 리간드이므로 고스핀의 전자배치를 하기 때문에 홀전자수는 4개가 된다. 약한장 리간드이므로 강한장 리간드일 때보다는 파장이 더 긴 에너지를 흡수한다.

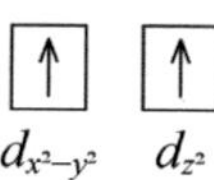

d_{xy} d_{yz} d_{xz}

정답 ④

27

Fe^{3+}의 d 오비탈에 존재하는 전자수는 5개이다. 이 경우 결정장 안정화 에너지를 구해보면 다음과 같다.

$$(-\frac{2}{5}\Delta_O \times 3) + (\frac{3}{5}\Delta_O \times 2) = 0$$

$e_g + \frac{3}{5}\Delta_O \times 2$

$t_{2g} - \frac{2}{5}\Delta_O \times 3$

정답 ③

28

가시광선 영역에서 가장 긴 파장의 빛을 흡수하는 착이온은 약한장 리간드(F)와 배위한 착이온이다.

정답 ④

29

아래의 그림에서 알 수 있듯이 d_{z^2} 오비탈은 e_g오비탈에 해당되므로 t_{2g} 오비탈의 에너지보다 더 높다.

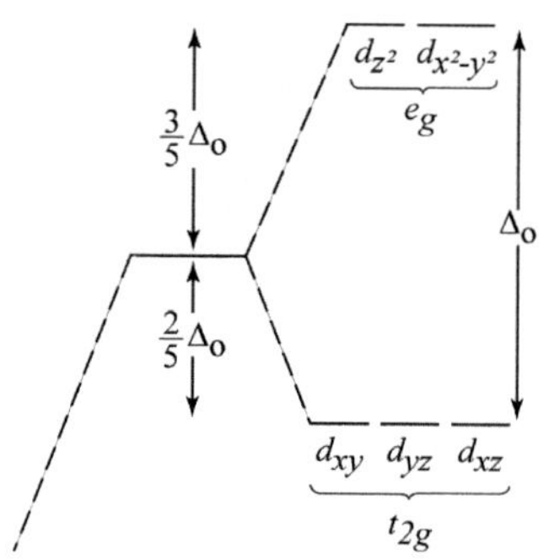

정답 ③

Chapter

01 화학의 기초

01 ④ 02 ① 03 ③ 04 ③ 05 ③

대표 유형 기출 문제

01

$T_F = T_C \times \frac{9°F}{5°F} + 32°F$

①, ③ $T_F = 100℃ \times \frac{9°F}{5°F} + 32°F = 212°F$

② $T_F = 25℃ \times \frac{9°F}{5°F} + 32°F = 77°F$

④ $T_F = 0℃ \times \frac{9°F}{5°F} + 32°F = 32°F$

정답 ④

02

① NO_3^-의 명명이 질산 이온이므로 산소가 하나 부족한 NO_2^-의 명명은 아질산 이온이다.

정답 ①

03

당량이란 일반적으로 화학 반응에서 화학양론적으로 각 원소나 화합물에 할당된 일정한 양을 말한다. 보통 당량이라 하면 화학당량을 말하며 이것은 화학 반응의 성질에 따라 정해진다. 보기로부터 문제의 의도를 생각해보면 원자나 이온에 대한 당량을 묻는 것이므로 이때의 당량은 $\frac{\text{원자량}}{\text{원자가}}$이다.

몰 개념이 확립된 이후로는 거의 사용되지 않고 노르말 농도에서만 제한적으로 사용되고 있다.

정답 ③

기본 문제

04

유효 숫자의 덧셈에서는 소수점이하 자리수가 가장 적은 유효숫자의 자리수로 제한된다. 문제에서 소수점 이하 자리수가 적은 자리수는 1자리수이므로 문제의 조건에 맞게 구한 유효숫자는 $14.4cm^3$이다.

계산에 의한 금속의 부피는 $29.8 - 15.43 = 14.37ml$이다.

④ $1m = 10dm = 100cm$

$$14.4 \times 10^{-1}m^3 = 1.44m^3 \times \left(\frac{10^2cm}{1m}\right)^3$$

$$= 1.44 \times 10^6cm^3$$

※ 유효숫자 문제는 계산부터 하는 것이 아니고 유효 숫자의 자리수만 판단하면 된다. 애매하다면 그때 계산하여도 된다.

정답 ③

05

온도에 대한 SI 단위는 K(켈빈)이다.

정답 ③

Chapter

02 화학식량과 몰

01	①	02	①	03	④	04	④	05	③
06	②	07	②						

08 (1) ① 원자량 ② C (2) ① 화학식량 ② 분자량 (3) ① 6.02×10^{23} ② 아보가드로

09 ① 실험식 ② 분자식 ③ CH_3COOH ④ 시성식 ⑤ 구조식

10 ① 3 ② 7 ③ 1 ④ 4 　11 127.2g

12 (1) 35.5 (2) 3가지 (3) 9 : 6 : 1

13 29.0

14 (1) 암모늄 이온 4몰과 황산 이온 2몰 (2) 16몰 (3) 8몰 (4) 30몰

15 (1) 286 (2) 37% (3) 45.3% (4) 23g

16 70g 　17 $\frac{16b}{a-b}$ 　18 14 　19 $68N_A$ 　20 32

21 (1) 0.0625몰 (2) 14 　22 ③ 　23 ⑤

24	①	25	②	26	③	27	③	28	③
29	①	30	②	31	④	32	④	33	⑤
34	⑤	35	①	36	⑤	37	⑤	38	③
39	④	40	⑤	41	①				

대표 유형 기출 문제

01

0℃, 1atm에서 1몰의 부피는 22.4L임을 이용한다.

ㄱ. D의 몰질량은 25로 B(32)가 더 크다.

ㄴ. A와 B는 1몰로 몰수는 같다.

ㄷ. 부피는 B(22.4L)가 D(8.96L)보다 크다.

ㄹ. 질량은 A(16)가 C(88g)보다 작다.

정답 ①

02

① $\frac{1}{20}$몰 ② $\frac{1}{2}$몰 ③ $\frac{1}{4}$몰 ④ $\frac{1}{2}$몰

정답 ①

03

① 0.5몰 ② 0.5몰 ③ 1몰 ④ $\frac{1}{3}$몰

정답 ④

04

① N_A개 ② N_A개 ③ N_A개 ④ $3N_A$개

정답 ④

05

원자의 개수 = 원자의 몰수 × N_A

원자의 몰수 = 분자의 몰수 × 분자 한 개를 구성하는 원자수

$$\left(\frac{30g}{180g/mol}\right)\times 24 \times N_A = 4N_A$$

정답 ③

06

① $0.5N_A$개 ② $3N_A$개 ③ N_A개

④
$2CO(g)$	+	$O_2(g)$	→	$2CO_2(g)$
2mol		1.0mol		
−2		−1		+2
				2mol
				→ $2N_A$개

정답 ②

07

CaC_2는 다음과 같이 해리된다.

$$CaC_2 \rightarrow Ca^{2+} + C_2^{2-}$$

CaC_2 32g의 몰수는 0.5몰이므로 이온의 총 몰수는 1몰이므로 총 개수는 6.0×10^{23}개다.

정답 ②

주관식 개념 확인 문제

08

정답 (1) ① 원자량 ② C

(2) ① 화학식량 ② 분자량

(3) ① 6.02×10^{23} ② 아보가드로

09

정답 ① 실험식 ② 분자식 ③ CH_3COOH

④ 시성식 ⑤ 구조식

10

정답 ① 3 ② 7 ③ 1 ④ 4

11

$1.99 \times 10^{-23}g : 12 = 2.11 \times 10^{-22}g : M$

$M = 127.2g$

정답 127.2g

12

(1) $(35 \times 0.75) + (37 \times 0.25) = 35.5$

정답 35.5

(2) 염소 분자의 분자량 70(35+35), 72(35+37), 74(37+37)로 3가지이다.

정답 3가지

(3) 분자량의 존재 비율은 원자량의 존재 비율로부터 알 수 있다.

분자량 70의 존재 비율: $\frac{3}{4} \times \frac{3}{4} = \frac{9}{16}$

분자량 72의 존재 비율: $\frac{1}{4} \times \frac{3}{4} \times 2 = \frac{6}{16}$

분자량 74의 존재 비율: $\frac{1}{4} \times \frac{1}{4} = \frac{1}{16}$

$$\frac{3}{4} \times \frac{3}{4} : \frac{3}{4} \times \frac{1}{4} \times 2 : \frac{1}{4} \times \frac{1}{4} = 9 : 6 : 1$$

정답 9 : 6 : 1

13

$(28 \times 0.78) + (32 \times 0.21) + (40 \times 0.01) = 29.0$

정답 29.0

14

$2(NH_4)_2SO_4$

정답 (1) 암모늄 이온 4몰과 황산 이온 2몰

(2) 16몰 (3) 8몰 (4) 30몰

15

(1) 화학식량은 원자량의 합이므로

$$(2 \times 23) + 12 + (3 \times 16) + 10 \times 18 = 286$$

정답 286

(2) 결정수를 제거한 흰 가루의 질량 $= 286 - 180 = 106g$

$$\frac{106}{286} \times 100 = 37\%$$

정답 37%

(3) $\frac{48}{106} \times 100 = 45.3\%$

정답 45.3%

(4) 탄산나트륨 결정 0.5몰에는 나트륨 1몰이 들어있으므로 23g이 들어있다.

정답 23g

16

상온 1기압의 용기에 산소 기체 80g인 $\frac{80}{32} = 2.5$몰을 담을 수 있다. 아보가드로의 법칙에 의해 같은 온도, 같은 부피에는 같은 몰수가 포함되므로 같은 용기에 질소 기체 2.5몰인 $2.5 \times 28 = 70g$을 담을 수 있다.

정답 70g

17

산화물의 화학식은 실험식이므로 금속과 산소의 원자수의 비가 1:1임을 알 수 있다.

$1:1 = \frac{b}{M} : \frac{a-b}{16}$이므로 원소 M의 원자량은 $\frac{16b}{a-b}$이다.

정답 $\frac{16b}{a-b}$

18

$\frac{56}{M} : \frac{128}{16} = 1:2 \quad \therefore M = 14$

정답 14

PART 04 물질의 상태와 용액

19

질량비가 1 : 1이므로 메탄올과 물의 질량은 각각 $576g \times \frac{1}{2} = 288g$이다. 메탄올은 9몰이고 물은 16몰이다. 메탄올 1몰은 수소 원자가 4몰 포함되고, 물 1몰은 수소 원자 2몰이 포함되므로 총 수소 원자의 몰수는 68몰이고 1몰은 N_A개의 원자를 포함하므로 수소 원자는 총 $68N_A$개다.

$$\left(\frac{288}{32}\right) \times 4 + \left(\frac{288}{18}\right) \times 2 = 68 N_A$$

정답 $68N_A$

20

분자량의 비는 밀도의 비이므로

$$d_{XO_2} : d_{O_2} = 2 : 1 = (M_X + 32) : 32$$

$$M_X = 32$$

정답 32

21

(1) 산소 기체의 질량은 2g이므로 $\frac{1}{16}$몰이다. 같은 조건에서 같은 부피의 기체 X_2O_3의 질량 4.75g도 $\frac{1}{16}$몰이다.

정답 0.0625몰

(2) $M_{X_2O_3} = \dfrac{4.75g}{\left(\frac{1}{16}\right)mol} = 76g/mol$

$2M_X + 3 \times 16 = 76g/mol \qquad \therefore M_X = 14$

정답 14

기본 문제

화학식량과 몰

22

③ 염화나트륨(NaCl) 1몰 중에는 나트륨 이온(Na^+)와 염화 이온(Cl^-)이 각각 6.02×102^{23}개씩 들어있다.

정답 ③

23

같은 온도와 같은 압력인 경우 부피는 몰수와 비례한다. 따라서 네온의 몰수가 가장 크다.

② O_2 $\left(\frac{1}{22.4}\right)mol$

③ N_2 0.1mol

④ CO_2 $\left(\frac{1}{44}\right)mol$

정답 ⑤

24

(문제에서는 리튬의 원자량(6.941g/mol)이 주어지지 않았음)

$$\frac{2.1g}{6.941g/mol} \times 6.02 \times 10^{23}개/mol = 1.82 \times 10^{23}개$$

정답 ①

25

최종적으로 수소 원자의 몰수를 구해야하는 문제이다. 메탄올의 부피와 밀도를 이용해서 질량을 구하면,

$$w = d \times V = 20mL \times 0.8g/mL = 16g$$

메탈올의 몰수는 $n = \frac{w}{M} = \frac{16}{32} = 0.5mol$이므로 수소 원자의 몰수는 2몰이다. 따라서 수소 원자의 개수는 $2 \times 6.02 \times 10^{23} = 1.20 \times 10^{24}$개이다.

정답 ②

동위 원소

26

가. 14+16=30, 14+17=31, 15+16=31, 15+17=32
질량 30, 31, 32인 3종류의 AB분자가 생성된다.

나. 동위 원소는 양성자수는 같고 질량수가 다르므로 양성자수는 같다.

다. 원소의 평균 원자량을 구해서 평균분자량을 구할 수 있다.

평균 원자량 $= 0.4 \times 14 + 0.6 \times 15 = 14.6$

평균 분자량 $= 14.6 \times 2 = 39.2$

라. B_2 분자의 질량은 32, 33, 34가 가능하다.

따라서 질량이 가장 큰 B_2 분자의 상대 질량은 34이다.

정답 ③

27

ㄱ. Rb의 원자량은 화학식량에서 Cl의 원자량을 빼면 구할 수 있다.

120−35=85, 124−37=87

$$\begin{array}{ccccccc} ^{85}Rb^{35}Cl & : & ^{85}Rb^{37}Cl & : & ^{87}Rb^{35}Cl & : & ^{87}Rb^{37}Cl \\ =\ 9 & : & 3 & : & 3 & : & 1 \end{array}$$

$^{85}Rb^{35}Cl$에서 ^{85}Rb의 존재비율을 x라고 하면,

^{35}Cl의 존재비는 $\frac{3}{4}$이므로 $x\times\frac{3}{4}=9$ $\quad\therefore x=12$

$^{87}Rb^{37}Cl$에서 ^{87}Rb의 존재비율을 y라고 하면,

^{37}Cl의 존재비는 $\frac{1}{4}$이므로 $y\times\frac{1}{4}=1$ $\quad\therefore y=4$

$$x:y=12:4=3:1$$

ㄴ. $^{85}Rb^{37}Cl$과 $^{87}Rb^{35}Cl$의 존재비는 $\frac{3}{4}\times\frac{1}{4}:\frac{1}{4}\times\frac{3}{4}=$ 1:1이다.

ㄷ. Cl_2의 분자량은 70, 72, 74로 3가지이다.

정답 ③

28

ㄱ. (가)와 (나)에서 A의 질량이 같을 때 B의 질량비가 1 : 2이다.

(나)의 실험식이 AB_3이므로 (가)의 실험식은 $AB_{1.5}$ 즉 A_2B_3이다.

ㄴ. B의 원자량이 주어졌으므로 AB_3에 포함된 B의 몰수를 알 수 있다. B의 몰수는 $\frac{12}{16}=\frac{3}{4}$몰이다.

화합물 AB_3의 원자수의 비를 이용하여 A의 몰수는 $\frac{1}{4}$몰임을 알 수 있고, $\frac{1}{4}$몰의 질량이 2.7g이므로 1몰의 질량은 10.8임을 알 수 있다.

A의 동위 원소의 질량수와 A의 평균원자량 10.8을 이용하여 동위 원소의 존재비가 1 : 4임을 알 수 있다.

^{10}A의 존재 비율을 x라 하면,

$$10x+11(1-x)=10.8 \qquad x=0.2$$

$$^{10}A:{}^{11}A=0.2:0.8=1:4$$

ㄷ. 같은 질량에 포함된 A원자의 수는

$AB_3:A_2B_3$

$=\frac{1}{(10.8+3\times16)}\times1:\frac{1}{(10.8\times2+3\times16)}\times2$

이므로 (가)가 크다.

※ A_2B_3을 기준으로 할 때, 분자는 2배, 분모는 2배보다 작으므로 같은 질량에 포함된 A원자의 수는 A_2B_3가 AB_3보다 크다.

정답 ③

29

ㄱ. B의 평균원자량은 동위원소의 존재비율을 고려하여 구한다.

$$(10\times0.2)+(11\times0.8)=10.8$$

ㄴ. 동위 원소는 양성자 수가 같다.

ㄷ. 같은 질량에 들어있는 원자 수는 가벼운 ^{10}B가 더 많다.

정답 ①

아보가드로의 수는 변하는가?

30

아보가드로의 수는 원자량을 원자 1개의 실제 질량으로 나눈 값이다. 원자 1개의 실제 질량은 정해져 있는 값이고, 실제 질량이 매우 작아서 이용이 불편하므로 원자량의 개념이 도입되었다. 원자량이 12에서 1로 감소하면 아보가드로의 수도 감소한다. 원자량에 분자를 구성하는 원자의 수를 곱한 것이 분자량이므로 원자량이 변하면 분자량도 변한다.

정답 ②

31

(가)와 (나)를 비교해보면 수소의 원자량이 감소했으므로 아보가드로의 수도 감소하였다.

원자의 개수는 원자의 몰수와 아보가드로수의 곱이다.

원자의 몰수는 원자의 질량을 원자량으로 나눈 값이다.

원자량이 감소하므로 원자의 몰수는 증가하고 아보가드로의 수는 감소하므로 원자의 개수는 일정하다.

$$\left(\frac{12g}{원자량\downarrow}\right)\uparrow\times N_A\downarrow$$

정답 ④

32

기준 Ⅰ에서 기준 Ⅱ로 원자량이 증가하였으므로 아보가드로 수도 증가하였다.

ㄱ. 기체의 밀도는 원자량의 기준이 달라져도 변하지 않는다.

ㄴ. 분자 수는=몰수×아보가드로수, 아보가드로수가 증가했으므로 분자 수도 증가한다.

ㄷ. 분자의 질량=몰수×분자량, 원자량이 증가하면 분자량도 증가하므로 소모된 분자의 질량도 증가한다.

정답 ④

같은 질량의 양적 관계

33

ㄱ. 수소 40몰의 질량은 80g이므로 같은 질량의 메테인은 분자량이 16이므로 5몰이므로 $a=5$이다.

ㄴ. (가)는 80g에 2몰이 들어있으므로 화학식량은 40이다.

ㄷ. 같은 질량에 포함된 수소의 몰수는 질량을 화학식량으로 나눈 값에 분자를 구성하는 원자의 수를 곱한 값으로 $CH_4 : H_2 = \frac{1}{16}\times 4 : \frac{1}{2}\times 2 = 1:4$이다.

정답 ⑤

34

ㄱ. 원자수의 차이가 많이 나는 것이 (가)이므로 (가) AB_3, (나)는 AB_2이다.

ㄴ. (나)로부터 A와 B의 원자수의 비가 1 : 2이므로 $x=10$이다. (가)에서 $A : B = 1:3 = 4:y$이므로 $y=12$이다. $x : y = 10:12 = 5:6$이다.

ㄷ. A의 원자량을 a, B의 원자량을 b라고 한다면 $\frac{1}{4a+12b} = \frac{1}{5a+10b}$이므로 $a=2b$로 $a:b=2:1$로 A의 원자량이 B의 2배이다.

정답 ⑤

실험식이 같은 경우

35

(가)의 분자식은 CH_2O, (나)의 분자식은 $C_2H_4O_2$이다. 실험식은 CH_2O로 같다.

ㄱ. (나)의 원자수가 2배이므로 분자량도 (나)가 (가)보다 2배 더 많다.

ㄴ. 실험식이 같은 경우 같은 질량에 포함된 전체 원자수는 같다.

(가) $\left(\frac{1}{30}\right)\times 4 = \frac{4}{30}$ (나) $\left(\frac{1}{60}\right)\times 8 = \frac{4}{30}$

ㄷ. 1몰에 들어 있는 수소 원자 수는 (나)가 (가)보다 2배이다.

정답 ①

36

ㄱ. (나)에는 기체 0.5몰이 포함되어 있으므로 표준 상태에서의 부피는 11.2L이다.

ㄴ. (가)와 (나)는 실험식이 같고, 질량이 같으므로 전체 원자 수는 같다.

(가) 1몰 ×6, (나) 0.5몰 ×12

ㄷ. (가)와 (나)의 원자수가 같으므로 완전히 반응시킬 때 필요한 산소의 몰수도 같다. 이를 화학 반응식으로 확인해 보면 다음과 같다..

$$C_2H_4(g) + 3O_2(g) \rightarrow 2CO_2(g) + 2H_2O(l)$$

$$\frac{1}{2}C_4H_8(g) + 3O_2(g) \rightarrow 2CO_2(g) + 2H_2O(l)$$

정답 ⑤

37

ㄱ. 0℃, 1기압에서 기체 1몰의 부피가 30L이므로 (가)에서 A는 $\frac{1}{6}$몰이고, (나)에서 B는 $\frac{1}{2}$몰이다.

ㄴ. 같은 질량을 넣었으므로 분자량은 A는 78, B는 26으로 A가 B의 3배이다.

ㄷ. 탄소와 수소로 이루어진 분자량 26인 B의 분자식은 C_2H_2이다.

정답 ⑤

38

ㄱ. 일정 성분비의 법칙을 이용하여 탄소의 질량을 구할 수 있다. $264 \times \frac{12}{44} = 72\,\mathrm{mg}$

ㄴ. 연소 전 전체 질량 84mg에서 탄소의 질량 72mg을 제외하면 수소의 질량이므로 $x \times \frac{2}{18} = 12$이므로 $x = 108\,\mathrm{mg}$이다.

ㄷ. $\mathrm{C} : \mathrm{H} = \frac{72}{12} : \frac{12}{1} = 1 : 2$이므로 실험식은 CH_2이다.

정답 ③

실린더 해석

39

아보가드로의 법칙에 의해 일정 온도와 압력에서 기체의 부피와 몰수는 비례한다.

$$V_{(가)} : V_{(나)} : V_{(다)} = 1 : 2 : 2$$

$$n_{NH_3} : n_{C_2H_2} : n_{CO_2} = 1 : 2 : 2$$

① 따라서 기체의 몰수는 (다)에서가 (가)에서의 2배이다.

② 원자의 몰수 = 분자의 몰수 × 분자를 구성하는 원자의 몰수이다.
(나)와 (다)에서 기체의 몰수는 같고, 각 기체를 구성하는 C 원자 수가 (나)가 (다)보다 2배이므로 C 원자 수도 (나)에서가 (다)에서의 2배이다.

③ (가)와 (나)에 들어있는 기체 분자를 구성하는 원자의 개수는 4개로 같으므로 원자의 총수는 (나)에서가 (가)에서의 2배이다.

④ C_2H_2의 몰수가 NH_3의 2배이고, 분자 1개에 포함된 H 원자수가 NH_3는 3, C_2H_2은 2이므로 (가)와 (나)에 들어 있는 H 원자의 몰수 비는 (가) : (나) = 3 : 4이다. 따라서 H의 질량은 (나)에서가 (가)에서보다 크다.

정답 ④

혼합물의 양적 관계(NO REACTION)

40

(가)에서 부피의 비가 1 : 1이므로 몰수의 비도 1 : 1로 같다. (나)에서 부피의 비가 1 : 3이므로 몰수의 비는 A : B : C = 1 : 1 : 2이다. 분자량은 질량을 몰수로 나눈 것이므로 분자량의 비는 다음과 같다.

$$\mathrm{A} : \mathrm{B} : \mathrm{C} = \frac{2}{1} : \frac{1}{1} : \frac{1}{2} = 4 : 2 : 1$$

정답 ⑤

41

수소 원자의 몰수가 같아야 하므로 A는 C_3H_8, B는 C_2H_2이고, 수소의 원자수는 (가)가 $8x$, (나)가 $2y$이므로 $8x = 2y$이다. 몰수의 비가 부피의 비이므로 $(1+x) : (1 : y) = 1 : 2$이다.

$y = 4x$를 대입하여 정리하면 $x = \frac{1}{2}$, $y = 2$이다.

ㄱ. (가)의 전체 몰수는 $(1+x)$이므로 1.5몰, (나)의 전체 몰수는 $(1+y)$이므로 3몰이다.

ㄴ. A는 C_3H_8이다.

ㄷ. (나)는 C_2H_2가 2몰이 있으므로 탄소 원자는 4몰이다.

정답 ①

Chapter

03 실험식과 분자식

01 ① 02 ② 03 ① 04 ② 05 ③
06 실험식: CH_2O, 분자식: $C_2H_4O_2$
07 (1) C_2H_4O (2) $C_4H_8O_2$ (3) C_3H_7COOH
08 ② 09 ② 10 ② 11 ③

대표 유형 기출 문제

01

질량을 100으로 가정하여 질량 백분율을 원소의 질량으로 하고, 질량을 원자량으로 나누어 원자수의 비를 구하여 실험식을 알 수 있다. $N:O=\frac{64}{14}:\frac{36}{16}=2:1$이므로 화합물의 실험식은 N_2O이다.

정답 ①

02

화합물이므로 일정성분비의 법칙을 이용한다.

$$C:\ 176g\times\frac{12}{44}=48g,\ \ H:\ 144g\times\frac{2}{18}=16g$$

화합물에서 탄소와 수소의 질량을 빼면 산소의 질량을 구할 수 있다.

$$O:\ 128-(48+16)=64g$$

실험식은 가장 간단한 원자수의 비이므로 몰수의 비를 구하기 위해 각 원소의 질량을 원자량으로 나눈다.

$$C:H:O=\frac{48}{12}:\frac{16}{1}:\frac{64}{16}=4:16:4=1:4:1$$

실험식은 CH_4O이다.

정답 ②

03

실험식은 가장 간단한 원자수의 비이므로 아세틸렌과 벤젠의 실험식은 CH이고, 에틸렌의 실험식은 CH_2, 에테인의 실험식은 CH_3, 아세트산과 글루코오스의 실험식은 CH_2O, 에탄올의 실험식은 C_2H_5O, 아세트알데하이드의 실험식은 C_2H_4O이다.

정답 ①

04

화학식 A_2B로부터 A와 B의 원자의 몰수비가 2 : 1임을 알 수 있고 또한 질량 조성으로부터 원소 A와 B의 원자량의 비를 구할 수 있다.

$$A:B=\frac{3}{M_A}:\frac{2}{M_B}=2:1 \qquad M_A:M_B=3:4$$

원소 A와 B의 원자량의 비를 구하였으므로 AB_3를 구성하는 A와 B의 질량비는 다음과 같다.

$$A:B=\frac{w_A}{3}:\frac{w_B}{4}=1:3 \qquad w_A:w_B=1:4$$

정답 ②

05

$$C\text{의 양}=\frac{12}{44}\times44g=12g,$$

$$H\text{의 양}=\frac{2}{18}\times27g=3g$$

$$O\text{의 양}=23-(12+3)=8g$$

$$C:H:O=\frac{12}{12}:\frac{3}{1}:\frac{8}{16}=2:6:1$$

따라서 화학식(실험식)은 C_2H_6O이다.

정답 ③

주관식 개념 확인 문제

06

염화칼슘은 물을 흡수하므로 염화칼슘관의 질량 변화로 수소의 질량을 알 수 있고, 수산화칼륨 수용액은 이산화탄소를 흡수하므로 수산화칼륨 수용액의 질량 변화로 탄소의 질량을 알 수 있다. 화합물의 질량을 구하기 위해 일정성분비의 법칙을 이용한다.

$$C:\ 66mg\times\frac{12}{44}=18mg$$

$$H:\ 27mg\times\frac{2}{18}=3mg$$

화합물의 질량에서 탄소와 수소의 질량의 합을 빼면 산소의 질량을 알 수 있다.

$$O:\ 45-(18+3)=24mg$$

실험식은 가장 간단한 원자수의 비이므로 몰수의 비를 구하기 위해 각 원소의 질량을 원자량으로 나눈다.

$C:H:O = \frac{18}{12}:\frac{3}{1}:\frac{24}{16} = 1:2:1$이므로 실험식은 CH_2O이고, 실험식량은 원자량의 합이므로 30이다. 분자식은 실험식과 정수배의 관계에 있으므로 분자량이 60으로 실험식량의 2배이므로 분자식은 $C_2H_4O_2$이다.

정답 실험식: CH_2O
분자식: $C_2H_4O_2$

07

(1) 실험식은 가장 간단한 원자수의 비이므로 몰수의 비를 이용하여 구할 수 있다. 몰수는 질량을 원자량으로 나누어 구할 수 있으므로 원소의 질량을 알아야 한다. 탄소, 수소, 산소의 질량을 구하기 위해 일정성분비의 법칙을 이용한다.

$$C:\ 8.45 \times \frac{12}{44} = 2.3\text{mg}$$

$$H:\ 3.46 \times \frac{2}{18} = 0.38\text{mg},$$

$$O:\ 4.2 - (2.3 + 0.38) = 1.52\text{mg}$$

탄소, 수소, 산소의 몰수의 비를 알기 위해 원자량으로 나누어주면

$C:H:O = \frac{2.3}{12}:\frac{0.38}{1}:\frac{1.52}{16} = 2:4:1$이므로

실험식은 C_2H_4O이고, 실험식량은 44이다.

정답 C_2H_4O

(2) 실험식량과 분자량은 정수배의 관계이므로, 분자량 88인 탄소화합물의 분자식은 $C_4H_8O_2$이다.

정답 $C_4H_8O_2$

(3) 아세트산은 작용기로 카복시기를 갖는다. 부틸산도 카복시기를 가지므로 시성식은 C_3H_7COOH이다.

정답 C_3H_7COOH

기본 문제

08

(가), (나)는 탄소와 수소의 원자수의 비로 원소의 질량을 원자량으로 나눈 값이다. (가)는 탄소의 질량을 탄소의 원자량으로 나눈 값이다. 탄소의 질량은 일정성분비의 법칙을 이용하여 구하면

$\frac{(b'-b)12}{44}$이고, 탄소의 질량을 탄소의 원자량 12로 나눈 값인 (가)는 $\frac{(b'-b)}{44}$이다. (나)는 수소의 질량을 수소의 원자량으로 나눈 값이다. 수소의 질량은 일정성분비의 법칙을 이용하여 구하면 $\frac{(a'-a)2}{18}$이고, 수소의 질량을 수소의 원자량 1로 나눈 값인 (나)는 $\frac{(a'-a)2}{18}$이다.

정답 ②

09

화학 반응에서 반응물의 양을 증가시키면 증가시키는 비율만큼 생성물의 양도 증가되므로 탄화수소의 질량이 1.5배가 되면 생성되는 이산화탄소와 물의 질량도 1.5배가 된다. 탄화수소 $2a$을 연소시킬 때 생성되는 이산화탄소의 질량이 4.4g이고, 탄화수소 $3a$을 연소시킬 때 생성되는 물의 질량이 5.4g이므로 탄화수소 $2a$을 연소시킬 때 생성되는 물의 질량은 $5.4\text{g} \times \frac{2}{3} = 3.6\text{g}$이다.

화합물의 질량을 구했으므로 일정성분비의 법칙을 이용해서 탄소와 수소의 질량을 구할 수 있다.

$$C:\ 4.4 \times \frac{12}{44} = 1.2\text{g},\quad H:\ 3.6 \times \frac{2}{18} = 0.4\text{g}$$

탄소와 수소의 질량을 원자량으로 나누어 원자수의 비인 실험식을 구하면 다음과 같다.

$$C:H = \frac{1.2}{12}:\frac{0.4}{1} = 1:4 = x:y$$

$$\therefore x + y = 5$$

정답 ②

10

CH_2 1몰이 4.5몰의 O_2와 반응하였음을 알 수 있다. 즉, $CH_2 : O_2 = 2 : 9$이므로 이를 바탕으로 화학 반응식을 작성하면 다음과 같다. 주의할 점은 실험식이 CH_2이고, 분자량을 알 수 없으므로 분자식은 C_nH_{2n}으로 나타내어야 한다.

$$2C_nH_{2n}(g) + 9O_2(g) \rightarrow 2nCO_2(g) + 2nH_2O(l)$$

반응물의 산소 원자의 몰수가 18몰임을 이용해서,

$$18 = 4n + 2n = 6n \quad n = 3$$

따라서 분자식은 C_3H_6이다.

정답 ②

11

먼저 완전 연소 시 생성되는 CO_2와 H_2O의 몰 수가 같으므로 이로부터 물질 X에서 탄소 원자와 수소 원자의 몰수의 비는 1 : 2임을 알 수 있다. 다음으로 질량 백분율은 O가 H의 4배이므로 이로부터 산소 원자와 수소 원자의 몰수의 비는 1 : 4임을 알 수 있다. 따라서 이 탄소 화합물의 화학식은 $C_{2n}H_{4n}O_n$이고 실험식은 가장 간단한 원자수의 비로 나타낸 것이므로 C_2H_4O이다. 분자식은 분자량이 실험식량의 2배이므로 $C_4H_8O_2$이다.

① 물질 X에서 질량비는 $C : O = 2 \times 12 : 1 \times 16 = 3 : 2$이다.

② 실험식은 C_2H_4O이다.

③, ④ 연소 반응식을 세워보면 다음과 같다.

$$C_4H_8O_2(g) + 5O_2(g) \rightarrow 4CO_2(g) + 4H_2O(l)$$

따라서, 1몰을 완전 연소할 때 4몰의 H_2O가 생성되고 완전 연소 시 반응하는 O_2와 생성되는 CO_2의 몰수의 비는 5 : 4이다.

정답 ③

Chapter

04 화학의 기본 법칙

01 (1) ㉡ (2) ㉢ (3) ㉠		02 (1) ㅁ (2) ㄴ	
03 (1) $CaCO_3(s) \rightarrow CaO(s) + CO_2(g)$ (2) 44g (3) 22g			
04 C_3H_4		05 (1) 0.25g (2) 3g	
06 일정 성분비의 법칙, 질량 보존의 법칙, 배수 비례의 법칙			
07 ①	08 ⑤	09 ⑤	10 ⑤ 11 ③

주관식 개념 확인 문제

01

정답 (1) ㉡ (2) ㉢ (3) ㉠

02

정답 (1) ㅁ (2) ㄴ

03

(1) **정답** $CaCO_3(s) \rightarrow CaO(s) + CO_2(g)$

(2) 질량보존의 법칙에 의해

$$100g = 56g + x \qquad x = 44g$$

발생한 이산화탄소의 질량은 44g이다.

정답 44g

(3) 반응물의 양이 절반 줄었으므로 생성물의 양도 절반 줄어든다. 따라서 발생한 이산화탄소의 양은 다음과 같다.

$$44g \times \frac{1}{2} = 22g$$

정답 22g

04

이산화탄소의 질량이 $3.3x$ g이므로 일정성분비의 법칙을 이용하여 탄화수소에 포함된 탄소의 질량을 구한다.

$$C : 3.3 \times \frac{12}{44} = 0.9x$$

탄화수소 x g 중 탄소의 질량이 $0.9x$ g이므로 수소의 질량은 $0.1x$ g이다. 실험식을 구하기 위해 탄소와 수소의 질량을 원자량으로 나누어준다.

$$C : H = \frac{0.9x}{12} : \frac{0.1x}{1} = 3 : 4$$

정답 C_3H_4

05

마그네슘의 산화 반응식과 구리의 산화 반응식은 아래와 같다.

$$Mg + \frac{1}{2}O_2 \rightarrow MgO \quad Cu + \frac{1}{2}O_2 \rightarrow CuO$$

(1) 질량보존의 법칙에 의해 반응 전, 후의 질량은 같으므로 산화물의 질량은 반응한 금속의 질량과 반응한 산소의 질량의 합이다. Cu 0.4g을 산화시켜 CuO 0.5g을 얻으면 반응한 산소의 질량은 0.1g이므로 비례식을 세워 CuO 1.25g이 생성될 때의 산소의 질량을 구할 수 있다. $0.5 : 0.1 = 1.25 : x$이므로 산소의 질량 $x = 0.25$이다.

정답 0.25g

(2) 질량보존의 법칙에 의해 반응 전, 후의 질량은 같으므로 마그네슘과 구리 혼합물 13g을 완전 연소시켰을 때 산화물의 혼합물의 질량이 17.5g이라면 반응한 산소의 질량은 4.5g이다. 구하고자하는 마그네슘의 질량을 x라고 하면, 구리의 질량은 $(13-x)$이다. 마그네슘의 산화 반응식에서 반응하는 질량비는 다음과 같다.

$$Mg : O_2 : MgO = 0.3 : 0.2 : 0.5 = 3 : 2 : 5$$

구리의 산화 반응식에서 반응하는 질량비는 다음과 같다.

$$Cu : O_2 : CuO = 0.4 : 0.1 : 0.5 = 4 : 1 : 5$$

$$Mg : O_2 = 3 : 2 = x : \frac{2}{3}x$$

$$Cu : O_2 = 4 : 1 = (13-x) : \frac{(13-x)}{4}$$

반응한 산소의 질량은 $\frac{2}{3}x + \frac{(13-x)}{4} = 4.5$이므로 $x = 3$이다. 따라서 처음 혼합물 속의 마그네슘의 질량은 3g이다.

정답 3g

06

두 종류 이상의 원소가 일정한 비율로 결합한 화합물 CO, CO_2가 있으므로 일정성분비의 법칙을 알 수 있다. 반응 전, 후에 탄소원자이 개수, 산소원자의 개수가 같으므로 질량보존의 법칙을 알 수 있다.

같은 종류의 원소로 이루어진 두 가지 이상의 화합물 CO, CO_2이 존재하므로 배수비례의 법칙을 알 수 있다. 한편, 화학 반응식에 고체가 포함되어 있으므로 기체 반응의 법칙은 적용할 수 없고, 반응에서의 물리적 성질, 즉 온도, 압력, 부피에 대한 조건이 없으므로 아보가드로의 법칙 또한 적용할 수 없다.

정답 일정 성분비의 법칙, 질량 보존의 법칙, 배수 비례의 법칙

기본 문제

07

반응 전후 탄소와 산소 원자의 개수가 같으므로 질량 보존의 법칙이 성립하고, 두 종류 이상의 원소가 일정한 비율로 결합한 화합물 CO_2가 존재하므로 일정성분비의 법칙도 성립한다.

정답 ①

08

질량보존의 법칙이 성립하고, 화합물이 존재하므로 일정성분비의 법칙도 성립하며, 탄소와 산소가 두 가지 이상의 화합물 CO, CO_2을 만들 때 배수비례의 법칙이 성립한다. 반응물과 생성물이 모두 기체이므로 기체 반응의 법칙도 성립한다.

정답 ⑤

09

두 가지 원소로부터 두 가지 이상의 화합물을 만들 때 배수비례의 법칙이 성립한다. 철과 산소로 이루어진 FeO와 Fe_2O_3는 일정량의 Fe에 대한 산소의 비율이 2 : 3이므로 배수비례의 법칙이 성립한다.

④ H_2SO_4와 H_2SO_3은 두 가지가 아닌 세 가지 원소로부터 생성되는 것이므로 배수비례의 법칙이 성립하지 않는다.

정답 ⑤

10

기체의 부피는 기체 분자들 사이의 평균 거리를 의미한다.

정답 ⑤

11

수소와 산소로 이루어진 화합물이 수증기 1종류밖에 없으므로 배수비례의 법칙은 설명할 수 없다.

정답 ③

Chapter

05 화학 반응과 양적 관계

01 ③	02 ③	03 ②	04 ②	05 ①
06 ④	07 ①	08 ③	09 ③	10 ②
11 ③	12 ③	13 ②	14 ②	15 ②

16 ② 17 ① 화학식 ② 계수 ③ 원자설

18 ① 몰 ② 양적 19 ①, ③

20 (1) 분해 (2) 복분해 (3) 치환 (4) 화합 (5) 복분해

21 8.96L 22 0.917g

23 35.5 24 CoO, Co_3O_4 25 $0.9x$g

26 1.91g

27 (1) $CH_4(g) + 2O_2(g) \rightarrow CO_2(g) + 2H_2O(l)$

$C_2H_2(g) + \frac{5}{2}O_2(g) \rightarrow 2CO_2(g) + H_2O(l)$

(2) 3.2g (3) 0.6mol

28 (1) S: 8g, C: 12g (2) 1.25몰

29 2 : 1 30 7 : 6 31 20L 32 60mL

33 ②	34 ③	35 ②	36 ②	37 ②
38 ②	39 ③	40 ②	41 ①	42 ③
43 ②	44 ②	45 ④	46 ④	47 ④
48 ②	49 ②	50 ③	51 ③	52 ①
53 ④	54 ①	55 ③		

대표 유형 기출 문제

01

수득률(%) = $\frac{실제값}{이론값} \times 100\%$이다.

수득률을 알기 위해 화학 반응식의 계수의 비를 이용하여 C의 이론값을 구한다. 반응하는 몰수의 비가 A : B : C = 2 : 1 : 3이므로 A 3몰, B 2몰이 반응하면 3몰의 A와 1.5몰의 B가 반응하여 4.5몰의 C가 생성되므로 이론값은 4.5몰이고, 실제값은 4몰이다. C의 수득률은 $\frac{4}{4.5} \times 100 = 89\%$이다. 이를 표로 정리하면 아래와 같다.

2A	+	B	→	3C	+	D
3		2		0		0
-3		$-\frac{3}{2}$		$+\frac{9}{2}$		$+\frac{3}{2}$
0		$\frac{1}{2}$		$\frac{9}{2}$		$\frac{3}{2}$

정답 ③

02

원자는 새로 생성되거나 소멸되지 않으므로 반응물의 원자의 개수의 합과 생성물의 원자의 개수가 같아야 한다. 반응물의 탄소의 개수가 6이므로 생성물의 탄소의 개수도 6이어야 하므로 $x=6$이고, 반응물의 수소의 개수가 12이므로 생성물의 수소의 개수도 12이어야 하므로 $y=6$이다.

균형을 맞춘 화학 반응식은 아래와 같다.

$$C_6H_{12}O_6(s)+6O_2(g)\rightarrow 6CO_2(g)+6H_2O(g)$$

글루코오스의 질량이 주어졌으므로 화학식량으로 나누어 몰수를 구한다. 90g의 글루코오스는 0.5몰이다. 반응하는 질량을 구하기 위해서 몰수를 알아야하므로 화학반응식의 계수의 비를 이용한다. 반응하는 몰수의 비가 $C_6H_{12}O_6:O_2:CO_2:H_2O=1:6:6:6$이므로 0.5몰의 글루코오스가 완전히 반응하기 위해 필요한 산소의 몰수와 생성되는 이산화탄소, 물의 몰수는 모두 3몰이다. 질량을 구하기 위해 몰수에 화학식량을 곱하면 산소의 질량은 96g, 이산화탄소의 질량은 132g, 물의 질량은 54g이다.

정답 ③

03

알칼리 토금속의 원자량은 질량을 몰수로 나누어 구할 수 있다.

알칼리 토금속과 묽은 염산의 화학 반응식은 아래와 같다.

$$M(s)+2HCl(aq)\rightarrow MCl_2(aq)+H_2(g)$$

화학 반응식을 통해 반응하는 알칼리 토금속과 생성된 수소의 몰수가 같으므로 알칼리 토금속의 몰수가 수소의 몰수와 같은 y몰임을 알 수 있다. 따라서 금속 M의 원자량은 질량 x를 몰수 y로 나눈 $\frac{x}{y}$이다.

정답 ②

04

화학 반응식을 작성하면 아래와 같다.

$$2Al+3Br_2\rightarrow Al_2Br_6$$

화학 반응식의 계수의 비가 $Al:Br_2:Al_2Br_6=2:3:1$이므로 4몰의 Al과 6몰의 Br_2가 반응하여 최대 2몰의 Al_2Br_6을 얻을 수 있다.

2Al	+	$3Br_2$	→	Al_2Br_6
4mol		8mol		0.0mol
-4		-6		$+2$
0.0mol		2mol		2mol

정답 ②

05

산화물에서 금속의 질량을 뺀 나머지가 산소의 질량이다. 원소의 비를 구하기 위해 질량을 화학식량으로 나누어 몰수의 비를 구한다.

$x:y=\frac{112}{56}:\frac{(160-112)}{16}$이므로 $x=2, y=3$이다.

정답 ①

06

모형에서 A_2 1mol과 B_2 3mol이 반응하여 AB_3 2mol이 생성되었으므로 화학 반응식은 아래와 같다.

$$A_2(g)+3B_2(g)\rightarrow 2AB_3(g)$$

A_2	+	$3B_2$	→	$2AB_3$
1mol		2mol		0.0mol
$-\frac{2}{3}$		-2		$+\frac{4}{3}$
$\frac{1}{3}$mol		0.0mol		$\frac{4}{3}$mol

A_2 1mol과 B_2 2mol이 반응하면 한계 반응물이 B_2이므로 AB_3 $\frac{4}{3}$mol이 생성된다.

정답 ④

07

탄산칼슘에 열을 가하여 산화칼슘과 이산화탄소로 분해되는 반응식은 아래와 같다.

$$CaCO_3(s) \rightarrow CaO(s) + CO_2(g)$$

위 반응식에서 생성된 산화칼슘과 이산화황이 반응하여 아황산칼슘이 생성되는 반응식은 아래와 같다.

$$CaO(s) + SO_2(g) \rightarrow CaSO_3(s)$$

화학 반응식에서 계수의 비를 통해 몰수의 비를 알 수 있다. 반응한 탄산칼슘의 몰수=반응한 이산화황의 몰수=생성된 아황산칼슘의 몰수이다.

150g의 탄산칼슘은 $\frac{150g}{100g/mol} = 1.5mol$이고, 반응한 이산화황의 몰수도 1.5mol이다. 기체의 부피는 몰수와 1몰의 부피의 곱이다. 0℃, 1기압에서 1몰의 부피는 22.4L이므로 소비된 이산화황의 부피는 $1.5mol \times 22.4L/mol = 33.6L$이다.

정답 ①

08

몰농도와 부피를 곱하면 몰수를 알 수 있다. Na_3PO_4는 3mmol, $Pb(NO_3)_2$은 4mmol이다. 화학 반응식의 계수의 비는 반응하는 몰수의 비와 같으므로 $Na_3PO_4 : Pb(NO_3)_2 = 2:3$이므로 Na_3PO_4 3mmol이 모두 반응하기 위해서 $Pb(NO_3)_2$는 4.5mmol이 필요하므로 한계 시약은 $Pb(NO_3)_2$이다.

정답 ③

09

화학 반응식의 계수의 비는 반응하는 몰수의 비와 같다. 4몰의 X와 8몰의 Y가 반응하므로 X : Y=1 : 2이고, 생성된 화합물은 XY_2이다.

X	+	2Y	→	XY_2
4mol		10mol		0.0mol
−4		−8		+4
0.0mol		2mol		4mol

정답 ③

10

에탄올의 연소 반응식을 작성하여 양적 관계를 나타내면 다음과 같다.

C_2H_5OH	+	$3O_2$	→	$2CO_2$	+	$3H_2O$
10mol		27mol				
−9		−27		+18		+24
1				18		24

① 한계 반응물은 모두 소비된 산소(O_2)이다.
② 남아 있는 반응물은 1몰의 에탄올이다.
③ 물은 24몰 생성된다.
④ 이산화탄소는 18몰 생성된다.

정답 ②

11

화학 반응식의 계수의 비를 이용하여 몰수의 비를 알 수 있고, 화합물의 질량이 주어졌으므로 화학식량으로 나누어 몰수로 전환한다. 암모니아의 화학식량은 17이므로 암모니아 850g은 50몰이고, 이산화탄소의 화학식량은 44이므로 이산화탄소 880g은 20몰이다.

$2NH_3(g)$	+	$CO_2(g)$	→	$(NH_2)_2CO(aq)$	+	$H_2O(l)$
50mol		20mol		0.0mol		
−40		−20		+20		
10mol		0.0mol		20mol		

화학 반응식의 계수의 비는 반응하는 몰수의 비이므로 한계 반응물은 모두 반응한 이산화탄소이고, 초과 반응물은 반응 후에도 남아있는 암모니아이다. 화학 반응식의 계수의 비를 통해 20몰의 요소가 생성됨을 알 수 있다. 요소의 질량은 몰수와 화학식량의 곱이므로 $20mol \times 60g/mol = 1200g$이다. 실제 얻어진 요소의 질량이 1,000g이므로 수득률(%) $= \frac{\text{실제값}}{\text{이론값}} \times 100\%$이므로 $\frac{1000}{1200} \times 100\% = 83.3\%$이다.

B.S 질량비를 이용하는 경우

	NH_3	:	CO_2	:	$(NH_2)_2CO$
	2×17	:	1×44	:	1×60
	17	:	22	:	30
실제	850		880		1000
이론	−680		−880		1200

정답 ③

12

CH_4 1몰에는 H 4몰이 있으므로 반응 후에도 수소 원자가 보존되기 위해서는 H_2O는 2몰이 생성되어야 한다. 32g의 CH_4은 2몰이므로 H_2O는 4몰이 생성되므로 물의 질량은 4×18=72g이다.

정답 ③

13

암모니아 생성 반응식은 아래와 같다.

$$N_2(g) + 3H_2(g) \rightarrow 2NH_3(g)$$

질소와 수소의 질량이 주어졌으므로 화학식량으로 나누어 몰수를 구한다.

$N_2(g)$	+	$3H_2(g)$	→	$2NH_3(g)$
0.5mol		3.5mol		0.0mol
−0.5		−1.5		+1.0
0.0mol		2.0mol		1.0mol

반응하는 몰수의 비는 화학 반응식의 계수의 비와 같다. 물질의 질량은 몰수와 화학식량의 곱이므로 과량의 반응물로 반응하고 남은 기체는 수소이고, 질량은 $2\,mol \times 2g/mol = 4g$이고, 생성된 암모니아의 질량은 $1mol \times 17g/mol = 17g$이다.

정답 ②

14

CO $\frac{280g}{28g/mol} = 10mol$ H_2 $\frac{50g}{2g/mol} = 25mol$

양적 관계를 판단해보면, 한계 반응물은 CO이다.

$CO(g)$	+	$H_2(g)$	→	$CH_3OH(l)$
10mol		25mol		
−10		−20		−10
		5mol		10mol

따라서 메탄올의 질량은 $10mol \times 32g/mol = 320g$이다.

정답 ②

15

균형 화학 반응식을 완성하면 다음과 같다.

$$2C_6H_{14} + 19O_2 \rightarrow 12CO_2 + 14H_2O$$

따라서 2+19+12+14=47이다.

정답 ②

16

화학 반응식을 작성하면 다음과 같다.

$$2H_2(g) + O_2(g) \rightarrow 2H_2O(l)$$

1 mol의 산소(O_2)와 반응하는 수소의 몰수는 2mol이므로 수소의 질량[g]은 2mol×2g/mol=4g이다.

정답 ②

주관식 개념 확인 문제

17

정답 ① 화학식 ② 계수 ③ 원자설

18

정답 ① 몰 ② 양적

19

화학 반응 전후에 원자는 사라지거나 생성되지 않으므로 원자들의 개수와 종류는 같고, 원자량이 정해져있으므로 질량도 보존된다.

정답 ①, ③

20

정답 (1) 분해 (2) 복분해 (3) 치환 (4) 화합
(5) 복분해

21

탄산칼슘과 염산의 화학 반응식은 아래와 같다.

$$CaCO_3(s) + 2HCl(aq) \rightarrow CaCl_2(aq) + H_2O(l) + CO_2(g)$$

발생한 이산화탄소의 몰수를 알면 부피를 구할 수 있다. 몰수는 화학 반응식의 계수를 통해 알 수 있는데 화학 반응식에서 탄산칼슘과 이산화탄소의 계수가 같으므로 탄산칼슘의 질량이 주어졌으므로 탄산칼슘의 화학식량으로 나눈 탄산칼슘의 몰수는 $\frac{40g}{100g/mol} = 0.4mol$임을 알 수 있고, 이산화탄소의 몰수도 0.4mol임을 알 수 있다. 이산화탄소의 부피는 몰수와 1몰의 부피의 곱이므로 $0.4mol \times 22.4L/mol = 8.96L$이다.

정답 8.96L

22

수산화리튬과 반응하는 이산화탄소의 질량을 알기 위해서 이산화탄소의 몰수를 알아야하므로 화학 반응식의 계수를 이용해야한다. 수산화리튬과 이산화탄소의 반응은 아래와 같다.

$$2LiOH(s)+CO_2(g) \rightarrow Li_2CO_3(s)+H_2O(l)$$

화학 반응식의 계수의 비는 몰수의 비이므로 수산화리튬과 이산화탄소의 계수의 비가 2 : 1임을 알 수 있다. 수산화리튬의 질량을 화학식량으로 나누어 수산화리튬의 몰수를 구하면 $\frac{1g}{23.94g/mol}=\frac{1}{23.94}mol$이다.

따라서 이산화탄소의 몰수를 x라고 하면

$$2:1=\frac{1}{23.94}:x \qquad \therefore x=\frac{1}{2\times 23.94}$$

이산화탄소의 질량은 몰수와 화학식량을 곱하여 구한다.

$$\frac{1}{2\times 23.94}mol\times 44g/mol=0.917g$$

cf. 질량비를 이용하는 경우

$$LiOH : CO_2 = 2\times 24 : 1\times 44 = 12 : 11$$

$$12 : 11 = 1.0g : x$$

$$\therefore x = \frac{11}{12} = 0.917g$$

정답 0.917g

23

X의 원자량은 질량을 몰수로 나누어 구하는데 X원자로만 이루어진 질량과 몰수를 알 수 없으므로 화합물의 질량과 몰수를 이용한다.

$$\frac{X\text{원자의 질량}}{X\text{원자의 몰수}}=\frac{X\text{가 포함된 화합물의 질량}}{X\text{가 포함된 화합물의 몰수}}$$

문제에서 설명한 두 가지 화학 반응식은 아래와 같다.

$$M(XO_2)_2 \rightarrow MX_2+2O_2$$

$$MX_2+2NaOH \rightarrow M(OH)_2+2NaX$$

질량보존의 법칙을 적용하면 화합물 $M(XO_2)_2$ 16.7g 중 산소의 질량을 제외하면 MX_2의 질량은 11.9g이다.

O_2와 $M(OH)_2$의 몰수의 비가 2:1이므로 이를 이용하여 금속 M의 원자량을 구할 수 있다.

금속 M의 원자량을 m이라고 하면,

$$\frac{4.8}{32}=2\times\frac{9.12}{m+34} \qquad \therefore m=87.6$$

다음으로, O_2와 MX_2의 몰수의 비가 2:1이므로 같은 방법으로 비금속 X의 원자량을 구할 수 있다.

비금속 X의 원자량을 x라고 하면,

$$\frac{4.8}{32}=2\times\frac{11.9}{87.6+2x} \qquad \therefore x=35.5$$

정답 35.5

24

화학 반응식을 통하여 질량 관계를 파악해보면 다음과 같다.

$CoCO_3(s)$	$\rightarrow$	$CoO(s)$	+	$CO_2(g)$
1.00g		0.633g		

$CoO(s)$	+	$O_2(g)$	$\rightarrow$	Co_xO_y
0.633g				0.675g

화합물의 질량이 주어진 경우 일정성분비의 법칙을 이용할 수 있다. 0.633g의 CoO에서 Co의 질량은 화합물에서 Co의 일정 성분비와 질량를 곱하여 알 수 있다.

$$0.633g\times\frac{60}{60+16}=0.5g$$

따라서 산소 원자의 질량은 $0.675-0.5=0.175g$이다.

0.675g의 Co_xO_y에서 원자수의 비가 $x:y$이고,

원자수의 비는 질량을 원자량으로 나누어 구하므로

$$x:y=\frac{0.5}{60}:\frac{0.175}{16}=3:4$$

두 산화물의 화학식은 CoO, Co_3O_4이다.

정답 CoO, Co_3O_4

25

반응 전과 후에 원자의 종류와 수가 변하지 않으므로 1분자당 탄소 원자 수는 3이고, 수소 원자 수는 4이다. 따라서 $m=3$, $n=4$이고 분자식은 C_3H_4이다.

화학 반응식을 작성해보면 다음과 같다.

$$C_3H_4(g)+4O_2(g) \rightarrow 3CO_2(g)+2H_2O(g)$$

주어진 조건과 물음이 질량 단위이므로 질량비를 이용해서 해결하면 편리하다.

$$C_3H_4:O_2:CO_2:H_2O=1\times 40:4\times 32:3\times 44:2\times 18$$
$$=10:32:33:9$$

$$C_3H_4(g) \;+\; 4O_2(g) \;\rightarrow\; 3CO_2(g) \;+\; 2H_2O(g)$$

x	$4.0x$		
$-x$	$-3.2x$	$+3.3x$	$+0.9x$
	$0.8x$	$3.3x$	$0.9x$

따라서 (나)에서 생성된 H_2O의 질량은 $0.9x$g이다.

정답 $0.9x$g

26

탄화수소 혼합물의 연소 반응인 경우 각 탄화수소에 대해서 연소 반응식을 작성한다.

$$CH_4(g)+2O_2(g) \rightarrow CO_2(g)+2H_2O(l)$$

$$C_2H_4(g)+3O_2(g) \rightarrow 2CO_2(g)+2H_2O(l)$$

(1) 질량비를 이용하면,
에틸렌의 양을 x라고 하면 메테인의 양은 $(5-x)$이고, 반응하는 질량비는 $CH_4 : CO_2 = 4:11$, $C_2H_4 : CO_2 = 7:22$이므로 이산화탄소의 질량은 $14.5 = (5-x)\frac{11}{4} + x \times \frac{22}{7}$이므로 x에 대해 정리하면 $x = 1.91$g이다.

(2) 몰수의 비를 이용하면,

$$C_2H_4(g) \quad \rightarrow \quad 2CO_2(g)$$

$$\left(\frac{x}{28}\right)\text{mol} \qquad \left(\frac{x}{14}\right)\text{mol}$$

$$CH_4(g) \quad \rightarrow \quad CO_2(g)$$

$$\left(\frac{5-x}{16}\right)\text{mol} \qquad \left(\frac{5-x}{16}\right)\text{mol}$$

$$\left(\frac{5-x}{16}\right) + \left(\frac{x}{14}\right) = \left(\frac{14.5}{44}\right) \qquad \therefore x = 1.91\text{g}$$

정답 1.91g

27

(1) **정답** $CH_4(g) + 2O_2(g) \rightarrow CO_2(g) + 2H_2O(l)$

$$C_2H_2(g) + \frac{5}{2}O_2(g) \rightarrow 2CO_2(g) + H_2O(l)$$

(2) 구하고자 하는 메테인의 질량을 x라고 하면, 혼합 기체 8.4g에서 x를 제외한 $(8.4-x)$g는 아세틸렌의 질량이고, 질량을 화학식량으로 나누어 몰수를 구한다. 생성된 이산화탄소의 몰수와 물의 몰수는 같고, 화학 반응식을 통해 반응하는 몰수비를 이용해서 메테인의 질량을 구할 수 있다.

$$n_{CO_2} = n_{H_2O}$$

$$\frac{x}{16} + \frac{2(8.4-x)}{26} = \frac{2x}{16} + \frac{8.4-x}{26}$$

$$\therefore x = 3.2\text{g}$$

정답 3.2g

(3) 물의 몰수를 구하기 위해 화합물의 몰수를 구해야 한다. 메테인은 $\frac{3.2}{16} = 0.2$mol, 아세틸렌은 $\frac{8.4-3.2}{26} = 0.2$mol이므로 화학 반응식의 계수의 비를 통해 메테인을 연소시키면 물 0.4mol, 아세릴렌을 연소시키면 물 0.2mol이 생성되므로 총 0.6mol의 물이 생성된다.

정답 0.6mol

28

(1) 황과 탄소의 합이 20g이므로 S+C = 20이고, 황의 연소 반응식과 탄소의 연소 반응식은 아래와 같다.
$S + O_2 \rightarrow SO_2$, $C + O_2 \rightarrow CO_2$
혼합물이 60g이므로 $SO_2 + CO_2 = 60$이다.

① 반응하는 질량비를 이용할 수 있다. 먼저 질량비를 구해보면,
질량비 $S : O_2 : SO_2 = 32 : 32 : 64 = 1 : 1 : 2$,
$C : O_2 : CO_2 = 12 : 32 : 44 = 3 : 8 : 11$
황의 질량을 x라고 하면,

$$S(s) \quad \rightleftarrows \quad SO_2(g)$$

$$x\text{ g} \qquad 2x\text{ g}$$

$$C(s) \quad \rightleftarrows \quad CO_2(g)$$

$$(20-x)\text{ g} \qquad (20-x) \times \frac{11}{3}\text{ g}$$

$x \times \frac{2}{1} + (20-x)\frac{11}{3} = 60$이고, x에 대해 정리하면 $x = 8$이므로 황의 질량은 8g이고, 탄소의 질량은 12g이다.

PART 04 물질의 상태와 용액

② 몰수의 비를 이용하면, 황의 질량을 x라고 하면,

$$S(s) \rightleftarrows SO_2(g)$$
$$\left(\frac{x}{32}\right)mol \quad \left(\frac{x}{32}\right)mol$$

$$C(s) \rightleftarrows CO_2(g)$$
$$\left(\frac{20-x}{12}\right)mol \quad \left(\frac{20-x}{12}\right)mol$$

$$\frac{x}{32}\times 64 + \frac{20-x}{12}\times 44 = 60 \quad x = 8g$$

정답 S: 8g, C: 12g

(2) 질량을 원자량으로 나누어 몰수를 구할 수 있으므로 황의 몰수는 $\frac{8}{32}=0.25mol$, 탄소의 몰수는 $\frac{12}{12}=1mol$이므로 총 1.25mol이다.

정답 1.25몰

B.S

증가한 질량(40g)은 반응한 O_2의 질량을 이용해서도 구할 수 있다.

$$O_2\ 40g = \frac{40g}{32g/mol} = 1.25mol$$

$S(s) + O_2(g) \rightarrow SO_2(g)$

$-x$mol　　$+x$mol

$C(s) + O_2(g) \rightarrow CO_2(g)$

$-(1.25-x)$mol　　$+(1.25-x)$mol

혼합 기체 1.25mol

29

일산화탄소와 산소의 화학 반응식은 아래와 같다.

$$2CO(g) + O_2(g) \rightarrow 2CO_2(g)$$

일산화탄소와 산소의 질량비를 구하기 위해 산소의 질량을 x라고 하면 반응하고 남은 일산화탄소의 질량이 2g이고, 질량 보존의 법칙에 의해 반응 전, 후 원소의 개수가 보존되므로 반응 전, 후의 질량도 24g으로 같아 생성된 이산화탄소의 질량은 22g이다. 반응하는 질량비는 몰수와 화학식량의 곱의 비이다.

$$CO : O_2 : CO_2 = 2\times 28 : 1\times 32 : 2\times 44$$

가장 간단한 정수비로 표현하면 다음과 같다.

$$CO : O_2 : CO_2 = 14 : 8 : 22 = 7 : 4 : 11$$

반응하는 질량비를 이용하여 생성된 이산화탄소의 질량이 22g일 때 소모된 일산화탄소의 질량은 14g, 소모된 산소의 질량은 8g이다. 산소의 질량 $x=8$이고, 일산화탄소의 질량은 $(24-x)$이므로 16g임을 알 수 있다. 따라서 일산화탄소와 산소의 질량비는 가장 간단한 정수비로 2 : 1이다.

$2CO(g)$	+	$O_2(g)$	→	$2CO_2(g)$
$(24-x)$		x		
-14		-8		$+22$
2		0		22

정답 2 : 1

부피와 양적 관계

30

기체 반응에서 계수의 비는 부피의 비와 같다.

$N_2O_4(g)$	$\rightleftarrows$	$2NO(g)$
100mL		
$-x$		$+2x$
$(100-x)$		$2x$

반응한 후 평형에 도달했을 때 전체 기체의 부피가 130mL이다.

$$(100-x)+2x=100+x=130$$

$$\therefore x=30\text{mL}$$

부피의 비는 $N_2O_4 : NO=70:60=7:6$이다.

정답 7 : 6

31

$3O_2(g)$	$\rightleftarrows$	$2O_3(g)$
100L		
$-3x$		$+2x$
$(100-3x)$		$2x$

혼합 기체의 부피가 90L이다.

$$(100-3x)+2x=100-x \qquad \therefore x=10\text{L}$$

오존의 부피인 $2x$는 20L이다.

정답 20L

32

$2H_2(g)$	+	$O_2(g)$	$\rightarrow$	$2H_2O(g)$
$2x$mL		$(120-2x)$mL		
$-2x$		$-x$		$+2x$
0		$(120-3x)$		$2x$

반응 후에 남은 산소의 부피가 30mL이다.

$$(120-3x)=30 \qquad \therefore x=30\text{mL}$$

생성된 수증기의 부피는 $2x$이므로 60mL이다.

정답 60mL

기본 문제

화학 반응식의 완성

33

화학 반응 전후 원자의 종류와 개수는 변하지 않으므로 반응물의 탄소가 2몰이면 생성물의 탄소도 2몰이므로 $b=2$이다. 반응물의 수소가 6몰이면 생성물의 수소도 6몰이므로 $c=3$이고, 생성물의 산소 원자가 7몰이므로 반응물의 산소 원자의 합도 7몰이므로 에탄올에 포함된 산소원자 1몰을 제외하면 $a=3$이다.
따라서 $a\times b=3\times2=6$이다.

정답 ②

34

생성물의 칼륨이 2몰이므로 반응물의 칼륨도 2몰이므로 $a=2$이다. 반응물의 산소 원자가 6몰이므로 생성물의 산소 원자도 총 6몰이므로 $b=3$이고 $a+b=2+3=5$이다.

정답 ③

35

반응물의 질소의 몰수가 4몰이므로 생성물의 질소의 몰수도 4몰이므로 $b=4$이다. 반응물의 수소의 몰수가 12몰이므로 생성물의 수소의 몰수는 12이고 $c=6$이다. 생성물의 산소의 몰수가 10이므로 반응물의 산소의 몰수도 10이고, $a=5$이다. $\dfrac{b+c}{a}=\dfrac{4+6}{5}=2$이다.

정답 ②

36

반응 전후 원자의 개수가 보존되므로 반응물의 철이 2몰이면 생성물의 철도 2몰이므로 $b=2$이다. 이산화탄소의 탄소는 일산화탄소의 탄소로부터 생성되므로 $a=c$이고, 일산화탄소가 산소 1개를 얻으면 이산화탄소가 되므로 $a=c=3$, $a+b+c=3+2+3=8$이다.

정답 ②

37

화학 반응식을 완성하면 다음과 같다.

$$6NO + 4NH_3 \rightarrow 5N_2 + 6H_2O$$

모든 계수의 합은 6+4+5+6=21이다.

정답 ②

38

먼저 화학 반응식의 균형을 맞춘다.

$$2NH_3(g) + 3O_2(g) + 2CH_4(g) \rightarrow 2HCN(g) + 6H_2O(g)$$

반응물의 질량이 100.0g으로 같을 때 분자량이 가장 큰 O_2가 몰수가 가장 작고, 계수도 크기 때문에 O_2가 한계 반응물이다.

따라서 생성되는 HCN의 질량을 구할 수 있다.

$$\left(\frac{100}{32} \times \frac{2}{3}\right)\text{mol} \times 27\text{g/mol} = 56.25\text{g} ≒ 56\text{g}$$

정답 ②

화학 반응 모형

39

ㄱ. 반응물에서 X_2 2개와 Y_2 4개가 반응하여 XY_2 4개를 생성하므로 화학 반응식은 $X_2 + 2Y_2 \rightarrow 2XY_2$이다.

ㄴ. 화학 반응식에서 계수의 비는 반응하는 몰수의 비이므로 $X_2 : Y_2 = 1:2$이다.

ㄷ. 반응 후에 X_2는 남아있고, Y_2가 모두 소진되었으므로 한계 반응물인 Y_2를 첨가하면 생성물의 양이 증가한다.

$aX_2(g)$	+	$bY_2(g)$	→	$cXY_2(g)$
$4N$		$4N$		$0N$
$-2N$		$-4N$		$+4N$
$2N$		$0N$		$4N$

$$a:b:c = 1:2:2$$

정답 ③

화학 반응의 양적 관계

40

질량이 주어진 경우이므로 질량비를 이용해서 양적 관계를 계산할 수 있다.

$$w_{NH_3} : w_{CO_2} : w_{(NH_2)_2CO} = 2 \times 17 : 44 : 60 = 17 : 22 : 30$$

한계 반응물이 이산화탄소이므로 $(NH_2)_2CO$의 질량은 60g이다.

정답 ②

41

$4Al(s)$	+	$3O_2(g)$	→	$2Al_2O_3(s)$
1mol		1mol		
-1		$-\frac{3}{4}$		$+\frac{1}{2}$
		$\frac{1}{4}$		$\frac{1}{2}$

$Al_2O_3(s)$의 질량은 $\frac{1}{2}\text{mol} \times 102.0\text{g/mol} = 51.0\text{g}$이다.

정답 ①

42

화학 반응식을 작성하면 다음과 같다.

$$C_6H_{12}O_6 + 6O_2 \rightarrow 6CO_2 + 6H_2O$$

글루코스 $\frac{90\text{g}}{180\text{g/mol}} = \frac{1}{2}\text{mol}$이므로 반응하는 산소의 몰수는 6배인 3몰이다.

정답 ③

43

화학 반응식을 작성하면 다음과 같다.

$$2NH_3(g) + CO_2(g) \rightarrow (NH_2)_2CO(g) + H_2O(l)$$

NH_3와 $(NH_2)_2CO$의 몰수비가 2 : 1이고, $(NH_2)_2CO$ 60g은 1몰이므로 NH_3의 질량은 다음과 같이 구할 수 있다.

$$2\text{mol} \times 17\text{g/mol} = 34\text{g}$$

정답 ②

44

메탄올(CH_3OH) 16.0g은 0.5몰, 에탄올(C_2H_5OH) 11.5g은 0.25몰이다. 화학 반응식을 작성해 본다.

$$CH_3OH + \frac{3}{2}O_2 \rightarrow CO_2 + 2H_2O$$

$$C_2H_5OH + 3O_2 \rightarrow 2CO_2 + 3H_2O$$

① 메탄올 0.5몰로부터 탄소의 몰수는 0.5몰, 에탄올 0.25몰부터 탄소의 몰수는 0.5몰이므로 탄소 원자의 총 몰수는 1몰이므로 발생하는 CO_2의 몰수도 1몰이므로 CO_2의 질량은 44.0g이다.

② 메탄올 0.5몰로부터 수소의 몰수는 2몰, 에탄올 0.25몰부터 수소의 몰수는 1.5몰이므로 수소 원자의 총 몰수는 3.5몰이므로 발생하는 H_2O의 몰수는 1.75몰이므로 H_2O의 질량은 31.5g이다.

③ 화학 반응식으로부터 메탄올 0.5몰이 완전 연소되기 위해 필요한 O_2의 몰수는 0.5몰, 에탄올 0.25몰이 완전 연소되기 위해 필요한 O_2의 몰수는 0.75몰이므로 완전 연소를 위해 소요되는 산소 기체(O_2)의 최소량은 1.25몰이다.

④ 메탄올 대신 같은 g 수의 메테인(CH_4)을 넣으면 분자량이 다르므로 몰수가 달라지므로 발생하는 CO_2의 양도 다르다.

정답 ②

45

화학 반응식을 작성해보면,

$$C_4H_{10} + \frac{13}{2}O_2 \rightarrow 4CO_2 + 5H_2O$$

C_4H_{10} 1L가 완전 연소시 필요한 O_2는 $\frac{13}{2}$L이므로 필요한 공기는 $\frac{13}{2}L \times 5 = 32.5L$이다.

정답 ④

46

화학 반응의 양적 관계를 따져보면, 한계 반응물이 N_2이고 생성물인 NH_3의 양은 소비되는 N_2의 2배이므로 최대로 얻을 수 있는 NH_3의 몰수는 4몰이다.

$N_2(g)$	+	$3H_2(g)$	$\rightleftarrows$	$2NH_3(g)$
2		9		
−2		−6		+4
		3		4

정답 ④

47

화학 반응식이 주어지고 알루미늄의 부피를 아는 상태에서 수소 기체의 질량을 구하기 위해서는 수소 기체의 몰수를 알아야 한다. (질량 = 몰수 × 화학식량)

수소 기체의 몰수는 화학 반응식을 이용하여 계수의 비가 곧 몰수의 비이므로 알루미늄의 몰수를 구하면 계수의 비를 통해 알 수 있다.

알루미늄의 부피를 알기 때문에 알루미늄의 밀도를 알면 알루미늄의 질량을 알 수 있고 (밀도 = $\frac{질량}{부피}$), 화학식량(원자량)을 알면 알루미늄의 몰수를 알 수 있다 (몰수 = $\frac{질량}{화학식량}$). H_2의 부피에 대한 정보가 없으므로 H_2 1몰의 부피는 필요가 없는 자료이다.

정답 ④

48

화학 반응식 전후에 원자의 개수나 종류는 변하지 않으므로 계수를 맞춘 균형 맞춘 화학 반응식은 아래와 같다.

$$CaCO_3(s) + 2HCl(aq) \rightarrow CaCl_2(aq) + H_2O(l) + CO_2(g)$$

실험 조건에서 기체 1몰의 부피는 24L일 때, 이산화탄소가 4L 생성되었다면 이산화탄소의 몰수는 $\frac{1}{6}$mol임을 알 수 있다. 화학 반응식의 계수를 통해 이산화탄소 $\frac{1}{6}$mol이 생성되려면 $CaCO_3$ $\frac{1}{6}$mol이 반응해야 함을 알 수 있고, 질량은 몰수와 화학식량의 곱이므로 $CaCO_3$의 질량은 $\frac{1}{6}mol \times 100g/mol = \frac{50}{3}$g이다. 따라서

$CaCO_3$의 질량백분율은 아래와 같이 구할 수 있다.

$$\frac{\left(\frac{50}{3}\right)g}{50g} \times 100 = \frac{100}{3}$$

※ 이 문제에서 $NaCl(s)$은 반응에 참여하지 않는 구경꾼 물질이다.

정답 ②

49

질량 보존의 법칙에 의해 반응물의 질량이 w이면 생성물의 질량의 합도 w이므로 MX의 질량이 $0.65w$이므로 X_2의 질량은 $0.35w$이다. 조건에서의 1몰의 부피가 24.4L이고, X_2의 부피가 122mL이므로 X_2의 몰수를 알 수 있다.

$$\frac{122mL}{24.4L/mol} = \frac{122mL}{24400mL/mol} = \frac{1}{200}mol$$

따라서 X_2 1몰의 질량은 $70w$이고, X의 원자량은 $35w$이다.

화학 반응식에서 계수의 비가 $MX : X_2 = 2 : 1$임를 이용하여 X_2가 $\frac{1}{200}mol$이면 MX는 $\frac{1}{100}mol$이다. MX $\frac{1}{100}mol$의 질량이 $0.65w$이다. 따라서, MX 1몰의 질량이 $65w$이고, X의 원자량이 $35w$이므로 M의 원자량은 $30w$이다.

정답 ②

50

ㄱ. 화학 반응식에서 반응 전후 원자의 종류와 개수는 변하지 않으므로 A는 CO_2이고, 분자량은 분자를 구성하는 원자량의 합이므로 44이다.

ㄴ. 실험 조건에서 1몰의 부피가 22.4L이므로 11.2L는 0.5몰이다. 화학 반응식의 계수의 비를 이용하면 필요한 포도당의 몰수는 0.25몰이다. 질량은 몰수와 화학식량의 곱이므로 포도당의 화학식량 180을 곱한 값은 45g이다.

ㄷ. 생성물에서 부피의 비는 물질이 모두 기체일 때에만 알 수 있다. 에탄올은 액체 상태이므로 부피의 비를 알 수 없다.

정답 ③

51

ㄱ. 화학 반응식에서 반응 전후에 원자의 종류와 개수는 변하지 않으므로 균형 맞춘 화학 반응식은 아래와 같다.

(가) $CuO(s) + H_2(g) \rightarrow Cu(s) + H_2O(g)$

(나) $2Cu_2O(s) + C(s) \rightarrow 4Cu(s) + CO_2(g)$

$$a = b = 1$$

ㄴ. CuO 1몰이 반응하면 구리 1몰이 생성되고, Cu_2O 1몰이 반응하면 구리 2몰이 생성되므로 구리의 질량은 (나)가 (가)의 2배이다.

ㄷ. H_2 1g은 $\frac{1}{2}mol$이고, C 1g는 $\frac{1}{12}mol$이므로 생성되는 구리의 몰수는 (가)는 $\frac{1}{2}mol$, (나)는 $\frac{1}{12}mol \times 4 = \frac{1}{3}mol$이므로 질량은 몰수가 큰 (가)가 크다.

정답 ③

52

(가) $M(s) + 2HCl(aq) \rightarrow MCl_2(aq) + H_2(g)$

(나) $H_2(g) + CuO(s) \rightarrow Cu(s) + H_2O(l)$

ㄱ. 금속과 산의 반응으로 수소 기체가 발생하므로 X는 H_2이다.

ㄴ. $a = 1, b = 1, c = 1$, $a = b = c$이다.

ㄷ. 화합물의 질량이 주어졌으므로 화학식량으로 나누어 몰수를 알 수 있다. H_2O의 몰수는 $\frac{2.7g}{18g/mol} = 0.15mol$이고, M, H_2, H_2O의 계수가 모두 1로 같으므로 M의 몰수도 0.15mol이고 그때의 질량이 3.6g이므로 M의 원자량은 질량을 몰수로 나눈 $\frac{3.6g}{0.15mol} = 24g/mol$이다.

정답 ①

53

산소 분자의 몰수는 $\frac{6.02\times10^{21}\text{개}}{6.02\times10^{23}\text{개}/\text{mol}}=0.01\text{mol}$ 이므로

$FeCl_2$의 몰수는 $0.01\text{mol}\times\frac{4}{3}=\frac{0.04}{3}\text{mol}$이다.

따라서 $FeCl_2$의 부피는

$$V=\frac{n}{M}=\frac{\frac{0.04}{3}\text{mol}}{0.5\text{M}}=0.0267\text{L}=26.7\text{mL}$$

정답 ④

54

침전 반응의 화학 반응식은 다음과 같다.

$BaCl_2(aq)+2AgNO_3(aq)\rightarrow Ba(NO_3)_2(aq)+2AgCl(s)$

침전 반응의 알짜 반응식은 다음과 같다.

$$Ag^+(aq)+Cl^-(aq)\rightarrow AgCl(s)$$

생성된 AgCl $\frac{0.717\text{g}}{143.4\text{g/mol}}=5\times10^{-3}\text{mol}$이므로

$AgNO_3$의 몰수 또한 $5\times10^{-3}\text{mol}$이어야 한다.

따라서 $AgNO_3$의 최소 부피는

$$V=\frac{n}{M}=\frac{5\times10^{-3}\text{mol}}{0.5\text{mol/L}}=10^{-2}\text{L}=10\text{mL}$$

정답 ①

55

화학 반응식을 통해 양적 관계를 따져보면 다음과 같다.

$2A_2B(g)$	+ $4C_2(g)$	→ $4AC_2(g)$	+ $B_2(g)$
0.8몰	0.4몰		
−0.2	−0.4	+0.4	+0.1
0.6몰		0.4몰	0.1몰

$x=0.6$몰, $y=0.4$몰, $z=0.1$몰

① 이 반응의 한계 반응물은 C_2이다.

② 반응 후 A_2B의 몰 수 x는 0.6이다.

③ 반응 후 $y:z=0.4:0.1=4:1$

④ 반응 후 몰 수가 가장 큰 물질은 A_2B이다.

정답 ③

Chapter

06 기체

제 1 절 기체의 법칙과 이상 기체 상태방정식

01 ① 02 ① 03 ② 04 ①

05 (1) ① −273 ② 절대 온도 (2) ① 부피 ② 상태방정식 (3) ① 부피 ② 상호작용

06 $P_1<P_2<P_3$, $T_1<T_2$

07 (1) 1.0L (2) 313℃ 08 $\frac{500000}{3}$L

09 (1) 2몰 (2) 1기압 (3) 273℃

10 (1) 49.2L (2) 1몰 11 강철 용기: 일정, 실린더: 감소

12 1기압 13 ① 14 ② 15 ③ 16 ③

17 ① 18 ② 19 ⑤ 20 ③ 21 ④

22 ① 23 ⑤

대표 유형 기출 문제

01

0℃, 1기압에서 1몰의 부피가 22.4L이므로 압력과 부피를 곱하여 몰수를 알 수 있다. A_2의 몰수는 0.1mol, A_2B의 몰수는 0.1mol, CB_2의 몰수는 0.05mol이다. 질량이 주어졌으므로 몰수로 나누어 분자량을 알 수 있다. A_2의 분자량은 $\frac{0.2}{0.1}$이므로 2g/mol이고, A의 원자량은 1g/mol이다. A_2B의 분자량은 $\frac{1.8}{0.1}$이므로 18g/mol이고, A의 원자량을 알고 있으므로 B의 원자량은 16g/mol이다. CB_2의 분자량은 $\frac{3.2}{0.05}$이므로 64g/mol이고, B의 원자량을 알고 있으므로 C의 원자량은 32g/mol이다.

	A_2	A_2B	CB_2
PV	2.24	2.24	1.12
몰수(mol)	0.1	0.1	0.05
분자량	2	18	64

ㄱ. 원자량은 B가 16, A가 1이므로 16배이다

ㄴ. A_2 : CB_2의 분자량의 비는 1 : 32이다.

PART 04 물질의 상태와 용액

ㄷ. $1.8g$의 A_2B는 $0.1mol$이므로 총원자수는 $0.1 \times 3 = 0.3N_A$이고, $3.2g$의 CB_2는 $0.05mol$이므로 총원자수는 $0.05 \times 3 = 0.15N_A$이다.

cf. 구성원자수는 3개로 같으므로 몰수만 비교한다. 몰수가 다르므로 총원자수도 다르다.

정답 ①

02

$$P_{\text{Ne}} = P_T \times f_{\text{Ne}} = 1\text{atm} \times \frac{0.01}{0.05} = 0.20\text{atm}$$

정답 ①

03

두 이상 기체의 몰수가 같으므로 보일-샤를의 법칙에 의해 다음과 같은 관계식을 만족해야 한다.

$$n = \left(\frac{PV}{T}\right)_{(가)} = \left(\frac{PV}{T}\right)_{(나)}$$

이상 기체 (나)를 보면, 이상 기체 (가)에 비해 온도가 2배, 부피도 2배이므로 압력은 같아야한다.

따라서 $P = 1\text{atm}$이다.

정답 ②

04

돌턴의 부분압력 법칙에 관한 문제이다. 기체끼리 반응하지 않으므로 혼합 전과 혼합 후의 기체의 몰수가 같음을 이용한다.($PV \propto n$)

$$(PV)_A + (PV)_B + (PV)_c = (PV)_T$$

$$(1\times2) + (2\times3) + (3\times4) = P_T \times 20$$

$$P_T = 1\,\text{atm}$$

정답 ①

주관식 개념 확인 문제

05

정답 (1) ① -273 ② 절대 온도

정답 (2) ① 부피 ② 상태방정식

정답 (3) ① 부피 ② 상호작용

06

(가) $PV = nRT$을 변형하면 $V = (\frac{nR}{P})T$이므로 일정 몰수의 기체에 대하여 같은 온도에서 압력과 부피는 반비례함을 알 수 있다. 부피가 작아질수록 압력이 증가하므로 $P_1 < P_2 < P_3$이다.

(나) $PV = nRT$에서 일정 몰수, 일정 압력에서 부피는 온도에 비례하므로 부피가 큰 T_2가 부피가 작은 T_1의 온도보다 높다.

정답 $P_1 < P_2 < P_3$, $T_1 < T_2$

07

(1) 같은 온도, 일정 몰수이므로 보일의 법칙이 적용된다.

$$P_1V_1 = P_2V_2$$

$$1\text{atm} \times 2\text{L} = 2\text{atm} \times V_2 \qquad \therefore V_2 = 1\text{L}$$

정답 1.0L

(2) 몰수만 일정하고 압력, 부피, 온도가 모두 변하므로 보일-샤를의 법칙이 적용된다.

$$\frac{P_1V_1}{T_1} = \frac{P_2V_2}{T_2}$$

$$\frac{1\times2}{293K} = \frac{2\times2}{T_2} \qquad \therefore T_2 = 586\text{K}$$

절대 온도를 섭씨 온도로 변환하면

$586\text{K} - 273 = 313$℃이므로 20℃에서 293℃만큼의 온도를 증가시켜야 313℃에서 2기압에서 2L의 부피가 된다.

정답 313℃

08

일정 몰수에서 온도와 압력, 부피가 모두 변하므로 보일-샤를의 법칙을 이용한다.

초기온도 $T_1 = 27℃ + 273℃ = 300\text{K}$

나중온도 $T_2 = -23℃ + 273℃ = 250\text{K}$

$$\frac{P_1V_1}{T_1} = \frac{P_2V_2}{T_2}$$

$$\frac{1\text{atm} \times 100000\text{L}}{300\text{K}} = \frac{0.5\text{atm} \times V_2}{250\text{K}} \qquad \therefore V_2 = \frac{500000}{3}\text{L}$$

정답 $\frac{500000}{3}\text{L}$

09

(1) 기체의 질량이 주어졌으므로 화학식량으로 나누어 몰수를 구할 수 있다.

$$n_{H_2} = \frac{1g}{2g/mol} = 0.5mol,$$

$$n_{N_2} = \frac{42g}{28g/mol} = 1.5mol$$

정답 2몰

(2) 수소 기체의 부분 압력은 전체 압력과 수소 기체의 몰분율의 곱으로 구할 수 있다.

$$P_{H_2} = P_T \times f_{H_2} = 4atm \times \frac{0.5mol}{(0.5+1.5)mol} = 1atm$$

정답 1기압

(3) 온도를 구하기 위해 이상 기체 상태방정식을 온도에 대해 정리하여 주어진 정보를 대입한다.

$$T = \frac{PV}{nR} = \frac{4 \times 22.4}{2 \times 0.082} = 546K$$

절대 온도를 섭씨 온도로 환산하면

$546K - 273 = 273℃$ 이다.

정답 273℃

10

(1) A의 부피는 $P_1V_1 + P_2V_2 = P_TV_T$를 이용한다.

$$1 \times V_1 + 3 \times 8.2 = \frac{9}{7}(V_1 + 8.2)$$

$$\therefore V_1 = 49.2L$$

정답 49.2L

(2) 온도가 같다.

$$T \propto \frac{PV}{n}$$

$$T_A = T_B$$

$$\left(\frac{1 \times 49.2}{2}\right)_A = \left(\frac{3 \times 8.2}{n}\right)_B \qquad \therefore n_B = 1mol$$

정답 1몰

11

혼합 기체에 비활성 기체를 첨가하면 기체의 몰분율은 감소하고, 기체의 분압은 전체 압력과 몰분율의 곱이다. 강철 용기는 용기의 부피가 변하지 않으므로 전체 압력이 증가하고, 기체의 몰분율은 감소하므로 기체의 분압은 변하지 않는다.

실린더는 용기의 부피가 변하여 전체 압력이 일정하고, 기체의 몰분율은 감소하므로 기체의 분압은 감소한다.

정답 강철 용기: 일정, 실린더: 감소

12

양적 관계를 판단해보면 다음과 같다.

$n \propto PV$이므로

X(g)	+	2Y(g)	→	3Z(g)
1mol		6mol		
−1		−2		+3
		4		3

기체 Y의 부분압을 구하기 위해서 전체 압력을 알아야 하는데, 이 반응은 반응전과 반응후의 계수의 합이 같으므로 반응전과 후의 몰수가 같고 따라서 혼합 후 반응전과 후의 부피가 같으므로 압력도 같다.

반응 전의 전체 압력을 구해보면 다음과 같다.

$$P = \frac{n}{V}RT = \frac{\left(\frac{1+6}{RT}\right)}{4}RT = \frac{7}{4}\text{기압}$$

반응 후에도 전체 압력은 $\frac{7}{4}$기압이다.

$$P_Y = P_T \times f_Y = \frac{7}{4}\text{기압} \times \frac{4}{7} = 1\text{기압}$$

정답 1기압

PART 04 물질의 상태와 용액

기본 문제

13

이상 기체 상태방정식 $PV=nRT$에서 몰수는 $n=\frac{w}{M}$ 이므로 부피, 질량, 온도, 압력, 기체 상수가 주어지면 분자량을 알 수 있다. 분자량 M에 대해 정리하면

$$M=\frac{wRT}{PV}$$

$$M=\frac{4\text{g}\times 0.082\text{atm}\cdot\text{L/mol}\cdot\text{K}\times 300\text{K}}{1\text{atm}\times 49.2\text{L}}=2\text{g/mol}$$

분자량이 2인 기체는 수소 기체이다.

정답 ①

14

이상기체 상태방정식을 압력에 대해 정리하면

$P=\frac{nRT}{V}$ 이므로 전체 몰수는 5몰이고, 섭씨 온도를 절대 온도로 바꾸면 273K이고, 용기의 부피가 10L이므로 주어진 자료를 대입하면 된다.

$$P=\frac{5\times 0.082\times 273}{10}=11.2\text{atm}$$

정답 ②

15

혼합 기체의 전체 압력은 각 기체의 부분 압력의 합이다.

$$P_1V_1+P_2V_2=P_TV_T$$

$$(1\times 2)+(2\times 2)=P_T\times 5 \qquad P_T=1.2\,\text{atm}$$

정답 ③

16

$$n_{O_2}=\frac{16\text{g}}{32\text{g/mol}}=\frac{1}{2}\text{mol}$$

산소 기체가 포함된 풍선의 2배 크기라는 것은 이산화탄소의 부피가 산소 기체의 2배라는 것이다.

즉 $n_{CO_2}=1\text{mol}$ 이므로 이산화탄소 기체의 질량은 $1\text{mol}\times 44\text{g/mol}=44\text{g}$이다.

정답 ③

17

부피와 몰수가 일정하고, 압력과 온도가 모두 변하므로 보일-샤를의 법칙을 사용한다.

$\frac{P_1V_1}{T_1}=\frac{P_2V_2}{T_2}$ 이므로 $\frac{P_1\times 5}{298\text{K}}=\frac{0.8P_1\times 5}{T_2}$ 이다. T_2에 대해 정리하면 $T_2=(298\times 0.8)\text{K}=238.4\text{K}$이다. 절대 온도를 섭씨 온도로 변환하면 $238.4\text{K}-273=-34.6℃$ 이므로 $-30℃$에 가장 가깝다.

정답 ①

18

A는 온도가 300K, 1기압, 1L인 상태이고, A에서 B가 될 때 온도를 증가시켜 부피가 2배 증가했으므로, B는 A보다 절대 온도가 2배인 600K, 1기압, 2L이다. B에서 C가 될 때 온도는 일정하고 압력이 증가하여 부피가 1L가 되므로 압력이 2배 증가한 상태로 600K, 2기압, 1L이다. B의 온도는 600K이고 절대 온도를 섭씨 온도로 환산하면 $600\text{K}-273=327℃$이다. C의 압력은 2기압이다. 밀도는 $d=\frac{PM}{RT}$이다. 분자량은 같은 기체이므로 같고, 기체 상수는 상수이므로 밀도는 $d=\frac{P}{T}$과 비례한다. A의 경우 1기압, 300K이므로 $d=\frac{1}{300}$, B의 경우 1기압, 600K이므로 $d=\frac{1}{600}$으로 A가 B보다 크다.

정답 ②

19

ㄱ. 헬륨의 질량이 주어졌으므로 분자량으로 나누어 헬륨의 몰수를 알 수 있다. $n=\frac{w}{M}=\frac{2.4\text{g}}{4\text{g/mol}}=0.6\text{mol}$ 이다. 기체의 부피의 비는 몰수의 비이므로 헬륨과 산소의 몰수비는 3 : 2이고, 헬륨의 몰수가 0.6몰이므로 산소의 몰수 A는 0.4몰이다.

ㄴ, ㄷ. (나)에서도 부피의 비는 몰수의 비이므로 3 : 7이므로 헬륨이 0.6몰일 때 산소 A몰과 Bg의 합은 1.4몰이다. 따라서 Bg이 산소 1몰에 해당하므로 B는 32g이다.

정답 ⑤

20

ㄱ. 아보가드로 법칙에 의해 부피는 몰수와 비례한다. 몰수는 질량을 분자량으로 나누어 구하므로 수소 2g은 1몰이다. (가) 부피의 비는 몰수의 비와 같고, 부피의 비가 1 : 2이므로 수소가 1몰일 때 미지 기체 56g은 2몰에 해당한다.

ㄴ. 오른쪽 콕을 열었으므로 수소의 몰수는 일정하고 미지 기체만 배출된다. 부피의 비는 몰수의 비와 같으므로 (나)에서 부피의 비가 2 : 1일 때 수소의 몰수는 1몰이고, 미지 기체의 몰수는 0.5몰이므로 2몰에서 1.5몰이 배출되어 0.5몰이 남아있다.

ㄷ. 부피의 비 = 몰수의 비 = 분자수의 비이므로 (나)에서 분자수의 비는 2 : 1이다.

정답 ③

21

ㄱ. 콕을 열어 평형에 도달하면 기체의 압력은 외부압력인 대기압과 같은 1기압이다. 일정 온도에서 몰수는 압력과 부피의 곱($n \propto PV$)이므로 헬륨의 몰수는 0.5몰이고, 네온의 몰수는 1몰이다. 따라서 헬륨과 네온의 분자수의 비는 $1:2$이다.

ㄴ. 부분 압력은 전체 압력과 몰분율의 곱이므로

$P_{\mathrm{Ne}} = P_T \times f_{\mathrm{Ne}}$, $P_{\mathrm{Ne}} = 1\mathrm{atm} \times \dfrac{1}{1.5} = \dfrac{2}{3}\mathrm{atm}$ 이다.

ㄷ. 용기 (나)의 부피를 알기 위해 평형에 도달한 후에 용기의 부피를 알아야한다. 이 반응은 온도와 몰수가 변하지 않으므로 보일의 법칙이 적용된다. $PV = n$ 대기압은 1기압이고, 용기의 부피를 구하기 위해 압력과 전체 기체의 몰수 1.5몰을 대입하면 전체 부피 $V = 1.5\mathrm{L}$ 이다. (가)는 강철 용기이므로 부피가 1L에서 변하지 않고, (나)는 실린더로 용기의 부피가 변하므로 (나)의 부피가 0.5L로 감소할 것이다.

정답 ④

22

부분압 법칙에서 온도가 일정할 때 $P_1V_1 + P_2V_2 = P_TV_T$ 이다.

$$0.1 \times 1 + 0.1 \times 3 = (0.1 + V + 0.1 + 0.1)0.4$$

$$\therefore V = 0.7\mathrm{L}$$

헬륨의 부분 압력은 전체 압력과 헬륨의 몰분율의 곱이다. 헬륨의 몰분율은 헬륨의 몰수를 전체기체의 몰수로 나눈 것이고, 기체의 몰수는 부피와 압력을 곱하여 구할 수 있다.

$$P_{\mathrm{He}} = P_T \times f_{\mathrm{He}} = 0.4\mathrm{atm} \times \frac{0.1}{0.4} = 0.1\mathrm{atm}$$

정답 ①

23

일정한 온도에서 서로 반응하지 않는 일정량의 기체는 보일의 법칙을 따른다. $PV \propto n$

ㄱ. (가)에서 각 기체의 몰수는 압력과 부피의 곱이므로 $n_{\mathrm{Ne}} = 2 \times 1 = 2$, $n_{\mathrm{He}} = 1 \times 1 = 1$이다. 따라서 네온 기체와 헬륨 기체의 분자수의 비는 2 : 1이다.

ㄴ. (나)에서 동적 평형에 도달하면 기체의 압력과 외부압력(대기압)이 같아지므로 기체의 압력은 1기압이 된다. A는 부피가 변하지 않는 강철 용기이고, B는 실린더이므로 부피가 변한다. 따라서, 전체 기체의 몰수가 3몰이고 외부 압력이 1기압일 때 전체 용기의 부피는 3L이고, A의 부피는 변함없이 1L이므로 B의 부피는 2L이다.

ㄷ. (다)에서 대기압에 0.5기압에 해당하는 추를 올렸으므로 전체 압력은 1.5기압이다. 네온 기체의 부분 압력은 전체 압력과 네온 기체의 몰분율의 곱이다.

$$P_{\mathrm{Ne}} = P_T \times f_{\mathrm{Ne}} = 1.5\mathrm{atm} \times \frac{2}{3} = 1\mathrm{atm}$$

정답 ⑤

제 2 절 기체 분자 운동론과 확산

01 ① 02 ③
03 (1) $T_1 < T_2 < T_3$ (2) $v_1 < v_2 < v_3$
04 $v_{mp} < v_{av} < v_{rms}$ 05 (1) $M_B = 2$ (2) 96
06 (1) ○ (2) ○ (3) × (4) × 07 C_3H_8 08 ④
09 ② 10 ④ 11 ② 12 ③ 13 ③
14 ② 15 ④ 16 ① 17 ③ 18 ①
19 ② 20 ① 21 ① 22 ① 23 ③
24 ③ 25 ④

대표 유형 기출 문제

01

ㄱ. 일정 몰수에서 부피는 $V = \frac{T}{P}$이므로 (가)의 부피는 $\frac{100}{1} = 100$, (나)의 부피는 $\frac{200}{2} = 100$, (다)의 부피는 $\frac{400}{2} = 200$으로 (가), (나)의 부피는 같다.

ㄴ. 단위 부피당 입자의 개수는 압력과 비례하므로 (가), (다)는 다르다.

$$\frac{n}{V} = \frac{P}{RT} \qquad (가):(다) \neq \frac{1}{100} : \frac{2}{400}$$

ㄷ. 원자의 평균 운동 속력은 $v = \sqrt{\frac{3RT}{M}}$ 이므로 (다)는 (나)의 $\sqrt{2}$ 배이다.

정답 ①

02

이동한 거리를 속도로 나누어 속도의 비를 구할 수 있다. 수소 기체와 기체 X의 속도의 비는 4:1이다. 속도는 $\sqrt{\frac{1}{M}}$에 비례하므로 $4:1 = \sqrt{\frac{1}{2}} : \sqrt{\frac{1}{M}}$ 이고, M에 대해 정리하면 $M = 32$이다.

$$\frac{v_{H_2}}{v_X} = \sqrt{\frac{M_X}{M_{H_2}}} = \frac{\left(\frac{60}{10}\right)}{\left(\frac{480}{20}\right)} = \sqrt{\frac{M_X}{2}}$$

$$\therefore M_X = 32$$

정답 ③

주관식 개념 확인 문제

03

(1) 온도가 높을수록 분자의 평균 운동속력이 증가하므로 $T_1 < T_2 < T_3$이다.

정답 $T_1 < T_2 < T_3$

(2) 기체의 평균 운동속력은 온도에 비례하므로 $v_1 < v_2 < v_3$이다.

정답 $v_1 < v_2 < v_3$

04

$$v_{rms} = \sqrt{\frac{3RT}{M}} \quad v_{mp} = \sqrt{\frac{2RT}{M}} \quad v_{av} = \sqrt{\frac{8RT}{\pi M}}$$

$$v_{mp} : v_{av} : v_{rms} = 1 : 1.128 : 1.225$$

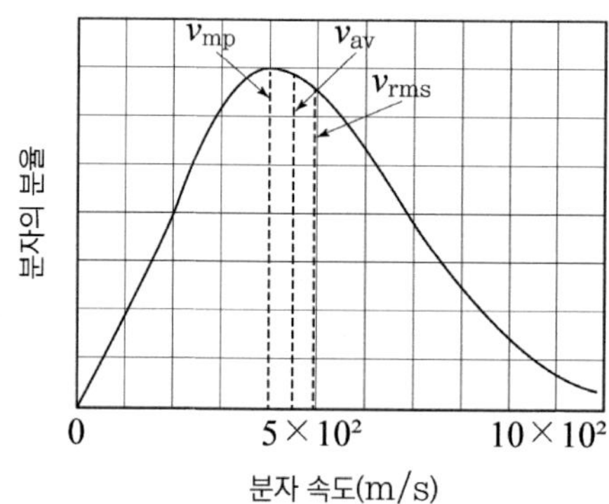

정답 $v_{mp} < v_{av} < v_{rms}$

05

(1) $v_1 : v_2 = 1:4 = \sqrt{\frac{1}{32}} : \sqrt{\frac{1}{M_B}}$ 이므로 $M_B = 2$이다.

정답 $M_B = 2$

(2) $v_1 : v_2 = 1:2 = \sqrt{\frac{1}{M+32}} : \sqrt{\frac{1}{32}}$ 이므로 $M_X = 96$ 이다.

정답 96

06

(1) 아보가드로의 법칙에 의해 같은 온도, 같은 부피, 같은 압력에는 기체의 종류에 관계없이 같은 분자수를 포함한다.

정답 ○

(2) 같은 시간동안 이동한 거리가 길수록 확산 속도가 빠르다.

정답 ○

(3) A와 B의 속도의 비가 3:1이므로 B의 분자량은 A의 9배이다.

$$\frac{v_A}{v_B} = \frac{3}{1} = \sqrt{\frac{M_B}{M_A}} \qquad \therefore M_B = 9M_A$$

정답 ×

(4) 평균 운동 에너지는 온도에 비례하므로 기체 A와 B의 운동 에너지는 같다.

정답 ×

07

연소 반응 후 발생하는 이산화탄소와 수증기의 부피비는 몰수의 비와 비례하므로 이산화탄소와 수증기의 몰수의 비 또한 3 : 4이다. 따라서 3몰의 CO_2와 4몰의 H_2O가 발생하였으므로 이 탄화수소는 3몰의 C와 8몰의 H로 이루어진 화합물이고, 이산화탄소의 분출 속도와 거의 같다고 하였으므로 분자량 또한 44로 같다고 볼 수 있다. 따라서 이 탄화수소는 C_3H_8이다.

정답 C_3H_8

기본 문제

기체 분자 운동론

08

$E_K = \frac{3}{2}RT$이므로 분자의 운동 에너지는 절대 온도에 비례한다.

정답 ④

09

−5℃에서도 수소는 기체 상태이고, 용기 내에서 기체는 끊임없이 무질서한 운동을 하여 공간을 균일하게 채우려고 한다.

정답 ②

10

b. 기체 분자의 충돌은 완전 탄성 충돌을 하므로 마찰에 의해 에너지를 잃지 않는다.

정답 ④

11

a. 아보가드로의 법칙에 의해 온도, 압력, 부피가 같으면 기체의 종류에 관계없이 같은 분자수를 포함한다.
b. 질량은 분자량이 다르므로 같은 몰수이더라도 질량은 다르다.
c. 질소 기체는 삼중결합을 하여 공유 결합이 3개이고, 암모니아 기체는 N−H결합이 3개이므로 같은 몰수인 경우 공유 결합수도 같다.
d. 분자량이 다르므로 평균 속력 또한 다르다.

정답 ②

12

기체의 평균 속도는 $\sqrt{\frac{1}{M}}$에 비례하므로 분자량이 클수록 기체의 평균 속도는 느려진다. 수소의 분자량은 2, 네온의 분자량은 20, 질소의 분자량은 28, 산소의 분자량은 32, 아르곤의 분자량은 40이다.

수소 > 네온 > 질소 > 산소 > 아르곤

정답 ③

13

근평균 제곱 속력에서 기체 상수 R은 $8.3145\text{J/mol}\cdot\text{K}$을 사용하고, 삼투압에서 기체 상수 R은 $0.082\,\text{atm}\cdot\text{L/mol}\cdot\text{K}$을 사용한다.

정답 ③

14

밀도는 단위 부피당 질량이다. 질량은 몰수와 분자량을 곱하여 구한다. 부피가 같은 플라스크에 담긴 기체는 분자량이 클수록 밀도가 크다. 수소의 분자량은 2, 염소의 분자량은 71, 메테인의 분자량은 16이다. 따라서 가장 높은 밀도를 갖는 기체는 Cl_2이다.

정답 ②

15

- 300K, 일정량의 질소 기체에서 A에서 B로 갈 때 온도는 변하지 않고, 압력이 감소하면서 부피가 증가했으므로 보일의 법칙에 의해 $P_1V_1 = P_2V_2$이므로 $3\times1 = P_2\times4$이다. 따라서 B에서의 압력은 $P_2 = \frac{3}{4}\text{atm}$ 이다.
- B에서 C로 갈 때 온도가 327℃로 증가했으므로 절대온도는 300K에서 600K으로 2배가 되었다. 부피는 변하지 않고 온도와 압력이 변했으므로 보일－샤를의 법칙에 의해 다음과 같이 구할 수 있다.

$$\frac{P_1V_1}{T_1} = \frac{P_2V_2}{T_2}$$

$$\frac{\frac{3}{4}\times4}{300} = \frac{P_2\times4}{600} \qquad \therefore P_2 = \frac{3}{2}\text{atm}$$

- C에서 D로 갈 때 압력과 온도는 변하지 않고, 부피가 증가했으므로 샤를의 법칙에 의해 다음과 같이 구할 수 있다.

$$\frac{V_1}{T_1} = \frac{V_2}{T_2}$$

$$\frac{4}{600} = \frac{5}{T_2} \qquad \therefore T_2 = 750\text{K}$$

ㄱ. B, C에서 부피와 질량이 동일하므로 밀도는 같다.

ㄴ. 일정 부피일 때 C의 절대 온도가 B의 절대 온도의 2배이므로 압력 또한 2배이다.

ㄷ. 온도가 $T_B < T_C < T_D$이므로 평균 운동 에너지 또한 $E_B < E_C < E_D$이다.

정답 ④

16

ㄱ. 평균 속력은 온도에 비례하므로 $\text{A} < \text{B}$이다.

ㄹ. 평균 운동 에너지는 온도에 의존한다.

$$T_\text{A} = T_\text{C} \qquad E_\text{A} = E_\text{C}$$

정답 ①

17

ㄱ, ㄷ. 이상 기체 상태방정식 $PV = nRT$ 에서 몰수와 부피가 일정할 때 압력은 온도에 비례하고, 분자의 평균속력 $v = \sqrt{\frac{3RT}{M}}$ 이므로 분자의 평균속력도 온도에 비례한다. 따라서 온도가 증가하였으므로 기체의 압력과 평균속력은 증가한다.

ㄴ. 충돌횟수$(Z) \propto \frac{n}{V}\cdot v\cdot A$

단면적(A)이 동일하고 속력 또한 같다.

$$\therefore \left(\frac{n}{V}\right)_A < \left(\frac{v}{V}\right)_C$$

ㄷ. 분자간 평균거리$\propto \frac{V}{n}$

$$\left(\frac{V}{n}\right)_B > \left(\frac{V}{n}\right)_C \text{ 또는 } \left(\frac{T}{P}\right)_B > \left(\frac{T}{P}\right)_C$$

정답 ③

18

ㄱ. 분자의 운동속력은 $v = \sqrt{\frac{3RT}{M}}$ 이므로 운동 속력이 가장 느린 A의 분자량이 가장 크다.

ㄴ. 분자의 평균 운동 에너지는 온도에 비례하므로 같은 온도에서 A, B, C의 평균 운동 에너지는 모두 같다.

ㄷ. B의 온도를 높이면 최다 빈출 속력을 갖는 분자수와 느린 속력의 기체 분자수가 감소하게 되므로 B의 곡선이 C와 같아진다.

정답 ①

19

ㄱ. 두 기체의 온도가 일정한 상태에서 압력이 같을 때 아보가드로의 법칙에 의해 부피와 몰수는 비례한다.

$$V_X > V_Y \qquad \therefore n_X > n_Y$$

ㄴ. X, Y의 질량이 같으므로 분자량은 기체의 양(몰)에 반비례한다.

$$n_X > n_Y \qquad \therefore M_X > M_Y$$

ㄷ. 기체 X, Y의 온도가 같으므로 두 기체의 평균 운동 에너지는 같다.

정답 ②

20

분자수-속력 그래프로부터 $T_1 < T_2$임을 알 수 있다. 즉 온도를 증가시킨 것이다. 실린더에서 온도를 증가시키게 되면 기체의 평균 운동 에너지가 증가하게 되어 부피가 증가하므로 분자 간 평균 거리도 또한 증가하게 된다. 밀도는 부피는 증가하나 질량이 일정하므로 감소하게 된다.

정답 ①

확산 속도

21

① 속도는 $v = \sqrt{\frac{3RT}{M}}$ 이므로 온도가 높아질수록 확산 속도는 증가한다.

② 분자량이 작은 기체일수록 확산 속도가 빨라진다.

③ 촉매는 화학 반응에 관여하므로 반응 속도가 빨라지는 것이지 반응과 무관한 확산의 경우에는 영향을 미치지 않는다.

④ 분자의 크기가 작아도 질량이 크면 확산속도는 느릴 수 있다.

⑤ 기체의 밀도가 크다면 단위 부피당 질량이 큰 것으로 확산 속도는 느리다.

정답 ①

22

SO_2의 분자량은 64g/mol이다.

$v_1 : v_2 = 1 : 2 = \sqrt{\frac{1}{64}} : \sqrt{\frac{1}{M}}$ 이므로 기체의 확산 속도가 SO_2보다 2배 빠르려면 분자량은 $\frac{1}{4}$배이어야 한다.

따라서 분자량이 $64 \times \frac{1}{4} = 16$인 메테인($CH_4$)이다.

정답 ①

23

속력은 단위시간당 분출한 부피로 표현할 수 있으므로 $v_1 : v_2 = 1 : 4 = \sqrt{\frac{1}{M}} : \sqrt{\frac{1}{2}}$ 이다. 분자량 $M = 32$이다.

정답 ③

24

확산 속도는 $v = \sqrt{\frac{3RT}{M}}$ 이다. 기체가 들어있는 병의 온도와 압력이 같으므로 확산 속도는 분자량에 의존한다. B기체의 확산 속도가 A기체보다 빠른 것은 B기체의 분자량이 A기체의 분자량보다 작기 때문이다.

정답 ③

25

기체의 운동에너지는 온도에만 의존한다.

$$\frac{1}{2}Mv^2 = \frac{3}{2}RT$$

기체의 평균 운동 속력은 온도가 높을수록, 분자량이 작을수록 빠르다.

$$v = \sqrt{\frac{3RT}{M}}$$

① 350K에서 분자의 평균 운동 속력은 분자량이 작은 H_2가 He보다 더 빠르다.

② He의 평균 운동 속력은 700K에서가 350K에서의 $\sqrt{2}$배이다.

$$\sqrt{700} : \sqrt{350} = \sqrt{2} : 1$$

③ 350K, 1atm에서 H_2의 분출 속도는 He의 $\sqrt{2}$배이다.

$$v_{H_2} : v_{He} = \sqrt{\frac{1}{2}} : \sqrt{\frac{1}{4}} = \frac{\sqrt{2}}{2} : \frac{1}{2}$$

④ 350K에서 분자의 평균 운동 에너지는 온도에만 의존한다. 즉 온도가 같으므로 He과 Ar의 운동 에너지는 같다.

정답 ④

제 3 절 이상 기체와 실제 기체

01 ④	02 ③	03 ④	04 ②	05 ①
06 ③	07 ②	08 ③	09 ②	

대표 유형 기출 문제

01

a값은 분자간 인력이 클수록 크다. 무극성 분자에서 분자간 인력은 분자량이 클수록 크므로 a값은 Ar이 Ne보다 크다.

정답 ④

02

온도가 높아지면 분자의 운동 에너지가 증가하고, 분자간 인력은 약해진다. 따라서 X점의 위치는 위쪽으로 이동한다.

정답 ③

03

ㄱ, ㄷ a는 분자간 인력을 보정한 상수이며 분자간 인력의 크기가 클수록 큰 값을 나타낸다. 수소 결합을 하는 분자인 H_2O가 극성 분자인 H_2S보다 분자간 인력이 크다.

ㄴ, ㄹ b는 분자간 반발력의 크기, 분자 자체의 크기를 나타낸다. 분자량이 클수록 분자 자체의 크기가 커서 분자간 반발력의 크기도 크다. 3주기 원자인 Cl_2가 1주기 원자인 H_2보다 분자의 크기가 더 크므로 b값도 Cl_2가 H_2보다 더 크다.

정답 ④

04

압축인자(Z)는 실제 기체가 이상 기체로부터 벗어난 정도를 나타내는 것으로 이상 기체의 몰부피(V_m°)에 대한 실제 기체의 몰부피(V_m)의 비로 정의된다.

$$Z = \frac{V_m}{V_m^\circ} = \frac{V_m}{\frac{RT}{P}} = \frac{PV_m}{RT} = \frac{PV}{nRT}$$

부피 V에 대해 정리해보면, $V = \frac{ZnRT}{P}$이다.

$$n_{O_2} = \frac{320\text{kg} \times 10^3\text{g/kg}}{32\text{g/mol}} = 10^4\text{mol}$$

$$V = \frac{ZnRT}{P}$$

$$= \frac{0.5 \times 10^4\text{mol} \times 0.082\,\text{atm}\cdot\text{L/mol}\cdot\text{K} \times 200\text{K}}{10\text{atm}}$$

$$= 82 \times 10^2\text{L}$$

부피의 단위를 m^3으로 환산하면 다음과 같다.

$$82 \times 10^2\text{L} \times \frac{10^{-3}\text{m}^3}{1\text{L}} = 8.2\text{m}^3$$

정답 ②

기본 문제

05

실제 기체 중 분자량이 작고, 높은 온도, 낮은 압력에서 이상 기체처럼 거동한다.

정답 ①

06

기체 상수 R의 단위는 $\frac{\text{atm}\cdot\text{L}}{\text{mol}\cdot\text{K}}$으로 atm·L의 단위를 정리해보면 $P \times V = \frac{\text{N}}{\text{m}^2} \times \text{m}^3 = \text{Nm} = \text{J}$이다.

따라서 기체 상수 R은 J/mol·K로 표현할 수 있고, 이는 이상기체 1몰을 1K 올리는 데 필요한 에너지라는 의미이다.

정답 ③

07

ㄱ. 압력이 낮을수록 분자간 인력이 작아져서 이상 기체에 가까워진다.

ㄴ. 압력의 변화에도 압축인자 값이 1을 벗어나지 않는 A는 이상 기체이고, B는 이상 기체에서 가장 많이 벗어난 이산화탄소 기체이다.

ㄷ. 분자간 힘이 큰 기체일수록 이상 기체에서 벗어난다.

정답 ②

08

A는 낮은 압력에서 압축 인자가 작아진 것으로 보아 인력이 작용하여 부피가 작아졌고, B는 높은 압력에서 압축인자가 증가하였으므로 반발력이 작용하여 부피가 증가하였다.

정답 ③

09

② A는 실제 기체이고, 실제 기체는 기체 분자 자체의 부피가 있다.

① $\frac{PV}{RT}=1$이므로 기체의 몰수는 1이다.

⑤ 기체의 액화는 분자간 인력에 의해 일어나고, 이때의 압축인자($\frac{PV}{RT}$)는 1보다 작은 값을 가져야 한다. 그래프에서 기체 A의 압력을 100기압에서 200기압으로 높여도 $\frac{PV}{RT}$ 값이 1보다 작아지지 않으므로 기체 A는 액화되지 않는다.

정답 ②

제 4 절 이상 기체 상태방정식과 화학 양론

01 ② **02** 5.4mg
03 (1) 4, 12, 6, 1 (2) 8.7기압 **04** 8×10^{-4}mol
05 $\frac{3}{2}$기압
06 ④ **07** ① **08** ① **09** ② **10** ④

대표 유형 기출 문제

01

화학 반응식은 다음과 같다.

$$2NH_3(g) \rightarrow N_2(g) + 3H_2(g)$$

질소 기체와 수소 기체의 압력의 합이 900mmHg이므로 질소 기체와 수소 기체의 압력은 몰분율에 비례하고 완전히 분해되었으므로 생성된 몰수는 화학 반응식의 계수에 비례한다.

따라서

$$P_{N_2} = P_T f_{N_2} = 900\text{mmHg} \times \frac{1}{4} = 225\text{mmHg}$$

$$P_{H_2} = P_T f_{H_2} = 900\text{mmHg} \times \frac{3}{4} = 675\text{mmHg}$$

이다.

정답 ②

주관식 개념 확인 문제

02

이상 기체 상태방정식 $PV=nRT$이고, 몰수 $n=\frac{w}{M}$을 대입하면 $PV=\frac{w}{M}RT$이고, 질량을 구해야하므로 w에 대해 정리하면 $w=\frac{MPV}{RT}$이다.

$$w=\frac{MPV}{RT}=\frac{2\text{g/mol}\times(\frac{760-24.1}{760})\text{atm}\times\frac{68.2\text{ml}}{1000\text{L/ml}}}{0.082\text{atm}\cdot\text{L/mol}\cdot\text{K}\times(25+273)\text{K}}$$

이므로 $w=0.00535$g이다. 단위를 mg으로 변환하면 수소 기체의 질량은 $\frac{0.00535\text{g}}{1000\text{mg/g}}=5.4$mg이다.

정답 5.4mg

03

(1) $4C_3H_5(NO_3)_3(s)$
$\rightarrow 12CO_2(g)+10H_2O(g)+6N_2(g)+O_2(g)$

정답 4, 12, 6, 1

(2) 질량을 분자량으로 나누어 몰수를 구한다.

$\frac{22.7g}{227g/mol}=0.1mol$. 니트로글리세린 0.1mol이 모두 반응한다고 가정하면 이산화탄소 0.3mol, 수증기 0.25mol, 질소 0.15mol, 산소 0.025mol이 생성되므로 총 기체의 몰수는 0.725mol이 생성된다.

온도는 927℃ + 273 = 1200K이다.

$$P=\frac{nRT}{V}$$

$$P=\frac{0.725\times0.0821\times1200}{8.21}=8.7atm$$

정답 8.7기압

04

몰수는 $n=\frac{PV}{RT}$이므로

반응 전 Xe의 몰수는 $n=\frac{0.82\times0.3}{0.082\times300}=0.01mol$이다.

반응 후 Xe의 몰수는 $n=\frac{0.082\times0.6}{0.082\times300}=0.002mol$이다.

따라서, 10g의 활성탄에 흡착된 Xe는 0.008mol이므로 1g의 활성탄에 흡착된 Xe는 0.0008mol이고 $8\times10^{-4}mol$이다.

정답 $8\times10^{-4}mol$

05

부피 변화가 없는 밀폐 용기이므로 $n\propto P$이다. 따라서 압력으로 양적 관계를 판단할 수 있다.

$2A(g)$	+	$B(g)$	→	$2C(g)$
1atm		1atm		
−1		$-\frac{1}{2}$		+1
		$\frac{1}{2}$		1

반응 후 전체 압력은 $\frac{1}{2}+1=\frac{3}{2}$기압이다.

정답 $\frac{3}{2}$기압

기본 문제

06

금속은 산과 반응하여 수소 기체를 발생하고, 이때의 화학 반응식은 아래와 같다.

$$Zn(s)+2HCl(aq)\rightarrow ZnCl_2(aq)+H_2(g)$$

수용액에서 몰농도와 부피의 곱은 몰수이고, 298K, 1기압에서 1몰의 부피는 24.4L이므로 기체의 부피를 몰부피로 나누어 몰수를 구할 수 있다. 염산 수용액에서 수소 이온의 몰수는 0.2M × 0.2L = 0.04mol이고, 발생한 기체의 몰수는 $\frac{0.244L}{24.4L}=0.01mol$이다.

$Zn(s)$	+	$2HCl(aq)$	→	$ZnCl_2(aq)$	+	$H_2(g)$
		0.04mol				
		−0.02mol		+0.01mol		+0.01mol
		0.02mol		0.01mol		0.01mol

반응하고 남은 염산의 몰수가 0.02mol이므로 수소 이온의 몰수도 0.02mol이다.

수소 이온의 몰농도는 $[H^+]=\frac{0.02mol}{0.2L}=0.1M$이다.

정답 ④

07

$$n_K=\frac{11.5g}{39.1g/mol}=0.294mol$$

$$n_{Cl_2}=\frac{PV}{RT}=\frac{0.293\times8.2}{0.082\times293}=0.1mol$$

$2K(s)$	+	$Cl_2(g)$	→	$2KCl(s)$
0.294mol		0.1mol		
−0.2		−0.1		+0.2
0.094		0.0		0.2

$$w_{KCl}=n\times M=0.2mol\times74.5g/mol=14.9g$$

정답 ①

08

각 용기의 부피를 V라 하고, 몰수를 이용하여 양적 관계를 알아보면, 일정한 온도에서 $n \propto PV$이므로

$2NO(g)$	+	$O_2(g)$	→	$2NO_2(g)$
Vmol		Vmol		
$-V$		$-0.5V$		$+V$
		$0.5V$		V

용기 내부의 총 몰수는 $1.5V$이고, 용기의 부피는 $2V$이다.

$$P=\frac{n}{V}RT \qquad \therefore P=\frac{1.5V}{2V}=0.75\text{ 기압}$$

정답 ①

09

$$C_2H_4(g)+3O_2(g) \rightarrow 2CO_2(g)+2H_2O(l)$$

CO_2 11.2L는 0.5몰이므로 C_2H_4의 몰수는 0.25몰이므로 질량은 $0.25 \times 28 = 7.0$g이다.

정답 ②

10

메테인의 연소 반응식은 아래와 같다.

$$CH_4(g)+2O_2(g) \rightarrow CO_2(g)+2H_2O(g)$$

ㄱ. 혼합 기체의 전체 압력은 각 기체의 부분 압력의 합이다. 혼합 전후 온도는 같고, 부피만 2배가 되었으므로, 부분 압력은 절반이 된다. 따라서, 메테인의 부분 압력은 0.1기압, 산소의 부분 압력은 0.5기압으로 전체 압력은 0.6기압이다.

ㄴ. 반응 후 산소의 부분 압력은 양적관계를 통해 알 수 있는데 온도와 부피가 일정할 때 $n \propto P$이므로 몰수 대신 부분 압력을 사용할 수 있다.

$CH_4(g)$	+	$2O_2(g)$	→	$CO_2(g)$	+	$2H_2O(g)$
0.1atm		0.5atm				
-0.1		-0.2		$+0.1$		$+0.2$
		0.3atm		0.1atm		0.2atm

따라서, 반응 후 산소의 부분 압력은 0.3기압이다.

ㄷ. 화학 반응식에서 반응물의 계수의 합과 생성물의 계수의 합이 같으므로 반응 전후의 몰수가 같으므로, 분자수도 같다.

정답 ④

Chapter

07 액체

제 1 절 수소 결합으로 인한 특성

01	3647.65cal	02	③	03	③	04	②
05 ①	06 ③	07	④	08	④	09	④
10 ②	11 ③	12	②				

주관식 개념 확인 문제

01

−10℃의 얼음을 110℃의 수증기로 변화시키기 위해서는 ①~⑤의 과정을 거쳐야 한다.

① −10℃의 얼음 → 0℃의 얼음

$0.492\text{cal/g℃} \times 5\text{g} \times 10\text{℃} = 24.6\text{cal}$

② 0℃의 얼음 → 0℃의 물 (융해열)

$79.8\text{cal/g} \times 5\text{g} = 399\text{cal}$

③ 0℃의 물 → 100℃의 물

$1\text{cal/g℃} \times 5\text{g} \times 100\text{℃} = 500\text{cal}$

④ 100℃의 물 → 100℃의 수증기 (증발열)

$540\text{cal/g} \times 5\text{g} = 2700\text{cal}$

⑤ 100℃의 수증기 → 110℃의 수증기

$0.481\text{cal/g} \times 5\text{g} \times 10\text{℃} = 24.05\text{cal}$

따라서, 상태 변화 시 필요한 열량은 ①~⑤에서 발생한 열량을 모두 합한 $24.6+399+500+2700+24.05 = 3647.65$cal이다.

정답 3647.65cal

기본 문제

수소 결합과 공유 결합

02

ㄱ. (가)는 산소 원자와 수소 원자간의 결합인 공유 결합이고, (나)는 물 분자간의 결합인 수소 결합이다. 결합력의 세기는 화학 결합력인 (가)가 분자간 인력인 (나)보다 강하다.

ㄴ. 물의 상태 변화는 수소 결합으로 인한 특성이므로 (나)결합이 관련이 깊다.

ㄷ. 고체에서 액체로 변할 때에는 공유 결합이 끊어지는 것이 아니고, 분자간 결합이 끊어지므로 (나)의 결합 수의 변화가 크다.

정답 ③

03

ㄱ. 결합 a는 분자간 결합인 수소 결합이고, 결합 b는 공유 결합이다.
얼음이 녹는 것은 상태 변화이므로 수소 결합인 결합 a의 수가 감소한다.

ㄴ. 뜨거운 식용유에 얼음을 넣으면 수소 결합인 결합 a가 끊어져서 고온의 수증기가 된다.

ㄷ. 얼음이 물에 뜨는 것은 수소 결합으로 인해 결정 내에 빈 공간이 형성되어 부피가 늘어나기 때문이다.

정답 ③

04

물이 얼어 얼음이 될 때 수소결합의 수가 증가하고, 빈 공간이 생겨 물보다 부피가 증가한다. 따라서,

ㄱ. 추운 겨울에 물이 얼음이 되면서 부피가 증가하여 수도관이 터질 수 있다.

ㄴ. 냉해를 방지하기 위해 물을 뿌려주는 이유는 물의 응고열이 크기 때문이다.

ㄷ. 해안 지방이 내륙 지방에 비해 기온의 일교차가 작은 이유는 물의 비열이 크기 때문이다.

ㄹ. 암석 틈에 스며든 물이 얼면 부피가 증가하면서 암석이 부서지거나 쪼개질 수 있다.

정답 ②

05

결합 A는 수소 결합이고, 결합 B는 공유 결합이다.

ㄱ. 수소 결합의 수는 얼음이 물보다 많다.

ㄴ. 물은 얼음보다 밀도가 커서 단위 부피당 분자수는 물이 많다.

ㄷ. 결합 A는 분자간 인력이고, 결합 B는 화학 결합력이므로 결합의 세기는 B가 크다.

정답 ①

가열 곡선의 해석

06

ㄱ. 비열은 기울기의 역수이다. 물의 기울기가 얼음의 기울기보다 완만하므로 비열은 물이 크다.

ㄴ. $5t$ 동안의 온도 변화가 100℃이므로 t동안의 온도 변화는 20℃이므로 $6t$에서 물의 온도는 20℃이다.

ㄷ. A는 0℃의 얼음이고, B는 0℃의 물이다. 수소 결합의 수는 얼음이 물보다 많다.

정답 ③

07

ㄱ. 물이 수증기로 상태 변화시 필요한 열량인 기화열은 CD의 길이와 같고, 얼음이 물로 상태 변화시 필요한 열량인 융해열은 AB의 길이와 같으므로 기화열은 융해열보다 크다.

ㄴ. 가열 시간은 가한 열량과 같아서 얼음의 질량을 2배로 하면 물이 되는데 필요한 열량도 2배가 되므로 AB의 길이가 2배가 된다.

ㄷ. CD구간은 물 분자의 수소 결합이 모두 끊어져서 수증기가 되는 과정이므로 수소 결합의 수는 감소한다.

정답 ④

물의 밀도 곡선

08

a는 0℃의 얼음이고, b는 100℃의 수증기이다. c는 0℃의 물이고, d는 4℃의 물이다.

ㄱ. 단위 부피당 분자의 수는 밀도와 같다. 얼음의 밀도는 물의 밀도보다 작으므로 a는 c보다 작다.

ㄴ. 수소 결합수가 많으면 빈 공간이 많아지므로 밀도가 작아진다. 따라서, 밀도가 큰 d가 c보다 수소 결합의 수가 적다.

ㄷ. 분자간 인력은 정전기적 인력이다. 정전기적 인력은 온도가 증가함에 따라 감소한다. 따라서, 기체 상태인 b가 가장 작다.

정답 ④

09

④ 물은 수소 결합으로 인해 특이한 밀도 변화가 있는데, 물이 얼음이 되면 수소 결합으로 인해 생긴 빈 공간으로 인해 부피가 증가한다. 수도관속의 물이 얼어서 부피가 증가하므로 수도관이 터진다.

① 수건에 물이 스며드는 것은 물의 모세관 현상 때문이다.

② 풀잎에 맺힌 이슬이 둥근 것은 물의 표면장력 때문이다.

③ 여름날 마당에 물을 뿌릴 때 시원해 지는 것은 물의 기화열이 크기 때문에 많은 열을 흡수하기 때문이다.

⑤ 맑은 날 낮에 해안 지방에서 해풍이 부는 것은 물의 비열이 땅의 비열보다 크기 때문이다.

정답 ④

표면 장력과 모세관 현상

10

ㄱ. 액체 A보다 액체 B가 더 구형에 가까우므로 표면 장력은 B가 A보다 크다.

ㄴ. ㄷ 표면 장력이 큰 B의 분자간 인력이 크므로 증기압력은 B가 작다.

정답 ②

11

㉠ 결합은 수소 결합이다.

수소 결합의 수는 물보다 얼음에서 크다. 4℃의 물은 최대 밀도를 갖기 때문에 부피는 최소가 된다. 표면 장력은 온도에 반비례하므로 (나)가 (다)보다 표면장력이 크다.

정답 ③

12

ㄱ. 모세관 현상은 분자간 인력인 응집력과 비례하고, 관의 직경에 반비례하므로 유리관의 굵기가 가늘수록 모세관 상승이 잘 일어난다.

ㄴ. 액체 A는 응집력보다 부착력이 강하다. 따라서 모세관 상승이 일어난다. 액체 B는 응집력이 부착력보다 강하다. 따라서 모세관 하강이 일어난다.

ㄷ. 액체가 올라가고 내려가는 이유는 응집력과 부착력의 차이에 의한 것이다.

정답 ②

제 2 절 액체의 증기압

01 ② 02 ③ 03 ② 04 ① 05 ①

06 ③ 07 ①

08 (1) ① 모양 ② 부피 (2) ① 평형 ② 온도
(3) ① 외부압력 ② 끓는점

09 (1) A (2) C (3) A (4) B는 기화되고, C는 액화된다.

10 (1) 증기 압력: A (>) B
(2) 몰 증발열: A (<) B
(3) 기준 끓는점: A (<) B
(4) 분자 간 인력: A (<) B

11

P

0 h 높이

12 (1) 일정 (2) 증가 일정 (3) 증가 (4) 감소
(5) 일정

13 (1) 수증기의 몰분율: (가) (>) (나)
(2) 기체 X의 몰분율: (가) (<) (나)
(3) 수증기압: (가) (=) (나)
(4) 기체 X의 부분 압력: (가) (<) (나)
(5) 유리관 내부의 압력: (가) (<) (나)

14 ④ 15 ⑤ 16 ③ 17 ② 18 ③

19 ② 20 ④ 21 ④ 22 ② 23 ③

24 ③ 25 ② 26 ③ 27 ① 28 ④

29 ④ 30 ② 31 ⑤ 32 ③ 33 ④

34 ② 35 ① 36 ② 37 ③ 38 ①

39 ③

대표 유형 기출 문제

01

ㄱ. 물의 증기압력은 $760-736=24\text{mmHg}$이다.
에터의 증기압력은 $760-215=545\text{mmHg}$이다.

ㄴ. 끓는점은 분자간 인력과 비례한다. 분자간 인력이 클수록 증발되기 어려우므로 증기압력은 낮아진다. 물의 증기압이 에터보다 작으므로 분자간 인력은 물이 더 크고, 끓는점도 높다.

ㄷ. 분자간 인력은 몰증발열과 비례하므로 물이 에터보다 몰증발열도 크다.

정답 ②

02

증기압은 온도에만 의존한다. 부피를 반으로 줄이면 증발 속도는 일정하나 응결 속도가 증가하고 증기의 몰수가 줄어들어 증기압은 일정하게 유지된다. 따라서 증기압은 24mmHg로 일정하다.

정답 ③

03

끓는점은 증기압이 대기압(760mmHg)와 같아질 때의 온도이므로 끓는점은 A<B<C 순이다.

정답 ②

04

그림으로부터 액체 A가 액체 B보다 증발되기 쉽다

$$P_A^\circ > P_B^\circ$$

A의 휘발성이 크다 = 증기압력이 크다 = 분자간 인력이 작다 = 몰증발열이 작다 = 끓는점이 낮다.

정답 ①

05

분자간 인력이 작으면 증발이 잘되므로 증기 압력이 크다. 분자간 인력은 끓는점과 몰증발열과 비례한다.

정답 ①

06

Clausius-Clapeyron 식을 이용하여 해결할 수 있는 문제이다.

$$\ln\left(\frac{P_2}{P_1}\right) = -\frac{\Delta H}{R}\left(\frac{1}{T_2}-\frac{1}{T_1}\right)$$

$T_1 = 250\text{K},\ P_1 = 300\text{mmHg}$

$T_2 = 500\text{K},\ P_2 = 900\text{mmHg}$

각각을 대입하면,

$$\ln\left(\frac{900}{300}\right) = -\frac{\Delta H}{8}\left(\frac{1}{500}-\frac{1}{250}\right)$$

$$\therefore \Delta H = 4{,}400\text{J/mol}$$

정답 ③

07

ㄱ. 30℃에서 위로 직선을 그어보면 그래프와 닿는 y축 값이 증기압이다. 따라서 증기압의 크기는 C < B < A 이다.

ㄴ. 정상 끓는점이란 증기압과 대기압이 같을 때의 온도이다. 증기압이 760torr일 때 온도가 78.4℃이므로 B의 정상 끓는점은 78.4℃이다.

ㄷ. 25℃ 열린 접시에서 가장 빠르게 증발하는 것은 분자간 인력이 작아서 증기압이 큰 A이다.

정답 ①

주관식 개념 확인 문제

08

정답 (1) ① 모양 ② 부피

(2) ① 평형 ② 온도

(3) ① 외부압력 ② 끓는점

09

(1) 끓는점이 가장 낮은 액체는 증기압이 작은 A이다.

정답 A

(2) 분자간 상호 작용이 가장 강한 것은 증기압이 작은 C이다.

정답 C

(3) 넣어준 질량이 다르더라도 증기압에는 영향이 없다. 용기 속의 압력이 가장 높은 것은 증기압이 큰 A이다.

정답 A

(4) 점 P에서의 압력은 B의 증기압보다 낮으므로 B는 증발(기화)하고, C의 증기압보다는 크므로 증기압과 같아질 때까지 응결(액화)한다.

정답 B는 기화되고, C는 액화된다.

10

일정 시간동안 액체 A의 부피가 액체 B보다 더 많이 감소하였으므로 액체 A가 액체 B보다 분자간 인력이 작아 증발을 하기 쉽다.

증기 압력은 분자간 인력이 작은 A가 크고, 몰 증발열은 분자가 인력이 큰 B가 크고 기준 끓는점은 분자간 인력이 큰 B가 더 높다. 분자간 인력은 증기 압력이 작은 B가 크다.

정답 (1) 증기 압력: A (>) B

(2) 몰 증발열: A (<) B

(3) 기준 끓는점: A (<) B

(4) 분자 간 인력: A (<) B

11

높이 h까지는 액체와 증기가 공존하므로 증기압이 일정하다가, 높이가 h보다 커지면 액체는 모두 증발하고, 기체만 존재하므로 보일의 법칙이 적용되어 부피가 증가함에 따라 압력은 감소한다.

정답

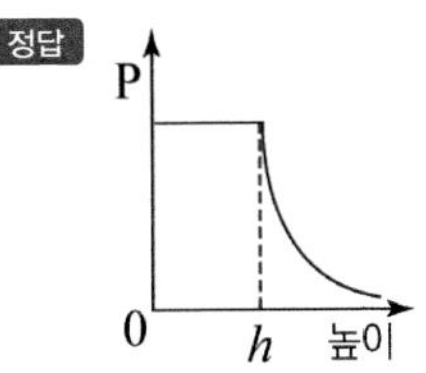

12

(1) 증발 속도는 온도에 비례하므로 일정하다

정답 일정

(2) 새로운 평형에 도달하였으므로 응결속도 또한 일정하다.

정답 증가 일정

(3) 증기압은 온도가 같으면 일정하므로 $P=\frac{n}{V}$에 의해 부피가 증가하는 만큼 입자수가 증가하므로 수증기의 양도 증가한다.

정답 증가

(4) 증기의 몰수가 증가하여 액체의 몰수는 감소한다.

정답 감소

(5) 증기압은 온도에 의존하므로 일정하다.

정답 일정

13

(1) 물을 첨가하면 기체 X와 수증기가 차지하는 부피가 감소한다. $P=\frac{n}{V}$에 의해 부피가 감소하고, 증기압이 일정하므로 수증기의 몰수는 감소한다. 기체의 몰수는 일정하고 수증기의 몰수가 감소하므로 수증기의 몰분율은 감소한다.

정답 수증기의 몰분율: (가) (>) (나)

(2) 수증기의 몰분율과 기체의 몰분율의 합은 1이다. 수증기의 몰분율이 감소했으므로 기체의 몰분율은 증가한다.

정답 기체 X의 몰분율: (가) (<) (나)

(3) 수증기압은 온도가 일정하므로 변하지 않는다.

정답 수증기압: (가) (=) (나)

(4) 기체의 부분 압력은 전체 압력과 몰분율의 곱이다. 기체 X의 몰분율이 증가했으므로 기체 X의 부분 압력도 증가한다.

정답 기체 X의 부분 압력: (가) (<) (나)

(5) 유리관 내부의 압력은 기체의 압력과 수증기의 압력의 합이다. 수증기의 압력은 일정하고, 기체의 압력은 증가했으므로 유리관 내부의 압력도 증가한다.

정답 유리관 내부의 압력: (가) (<) (나)

기본 문제

14

1몰의 분자수가 6.02×10^{23}개이므로 3.01×10^{21}을 분자수로 나누어 몰수를 구한다. $\frac{3.01\times10^{21}}{6.02\times10^{23}}=\frac{1}{2}\times10^{-2}\mathrm{mol}$이다.

물의 질량이 주어졌으므로 질량을 분자량으로 나누어 몰수를 구하고, $\frac{1}{18}\mathrm{mol}$의 증발열이 $540\mathrm{cal}$이므로 몰증발열은 $540\times18\mathrm{cal}$이다. 따라서, 비례식을 세울 수 있다.

$$1\mathrm{mol} : 540\times18\mathrm{cal} = \frac{1}{2}\times10^{-2}\mathrm{mol} : x$$

$$\therefore x = 48.6\,\mathrm{cal}$$

정답 ④

15

① 밀폐된 그릇에서 물을 끓이면 증기압이 증가한다.

② 끓임쪽은 액체가 끓는점 이상으로 가열되어 돌발적으로 끓어오르는 현상(돌비현상)을 방지하기 위함이다. 증기 압력과는 관련이 없다.

③ 설탕을 넣어 주면 용액이 되므로 끓는점이 올라간다. 끓는점이 올라가도 증기압은 일정하다.

④ 증기 압력은 물의 양과도 상관이 없다.

⑤ 끓는점은 대기압과 증기압이 같을 때의 온도이므로 외부압력이 낮아지면 처음보다 낮은 온도에서도 끓는다.

정답 ⑤

16

증기압력이 클수록 증발되기 쉽고, 분자간 인력이 작으므로 끓는점이 낮고, 몰증발열도 작다. 증기 압력의 순서가 에틸에테르 > 에탄올 > 물이므로, 몰증발열과 끓는점의 순서는 증기압의 순서와 반대인 물 > 에탄올 > 에틸에테르 순이다.

정답 ③

17

증기압은 $P=\left(\frac{n}{V}\right)RT$으로 표현할 수 있다. 증기압은 온도에만 의존하므로 온도가 변하지 않고, 부피가 절반으로 감소하면 증기의 몰수가 절반으로 감소하면서 증기압은 일정하다.

정답 ②

18

$P=\left(\frac{n}{V}\right)RT$ 이므로 증기압은 온도에만 의존한다.

정답 ③

19

온도가 다른 경우 증기 압력은 Clausius-Clapeyron식에 의해 구할 수 있다.

$$\ln\left(\frac{P_2}{P_1}\right) = -\frac{\Delta H_{vap}}{R}\left(\frac{1}{T_2}-\frac{1}{T_1}\right)$$

따라서 필요한 데이터는 A의 몰증발열이다.

정답 ②

20

일정 온도에서 A(l)의 증기압이 $H_2O(l)$보다 더 크기 때문에($P_A > P_{H_2O}$)

① 정상 끓는점은 A가 H_2O보다 낮다.
② 분자 간 인력은 A가 H_2O보다 작다.
③ 증발 엔탈피($\Delta H_{증발}$)는 A가 H_2O보다 작다.
④ 액체의 증기압과 대기압이 같을 때 액체는 끓기 때문에 각각의 정상 끓는점에서 A와 H_2O의 증기압은 같다.

정답 ④

21

먼저, 기체 상태의 에탄올 몰수는 이상기체 상태 방정식을 이용해서 구할 수 있다.

$$n_g = \frac{PV}{RT} = \frac{0.06 \times 0.8}{0.08 \times 300} = 2.0 \times 10^{-3}\,\mathrm{mol}$$

액체 상태의 에탄올 몰수는 먼저 질량을 알아야 하는데, 밀도를 이용해서 구할 수 있다.

$$w = dV = 0.8 \times 120 = 96\mathrm{g}$$

$$n_l = \frac{w}{M} = \frac{96}{46} = 2.087\,\mathrm{mol}$$

용기 내에 존재하는 에탄올 분자의 총 몰수는 기체 상태와 액체 상태의 에탄올 몰수의 합이므로,

$$n_T = n_g + n_l = 2.0 \times 10^{-3} + 2.087 = 2.089\mathrm{mol}$$

가장 가까운 값은 2mol이다.

정답 ④

22

P_1기압에서 끓는점은 A(l) > B(l)이므로 같은 온도에서 증기 압력은 B(l) > A(l)이고, $P_2 > P_1$이다. P_2기압에서 A(l)의 끓는점인 t_2℃는 t_1℃보다 높다.

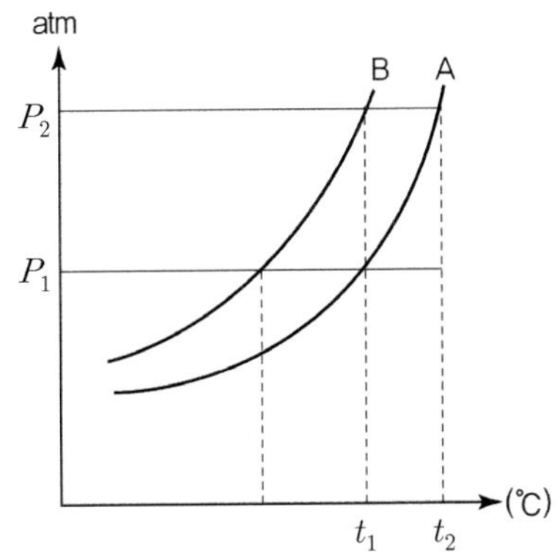

정답 ②

23

① 500mmHg에서 휘발성이 가장 큰 액체는 증기압력이 가장 큰 다이에틸 에터이다.
② 60℃, 1기압에서 에탄올과 아세트산의 안정한 상은 액체이다.
③ 20℃에서 분자 간 인력이 가장 작은 물질은 증기압력이 가장 큰 다이에틸 에터이다.
④ 400mmHg에서 끓는점은 아세트산이 물보다 높다.

정답 ③

자료 추론형

24

ㄱ. 기울기가 $-\frac{\Delta H_{eva}}{R}$이므로 기울기가 가파를수록 몰증발열 ($\Delta H_{eva}$)가 크다. 따라서 D의 증발 엔탈피가 가장 크다.
ㄴ. 에탄올은 수소 결합을 할 수 있으므로 다이에틸케톤보다 분자간 인력이 커서 몰증발열도 크기 때문에 에탄올이 B라면 다이에틸케톤은 A이다.
ㄷ. 몰증발열이 클수록 분자간 인력도 크다. 따라서 D가 분자간 인력이 가장 크다.

정답 ③

25

① 액체가 있으면 증기가 존재하므로 (가)의 플라스크 내부에는 증기가 존재한다.
② (나)는 평형 상태로 증발속도와 응축 속도가 같다.
③ (나)에서 높이 차이는 증기압과 대기압의 차이다. 즉, 대기압과 높이 h의 합이 증기압과 같다.
④ (가)는 (나)보다 응축 속도가 느리다. (나)에서 동적 평형에 도달하기 위해서는 응축 속도가 증가되어야 하기 때문이다.

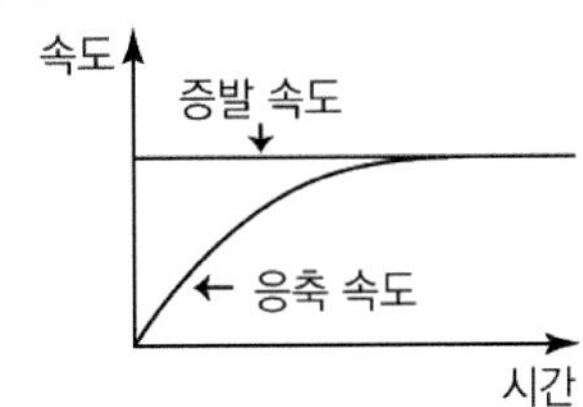

⑤ 분자간 인력이 작을수록 증발되기 쉬우므로 h는 커진다.

정답 ②

26

ㄱ, ㄷ. AB구간에서 압력이 증가함에 따라 부피가 감소하므로 보일의 법칙이 적용되는 기체이다. BC에서 부피가 일정하게 감소하므로 이 물질은 순물질이다. 또한 부피가 감소하는데도 압력이 일정하므로 $P=\frac{n}{V}$에 의해 부피가 감소할 때 증기의 몰수도 감소하므로 액체가 되며 이때의 압력이 증기압이다. CD구간은 압력의 변화에도 부피의 변화가 크지 않으므로 이 상태는 액체 상태이다.

ㄴ. A는 기체 상태이고, D는 액체 상태이므로 밀도는 기체 상태인 A가 작다.

정답 ③

27

ㄱ. x축이 20일 때 수직선을 그어보면 곡선과 직선의 접점에서의 압력이 증기압이므로 A의 증기압이 B의 증기압보다 크다.

ㄴ. 증기 압력이 클수록 인력이 약하므로 증발되기 쉽다. 증기 압력이 작은 B의 분자간 인력이 더 크다.

ㄷ. 끓는점은 대기압과 증기압이 같을 때의 온도이므로 y축이 400일 때 수평선을 긋고, 그때 곡선과의 접점에서의 온도가 A보다 B가 높으므로 끓는점은 B가 높다.

정답 ①

28

ㄱ. 증발 속도는 온도에만 의존한다. 온도가 일정하므로 A의 증발속도는 t_1과 t_2에서 같다.

ㄴ. h는 증기압과 대기압의 차이이다. 증기압은 온도에만 의존하므로 온도가 일정할 때 증기압과 액체의 양은 무관하여 높이 h는 변하지 않는다.

ㄷ. h가 클수록 증기압이 크기 때문에 증기압은 A가 B보다 크고, 증기압이 클수록 분자간 인력이 작고, 몰증발열이 작으므로 B의 몰증발열이 크다.

정답 ④

29

ㄱ. 끓는점은 분자간 인력이 클수록, 증기압력이 낮을수록 높다. t℃에서 $\frac{P}{P_W}$의 값이 1보다 크다는 것은 A의 증기압력이 물의 증기압력보다 크다는 것이므로 A의 분자간 인력은 물보다 작다.

ㄴ. 증기압은 온도에만 의존한다. 증기압이 클수록 분자간 인력은 작다. t℃에서 A의 증기압은 600mmHg이고, B의 증기압은 $\frac{P}{P_W}$이 1보다 작으므로 물의 증기압인 240mmHg보다 작음을 알 수 있다. 따라서, 분자간 인력은 증기압이 작은 B가 크다.

ㄷ. A의 증기압은 P이다. t℃에서 물의 증기압 $P_W = 240\text{mmHg}$, $\frac{P}{P_W} = 2.5$을 이용하면

$P = P_W \times 2.5 = 240\text{mmHg} \times 2.5 = 600\text{mmHg}$

이다.

정답 ④

30

ㄱ. 일정 온도에서 기체의 몰수는 압력과 부피의 곱에 비례하는데($n \propto PV$), $P_{나} < P_{다}$, $V_{나} < V_{다}$이므로 기체 분자수는 (다)가 크다.

ㄴ. h는 대기압과 증기압의 차이이다. h가 클수록 증기압력이 작고, 분자간 인력이 크다. $h_1 > h_2$ 이므로 에탄올보다 다이에틸에테르의 분자간 인력이 작다.

ㄷ. 기체의 평균 운동 속력은 $v = \sqrt{\frac{3RT}{M}}$ 으로, 온도가 일정한 경우 분자량이 작을수록 속력이 더 빠르다. 에탄올의 분자량(46)이 다이에틸에테르의 분자량(74)보다 작으므로 평균 속력은 (나)에서 더 크다.

정답 ②

31

수은주의 높이는 대기압과 증기압의 차이이므로 액체 A의 증기압은 $760-726=34$mmHg, 액체 B의 증기압은 $760-695=65$mmHg, 액체 C의 증기압은 $760-215=545$mmHg이다. 증기압 크기는 $C>B>A$ 순서이다.

① t℃에서 액체 A의 증기 압력이 35mmHg이고, 30℃에서 액체 A의 증기압이 약 50mmHg이므로 t℃에서 증기압력이 더 작으므로 t℃는 30℃보다 낮다.

②, ③ 액체 A~C 중에서 증기압이 가장 큰 액체는 C이다.

④ t℃에서 액체 A와 액체 B의 증기 압력의 합은 99mmHg이므로 액체 C의 증기압력(545mmHg)보다 작다.

⑤ 증기압은 액체의 양에 무관하고, 온도에만 의존하므로 액체 C에 소량의 C를 첨가하여도 증기압은 변하지 않는다.

정답 ⑤

32

ㄱ, ㄴ. A점에서 압력이 증가함에 따라 부피가 감소하므로 보일의 법칙이 성립하고, B점에서는 일정 온도에서 부피를 감소시켜도 압력이 변하지 않으므로 액체와 기체가 공존하는 동적 평형 상태이다. 일정 온도에서 액체와 증기가 동적 평형 상태에 있을 때 증기의 압력을 증기압이라고 하므로 액체 X의 증기압은 20mmHg이다.

ㄷ. 실린더에 비활성 기체인 He를 첨가하여도 전체 압력에는 변함이 없다. 기체 X를 액화시키려면 기체 X의 부분 압력이 증기압보다 커야하므로 전체 압력이 아닌 X의 부분 압력이 20mmHg가 되도록 해야 한다.

정답 ③

액체의 동적 평형

33

ㄱ. 액체의 온도를 높이면 분자 운동이 활발해져 증발 속도가 증가하므로 증기 압력은 커진다. 따라서 (가)에서 온도를 높이면 h는 커진다.

ㄴ. 응결 속도는 증발된 증기의 양이 증가함에 따라 증가한다. 응결 속도 v_2는 t_2에서가 t_1에서보다 크므로 기체 A의 분자 수는 t_2에서가 t_1에서보다 크다.

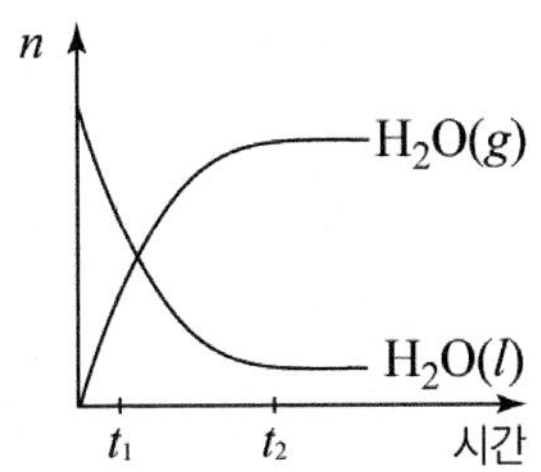

ㄷ. (나)에서 일정한 온도에서 시간에 따라 일정한 값을 갖는 v_1은 증발 속도이다.

정답 ④

34

밀폐된 진공 용기에 $H_2O(l)$을 넣으면 초기에는 $H_2O(l)$의 질량은 줄어들고 $H_2O(g)$의 질량은 늘어나므로 $H_2O(l)$의 질량과 $H_2O(g)$의 질량비는 서서히 증가하게 된다. 시간 t일 때 동적 평형 상태에 도달하면 증발속도와 응결속도가 같기 때문에 $H_2O(l)$의 질량과 $H_2O(g)$의 질량비는 일정하게 유지된다. 이러한 내용을 만족하는 그래프는 ②이다.

정답 ②

35

㉠은 시간이 증가함에 따라 감소하다가 일정하게 유지되고 있음을 알 수 있다. 밀폐된 진공 용기 안에 $H_2O(l)$을 넣으면 동적 평형에 도달할 때까지

ㄱ. $H_2O(l)$의 질량은 감소하다가 일정하게 유지된다.

ㄴ. $H_2O(g)$의 분자 수는 점점 증가하가가 일정하게 유지된다.

PART 04 물질의 상태와 용액

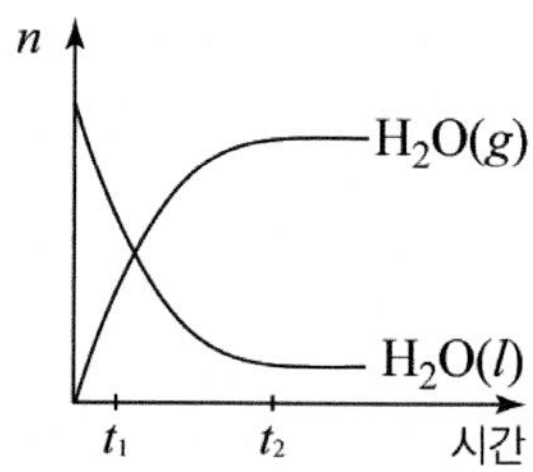

ㄷ. $H_2O(l)$의 증발속도는 온도가 일정하므로 계속 일정하게 유지되고, $H_2O(g)$의 응결속도는 서서히 증가하다가 증발속도와 같아지므로 $\frac{H_2O(g)\text{의 응결 속도}}{H_2O(l)\text{의 증발 속도}}$는 일정하다.

따라서 시간이 증가함에 따라 감소하다가 일정하게 유지되는 것은 $H_2O(l)$의 질량이다.

정답 ①

36

ㄱ. t_2일 때 동적 평형에 도달하였으므로 $c=b$이다.

ㄴ. $H_2O(g)$의 양은 동적 평형에 도달하기 전까지 시간이 지남에 따라 증가하다가 일정하게 유지되므로 t_2일 때가 t_1일 때보다 많다.

ㄷ. $H_2O(l)$의 증발속도는 온도가 일정하므로 계속 일정하게 유지되고, $H_2O(g)$의 응결속도는 서서히 증가하다가 일정하게 유지되므로 t_1일 때가 t_3일 때보다 작다. 따라서 $\frac{H_2O(g)\text{의 응결 속도}}{H_2O(l)\text{의 증발 속도}}$도 t_1일 때가 t_3일 때보다 작다.

정답 ②

37

ㄱ. X(g)의 양은 동적 평형에 도달할 때까지 증가하다가 일정하게 유지되므로 X(g)의 양은 $2t$일 때가 t일 때보다 크다.

ㄴ. 용기 (가)는 $2t$일 때 동적 평형에 도달하였고, 용기 (나)는 $3t$일 때 동적 평형에 도달하였다. 따라서 X(l)와 X(g)가 동적 평형에 도달하는 데 걸린 시간은 (나)>(가)이다.

ㄷ. (가)에서 $4t$일 때에는 동적 평형에 도달한 이후이므로 $\frac{X(g)\text{의 응결 속도}}{X(l)\text{의 증발 속도}}=1$이다.

정답 ③

38

ㄱ. (가)에서 $2t$일 때 동적 평형에 도달하였으므로 t일 때는 동적 평형에 도달하기 전이다. 동적 평형에 도달할 때까지 X(l)의 몰수는 감소하고 X(g)의 몰수는 증가하므로 $\frac{X(l)\text{의 양(mol)}}{X(g)\text{의 양(mol)}}$은 t일 때가 $2t$일 때보다 크고, $2t$일 때와 $3t$일 때 같다. 따라서 $a>1$이다.

ㄴ. (나)에서 $3t$일 때 동적 평형에 도달하였고, 동적 평형에 도달하였을 때 X(l)의 몰수와 X(g)의 몰수의 비는 일정하므로 $\frac{X(l)\text{의 양(mol)}}{X(g)\text{의 양(mol)}}$은 $3t$일 때와 $4t$일 때가 같다. 따라서 $b=c$이다.

ㄷ. $2t$일 때, (나)에서는 동적 평형에 도달하지 않았으므로 X(l)의 증발 속도 > X(g)의 응결 속도이고, (가)에서는 동적 평형에 도달하였으므로 X(l)의 증발 속도 = X(g)의 응결 속도이다. 따라서 $2t$일 때, X의 $\frac{\text{응결 속도}}{\text{증발 속도}}$는 (가)에서가 (나)에서보다 크다.

정답 ①

39

ㄱ. $2t$일 때 동적 평형 상태에 도달하였으므로 $I_2(g)$의 양은 $2t$ 이후에 일정하게 유지된다. 따라서 $x=b$이고, $x>a$이다.

ㄴ. 동적 평형이 일어나기 전인 t일 때에도 $I_2(s) \rightarrow I_2(g)$의 반응과 이 반응의 역반응은 $I_2(g) \rightarrow I_2(s)$이 모두 일어난다.

ㄷ. $2t$일 때 동적 평형 상태에 도달하였으므로 $I_2(s)$와 $I_2(g)$의 승화 속도는 같다.

정답 ③

Chapter

08 고체

제 1 절 고체의 결정구조

01	③	02	③	03	①	04	②	05	②
06	②	07	③	08	④	09	④	10	④
11	$\frac{\sqrt{2}}{4}a$nm			12	각각 4개				
13	(1) 2, 23 (2) $r=1.86\times10^{-8}$㎝$=1.86$Å								
14	$\frac{da^3N_A}{N}$								
15	(1) 6.4×10^{-23}㎝^{3} (2) 3.84×10^{-22}g (3) 57.6 g/mol								
16	$\frac{A_Wa^3}{4w}$	17	④	18	②	19	③	20	①
21	③	22	③	23	④	24	①	25	④
26	③								

대표 유형 기출 문제

01

ㄱ. 알루미늄은 면심 입방구조를 가지므로 단위 세포내 입자수는 4개이다.

ㄴ. 면심 입방구조에서 알루미늄 원자와 가장 인접한 원자의 개수는 12개이다.

ㄷ. 알루미늄 원자 핵간 최단 거리는 원자 반지름의 2배이다. $r=\frac{\sqrt{2}a}{4}$이고, 모서리의 길이 $a=4.0$Å이므로 최단거리는 $2r=2\times\frac{\sqrt{2}}{4}\times4$Å$=2\sqrt{2}$Å이다.

정답 ③

02

(가)는 금속 결정인 구리, (나)는 원자 결정인 다이아몬드, (다)는 이온 결정인 염화나트륨이다.

ㄱ. 원자 결정인 다이아몬드와 이온결정인 염화나트륨은 전기전도성이 없고, 금속 결정인 구리는 전기전도성이 크다.

ㄴ. (나)인 다이아몬드에서 탄소는 주위의 4개 탄소와 공유결합을 하는 sp^3 혼성 구조이므로 sp^3 혼성을 하는 메테인의 결합각과 같다.

ㄷ. (나)는 다이아몬드로서 단위격자 내에 8개의 탄소 원자가 포함되어있고, (다)는 염화나트륨에서 나트륨 이온은 4개가 포함되어있으므로 개수의 비는 2 : 1이다.

$$\text{C}:\ \text{꼭지점}(\frac{1}{8}\times8)\ \text{면}((\frac{1}{2}\times6)\ \text{체심}(1\times4)$$

$$\text{Na}^+:\ \text{체심}(1)\ \text{모서리}(\frac{1}{4}\times12)$$

정답 ③

03

A는 꼭지점과 면의 중앙에 위치하므로 원자의 개수는 $\frac{1}{8}\times8+\frac{1}{2}\times6=4$이다.

B는 체심에 위치하므로 원자의 개수는 $1\times8=8$이므로 $A:B=4:8=1:2$이므로 화학식은 AB_2이다.

정답 ①

04

ㄱ. 단순 입방체는 입방체의 각 꼭지점에 격자점이 존재하므로 단위 세포내 존재하는 입자수는 $\frac{1}{8}\times8=1$개이다.

ㄴ. 면심 입방체는 입방체의 각 꼭지점과 면에 격자점이 존재하므로 단위 세포내 존재하는 입자수는 $\frac{1}{8}\times8+\frac{1}{2}\times6=4$개다.

ㄷ. 체심 입방체는 입방체의 각 꼭지점과 체심에 격자점이 존재하므로 단위 세포내 존재하는 입자수는 $\frac{1}{8}\times8+1=2$개이다. 따라서 단위 세포내 입자수가 가장 많은 것은 면심 입방체이다.

정답 ②

05

체심 입방 격자(Body Centered Cubic lattice, BCC)는 입방체의 각 꼭짓점과 입방체의 중심에 1개의 원자가 배열된 결정구조이다. 따라서 입방체내의 입자수는 $\frac{1}{8}\times 8+1=2$ 이다.

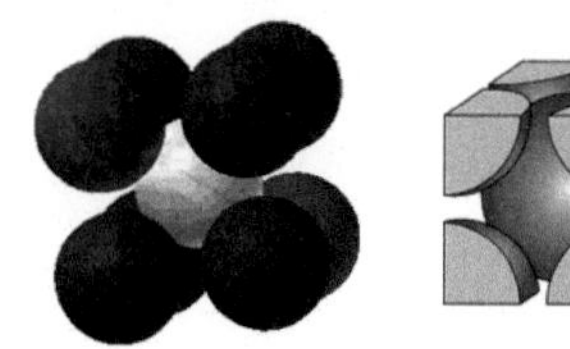
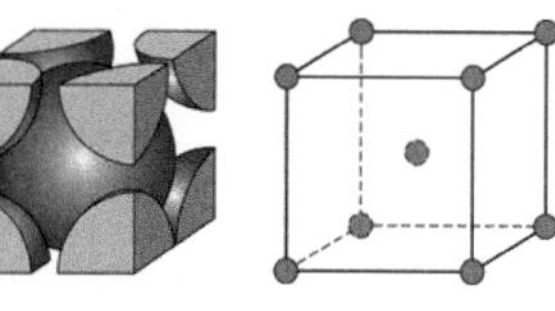

정답 ②

06

ㄴ. 각 Cl^-는 6개의 Na^+에 의해 둘러싸여 있다.

ㄷ. NaCl은 면심입방격자가 어긋나있는 구조이다.

Cl^-: 면심 $6\times\frac{1}{2}=3$개

꼭지점 $8\times\frac{1}{8}=1$개로 총 4개

Na^+: 체심 1개

모서리 $12\times\frac{1}{4}=3$개로 총 4개

따라서 한 단위세포는 각각 4개의 Na^+와 Cl^-를 갖는다.

ㄹ. 이온 결정의 구조를 결정하는 여러 가지 요소 중 한 가지가 양이온과 음이온의 반지름비율 즉, radius ratio에 따라 구조가 결정이 된다는 것이다. CuCl의 경우는 NaCl에 비해 양이온의 크기가 크기 때문에 NaCl과 같은 구조를 가질 수 없다. CuCl은 ZnS와 같은 구조를 갖는다.

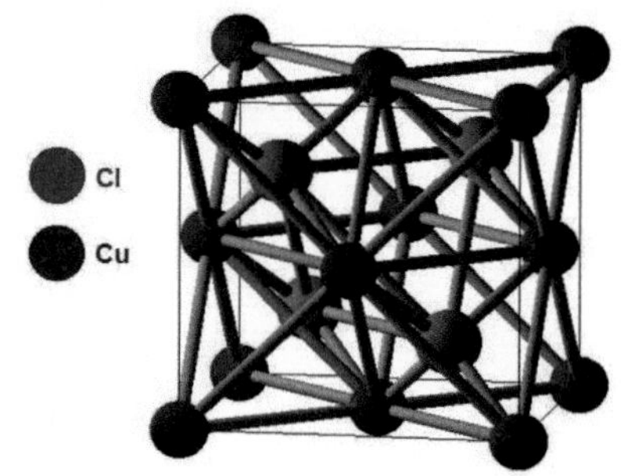

정답 ②

07

결정의 쌓임 효율은 $\frac{\text{입자의 부피}}{\text{결정 격자의 부피}}$이다.

모서리의 길이를 a라 하면, 결정 격자의 부피는 a^3이다. 입자의 부피는 입자 한 개의 부피에 입자수를 곱해서 구한다.

면심 입방 구조이므로 입자수는 4이고, 입자의 반지름은 $\frac{\sqrt{2}}{4}a$이다.

따라서

$$\frac{\text{입자의 부피}}{\text{결정 격자의 부피}}=\frac{\frac{4}{3}\pi r^3\times N}{a^3}=\frac{\frac{4}{3}\pi\times\left(\frac{\sqrt{2}}{4}a\right)^3\times 4}{a^3}=\frac{\sqrt{2}\,\pi}{6}$$

정답 ③

08

② Al이 면심 입방 구조이므로 Al의 단위 세포에 포함된 원자 개수는 4이다.

③ 면심 입방(fcc) 구조와 육방 조밀 쌓임(hcp) 구조의 쌓임 효율은 74%로 같다.

④ 면심 입방(fcc) 구조와 육방 조밀 쌓임(hcp) 구조의 배위수는 12로 같다.

정답 ④

09

3주기 원소로 이루어진 이온성 고체 AX는 NaCl에 해당된다고 예측할 수 있다.

① A^+는 체심 위치에 1개, 모서리 위치에 12개 있으므로 A^+의 입자수는 $1+\frac{1}{4}\times 12=4$개이다. X^-는 꼭지점 위치에 8개, 면심 위치에 6개 있으므로 X^-의 입자수는 $\frac{1}{8}\times 8+\frac{1}{2}\times 6=4$개이다. 따라서 단위 세포 내에 있는 A 이온과 X 이온의 개수는 각각 4이다.

② A 이온과 X 이온의 배위수는 각각 6이다.

③ $A(s)$는 금속 결정이므로 전기적으로 도체이다.

④ $AX(l)$는 용융액으로 $A^+(l)$과 $X^-(l)$으로 서로 떨어져 있어서 이온이 움직일 수 있으므로 전기적으로 도체이다.

정답 ④

10

면심 입방 결정 구조이므로 단위 결정에 존재하는 입자수는 4개이고, 단위 결정의 밀도와 금속 결정의 밀도는 같으므로 금속 결정의 밀도는 다음과 같이 나타낼 수 있다.

$$d = \frac{w}{V} = \frac{N \times \left(\frac{M}{N_A}\right)}{a^3}$$

우선적으로 모서리의 길이(a)는 반지름으로부터 알 수 있다. 면심 입방 결정구조에서 원자 반지름과 모서리의 관계는 다음과 같다.

$$r = \frac{\sqrt{2}}{4}a \qquad a = 2\sqrt{2}\,r$$

밀도의 공식에 대입하면 다음과 같다.

$$d = \frac{N \times \left(\frac{M}{N_A}\right)}{a^3} = \frac{4 \times \left(\frac{M}{N_A}\right)}{(2\sqrt{2}\,r)^3} = \frac{\sqrt{2}\,M}{8N_A r^3}$$

정답 ④

주관식 개념 확인 문제

11

면심 입방구조의 한 변의 길이가 a일 때, 원자 반지름 $r = \frac{\sqrt{2}}{4}a$이다.

정답 $\frac{\sqrt{2}}{4}a\text{nm}$

12

정육면체의 꼭지점과 6개 면의 중심에 음이온이 배치되고, 이들 각 모서리의 중심에 양이온이 자리 잡은 구조로 두 종류의 면심 입방 격자가 어긋나게 자리 잡고 있다. 따라서 음이온이 면심 입방 구조일 때 양이온은 체심과 각 모서리의 중심에 위치하므로 나트륨 이온과 염화 이온은 각 4개씩 포함되어있다.

정답 각각 4개

13

(1) 체심 입방격자이므로 원자의 수는 2개이다.
단위격자의 밀도는 단위세포1개의 질량과 입자수의 곱을 단위격자의 부피를 곱하여 구한다.

$$d = \frac{\left(\frac{A_W}{N_A}\right) \times N}{a^3}$$

$$A_W = \frac{d \cdot N_A \cdot a^3}{N}$$

$$A_W = \frac{0.970 \times (6.02 \times 10^{23})(4.29 \times 10^{-8})^3}{2}$$
$$= 23\text{g/mol}$$

정답 2, 23

(2) 체심 입방격자에서 모서리의 길이를 a라 할 때, 원자 반지름은 $r = \frac{\sqrt{3}}{4}a$이고, 모서리의 길이가 $4.29\,\text{Å}$이므로 원자 반지름은 $r = \frac{\sqrt{3}}{4}(4.29\,\text{Å}) = 1.86\,\text{Å}$이다.

정답 $r = 1.86 \times 10^{-8}\text{cm} = 1.86\,\text{Å}$

14

원자량은 1몰의 질량이다. 1몰에는 원자수가 N_A개가 포함된다. 단위 격자 N개의 질량은 단위 격자의 밀도와 부피의 곱과 같다. 입자가 N개일 때의 질량이 da^3이므로, 원자량은 원자수가 N_A일 때의 질량이므로 개수와 질량에 대한 비례식을 세울 수 있다.
$N : da^3 = N_A : A_W$ 원자량에 대해 식을 정리하면 다음과 같다.

$$A_W = \frac{da^3 N_A}{N}$$

정답 $\frac{da^3 N_A}{N}$

15

(1) 단위 격자 1개의 부피는 모서리의 길이를 a라 할 때, $V=a^3$이다. 모서리의 길이가 4.0 Å 이다.
$1\text{Å} = 10^{-8}\text{cm}$ 이므로 단위 격자의 부피는
$V=(4\text{Å})^3=(4\times10^{-8}\text{cm})^3=6.4\times10^{-23}\text{cm}^3$이다.

정답 $6.4\times10^{-23}\text{cm}^3$

(2) 단위 격자 1개의 질량은 단위 격자의 밀도와 단위 격자의 부피의 곱이다.
$w=d\cdot V=(6.0\text{g/cm}^3)(6.4\times10^{-23}\text{cm}^3)$
$=3.84\times10^{-22}\text{g}$

정답 $3.84\times10^{-22}\text{g}$

(3) 금속 결정의 밀도 공식을 이용해서 원자량을 구할 수 있다.

$$d=\frac{(\frac{A_W}{N_A})\times N}{a^3}\quad 6.0=\frac{4\times\left(\frac{A_W}{6.0\times10^{23}}\right)}{6.4\times10^{-23}}$$

$$A_W=57.6\ \text{g/mol}$$

> **별해**
> 이 금속 결정은 면심 입방구조로 입자수는 4이다. 따라서 단위 격자 1개의 질량은 입자 4개의 질량이므로 입자 6.0×10^{23}개의 질량이 원자량임을 이용하면 다음과 같은 비례식을 이용해서 원자량을 구할 수 있다.
> 4개 : $3.84\times10^{-22}\text{g}=6.0\times10^{23}$개 : A_W이므로 원자량은
> $A_W=\frac{(3.84\times10^{-22})(6.0\times10^{23})}{4}=57.6\text{g/mol}$이다.

정답 $57.6\ \text{g/mol}$

16

이 결정은 면심 입방구조이므로 입자수는 4개이다. 단위 격자의 질량은 원자 1개의 질량과 입자수를 곱한 $4w$이고, 단위 격자의 부피는 a^3이다. 1몰의 질량이 주어졌으므로 질량과 부피에 대한 비례식을 세워 1몰의 부피를 구할 수 있다. $4w : a^3 = A_W : V$이므로 1몰의 부피는

$V=\frac{A_Wa^3}{4w}$이다.

정답 $\frac{A_Wa^3}{4w}$

기본 문제

17

같은 1족 원소인 나트륨과 세슘은 껍질수가 차이가 나서 이온의 크기가 매우 차이나기 때문이다.

정답 ④

18

결정 구조를 이루는 원자들 사이의 간격이 X선의 파장과 비슷하기 때문이다.

정답 ②

19

면심 입방 구조인 경우 원자의 반지름과 모서리의 관계는 $r=\frac{\sqrt{2}}{4}a$이다.

$$r=\frac{\sqrt{2}}{4}\times408=102\sqrt{2}$$

직경 $2r=2\times102\sqrt{2}=204\times1.414=288\,\text{pm}$

정답 ③

20

ㄴ. Na^+는 단위 세포의 체심을 관통하는 대각선상의 1/2 거리 지점에 위치한다.

ㄷ. Na^+와 Cl^-는 모두 6 배위수를 가진다.

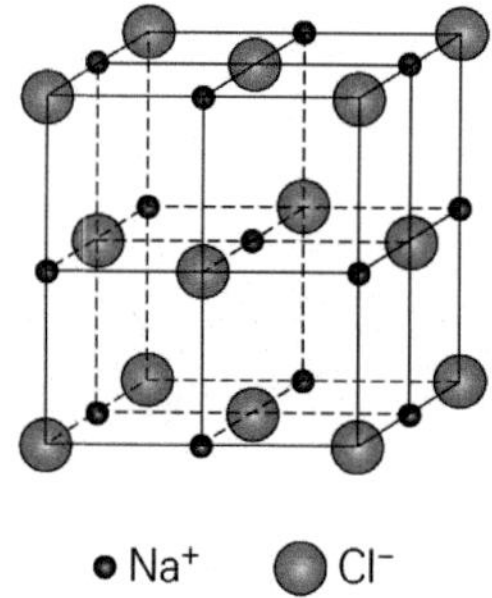

● Na^+ ● Cl^-

정답 ①

자료 추론형

21

ㄱ. 원자가 꼭지점에 위치한 것이 단순 입방구조이다. 염화 이온은 (가)에서 단순 입방구조를 이룬다.

ㄴ. (가)에서 1개의 세슘 이온 주위를 8개의 염화 이온이 둘러싸고 있다.

ㄷ. (나)는 각각 면심 입방구조를 한 나트륨 이온과 염화 이온이 어긋난 구조로서 각 이온은 4개씩 포함된다. 단위 세포의 총 이온 수는 8개이다.

정답 ③

22

ㄱ. 고체 A에서 X^+와 가장 인접한 Y^-의 개수는 6이다.

ㄴ. 고체 A는 이온 결정이므로 고체 상태에서 전기전도성이 없고, B는 금속 결정이므로 자유전자에 의해 전기전도성이 크다.

ㄷ. 고체 A는 이온 결정으로 양이온과 음이온이 정전기적 인력에 의해 결합한 상태인데 힘을 가하면 층이 밀리면서 같은 전하에 의해 반발력이 작용하여 쪼개진다. 따라서 고체 B만 자유전자로 인해 전성이 좋다.

정답 ③

23

ㄱ. 염화세슘은 이온 결정이므로 고체 상태에서 전기전도성이 없다.

ㄴ. 염화 이온는 단위 세포에서 꼭짓점에 위치하므로 입자수는 $\frac{1}{8}\times 8 = 1$개이다.

ㄷ. 염화세슘은 체심 입방구조이고, 체심 입방구조에서 배위수는 8이다. 따라서 염화 이온과 가장 가까운 거리에 있는 세슘 이온은 8개이다.

정답 ④

24

ㄱ. (가)는 꼭지점과 중심에 원자가 위치한 체심 입방구조이므로 단위 세포에 포함된 입자수는 2개이다.

ㄴ. (나)에서 나트륨 이온과 가장 인접한 염화 이온의 개수는 6개이다.

ㄷ. (가)에서 Na의 결정 구조는 체심 입방구조이고, (나)에서 Na의 결정 구조는 면심 입방구조이므로 (가)와 (나)에서 Na과 Na^+의 결정 구조는 다르다.

정답 ①

25

ㄱ. (가)는 꼭지점과 면에 원자가 위치한 면심 입방구조로서 한 원자와 가장 인접한 원자의 수는 12이다.

ㄴ. (나)는 원자 결정인 다이아몬드로 탄소와 탄소 간에 공유 결합으로 연결되어 있다.

ㄷ. (다)는 이온 결정으로 나트륨 이온은 면심 입방구조를 형성한다.

정답 ④

26

ㄱ. (가)는 꼭짓점과 중심에 원자가 위치한 체심 입방구조이다.

ㄴ. (나)는 이온 결합 물질로 양이온과 음이온이 각각 면심 입방구조로 어긋난 형태로 이온의 개수는 4개로 같다.

ㄷ. (가)는 금속 결합, (나)는 이온 결합으로 화학 결합의 종류가 다르다.

정답 ③

제 2 절 고체의 실험식 결정

01 ②	02 ①	03 ②	04 ①	05 ①
06 ②	07 ④			

대표 유형 기출 문제

실험식 결정

01

칼슘은 꼭짓점에 위치하므로 원자의 개수는 $\frac{1}{8}\times8=1$개, 티타늄은 단위격자의 중심에 위치하므로 원자의 개수는 $1\times1=1$개, 산소는 면에 위치하므로 원자의 개수는 $\frac{1}{2}\times6=3$개이다.

화합물의 화학식은 $CaTiO_3$이다. 화합물에서 원자의 산화수의 합은 0이고, 각 원자의 산화수의 합과 같으므로 티타늄의 산화수를 x라 하면 $(+2)+x+(-2)3=0$이므로 티타늄의 산화수 $x=+4$이다.

정답 ②

02

양이온 A는 단위세포의 중심에 위치하므로 원자의 개수는 $1\times1=1$개, 음이온 B는 꼭지점에 위치하므로 원자의 개수는 $\frac{1}{8}\times8=1$개로 화학식은 AB 이다.

$$x+y=1+1=2$$

정답 ①

기본 문제

03

- A의 양이온은 꼭짓점에 위치한다.: $\frac{1}{8}\times8=1$
- B의 양이온은 중심에 위치한다.: $1\times1=1$
- 산소 음이온은 면에 위치한다.: $\frac{1}{2}\times6=3$

원자수의 비는 $A:B:O=1:1:3$이므로 화학식은 ABO_3이다.

정답 ②

04

금속(M) 양이온은 꼭지점과 면에 위치하고, 비금속(X) 음이온은 체심에 위치하므로 단위 격자에 존재하는 입자수를 알아보면,

금속(M) 양이온(작은 공 모양): $\frac{1}{8}\times8+\frac{1}{2}\times6=4$개

비금속(X) 음이온(큰 공 모양): $1\times4=4$개

$M:X=4:4=1:1$이므로 화학식은 MX이다.

정답 ①

05

A의 양이온은 격자의 중심에 위치하므로 원자의 개수는 $1\times1=1$이다. B의 음이온은 격자의 꼭짓점에 위치하므로 원자의 개수는 $\frac{1}{8}\times8=1$이다. 원자수의 비가 A : B = 1 : 1이므로 화학식은 AB이다.

정답 ①

06

A이온은 격자의 중앙에 위치하므로 입자수는 $1\times1=1$, B이온은 격자의 중앙에 위치한 것이 2개이므로 입자수는 $1\times2=2$, C이온은 8개의 꼭짓점과 8개의 모서리에 위치하므로 입자수는 $\frac{1}{8}\times8+\frac{1}{4}\times8=1+2=3$, X이온은 모서리에 12개, 면에 8개 위치하므로 입자수는 $\frac{1}{4}\times12+\frac{1}{2}\times8=3+4=7$이다.

원자수의 비는 A : B : C : X=1 : 2 : 3 : 7이므로 화학식은 $AB_2C_3X_7$이다.

정답 ②

07

(가)의 단위 세포에는 체심에 위치한 A이온의 입자수 $1 \times 1 = 1$개와 꼭짓점에 위치한 B이온의 입자수 $\frac{1}{8} \times 8 = 1$개를 포함하므로 이온 수는 2이다.

(나)의 단위 세포에는 꼭지점에 위치한 C이온의 입자수는 $\frac{1}{8} \times 8 = 1$개와 모서리에 위치한 D이온의 입자수는 $\frac{1}{4} \times 12 = 3$개를 포함하므로 이온 수는 4이다.

$$\frac{\text{(나)의 이온수}}{\text{(가)의 이온수}} = \frac{4}{2} = 2$$

정답 ④

Chapter

09 용액과 농도

01	③	02	②	03	②	04	③	05	④
06	③	07	①	08	(1) 32% (2) 0.1M (3) 500mL				
09	(1) 1400g (2) 700g (3) 10.2m							10	2M
11	50mL	12	0.5m	13	$\frac{2}{3}$	14	③	15	②
16	②	17	④	18	④	19	①	20	③
21	④	22	④	23	①	24	①	25	②
26	⑤	27	③	28	⑤	29	④	30	②
31	③	32	②						

대표 유형 기출 문제

01

몰랄 농도 $= \frac{\text{용질의 몰수(mol)}}{\text{용매의 질량(kg)}}$이다.

염산의 밀도가 1.19g/ml이므로 용액 1L의 질량이 1190g이다. 질량 백분율이 37%이므로 염산의 질량은 $1190\text{g} \times 0.37 = 440\text{g}$이고, 용매의 질량은 용액의 질량 1190g에서 용매의 질량 440g를 뺀 750g이다. 즉, 용매의 질량은 0.75kg이다. 용질의 몰수는 $\frac{440\text{g}}{36.5\text{g/mol}} = 12.1\text{mol}$이다.

따라서 진한 염산의 몰랄농도는 $m = \frac{12.1\text{mol}}{0.75\text{kg}} = 16.1\text{m}$이다.

정답 ③

02

혼합 용액에서 용질의 몰수는 혼합 전과 혼합 후에 변하지 않음을 이용한다. 몰농도와 부피의 곱이 몰수이므로 구하고자 하는 0.1M의 부피를 V라고 하면 $0.35 \times (0.1 + V) = (0.4 \times 0.1) + (0.1 \times V)$이고, V에 대해 정리하면 $V = 0.02\text{L}$이므로 20mL이다.

정답 ②

03

② 몰농도의 정의는 용질의 몰수를 용액의 부피로 나눈 값이다.

$$M = \frac{n_{용질}}{V_{용액}}$$

정답 ②

04

소금 3.5%는 바닷물 100g중에 소금 3.5g이 존재한다는 것이므로 $\frac{3.5g}{100g} \times 100 = 3.5$이다.

따라서 염도는 $\frac{35g}{1000g} \times 1000 = 35$이다.

정답 ③

05

몰랄 농도는 용질의 몰수를 용액의 kg수로 나누는 것이 아니라 용매의 kg수로 나눠야 한다.

$$몰랄\ 농도(m) = \frac{용질의\ 몰수}{용매의\ kg수}$$

정답 ④

06

③ 질량 백분율[%]은 $\frac{X의\ 질량}{용액의\ 질량} \times 100$이다.

정답 ③

07

$$[KOH] = \frac{(30+80) \times 10^{-3} mol}{0.1L} = 1.1M$$

정답 ①

주관식 개념 확인 문제

08

(1) 황산구리 결정의 화학식량은 250g이고, 그때의 황산구리의 질량은 160g이다. 따라서 황산구리 결정 100g에 포함된 황산구리의 질량은 64g이다. 물 100g에 황산구리 결정 100g을 녹이면 결정수인 물 분자는 용매가 되고, 용질은 황산구리 64g뿐이다.

황산구리 수용액의 퍼센트 농도는 다음과 같다.

$$(\frac{64}{(100+36)+64}) \times 100 = 32\%$$

정답 32%

(2) 용액의 부피가 500ml = 0.5L이고, 포도당의 질량이 주어져있으므로 화학식량으로 나눈 포도당의 몰수는 $\frac{9.0g}{180g/mol} = 0.05mol$이다. 따라서, 포도당의 몰농도는 $\frac{0.05mol}{0.5L} = 0.1M$이다.

정답 0.1M

(3) 용액의 부피는 몰수를 몰농도로 나누어 구할 수 있다. 황산의 몰수는 황산의 질량을 화학식량으로 나누어 구할 수 있다.

$$V = \frac{n}{M} = \frac{\frac{4.9g}{98g/mol}}{0.1M} = \frac{0.05mol}{0.1M} = 0.5L = 500mL$$

정답 500mL

09

(1) 밀도를 이용하면 $1L = 1000cm^3$이므로

$d = \frac{1.40g}{1cm^3} = \frac{1400g}{1000cm^3} = \frac{1400g}{1L}$이다. 따라서 황산 수용액 1L의 질량은 1400g이다.

정답 1400g

(2) 황산 수용액에서 황산의 질량이 50%이므로 황산의 양은 $1400g \times 0.5 = 700g$이다.

정답 700g

(3) 황산 수용액 1400g에서 황산의 질량이 700g이므로 용매의 질량은 700g이다. 황산의 몰수는 황산의 질량을 분자량으로 나눈 $n = \frac{700g}{98g/mol}$이고, 용매의 질량은 0.7kg이므로 몰랄농도는 $m = \frac{\frac{700g}{98g/mol}}{0.7kg} = 10.2m$이다.

정답 10.2m

10

혼합 용액에서 용질의 몰수는 혼합 전과 혼합 후에 변하지 않음을 이용한다. 구하고자 하는 수용액의 몰농도를 M이라고 하면 몰농도와 부피의 곱은 몰수이므로 몰수가 같도록 식을 세우면 아래와 같다.

$$1.2(0.08+0.02)=1\times0.08+M\times0.02$$

M에 대해 정리하면 $M=2\text{M}$이다.

정답 2M

11

염산 수용액을 희석하여도 용질의 몰수는 변하지 않음을 이용한다. 몰농도와 부피의 곱이 몰수이므로 3M HCl 수용액의 부피를 V라고 하면 $3\times V=0.5\times0.3$이므로 $V=0.05\text{L}=50\text{ml}$이다.

정답 50mL

12

수용액의 밀도가 $1.1\text{g/mL}=1100\text{g}/1000\text{mL}$이므로 용액의 부피가 1L일 때 용액의 질량이 1100g임을 알 수 있다.

수용액의 몰농도가 0.5M이므로 수용액의 부피가 1L일 때 용질 0.5mol이 녹아 있고, 분자량이 주어졌으므로 A의 질량은 몰수와 분자량을 곱한 $0.5\times200=100\text{g}$이다. 용질의 질량이 100g이므로 용매의 질량은 $1000\text{g}=1\text{kg}$이다. 따라서 몰랄 농도는 $\frac{0.5\text{mol}}{1\text{kg}}=0.5\text{m}$이다.

정답 0.5m

13

A, B의 화학식량을 각각 M_A, M_B, 각 수용액의 질량을 100g이라고 하면 몰랄 농도의 비를 다음과 같이 나타낼 수 있다.

$$m_A:m_B=\frac{\left(\frac{20}{M_A}\right)}{0.08}:\frac{\left(\frac{30}{M_B}\right)}{0.07}=\frac{20}{0.08M_A}:\frac{30}{0.07M_B}$$

$$=7:8$$

$$M_A:M_B=2:3 \qquad \therefore\frac{M_A}{M_B}=\frac{2}{3}$$

정답 $\frac{2}{3}$

기본 문제

14

이온화도가 1이므로 $MgCl_2$ 1몰을 용해시키면 2몰의 Cl^-이 생성되고, $AlCl_3$ 0.5몰을 용해시키면 1.5몰의 Cl^-이 생성된다. 총 Cl^-의 몰수는 3.5몰이고, 용액의 부피가 5L이므로 이온의 몰농도는 $\frac{3.5\text{mol}}{5\text{L}}=0.7\text{M}$이다.

정답 ③

15

몰수는 몰농도와 부피를 곱하여 구할 수 있다.

$$n=0.1\text{M}\times0.25\text{L}=0.025\text{mol}$$

$Ca(OH)_2$의 해리 반응식은 아래와 같다.

$$Ca(OH)_2(aq)\rightarrow Ca^{2+}(aq)+2OH^-(aq)$$

화학 반응식의 계수의 비는 몰수의 비이므로 0.025mol의 $Ca(OH)_2$가 해리되면 Ca^{2+}이 0.025mol, OH^-이 0.05mol 생성된다.

$$w=n\times M=0.025\text{mol}\times74\text{g/mol}=1.85\text{g}$$

정답 ②

16

용액의 질량이 250g이므로 밀도로부터 용액 250g에 대한 부피를 구할 수 있다.

$$\frac{1000\text{g}}{1\text{L}}=\frac{250\text{g}}{0.25\text{L}}$$

즉, 용액 0.25L에 용질 $\frac{50\text{g}}{200\text{g/mol}}=0.25\text{mol}$이 녹아 있으므로 몰농도는 $M=\frac{n}{V}=\frac{0.25\text{mol}}{0.25\text{L}}=1\text{M}$이다.

용액 250g중에 용질이 50.0g이므로 용매의 질량은 200g이므로 몰랄 농도는 다음과 같이 구할 수 있다.

$$m=\frac{n}{W}=\frac{0.25\text{mol}}{0.2\text{kg}}=1.25\text{m}$$

정답 ②

17

먼저, A 용액 1L에 들어있는

CH_3COOH의 질량$=(1000d \times 0.2)g$

CH_3COOH의 몰수$=\frac{2000dg}{60g/mol}=\frac{10d}{3}mol$

A 용액 100mL에 들어있는

CH_3COOH의 몰수 $=\frac{d}{3}mol$

아세트산의 몰수는 변함이 없고 B 수용액의 부피는 250mL이므로,

$$[B]=\frac{\left(\frac{1}{3}d\right)mol}{0.25L}=\frac{4d}{3}M$$

정답 ④

18

ㄱ. 밀도가 $1.84g/cm^3$이므로 1L당 질량을 구하기 위해서 부피의 단위를 변환해야한다. $1000cm^3 = 1L$이므로 $1.84g/cm^3 \times 1000cm^3/L = 1840g/L$이다.

ㄴ. 퍼센트 농도는 용질의 질량을 용액의 질량으로 나눈 후 100(%)를 곱한 값이다. 진한 황산 수용액 1L의 질량은 1840g(용액의 질량)이고, 순수한 황산의 질량이 1780g(용질의 질량)이므로 퍼센트 농도는 $\frac{1780g}{1840g}\times 100(\%)$이다.

ㄷ. 용질의 몰수는 $\frac{1780g}{98g/mol}$이므로 용액의 몰농도는 $\frac{\frac{1780g}{98g/mol}}{1L}$이다.

정답 ④

19

용매인 액체의 부피가 VmL이고, 용액의 부피가 $V'mL$이다. 몰농도와 몰랄 농도를 구하기 위해서는 용질의 몰수를 알아야한다. 용질의 몰수는 분자량과 질량이 주어져 있으므로 질량을 분자량으로 나눈 $\frac{m}{M}$이다. 몰농도의 단위는 mol/L이고, 몰랄농도의 단위는 mol/kg이다.

몰농도는 $M=\frac{\left(\frac{m}{M}\right)mol}{V'mL \times \frac{L}{1000mL}}=\frac{1000m}{MV'}M$

몰랄농도는 $m=\frac{\left(\frac{m}{M}\right)mol}{VmL \times \frac{dg}{1000mL}}=\frac{1000m}{MdV}m$

정답 ①

20

1.0M 황산 용액 1L를 만들기 위해서는 진한 황산 1mol이 필요하다. 진한 황산 1몰의 질량은 $98g/mol$인데 100%라면 $98g$이 필요하지만 96%이므로 필요한 황산의 질량은 $98g \times \frac{100}{96}=102g$이다.

구하고자 하는 황산의 부피를 x라고 할 때 부피와 질량에 대한 비례식을 세울 수 있다.

$1840g : 1000mL = 102g : x \qquad \therefore x = 55.5mL$

정답 ③

21

산 수용액 1L에 물을 첨가하므로 용질의 몰수는 변하지 않는다.

용액의 밀도로부터 용액의 질량이 $1500g$이므로 용질의 질량은 $1500g \times 0.48 = 720g$이다. 따라서 용매의 질량은 $780g$이다.

용질의 몰수는 일정하고, 몰랄 농도의 $\frac{1}{2}$이 되기 위해서는 용매의 질량이 2배가 되어야 하므로 $780g$의 물이 필요하다.

정답 ④

22

몰랄 농도를 구하기 위해 용매의 질량을 알아야 한다.

용액의 질량$=dg/mL \times 200mL = 200d[g]$

용매의 질량=용액의 질량−용질의 질량$=(200d-8)[g]$

$$m=\frac{\left(\frac{w}{M}\right)}{W}=\frac{\left(\frac{8}{40}\right)mol}{(200d-8)\times 10^{-3}kg}$$

$$=\frac{0.2mol}{0.2d-(8\times 10^{-3})kg}=\left(\frac{1}{d-0.04}\right)m$$

정답 ④

자료 추론형

용액의 농도 비교

23

① (가)의 밀도가 1g/mL이므로 용액 1L의 질량은 1,000g이다. 용액의 질량은 용매와 용질의 질량의 합이다. 1L 용액에 용질 1몰이 녹아있고, 화학식량이 40g이므로 용질의 질량은 몰수와 화학식량의 곱인 40g이다. 따라서 용매의 질량은 1,000g에서 40g을 뺀 960g이다. 몰랄 농도는 용질의 몰수를 용매의 질량으로 나눈 값이고, 단위는 mol/kg이므로 g 단위를 kg으로 환산해야 한다.

$$m = \frac{1\text{mol}}{\left(\frac{960}{1000}\right)\text{kg}} = \frac{1000}{960}\text{m} > 1\text{m}$$

② 용매는 물로 같으므로 끓는점 오름 상수는 같고, 끓는점 오름은 몰랄 농도에 비례하므로 (가) > (나)이다.

③ 용액의 증발 속도는 농도에 반비례하므로 (가) < (나)이다.

④ 용질의 몰수는 같고, 용매의 질량이 적은 (가)가 (나)보다 NaOH의 몰분율이 크다.

⑤ 몰랄 농도는 온도에 무관하다.

정답 ①

24

ㄱ. 2% 수산화나트륨 100g에서 수산화나트륨의 질량은 용액의 질량과 퍼센트 농도의 곱인 $100 \times 0.02 = 2\text{g}$이다. 용액의 질량이 100g이므로 용매의 질량은 용액의 질량에서 용질의 질량을 뺀 98g이다. 용질의 몰수는 $\left(\frac{2}{40}\right)\text{mol}$이다.

$$\frac{\left(\frac{2}{40}\right)\text{mol}}{\left(\frac{98}{100}\right)\text{kg}} = \frac{1000 \times 2}{98 \times 40}\text{m}$$

ㄴ. 어는점 내림은 몰랄 농도에 비례한다. 몰랄 농도가 큰 (가)의 어는점 내림이 더 크기 때문에 용액의 어는점은 (가)가 낮다.

ㄷ. 전체 이온의 수는 몰랄 농도가 큰 (가)의 수용액이 더 많다.

정답 ①

25

각 수용액의 농도는 다음과 같다.

(가) $0.1\text{m} = \frac{0.1\text{mol}}{1\text{kg}}$

(나) $1\% = \frac{1\text{g}}{100\text{g}} \times 100$

(다) $0.1\text{M} = \frac{0.1\text{mol}}{1\text{L}}$

(다) 수용액에서

용액의 질량 = 용액의 밀도 × 용액의 부피
$= 1.02\text{g/mL} \times 1000\text{mL} = 1020\text{g}$

용매의 질량 = 용액의 질량 − 용질의 질량
$= 1020\text{g} - 18\text{g} = 1002\text{g}$

(가)~(다)에서 용질의 종류가 같으므로 물과 포도당의 질량으로 몰랄농도를 비교할 수 있다.

용액	(가)	(나)	(다)
포도당의 질량(g)	18	10	18
물의 질량(g)	1000	990	1002

$\frac{\text{포도당의 질량}}{\text{물의 질량}}$은 (가) > (다) > (나)이다.

정답 ②

희석 유형

26

몰농도는 용질의 몰수와 용액의 부피의 비이므로 용액의 부피와 용질의 몰수의 비가 1 : 1이면 몰농도는 1M이다. 몰농도와 부피의 곱은 몰수이므로 용질의 몰수는 0.5몰이다. 1M 수용액을 만들기 위해서는 용액의 부피가 0.5L 이어야한다.

ㄱ. 용질 10g(=0.1몰)을 더 녹이면 용질의 몰수는 총 0.6몰이 되지만 추가된 용질로 인해 용액의 부피가 증가하므로 수용액의 몰농도는 1M보다 작아지게 된다.

PART 04 물질의 상태와 용액

ㄴ. 용질 25g(= 0.25몰)을 더 녹이면 용질의 몰수는 총 0.75몰이고, 용액의 부피가 750ml이므로 용액의 몰농도는 1M이다.

ㄷ. 2.5M $KHCO_3$ 200mL는 0.5몰이므로 용질의 몰수가 총 1몰이고, 용액의 부피가 1L이므로 용액의 몰농도는 1M이다.

정답 ⑤

27

ㄱ. 10% NaOH 수용액 100g = 용질 10g + 용매 90g

물 100g을 첨가하면 $\% = \frac{10g}{200g} \times 100 = 5\%$

ㄴ. 1m 수산화나트륨 용액의 질량이 1000g이므로 용질의 질량은 40g이고, 용매의 질량은 960g이다. 0.5m으로 만들기 위해서는 물 960g을 넣어야 한다.

ㄷ. 1M NaOH 수용액 1L에는 용질 1mol이 녹아 있으므로 부피가 2L로 되면,

$$M = \frac{n}{V} = \frac{1mol}{2L} = 0.5M$$

정답 ③

28

(가) $KMnO_4$의 화학식량이 주어졌으므로 질량을 화학식량으로 나누어 구한 몰수는 0.1몰이다. 용질 0.1몰을 녹인 1L 수용액의 몰농도는 0.1M이다.

(나) (가)의 용액 1mL에 들어있는 용질의 몰수는 몰농도와 부피의 곱인 $0.1M \times 0.001L = 10^{-4}mol$이고 용액의 부피가 1L이므로 몰농도는 $10^{-4}M$이다.

ㄱ. 용액 A 1mL의 몰수는 몰농도와 부피의 곱인 $0.1M \times 10^{-3}L = 10^{-4}mol$이고, 용액 B 1L의 몰수는 $10^{-4}M \times 1L = 10^{-4}mol$으로 몰수는 같다.

ㄴ. 용질의 질량을 화학식량으로 나눈 값이 용질의 몰수이므로 $KMnO_4$ 0.1몰이 들어있다.

ㄷ. 용질의 몰수가 $10^{-4}mol$이고, 용액의 부피가 1L이므로 용액의 몰농도는 $10^{-4}M$이다.

정답 ⑤

혼합 유형

29

몰랄 농도는 용질의 몰수를 용매의 질량으로 나누어 구한다.

퍼센트 농도와 용액의 질량의 곱은 용질의 질량이므로 10% 수용액 100g에는 용질 10g 즉 0.1몰이 녹아있고, 몰농도와 부피의 곱은 몰수이므로 3M 수용액 0.5L에는 $3 \times 0.5 = 1.5mol$의 용질이 녹아있다.

두 수용액을 혼합한 용액의 용질의 질량은 160g이고, 1.6mol이다. 용매의 질량은 용액의 질량에서 용질의 질량을 뺀 값이므로 $0.8 - 0.16 = 0.64kg$이다. 따라서, 몰랄 농도는 $m = \frac{1.6mol}{0.64kg} = 2.5m$이다.

정답 ④

30

몰농도는 용질의 몰수와 용액의 부피의 비이다. 수용액의 부피가 0.5L이고, 몰농도를 알기 위해서는 몰수를 알아야 한다. 몰농도와 부피의 곱은 몰수이므로 0.5M 수산화나트륨 0.1L의 몰수는 0.05몰이다. 따라서 용질의 몰수는 $0.15 + 0.05 = 0.2mol$이다.

몰농도는 $M = \frac{n}{V} = \frac{0.2mol}{0.5L} = 0.4M$이다.

정답 ②

31

몰수는 몰농도와 부피의 곱으로도 구할 수 있고, 질량이 주어지면 화학식량으로 나누어 구할 수 있다. (가)의 몰수는 $0.1M \times 0.2L = 0.02mol$이고, (나)의 몰수는 $\frac{0.4g}{40g/mol} = 0.01mol$이다. 따라서 용질의 총 몰수는 $0.03mol$이고, 용액의 부피가 1L이므로 몰농도는 $\frac{0.03mol}{1L} = 0.03M$이다.

정답 ③

32

(가)에 녹아 있는 A의 양은 $0.5M \times 0.1L = 0.05mol$이고, 화학식량이 60이므로 A 0.05몰의 질량은 $0.05mol \times 60g/mol = 3g$이다.
(가) 용액의 질량은 $100mL \times 1.03g/mL = 103g$이다. 따라서 (가) 수용액은 A 3g, 물 100g을 혼합한 용액이다.
(나)의 농도가 20%이므로 물 80g에 A 20g을 녹인 용액이므로 물 100g에는 A 25g을 녹인 것과 같다. (가)에는 A가 3g 녹아 있으므로 22g을 더 녹이면 농도가 (나)와 같아진다.

정답 ②

Chapter

10 묽은 용액의 성질

제 1 절 라울의 법칙과 증기압 내림

01 ④ 02 ④ 03 ① 04 ③ 05 ④
06 ① 07 ③
08 (1) ① 용액 ② 콜로이드 용액
(2) ① 흡수 ② 증가
(3) ① 용질 ② 몰랄 ③ 총괄성 ④ 라울
09 0.03기압 10 0.62
11 벤젠의 증기압 $= \frac{800}{3}$기압
톨루엔의 증기압 $= \frac{800}{3}$기압
용액의 증기압력 $= \frac{1600}{3}$기압
12 $\frac{1}{3}$ 13 (1) 0.2 (2) 53.4mmHg (3) 0.446
14 ② 15 ① 16 ③ 17 ② 18 ①
19 ③ 20 ③ 21 ③ 22 ② 23 ④
24 ③ 25 ③ 26 ③

대표 유형 기출 문제

입자수 효과

01

제시된 물질은 모두 이온 결합을 한 물질이므로 수용액에서 100% 해리가 되므로 이온의 입자수는 모두 같은 농도이므로
① $2N_A$ ② $2N_A$ ③ $2N_A$ ④ $3N_A$이다.

정답 ④

02

용질의 개수는 몰수와 비례한다. 몰농도와 부피를 곱하여 몰수를 구할 수 있다. 이온 결합 물질은 해리 되었을 때 반트호프 인자(i)를 고려한다.

$$n = i \times M \times V$$

① $NaCl \rightarrow Na^+ + Cl^-$

③ $FeCl_3 \rightarrow Fe^{3+} + 3Cl^-$

④ $CaCl_2 \rightarrow Ca^{2+} + 2Cl^-$

① 염화나트륨은 이온 결합 물질이다.
$2 \times 2.0M \times 0.02L = 0.08N_A$(개)

② 에탄올은 비전해질이다.
$1 \times 0.8M \times 0.1L = 0.08N_A$(개)

③ 염화철은 이온 결합 물질이다.
$4 \times 0.4M \times 0.02L = 0.032N_A$(개)

④ 염화칼슘은 이온 결합 물질이다.
$3 \times 0.1M \times 0.3L = 0.09N_A$(개)

정답 ④

03

용액의 총괄성이란 용질의 입자수가 늘어날수록 용액의 증기압이 내려가고 끓는점이 높아지고 어는점이 내려가는 것을 말한다.
산 위에 올라가서 끓인 라면이 설익는 것은 산위에 올라가면 대기압이 낮아져서 끓는점이 낮아지므로 라면이 설익게 되는 것이므로 용질의 입자수와는 관련이 없다.

정답 ①

라울의 법칙

04

ㄱ, ㄷ. 음의 편차는 용매－용매간 인력보다 용질－용매간 인력이 강하기 때문에 증발되기 어려우므로 증기압은 라울의 법칙에서 예측한 값보다 작다.

ㄴ. 용액의 증기압은 용질의 입자수에 의존하고, 용질의 종류에는 무관하다.

정답 ③

05

이상 용액은 용질－용질, 용매－용매, 용매－용질간의 상호 작용이 균일한 라울의 법칙을 따르는 용액이다. 총괄성은 용질의 종류에 무관하고, 입자수에 의존한다.

정답 ④

이성분계 혼합 용액

06

전체 압력은 각 기체의 부분 압력의 합이고, 부분 압력은 증기압과 용매의 몰분율의 곱이다.

$$P_T = P_A + P_B = P_A^\circ f_A + P_B^\circ f_B$$

몰분율은 $f_A = \dfrac{n_A}{n_A + n_B}$이므로 몰분율을 구하기 위해서는 A, B의 몰수를 알아야 한다. 질량이 주어졌으므로 분자량으로 나누어 몰수를 알 수 있다. A는 1몰, B는 2몰이다. $f_A = \dfrac{1}{1+2} = \dfrac{1}{3}$, $f_B = \dfrac{2}{1+2} = \dfrac{2}{3}$이다.

$$P_T = P_A + P_B = P_A^\circ f_A + P_B^\circ f_B$$

$$= 117 \times \frac{1}{3} + 39 \times \frac{2}{3} = 65mmHg$$

정답 ①

07

벤젠과 톨루엔의 몰수가 같으므로 몰분율은 0.5로 같다.
벤젠 증기의 몰분율은 다음과 같이 구할 수 있다.

$$\frac{\text{벤젠의 부분압}}{\text{벤젠의 부분압} + \text{톨루엔의 부분압}}$$

부분압은 증기압과 몰분율의 곱이다.

$P_b = P_b^\circ f_b = 120 \times 0.5 = 60mmHg$,

$P_t = P_t^\circ f_t = 40 \times 0.5 = 20mmHg$이므로 벤젠 증기의 몰분율은 다음과 같이 구할 수 있다.

$$g_b = \frac{P_b^\circ f_b}{P_t} = \frac{120 \times \frac{1}{2}}{80} = \frac{3}{4} = 0.75$$

정답 ③

주관식 개념 확인 문제

08

정답 (1) ① 용액 ② 콜로이드 용액

정답 (2) ① 흡수 ② 증가

정답 (3) ① 용질 ② 몰랄 ③ 총괄성 ④ 라울

09

물의 증기압 내림은 ΔP이고 $\Delta P = P^\circ \times f_{용질}$이므로 용질인 염화나트륨의 몰분율을 알아야한다. 1몰랄 농도의 소금물에서 용매의 질량은 1kg이고, 소금물은 1몰이다. 염화나트륨은 전해질이므로 해리되어 1몰을 용해시키면 2몰의 이온이 생성된다. 따라서, 용질의 몰분율은

$$f_{용질} = \frac{n_{용질}}{n_{용매} + i \times n_{용질}} = \frac{2 \times \frac{58.5}{58.5}}{\frac{1000}{18} + 2 \times \frac{58.5}{58.5}} = 0.034$$

이다.

$$\Delta P = P^\circ \times f_{용질} = 1 \times 0.03 = 0.03 \text{ 기압}$$

정답 0.03기압

10

$$P_{물} = P^\circ_{물} \times f_{물} = 0.2 \times \frac{4}{5} = 0.16 \text{기압}$$

$$P_{에} = P^\circ_{에} f_{에} = 0.5 \times \frac{1}{5} = 0.1 \text{기압}$$

$$P_{전체} = P_{에} + P_{물} = 0.1 + 0.16 = 0.26 \text{기압}$$

$$g_{물} = \frac{P_{물}}{P_T} = \frac{0.16}{0.26} = 0.615 ≒ 0.62$$

정답 0.62

이성분계 혼합 용액

11

부분 압력은 전체 압력과 몰분율의 곱이고, 용액의 증기압력은 각 부분압의 합으로 구한다. 몰분율은 성분 기체의 몰수를 전체 기체의 몰수로 나누어 구할 수 있다.

$$f_b = \frac{n_b}{n_T} = \frac{1}{1+2} = \frac{1}{3}, \quad f_t = \frac{n_b}{n_T} = \frac{2}{1+2} = \frac{2}{3}$$

벤젠의 부분 압력

$$P_b = P_T \times f_b = 800 \times \frac{1}{3} = \frac{800}{3} \text{mmHg}$$

톨루엔의 부분 압력

$$P_t = P_T \times f_t = 400 \times \frac{2}{3} = \frac{800}{3} \text{mmHg}$$

용액의 증기압력은 각 기체의 부분 압력의 합인 $\frac{1600}{3}$mmHg이다.

정답 벤젠의 증기압 = $\frac{800}{3}$기압

톨루엔의 증기압 = $\frac{800}{3}$기압

용액의 증기압력 = $\frac{1600}{3}$기압

12

기체상의 몰분율이 동일하다는 것은 $g_b = g_t$이고, $g_b = \frac{P_b}{P_T}$이므로 전체 압력이 같을 때 $P_b = P_t$로 기체의 증기압이 같다. 부분 압력은 순수한 기체의 증기압과 몰분율의 곱이므로 $P_b = P^\circ_b \times f_b$, $P_t = P^\circ_b \times f_t$ 이다. 각 기체의 몰분율의 합이 1이므로 톨루엔의 몰분율은 $f_t = 1 - f_b$로 표현할 수 있다.

따라서, $P^\circ_b \times f_b = P^\circ_t \times (1 - f_b)$이다. 순수한 기체의 증기압을 대입하면 $800 \times f_b = 400 \times (1 - f_b)$이고, f_b에 대해 정리하면 벤젠의 몰분율 $f_b = \frac{1}{3}$이다.

정답 $\frac{1}{3}$

13

(1) 벤젠의 몰수는 $\frac{39\text{g}}{78\text{g/mol}} = 0.5\text{mol}$, 톨루엔의 몰수는 $\frac{184\text{g}}{92\text{g/mol}} = 2\text{mol}$이다. 따라서 벤젠의 몰분율은 벤젠의 몰수를 전체 몰수로 나누어 구한다.

$$f_b = \frac{n_b}{n_T} = \frac{0.5\text{mol}}{2.5\text{mol}} = 0.2$$

정답 0.2

(2) 증기압은 부분 압력의 합이다. 부분압은 각 기체의 증기압과 몰분율을 곱하여 구한다. 벤젠의 부분 압력은 $119 \times 0.2 = 23.8\text{mmHg}$이고, 톨루엔의 부분 압력은 $37 \times 0.8 = 29.6\text{mmHg}$이다. 따라서 전체 증기압은 부분 압력의 합인 $23.8 + 29.6 = 53.4\text{mmHg}$이다.

정답 53.4mmHg

(3) 벤젠 증기의 몰분율(g_b)은 벤젠의 증기압을 전체 증기압으로 나누어 구할 수 있다.

$$g_b = \frac{P_b}{P_b + P_t} = \frac{23.8\text{mmHg}}{53.4\text{mmHg}} = 0.446$$

정답 0.446

기본 문제

14

② 용액의 총괄성은 용액 내에 녹아 있는 용질의 화학적 특성에 의해 영향받지 않고 오직 입자수에 의해서만 결정된다.

정답 ②

15

용액에서 증기압은 순수한 액체의 증기압과 몰분율을 곱하여 구한다. $P_A = P^{\circ} \times f_A$

질량과 분자량이 주어졌으므로 몰수를 알 수 있다. A의 몰수는 $\frac{30}{120} = \frac{1}{4}$몰이고, B의 몰수는 $\frac{10}{40} = \frac{1}{4}$몰로 몰수가 같다. 따라서 몰분율 f_A은 0.5이다. 따라서 증기압은 $P_A = 70\text{torr} \times 0.5 = 35\text{torr}$이다.

정답 ①

16

증기압 내림을 이용하여 해결할 수 있다.

$\Delta P = P^{\circ} f_{용질}$이므로

$(23.8 - 11.9) = 23.8 \times f_{용질} \qquad f_{용질} = \frac{1}{2}$이다.

물의 몰수가 10몰이므로,

$$\frac{1}{2} = \frac{n_{용질}}{10 + n_{용질}} \qquad n_{용질} = 10\text{mol}$$

글루코스의 질량 $10\text{mol} \times 180\text{g/mol} = 1800\text{g}$이다.

정답 ③

17

수은주의 높이가 높을수록 증기압이 낮으므로 증기압의 크기는 B > A > C이다. 순수한 액체인 물에 비해 혼합물인 포도당과 소금물은 용질이 용매를 방해하므로 증기압이 낮아진다. 혼합물 중에서도 비전해질인 포도당보다 전해질인 소금물의 입자의 수가 더 많으므로 방해 효과가 커서 가장 증기압이 낮다. 따라서 증기압의 순서는 물 > 포도당 > 소금물이므로 A: 포도당, B: 물, C: 소금이다.

정답 ②

18

Na_2SO_4은 전해질이므로 반트호프 인자(i)는 3이다.

$$Na_2SO_4(aq) \rightarrow 2Na^+(aq) + SO_4^{2-}(aq)$$

Na_2SO_4 35.5g은 0.25몰, 물 180g은 10몰이다.

용액의 증기압은

$$P_{용액} = P^{\circ} \times f_{용매} = \frac{1}{20} \times \frac{10}{10 + (0.25 \times 3)} = \frac{2}{43}\text{atm}$$

이다.

정답 ①

자료 추론형

동적평형의 질량 관계

19

충분히 오랫동안 두었다는 것을 통해 동적평형에 도달했음을 알 수 있다. 동적평형에 도달하면 수용액의 몰랄농도가 같아진다. 초기의 두 수용액의 몰랄 농도를 비교하면 포도당 수용액의 몰랄농도는 $\frac{\left(\frac{36}{180}\right)\text{mol}}{0.18\text{kg}}$이고, 설탕 수용액의 몰랄 농도는 $\frac{\left(\frac{17.1}{342}\right)\text{mol}}{0.09\text{kg}}$이다. 포도당 수용액의 농도가 더 진하다.

ㄱ. 농도가 다른 두 수용액에서 저농도의 수용액은 계속 증발하여 농도가 진해지고, 고농도는 수증기가 응결되어 농도가 묽어진다. 따라서 저농도 수용액의 부피는 줄어들고 고농도 수용액의 부피는 늘어나게 되므로 두 수용액의 부피는 다르다.

ㄴ. 동적평형 상태 이전에는 포도당 수용액의 농도가 더 진하므로 포도당 수용액의 농도는 점점 묽어지고 설탕 수용액의 농도는 점점 진해진다.

ㄷ. 동적평형에 도달하면 몰랄 농도가 같아지므로 증기 압력도 같다.

정답 ③

20

용액은 용매보다 증기 압력이 낮고, 용액 속의 용질의 몰분율이 클수록 증기 압력은 더 낮아진다.

ㄱ. 농도가 묽은 용액은 농도가 진한 용액보다 증기 압력이 크므로 용매의 증발 속도가 빠르다. 용액 중의 용매의 증발은 밀폐 용기가 수증기로 포화될 때까지 일어나고 수증기로 포화되면 응결 속도는 두 용액에서 같아지므로 충분한 시간 동안 방치하면 두 수용액의 몰랄 농도는 같아진다. 용질의 종류가 같기 때문에 %농도와 몰농도도 같고 용액의 조성 또한 같으므로 용액의 밀도도 같다.

※ 동적 평형의 경우 용질의 종류가 다르면 몰랄 농도만 같고, %농도, 몰농도, 용액의 밀도는 다르다.

ㄴ. 두 수용액의 몰랄 농도가 같으므로 어는점 내림이 같고, 따라서 어는점도 서로 같다.($\Delta T_f = m K_f$)

ㄷ. 0.5% 수용액 100g속에는 용질이 0.5g 녹아 있고, 1% 수용액 200g속에는 용질이 2g 녹아 있다. 동적평형에 도달하면 두 수용액의 몰랄 농도가 같고 용질의 질량비가 1 : 4이므로 용액의 질량비 또한 1 : 4이다.

정답 ③

21

ㄱ. 0초에서 증발 속도가 A 수용액이 B 수용액보다 크므로, $P_A > P_B$, $m_A < m_B$임을 알 수 있다.

$m = \frac{n}{W}$이므로, 물의 질량이 100g으로 같기 때문에 B 수용액의 농도가 더 크므로 녹아 있는 용질의 몰수는 B가 A보다 크다.

ㄴ. $\Delta P = P^{o} \times f_{용질} \propto m$이므로 증기압력 내림은 B 수용액이 A 수용액보다 더 크다.

ㄷ. t_2에서 두 수용액의 증발속도가 같은 것은 두 수용액의 몰랄 농도가 같기 때문이다.

정답 ③

22

수용액 A의 증기 압력이 B보다 크므로 몰랄 농도는 작다.

ㄱ. 평형에 도달하면 수면의 높이는 B가 A보다 높다.

ㄴ. ㄷ. 동적평형 상태에 도달하였으므로 A와 B의 몰랄 농도가 같기 때문에 증기 압력은 같고, 포도당의 몰분율도 같다.

정답 ②

23

ㄱ. 수증기로 포화된 용기에서는 수증기의 응결속도가 같다. 이러한 용기에 증기압이 낮은 용액이 들어오게 되면 같은 증기압이 되기 위해 수증기의 응결이 활발히 일어나게 되므로 용기내 수증기량은 감소하게 된다.

ㄴ. 농도가 작은 A에서는 용매의 증발량이 수증기의 응결량보다 더 커서 용매의 양이 줄어들게 되어 농도가 증가하게 되고 농도가 큰 B에서는 용매의 양이 늘어나게 되어 농도가 감소하게 된다.

ㄷ. 충분한 시간이 지나 동적 평형에 도달하면 A, B 용액의 몰랄농도는 같아지고, 용질의 종류가 같으므로 몰농도, 밀도, 퍼센트 농도까지 모두 같다.

정답 ④

24

ㄱ. 콕을 열면 증기가 증기 압력이 큰 (가)에서 증기 압력이 낮은 (나)로 더 많이 이동하므로 h가 감소한다.

ㄴ. (가)의 증기 압력이 (나)보다 크므로 그래프에서 A에 해당한다.

ㄷ. t_1에서 두 수용액의 증발 속도가 같으므로 몰랄 농도가 같다. 따라서 용질의 몰분율도 같다.

정답 ③

다른 용매+같은 용질

25

ㄱ. 증기압이 A가 B보다 크므로 끓는점은 B가 A보다 높다.

ㄴ. Y는 순수한 용매 B에 용질을 녹인 용액이므로 증기압이 낮아진다. 따라서 증기압은 B(용매)>Y(용액)이다.

ㄷ. 액체 A, B의 분자량이 같고 질량이 같으면 A, B의 몰수가 같은데, 각각에 녹인 용질 C도 5g으로 같으므로 용질 C의 몰분율이 같고, 또한 용매 A와 B의 몰분율도 서로 같다.

[증기압을 이용한 설명]

$$P_A^\circ > P_B^\circ \quad h_1 = P_A^\circ - P_B^\circ$$

$$P_X > P_Y \quad h_2 = P_X - P_Y$$

용액 X와 Y를 라울의 법칙에 따라 표현하면,

$$h_2 = P_X - P_Y = P_A^\circ f_A - P_B^\circ f_B = f_A(P_A^\circ - P_B^\circ) = f_A h_1$$

$$f_A < 1 \qquad \therefore h_1 > h_2$$

편의상 임의의 값을 대입하여 풀어보자. A의 증기압이 100, B의 증기압이 80이면 $h_1 = 100 - 80 = 20$. 그런데 X, Y는 용액인데 C의 몰분율이 같으므로 용매 A, B의 증기압에서 같은 비율만큼 증기압이 내려간다. 예를 들어 증기압이 10%씩 내려간다면 X의 증기압은 90, Y의 증기압은 72가 되므로 $h_2 = 90 - 72 = 18$로 감소하게 된다.

정답 ③

26

ㄱ. 몰랄 농도가 0인 지점은 용질이 없는 순수한 액체만 존재하는데 이때의 증기 압력이 용매 A에서 더 크므로 용매의 분자 간 압력은 B가 A보다 크다.

ㄴ. 끓는점에서 증기 압력은 외부 압력(1기압)과 같으므로 증기 압력은 (가)와 (나)가 같다.

ㄷ. 외부 압력 P_1에서, 몰랄 농도가 m_2인 용액 (가)와 용매 B의 증기압이 같으므로 끓는점도 같다.

정답 ③

제 2 절 끓는점 오름과 어는점 내림

01	①	02	②	03	④	04	④		
05	(1) 0.1m (2) 80.353℃					06	60		
07	(1) 23.76mmHg (2) −0.372℃ (3) 340g								
08	(1) 0.33m (2) 180 (3) $C_6H_{12}O_6$ (4) 38.6g								
09	$x=3$			10	(1) 50% (2) 0.05몰				
11	②	12	①	13	③	14	③	15	④
16	③	17	②	18	④	19	④	20	④
21	②	22	③	23	⑤	24	⑤	25	④
26	④	27	①	28	②	29	④	30	④
31	④	32	⑤	33	①	34	③	35	②

대표 유형 기출 문제

01

② NaCl의 반트호프 계수 $i=2$이고, $CaCl_2$의 반트호프 계수는 $i=3$이므로, 같은 농도에서는 반트호프 계수가 큰 $CaCl_2$이 어는점 내림 효과가 크다.

③ 설탕물은 비전해질이므로 $i=1$, 소금물은 전해질이므로 $i=2$이다. 끓는점 오름은 $\Delta T_b = imK_b$이므로 몰랄 농도가 같고, 용매가 물로 같으므로 반트호프 상수가 큰 소금물의 끓는점이 더 높다.

④ 소금물의 용질인 소금이 물이 증발하는 것을 방해한다. 따라서 소금물의 증기압이 낮고, 증발 속도도 낮다.

정답 ①

02

ㄱ. 용액의 총괄성은 용질의 종류와 무관하고, 용질의 입자수에 의존하는 물리적 성질이다.

ㄴ. 전해질 용액인 NaCl 수용액은 비전해질인 설탕 수용액보다 같은 농도에서 입자수가 더 많으므로 용질이 용매를 더 많이 방해하여 증기압 내림이 크기 때문에 증기압은 비전해질인 설탕 수용액이 더 크다.

ㄷ, ㄹ. 끓는점 오름과 어는점 내림도 몰랄 농도에 비례한다. 같은 농도일 때 입자수는 전해질이 비전해질보다 많으므로 끓는점 오름과 어는점 내림의 크기는 NaCl 수용액이 설탕 수용액보다 크다.

정답 ②

03

용매가 모두 물이므로 어는점 내림 상수는 같으므로 반트호프 계수와 몰랄 농도의 곱이 클수록 어는점 내림이 크다.

① 염화소듐의 $i=2$이므로 im은 2×0.01

② 염화칼슘의 $i=3$이고, im은 3×0.01

③ 글루코스는 비전해질이므로 im은 1×0.03

④ 아세트산은 약전해질로 물에 녹아 이온화하므로 i가 1보다 크다.

$CH_3COOH(aq)$	$\rightarrow$	$CH_3COOO^-(aq)$	$+$	$H^+(aq)$
0.03		0		0
$-\alpha$		$+\alpha$		$+\alpha$
$0.03-\alpha$		α		α

전체 몰수는 $0.03+\alpha(0<\alpha<1)$이므로 im은 0.03보다 크다.

정답 ④

04

$$\Delta T_f = imK_b = i\left(\frac{n}{W}\right)K_b = i\left(\frac{\frac{w}{M}}{W}\right)K_b$$

ㄱ. 몰랄 농도의 비는 어는점 내림과 비례하므로 (가) : (나)= 3 : 2이다.

ㄴ. 상대값이란 비(ratio)이므로 값으로 간주하고 계산하면 된다. 즉, 용질 A와 B의 질량은 각각 1g과 4g이다.

$$\Delta T_b(\text{가}) : \Delta T_b(\text{나}) = 3:2 = \frac{\frac{1}{M_A}}{1} : \frac{\frac{4}{M_B}}{2}$$

$$M_A : M_B = 1:3$$

ㄷ. $n_A : n_B = \frac{w_A}{M_A} : \frac{w_B}{M_B} = \frac{1}{1} : \frac{4}{3} = 3:4$

정답 ④

주관식 개념 확인 문제

05

(1) 벤젠의 몰랄 농도는 $\frac{\text{용질의 몰수(mol)}}{\text{용매의 질량(kg)}}$이다.

$$m = \frac{\left(\frac{1.52}{152}\right)\text{mol}}{0.1\text{kg}} = 0.1\text{m}$$

정답 0.1m

(2) 벤젠 용액의 끓는점(T_b')은 순수한 벤젠의 끓는점(T_b)과 용질 나프탈렌으로 인한 끓는점 오름(ΔT_b)을 더한 값이다.

끓는점 오름은 $\Delta T_b = mK_b$이므로 몰랄 오름 상수와 몰랄 농도를 대입하면

$\Delta T_b = 0.1m \times 2.53℃/m = 0.253℃$이다.

벤젠의 끓는점은

$T_b' = T_b + \Delta T_b = 80.1 + 0.253 = 80.353℃$이다.

정답 80.353℃

06

두 수용액의 끓는점이 같으면 끓는점 오름이 같고, $\Delta T_b = mK_b$에 의해 용매의 종류가 같으므로 몰랄 오름 상수도 같고, 몰랄 농도도 같다.

몰랄 농도는 용질의 몰수를 용매의 질량을 나누어 구한다.

요소의 분자량을 M이라고 한다면,

요소 수용액의 몰랄 농도는 $\frac{\left(\frac{0.6}{M}\right)\text{mol}}{0.1\text{kg}} = \frac{6}{M}\text{m}$이다.

염화나트륨은 전해질이고 이온화도가 1이므로 반트호프 계수가 2이다. 염화나트륨의 몰랄 농도는 다음과 같다.

$$\frac{2\left(\frac{0.585}{58.5}\right)\text{mol}}{0.2\text{kg}} = 0.1\text{m}$$

두 용액의 몰랄 농도가 같으므로 $\frac{6}{M} = 0.1$이므로 요소의 분자량 $M=60$이다.

정답 60

07

(1) 설탕물의 증기압은 순수한 물의 증기압과 용매의 몰분율을 곱하여 구한다. 용매의 몰분율을 구하기 위해 설탕과 물의 몰수를 알아야한다. 물의 질량이 180g이므로 물의 몰수는 10몰이고, 설탕의 몰수는 0.1몰이므로 용매의 몰분율은 $\frac{10\text{mol}}{(10+0.1)\text{mol}} = \frac{10}{10.1}$이다.

설탕의 증기압

$$P = P^\circ \times f_{\text{용매}} = 24\text{mmHg} \times \frac{10}{10.1} = 23.76\text{mmHg}$$

이다.

정답 23.76mmHg

(2) 소금물의 어는점 T_f'는 순수한 물의 어는점에서 어는점 내림을 빼서 구한다($T_f' = T_f - \Delta T_f$). 소금물은 전해질이므로 이온의 몰수를 고려한다. 어는점 내림은 $\Delta T_f = imK_f = 2 \times \frac{0.05\text{mol}}{0.5\text{kg}} \times 1.86 = 0.372℃$이므로 소금물의 어는점 $T_f' = 0 - 0.372℃ = -0.372℃$이다.

정답 -0.372℃

(3) 충분히 시간이 경과할 때 동적 평형에 도달하여 A, B의 몰랄 농도가 같다. A와 B의 몰수는 0.1몰로 같으므로 용매의 질량이 같아야 농도가 같으므로 각 비커의 물의 양은 $\frac{180\text{g}+500\text{g}}{2} = 340\text{g}$이다.

정답 340g

08

(1) 용질이 비전해질이므로 어는점 내림 $\Delta T_f = m \times K_f$를 이용하여 몰랄 농도를 구할 수 있다.

$$m = \frac{\Delta T_f}{K_f} = \frac{0.62}{1.86} = \frac{1}{3}\text{m} = 0.33\text{m}$$

정답 0.33m

(2) 용질의 질량은 용액의 질량과 퍼센트 농도를 곱한 $100 \times \frac{5.67}{100} = 5.67\text{g}$이고, 용매의 질량은 용액의 질량에서 용질의 질량을 뺀 $\left(\frac{100-5.67}{100}\right)\text{kg}$이다.

몰랄 농도 $m = \frac{\left(\frac{5.67}{M}\right)\text{mol}}{\left(\frac{94.33}{1000}\right)\text{kg}} = \frac{1}{3}\text{m}$이다.

분자량 M에 대해 정리하면 $M = 180$이다.

정답 180

(3) 분자량은 실험식량과 약 6배이다. 분자량이 180이므로 분자식은 $C_6H_{12}O_6$이다.

정답 $C_6H_{12}O_6$

(4) 몰랄 농도를 이용하여 가한 물의 양을 구할 수 있다. 물의 양을 x라고 하면,

$$m = \frac{\Delta T_f}{K_f} = \frac{0.44}{1.86} = \frac{\left(\frac{5.67}{180}\right)\text{mol}}{\left(\frac{94.33+x}{1000}\right)\text{kg}}$$

$$\therefore x = 38.8\text{g}$$

정답 38.6g

09

용액의 몰랄 농도는 $m = \frac{0.2\text{mol}}{0.2\text{kg}} = 1\text{m}$이다.

AB_x은 완전히 이온화하므로 반트호프계수 $i = 1+x$이다. 어는점 내림 $\Delta T_f = i \times m \times K_f$을 이용하여 반트호프 계수를 구할 수 있다.

$$i = \frac{\Delta T_f}{m \times K_f} = \frac{7.44}{1 \times 1.86} = 4 = 1+x \qquad \therefore x = 3$$

정답 $x = 3$

10

(1)

$AB_2(aq)$	$\rightarrow$	$A^{2+}(aq)$	$+$	$2B^-(aq)$
1m		0		0
$-\alpha$		$+\alpha$		$+2\alpha$
$1-\alpha$		α		α

이온화도가 1이 아닐 때 반트호프 계수 $i = 1+2\alpha$이다. 용질의 몰수와 용매의 질량이 주어졌으므로 몰랄농도를 구할 수 있고, 끓는점이 주어졌으므로 끓는점오름을 이용하여 반트호프 계수를 구할 수 있다.

$$\Delta T_b = i \times m \times K_b = i \times \frac{0.1}{0.1} \times 0.52 = 1.04℃$$

반트호프 계수 $i = 2 = 1+2\alpha$이다. 따라서 이온화도 $\alpha = \frac{1}{2}$이고, 퍼센트로 나타내면 $\frac{1}{2} \times 100\% = 50\%$이다.

정답 50%

(2) 전해질인 NaCl의 반트호프 계수는 $i = 2$로 위 용액과 같고, 용매의 종류도 같다. 따라서, 끓는점이 같으려면 몰랄 농도가 같아야 한다. 위 용액의 몰랄 농도가 1m이므로 용매의 질량이 50g일 때 몰랄 농도가 1m가 되려면 $1\text{m} = \frac{n}{0.05}$이므로 NaCl의 몰수는 0.05mol을 녹이면 몰랄 농도가 같아서 끓는점이 같아진다.

정답 0.05몰

기본 문제

11

어는점이 주어졌으므로 어는점 내림을 이용한다.

$$\Delta T_f = imK_f$$

착물의 몰수와 용매의 질량이 주어졌으므로 몰랄 농도를 구할 수 있다.

$$m = \frac{0.5\text{mol}}{2.5\text{kg}} = 0.2\text{m}$$

$1.12 = i \times 0.2 \times 1.86$이므로 반트호프 계수 $i = 3$이다. 착화합물의 이온수는 ① 4 ② 3 ③ 2 ④ 1 ⑤ 2이므로 착화합물 ②와 어는점이 동일하다.

정답 ②

12

끓는점 오름은 $\Delta T_b = i \times m \times K_b$을 이용한다. 화학 반응식을 이용하여 반트호프 계수를 구할 수 있다. 완전히 이온화하므로 반트호프 계수 $i = 3$이다.
용매의 질량이 1000g, 용질의 몰수가 0.2몰이므로 끓는점 오름은 $\Delta T_b = i \times m \times K_b = 3 \times \left(\frac{0.2}{1}\right) \times 0.52 = 0.312℃$이다. 용매인 물의 끓는점이 $100℃$이므로 용액의 끓는점은 $T_b' = T_b + \Delta T_b = 100 + 0.312 = 100.312℃$이다.

정답 ①

13

$\Delta T_b = m \times K_b$을 이용한다.

몰랄 농도 $m = \frac{\text{용질의 몰수(mol)}}{\text{용매의 질량(kg)}}$이다.

용질의 몰수는 $n = \frac{\text{용질의 질량}(w)}{\text{용질의 분자량(M)}}$이다.

따라서 $\Delta T_b = m \times K_b = \frac{\frac{\text{용질의 질량}}{\text{용질의 분자량}}}{\text{물의 질량}} \times K_b$이므로 용질인 설탕의 분자량을 알기 위해서는 물의 질량과 녹은 설탕의 질량을 알아야 한다.

정답 ③

14

포도당은 비전해질이고, $\Delta T_b = m \times K_b$을 이용하여 분자량을 구할 수 있다. 포도당의 분자량을 M이라 하면,

$\Delta T_b = m \times K_b = \frac{\left(\frac{12}{M}\right)}{0.1\text{kg}} \times 0.52 = 0.34℃$이다. 분자량 M에 대해 정리하면 약 180이다.

정답 ③

15

실험식이 주어졌으므로 실험식량을 알 수 있다. 분자식을 구하기 위해 분자량을 알아야하므로 끓는점 오름을 이용하여 분자량을 구한다. $\Delta T_b = m \times K_b$을 이용하면

$0.26 = \frac{\left(\frac{9}{M}\right)}{0.1} \times 0.52$이다. 분자량 M에 대해 정리하면 $M = 180$이다. 분자량이 실험식량의 6배이므로 분자식은 실험식의 6배인 $C_6H_{12}O_6$이다.

정답 ④

16

몰랄 농도가 클수록 증기압 내림이 커져서 증기압은 낮아지고, 끓는점은 높아지고, 어는점은 낮아진다.
전해질인 A는 $i = 3$으로 $0.9m$효과이고, 비전해질인 B는 $0.5m$, 전해질인 C는 $i = 2$으로 $1.0m$효과이고, 비전해질인 D는 $0.3m$의 효과를 나타내므로 증기압이 가장 낮은 용액은 몰랄 농도가 큰 C, 끓는점이 가장 높은 용액은 몰랄 농도가 큰 C, 끓는점이 가장 낮은 용액은 몰랄 농도가 작은 D, 어는점이 가장 높은 용액은 몰랄 농도가 작은 D이다.

정답 ③

17

입자수가 많을수록 용질이 용매를 많이 방해하므로 용매 간의 분자간 인력을 끊기 어려우므로 많은 에너지를 공급하여야 하므로 끓는점은 점점 높아진다.
입자수를 판단할 때에는 몰랄 농도와 함께 반트호프 인자를 고려해야 하는데, 즉 전해질과 비전해질을 구분하여야 한다. 포도당은 비전해질이고, 탄산칼륨과 과염소산 알루미늄은 전해질이다.
입자수를 고려해보면,

(가) 0.3 몰랄 농도의 포도당($C_6H_{12}O_6$) 수용액

$$i \times m = 1 \times 0.3 = 0.3$$

(나) 0.11 몰랄 농도의 탄산칼륨(K_2CO_3) 수용액

$$K_2CO_3(aq) \rightarrow 2K^+(aq) + CO_3^{2-}(aq)$$

$$i \times m = 3 \times 0.11 = 0.33$$

(다) 0.05 몰랄 농도의 과염소산 알루미늄($Al(ClO_4)_3$) 수용액

$$Al(ClO_4)_3(aq) \rightarrow Al^{3+}(aq) + 3ClO_4^-(aq)$$

$$i \times m = 4 \times 0.05 = 0.2$$

입자수가 증가할수록 끓는점은 높아지므로 끓는점이 낮은 것부터 높은 순서대로 나열하면 다음과 같다.

(다)<(가)<(나)

정답 ②

18

$K_b = 0.512℃/m$ 이므로 물보다 끓는점이 0.256℃ 높게 형성되었다면 용액의 몰랄농도는 $\frac{1}{2}m$ 이다.

$$m = \frac{\frac{w}{M}}{W} \qquad \frac{1}{2}m = \frac{\left(\frac{20}{M}\right)mol}{0.5kg}$$

$$\therefore M = 80g/mol$$

정답 ④

19

글루코스는 극성 용매인 물에는 잘 녹고, 이온 결합 물질도 물에 녹아 이온화 하지만 비극성 용매인 벤젠에는 세 화합물 모두 잘 녹지 않아 입자수에 변함이 없으므로 몰랄 농도가 같아서 어는점이 모두 같다.

정답 ④

20

ㄱ. 용질이 비전해질이고, 끓는점 오름이 0.156이므로 몰랄 농도는 $m = \frac{\Delta T_f}{K_f} = \frac{0.156}{0.52} = 0.3m$ 이다.

ㄴ. 100.156℃에서 끓고 있으므로 이때의 증기압력도 1기압이다. 따라서 100℃에서 이 수용액의 증기압력은 1기압보다 작다.

ㄷ. 끓는점에 도달한 B상태의 용액은 용매인 물이 증발하여 비전해질, 비휘발성인 용질의 몰수는 일정하지만 용매의 질량이 감소하여 A상태의 용액보다 몰랄 농도가 크다.

정답 ④

21

우선적으로 몰랄 농도를 구해야 한다.
용매의 질량은 용매의 밀도와 용매의 부피를 곱해서 구할 수 있다.

$$0.8g/mL \times 200mL = 160g = 0.16kg$$

어는점 내림 공식을 이용하면,

$$\Delta T_f = \frac{\left(\frac{w}{M}\right)}{W} \times K_f$$

$$0.4℃ = \frac{\left(\frac{0.32}{M}\right)}{0.16} \times 20 \qquad \therefore M = 100g/mol$$

정답 ②

자료 추론형

22

ㄱ. 어는점이 일정한 (가)가 순물질이다.

ㄴ. x, y는 비전해질, 비휘발성 용질이므로 용액의 어는점 내림은 몰랄 농도에 비례한다. (나)보다 (다)의 어는점이 더 낮으므로 몰랄 농도는 (나)보다 (다)가 큰 것을 알 수 있다. 용액의 끓는점 오름도 몰랄 농도에 비례하므로 끓는점은 (다)가 더 높다.

ㄷ. 순물질인 (가)에 x, y를 녹이면 어는점은 x에 의해 1℃, y에 의해 2℃가 내려가므로 총 3℃의 어는점이 내려간다. 따라서 용액의 어는점은 2℃이다.

정답 ③

23

① 그래프상의 용질의 몰분율이 0인 지점으로부터 증기 압력은 $P_A > P_B$이다.

② 증기 압력이 클수록 분자간 인력이 작으므로 분자 사이의 힘은 B가 A보다 크다.

③ 용질인 C의 몰분율이 1일 때 증기압 $P_C = 0$이므로 용질 C는 비휘발성 용질이다.

④ 몰분율이 x일 때 (나)의 증기압력 내림은 순수한 액체 B일 때의 증기압력(P_B)과 몰분율이 x일 때의 증기압력($P_B{}'$)의 차이이므로 $P_B - P_B{}'$이다.

⑤ 끓는점은 분자간 인력과 비례하고, 증기 압력에 반비례하므로 몰분율이 각각 0.5일 때 P_A가 P_B보다 크기 때문에 (가)의 끓는점이 더 낮다.

정답 ⑤

24

ㄱ. 끓는점 오름과 몰랄 오름 상수를 알고 있으므로 몰랄 농도를 알 수 있다. $m = \frac{\Delta T_b}{K_b} = \frac{0.05}{0.5} = 0.1\text{m}$이다.
몰랄 농도는 용질의 몰수를 용매의 질량으로 나눈 값과 같다. $0.1\text{m} = \frac{\left(\frac{18}{M}\right)\text{mol}}{1\text{kg}}$이므로 분자량 $M = 180$이다.

ㄴ. t_1, t_2에서 용액은 모두 끓고 있다. 끓는점은 증기압과 대기압이 같을 때의 온도이므로 수용액의 증기 압력은 대기압으로 같다.

ㄷ. t_1에서의 끓는점 오름을 이용하여 용질 x의 몰수는 0.1몰임을 알 수 있다. 용질 x는 비전해질, 비휘발성이므로 t_1이후 끓는점에서 용질의 몰수는 변하지 않고, 용매인 물만 증발하므로 물의 질량은 감소한다. t_2에서 $\Delta T_b = 0.1℃$이므로 몰랄 농도는 $m = 0.2\text{m}$이다. 물의 질량을 W라고 하면,
$0.2\text{m} = \frac{0.1\text{mol}}{W}$이므로 물의 질량은 0.5kg, 즉 500g이다.

정답 ⑤

25

ㄱ. ΔT는 끓는점 오름이다. 끓는점 오름은 $\Delta T = m \times K_b$이다. 몰랄 오름 상수 K_b는 용매의 종류에 의해 달라지므로 물 대신 에탄올을 사용하면 몰랄 오름 상수가 다르므로 끓는점 오름도 달라진다.

ㄴ. 끓는점은 증기압과 대기압이 같을 때의 온도이므로 100℃의 물과 100.52℃의 포도당 수용액은 끓고 있으므로 이때의 증기압력은 1기압으로 같다.

ㄷ. 포도당은 비전해질이고, 소금은 전해질이므로 소금은 물에 녹아 이온화하여 $i = 2$이므로 소금의 어는점 내림은 포도당의 어는점 내림보다 커서 포도당 수용액의 어는점(－1.86℃)보다 더 낮다.

정답 ④

26

끓는점을 구하기 위해서 몰랄 농도를 알아야한다.

$$m = \frac{\left(\frac{5.12}{128}\right)\text{mol}}{0.1\text{kg}} = 0.4\text{m}$$

표를 통해 0.1m가 증가할 때 0.253℃의 끓는점이 증가함을 알 수 있다. 0.4m에서의 끓는점은 0.3m에서의 끓는점보다 0.253℃ 높아진 $80.959 + 0.253 = 81.212$℃이다.

정답 ④

27

몰랄 농도는 어는점 내림을 이용하여 구할 수 있고, 용질의 몰수를 용매의 질량으로 나누어서도 구할 수 있다.

ㄱ. (가)의 몰랄 농도는 $m = \frac{\Delta T_f}{K_f} = \frac{9.30}{1.86} = 5\text{m}$이고,
$5\text{m} = \frac{\left(\frac{31}{M}\right)\text{mol}}{0.1\text{kg}} = \frac{310}{M}\text{m}$이므로 A의 분자량 $M = 62$이다.

ㄴ. (나)의 몰랄 농도는 $\frac{0.1\text{mol}}{0.1\text{kg}} = 1\text{m}$이다. B대신 전해질인 염화칼슘 0.05몰을 넣으면 $i = 3$이므로 몰랄 농도는 $\frac{0.15\text{mol}}{0.1\text{kg}} = 1.5\text{m}$이므로 어는점은 염화칼슘이 더 낮다.

PART 04 물질의 상태와 용액

ㄷ. (가)에서 A의 몰수는 0.5mol이고, (나)에서 B의 몰수는 0.1mol이므로 (가)와 (나)의 수용액을 혼합하면 용질의 몰수는 $0.5+0.1=0.6\text{mol}$이고, 용매의 질량은 $100+100=200\text{g}=0.2\text{kg}$이므로 몰랄 농도는 $\dfrac{0.6\text{mol}}{0.2\text{kg}}=3\text{m}$이다. 어는점 내림은 $\Delta T_f=m\times K_f$에 의해 $3\times1.86=5.58℃$이고, 어는점은 $-5.58℃$로 $-6℃$보다 높다.

정답 ①

28

ㄱ, ㄴ. 어는점 내림은 $\Delta T_f=i\times m\times K_f$으로 알 수 있다. A, B 수용액 모두 몰랄 농도가 $0.1m$이고, 용매는 물이므로 몰랄 내림 상수도 $1.86℃/m$로 같다. 따라서, 어는점 내림은 반트호프 계수 i에 의해 결정되므로 A 수용액은 $i=1$인 비전해질 용액이고, B 수용액은 $i=2$인 전해질 수용액이다.
용질이 용매를 방해할수록 증발되기 어려우므로 용질의 몰수가 클수록 용액의 증기압은 낮아진다. B 수용액은 전해질 수용액으로 용액에 녹아있는 입자수가 A 수용액보다 많아 증기압이 더 낮다.

ㄷ. 두 수용액의 몰랄 농도가 같음에도 어는점이 다른 이유는 용질이 비전해질인지 전해질인지에 따라 용액에 녹아있는 용질의 입자수가 달라지기 때문이다.

정답 ②

용질의 질량을 변화시키는 경우

29

(가)와 (나)를 비교하면 A의 질량이 일정할 때 용질 B 9g이 더 녹으면 끓는점은 0.25℃ 더 올라간다는 것을 알 수 있다. 또 A 6g과 B 9g을 녹인 용액의 끓는점이 0.75℃ 올라갔는데 그 중 0.25℃는 용질 B 9g이 녹았기 때문이므로 A 6g에 대하여 끓는점은 0.5℃ 올라간다는 것을 알 수 있다. 끓는점 오름은 용액의 몰랄 농도에 비례하기 때문에 B 9g의 입자수를 n이라 하면, A 6g은 끓는점 오름이 B의 2배이므로 $2n$이라 할 수 있다.

ㄱ. (가)의 용질 입자수는 $3n$개, (나)의 용질 입자수는 $5n$개이므로 (가)와 (다)의 용질 입자수의 비는 3 : 5이다.

ㄴ. 끓는점 오름은 용매에 녹은 용질의 수에 비례하므로, A 6g의 몰수 : B 9g의 몰수 = 0.5 : 0.25이다.

$$n=\frac{w}{M}\text{이므로 }\frac{6}{M_A}:\frac{9}{M_B}=2:1\quad\therefore M_B=3M_A$$

ㄷ. A 6g이 녹아 끓는점이 0.5℃ 올라가고, B 9g에 의해 끓는점이 0.25℃ 올라가는데, (라)는 A 12g, B 18g이 녹았으므로 A에 의해 1℃, B에 의해 0.5℃ 올라가서 끓는점이 1.5℃ 올라간다.

정답 ④

30

ㄱ. P점에서 어는점 내림이 1.86이므로 A수용액의 농도는 1m이고, 물 100g이므로 용질의 양은 0.1몰이다.

ㄴ. Q점에서 어는점 내림은 7.44이므로 혼합 용액의 몰랄 농도는 4m이다. 이때, 용질 B는 3m 농도에 해당하는 양이므로 분자량은 60이다.

$$3\text{m}=\frac{\left(\frac{18}{M}\right)\text{mol}}{0.1\text{kg}}\qquad\therefore M=60\text{g/mol}$$

ㄷ. Q에서 용질 A는 0.1몰이 녹아 있고, B는 0.3몰이 녹아 있기 때문에 입자수비 A : B = 1 : 3이다.

정답 ④

다른 용매+같은 용질

31

ㄱ. P에서 두 용액은 같은 질량의 용매에 같은 몰수(=질량)의 용질이 녹아 있으므로 몰랄 농도가 같다.

ㄴ. 끓는점이 같으므로 용액의 증기압은 대기압과 같다.

ㄷ. 그래프에서 기울기는 끓는점 오름 상수에 비례하므로 용매의 끓는점 오름 상수는 A>B 이다. (일정한 용질의 질량에 대해 끓는점오름이 용매 A가 더 크다.)

정답 ④

32

ㄱ. T_1이 순수한 용매 A의 끓는점이다.

$$\Delta T_b = T_2 - T_1$$

ㄴ. 그래프의 기울기는 끓는점 오름 상수(K_b)를 의미하므로 기울기가 클수록 K_b도 크다. 따라서 끓는점 오름 상수(K_b)는 용매 B가 용매 A보다 크다.

ㄷ. 용액의 총괄성은 용질의 종류와 상관없이 입자수 즉, 농도에만 의존한다. 따라서 포도당 대신 설탕을 사용해도 같은 그래프가 얻어진다.

정답 ⑤

33

ㄱ. 용액 (가), (다)는 용매가 같으므로 용질의 몰수가 크면 어는점이 더 내려간다. 따라서 (다)의 어는점 내림이 더 크므로 몰랄농도가 (가)보다 (다)가 더 크고 같은 질량이므로 용질의 분자량은 C가 D보다 크다.

ㄴ. 용액 (나), (다)의 용질은 같고 용매가 다른 경우인데, 용액 (나)의 기울기가 (다)보다 크기 때문에 몰랄 내림 상수는 B가 A보다 크다.

ㄷ. 용액 (가)와 (나)는 용매와 용질이 모두 다른 경우인데 P점에서 용질의 질량이 같으므로 어는점 내림은 K_b, 즉 기울기가 클수록 어는점 내림도 크다. 따라서 (나)의 어는점 내림이 (가)보다 크다.

정답 ①

34

ㄱ. 용질의 질량이 0인 경우 순수한 용매 B의 끓는점은 순수한 용매 A의 끓는점보다 높으므로 T_1에서 용매의 증기압은 A가 B보다 크다.

ㄴ. 퍼센트 농도를 결정하기 위해서 문제에서 용질의 질량은 같으나 용매의 질량이 다르므로 용매의 질량부터 결정해야 한다.

끓는점오름은 (가)가 (나)보다 크고, 끓는점 오름상수는 B가 A보다 크므로, 몰랄농도는 (가)가 (나)보다 큰 것을 알 수 있다. P에서 용질의 질량이 같으므로 용매의 질량은 (나)가 (가)보다 크다. 따라서 퍼센트 농도는 (가)가 (나)보다 크다.

$$\Delta T_b(\text{가}) > \Delta T_b(\text{나})$$

$$K_b(A) < K_b(B)$$

$$\Delta T_b(\text{가}) = m_{(\text{가})} K_b(A) \quad \Delta T_b(\text{나}) = m_{(\text{나})} K_b(B)$$

$$m_{(\text{가})} > m_{(\text{나})}$$

$$\frac{n_c}{W_A} > \frac{n_c}{W_B}, \quad W_A < W_B$$

ㄷ. 끓는점은 용매 B가 용매 A보다 높다. 일반적으로 끓는점이 높은 물질이 분자량이 크지만, 물질에 따라 수소결합, 극성-무극성의 세기 등의 영향을 받으므로 끓는점을 통해서 용매 A와 B의 분자량은 비교할 수 없다.

정답 ③

35

ㄱ. 끓는점 오름이 같으므로,

$$\Delta T_b(A) = \Delta T_b(B) \qquad m_A = m_B$$

$$n_A = n_B \qquad \left(\frac{w_A}{M_A}\right) = \left(\frac{w_B}{M_B}\right)$$

$$\left(\frac{12}{M_A}\right) = \left(\frac{24}{M_B}\right) \qquad \therefore M_B = 2M_A$$

ㄴ. A 수용액이 B 수용액보다 끓는점 오름이 더 크므로 A 수용액이 고농도, B 수용액이 저농도이다. 따라서 (나)에서 평형에 도달하기 전 A의 수면은 계속 증가한다. 이것은 증발속도보다 응축 속도가 크기 때문이다. 즉, 평형에 도달하기 전에 A 수용액은 응축 속도>증발 속도이고, B 수용액은 응축속도<증발속도이다.

ㄷ. A 수용액은 B 수용액보다 농도가 진하기 때문에 A 수용액의 수면은 올라가고 B 수용액의 수면은 내려간다. 그러므로 전체 용액의 질량은 A가 B보다 크다. 그러나 용질의 질량은 24g으로 같고, B 수용액의 질량이 작으므로 %농도는 B가 더 크다.

정답 ②

제 3 절 삼투압

01 ④	02 ②	03 (1) 10,000 (2) 10^{-4}M		
04 68,880	05 (1) 0.0492기압 (2) 50cm (3) 0.001M			
06 $\frac{1000 \cdot w \cdot R(273+t)}{MV}$atm		07 ④	08 ④	
09 ③	10 ②	11 ②	12 ④	13 ③
14 ②	15 ⑤	16 ⑤	17 ⑤	18 ⑤

대표 유형 기출 문제

01

반트 호프식을 이용하여 분자량 M에 대해 정리하면 다음과 같다.

$M=\frac{wRT}{\pi V}$에 주어진 질량, 온도, 부피, 삼투압을 단위를 맞추어 대입한다.

$$M=\frac{10\times 0.082\times(20+273)}{3.6\times 10^{-3}\times 1}=6.67\times 10^{4}\text{g/mol}$$

정답 ④

02

실험식이 주어지고 분자식을 구하는 경우에는 분자량을 알아야하므로 삼투압을 이용해서 분자량을 구할 수 있다.

$$n=\frac{\pi V}{RT}=\frac{0.6\times 0.1}{0.08\times 300}=\frac{1}{400}\text{mol}$$

분자량 $M=\frac{w}{n}=\frac{0.16\text{g}}{\frac{1}{400}\text{mol}}=64\text{g/mol}$이다.

실험식량이 32이므로 정수배 $n=2$이다. 따라서 분자식은 $C_2H_8O_2$이다.

정답 ②

주관식 개념 확인 문제

03

(1) $M=\frac{wRT}{\pi V}=\frac{0.5\times 0.082\times(27+273)}{2.46\times 10^{-3}\times 0.5}$

$=10{,}000\text{ g/mol}$

정답 10,000

(2) $\pi=CRT$

$C=\frac{\pi}{RT}$

$C=\frac{2.46\times 10^{-3}}{0.082\times 300}=0.0001\text{M}=10^{-4}\text{M}$이다.

정답 10^{-4}M

04

$$M=\frac{wRT}{\pi V}$$

$$M=\frac{7\times 0.082\times 300}{0.020\times 0.125}=68{,}880\text{g/mol}$$

정답 68,880

05

(1) $\pi=CRT$를 이용한다.

용질의 몰수 $n=\frac{360\text{mg}}{180\text{g/mol}}=2\times 10^{-3}\text{mol}$이고, 문제의 조건에서 용매의 밀도와 용액의 밀도가 1g/㎤로 같으므로

용액의 부피는

$=\frac{\text{용액의 질량}}{\text{용액의 밀도}}=\frac{\text{용매의 질량}+\text{용질의 질량}}{\text{용액의 밀도}}$

$\fallingdotseq\frac{(1000+0.36)\text{g}}{1000\text{g/L}}\fallingdotseq\frac{1000\text{g}}{1000\text{g/L}}=1\text{L}$

이다. 따라서

$\pi=CRT$

$=\left(\frac{2\times 10^{-3}\text{mol}}{1\text{L}}\right)\times 0.082\times 300=0.0492\text{ atm}$

정답 0.0492기압

(2) $\pi = \rho g h$를 이용한다. 높이 h에 대해 정리하면

$h = \frac{\pi}{\rho g}$이다. 이 경우 단위를 주의한다.

중력 가속도는 상수로 $g = 9.8\text{m}/\text{s}^2$이고, 삼투압에서 $1\text{atm} = 10^5\text{Pa}$이고, 밀도의 단위는 kg/m^3, 높이의 단위는 m이다. 물의 밀도 $1\text{g}/\text{cm}^3$를 kg/m^3로 환산하면 $1\text{g} = 10^{-3}\text{kg}$, $1\text{cm}^3 = 10^{-6}\text{m}^3$이므로 $1\text{g}/\text{cm}^3 = 10^{-3}\text{kg}/10^{-6}\text{m}^3 = 10^3\text{kg}/\text{m}^3$이다.

$$h = \frac{\pi}{\rho g} = \frac{0.0492\text{atm} \times 10^5\text{Pa}/\text{atm}}{1000\text{kg}/\text{m}^3 \times 9.8\text{m}/\text{s}^2} = 0.5\text{m}$$ 이므로

높이는 50cm이다.

정답 50cm

(3) 높이가 같으면 삼투압도 같다. 포도당 수용액의 몰농도는 $2 \times 10^{-3}\text{M}$이고, KCl은 전해질이므로 $i = 2$ 반트호프식 $\pi = iCRT$을 이용하면 $i = 2$이므로 KCl의 몰농도는 포도당 수용액의 절반인 $1 \times 10^{-3}\text{M}$이다.

정답 0.001M

06

삼투압은 $\pi = CRT$이다. C는 몰농도, R은 기체 상수, T는 절대 온도이다. 따라서, 몰농도 $C = \frac{n}{V}$이고, 몰수는 질량을 분자량으로 나누어 구하고($n = \frac{w}{M}$), 부피의 단위는 mL를 L로 변환하여 대입($\frac{V\text{mL}}{1000\text{mL}/\text{L}}$)한다.

따라서,

$$\pi = \frac{\frac{w}{M}}{\frac{V\text{mL}}{1000\text{mL}/\text{L}}} R(273+t) = \frac{1000 \cdot w \cdot R \cdot (273+t)}{MV}\text{atm}$$

이다.

정답 $\frac{1000 \cdot w \cdot R(273+t)}{MV}\text{atm}$

기본 문제

07

① 끓는점 오름은 몰랄 농도에 몰수가 포함되어 있고, 몰수는 질량을 분자량으로 나누어 구하므로 분자량을 측정할 수 있다.

② 어는점 내림도 몰랄 농도에 몰수가 포함되어 있어 분자량을 측정할 수 있다.

③ 삼투압도 $M = \frac{wRT}{\pi V}$를 이용하여 분자량을 측정할 수 있다.

④ 증기압 내림은 끓는점 오름이나 어는점 내림에 비해 변화량이 매우 작기 때문에 작은 변화량을 정밀하게 측정하기가 어렵다. 특히 저농도의 용액에서는 증기압의 변화가 거의 감지되지 않을 만큼 미미하기 때문에 분자량을 계산할 때 큰 오차가 발생할 수 있다. 이런 측정오차로 인해 증기압 내림을 이용해서 분자량을 측정하는 것은 적당하다고 할 수 없다.

정답 ④

08

NaCl용액은 전해질이므로 $\pi = iCRT$를 이용한다. NaCl이 1몰이 용해되면 양이온 1몰과 음이온 1몰이 생성되므로 $i = 2$이다.

$\pi = 2 \times 5 \times 0.082 \times (25 + 273) = 244.36\text{atm}$ 이므로 244.36 이상의 압력을 가하면 소금물을 담수화할 수 있다.

정답 ④

09

NaCl용액은 전해질이므로 $\pi = iCRT$를 이용한다. $i = 2$이고, 농도를 구하기 위해 C에 대해 정리하면

$C = \frac{\pi}{iRT}$이다.

$$C = \frac{\pi}{iRT} = \frac{7.5}{2(0.082)(300)} = 0.15\text{M}$$

정답 ③

10

반트호프식 $\pi = CRT$을 이용한다.

몰농도 $C = \frac{n}{V}$이고, 몰수 $n = \frac{w}{M}$을 반트호프식에 대입하여 몰질량 M에 대해 정리한다. $M = \frac{wRT}{\pi V}$이다.

$$M = \frac{20\text{g} \times 0.082\text{atm}\cdot\text{L/mol}\cdot\text{K} \times 298\text{K}}{0.021\text{atm} \times 1\text{L}}$$

$$= 23{,}000\text{g/mol}$$

정답 ②

11

질량비가 5.8%이므로 수용액 100g에 5.8g의 NaCl이 들어있다. NaCl의 몰수는 질량을 화학식량으로 나누어 구한다. $n = \frac{5.8\text{g}}{58.5\text{g/mol}} = 0.1\text{mol}$이다.

NaCl은 전해질이므로 반트호프계수를 고려한 $\pi = iCRT$를 이용한다. NaCl은 전해질이고 완전히 해리하므로 $i = 2$이다. 몰농도 $M = \frac{n}{V}$이므로 $M = \frac{0.1\text{mol}}{0.1\text{L}} = 1\text{M}$이다. 따라서 NaCl 용액의 삼투압은 비전해질인 2M의 포도당 수용액과 삼투압이 비슷하다.

정답 ②

12

용질 A는 비휘발성, 비전해질이므로 $M = \frac{wRT}{\pi V}$을 이용한다.

$$M = \frac{13 \times 0.08 \times 300}{0.024 \times 0.2} = 65{,}000\text{g/mol}$$

정답 ④

13

최종적으로 몰랄 농도를 묻는 문제이다. 용매의 양을 알 수 있으므로 결국 용질의 몰수를 구하면 된다.

주어진 정보로부터 먼저 삼투압 공식을 이용하여 용액의 몰농도를 구할 수 있다.

$$\pi = iCRT$$

$$4.8 = 4 \times C \times 0.08 \times 300$$

$$C = 0.05\text{M}$$

비중(밀도)을 이용하여 용질의 몰수를 특정할 수 있다.

$$\frac{1.0065\text{g}}{1\text{mL}} = \frac{100.65\text{g}}{0.1\text{L}}$$

용액의 질량이 100.65g일 때 용액의 부피가 0.1L이므로 용질의 몰수는 0.005몰임을 알 수 있다.

$$C = 0.05\text{M} = \frac{n}{0.1\text{L}}$$

$$n = 0.005\text{mol}$$

따라서 용매의 양이 100g이므로 용액의 몰랄 농도를 구할 수 있다.

$$m = \frac{0.005\text{mol}}{0.1\text{kg}} = 0.05\text{m}$$

이제 어는점 내림 공식을 이용하여 용액의 어는점을 구할 수 있다.

$$\Delta T_f = imK_f = 4 \times 0.05 \times 1.86 = 0.372℃$$

$$T_f = -0.372℃$$

정답 ③

자료 추론형

14

삼투 현상은 저농도에서 고농도로 용매가 이동하는 현상이다. 일정 온도에서 몰농도와 부피의 곱은 몰수와 비례한다.

ㄱ. A의 몰농도는 $0.05 \times 0.2 = 0.01\text{mol}$이고, B의 몰농도는 $0.01 \times 0.1 = 0.001\text{mol}$이다.
A가 고농도이고, B가 저농도이므로 삼투 현상에 의해 B에서 A로 용매인 물이 이동하여 A의 수면이 높아진다.

ㄴ. 삼투압은 $\pi = \rho gh$으로도 표현할 수 있으므로 높이 차이가 클수록 삼투압은 증가한다. A에 0.10M 포도당 수용액 200mL을 사용할 때 몰수는 $0.1 \times 0.2 = 0.02\text{mol}$이므로 농도 차이는 증가하여 삼투압이 증가하고, 높이차는 더 커진다.

ㄷ. 반트 호프식 $\pi = CRT$에 의해 삼투압은 온도에 비례하는데 같은 온도로 가열하게 되면 입자수가 더 많은 용액에서 용질의 방해가 더 증가하게 되므로 그만큼 용매의 이동도 적어지게 된다. 따라서 저농도에서 고농도로의 용매의 이동 속도가 더 많이 증가하게 되어 높이 차는 더 증가한다.

정답 ②

15

반트호프식을 분자량에 대해 정리하면 아래와 같다.

$$M = \frac{wRT}{\pi V}$$

분자량이 실제보다 크게 측정되는 경우는 분모인 삼투압과 부피는 작게 측정되고, 분자인 질량, 온도는 실제보다 크게 측정될 때이다.

$\pi = \rho gh$에 의해 삼투압과 높이(h)는 비례하므로 높이가 작게 측정되어야 분자량이 크게 측정된다.

정답 ⑤

16

ㄱ. $\pi = CRT$에서 온도가 일정하므로 삼투압은 몰농도에 비례한다. 수용액의 부피가 같으므로 삼투압은 몰수에 비례한다. 몰수는 질량을 화학식량으로 나눈 것과 같으므로 (가)의 몰수는 $n_A = \frac{0.01}{M_A}$이고, (나)의 몰수는 $n_B = \frac{0.04}{M_B}$이다. 삼투압의 비가 $1:2$이고, 몰수의 비도 $1:2$이므로 $\frac{0.01}{M_A} : \frac{0.04}{M_B} = 1:2$이다.

$$M_A : M_B = 1:2$$

ㄴ. 반투막을 사이에 두고 수용액은 고농도이고, 물은 저농도이므로 저농도에서 고농도로 용매 물이 이동하여 (가), (나)의 농도는 감소한다.

ㄷ. 삼투압은 몰농도에 비례하므로 삼투압이 큰 (나)수용액의 몰농도가 더 크다.

정답 ⑤

17

ㄱ. 실린더의 경우 농도가 같아질 때 까지 저농도에서 고농도로 용매가 이동한다. A의 부피는 감소하고 B의 부피가 늘었다는 것은 A에서 B로 용매가 이동한 것이므로 A의 농도는 높아지고, B의 농도는 낮아진다.

ㄴ. 용액의 부피가 같고, 용질의 종류가 같으므로 삼투압은 용질의 질량에 비례한다. (나)를 통해 (가)에서 삼투압의 비가 A : B = 1: 2임을 알 수 있다. 따라서 용질의 비도 A : B = 1: 2이다.

ㄷ. 끓는점은 몰랄농도에 비례하는데 동적 평형에서 용질의 종류가 같을 때 몰농도와 몰랄농도는 같으므로 끓는점도 같다.

정답 ⑤

18

ㄱ. $\pi = CRT = \rho gh$이므로 삼투압은 온도에 비례하고, 삼투압이 크면 높이 차이도 커진다. 따라서, 온도를 증가시키면 삼투압이 증가하고, 높이 차이도 증가한다.

ㄴ. 용매의 몰분율이 1이면 순수한 물이므로 용액의 몰농도가 0이이고, 삼투압도 0이다. 압력은 삼투압과 대기압의 합이므로 삼투압이 0일 때 P_0는 대기압이다.

ㄷ. 용매의 몰분율이 α일 때, P_1는 대기압(P_0)과 삼투압(Π)의 합이다. 대기압이 P_0이므로 삼투압 Π는 $P_1 - P_0$이다.

정답 ⑤

제 4 절 콜로이드

01 ④ **02** ④
03 가 - 분산질, 나 - 분산매, 다 - 분산계
04 (1) 틴들 현상 (2) 브라운 운동 (3) 투석
05 ①, ② **06** ③

대표 유형 기출 문제

01

ㄱ. 콜로이드는 10^{-5}cm ~ 10^{-7}cm 크기 입자가 분산되어 형성된다.

정답 ④

02

정답 ④

주관식 개념 확인 문제

03

정답 가 - 분산질, 나 - 분산매, 다 - 분산계

04

정답 (1) 틴들 현상
(2) 브라운 운동
(3) 투석

기본 문제

05

틴들 현상은 콜로이드 입자의 크기에 의한 성질이다.

정답 ①, ②

06

콜로이드 입자가 양전하를 띠고 있으므로 음이온의 전하수가 큰 전해질일수록 엉김의 효과가 크다.

① $CaCl_2 \rightarrow Ca^{2+} + 2Cl^-$

② $NaNO_3 \rightarrow Na^+ + NO_3^-$

③ $K_4[Fe(CN)_6] \rightarrow 4K^+ + [Fe(CN)_6]^{4-}$

④ $K_2SO_4 \rightarrow 2K^+ + SO_4^{2-}$

정답 ③

Chapter

01 화학 반응과 에너지

제 1 절 열화학 반응식의 해석과 반응열 계산

01 ② 02 ④ 03 ③ 04 ② 05 ④
06 ③ 07 ③ 08 ④ 09 ③ 10 ④
11 ④
12 (1) ① 엔탈피 ② 열 ③ 반응 엔탈피 ④ 흡열 ⑤ 발열
(2) ① 열화학 반응식 ② 계수
(3) ① 헤스 ② 경로
13 0.25M 14 10.5kcal 방출
15 (1) $C_3H_8(g)+5O_2(g) \rightarrow 3CO_2(g)+4H_2O(l)$ $\Delta H=-530.9\text{kcal}$
(2) 27.8L (3) 120.7kcal
16 (1) $CO(g)+\frac{1}{2}O_2(g) \rightarrow CO_2(g)$ $\Delta H=-68\text{kcal/mol}$
(2) $\Delta H=-34\text{kcal}$ (3) 22.4L
17 $f=\frac{5}{6}$ 18 ①, ⑤ 19 ⑤ 20 ①
21 ④ 22 ③ 23 ② 24 ④ 25 ④
26 ③

대표 유형 기출 문제

01

열량 구하는 공식 $Q=c \times m \times \Delta t$

기름이 잃은 열량과 금속공이 얻은 열량이 같음을 이용한다.

기름이 잃은 열량=금속공이 얻은 열량

$$0.5\text{J/kg·K} \times 6.00\text{kg} \times (400-T)\text{K} = 1.0\text{J/kg·K} \times 1.00\text{kg} \times (T-300)\text{K}$$

단위를 소거하고, T에 대해 정리하면,

$$\therefore T=375\text{K}$$

정답 ②

02

① 화학 결합의 경우 존재하지 않던 정전기적 인력이 작용하면 에너지가 방출된다. 반응 엔탈피($\Delta H°$)가 음의 값을 가지므로 발열 반응이다.

② 마그네슘 원자(Mg)의 산화수가 0에서 +2로, 산소 원자(O)의 산화수가 0에서 −2로 산화수의 변화가 있는 산화−환원 반응이다.

③ 마그네슘과 산소 기체 사이에 존재하지 않던 정전기적 인력이 작용하는 결합 반응이다.

④ 산화−환원 반응이면 산−염기 중화 반응이 될 수 없다.

정답 ④

03

2몰에 대한 공기의 정압 열용량은

$2 \times 20 = 40\text{J mol}^{-1}℃^{-1}$이므로 일정 압력하에서의 엔탈피 변화 $\Delta H = C_p\Delta t = 40 \times 40 = 1{,}600\text{J}$이다.

정답 ③

04

열평형에 관한 문제이다. 잃은 열량과 얻은 열량이 같음을 이용해서 문제를 해결할 수 있다. 열량을 구하는 공식은 $Q=mc\Delta t$이다.

잃은 열량은

$$150\text{g} \times 4\text{J g}^{-1}℃^{-1} \times (30-25)℃ = 3000\text{J}$$

얻은 열량은

$$3000\text{J} = 100\text{g} \times x\text{J g}^{-1}℃^{-1} \times (60-30)℃$$

$$x = 1\text{J g}^{-1}℃^{-1}$$

정답 ②

05

먼저 $C_2H_2(g)$의 연소 반응식을 세워보면,

$$C_2H_2(g) + \frac{5}{2}O_2(g) \rightarrow 2CO_2(g) + H_2O(l)$$

$$\Delta H = -1{,}300\,\mathrm{kJ\,mol^{-1}}$$

① 연소 반응은 발열 반응이므로 생성물의 엔탈피 총합은 반응물의 엔탈피 총합보다 낮다.
② C_2H_2 1몰의 연소를 위해서는 1,300kJ이 필요한 것이 아니라 방출된다.
③ 연소 반응식으로부터 C_2H_2 1몰의 연소를 위해서는 $\frac{5}{2}$몰의 O_2가 필요하다.
④ 이러한 경우 H_2O의 상태가 액체인지 기체인지 애매하다. 25℃라는 온도가 주어져 있으므로 H_2O의 상태는 액체로 보는 것이 타당하다. H_2O가 액체라면 화학 반응식으로부터 반응물의 계수의 합은 $\frac{7}{2}$이고, 생성물(기체)의 계수의 합은 2이므로 기체의 전체 부피는 감소한다. H_2O의 상태를 기체로 보더라도 생성물의 계수의 합은 3이므로 역시 기체의 전체 부피는 감소한다.

정답 ④

06

ㄱ. KNO_3는 이온 결합 물질로 이온 결합 물질의 용해 과정은 흡열 반응이다.
ㄴ. 기체의 압력을 증가시키게 되면 물과 접촉하는 기체의 양이 많아지므로 용해도는 증가한다.
ㄷ. 용액의 증기압은 용질에 의해 물의 증발이 방해받으므로 순수한 물의 증기압보다 낮다.

정답 ③

07

화학식 $C_{10}H_8$으로 나프탈렌의 몰질량($128\mathrm{g/mol}$)을 알 수 있다.
64g을 연소시켰으므로 발생한 열량은 나프탈렌 0.5mol에 대한 것이다. 연소열은 항상 발열 반응이므로 음수이다.

$$Q = C \times \Delta t = 10\mathrm{kJ/K} \times 10\mathrm{K} = 100\mathrm{kJ/0.5mol}$$

따라서, 몰당 반응열은 $-200\mathrm{kJ/mol}$이다.

정답 ③

08

① 물이 끓는다: 상태 변화이므로 물리적 변화이다.
② 설탕이 물에 녹는다: 용해 현상은 물리적 변화이다.
③ 드라이아이스가 승화한다: 상태 변화이므로 물리적 변화이다.
④ 머리카락이 과산화수소에 의해 탈색된다: 탈색은 산화환원 반응으로 화학적 변화이다.

정답 ④

09

① 두 탄소 간 결합수가 늘어날수록 결합 길이가 짧아지므로 결합 에너지는 커진다.
② $HF < HCl < HBr$ 순서로 결합 길이가 증가하므로 결합 에너지의 크기는 $HF > HCl > HBr$ 순이다.
③ 결합 에너지는 결합 길이가 짧은 Cl_2가 Br_2보다 크다.
④ Cl_2의 결합 길이가 0.199nm일 때 결합이 형성되므로 핵 간 거리가 0.199nm일 때 퍼텐셜에너지가 최소가 된다.

정답 ③

10

크기 성질(extensive property)이란 계를 나타내는 성질 중 전체계의 값이 각 부분계 값의 합으로 나타내어지는 성질을 말한다. 부피, 질량 및 에너지 등이 전형적인 크기 성질이다.
세기 성질(intensive property)이란 계를 나타내는 성질 중 전체계에 해당하는 값이 각 부분계에 해당하는 값과 같은 성질을 말한다. 온도와 압력은 전형적인 세기 성질이다.

정답 ④

11

① 주어진 열화학 반응식에서 $\Delta H < 0$이므로 열화학 반응식은 발열 반응이다.

② 열화학 반응식으로부터 CO_2 2mol과 H_2O 3mol이 생성될 때 1371kJ의 열이 방출되는데 CO_2와 H_2O의 생성되는 양이 각각 2배 증가하였으므로 크기 성질인 ΔH의 양도 2배 증가한 2742kJ의 열이 방출된다.

③ C_2H_5OH 23g(=0.5mol)이 완전 연소되면 생성되는 H_2O의 양은 3배인 1.5mol(=27g)이다.

④ 물질의 상태에 따라 물질이 가지는 엔탈피가 다르므로 반응물과 생성물이 모두 기체 상태인 경우에 ΔH는 동일하지 않다. C_2H_5OH과 H_2O의 기화 엔탈피를 예상해보면 분자 간 인력이 더 큰 H_2O의 기화열이 더 클 것이므로 반응의 ΔH는 감소될 것이다.

정답 ④

주관식 개념 확인 문제

12

정답 (1) ① 엔탈피 ② 열 ③ 반응 엔탈피 ④ 흡열 ⑤ 발열

(2) ① 열화학 반응식 ② 계수

(3) ① 헤스 ② 경로

13

물 1몰이 발생할 때의 중화열이 56.2kJmol^{-1}이므로 2.81kJ열이 발생하였을 때의 발생한 물의 양은 0.05몰이다.

따라서 반응한 수소 이온의 몰수도 0.05몰이므로 HCl의 농도는 다음의 식으로부터 구할 수 있다.

$$0.05\,mol = X \times 0.2L$$

$$X = 0.25M$$

($NaOH$ 몰수 0.1몰 중 절반인 0.05몰만 반응하였다.)

정답 0.25M

열화학 반응식의 해석

14

기체 상태의 수증기가 액체인 물로 상태 변화할 때의 열의 출입은 $H_2O(g) \rightarrow H_2O(l)$ 식의 반응 엔탈피로 알 수 있다. 헤스의 법칙을 통해 ②식에서 ①식을 빼면 반응 엔탈피($\Delta H°$)는 -11kcal로 열을 방출한다.

계산하지 않더라도 기체 상태에서 액체 상태로 변할 때 존재하지 않던 정전기적 인력이 작용하여 열이 방출된다.

정답 10.5kcal 방출

15

(1) 표준 상태(0℃, 1atm)에서 1mol의 부피가 22.4L임을 이용하여 프로페인 기체 1L가 $\frac{1}{22.4}$mol이고, 이를 연소하면 23.7kcal의 열량이 방출되므로 비례식을 이용하여 프로페인 기체의 몰당 연소열을 계산할 수 있다.

$$\frac{1}{22.4}\text{mol} : 23.7\text{kcal} = 1\text{mol} : x$$

$$\therefore x = 530.9\text{kcal/mol}$$

열화학 반응식은 다음과 같다.

$$C_3H_8(g) + 5O_2(g) \rightarrow 3CO_2(g) + 4H_2O(l)$$
$$\Delta H = -530.9\text{kcal/mol}$$

정답 $C_3H_8(g) + 5O_2(g) \rightarrow 3CO_2(g) + 4H_2O(l)$ $\Delta H = -530.9$kcal

(2) 산소의 부피는 이상 기체 상태방정식을 이용하여 계산한다. 먼저 산소의 몰수를 구해야한다.

프로페인의 몰질량은 44g/mol이므로 프로페인 10g은 $\frac{10}{44}$mol, 산소의 몰수(x)는 프로페인의 연소 반응식의 계수의 비를 통해 알 수 있다.

$$\frac{10}{44}\text{mol} : x = 1 : 5 \qquad \therefore x = \frac{50}{44}\text{mol}$$

이상 기체 상태방정식을 이용, 부피에 대해 정리하면,

$$V = \frac{nRT}{P} = \frac{\frac{50}{44}\text{mol} \times 0.082\frac{\text{atm}\cdot\text{L}}{\text{mol}\cdot\text{K}} \times 298\text{K}}{1\text{atm}}$$

$$= 27.8\text{L}$$

정답 27.8L

(3) (1)식과 (2)식의 프로페인의 몰수와 연소열을 이용하여 구할 수 있다.

$$1\text{mol} = 530.9\text{kcal} = \frac{10}{44}\text{mol} : y \quad \therefore y = 120.7\text{kcal}$$

정답 120.7kcal

16

(1) 정답 $CO(g) + \frac{1}{2}O_2(g) \rightarrow CO_2(g)$

$$\Delta H = -68\text{kcal/mol}$$

(2) 화학식을 통해 몰질량을 구하고 몰당 연소열과 비례식을 이용하여 구할 수 있다. 일산화탄소의 몰질량이 28g/mol이므로 14g은 0.5mol이다.

$$1\text{mol} : 68\text{kcal} = 0.5\text{mol} : x \quad \therefore x = 34\text{kcal}$$

정답 $\Delta H = -34\text{kcal}$

(3) 0℃, 1기압에서 필요한 산소의 부피는 산소의 몰수를 통해 구할 수 있다. $\frac{1}{2}\text{mol} : 68\text{kcal} = x : 136\text{kcal}$

$$\therefore x = 1\text{mol}$$

산소 1mol의 부피는 0℃, 1기압에서 22.4L이다.

정답 22.4L

17

메테인과 에테인의 열화학 반응식을 작성한다.

$$CH_4(g) + 2O_2(g) \rightarrow CO_2(g) + 2H_2O(l) \quad \Delta H = -210\text{kcal}$$

$$C_2H_6(g) + \frac{7}{2}O_2(g) \rightarrow 2CO_2(g) + 3H_2O(l) \quad \Delta H = -350\text{kcal}$$

메테인의 질량을 xg, 에테인의 질량을 $(110-x)$g라 가정하고 몰질량을 이용하여 몰수와 반응열을 이용하여 비례식을 세운다.

$$1\text{mol} : 210\text{kcal} = \frac{x}{16}\text{mol} : y$$

$$1\text{mol} : 350\text{kcal} = \frac{110-x}{30}\text{mol} : z$$

$$y + z = \left(\frac{x}{16}\text{mol} \times 210\text{kcal/mol}\right) + \left(\frac{110-x}{30}\text{mol} \times 350\text{kcal/mol}\right) = 1400\text{kcal}$$

$$\therefore x = 80\text{g}$$

따라서 메테인의 질량이 80g로 5mol, 에테인의 질량이 30g로 1mol이므로 메테인의 몰분율은 $\frac{5}{6}$이다.

정답 $f = \frac{5}{6}$

기본 문제

열화학 반응식의 해석

18

① 계수의 비는 몰수의 비를 이용한다.
일산화탄소($CO(g)$) 56g(2mol)과 표준 상태(0℃, 1atm)의 산소($O_2(g)$) 22.4L(1mol)을 연소시키면 136kcal의 열이 방출된다.

② 이산화탄소의 생성 반응식은 홑원소 물질로부터 생성되고 화학 반응식은 다음과 같다.

$$C(s) + O_2(g) \rightarrow CO_2(g)$$

문제에 제시된 화학 반응식은 일산화탄소의 연소 반응식이고, 홑원소 물질로부터 이산화탄소가 생성되는 것이 아니므로 이산화탄소의 생성열을 알 수 없다.

③ 이산화탄소의 분해열은 이산화탄소 1mol이 분해되어 홑원소 물질로 분해될 때 출입하는 열로 문제에 제시된 화학 반응식으로는 이산화탄소의 분해열을 알 수 없다.

④ 일산화탄소의 연소열은 일산화탄소 1mol을 완전 연소할 때 발생하는 열이다. 문제에 제시된 반응열은 일산화탄소 2mol을 연소할 때 발생하는 열이다.

⑤ 위 반응은 일산화탄소의 연소 반응이지만, 홑원소 물질로부터 생성되지 않았기 때문에 이산화탄소 생성 반응은 아니다.

정답 ①, ⑤

19

① 화학 반응식을 통해 반응하는 계수의 비는 반응하는 몰수의 비와 같지만, 몰질량이 다르므로 질량의 비는 다르다.

② 화학 반응식의 계수가 다르므로 H_2의 반응 속도와 HCl의 생성 속도는 다르다.

$$v = -\frac{d[H_2]}{dt} = +\frac{1}{2}\frac{d[HCl]}{dt}$$

H_2의 반응 속도는 HCl의 생성 속도에 비해 2배 느리다.

③ 발열 반응이므로 용기 내의 온도는 올라간다.

④ 반응물과 생성물의 계수의 합이 같으므로 반응이 진행되어도 용기 내의 몰수가 변화하지 않으므로 압력의 변화는 없다.

⑤ HCl의 생성열은 홑원소 물질로부터 염화수소 1mol이 생성될 때 발생하는 열로 문제에 제시된 반응열의 $\frac{1}{2}$인 -46.15kJ/mol이다.

정답 ⑤

20

프로페인의 질량이 주어졌고, 열화학 반응식을 통해 몰당 연소열을 알고 있기 때문에 발생하는 열을 구하기 위해서는 몰수를 구하기 위해 프로페인의 분자량을 알아야 한다.

정답 ①

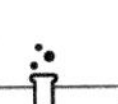

반응열 계산

21

주어진 반응열에 대한 화학 반응식을 작성하면 다음과 같다.

$$HCl(aq) + NaOH(aq) \rightarrow NaCl(aq) + H_2O(l) \qquad \Delta H = -56\text{kJ}$$

$$NaOH(s) \xrightarrow{H_2O(l)} NaOH(aq) \qquad \Delta H = -45\text{kJ}$$

고체인 수산화나트륨은 염산과 바로 반응을 할 수 없다. 수산화나트륨이 용해되어 이온 상태로 되어야 염산과 반응을 할 수 있다. 따라서 먼저 용해열이 발생하고, 이후에 염산과 수산화나트륨 수용액의 중화 반응으로 중화열이 발생한다.

수산화나트륨의 몰수 $= \frac{8\text{g}}{40\text{g/mol}} = 0.2\text{mol}$

수산화나트륨의 용해열은 $0.2\text{mol} \times 45\text{kJ/mol} = 9\text{kJ}$

염산의 몰수 $= 0.2\text{M} \times 0.5\text{L} = 0.1\text{mol}$

중화열은 염산이 한계 반응물이므로 0.1mol의 중화열은 5.6kJ이므로 발생한 총 열량은

$$Q = (-45\text{kJ/mol}) \times 0.2\text{mol} + (-56\text{kJ/mol}) \times 0.1\text{mol} = -14.6\text{kJ}$$

정답 ④

22

$Q = c \times \Delta t \times m$를 이용하면

$$2280\text{J} = 0.7\text{J/g}\cdot℃ \times \Delta t \times 36\text{g}$$

$$\therefore \Delta t = 90℃$$

황의 녹는점은 $(25 + \Delta t)℃ = (25 + 90)℃ = 115℃$이다.

정답 ③

23

포도당의 연소 반응식

$$C_6H_{12}O_6(s) + 6O_2(g) \rightarrow 6CO_2(g) + 6H_2O(l)$$

ㄱ. 포도당 0.25mol을 연소하면 화학 반응식의 계수의 비에 따라 생성된 이산화탄소는 $0.25 \times 6 = 1.5\text{mol}$이다.

ㄴ. $1\text{mol} : 2860\text{kJ} = 0.25\text{mol} : x \qquad \therefore x = 715\text{kJ}$

ㄷ. 715kJ 중 20%만 체온을 올리는 데 쓰이므로 체온 변화에 사용되는 반응열은 $715 \times 0.2 = 143\text{kJ}$이다.

$Q = C \times \Delta t$ 를 이용하여 $143\text{kJ} = 286\text{kJ/}℃ \times \Delta t$

$\therefore \Delta t = 0.5℃$가 증가한다.

정답 ②

24

n_{H^+} =0.8mol, n_{OH^-} =0.4mol이므로 중화 반응에 의해 생성된 물의 양은 0.4몰이다. 따라서 중화 반응에 의해 발생한 열량은 $0.4\text{mol} \times 56 \times 10^3\text{kJ/mol} = 22.4 \times 10^3\text{J}$이다.

$Q = cm\Delta t$를 이용해서 온도 변화를 구할 수 있다. 여기서 주의해야 할 것은 용액의 질량을 밀도와 부피를 곱해서 구하는데 용액 1L와 1L를 혼합하였으므로 용액의 총 부피는 2L이므로 용액의 질량은 $1000\text{g/L} \times 2\text{L} = 2000\text{g}$이다.

$$22.4 \times 10^3\text{J} = 4.0\text{J/℃}\cdot\text{g} \times 2000\text{g} \times \Delta t$$

$$\Delta t = 2.8\text{℃} \text{ 증가}$$

정답 ④

열평형

25

벤조산 0.752g에 대한 연소열

$$26.4\text{kJ/g} \times 0.752\text{g} = 19.8528\text{kJ}$$

벤조산의 염소열 = 물이 얻은 열량 + 열량계가 얻은 열량

$$= cm\Delta t + C\Delta t$$

$$= (cm + C)\Delta t$$

$$19.8528\text{kJ} = (4.18 \times 10^{-3}\text{J/g}\cdot\text{℃} \times 1000\text{g} + C) \times 3.6\text{℃}$$

$$\therefore C = 1.33\text{kJ/℃}$$

정답 ④

26

고온의 은이 잃은 열량과 저온의 철이 얻은 열량이 같음을 이용한다.($Q = m \times c \times \Delta t$)

두 금속의 최종 온도를 t라 하면,

고온의 은이 잃은 열량 = $50 \times 0.235 \times (100 - t)$

저온의 철이 얻은 열량 = $50 \times 0.4494 \times t$

$$50 \times 0.235 \times (100 - t) = 50 \times 0.4494 \times t$$

$$t = 34.34\text{℃}$$

따라서 두 금속의 최종 온도는 50℃ 미만이다.

※ 두 금속의 질량이 같으므로 비열이 큰 철의 온도 변화가 작을 것이지만 철의 비열이 은의 비열보다 2배 크지 않으므로 50℃ 이상이 될 수는 없을 것이므로 두 금속의 최종 온도는 50℃ 미만이다.

정답 ③

제 2 절 헤스의 법칙

01 ③ 02 ② 03 ④ 04 ③ 05 ①
06 ④ 07 ②

08 (1) $2K(s) + O_2(g) \rightarrow K_2O_2(s)$

(2) $2K(s) + 2Cr(s) + \frac{7}{2}O_2(g) \rightarrow K_2Cr_2O_7(s)$

(3) $N_2(g) + 2H_2(g) \rightarrow N_2H_4(g)$

(4) $N_2(g) + 2O_2(g) \rightarrow N_2O_4(g)$

(5) $Cl_2(g) \rightarrow Cl_2(g)$

(6) $\frac{1}{2}Cl_2(g) \rightarrow Cl(g)$

09 $C_2H_2 < C_2H_4 < C_2H_6$

10 $\Delta H = -71.0\text{kcal/몰}$ 11 $-2{,}222\text{kJ}$

12 (1) $\Delta H = -1077.6\text{ kJ}$ (2) $\Delta H = -43.104\text{ kJ}$

13 ⑤ 14 ② 15 ① 16 ③ 17 ③
18 ④ 19 ④ 20 ③ 21 ② 22 ②
23 ④ 24 ① 25 ① 26 ② 27 ④
28 ④ 29 ① 30 ④ 31 ③ 32 ③
33 ③ 34 ④ 35 ② 36 ③ 37 ③
38 ③ 39 ⑤ 40 ② 41 ④ 42 ①
43 ①

대표 유형 기출 문제

01

ㄴ. 흑연이 다이아몬드로 되는 반응은 매우 큰 압력과 매우 큰 활성화 에너지로 반응이 매우 느리게 일어나므로 반응 엔탈피를 측정하기가 곤란하다.

ㄷ. 흑연을 연소시켜 생성된 일산화탄소는 불안정하여 매우 빠르게 안정한 이산화탄소가 되므로 실험으로 정확히 측정하기 어렵다.

정답 ③

02

결합 에너지를 이용하여 반응열을 구하기 위해서는 구조식을 먼저 생각해야 한다.

그리고 $\Delta H° = \sum D_{반응물} - \sum D_{생성물}$임을 이용한다.

$= [D(C-H) + D(Cl-Cl)] - [D(C-Cl) + D(H-Cl)]$

$= (413+242) - (339+432) = -116\,kJ/mol$

※ 엔탈피 변화량을 묻는 것이 아니고 반응열을 묻고 있으므로 부호에 주의해야 한다.

정답 ②

03

주인공, 위치, 계수를 생각하고, 상태 변화에 주의한다. $\Delta H_1°$식과 $\Delta H_2°$식을 더해 $CH_4(g)$와 $O_2(g)$ 소거한 후 남은 $2H_2O(l)$을 $-2\times\Delta H_3°$식을 더해 소거한다.

$\therefore \Delta H° = \Delta H_1° + \Delta H_2° - 2\times\Delta H_3°$

$= 275.6 + (-890.3) - \{2\times(-44)\} = -526.7\,kJ$

정답 ④

04

$$\Delta H° = 2a + 2b$$

정답 ③

05

반응물의 결합 에너지의 합에서 생성물의 결합 에너지의 합을 뺀 것이 이 반응의 엔탈피 변화량이다.

ΔH

$= [4D(C-H) + 2D(O=O)] - [2D(C=O) + 4D(O-H)]$

$= [4\times100 + 2\times120] - [2\times190 + 4\times110] = -180\,kcal$

정답 ①

06

이 문제에서는 연소열과 생성열의 관계를 이용하면 보다 쉽게 문제를 해결할 수 있다. 즉 $H_2(g)$의 연소열이 $H_2O(l)$의 생성열과 같기 때문에 주어진 문제는 생생반을 이용해서 해결할 수 있다.

이 문제에서 main 반응식은 $C_2H_6(g)$의 연소 반응이다. 이를 화학 반응식으로 나타내면 다음과 같다.

$$C_2H_6(g) + \frac{7}{2}O_2(g) \rightarrow 2CO_2(g) + 3H_2O(l)$$

$$\Delta H = a$$

생생반을 이용하면,

$a = 2\times\Delta H_f(CO_2) + 3\times\Delta H_f(H_2O) - \Delta H_f(C_2H_6)$

$= 2c + 3b - A$

$$A = -a + 3b + 2c$$

※ 참고로 $C(s)$의 연소열은 $CO_2(g)$의 생성열과 같다.

※ 이 문제를 기계적으로 주어진 자료를 해당하는 화학 반응식으로 나타낸 다음 헤스의 법칙을 이용해서 해결할 수도 있다.

$2C(s) + 3H_2(g) \rightarrow C_2H_6(g)$	$\Delta H = A$
$C_2H_6(g) + \frac{7}{2}O_2(g) \rightarrow 2CO_2(g) + 3H_2O(l)$	$\Delta H = a$
$H_2(g) + \frac{1}{2}O_2(g) \rightarrow H_2O(l)$	$\Delta H = b$
$C(s) + O_2(g) \rightarrow CO_2(g)$	$\Delta H = c$

$a = 2c + 3b - A \qquad A = -a + 3b + 2c$

정답 ④

07

O－O 결합을 포함한 $H_2O_2(l)$ 생성반응식은 다음과 같다.

$H_2(g) + O_2(g) \rightarrow H_2O_2(l) \quad \Delta H = -188\,kJ$

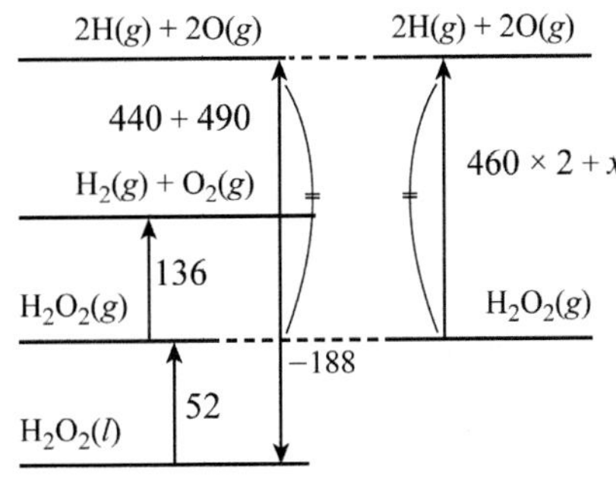

$$136 + 440 + 490 = 460\times2 + x$$

$$\therefore x = 146\,kJ/mol$$

정답 ②

PART 05 화학 반응

주관식 개념 확인 문제

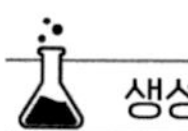

생성열

08

생성 반응식은 가장 안정한 홑원소 물질로부터 화합물 1몰이 생성되어야한다.

정답 (1) $2K(s)+O_2(g) \rightarrow K_2O_2(s)$

(2) $2K(s)+2Cr(s)+\frac{7}{2}O_2(g) \rightarrow K_2Cr_2O_7(s)$

(3) $N_2(g)+2H_2(g) \rightarrow N_2H_4(g)$

(4) $N_2(g)+2O_2(g) \rightarrow N_2O_4(g)$

(5) $Cl_2(g) \rightarrow Cl_2(g)$

(6) $\frac{1}{2}Cl_2(g) \rightarrow Cl(g)$

09

같은 원소로부터 화합물이 생성되는 경우, 표준생성엔탈피($\Delta H_f°$)가 작은 물질일수록 안정하다.

$$\Delta H_f°:\ C_2H_6 < C_2H_4 < C_2H_2$$

안정성이 증가하는 순서대로 나열하면 다음과 같다.

$$C_2H_2 < C_2H_4 < C_2H_6$$

정답 $C_2H_2 < C_2H_4 < C_2H_6$

10

이산화황의 생성열을 구하기 위해서는 이산화황의 생성 반응식이 필요한데, 다음과 같다.

$$S(s)+O_2(g) \rightarrow SO_2(g)$$

주인공, 위치, 계수를 확인한다. ①식은 위치와 계수가 적절하다. ②식은 위치가 반대이고 계수가 2배이므로 − 부호를 붙이고 계수에 $\frac{1}{2}$을 곱하여 더한다.

$$= ① - \frac{1}{2}\times ② = (-94.5)-\frac{1}{2}\times(-47.0) = -71.0\text{kcal}$$

정답 $\Delta H = -71.0\text{kcal}/$몰

11

생성 엔탈피가 주어질 경우 생성물의 생성 엔탈피의 합에서 반응물의 생성 엔탈피의 합을 뺀다.

$$\Delta H° = [3\Delta H_f°(CO_2)+4\Delta H_f°(H_2O)]-\Delta H_f°(C_3H_8)$$
$$= [3(-394)+4(-286)]-(-104) = -2{,}222\text{kJ}$$

정답 $-2{,}222\text{kJ}$

12

(1) 문제의 화학 반응식을 작성한다.

$$2N_2H_4(g)+N_2O_4(g) \rightarrow 3N_2(g)+4H_2O(l)$$

생성 엔탈피가 주어졌으므로 생성물의 생성 엔탈피의 합에서 반응물의 생성 엔탈피를 뺀다.

$$\Delta H° = 4\Delta H_f°(H_2O)-\{2\Delta H_f°(N_2H_4)+\Delta H_f°(N_2O_4)\}$$
$$=4(-241.8)-(2\times 50.6+9.16) = -1{,}077.6\text{kJ}$$

정답 $\Delta H = -1077.6\text{ kJ}$

(2) $N_2O_4(g)$ 2mol당 반응열이 1077.6kJ이므로 비례식을 이용한다.

$$2\text{mol} : -1077.6\text{kJ} = 0.0800\text{mol} : x$$
$$\therefore x = -43.104\text{kJ}$$

정답 $\Delta H = -43.104\text{ kJ}$

기본 문제

13

ㄱ. 헤스의 법칙에 의해 반응물의 종류와 상태, 생성물의 종류와 상태가 같으면 경로와 무관하게 출입하는 엔탈피의 크기는 같으므로 $\Delta H_3 = \Delta H_1 + \Delta H_2$는 같다.

ㄴ. 중화열은 중화 반응에 의해 물 1mol이 생성될 때 방출되는 열로 정의된다. ΔH_2는 중화 반응의 결과 물 2mol이 생성될 때 방출하는 열이므로 중화열은 $\frac{1}{2}\Delta H_2$이다.

ㄷ. 산-염기의 중화 반응시 발생하는 열은 산의 음이온, 염기의 양이온의 종류와 무관하다. $HCl(aq)$대신 $HNO_3(aq)$을 사용하여도 중화열의 크기는 변하지 않는다.

정답 ⑤

14

$\Delta H = -③ - ① \times \frac{1}{2} - ② \times \frac{1}{2}$

$\Delta H = -(1118.4) - \left(-544.0 \times \frac{1}{2}\right) - \left(-1648.4 \times \frac{1}{2}\right)$

$= -22.2\text{kJ}$

정답 ②

15

②, ③, ④

$C(s, \text{흑연}) + \frac{1}{2}O_2(g) \rightarrow CO(g)$ ... ①

$CO(g) + \frac{1}{2}O_2(g) \rightarrow CO_2(g)$ ... ②

$CO_2(g)$의 표준 생성 반응식은 ①+②이므로,

$C(s, \text{흑연}) + O_2(g) \rightarrow CO_2(g)$

$\Delta H_f^\circ = -110 + (-280) = -390\text{kJ}$

$CO_2(g)$의 표준 생성 반응식은 C(s, 흑연)의 표준 연소 반응식과 같으므로 C(s, 흑연)의 표준 연소 엔탈피는 -390kJ/mol이다.

정답 ①

16

$\Delta H_4^\circ = (2 \times -\Delta H_1^\circ) + \Delta H_2^\circ + \Delta H_3^\circ$

$= 2 \times 131 - 206 - 41 = 15\text{kJ}$

정답 ③

17

생성물의 생성열의 합에서 반응물의 생성열의 합을 빼면 반응 엔탈피를 구할 수 있다.

$\Delta H = [\Delta H_f^\circ(CO_2) + 2\Delta H_f^\circ(H_2O)] - [\Delta H_f^\circ(CH_4)]$

$= [-393.5 + (2 \times -241.8)] - (-74.6) = -802.5\text{kJ}$

정답 ③

18

$\Delta H = -\Delta H_3 \times \frac{1}{3} + \Delta H_2 \times \frac{1}{2} - \Delta H_1 \times \frac{1}{6}$

$= -10.9\text{kJ}$

정답 ④

19

표준 생성 엔탈피가 주어진 경우

반응열 $\Delta H^\circ = \Delta H_f^\circ(\text{생성물}) - \Delta H_f^\circ(\text{반응물})$

표준 연소 엔탈피가 주어진 경우

반응열 $\Delta H^\circ = \Delta H_c^\circ(\text{반응물}) - \Delta H_c^\circ(\text{생성물})$

ㄱ. $\Delta H^\circ = \Delta H_f^\circ(B) - 2 \times \Delta H_f^\circ(A)$

$-110 = -10 - 2\Delta H_f^\circ(A)$

$\Delta H_f^\circ(A) = +50\text{kJ/mol}$

ㄴ. $\Delta H^\circ = 2 \times \Delta H_c^\circ(A) - \Delta H_c^\circ(B)$

$-110 = 2 \times -750 - \Delta H_c^\circ(B)$

$\Delta H_c^\circ(B) = -1390\text{kJ/mol}$

정답 ④

20

$\Delta H = \frac{1}{2}\Delta H_1 + \frac{1}{2}\Delta H_3 - \frac{1}{2}\Delta H_2$

$= 167.4 \times \frac{1}{2} - 43.4 \times \frac{1}{2} - 341.4 \times \frac{1}{2}$

$= -108.7\text{kJ}$

정답 ③

결반생

21

(라)의 반응 엔탈피를 구하기 위해서는 $D(Cl-Cl)$와 $D(H-Cl)$이 필요하므로 (나), (다)의 반응이 필요하다.

정답 ②

22

존재하지 않던 정전기적 인력이 작용하면 열을 방출하므로 (다)는 발열 반응이다.

(라)의 경우 두 가지 반응이 포함되어 있는데, 염소의 결합 에너지는 +243kJ/mol이고, 염화수소의 결합 에너지는 +431.6kJ/mol인데 생성물인 염화수소의 결합 에너지가 더 크므로 전체 반응은 발열 반응이다.

정답 ②

23

① 분자 사이에 결합을 끊기 위해 에너지가 공급되어야 하는 흡열 반응이다.

② $\Delta H = D(\mathrm{C-H}) - D(\mathrm{H-Br}) = 99 - 88$
$= +11\mathrm{kcal/mol}$
이므로 11kcal/mol의 열이 공급되어야 한다.

③ $\Delta H = D(\mathrm{Br-Br}) - D(\mathrm{C-Br}) = 46 - 69$
$= -23\mathrm{kcal/mol}$
이므로 23kcal/mol의 열이 발생한다.

④ $\Delta H = \{D(\mathrm{C-H}) + D(\mathrm{Br-Br})\} - \{D(\mathrm{C-Br}) + D(\mathrm{H-Br})\}$
$= (99+46) - (69+88) = -12\mathrm{kcal/mol}$
이므로 12kcal/mol의 열을 방출하는 발열 반응이다.

정답 ④

24

일산화질소의 생성되는 열화학 반응식은 다음과 같다.

$$\frac{1}{2}\mathrm{N_2}(g) + \frac{1}{2}\mathrm{O_2}(g) \rightarrow \mathrm{NO}(g) \qquad \Delta H = +90\mathrm{kJ/mol}$$

질소와 산소의 결합 에너지가 주어져 있으므로 결반생을 이용하여 일산화질소 분자의 결합 해리 에너지를 구할 수 있다.

$$\Delta H = \frac{1}{2}D(\mathrm{N\equiv N}) + \frac{1}{2}D(\mathrm{O=O}) - D(\mathrm{N\equiv O})$$

$$= \frac{1}{2}\times 941 + \frac{1}{2}\times 499 - D(\mathrm{N\equiv O}) = 90$$

$$\therefore D(\mathrm{N\equiv O}) = 630\mathrm{kJ/mol}$$

정답 ①

25

화학 반응식을 작성해 보면 다음과 같다.

$$\mathrm{N_2}(g) + 3\mathrm{H_2}(g) \rightarrow 2\mathrm{NH_3}(g)$$

결합 엔탈피가 주어진 경우이므로 반응의 엔탈피 변화량(ΔH)는 반응물의 결합 엔탈피의 합에서 생성물의 결합 엔탈피의 합을 빼서 구할 수 있다.

$$\Delta H = [D(\mathrm{N\equiv N}) + 3D(\mathrm{H-H})] - 6(D(\mathrm{N-H}))$$
$$= [941 + 3\times 436] - 6\times 393 = -109\mathrm{kJ/mol}$$

$\mathrm{N_2}$ 7.00g은 0.25몰이므로 $-109\times\frac{1}{4} = -27\mathrm{kJ/mol}$ 이다.

주의해야 할 것은 문제에서 생성할 때 발생하는 열(Q)을 계산하라고 하였으므로 정답은 27kJ/mol이다.

정답 ①

26

반응물과 생성물의 생성열이 주어졌으므로 열화학 반응식으로 표현해보자.

$$\mathrm{N_2}(g) + 2\mathrm{O_2}(g) \rightarrow \mathrm{N_2O_4}(l) \quad \Delta H = -20\mathrm{kJ/mol}$$

$$\frac{1}{2}\mathrm{N_2}(g) + \mathrm{O_2}(g) \rightarrow \mathrm{NO_2}(g) \quad \Delta H = +34\mathrm{kJ/mol}$$

에너지 기준 물질인 홑원소 물질이 B, 홑원소 물질로부터 이산화질소($\mathrm{NO_2}(g)$)이 생성되는 반응이 흡열 반응이므로 A, 사산화이질소($\mathrm{N_2O_4}(l)$)가 생성되는 반응이 발열 반응이므로 C에 해당한다.

정답 ②

27

결합 에너지, 표준 생성 엔탈피 값이 주어진 물질을 열화학 반응식으로 표현해보자.

$$\frac{1}{2}\mathrm{H_2}(g) + \frac{1}{2}\mathrm{F_2}(g) \rightarrow \mathrm{HF}(g) \quad \Delta H_f^{\circ} = -271\mathrm{kJ/mol}$$

주어진 결합 에너지를 이용하여 $\mathrm{HF}(g)$의 결합 에너지를 구할 수 있다.

$$\left[\frac{1}{2}D(\mathrm{H-H}) + \frac{1}{2}D(\mathrm{F-F})\right] - D(\mathrm{H-F})$$
$$= -271\mathrm{kJ/mol}$$

$D(\mathrm{H-F})$에 대해 정리하면,

$$\therefore D(\mathrm{H-F}) = 564\mathrm{kJ/mol}$$

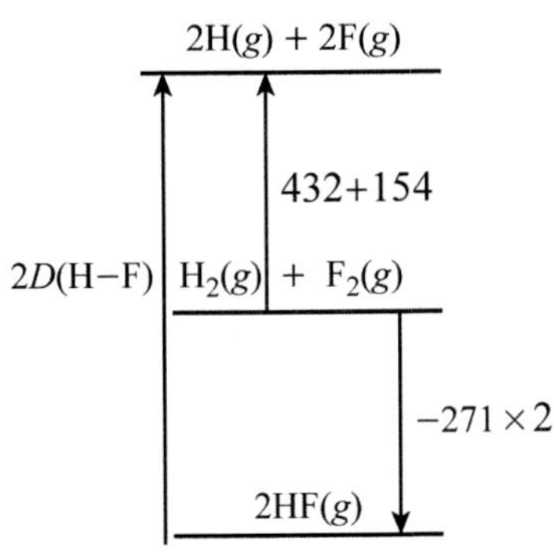

$$2D(\mathrm{H-F}) = 432 + 154 + (2 \times 271)$$

$$D(\mathrm{H-F}) = +564\mathrm{kJ/mol}$$

정답 ④

28

$GeF_4(g)$가 생성되는 열화학 반응식을 표현해보자.

$$Ge(s) + 2F_2(g) \rightarrow GeF_4(g) \qquad \Delta H_f^\circ = x$$

주어진 결합 에너지와 승화 엔탈피를 이용하여 x를 구할 수 있다.

$x = \{(\mathrm{Ge}$의 승화 엔탈피$) + 2D(\mathrm{F-F})\} - 4D(\mathrm{Ge-F})$

$= (375 + 2 \times 158) - 4 \times 465$

$$\therefore x = -1169\mathrm{kJ/mol}$$

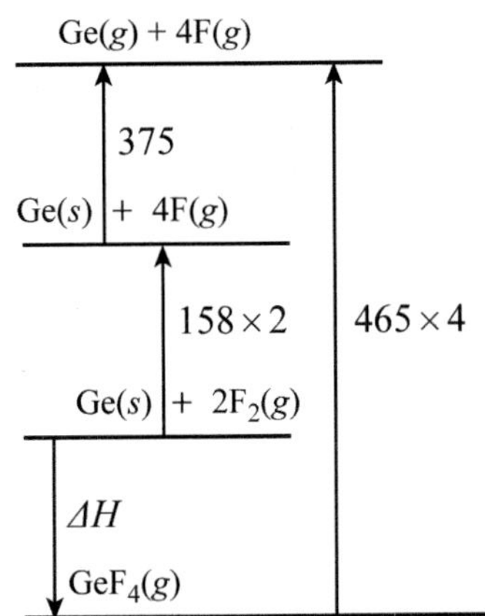

$$\Delta H = (375 + 158 \times 2) - 465 \times 4 = -1169\mathrm{kJ/mol}$$

정답 ④

29

C_2H_2의 표준 생성 반응식은 다음과 같다.

$$2C(\text{흑연}) + H_2(g) \rightarrow C_2H_2(g)$$

$\Delta H_f^\circ = 2 \times ㉠ + ㉡ - \frac{1}{2} \times ㉢$

$= 2 \times (-393.5) + (-285.8) + \left(-\frac{1}{2} \times -2598.8\right)$

$= +226.6\mathrm{kJ}$

정답 ①

30

① a, c, d는 모두 결합이 끊어지는 반응이므로 흡열 반응이다. 따라서 모두 양수이다. b는 기체가 고체가 되는 승화 과정이므로 발열 반응이므로 음수이다.

② 결합 에너지의 크기는 원자의 크기가 작을수록 커지므로 c가 d보다 더 크다.

③ $HI(g)$의 표준 생성 반응식은 다음과 같다.

$$\frac{1}{2}H_2(g) + \frac{1}{2}I_2(s) \rightarrow HI(g)$$

$HI(g)$의 표준 생성 엔탈피$= \dfrac{-b-a}{2} = -\dfrac{(a+b)}{2}$

이다.

④

$$2HI(g) \xrightarrow{2D(\mathrm{H-I})} 2H(g) + 2I(g)$$

a ↘ $H_2(g) + I_2(g)$ ↗ $c+d$

$$D(\mathrm{H-I}) = \frac{a}{2} + \frac{c+d}{2} = \left(\frac{a+c+d}{2}\right)\mathrm{kJ/mol}$$

정답 ④

기타 반응에 대한 엔탈피 변화

31

염화 칼륨의 용해 반응을 열화학 반응식으로 표현해보자.

$KCl(s) \rightarrow KCl(aq) \qquad \Delta H = 17.2kJ/mol$

$K^+(g) + Cl^-(g) \rightarrow KCl(s) \qquad \Delta H = -701.2kJ/mol$

위 두 반응식을 더하면 구하고자하는 반응(수화)의 엔탈피 변화($\Delta H°$)를 알 수 있다.

$$\therefore \Delta H^\circ = 17.2 + (-701.2) = -684kJ$$

정답 ③

32

고체 브롬의 표준 승화 엔탈피와 표준 용융 엔탈피를 열화학 반응식으로 표현해보자.

$Br_2(s) \rightarrow Br_2(g) \qquad \Delta H_1 = +40.1kJ/mol$

$Br_2(s) \rightarrow Br_2(l) \qquad \Delta H_2 = +10.6kJ/mol$

액체 브롬의 표준 증발 엔탈피를 구하기 위해 열화학 반응식을 표현해보자.

$Br_2(l) \rightarrow Br_2(g) \qquad \Delta H = x$

$$\therefore x = \Delta H_1 - \Delta H_2 = 40.1 - 10.6 = +29.5kJ/mol$$

정답 ③

33

①, ② 헤스의 법칙에 의해, $\Delta H_3 = \Delta H_1 + \Delta H_2$이다.

$\Delta H_1 = \Delta H_3 - \Delta H_2 = 3 - (-927) = +930kJ/mol$

$\Delta H_1 > 0$이므로 흡열 과정이다.

③ $\Delta S = \dfrac{\Delta H - \Delta G}{T} = \dfrac{3{,}000 - 8{,}000}{298} < 0$

$\Delta S < 0$이므로 NaF가 물에 용해되는 과정은 엔트로피가 감소하는 과정이다.

④ NaF가 물에 용해되는 과정은 흡열 과정이므로 수용액의 온도가 내려간다.

정답 ③

자료 추론형

34

산소의 결합 에너지와 오존의 생성열을 열화학 반응식으로 표현해보자.

$O_2(g) \rightarrow 2O(g) \qquad \cdots\cdots \Delta H_1$

$\frac{3}{2}O_2(g) \rightarrow O_3(g) \qquad \cdots\cdots \Delta H_2$

오존 1몰의 결합을 모두 끊는 반응을 열화학 반응식으로 표현하자.

$O_3(g) \rightarrow 3O(g) \qquad \Delta H = x$

x에 대해 1식과 2식을 이용하여 정리한다.

$$x = \frac{3}{2}\Delta H_1 - \Delta H_2$$

정답 ④

35

ㄱ. C−Br의 결합 에너지는 $192 - D(C-Br) = -101$

$D(C-Br) = -\Delta H_3^\circ + \Delta H_1^\circ = 293kJ/mol$

ㄴ. $\Delta H_2°$의 값이 양의 값을 가지므로 $D(C-H)$값이 $D(H-Br)$보다 더 크다.

ㄷ. $\Delta H° = \Delta H_2° + \Delta H_3°$

정답 ②

36

ㄱ. 이산화질소의 생성열이 $+33.2kJ/mol$이므로 이산화질소의 생성 반응은 흡열 반응이다.

ㄴ. 일산화탄소를 연소시키면 가장 안정한 연소 생성물인 이산화탄소가 생성되므로 연소열(ΔH)은 생성열이 주어졌으므로 생생반을 이용해 구할 수 있다.

$\Delta H = -393.5 - (-110.5) = -283.0kJ/mol$

ㄷ. 생성 엔탈피는 가장 안정한 물질로부터 생성될 때 출입하는 열이므로 다이아몬드가 아닌 흑연으로부터 생성될 때의 엔탈피 변화이어야 한다.

정답 ③

37

ㄱ. 에너지 다이어그램으로부터 $D(C-H) = 411kJ$, $D(C-Cl) = 325kJ$이므로 결합의 세기는 $C-H > C-Cl$ 이다.

ㄴ. $D(H-Cl)$은 헤스의 법칙에 의해 다음과 같이 구할 수 있다.

$$-\Delta H + D(Cl-Cl) + D(C-H) + D(H-Cl) - D(C-Cl) = 0$$

$$D(H-Cl) = 325 - 99 - 247 - 411 = +432kJ/mol$$

ㄷ. 반응의 엔탈피 변화량이 음수($\Delta H = -99kJ$)이므로 이 반응은 발열 반응이다. 따라서 용기 내부의 온도는 높아진다.

ㄹ. 주어진 화학 반응식으로부터 99kJ의 에너지가 방출됨을 알 수 있다.

정답 ③

화합 결합과 반응열

38

리튬의 이온화 에너지는 기체 상태의 중성 원자 1몰로부터 전자 1몰을 떼어낼 때 필요한 에너지로 열화학 반응식으로 표현하면 다음과 같다.

$$Li(g) \rightarrow Li^{+}(g) + e^{-} \qquad \Delta E$$

그래프에서 해당하는 것을 찾아보자. 여기서 플루오린 기체는 구경꾼이므로 리튬의 이온화 에너지는 520kJ/mol이다.

정답 ③

39

ㄱ. X의 이온화 에너지는 첫 번째 식과 같으므로 495kJ/mol이다.

ㄴ. 1개의 X^{+}와 결합하고 있는 Y^{-}는 6개이다.

ㄷ. 지문에서 설명하는 에너지는 (−)격자 에너지로 3식과 4식의 합과 같다.

$$X^{+}(g) + Y^{-}(g) \rightarrow XY(s)$$

따라서, $(-450) + (-337) = -787kJ/mol$의 에너지를 방출한다.

정답 ⑤

40

ㄱ. E_3는 이온 결합 에너지이므로 $I(g)$로 바꾸면 결합 길이가 길어져 결합력이 약해지므로 E_3가 작아진다.

ㄴ. $NaCl(g)$의 생성열은 아래와 같다.

$$Na(s) + \frac{1}{2}Cl_2(g) \rightarrow NaCl(g)$$

문제에서 주어진 것만으로는 $Na(s) \rightarrow Na(g)$의 승화 에너지를 알 수 없으므로 $NaCl(g)$의 생성열을 구할 수 없다.

ㄷ. 이온화 에너지의 크기는 항상 전자친화도의 크기보다 크다.

정답 ②

41

ㄱ. 리튬의 이온화 반응식으로부터 구할 수 있다.

$$Li(g) \rightarrow Li^{+}(g) + e^{-} \quad \Delta H = 520kJ/mol$$

ㄴ. F_2의 결합 에너지를 열화학 반응식으로 표현하면 다음과 같다.

$$F_2(g) \rightarrow 2F(g) \quad \Delta H = 77 \times 2 = 154kJ/mol$$

ㄷ. ΔH는 $LiF(s)$의 생성열이다. 헤스의 법칙에 의해

$$-\Delta H + 161 + 520 + 77 - 328 - 1047 = 0kJ$$

$$\therefore \Delta H = -617kJ$$

정답 ④

42

브롬화수소가 생성되는 열화학 반응식은 반응 엔탈피가 음수이므로 발열 반응이다.

원소의 주기성에 따라 a는 H_2, b는 HBr, c는 Br_2이다.

ㄱ. Br_2의 결합 에너지는 E_1이므로 가장 작다.

ㄴ. b는 이종 핵간 결합 분자이므로 동종 핵간 결합 분자인 a와 c의 합의 절반보다 작다.

$$b < \frac{a+c}{2}$$

ㄷ. E_2는 b의 핵간 거리가 짧아져 E_1과 E_3의 합의 절반보다 결합세기보다 커져 더 많은 에너지를 방출한다.

$$E_2 > \frac{E_1 + E_3}{2}$$

정답 ①

PART 05 화학 반응

열역학

43

카르노 사이클(Carnot cycle)은 열역학에서 가장 효율적인 사이클로, 열기관의 이상적인 모델로 여겨진다. 이 사이클은 네 가지 가역 과정(두 개의 등온 과정과 두 개의 단열 과정)으로 구성된다.

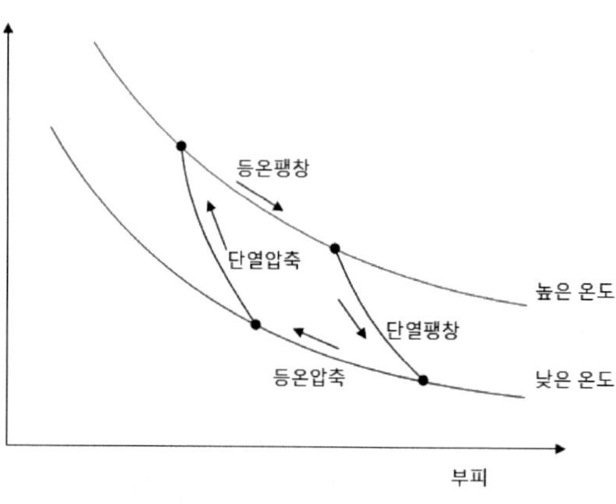

시스템은 이상기체라고 가정한다.

(1) 등온팽창(Isothermal Expansion)

시스템이 고온 열원(온도 T_H)에 접촉하여 등온 팽창을 한다. 이 과정에서 열(Q)이 시스템으로 들어오며, 기체는 팽창하면서 일을 한다. 이때 온도는 일정하게 유지된다.

(2) 단열팽창(Adiabatic Expansion)

시스템이 단열 조건(열 교환 없음)에서 팽창하며 내부 에너지가 감소하므로 온도가 고온 (T_H)에서 저온 (T_L)으로 감소한다. 이 과정에서는 열의 이동은 없다.

(3) 등온압축(Isothermal Compression)

시스템이 저온 열원과 접촉하여 일정한 저온(T_L)에서 등온 압축된다. 이 과정에서 기체는 열원으로 열(Q)을 방출한다. 외부로부터 일이 기체에 가해져 기체가 압축된다.

(4) 단열압축(Adiabatic Compression)

시스템이 단열 조건에서 압축되며 온도가 저온(T_L)에서 고온(T_H)으로 증가한다. 이 과정에서는 열의 이동이 없다. 외부로부터 일이 기체에 가해져 기체가 압축된다.

카르노 사이클의 열역학적 효율

$$\eta = 1 - \frac{T_L}{T_H}$$

카르노 사이클은 이론적으로 가장 효율적인 사이클이지만, 실제로는 가역 과정이 완벽하게 이루어지기 어렵기 때문에 실용적인 열기관에서 이 효율을 달성하기는 어렵다. 그러나 이 사이클은 열역학 제2법칙의 이해와 열기관의 한계를 설명하는 데 중요한 역할을 한다.

 정답 ①

Chapter

02 반응의 자발성과 자유 에너지 변화

제 1 절 엔트로피 변화

01 ④	02 ③	03 ①	04 ②	05 ③
06 ③	07 ②			

대표 유형 기출 문제

01

엔트로피 증가의 경우는 상태 변화, 이온성 고체의 용해 반응, 입자수 증가, 기체 발생 반응, 서로 다른 기체의 혼합, 온도의 증가가 있다.

ㄱ. 입자수 감소이므로 엔트로피 감소
ㄴ. 입자수 감소이므로 엔트로피 감소
ㄷ. 기체 발생 반응이므로 엔트로피 증가
ㄹ. 염화나트륨이 고체에서 액체로의 상태 변화이므로 엔트로피 증가

정답 ④

02

ㄱ. 기체 발생 반응이므로 엔트로피 증가
ㄴ. 입자수가 감소하므로 엔트로피 감소
ㄷ. 입자수가 감소하므로 엔트로피 감소

정답 ③

03

① 이온성 고체의 용해 과정이 항상 엔탈피가 증가하는 흡열 반응인 것은 아니다. 대부분이 흡열 반응이나 강염기(NaOH, KOH 등)가 용해되거나 염화칼슘($CaCl_2$) 등이 용해되는 경우에는 발열 반응이므로 엔탈피가 감소하게 된다.
③ 이온의 크기가 클수록 엔트로피 변화 크기도 커진다.
④ 이온 결정이 해리되는 과정은 엔트로피가 증가하는 과정이지만, 물 분자에 의해 수화되는 것은 엔트로피가 감소하는 과정이다. 그런데 대개의 경우 해리되는 과정의 엔트로피 증가 정도는 물에 의해 수화되는 과정의 엔트로피 감소 정도보다 훨씬 크기 때문에, 대부분의 이온성 물질이 물에 용해되는 것은 엔트로피가 증가하는 과정이다.

정답 ①

04

ㄱ. 이온성 고체의 용해반응은 엔트로피 증가
ㄴ. 기체의 분리는 엔트로피 감소
ㄷ. 온도가 감소하므로 엔트로피 감소
ㄹ. 고체에서 액체로 상태 변화하므로 엔트로피 증가

정답 ②

05

$\Delta S^\circ = \Sigma$(생성물의 표준 몰 엔트로피) $- \Sigma$(반응물의 표준 몰 엔트로피)

$$\Delta S^\circ = \{2S^\circ(NH_3)\} - \{S^\circ(N_2) + 3S^\circ(H_2)\}$$
$$= 2 \times 192.5 - (191.5 + 3 \times 130.6)$$
$$= -198.3\,\text{Jmol}^{-1}\text{K}^{-1}$$

정답 ③

기본 문제

06

엔트로피는 무질서도로 기체가 다양한 확률을 가질수록 증가한다.
(나) < (다) < (가) 순서로 엔트로피는 증가한다.

정답 ③

계의 종류와 엔트로피

07

메탄올의 연소 반응은 기체가 발생하는 반응이고, 입자수가 증가하며, 발열 반응이다.

① 연소 반응은 발열 반응으로 계의 엔탈피는 감소한다.
② 발열 반응이므로 주위의 엔트로피는 증가한다.
③ 닫힌계에서는 계와 주위 사이에 물질의 이동은 없고, 에너지의 출입만 있다.
④ 입자수가 증가하므로 계의 엔트로피는 증가한다.
⑤ (다)는 고립계로 주위가 없으므로 주위의 온도는 변하지 않는다.

정답 ②

제 2 절 반응의 자발성 판단

01 ④	02 ②	03 ④	04 ②	05 ④
06 ④	07 ①	08 ③	09 ③	10 ①
11 ①	12 ④	13 ④	14 ④	15 ④
16 ②	17 ①	18 ③	19 ④	20 ②
21 ①	22 ③	23 ②	24 ④	25 ④
26 ⑤	27 ③	28 ②	29 ①	30 ⑤
31 ③	32 ①	33 ③	34 ③	35 ⑤
36 ①				

대표 유형 기출 문제

화학 반응식과 자발성

01

평형 상수가 1보다 크므로 정반응이 자발적이므로 깁스 자유 에너지의 변화량은 음수이다.($\Delta G < 0$)
발열 반응이므로 엔탈피 변화량은 음수이다.($\Delta H < 0$)
화학 반응식을 통해 입자수가 감소하기 때문에 엔트로피 변화량도 음수이다. ($\Delta S < 0$)

정답 ④

02

ㄱ, ㄴ 이 반응의 엔탈피 변화량은 생성물의 생성열의 합에서 반응물의 생성열의 합을 빼면 구할 수 있다.

$$\Delta H^\circ = (3 \times -242) - (-1676) = +950\text{kJ}\cdot\text{mol}^{-1}$$

엔탈피 변화량이 양수이므로 이 반응은 흡열 반응이다.

ㄷ. 이 반응의 엔트로피 변화량은 생성물의 엔트로피의 합에서 반응물의 엔트로피의 합을 빼면 구할 수 있다.

$$\Delta S_{rxn}^\circ = 2 \times 28 + 3 \times 189 - (51 + 3 \times 131)$$
$$= +179\text{J}\cdot\text{mol}^{-1}\cdot\text{K}^{-1}$$

ㄹ. 자발성 여부는 표준상태의 깁스 자유 에너지 변화량을 구할 수 있다.

$$\Delta G^\circ = \Delta H^\circ - T\Delta S^\circ$$
$$= 950000 - (298 \times 179) = +896658\text{J}\cdot\text{mol}^{-1} > 0$$

$\Delta G^\circ > 0$이므로 이 반응은 비자발적이다.

정답 ②

03

자발적 반응이므로 $\Delta G < 0$이다. 혼합 용액의 분리가 일어나므로 $\Delta S < 0$이다. $\Delta G = \Delta H - T\Delta S$을 이용하여 엔탈피 변화의 부호를 정할 수 있다. $\Delta H < 0$

$$\underset{(-)}{\Delta G} = \underset{(-)}{\Delta H} - \underset{(-)}{T\Delta S}$$

정답 ④

자료 추론형

04

반응 (가)는 수소 원자 사이에 정전기적 인력이 작용해서 수소 분자가 생성되므로 $\Delta H < 0$, 입자수가 감소하므로 $\Delta S < 0$: B
반응 (나)는 승화 반응이므로 $\Delta H > 0$, $\Delta S > 0$: A
반응 (다)는 메탄올의 연소 반응이므로 $\Delta H < 0$, 기체에서 액체로 상태가 변화하므로 $\Delta S < 0$: B

정답 ②

05

연소 과정은 발열 과정이므로 $\Delta H < 0$이다. 엔트로피 변화량을 판단하기 위해서 C_3H_8의 연소 반응식을 작성해 본다.

$$C_3H_8(g) + 5O_2(g) \rightarrow 3CO_2(g) + 4H_2O(l)$$

25℃, 1atm에서 완전 연소되므로 H_2O의 상태는 액체일 것이다. 결국 기체 분자의 입자수가 감소되므로 $\Delta S < 0$이다.

정답 ④

06

반응물의 계수의 합보다 생성물의 계수의 합이 크므로 엔트로피는 증가한다($\Delta S > 0$).
이산화질소의 분해열은 이산화질소 1몰이 홑원소 물질로 분해될 때 출입하는 열이다. 주어진 화학 반응식의 계수에 $\frac{1}{2}$을 곱한 $\Delta H = -33.2\text{kJ/mol}$이 이산화질소의 분해열이다.

정답 ④

07

ㄱ. $\Delta G < 0$이므로 $\Delta S_{전체} = \Delta S_{계} + \Delta S_{주위} > 0$이고, $\Delta H > 0$이므로 $\Delta S_{주위} < 0$ 따라서 $\Delta S_{계} > 0$이므로 $|\Delta S_{계}| > |\Delta S_{주위}|$이다.

ㄴ. 주어진 정보를 통해 $\Delta S > 0$임을 알 수 있다. 따라서 생성물의 계수의 합이 반응물의 계수의 합보다 크다는 것을 알 수 있다. 즉 $a+b > 2$이다.

ㄷ. 위 반응은 $\Delta S > 0$ 이므로 기울기는 음수이고, 흡열 반응이므로 y절편이 양의 값을 갖는 그래프이므로, T보다 높은 온도에서 $\Delta G < 0$인 지발적이디.

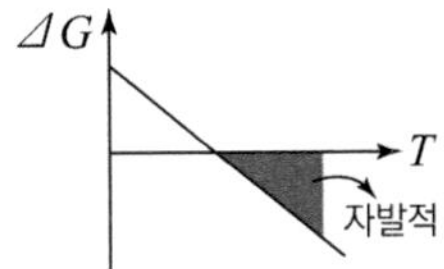

정답 ①

08

ㄱ. 화학 반응식의 계수가 증가하므로 계의 엔트로피는 증가한다.

ㄴ. 에너지 보존의 법칙이다. 에너지는 새로 생성되거나 소멸되지 않는다.

ㄷ. 위 반응은 흡열 반응이고, 엔트로피가 증가하므로 그래프를 그려보면 $\Delta G = 0$일 때의 T보다 낮은 온도에서는 비자발적이다.

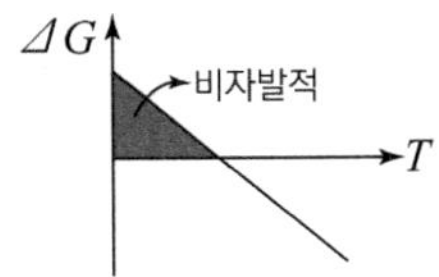

정답 ③

09

ㄱ. 그래프로부터 반응 전보다 반응 후의 기체의 몰수가 감소하므로 $\Delta S < 0$이다. 따라서 엔트로피는 반응 전이 반응 후보다 크다.

ㄴ. 이 반응이 자발적으로 일어나므로 $\Delta G < 0$이다. 따라서, 자유 에너지는 반응 전이 반응 후보다 크다.

ㄷ. $\Delta S < 0$, $\Delta G < 0$이므로 $\Delta G = \Delta H - T\Delta S$를 이용하면 $\Delta H < 0$임을 알 수 있다.

$$\underset{(-)}{\Delta G} = \underset{(-)}{\Delta H} - \underset{(-)}{T\Delta S}$$

정답 ③

10

$\Delta G_r^\circ = \Delta H_f^\circ - T\Delta S^\circ$를 이용해서 구할 수 있다.

$\Delta H_f^\circ = 2\Delta H_f^\circ(\mathrm{C}) = 2\times -50 = -100\mathrm{kJ/mol}$

$\Delta S^\circ = 2S^\circ(\mathrm{C}) - [S^\circ(\mathrm{A}) + 3S^\circ(\mathrm{B})]$

$= 2\times 150 - [200 + 3\times 100] = -0.2\mathrm{kJ/K\cdot mol}$

$\Delta G_r^\circ = \Delta H_f^\circ - T\Delta S^\circ$

$= -100 - 300\times(-0.2) = -40\mathrm{kJ}$

정답 ①

11

① $\ln K = -\Delta G^\circ / RT$

정답 ①

12

$$\Delta G^\circ = \Delta H^\circ - T\Delta S^\circ = 0$$

$$T = \frac{\Delta H^\circ}{\Delta S^\circ}$$

ΔH°와 ΔS°는 생생반에 의해 구할 수 있다.

$\Delta H^\circ = 0 - 2\Delta H_f^\circ(Fe_2O_3) = 0 - 2\times(-810)$

$= +1620\mathrm{kJ}$

$\Delta S^\circ = 4S^\circ(\mathrm{Fe}) + 3S^\circ(O_2) - 2S^\circ(Fe_2O_3)$

$= (4\times 30 + 3\times 20) - 2\times 90 = +540\mathrm{J/K}$

$$T = \frac{\Delta H^\circ}{\Delta S^\circ} = \frac{1620\times 10^3\mathrm{J}}{540\mathrm{J/K}} = 3{,}000\mathrm{K}$$

※ ΔH°와 ΔS°의 단위가 다르므로 단위 환산에 주의해야 한다.

정답 ④

대표 유형 기출 문제

깁스 에너지 그래프 분석

13

ㄱ. 자발적 반응에서 $\Delta G < 0$이므로 Gibbs 에너지는 감소한다.

ㄴ. 발열 반응은 $\Delta H < 0$이므로 계에서 주위로 열이 방출된다.

ㄷ. 에너지 보존 법칙이다.

정답 ④

14

모든 온도에서 $\Delta H < 0, \Delta S > 0$이면 항상 $\Delta G < 0$으로 자발적이다.

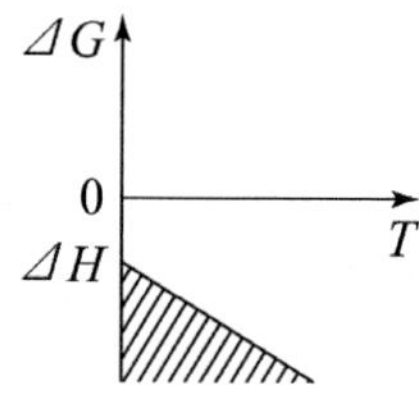

정답 ④

15

ㄱ. 그래프에서 y절편이 양의 값이므로 $\Delta H > 0$인 흡열 반응이다.

ㄴ. 그래프에서 T_1보다 낮은 온도에서 $\Delta G > 0$이므로 비자발적이다.

ㄷ. 그래프에서 T_1보다 높은 온도에서 기울기가 음의 값을 가지므로 $\Delta S > 0$이다.

정답 ④

16

이 반응이 자발적으로 일어나기 위해 깁스 자유 에너지 변화는 음수이어야 한다. 이를 표현하면 아래와 같다.

$$\Delta G° = \Delta H° - T\Delta S° < 0$$

T에 대해 정리하면 $\dfrac{\Delta H°}{\Delta S°} < T$ 이다.

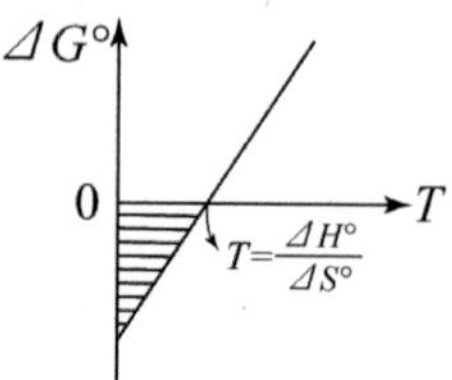

정답 ②

자료 추론형

17

$$\Delta G = \Delta H - T\Delta S$$

Ⅰ. $\underset{(-)}{\Delta H} - \underset{(-)}{T\Delta S}$ $|\Delta H| > |T\Delta S|$ $\Delta G < 0$

Ⅱ. $\underset{(-)}{\Delta H} - \underset{(+)}{T\Delta S}$ $|\Delta H| < |T\Delta S|$ $\Delta G < 0$

Ⅲ. $\underset{(+)}{\Delta H} - \underset{(+)}{T\Delta S}$ $|\Delta H| < |T\Delta S|$ $\Delta G < 0$

ㄱ. 반응 Ⅰ, Ⅱ, Ⅲ 모두 $\Delta G < 0$이므로 자발적이다.

ㄴ. 얼음의 융해 반응으로 $\Delta H > 0$이고, $\Delta S > 0$이므로 반응 Ⅲ에 해당한다.

ㄷ. 프로페인 기체의 연소 반응으로 $\Delta H < 0$이고, $\Delta S > 0$인 반응 Ⅱ에 해당한다.

정답 ①

18

ㄱ. (가)는 $\Delta G > 0$이므로 비자발적이다.

ㄴ. (나)는 25℃에서 $\Delta G = 0$, $\Delta H < 0$이므로 y절편이 음수이고 기울기가 양수인 그래프이다. 그래프로부터 25℃보다 낮은 10℃에서는 $\Delta G < 0$이므로 자발적이다.

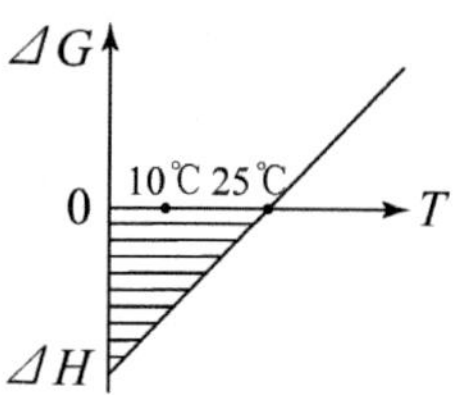

ㄷ. (다)는 $\Delta G < 0$이다. 반응 엔탈피가 양수임에도 깁스 자유 에너지 변화가 음수이려면 $|\Delta H| < |T\Delta S|$이어야 한다.

정답 ③

19

ㄱ. (나)에서 y절편을 통해 $\Delta H<0$임을 알 수 있다.

ㄴ. T_1에서 $\Delta G<0$이므로 $\Delta S_{계}+\Delta S_{주위}>0$이다. 이 반응은 발열 반응이므로 $\Delta S_{주위}>0$이고, (가)에서 입자수가 감소하므로 이 반응의 $\Delta S_{계}<0$임을 알 수 있다. 둘의 절대값을 비교하면 주위의 엔트로피 변화량이 더 크다.

ㄷ. T_2보다 높은 온도에서 $\Delta G>0$이므로 비자발적이다.

정답 ④

20

ㄱ. (가)는 주위의 엔트로피 변화가 음의 값이므로 엔탈피 변화는 양수인 흡열 반응이다. (다)는 주위의 엔트로피 변화가 양의 값이므로, 엔탈피 변화는 음수인 발열 반응이다.

ㄴ. (가)와 (나)는 계와 주위의 엔트로피 변화의 합이 양의 값이므로 자발적인 반응이다.

ㄷ. 물이 어는 반응은 $\Delta S_{계}<0, \Delta S_{주위}>0$이므로 2사분면에 위치하므로 빗금 친 영역에 속하지 않는다.

정답 ②

21

ㄱ. (가)는 $\Delta G<0$이므로 자발적이다.

ㄴ. $\Delta G<0,\ \Delta H<0 \quad |\Delta G|>|\Delta H|$

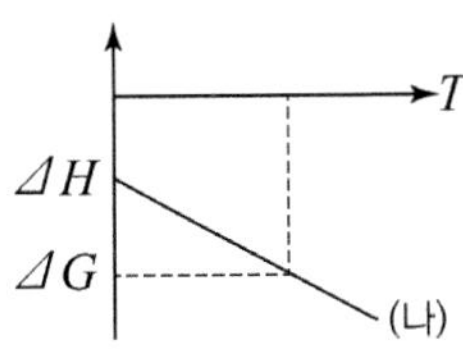

(나)의 엔트로피 변화는 기울기가 음수이므로 $\Delta S>0$이다.

ㄷ. T보다 높은 온도에서 (가)의 ΔG는 a보다 크다.
예) -100은 -200보다 크다. 여기서 -200이 a에 해당함.

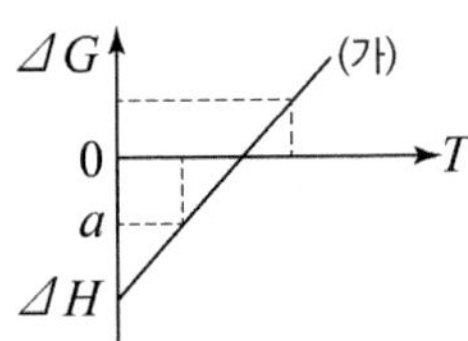

정답 ①

22

ㄱ. T_1에서 $T_1\Delta S=\Delta H-\Delta G$이고 역시 T_1에서 ΔH가 ΔG보다 크므로($\Delta H>\Delta G$) $T_1\Delta S$는 0보다 크다.

ㄴ. T_2에서 $\Delta G=0$이므로 $\Delta S=\dfrac{\Delta H}{T_2}$이다.

ㄷ. $\Delta H>0$으로 흡열 반응이므로, 온도가 증가하면 평형은 정반응인 흡열 반응이 진행되므로 생성물의 양이 증가하여 평형 상수는 T_3에서가 T_2에서보다 크다.

정답 ③

대표 유형 기출 문제

상변화와 깁스 에너지

23

자발적 반응이므로 $\Delta G<0$, 물의 기화(상태 변화)이므로 $\Delta S>0$, ΔG, ΔS에 의해 $\Delta G=\Delta H-T\Delta S<0$임을 이용하면 $\Delta H>0$이다.

ΔH	ΔS	ΔG
$+$	$+$	$-$

정답 ②

24

액체에서 기체로 상태 변화는 동적평형 상태이므로 $\Delta G=0$이다. 따라서 $\Delta S=\dfrac{\Delta H}{T}$를 이용하여 엔트로피 변화량을 구할 수 있다.

ΔS의 단위를 주의하여 대입한다.

$$\therefore \Delta S=\frac{27000\,\mathrm{J/mol}}{300\mathrm{K}}=90.0\mathrm{J/K\cdot mol}$$

정답 ④

25

① B지점은 융해 구간이므로 액체와 고체 상태가 혼재한다.
② 기화열은 융해열보다 크므로 A－C보다 D－E의 길이가 길다.
③ 열공급량이 B지점보다 C지점이 더 많으므로 엔탈피(H)는 B지점보다 C지점이 더 크다.
④ 상태 변화 시 깁스 자유 에너지의 변화는 없으므로 D지점과 E지점의 자유 에너지는 같다.

$$\Delta G = G_E - G_D = 0$$

$$\therefore G_D = G_E$$

정답 ④

자료 추론형

26

ㄱ. 고체에서 기체로 상태 변화하므로 계의 엔트로피 변화는 양(＋)의 값이다.
ㄴ. 고체에서 기체로의 승화는 흡열 반응($\Delta H > 0$)이므로 주위의 엔트로피 변화는 음(－)의 값이다.
ㄷ. 25℃에서 드라이아이스의 승화는 자발적이므로 $\Delta G < 0, \Delta S_{전체} > 0$이다.

정답 ⑤

27

액체에서 고체로의 상태 변화이므로 $\Delta H < 0$이고, $\Delta S < 0$이다.
－78℃에서 동적 평형상태이므로($\Delta G = 0$)이므로 더 낮은 온도(－80℃)에서 $\Delta G < 0$이다.

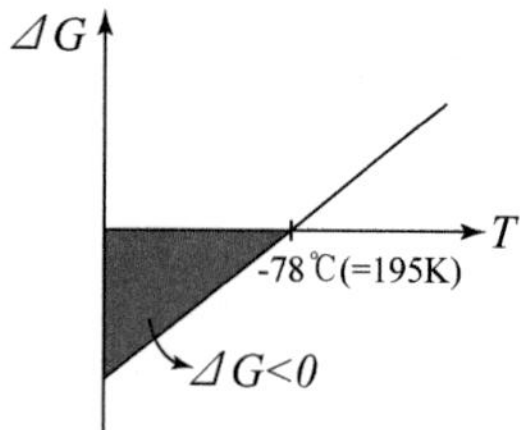

정답 ③

28

ㄱ. (가)에서 고체가 액체로 변하는 반응은 어는점 이상의 온도에서 자발적이다. (가)는 36℃로 A의 어는점보다 낮기 때문에 이 반응은 비자발적이다.
ㄴ. (나)는 어는점과 같은 온도이므로 상태 변화가 가능하고, 상태 변화할 때 $\Delta G = 0$이다.
ㄷ. (다)에서 어는점보다 높은 온도에서 액체가 고체가 되는 반응은 비자발적이므로($\Delta G > 0$) 자유에너지(G)는 증가한다.

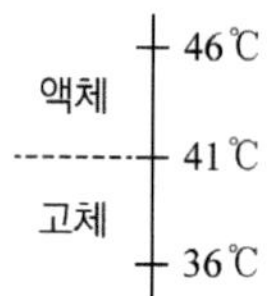

정답 ②

29

ㄱ. A지점은 고체가 액체로 되는 상태변화가 진행되는 지점으로, 그래프는 융해곡선을 직선으로 나타낸 것이다. 고체가 액체가 되는 반응은 무질서도가 증가하는 흡열 과정이므로 $\Delta S > 0, \Delta H > 0$이다.
ㄴ. $\dfrac{\Delta H}{\Delta S} = T$이므로 온도는 A보다 B가 더 크다.
ㄷ. C에서는 고체로만 존재하므로 상태 변화할 수 없는 비자발적 반응이다.

정답 ①

30

ㄱ. (나)에서 부피가 증가한 것으로 보아 드라이아이스가 승화되었기 때문에 $\Delta S > 0$이다.
ㄴ. (나)에서 고체에서 기체로 상태 변화하므로 기체의 몰수는 증가한다.
ㄷ. 25℃에서 드라이아이스의 승화는 자발적이다.

정답 ⑤

31

① 가열 곡선에서 기울기의 역수와 비열이 비례한다. 고체일 때의 기울기가 기체일 때의 기울기보다 완만하므로 비열은 고체가 기체보다 더 크다.

② 잠열의 크기는 시간에 비례하므로 고체를 녹이는 데 필요한 에너지(융해열)는 같은 질량의 액체를 기화시키는 데 필요한 에너지(기화열)보다 작다.

③ $t_1 \sim t_2$ 시간동안 액체가 기체로 되는 상태 변화가 일어나므로 계의 엔트로피는 증가한다.

④ (가)는 고체 상태, (나)는 기체 상태이므로 분자 간 인력은 (나)가 (가)보다 작다.

정답 ③

32

상태 변화하는 동안은 동적 평형상태이므로 $\Delta G^{\circ} = 0$ 이다.

따라서 $T = \dfrac{\Delta H^{\circ}}{\Delta S^{\circ}} = \dfrac{9.2 \times 10^3}{43.9} = 209.57\text{K}$

정상 녹는점은 $209.57\text{K} - 273.15 = -63℃$ 이다.

정답 ①

33

① X의 표준 기화열은 $\Delta H = 83 - 48 = 35\text{kJ/mol}$ 이다.

② 상태변화시 $\Delta G = 0$이므로,

$T = \dfrac{\Delta H}{\Delta S} = \dfrac{35000\text{J/mol}}{100\text{J/mol}\cdot\text{K}} = 350\text{K}$ 이다.

따라서, X의 끓는점은 400K보다 낮다.

③ X의 끓는점에서 X가 기화할 때, 흡열 과정이므로 주위의 엔트로피는 감소한다.

④ X의 끓는점에서 X가 기화할 때, 평형 상태임으로 우주의 엔트로피는 일정하다.($\Delta S_{우주} = 0$)

정답 ③

실험과 자발성

34

ㄱ. 온도가 올라갔으므로 강염기의 용해 반응은 발열 반응이다.

ㄴ. 발열 반응의 반응 엔탈피는 0보다 작다($\Delta H < 0$).

ㄷ. 에너지 보존 법칙이다.

정답 ③

35

ㄱ. 닫힌계에서는 계와 주위사이에 물질은 이동하지 않고, 에너지만 출입한다.

ㄴ. 아세트산나트륨이 석출되는 반응이 발열 반응이므로 역반응인 아세트산나트륨의 용해 반응은 흡열 반응이다. 따라서 $\Delta H > 0$이다.

ㄷ. 아세트산나트륨이 석출되는 반응이 발열 반응이므로 $\Delta S_{주위} > 0$이다.

정답 ⑤

36

ㄱ. $\text{A}(s)$가 용해되는 반응은 초기 온도보다 최종 온도가 높으므로 발열 반응이다.

ㄴ. $\text{B}(s)$의 용해 반응은 초기 온도보다 최종 온도가 낮으므로 흡열 반응이다.

ㄷ. $\text{B}(s)$가 물에 용해되는 반응은 자발적이므로 전체 엔트로피 변화는 0보다 크다.

정답 ①

Chapter

03 화학 반응 속도

제 1 절 반응 속도식의 결정

01 ② 02 ④ 03 ③ 04 ④ 05 ④
06 ②
07 (1) $v=k[NO]^2[O_2]$
(2) ① $v=k[CH_3CHO]^2$ ② $k=2.0L/mol\cdot s$
08 (1) $v=k[A]^2[B]$ (2) 3차 (3) $k=3.0\times10^3L^2/mol^2\cdot s$
(4) $5.4\times10^{-2}mol/L\cdot s$ (5) $\frac{1}{8}$배
09 ② 10 ④ 11 ④ 12 ③ 13 ③
14 ④ 15 ② 16 ④ 17 ④ 18 ①
19 ②

대표 유형 기출 문제

반응 속도 일반

01

① 속도 상수 k의 단위는 반응의 전체 차수에 따라 다르다.
③ 반응 속도는 온도에 비례한다.
④ 화학 반응 속도에서 반응물의 농도의 거듭제곱 수는 균형 화학 방정식의 계수와 항상 동일한 것은 단일 단계 반응일 경우이다. 원칙적으로 무관하다.

정답 ②

02

ㄱ. 시간에 따라 반응물은 감소하고 생성물은 증가한다. 따라서 (가)는 생성물인 $NOCl(g)$, (나)는 반응물인 $NOCl_2(g)$이다.
ㄴ. 반응 순간 속도는 접선의 기울기이다. 두 지점에서 기울기가 다르므로 순간 속도도 다르다. t_1에서 기울기가 더 가파르므로 순간 속도는 t_2에서보다 t_1에서 더 빠르다.
ㄷ. 평균 속도는 두 점을 잇는 직선의 기울기로 (가)가 (나)보다 크다.

정답 ④

반응 속도식의 결정

03

① 실험2와 실험3을 비교하면 [A]가 2배 증가할 때, 속도는 4배 증가하였으므로 $x=2$이다.
② 실험1과 실험3을 비교하면 [A]와 [C]는 일정하고, [B]가 1.5배 증가하였으나 반응 속도는 그대로 이므로 반응 속도는 [B]에 무관하므로 $y=0$이다.
③ 실험1과 실험4를 비교하면 [A]는 일정하고, [B]에는 무관하고, [C]가 3배 증가할 때, 속도도 3배 증가하였으므로 $z=1$이다.
④ 반응 속도식에 실험1을 대입해보면 속도 상수의 값과 단위를 구할 수 있다.

$$v=k[A]^2[C]$$

$$k=\frac{v}{[A]^2[C]}=\frac{2.4\times10^{-6}}{(0.2)^2(0.2)}=3.0\times10^{-4}M^{-2}min^{-1}$$

정답 ③

04

수산화 이온(OH^-)의 농도가 $\frac{1}{2}$이 되었을 때 반응 속도가 $\frac{1}{4}$으로 감소했으므로 수산화 이온에 대한 반응 차수는 2차, CH_3Br의 농도가 1.5배 증가시 반응 속도가 1.5배로 증가했으므로 CH_3Br에 대한 반응 차수는 1차이다.

$$\therefore v=k[CH_3Br][OH^-]^2$$

정답 ④

05

첫 번째 실험과 두 번째 실험을 비교했을 때 [B]의 농도가 2배가 되었을 때 속도는 4배가 되므로 [B]에 대해 2차, 두 번째 실험과 세 번째 실험을 비교했을 때 [A]의 농도가 3배, [B]의 농도가 $\frac{1}{2}$배가 되었을 때 속도는 $\frac{3}{4}$배가 되므로 [A]에 대해 1차 반응이다.([B]의 농도 변화만 생각해보면 속도는 $\frac{1}{4}$배가 되어야 하는데 속도가 $\frac{3}{4}$배가 되었다는 것은 [A]가 3배 증가하였다는 것이고 그렇다면 [A]에 대해 1차 반응이다.)
따라서, $v=k[A][B]^2$이다.

정답 ④

06

A의 농도가 2배 증가할 때 반응 속도가 2배 감소하였으므로 $m=-1$이다.

$$2^m=\frac{1}{2} \qquad \therefore m=1$$

정답 ②

주관식 개념 확인 문제

07

(1) O_2에 대해 1차. NO에 대해 2차

$$\therefore v=k[NO]^2[O_2]$$

정답 $v=k[NO]^2[O_2]$

(2) ① 실험1과 실험2를 비교해서 반응물의 농도를 2배로 증가시킬 때 반응 속도가 4배가 되므로 아세트알데히드에 대한 반응 차수는 2차이다.

$$\therefore v=k[CH_3CHO]^2$$

② 반응 속도식에 실험1의 값을 대입하여 정리하면

$$k=\frac{0.02}{(0.1)^2}=2.0\text{L/mol}\cdot\text{s}$$

정답 ① $v=k[CH_3CHO]^2$ ② $k=2.0\text{L/mol}\cdot\text{s}$

08

(1) 실험 1과 실험 3을 비교하여 A에 대한 반응 차수가 2차임을 알 수 있다. 실험 1과 실험 2를 비교하여 B에 대한 반응 차수가 1차임을 알 수 있다. 따라서 반응 속도식은 $v=k[A]^2[B]$이다.

정답 $v=k[A]^2[B]$

(2) A에 대해 2차, B에 대해 1차이므로 전체 반응 차수는 3차이다.

정답 3차

(3) 실험 1의 값을 반응 속도식에 대입하여, k에 대해 정리하면 다음과 같다. $k=3\times10^3\text{L}^2/\text{mol}^2\cdot\text{s}$

정답 $k=3.0\times10^3\text{L}^2/\text{mol}^2\cdot\text{s}$

(4) 반응 속도식에 (3)을 통해 구한 반응 속도 상수를 대입하고, 주어진 A, B의 농도를 대입하여 구할 수 있다.

$$v=k[A]^2[B]=3.0\times10^3\times(0.03)^2\times(0.02)$$
$$=5.4\times10^{-2}\text{mol/L}\cdot\text{s}$$

정답 $5.4\times10^{-2}\text{mol/L}\cdot\text{s}$

(5) 부피가 2배로 늘어날 경우 농도가 $\frac{1}{2}$배가 되므로 반응 속도식에 A, B의 농도 값에 $\frac{1}{2}$을 대입하면 반응 속도는 $\frac{1}{8}$배가 된다.

정답 $\frac{1}{8}$배

기본 문제

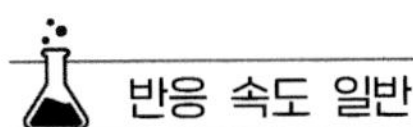

반응 속도 일반

09

요오드화수소의 분해 반응 속도를 표현해보자.

$$v=-\frac{1}{2}\frac{\Delta[HI]}{\Delta t}=\frac{\Delta[H_2]}{\Delta t}$$

수소의 생성 속도는

$$\frac{\Delta[H_2]}{\Delta t}=\frac{1}{2}\frac{\Delta[HI]}{\Delta t}=-\frac{1}{2}\times-5.0\times10^{-3}$$
$$=2.5\times10^{-3}\text{mol/L}\cdot\text{s}\text{이다.}$$

정답 ②

10

ㄱ. 생성물의 생성 속도를 나타낸 그래프로 기울기가 가장 가파른 초기 반응 속도가 가장 빠르다.

ㄴ. 마그네슘의 계수와 수소의 계수가 같으므로 반응 물질이 반으로 줄어드는 데 걸리는 시간은 생성 물질인 수소 기체의 총량(200mL)의 절반(100mL)이 생성되는 데 걸리는 시간과 같으므로 8초이다.

ㄷ. 수소 기체가 50mL씩 생성되는 데 걸리는 시간은 초기에는 4초이지만 이후에는 증가한다.

100mL～150mL : 8sec

150mL～200mL : 24sec

정답 ④

PART 05 화학 반응

반응 속도식의 결정

11

실험 1, 2를 비교하여 O_2에 대해 1차, 실험 3, 4를 비교하여 NO에 대해 2차임을 알 수 있다.

$$\therefore v = k[NO]^2[O_2]$$

정답 ④

12

O_2에 대해 1차, NO에 대해 2차로 전체 반응 차수는 3차이다.

정답 ③

13

실험 1, 2를 비교하여 A에 대해 1차, 실험 1, 3을 비교하여 B에 대해 1차임을 알 수 있다.

$$v = k[A][B]$$

정답 ③

14

실험 1, 2를 비교하여 BrO_3^-에 대해 1차,

실험 1, 3을 비교하여 Br^-에 대해 1차,

실험 2, 4를 비교하여 H^+에 대해 2차임을 알 수 있다.

따라서 속도식은 아래와 같다.

$$v = k[BrO_3^-][Br^-][H^+]$$

속도식을 k에 대해 정리하고, 실험 4의 값을 대입한 것이다.

$$k = \frac{v}{[BrO_3^-][Br^-][H^+]} = \frac{9.6 \times 10^{-3}}{0.20 \times 0.10 \times 0.2^2}$$

정답 ④

15

실험 1, 5를 비교하여 $[I^-]$에 대해 1차, 실험 1, 2를 비교하여 $[OCl^-]$에 대해 1차, 실험 6, 7을 비교하여 $[OH^-]$에 대해 -1차임을 알 수 있다.

속도식은 다음과 같다.

$$\text{속도} = [I^-][OCl^-][OH^-]^-$$

정답 ②

16

실험 1, 2를 비교하여 NO에 대해 2차, 실험 2, 3을 비교하여 Cl_2에 대해 1차임을 알 수 있다.

속도식은 다음과 같다.

$$v = k[NO]^2[Cl_2]$$

정답 ④

17

화학 반응식을 통해 반응 속도식을 적어보면 아래와 같다.

$$v = k[X]^m[Y]^n$$

(가)의 그래프를 통해 X의 농도에 대한 반응 차수가 1차이고, (나)의 그래프를 통해 Y의 농도에 대한 반응 차수가 2차임을 알 수 있다.

$$\therefore m = 1, n = 2\text{이므로 } v = k[X][Y]^2$$

ㄱ. (가)를 통해 $2 = k[0.1]a^2$ ⋯⋯⋯⋯①

(나)를 통해 $2 = k \times a[0.1]^2$ ⋯⋯⋯②

두 식을 연립하여 $a = 0.1$M임을 알 수 있다.

ㄴ. 반응 속도식에 반응 속도와 초기 농도를 대입하면 반응 속도 상수 k를 구할 수 있다.

$$k = \frac{2}{(0.1)(0.1)^2} = 2 \times 10^3 M^{-2}s^{-1}$$

ㄷ. X에 대해 1차, Y에 대해 2차이므로 농도를 모두 두 배로 하면 반응 속도는 8배가 된다.

정답 ④

18

ㄱ. 실험 1, 2를 비교하여 수소 이온에 대해 1차, 실험 1, 3을 비교하여 브로민화 이온에 대해 0차, 실험 2, 4를 비교하여 아세톤에 대해 1차임을 알 수 있고, 전체 반응 차수가 2차임을 알 수 있다.

ㄴ. 수소 이온은 촉매이지만 실험을 통해 반응 차수가 1차로 나타나 반응 속도에 영향을 미침을 알 수 있다.

ㄷ. 반응 속도식을 적어보면,

$$v = k[CH_3COCH_3][H^+]$$

반응 속도식에 실험 1의 값을 대입하고 k에 대해 정리하자.

$$k = \frac{v}{[CH_3COCH_3][H^+]}$$

$$= \frac{(1.0 \times 10^{-5})mol/L \cdot s}{(2 \times 10^{-1})mol/L(5 \times 10^{-2})mol/L}$$

$$= 10^{-3}L/mol \cdot s$$

ㄹ. 반응속도식

$$v = k[CH_3COCH_3][H^+]$$

정답 ①

19

반응 속도식 $v = k[A]^m[B_2]^n$이다.

실험1과 실험 2로부터 A의 농도가 2배 증가하였지만 B_2의 소모 속도가 변함이 없으므로 $m=0$임을 알 수 있다 실험 1과 실험 3으로부터 B_2의 농도가 절반 감소하였을 때 B_2의 소모 속도 또한 절반으로 감소하였으므로 $n=1$임을 알 수 있다. 따라서 반응 속도식 $v = k[B_2]$이다.

정답 ②

제 2 절 반감기와 적분 속도식

01 ③	02 ①	03 ④	04 ②	05 ②
06 ②	07 ④	08 ①	09 ①	10 ③
11 ②	12 ③	13 ③	14 ④	15 ②
16 ②	17 ④	18 ⑤		

대표 유형 기출 문제

반감기

01

1차 반응의 반감기는 아래와 같다.

$$t_{1/2} = \frac{\ln 2}{k} = \frac{0.69}{1.5 \times 10^{-2}} = 46[\text{day}]$$

정답 ③

02

탄소연대측정이 가장 많이 사용되는 대상은 유기물이 포함되어 있는 고고학 유물이다. 대기 중의 탄소-14 비율은 일정했다고 알려져 있고 식물은 광합성, 동물은 호흡을 통해 대기 중에 있는 탄소를 주고 받기 때문에, 살아있는 동물과 식물이 가지고 있는 탄소-14의 비율은 공기 중의 비율과 일치한다. 사후에는 외부와 격리된 상태에서 탄소-14만이 방사성으로 시간에 따라 감소하므로 반감기를 통해 경과시간 추정이 가능해진다.

정답 ①

03

ㄴ. 일차 반응의 반감기는 반응물의 초기 농도와 무관하게 항상 일정하다. → $t_{1/2} = \dfrac{\ln 2}{k}$

ㄹ. 2차 반응의 반감기는 반응물의 초기 농도의 역수에 비례한다. 즉 초기 농도가 묽어짐에 따라 반감기는 증가한다. → $t_{1/2} = \dfrac{1}{k[A]_0}$

정답 ④

04

결국 2차 반응의 반감기를 묻는 문제이다.

따라서, 2차 반응의 반감기는 다음과 같다.

$$t_{1/2} = \frac{1}{k[A]_0} = \frac{1}{0.5 \times 0.1} = 20\text{s}$$

정답 ②

아레니우스 식

05

② 1차 반응 그래프 → $\ln[A]_t = -kt + \ln[A]_0$

③ 2차 반응 그래프 → $\dfrac{1}{[A]_t} = kt + \dfrac{1}{[A]_0}$

정답 ②

06

$\ln k = -\left(\frac{E_a}{R}\right)\frac{1}{T} + C$ 에서 $-\frac{E_a}{R}$이 -2.0×10^4이므로 기체 상수 R에 $8.314\text{J/mol}\cdot\text{K}$를 대입하고, E_a에 대해 정리한다.

$$-\frac{E_a}{R} = -2.0\times10^4$$

$$E_a = 2.0\times10^4\times8.314\text{J/mol} = 166{,}000\text{J/mol}$$
$$= 166\text{kJ/mol}$$

정답 ②

07

서로 다른 온도에서 아레니우스 식을 이용하여 활성화 에너지를 구하는 문제이다.

$$T_1 = (227+273)\text{K} = 500\text{K}$$
$$T_2 = (127+273)\text{K} = 400\text{K}$$

속도 상수가 $\frac{1}{10}$로 감소하였으므로 $\frac{k_2}{k_1} = \frac{1}{10}$이라고 할 수 있다.

$\ln\left(\frac{k_2}{k_1}\right) = -\frac{E_a}{R}\left(\frac{1}{T_2} - \frac{1}{T_1}\right)$식에 대입한다.

$$\ln\left(\frac{1}{10}\right) = -\frac{E_a}{8.3}\left(\frac{1}{400} - \frac{1}{500}\right)$$

$$-2.3 = -\frac{E_a}{8.3}\times\frac{1}{2000}$$

$$\therefore E_a = 38{,}180\text{J/mol}\cdot\text{K}$$

정답 ④

08

섭씨 온도를 절대 온도로 변환한 온도와 속도 상수를 $\ln\frac{k_1}{k_2} = -(\frac{1}{T_1} - \frac{1}{T_2})\frac{E_a}{R}$식에 대입한다.

$$\therefore E_a = \ln\left(\frac{2.9\times10^{-3}}{2.0\times10^{-5}}\right)\times8.314\div\left(\frac{1}{293} - \frac{1}{333}\right)$$

※ 참고사항

$$\ln\left(\frac{k_2}{k_1}\right) = -\frac{E_a}{R}\left(\frac{1}{T_2} - \frac{1}{T_1}\right)$$

$$E_a = \ln\left(\frac{k_1}{k_2}\right)R\div\left(\frac{1}{T_2} - \frac{1}{T_1}\right)$$

or

$$E_a = \ln\left(\frac{k_1}{k_2}\right)R\div\left(\frac{1}{T_1} - \frac{1}{T_2}\right)$$

정답 ①

기본 문제

09

반감기가 50일인 물질이 200일이 지났다면 반감기가 4회 일어난 것이고 초기의 농도를 100으로 가정하면 다음 공식을 이용하여 남은 물질의 양을 구할 수 있다.

$$N_t = N_0\times\left(\frac{1}{2}\right)^t = 100\times\left(\frac{1}{2}\right)^4 = \frac{100}{16}$$

남은 물질의 양이 $\frac{100}{16}$이므로 $\frac{100}{16}\times100\% = 6.25\%$이다.

정답 ①

10

반감기 공식을 이용하여 구할 수 있다.
반감기가 20일인데 80일이 지났으므로 반감기가 4번 지나갔다.

$$N_t = N_0\left(\frac{1}{2}\right)^t = 80\left(\frac{1}{2}\right)^4 = 5$$

정답 ③

11

$$\frac{1}{[A]_t} = kt + \frac{1}{[A]_0}$$

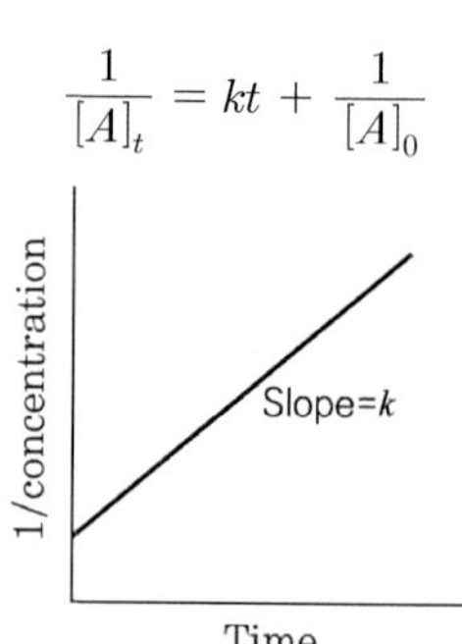

정답 ②

12

반응 속도식으로부터 이 반응은 A에 대해 1차 반응임을 알 수 있다. 1차 반응의 반감기는 $\frac{\ln 2}{k}$이다.

정답 ③

13

ㄱ. 기체 A의 분해 반응인 (가)는 반감기가 일정(=40초)한 1차 반응이다.
ㄴ. 반응 (나)에서 반감기가 증가하므로 2차 반응이다.
ㄷ. 200초에서는 반감기가 5번 지난 후이므로 A의 농도는 $4\left(\frac{1}{2}\right)^5$인 0.125mol/L이다.

정답 ③

14

주어진 그래프로부터 이 반응은 2차 반응임을 알 수 있다.

$$\frac{1}{[A]_t} = kt + \frac{1}{[A]_0}$$

기울기로부터 속도상수(k)를 구할 수 있다.

$$T\text{에서, } k_1 = \frac{10}{100} = \frac{1}{10} = 0.1$$

$$\frac{4}{3}T\text{에서, } k_2 = \frac{40}{100} = \frac{4}{10} = 0.4$$

아레니우스 식을 이용하면,

$$\ln\frac{k_2}{k_1} = -\frac{E_a}{R}\left(\frac{1}{T_2} - \frac{1}{T_1}\right)$$

$$\ln 4 = 2\ln 2 = -\frac{E_a}{R}\left(\frac{3}{4T} - \frac{1}{T}\right) = \frac{E_a}{4RT}$$

$$E_a = 8RT\ln 2 = 8 \times 2.5 \times 0.7 = 14\text{kJ/mol}$$

정답 ④

15

이 반응은 2차 반응이고, 이 반응에 대한 반감기를 묻는 문제이다.

$$t_{1/2} = \frac{1}{k[\text{A}]_0} = \frac{1}{0.5 \times 0.1} = 20\text{sec}$$

정답 ②

16

②, ③ 0~100초 동안 반응물 N_2O_5의 농도가 0.1M에서 0.05M 감소하였으므로 생성물인 NO_2의 농도는 계수의 비가 1 : 2이므로 0.05M의 2배인 0.1M가 된다. 즉, (가)는 0.1이다.
100~200초 동안 생성물인 NO_2가 0.05M 생성되었으므로 반응물 N_2O_5는 0.025M가 소비되어 0.025M가 된다. 즉, (나)는 0.025M이다. 따라서 (가)는 (나)의 4배이다.

(가)

$2N_2O_5$	$\rightarrow 4NO_2 + O_2$
0.1	
−0.05	+0.1
0.05	0.1

(나)

$2N_2O_5$	$\rightarrow 4NO_2 + O_2$
0.1	
−0.075	+0.15
0.025	0.15

① 절반으로 줄어드는 데 걸리는 시간이 100초로 일정하므로 이 반응은 1차 반응이므로 $n=1$이다.
④ 반응 온도가 낮아지면 반응 속도상수 k도 감소한다.

정답 ②

17

① 반응 속도식이 $v = k[\text{X}]$이므로, 일정 온도에서 농도가 클수록 기울기가 가파르므로 반응 속도가 빠르다.
② 초기 농도가 다른 조건의 그래프를 통해 반감기가 10초로 일정하므로 물질 X의 분해 반응은 1차 반응이다.
③ 30초일 때는 반감기(10초)가 3번 경과하였으므로 $[\text{X}] = 4 \times \left(\frac{1}{2}\right)^2 = 0.5\text{mol/L}$이다.
④ 속도 상수가 온도에 의존하므로 온도가 높으면 반응 속도가 빨라지므로 A보다 C에서 기울기가 가파르므로 A보다 C의 온도가 높음을 알 수 있다.
⑤ 속도 상수는 온도에 의존하므로 A, B는 온도가 같고, C는 온도가 다르므로 B, C의 반응 속도 상수는 다르다.

정답 ④

18

ㄱ. 아세토아세트산의 분해 반응은 반감기가 140분인 1차 반응임을 표를 통해 알 수 있다.

ㄴ. 화학 반응식의 계수를 통해 소모된 아세토아세트산은 발생한 이산화탄소의 양과 같다. 초기 아세토아세트산의 몰수는 0.01몰인데 280분 동안 남은 아세토아세트산의 몰수가 2.5×10^{-3}mol이므로 아세토아세트산이 7.5×10^{-3}mol이 반응하였다는 것이므로 발생한 이산화탄소의 양도 7.5×10^{-3}mol이다.

ㄷ. 420분 후 남아 있는 아세토아세트산의 몰수는 초기 몰수에서 반응한 몰수를 뺀 값이다.
따라서 $0.01-7.5\times10^{-3}=1.25\times10^{-3}$mol

정답 ⑤

제 3 절 반응 메커니즘과 속도식의 결정

01 ② 02 ② 03 ③ 04 ④ 05 ②

06 ② 07 ① 08 (1) $v=k\dfrac{[O_3]^2}{[O_2]}$ (2) $\dfrac{1}{2}$배

09 (1) 전체 반응식

$$\frac{1}{2}H_2(g)+\frac{1}{2}Br_2(g)\rightarrow HBr(g)$$

$$\Delta H_f=-13\text{kcal/몰}$$

(2) ㉡ (3) ㉢, ㉣ (4) ㉢ (5) ㉢

10 ③ 11 ② 12 ② 13 ③ 14 ④

15 ④ 16 ① 17 ③ 18 ③

대표 유형 기출 문제

01

반응 메커니즘을 구성하는 단일 단계 반응 중 가장 느린 단계를 속도 결정 단계라고 한다.

정답 ②

02

전체 반응식은 각 단일 단계 반응식의 합과 같다.

$$2NO+Cl_2\rightarrow 2NOCl$$

전체 반응의 속도식 $v=k[NO]^m[Cl_2]^n$

속도 결정 단계의 속도식 $v=k_2[NOCl_2][NO]$

여기서 $NOCl_2$가 중간체이므로 미세 평형의 원리를 이용하여 중간체를 제거한다.

$$k_1[NO][Cl_2]=k_{-1}[NOCl_2]$$

$$[NOCl_2]=\frac{k_1}{k_{-1}}[NO][Cl_2]$$

중간체[$NOCl_2$]를 속도 결정 단계의 속도식에 대입한다.

$$v=\frac{k_1k_2}{k_{-1}}[NO]^2[Cl_2]$$

결국 $m=2$, $n=1$이므로 전체 반응의 속도식은 $v=k[NO]^2[Cl_2]$이다.

정답 ②

03

ㄱ. A는 1단계의 생성물이고 2단계의 반응물이므로 중간체이다.

ㄴ. 반응 속도 결정 단계는 활성화 에너지가 가장 큰 단계이므로 2단계이다.

ㄷ. 전체 반응의 활성화 에너지는 정반응의 활성화 에너지의 합에서 역반응의 활성화 에너지의 합을 뺀 값이므로 $(20+50)-10=60$kJ/mol이다.

정답 ③

04

전체 반응식으로 반응 속도식을 표현하면 $v=k_2[I^-]^m[OCl^-]^n$이다. 속도 결정 단계는 단계 2이다. 속도식을 표현해 보자.

$$v=k_2[I^-][HOCl]$$

전체 반응식에 표현되지 않은 [HOCl]을 소거해야 하므로 미세 평형의 원리를 이용하여 단계 1의 속도식을 표현하자.

$$k_1[OCl^-]=k_{-1}[HOCl][OH^-]$$

[HOCl]에 대해 정리하여 속도 결정 단계의 속도식에 대입한다.

$$[\mathrm{HOCl}] = K_1 \frac{[\mathrm{OCl^-}]}{[\mathrm{OH^-}]} \left(K_1 = \frac{k_1}{k_{-1}} \right)$$

$$v = k_2 K_1 \frac{[\mathrm{I^-}][\mathrm{OCl^-}]}{[\mathrm{OH^-}]}$$

정답 ④

05

- 촉매: 이전 단계의 반응물, 다음 단계의 생성물
- 중간체: 이전 단계의 생성물, 다음 단계의 반응물

정답 ②

06

단계 2(속도 결정 단계)를 이용하여 속도식을 작성하자.

$$v = k_2[\mathrm{N_2O_2}][\mathrm{O_2}]$$

미세 평형의 원리를 이용하여 중간체인 $[\mathrm{N_2O_2}]$에 대해 정리하면

$$k_1[\mathrm{NO}]^2 = k_{-1}[\mathrm{N_2O_2}]$$

$$[\mathrm{N_2O_2}] = \frac{k_1}{k_{-1}}[\mathrm{NO}]^2$$

$$v = \frac{k_1}{k_{-1}} k_2 [\mathrm{NO}]^2 [\mathrm{O_2}]$$

[NO]에 대한 2차 반응임을 알 수 있다.
2차 반응은 반감기가 늘어나는 반응이므로 해당되는 그래프는 ②이다.

정답 ②

07

제안된 메커니즘의 각 단일 단계 반응을 모두 더하면 전체 반응식이 된다.

$$2\mathrm{N_2O}(g) \rightarrow 2\mathrm{N_2}(g) + \mathrm{O_2}(g)$$

또한 첫 번째 단일 단계 반응이 가장 속도가 느린 속도결정단계이므로 반응 속도 법칙(반응 속도식)은 첫 번째 단일 단계 반응의 반응 속도식이 된다. 반응물이 하나이고 반응물의 계수가 1이므로 반응 속도식은 속도 $= k_1[\mathrm{N_2O}]$이다.

정답 ①

주관식 개념 확인 문제

08

(1) 전체 반응식은 1, 2단계의 합과 같으며 반응 속도식은 $v = k[\mathrm{O_3}]^m$이다.
2단계가 속도 결정 단계이므로 $v = k_2[\mathrm{O_3}][\mathrm{O}]$이다.
1단계에 미세 평형의 원리를 이용하면

$$k_1[\mathrm{O_3}] = k_{-1}[\mathrm{O_2}][\mathrm{O}]$$

[O]에 대해 정리하여 속도 결정 단계의 속도식에 대입한다.

$$\therefore v = k_2[\mathrm{O_3}][\mathrm{O}] = \frac{k_1 k_2}{k_{-1}} \frac{[\mathrm{O_3}]^2}{[\mathrm{O_2}]}$$

정답 $v = k\frac{[\mathrm{O_3}]^2}{[\mathrm{O_2}]}$

(2) 반응 속도식에서 산소의 농도가 분모에 표현되어 있으므로 산소의 농도가 2배가 되면 반응 속도는 $\frac{1}{2}$배가 된다.

정답 $\frac{1}{2}$배

09

(1) 수소와 브롬이 반응하여 브롬화수소가 되는 기체 반응의 전체 화학 반응식은 아래와 같다.

$$\frac{1}{2}\mathrm{H_2}(g) + \frac{1}{2}\mathrm{Br_2}(g) \rightarrow \mathrm{HBr}(g)$$

브롬화수소의 생성열은 반응물의 결합 에너지의 합에서 생성물의 결합 에너지의 합을 빼서 구한다.

$$\Delta H_f = \left\{\frac{1}{2}D(\mathrm{H-H}) + \frac{1}{2}D(\mathrm{Br-Br})\right\} - D(\mathrm{H-Br})$$

$$= \left(\frac{1}{2}\times 104 + \frac{1}{2}\times 46\right) - 88 = -13\mathrm{kcal/mol}$$

정답 전체 반응식

$$\frac{1}{2}\mathrm{H_2}(g) + \frac{1}{2}\mathrm{Br_2}(g) \rightarrow \mathrm{HBr}(g)$$

$$\Delta H_f = -13\mathrm{kcal}/몰$$

(2) 결합 에너지가 가장 적은 반응이 에너지가 가장 적게 필요로 되는 반응이므로 첫 번째로 일어날 것이다.

정답 ㉡

(3) 존재하지 않던 정전기적 인력이 작용하는 반응이 발열 반응이다.

정답 ㉢, ㉣

(4) 라디칼이 생성되지 않으면 연속적인 진행이 억제된다. 라디칼이 없는 것을 고르는 문제이다.

정답 ㉢

(5) 결합을 끊는 반응이 없으므로 반응이 빠르게 진행된다.

정답 ㉢

기본 문제

10

① $[H^+]$에 대해 0차이므로 수소 이온의 농도는 반응 속도에 영향을 주지 않는다.

② 전체 반응식은 $v = k[H_2O_2][I^-]$이다.

③ 속도 결정 단계의 활성화 에너지가 가장 크다.

④ 속도 결정 단계는 1단계이다.

⑤ 실험 1의 값을 반응 속도식에 대입하여 반응 속도 상수 k를 구한다.

$$1.75\times10^{-6} = k[10^{-2}][10^{-2}]$$

$$\therefore k = 1.75\times10^{-2}$$

이제 지문의 수치를 대입하면,

$$v = (1.75\times10^{-2})[3.0\times10^{-2}][4.0\times10^{-2}]$$

$$= 2.10\times10^{-5}\text{mol/L·s}$$

정답 ③

11

두 반응식을 더하면 전체 반응식을 알 수 있다.

$$NO_2(g)+CO(g)\rightarrow NO(g)+CO_2(g)$$

$$v = k[NO_2]^m[CO]^n$$

속도 결정 단계의 계수가 반응 차수가 되므로 반응 속도식을 구할 수 있다. $v = k[NO_2]^2$

따라서, $m=2, n=0$

ㄱ. $n=0$이므로 CO에 대해 0차 반응이다.

ㄴ. 전체 반응 차수는 $m+n=2+0=2$인 2차이다.

ㄷ. NO는 생성물이다.

정답 ②

12

먼저 전체 반응식은 다음과 같다.

$$2NO + Br_2 \rightleftarrows 2NOBr$$

단계 2가 느린 단계이므로 속도 결정 단계이다.

따라서 반응 속도식은 다음과 같다.

$$v = k_2[NOBr_2][NO]$$

여기서 $NOBr_2$는 반응 중간체이므로 이전 평형의 원리를 이용해서 소거한다.

$$v_1 = v_{-1}$$

$$k_1[NO][Br_2] = k_{-1}[NOBr_2]$$

$$[NOBr_2] = \frac{k_1}{k_{-1}}[NO][Br_2]$$

$$v = k_2\times\frac{k_1}{k_{-1}}[NO]^2[Br_2]$$

$$v = K_1\times k_2[NO]^2[Br_2]$$

② 전체 반응의 속도 상수는 $K_1\times k_2$이다.

정답 ②

13

④ 전체 반응식은 1단계 반응식과 2단계 반응식을 더해서 구할 수 있다.

$$Ni(CO)_4 + P(CH_3)_3 \rightarrow Ni(CO)_3(P(CH_3)_3)+CO$$

①, ②, ③

반응 속도가 느린 1단계가 속도 결정 단계이므로 반응 속도식은 $v = k[Ni(CO)_4]$이다. 따라서 전체 반응 차수는 1이고, 전체 반응 속도는 반응 속도식에 표현되지 않는 $P(CH_3)_3$의 농도와 무관하다.

정답 ③

14

반응속도가 가장 느린 단계 Ⅱ가 속도 결정단계이므로 반응 속도식은 다음과 같다.

$$v = k_2[Cl][CH_4]$$

Cl이 중간체이므로 이전 평형의 원리를 이용하여 소거한다.

$$k_1[Cl_2] = k_{-1}[Cl]^2$$

$$[Cl]^2 = \frac{k_1}{k_{-1}}[Cl_2] \quad [Cl] = \sqrt{\frac{k_1}{k_{-1}}[Cl_2]}$$

[Cl]를 반응 속도식에 대입하면, 반응 속도식은 다음과 같다.

$$v = k_2 \sqrt{\frac{k_1}{k_{-1}}}[CH_4][Cl_2]^{\frac{1}{2}}$$

① 전체 반응 차수는 $1 + \frac{1}{2} = \frac{3}{2}$ 이다.

② 단계 Ⅱ는 흡열 반응이므로 단계 Ⅱ의 활성화 에너지는 정반응이 역반응보다 크다.

③ 속도 결정 단계는 반응속도가 가장 느린 단계 Ⅱ이다.

④ CH_4에 대하여 반응차수가 1이므로 1차인 반응이다.

정답 ④

15

ㄱ. $CH_3(g)$는 1단계의 생성물이고, 2단계의 반응물이므로 중간 생성물이다.

ㄴ. 반응물의 엔탈피의 합보다 생성물의 엔탈피의 합이 작은 발열 반응이다.

ㄷ. 1단계의 반응 엔탈피는 정반응의 활성화 에너지에서 역반응의 활성화 에너지를 뺀 것으로 역반응의 활성화 에너지가 $17-4=13$kJ임을 알 수 있다.

정답 ④

16

(가)는 촉매를 사용하지 않은 경우, (나)는 정촉매를 사용한 경우의 에너지 변화를 나타낸 것이다.

① (나)에서 1, 2, 3단계 화학 반응식을 더하면 (가)와 같다. 따라서 (가)와 (나)의 최종 생성물은 같다.

②, ⑤ 활성화 에너지가 더 큰 (가)(92kJ)의 반응 속도가 (나)(75kJ)보다 더 느리다.

③ H^+이 1단계에서 반응물, 3단계에서 생성물이므로 H^+은 정촉매이다.

④ (나)에서 2단계의 활성화 에너지가 가장 크므로 2단계가 속도결정단계이다.

정답 ①

17

전체 반응식은 1단계와 2단계의 합이다.

그래프에서 일산화이질소에 대해 반감기가 일정하므로 1차 반응임을 알 수 있으므로 속도 반응식은 $v = k[N_2O]$ 이다.

ㄱ. 반응 속도식에 산소 원자의 농도가 표현되지 않으므로 산소 원자의 농도는 전체 반응 속도와 무관하다.

ㄴ, ㄷ. 반응 속도식과 1단계가 일치하므로 1단계가 속도 결정 단계이므로 속도 상수 $k_1 < k_2$이고, 전체 반응 속도 상수 K는 k_1과 같다.

정답 ③

18

ㄱ. 1단계가 속도 결정 단계이므로 전체 반응 속도식은 $v = k_1[NO_2][F_2]$이다. 따라서 $m=1$, $n=1$이므로 $m+n=1+1=2$이다.

ㄴ. 속도 결정 단계가 1단계인 경우이므로 전체 반응의 속도 상수는 곧 1단계의 속도 상수와 같아야 한다.

$$k = k_1$$

ㄷ. $F(g)$는 단계(1)에서는 생성물, 단계(2)에서는 반응물이므로 반응 중간체에 해당한다.

정답 ③

제 4 절 반응 속도론

01	①	02	③	03	③	04	④	05	①
06	①	07	②	08	④				
09	(1) B+D (2) B (3) B−A					10	①	11	②
12	④	13	④	14	②	15	②	16	③
17	②	18	⑤	19	⑤	20	④	21	④
22	①								

대표 유형 기출 문제

01

화학 반응식의 계수로부터 $\Delta S = 0$이므로

$\Delta G = \Delta H - T\Delta S$에서 $\Delta G = \Delta H$임을 알 수 있다.

따라서, $10.3 = \Delta H = E_a - E_a'$

$10.3 = \Delta H = 12.6 - E_a'$

$\therefore E_a' = 2.3\text{kJ/mol}$

정답 ①

02

전체 반응 속도는 활성화 에너지에 의존한다. A는 1단계의 반응 엔탈피로 반응 속도에 영향을 주지 않는다.

정답 ③

03

역반응의 활성화 에너지를 구하기 위해서는 주어진 반응의 엔탈피 변화량(ΔH)부터 구해야 한다.

HI(g)의 생성 반응식

$$\frac{1}{2}H_2(g) + \frac{1}{2}I_2(s) \rightarrow HI(g) \quad \Delta H_1 = 26.5\text{kJ}$$

$I_2(g)$의 생성 반응식

$$I_2(s) \rightarrow I_2(g) \qquad \Delta H_2 = +62.4\text{kJ}$$

$$\Delta H = 2\Delta H_1 - \Delta H_2$$

$$= 2 \times 26.5 - 62.4 = -9.4\text{kJ}$$

$$\Delta H = E_a - E_a'$$

$$-9.4 = 165 - E_a'$$

$$\therefore E_a' = 174.4\text{kJ}$$

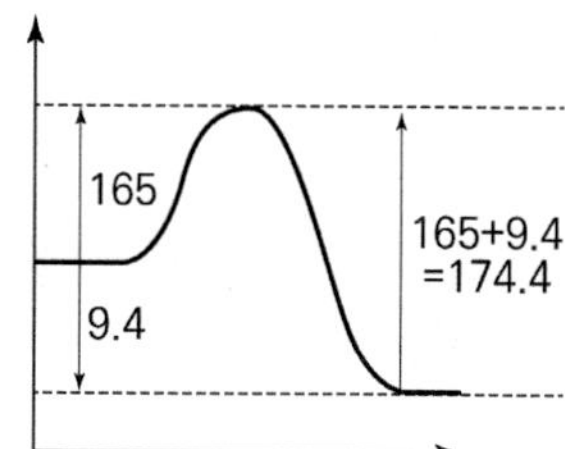

정답 ③

04

ㄱ. 촉매는 원칙적으로 반응에 참여하지 않으므로 반응 속도식에 표현하지 않지만, 촉매의 농도 변화량이 반응 속도에 영향을 미친다면 전체 반응 속도식에 표현된다.

ㄴ. 촉매는 생성물의 양에는 영향을 미치지 못한다.

정답 ④

05

반응 엔탈피의 크기는 화학 반응 속도와 무관하다.

정답 ①

06

ㄱ. 촉매는 새로운 반응 경로를 통해 활성화 에너지를 감소시켜 반응속도를 빠르게 한다.

ㄴ. 촉매는 반응물과 생성물의 에너지 준위 차이, 즉 반응열에 영향을 미치지 않는다.

ㄷ. 흡착과 탈착 과정은 상이 다른 불균일 촉매인 경우에 수반된다.

정답 ①

07

② 다단계 반응의 속도 결정 단계는 반응 속도가 가장 느린 단계이다.

정답 ②

08

반응 속도에 영향을 주는 요인은 2가지인데, ㉠ 농도와 압력을 증가시키면 충돌수가 증가하여 반응 속도가 증가한다. ㉡ 온도와 촉매에 의해서는 활성화 에너지 이상의 에너지를 갖는 입자수의 분율이 증가하여 반응속도 상수가 증가하므로 반응 속도가 증가한다. 따라서 반응 속도에 영향을 주는 요소는 4개 모두이다.

정답 ④

주관식 개념 확인 문제

09

(1) 활성화 상태가 C지점이므로 활성화물이 지닌 엔탈피의 양은 B+D이다.

정답 B+D

(2) 정반응의 활성화 에너지는 활성화물의 에너지−반응물의 에너지이므로 B에 해당한다.

정답 B

(3) 반응열 ΔH는 B(정반응의 활성화 에너지)에서 A(역반응의 활성화 에너지)를 뺀 것이다.

정답 B−A

기본 문제

QUAN

10

①, ② 온도가 증가함에 따라 활성화 에너지 이상의 에너지를 가진 분자 수가 증가하기 때문에 반응 속도가 증가한다.

③, ④ 활성화 에너지를 크거나 작게 변화시키는 것은 온도가 아닌 촉매이다.

정답 ①

11

맥스웰 볼쯔만 속력 분포 곡선에 따르면 온도를 증가시키면 가장 빈도수가 높은 분자 속도를 갖는 분자들의 수는 감소한다.

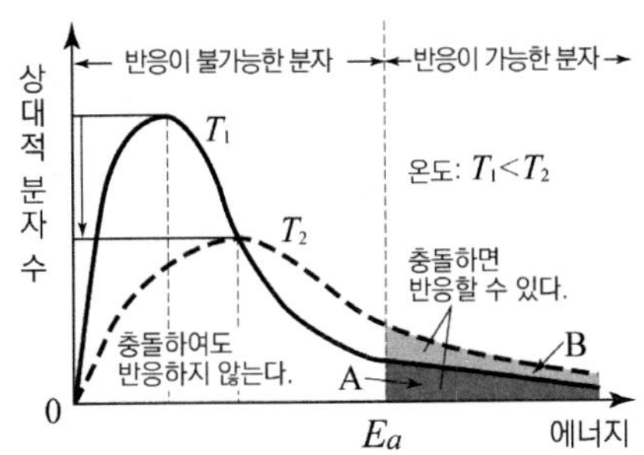

정답 ②

12

ㄱ. 활성화 에너지는 오직 촉매에 의해서만 변한다.

ㄴ. 화학 반응에서 충돌 에너지란 반응 물질의 분자들이 실제로 서로 충돌할 때 필요한 최소한의 에너지를 말한다. 분자들이 충돌할 때 충돌 에너지가 충분하지 않으면 반응은 일어나지 않으며, 충돌 에너지가 활성화 에너지 이상일 때만 화학 반응이 일어날 수 있다. 이러한 충돌 에너지는 온도에 의존한다.

ㄷ. $k=A\cdot e^{-\frac{E_a}{RT}}$에 의하면 반응 속도 상수는 온도에만 의존한다.

정답 ④

13

활성화 에너지와 유효 충돌은 관련이 없다. 충돌과 관련 있는 것은 농도와 압력이다.

정답 ④

14

속도 상수는 촉매, 온도에 영향을 받는다.

정답 ②

15

가. 평균 운동 에너지는 온도에 비례한다($E_k=\frac{3}{2}RT$).

나. 농도가 증가하면 분자 간 충돌 빈도가 증가한다.

다. 반응 속도 상수는 온도에 의존한다.

라. 활성화 에너지가 변하지 않았으므로 반응 속도 상수는 일정하므로 농도가 증가하면 반응 속도는 빨라진다.

정답 ②

16

반응 속도 상수는 온도가 높고 활성화 에너지가 작을 때 가장 크게 나타난다.

정답 ③

그래프 해석

17

촉매를 사용하기 전 정반응의 활성화 에너지가 252kJ에서 50kJ으로 감소하고, 반응열이 198kJ이므로 역반응의 활성화 에너지는 $-198=50-E_a{}'$으로 248kJ이므로 촉매를 사용하기 전보다 역반응의 활성화 에너지가 작아졌으므로 반응 속도는 빨라진다.

정답 ②

18

① 흡열 반응이므로 열화학 반응식으로 반응열을 표현하면 아래와 같다.

$$C(s)+H_2O(l)\rightarrow CO(g)+H_2(g)+b\text{kJ}$$

②, ③ a는 정반응의 활성화 에너지이고, 반응열은 b이다.

④ 촉매는 정반응의 활성화 에너지 a에만 영향을 미치고, 반응열 b에는 영향을 주지 못한다.
⑤ 흡열 반응이므로 반응이 일어나면 용기의 온도가 내려간다.

정답 ⑤

19

① (가)는 발열 반응이므로 반응 용기의 온도가 올라간다.
② 발열 반응의 열화학 반응식에서 반응열을 생성물 쪽에 나타낼 경우 반응열은 양의 값을 나타낸다.
③ (나)는 흡열 반응이므로 주위에서 열이 흡수된다.
④ 반응물과 생성물의 에너지 차이가 큰 것이 (가)이므로 출입하는 열량이 큰 반응은 (가)이다.
⑤ 반응 속도는 정반응의 활성화 에너지가 작은 (가)의 반응이 더 빠르다.

정답 ⑤

QUAL

20

$$\Delta H = E_a - E_a'$$
$$-50 = 85 - E_a'$$
$$\therefore E_a' = 135\text{kJ}$$

정답 ④

21

산소가 오존보다 안정하므로 O_2의 엔탈피가 O_3보다 더 작다. 반응물의 엔탈피의 합보다 생성물의 엔탈피의 합이 작은 발열 반응이다.
활성화 에너지가 큰 반응은 일어나기 어려우므로 역반응의 활성화 에너지가 크다.

정답 ④

22

$$\Delta H = E_a - E_a' \text{이므로}$$
$$\therefore E_a' = E_a - \Delta H = 25 - (-388) = 413\text{kJ}$$

정답 ①

Chapter

04 화학 평형

제 1 절 화학 평형

01	①	02	①	03	②	04	①	05	②
06	④	07	㉠ 가역 반응 ㉡ ⇄ ㉢ 비가역 반응						
08	0.0021			09	(1) 7.0 (2) 7.0			10	8
11	$\frac{3}{4}$	12	64	13	②	14	③	15	③
16	②	17	④	18	③, ④	19	③	20	⑤
21	①	22	④	23	④	24	④		

대표 유형 기출 문제

화학 평형 일반

01

② 정반응의 속도 상수와 역반응의 속도 상수의 비가 평형 상수이므로 속도가 같은 것이지 속도 상수가 같은 것은 아니다.
③ 반응물과 생성물의 농도가 일정하여 겉보기에 반응이 일어나지 않는 것처럼 보이는 동적 평형 상태이다.
④ 평형 상태에서 반응물의 농도와 생성물의 농도가 일정하다.
⑤ 화학 평형 상태에서는 한계 반응물이 존재하지 않으므로 반응물과 생성물이 모두 존재한다.

정답 ①

화학 평형 상수 K

02

구하고자 하는 반응식을 얻기 위해 1식에서 2식을 뺀다. 화학 반응식을 뺄 경우 평형 상수는 나누어 주므로

$$K = \frac{K_1}{K_2} = \frac{7.0 \times 10^3}{2.8 \times 10^4} = 0.25$$

정답 ①

03

화학 반응식을 평형 상수식으로 표현하고 그림에서 원자와 분자를 표현하는 공의 개수를 평형 상수식에 대입한다.

$$K = \frac{[A_2][B]}{[AB][A]} = \frac{3\times3}{3\times1} = 3$$

정답 ②

04

화학 반응식의 계수가 지수로 되고, 고체나 액체는 평형 상수식에 표현되지 않는다.

$$K = \frac{[CO_2]}{[CO]^2}$$

정답 ①

05

고체인 염화칼슘과 염화칼슘 수화물을 제외한 물질로만 평형 상수식을 표현하고, 계수가 지수로 된다.

$$K = \frac{1}{[H_2O]^2}$$

정답 ②

06

$2C(g) \rightleftarrows 2A(g) + 4B(g)$은
$A(g) + 2B(g) \rightleftarrows C(g)$의 역반응에 계수에 2배를 한 반응이므로 $2C(g) \rightleftarrows 2A(g) + 4B(g)$의 평형 상수는 $A(g) + 2B(g) \rightleftarrows C(g)$의 평형 상수값에 제곱을 한 후 역수를 취한 값과 같다. 즉, $K = \frac{1}{0.2^2} = 25$이다.

정답 ④

주관식 개념 확인 문제

07

정반응과 역반응이 모두 일어나는 반응은 ㉠ 가역반응이다.
화학 반응식에는 ㉡ $\rightleftarrows$으로 표현한다.
정반응에 비해 무시할 수 있을 정도로 역반응이 느리게 진행하는 반응을 ㉢ 비가역 반응이라 한다.

정답 ㉠ 가역 반응 ㉡ $\rightleftarrows$ ㉢ 비가역 반응

08

$K_1 = 21$, $K_2 = 0.01$이므로 구하고자 하는 반응식을 얻기 위해서 1식과 2식에 2를 곱해서 더해준다.(①+2×②)
평형 상수는 $K_1 \times (K_2)^2 = 21 \times (0.01)^2 = 0.0021$

정답 0.0021

09

(1) 화학 반응식을 통해 평형 상수식을 적고, 주어진 값을 대입해보자.

$$Br_2(g) + Cl_2(g) \rightarrow 2BrCl(g)$$

$$K_C = \frac{[BrCl]^2}{[Br_2][Cl_2]} = \frac{(0.82)^2}{(0.2)(0.48)} = 7$$

정답 7.0

(2) 압력 평형 상수를 구하기 위해 공식을 사용한다.

$$K_P = K_C(RT)^{\Delta n}$$

반응물의 계수의 합과 생성물의 계수의 합이 같으므로 $\Delta n = 0$이므로 $K_C = K_P = 7$이다.

정답 7.0

10

실험 I 에서 화학 반응의 양적 관계를 파악해 본다.

$A(g)$	+	$bB(g)$	$\rightleftarrows$	$cC(g)$
5		x		2
-1		$-b$		$+c$
4		2		4

$$2+c=4 \quad c=2$$

실험 II 에서 화학 반응의 양적 관계를 파악해 본다.

$A(g)$	+	$bB(g)$	$\rightleftarrows$	$2C(g)$
y		2		4
$+\frac{1}{2}$		$+1$		-1
1		3		3

$$b=2 \quad y+\frac{1}{2}=1 \quad \therefore y=\frac{1}{2}$$

실험 I 로부터

$$x-b=2 \quad x-2=2 \quad \therefore x=4$$

따라서 이 반응의 화학 반응식은 다음과 같다.

$$A(g) + 2B(g) \rightleftarrows 2C(g)$$

실험 I 의 평형 농도를 이용하여 평형 상수를 구하면

$$K = \frac{[C]^2}{[A][B]^2} = \frac{4^2}{4 \times 2^2} = 1$$

따라서 $K \times \frac{x}{y} = 1 \times \frac{4}{\frac{1}{2}} = 8$이다.

정답 8

11

평형 상수를 표현해 보면 다음과 같다.

$$K_p = P_B \times P_c$$

반응 후 전체 압력이 1기압에서 2기압으로 증가하였으므로 용기는 부피 변화가 없는 강철 용기라고 판단할 수 있다. 온도와 부피가 일정하므로 몰수는 압력에 비례한다. 따라서 주어진 압력으로 양적 관계를 고려해보면,

A(s)	→	B(g)	+	C(g)
		1atm		
		$+x$		$+x$
		$1+x$		x

$$1 + 2x = 2 \text{ atm} \qquad \therefore x = \frac{1}{2}\text{atm}$$

$$P_B = \frac{3}{2} \text{ atm}, \ P_C = \frac{1}{2} \text{ atm}$$

$$K_p = P_B \times P_C = \frac{3}{2} \times \frac{1}{2} = \frac{3}{4}$$

정답 $\frac{3}{4}$

12

화학 반응의 반응 계수로부터 양적 관계를 계산하면 다음과 같다.

A(g)	+	B(g)	⇄	2C(g)
1.2		y		0
−0.8		−0.8		+1.6
x		0.1		1.6

$$1.2 - 0.8 = x \qquad \therefore x = 0.4$$

$$y - 0.8 = 0.1 \qquad \therefore y = 0.9$$

평형 상수식으로부터 평형 상수를 구하면 다음과 같다.

$$K = \frac{[C]^2}{[A][B]} = \frac{1.6^2}{0.4 \times 0.1} = 64$$

정답 64

기본 문제

13

ㄴ. 발열 반응에서 온도가 증가하면 반응은 흡열 반응(역반응)쪽으로 진행되어 반응물의 농도가 증가하므로 평형 상수는 감소한다.

ㄷ. 반응물과 생성물이 모든 기체인 평형 반응에서 K_c 값과 K_p값은 반응물의 계수의 합과 생성물의 계수의 합이 같을 때에만 두 값이 같다.

$$K_p = K_c(RT)^{\Delta n} \qquad \Delta n = (c+d) - (a+b) = 0$$

$$\therefore K_p = K_c$$

정답 ②

14

ㄴ. 평형 상태에서는 한계 반응물이 존재하지 않으므로 생성 물질의 몰농도는 0이 될 수 없다.

ㄷ. 반응 물질과 생성 물질의 농도의 비가 일정한 것이지 몰농도가 같은 것은 아니다.

ㅁ. 반응 물질과 생성 물질의 농도의 비가 평형 상수이고, 화학 반응식의 계수가 지수로 올라간 농도 곱의 비이다.

정답 ③

15

먼저, y축이 자유 에너지 변화량(ΔG)이 아니라 자유 에너지(G)임을 주의해야 한다.

① 자유 에너지가 가장 작은 값에서 평형에 도달한다. 그 때의 반응의 진행이 0.5보다 큰 지점, 즉 생성물이 반응물보다 더 많은 지점이므로 평형상수는 1보다 크다.

② (가) → (나)에서 자유 에너지 변화(ΔG)는 기울기가 음수이므로 0보다 작다.

③ (다)에서 그래프의 기울기가 양수이므로 자유 에너지 변화(ΔG)는 양수이다. 따라서 자유 에너지 값이 양수이기 위해서는 나중값이 처음값보다 증가해야 한다.

④ $\Delta G = 0$인 지점에서 자유 에너지 값이 최소로 되므로 이때 평형에 도달한다.

정답 ③

16

ㄴ. 평형 상태의 농도비와 화학 반응식의 계수의 비는 상관이 없다.

ㄹ. 반응물과 생성물의 농도가 일정한 것이지 몰수가 같은 것은 아니다.

정답 ②

17

평형에 도달하면 반응물과 생성물의 농도가 일정해지므로 반응물의 농도는 감소하다가 일정해지고, 생성물의 농도는 증가하다가 일정해지는 ④와 같고, ②와 ③이 정답이 되지 않는 것은 화학평형에서 반응물과 생성물의 농도가 같아지는 것은 아니기 때문이다.

정답 ④

18

① 평형에 도달했을 경우 생성물의 농도가 일정해지지만 그것이 화학 반응식의 계수만큼 존재하는 것은 아니다.

② 평형 농도와 화학 반응식의 계수는 무관하다.

③ 동적 평형에 도달하였으므로 가역 반응임을 알 수 있다.

④ 평형에 도달했으므로 반응물의 농도와 생성물의 농도가 일정해져 물질의 농도 변화는 더 이상 일어나지 않는다.

⑤ 사산화이질소의 생성 반응이 이산화질소의 분해 반응보다 우세한지의 여부는 평형 상수가 주어져야 알 수 있다.

정답 ③, ④

19

$\Delta G° = \Delta H° - T\Delta S°$를 이용한다. 반응물과 생성물의 계수가 같으므로 $\Delta S° = 0$이다.

$$\Delta G° = \Delta H° = E_a - E_{a'} = 330 - 30 = 300\text{kJ/mol}$$

$\Delta G° > 0$이므로 정반응이 비자발적이므로 $K < 1$임을 알 수 있다.

정답 ③

20

평형 상수는 $\frac{[\text{생성물}]}{[\text{반응물}]}$로 정의되며, 평형 상수식에 고체나 액체는 표현되지 않는다.

$$K = \frac{1}{[Ag^+]^3[PO_4^{3-}]}$$

정답 ⑤

21

①−②×2

$$K = \frac{K_1}{K_2^2} = \frac{2.5\times10^{-5}}{(5.0\times10^{-10})^2} = 1.0\times10^{14}$$

정답 ①

22

전체 압력이 3기압일 때 $n_{NO_2} : n_{H_2O} = 1:2$이므로

$$f_{NO_2} = \frac{n_{NO_2}}{n_T} = \frac{1}{1+2} = \frac{1}{3}$$

따라서,

$$P_{NO_2} = P_T \times f_{NO_2} = 3\times\frac{1}{3} = 1\text{기압},\ P_{H_2O} = 2\text{기압}$$

$$K = P_{NO_2}\times P_{H_2O}^2 = 1\times2^2 = 4$$

정답 ④

23

용기 X와 Y에서 온도가 일정하고, 같은 화학 반응이므로 평형 상수가 같음을 이용한다. 또한 반응물의 계수의 합과 생성물의 계수의 합이 같기 때문에 평형 상수 계산 시 농도가 아닌 몰수를 이용해서 구하면 편리하다.

$$K = \frac{[C]^2}{[A][B]} = \frac{n_C^2}{n_A\times n_B}$$

$$\frac{(0.1)^2}{a\times0.4} = \frac{(0.2)^2}{0.1\times b} \qquad \therefore \frac{b}{a} = 16$$

정답 ④

24

먼저 이 반응의 양적 관계를 따져보면,

$AB_3(g)$	$\rightleftarrows$	$AB(g)$	+	$B_2(g)$
0.1mol				
−0.02		+0.02		+0.02
0.08		0.02		0.02

평형에 도달했을 때의 총 몰수는 0.12mol이다.

① $B_2(g)$의 몰분율

$$f_{B_2} = \frac{n_{B_2}}{n_T} = \frac{0.02}{0.12} = \frac{1}{6}$$

② 부피 V와 RT값을 알고 있으므로,

$$P_{AB} = \frac{nRT}{V} = \frac{0.02 \times 80}{2} = 0.8\text{atm}$$

③ $P_{AB} = P_{B_2} = 0.8\text{atm}$

$$P_{AB_3} = \frac{nRT}{V} = \frac{0.08 \times 80}{2} = 3.2\text{atm}$$

$$K_p = \frac{P_{AB} \times P_{B_2}}{P_{AB_3}} = \frac{0.8 \times 0.8}{3.2} = 0.2$$

④ $K_p = K_c(RT)^{\Delta n} \quad \Delta n = 2 - 1 = 1$

$$K_c = \frac{K_p}{RT} = \frac{0.2}{80} = \frac{1}{400}$$

정답 ④

제 2 절 화학 평형 이동

01 ① 02 ② 03 ② 04 ④ 05 ①
06 ④ 07 ① 08 ① 09 ④ 10 ②
11 ③ 12 ① 13 ③ 14 ①

15 (1) ① 정반응 ② 역반응 ③ 평형 상태
(2) ① 평형 상수 ② 온도
(3) ① 생성 물질 ② 반응 물질
(4) ① 역반응 ② 정반응

16 (1) $\frac{3}{2}$ (2) 불변 (3) $\frac{3}{2}$ (4) 0.1772

17 0.02 18 (1) $K=8$ (2) 정반응 19 2

20 (1) N_2 첨가 (2) 정반응 (3) $Q<K$

21 (1) 역반응 (2) 정반응 (3) 역반응 (4) 역반응

22 (1) 역반응 (2) 정반응 (3) 정반응 (4) 평형이동 없음
(5) 정반응

23 9.34g 24 0.008 25 4M

26 (1) $K=\frac{1}{15}$ (2) 변함 없다. (3) 정반응쪽으로 이동한다.

27 (1) 4.87×10^5 mol/L·s (2) A_2: 0.6몰, A:0.4몰

28 (1) > (2) < 29 ②, ④ 30 ④ 31 ④
32 ⑤ 33 ④ 34 ① 35 ④ 36 ②
37 ③ 38 ⑤ 39 ④ 40 ③ 41 ⑤
42 ② 43 ④ 44 ① 45 ④ 46 ③
47 ② 48 ③ 49 ② 50 ② 51 ②
52 ② 53 ④ 54 ① 55 ① 56 ③
57 ① 58 ④ 59 ④ 60 ② 61 ①
62 ③ 63 ③ 64 ④ 65 ③ 66 ②

대표 유형 기출 문제

평형 이동

01

평형 상수는 평형에 도달하는 시간과는 무관하다.
평형에 도달하는 시간은 반응 속도의 문제이다.

정답 ①

02

ㄱ. 평형 상수식에는 고체는 표현되지 않으므로
$K = [CO_2] = P_{CO_2} = 1.04$기압이다.

ㄴ. 생성되는 이산화탄소를 제거하면 생성물의 양을 증가시키는 방향으로 진행되므로 정반응이 우세하다.

ㄷ. 평형 상수는 온도에서만 의존하므로 같은 온도라면 평형 상수값은 변하지 않는다.

정답 ②

03

압력을 증가시킬수록 생성물의 수득률이 증가하므로 $a+b>c$이므로 $a+b-c>0$이다. 일정 압력에서 온도를 증가시킬수록 생성물의 수득률이 감소하므로 $\Delta H<0$인 발열 반응이다.

정답 ②

04

① 용해도곱 상수도 평형 상수의 일종으로 평형에 포함된 이온들의 농도곱과 같다.

② 강산 · 강염기와 이들의 염을 섞어도 완충 용액을 만들 수 없다. 강산과 강염기의 반응은 비가역 반응이기 때문이다.

③ 공통 이온이 반응물의 이온인 경우 정반응이 우세, 생성물 이온인 경우 역반응이 우세해진다.

④ 생성물인 CH_3COO^-의 농도가 증가하여 역반응이 진행되므로 아세트산의 이온화도는 감소한다.

정답 ④

05

이 반응은 흡열 반응이다.

ㄱ. 흡열 반응에서 온도가 낮아지면 역반응 방향으로 평형 이동이 이동한다.

ㄴ. 반응물의 농도가 증가하면 르 샤틀리에 원리에 의해 정반응 방향으로 평형 이동이 된다.

ㄷ. 반응물과 생성물의 계수의 합이 같으므로 부피, 압력의 변화는 평형 이동에 영향을 주지 않는다.

ㄹ. 촉매는 평형 이동에 영향을 주지 않는다.

정답 ①

06

① 온도를 증가시켰더니 평형 상수가 증가했으므로 정반응은 흡열 반응임을 알 수 있다.

② 강철 용기는 부피가 일정한 경우이므로 온도가 증가하면 압력도 증가한다. 따라서 용기내 압력은 2,500K일 때가 2,200K일 때보다 더 크다.

③ 계수의 합이 같으므로 압력은 평형 이동에 영향을 주지 않는다.

④ 비활성 기체를 첨가해도 일산화질소의 부분 압력은 변하지 않는다.

정답 ④

07

반응의 진행 방향을 알기 위해 반응 지수를 구한다. 반응물의 계수의 합과 생성물의 계수의 합이 같으므로 몰수로 반응 지수를 계산한다.

$$Q = \frac{[HI]^2}{[H_2][I_2]} = \frac{(2\times10^{-2})^2}{(10^{-2})(3\times10^{-2})} = 1.3$$

$Q<K$이므로 정반응 방향인 왼쪽에서 오른쪽 방향으로 진행된다.

정답 ①

08

수성 가스 생성을 증가시키는 것은 생성물의 양을 증가시키는 것으로 정반응이 진행되는 것을 고르는 문제이다.

ㄱ. 화학 반응식에서 고체를 제외한 기체의 계수의 합이 생성물이 더 크므로 압력을 낮추면 정반응이 진행된다.

ㄴ. 생성물인 수소 기체를 제거하면 르 샤틀리에 원리에 의해 정반응이 진행된다.

ㄷ. 반응물인 수증기를 제거하면 르 샤틀리에 원리에 의해 역반응이 진행된다.

ㄹ. 생성물인 일산화탄소를 첨가하면 르 샤틀리에 원리에 의해 역반응이 진행된다.

ㅁ. 고체인 탄소는 평형 이동에 영향을 주지 않는다.

정답 ①

09

촉매는 정반응의 속도와 역반응이 속도를 똑같이 증가시키거나 감소시키므로 정반응의 속도와 역반응의 속도가 달라지지 않는다. 따라서 촉매는 평형 이동에 영향을 미치지 않는다.

정답 ④

10

ㄱ. $K_p = [CO_2]$이므로 $CO_2(g)$의 부분 압력은 0.1atm이다.

ㄴ. 평형 상수에 표현되지 않는 $CaCO_3(s)$를 더해도 평형 이동에는 영향이 없다.

ㄷ. 생성물인 $CO_2(g)$를 제거하면 정반응이 진행되므로 $CaO(s)$의 양이 많아진다.

정답 ②

평형 농도와 평형 상수

11

$H_2(g)$	+	$I_2(g)$	→	$2HI(g)$
x M		2.0M		0.0M
−1.0		−1.0		+2.0
$(x-1)$M		1.0M		2.0M

$$K = \frac{2^2}{(x-1)(1)} = 200$$

$$\therefore x = \frac{51}{50} = 1.02$$

정답 ③

12

$N_2(g)$	+	$3H_2(g)$	→	$2NH_3(g)$
4M		8M		0M
−2		−6		+4
2M		2M		4M

$$K = \frac{[NH_3]^2}{[N_2][H_2]^3} = \frac{4^2}{2\times 2^3} = 1$$

정답 ①

13

부피가 2L인 용기에 4mol의 기체 A의 초기농도는 $\frac{4\text{mol}}{2\text{L}} = 2\text{M}$이다.

$A(g)$	⇄	$B(g)$	+	$C(g)$
2M		0M		0M
$-x$		$+x$		$+x$
$(2-x)$M		xM		xM

$$K = \frac{x^2}{(2-x)} = \frac{1}{6}$$

$$6x^2 + x - 2 = 0 \qquad (3x+2)(2x-1) = 0$$

$x > 0$이므로 $2x - 1 = 0 \quad \therefore x = \frac{1}{2}$

$$[A] = 2 - \frac{1}{2} = \frac{3}{2}\text{M}$$

정답 ③

14

화학 반응의 양적 관계를 고려해보면,

$A(g)$	+	$B(g)$	→	$C(g)$	+	$D(g)$
0.8M		1.2M				
−0.4		−0.4		+0.4		+0.4
0.4		0.8		0.4		0.4

$$K = \frac{[C][D]}{[A][B]} = \frac{0.4\times 0.4}{0.4\times 0.8} = 0.5$$

정답 ①

주관식 개념 확인 문제

15

정답 (1) ① 정반응 ② 역반응 ③ 평형 상태

정답 (2) ① 평형 상수 ② 온도

정답 (3) ① 생성 물질 ② 반응 물질

정답 (4) ① 역반응 ② 정반응

16

(1)

$CO(g)$	+	$H_2O(g)$	$\rightleftarrows$	$CO_2(g)$	+	$H_2(g)$
0		0		0.4M		0.5M
+0.2		+0.2		−0.2		−0.2
0.2M		0.2M		0.2M		0.3M

$$K=\frac{(0.2)(0.3)}{(0.2)(0.2)}=\frac{3}{2}$$

정답 $\frac{3}{2}$

(2) 부피는 평형 상수에 영향을 주지 않으므로 평형 상수는 변하지 않는다. $K=\frac{3}{2}$

정답 불변

(3) 촉매는 반응 속도에 영향을 주지만 평형 상수에는 영향을 주지 않는다. $K=\frac{3}{2}$

정답 $\frac{3}{2}$

(4) $K_2=K\times K_1$이므로

$\therefore K_2=(0.41)(0.42)=0.1722$

정답 0.1772

17

$N_2O_4(g)$	$\rightleftarrows$	$2NO_2(g)$
0.1M		0
$-x$		$+2x$
$(0.1-x)$M		$2x$M

$$(0.1-x)\text{M}=0.08\text{M}$$

$x=0.02$M $[N_2O_4]=0.08$M $[NO_2]=0.04$M

$$K=\frac{[NO_2]^2}{[N_2O_4]}=\frac{(0.04)^2}{(0.08)}=0.02$$

정답 0.02

18

(1) 화학 반응식을 통해 평형 상수식을 세우고 평형 농도 값을 대입한다.

$$H_2(g)+I_2(g)\rightleftarrows 2HI(g)$$

$$K=\frac{[HI]^2}{[H_2][I_2]}=\frac{4^2}{2\times1}=8$$

정답 $K=8$

(2) 반응 지수를 이용한다.

$Q=\frac{4^2}{2\times2}=4<K$ 이므로 정반응이 진행된다.

정답 정반응

19

A(g)를 추가한 이후 A(g)~C(g)의 몰 농도(M)의 변화로 화학 반응식의 계수를 결정할 수 있다.

$aA(g)$	+	$B(g)$	$\rightleftarrows$	$cC(g)$
1+4		2		2
−3		−1		+2
2		1		4

부피가 일정한 강철 용기이므로 화학 반응식의 계수 비는 반응한 몰농도의 비와 같다.

$$a:1:c=3:1:2$$

따라서 이 화학 반응식은 $3A(g)+B(g)\rightleftarrows 2C(g)$이다. 온도가 일정하므로 $A(g)$를 추가하기 전과 후의 평형 상수는 같다.

A(g)를 추가하기 전, $K=\frac{[C]^2}{[A]^3[B]}=\frac{2^2}{1^3\times2}=2$

A(g)를 추가한 후, $K=\frac{[C]^2}{[A]^3[B]}=\frac{4^2}{2^3\times1}=2$

정답 2

20

(1) 피크(peak)를 통해 N_2를 첨가했음을 알 수 있다.

정답 N_2 첨가

(2) 반응물의 양이 감소했으므로 정반응 방향으로 평형이 이동한다.

정답 정반응

(3) 정반응이 진행된 것으로 보아 $Q<K$ 임을 알 수 있다.

정답 $Q<K$

21

(1) 암모늄 이온의 공통 이온 효과로 역반응이 진행된다.

정답 역반응

(2) 중화 반응으로 OH^-이 감소되었으므로 정반응이 진행된다.

정답 정반응

(3) 수산화 이온의 공통 이온 효과로 역반응이 진행된다.

정답 역반응

(4) 염기의 이온화 과정은 흡열 과정이다. 온도를 낮추면 역반응이 진행된다.

정답 역반응

22

(1) 공통 이온(H^+) 효과로 역반응이 진행된다.

정답 역반응

(2) 중화 반응으로 정반응이 진행된다.

정답 정반응

(3) 앙금($CaCO_3(s)$) 생성 반응으로 CO_3^{2-}이 감소되므로 정반응이 진행된다.

정답 정반응

(4) 구경꾼 이온은 평형 이동에 영향을 주지 않는다.

정답 평형이동 없음

(5) 물을 첨가하면 단위 부피당 입자수가 적어지므로 입자수를 증가시키는 방향으로 진행되어 정반응이 진행된다.

정답 정반응

평형 상수와 이상기체 상태방정식

23

평형 상수로부터 이산화탄소의 압력을 알 수 있다.

$K_P = P_{CO_2} = 1.16$기압이다.

남아 있는 탄산칼슘의 질량은 생성된 이산화탄소의 양과 반응한 탄산칼슘의 양이 같음을 이용해서 구할 수 있다. 생성된 이산화탄소의 몰수는 이상 기체 상태 방정식으로부터 구할 수 있다.

$$n = \frac{PV}{RT} = \frac{1.16 \times 0.5}{(0.082)(800+273)} = 6.6 \times 10^{-3}\text{mol}$$

반응한 탄산칼슘의 질량은

$(6.6 \times 10^{-3}\text{mol}) \times 100\text{g/mol} = 0.66\text{g}$이다.

남아있는 탄산칼슘의 질량은 $10.0 - 0.66 = 9.34\text{g}$이다.

정답 9.34g

24

$N_2O_4(g)$	$\rightleftarrows$	$2NO_2(g)$
0.2mol		0
$-x$		$+2x$
$(0.2-x)$mol		$2x$mol

평형에 도달했을 때 전체 몰수는 $(0.2+x)$mol이므로 이상 기체 상태방정식을 압력에 대해 정리하여 대입한다.

$$P = \frac{nRT}{V} = \frac{(0.2+x)(0.082)(300)}{6} = 1\text{기압}$$

$$\therefore x = 0.044\text{mol}$$

$$n_{N_2O_4} = 0.156\text{mol} \qquad n_{NO_2} = 0.088\text{mol}$$

$$[N_2O_4] = \frac{0.156\text{mol}}{6\text{L}} = 2.6 \times 10^{-2}\text{M}$$

$$[NO_2] = \frac{0.088\text{mol}}{6\text{L}} = 1.47 \times 10^{-2}\text{M}$$

평형 상수식에 평형 농도를 대입한다.

$$\therefore K = \frac{[NO_2]^2}{[N_2O_4]} = \frac{(1.47 \times 10^{-2})^2}{2.6 \times 10^{-2}} = 8.3 \times 10^{-3}$$

또는 부피를 별도로 하여 계산할 수 있다.

$$K = \frac{0.088^2}{0.156} \times 6^{-1} = 8.3 \times 10^{-3}$$

정답 0.008

25

평형 농도가 모두 1M이므로 평형상수 $K=1$이다.
반응의 진행 방향을 알기 위해 반응 지수 Q를 구한다.
부피를 $\frac{1}{3}$로 줄였으므로 농도는 모두 3M이다.
따라서 $Q=\frac{3\times3}{3}=3$이다. $Q>K$이므로 역반응이 진행된다.

$PCl_5(g)$	$\rightleftarrows$	$PCl_3(g)$	+	$Cl_2(g)$
3M		3M		3M
$+x$		$-x$		$-x$
$(3+x)$M		$(3-x)$M		$(3-x)$M

$$K=\frac{[PCl_3][Cl_2]}{[PCl_5]}=\frac{(3-x)^2}{(3+x)}=1$$

$$(x-6)(x-1)=0$$

농도가 음수일 수 없으므로 $\therefore x=1$

$$[PCl_5]=3+x=3+1=4\text{M}$$

정답 4M

26

(1) 일단 평형 농도를 구하기 위해 양적 관계를 판단해 본다.

$CO_2(g)$	+	$C(s)$	$\rightleftarrows$	$2CO(g)$
0.1 mol				
$-x$				$+2x$
$(0.1-x)$ mol				$2x$ mol

이 문제를 2가지 방법으로 해결할 수 있는데, 평균 분자량을 이용하는 것과 몰분율을 이용하는 것이다.
먼저,
(ⅰ) 기체의 평균 분자량을 이용해보면,
기체의 평균 분자량은 기체의 밀도와 비례하므로

$$\text{기체의 평균 분자량}=\text{기체의 밀도}=\frac{\text{기체의 질량}}{\text{기체의 부피}}$$

이다. 기체의 부피는 결국 기체의 몰수와 비례하고, 기체의 질량은 몰수와 분자량의 곱으로 나타낼 수 있으므로
기체의 평균 분자량

$$=\frac{\text{기체의 질량}}{\text{기체의 부피}}=\frac{\text{기체의 몰수}\times\text{기체의 분자량}}{\text{기체의 몰수}}$$

임을 이용한다.

$$36=\frac{(0.1-x)\times44+(2x\times28)}{0.1+x}\quad\therefore x=\frac{1}{30}\text{mol}$$

$$n_{CO}=\frac{2}{30}\text{mol}\quad n_{CO_2}=\frac{1}{10}-\frac{1}{30}=\frac{2}{30}\text{mol}$$

$$\text{평형 상수 } K=\frac{[CO]^2}{[CO_2]}=\frac{\left(\frac{2}{30}\right)^2}{\frac{2}{30}}=\frac{1}{15}$$

(ⅱ) 몰분율을 이용하면 좀 더 쉽게 해결할 수 있다.
기체의 평균 분자량은 기체의 존재비율(몰분율)에 분자량을 곱한 것의 합이므로
일산화탄소의 몰분율을 y라 하면,
$44(1-y)+28y=36$이므로 $y=0.5$

$$f_{CO}=\frac{2x}{0.1+x}=\frac{1}{2}\quad x=\frac{1}{30}$$

$$\text{평형 상수 } K=\frac{[CO]^2}{[CO_2]}=\frac{\left(\frac{2}{30}\right)^2}{\frac{2}{30}}=\frac{1}{15}$$

정답 $K=\frac{1}{15}$

(2) 강철 용기에서 비활성 기체를 첨가해도 부분 압력이 변하지 않아 평형이 이동하지 않는다.

정답 변함 없다.

(3) 전체 압력을 일정하게 유지시키면서 비활성 기체를 첨가하면 단위 부피당 입자수가 감소하므로 단위 부피당 입자수를 증가시키는 방향으로 평형이 이동하므로 정반응이 진행된다.

정답 정반응쪽으로 이동한다.

27

(1) 단일 단계 반응이므로 $v = k[A_2]$은 1차 반응이다. 같은 온도에서 반응 속도는 몰농도와 비례하므로

$$\frac{1\,\text{mol}}{5\,\text{L}} : 1.0\times10^6 = \frac{0.8\,\text{mol}}{8.21\,\text{L}} : v$$

$$\therefore v = 4.87\times10^5\,\text{mol/L}\cdot\text{s}$$

정답 $4.87\times10^5\,\text{mol/L}\cdot\text{s}$

(2)

$A_2(g)$	$\rightleftarrows$	$2A(g)$
0.8mol		0
$-x$		$+2x$
$(0.8-x)\,\text{mol}$		$2x\ \text{mol}$

전체 몰수가 $(0.8+x)$임을 알 수 있다. 이를 이상 기체 상태방정식에 대입해보자.

$$n = \frac{PV}{RT} = \frac{3\times8.21}{0.082\times300} = (0.8+x)\text{mol}$$

$x = 0.2$이므로 A_2는 $0.6\,\text{mol}$, A는 $0.4\,\text{mol}$이다.

정답 A_2: 0.6몰, A:0.4몰

28

(1) 일정 온도에서 압력이 증가할수록 생성물 C의 수득률이 증가하므로 이 반응은 반응물의 계수의 합(a+b)이 생성물의 계수의 합(c)보다 크다. $a+b>c$

정답 >

(2) 일정 압력에서 온도가 증가할수록 생성물 C의 수득률이 증가하므로 이 반응은 흡열 반응이다. $Q<0$

정답 <

기본 문제

평형 이동

29

① 평형 상태는 반응물의 농도와 생성물의 농도가 일정해져서 겉보기에 반응이 모두 끝난 것처럼 보이는 상태이지만 반응이 종결된 것은 아니다.

③ 화학 반응식의 계수와 평형 농도의 비는 무관하다.

⑤ 반응물의 분자 수와 생성물의 분자 수는 화학 반응식의 계수로 알 수 있다. 암모니아의 생성 반응은 반응물의 계수가 더 큰 반응으로 분자 수는 다르다.

정답 ②, ④

30

생성물 $Ag(s)$의 양을 증가시키기 위해서는 정반응이 진행되어야 한다.

① 이 반응은 발열 반응으로 온도를 증가시키면 역반응이 진행된다.

② 생성물인 고체는 평형 상수식에 표현되지 않기 때문에 제거해도 평형 이동에 영향을 주지 못한다.

③ 생성물인 $Ce^{4+}(aq)$의 농도를 증가시키면 역반응이 진행된다.

④ 반응물인 $Ce^{3+}(aq)$의 농도를 증가시키면 정반응이 진행된다.

정답 ④

31

① 온도가 일정하므로 증기 압력 또한 일정하다.

② 동적 평형 상태이므로 증발과 응결이 계속 일어나고 있다.

③ 증발과 응결이 계속 일어나고 있으므로 액체상의 색은 일정하게 유지된다.

④ 평형 상태에서는 반응물과 생성물의 농도가 일정하므로 고체 요오드의 양은 변하지 않고 일정하다.

⑤ 벤젠 증기와 요오드 증기의 양을 알 수 없기 때문에 부분 압력 또한 알 수 없다. 다만 각 증기의 부분 압력은 일정하게 유지된다.

정답 ④

32

반응계가 밀폐계이므로 질량은 그대로이다. 온도가 증가하였으므로 무질서도가 증가하고, 기체 분자 운동에너지가 증가하고, 증기압력 또한 증가한다.

정답 ⑤

33

염화나트륨 포화 수용액의 화학 반응식은 아래와 같다.

$$NaCl(s) \rightleftarrows NaCl(aq)$$

염화수소 기체를 통과시키면 염화 이온(Cl^-)에 의한 공통 이온 효과로 역반응이 진행되어 염화나트륨 결정이 석출된다.

정답 ④

34

흡열 반응이고, 생성물의 계수가 더 크다. 정반응이 일어나기 위해서 온도를 높이고, 입자수를 증가시키기 위해 압력은 낮춰야 한다.

정답 ①

35

① 일정 온도에서 농도를 변화시켜도 평형 상수는 변하지 않는다.
② 같은 온도에서 실험했으므로 실험 1, 2, 3의 평형 상수는 모두 같다.
③ 일정 온도에서 압력을 높여도 평형 상수는 변하지 않는다.
④ 주어진 화학 반응은 흡열 반응이다. 온도를 증가시키면 흡열 반응인 정반응이 신행되어 생성물의 앙이 늘어나므로 평형상수(K)값은 모두 증가할 것이다.
⑤ 촉매는 평형 이동에 영향을 주지 않아 평형 상수도 변하지 않는다.

정답 ④

36

CO_2를 줄이는 것은 정반응이 진행되는 것이다.

ㄱ. 공통 이온(H^+) 효과로 역반응이 진행된다.
ㄴ. 앙금($CaCO_3$) 생성 반응으로 정반응이 진행된다.
ㄷ. 중화 반응으로 정반응이 진행된다.
ㄹ. 구경꾼 이온은 평형을 이동시키지 못한다.

정답 ②

37

ㄱ. 반응물의 농도 증가로 르 샤틀리에 원리에 의해 정반응이 진행된다.
ㄴ. 공통 이온(Cl^-) 효과로 역반응이 진행된다.

$$CaCl_2(s) \rightarrow Ca^{2+}(aq) + 2Cl^-(aq)$$

ㄷ. 공통 이온(Cl^-) 효과로 역반응이 진행된다.

$$HCl(g) \rightarrow H^+(aq) + Cl^-(aq)$$

ㄹ. 구경꾼 이온은 평형을 이동시키지 못한다.

정답 ③

38

정반응이 진행되는 것을 찾는 문제이다.

ㄱ. 고체는 평형 이동에 영향을 주지 못한다.
ㄴ. 공통 이온(CO_3^{2-}) 효과로 인해 역반응이 진행된다.

$$Na_2CO_3(s) \rightarrow 2Na^+(aq) + CO_3^{2-}(aq)$$

ㄷ. 앙금($CaSO_4$) 생성 반응으로 정반응이 진행된다.

$$Ca^{2+}(aq) + SO_4^{2-}(aq) \rightarrow CaSO_4(s)$$

ㄹ. 앙금($BaCO_3$) 생성 반응으로 정반응이 진행된다.

$$Ba^{2+}(aq) + CO_3^{2-}(aq) \rightarrow BaCO_3(s)$$

정답 ⑤

39

아세트산 수용액에 소량의 아세트산나트륨을 넣으면 공통 이온(CH_3COO^-) 효과에 의해 역반응(←)이 진행된다. 아세트산 수용액에 소량의 수산화나트륨을 넣으면 중화 반응에 의해 H^+이 소비되므로 정반응(→)이 진행된다.

정답 ④

PART 05 화학 반응

40

정반응이 진행되어야 생성물의 양을 증가시킬 수 있다.

ㄱ. 반응물의 농도가 증가하면 르 샤틀리에 원리에 의해 정반응이 진행된다.

ㄴ. 발열 반응의 경우 온도를 낮추면 정반응이 진행된다.

ㄷ. 촉매는 평형 이동에 영향을 주지 못한다.

ㄹ. 비활성 기체를 첨가하여 압력을 크게 하였다는 것은 반응이 강철 용기에서 일어나고 있다는 것인데 이러한 경우 기체의 분압에 영향을 주지 않아 평형을 이동시키지 못한다.

정답 ③

41

ㄱ. 표에서 온도가 증가함에 따라 평형 상수가 증가하므로 이 반응은 흡열 반응이다. $Q<0$

ㄴ. 흡열 반응은 반응물의 엔탈피의 합이 생성물의 엔탈피의 합보다 작으므로 에너지의 크기는 $\mathrm{A}<\mathrm{B}$이다.

ㄷ. 온도가 증가하면 흡열 반응인 정반응이 진행되므로 생성물인 B의 양이 증가한다.

정답 ⑤

42

① $\Delta G^\circ = -RT\ln K$에서 $K>1$이므로 $\ln K<0$, $\Delta G^\circ<0$이다. 따라서, 이 반응은 표준 상태에서 자발적으로 진행된다.

② 평형 상수를 이용해서 계수 x를 구할 수 있다.

$$K=\frac{[\mathrm{C}]}{[\mathrm{A}]^x[\mathrm{B}]^2}=\frac{0.2}{0.1^x\times 0.2^2}=50 \qquad \therefore x=1$$

균형 반응식에서 계수 x는 1이다.

③ 용기의 부피를 줄이면 단위 부피당 입자수가 증가하므로 입자수가 감소되는 정반응이 진행된다.

④ 이 반응은 발열 반응이므로 용기의 온도를 증가시키면 흡열 반응인 역반응이 진행되므로 K_{eq}값은 감소한다.

정답 ②

43

균형을 맞춘 화학 반응식은 다음과 같다.

$$4NH_3(g)+3O_2(g) \leftrightarrows 2N_2(g)+6H_2O(g)$$

N_2의 농도를 증가시키기 위해서는 정반응이 진행되어야 한다.

ㄱ. 압력을 증가시키면 입자수가 감소되는 역반응이 진행된다.

ㄴ. 반응물의 농도가 증가하면 정반응이 진행된다.

ㄷ. 생성물의 농도가 감소하면 정반응이 진행된다.

ㄹ. 발열 반응의 경우 온도가 감소하면 정반응이 진행된다.

정답 ④

44

발열 반응이다.

ㄱ, ㄴ. 온도를 높이면 정반응과 역반응의 속도가 모두 빨라진다.

ㄷ. 발열 반응의 경우 온도를 증가시키면 역반응이 진행되므로 평형 상수는 작아진다.

ㄹ. 온도를 증가시키면 흡열 반응인 역반응이 진행되어 반응물의 양이 많아진다.

정답 ①

45

암모니아 생성 반응식은 다음과 같다.

$$N_2(g)+3H_2(g) \leftrightarrows 2NH_3(g) \qquad \Delta H<0$$

발열 반응인 암모니아 생성 반응에서 생성물인 암모니아를 증가시키려면 용기의 부피를 감소시키거나 반응 용기의 압력을 증가시키고, 온도를 낮추어야 한다.

정답 ④

46

①, ⑤는 반응물의 입자수가 증가되었으므로 감소되기 위해서는 정반응이 진행된다.

② 생성물의 입자수가 감소되었으므로 증가되기 위해서는 정반응이 진행된다.

③ 용기를 부피를 증가시키면 단위 부피당 입자수가 감소하게 되므로 평형은 입자수가 증가하는 방향(역반응)으로 평형이 이동된다.

④ 온도를 낮추면 발열 반응이 진행되므로 정반응이 진행된다.

정답 ③

47

반응물의 계수의 합과 생성물의 계수의 합이 같은 경우에는 부피 변화가 없으므로 화학 평형의 이동이 일어나지 않는다.

정답 ②

48

평형 상수는 온도에만 의존하므로 온도가 일정하므로 평형 상수에는 변함이 없다. 또한 일정한 부피, 즉 강철 용기에 아르곤 기체를 첨가한 경우 전체 압력은 증가하나 기체의 몰분율이 감소하므로 기체의 분압에는 변함이 없으므로 평형은 이동되지 않는다.

정답 ③

49

평형 상수와 반응 지수의 비교를 통해 진행 방향을 알 수 있다.

$$K = \frac{[HI]^2}{[H_2][I_2]} = \frac{4^2}{2 \times 1} = 8$$

$$Q = \frac{[HI]^2}{[H_2][I_2]} = \frac{4^2}{1 \times 1} = 16$$

$Q > K$이므로 역반응이 진행된다.

정답 ②

50

② $Q > K$이면 역반응이 우세하다.

③ 반응 초기에는 반응물만 존재하고 생성물은 존재하지 않으므로 Q값은 0이다.

④ 온도가 높을수록 반응 속도가 증가하므로 평형에 도달되는 시간은 줄어든다.

정답 ②

51

① 반응하는 몰수비를 통해 화학 반응식의 계수를 알 수 있다.

각각의 계수를 x, y, z라 하면,

$x\text{A}(g)$	+	$y\text{B}(g)$	→	$z\text{C}(g)$
0.4mol		0.3mol		0mol
−0.3		−0.1		+0.2
0.1mol		0.2mol		0.2mol

$x : y : z = 3 : 1 : 2$이므로

화학 반응식은 $3\text{A}(g) + \text{B}(g) \rightleftarrows 2\text{C}(g)$이다.

② $K = \frac{[C]^2}{[A]^3[B]} = \frac{(0.2)^2}{(0.1)^3(0.2)} = 2 \times 10^2$

③ 반응물의 계수의 합보다 생성물의 계수의 합이 작으므로 전체 압력은 처음보다 감소한다.

④ 20분 이후 각 물질의 농도가 일정하게 유지되므로 평형에 도달한다. 평형 상태에서는 정반응의 속도와 역반응의 속도가 같다.

⑤ 반응 지수를 구해보면,

$$Q = \frac{[C]^2}{[A]^3[B]} = \frac{(0.1)^2}{(0.1)^3(0.1)} = 1 \times 10^2$$

$Q < K$ 이므로 정반응이 우세하게 일어난다.

정답 ②

52

① 생생반을 이용해서 ΔH°을 구할 수 있다.

$\Delta H^\circ = 2\Delta H_f^\circ(NH_3) = 2 \times -46 = -92\text{kJ/mol}$

25℃, 표준 상태에서 정반응은 발열 반응이다.

②, ④ 생생반을 이용해서 ΔG°을 구할 수 있다.

$\Delta G^\circ - 2\Delta G_f^\circ(NH_3) = 2 \times -16 = -32\text{kJ/mol}$

$\Delta G^\circ = -RT\ln K$에서 $\Delta G^\circ < 0$이므로 표준 상태에서 정반응은 자발적이고, 표준 상태에서 $K > 1$이다.

③ 정반응이 발열반응이므로 온도가 올라갈수록 역반응이 진행되므로 평형상수는 감소한다.

정답 ②

PART 05 화학 반응

53

① 반응물의 계수의 합과 생성물의 계수의 합이 같으므로 630K에서 $K_p = K_C$이다.

② $\mathrm{HI}(g)$를 가하면 $\mathrm{HI}(g)$의 단위 부피당 입자수가 증가되었으므로 단위 부피당 입자수가 감소되는 역반응이 진행되므로 평형은 왼쪽으로 이동한다.

③ 630K에서 730K으로 온도를 증가시켰을 때 평형 상수가 증가하였으므로 정반응은 흡열 반응이다. 따라서 온도를 높이면 흡열 반응인 정반응이 진행되므로 평형은 오른쪽으로 이동한다.

④ 반응 용기의 전체 압력을 일정하게 유지한다는 것은 이 반응이 실린더에서 일어난다고 예측할 수 있다. 따라서 실린더에서 반응이 일어나는 경우 비활성 기체를 첨가하면 전체 압력은 일정하게 유지되지만, 각 기체의 몰분율이 감소하게 되므로 각 기체의 분압이 감소하게 된다. 하지만 반응물과 생성물의 계수의 합이 같으므로 이 반응의 평형 이동은 일어나지 않는다.

정답 ④

평형 이동과 보일의 법칙

54

ㄱ. 같은 온도에서 부피만 변했으므로 평형 상수는 같다.

ㄴ. 부피가 $\frac{1}{2}$이 될 때, 보일의 법칙이 적용될 때의 압력이 $2a$기압이다. 문제의 경우는 몰수의 변화가 있는 화학 반응이므로 보일의 법칙이 적용되지 않는다. 이 반응에서는 압력을 가해 입자수가 감소하는 정반응이 진행되었으므로 (나)의 내부 압력은 $2a$기압보다 작다.

ㄷ. (나)는 (가)에서 정반응이 진행된 것으로 사산화이질소의 몰분율이 증가하여 (가)에서 보다 (나)에서 사산화이질소의 부분 압력은 증가하였다.

정답 ①

55

ㄱ. 가운데 용기가 이미 평형 상태이므로 평형 상수를 구할 수 있다.

$$K = \frac{[\mathrm{NH_3}]^2}{[\mathrm{N_2}][\mathrm{H_2}]^3} = \frac{2^2}{1\times 4^3} = \frac{1}{16}$$

ㄴ. 콕을 열면 부피가 증가하여 몰농도가 절반으로 감소하므로, 반응의 진행 방향을 알기위해 반응 지수를 구해야 한다.

$Q = \dfrac{1^2}{\left(\frac{4}{2}\right)^3 \times \left(\frac{2}{2}\right)} = \dfrac{1}{8} > K$이므로 역반응이 진행된다. 따라서 암모니아의 몰수는 감소한다.

ㄷ. 콕 B를 열어 부피가 증가하면 입자수가 증가하는 방향으로 진행되므로 Ⅱ에서의 $\frac{1}{2}$배보다 크다.

정답 ①

평형 농도와 평형 상수

56

A	+	B	⇄	C	+	D
0.2M		0.2M		0		0
$-x$		$-x$		$+x$		$+x$
$(0.2-x)$M		$(0.2-x)$M		xM		xM

$$K = \frac{[\mathrm{C}][\mathrm{D}]}{[\mathrm{A}][\mathrm{B}]} = \frac{x^2}{(0.2-x)^2} = 12^2$$

C의 농도는 x이므로 $x = 0.185\mathrm{M}$

정답 ③

57

$\mathrm{N_2O_4}(g)$	⇄	$2\mathrm{NO_2}(g)$
2mol		0
$-\frac{1}{2}x$		$+x$
$\left(2-\frac{1}{2}x\right)$mol		$x$mol

$$K = \frac{x^2}{\left(2-\frac{x}{2}\right)} = 8$$

정답 ①

58

반응의 진행 방향을 결정하기 위해 우선적으로 반응지수 (Q)를 구한다.

$$Q = \frac{[HI]^2}{[H_2][I_2]} = \frac{(0.1)^2}{(0.1)(0.1)} = 1$$

$Q < K$이므로 정반응이 진행된다.

$H_2(g)$	+	$I_2(g)$	→	$2HI(g)$
0.1 M		0.1 M		0.1M
$-x$		$-x$		$+2x$
$(0.1-x)$ M		$(0.1-x)$ M		$(0.1+2x)$ M

$$K = \frac{(0.1+2x)^2}{(0.1-x)^2} = 3^2$$

$$3(0.1-x) = 0.1+2x$$

$$\therefore x = \frac{1}{25}$$

$$\therefore [HI] = (0.1+2x) = 0.1+2\times\frac{1}{25} = 0.18\,M$$

정답 ④

59

먼저, 화학 반응식의 계수부터 결정한다.

$aA(g)$	⇄	$bB(g)$
0.5M		
-0.4		$+0.2$
0.1		0.2

따라서 $a:b=2:1$이다.

$2A(g)$	⇄	$B(g)$
0.5M		
$-2x$		$+x$
$0.5-2x$		x

평형에 도달하기 전 $A(g)$와 $B(g)$의 농도가 같으므로

$$0.5-2x = x \qquad \therefore x = \frac{1}{6}M$$

$$[A] = 0.5-2\times\frac{1}{6} = \frac{1}{6}M \qquad [B] = x = \frac{1}{6}M$$

$$Q = \frac{[B]}{[A]^2} = \frac{\frac{1}{6}}{\left(\frac{1}{6}\right)^2} = 6$$

정답 ④

60

먼저 평형 Ⅰ에서 평형 상수를 구한다.

$$K = \frac{[C]^2}{[A][B]} = \frac{4^2}{4\times1} = 4$$

B 3.0M을 첨가한 경우 반응물의 농도가 증가하였으므로 평형은 정반응쪽으로 이동된다.

$A(g)$	+	$B(g)$	⇄	$2C(g)$
4		1+3		4
$-x$		$-x$		$+2x$
$4-x$		$4-x$		$4+2x$

$$K = \frac{[C]^2}{[A][B]} = \frac{(4+2x)^2}{(4-x)^2} = 2^2 \qquad \therefore x = 1$$

$$[C] = 4+2\times1 = 6M$$

정답 ②

61

$$K_p = \frac{P_{NO_2}^2}{P_{N_2O_4}} \qquad 0.15 = \frac{0.3^2}{P_{N_2O_4}}$$

$$\therefore P_{N_2O_4} = 0.6\text{기압}$$

정답 ①

62

A와 B의 초기 농도는 $\frac{2mol}{2L} = 1M$이므로, 양적 관계를 고려해보면,

$A(g)$	+	$B(g)$	⇄	$2C(g)$
1		1		
$-x$		$-x$		$+2x$
$1-x$		$1-x$		$2x$

$$K = \frac{[C]^2}{[A][B]} = \frac{(2x)^2}{(1-x)^2} = 0.25 = 0.5^2 \qquad \therefore x = 0.2M$$

$[A] = [B] = 1-0.2 = 0.8M$, $[C] = 2\times0.2 = 0.4M$

① 평형에서 반응물 A와 B의 농도는 각각 0.8M이다.

② 평형에서 반응 용기 속 생성물 C(g)는 0.4M×2L= 0.8mol이 존재한다.

③ 몰수는 몰농도(M)×부피(V)를 이용해서 구한다. 평형에서 $n_A = 1.6\text{mol}$, $n_B = 1.6\text{mol}$, $n_C = 0.8\text{mol}$이다.
생성물 C(g)의 몰분율

$$f_C = \frac{n_C}{n_T} = \frac{0.8}{1.6+1.6+0.8} = 0.2$$

④ 반응 용기 속 생성물의 농도가 0.4M에서 0.3M로 감소되었으므로 생성물이 더 생성되어야 하므로 반응은 오른쪽(정반응)으로 진행된다.

정답 ③

63

① 초기 농도와 평형 상수를 알고 있으므로 양적 관계로부터 평형 농도를 알 수 있다. 먼저, 25℃에서의 양적 관계를 보면,

A(g)	⇄	2B(g)
1M		
$-x$		$+2x$
$1-x$		$2x$

$$K = \frac{(2x)^2}{1-x} = 2 \quad x \neq -1 \ \text{또는} \ x = \frac{1}{2}$$

따라서 25℃에서 A의 평형 농도는 0.5M이다.

② 온도가 25℃에서 50℃로 증가되었을 때 평형 상수도 증가되었으므로 정반응이 진행되었고 따라서 이 반응은 흡열 반응이다.

③ 50℃의 양적 관계를 보면,

A(g)	⇄	2B(g)
2M		
$-x$		$+2x$
$2-x$		$2x$

$$K = \frac{(2x)^2}{2-x} = 4 \quad x = 1 \ \text{또는} \ x \neq -2$$

따라서 50℃에서 A의 평형 농도는 1.0M이다. 즉 A의 평형 농도는 25℃에서가 50℃에서의 $\frac{1}{2}$배이다.

④ 반응물인 A를 첨가하면 르 샤틀리에의 원리에 의해 화학 평형은 정반응 방향으로 이동한다.

정답 ③

화학 평형과 반응 속도

64

활성화 상태가 1개이므로 단일단계반응이다. 따라서 $\frac{k_f}{k_r} = K$이다.

ㄱ. 활성화 에너지가 크다는 것은 반응 속도가 느린 것이므로 반응 속도가 작다는 것이다. 역반응의 활성화 에너지가 정반응의 활성화 에너지가 더 크므로 속도 상수는 $k_f > k_r$이다. 따라서 평형상수 $K = \frac{k_f}{k_r} > 1$ 이다.

ㄴ. 온도를 증가시키면 k_f와 k_r 모두 증가한다.

ㄷ. 정반응이 발열 반응이므로 온도가 증가하면 흡열 반응인 역반응이 우세하게 진행되어 반응물의 양이 증가하므로 K_c는 작아진다.

정답 ④

평형 이동의 이용

65

낮은 온도에서는 반응이 매우 느리게 일어나므로 반응 속도 면에서는 높은 온도에서 반응을 시키는 것이 유리하다.

정답 ③

66

정반응이 우세해야 하므로 압력은 높고($10\text{atm} < 1000\text{atm}$), 발열 반응이므로 온도는 낮은 조건($450℃ < 900℃$)이 가장 적합하다.

정답 ②

Chapter

05 상 평형과 용해 평형

제 1 절 상 평형

01 ② 02 ④ 03 ①

04 (1) X: 고체, Y: 액체, Z: 기체
(2) 온도를 높인다, 압력을 낮춘다.
(3) AT
삼중점보다 낮은 온도에서 압력을 낮추게 되면 승화가 일어나게 되어 식품에 존재하는 물을 제거할 수 있다.
(4) CT
압력이 증가하게 되면 증발하는 물의 양이 줄어들게 든다. 그만큼 고온의 물이 쌀과 많은 접촉을 하게 되므로 쌀이 빨리 익게 되는 것이다.

05 고체	06 액화	07 ②	08 ①	09 ④
10 ④	11 ④	12 ④	13 ④	14 ①
15 ②	16 ③	17 ③	18 ②	19 ③
20 ②	21 ④	22 ②	23 ②	24 ③
25 ④	26 ④			

대표 유형 기출 문제

01

융해 곡선이 음의 기울기이므로 액체의 밀도가 고체보다 크다.

정답 ②

02

① 상 평형도는 닫힌계에서 물질의 상(phase) 사이의 압력－온도 평형 관계를 나타낸 것이다.
② 삼중점에 대한 설명이다.
③ 상변환 속도는 알 수 없다.
④ 삼중점보다 낮은 압력의 평형 상태에서는 승화가 일어나므로 액체가 존재하지 않는다.

정답 ④

03

① 외부 압력(1기압)과 증기 압력이 같을 때의 온도가 정상 끓는점이다. 그러므로 정상 끓는점은 60℃보다 높다.
② 융해 곡선이 양의 기울기를 가지므로 고체의 밀도가 액체의 밀도보다 높다.
③ 고체, 액체, 기체가 모두 공존하는 지점은 삼중점으로 30℃ 보다 낮다.
④ 삼중점 이상의 온도에서 압력을 가해야 기체가 액체로 응축될 수 있다.

정답 ①

주관식 개념 확인 문제

04

정답 (1) X: 고체, Y: 액체, Z: 기체

정답 (2) 온도를 높인다, 압력을 낮춘다.

정답 (3) AT
삼중점보다 낮은 온도에서 압력을 낮추게 되면 승화가 일어나게 되어 식품에 존재하는 물을 제거할 수 있다.

정답 (4) CT
압력이 증가하게 되면 증발하는 물의 양이 줄어들게 든다. 그만큼 고온의 물이 쌀과 많은 접촉을 하게 되므로 쌀이 빨리 익게 되는 것이다.

05

정답 고체

06

기체 상태인 P점에서 압력을 증가시키기 위해 위로 화살표를 그리면 증기압 곡선을 지나 액체 상태가 되므로 액화가 일어난다.

정답 액화

기본 문제

07

임계 온도 이상에서는 상태 변화가 일어나지 않으므로 임계 온도가 상온(25℃)보다 낮은 온도에서는 상태 변화가 일어나지 않는다. 이미 해당하는 물질은 산소이다.

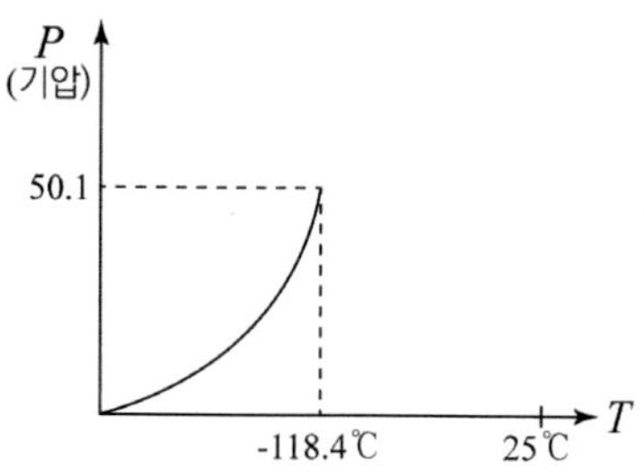

정답 ②

08

압력을 증가시키는 것이므로 수직 방향으로 화살표를 그려보면 상전이를 알 수 있다. 고체 → 기체는 압력을 낮추어야 상전이가 가능하다.

정답 ①

09

액체 이산화탄소는 삼중점 압력보다 높고 임계점보다 낮은 조건에서 존재하므로 압력은 5.1atm 이상, 온도는 −56℃ 이상 31℃ 이하이어야 한다.

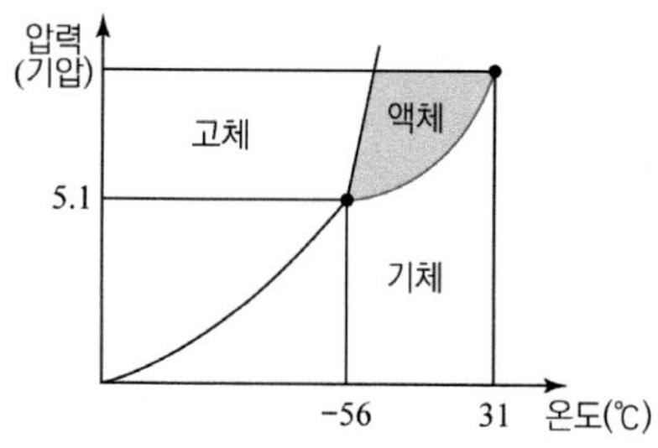

정답 ④

10

① I_2은 승화성 물질이고, 물이 아니므로 융해 곡선의 기울기가 양(+)이다. 따라서 밀도는 고체가 액체보다 크다.

② 115℃ 이상에서 압력을 높여주면 액체로 존재할 수 있다.

③ 1기압(760mmHg)에서도 온도를 증가시켜 주면 액체로 존재할 수 있다.

④ 90mmHg이 삼중점에서의 압력이므로 액체의 증기압은 항상 90mmHg 이상이다.

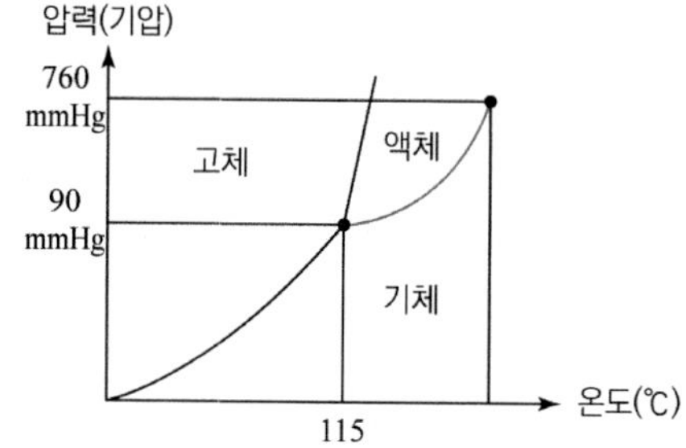

정답 ④

11

① 고체와 기체 간의 상태 변화는 승화 과정이다.

② 2가지 서로 다른 온도에서 $CO_2(g)$와 $CO_2(s)$가 평형에 있을 때, 이산화탄소의 승화 곡선에서 온도가 높을수록($T_1 > T_2$) 압력이 높다. 따라서 $P_1 > P_2$이다.

③ 삼중점에서의 압력은 고체와 기체가 상평형을 이루는 압력보다 크다.

④ 고체와 기체가 상평형을 이루는 온도는 삼중점에서 온도보다 낮다.

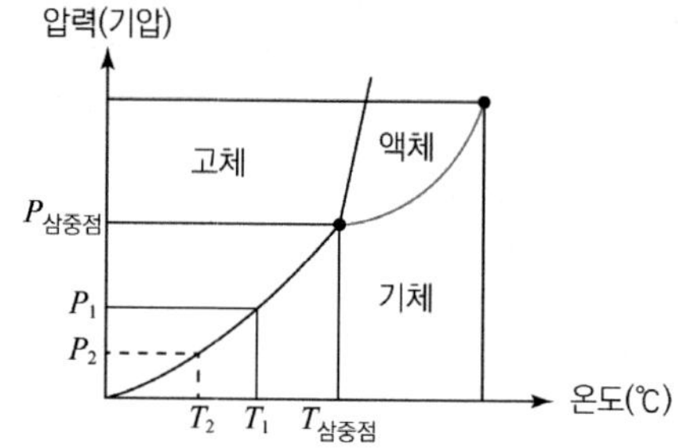

정답 ④

상 평형도 해석

12

(가) 높은 산에서는 해수면보다 압력이 낮아 낮은 온도에서 물이 끓는다. 증기압 곡선인 BT 곡선으로 설명할 수 있다.

(나) 얼음이 기체가 되는 승화 현상이므로 승화 곡선인 CT 곡선으로 설명할 수 있다.

(다) 얼음에 높은 압력이 가해지면 얼음이 녹는 현상이므로 융해 곡선인 AT 곡선으로 설명할 수 있다.

정답 ④

13

삼중점 이상에서 압력이 다른 두 수평선을 그려보면 압력이 높아지면 녹는점과 끓는점의 차이는 커짐을 알 수 있다.

정답 ④

14

ㄷ. 삼중점 이하의 온도에서 수직으로 직선을 그어서 압력을 높이면 얼음의 녹는점이 낮아짐을 알 수 있다.

ㄹ. 수평인 두 직선을 그어보면 높은 산은 대기압보다 낮은 압력이므로 평지에 비해 물의 끓는점은 낮아지고 어는점은 높아진다.

정답 ①

15

ㄴ. B점을 임계점이라 한다.

ㄷ. 수면보다 고산 지대가 압력이 낮으므로 얼음의 녹는점이 더 높다.

정답 ②

16

ㄷ. 휘발성이 큰 것은 분자간 인력이 약한 것이므로 끓는점을 비교하면 알 수 있다. 물질 A의 끓는점이 낮으므로 휘발성이 크다.

정답 ③

17

① 이산화탄소는 삼중점의 압력이 1기압보다 높으므로 1기압에서는 승화만 가능하므로 액체로 존재할 수 없다.

② 이산화탄소는 삼중점의 온도가 −57℃이므로 −70℃에서 이산화탄소는 승화만 가능하다.

③ 이산화탄소의 융해 곡선은 양의 기울기이므로 고체는 액체보다 밀도가 더 크다.

④ −40℃는 삼중점 온도보다 높은 온도이므로 히말라야 고산 지대에서 이산화탄소는 고체로 존재할 수 없다.

정답 ③

18

그림 (가)의 고체는 녹는점이 일정하므로 결정성 고체이고, 그림 (나)의 고체는 끓는점이 일정치 않은 비결정성 고체이다.

① 결정성 고체에는 홑원소 물질뿐만 아니라 화합물도 존재한다. 비결정 고체 또한 화합물(유리: SiO_2)뿐만 아니라 홑원소 물질, 예를 들면 비정질 탄소(Amorphous Carbon)나 비정질 규소(Amorphous Silicon)가 이에 해당된다.

정답 ②

19

ㄱ. 압력이 증가하면 녹는점은 낮아지고, 끓는점은 높아진다.

ㄴ. 65℃, 190mmHg는 증기압 곡선상의 지점이므로 동적 평형 상태이다. 따라서 물의 증발 속도와 응축 속도는 같다.

ㄷ. 얼음이 액체상을 거치지 않고 수증기로 되기 위해서는 수증기의 증기압을 삼중점 압력 4.6mmHg 미만으로 낮추어야 한다.

ㄹ. 닫힌계에서 100℃에서 65℃로 냉각시키면 압력도 760mmHg에서 190mmHg로 감소하므로

$P=\frac{n}{V}$에 따르면 부피가 일정한 상태에서 압력이 감소하므로 증기의 몰수도 감소함을 알 수 있다.

PART 05 화학 반응

이상 기체 상태방정식을 이용하면 몰수는 $n = \frac{PV}{RT}$이고 기체 상수 R과 부피 V는 일정하므로 몰수는 온도에 반비례하고 압력에 비례한다. $n \propto \frac{P}{T}$

1몰을 기준으로 비례식을 세워보면 아래와 같다.

$$1\,\text{mol} : \frac{\left(\frac{760}{760}\right)\text{atm}}{(100+273)\text{K}} = x : \frac{\left(\frac{190}{760}\right)\text{atm}}{(65+273)\text{K}}$$

$x = 0.275\text{mol}$. 0.275mol은 남아있는 수증기의 몰수의 양이다.

1mol의 수증기를 냉각시키면 0.725mol이 액화되므로 백분율로 환산하면 72.5%가 액화한다.

정답 ③

20

추의 질량이 다르므로 코일에 가해지는 압력이 서로 다름을 알려주는 것이다. 압력이 높을수록 빠르게 용융이 되었다가 코일이 지나간 후에 압력이 회복되어 다시 얼게 되어 얼음은 그대로 유지되고 코일만 떨어지는 복빙(復氷)현상에 대한 문제이다.

정답 ②

21

이 실험은 닫힌계에서 물을 넣고 끓이면 액체와 증기가 공존하는데 플라스크 바닥에 얼음을 올려놓으면 증기가 낮은 온도로 인해 액화된다. 증기압 곡선에 의하면 낮은 압력에서는 낮은 온도에서 끓음을 알 수 있다.

① 헨리의 법칙에 따르면 마개를 따면 압력이 대기압으로 낮아지므로 용해도가 낮아지는 현상이다.
② 용액의 총괄성 중 어는점 내림에 대한 현상이다.
③ 샤를의 법칙에 따르면 일정 몰수, 일정 압력에서 부피는 절대 온도에 비례한다.
④ 증기압 곡선에 따라 낮은 압력에서는 낮은 온도에서 끓는 것을 설명한 것이다.
⑤ 병과 주위의 열적 평형을 위해 흡열 반응으로 주위의 수증기가 에너지를 잃고 액화되는 것이다.

정답 ④

22

- 고체의 밀도가 액체보다 항상 높다는 것은 융해 곡선의 기울기가 우상향이다.
- 350K에서 액체의 증기 압력이 1atm이므로 이 액체의 끓는점은 350K이다.

주어진 자료로부터 상 평형 도표를 그리면 다음과 같다.

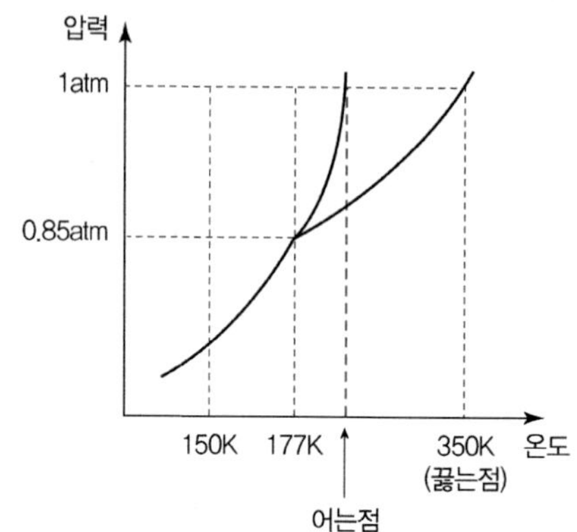

정답 ②

자료 추론형

23

ㄱ. 상 평형도에서 증기압 곡선상에 위치할 때에는 액체와 기체 상태가 공존한다.
ㄴ. 0℃에서 물질 B의 증기 압력은 0.006기압보다 낮다.
ㄷ. 물질 A의 융해 곡선이 양의 기울기인 것으로 보아 물질 A는 이산화탄소임을 알 수 있다. 0℃, 1atm에서 이산화탄소는 기체 상태로 안정하므로 드라이아이스를 0℃, 1atm에 두면 기체로 승화한다.
ㄹ. 물질의 녹는점은 압력이 변함에 따라 변한다. 융해 곡선의 기울기에 따라 차이가 있다. 융해 곡선의 기울기가 양(+)인 A의 경우 압력이 증가할 때 녹는점도 높아지지만, 기울기가 음(−)인 B의 경우 녹는점은 낮아진다.

정답 ②

24

ㄱ. 융해 곡선이 음의 기울기를 가지므로 얼음의 밀도가 물의 밀도보다 작아 얼음이 물에 뜨는 현상을 설명할 수 있다. (융해 곡선)

ㄴ. 비커의 물을 서서히 가열하면 기체의 용해도가 감소한다. 상 평형 그림으로 기체의 용해도를 설명할 수는 없다.

ㄷ. 낮은 압력에서는 끓는점이 낮아지기 때문에 적은 양의 연료로 물을 끓일 수 있다. (증기압 곡선)

정답 ③

25

P_1은 T_1에서 승화 곡선과의 접점이고, P_2는 T_1에서 융해 곡선과의 접점이다.

온도가 T_2가 되면 P_2는 감소한다.

① 일정한 질량이므로 (나)에서 밀도의 순서가 A<B<C이므로 부피는 A>B>C이다.

③ A: 기체, B: 고체, C: 액체이므로 분자간 인력은 B>C>A이다.

정답 ④

26

ㄱ. 그림 (나)에서 융해 곡선이 음의 기울기를 가지므로 압력이 낮아지면 녹는점은 높아진다.

ㄴ. X는 녹는점이고, Y는 끓는점이다. 세기 성질은 양과 무관하므로 얼음의 양을 증가시켜도 차이는 변하지 않는다.

ㄷ. 그림 (가)에서 74분 후는 끓는점 이후이므로 기체 상태인 C영역에 해당한다.

정답 ④

제 2 절 용해 평형

01 ①

02 (1) ① 용액 ② 콜로이드 용액 (2) ① 흡수 ② 증가

03 단백질 + 물, 흙탕물, 우유 04 (1) 30g (2) 90g

05 (1) ① C ② 내려 ③ 흡열 (2) 50%
(3) ㉠ 60g ㉡ 90g (4) 40g

06 (1) 1.45g (2) 806 VmL, 1.45PVg

07 1.048g/L

08 (1) $\frac{a}{5600}$g (2) 2amL (3) A: 질량, B: 부피

09	②	10	②	11	④	12	②	13	④
14	④	15	④	16	④	17	②	18	③
19	②	20	②	21	④	22	①	23	①
24	②	25	③						

대표 유형 기출 문제

01

기체의 용해도는 기체의 분압에 비례한다. 비례상수 Henry 상수(k_H)를 이용하여 나타내면 다음과 같다.

$$C = k_H \times P$$

$$= 3.4 \times 10^{-4} \frac{\text{mol}}{\text{m}^3\text{Pa}} \times 0.41 \times 10^6 \text{Pa}$$

$$= 1.394 \times 10^2 \frac{\text{mol}}{\text{m}^3 \times \frac{1\text{L}}{10^{-3}\text{m}^3}} = 1.4 \times 10^{-1}\text{M}$$

※ $1\text{L} = 1000\text{cm}^3 \times \left(\frac{1\text{m}}{10^2\text{cm}}\right)^3 = 10^{-3}\text{m}^3$

정답 ①

주관식 개념 확인 문제

02

정답 (1) ① 용액 ② 콜로이드 용액

정답 (2) ① 흡수 ② 증가

PART 05 화학 반응

03

용액은 균일 혼합물이다.

단백질+물, 흙탕물, 우유는 불균일 혼합물이다.

정답 단백질+물, 흙탕물, 우유

고체의 용해도

04

(1) X는 용액 180g 중 용매가 100g, 용질이 80g이고, Y는 용액 120g 중 용매가 100g, 용질이 20g이다.

60℃ 포화 용액 90g=용매 50g+용질 40g

용매의 양과 석출량에 대한 비례식을 세우면 $100:(80-20)=50:x$이므로 석출된 양 x는 30g이다.

정답 30g

(2) 용액이 120g일 때 60g 더 녹일 수 있으므로 비례식을 세우면 $120:60=180:y$이므로 90g만큼 더 녹일 수 있다.

정답 90g

05

(1) 정답 ① C ② 내려 ③ 흡열

(2) $\frac{100\text{g}}{200\text{g}}\times 100=50\%$

정답 50%

(3) ㉠ 용액 200g : 80g 석출=용액 150g : xg 석출

$x=60$g 석출

㉡은 용액 200g(용매 100g+용질 100g)인데 가열하면 용매가 증발하고, 용질의 양은 그대로이다. 용매가 50g이 되었으므로 용해되는 용질의 양은 10g이므로 100g 중 90g이 석출된다.

정답 ㉠ 60g ㉡ 90g

(4) 용액 60g에는 용매 50g와 용질 10g가 포함되어있다. 온도를 높이면 용매 50g에 용질 50g가 용해될 수 있으므로 40g 더 녹을 수 있다.

정답 40g

기체의 용해도

06

(1) 이상 기체 상태방정식을 몰수에 대해 정리하여 구할 수 있다.

$$n=\frac{PV}{RT}=\frac{1\times 0.806}{0.082\times 298}=0.0329\text{ mol}$$

질량은 몰수와 분자량의 곱이므로 녹은 이산화탄소의 질량은 $0.0329\text{mol}\times 44\text{g/mol}=1.45\text{g}$이다.

정답 1.45g

(2) 온도는 일정하고, 압력이 1기압에서 P기압으로, 용매의 양이 1L에서 VL로 변하였다.

용해되는 이산화탄소의 부피와 질량을 구분해서 생각해야 한다.

먼저, 용해되는 이산화탄소의 부피는 보일의 법칙에 의해 압력에는 영향을 받지 않지만, 용매의 양에는 비례한다. 따라서 $1\text{L}:806\text{mL}=V\text{L}:x$이므로 물에 녹은 이산화탄소의 부피는 $806V$mL이다.

용해되는 이산화탄소의 질량은 압력에 비례하고, 용매의 양에도 비례한다. 따라서 용해되는 이산화탄소의 질량은 $1.45PV$g이다.

정답 $806V$mL, $1.45PV$g

07

78mmHg에는 수증기압 20mmHg가 포함되어있으므로 산소의 부분 압력은 58mmHg이다. 이때 산소 기체의 용해도는 0.04g/L이므로 비례식을 세우면 아래와 같다.

$$58\text{mmHg}:0.04\text{g/L}=1520\text{mmHg}:x\text{g/L}$$

$$\therefore x=1.048\text{g/L}$$

정답 1.048g/L

08

(1) 물에 녹는 수소의 몰수는 압력에 비례하므로 수소의 몰수는 $\left(\frac{a}{22400}\right)\text{mol}\times 2$이고 질량은 몰수와 분자량의 곱이므로 $\left(\frac{a}{22400}\right)\text{mol}\times 2\times 2\text{g/mol}$인 $\frac{a}{5600}$g이다.

정답 $\frac{a}{5600}$g

(2) 물에 용해되는 수소의 부피는 압력과는 상관없고 용매의 양에는 비례한다. 1L에서 물에 용해되는 수소의 부피가 a mL이므로 2L에서는 $2a$ mL이다.

정답 $2a$mL

(3) 용해되는 질량은 압력에 비례하고, 부피는 압력과 무관하게 일정하다. A: 질량, B: 부피

정답 A: 질량, B: 부피

기본 문제

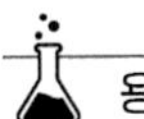

용해

09

용해 평형도 용해 속도와 석출 속도가 같은 동적 평형 상태의 하나이다.

정답 ②

10

② 기체의 용해도는 온도가 낮고 압력이 높을 때 증가한다.

정답 ②

11

무극성 용질은 무극성 용매에 잘 용해된다.
C_6H_{12}은 무극성 물질, 나머지 C_2H_5OH, CH_3COCH_3, CH_3COOH는 극성 물질이다.

정답 ④

12

물에 가장 잘 용해되는 물질인 극성 물질을 찾는 것이다.
② 뷰탄올은 하이드록시기($-OH$)로 $-NO_2$보다 극성이 강한 물질이다.

정답 ②

13

n이 증가할수록 극성은 감소되고 무극성이 증가하므로 물에서는 용해도가 감소하고 사염화탄소에서는 증가한다.

정답 ④

14

① 온도가 증가할 때 물에서 고체의 용해도가 항상 증가하는 것은 아니다. 대부분 증가하나 고체의 용해 과정이 발열인 경우($CaCl_2$)에는 반대로 용해도는 감소한다.
② 고체의 용해도는 압력에 영향 받지 않는다.
③ 기체의 용해 과정은 발열이므로 온도가 증가할 때 물에서 기체의 용해도는 감소한다.

정답 ④

고체의 용해도

15

13℃ $130g = 100g + 30g$
$260g = 200g + 60g$
74℃ $250g = 100g + 150g$
$500g = 200g + 300g$
$300g - 60g = 240g$

정답 ④

16

가, 다. 온도가 증가함에 따라 용해도가 증가하므로 용해 과정은 흡열 반응이다.
나. 점 A에서 두 수용액의 용질의 질량은 같으나 분자량이 달라서 용질의 몰수가 다르기 때문에 몰랄 농도는 다르다.
라. 점 B의 KNO_3는 용해도 곡선상에 위치한 동적 평형 상태이므로 용해 속도와 석출 속도가 같다.
마. 용매의 양과 용질의 양이 같으므로 질량 백분율 농도(%농도)도 같다.

정답 ④

17

A는 포화 상태에서 60℃로 온도를 낮추면 용해되는 용질의 양이 줄어들게 되어 석출이 일어나고, 석출된 양을 거름 종이로 거르면 동적 평형 상태인 포화 용액이 된다. B는 불포화 상태에서 온도를 낮추면 포화 용액이 된다. C는 불포화 상태에서 온도를 높여도 불포화 용액이 된다. D는 포화 용액에서 온도를 높이면 불포화 용액이 된다. A, B는 포화 용액이므로 %농도가 같고, 불포화 용액 C, D 중 용해도가 C가 높으므로 %농도는 A=B>C>D 순이 된다.

정답 ②

기체의 용해도

18

헨리의 법칙은 무극성 용매에 적용되므로 극성 용매인 암모니아에는 적용되지 않는다.

정답 ③

19

ㄴ. 기체의 용해 과정은 발열 과정이므로 온도가 증가하면 용해도가 감소한다. 용해도가 감소해도 분자의 공유 결합은 깨어지지 않는다.

ㄹ. 수소는 무극성 분자이고, 염화 수소는 극성 분자이므로 극성 용매인 물에 녹기 어려운 것이지 분자량 차이 때문은 아니다.

정답 ②

20

이산화탄소의 용해 과정에 대한 화학 반응식은 아래와 같다.

$$CO_2(g)+H_2O(l) \rightleftarrows H_2CO_3(aq)$$
$$\rightleftarrows CO_3^{2-}(aq)+2H^+(aq)$$

비금속 산화물인 이산화탄소는 $pH>7$인 염기성 용액에서 중화 반응에 의해 생성물인 H^+이 많이 소모되어 정반응(용해)이 진행되므로 염기성 조건에서 가장 많이 용해된다.

정답 ②

21

ㄱ. A에서 녹아 있는 용질의 양이 같으므로 %농도는 같다.

ㄴ. 기체의 용해 반응은 발열 반응이고, 고체의 용해 반응은 흡열 반응이므로 곡선 (가)는 기체인 암모니아의 용해도 곡선이고, 곡선 (나)는 이온 결정인 황산마그네슘의 용해도 곡선이다.

ㄷ. (나)는 이온 결정인 황산마그네슘의 용해도 곡선이므로 t_2℃에서 t_1℃로 온도를 낮추면 용해도가 감소되어 용질이 석출된다.

정답 ④

22

그래프의 단위에 주의하고, 질량을 몰수로 환산한다. 25℃에서, 물의 용존 산소량은 다음과 같다.

$$\frac{48\times10^{-4}\,g/L}{32\,g/mol}=1.5\times10^{-4}\,mol/L$$

비례식을 세우면 다음과 같다.

$$6\times10^{-4}mol/L : 300mmHg = 1.5\times10^{-4}mol/L : x$$
$$\therefore x = 75mmHg$$

정답 ①

23

ㄱ. 포화 수용액에 드라이아이스를 넣으면 승화가 일어나 이산화탄소의 압력이 증가하므로 CO_2의 용해도가 증가한다. $CO_2(s)\rightarrow CO_2(g)$

ㄴ. 비활성 기체를 첨가해도 CO_2 부분 압력에 변화가 없으므로 이산화탄소의 용해도에는 영향을 주지 않는다.

ㄷ. 마개를 열어도 용기내의 압력과 대기압이 같으므로 CO_2의 용해도는 변화가 없다.

정답 ①

24

ㄱ. 압력이 클수록 용해되는 산소의 질량이 증가한다. (가)에서 산소의 압력은 755mmHg, (나)에서 산소의 압력은 740mmHg이다. 따라서 용해되는 산소의 질량은 (가) > (나)이다.

ㄴ. (다)에서 산소의 압력은 1480mmHg으로 (나)의 2배가 되었고, 용매의 양도 2배가 되었으므로 용해되는 산소의 질량은 용매의 양에 의존한다. (다)가 (나)의 4배이다.

ㄷ. 용해되는 산소의 부피는 압력에는 영향을 받지 않고 용매의 양이 2배이므로 (다)가 (나)의 2배이다.

정답 ②

25

ㄱ. 두 기체는 모두 부분 압력이 증가함에 따라 용해도가 증가하므로 헨리의 법칙을 따른다.

ㄴ. 질량은 몰수와 분자량의 곱으로 용해되는 기체의 몰수는 같지만, A, B는 분자량이 다르므로 질량은 다르다.

ㄷ. 전체 기체의 질량은 각각의 용해도와 분자량의 곱의 합으로 A의 부분압이 0일 때 가장 크다.

정답 ③

Chapter

06 산과 염기의 평형

제 1 절 산염기의 정의와 전해질의 구분

01 ① 02 ③ 03 ③ 04 ① 05 ②
06 ③ 07 ②

08 (1) ① 수소 이온(H^+) ② 수산화 이온(OH^-) ③ 양성자(H^+)
(2) ① 이온화(전리, 해리) ② 이온화 평형 ③ 이온화 상수

09 (1) HO_2 (2) NH_3 (3) 짝산: H_3PO_4, 짝염기: HPO_4^{2-}

10 B · L－산: HCO_3^-, $HC_2H_3O_2$
B · L－염기: $C_2H_3O_2^-$, CO_3^{2-}

11 (1) H^+, BF_3, $BeCl_2$, Zn^{2+}
(2) B · L－염기: H_2O, L－염기: H_2O

12 ③ 13 ① 14 ③ 15 ④ 16 ①
17 ④ 18 ④ 19 ⑤ 20 ⑤ 21 ③
22 ④ 23 ⑤ 24 ③ 25 ② 26 ①
27 ③ 28 ⑤ 29 ④ 30 ③ 31 ③

대표 유형 기출 문제

01

그림에서 HX는 모두 해리되어 이온 상태로 존재하고, HY는 수화된 분자 상태로도 존재하므로 이온화도가 큰 HX가 센 산이며 강전해질이다.

정답 ①

02

- 이온화도가 클수록 전해질의 세기가 크다.
- 염화나트륨(NaCl)은 100% 해리, 아세트산(CH_3COOH)은 약전해질, 물은 자동 이온화만큼 매우 소량 이온화, 설탕은 대표적인 비전해질이다.

$$NaCl > CH_3COOH > H_2O > C_{12}H_{22}O_{11}$$

정답 ③

03

③ 극성 공유결합의 분자이기는 하나 강산은 수용액상에서 논의되는 것이므로 기체상에서 강산이라고 할 수는 없다.

정답 ③

04

② 설탕은 대표적인 비전해질이다.

③ 아세트산(CH_3COOH)은 약전해질으로 대부분 수화된 분자 상태로 존재하고, 염화칼륨(KCl)은 수용액에서 100% 해리되어 이온으로 존재한다. 따라서 KCl이 CH_3COOH보다 강한 전해질이다.

④ 염화나트륨($NaCl$)은 수용액에서 100% 해리되어 이온으로 존재하므로 전기 전도성이 있다.

정답 ①

05

CO_3^{2-}는 H_3O^+로부터 양성자를 받으므로 염기로 작용한다.

정답 ②

06

NH_3는 비공유 전자쌍을 BF_3에게 제공하는 루이스 염기이다.

정답 ③

07

Na_2SO_4는 염으로 수용액에서 100% 해리된다.

$$Na_2SO_4(aq) \rightarrow 2Na^+(aq) + SO_4^{2-}(aq)$$

전기적 중성을 충족시켜야하므로 양이온과 음이온의 몰수비가 2 : 1이 되어야 한다.

$$(1+) : (2-) = 2 : 1$$

정답 ②

주관식 개념 확인 문제

08

(1) 정답 ① 수소 이온(H^+) ② 수산화 이온(OH^-) ③ 양성자(H^+)

(2) 정답 ① 이온화(전리, 해리) ② 이온화 평형 ③ 이온화 상수

09

(1) 짝산은 음이온이 양성자를 받은 HO_2이다.

정답 HO_2

(2) 짝산은 음이온이 양성자를 받은 NH_3이다.

정답 NH_3

(3) 짝산은 양성자를 받은 H_3PO_4이고, 짝염기는 양성자를 내놓은 HPO_4^{2-}이다.

정답 짝산: H_3PO_4, 짝염기: HPO_4^{2-}

10

B · L−산은 양성자를 제공하므로 HCO_3^-, $HC_2H_3O_2$이고, B · L−염기는 양성자를 받으므로 $C_2H_3O_2^-$, CO_3^{2-}이다.

정답 B · L−산: HCO_3^-, $HC_2H_3O_2$

B · L−염기: $C_2H_3O_2^-$, CO_3^{2-}

11

(1) 루이스 산은 양이온이거나 오비탈이 비어 있는 H^+, BF_3, $BeCl_2$, Zn^{2+}이다.

정답 H^+, BF_3, $BeCl_2$, Zn^{2+}

(2) B · L−염기는 염산으로부터 양성자를 받은 H_2O이고, L−염기는 비공유 전자쌍을 제공하므로 H_2O이다.

정답 B · L−염기: H_2O, L−염기: H_2O

기본 문제

전해질의 구분

12

전해질과 비전해질을 구분하는 문제이다. 전해질에는 산과 염기 그리고 염이 해당되고, 주요 비전해질에는 설탕, 포도당, 요소, 메탄올, 에탄올 등이 있다.

- 전해질: ㄱ, ㄴ, ㄹ, ㅅ

정답 ③

13

AgCl와 $CaCO_3$은 불용성염으로 전류가 잘 흐르지 않는다. $C_6H_{12}O_6$은 비전해질이므로 역시 전류가 흐르지 않는다. NaCl은 가용성 염으로 해리되어 이동가능한 양이온과 음이온이 생성되므로 전류가 가장 잘 흐른다.

정답 ①

산과 염기의 정의

14

반응물과 생성물의 관계에 있으면서 양성자를 주고받는 관계가 짝산－짝염기 관계이므로 H_2O의 짝염기는 OH^-이다.

① NH_3의 짝산 – NH_4^+

② NH_3의 짝염기 – NH_2^-

④ H_2O의 짝산 – H_3O^+

정답 ③

15

물은 대표적인 양쪽성 물질로서 염산과의 반응에서는 염기로 작용하고, 암모니아와의 반응에서는 산으로 작용한다.

정답 ④

16

다양성자산에서 수소 이온을 포함한 음이온이 양쪽성 물질이 될 수 있다.

정답 ①

17

오비탈이 비어있는 S에 물의 산소에 있는 고립 전자쌍이 제공되므로 H_2O는 루이스 염기이다.

정답 ④

18

ㄱ. H_2CO_3(탄산)

ㄴ. HOOC－COOH(옥살산)

ㄷ. H_3PO_3(아인산)는 화학식상으로는 3가산이나 아래의 구조식으로부터 중심 원자 인(P)과 결합한 수소는 물에 의해 이온화되지 않으므로 아인산은 2가산이다.

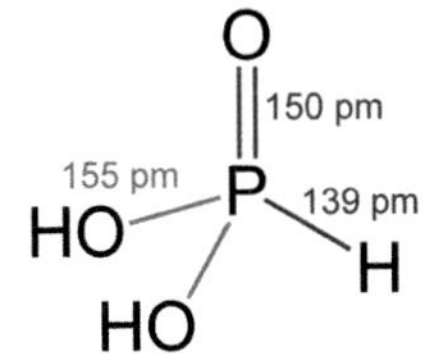

ㄹ. H_3AsO_4(비소산)은 3가산이다.

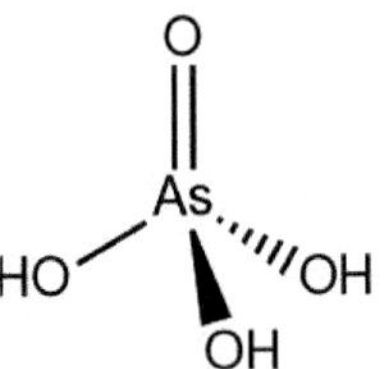

Arsenic acid

정답 ④

자료 추론형

19

ㄱ. (가)에서 메틸아민(CH_3NH_2)은 물로부터 양성자를 받는 브뢴스테드-로우리 염기이다.

ㄴ. (나)에서 폼산($HCOOH$)은 양성자를 제공하므로 아레니우스 산이다.

ㄷ. (다)에서 NH_3가 H_3O^+로부터 H^+을 받았으므로 브뢴스테드-로우리 염기이고, 또한 비공유 전자쌍을 제공한 것과 같은 결과이므로 루이스 염기이다.

정답 ⑤

20

ㄱ. 인산(H_3PO_4)은 양성자를 제공하는 아레니우스 산이다.

ㄴ. 아세트산(CH_3COOH)은 양성자를 수산화 이온(OH^-)에 제공하므로 브뢴스테드-로우리 산이다.

ㄷ. 플루오르화 이온(F^-)은 고립 전자쌍을 가지고 있어 BF_3에게 제공하므로 루이스 염기이다.

정답 ⑤

21

ㄱ. 아세트산(CH_3COOH)은 양성자를 제공하므로 아레니우스 산이다.

ㄴ. 암모니아(NH_3)는 물로부터 양성자를 받으므로 브뢴스테드-로우리 염기이다.

ㄷ. NH_2CH_2COOH는 양성자를 수산화 이온(OH^-)에 제공하므로 브뢴스테드-로우리 산이다.

정답 ③

22

ㄱ. (가)는 아미노기($-NH_2$)가 없으므로 아미노산이 아니다.

ㄴ. (가)는 H^+을 받았으므로, 즉 고립 전자쌍을 제공하므로 브뢴스테드-로우리 염기이면서 루이스 염기로 작용한다.

ㄷ. (가)는 양성자를 제공하므로 브뢴스테드-로우리 산으로 작용한다.

정답 ④

23

ㄱ. (가)에서 물은 양성자를 제공하므로 브뢴스테드-로우리 산이다.

ㄴ. (나)에서 암모니아는 고립 전자쌍을 제공하므로 루이스 염기이다.

ㄷ. (나)에서 α는 붕소(B)의 혼성 오비탈이 sp^2이므로 120°이고 β는 붕소(B)의 혼성 오비탈이 sp^3이므로 109.5°이다. 따라서 결합각은 α가 β보다 크다.

정답 ⑤

24

(가) BF_3로 루이스 산이다.

(나) CH_3OH로 양성자를 제공받았으므로 브뢴스테드-로우리 염기이다.

(다) H_2O로 다이메틸아민에게 양성자를 제공하였으므로 브뢴스테드-로우리 산이다.

정답 ③

전해질의 구분

25

A는 전해질이고, p.p 용액에서 붉은색이므로 염기성인 $Ca(OH)_2$이다.

B는 전해질이고, p.p 용액에서 무색이므로 CH_3COOH이다.

C는 비전해질이므로 C_2H_5OH이다.

A	B	C
$Ca(OH)_2$	CH_3COOH	C_2H_5OH

ㄱ. pH는 염기인 A가 중성인 C보다 크다.

ㄴ. B는 산으로 수용액에서 이온화하므로 H^+이 존재한다.

ㄷ. C는 비전해질이므로 아레니우스 염기일 수 없다.

정답 ②

26

세 물질 중 금속 Mg과 반응하는 (가)는 산인 HCl이다. p.p용액에서 붉은색을 띠는 (나)는 염기인 NaOH이다. 따라서 (다)는 NaCl이다.

(가)	(나)	(다)
HCl	NaOH	NaCl

ㄱ. (가)는 산이고 (다)는 비전해질이므로 pH는 중성인 (다)가 크다.

ㄴ. 산과 염기를 혼합하면 중화열이 발생하여 온도가 높아진다.

ㄷ. 석회석과 반응하여 기체가 발생하는 것은 산인 (가)이다.

정답 ①

27

pH에 의해 물질을 구분하면 A는 HCl, B는 C_2H_5OH, C는 NaOH이다.

ㄴ. 에탄올(C_2H_5OH)은 비전해질이다.

정답 ③

28

ㄱ. 양이온을 통해 (나)는 HCl, pH를 통해 (가)는 KCl, (다)는 KOH임을 알 수 있다.

ㄴ. 염산(HCl)은 수용액에서 양성자를 내놓는 브뢴스테드-로우리 산으로 작용한다.

ㄷ. 수산화칼륨(KOH)은 수산화 이온(OH^-)을 포함한 아레니우스 염기이다.

정답 ⑤

29

pH가 가장 큰 A는 염기인 KOH이다.
산이 금속과 반응하여 기체를 생성하므로 C는 HNO_3이다.
B는 NaCl이다.

ㄱ. A~C는 모두 전해질로 전기 전도성이 있다.

ㄴ. 나트륨의 불꽃 반응색은 노란색이다.

ㄷ. C는 수소 이온을 포함한 아레니우스 산이다.

정답 ④

30

ㄱ. (가), (나)는 Na^+를 포함한다.
(가)와 (다)는 중화 반응을 하므로 (가)는 염기인 NaOH, (다)는 HCl, (나)는 NaCl, (라)는 C_2H_5OH이다.

ㄴ. C_2H_5OH은 비전해질로 전기 전도성이 없다.

ㄷ. pH는 산인 (다)가 가장 작다.

정답 ③

31

수용액의 pH가 7보다 작으므로 (나)는 HCl이고, 따라서 (가)는 NH_3이다.

ㄱ. NaOH는 이온 결합 물질이고, NH_3는 공유 결합 물질이므로 적용할 수 있다.

ㄴ. (가) 수용액인 NH_3는 염기성 물질로서 수용액에서 OH^-를 내놓는다.

ㄷ. 기체 상태의 NH_3와 HCl를 반응시키면 흰 연기 형태의 염화암모늄(NH_4Cl)이 생성된다.

$$NH_3(g) + HCl(g) \rightarrow NH_4Cl(s)$$

정답 ③

PART 05 화학 반응

제 2 절 산의 이온화도와 이온화 상수

01 ④ 02 ④ 03 ① 04 ① 05 ②
06 ① 07 ③ 08 ① 09 ③ 10 ①
11 ① 12 ④
13 (1) $K_a = 1.0 \times 10^{-5}$
(2) ① $[H^+] = 4 \times 10^{-4}$M, pH = 3.4
② $\alpha = 4 \times 10^{-3}$
14 72.3배
15 (1) $K_1 > K_2$ (2) $K = K_1 \times K_2$
16 $[Cl^-] = [H_3O^+] = 0.1$M
17 $[CH_3COO^-] = [H_3O^+] = 1.0 \times 10^{-3}$M
18 (1) pH = 12 (2) pH = 11 19 10
20 9×10^{-2}

21 $[HCO_3^-]=[H_3O^+]=\sqrt{0.1\times10^{-7}}=1.0\times10^{-4}M$
$[CO_3^{2-}]=K_{a_2}=1.0\times10^{-11}M$

22 $[H_2PO_4^-]=[H_3O^+]=1.0\times10^{-2}M$
$[HPO_4^{2-}]=K_{a_2}=1.0\times10^{-8}M$
$[PO_4^{3-}]=\frac{K_{a_2}\times K_{a_3}}{[H^+]}=1.0\times10^{-19}M$

23 HF < HCl < HBr < HI

24 HOCl > HOBr > HOI

25 $HClO < HClO_2 < HClO_3 < HClO_4$

26 $CH_3-OH > CH_3-NH_2 > CH_3-CH_3$

27 $CH_3-OH < CH_3-SH$

28 $C_6H_5OH > CH_3CH_2OH$

29 $CH_3COOH > CH_3CH_2OH$

30 $CF_3COOH > CF_2HCOOH > CH_3COOH$

31 $CF_3COOH > CF_3CH_2COOH$

32 $H\underline{C}\equiv\underline{C}H > \underline{C}H_2=\underline{C}H_2 > \underline{C}H_3\underline{C}H_3$
sp (50%) sp^2 (33%) sp^3 (25%)

33 $C_6H_5NH_2 < NH_3 < CH_3NH_2$

34 $CH_3NH_2 < (CH_3)_2NH < (CH_3)_3N$

35 $K=5$	36 ④	37 ④	38 ③	39 ③
40 ④	41 ③	42 ②	43 ③	44 ②
45 ③	46 ③	47 ④	48 ③	49 ②
50 ④	51 ④	52 ③	53 ④	54 ②
55 ③	56 ①	57 ①	58 ③	59 ④
60 ②	61 ②	62 ③	63 ⑤	64 ③
65 ①				

대표 유형 기출 문제

산의 이온화와 평형 농도

01

pH가 낮은 것은 용액 내의 $[H^+]$가 큰 것이다. 같은 농도의 경우 산의 해리 상수가 클수록 $[H^+]$가 크다.

정답 ④

산의 세기 비교(이온화 상수)

02

① K_a: $H_2C_2O_4 > HC_2O_4^-$
K_b: $HC_2O_4^- < C_2O_4^{2-}$
$C_2O_4^{2-}$가 $HC_2O_4^-$보다 더 센 염기이다.

② $K_a(C_6H_5NH_3^+)=\frac{K_W}{K_b(C_6H_5NH_2)}$
$=\frac{10^{-14}}{4.0\times10^{-10}}=2.5\times10^{-5}$
$K_a(HC_2O_4^-)=6.4\times10^{-5}$
$HC_2O_4^-$가 $C_6H_5NH_3^+$보다 더 센 산이다.

③ $C_6H_5NH_3^+$는 $C_6H_5NH_2$의 짝산이다.

④ H_2O는 1,2식에서 염기로 작용하고, 3식에서는 산으로 작용하므로 양쪽성이다.

정답 ④

03

세 이온화 반응식을 더하면 구하고자 하는 전체 반응식이 되므로 평형 상수는 각 화학 반응식의 평형상수의 곱으로 표현된다.

$$K=K_1\times K_2\times K_3$$

정답 ①

04

다양성자산에서 첫 번째 이온화 상수가 가장 크다. 다양성자산의 음이온으로부터 수소 이온을 떼어내는 것이 더 어려워지므로 단계별 이온화 상수는 점차 작아진다.

$$K_{a_1} > K_{a_2} > K_{a_3}$$

정답 ①

05

화학종의 농도관계는 각 이온화 상수로부터 알 수 있으므로 다음과 같다.

$$[H_3PO_4] > [H_2PO_4^-] > [HPO_4^{2-}] > [PO_4^{3-}]$$

① 인산은 약산으로 매우 적은 수만 이온화되어 $H_2PO_4^-$가 되므로 $H_2PO_4^-$의 농도가 인산보다 클수는 없다.

② 나머지 단계의 이온화에 의한 H_3O^+는 무시하므로 첫 번째 이온화가 H_3O^+의 농도에 가장 크게 기여한다.

③ 세 번째 이온화도 매우 적게 일어나므로 HPO_4^{2-}의 농도가 $H_2PO_4^-$보다 클 수 없다.

④ 약산인 인산은 대부분 수화된 분자 상태로 존재한다.

정답 ②

산의 세기 비교

06

① 할로젠화 수소산 중 HF만 약산이다.

② 산소의 개수가 같은 산소산의 경우 중심 원자의 전기음성도가 클수록 강한 산이다.

③ 중심 원자의 크기가 클수록 결합력이 약해 수소를 내놓기가 쉬으므로 강한 산이다.

④ 산소의 개수가 다른 산소산의 경우에는 산소가 많을수록 강한 산이다.

정답 ①

07

이온화상수(K_a)가 클수록 강한 산이다. 산소산은 산소의 개수가 많을수록 강한 산이고, 산소 원자의 개수가 같은 경우에는 중심 원자의 전기음성도가 클수록 강한 산이고, 이온화 상수가 크다.

정답 ③

08

강산의 짝염기는 물보다 약한 염기이고, 약산의 짝염기는 물보다 강한 염기이다.

$$Cl^-(aq) < H_2O(l) < F^-(aq)$$

정답 ①

09

ㄱ. 중심 원자의 크기가 클수록 결합력이 약해 수소를 내놓기가 쉬우므로 강한 산이다.

ㄴ. 할로젠화 수소산은 전기음성도가 작아질수록 강한 산이다. (HI > HCl)

ㄷ. 산소의 개수가 같은 산소산의 경우 결합한 주위 원자의 전기음성도가 클수록 강한 산이다. (유발 효과)

ㄹ. 산소의 개수가 같은 산소산의 경우 중심 원자의 전기음성도가 클수록 강한 산이다.

정답 ③

10

중심 원자가 같은 주기인 경우, 중심 원자의 전기음성도가 클수록 산도가 크다.

(가) > (나) > (다)

정답 ①

11

약산의 짝염기는 물보다 강한 염기이고, 약산 중 사이안화수소산이 더 약한 산이므로 염기의 세기 순서는 다음과 같다.

$$H_2O < CH_3COO^- < CN^-$$

정답 ①

12

pK_a값이 작을수록 K_a가 크므로 결국 강한 산을 찾는 문제이다.

①은 페놀, ③은 크레졸, ④는 2-니트로페놀로 모두 페놀류이고, ②는 벤질알코올이므로 산의 세기는 벤질알코올이 가장 약하다.

페놀에 치환된 치환기를 보면 $-CH_3$는 E.D.G로 전자를 제공하는 그룹이고, $-NO_2$는 E.W.G로 전자를 잡아당기는 그룹이다. 산이 이온화되었을 때 음전하를 띤 짝염기의 입장에서는 전자를 제공하는 치환기보다 전자를 잡아당기는 치환기가 결합되어 있을 때 짝염기가 좀 더 안정화될 수 있으므로 산의 세기가 가장 센 것은 ④ 2-니트로페놀이다.

정답 ④

주관식 개념 확인 문제

산의 이온화와 이온화 상수

13

(1) pH = 3 $[H^+] = 10^{-3}M$

$$[H^+] = \sqrt{CK_a} \qquad (10^{-3})^2 = 0.1 \times K_a$$

$$\therefore K_a = 10^{-5}$$

정답 $K_a = 1.0 \times 10^{-5}$

(2) ① $[H^+] = \sqrt{CK_a} = \sqrt{0.1 \times 1.6 \times 10^{-6}}$

$= 4 \times 10^{-4}M$

pH = 4 − 2log2 = 3.4

② $[H^+] = C\alpha$이므로

$$\alpha = \frac{[H^+]}{C} = \frac{4.0 \times 10^{-4}M}{0.1M} = 4 \times 10^{-3}$$

정답 ① $[H^+] = 4 \times 10^{-4}M$, pH = 3.4

② $\alpha = 4 \times 10^{-3}$

14

H^+의 농도가 클수록 강한 산이다.($[H^+] = C\alpha$)
각 물질 0.1몰을 1L에 녹였으므로 몰농도는 같으므로 이온화도가 클수록 강한 산이다.

$$\frac{\alpha_{HCl}}{\alpha_{CH_3COOH}} = \frac{0.94}{0.013} = 72.3$$

정답 72.3배

15

(1) 1단계 이온화가 2단계 이온화보다 양성자를 떼어내기 쉬우므로 $K_1 > K_2$이다.

정답 $K_1 > K_2$

(2) 전체 반응은 두 반응식의 합이므로 전체 반응의 평형 상수는 각 평형 상수의 곱인 $K = K_1 \times K_2$이다.

정답 $K = K_1 \times K_2$

16

강산의 이온화는 100% 해리되므로 $[Cl^-] = [H_3O^+] = [HCl] = 0.1M$이다.

정답 $[Cl^-] = [H_3O^+] = 0.1M$

17

약산의 이온화는 $[CH_3COO^-] = [H_3O^+] = \sqrt{CK_a}$이므로
$[CH_3COO^-] = [H_3O^+] = \sqrt{0.1 \times 10^{-5}} = 1.0 \times 10^{-3}M$

정답 $[CH_3COO^-] = [H_3O^+] = 1.0 \times 10^{-3}M$

18

(1) 강염기는 100% 이온화하여 $[OH^-] = 0.01M$, pOH = 2이므로 pH = 12이다.

정답 pH = 12

(2) 약염기의 $[OH^-] = C\alpha = 0.1 \times 10^{-2} = 10^{-3}M$

pOH = 3 pH = 11

정답 pH = 11

19

$$pH = \frac{1}{2}(pK_a - \log[HA])$$

$$6.0 = \frac{1}{2}(pK_a - \log 10^{-2}) \qquad \therefore pK_a = 10$$

별해

pH = 6.0	$[H^+] = 10^{-6}M$
$[H^+] = \sqrt{CK_a}$	$10^{-6} = \sqrt{0.01 \times K_a}$
$K_a = 10^{-10}$	$pK_a = 10$

정답 10

20

$\alpha = 0.6$으로 무시할 수 없는 이온화도이므로 약산법을 이용해서 계산할 수 없다. 따라서 정상적인 양적 관계를 이용해서 K_a를 계산하여야 한다. 이때 이온화 되는 정도는 $C\alpha = 0.1 \times 0.6 = 0.06$이다.

HA(aq)	→	$A^-(aq)$	+	$H^+(aq)$
0.1M				
−0.06		+0.06		+0.06
0.04		0.06		0.06

$$K_a = \frac{[A^-][H^+]}{[HA]} = \frac{0.06^2}{0.04} = 9 \times 10^{-2}$$

정답 9×10^{-2}

21

탄산은 약산으로 약산의 이온화 공식을 사용한다.

정답 $[HCO_3^-]=[H_3O^+]=\sqrt{0.1\times10^{-7}}$
$=1.0\times10^{-4}M$
$[CO_3^{2-}]=K_{a_2}=1.0\times10^{-11}M$

22

다양성자산의 이온화에서 $[H_3O^+]=\sqrt{CK_a}$ 이고,

$[HPO_4^{2-}]=K_{a_2}$, $[PO_4^{3-}]=\dfrac{K_{a_2}\cdot K_{a_3}}{[H_3O^+]}$ 이다.

정답 $[H_2PO_4^-]=[H_3O^+]=1.0\times10^{-2}M$
$[HPO_4^{2-}]=K_{a_2}=1.0\times10^{-8}M$
$[PO_4^{3-}]=\dfrac{K_{a_2}\times K_{a_3}}{[H^+]}=1.0\times10^{-19}M$

산의 세기 비교

23

할로젠화 수소산은 수소와 결합한 원자의 크기가 커질수록(=전기음성도가 작아질수록) 산의 세기가 커진다.

정답 $HF<HCl<HBr<HI$

24

산소의 개수가 같은 산소산은 중심 원자의 전기음성도가 클수록 산의 세기가 커진다.

정답 $HOCl>HOBr>HOI$

25

산소의 개수가 다른 산소산은 산소수가 많을수록 산의 세기가 커진다.

정답 $HClO<HClO_2<HClO_3<HClO_4$

26

같은 주기에서는 수소와 결합한 원자의 전기음성도가 클수록 산의 세기가 크다.

정답 $CH_3-OH>CH_3-NH_2>CH_3-CH_3$

27

같은 족에서는 수소와 결합한 원자의 크기가 클수록 산의 세기가 크다.

정답 $CH_3-OH<CH_3-SH$

28

공명 구조가 있는 짝염기가 공명 구조가 없는 짝염기보다 또한 공명 구조가 있다면 그 수가 많을수록 짝염기는 안정하고 그 산의 세기가 크다.

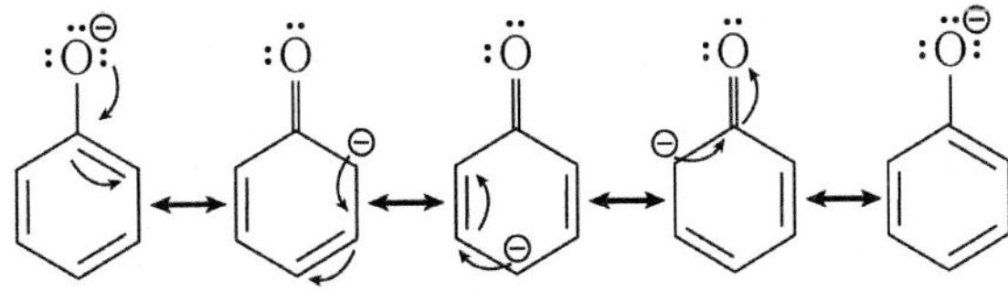

정답 $C_6H_5OH>CH_3CH_2OH$

29

공명 구조가 있는 짝염기가 공명 구조가 없는 짝염기보다 또한 공명 구조가 있다면 그 수가 많을수록 짝염기는 안정하고 그 산의 세기가 크다. 또한 CH_3COOH는 전해질이고, C_2H_5OH는 비전해질이다.

$H_3C-C(=O)-O^- \longleftrightarrow H_3C-C(-O^-)=O$

정답 $CH_3COOH>CH_3CH_2OH$

30

전기음성도가 큰 원자가 많을수록 유발 효과가 커서 산의 세기가 크다.

정답 $CF_3COOH>CF_2HCOOH>CH_3COOH$

31

유발 효과는 거리가 멀어질수록 약해지므로 수소로부터 가까울수록 산의 세기가 크다.

정답 $CF_3COOH>CF_3CH_2COOH$

32

s-character가 클수록 산의 세기가 크다.

정답 $H\underline{C}\equiv\underline{C}H > \underline{C}H_2=\underline{C}H_2 > \underline{C}H_3\underline{C}H_3$

sp (50%) sp^2 (33%) sp^3 (25%)

33

고립 전자쌍이 More negative할수록 염기의 세기가 크다. 메틸아민은 메틸기가 EDG이어서 암모니아보다 강한 염기이고, 아닐린은 공명 구조 때문에 positive하여 약염기인 암모니아보다 더 약한 염기이다.

정답 $C_6H_5NH_2 < NH_3 < CH_3NH_2$

34

아민은 EDG가 많을수록 More negative하여 염기의 세기가 크다.

정답 $CH_3NH_2 < (CH_3)_2NH < (CH_3)_3N$

혼합용액의 평형 상수

35

황산의 이온화 반응식은 아래와 같다.

$$H_2SO_4(aq) + H_2O(l) \rightarrow HSO_4^-(aq) + H_3O^+(aq) \quad K_a = 100$$

질산의 이온화 반응식은 아래와 같다.

$$HNO_3(aq) + H_2O(l) \rightarrow NO_3^-(aq) + H_3O^+(aq) \quad K_a = 20$$

문제에서 주어진 반응은 황산의 이온화 반응식에서 질산의 이온화 반응식을 뺀 것과 같으므로 황산의 이온화 상수를 질산의 이온화 상수로 나누어 구할 수 있다.

$$K = \frac{100}{20} = 5$$

정답 $K=5$

기본 문제

36

(가) 강산일수록 $[H^+]$가 크기 때문에 K_a도 크다.

$$K_a = \frac{[A^-][H^+]}{[HA]}$$

(나) 오스트발트의 희석률에 대한 설명으로 약산의 이온화도는 온도가 높고, 농도가 낮을수록 커진다.

(다) 강산의 짝염기는 물보다 약한 염기이고, 약산의 짝염기는 물보다 강한 염기이다. 따라서 강산의 짝염기는 약산의 짝염기보다 약한 염기이다.

(라) $K_a \times K_b = K_W$

(마) 강산과 약염기를 같은 당량으로 섞으면 중화점에서 약염기의 짝산이 가수 분해 되어 pH는 7보다 작아진다.

정답 ④

37

ㄱ. 몰농도는 같은 부피에 용해된 용질의 몰수로 HA와 HB의 용해된 용질의 몰수가 같으므로 몰농도는 같다.

ㄴ. HA는 모두 이온화되고, HB는 대부분 수화된 분자 상태로 존재하므로 산의 세기는 HA가 더 강하다.

ㄷ. 전기전도도는 용액의 단위 부피당 이온의 몰수이므로 이온이 많은 HA가 더 크다.

정답 ④

38

$[H^+] = C\alpha = \sqrt{CK_a}$를 이용하는데 같은 아세트산이므로 K_a는 같고 농도만 다른 용액이므로 $[H^+] \propto \sqrt{C}$ 를 이용한다.

$$\sqrt{\frac{0.1}{0.001}} = \sqrt{10^2} = 10$$

H_3O^+의 농도비는 10 : 1이다.

정답 ③

39

② $[OH^-] = C\alpha = 0.1 \times 0.01 = 10^{-3}M$

①, ③ $[H^+] = \frac{K_W}{[OH^-]} = \frac{10^{-14}}{10^{-3}} = 10^{-11}M$, $pH = 11$

④ $1L : 10^{-11}M = 0.1L : x$ $\quad \therefore x = 1.0 \times 10^{-12}M$

H^+의 몰수는 몰농도인 $10^{-12}M$의 값에 아보가드로 수를 곱한 6.02×10^{11}개다.

⑤ 용액의 온도가 높아지면 이온화도가 증가한다. 따라서 OH^-의 몰수가 늘어나서 pOH는 감소하고 pH는 증가한다.

정답 ③

40

$[H^+] = C\alpha = 10^{-2} \times 10^{-4} = 10^{-6}M$ $\quad \therefore pH = 6.0$

정답 ④

41

$K_a = C\alpha^2$를 이용하여 $\alpha = \sqrt{\frac{K_a}{C}} = \sqrt{\frac{10^{-5}}{10^{-1}}} = 10^{-2}$

%해리도는 이온화도에 100을 곱한 값이므로 1%이다.

정답 ③

42

가. 해리도가 4.2%이므로 $\alpha = 4.2 \times 10^{-2}$

$[OH^-] = C\alpha = 10^{-2}M \times 4.2 \times 10^{-2} = 4.2 \times 10^{-4}M$

$pOH = 4 - \log 4.2 = 3.4$ $\quad \therefore pH = 10.6$

나. 오스트발트의 희석률에 의해 농도가 작을수록 해리도는 증가한다.

다. 염기의 이온화 상수와 물의 자동 이온화 상수를 이용하여 짝산의 이온화 상수 K_a를 구할 수 있다.

$$K_b = C\alpha^2 = 10^{-2}M \times (4.2 \times 10^{-2})^2 = 1.76 \times 10^{-5}$$

$$K_a = \frac{K_W}{K_b} = \frac{1.0 \times 10^{-14}}{1.76 \times 10^{-5}} = 5.6 \times 10^{-10}$$

정답 ②

43

$[H^+] = \sqrt{CK_a} = \sqrt{0.1 \times 1.8 \times 10^{-5}} = \sqrt{1.8} \times 10^{-3}M$

$= (1.8)^{\frac{1}{2}} \times 10^{-3}M$

$pH = 3 - \frac{1}{2}\log 1.8 = 3 - \frac{1}{2} \times 0.255 = 2.87$

정답 ③

44

CH_3NH_2은 약염기로 이온화 반응식은 다음과 같다.

$CH_3NH_2(aq) + H_2O(l) \rightleftarrows CH_3NH_3^+(aq) + OH^-(aq)$

CH_3NH_2의 이온화 상수 K_b는 짝산짝염기의 관계식으로부터 구할 수 있다.

$$K_b = \frac{K_W}{K_a} = \frac{1.0 \times 10^{-14}}{2.0 \times 10^{-11}} = 5 \times 10^{-4}$$

$[OH^-] = \sqrt{CK_b} = \sqrt{0.1 \times 5 \times 10^{-4}} = \sqrt{5 \times 10^{-5}}M$

$pOH = -\log[OH^-] = -\frac{1}{2}(\log 5 - 5)$

$= -\frac{1}{2}\left(\log\frac{10}{2} - 5\right) = -\frac{1}{2}(1 - \log 2 - 5) = 2.15$

$pH = 14 - pOH = 14 - 2.15 = 11.85$

정답 ②

45

$$[H^+] = C\alpha = \sqrt{CK_a}$$

$(C \times 0.05)^2 = C \times 1.0 \times 10^{-3}$ $\quad \therefore C = 0.4M$

정답 ③

46

같은 온도이므로 현재와 100년 전의 이온화 상수는 같을 것이다. 이산화탄소의 양이 100년 동안 4배 증가하였으므로 탄산의 양도 4배 증가하였을 것이고, 그렇다면 H^+의 농도와 HCO_3^-의 농도는 각각 2배 증가하여야 이온화 상수가 일정하게 유지될 것이다. 따라서 pH가 5.0이므로 현재의 H^+의 농도는 $10^{-5}M$이다. 따라서 100년 전 H^+의 농도는 $\frac{1}{2} \times 10^{-5}M = 5.0 \times 10^{-6}M$이다.

정답 ③

산과 염기의 세기

47

강산 > H_3O^+ > 약산이므로

$$HCl > H_3O^+ > CH_3COOH$$

정답 ④

48

이온화 상수가 더 큰 HCOOH이 CH_3COO보다 강한 산이다.

ㄱ. 이온화 상수가 크면 이온화가 잘 되어 $[H_3O^+]$도 크다.

ㄴ. 이온화 상수가 큰 산이 산성이 강하다.

ㄷ. H_2O는 양성자를 받는 브뢴스테드 염기로 작용한다.

ㄹ. 약산의 짝염기는 브뢴스테드 염기이다.

정답 ③

49

약산은 H_3O^+보다 약한 산($H_3O^+ > CH_3COOH$)이고, 약산의 짝염기는 물보다 강한 염기($CH_3COO^- > H_2O$)이다.

정답 ②

50

① 이온화 상수가 1보다 작으므로 아세트산은 약산이다.

② 아세트산(CH_3COOH)의 짝산은 양성자(H^+)를 얻은 형태이므로 $CH_3COOH_2^+$이다.

③ CH_3COO^-는 제공할 수소가 없으므로 CH_3COO^-의 짝염기는 존재하지 않는다.

④ 약산인 CH_3COOH은 H_3O^+보다 약한 산이다. 따라서 H_3O^+의 산성이 CH_3COO보다 더 강하다.

⑤ 약산의 짝염기인 CH_3COO^-은 물보다 강한 염기이다.

정답 ④

51

ㄱ. H_2O의 짝산은 H^+를 받은 형태인 H_3O^+이다.

ㄴ. 이온화 상수(K_a)의 비교로 산의 세기를 구할 수 있다. 아세트산(CH_3COOH)과 폼산(HCOOH)은 이온화 상수가 1보다 작으므로 약산이고, 폼산(HCOOH)의 이온화 상수가 더 크므로 아세트산보다 폼산이 더 산의 세기가 크다. H_3O^+의 이온화 상수는 1이므로 $H_3O^+ > HCOOH > CH_3COOH$이다.

ㄷ. 약산의 짝염기는 물보다 강한 염기이므로 산의 세기가 가장 약한 아세트산의 짝염기 CH_3COO^-가 가장 강한 염기이다.

정답 ④

52

ㄱ. 아세트산(CH_3COOH)의 이온화 상수와 암모니아(NH_3)의 이온화 상수가 같으므로 암모늄 이온의 K_a는 아세트산의 K_a보다 작을 수밖에 없다.

$$K_a(NH_4^+) = \frac{K_W}{K_a(NH_3)}$$

$$= \frac{10^{-14}}{1.8 \times 10^{-5}} < K_a(CH_3COOH)$$

ㄴ. 아세트산과 암모니아를 1 : 1의 부피비로 혼합하면 중화 반응이 일어난다. 혼합물의 액성은 중화 반응 후 가수 분해 결과로 결정할 수 있는데 아세트산의 이온화 상수와 암모니아의 이온화 상수의 크기가 같으므로 혼합한 용액은 중성이다.

ㄷ. (가)에서 $H_2O(l)$은 염기로 작용하고, (나)에서 $H_2O(l)$은 산으로 작용한다.

정답 ③

53

ㄱ. 염기 B와 물의 자동 이온화 상수를 이용하여 짝산 $BH^+(aq)$의 이온화 상수 $K_a(BH^+) = \frac{K_W}{K_b(B)} = \frac{1.0\times10^{-14}}{1.0\times10^{-6}} = 10^{-8}$를 구할 수 있다. $HA(aq)$의 이온화 상수보다 크므로 $BH^+(aq)$가 더 강한 산이다.

ㄴ. 약염기와 그 짝산의 염으로 구성된 용액은 완충 용액이다.

ㄷ. $[OH^-] = \sqrt{CK_b} = \sqrt{1.0\times10^{-6}} = 10^{-3}M$

$[H^+] = 10^{-11}M \quad \therefore pH = 11$

정답 ④

54

ㄱ. 이온화 상수의 비교로 산의 세기는 $CH_3COOH > H_2CO_3 > H_2S$ 이다.

ㄴ. 염기의 세기는 $CH_3COO^- < HCO_3^- < HS^-$이다.

ㄷ. $[H^+] = \sqrt{CK_a}$

몰농도가 같을 때 H_2CO_3의 산의 세기가 더 강하므로 H_2CO_3 수용액의 pH가 더 작다.

정답 ②

55

이온화 상수를 비교한다.

ㄱ. $K_a(H_2O) = 10^{-14}$

ㄴ. $K_a(HCl) > 1$

ㄷ. $K_a(HOCl) = 4\times10^{-8}$

ㄹ. $K_a(NH_4^+) = \frac{K_W}{K_b(NH_3)} = \frac{10^{-14}}{2\times10^{-5}} = 5\times10^{-10}$

ㅁ. $K_a(HCN) = 6\times10^{-10}$

ㅂ. $K_a(C_6H_5NH^+)$

$= \frac{K_W}{K_b(C_6H_5N)} = \frac{10^{-14}}{2\times10^{-9}} = 5\times10^{-6}$

산의 이온화 상수의 크기는 다음과 같다.

ㄴ > ㅂ > ㄷ > ㅁ > ㄹ > ㄱ

정답 ③

56

수산화 이온(OH^-)은 염기 중 가장 강한 염기이다.
약산의 짝염기는 물보다 강한 염기이다.
H_3O^+는 강한 산이므로 염기의 세기가 가장 약하다.
따라서 염기의 세기 순서는 다음과 같다.

$$OH^- > CH_3COO^- > H_2O > H_3O^+$$

정답 ①

57

$N_2H_5^+ + NH_3 \rightleftarrows NH_4^+ + N_2H_4 \cdots①$

$NH_3 + HBr \rightleftarrows NH_4^+ + Br^- \cdots\cdots②$

$N_2H_4 + HBr \rightleftarrows N_2H_5^+ + Br^- \cdots ③$

먼저 HBr은 강산이다.
평형이 모두 오른쪽에 치우져 있으므로 정반응이 우세한 반응이다. 따라서 산의 세기는,
①식으로부터 $N_2H_5^+ > NH_4^+$
②식으로부터 $HBr > NH_4^+$
③식으로부터 $HBr > N_2H_5^+$임을 알 수 있다.
따라서 산의 세기 순서는 $HBr > N_2H_5^+ > NH_4^+$이다.

정답 ①

58

① HBr의 결합 길이가 HF보다 길어서 수소 이온을 잃기 쉬우므로 산의 세기는 HF < HBr이다.
② 중심 원자가 같은 산소산의 경우 산소 원자가 많을수록 수소 원자를 잃기 쉬우므로 산의 세기는 $HNO_2 < HNO_3$이다.
③ 산소 원자수가 같고 중심 원자가 다른 산소산의 경우 중심 원자의 전기음성도가 클수록 산의 세기는 더 강하다. 따라서 S의 전기음성도가 C보다 더 크므로 산의 세기는 $H_2SO_3 > H_2CO_3$이다.
④ NH_3는 염기이므로 당연히 산의 세기는 $NH_3 < HCN$이다.

정답 ③

59

이온화 상수로부터 산의 세기는 다음과 같다.

$$HOBr < HONH_3^+ < HNO_2$$

ㄱ. 산의 세기는 HNO_2이 HOBr보다 더 강하므로 염기의 세기는 OBr^-이 NO_2^-보다 크다.

ㄴ. $K_b(HONH_2) = \frac{K_W}{K_a(HONH_3^+)} = \frac{1.0\times10^{-14}}{1.0\times10^{-6}}$

$$= 1.0\times10^{-8}$$

$$[OH^-] = \sqrt{CK_b} = \sqrt{1\times10^{-8}} = 10^{-4}M$$

$$pOH = 4 \quad pH = 10$$

ㄷ. 주어진 화학 반응식에서 $HONH_3^+$와 HNO_2가 산의 역할을 하는데 $HONH_3^+$보다 HNO_2가 더 강한 산이므로 이 반응은 역반응이 우세한 반응이다. 따라서 주어진 화학 반응식은 $HONH_3^+$의 이온화 반응식을 더하고, HNO_2의 이온화 반응식을 빼주면 된다.

$$K = \frac{K_a(HONH_3^+)}{K_a(HNO_2)} = \frac{1.0\times10^{-6}}{5.0\times10^{-4}} = 2.0\times10^{-3}$$

정답 ④

60

① $Al(OH)_3$, BF_3는 중심 원자인 Al과 B의 오비탈이 비어있으므로 루이스 산이지만, NH_3는 중심 원자인 N의 오비탈이 비어있지 않으므로 루이스 산이 아니다. 중심 원자인 질소에 고립 전자쌍이 있으므로 루이스 염기이다.

② 반응물 BF_3에서 B는 옥텟 규칙을 충족하지 못했으나 배위 결합에 의해 BF_3NH_3에서 B는 옥텟 규칙을 만족하므로 BF_3NH_3에서 모든 원자들은 옥텟규칙을 만족한다. (옥텟 규칙 만족여부를 판단할 때 수소 원자는 제외해야 한다.)

③ 반응식 (다)에서 H_2O는 양성자(H^+)를 제공하므로 브뢴스테드-로우리의 산이다.

④ 25℃에서 1M의 $NH_3(g)$가 물에 모두 녹으면 약염기인 $NH_3(aq)$가 되는데 약염기이므로 이온화 되는 정도가 매우 작기 때문에 평형 상태에서 NH_4^+의 농도는 NH_3의 농도보다 클 수 없다.

정답 ②

다양성자산의 세기 비교

61

ㄱ. 중심 원자가 같은 족 원소의 산소산에서는 중심 원자의 전기음성도가 클수록 강한 산이다. 따라서 같은 15족 원소인 P이 As보다 전기음성도가 크므로 H_3PO_4는 H_3AsO_4보다 강한 산이다.

ㄴ. 중심 원자가 같은 산소산에서는 산소 원자의 수가 많을수록 강한 산이다. 따라서 H_3AsO_3는 H_3AsO_4보다 약한 산이다.

ㄷ. pH=1.0 $[H^+]=10^{-1}$M이다.

$$[OH^-] = \frac{K_W}{[H^+]} = \frac{1.0\times10^{-14}}{10^{-1}} = 1.0\times10^{-13}M$$

정답 ②

62

ㄱ. H_2O는 양성자를 받는 염기로 작용한다.

ㄴ. 약산 HPO_4^{2-}의 짝염기인 PO_4^{3-}는 강한 염기이다.

ㄷ. 약산과 그 짝염기의 염($H_3PO_4/H_2PO_4^-$)으로 완충 용액을 만들 수 있다.

정답 ③

63

① 전체 반응의 이온화 상수는 단계별 이온화 상수의 곱이다. $K_a = K_{a1}\times K_{a2}$

② 2단계에서 HA^-는 양성자를 주는 산으로 작용한다.

③ 이온화 상수는 온도에 의존하므로 H_2A를 넣어도 일정하다.

④ H_2A가 약산이므로 약산의 짝염기는 물보다 강한 염기이다. 따라서 염기의 세기는 다음과 같다.

$$A^{2-} > HA^- > H_2O$$

⑤ $K_{a_1} = \frac{[H^+][HA^-]}{[H_2A]} = 4.0\times10^{-7}$

pH=9일 때 $[H^+]=10^{-9}M$

$$\frac{[HA^-]}{[H_2A]} = \frac{4.0\times10^{-7}}{10^{-9}} = 4\times10^2$$

$$\therefore [HA^-] > [H_2A]$$

따라서 pH=9일 때 H_2A는 주로 HA^-로 존재한다.

정답 ⑤

혼합용액의 평형 상수

64

평형 상수가 1보다 작은 것은 역반응이 우세하다는 것이다. HY가 HX보다 강한 산이므로 이온화 상수도 강한 산인 HY가 더 크다.

$$\therefore K_{HX} < K_{HY}$$

정답 ③

65

평형 상수가 1보다 크므로 정반응이 우세하다. 따라서 HA_1이 더 양성자를 잘 제공하는 강한 산이므로 이온화 상수도 HA_1이 더 크다.

$$\therefore K_{A_1} > K_{A_2}$$

정답 ①

제 3 절 물의 자동이온화와 pH

01 ④ **02** ② **03** ① **04** ③ **05** ②
06 흡열 **07** (1) pH=3 (2) pH<7
08 pH=6.5, 액성은 중성 **09** 1.0×10^{-10}M
10 10^{28} **11** 1.3 **12** 2.5×10^{-2}M
13 2.5×10^{-2}M
14 $[H^+]=1.0\times10^{-2}$M $[HCOO^-]=1.35\times10^{-4}$M
15 $[OH^-]=5.0\times10^{-3}$M $[NH_4^+]=3.6\times10^{-5}$M
16 ① **17** ②

대표 유형 기출 문제

01

산의 이온화 반응은 흡열 반응이므로 온도가 증가하면 정반응이 진행되어 이온화 상수가 증가하고, $[H_3O^+]$가 증가하므로 pH는 감소하고, $[H_3O^+]=[OH^-]$이므로 액성은 중성이다.

정답 ④

02

산을 묽힌다고 액성이 염기로 바뀌지는 않는다. 물의 자동이온화로 인해 산을 희석하면 pH = 6.9872…으로 7.0에 가까워질 뿐이다.

정답 ②

03

37℃에서 물의 자동 이온화 상수는 25℃ K_W인 1.0×10^{-14}보다 크므로

$[H_3O^+]=[OH^-]>10^{-7}$M이므로 pH = pOH < 7.0이다.

정답 ①

04

$$[H^+]=\frac{K_W}{[OH^-]}=\frac{1.0\times10^{-14}}{1.0\times10^{-6}}=1.0\times10^{-8}M$$

pH=8.0

※ 원칙적으로 시험 문제에 25℃에서의 물의 이온곱 상수(K_W)가 제시되어야 하는데 제시되지 않았다. 기본적인 상수값들은 기억하고 있어야 한다.

정답 ③

05

$Ba(OH)_2$이 2가 염기이므로 OH^-의 몰수는 0.2mol이다. 따라서 $[OH^-]=\frac{0.2mol}{10L}=0.02M$이다.

$$[H^+]=\frac{K_W}{[OH^-]}=\frac{1.0\times10^{-14}}{0.02}=5\times10^{-13}M$$

정답 ②

주관식 개념 확인 문제

06

온도가 증가함에 따라 물의 자동 이온화 상수가 증가하였으므로 물의 자동 이온화 과정은 흡열 반응이다.

정답 흡열

07

(1) pH = 1이란 $[H^+] = \frac{0.1\text{mol}}{1\text{L}} = 10^{-1}\text{M}$

용액을 100배로 희석시킨다는 것은 용액의 부피가 1L에서 100L가 된다는 것이므로 이때의 수소 이온의 농도는 $[H^+] = \frac{0.1\text{mol}}{100\text{L}} = 10^{-3}\text{M}$이므로 pH = 3

정답 pH = 3

(2) 산성 용액을 희석시켜도 물의 자동 이온화 반응에 의해 pH = 7에 가까워지지만 염기성이 되지는 않는다.

정답 pH < 7

08

물의 이온곱 상수 $K_W = [H_3O^+][OH^-]$이므로 50℃에서 $[H_3O^+] = [OH^-] = \sqrt{K_W} = 10^{-6.5}$이고, 액성은 중성이다.

정답 pH = 6.5, 액성은 중성

09

$2H_2O(l)$	$\rightleftarrows$	$H_3O^+(aq)$	+	$OH^-(aq)$
		10^{-4}M		0
		$+x$		$+x$
		$(10^{-4}+x)$M		x M

$$K_W = [H_3O^+][OH^-] = (10^{-4}+x)x = 10^{-14}\text{M}$$

약산법에 의해 $x = [OH^-] = 1.0\times10^{-10}\text{M}$

따라서 H_2O의 자체 이온화에 의해 생성된 H^+의 농도도 1.0×10^{-10}M이다.

정답 $1.0\times10^{-10}\text{M}$

10

K_1는 F^-의 가수분해 반응(역반응)에 대한 평형 상수의 역수이다. K_2는 HF의 이온화 반응(역반응)에 대한 평형 상수의 역수이다. K_3는 물의 자동이온화 반응(역반응)에 대한 평형 상수의 역수이다.

$$K_1 = \frac{1}{K_b} = \frac{1}{\left(\frac{K_W}{K_a}\right)} = \frac{K_a}{K_W} = \frac{10^{-4}}{10^{-14}} = 10^{10}$$

$$K_2 = \frac{1}{K_a} = \frac{1}{10^{-4}} = 10^4$$

$$K_3 = \frac{1}{K_W} = \frac{1}{10^{-14}} = 10^{14}$$

$$K_1\times K_2\times K_3 = 10^{10}\times10^4\times10^{14} = 10^{28}$$

정답 10^{28}

혼합된 산의 pH

11

강산+강산의 경우 서로의 이온화에 영향을 주지 않는다.

$$[H^+] = \frac{(0.1+0.001)\text{mol}}{2\text{L}} = \frac{10^{-1}\text{mol}}{2\text{L}} = 5.0\times10^{-2}\text{M}$$

$$\text{pH} = 2-\log5 = 2-\log\left(\frac{10}{2}\right) = 1+0.3 = 1.3$$

정답 1.3

12

강산+강산의 경우 서로의 이온화에 영향을 주지 않는다. 질산의 수소 이온이 0.015mol, 염산의 수소 이온이 0.1 mol이므로 $[H^+] = \frac{0.025\text{mol}}{1\text{L}} = 2.5\times10^{-2}\text{M}$이다.

정답 $2.5\times10^{-2}\text{M}$

13

강염기+강염기의 경우 서로의 이온화에 영향을 주지 않는다.

$$[OH^-] = \frac{(0.015+0.01)\text{mol}}{1\text{L}} = 2.5\times10^{-2}\text{M}$$

정답 $2.5\times10^{-2}\text{M}$

14

약산+강산의 경우 약산의 이온화는 무시한다. 따라서 수용액 내에 존재하는 H^+은 모두 HCl에 기인한 것이다.

$$[H^+] = \frac{(0.02 \times 0.5)\,mol}{1\,L} = 1.0 \times 10^{-2}M,$$

$$[HCOO^-] = \frac{[HCOOH]}{[H^+]} \times K_a = \frac{(1.5 \times 10^{-2}) \times \frac{1}{2}}{10^{-2}} \times (1.8 \times 10^{-4}) = 1.35 \times 10^{-4}M$$

정답 $[H^+] = 1.0 \times 10^{-2}M$
$[HCOO^-] = 1.35 \times 10^{-4}M$

15

약염기+강염기의 경우 약염기의 이온화는 무시한다. 따라서 수용액 내에 존재하는 OH^-는 모두 KOH에 기인한 것이다.

$$[OH^-] = \frac{0.005\,mol}{1\,L} = 5.0 \times 10^{-3}M,$$

$$[NH_4^+] = \frac{[NH_3]}{[OH^-]} \times K_b = \frac{(0.02) \times \frac{1}{2}}{5 \times 10^{-3}} \times (1.8 \times 10^{-5}) = 3.6 \times 10^{-5}M$$

정답 $[OH^-] = 5.0 \times 10^{-3}M$ $[NH_4^+] = 3.6 \times 10^{-5}M$

기본 문제

16

① 온도가 증가할수록 이온화 상수가 증가하므로 흡열 반응이다.

② 25℃에서 물의 pH = 7.0, 18℃에서는 이온화도가 감소하여 수소 이온의 농도가 감소하므로 물의 pH > 7.0이다.

③ 18℃에서 물 속의 $[OH^-] < 1.0 \times 10^{-7}M$이다.

④ 물의 액성은 수소 이온의 농도와 수산화 이온의 농도의 대소에 의해 결정되는데 온도의 증감에 따라 $[H^+]$과 $[OH^-]$의 증감 비율이 같으므로 온도에 관계없이 액성은 중성이다.

⑤ 이온화 상수는 온도에 의존하므로 일정 온도에서 물을 첨가해도 K_w는 일정하다.

정답 ①

17

산을 희석해도 중성이거나 염기가 될 수는 없고, 중성에 가까운 산성을 띨 것이다.

정답 ②

제 4 절 중화 반응의 양적 관계

01 ③	02 ③	03 ②	04 ③	05 ③
06 ③	07 ②	08 ③	09 ④	10 ①

11 (1) 100mL (2) 100mL

12 (1) $2Na(s) + 2H_2O(l) \rightarrow 2NaOH(aq) + H_2(g)$
(2) pH=12 (3) 100mL

13 (1) $C_7H_6O_2$ (2) 122, $C_7H_6O_2$ (3) 1가산
(4) 벤조산

14 ②	15 ③	16 ④	17 ④	18 ②
19 ②	20 ②	21 ②	22 ③	23 ⑤
24 ②	25 ⑤	26 ①	27 ①	28 ①
29 ②	30 ②	31 ①		

대표 유형 기출 문제

01

질량을 화학식량으로 나누면 수산화나트륨의 몰수는 $\frac{28g}{40g/mol} = 0.7mol$이다. 용액의 부피가 1L이므로 수산화나트륨의 몰 농도는 0.7M이다.

$$(nMV)_a = (nMV)_b$$

$$1 \times 2 \times V = 1 \times 0.7 \times 1 \qquad \therefore V = 0.35L = 350mL$$

정답 ③

02

화학 반응식의 계수를 통해 벤조산과 수산화나트륨은 1 : 1로 반응함을 알 수 있다. 몰수는 질량을 분자량으로 나누어 구할 수 있다. 벤조산 1.00g은 $\frac{1}{122.1}mol$이다.

$$(nMV)_a = (nMV)_b$$

$$\frac{1}{122.1}mol = M \times 0.03L \qquad \therefore M = 0.273M$$

정답 ③

03

산의 수소 이온의 몰수와 염기의 수산화 이온의 몰수가 같아야하므로 수소 이온의 몰수는 몰농도와 용액의 부피의 곱으로 구할 수 있다.

$$(nMV)_a = (nMV)_b$$

$$2 \times M \times 20 = 0.1 \times 1 \times 24.4 \qquad \therefore M = 0.0610M$$

정답 ②

04

몰수는 몰농도와 용액의 부피의 곱이다. 산을 모두 중화시키기 위해 수소 이온의 몰수와 수산화 이온의 몰수가 같아야 한다. $(nMV)_a = (nMV)_b$를 이용하여 1가 산인 질산에는 수소 이온이 $0.10 \times 0.4 = 0.04mol$ 포함되어있다. 필요한 수산화 이온의 몰수도 0.04mol인데 $M(OH)_2$는 2가 염기이므로 염기의 몰수는 0.02mol이 필요하다. 질량은 몰수와 몰질량을 곱하여 구할 수 있다.

$$0.02\,mol \times 60\,g/mol = 1.2\,g$$

정답 ③

05

질량 백분율 98.0%, 비중 1.8의 진한 황산용액 1L의 질량은 1800g이고, 몰농도는 다음과 같다.

$$M = \frac{(1800g \times 0.98)/98g/mol}{1L} = 18M$$

여기서 50.0mL를 취했으므로 황산의 몰수는

$$n = 18M \times 50 \times 10^{-3}L = 0.9mol$$

증류수로 희석하여 1L의 묽은 황산 용액으로 제조하였으므로 이 묽은 황산 용액의 몰농도는 $M = \frac{0.9mol}{1L} = 0.9M$이다.

$$(nMV)_a = (nMV)_b$$

$$2 \times 0.9 \times 40 = 1 \times M \times 80 \qquad \therefore M = 0.90M$$

정답 ③

06

알짜 이온 반응식 $H^+(aq)+OH^-(aq) \rightarrow H_2O(l)$이 모든 중화 반응의 알짜 이온 반응식에 해당하지 않는다. 이 경우는 강산과 강염기의 중화 반응의 경우에 해당하는 알짜 반응식이다.
강산과 달리 약산이 강염기와 반응을 하는 경우에는 중화 반응과 함께 약산의 이온화가 진행되므로 이들 두 반응을 함께 고려해서 알짜 이온 반응식을 결정하여야 한다.

$$H_3O^+(aq) + OH^-(aq) \rightarrow 2H_2O(l)$$
$$CH_3COOH(aq) + H_2O(l) \rightarrow CH_3COO^-(aq) + H_3O^+(aq)$$
$$\overline{CH_3COOH(aq) + OH^-(aq) \rightarrow CH_3COO^-(aq) + H_2O(l)}$$

정답 ③

07

먼저, 0.5g은 시료(용액)의 질량이지 약산 HA의 질량이 아니다. 즉 HA의 질량 백분율을 구하기 위해서 필요한 정보는 HA의 질량인데, 이 질량을 중화반응에 사용된 염기로부터 구할 수 있다.
사용된 염기의 양을 구해보면,

$$n_{NaOH} = 0.15M \times 10 \times 10^{-3}L = 1.5 \times 10^{-3}mol$$

따라서 HA의 몰수도 $1.5 \times 10^{-3}mol$이다.

HA의 질량은 $1.5 \times 10^{-3}mol = \frac{wg}{120g/mol}$

$w = 180 \times 10^{-3}g$이다.

HA의 질량 백분율(%) $= \frac{180 \times 10^{-3}g}{0.5g} \times 100 = 36\%$

정답 ②

08

물 1몰이 발생할 때의 중화열이 $56.2kJmol^{-1}$이므로 2.81kJ의 열이 발생하였을 때의 발생한 물의 양은 0.05mol이다.
따라서 수소 이온의 몰수도 0.05mol이므로 HCl의 농도는 다음의 식으로부터 구할 수 있다.

$$0.05mol = XM \times 0.2L$$
$$X = 0.25M$$

(NaOH 몰수 0.1mol 중 절반인 0.05mol만 반응하였다.)

정답 ③

09

$n_{H^+} = 0.8mol$, $n_{OH^-} = 0.4mol$이므로 중화 반응에 의해 생성된 물의 양은 0.4몰이다. 따라서 중화 반응에 의해 발생한 열량은 $0.4mol \times 56 \times 10^3kJ = 22.4 \times 10^3J$이다.
$Q = cm\Delta t$를 이용해서 온도 변화를 구할 수 있다. 여기서 주의해야 할 것은 용액의 질량을 밀도와 부피를 곱해서 구하는데 용액 1L와 1L를 혼합하였으므로 용액의 총 부피는 2L이므로 용액의 질량은

$$w = d \times V = 1000g/L \times 2L = 2000g$$
$$Q = cm\Delta t$$
$$22.4 \times 10^3J = 4.0J/℃ \cdot g \times 2000g \times \Delta t$$
$$\Delta t = 2.8℃$$

용액의 온도 변화는 2.8℃ 증가한다.

정답 ④

일상 생활에서의 중화 반응

10

① 벌침액을 중화하기 위해 염기성 물질인 암모니아수를 바른다고 하였으므로 벌침액은 산성 물질이다. 따라서 산성 물질에 페놀프탈레인 용액을 넣으면 용액의 색이 변하지 않는다.
② 동물성 섬유는 단백질로 이루어져 있으므로 염기성 물질인 비눗물로 세탁하면 옷감이 상할 수 있다. 다만, 금속 Zn은 양쪽성 원소로 산과도 염기와도 모두 반응하여 수소 기체를 발생시키며, 산화물, 수산화물 또한 양쪽성이 있어 산과도 염기와도 반응하여 염과 물을 생성한다. 이러한 반응이 일어나기 위해서는 특정 조건 즉, 가열을 한다거나 과량의 염기인 경우에 반응이 일어날 수 있다. 단순히 비눗물과 금속 Zn이 반응한다고 하여 수소 기체가 발생한다고 할 수는 없다. 따라서 ①이 보다 명백하므로 정답은 ①로 하는 것이 타당하다.
③ 생선 비린내를 산성 물질인 레몬즙으로 없앴다고 하였으므로 생선 비린내는 염기성 물질(아민)이다. 따라서 25℃에서 ⓒ레몬즙의 pH는 7보다 작다.
④ ⓑ비눗물(염기성)이 ⓒ레몬즙(산성)보다 pH가 크다.

정답 ①

주관식 개념 확인 문제

11

(1) $(nMV)_a = (nMV)_b$에 따르면 몰농도가 같고 가수도 같으므로 필요한 수산화나트륨의 부피는 100mL이다.

정답 100mL

(2) 몰농도와 가수가 같으므로 필요한 수산화나트륨의 부피는 100mL로 중화 반응의 양적 관계를 고려할 때 산의 세기는 영향을 미치지 않는다.

정답 100mL

12

(1) 정답 $2Na(s) + 2H_2O(l) \rightarrow 2NaOH(aq) + H_2(g)$

(2) 나트륨 23mg을 원자량으로 나누어 몰수를 구하면 10^{-3}mol이다. 용액의 부피는 0.1L이므로 수용액의 몰농도는 몰수를 용액의 부피로 나눈 값으로 10^{-2}M이다. 화학 반응식의 계수의 비를 통해 나트륨과 수산화나트륨의 비가 1 : 1이므로 수용액 100mL에는 NaOH 10^{-3}mol이 있음을 알 수 있다. 수산화 이온의 농도를 구하여 수소 이온 농도를 구할 수 있다.

$$[OH^-] = \frac{10^{-3}\,mol}{0.1\,L} = 10^{-2}M$$

$$pOH = -\log[OH^-] \quad pOH = 2$$

$$pH + pOH = 14 \quad pH = 12$$

※ 농도는 세기 성질이므로 1mL에서도 100mL에서도 수용액의 농도는 일정하므로 pH는 같다. 즉 따로 1mL에서의 pH를 구할 필요는 없다.

정답 pH = 12

(3) 산의 수소 이온의 몰수와 염기의 수산화 이온의 몰수가 같아야 하므로 $(nMV)_a = (nMV)_b$를 이용하면 산과 염기의 몰농도와 부피의 곱이 같으므로 염산 수용액의 부피 V는 $1 \times 10^{-2} \times V = 1 \times 10^{-2} \times 100$, V는 100mL이다.

정답 100mL

13

(1) 일정 성분비의 법칙을 이용하여 탄소, 수소, 산소의 몰수를 구한다.

$$C: 15.4g \times \frac{12}{44} = 4.2g, \quad H: 2.68g \times \frac{2}{18} = 0.3g,$$

$$O: 6.1g - (4.2 + 0.3)g = 1.6g$$

질량을 원자량으로 나누어 몰수를 구하고, 탄소, 수소, 산소의 몰수의 비를 구한다.

$$C : H : O = \frac{4.2}{12} : \frac{0.3}{1} : \frac{1.6}{16} = 7 : 6 : 2$$

실험식은 가장 간단한 정수비이므로 실험식은 $C_7H_6O_2$(실험식량122)이다.

정답 $C_7H_6O_2$

(2) 분자량 M을 구하기 위해 주어진 몰랄 오름 상수와 끓는점 오름을 이용하기 위해 $\Delta T_b = im\,K_b$에 대입한다. 몰수는 화합물의 질량을 분자량으로 나누고, 몰수를 수용액의 질량으로 나누어 몰랄농도를 알 수 있다.

$$0.05 = i \times \frac{\left(\frac{w}{M}\right)}{W} \times K_b$$

$$= 1 \times \frac{\left(\frac{0.24}{M}\right)}{0.1\,kg} \times 2.54$$

(실험식)n = 분자식, $n = 1$이므로 $M = 122$이고, 분자식은 실험식과 같은 $C_7H_6O_2$이다.

정답 122, $C_7H_6O_2$

(3) 가수를 구하기 위해 화합물의 질량을 분자량으로 나누어 몰수를 구하고, 용액의 부피로 나누어 몰농도를 구한다. 중화 반응에 사용된 염기 수용액의 수산화 이온의 농도와 산성 용액의 수소 이온의 농도가 같아야 한다. 적정에 사용된 수용액의 몰농도와 부피를 $(nMV)_a = (nMV)_b$식에 대입하면

$$n \times \frac{\left(\frac{1}{122}\right)}{1\,L} \times 10^{-2} = 1 \times 10^{-2} \times 8.2 \times 10^{-3}$$

이 화합물은 $n = 1$인 1가 산이다.

정답 1가산

(4) 정답 벤조산

(benzoic acid structure: O, OH)

기본 문제

14

황산은 2가 산이고, 수산화나트륨은 1가 염기이므로 가수를 알 수 있다.

$$(nMV)_a = (nMV)_b$$

$$2\times M\times 10 = 0.5\times 1\times 20 \qquad \therefore M = 0.5\,\text{M}$$

정답 ②

15

2가 산인 황산 수용액의 수소 이온의 몰수와 수산화나트륨의 수산화 이온의 몰수가 같음을 이용한다.

$$(nMV)_a = (nMV)_b = n_{OH^-}$$

$$2\times 1\times 0.01 = n_{OH^-} \qquad \therefore n_{OH^-} = 0.02\,\text{mol}$$

질량은 몰수에 화학식량을 곱한 값으로

$$w = n\times M = 0.02\,\text{mol}\times 40\,\text{g/mol} = 0.8\text{g}$$

정답 ③

16

2가 산과 1가 염기의 중화 반응이다.

$$(nMV)_a = (nMV)_b$$

$$2\times\frac{0.4}{M} = 1\times 0.2\times 0.04$$

$$\therefore M = 100\text{g/mol}$$

정답 ④

17

몰수를 용액의 부피로 나누어 몰농도를 구한다. 수산화칼슘의 가수가 2이므로 0.2mol을 녹인 수용액에는 0.4mol의 수산화 이온(OH^-)이 있다. 염산의 가수는 1이므로 몰농도와 부피를 곱하여 구한 수소 이온(H^+)의 몰수는 0.3mol이다. 수소 이온과 수산화 이온은 1 : 1로 반응하므로 중화 반응 후 수산화 이온(OH^-) 0.1 mol만 남는다. 전체 혼합 용액의 부피가 5L이므로 수산화 이온의 몰농도는 $[OH^-] = \frac{0.1\,\text{mol}}{5\text{L}} = 2\times 10^{-2}\text{M}$이다.

$$\text{pOH} = 2 - \log 2 = 1.70$$

$$\text{pH} + \text{pOH} = 14$$

$$\text{pH} = 14 - 1.70 = 12.30$$

정답 ④

18

$\text{pH} = 3.0$

$[H^+] = 10^{-3}\text{M} \quad [\text{강산}] = 10^{-3}\text{M}$

$\text{pH} = 11.0$

$\text{pOH} = 14 - \text{pH} = 3$

$[OH^-] = 10^{-3}\text{M} \quad [\text{강염기}] = 10^{-3}\text{M}$

$$n_{H^+} = MV = 10^{-3}\text{M}\times 5\times 10^{-3}\text{L} = 5\times 10^{-6}\text{mol}$$

$$n_{OH^-} = MV = 10^{-3}\text{M}\times 4\times 10^{-3}\text{L} = 4\times 10^{-6}\text{mol}$$

$$[H^+] = \frac{(5\times 10^{-6})\text{mol} - (4\times 10^{-6})\text{mol}}{9\times 10^{-3}\text{L}} = \frac{10^{-6}\text{mol}}{9\times 10^{-3}\text{L}}$$

$$[H^+] \fallingdotseq \frac{10^{-6}\text{mol}}{10\times 10^{-3}\text{L}} = 10^{-4}\text{M} \qquad \therefore \text{pH} = 4$$

정답 ②

19

$$(nMV)_a = (nMV)_b$$

$$2 \times 1.2 \times V = 1 \times 0.4 \times 60 \qquad \therefore V = 10\text{mL}$$

정답 ②

20

H_2SO_4 1.00mL를 중화하는 데 사용된 NaOH의 몰수는 0.5M×12.0× 10^{-3}L=6×10^{-3}몰이다. 따라서 1.00mL에 들어 있는 H^+의 몰수는 6×10^{-3}몰, H_2SO_4의 몰수는 3×10^{-3}몰이므로 1L에 들어 있는 H_2SO_4의 몰수는 3몰이다. 따라서 이에 따른 질량은 3mol×98g/mol=294g이다.

정답 ②

21

$$(nMV)_a = (nMV)_b$$

$$2 \times M \times 50 = 1 \times 0.4 \times 25 \qquad \therefore M = 0.1\text{M}$$

① 이양성자산의 농도는 0.1M이다.

② 이양성자산 100mL에는 H^+의 몰수가 0.02몰이므로 이를 중화시키는 데 필요한 KOH의 몰수도 0.02mol이어야 한다.

③ 이양성자산 1mol당 H^+이 2mol이 존재하므로 KOH 2mol이 반응한다.

④ H^+과 OH^-의 몰수가 각각 0.01mol이므로 이 중화 반응을 통해 생성되는 물의 몰수는 0.01mol이다

정답 ②

중화반응의 해석

22

ㄱ. 염산과 수산화나트륨은 모두 1가 산, 1가 염기이다. 나트륨 이온이 3N개 있으므로 반응 전 수산화나트륨 수용액에는 나트륨 이온과 수산화 이온이 각 3N개씩 있었고, 묽은 염산 수용액에는 수소 이온과 염화 이온이 각 1N개씩 있었음을 알 수 있다. 중화 반응 후에도 구경꾼 이온인 Na^+, Cl^-의 수는 변하지 않으므로 중화 반응으로 H^+, OH^-만 1개씩 소모되었음을 알 수 있다. 반응 전 염산은 5mL에 이온 수 2N, 수산화나트륨 10mL에 이온 수는 6N이므로 단위부피당 이온 수는 10mL를 기준으로 할 때 4N, 6N로 묽은 염산이 작다.

ㄴ. 용액 A에는 수소 이온은 없고, 수산화 이온만 2N개 남아 있으므로 용액은 염기성 용액이고, 염기성 용액에 지시약으로 페놀프탈레인 용액을 넣으면 붉은색을 띤다.

ㄷ. 염산 10mL를 더 넣어주면 수소 이온이 2N개 첨가되어 남아 있던 2N개의 수산화 이온과 반응하여, H^+과 OH^-이 모두 소모되어 중성 용액이 된다.

정답 ③

23

산에 염기를 첨가했으므로 반응이 진행될수록 수소 이온(H^+)은 소모되고, 구경꾼 이온인 염기의 양이온은 넣어준 염기의 양만큼 증가할 것이다. 반응 후에 모두 사라진 ●는 수소 이온, 이온수가 변하지 않는 ■는 산의 음이온, 이온수가 증가한 △는 염기의 양이온이고, ☆는 수산화 이온이다. 반응 전 3N이었던 수소 이온이 수산화 이온과 반응하여 모두 소모되고, 수산화 이온이 N개 남아 있으므로 염기 수용액 10mL당 수산화 이온은 2N개이므로 BOH는 2가 염기이다. 염기 수용액을 20mL 넣었을 때 염기의 양이온 △이 4N개 증가했으므로 염기 수용액 10mL에는 염기의 양이온 △이 2N개, 수산화 이온도 2N개 들어있다. 염기 수용액을 가하여 반응 전 산 수용액에 있던 3N개의 구경꾼 이온 ■과 3N개의 수소 이온 중 2N개가 중화하여 물이 생성되므로 수소 이온 ●은 1N개만 남는다. (나)에는 수용액은 ●■■■△△인 상태이므로 산성이다.

정답 ⑤

24

중화 반응에서 알짜 이온은 수소 이온과 수산화 이온이다. 혼합 전 후 이온 수의 변화가 없는 △는 산의 음이온으로 구경꾼 이온이고, 염기를 첨가할 때 이온 수가 감소하는 ●은 알짜 이온인 수소 이온이다. 혼합 후 생성된 □은 수소 이온이 남아있는 상태이므로 염기의 양이온이다.

ㄱ. 혼합 후에 수소 이온은 있고, 수산화 이온은 없으므로 액성은 산성이다.

ㄴ. 그림은 중화점에 도달하기 전까지의 반응이다. 구경꾼 이온인 산의 음이온(△) 수는 일정하고, 첨가한 염기의 양이온(□) 수는 증가하므로 △, □은 구경꾼 이온이다.

ㄷ. 20 mL에 들어 있는 총 이온 수는 A는 8N이고, B는 4N이므로 A가 B의 2배이다.

정답 ②

25

ㄱ. 염산 수용액에 들어있는 양이온인 ●은 수소 이온이다. 염기를 첨가한 후 수소 이온이 2N개 감소할 때 2N개 증가하였으므로 A는 1가 염기이므로 □은 나트륨 이온이다. B는 2가 염기인 수산화칼슘이므로 구경꾼 이온인 △은 칼슘 이온이다.

ㄴ. (나)는 칼슘 이온이 1개 생성될 때 수산화 이온은 2N개씩 생성된다. (가)용액에 B를 첨가하면 2N개의 수산화 이온이 2N개의 수소 이온과 반응하고, 2N개의 수산화 이온이 남아있어 액성은 염기성이다.

ㄷ. 전체 음이온 수는 (가)는 구경꾼 이온인 산의 음이온 Cl^-이 4N, (나)는 산의 음이온인 Cl^- 4N과 반응 후 남은 수산화 이온 2N으로 총 6N이므로 (나)가 많다.

정답 ⑤

중화점 확인 - 온도

26

온도 변화 $\propto \dfrac{\text{물의 양}(=\text{중화열})}{\text{용액의 부피}}$이다. 일정한 몰수의 수산화 이온을 중화시키기 위해 1가 산인 묽은 염산 대신 2가 산인 황산을 이용하면 부피당 수소 이온수가 2배 늘어나므로 용액의 부피는 $\frac{1}{2}$배로 감소한다. 분자인 물의 양은 일정하고 분모인 용액의 부피가 적어지므로 온도 변화는 더 높아지는 ①형태의 그래프가 그려진다.

정답 ①

27

온도가 최고점인 b는 중화점이다. 중화점에서는 수소 이온도 수산화 이온도 없는 상태이므로 (나)에서 존재하지 않는 양이온인 □은 수소 이온이고, 존재하지 않는 음이온인 ■ 은 수산화 이온이다. 산의 음이온은 ●, 염기의 양이온은 ○이다. a는 중화점 이전이므로 수소 이온이 남아있는 산성이다. a는 첨가한 염기 수용액의 부피가 b의 절반이 들어간 상태이다. (나)에서 보다 염기의 양이온(○)은 절반, 소비된 수소 이온(□)도 절반이고, 구경꾼 이온인 산의 음이온은 그대로이다.

정답 ①

중화점 확인 - 이온수

28

ㄱ. 염기 수용액에 산을 첨가한 것이므로 산의 첨가에 따라 증가하는 A는 구경꾼 이온인 산의 음이온, 이온 수가 변하지 않는 B는 구경꾼 이온인 염기의 양이온이다.

ㄴ. (가)는 수산화칼륨 수용액이 중화점에 도달하기 전이므로 수산화 이온이 남아있어 액성은 염기성이다. (나)는 수소 이온도 수산화 이온도 없는 중화점이므로 액성은 중성이다. pH는 염기성인 (가)가 크다.

ㄷ. 염산 40 mL를 첨가했을 때 중화점에 도달하므로 수산화칼륨 50 mL에 들어 있는 수산화 이온과 염산 40 mL에 들어 있는 수소 이온의 몰수가 같다.

PART 05 화학 반응

$(nMV)_a = (nMV)_b$에 의하여 같은 부피에 들어 있는 전체 이온 수는 몰농도와 같다. 몰농도가 큰 염산의 전체 이온수가 더 많다.

$$\text{KOH}:\text{HCl} = \frac{N}{50}:\frac{N}{40} = 4:5$$

정답 ①

29

묽은 염산 10mL에 들어있는 Cl^-을 2N이라 하면 각 지점에서 Na^+는 A: N, B: 2N, C: 3N이다.

ㄱ. A 지점에서 Na^+ (N) < Cl^- (2N)이다.

ㄴ. B 지점은 중화점이고 생성된 물의 양은 중화점에서 최대가 된 후 일정하므로 B=C이다.

ㄷ. 중화점 이후 가장 많이 존재하는 이온은 구경꾼 이온 중 첨가한 염기의 양이온인 Na^+이다.

정답 ②

중화점 확인 - 전기전도도

30

강산과 강염기의 중화 적정에서는 중화점에서 전기전도도가 최소가 된다. NaOH 수용액이 20mL 첨가되었을 때가 중화점이고, 물의 양은 중화점에서 최대가 된 후 일정해지므로 ②그래프와 같다.

정답 ②

31

ㄱ. 농도와 부피가 같은 수산화나트륨을 사용했으므로 OH^-의 몰수가 같으므로 중화점까지 생성된 물의 양은 같다.

ㄴ. 전류의 세기는 $\frac{\text{이온수}}{\text{용액의 부피}}$에 비례하므로 전류의 세기가 같아도 첨가한 산의 부피가 다르므로 용액의 부피가 다르고, 전체 이온수도 다르다.

ㄷ. 반응한 NaOH의 양이 같으므로 $(nMV)_a = (nMV)_b$를 이용하면

$$n_{OH^-} = 1 \times M_{HCl} \times 10 = 2 \times M_{H_2SO_4} \times 20$$

$$M_{HCl} : M_{H_2SO_4} = 4 : 1$$

단위 부피당 수소 이온수는 HCl이 H_2SO_4보다 2배 더 많다.

정답 ①

제5절 염의 가수 분해와 완충 용액

01 ①　02 ②　03 ②　04 ①　05 ②

06 ④　07 ②　08 ①　09 ②　10 ①

11 ②

12 (1) $NH_4Cl(aq) \rightarrow NH_4^+(aq) + Cl^-(aq)$

(2) $NH_4^+(aq) + H_2O(l) \rightleftarrows NH_3(aq) + H_3O^+(aq)$

(3) pH=5.0

13 (1) $CH_3COONa(aq) \rightarrow Na^+(aq) + CH_3COO^-(aq)$

(2) $CH_3COO^-(aq) + H_2O(l) \rightleftarrows CH_3COOH(aq) + OH^-(aq)$

(3) pH=9.0

14 염기성

15 (1) $NaHSO_4$, $NaHCO_3$

(2) $NaHSO_4$: 산성, $NaHCO_3$: 염기성

16 (1) NaH_2PO_4, Na_2HPO_4

(2) NaH_2PO_4: 산성, Na_2HPO_4: 염기성

17 4개　18 NH_4NO_3

19 (1) 1.0×10^{-5}M (2) pH=4.82 (3) pH=5.18

20 (1) pH=3 (2) pH=2.7 (3) pH=3.25

21 4.74　22 $\frac{[HCO_3^-]}{[H_2CO_3]} = 4.3$　23 pH=6

24 pH=3.8　25 ①, ②, ④

26 (1) (가) (=) (나) (2) (가) (<) (나)

(3) (가) (>) (나)

27 9 : 5　28 4.3　29 ①　30 ④　31 ③

32 ③　33 ①　34 ④　35 ①　36 ③

37 ②　38 ④　39 ④　40 ③　41 ①

42 ②　43 ④　44 ④　45 ③　46 ②

47 ④　48 ③　49 ①　50 ②　51 ④

52 ①　53 ③　54 ③　55 ④　56 ③

57 ③　58 ③　59 ⑤　60 ①　61 ④

62 ②　63 ③　64 ③　65 ③　66 ②

대표 유형 기출 문제

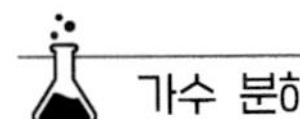

가수 분해

01

ㄱ. 첫 번째 반응식으로부터 알 수 있다.

ㄴ. 약염기의 짝산의 가수 분해 결과 H_3O^+가 나오므로 약산성이다.

$NH_4^+(aq) + H_2O(l) \rightleftarrows NH_3(aq) + H_3O^+(aq)$

ㄷ. 페놀프탈레인 용액은 염기성일 때 붉게 변한다. 산성이므로 무색을 띤다.

ㄹ. H_2O는 양성자를 받는 브뢴스테드 염기로 작용한다.

정답 ①

02

각각의 액성은 ① 중성 ③ 염기성 ④ 중성이다.

약염기 NH_3의 짝산 NH_4^+은 물보다 강한 산으로 액성은 산성이다.

정답 ②

03

약산(HF)의 짝염기(F^-)로 구성된 염(NaF)의 수용액은 염기성이다. ①, ③, ④는 모두 산성 수용액이다.

정답 ②

완충 용액

04

핸더슨-하셀바흐 식을 이용해서 pH를 구할 수 있다.

$$pH = pK_a + \log\frac{[A^-]}{[HA]}$$

① $pH = (5 - \log 1.8) + \log\frac{1}{10^{-2}} = 7 - \log 1.8$

② $pH = 5$(등농도 완충 용액)

③ $pH = (3 - \log 2.7) + \log\frac{10^{-1}}{10^{-2}} = 4 - \log 2.7$

④ $pH = (7 - \log 2.5) + \log\frac{10^{-1}}{1} = 6 - \log 2.5$

별해

$$K_a = \frac{[H^+][A^-]}{[HA]} \qquad [H^+] = K_a \times \frac{[HA]}{[A^-]}$$

① $[H^+] = 1.8 \times 10^{-5} \times \frac{10^{-2}}{1} = 1.8 \times 10^{-7}$

② $[H^+] = 1.8 \times 10^{-5} \times \frac{1}{1} = 1.8 \times 10^{-5}$

③ $[H^+] = 2.7 \times 10^{-3} \times \frac{10^{-2}}{10^{-1}} = 2.7 \times 10^{-4}$

④ $[H^+] = 2.5 \times 10^{-7} \times \frac{1}{10^{-1}} = 2.5 \times 10^{-6}$

$$pH \uparrow \Rightarrow [H^+] \downarrow$$

정답 ①

05

강산인 황산(H_2SO_4)과 그 짝염기(HSO_4^-)의 수용액은 정반응이 우세한 반응으로 역반응이 일어나기 어려우므로 완충 용액을 구성할 수 없다.

정답 ②

06

ㄱ. 완충 용액은 산이나 염기를 소량 첨가해도 pH가 거의 변하지 않는 용액이다.

ㄴ. 약한 산과 짝염기를 비슷한 농도비로 혼합하여 만들 수 있다.

ㄷ. 혈액은 대표적인 완충계이다.

ㄹ. pH가 크게 변하지 않고 염기나 산에 대항할 수 있는 수소 이온, 수산화 이온의 양을 완충 용량이라 한다. 따라서 모두 옳다.

정답 ④

07

화학 반응식은 아래와 같다.

$$CH_3COOH(aq) + H_2O(l) \rightleftarrows CH_3COO^-(aq) + H_3O^+(aq)$$

약산의 짝염기의 염을 소량 첨가하면 공통 이온 효과로 역반응이 우세해진다. 따라서 $[CH_3COOH]$는 증가하고, $[CH_3COO^-]$는 감소한다.

정답 ②

08

① 강산과 약염기의 혼합 용액에서는 약한 것이 더 많으면 완충 용액이 될 수 있다.
② 강산과 강염기로 완충 용액을 만들 수 없다.
③ 산으로만 완충 용액을 만들 수 없다.
④ 강산과 강산의 짝염기의 염으로는 완충 용액을 만들 수 없다.

정답 ①

09

핸더슨 하셀바흐식에 의해 pH = 7.4를 만들기 위해서는 산의 K_a가 용액의 pH와 비슷한 산을 선택해야 한다. 인산의 2단계 이온화 상수인 K_{a_2}을 이용하는 것이 적절하다.

정답 ②

10

1M NaOH 수용액 0.1L를 첨가하여 CH_3COO^-가 0.1mol이 생성되고, CH_3COOH는 1.0mol이 남는다. 전체 혼합용액의 부피는 1L이다.
양적 관계를 판단해보면,

$CH_3COOH(aq)$	+	$OH^-(aq)$	→	$CH_3COO^-(aq)$
1.1mol		0.1mol		
−0.1		−0.1		+0.1
1.0				0.1

여기에 핸더슨-하셀바흐식에 대입하면

$$pH = pK_a + \log\frac{[CH_3COO^-]}{[CH_3COOH]} = 4.74 + \log\left(\frac{0.1}{1}\right)$$
$$= 4.74 - 1 = 3.74$$

정답 ①

11

핸더슨-하셀바흐식, $pH = pK_a + \log\frac{[A^-]}{[HA]}$을 이용하면,

$$5.74 = 4.74 + \log\frac{[CH_3COO^-]}{[CH_3COOH]}$$

$$\log\frac{[CH_3COO^-]}{[CH_3COOH]} = 1 \qquad \frac{[CH_3COO^-]}{[CH_3COOH]} = 10$$

log항의 분모와 분자가 바뀌었으므로

$$\frac{[CH_3COOH]}{[CH_3COO^-]} = 0.1$$

정답 ②

주관식 개념 확인 문제

가수 분해

12

(1) 정답 $NH_4Cl(aq) \rightarrow NH_4^+(aq) + Cl^-(aq)$

(2) $NH_4^+(aq) + H_2O(l) \rightleftarrows NH_3(aq) + H_3O^+(aq)$

가수 분해 결과 H_3O^+가 나오므로 액성은 산성이다.

정답 $NH_4^+(aq) + H_2O(l)$
$\rightleftarrows NH_3(aq) + H_3O^+(aq)$

(3) 짝산-짝염기의 관계로 약염기의 짝산의 이온화 상수는 $K_a = \frac{K_W}{K_b} = \frac{10^{-14}}{10^{-5}} = 10^{-9}$를 알 수 있다.

$$[H^+] = \sqrt{CK_a} = \sqrt{0.1 \times 10^{-9}} = 10^{-5}M$$
$$pH = 5.0$$

정답 pH = 5.0

13

(1) 정답 $CH_3COONa(aq)$
$\rightarrow Na^+(aq) + CH_3COO^-(aq)$

(2) 정답 $CH_3COO^-(aq) + H_2O(l)$
$\rightleftarrows CH_3COOH(aq) + OH^-(aq)$

가수 분해 결과 OH^-이 나오므로 액성은 염기성이다.

(3) $$K_a = \frac{K_W}{K_b} = \frac{10^{-14}}{10^{-5}} = 10^{-9}$$

$$[OH^-] = \sqrt{CK_b} = \sqrt{0.1 \times 10^{-9}} = 10^{-5}M$$

$$pOH = 5.0 \qquad pH = 9.0$$

정답 pH=9.0

14

약염기와 약산의 염으로 구성되어 둘 다 가수 분해하므로 이온화 상수를 비교하여, 액성은 이온화 상수가 큰 물질의 가수 분해 결과에 의해 결정된다. NH_4^+의 $K_a = 10^{-9}$이고, CN^-의 $K_b = 10^{-5}$이다.

따라서, $K_b > K_a$이므로 액성은 염기성이다.

정답 염기성

15

(1) 산성염은 H^+를 포함한 형태이므로 $NaHSO_4$, $NaHCO_3$ 둘 다이다.

정답 $NaHSO_4$, $NaHCO_3$

(2) $HSO_4^-(aq) + H_2O(l) \rightarrow SO_4^{2-}(aq) + H_3O^+(aq)$

이므로 산성,

$HCO_3^-(aq) + H_2O(l) \rightarrow H_2CO_3^{2-}(aq) + OH^-(aq)$

이므로 염기성이다.

정답 $NaHSO_4$: 산성, $NaHCO_3$: 염기성

16

(1) 산성염은 H^+를 포함한 형태이므로 NaH_2PO_4, Na_2HPO_4 둘 다이다.

정답 NaH_2PO_4, Na_2HPO_4

(2) $H_2PO_4^-(aq) + H_2O(l) \rightarrow HPO_4^{2-}(aq) + H_3O^+(aq)$

이므로 산성이다.

$HPO_4^{2-}(aq) + H_2O(l) \rightarrow H_2PO_4^-(aq) + OH^-(aq)$

이므로 염기성이다.

정답 NaH_2PO_4: 산성, Na_2HPO_4: 염기성

17

KCl	각 이온이 구경꾼이므로 중성 수용액이다.
NH_4Cl	NH_4^+의 가수분해 반응에 의해 산성 수용액이 된다.
SO_2와 CO_2	비금속 산화물의 액성은 산성 수용액이다.
K_2O와 CaO	금속 산화물의 액성은 염기성 수용액이다.
$FeCl_3$	Fe^{3+}의 가수 분해 반응으로 산성 수용액이다.

산성 수용액을 만드는 물질은 NH_4Cl, SO_2, CO_2, $FeCl_3$로 총 4개이다.

정답 4개

18

가수 분해하여 산성을 띠는 것은 약염기의 짝산으로 이루어진 염이다.

$$NH_4^+(aq) + H_2O(l) \rightleftarrows NH_3(aq) + H_3O^+(aq)$$

KNO_3와 $NaNO_3$의 액성은 중성, $NaHCO_3$의 액성은 염기성 수용액이다.

정답 NH_4NO_3

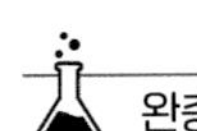

완충 용액

19

(1) $$pH = pK_a + \log\frac{[A^-]}{[HA]} = 5 + \log\left(\frac{0.1}{0.1}\right) = 5$$

$$\therefore [H^+] = 1.0 \times 10^{-5}M$$

정답 $1.0 \times 10^{-5}M$

(2) $$pH = pK_a + \log\frac{[A^-]}{[HA]} = 5 + \log\frac{(0.1-0.02)}{(0.1+0.02)}$$

$$= 5 + \log\left(\frac{0.12}{0.08}\right)$$

$$= 5 + \log\left(\frac{2}{3}\right) = 5 + \log2 - \log3$$

$$= 5 + 0.3 - 0.48 = 4.82$$

$$pH = 4.82$$

정답 pH=4.82

(3) $pH = pK_a + \log\frac{[A^-]}{[HA]} = 5 + \log\frac{(0.1+0.02)}{(0.1-0.02)}$

$= 5 + \log\left(\frac{0.12}{0.08}\right) = 5 + \log\left(\frac{3}{2}\right) = 5 + \log3 - \log2$

$= 5 + 0.48 - 0.3 = 5.18$

$\therefore pH = 5.18$

정답 pH = 5.18

20

(1) $K_a = \frac{[H^+][A^-]}{[HA]} = \frac{[H^+](0.5)}{(1.0)} = 5.0 \times 10^{-4}$

$\therefore [H^+] = 10^{-3}M$

정답 pH = 3

(2) $pH = pK_a + \log\frac{[A^-]}{[HA]} = 4 - \log5 + \log\frac{(0.5-0.2)}{(1.0+0.2)}$

$= 4 - (1 - \log2) + (\log1 - \log2^2) = 2.7$

정답 pH = 2.7

(3) $pH = pK_a + \log\frac{[A^-]}{[HA]} = 4 - \log5 + \log\frac{(0.5+0.2)}{(1.0-0.2)}$

$= 4 - (1 - \log2) + (\log7 - \log8) = 3.25$

정답 pH = 3.25

21

먼저 아세트산나트륨(CH_3COONa) 16.4g은 0.2몰에 해당되므로 이 완충 용액은 등농도 완충용액이다. 따라서 $pH = pK_a$이므로 pH = 4.74이다.

정답 4.74

22

핸더슨 – 하셀바흐 식을 이용해서 구할 수 있다.

$$pH = pK_a + \log\frac{[A^-]}{[HA]}$$

$$7 = 7 - \log4.3 + \log\frac{[HCO_3^-]}{[H_2CO_3]}$$

정답 $\frac{[HCO_3^-]}{[H_2CO_3]} = 4.3$

23

혼합 전 HA의 농도는 0.05M이고, $NaA(s)$ 0.82g을 물에 녹여 100mL 수용액을 만들었을 때 $[A^-]$ = 0.1M이다.

$$[H_3O^+] = \frac{K_a \times [HA]}{[A^-]} = \frac{(2\times10^{-6})\times0.05}{0.1} = 1.0\times10^{-6}M$$

$$\therefore pH = 6$$

별해

완충 용액에 해당되므로 핸더슨–하셀바흐식을 이용해서 구할 수도 있다.

$$pH = pK_a + \log\frac{[A^-]}{[HA]}$$

$$pH = (6 - \log2) + \log\left(\frac{0.01}{0.005}\right) = 6$$

정답 pH = 6

24

CH_3COOH의 몰수는 55mmol, $NaOH$의 몰수는 5mmol이다. 양적 관계를 고려해보면,

$HA(aq)$	+	$OH^-(aq)$	→	$A^-(aq)$
55		5		
−5		−5		+5
50				5

중화 반응 종료후 약산과 그 짝염기가 존재하므로 완충 용액에 해당한다. 여기에 핸더슨 – 하셀바흐식을 대입해서 pH를 구할 수 있다.

$$pH = pK_a + \log\frac{[A^-]}{[HA]} = 4.8 + \log\left(\frac{5}{50}\right)$$

$$= 4.8 - 1 = 3.8$$

정답 pH = 3.8

25

②, ④ 약한 것과 강한 것을 혼합한 경우 약한 것의 양이 강한 것보다 더 많을 때에만 완충 용액이 될 수 있다.

③ 강산과 강염기로는 완충 용액을 구성할 수 없다.

정답 ①, ②, ④

26

완충 용액 (가)와 (나)의 완충 능력은 같지만 농도가 큰 (가)용액의 완충 용량이 더 크다.

(1) 산의 종류가 같으므로 K_a가 같고 산과 짝염기의 농도비도 같으므로 두 용액의 pH는 같다.

정답 (가) (=) (나)

(2) 완충 용량이 작을수록 pH 변화가 크므로 (가) (<) (나)

정답 (가) (<) (나)

(3) 산 또는 염기를 첨가할 때 pH변화가 작을수록 완충 용량은 크므로 (가) (>) (나)

정답 (가) (>) (나)

완충 용액의 제조

27

pH = 9이므로 pOH = 5이다.

$$pOH = pK_b + \log\frac{[BH^+]}{[B]}$$

$$5 = 5 - \log1.8 + \log1.8$$

$$[NH_4^+] : [NH_3] = 1.8 : 1 = 9 : 5$$

정답 9 : 5

28

① 이온화 상수(K_a)의 이용

$$K_{a_1} = \frac{[HCO_3^-][H_3O^+]}{[H_2CO_3]}$$

$$\frac{[HCO_3^-]}{[H_2CO_3]} = \frac{K_{a_1}}{[H_3O^+]} = \frac{4.3\times10^{-7}}{10^{-7}} = 4.3$$

② 핸더슨 - 하셀바흐 식의 이용

$$pH = pK_{a_1} + \log\frac{[HCO_3^-]}{[H_2CO_3]}$$

$$7.0 = (7 - \log4.3) + \log\frac{[HCO_3^-]}{[H_2CO_3]}$$

$$\frac{[HCO_3^-]}{[H_2CO_3]} = 4.3$$

정답 4.3

기본 문제

가수 분해와 pH

29

약염기의 짝산은 가수 분해하여 액성은 산성을 띈다.

$$NH_4^+(aq) + H_2O(l) \rightleftarrows NH_3(aq) + H_3O^+(aq)$$

②, ③, ④ 모두 염기성 수용액이다.

정답 ①

30

NH_4NO_3은 물에 녹아 완전히 해리된다.

$$NH_4NO_3(aq) \rightarrow NH_4^+(aq) + NO_3^-(aq)$$

해리된 이온중 NH_4^+은 약염기의 짝산으로 물보다 강한 산이므로 물에 수소 이온을 제공하여 액성은 산성이 된다.

$$NH_4^+(aq) + H_2O(l) \rightleftarrows NH_3(aq) + H_3O^+(aq)$$

②, ③은 모두 염기성 수용액이다.

① Na^+와 SO_4^{2-} 모두 물보다 약한 짝산 · 짝염기이므로 가수 분해하지 않기 때문에 액성은 산성이다.

정답 ④

31

약산의 짝염기의 염은 가수 분해하여 염기성을 띠므로

$$[OH^-] = \sqrt{CK_b} = \sqrt{C\times\frac{K_W}{K_a}} = \sqrt{0.1\times\frac{10^{-14}}{10^{-5}}} = 10^{-5}M$$

$$pOH = 5.0,\ pH = 9.0$$

정답 ③

32

가수 분해하여 산성을 띠는 것은 약염기의 짝산으로 이루어진 염이다.

$$NH_4^+(aq) + H_2O(l) \rightleftarrows NH_3(aq) + H_3O^+(aq)$$

①과 ④의 액성은 중성, ②는 염기성 수용액이다.

정답 ③

PART 05 화학 반응

33

물에 녹아 염기성을 띠는 것은 약산의 짝염기로 이루어진 염이다.

$$CN^-(aq) + H_2O(l) \rightleftarrows HCN(aq) + OH^-(aq)$$

②와 ③은 중성 수용액, ④는 산성 수용액이다.

정답 ①

34

약산 < 약산의 희석화 < 완충 용액 < 약산의 짝염기의 염의 희석화 < 약산의 짝염기의 염

정답 ④

35

네 가지 염 모두 약산의 짝염기로 가수 분해하여 염기성을 띤다.

정답 ①

36

① $HCl(aq) + NaOH(aq) \rightarrow NaCl(aq) + H_2O(l)$: 중성

② $HCOOH(aq) + NaOH(aq) \rightarrow HCOONa(aq) + H_2O(l)$: 염기성

③ 약염기의 염이 중화점에서 가수 분해하여 산성을 띤다.

$NH_3(aq) + HCl(aq) \rightarrow NH_4Cl(aq)$: 산성

④ $NaOH(aq) + HCl(aq) \rightarrow NaCl(aq) + H_2O(l)$: 중성

정답 ③

37

가. 중성

나. 약산의 짝염기의 염은 염기성

다. 약염기의 짝산의 염은 산성

라. 수산화나트륨은 강염기로 염기성

pH가 증가하는 순서대로 나열하면 다음과 같다.

다 < 가 < 나 < 라

정답 ②

38

짝산－짝염기의 관계에서 $K_W = K_a \times K_b$이므로 염기의 이온화 상수를 구할 수 있다. HCN의 K_a가 CH_3COOH의 K_a보다 작으므로 염기의 이온화 상수가 CN^-이 $K_b = 2.5 \times 10^{-5}$으로 가장 크므로 NaCN의 염기성이 가장 세다.

정답 ④

39

① 강산과 강염기의 짝염기와 짝산이므로 액성은 중성이다.

② 약산의 짝염기이므로 액성은 염기성이다.

③ 포도당은 비전해질이므로 가수 분해 하지 않으므로 액성은 중성이다.

④ 강산이 희석된 경우이지만 pH가 7에 근접하지만 7이 아니므로 액성은 산성이다.

정답 ④

40

가수 분해하여 산성을 띠는 것은 약염기의 짝산으로 이루어진 염이다.

$$NH_4^+(aq) + H_2O(l) \rightleftarrows NH_3(aq) + H_3O^+(aq)$$

①은 중성 수용액, ②와 ④는 염기성 수용액이다.

정답 ③

41

① 강산 ② 약산 ③, ④ 약산의 짝염기의 염으로 액성은 염기성이다. 따라서 가장 약한 염기는 가장 강한 산성의 ① HNO_3이다.

정답 ①

42

ㄱ. 강산의 짝염기는 가수 분해하지 않으므로 염의 농도와 같다.

$$[A^-] = \frac{0.1mol}{0.5L} = 0.2M$$

ㄴ. 약염기의 짝산(B^+)은 가수 분해하여 산성을 띤다. ($pH < 7.0$)

ㄷ. B^+은 약염기의 짝산으로 가수 분해하여 산성을 띤다.

ㄹ. A^-는 강산의 짝염기로 가수 분해하지 않는다.

정답 ②

43

pOH가 크다는 것은 $[OH^-]$가 작은 것이므로 결국 $[H^+]$가 큰 것, 즉 pH가 작은 것을 의미하는 것이다.

KNO_3: 중성, NaF: 염기성, NH_4Cl: 산성이므로 pOH가 큰 순서대로 나열한 것은 ④이다.

정답 ④

44

$$H_3C\text{-}CH_2\text{-}\ddot{N}H\text{-}CH_2\text{-}CH_3$$

$$C_4H_{10}NH(aq) + H_2O(l) \rightleftarrows C_4H_{10}NH_2^+(aq) + OH^-(aq)$$

$C_4H_{10}NH(aq)$	→	$C_4H_{10}NH_2^+(aq)$	+	$OH^-(aq)$
0.1M				
$-x$		$+x$		$+x$
$0.1-x$		x		x

$$K_b = \frac{(x)(x)}{(0.1-x)} \doteq \frac{(x)(x)}{0.1} = 1.0\times10^{-3}$$

$$x^2 = 10^{-4}M \qquad \therefore x = 10^{-2}M$$

$$pOH = 2 \quad pH = 12$$

또는 $[OH^-] = \sqrt{CK_b} = \sqrt{0.1\times10^{-3}} = 10^{-2}M$

정답 ④

45

$NaX(aq)$의 액성이 염기성이므로 X^-은 물과 반응하여 OH^-을 생성하며, 따라서 X^-의 짝산인 HX는 약산이다. $YNO_3(aq)$의 액성이 중성이므로 Y^+와 NO_3^-는 구경꾼이고 Y^+의 짝염기인 YOH는 강염기이다.

ㄱ. $YX(aq)$에서 Y^+은 구경꾼으로 물과 반응하지 않고, X^-은 물과 반응하여 OH^-을 생성하므로 $YX(aq)$의 액성은 염기성이다. 따라서 ㉠은 '염기성'이다.

ㄴ. $Na^+(aq)$은 물보다 약한 산이므로 물과 가수분해 반응을 하지 않지만, $X^-(aq)$은 물보다 강한 염기이므로 물과 가수분해 반응을 하여 소비되므로 $NaX(aq)$에서 가장 많이 존재하는 이온은 Na^+이다.

ㄷ. HX는 약산이고, YOH는 강염기이므로 HX의 이온화 상수(K_a)는 YOH의 이온화 상수(K_b)보다 작다.

정답 ③

46

각 염의 액성은 다음과 같다.

	㉠ $KClO_4$	㉡ $NaNO_2$	㉢ $NaHCO_3$
액성	중성	염기성	염기성
	㉣ $FeCl_3$	㉤ NaCl	㉥ K_3PO_4
액성	산성	중성	염기성

주의할 점은 $FeCl_3$와 같은 염인데 일반적으로 금속 이온의 전하수가 +3 이상이 되어야 액성이 산성이 된다. Fe^{3+} 이외의 대표적인 예는 Al^{3+}이다. 나머지 금속의 산화수가 +1, +2인 경우 nothing으로 처리하면 된다.

정답 ②

완충 용액의 구성

47

①, ③ 완충 용액은 H_3O^+나 OH^-를 첨가하여도 pH 변화가 거의 없다.

② 사람의 혈액은 대표적인 완충 용액이다.

정답 ④

48

강산과 강산의 짝염기의 염으로는 완충 용액을 구성할 수 없다.

정답 ③

49

NaOH 2g은 0.05mol, CH_3COOH의 몰수는 0.1mol이다.

ㄱ. 혼합 후 CH_3COOH와 CH_3COO^-의 몰농도는 각각 0.1M이므로 혼합 용액은 완충 용액이다.

ㄴ. 약산인 CH_3COOH에 짝염기가 포함되지 않은 염 KCl를 혼합한 용액은 완충 용액이 아니다.

ㄷ. HCl은 산성이고, NH_4Cl도 산성이므로 이를 혼합한 용액은 완충 용액이 아니다.

정답 ①

50

약산과 강염기로 완충 용액을 구성하기 위해서는 약산의 몰수가 강염기보다 많아야 한다.

a	0.1M NaOH	=	0.1M CH_3NH_3Cl
b	0.1M NaOH	<	0.2M CH_3NH_3Cl
c	0.2M NaOH	>	0.1M CH_3NH_3Cl

따라서 b만 완충 용액이 된다.

정답 ②

51

아세트산의 pK_a와 같은 pH의 완충 용액을 만들기 위해서는 약산과 약산의 짝염기의 염의 비가 1 : 1이어야 한다. 약산의 짝염기의 염과 강산의 몰수가 같으면 완충 용액을 구성할 수 없다.

정답 ④

완충 용액의 pH

52

약산에 그 짝염기를 혼합한 경우이므로 완충 용액에 해당한다. 완충 용액의 pH는 핸더슨-하셀바흐 식을 이용해서 구할 수 있다.

먼저 혼합 용액에서 약산과 그 짝염기의 농도를 구해보면,

$$[CH_3COOH] = \frac{(0.4 \times 0.5)\text{mol}}{1\text{L}} = 0.2\text{M}$$

$$[CH_3COO^-] = \frac{(0.1 \times 0.5)\text{mol}}{1\text{L}} = 0.05\text{M}$$

$$\text{pH} = pK_a + \log\frac{[CH_3COO^-]}{[CH_3COOH]} = 4.74 + \log\left(\frac{0.05}{0.2}\right)$$

$$= 4.74 + \log 1 - \log 2^2 = 4.14$$

정답 ①

53

약산과 짝염기의 농도가 같으므로 $\text{pH} = pK_a$이므로 $\text{pH} = 5$이다.

정답 ③

54

프로피온산(HA)의 $\frac{2}{3}$가 해리되므로 결과적으로 완충 용액이 된다.

$$\begin{array}{ccccc} HA(aq) & \rightleftarrows & A^-(aq) & + & H^+(aq) \\ 1 & & & & \\ -\frac{2}{3} & & +\frac{2}{3} & & +\frac{2}{3} \\ \hline \frac{1}{3} & & \frac{2}{3} & & \frac{2}{3} \end{array}$$

$$[HA] : [A^-] = 1 : 2$$

$$\text{pH} = pK_a + \log\frac{[A^-]}{[HA]} = 4.9 + \log\frac{2}{1} = 4.9 + 0.3 = 5.2$$

정답 ③

55

$$[\text{HLac}] = [\text{Lac}^-] = 1\text{M}$$

$$\text{pH} = pK_a + \log\frac{[\text{Lac}^-]}{[\text{HLac}]} = 4 + \log\left(\frac{1}{1}\right) = 4.0$$

정답 ④

56

0.2몰의 NaOH를 넣으면, HLac이 0.2몰이 소비되고, 소비된 만큼 짝염기인 Lac^-가 0.2몰이 생성되므로,

$$\text{pH} = pK_a + \log\frac{[\text{Lac}^-]}{[\text{HLac}]} = pK_a + \log\frac{(1.0+0.2)}{(1.0-0.2)}$$

$$= 4 + \log\left(\frac{3}{2}\right) = 4 + \log 3 - \log 2 = 4 + 0.48 - 0.3$$

$$= 4.18$$

정답 ③

57

HA의 이온화

$$K_a = C\alpha_A^2, \quad \alpha_A = \sqrt{\frac{K_a}{C}} = \sqrt{\frac{10^{-4}}{1}} \qquad \therefore \alpha_A = 10^{-2}$$

HA/A^-의 이온화 등농도 완충 용액이므로

$$\text{pH} = pK_a = 4$$

$$[H^+] = 10^{-4} = 1 \times \alpha_B$$

$$\alpha_B = 10^{-4}$$

$$\frac{\alpha_A}{\alpha_B} = \frac{10^{-2}}{10^{-4}} = 100$$

정답 ③

58

$$K_a = \frac{[H^+][In^-]}{[HIn]} = 10^{-7}$$

$$[HIn] = [In^-] \quad \therefore pH = 7.0$$

정답 ③

59

$$pH = pK_a + \log\frac{[CH_3COO^-]}{[CH_3COOH]}$$

$$7.0 = 5 - \log 1.8 + \log\frac{[CH_3COO^-]}{[CH_3COOH]}$$

$$2 = -\log 1.8 + \log\frac{[CH_3COO^-]}{[CH_3COOH]}$$

$$\frac{[CH_3COO^-]}{[CH_3COOH]} = \frac{180}{1}$$

$$[CH_3COO^-] : [CH_3COOH] = 180 : 1$$

정답 ⑤

완충 용액과 평형 상태

60

a, b. 구경꾼 이온 Na^+와 K^+의 농도는 변하지 않는다.

$$[K^+] = 0.030M, \quad [Na^+] = 0.1M$$

$H_2PO_4^-(aq)$	+ $OH^-(aq)$	→ $HPO_4^{2-}(aq)$	+ $H_2O(l)$
0.03mol	0.1mol	0.0mol	
−0.03	−0.03	+0.03	
0.0mol	0.07mol	0.03mol	

$HPO_4^{2-}(aq)$	+ $OH^-(aq)$	→ $PO_4^{3-}(aq)$	+ $H_2O(l)$
0.03mol	0.07mol	0.0mol	
−0.03	−0.03	+0.03	
0.0mol	0.04mol	0.03mol	

c. $[H_2PO_4^-] = 0.0M$

d. $[OH^-] = 0.04M$

정답 ①

61

ㄱ. 완충 용액의 특징이다.

ㄴ. 완충 용액을 희석시켜도 pH는 변하지 않는다.

ㄷ. 약산과 약산의 짝염기로도 완충 용액을 구성할 수 있지만, 약산과 강염기로는 강염기의 양이 더 적으면 완충 용액을 구성할 수 있다.

정답 ④

62

(가) 강산 (나) 약산 (다) 산성 완충 용액

ㄱ. 전기 전도도는 용액의 단위 부피당 이온수가 많을수록 크다. (가)의 경우 강산으로 이온화도가 크므로 이온수가 많아 전기 전도도가 가장 크다. (나)는 약산이기 때문에 이온화도가 작아 수화된 분자 상태로 존재하는 비율이 더 크다.

ㄴ. 용액에 탄산칼슘을 넣는다는 것은 결국 염기를 첨가하는 것이므로 완충 용액(다)의 경우에 pH변화가 가장 작다.

ㄷ. 산의 특징이 탄산염과 반응하여 이산화탄소 기체를 생성하는 것이므로 기체 발생 속도는 산의 몰수가 많은 (나)가 (다)보다 더 빠르다.

정답 ②

63

ㄱ. 탄산수소나트륨은 산, 염기 모두와 반응할 수 있으므로 양쪽성 물질이다.

ㄴ. HCO_3^-의 짝산은 H_2CO_3이다.

ㄷ. 약산과 약산의 짝염기의 혼합 용액은 완충 용액이 될 수 있다.

정답 ③

64

① $[H_3O^+] = \sqrt{CK_a} = \sqrt{0.1 \times 4 \times 10^{-5}}$ $= 2 \times 10^{-3}M$이다.

② (나)는 (가)에 약산 HA의 짝염기인 A^-을 첨가하였으므로 완충 용액이다.

③ 약산에 그 짝염기를 첨가한 경우 생성물인 짝염기의 양이 늘어났으므로 공통이온효과에 의해 역반응이 진행되므로 수소이온의 농도가 감소되어 pH는 증가한다. 따라서 pH는 (나)가 (가)보다 크다.

④ (나)는 등농도 완충 용액이므로 $pH = pK_a = 5 - \log 4$ 이다.

정답 ③

완충 용량

65

완충 용액에서 pH의 변화가 작다는 것은 완충 능력$\left(\frac{[A^-]}{[HA]}\right)$이 1에 근접해야하고, 또한 완충 용량이 크다는 것을 말한다.

(가)와 (다) 용액의 완충 능력은 $\left(\frac{[A^-]}{[HA]}\right) = 1$이므로 pH의 변화가 가장 적다고 할 수 있다. (가)와 (다)중에서는 혼합 용액에 산을 첨가하므로 산에 대항하는 염기의 양이 많을수록 pH의 변화가 적을 것인데 염기의 양이 (가)는 2mmol, (다)는 4mmol 있으므로 결론적으로 pH의 변화가 적은 용액은 (다)이다.

정답 ③

66

완충 능력이 같을 때 완충 용량은 n_{HA}와 n_{A^-}의 곱이 클수록 크다.

①과 ②를 비교해보면 완충 능력은 같지만 완충 용량은 ②가 더 크다.

③, ④는 $CH_3COOH(aq)$은 존재하지만 $CH_3COO^-(aq)$가 존재하지 않는다. 따라서 완충 용액이 아니다.

정답 ②

제 6 절 중화 적정

01 ④	02 ④	03 ②	04 ③	05 ④
06 ④	07 ②	08 ①	09 ③	10 ③

11 (1) pH=0.7 (2) pH=1.301 (3) pH=7.0 (4) $K = 10^{14}$

12 (1) pH=3.0 (2) pH=5.0 (3) pH=8.85 (4) $K = 1.0 \times 10^9$

13 $[Na^+] > [CH_3COO^-] > [OH^-] > [H_3O^+]$

14 ③	15 ④	16 ②	17 ①	18 ②
19 ①	20 ③	21 ③	22 ①	23 ③
24 ⑤	25 ①	26 ②	27 ⑤	28 ④
29 ①	30 ⑤	31 ③	32 ⑤	33 ⑤
34 ④	35 ④	36 ①	37 ①	38 ②
39 ⑤	40 ①			

대표 유형 기출 문제

01

아미노산은 양쪽성 물질로서 산성 용액에서는 아미노기에 양성자가 붙어있는 형태를 띠고 있다.

정답 ④

02

$$pH = \frac{pK_{a_1} + pK_{a_2}}{2} = \frac{2.34 + 9.69}{2} = 6$$

제1 중화점에 해당하므로 ④의 형태로 주로 존재한다.

정답 ④

03

pH가 가장 작게 변하는 구간은 완충구간으로 $V = \frac{1}{2} V_{eq}$ 이므로 50mL 근처일 때 pH가 가장 작게 변한다.

정답 ②

04

① 강산에 강염기로 적정하는 곡선
② 강산에 약염기로 적정하는 곡선
③ 약염기에 강산으로 적정하는 곡선
④ 강염기에 강산으로 적정하는 곡선

정답 ③

05

① 아세트산 수용액의 수소 이온 몰수와 수산화칼륨 수용액의 수산화 이온의 몰수가 같음을 이용하여 구한다.

$$(nMV)_a = (nMV)_b$$

$$1 \times M \times 50 = 1 \times 0.2 \times 100 \qquad \therefore M = 0.4\text{M}$$

② 중화점에서 약산의 짝염기가 가수 분해하여 염기성을 띠므로 $\text{pH} > 7.0$이다.
③ 지시약은 중화점에서 액성이 염기성이므로 페놀프탈레인이 적절하다.

정답 ④

06

1가 산과 1가 염기의 중화 반응이므로 용액 내 양이온의 몰수는 첨가한 염기의 양만큼 수소 이온이 소모되므로 중화점까지 일정하고, 이후 증가한다.

정답 ④

07

몰농도는 같고 첨가한 염기의 부피가 초기 산의 부피의 절반에 해당하므로 $V = \frac{1}{2}V_{eq}$에서 $\text{pH} = pK_a$임을 이용하면 $\text{pH} = 5 - \log 1.8 = 4.745$이다.

정답 ②

08

pK_{a_1}은 2.34로 산성이다. 산성에서 아미노산은 아미노기에 양성자가 붙은 형태에서 이온화하는 ①식과 같다.

정답 ①

09

$$H_2A \underset{K_{b_2}}{\overset{K_{a_1}}{\rightleftarrows}} HA^- \underset{K_{b_1}}{\overset{K_{a_2}}{\rightleftarrows}} A^{2-}$$

ㄱ. V_1지점에서는 염기의 제1 이온화가 모두 진행되었기 때문에 A^{2-}는 존재하지 않는다.
ㄴ. V_2지점에서는 염기의 제2 이온화가 모두 진행되었기 때문에 HA^-는 존재하지 않는다.
ㄷ. $\frac{1}{2}V_1$지점은 $[\text{A}^{2-}] = [\text{HA}^-]$이므로 완충구간에 해당한다. 따라서, $\text{pOH} = pK_{b_1}$이다.

pH로 나타내면 다음과 같다.

$$\begin{aligned} \text{pH} &= 14 - \text{pOH} = pK_W - pK_{b_1} \\ &= -\log K_W - (-\log K_{b_1}) \\ &= -\log\left(\frac{K_W}{K_{b_1}}\right) = -\log K_{a_2} \\ &= pK_{a_2} \end{aligned}$$

정답 ③

10

아미노산은 산성인 카복시기(−COOH)와 염기성인 아미기(−NH_2)를 가지고 있는 쯔비터 이온(Zwitter ion)이다.

(구조식: R–CH(NH₂)–COOH ⇌ R–CH(NH₃⁺)–COO⁻)

①, ② 실험 결과에서 아미노산 X가 (−)극으로 이동하였으므로 X는 (+)전하를 띠어야 한다. 결국 아미노산인 X가 $\text{HCl}(aq)$과 반응한 것은 아래의 그림과 같이(오른쪽에서 왼쪽으로) 아미노산이 H^+와 결합한 것이다. 이는 아미노산에서 산소 원자의 고립 전자쌍을 $\text{HCl}(aq)$에 제공한 것과 같으므로 아미노산인 X는 루이스 염기로 작용한 것이다.

$$^{+}H_3N-\underset{CH_3}{\overset{COO^-}{C}}-H \xrightarrow{+H_3O^+} {}^{+}H_3N-\underset{CH_3}{\overset{COOH}{C}}-H$$

③ 아미노산에서 H^+과 결합하는 것은 음전하를 띠고 있는 O의 고립 전자쌍이므로 고립 전자쌍 1쌍이 줄어들고 공유 전자쌍(O−H)이 생기는 것이므로 전체 전자쌍의 수는 그대로이다.

$$H_3N^+-CH(CH_3)-C(=O)-O^- \qquad H_3N^+-CH(CH_3)-C(=O)-O-H$$

④ 아미노산 X를 $NaOH(aq)$에 녹이는 것은 $NaOH(aq)$와 반응하는 것인데 이때 아미노산의 NH_3^+에서 H^+가 OH^-와 반응해서 물이 생성되고 아미노산은 (−) 전하를 띠게 되므로 전류를 흘리면 X는 (+)극으로 이동한다.

$$^+H_3N-CH(CH_3)-COO^- \xrightleftharpoons{+OH^-} H_2N-CH(CH_3)-COO^-$$

정답 ③

주관식 개념 확인 문제

중화 적정의 pH

11

(1) 강산만 있을 때 수소 이온 농도는 강산의 농도와 같다.

$$[H^+] = 0.2M = 2\times10^{-1}M$$
$$pH = 1-\log2 = 0.7$$

정답 pH = 0.7

(2) 산에서 수소 이온의 몰수는 $0.2\times0.05 = 0.01mol$이고, 염기의 수산화 이온의 몰수는 $0.1\times0.05 = 0.005mol$으로 중화점에서의 절반에 해당한다. $V=\frac{1}{2}V_{eq}$에서

$$[H^+] = \frac{(0.01-0.005)mol}{0.1L} = 5\times10^{-2}M$$
$$pH = 2-\log5 = 1.301$$

정답 pH = 1.301

(3) $V=V_{eq}$이므로 강산과 강염기의 중화점에서의 $pH = 7.0$이다.

정답 pH = 7.0

(4) 강산과 강염기의 중화 적정의 알짜 이온 반응식은 아래와 같다.

$$H^+(aq)+OH^-(aq) \rightarrow H_2O(l)$$

이 반응의 평형 상수는 물의 이온곱 상수($K_W=10^{-14}$)의 역수이므로 $K=\frac{1}{K_W}=\frac{1}{10^{-14}}=10^{14}$이다.

정답 $K=10^{14}$

12

(1) 약산만 있을 경우 약산의 이온화식을 이용하여 수소 이온 농도를 구한다.

$$pH=\frac{1}{2}(pK_a-\log[HA])=\frac{1}{2}(5-\log10^{-1})$$
$$=\frac{6}{2}=3$$

정답 pH = 3.0

(2) $V=\frac{1}{2}V_{eq}$에서 $pH=pK_a$이므로 $pH=5.0$

정답 pH = 5.0

(3) 중화점에서 약산의 짝염기가 가수 분해하므로 $[CH_3COOH]=\frac{0.005mol}{0.1L}=0.05M$, 짝산 – 짝염기 관계에서 아세트산의 이온화 상수를 이용하여 아세트산 이온의 이온화 상수를 구하면 CH_3COO^-의 $K_b=\frac{K_W}{K_a}=\frac{10^{-14}}{10^{-5}}=10^{-9}$이다.

$$[OH^-]=\sqrt{CK_b}=\sqrt{5\times10^{-2}\times10^{-9}}$$
$$=\sqrt{50}\times10^{-6}$$
$$pOH=6-\log\sqrt{50}=6-0.849=5.15$$
$$pH=14-pOH=14-5.15=8.85$$

정답 pH = 8.85

(4) 평형 상수를 구하기 위해 이 반응의 알짜 이온 반응식을 적으면 아래와 같다.

$$CH_3COOH(aq)+OH^-(aq) \rightarrow CH_3COO^-(aq)+H_2O(l)$$

이 식은 아세트산의 이온화 반응식에서 물의 자동 이온화 반응식을 뺀 것과 같다. 따라서 중화 반응의 평형 상수는 아세트산의 이온화 상수를 물의 자동 이온화 상수로 나누어 구할 수 있다. 결론적으로 가수분해 반응의 역반응에 해당한다.

평형상수 $K_n = \frac{K_a}{K_W} = \frac{10^{-5}}{10^{-14}} = 1.0 \times 10^9$이다.

정답 $K = 1.0 \times 10^9$

13

$$n_{H^+} = 5.0\text{mmol},\ n_{OH^-} = 5.5\text{mmol}$$

중화 반응 후 남아 있는 화학종의 몰수를 구해보면,

$$n_{Na^+} = 5.5\text{mmol}$$

$$n_{CH_3COO^-} = 5.0\text{mmol}$$

$$n_{OH^-} = 5.5 - 5.0 = 0.5\text{mmol}$$

정답 $[Na^+] > [CH_3COO^-] > [OH^-] > [H_3O^+]$

기본 문제

14

약산인 아세트산에 강염기인 수산화나트륨을 적정한 그래프를 찾는 것이다.

① 강산+강염기 적정
② 강산+약염기 적정
③ 약산+강염기 적정
④ 약산+약염기 적정

정답 ③

15

약산을 강염기로 적정하면 중화점에서 약산의 짝염기가 가수 분해하여 수산화 이온을 생성하므로 중화점에서의 액성은 염기성이다. 지시약으로는 중화점에서의 pH와 산의 pK_a값이 근접한 것이 가장 적합하다.

정답 ④

16

식초의 몰농도 M'에 대해 정리하면 $M' = \frac{MV}{V'}$이다.

ㄱ. M'이 작게 측정되려면 분자는 작아야 하므로 M은 실제 농도보다 작게 측정되어야 한다.
ㄴ. 분모는 커야 하므로 V'은 크게 측정되어야 한다.
ㄷ. 분자는 작아야 하므로 V는 작게 측정되어야 한다.

정답 ②

17

약염기를 강산으로 적정하면 중화점에서 약염기의 짝산이 가수 분해하여 액성은 산성이다. 산성에서 오렌지색이 되는 메틸오렌지를 사용하거나, 노란색을 띠는 브로모페놀블루를 지시약으로 사용해야한다.

정답 ①

18

몰농도는 같고, 부피가 다르면 수소 이온의 몰수가 다르나. 산의 수소 이온의 몰수(MV)가 가장 큰 것을 찾는 문제이다.

① $0.1 \times 10 = 1\text{mmol}$
② $0.1 \times 15 = 1.5\text{mmol}$
③ $2 \times 0.07 \times 10 = 1.4\text{mmol}$
④ $3 \times 0.02 \times 20 = 1.2\text{mmol}$

정답 ②

19

몰수는 몰농도와 용액의 부피로 구할 수 있다. NH_3의 몰수는 0.0144×10^{-2}이다.

짝산-짝염기 관계인 NH_3의 이온화 상수를 이용하여 NH_3의 짝산인 NH_4^+의 이온화 상수를 구할 수 있다.

$$K_a = \frac{K_W}{K_b} = \frac{10^{-14}}{1.8 \times 10^{-5}}$$

$$[H^+] = \sqrt{CK_a} = \sqrt{C\frac{K_W}{K_b}}$$

$$= \sqrt{0.0072 \times \frac{10^{-14}}{1.8 \times 10^{-5}}} = 2 \times 10^{-6}\text{M}$$

$$\text{pH} = 6 - \log 2 = 5.7$$

정답 ①

자료 추론형

20

ㄱ. 중화점까지 첨가한 염산의 몰수는 암모니아 수용액의 몰수와 같다. 몰수는 몰농도와 부피의 곱이므로 $0.1 \times 0.02 = 0.002\,\mathrm{mol}$이다.

ㄴ. 약염기와 강산의 중화 적정시 중화점에서 약염기의 짝산이 가수 분해하므로 염의 수용액의 액성은 산성이다.

ㄷ. A는 가한 염산의 부피가 중화점에서의 절반일 때이다. $V = \frac{1}{2} V_{eq}$에서 $\mathrm{pH} = pK_a$인 완충 용액이다.

정답 ③

21

① HA에 NaOH를 첨가하였을 때 중화점에서 액성이 염기성이므로 산의 세기는 HA < HB이다.

② 같은 농도의 염기를 많이 첨가할수록 산의 농도가 크므로 산의 농도는 HA < HB이다.

③, ④ 약산 HA를 강염기로 중화 적정시 중화점인 a에서는 약산의 짝염기(A^-)가 가수 분해하므로 A^-의 농도는 감소하고, 반응에 참여하지 않는 구경꾼 이온인 Na^+의 농도는 일정하다.
따라서 $[Na^+] > [A^-]$이다.

⑤ 가한 염기의 양이 많을수록 생성된 물이 많으므로 생성된 물의 양은 HA < HB이다.

정답 ③

22

ㄱ. a점에서
$[H^+] = \sqrt{CK_a} = \sqrt{0.1 \times 10^{-5}} = 1.0 \times 10^{-3}\mathrm{M}$이다.

ㄴ. b점은 약산과 짝염기가 존재하므로 완충용액에 해당되지만, d점은 짝염기만 존재하고 산이 존재하지 않으므로 완충 용액이 아니다.

ㄷ. 약산에 강염기를 적정한 것으로 전기 전도도는 중화점까지 점차 증가하다가 중화점 이후 급격히 증가하는 그래프이므로 a점 용액에서 전기 전도도가 가장 작다.

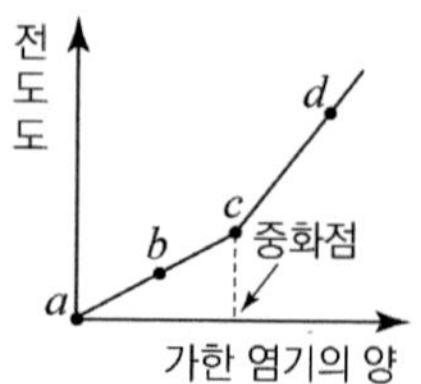

정답 ①

23

ㄱ. A 용액, C 용액에서 반응하는 수소 이온과 수산화 이온의 몰수가 같으므로 생성된 물의 양은 같다.

ㄴ. B 용액은 중화 반응의 결과 온도가 높아져서 이온곱 상수가 증가했으므로 $[H^+]$도 증가한다.

ㄷ. 강산과 강염기로는 완충 용액을 구성할 수 없다.

정답 ③

24

중화점에서의 pH가 염기성인 것으로 보아 산 HA는 약산이다.

① $(nMV)_a = (nMV)_b$
$1 \times M \times 40 = 1 \times 0.1 \times 20 \qquad \therefore [\mathrm{HA}] = 0.05\mathrm{M}$

② 중화점 이후의 액성이 염기성이므로 약산에 강염기를 첨가한 것으로 이온화도는 BOH가 HA보다 크다.

③ (가)는 완충 구간으로 가한 염기의 몰수만큼 A^-가 생성되고, 부피도 증가하였다.

$$[A^-] = \frac{0.001\mathrm{mol}}{0.05\mathrm{L}} = 0.02\mathrm{M}$$

④ 중화점 (나)에서 약산의 짝염기인 A^-는 가수 분해로 소비되고, 구경꾼 이온인 B^+는 반응하지 않고 일정하므로 $[A^-] < [B^+]$이다.

⑤ 중화점 (나)에서 액성이 염기성이므로 $[OH^-]$가 $[H^+]$보다 더 크다.

정답 ⑤

25

A^-는 이온의 몰수가 변함 없으므로 HA의 이온화도 $\alpha=1$, $[HA]=\frac{0.01mol}{0.02L}=0.5M$이다. B^-의 몰수는 점차 증가하므로 HB의 이온화도 $\alpha=\frac{0.005}{0.02}=0.25$이므로 $[HB]=\frac{0.02mol}{0.02L}=1M$이다. 따라서 이온화도의 비는 $HA : HB = 1 : 0.25 = 4 : 1$이다.

몰농도의 비는 몰수의 비와 같으므로

$$\therefore HA : HB = 0.010 : 0.020 = 1 : 2$$

정답 ①

26

① c는 중화점으로 $pH = 7 = pOH$ 이므로 $[OH^-] = 1.0\times10^{-7}M$이다.

② b는 완충 구간으로 구경꾼 이온인 B^-의 양은 $n=MV=0.1\times0.05 = 5.0\times10^{-3}mol$이다.

③ $V=\frac{1}{2}V_{eq}$에서 $pH = pK_a$이므로 $K_a = 1.0\times10^{-4}$이다.

④ 강산 HB는 이온화도가 크므로 그림 (나)에서 $[H^+] = [B^-]$이다.

⑤ 곡선 x 용액의 농도를 변화시켜도 pH의 변화가 거의 없으므로 완충 용액인 점 a이다.

정답 ②

27

① 약산에 강염기를 적정하였으므로 변곡점인 B가 중화점이다. 중화 반응에시 물의 양은 중회점에서 최대가 되므로 생성된 물의 몰수는 B점이 A점보다 크다.

② $(nMV)_a=(nMV)_b$

$1\times0.2\times0.05 = 1\times0.1\times V \qquad \therefore V=100\ mL$

③ 용액의 온도는 중화점인 B점에서 가장 높다.

④ 전기 전도도는 단위 부피당 이온의 수를 표현하므로 이온의 수는 B가 A보다 더 크다.

⑤ 위 반응의 중화점에서의 액성은 염기성이므로 브로모티몰블루 용액의 색이 파란색이 된다.

정답 ⑤

28

㉠ 중화 적정에서 당량점(화학양론점)은 pH가 급격히 증가하는 구간을 말하므로 이 적정 곡선에서는 영역 Ⅱ에 존재한다.

㉡ 최대 완충 영역은 약산과 그 짝염기의 농도비가 1에 근접할 때이므로 당량점 이전에 존재하므로 영역 Ⅰ에 해당한다.

㉢ 영역 Ⅱ는 당량점 구간이므로 HA가 존재하지 않는 영역이다. 따라서 pH가 [HA]에만 의존하는 영역은 Ⅰ에 존재한다.

㉣ 영역 Ⅲ에서는 약산 HA가 존재하지 않는 당량점 이후 구간이므로 pH는 첨가된 과량의 강염기의 양에만 의존한다.

정답 ④

29

① 중화점에서는 수소 이온과 수산화 이온이 모두 없는 지점인데 점 a는 산이 존재하고 있으므로 중화점이 아니다. 점 a는 산과 짝염기의 몰수가 같은 반중화점이다.

② 산의 부피와 가한 염기의 부피가 같을 때 중화점에 도달하였으므로 산의 농도는 염기의 농도와 같은 1.0 M이다.

③ 약산에 강염기를 적정하면 중화점에서 약산의 짝염기가 가수 분해하여 수산화 이온이 생성되므로 액성은 약염기성을 띤다.

④ 점 b는 중화점에 도달했을 때이므로 액성은 약염기성이고, 이후 강염기를 더 적정하면 수산화 이온의 농도가 급격히 증가하므로 pH도 급격히 증가한다.

⑤ 약산에 강염기를 적정할 때 전기 전도도는 약산의 이온화로 인해 점차 증가하고, 중화점 이후로는 강염기로 인해 급격히 증가한다. 따라서 중화점에 도달하기 전인 a보다 b에서 전기 전도도가 더 크다.

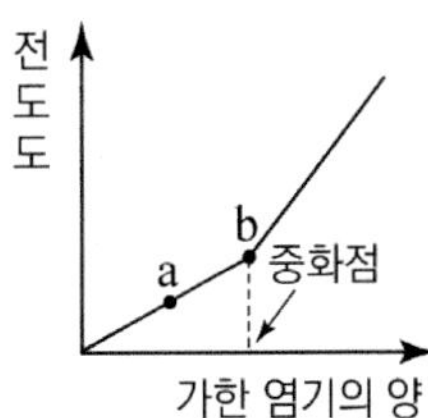

정답 ①

30

(가)로부터

$[H^+] = \sqrt{CK_a}$ $10^{-3}M = \sqrt{0.1 \times K_a}$ $\therefore K_a = 10^{-5}$

ㄱ. (가)와 (나)를 혼합한 (다)용액이 $[HA] = [A^-]$이므로 완충 용액임을 알 수 있고, $V = \frac{1}{2}V_{eq}$이므로 첨가한 수산화 이온의 부피 $x = 50$이다.

ㄴ. (다)는 완충 용액이다. 완충 용액에서 $pH = pK_a$이므로 $pH = 5$이다.

ㄷ. 완충 용액인 (다)에 염을 첨가하면 공통 이온 효과로 인해 역반응이 진행되어 $[H^+]$이 감소하여 pH는 증가한다.

정답 ⑤

31

강산과 약산의 혼합 수용액에 강염기로 적정하는 경우이다. 이러한 경우 강염기는 강산과 먼저 반응하고, 강산이 모두 소비된 이후 약산과 반응한다.

ㄱ. HA의 K_a를 이용하여 염기 A^-의 K_b를 구할 수 있다. P점은 A^- 전체 양(0.02몰)의 절반(0.01몰)이 생성되었기 때문에 완충 구간이므로 $pH = pK_a = 6.3$이다. A^-의 K_b는 짝산－짝염기 관계를 이용하여 $K_b = \frac{K_W}{K_a}$이다. $K_b = 10^{-14+6.3} = 10^{-7.7} > 10^{-8}$이다.

ㄴ. 초반 80mL까지는 강산 HCl의 중화 반응에 사용되었고, 이후 약산의 짝염기의 양이 증가하는 시점부터 약산 HA가 반응한 것을 알 수 있다. P에서 $\frac{[Cl^-]}{[A^-]}$는 용액의 부피가 같으므로 이온의 몰수로 계산할 수 있다. Cl^-의 몰수는 HCl를 중화시키는 데 소비된 NaOH의 몰수와 같으므로 $1 \times 0.08 = 0.08mol$. A^-의 몰수는 0.01mol 생성되었으므로

$$\frac{[Cl^-]}{[A^-]} = \frac{0.08\,mol}{0.01\,mol} = 8$$

ㄷ. Q는 중화점 이후이다. 수산화 이온의 몰수는 중화점까지는 산과 반응하여 모두 소비되지만, 중화점 이후에는 반응할 수소 이온이 존재하지 않으므로 넣어준 양만큼 남아있게 된다. 따라서 중화점 이후 첨가한 수산화이온의 몰수는 $1 \times 0.025 = 0.025mol$이고, 용액의 부피는 산 수용액 0.1L과 첨가한 염기 수용액 0.125L의 부피를 합한 0.225L이다.

$$[OH^-] = \frac{0.025\,mol}{(0.1+0.125)L} = \frac{1}{9}M$$

정답 ③

32

ㄱ. 몰농도가 같은 산, 염기 수용액에서 염기의 부피가 산의 부피의 절반인 $V = \frac{1}{2}V_{eq}$이므로 반중화점이다($[HA] = [A^-]$). 따라서 $pH = pK_a$이므로 산의 이온화 상수는 10^{-5}임을 알 수 있다.

ㄴ. 산의 이온화 상수가 작으므로 산 HA는 약산이고, 약산의 이온화 공식을 사용하면 몰농도가 0.1M, $K_a = 10^{-5}$이므로 $[H^+] = \sqrt{CK_a} = 10^{-3}M$이므로 $pH = -\log[H^+] = 3$으로 $x = 3$이다.

ㄷ. (다)는 산 수용액의 부피와 염기 수용액의 부피가 같은 중화점이다. 중화점에서 약산의 짝염기가 가수 분해하므로 짝산－짝염기 관계를 이용하면 짝염기의 이온화 상수 $K_b = \frac{K_W}{K_a} = \frac{10^{-14}}{10^{-5}} = 10^{-9}$이다. 짝염기의 몰농도 $C' = \frac{(0.1 \times 0.075)mol}{0.15L} = 0.05M$이다.

$$[OH^-] = \sqrt{C'K_b} = \sqrt{(0.05)10^{-9}} = \sqrt{5 \times 10^{-11}}$$

$$\frac{[OH^-]}{[H_3O^+]} = \frac{[OH^-]^2}{K_W} = \frac{5 \times 10^{-11}}{10^{-14}} = 5 \times 10^3$$

정답 ⑤

33

ㄱ. (가)를 통해 수산화나트륨을 첨가하기 전의 $pH = 1$을 통해 강산 HCl의 몰농도가 $[H^+]$와 같은 0.1M을 알 수 있다. 중화점까지 첨가된 NaOH의 부피를 이용하여 $(nMV)_a = (nMV)_b$에 대입하여 NaOH의 몰농도인 x를 구할 수 있다.

$1 \times 0.1 \times 100 = 1 \times x \times 50$ $\therefore x = 0.2M$

ㄴ. NaOH 적정 전 pH가 3이므로 $[H^+]=10^{-3}$이고, 산 수용액의 부피와 첨가한 염기 수용액의 부피가 같으므로 약산의 몰농도(C)가 염기 수용액의 몰농도와 같은 0.2M임을 알 수 있다. 약산의 이온화식을 이용하면 $[H^+]=\sqrt{CK_a}=\sqrt{0.2\times K_a}=10^{-3}$,

$K_a=5\times10^{-6}$이므로 1×10^{-5}보다 작다.

ㄷ. 약산과 강염기인 NaOH의 알짜 이온 반응식의 양적 관계를 살펴보면

$HA(aq)$	+ $OH^-(aq)$	→	$A^-(aq)$	+ $H_2O(l)$
0.02mol	0.004mol			
−0.004	−0.004		+0.004	
0.016mol	0.0mol		0.004mol	

이므로 용액의 부피는 같으므로 몰수로 $\frac{[HA]}{[A^-]}$를 구할 수 있다.

$$\frac{[HA]}{[A^-]}=\frac{0.016}{0.004}=4<\frac{9}{2}$$

정답 ⑤

34

ㄱ. (가)에서 $\frac{[H_3O^+]}{[OH^-]}=\frac{[H_3O^+]^2}{K_W}=10^8$, $K_W=10^{-14}$ 이므로 $[H_3O^+]^2=10^{-6}$M이고, $[H^+]=10^{-3}$M이다.

$$[H^+]=\sqrt{CK_a}=\sqrt{10^{-1}\times K_a}=10^{-3}\text{M}$$

$$K_a=10^{-5}$$

따라서 HA는 약산이다.

ㄴ. $\frac{[H_3O^+]}{[OH^-]}=\frac{[H_3O^+]^2}{K_W}=10^4$ $\quad [H^+]=10^{-5}$M

(나)는 반중화점이고, $K_a=10^{-5}$이므로

$$\therefore pH=pK_a=5$$

ㄷ. $x=\frac{[H_3O^+]}{[OH^-]}=\frac{K_W}{[OH^-]^2}$로 표현할 수 있고, $[OH^-]$를 알아야 한다. (다)는 중화점이다. 중화점에서 약산의 짝염기가 가수 분해되므로 $[OH^-]=\sqrt{C'K_b}$ 임을 이용한다.

$$C'=\frac{0.01\,\text{mol}}{0.2\,\text{L}}=0.05\,\text{M}$$

$$K_a\times K_b=K_W \qquad K_b=\frac{K_W}{K_a}=\frac{10^{-14}}{10^{-5}}=10^{-9}$$

$$[OH^-]=\sqrt{C'K_b}=\sqrt{0.05\times10^{-9}}=\sqrt{5\times10^{-11}}$$

$$\frac{[H_3O^+]}{[OH^-]}=\frac{K_W}{[OH^-]^2}=\frac{10^{-14}}{5\times10^{-11}}=2\times10^{-4}$$

$$\therefore x=2\times10^{-4}$$

정답 ④

35

ㄱ. HA 50mL를 중화시키기 위해 필요한 0.1M NaOH가 50mL이므로 HA의 몰농도도 0.1M이다. HB 50mL를 중화시키기 위해 필요한 0.1M NaOH가 100mL이므로 $(nMV)_a=(nMV)_b$에 의해 $0.1\times0.1=M_b\times0.05$이므로 HB의 몰농도는 0.2M이다. 초기 몰농도는 HB가 더 크다.

ㄴ. (가)에서 적정 전 pH=3이므로 약산의 이온화 $[H^+]=\sqrt{CK_a}$에 의하면 $[H^+]=\sqrt{0.1\times K_a}=10^{-3}$M이고, $K_a=10^{-5}$이므로 HA는 약산이다. 약산 HA을 강염기 NaOH로 중화 적정하면 중화점에서 약산의 짝염기(A^-)는 0.05M이 되었다가 가수 분해하므로 0.05M보다 작아진다.

ㄷ. x는 $V=\frac{1}{2}V_{eq}$에서의 pH이므로 반중화점에서 $pH=pK_a$이다. 약산의 이온화 평형에 의해 $[H^+]=\sqrt{CK_a}$이고, HB의 초기 농도인 C는 0.2M이므로 공식에 대입하면 $[H^+]=\sqrt{0.2\times K_a}=10^{-3}$M이다. $K_a=5\times10^{-6}$이고 $pK_a=pH=x$이므로 $x=5.3$이다.

정답 ④

36

혼합 용액(㉠, ㉡)의 pH가 모두 7이므로 ㉠ 용액은 강산에 의해 강염기가 중화되어 중화점에 도달된 상태이고, ㉡의 경우 약산에 의해 강염기가 중화되어 중화점에 도달이 되었다면 아세트산 이온의 가수분해에 의해 액성이 염기성으로 pH가 7보다 더 커야 하는데 pH가 7이라는 것은 산의 몰수가 더 많다는 것이므로 산의 부피가 염기의 부피보다 더 크다는 것이다. 즉, 중화점 이후의 상태인 것이다.

ㄱ. $0.02 \times a = 0.01 \times 100 \qquad \therefore a = 50\text{mL}$

ㄴ. $b > 50\text{mL}$

ㄷ. ㉡ 용액은 최종적으로 약한 산이 강염기보다 더 많은 경우이므로 완충 용액을 형성한다. 핸더슨-하셀바흐식을 이용해보면,

$$\text{pH} = pK_a = \log\frac{[CH_3COO^-]}{[CH_3COOH]}$$

$$\text{pH} = 7.0\text{이므로 } 7.0 = 5.0 + \log\frac{[CH_3COO^-]}{[CH_3COOH]}$$

$$\log\frac{[CH_3COO^-]}{[CH_3COOH]} = 2 \qquad \frac{[CH_3COO^-]}{[CH_3COOH]} = 10^2$$

위의 식으로부터 $[CH_3COO^-]$는 $[CH_3COOH]$보다 100배 더 많다.

정답 ①

혼합된 약산의 평형 이동

37

ㄱ. 이온화 상수를 비교하여 아질산의 이온화 상수가 더 크므로 HA가 더 약한 산이다.

ㄴ. 약산 HA의 짝염기는 물보다 강한 염기이므로 A^-는 NO_2^-보다 강한 염기이다.

ㄷ. 이온화 평형 상태인 혼합 용액에 강산인 질산 수용액을 첨가하면 $H_3O^+(aq)$이 강한 염기인 A^-와 반응하여 A^-이 소비되므로 역반응이 진행되어 NO_2^-의 농도는 감소한다.

정답 ①

38

ㄱ. 짝산-짝염기의 관계를 이용하면 산의 이온화 상수가 HNO_2가 더 크므로 염기의 세기는 NO_2^-가 더 약하다.

ㄴ. HNO_2가 강한 산이므로 정반응이 우세하므로 $K > 1$이다.

ㄷ. 염을 첨가하면 공통 이온(NO_2^-)효과에 의해 역반응이 진행되므로 CH_3COO^-의 몰농도는 증가한다.

정답 ②

39

ㄱ. 짝산-짝염기의 관계를 이용하면 산의 세기가 HA가 크므로 염기의 세기는 A^-가 약하다.

ㄴ. 이온화 상수가 1보다 작으므로 HB는 약산이다. 약산의 pH는

$$\text{pH} = \frac{1}{2}(\text{p}K_a - \log[\text{HB}]) = \frac{1}{2}(10 - \log 1) = 5$$

$$\therefore \text{pH} = 5.0$$

ㄷ. 평형 반응식은 산 HA의 이온화 반응식에서 산 HB의 이온화 반응식을 뺀 것과 같다. 반응식을 빼면 평형 상수를 나눈 것과 같으므로 $K = \dfrac{K_a}{K_a'} = 2 \times 10^6$이다.

정답 ⑤

40

ㄱ. 평형 반응식은 산 HA의 이온화 반응식에서 산 HB의 이온화 반응식을 뺀 것과 같다. 반응식의 뺄셈은 평형 상수의 나눗셈과 같으므로 $K = \dfrac{K_a}{K_a'} = 10^4$이므로 K_a가 K_a'보다 10^4배 크다.

ㄴ. 짝산-짝염기의 관계를 이용하면 HA가 강한 산이므로 염기의 세기는 A^-가 B^-보다 더 약하다.

ㄷ. 혼합 용액에 염산을 넣어주면 강한 염기인 B^-와 반응하므로 역반응이 우세하여 A^-의 농도가 감소한다.

정답 ①

Chapter

07 불용성 염의 용해 평형

제 1 절 용해도와 용해도곱 상수

01 ③ 02 ④ 03 ① 04 4×10^{-8}
05 1.1×10^{-73} 06 9.3×10^{-5}M
07 $CaSO_4(s) > CuI(s) > AgI(s)$
08 $Bi_2S_3(s) > Ag_2S(s) > CuS(s)$

대표 유형 기출 문제

01

용해도가 높을수록 이온의 몰수가 증가하므로 끓는점이 높다.

	MX	M_2Y	MZ_2
s[M]	10^{-2}	10^{-1}	2×10^{-2}

$$M_2Y > MZ_2 > MX$$

정답 ③

02

PbI_2의 용해 평형 반응식은 다음과 같다.

$$PbI_2(s) \rightleftarrows Pb^{2+}(aq) + 2I^-(aq)$$

$$K_{sp} = [Pb^{2+}][I^-]^2$$

$$K_{sp} = 4s^3 = 4\times(4.0\times10^{-5})^3 = 2.6\times10^{-13}$$

정답 ④

03

$$Ca(OH)_2(s) \rightleftarrows Ca^{2+}(aq) + 2OH^-(aq)$$

용해도와 용해도곱 상수의 관계는 $K_{sp} = 4s^3$이다.

$$4\times10^{-6} = 4s^3 \qquad \therefore s = 10^{-2}\text{M}$$

정답 ①

주관식 개념 확인 문제

용해도 → 용해도곱 상수

04

$$CuBr(s) \rightleftarrows Cu^+(aq) + Br^-(aq)$$

$$K_{sp} = [Cu^+][Br^-] = s^2 = (2.0\times10^{-4})^2 = 4\times10^{-8}$$

정답 4×10^{-8}

05

$$Bi_2S_3(s) \rightleftarrows 2Bi^{3+}(aq) + 3S^{2-}(aq)$$

$Bi_2S_3(s)$	$\rightleftarrows$	$2Bi^{3+}(aq)$	+	$3S^{2-}(aq)$
		0		0
		$+2s$		$+3s$
		$2s$		$3s$

$$K_{sp} = [Bi^{3+}]^2[S^{2-}]^3 = (2s)^2(3s)^3 = 108\times(1.0\times10^{-15})^5$$

정답 1.1×10^{-73}

용해도곱 상수 → 용해도

06

$CaCO_3(s)$	$\rightleftarrows$	$Ca^{2+}(aq)$	+	$CO_3^{2-}(aq)$
		0		0
		$+s$		$+s$
		s		s

$$K_{sp} = [Ca^{2+}][CO_3^{2-}] = s^2 = 8.7\times10^{-9}$$

$$s = \sqrt{87}\times10^{-5} = 9.3\times10^{-5}\text{M}$$

정답 9.3×10^{-5}M

07

해리되어 생성되는 전체 이온수가 같은 염에 대해서는 용해도곱 상수가 클수록 용해도가 크다.

정답 $CaSO_4(s) > CuI(s) > AgI(s)$

08

염이 다른 개수의 이온을 형성할 때에는 용해도를 계산해서 판단한다.

	$CuS(s)$	$Ag_2S(s)$	$Bi_2S_3(s)$
용해도(M)	9.2×10^{-23}	3.4×10^{-17}	1.0×10^{-15}

정답 $Bi_2S_3(s) > Ag_2S(s) > CuS(s)$

제 2 절 불용성 염의 용해 평형에 미치는 요인

01 ③ **02** ④ **03** ① **04** ③ **05** ③
06 ④ **07** ③ **08** ④ **09** ① **10** ①
11 ① $s=1.0\times10^{-5}$M ② $s=1.0\times10^{-9}$M
12 ① $s=1.0\times10^{-5}$M ② $s=1.0\times10^{-9}$M
13 ① $s=6.3\times10^{-5}$M ② $s=1.0\times10^{-10}$M
14 $K=1.0\times10^2$ **15** 영향 없다
16 ① $K=[Zn^{2+}][OH^-][HS^-]$ ② $K=\dfrac{[Zn^{2+}][HS^-]}{[H_3O^+]}$
17 ① $s=8.8\times10^{-7}$M ② $s=3.6\times10^{-3}$M
18 $[Ag^+]=1.5\times10^{-8}$M **19** ① **20** ②
21 ①

대표 유형 기출 문제

01

$Na_2S(aq)$의 몰농도가 10^{-4}M이므로 $[S^{-2}]$도 10^{-4}M이다.

$MnS(s)$	→	$Mn^{2+}(aq)$	+	$S^{-2}(aq)$
		0		10^{-4}M
		$+s$		$+s$
		sM		$(10^{-4}+s)$M

$$K_{sp}=s(10^{-4}+s)=3.0\times10^{-14}$$
$$\therefore s=3.0\times10^{-10}\text{ M}$$

정답 ③

02

Ag^+의 농도가 6.4×10^{-2}M이므로

$AgCl(s)$	→	$Ag^+(aq)$	+	$Cl^-(aq)$
		6.4×10^{-2}M		0
		$+s$		$+s$
		$(s+6.4\times10^{-2})$M		sM

$$K_{sp}=(s+6.4\times10^{-2})s=1.6\times10^{-10}$$
$$\therefore s=2.5\times10^{-9}\text{ M}$$

정답 ④

03

pH＝10이므로 pH＋pOH＝14에 의해 pOH＝4이고, $[OH^-]=10^{-4}$M이다.

$Al(OH)_3(s)$	→	$Al^{3+}(aq)$	+	$3OH^-(aq)$
		0		10^{-4}
		$+s$		$+3s$
		sM		$(10^{-4}+3s)$M

$$K_{sp}=s(10^{-4}+3s)^3=3.0\times10^{-34}$$
$$\therefore s=3.0\times10^{-22}\text{M}$$

정답 ①

04

① 첨가된 수소 이온(H^+)이 탄산 이온(CO_3^{2-})과 반응하여 CO_3^{2-}이 소모되므로 정반응이 진행되어 용해도가 증가한다.

② $CO_2(g)$가 물에 용해되어 생성된 탄산 이온(CO_3^{2-})이 공통 이온 효과에 의해 역반응이 진행되므로 용해도가 감소한다.

③ Ag^+과 NH_3가 착이온을 형성하여 Ag^+이 감소되므로 정반응이 진행되므로 용해도가 증가한다.

$$Ag^+(aq)+2NH_3(aq)\rightarrow[Ag(NH_3)_2]^+(aq)$$

④ 탄산 이온(CO_3^{2-})이 공통 이온 효과에 의해 역반응이 진행되므로 용해도가 감소한다.

정답 ③

05

알짜 이온 반응식은 아래와 같다.

$AgBr(s) + 2NH_3(aq) \rightarrow [Ag(NH_3)_2]^+(aq) + Br^-(aq)$

양적 관계를 고려해보면

$AgBr(s)$ +	$2NH_3(aq)$ →	$[Ag(NH_3)_2]^+(aq)$ +	$Br^-(aq)$
	1.0 M		
	$-2s$	$+s$	$+s$
	$(1.0-2s)$	sM	sM

$$K = \frac{s^2}{(1-2s)^2} = K_{sp} \cdot K_f = 10^{-13} \times 10^7 = 10^{-6}$$

$$K = s^2 \qquad \therefore s = 10^{-3}\text{M}$$

정답 ③

06

- $Zn(OH)_2$는 용해되어 OH^-가 생성되는데 이 OH^-가 H^+과 반응하므로 산성 용액에서 용해도가 증가한다.
  $$Zn(OH)_2(s) \rightleftarrows Zn^{2+}(aq) + 2OH^-(aq)$$
- PbF_2는 용해된 이후 F^-가 물과 가수 분해 반응을 하여 OH^-를 생성하고 이 OH^-가 H^+과 반응하므로 산성 용액에서 용해도가 증가한다.
  $$PbF_2(s) \rightleftarrows Pb^{2+}(aq) + 2F^-(aq)$$
  $$F^-(aq) + H_2O(l) \rightleftarrows HF(aq) + OH^-(aq)$$
- $BaSO_4$는 용해된 이후 생성된 SO_4^{2-}가 H^+가 반응하므로 산성 용액에서 용해도가 증가한다.
  $$BaSO_4(s) \rightleftarrows Ba^{2+}(aq) + SO_4^{2-}(aq)$$
  $$SO_4^{2-}(aq) + H_3O^+(aq) \rightleftarrows HSO_4^-(aq) + H_2O(l)$$

정답 ④

07

pH = 11이므로 pH + pOH = 14에 의해 pOH = 3이고, $[OH^-] = 10^{-3}$M이다.

$Mn(OH)_2(s)$ →	$Mn^{2+}(aq)$ +	$2OH^-(aq)$
	0	10^{-3}
	$+s$	$+2s$
	sM	$(10^{-3}+2s)$M

$$K_{sp} = s(10^{-3}+2s)^2 = 1.6 \times 10^{-13}$$

$$\therefore s = 1.6 \times 10^{-7}\text{M}$$

정답 ③

08

$$Ag_2CrO_4(s) \rightleftarrows 2Ag^+(aq) + CrO_4^{2-}(aq)$$

AgCl나 $AgNO_3$ 수용액에는 Ag^+이 있으므로 공통 이온 효과에 의해 Ag_2CrO_4 용해 반응의 역반응이 진행되므로 용해도가 감소된다. 따라서 순수한 물에 녹이는 경우가 방해 요소가 없어서 용해도가 가장 높다.

정답 ④

09

ㄱ. $MgF_2(s) \rightleftarrows Mg^{2+}(aq) + 2F^-(aq)$

$$K_{sp} = 4s^3 = 4 \times 10^{-9} \qquad \therefore s = 1.0 \times 10^{-3}\text{M}$$

ㄴ. 0.1M HCl 수용액에서 약산의 짝염기인 F^-가 H_3O^+가 중화 반응을 하여 F^-의 농도가 감소되므로 정반응이 진행되어 MgF_2의 용해도는 증가한다. 따라서 분모가 증가하므로

$$\frac{\text{물에서 } MgF_2\text{의 몰용해도}}{0.1\text{M HCl 수용액에서 } MgF_2\text{의 몰용해도}}$$
는 1보다 작다.

ㄷ. 공통 이온 효과를 고려하여 용해도를 구해야 한다.

$MgF_2(s)$ ⇄	$Mg^{2+}(aq)$ +	$2F^-(aq)$
	0.0	0.1M
	$+s$	$+2s$
	s	$0.1+2s$

$$K_{sp} = s(0.1+2s)^2 = 4 \times 10^{-9}$$

약산법에 의해

$$0.01 \times s = 4 \times 10^{-9}$$

$$\therefore s = \frac{4 \times 10^{-9}}{10^{-2}} = 4 \times 10^{-7}\text{M}$$

$$\frac{\text{물에서 } MgF_2\text{의 몰용해도}}{0.1\text{M NaF 수용액에서 } MgF_2\text{의 몰용해도}} = \frac{1 \times 10^{-3}\text{M}}{4 \times 10^{-7}\text{M}} = 2.5 \times 10^3$$

정답 ①

10

불용성 염의 용해 평형에 관한 공통이온효과를 묻는 문제이다.

$CaF_2(s)$	$\rightleftarrows$	$Ca^{2+}(aq)$	$+$	$2F^-(aq)$
		0		0.01M
		$+s$		$+2s$
		s		$0.01+2s$

$$K_{sp}=[Ca^{2+}][F^-]^2=s(0.01+2s)^2=1.5\times10^{-10}$$

$$\therefore s=1.5\times10^{-6}\text{M}$$

정답 ①

주관식 개념 확인 문제

공통 이온 효과

11

① 순수한 물에서의 용해도

$$K_{sp}=s^2=10^{-10}$$

$$\therefore s=10^{-5}\text{M}$$

정답 $s=1.0\times10^{-5}\text{M}$

② 0.10M NaCl 용액, $[Cl^-]=10^{-1}\text{M}$

$AgCl(s)$	$\rightarrow$	$Ag^+(aq)$	$+$	$Cl^-(aq)$
		0		10^{-1}M
		$+s$		$+s$
		sM		$(10^{-1}+s)$M

$$K_{sp}=s(10^{-1}+s)=10^{-10}$$

$$\therefore s=10^{-9}\text{M}$$

정답 $s=1.0\times10^{-9}\text{M}$

12

① 순수한 물에서의 용해도

$$K_{sp}=s^2=10^{-10}\qquad\therefore s=10^{-5}\text{M}$$

정답 $s=1.0\times10^{-5}\text{M}$

② 0.10M $AgNO_3$용액, $[Ag^+]=10^{-1}\text{M}$

$AgCl(s)$	$\rightarrow$	$Ag^+(aq)$	$+$	$Cl^-(aq)$
		10^{-1}M		0
		$+s$		$+s$
		$(10^{-1}+s)$M		sM

$$K_{sp}=(10^{-1}+s)s=10^{-10}$$

$$\therefore s=10^{-9}\text{M}$$

정답 $s=1.0\times10^{-9}\text{M}$

13

① 순수한 물에서의 용해도

$$K_{sp}=s(2s)^2=4s^3=1.0\times10^{-12}$$

$$\therefore s=6.3\times10^{-5}\text{M}$$

정답 $s=6.3\times10^{-5}\text{M}$

② 0.10M NaF용액에서, $[F^-]=10^{-1}\text{M}$

$CaF_2(s)$	$\rightarrow$	$Ca^{2+}(aq)$	$+$	$2F^-(aq)$
		0		10^{-1}
		$+s$		$+2s$
		sM		$(10^{-1}+2s)$M

$$K_{sp}=s(10^{-1}+2s)^2=1.0\times10^{-12}$$

$$\therefore s=10^{-10}\text{M}$$

정답 $s=1.0\times10^{-10}\text{M}$

pH

14

① 순수한 물에서 $K_{sp}=1.0\times10^{-9}$

② 산성 조건에서 알짜 반응식은 다음과 같다

$$CaCO_3(s)\rightleftarrows Ca^{2+}(aq)+CO_3^{2-}(aq)$$

$$K_1=K_{sp}=1.0\times10^{-9}$$

$$CO_3^{2-}(aq)+H_3O^+(aq)\rightarrow HCO_3^-(aq)+H_2O(l)$$

$$K_2=\frac{1}{K_{a_2}}=10^{11}$$

$$CaCO_3(s)+H_3O^+(aq)\rightleftarrows Ca^{2+}(aq)+HCO_3^-(aq)+H_2O(l)$$

$$K=K_{sp}\times\frac{1}{K_{a_2}}$$

$$=1.0\times10^{-9}\times\frac{1}{1.0\times10^{-11}}=1.0\times10^2$$

정답 $K=1.0\times10^2$

15

HCl는 정반응이 매우 우세한 강산으로 그 짝염기인 Cl^-가 수소 이온과 반응하는 역반응이 일어나기 어려우므로, AgCl의 용해도에 영향을 미치지 않는다.

정답 영향 없다

금속 황화합물의 K_{sp}

16

① 순수한 물

$$ZnS(s) \rightleftarrows Zn^{2+}(aq) + S^{2-}(aq)$$

물보다 강한 염기인 S^{2-}이 가수 분해한다.

$$S^{2-}(aq) + H_2O(l) \rightleftarrows HS^-(aq) + OH^-(aq)$$

알짜 반응식은 다음과 같다.

$$ZnS(s) + H_2O(l) \rightleftarrows Zn^{2+}(aq) + HS^-(aq) + OH^-(aq)$$

정답 $K = [Zn^{2+}][OH^-][HS^-]$

② 산성 조건

$$ZnS(s) \rightleftarrows Zn^{2+}(aq) + S^{2-}(aq)$$

물보다 강한 염기인 S^{2-}이 H_3O^+과 반응한다.

$$S^{2-}(aq) + H_3O^+(aq) \rightleftarrows HS^-(aq) + H_2O(l)$$

알짜 반응식은 다음과 같다.

$$ZnS(s) + H_3O^+(aq) \rightleftarrows Zn^{2+}(aq) + HS^-(aq) + H_2O(l)$$

$$K = \frac{[Zn^{2+}][HS^-]}{[H_3O^+]}$$

정답 $K = \frac{[Zn^{2+}][HS^-]}{[H_3O^+]}$

착이온 형성

17

① 순수한 물에서 AgBr의 용해도

$s = \sqrt{K_{sp}} = \sqrt{7.7 \times 10^{-13}} = 8.8 \times 10^{-7}$M이다.

정답 $s = 8.8 \times 10^{-7}$M

② 암모니아 수용액에서의 알짜 반응식은 아래와 같다.

$$AgBr(s) + 2NH_3(aq) \rightarrow [Ag(NH_3)_2]^+(aq) + Br^-(aq)$$

양적 관계를 고려해보면

$AgBr(s)$	$+ 2NH_3(aq)$	$\rightarrow Ag(NH_3)_2^+(aq)$	$+ Br^-(aq)$
	1.0M	0M	0M
	$-2s$	$+s$	$+s$
	$1-2s$	sM	sM

$$K = \frac{s^2}{(1-2s)^2} = K_{sp} \times K_f = 13 \times 10^{-6}$$

$$\therefore s = 3.6 \times 10^{-3}\text{M}$$

정답 $s = 3.6 \times 10^{-3}$M

18

형성 상수에 대한 반응식을 세우면 아래와 같다.

$$Ag^+(aq) + 2NH_3(aq) \rightarrow [Ag(NH_3)_2]^+(aq)$$

이 반응의 형성 상수가 매우 커서 정반응이 매우 잘 일어나므로 완전히 반응한 후 매우 조금 역반응이 진행된다고 가정하여 구할 수 있다.

	$Ag^+(aq)$	$+ 2NH_3(aq)$	$\rightarrow Ag(NH_3)_2^+(aq)$
	0.01M		0
비가역적	-0.01		$+0.01$
	0		0.01M
가역적	$+s$		$-s$
	s	0.2	$0.01-s$

$$K_f = \frac{0.01-s}{s(0.2)^2} = 1.7 \times 10^7$$

$$\therefore s = 1.5 \times 10^{-8}\text{M} = [Ag^+]$$

정답 $[Ag^+] = 1.5 \times 10^{-8}$M

기본 문제

19

ㄱ. 중화 반응에 의해 CaF_2의 정반응이 진행되어 용해도가 증가되므로 $y > x$이다.

$$F^-(aq) + H_3O^+(aq) \rightarrow HF(aq) + H_2O(l)$$

ㄴ. $K_{sp} = 4s^3 = 4.0 \times 10^{-11}$ $\quad \therefore s = 10^{-\frac{11}{3}} > 10^{-4}$

ㄷ. 공통이온효과로 용해도는 감소한다.

정답 ①

20

ㄱ. 물을 첨가하여도 불용성염의 용해도에 영향을 미치지 않는다.

ㄴ. 공통이온($C_2O_4^{2-}$)효과로 역반응이 진행되어 용해도는 감소한다.

ㄷ. 질산의 H_3O^+과 $C_2O_4^{2-}$의 반응으로 $C_2O_4^{2-}$이 소비되므로 정반응이 진행되어 옥살산칼슘의 용해도가 증가한다.

정답 ②

21

위 반응식은 아래의 두 반응식을 더한 것이다. 따라서 평형 상수는 두 반응식의 평형 상수의 곱으로 표현된다.

$Cu(OH)_2(s) \rightleftarrows Cu^{2+}(aq) + 2OH^-(aq)$ $\quad K_{sp}$

$Cu^{2+}(aq) + 4NH_3(aq) \rightarrow [Cu(NH_3)_4]^{2+}(aq)$ $\quad K_f$

$K = K_{sp} \times K_f$

$= 1.6 \times 10^{-19} \times 1.0 \times 10^{13} = 1.6 \times 10^{-6}$

정답 ①

제 3 절 선택적 침전

01 ① **02** 침전 형성

03 침전이 형성되지 않는다.

04 (1) ① $1.7 \times 10^{-3}M$, ② $1.3 \times 10^{-2}M$

(2) $3.6 \times 10^{-2}M$ 이상

05 $10^{-11} < [Ag^+] \le 10^{-8}M$ **06** CuI **07** pH=9.0

대표 유형 기출 문제

01

$AgCl(s)$의 침전이 일어나기 위해서는 $[Ag^+] = \frac{K_{sp}}{[Cl^-]} = \frac{1.6 \times 10^{-10}}{0.1} = 1.6 \times 10^{-9}M$ 이상이어야 한다.

$Ag_2CrO_4(s)$의 침전이 일어나기 위해서는

$[Ag^+] = \sqrt{\frac{K_{sp}}{[CrO_4^{2-}]}} = \sqrt{\frac{9.0 \times 10^{-12}}{0.1}} = \sqrt{90} \times 10^{-6}$

$= 9.49 \times 10^{-6}M$ 이상이어야 한다. 따라서 적은 양으로 먼저 침전이 일어나는 것은 AgCl이다.

정답 ①

주관식 개념 확인 문제

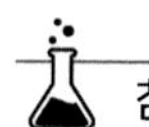

침전 조건

02

Pb^{2+}의 몰수는 몰농도와 부피의 곱이고, 혼합 전후 변하지 않는다. 용액의 부피만 2배로 증가한다.

$[Pb^{2+}] = \frac{(4.0 \times 10^{-2}M)(10^{-1}L)}{2 \times 10^{-1}L} = 2.0 \times 10^{-2}M$

$[I^-] = \frac{(2.0 \times 10^{-2})(10^{-1})}{2 \times 10^{-1}L} = 1.0 \times 10^{-2}M$

$Q_{sp} = [Pb^{2+}][I^-]^2 = (2.0 \times 10^{-2})(1.0 \times 10^{-2})^2$

$= 2 \times 10^{-6}$

$Q_{sp} > K_{sp}$이므로 침전된다.

정답 침전 형성

03

$$[Mn^{2+}] = \frac{4.0\times10^{-4}M\times0.1L}{0.2L} = 2\times10^{-4}M$$

$$[OH^-] = \frac{2\times10^{-4}\times0.1L}{0.2L} = 10^{-4}M$$

$$Q_{sp} = [Mn^{2+}][OH^-]^2 = (2.0\times10^{-4})(1.0\times10^{-4})^2 = 2\times10^{-12}$$

$Q_{sp} < K_{sp}$이므로 침전되지 않는다.

정답 침전이 형성되지 않는다.

선택적 침전

04

(1) ① $K_{sp} = [Pb^{2+}][Cl^-]^2 = 1.7\times10^{-5}$

$$1.7\times10^{-5} = [Pb^{2+}](10^{-1})^2$$

$$\therefore [Pb^{2+}] = 1.7\times10^{-3}M$$

② $K_{sp} = [Pb^{2+}][Cl^-]^2 = 1.7\times10^{-5}$이므로 Cl^-에 대해 정리하고, $[Cl^-] = \sqrt{\frac{1.7\times10^{-5}}{[Pb^{2+}]}}$ 이고

$[Pb^{2+}] = 10^{-1}M$을 대입하면,

$$\therefore [Cl^-] = 1.3\times10^{-2}M$$

정답 ① $1.7\times10^{-3}M$ ② $1.3\times10^{-2}M$

(2) 침전이 생성되게 하려면 $Q_{sp} > K_{sp}$이어야 한다.

$$Q_{sp} = [Sr^{2+}][CrO_4^{2-}] = (10^{-3})[CrO_4^{2-}] > 3.6\times10^{-5} = K_{sp}$$

$$[CrO_4^{2-}] > 3.6\times10^{-2}M$$

정답 $3.6\times10^{-2}M$ 이상

05

AgBr의 Q_{sp}가 K_{sp}보다 클 때 침전하기 시작하므로

$Q_{sp} = [Ag^+][Br^-] = [Ag^+](10^{-2}) > K_{sp} = 1.0\times10^{-13}$

이므로 $[Ag^+] > 10^{-11}M$일 때 침전되기 시작한다.

$$[Ag^+] = \frac{K_{sp}}{[Cl^-]} = \frac{1.0\times10^{-10}}{10^{-2}} = 10^{-8}$$

$[Ag^+] \le 10^{-8}$이어야 $AgCl(s)$이 침전되지 않는다.

정답 $10^{-11} < [Ag^+] \le 10^{-8}M$

06

$K_{sp} = [Pb^{2+}][I^-]^2$, $K_{sp} = [Cu^+][I^-]$

PbI_2의

$$[I^-] = \sqrt{\frac{K_{sp}}{[Pb^{2+}]}} = \sqrt{\frac{1.4\times10^{-8}}{1.4\times10^{-3}}} = 3.16\times10^{-3}$$

CuI의

$$[I^-] = \frac{K_{sp}}{[Cu^+]} = \frac{5.3\times10^{-12}}{10^{-4}} = 5.3\times10^{-8}$$

적은 양을 첨가해도 되는 CuI가 먼저 침전된다.

정답 CuI

07

$K_{sp} = [M^{2+}][OH^-]^2$을 이용하여 $[OH^-]$에 대해 정리한다.

$$[OH^-] = \sqrt{\frac{K_{sp}}{[M^{2+}]}} = \sqrt{\frac{10^{-12}}{10^{-2}}} = 10^{-5}M$$

$$pOH = -\log[OH^-], pH + pOH = 14$$

$$pOH = 5,\ pH = 9$$

정답 pH = 9.0

Chapter

08 환경 화학

01 ②	02 ①	03 ①	04 ②	05 ②
06 ①	07 ①	08 ③	09 ①	10 ①
11 ①	12 ①	13 ③	14 ③	15 ②

대표 유형 기출 문제

01

염화 플루오린화 탄소 또는 염화불화탄소, 클로로플루오로카본(chlorofluorocarbons, CFCs)으로 탄소, 염소, 플루오린이 포함된 유기 화합물을 가리킨다.

정답 ②

02

산성비의 피해를 입는다는 것은 산성 물질과 반응한다는 것이다. 즉 염기성 물질이 산성비의 피해를 입는다. 보기 지문에서 염기성 물질은 대리석($CaCO_3$)이다.

대리석과 산성비의 반응을 화학 반응식으로 나타내면 다음과 같다.

$$CaCO_3(s) + H_3O^+(aq) \rightarrow CaCl_2(aq) + H_2O(l) + CO_2(g)$$

정답 ①

03

산성비로 피해를 주기 위해서는 강산을 생성해야 한다. HCO_2H는 약산이므로 산성비의 형성과 관계가 없다.

정답 ①

04

② 냉매와 공업용매로 많이 사용되는 CFC는 공기와 화학적인 반응성이 작기 때문에 성층권까지 올라가서 태양의 자외선에 의해 염소 원자로 분해돼 지구 온난화의 원인 물질이자 오존층을 파괴하는 주범이다.

정답 ②

05

② 염화칼슘($CaCl_2$)의 액성은 중성이므로 산성비로 인한 호수의 산성화를 막기 위해서는 약염기인 암모니아(NH_3)를 사용하는 것이 적절하다.

정답 ②

06

비금속 산화물(SO_2)은 물에 녹아 산성 용액을 형성한다.

$$SO_2(g) + H_2O(l) \rightarrow H_2SO_3(aq)$$

암모니아(NH_3)는 염기이므로 염기성 용액을 형성한다.

$$NH_3(aq) + H_2O(l) \rightleftarrows NH_4^+(aq) + OH^-(aq)$$

금속 산화물(BaO)은 물에 녹아 염기성 용액을 형성한다.

$$BaO(s) + H_2O(l) \rightarrow Ba(OH)_2(aq)$$

수산화 바륨($Ba(OH)_2$)은 염기이므로 염기성 용액을 형성한다.

$$Ba(OH)_2(aq) \rightarrow Ba^{2+}(aq) + 2OH^-(aq)$$

정답 ①

07

오존의 분해 반응은 산성비 형성과 관계가 없다.

SO_2는 물에 용해되어 H_2SO_3을 생성한다.

$$SO_2(g) + H_2O(l) \rightarrow H_2SO_3(aq)$$

NO는 O_2와 반응하여 NO_2를 만들고 NO_2과 물에 용해되어 HNO_3을 생성한다.

$$2NO(g) + O_2(g) \rightarrow 2NO_2(g)$$

$$3NO_2(g) + H_2O(l) \rightarrow 2HNO_3(aq) + NO(aq)$$

정답 ①

08

광화학 스모그는 주로 자동차의 배기가스 속에 함유된 올레핀계 탄화수소와 질소 산화물의 혼합물에 태양광선이 작용해서 생기는 광화학 반응에 의한 것이며, LA형 스모그라고도 한다.

$$NO_2 \xrightarrow{UV} NO + O$$

$$NO + O_2 \rightarrow NO_2 + O$$

$$O + O_2 \rightarrow O_3$$

$$O_3 + HC \rightarrow SMOG$$

정답 ③

09

A는 CO, B는 SO_2, C는 Cl_2이다.

ㄱ. A(CO)는 헤모글로빈과의 결합력이 아주 강하여 헤모글로빈과 결합하면 쉽게 해리되지 않는다.

ㄴ. B(SO_2)의 수용액은 산성을 띤다.

$$SO_2(g) + H_2O(l) \rightarrow H_2SO_3(aq) \rightleftarrows SO_3^{2-}(aq) + 2H^+(aq)$$

ㄷ. C(Cl_2)의 성분 원소는 한 가지이다.

정답 ①

10

SO_2는 산성비의 원인이 되는 물질이고, NO와 NO_2는 산성비 또는 스모그의 주된 원인이 되는 물질이다. CO_2는 온난화와 관련된 물질이다.

정답 ①

11

실내 오염 물질 중 방사성 물질은 Rn이다.

정답 ①

12

SO_2, NO, CO_2는 비금속 산화물로서 물과 반응하여 산을 생성하므로 액성은 산성이 된다.

$SO_2(g) + H_2O(l) \rightarrow H_2SO_3(aq)$

$2NO(g) + O_2(g) \rightarrow 2NO_2(g)$

$2NO_2(g) + H_2O(l) \rightarrow HNO_3(aq) + HNO_2(aq)$

$CO_2(g) + H_2O(l) \rightarrow H_2CO_3(aq)$

정답 ①

13

온실 기체는 일반적으로 자연 · 인위적인 지구 대기 기체의 구성 물질이다. 또한, 지구 표면과 대기 그리고 구름에 의하여 우주로 방출되는 특정한 파장 범위를 지닌 적외선 복사열 에너지를 흡수하여 열을 저장하고 다시 지구로 방출하는 기체를 말한다. 이러한 온실 기체의 특성으로 온실 효과가 발생하는데, 주로 수증기, 이산화탄소, 이산화질소, 메탄, 오존, CFCs 등이 온실 효과를 일으키는 일반적인 지구 대기의 온실 가스 성분이다. $N_2(g)$는 적외선 복사열 에너지를 흡수하지 않으므로 온실 가스가 아니다.

정답 ③

14

광화학 스모그 발생 과정에 생성되는 중간체인 하이드록시라디칼은 산소 원자에 전자가 하나 부족한 상태이므로 매우 불안정하다. 따라서 안정한 상태로 되기 위해 주위의 물질들과 반응하려고 하므로 반응성이 크다고 할 수 있다.

정답 ③

15

끓는점이 낮아서 대기 중으로 쉽게 증발되는 액체 또는 기체상 유기 화합물을 총칭으로서 VOC라고 하는데, 산업체에서 많이 사용하는 용매에서부터 화학 및 제약 공장이나 플라스틱 건조 공정에서 배출되는 유기 가스에 이르기까지 매우 다양하며 끓는점이 낮은 액체 연료, 파라핀, 올레핀, 방향족 화합물 등 생활 주변에서 흔히 사용하는 탄화수소류가 거의 해당된다. VOC는 대기 중에서 질소 산화물(NO_x)과 함께 광화학 반응으로 오존 등 광화학 산화제를 생성하여 광화학 스모그를 유발하기도 하고, 벤젠과 같은 물질은 발암성 물질로서 인체에 매우 유해하며, 스티렌을 포함하여 대부분의 VOC는 악취를 일으키는 물질로 분류할 수 있다.

정답 ②

Chapter

09 전기 화학

제 1 절 산화수와 양적 관계

01 ③	02 ③	03 ④	04 ③	05 ③
06 ④	07 ①	08 ①	09 ②	10 ①
11 ①	12 ④	13 ④	14 ③	15 ④
16 ④	17 ②	18 ④	19 ③	20 ④
21 ②	22 ①	23 ③	24 ④	25 ①
26 ①	27 ②	28 ②	29 ④	30 ②
31 ④	32 ③	33 ②	34 ②	35 ①
36 ③	37 ①	38 ①	39 ③	40 ①
41 ③	42 ④			

43 ① +7 ② +2 ③ +6 ④ −3, +5

44 ① 환원제 ② 산화제

45 환원제: Cu, 산화제: H_2SO_4

46 환원제: HBr, 산화제: Cl_2

47 2 : 1

48 (1) $3Cu + 8H^+ + 2NO_3^- \rightarrow 3Cu^{2+} + 2NO + 4H_2O$

(2) $Cr_2O_7^{2-} + 6Fe^{2+} + 14H^+ \rightarrow 2Cr^{3+} + 6Fe^{3+} + 7H_2O$

49 $3Cl_2 + 6OH^- \rightarrow ClO_3^- + 5Cl^- + 3H_2O$

50 (1) $5Sn^{2+} + 2MnO_4^- + 16H^+ \rightarrow 5Sn^{4+} + 2Mn^{2+} + 8H_2O$

(2) $x = 0.2M$

51 43.5% 52 $V = 80mL$

53 1.84g	54 ①	55 ②	56 ①	57 ③
58 ①	59 ⑤	60 ③	61 ③	62 ②
63 ②	64 ②	65 ③	66 ④	67 ①
68 ⑤	69 ①	70 ③	71 ④	72 ①
73 ②	74 ②	75 ④	76 ①	77 ②
78 ③	79 ②	80 ①	81 ②	82 ③
83 ③	84 ③	85 ②	86 ④	87 ①
88 ②	89 ②	90 ④	91 ⑤	92 ④

대표 유형 기출 문제

산화-환원 반응

01

ㄴ은 산화수의 변화가 없는 루이스 산염기 반응이다. ㅁ은 중화 반응으로 산화-환원 반응이 아니다.

정답 ③

02

③은 앙금($PbCl_2$) 생성 반응으로 산화수의 변화가 없다.

정답 ③

03

산화수가 변하여 홑원소 물질이 생성된 ④가 산화-환원 반응이다.

정답 ④

04

① 철의 산화수가 +3에서 +2로 감소되었으므로 환원 반응이다.

② R−S−S−R에서 S의 산화수는 −1이고, R−SH에서 S의 산화수는 −2로 감소되었으므로 환원 반응이다.

③ 메테인에서 탄소의 산화수는 −4이고, 이산화탄소에서 탄소의 산화수는 +4로 산화수가 증가하는 산화 반응이다.

④ SnO_2에서 Sn의 산화수는 +4에서 Sn은 산화수가 0으로 감소되었으므로 환원 반응이다.

정답 ③

05

- Fe의 산화수: +2 → +3 산화수가 증가하였으므로 환원제
- Mn의 산화수: +7 → +2 산화수가 감소하였으므로 산화제

정답 ③

06

산화-환원 반응이란 전자의 이동이 있는 반응으로 필연적으로 산화수의 변화가 있다. 화학 반응식에 반응물이나 생성물 중에 홑원소 물질이 존재하는 경우에는 반드시 산화수의 변화가 있으므로 홑원소 물질이 있는 반응은 산화-환원 반응이라 할 수 있다. ④ 화학 반응식에는 반응물에 Cu와 생성물에 Ag가 있으므로 산화-환원 반응이다.

정답 ④

07

산화제는 환원되는 화학종이므로 전자를 얻게 되어 산화수는 감소한다.

정답 ①

08

음극화 보호법이란 반응성 차이를 이용하여 금속의 부식을 방지하는 방법이다. 철의 부식을 막기 위해서는 철보다 반응성이 큰 금속, 즉 Mg을 사용하여야 한다.

정답 ①

산화수

09

ㄱ. Cd의 산화수는 $0 \to +2$로 증가하였다.

ㄴ. Ni의 산화수는 $+4 \to +2$로 감소하였으므로 산화제로 작용한다.

ㄷ. 수소와 산소의 산화수는 변하지 않았으므로 산화제도 환원제도 아니다.

정답 ②

10

① 산화-환원 반응식을 완성하면 다음과 같다.

$$Ag(s) + NO_3^-(aq) + 2H^+(aq) \to Ag^+(aq) + NO_2(g) + H_2O(l)$$

따라서 ㉡과 ㉣은 각각 2와 1이다.

② NO_3^-는 질소의 산화수가 $+5 \to +4$로 감소하므로 산화제이다.

③ H^+는 산화수가 변하지 않았으므로 산화제가 아니다.

④ 화학 반응식의 계수를 통해 Ag 1몰이 NO_3^- 1몰과 반응함을 알 수 있다.

정답 ①

11

환원제는 전자를 잃어 산화수가 증가된다. 상대 물질에서 전자를 빼앗으면 환원되므로 산화제에 대한 설명이다.

정답 ①

12

① 산화수가 변하지 않으므로 산화-환원 반응이 아니다.

② $SnCl_3^-$는 1쌍의 비공유 전자쌍이 있다.

[:Cl̤̈—S̈n—C̤̈l:] with :C̤̈l: below Sn

③, ④ $SnCl_4$는 비공유 전자쌍이 없으므로 루이스 염기가 아니다. 또한 Sn의 입체수가 4이므로 Sn의 혼성 오비탈은 sp^3이다.

Sn bonded to four :Cl: (tetrahedral)

정답 ④

13

ㄱ. 산화수가 감소하는 물질은 산화제이다.

ㄴ. 금속 수소화물에서 수소의 산화수는 -1이다.

정답 ④

14

암모늄 이온에서 질소의 산화수는 -3이다.

정답 ③

15

Cu_2O에서 구리의 산화수는 $+1$이고, $Cu(NO_3)_2$에서 구리의 산화수는 $+2$로 산화수가 증가했으므로 Cu가 산화되었다.

정답 ④

16

Cr의 산화수가 +6에서 +3으로 감소하였으므로 $Cr_2O_7^{2-}$가 산화제이고, 에탄올에서 탄소의 산화수는 −2이고, 이산화탄소에서 탄소의 산화수는 +4로 산화수가 증가했으므로 에탄올이 환원제이다.

정답 ④

17

① Pb : +2 → +2 ② S : −2 → +6
③ H : +1 → +1 ④ O : −1 → −2
S의 산화수 변화가 +8로 가장 크다.

정답 ②

18

② Pb의 산화수가 +2 → 0으로 감소되었으므로 산화제이다.
③ C의 산화수가 +2 → +4로 증가되었으므로 산화되었다.
④ 생성물 Pb의 산화수는 0이다.

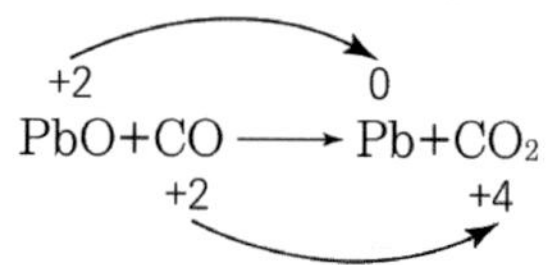

정답 ④

19

ㄱ. $HAuCl_4$에서 Au의 산화수는 +3, 생성물인 Au의 산화수는 0이므로 반응 전후 Au의 산화수는 +3에서 0으로 감소하였다.
ㄹ. 산−염기 반응은 산화수의 변화가 없다.

정답 ③

20

$(+1)+x+(-2)\times 4=0$이므로 Mn의 산화수는 +7이다.

정답 ④

21

$Cr_2O_7^{2-}$에서 $2x+(-2\times 7)=-2$ $\therefore x=+6$

CrO_4^{2-}에서 $x+(-2\times 4)=-2$ $\therefore x=+6$

정답 ②

22

각 원자의 산화수 변화를 보면,

P : 0 → +5, Cl : 0 → −1

따라서 환원제는 P_4이고, 산화제는 Cl_2이다.

정답 ①

23

① (가)에서 Cu의 산화수는 0 → 2로 증가하였으므로 환원제이다.
② $AgNO_3$의 N의 산화수는 K_3PO_4의 P의 산화수와 +5로 같다.
③ (나)에서 Ag^+, NO_3^-, K^+, PO_4^{3-}의 산화수 변화가 없으므로 산화환원 반응이 아니다.
④ (다)에서 $KClO_3$에서 Cl의 산화수는 +5, KCl에서 Cl의 산화수는 −1이므로 $KClO_3$는 산화제이고, $KClO_4$에서 Cl 산화수는 +7이므로 $KClO_3$는 또한 환원제이다.

정답 ③

24

① (가)에서 C의 산화수는 0 → +2로 증가한다.
② (가)~(라) 중 산화수의 변화가 있는 산화−환원 반응은 (가)와 (나) 2가지이다.
③ (나)에서 CO에서 C의 산화수는 +2이고, CO_2에서 C의 산화수는 +4로 C의 산화수가 증가하였으므로 CO는 산화되었고, 따라서 CO는 환원제이다.
④ (다)에서 Ca의 산화수는 +2로 변하지 않았다.

정답 ④

25

① $-12+4x=0$ $\quad\therefore x=+3$

② $2x-14=-4$ $\quad\therefore x=+5$

③ $1+x-8=-2$ $\quad\therefore x=+5$

④ $x=+5$

정답 ①

26

S의 산화수를 구하면,

① −2 ② +6 ③ +6 ④ +6이다.

따라서 황(S)의 산화수가 나머지와 다른 것은 ① H_2S 이다.

정답 ①

이온 전자법과 산화-환원 반응의 양적 관계

27

전하량의 보존을 확인한 후, 산화수를 구한다. ①과 ④는 전하량이 보존되지 않으므로 정답에서 제외한다.

먼저, 이동한 전자의 몰수를 같게 한다.

$$H_2O_2+2Fe^{2+}\rightarrow 2Fe^{3+}+2H_2O$$

수소 원자와 산소 원자의 개수를 같게 하고 전하량 보존을 확인한다.

$$H_2O_2+2H_3O^{+}+2Fe^{2+}\rightarrow 4H_2O+2Fe^{3+}$$

정답 ②

28

(가)에서 반응의 화학 반응식은 아래와 같다.

$$3C(s)+2Fe_2O_3(s)\rightarrow 4Fe(s)+3CO_2(g)$$

(나)에서 반응의 화학 반응식은 아래와 같다.

$$3CO(g)+Fe_2O_3(s)\rightarrow 2Fe(s)+3CO_2(g)$$

② 환원제는 $CO(g)$이다.

정답 ②

29

반응물과 생성물의 전하량은 보존되어야 한다.

$$-1+8+x=+2 \qquad \therefore x=-5$$

정답 ④

30

Mn의 산화수 변화: $+7\rightarrow+2$, Fe의 산화수 변화: $+2\rightarrow+3$이므로, 이온 전자법에 의해 산화-환원 반응식의 균형을 맞추면 다음과 같다.

$$MnO_4^- + 8H^+ + 5e^- \rightarrow Mn^{2+} + 4H_2O$$
$$5Fe^{2+}\rightarrow 5Fe^{3+} + 5e^-$$

전체 반응식으로 나타내면 다음과 같다.

$$MnO_4^- + 5Fe^{2+} + 8H_3O^+ \rightarrow Mn^{2+} + 5Fe^{3+} + 12H_2O$$

$$a:1,\ b:5,\ c:8,\ d:1,\ e:5,\ f=12$$

$$MnO_4^- : 5Fe^{2+} = (0.1\times0.3) : x$$

$$\therefore x = 0.15\text{mol}$$

정답 ②

31

이온전자법에 의해 산화–환원 반응식의 균형을 맞추면 다음과 같다.

$$5Fe^{2+}\rightarrow 5Fe^{3+} + 5e^-$$
$$MnO_4^- + 8H^+ + 5e^- \rightarrow Mn^{2+} + 4H_2O$$

① $b+c=5+4=9$이다.

② 과망가니즈산 이온(MnO_4^-)에서 Mn의 산화수가 $+7\rightarrow+2$로 감소되었으므로 환원된다.

③ 수소 이온(H^+)은 산화수의 변화가 없으므로 산화–환원 반응에 참여하지 않았다. 따라서 산화제도 환원제도 아니다.

④ $Fe^{2+} : MnO_4^- = 5:1$이므로 5몰의 철(Ⅱ)이온이 철(Ⅲ)이온으로 변할 때 반응하는 과망가니즈산 이온은 1몰이다.

정답 ④

32

물이 산화-환원 반응에 참여하는 경우이다. 염기성 조건이지만 먼저 산성 조건으로 가정하고 화학 반응식을 구하고 마지막에 염기성 조건으로 전환시킨다.

산화 반쪽 반응식을 작성하면,

$2H_2O(l)\rightarrow O_2(g) + 4H^+(aq) + 4e^-$ ...... ①

환원 반쪽 반응식을 작성하면,

$MnO_4^-(aq) + 4H^+(aq) + 3e^-$

$\rightarrow MnO_2(s) + 2H_2O(l)$ ...... ②

전자의 몰수를 갖게 하기 위해 ① × 3+② × 4를 하면,

$4MnO_4^-(aq) + 6H_2O(l) + 4H^+(aq)$

$\rightarrow 4MnO_2(s) + 3O_2(g) + 8H_2O(l)$

염기성 조건이므로 수소 이온을 없애주기 위해 양변에 $4OH^-$를 더해주고 정리하면,

$4MnO_4^-(aq) + 2H_2O(l)$

$\rightarrow 4MnO_2(s) + 3O_2(g) + 4OH^-(aq)$

정답 ③

33

① 반응 전 산소 원자의 몰수가 18몰이므로 반응 후의 산소 원자의 몰수도 18몰이어야 한다. H_2O에 8몰의 산소 원자가 있으므로 $x = 5$이다.

②, ③ H_2O_2의 O의 산화수: $-1 \rightarrow 0$

MnO_4^-의 Mn의 산화수: $+7 \rightarrow +2$

H_2O_2의 O가 산화되었으므로 H_2O_2는 환원제이다. 따라서 MnO_4^-는 산화제이다.

④ H 원자의 산화수는 +1로 모두 같다.

정답 ②

34

균형 화학 반응식은 아래와 같다.

$2MnO_4^-(aq) + 5C_2O_4^{2-}(aq) + 16H^+(aq)$

$\rightarrow 2Mn^{2+}(aq) + 10CO_2(g) + 8H_2O(l)$

② C의 산화수는 $+3 \rightarrow +4$로 1만큼 증가한다.

정답 ②

35

위 반응을 화학 반응식으로 나타내면 다음과 같다.

$H_2O_2(aq) + 2Fe^{2+}(aq) + 2H^+(aq)$

$\rightarrow 2Fe^{3+}(aq) + 2H_2O(l)$

② 이동하는 전자의 몰수는 산화수의 변화 × 원자의 몰수이다. H_2O_2에서 산소 원자의 산화수가 −1에서 −2로 1감소하고 산소 원자의 몰수는 2몰이므로 H_2O_2 1몰이 반응할 때 전자 2몰이 이동한다.

③ O의 산화수는 −1에서 −2로 1만큼 낮아진다.

④ 반응의 진행과 함께 수소 이온의 농도가 감소되므로 수용액의 pH는 높아진다.

정답 ①

36

화학 반응식의 균형을 맞추면 다음과 같다.

$Sn(s) + 6Cl^-(aq) + 4NO_3^-(aq) + 8H^+(aq)$

$\rightarrow SnCl_6^{2-}(aq) + 4NO_2(g) + 4H_2O(l)$

① Cl의 산화수는 −1로 일정하다.

② Sn이 산화되므로 환원제이고, NO_3^-은 환원되므로 산화제이다.

④ 1몰의 Sn이 반응할 때 Sn의 산화수의 변화는 $0 \rightarrow +4$이므로 4이고 Sn 원자의 몰수가 1몰이므로 이동한 전자의 몰수는 $4 \times 1 = 4$몰이다.

정답 ③

37

먼저, 반쪽 반응식을 작성해보면,

환원 반쪽 반응식:

$MnO_4^-(aq) + 8H^+(aq) + 5e^-$

$\rightarrow Mn^{2+}(aq) + 4H_2O(l)$ ...... ①

산화 반쪽 반응식:

$Fe^{2+}(aq) \rightarrow Fe^{3+}(aq) + e^-$ ...... ②

전하량을 보존시켜주면, ①+5 × ②이므로

전체 반응식은 다음과 같다.

$MnO_4^-(aq) + 5Fe^{2+}(aq) + 8H^+(aq)$

$\rightarrow 5Fe^{3+}(aq) + Mn^{2+}(aq) + 4H_2O(l)$

ㄱ. 전체 반응식의 균형을 맞추기 위해서는 8개의 수소 양이온이 필요하다.

ㄴ. 이동하는 전자의 몰수가 5몰이므로 전체 반응식의 균형을 맞추기 위해서는 5개의 전자가 필요하다.

ㄷ. 철 이온의 산화수가 $+2 \rightarrow +3$으로 증가하여 산화하였으므로 철 이온은 환원제로 사용되었다.

ㄹ. $a = 1,\ b = 5,\ d = 5,\ e = 1$

$a + b + d + e = 1 + 5 + 5 + 1 = 12$

정답 ①

38

균형 잡힌 반응식을 완성하면 다음과 같다.

$2MnO_4^- + 5ClO_3^- + 6H^+ \rightarrow 2Mn^{2+} + 5ClO_4^- + 3H_2O$

총 계수의 합은 $2+5+6+2+5+3=23$이다.

정답 ①

39

먼저 수소와 산소를 제외한 원자의 개수부터 맞춘다.

$Cl_2(g) + S_2O_3^{2-}(aq) \rightarrow 2Cl^-(aq) + 2SO_4^{2-}(aq)$

이동한 전자의 몰수(8몰)를 같게 하면,

$4Cl_2(g) + S_2O_3^{2-}(aq) \rightarrow 8Cl^-(aq) + 2SO_4^{2-}(aq)$

계수의 합은 $4+1+8+2=15$이다.

※ 참고로 물과 수소 이온을 이용하여 반응식의 균형을 완성하면 다음과 같다.

$4Cl_2(g) + S_2O_3^{2-}(aq) + 5H_2O(l)$
$\rightarrow 10H^+ + 8Cl^-(aq) + 2SO_4^{2-}(aq)$

정답 ③

40

산화－환원 반응식을 작성해보면,

$Na_2Cr_2O_7 + 2C \rightarrow Cr_2O_3 + Na_2CO_3 + CO$

ㄱ, ㄴ. 산화－환원 반응에서 먼저 Cr의 산화수 변화는 $+6 \rightarrow +3$이므로 -3이고 따라서 Cr이 2몰이므로 얻은 전자의 몰수는 6몰이다. 그렇다면 잃은 전자의 몰수도 6몰이어야 하는데 그러기 위해서는 반응물의 C 2몰 중 각각의 C가 전자를 잃어 CO_3^{2-}와 CO로 산화되어야 한다. 즉 C가 CO_3^{2-}이 될 때 산화수의 변화는 $0 \rightarrow +4$이고 잃은 전자의 몰수는 4몰, CO가 될 때 산화수의 변화는 $0 \rightarrow 2$이고 잃은 전자의 몰수는 2몰이므로 잃은 전자의 몰수는 총 6몰이 된다.

ㄷ. Na_2CO_3에서 탄소 원자의 산화수는 $+4$이고, CO에서 탄소 원자의 산화수는 $+2$이므로 동일하지 않다.

ㄹ. 균형 맞춘 반응식에서 두 반응물의 반응 계수 비는 1 : 2이다.

정답 ①

41

물이 산화－환원 반응에 참여하는 경우이다. 염기성 조건이지만 먼저 산성 조건으로 가정하고 화학 반응식을 구하고 마지막에 염기성 조건으로 전환시킨다.

산화 반쪽 반응식을 작성하면,

$2H_2O(l) \rightarrow O_2(g) + 4H^+(aq) + 4e^-$ ·············· ①

환원 반쪽 반응식을 작성하면,

$MnO_4^-(aq) + 4H^+(aq) + 3e^-$
$\rightarrow MnO_2(s) + 2H_2O(l)$ ········· ②

전자의 몰수를 갖게 하기 위해 ① × 3+② × 4를 하면,

$4MnO_4^-(aq) + 6H_2O(l) + 4H^+(aq)$
$\rightarrow 4MnO_2(s) + 3O_2(g) + 8H_2O(l)$

염기성 조건이므로 수소 이온을 없애주기 위해 양변에 $4OH^-$를 더해주고 정리하면,

$4MnO_4^-(aq) + 2H_2O(l)$
$\rightarrow 4MnO_2(s) + 3O_2(g) + 4OH^-(aq)$

※ 객관식이므로 주어진 지문들을 보면, ②와 ④는 전하량 보존 법칙에 위배되고, ①은 H_2O이 산화되면 O_2가 생성되는데 생성물에 O_2가 없으므로 정답이 될 수 없다. 결국 ③이 정답이 된다.

정답 ③

42

염기성 조건이므로 H^+의 수와 같은 수 만큼의 OH^-를 양변에 더해주고 정리하면 된다.

$Co(s) + 2H^+(aq) + 2OH^-(aq)$
$\rightarrow Co^{2+}(aq) + H_2(g) + 2OH^-(aq)$

$Co(s) + 2H_2O(l) \rightarrow Co^{2+}(aq) + 2OH^-(aq)$

정답 ④

주관식 개념 확인 문제

43

정답 ① +7 ② +2 ③ +6 ④ −3, +5

44

① $+4 \rightarrow +6$: 환원제

정답 환원제

② $+4 \rightarrow 0$: 산화제

정답 산화제

45

산화제: H_2SO_4(S: $+6 \rightarrow +4$)

환원제: Cu($0 \rightarrow +2$)

정답 환원제: Cu, 산화제: H_2SO_4

46

산화제: Cl_2($0 \rightarrow -1$)

환원제: HBr($-1 \rightarrow 0$)

정답 환원제: HBr, 산화제: Cl_2

47

Cu의 평균 산화수를 x라고 하면,

$3+(2\times2)+3x+(-2\times7)=0 \qquad \therefore x=\frac{7}{3}$

Cu^{2+}의 비를 y, Cu^{3+}의 비는 $1-y$라고 하면,

$$2y+3(1-y)=\frac{7}{3} \qquad \therefore y=\frac{2}{3}$$

따라서, $Cu^{2+}:Cu^{3+}=\frac{2}{3}:\frac{1}{3}=2:1$

정답 2 : 1

48

(1) **정답** $3Cu+8H^{+}+2NO_3^{-}$

$\rightarrow 3Cu^{2+}+2NO+4H_2O$

(2) **정답** $Cr_2O_7^{2-}+6Fe^{2+}+14H^{+}$

$\rightarrow 2Cr^{3+}+6Fe^{3+}+7H_2O$

49

정답 $3Cl_2+6OH^{-}\rightarrow ClO_3^{-}+5Cl^{-}+3H_2O$

50

(1) **정답** $5Sn^{2+}+2MnO_4^{-}+16H^{+}$

$\rightarrow 5Sn^{4+}+2Mn^{2+}+8H_2O$

(2) $5Sn^{2+}:2MnO_4^{-}=0.1\times0.5:x\times100$

정답 $x=0.2M$

51

$3Sn^{2+}\rightarrow 3Sn^{4+}+6e^{-}$, $Cr_2O_7^{2-}+6e^{-}\rightarrow 2Cr^{3+}$을 통해 계수의 비가 3 : 1임을 알 수 있다. 전체 화학 반응식은 다음과 같다.

$3Sn^{2+}+Cr_2O_7^{2-}+14H^{+}\rightarrow 3Sn^{4+}+2Cr^{3+}+7H_2O$

$\left(\frac{1.47g}{294g/mol}\right)=0.005mol$의 중크롬산칼륨 용액의 몰농도는 $\frac{0.005mol}{0.25L}=0.02M$이다. 적정에 사용된 용액의 양이 50mL임을 고려하면 $0.02\times0.05=0.001mol$이므로 $Sn^{2+}:Cr_2O_7^{2-}=0.003:0.001$이므로 $SnCl_2$의 질량은 $290\times0.003=0.87g$이다. 시료 중 $SnCl_2$의 질량을 백분율로 표현하면 $\frac{0.87}{2}\times100=43.5\%$이다.

정답 43.5%

52

Mn의 산화수 변화($+7 \rightarrow +2$)와 에탄올의 C의 산화수의 변화($-1 \rightarrow +3$)를 이용하여 이동하는 전자의 몰수를 같게 하여 계수의 비를 구한 전체 반응식은 다음과 같다.

$4MnO_4^{-}+5C_2H_5OH+12H^{+}$

$\rightarrow 4Mn^{2+}+5CH_3COOH+11H_2O$

$$MnO_4^{-}:C_2H_5OH=4:5=x:\frac{0.23g}{46g/mol}$$

$$\therefore x=0.004mol$$

$0.004mol=0.05M\times V \qquad \therefore V=0.08L=80mL$

정답 $V=80mL$

53

산화환원 반응식을 완성하여야 하는데 주인공 즉 산화제와 환원제의 관계에 대해서만 묻고 있으므로 나머지 H^+과 H_2O에 대해서는 고려할 필요가 없다.

Sn의 산화수 변화가 0에서 +4로 증가하였기 때문에 이동한 전자의 몰수가 4몰이므로 이를 이용하여 산화환원 반응식을 완성하면 다음과 같다.

$$Sn(s) + 4NO_3^-(aq) \rightarrow SnCl_6^{2-}(aq) + 4NO_2(g)$$

$$n_{Sn} : n_{NO_2} = 1:4 = \frac{1.19g}{119g/mol} : x$$

$$\therefore x = 0.04mol$$

따라서 $NO_2(g)$의 질량은 $0.04mol \times 46g/mol = 1.84g$이다.

정답 1.84g

기본 문제

산화-환원 반응

54

① 열분해 반응에 해당한다.

$$2NaHCO_3(s) \xrightarrow[\triangle]{} Na_2CO_3(aq) + H_2O(l) + CO_2(g)$$

정답 ①

55

a: 0에서 −2로 감소(O 원자),

c: +2에서 0으로 감소(Cu 이온)

정답 ②

56

(가) I의 산화수가 0에서 −1로 변화

정답 ①

57

산화-환원 반응이란 산화수의 변화가 있는 반응이다. 반응물이나 생성물에 홑원소 물질이 존재하면 무조건 산화수의 변화가 있는 반응이다.

- Cu의 산화수: 0 → +2
- S의 산화수: +6 → +4

정답 ③

58

각 금속 화학 반응을 화학 반응식으로 나타내면 다음과 같다.

(가) 아연 금속 조각을 아세트산 용액에 첨가하였다.

$$Zn(s) + 2CH_3COOH(aq) \rightarrow Zn(CH_3COO)_2(aq) + 2H_2(g)$$

(나) 망간 금속을 브롬 증기와 반응시켰다.

$$Mn(s) + Br_2(g) \rightarrow MnBr_2(s)$$

(다) 알루미늄 호일을 질산은 용액에 첨가하였다.

$$Al(s) + 3AgNO_3(aq) \rightarrow Al(NO_3)_3(aq) + 3Ag(s)$$

(라) 탄산수소구리(I)를 가열하여 분해하였다.

$$2CuHCO_3(s) \rightarrow Cu_2O(s) + H_2O(l) + 2CO_2(g)$$

(가), (나), (다)는 산화수의 변화가 있는 산화-환원 반응이고, (라)는 산화수의 변화가 없는 분해 반응이다.

정답 ①

산화수

59

① −1 ② 0 ③ +1 ④ +5 ⑤ +7

정답 ⑤

60

F_2O: $2(-1) + x = 0,\ x = +2$

H_2O_2: $2(+1) + 2y = 0,\ y = -1$

정답 ③

61

$HClO_3$ (Cl: +5) $NaCl$ (Cl: −1) Cl_2 (0)

$+5+(-1)+0=4$

정답 ③

62

① +2 ② +3 ③ +2 ④ +4

정답 ②

63

원자는 원자가전자 수만큼 전자를 잃을 수 있으므로 Cl의 최대 산화수는 +7이다. ClO_4에서 Cl의 산화수가 +8이므로 ClO_4는 합성이 불가능한 화합물이다.

정답 ②

64

① +6, +5 ② +2, +2 ③ +2, +3 ④ +2, +3

정답 ②

65

NaH처럼 수소가 금속과 결합하는 경우에는 금속의 전기음성도가 더 작으므로 Na이 +1의 산화수를 갖고, 수소의 산화수는 −1이다.

정답 ③

66

ㄱ. X의 산화수가 음수이므로 X는 수소보다 전기음성도가 크다는 것을 알 수 있고, 수소 원자 4개가 결합하였으므로 X는 탄소(C)임을 알 수 있다. 따라서 Y는 질수(N)임을 알 수 있으므로 a: −3, b: +3이다.

ㄴ. X(C)의 산화수는 +4이다.

ㄷ. Y의 산화수는 +4 → +2이므로 2만큼 감소한다.

정답 ④

67

전기음성도의 비교를 통해 A: F, B: O, C: C, D: H임을 알 수 있다. BA_2는 OF_2로 구조는 굽은형이다. B_2는 산화수가 0에서 −2로 감소하였으므로 산화제이다.

정답 ①

68

화합물	Y의 산화수	X와 Z의 산화수
XY_2	−2	+4
Y_2Z_2	+1	−1

X : C, Y : O, Z : F Z > Y > X

정답 ⑤

69

(가) Li : X = 2 : 1이므로 실험식은 Li_2X로 예상할 수 있는데, Li의 산화수가 +1이므로 X의 산화수는 −2가 되어야 하므로 X는 산소(O)임을 알 수 있다. 따라서 (가)의 화학식은 Li_2O이다.

(나) X : Y = 1 : 2이고 실험식은 Y_2X이다. X는 산소이므로 Y는 F임을 알 수 있다. 따라서 (나)의 화학식은 OF_2이다.

(다) Z : Y = 1 : 4이고 실험식은 ZY_4이다. 따라서 Z는 탄소(C)임을 알 수 있다. 따라서 (다)의 화학식은 CF_4이다.

ㄱ. (나)는 OF_2이다. O와 F 모두 옥텟 규칙을 만족한다.

ㄴ. (다)는 CF_4로 정사면체의 무극성 분자이다.

ㄷ. (가)에서 X의 산화수는 −2, (나)에서 X의 산화수는 +2이므로 다르다.

정답 ①

70

H_2O_2에서 O의 산화수는 −1이다. O_2F_2에서 O의 산화수는 +1이다.

정답 ③

분자의 구조식과 산화수

71

전기음성도와 비공유 전자쌍의 수를 통해 W: H, X: C, Y: Cl, Z: O임을 알 수 있다. X는 C이고 산화수는 +2이다.

정답 ④

72

X는 탄소, Y는 산소, Z는 염소이다. 전기음성도는 $Y > Z > X > H$ 이다. Y의 산화수는 H_2Y_2에서 −1, (나)에서 −2이다.

정답 ①

73

전기음성도에 따라 $X = N, Y = O, Z = F$이다. ㉠+㉡+㉢은 3+2+2이므로 +7이다.

정답 ②

74

X의 산화수를 −3으로 Z의 산화수를 −2로 가정하고 Y의 산화수도 음의 값을 가지려면 Y의 전기음성도가 가장 큰 것이다. Y는 X에서 전자를 가져오므로 X의 산화수는 −2이고, Y는 Z에서도 전자를 가져오므로 Z의 산화수는 −1이고, Y는 전자 2개를 가져갔으므로 −2의 산화수를 갖는다.

정답 ②

화학 반응과 산화수

75

HOF의 F의 산화수는 −1, HOCl의 Cl의 산화수는 +1이므로 합은 0이다.

정답 ④

76

산화수가 감소하는 것은 S으로 +4에서 0으로 감소하므로 SO_2가 산화제이다.

정답 ①

77

HNO_3에서 N의 산화수는 +5이고, HNO_2에서 N의 산화수는 +3이므로 산화수를 감소시키는 환원제가 필요하다.

정답 ②

78

Cu의 산화수가 +1에서 0으로 감소되었고, +1에서 +2로 증가되었다.

정답 ③

79

- H_2O_2의 O의 산화수: −1 → 0
- MnO_4^-의 Mn의 산화수: +7 → +2

이동한 전자의 몰수는 같아야 하므로 전자를 얻은 몰수는 5 × 2 = 10몰이므로 잃은 전자의 몰수 또한 10몰이 되어야 한다. 따라서 $x = 5$이다.

H_2O_2의 O가 산화되었으므로 H_2O_2는 환원제이다. 따라서 MnO_4^-는 산화제이다.

정답 ②

80

ㄱ. (가)에서 S의 산화수는 변하지 않는다.

ㄷ. (다)에서 S은 산화하고, Cl는 환원되었으므로 Cl가 더 강한 산화제이다.

정답 ①

81

ㄱ. X_2Y_4에서 X의 산화수가 −2이다.
$2(-2) + 4x = 0$이므로 Y의 산화수는 +1이다.

ㄴ. (나)에서 X의 산화수는 0에서 +3으로 증가하여 산화된다.

ㄷ. 전기음성도의 순서가 $Z > X > Y$이므로 YZ에서 Y의 산화수는 0보다 크다.

정답 ②

PART 05 화학 반응

82

ㄱ. 원자가 보존되기 위해서 X는 O_2이다.

ㄴ. (가)는 산화수의 변화가 있는 산화-환원 반응이다.
Cl: +5 → -1, O: -2 → 0

ㄷ. 탄소의 산화수가 -2에서 +4로 증가하였으므로 C_4H_8은 환원제이다.

정답 ③

83

ㄱ. 홑원소 물질이 생성되었으므로 산화수 변화가 있는 산화-환원 반응이다.

ㄴ. Li의 산화수는 0에서 +1로 증가하였으므로 환원제이다.

ㄷ. (나)에서 H의 산화수는 H_2O에서 +1, H_2에서 0으로 다르다.

정답 ③

산화-환원 반응의 양적 관계

84

이동하는 전자의 몰수를 맞춘 균형 맞춘 화학 반응식은 아래와 같다.

$$Cl_2O_7(aq) + 4H_2O_2(aq) \rightarrow 2ClO_2^-(aq) + 4O_2(g) + 3H_2O(l) + 2H^+(aq)$$

정답 ③

85

균형 맞춘 화학 반응식은 아래와 같다.

$$3Sn^{2+} + Cr_2O_7^{2-} + 14H^+ \rightarrow 3Sn^{4+} + 2Cr^{3+} + 7H_2O$$

계수의 합은 30이다.

정답 ②

86

균형 화학 반응식은 아래와 같다

$$5Fe^{2+} + MnO_4^- + 8H^+ \rightarrow 5Fe^{3+} + Mn^{2+} + 4H_2O$$

$$5FeSO_4 : 8H^+ = 1 \times 0.25L : x$$

$$\therefore x = 0.4mol$$

정답 ④

87

ㄱ. 과산화수소에서 산소의 산화수가 -1에서 0으로 증가했으므로 환원제로 작용했다.

ㄴ. $x + 4(-2) = -1$이므로 망간의 산화수 x는 +7이다.

ㄷ. 이동하는 전자의 몰수를 5몰로 맞추어 균형 화학 반응식을 작성하면 $MnO_4^- : Fe^{2+} = 1:5$이다.

ㄹ. H_2O_2 3.4g은 0.1몰로 과산화수소와 산소의 계수의 비가 1:1이므로 발생된 산소는 0℃, 1기압에서 2.24L이다.

정답 ①

88

균형 화학 반응식은 아래와 같다.

$$5Fe^{2+} + MnO_4^- + 8H^+ \rightarrow 5Fe^{3+} + Mn^{2+} + 4H_2O$$

$$MnO_4^- : 5Fe^{2+} = 0.1 \times V : 0.1 \times 0.1$$

$$\therefore V = 20mL$$

정답 ②

89

ㄱ. 환원력의 세기는 $I^- > H_2O_2 > MnO_4^-$이다.

ㄴ. (가)에서는 환원제로, (나)에서는 산화제로 작용한다.

ㄷ. (나)의 균형 화학 반응식은 아래와 같다.

$$H_2O_2 + 2I^- + 2H^+ \rightarrow I_2 + 2H_2O$$

따라서, ⓐ+ⓑ+ⓒ+ⓓ는 1+2+1+2=6이다.

정답 ②

90

그래프를 통해 반응하는 구리 이온과 질산 이온의 계수의 비를 참고한다. 산화수의 변화를 고려하여 구리의 산화수는 +2 증가했으므로 3몰의 구리에서 잃은 전자의 몰수는 6몰이다. 얻은 전자의 몰수도 6몰이어야 하므로 질소 원자의 개수가 2이므로 -3만큼 산화수가 감소되어야 한다. 질소의 산화수가 +2인 X는 NO이다. 균형 화학 반응식은 아래와 같다.

$$3Cu + 2NO_3^- + 8H^+ \rightarrow 3Cu^{2+} + 2NO + 4H_2O$$

$$a = 3,\ b = 2,\ c = 8,\ d = 4 \quad \therefore \frac{d}{a} = \frac{4}{3}$$

정답 ④

91

망간과 칼륨의 개수가 보존되어야 하므로 $a=c=d$이다. 물에서 H의 개수를 이용하면 HCl의 계수인 $d=16$, O의 개수를 이용하여 $a=2$이다.

ㄱ. $HCl(aq)$는 염소의 산화수가 -1에서 0으로 증가하였으므로 환원제이다.

ㄷ. $\frac{b}{a}=\frac{16}{2}=8$이다.

전체 화학 반응식은 다음과 같다.

$$2KMnO_4(aq)+16HCl(aq) \rightarrow 2KCl(aq)+2MnCl_2(aq)+8H_2O(l)+5Cl_2(g)$$

정답 ⑤

92

반응2 환원 반응식의 균형을 맞추어보면,

$$Cr_2O_7^{2-} + 14H^+ + 6e^- \rightarrow 2Cr^{3+} + 7H_2O$$

환원 반응식에 2를 곱해서 전체 반응식을 구해보면 다음과 같다.

$$C_2H_5OH+2Cr_2O_7^{2-}+16H^+ \rightarrow 2CO_2+4Cr^3+11H_2O$$

$$C_2H_5OH:2Cr_2O_7^{2-} = x : 2mmol$$

$$\therefore x = 1mmol = 46mg$$

$$\% = \frac{0.046g}{50g} \times 100 = 0.092\%$$

정답 ④ 

제 2 절 화학 전지

01 ④ 02 ③ 03 ② 04 ② 05 ①
06 ③ 07 ③ 08 ④ 09 ① 10 ④
11 ③ 12 ② 13 ③ 14 ① 15 ④
16 ④ 17 ② 18 ①
19 A: 전자, B: 이온, C: 염다리 20 Fe, Pb, Al, Ni
21 환원되는 화학종: Pb^{2+}, 산화되는 화학종: Fe
22 반응이 일어나지 않는다.
23 (1) Ag (2) 1.56V (3) -3.0×10^5 J
24 (1) $Ni(s)+2Ag^+(aq) \rightarrow Ni^{2+}(aq)+2Ag(s)$
(2) 1.03V (3) 0.03g
25 ③ 26 ③ 27 ① 28 ① 29 ②
30 ② 31 ② 32 ③ 33 ④ 34 ④
35 ② 36 ④ 37 ① 38 ④ 39 ①
40 ③ 41 ③ 42 ② 43 ③ 44 ⑤
45 ④ 46 ② 47 ④ 48 ③ 49 ④
50 ① 51 ⑤ 52 ⑤ 53 ④ 54 ②

대표 유형 기출 문제

표준 환원 전위의 해석

01

④ $B^+(aq)$와 $C(s)$로 구성된 전지의 기전력이 양수라면 B^+는 C를 C^{2+}로 산화시킬 수 있다.

$$C(s)+2B^+(aq) \rightarrow C^{2+}(aq)+2B(s)$$

$$E^\circ = E^\circ_{RE} + E^\circ_{OX} = 0.52+0.45 = 0.97V$$

전지의 기전력이 양수이므로 이 반응은 자발적이다. 따라서 B^+는 C를 C^{2+}로 산화시킬 수 있다.

① A, B, C, D의 산화 전위로부터 환원 능력을 추론할 수 있다. 즉 산화 전위가 작을수록 강한 산화제이다.

	A	B	C	D
$E^\circ_{OX}[V]$	-1.36	-0.52	0.45	0.55

따라서 A의 산화 전위가 가장 작으므로 가장 강한 산화제이다.

② D의 산화 전위가 가장 크므로 강한 환원제이다.

③ $E^{\circ} = E^{\circ}_{RE} + E^{\circ}_{OX} = 1.36 + 0.55 = 1.91\mathrm{V}$

정답 ④

02

주어진 자료에서는 Al^{3+}의 환원 전위와 Fe^{3+}의 환원 전위만 알 수 있으므로 환원 전위가 큰 Fe^{3+}이 가장 강한 산화제이다. 한편 $Al(s)$과 $Fe^{2+}(aq)$의 환원 전위는 주어진 자료로는 알 수 없다.

정답 ③

03

철의 부식을 막기 위해 사용될 수 있는 금속은 철보다 반응성이 커야 한다. 즉 철의 산화 전위보다 더 커야 한다. 은의 산화 전위(−0.8V)는 철의 산화 전위(+0.44V)보다 작으므로 희생 양극으로 쓸 수 없다.

정답 ②

화학 전지의 해석

04

도금은 전기 분해를 이용한 방법이다.

정답 ②

05

$E^{\circ}_{cell} = E^{\circ}_{RE} + E^{\circ}_{OX} = 0.34 + (x) = 0.62\mathrm{V}$이므로 산화 전극의 산화 전위가 $+0.28\mathrm{V}$이고, 산화 전극의 표준 환원 전위는 $-0.28\mathrm{V}$이다.

정답 ①

06

① 단일 수직선은 상이 다름을 나타낸다.

② 이중 수직선의 왼쪽이 산화 전극 반쪽 전지이다.

④ 볼타 전지에서 전자는 도선을 통해 산화 전극에서 환원 전극으로 흐른다.

정답 ③

07

①, ④ 환원 전위가 큰 Ag이 환원 전극이고 환원 전위가 작은 Cu가 산화 전극이다.

②, ③ 셀 전압은 $E^{\circ}_{cell} = (0.80) + (-0.34) = 0.46\mathrm{V}$이다. 셀 전압이 양수이므로 이 전지 반응은 자발적으로 일어난다.

정답 ③

08

전지의 표준 전위(기전력)은 산화 전위+환원 전위이다. 주어진 표준 환원 전위값으로부터 큰 환원 전위는 $+0.34\mathrm{V}$이고, 큰 산화 전위는 $+0.76\mathrm{V}$이므로 갈바니 전지의 표준 전위는 $0.76 + 0.34 = 1.1\mathrm{V}$이다.

정답 ④

기전력과 자유 에너지의 변화

09

위 반응에 대한 $E^{\circ} = (-1.50) + (-2.87) = -4.37\mathrm{V}$,

$\Delta G^{\circ} = -nE^{\circ}F = -6 \times (-4.37) \times 10^5\mathrm{J} = 2.5 \times 10^3\mathrm{kJ}$

정답 ①

10

$$\Delta G^{\circ} = -nF\Delta E^{\circ}$$

먼저, 갈바니 전지의 표준 기전력부터 구하면,

$$\Delta E^{\circ} = E^{\circ}_{산화} + E^{\circ}_{환원} = 0.76 + 0.34 = 1.1\mathrm{V}$$

$$\Delta G^{\circ} = -2 \times 96500 \times 1.1 = 212.30\mathrm{kJ}$$

정답 ④

11

② 전지 반응식으로부터 환원 전위가 큰 Ag^{+}이 환원되고 산화 전위가 큰 Cu가 산화되므로 Cu 전극은 (−)극, Ag 전극은 (+)극이다.

① 표준 기전력

$E^{\circ} = E^{\circ}_{환원} + E^{\circ}_{산화} = 0.8 - 0.34 = 0.46\mathrm{V}$

③ 전지 반응의 표준 반응 자유 에너지

$\Delta G^{\circ} = -nF\Delta E^{\circ}$

$\Delta G^{\circ} = -nF\Delta E^{\circ} = -2 \times 96500 \times 0.46$

$= -(0.92 \times 96.5)\mathrm{kJ}$

④ Cu 전극이 포함된 반쪽 전지에서 $Cu^{2+}(aq)$ 농도를 높이면 전지 반응에서 역반응이 진행되므로 기전력은 감소한다.

정답 ③

네른스트 식

12

전지의 기전력은 이온의 농도 변화에 영향을 받는다. 즉 표준 상태가 아닌 경우와 표준 상태일 때 기전력은 다르다.

$$E = E^{\circ} - \frac{0.0592}{n}\log Q$$

정답 ②

13

ㄱ. 산화 전위가 더 큰 Zn이 산화 전극이 되므로 Cu는 환원 전극이 된다.

ㄴ. $E = 1.1\,\mathrm{V} - \frac{0.0592}{2}\log\frac{[Zn^{2+}]}{[Cu^{2+}]}$

ㄷ. 전자는 산화 전극에서 환원 전극으로 이동한다.

정답 ③

14

① 전지의 선도시에서 염다리의 왼쪽이 산화 전극이다.

② 작동하면 기체가 발생하지는 않는다.

③ 전지의 전위는 각 이온들의 농도에 의존한다.

④ Fe이 산화되므로 Fe^{2+}의 표준 환원 전위가 MnO_4^-의 표준 환원 전위보다 더 작다.

정답 ①

15

네른스트 식을 이용해서 전지의 기전력을 구할 수 있다. $E^{\circ} = 0.23 - 0.14 = 0.09\mathrm{V}$ 이고, 이동하는 전자의 몰수는 2몰이다.

$$E = E^{\circ} - \frac{0.0592}{n}\log\left(\frac{[\text{환원제}]}{[\text{산화제}]}\right)$$

$$E = 0.09\mathrm{V} - \frac{0.0592}{2}\log\left(\frac{0.1}{1.0}\right) = 0.12\mathrm{V}$$

정답 ④

16

① 전지의 표준 전지전위($E^{\circ}_{\text{전지}}$)는 $E^{\circ}_{\text{산화}} + E^{\circ}_{\text{환원}}$ 이다.

$E^{\circ}_{\text{전지}} = 0.26 - 0.13 = +0.13\mathrm{V}$

② 전지 반응에서 Pb^{2+}이 환원되어 Pb이 되므로 Pb 전극의 질량은 증가한다.

③ 전지 반응은 전지전위($E^{\circ}_{\text{전지}}$) 값이 0이 될 때까지 진행된다.

④ 표준 전지전위($E^{\circ}_{\text{전지}}$)는 농도와 상관없으므로 일정하다.

정답 ④

17

표준 상태가 아닌 화학 전지의 기전력은 네른스트식을 이용해서 구할 수 있다.

$$E = E^{\circ} - \frac{0.0592}{n}\log Q = E^{\circ} - \frac{0.0592}{n}\log\frac{[Zn^{2+}]}{[Cu^{2+}]}$$

위 식을 대입을 하면,

$$E^{\circ} = E^{\circ}_{RE} + E^{\circ}_{OX} = 0.34 + 0.76 = 1.1\mathrm{V}$$

$$E = 1.1\mathrm{V} - \frac{0.0592}{2}\log\left(\frac{0.1}{0.01}\right) = 1.07\mathrm{V}$$

정답 ②

농도차 전지

18

전지 반응식

$$Cu^{2+}(aq, 0.1\mathrm{M}) \rightarrow Cu^{2+}(aq, 0.01\mathrm{M})$$

저농도에서 산화가, 고농도에서는 환원 반응이 일어난다.

$$E = 0.0\,\mathrm{V} - \frac{0.0592}{2}\log\frac{[Cu^{2+}(0.010\mathrm{M})]}{[Cu^{2+}(0.10\mathrm{M})]} = 0.03\mathrm{V}$$

정답 ①

주관식 개념 확인 문제

19

정답 A: 전자, B: 이온, C: 염다리

20

금속의 이온화 경향에서 수소보다 반응성이 큰(산화 전위가 큰) Fe, Pb, Al, Ni이 수소 이온에 의해 산화되어 녹을 수 있다.

정답 Fe, Pb, Al, Ni

21

환원 전위가 큰 Pb^{2+}이 Pb으로 환원되고, Fe은 Fe^{2+}로 산화된다.

정답 환원되는 화학종: Pb^{2+}, 산화되는 화학종: Fe

22

아연 이온의 환원 전위가 납 이온의 환원 전위보다 작아서 아연 이온이 아연으로 환원되지 않는다.

정답 반응이 일어나지 않는다.

23

(1) (+)극은 전자를 수용하는 극으로 환원 전위가 더 큰 Ag전극이다.

정답 Ag

(2) $E^\circ_{cell} = E^\circ_{RE} + E^\circ_{OX} = 0.80 + 0.76 = 1.56V$

정답 1.56V

(3) $\Delta G^\circ = -nE^\circ F = -2 \times 1.56 \times 96500$

$= -3.0 \times 10^5 kJ$

정답 $-3.0 \times 10^5 J$

24

(1) 금속의 반응성 크기는 Ni > Ag이므로 Ni 전극이 (−)극, Ag 전극이 (+)극이 된다.

Ni 전극의 반응: $Ni(s) \rightarrow Ni^{2+}(aq) + 2e^-$

Ag 전극의 반응: $2Ag^+(aq) + 2e^- \rightarrow 2Ag(s)$

$Ni(s) + 2Ag^+(aq) \rightarrow Ni^{2+}(aq) + 2Ag(s)$

정답 $Ni(s) + 2Ag^+(aq) \rightarrow Ni^{2+}(aq) + 2Ag(s)$

(2) $E^\circ = E^\circ_{RE} + E^\circ_{OX} = (+0.80) + (+0.23) = 1.03V$

정답 1.03V

(3) 질량이 감소한 전극은 (−)극인 Ni 전극이다.

$Q = i \times t = 0.103 \times 965 = 99.395C = 1.03 \times 10^{-3}F$

$2F : 59g/mol = 1.03 \times 10^{-3} : x$

$x = 0.03g$

정답 0.03g

기본 문제

금속의 반응성과 화학 전지

25

두 전지에서 X와 Z는 산화되고, Y^+은 환원된다.

ㄱ. X가 산화되므로 금속의 이온화 경향은 X>Y이다.

ㄴ. (나)에서 Y^+이 환원된다.

ㄷ. (가)와 (나)에서 Y(s) 전극에서 환원 반응이 일어나므로 모두 (+)극이다.

정답 ③

26

주어진 표로부터 반응성의 크기를 비교할 수 있다.

A > C > B

① A는 B보다 반응성이 크므로 금속성도 크다.

② B는 C보다 반응성이 작기 때문에 전자를 잃기 어렵다.

③ A와 C를 이용하여 화학 전지를 구성하는 경우 반응성이 더 큰 A가 (−)극이 된다.

④ B^{2+}와 C^{2+}가 들어 있는 혼합 용액에 금속 A를 반응시키면 반응성이 작은 B의 이온인 B^{2+}가 먼저 환원이 되므로 금속 B가 먼저 석출된다.

정답 ③

27

① 자발적 반응이 일어나는 경우 일반적으로 전위차 값을 양수로 나타낸다.

$$\Delta G^\circ = -nF\Delta E^\circ$$

자발적 반응이 일어나는 경우 $\Delta G^\circ < 0$이므로 $\Delta E^\circ > 0$이 되어야 한다.

정답 ①

28

가장 강한 환원제란 반응성이 커서 산화를 잘하는 금속, 즉 산화 전위가 커야하고, 이온이라면 환원 전위가 작은 금속을 말한다. 표준 환원 전위표에 의하면, $Li^+ < K^+ < Ba^{2+} < Ca^{2+} < Na^+ < Mg^{2+} < Al^{3+}$ 순으로 환원되기 어렵다. 따라서 Li이 가장 산화되기 쉬우므로 가장 강한 환원제이다. 이 정도의 순서는 기억하고 있어야 한다.

정답 ①

29

Zn이 산화되므로 Zn 전극의 질량이 감소하고, Zn^{2+}의 농도는 증가한다.

Cu^{2+}이 환원되므로 Cu^{2+}의 농도는 감소하고, Cu 전극의 질량은 증가한다.

정답 ②

30

$$E^\circ_{전지} = E^\circ_{RE} + E^\circ_{OX} = -1.66 + 2.37 = +0.71V$$

정답 ②

31

$E^\circ = E^\circ_{RE} + E^\circ_{OX} = (+1.52) + (-0.80) = +0.72V$,

$\Delta G^\circ = -nFE^\circ$에 의해 $\Delta G^\circ < 0$이므로 반응이 자발적으로 일어난다.

정답 ②

32

가장 큰 환원 전위 값과 가장 작은 환원 전위 값으로 전지를 구성하면 가장 높은 표준 전지 전위를 얻을 수 있다.

$$E^\circ_{cell} = E^\circ_{RE} + E^\circ_{OX} = 0.85 + 0.76 = 1.61V$$

정답 ③

33

$$E^\circ = E^\circ_{RE} + E^\circ_{OX}$$

$0.91 = -0.76 + E^\circ_{OX}$이므로 $E^\circ_{OX} = +1.67V$이다. 따라서 환원 전위는 $-1.67V$이다.

정답 ④

34

표에서 표준 환원 전위를 통해 반응성의 크기를 알 수 있다. $Zn > Fe > H > Cu > Ag$이므로 아연이 산화되고, 철이온이 환원되는 반응이 자발적으로 일어난다.

$$Fe^{2+}(aq) + Zn(s) \rightleftarrows Zn^{2+}(aq) + Fe(s)$$

정답 ④

35

$-0.34V$는 Cu의 산화 전위, $+0.8V$는 Ag^+의 환원 전위이다.

$$E^\circ_{cell} = E^\circ_{RE} + E^\circ_{OX} = 0.8 + (-0.34) = 0.46V$$

정답 ②

36

각 전극에서의 화학 반응식은 다음과 같다.

(−)극: $Pb + SO_4^{2-} \rightarrow 2e^- + PbSO_4$

(+)극: $PbO_2 + 2e^- + 4H^+ + SO_4^{2-} \rightarrow PbSO_4 + 2H_2O$

전자 2mol 이동시 (−)극의 질량 증가량

$= PbSO_4$의 화학식량 − Pb의 화학식량

$= 303 - 207 = 96g$

4.8g 질량 증가는 전자 0.1mol에 해당한다.

전자 2mol 이동시 (+)극의 질량 증가량

$= PbSO_4$의 화학식량 − PbO_2의 화학식량

$= 303 - 239 = 64g$

전자 0.1mol 이동시 질량 증가는 3.2g이다.

정답 ④

37

반응성의 크기: $A > B > C > D > E$이므로 A^{2+}이 환원되는 반응이 비자발적이다.

정답 ①

38

가장 큰 표준 환원 전위와 가장 작은 표준 환원 전위로 가장 큰 기전력을 얻을 수 있다.

정답 ④

39

갈바니 전지는 자발적으로 일어나는 $\Delta G^{\circ} < 0$인 반응이므로 $E^{\circ} = E^{\circ}_{RE} + E^{\circ}_{OX} > 0$인 것을 찾는 것이다.

① $1.230 + 3.040 > 0$

② $-0.402 + (-0.339) < 0$

③ $-3.040 + (-1.230) < 0$

④ $-0.402 + (-1.230) < 0$

정답 ①

40

전지에 흐르는 전류값을 구하기 위해 먼저 반응식으로부터 전하량을 구한다.

O_2 1mol : $(4 \times 96500)C = 0.8 \times 10^{-3} = Q$

$$Q = 308.8C$$

$Q = i \times t$ $308.8C = i \times (1 \times 60 \times 60)$

$$i = 0.086A = 86mA$$

정답 ③

41

갈바니 전지에서 환원 전위가 큰 전극에서 환원이 일어나고, 환원 전위가 작은 전극에서 산화가 일어난다.

정답 ③

42

전류의 흐름은 전자의 흐름의 반대이므로 산화 전극에서 발생한 전자가 환원 전극으로 이동하므로 전류의 흐름은 1이다. 산화 전극에서 생성된 양이온수가 증가하므로 다공성판에서 b방향으로 음이온이 이동하여 전하의 균형을 맞춘다.

정답 ②

43

기전력을 구하고자 하는 화학 전지는 전해질의 농도가 0.01M로 표준 상태의 화학 전지가 아니다. 먼저 표준 상태가 아닌 이 화학 전지의 표준 상태의 기전력은 주어진 조건의 전지와 전극이 바뀌었으므로, 즉 Ag이 산화되고 Cu^{2+}이 환원되므로 $E° = -0.799 + 0.337 = -0.462V$이다.

이제 네른스트식을 이용하고 이온의 농도를 대입하면 된다.

$$E = E° - \frac{0.0592}{n}\log\frac{[Ag^+]^2}{[Cu^{2+}]}$$

$$E = -0.462V - \frac{0.0592}{2}\log\frac{(0.01)^2}{(0.01)} = -0.403V$$

정답 ③

44

ㄱ. $E^{\circ} = E^{\circ}_{RE} + E^{\circ}_{OX} = (+0.77) + (+0.44) = +1.21V$

ㄴ. (+)극은 환원 반응이 일어나므로 Fe^{3+}가 환원된다.

ㄷ. 산화 반쪽 반응식: $Fe(s) \rightarrow Fe^{2+}(aq) + 2e^-$

환원 반쪽 반응식: $2Fe^{3+}(aq) + 2e^- \rightarrow 2Fe^{2+}(aq)$

전체 반응식: $Fe(s) + 2Fe^{3+}(aq) \rightarrow 3Fe^{2+}(aq)$

정답 ⑤

실용 전지

45

① 납 축전지는 방전 시 (−)극은 산화되고, (+)극은 환원된다.

② Pb이 산화되어 $PbSO_4$가 되고, PbO_2가 환원되어 $PbSO_4$ 양쪽 극판의 질량이 증가한다.

③ 감극제로 사용되기 위해서는 환원 전위가 커서 전자를 잘 얻을 수 있어야 한다. 방전 시 PbO_2는 환원되므로 감극제로 사용할 수 있다.

④ 방전 시 H_2SO_4는 반응물이므로 H_2SO_4의 비중은 점차 감소한다.

⑤ (−)극: $Pb + SO_4^{2-} \rightarrow PbSO_4 + 2e^-$

(+)극: $PbO_2 + 4H^+ + SO_4^{2-} + 2e^- \rightarrow PbSO_4 + 2H_2O$

정답 ④

46

전지의 아연은 전자를 제공하는 산화 전극이고, 연료전지의 산소는 전자를 받는 환원 전극이다.

정답 ②

자료 추론형

47

ㄱ. B의 산화수가 증가했으므로 환원제이다.

ㄴ. (가)의 $\Delta G^{\circ} < 0$이므로 $E^{\circ} > 0$이고, (나)의 $\Delta G^{\circ} > 0$이므로 $E^{\circ} < 0$이므로 표준 전지 전위는 (가)가 더 크다.

ㄷ. 반응성의 크기를 비교하면 (가) B>A, (나) C>B이므로 C>B>A이다. 금속 A, C를 이용한 전지를 만들면 금속 A가 (+)극, C가 (−)극이 된다.

정답 ④

48

전자는 산화 전극에서 환원 전극으로 이동한다. 그림에서 전자는 구리 전극에서 은 전극으로 이동하므로 구리 전극은 산화되어 질량이 감소하고, 은 전극에서 은 이온이 환원되어 질량은 증가한다. 금속의 이온화 경향에서 $Cu > Ag$이므로 은 이온이 환원되고, 구리가 산화되는 반응은 자발적($\Delta G^{\circ} < 0$)이므로 $E^{\circ} > 0$이다.

정답 ③

49

ㄱ. 환원 전위가 작은 Pt 전극에서 산화가 일어나므로 (가)에서 Cr^{2+}가 Cr^{3+}로 산화수만 증가하고 개수의 변화는 없으므로 양이온의 수는 일정하다.

ㄴ. 환원 전위가 큰 Pb 전극에서 환원이 일어나므로 (나)에서 Pb 전극의 질량은 증가한다.

ㄷ.

$$E^{\circ}_{전지} = E^{\circ}_{RE} + E^{\circ}_{OX} = (-0.13) + (+0.41) = +0.28\,\mathrm{V}$$

정답 ④

50

ㄱ. $E^{\circ}_{전지} = E^{\circ}_{RE} + E^{\circ}_{OX} = a + (+0.76) = 1.1\,\mathrm{V}$

$$\therefore a = +0.34\,\mathrm{V}$$

ㄴ. 환원 전위를 비교하면 반응성이 A > B이므로 산화 전극이 A, 환원 전극이 B이다. 전자는 산화 전극에서 환원 전극으로 이동하므로 전자의 이동 방향은 ㉠이다.

ㄷ. 환원 전위를 비교하면 A^{2+}의 환원 전위는 $-0.76\,\mathrm{V}$이고, H^{+}의 환원 전위는 $0.00\,\mathrm{V}$이므로 A가 산화되고, H^{+}가 환원되는 반응은 자발적이므로 $\Delta G^{\circ} < 0$이다.

정답 ①

51

ㄱ. 환원 전위를 비교하였을 때 A^{+}의 환원 전위는 $+0.80\,\mathrm{V}$, H^{+}의 환원 전위는 $0.00\,\mathrm{V}$이다. H^{+}의 환원 전위가 더 작으므로 $H_2(g)$가 발생하지 않는다.

ㄴ. 전지의 반응식으로부터 산화되는 반응이 $\Delta G^{\circ} > 0$이므로 비자발적인 반응이고, 전지의 기전력 $E^{\circ} < 0$이다.

$$E^{\circ} = E^{\circ}_{RE} + E^{\circ}_{OX} < 0$$

$$x + (-0.8) < 0$$

$$\therefore x < 0.8$$

ㄷ. $E^{\circ}_{전지} = E^{\circ}_{RE} + E^{\circ}_{OX} = (+0.80) + (+0.76)$

$$= +1.56\,\mathrm{V}$$

정답 ⑤

52

ㄱ. (가)에서 환원 전위가 아연 이온이 구리 이온보다 작으므로 아연이 산화 진극, 구리가 환원 전극이므로 아연이 산화되며 전극의 질량은 감소한다.

ㄴ. 구리 전극과 A 전극으로 만든 전지의 전지 전위가 $+0.46\mathrm{V}$, $a > 0$이므로 $a = +0.80\,\mathrm{V}$이다. Cu^{2+}의 환원 전위가 A^{+}의 환원 전위보다 작으므로 산화 전극이 Cu, 환원 전극이 A이다. $[Cu^{2+}]$은 증가하고, $[A^{+}]$은 감소하여 $\frac{[Cu^{2+}]}{[A^{+}]}$은 증가한다.

ㄷ. (가) 전지의 표준전지 전위

$E^\circ = E^\circ_{RE} + E^\circ_{OX} = 0.34 + 0.76 = 1.1\text{V}$

문제의 전지의 표준전지 전위

$E^\circ = E^\circ_{RE} + E^\circ_{OX} = 0.8 + 0.76 = 1.56\text{V}$

정답 ⑤

53

ㄱ의 경우에는 농도차 전지에 해당된다. 농도차 전지에서는 농도의 균형을 맞추기 위해 저농도에서 산화 반응이, 고농도에서 환원 반응이 일어나므로 전극 A의 전해질의 농도가 더 작기 때문에 전극 A가 산화 전극으로 작동할 수 있다.

ㄴ과 ㄷ은 표준 상태의 전지가 아니므로 네른스트식을 이용해서 기전력을 구해 본다.

$$Cu(s) + 2Ag^+(aq) \rightarrow Cu^{2+}(aq) + 2Ag(s)$$

$$E^\circ = E^\circ_{RE} + E^\circ_{OX} = 0.8 + (-0.34) = +0.46\text{V}$$

ㄴ. $E = E^\circ - \dfrac{0.0592}{n}\log\dfrac{[Cu^{2+}]}{[Ag^+]^2}$

$= 0.46\text{V} - \dfrac{0.0592}{2}\log\dfrac{0.1}{(0.2)^2} = 0.448\text{V}$

ㄷ. $E = E^\circ - \dfrac{0.0592}{n}\log\dfrac{[Cu^{2+}]}{[Ag^+]^2}$

$= 0.46\text{V} - \dfrac{0.0592}{2}\log\dfrac{0.2}{(0.2)^2} = 0.439\text{V}$

ㄴ, ㄷ 모두 $E > 0$이므로 전극 A는 산화 전극으로 사용할 수 있다.

정답 ④

54

Zn이 산화 전극, Cu가 환원 전극이다.

전체 반응식은

$Zn(s) + Cu^{2+}(aq) \rightarrow Zn^{2+}(aq) + Cu(s)$이다.

① 전지가 작동할수록 환원 전극(Cu)이 들어있는 용액에서 Cu^{2+}이 Cu로 환원되므로 용액의 푸른색은 옅어진다.

② 환원 전극의 환원 반응식은 다음과 같다.

$$Cu^{2+}(aq) + 2e^- \rightarrow Cu(s)$$

이 환원 반응식의 환원 전위를 구하기 위해 주어진 환원 반쪽 반응을 이용한다.

$Cu^+(aq) + e^- \rightarrow Cu(s) \quad E^\circ = +0.52\text{V}$ … ㉠

$Cu^{2+}(aq) + e^- \rightarrow Cu^+(aq) \quad E^\circ = +0.16\text{V}$ … ㉡

㉠+㉡를 하면 환원 반응식을 구할 수 있으나 기전력을 구할 수는 없다. 기전력은 세기 성질이므로 깁스 자유 에너지를 이용하여 구할 수 있다.

$$\Delta G^\circ_3 = \Delta G^\circ_1 + \Delta G^\circ_2$$

$$-n_3FE^\circ_3 = -n_1FE^\circ_1 - n_2FE^\circ_2$$

$$-2FE^\circ_3 = -FE^\circ_1 - FE^\circ_2$$

$$E^\circ_3 = \frac{1}{2}(E^\circ_1 + E^\circ_2) = \frac{1}{2}(0.52 + 0.16) = 0.34\text{V}$$

③ 전지의 표준 전위

$$E^\circ = E^\circ_{RE} + E^\circ_{OX} = 0.34 + 0.76 = 1.1\text{V}$$

④ 염다리를 통해 이동하는 양이온의 총 전하량과 음이온의 총 전하량의 각 절댓값은 같아야 전하량이 보존된다.

정답 ②

제 3 절 전기 분해

01 ② **02** ③ **03** ② **04** ③

05 (1) +극: $Cd(s) \rightarrow Cd^{2+}(aq) + 2e^-$
−극: $Cd^{2+}(aq) + 2e^- \rightarrow Cd(s)$
(2) 0.05몰 (3) Cl_2, 1.12L

06 (1) 1.08g (2) 0.056L (3) 4825초

07 −1.36V **08** 0.75mol

09 0.3175g

10 (1) 1.05V
(2) $Ni(s) + 2Ag^+(aq) \rightarrow Ni^{2+}(aq) + 2Ag(s)$
(3) 1.6×10^{-19}C (4) 표준 수소 전극

11 ①	**12** ④	**13** ④	**14** ③	**15** ②
16 ②	**17** ②	**18** ②	**19** ④	**20** ④
21 ②	**22** ②	**23** ④	**24** ②	**25** ⑤
26 ⑤	**27** ⑤	**28** ③	**29** ①	**30** ⑤
31 ②	**32** ⑤	**33** ①	**34** ④	

대표 유형 기출 문제

01

전극 (가)는 (−)극이므로 환원 전극이고, 화학 반응식은 아래와 같다.

$$2H^+(aq) + 2e^- \rightarrow H_2(g)$$

전극 (나)는 (+)극이므로 산화 전극이고, 화학 반응식은 아래와 같다.

$$2Cl^-(aq) + 2e^- \rightarrow Cl_2(g)$$

흘려준 전하량은 $Q = i \times t = 10 \times 965 = 0.1F$이므로, $0.1F$으로 전극에서 발생하는 기체는 H_2 0.05 mol, Cl_2 0.05 mol이다. 아보가드로의 법칙에 의해 발생하는 기체의 부피비는 1:1이다. 성냥불을 갖다 대면 '펑'소리를 내는 기체는 가연성 기체를 의미하고, 가연성 기체는 H_2이다.

정답 ②

02

금속 이온 M^{3+}을 금속 M으로 석출시키기 위해서 필요한 전하량은 3F이다. 원자량 x을 구하기 위해서 비례식을 세우면 다음과 같다.

$$3[F] : x = m[F] : n$$

$$\therefore x = \frac{3n}{m}$$

정답 ③

03

흘려준 전하량을 구하면 $Q = 10^{-2} \times 19300 = 2 \times 10^{-3}F$이나.

$1F : 108g/mol = 2 \times 10^{-3}F : x \quad \therefore x = 0.216g$

전극의 총질량은 은전극의 질량과 석출된 은의 질량의 합이므로 $0.5 + 0.216 = 0.716g$이다.

정답 ②

04

$Cu^{2+}(aq) + 2e^- \rightarrow Cu(s)$이므로 25.6g의 구리를 석출하기 위해 필요한 전하량은 다음과 같다.

$2 \times 96500 : 64g/mol = xC : 25.6g \quad \therefore x = 77200C$

정답 ③

주관식 개념 확인 문제

05

(1) 전기 분해에서 (+)극에서 산화가 일어나므로 전자를 잃을 수 있는 것은 $Cd(s)$, $H_2O(l)$이다. 둘 중 산화 전극 전위가 큰 $Cd(s)$가 산화된다.

(+)극: $Cd(s) \rightarrow Cd^{2+}(aq) + 2e^-$

(−)극에서는 환원이 일어나므로 전자를 얻을 수 있는 것은 Cd^{2+}, Fe^{2+}이다. 둘 중 환원 전위가 큰 Cd^{2+}이 환원된다.

(−)극: $Cd^{2+}(aq) + 2e^- \rightarrow Cd(s)$

정답 +극: $Cd(s) \rightarrow Cd^{2+}(aq) + 2e^-$
−극: $Cd^{2+}(aq) + 2e^- \rightarrow Cd(s)$

(2) $Q = i \times t = 0.5 \times 19300 = 9650C = 0.1F$이다. (−)극에서 Cd^{2+}1몰을 환원시키기 위해 2F이 필요하므로 0.1F으로 0.05몰의 $Cd(s)$이 생성된다.

정답 0.05몰

(3) 백금은 반응에 참여하지 않고, $CdCl_2$ 용융액을 사용하면 (+)극에서 전자를 잃을 수 있는 것은 $Cl^-(l)$이다. 0.1F으로 $Cl^-(l)$가 환원되어 0.05몰의 Cl_2가 발생한다. 표준 상태에서 1몰의 부피가 22.4L이므로 0.05몰의 부피는 1.12 L이다.

$$2Cl^-(l) \rightarrow Cl_2(g) + 2e^-$$

정답 Cl_2, 1.12L

06

(1) (+)극에서 $Ag(s) \rightarrow Ag^+(aq) + e^-$인 산화 반응이 일어난다. 감소량이 1.08g이므로 은 0.01mol이 산화되었고, 0.01F이 흘렀음을 알 수 있다. (−)극에서는 $Ag^+(aq) + e^- \rightarrow Ag(s)$인 환원 반응이 일어나 이동하는 전자의 몰수는 같으므로 (−)극 전극의 질량은 1.08g 증가한다.

정답 1.08g

(2) 전기 분해시 황산 수용액에서 (+)극에서는 $2H_2O(l) \rightarrow 2e^- + \frac{1}{2}O_2(g) + 2H^+(aq)$인 반응이 일어난다. 0.01F이 흐르면 0.0025 mol O_2가 발생되어 표준 상태에서의 부피는 0.056L이다.

정답 0.056L

(3) $t = \frac{Q}{i} = \frac{965\text{C}}{0.2\text{A}} = 4{,}825\text{sec}$

정답 4825초

07

(+)극에서 산화 가능한 것은 H_2O, I^-이다. 이 중 산화 전위가 큰 I^-가 산화한다.

(−)극에서 환원 가능한 것은 K^+, H_2O이다. 이 중 환원 전위가 큰 H_2O가 환원된다. 전지 전위는 환원 전극의 환원 전위와 산화 전극의 산화 전위의 합이다.

$$E^\circ = E^\circ_{RE} + E^\circ_{OX} = -0.83 + (-0.53) = -1.36\text{V}$$

정답 −1.36V

08

물의 전기 분해 시 전극에서 일어나는 반응은 아래와 같다.

(+)극: $H_2O(l) \rightarrow 2e^- + \frac{1}{2}O_2(g) + 2H^+(aq)$

(−)극: $2H_2O(l) + 2e^- \rightarrow 2OH^-(aq) + H_2(g)$

2F의 전하량으로 2mol의 전자가 이동하여 기체 1.5mol (H_2 1mol + O_2 0.5mol)이 발생하므로, 1F의 전하량으로는 0.75mol의 기체가 생성된다.

정답 0.75mol

09

$Cu^{2+}(aq) + 2e^- \rightarrow Cu(s)$이므로 흘려준 전하량은 $Q = i \times t = 0.5 \times 1930 = 965\text{C} = 0.01\text{F}$이다.

$$2\text{F} : 63.5\text{g} = 0.01\text{F} = x \qquad \therefore x = 0.3175\text{g}$$

정답 0.3175g

10

(1) $E^\circ = E^\circ_{RE} + E^\circ_{OX} = (+0.80) + (+0.25) = +1.05\text{V}$

정답 1.05V

(2) $Ni(s) + 2Ag^+(aq) \rightarrow Ni^{2+}(aq) + 2Ag(s)$

정답 $Ni(s) + 2Ag^+(aq) \rightarrow Ni^{2+}(aq) + 2Ag(s)$

(3) $6.02 \times 10^{23} e^- : 96500\text{C} = 1e^- : Q$

$$\therefore Q = 1.6 \times 10^{-19}\text{C}$$

정답 $1.6 \times 10^{-19}\text{C}$

(4) 정답 표준 수소 전극

기본 문제

정성적 해석

11

물보다 환원 전위가 큰 구리 이온은 물의 전기 분해 시 전해질로 사용할 수 없다. (−)극에서 수소 기체가 발생하지 않고 구리가 석출되기 때문이다.

정답 ①

12

NaCl 수용액이므로 (−)극에서 물이 환원되어 수소기체가 발생하고, $OH^-(aq)$이 생성되므로 용액의 pH는 증가한다.

$$2H_2O(l) + 2e^- \rightarrow 2OH^-(aq) + H_2(g)$$

정답 ④

13

(−)극에서 석출되는 순서는 환원 전위가 큰 것부터 석출되므로 환원 전위가 큰 Ag^+이 Ag으로 가장 먼저 석출된다.

정답 ④

14

		(−)극	(+)극
①	$CuSO_4$ $CuCl_2$	Cu Cu	O_2 Cl_2
②	NaCl Na_2SO_4	H_2 H_2	Cl_2 O_2
③	NaOH Na_2SO_4	H_2 H_2	O_2 O_2
④	NaCl $CuCl_2$	H_2 Cu	Cl_2 Cl_2
⑤	NaOH $CuCl_2$	H_2 Cu	O_2 Cl_2

정답 ③

15

① 몰수비는 2 : 1이지만 분자량을 곱하면 질량비는 1 : 8이다.

$$H_2O(l) \rightarrow H_2(g) + \frac{1}{2}O_2(g)$$

③ (−)극에서는 물이 환원된다.

$$2H_2O(l) + 2e^- \rightarrow 2OH^-(aq) + H_2(g)$$

④ (+)극에서는 물이 산화된다.

$$H_2O(l) \rightarrow 2e^- + \frac{1}{2}O_2(g) + 2H^+(aq)$$

정답 ②

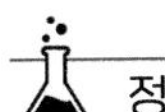

정량적 해석

16

$Cu^{2+}(aq) + 2e^- \rightarrow Cu(s)$에서 1몰의 구리를 얻기 위해 2F가 필요하므로 0.1몰의 구리를 얻기 위해 0.2F의 전하량이 필요하다.

정답 ②

17

$$0.4F : 12.8g = x : 64g \qquad \therefore x = 2F$$

1몰의 M을 환원시키기 위해 2F의 전하량이 필요하므로 M은 2가 양이온이므로 염화물은 MCl_2이다.

정답 ②

18

NaCl 수용액을 전기 분해시키면 (−)극에서 환원이 일어나 수소 기체가 생성된다.

$$2H_2O(l) + 2e^- \rightarrow H_2(g) + 2OH^-(aq)$$

2F의 전하량을 흘려줄 때 1몰의 수소 기체가 발생하므로 0.1F을 흘려주면 0.05몰이 발생한다. 표준 상태에서 1몰의 부피가 22.4L이므로 0.05몰의 부피는 1.12L이다.

정답 ②

19

(−)극의 반응식은 아래와 같다.

$$2H_2O(l) + 2e^- \rightarrow 2OH^-(aq) + H_2(g)$$

0.05몰의 수소 기체가 생성되는 동안 수산화 이온은 0.1몰이 생성되므로 $[OH^-] = 0.1M$이고, $pOH = 1$, $pH = 13$이다.

정답 ④

20

ㄱ. (−)극의 반응 $Cu^{2+}(aq) + 2e^- \rightarrow Cu(s)$
구리 1몰의 석출을 위해 2F이 필요한데 0.05몰을 석출시키기 위해서는 0.1F의 전하량이 필요하다.

ㄴ. (+)극의 반응은
$H_2O(l) \rightarrow 2e^- + \frac{1}{2}O_2(g) + 2H^+(aq)$이므로 O_2가 발생한다.

ㄷ. (+)극에서 수소 이온이 증가하므로 $[H^+]$이 증가하여 pH는 감소한다.

ㄹ. 구리 1몰 중 0.05몰이 석출되었으므로 0.95몰의 구리가 수용액 1L에 녹아 있으므로 Cu^{2+}의 농도는 0.95M이다.

정답 ④

21

0.1F의 전하량이 흐르는 동안 발생한 수소 이온은 0.1몰이므로 $[H^+] = 10^{-1}M$, $pH = 1$이다.

정답 ②

22

$$Q = it = 8.7 \times (2 \times 3600) = 62640\ C$$

$Cu^{2+}(aq)$	+	$2e^-$	→	$Cu(s)$
		$(2 \times 96500)C$		64g
		62640 C		x

$$\therefore x = \frac{64 \times 62640}{2 \times 96500} = 20.77g$$

정답 ②

자료 추론형

23

① (가)에서의 반쪽 반응식은 다음과 같다.

$(-)$: $Cu^{2+}(aq)+2e^- \rightarrow Cu(s)$

$(+)$: $2Cl^-(aq) \rightarrow Cl_2(g)+2e^-$

전기 분해에서 (+)극에서는 산화 반응이 일어난다.

② (−)극에서 구리 이온의 환원 반응이 일어난다. 0.01F의 전하량을 흘려주면 0.005 mol의 구리가 석출되므로 질량은 0.32 g증가한다.

③ (나)에서의 반쪽 반응식은 다음과 같다.

$(+)$극: $H_2O(l) \rightarrow 2e^- + \frac{1}{2}O_2(g) + 2H^+(aq)$

$(-)$극: $2H_2O(l) + 2e^- \rightarrow 2OH^-(aq) + H_2(g)$

(+)극에서는 0.0025 mol의 산소 기체가 생성되고, (−)극에서는 0.005 mol의 수소 기체가 생성된다.

④ (+)극 주변에서 수소 이온이 발생하므로 용액의 pH는 감소한다.

⑤ (−)극에서는 수소 기체가 발생하므로 전극의 질량은 변하지 않는다.

정답 ④

24

ㄱ. 전기 분해에서 (−)극은 전자를 제공하여 환원 반응이 일어난다. 따라서 순수한 구리 전극은 (−)극에 연결한다.

ㄴ. 환원 전위를 비교하여 철의 반응성이 구리보다 크다는 것을 알 수 있다. 구리보다 반응성이 큰 철은 수용액에서 양이온으로 존재한다.

ㄷ. 구리 1몰을 석출하기 위해서는 2F이 필요하다. 주어진 1F의 전하량을 흘려주면 0.5몰에 해당하는 구리가 석출되어 전극의 질량이 32g 증가한다.

정답 ②

25

전기 분해에서 전극에서 반응할 수 있는 물질을 먼저 확인한다. (−)극에서 환원될 수 있는 것은 물과 구리 이온이고, 둘 중 환원 전위가 큰 구리 이온이 환원되어 전극의 질량은 증가한다. (+)극에서 산화될 수 있는 것은 전극인 구리와 염소 이온, 물이다. 이 중 산화 전위가 큰 구리가 산화되므로 전극의 질량은 감소한다.

(−)극	Cu^{2+}	H_2O	
환원전위(V)	+0.34	−0.83	
(+)극	Cu	H_2O	Cl^-
산화전위(V)	−0.34	−1.23	−1.36

정답 ⑤

26

$AgNO_3(aq)$ 전기 분해

$(-)$: $2Ag^+(aq)+2e^- \rightarrow 2Ag(s)$

$(+)$: $H_2O(l) \rightarrow 2e^- + \frac{1}{2}O_2(g)+2H^+(aq)$

$MSO_4(aq)$ 전기 분해

$(-)$: $M^{2+}(aq)+2e^- \rightarrow M(s)$

$(+)$: $H_2O(l) \rightarrow 2e^- + \frac{1}{2}O_2(g)+2H^+(aq)$

① $2F : (2\times 108)g\ Ag = 0.1F : x \quad \therefore x = 10.8g$

② $0.1F : 3.2g\ M = 2F : x \quad \therefore x = 64g/mol$

③ SO_4^{2-}은 구경꾼이므로 개수는 일정하게 유지된다.

④ 두 수용액의 (+)극에서 발생하는 기체는 O_2로 기체의 종류는 같다.

⑤ (+)극에서는 물이 산화되므로 반응식은 아래와 같다.

$$H_2O(l) \rightarrow 2e^- + \frac{1}{2}O_2(g) + 2H^+(aq)$$

0.1F의 전하량을 흘려주면 각 수용액에서 0.025몰의 기체가 발생하므로 발생한 기체의 총 몰수는 0.05몰이다. 표준 상태에서 0.05몰의 기체의 부피는 1.12L이다.

정답 ⑤

27

ㄱ. 석출된 은의 질량을 원자량으로 나누면 이동한 전자의 몰수를 알 수 있으므로 통해 준 전기량은 0.1F이다.

$$\frac{10.8\text{g}}{108.0\text{g/mol}} = 0.1\text{mol}$$

ㄴ. 은 이온이 전자를 얻어 은으로 석출된다.

ㄷ. 환원 반응이 $Cu^{2+}(aq) + 2e^- \rightarrow Cu(s)$이므로 0.1F의 전하량을 흘려주면 0.05몰의 구리가 석출되므로 3.2g이 석출된다.

정답 ⑤

28

① 전극 A는 (+)극으로 물이 산화된다. 1F의 전하량을 흘려주면 생성된 산소 기체는 0.25몰이므로 표준 상태에서 5.6L이다.

$$H_2O(l) \rightarrow 2e^- + \frac{1}{2}O_2(g) + 2H^+(aq)$$

② B는 (−)극으로 수소 기체 0.5몰 발생, C는 (+)극으로 염소 기체 0.5몰 발생되므로 부피의 비는 1 : 1이다.

③ D는 (−)극으로 1F의 전하량으로 구리 0.5몰이 환원된다.

$$Cu^{2+}(aq) + 2e^- \rightarrow Cu(s)$$

④ B에서는 물이 환원되어 수소 기체가 발생한다.

$$2H_2O(l) + 2e^- \rightarrow 2OH^-(aq) + H_2(g)$$

⑤ A에서는 (+)는 수소 이온이 발생하므로 pH는 감소한다.

$$H_2O(l) \rightarrow 2e^- + \frac{1}{2}O_2(g) + 2H^+(aq)$$

정답 ③

29

ㄱ. 전극 (가)는 (+)극으로 염화 이온이 산화된다.

$$2Cl^-(aq) \rightarrow Cl_2(g) + 2e^-$$

같은 전하량을 공급하였을 때 금속의 석출되는 양은 전하량과 반비례한다. 원자량이 같고 석출량이 2배 차이 나므로 전하수도 2배 차이가 난다. 즉 석출량이 많은 A 수용액에는 CuCl이, B 수용액에는 $CuCl_2$가 녹아있음을 알 수 있다.

ㄴ. 전극 (나)는 (−)극이다. 0.01F의 전하량을 흘렸을 때 0.64g의 구리가 석출되었으므로 반응은 $Cu^+(aq) + e^- \rightarrow Cu(s)$이다.

ㄷ. B의 경우 0.01F의 전하량으로 0.32g의 구리가 석출된 것으로 보아 $Cu^{2+}(aq)$으로 구성된 $CuCl_2$이다.

정답 ①

30

ㄱ. 1mol : 4F = 0.05mol : x이므로 전자의 몰수는 0.2이다.

$$O_2(g) + 4H^+(aq) + 4e^- \rightarrow 2H_2O(l)$$

ㄴ. 2F : 64g/mol = 0.2F : y이므로 석출된 구리는 6.4g이다.

$$Cu^{2+}(aq) + 2e^- \rightarrow Cu(s)$$

ㄷ. 0.2F의 전하량을 흘려주면 구리 이온은 0.1몰 감소하고, 수소 이온은 0.2몰 증가하므로 전체 양이온수는 증가한다.

정답 ⑤

31

① 전극 (나)는 (−)극으로 은 0.01몰(=1.08g)이 석출되었으므로 흘려준 전하량은 0.01F이다.

$$Ag^+(aq) + e^- \rightarrow Ag(s)$$

② 전극 (가)에서 물이 산화되고, 전극 (다)에서도 물이 산화되어 모두 수소 이온이 생성되므로 pH는 감소한다.

$$H_2O(l) \rightarrow 2e^- + \frac{1}{2}O_2(g) + 2H^+(aq)$$

③ 전극 (나)에서는 은 이온이 한원된다.

$$Ag^+(aq) + e^- \rightarrow Ag(s)$$

④ 전극 (라)에서는 Cu^{2+}이 환원되는데 이때 흘려준 전하량은 0.01F이므로 증가한 질량은 0.32g이다.

$$Cu^{2+}(aq) + 2e^- \rightarrow Cu(s)$$

⑤ 전극 (가), (다)에서 모두 물이 산화되어 산소 기체가 발생하므로 몰수비는 1 : 1이다.

$$H_2O(l) \rightarrow 2e^- + \frac{1}{2}O_2(g) + 2H^+(aq)$$

정답 ②

32

(+)극: $H_2O(l) \rightarrow 2e^- + \frac{1}{2}O_2(g) + 2H^+(aq)$

(−)극: $Cu^{2+}(aq) + 2e^- \rightarrow Cu(s)$

①, ② (+)극에서 O_2 기체가 발생하고, H^+이 생성되므로 pH는 감소한다.

③ 감소하는 구리 이온은 0.05몰이고 생성되는 수소 이온은 0.1몰이므로 수용액 속 총 이온 수는 증가한다.

④ (−)극에서 0.1F의 전하량으로 0.05몰의 구리가 석출되므로 석출된 구리의 질량은 3.2g이다.

⑤ (+)극에서 생성되는 물질은 O_2 기체로 0.1F의 전하량으로 0.025몰이 생성된다.

정답 ⑤

33

$2H_2O(l) + 2e^- \rightarrow H_2(g) + 2OH^-(aq)$이므로 ㉠은 H_2이다.

$2Cl^-(aq) \rightarrow Cl_2(g) + 2e^-$이므로 ㉡은 Cl^-이므로 산화된다. OH^-이 0.01몰이므로 흘려준 전하량은 0.01F이다. 1F이 96500C이므로 흘려준 전하량은 965C이다.

정답 ①

34

ㄱ. ASO_4의 (+)전극의 반응식은 다음과 같다.

$$H_2O(l) \rightarrow 2e^- + \frac{1}{2}O_2(g) + 2H^+(aq)$$

(가)는 O_2이다.

ㄴ. 물과의 경쟁에서 금속 B는 석출되지 않고 금속 A만 석출되었으므로 표준환원 전위는 A 이온이 B 이온보다 더 크다.

ㄷ. 물의 환원 반응이 진행된다.

$$2H_2O(l) + 2e^- \rightarrow H_2(g) + 2OH^-(aq)$$

정답 ④

제 4 절 금속의 부식과 방지

01 ②	02 ③	03 ⑤	04 ⑤	05 ①
06 ③	07 ③	08 ④	09 ⑤	

대표 유형 기출 문제

01

금속의 이온화 경향에 따르면 철보다 반응성이 큰 아연, 칼슘, 알루미늄은 마그네슘 대신 사용할 수 있고, 니켈은 철보다 반응성이 작으므로 철의 부식을 방지하기 위해 사용할 수 없다.

정답 ②

02

철의 부식은 자발적이므로 표준 기전력은 양의 값을 갖는다.

정답 ③

기본 문제

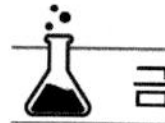

금속의 제련

03

ㄱ. Ⅰ반응에서 일산화탄소가 산소를 얻었으므로 일산화탄소가 더 산화되기 쉬운 것을 알 수 있다.

ㄴ. Ⅰ반응에서 생성된 $CO_2(g)$가 용광로 가스에 포함되어 있다.

ㄷ. 석회석 ($CaCO_3(s)$)은 Ⅱ반응에 이용된다.

정답 ⑤

04

① 도금에서 (−)극에서 환원이 일어나므로 수저는 (−)극에 연결되어야 한다.

② 수저의 질량은 Ag이 석출된 만큼 증가한다.

③ 용액 속에 존재하는 Ag^+의 개수는 일정하다.
알짜 반응식: Ag(s, 전극) → Ag(s, 수저)

④ Cu보다 반응성이 큰 Fe은 이온 상태로 존재한다.

정답 ⑤

05

이온으로 존재하는 금속은 구리보다 반응성이 큰 금속이고, 원소 상태로 존재하는 금속은 구리보다 반응성이 작은 금속이므로 금속의 이온화 경향에서 반응성이 Cu보다 작은 Ag이 찌꺼기에서 원소 상태로 존재한다.

정답 ①

06

ㄱ. (−)극은 전원 장치로부터 전자가 제공되는 극으로 환원 반응이 일어난다.

ㄴ. 환원된 만큼 산화되므로 용액 속 이온의 수는 일정하다.

ㄷ. 도금에서는 전자를 전원 장치에서 제공하므로 금속 M의 반응성은 상관이 없다.

정답 ③

금속의 부식과 방지

07

반응성: (가) A>B , (나) C>A이므로 전체 금속의 이온화 경향은 C>A>B이다.

ㄱ. (가)를 통해 알 수 있다.

ㄴ. A대신 C가 산화하므로 C이온의 수가 많다.

ㄷ. B이온에 C를 넣으면 B는 환원되고, C는 산화되므로 B가 석출된다.

정답 ③

08

(가) 합금, (나) 음극화 보호, (다)도금

ㄱ. (가) 합금

ㄴ. (나) 음극화 보호는 철보다 반응성이 큰 금속을 이용하지만 알루미늄은 부동태를 형성하여 음극화 보호에 이용될 수 없다.

ㄷ. (다) 도금

정답 ④

09

① 도금−A 이용

② 페인트칠−A 이용

③ 기름칠−A 이용

④ 도금−A 이용

⑤ 음극화 보호−C 이용

정답 ⑤

PART 05 화학 반응